도시지리학 _{제3판}

URBAN GEOGRAPHY

David H. Kaplan, Steven R. Holloway, James O. Wheeler 지음

김학훈, 이상율, 김감영, 정희선 옮김

WILEY   Σ시그마프레스

도시지리학, 제3판

발행일 | 2016년 2월 15일 1쇄 발행
2020년 1월 20일 2쇄 발행
2023년 7월 5일 3쇄 발행

저자 | David H. Kaplan, Steven R. Holloway, James O. Wheeler
역자 | 김학훈, 이상율, 김감영, 정희선
발행인 | 강학경
발행처 | (주)시그마프레스
디자인 | 이상화
편 집 | 김은실

등록번호 | 제10-2642호
주소 | 서울시 영등포구 양평로 22길 21 선유도코오롱디지털타워 A401~402호
전자우편 | sigma@spress.co.kr
홈페이지 | http://www.sigmapress.co.kr
전화 | (02)323-4845, (02)2062-5184~8
팩스 | (02)323-4197

ISBN | 978-89-6866-528-8

Urban Geography, 3rd Edition

＊ 책값은 책 뒤표지에 있습니다.

이 도서의 국립중앙도서관 출판예정도서목록(CIP)은 서지정보유통지원시스템 홈페이지(http://seoji.nl.go.kr)와 국가자료공동목록시스템(http://www.nl.go.kr/kolisnet)에서 이용하실 수 있습니다.(CIP제어번호 : CIP2016003489)

역자 서문

이 책은 2014년 출간된 *Urban Geography* 3판(Hoboken, NJ: Wiley & Sons, Inc.)을 번역한 것이다. 원저자는 3명으로서 캐플런(David Kaplan), 할러웨이(Steven Holloway), 윌러(James Wheeler)이다. 캐플런은 현재 Kent State University의 지리학 교수이며, 1991년 University of Wisconsin, Madison에서 박사학위를 받고 도시의 민족적 격리, 민족 정체성, 세계의 도시화, 주택금융, 도시계획, 국경지대 등에 관한 연구를 수행했다. 할러웨이는 현재 University of Georgia의 지리학 교수이며 University of Wisconsin, Madison에서 1993년에 박사학위를 받고 도시의 인종, 불평등, 주택, 노동시장 등에 관심을 가지고 연구를 수행했다. 윌러는 University of Georgia의 지리학 교수로 오래 봉직했으며 2010년에 서거하였다. 그는 1966년 Indiana University에서 박사학위를 받았으며, 경제지리학과 도시지리학 분야에 많은 업적을 남겼다. 학술지 *Urban Geography*의 창간 편집자였으며, 대학교재로 유명한 *Economic Geography*를 출간하였다. 이 책도 윌러 교수의 주도로 출간된 것이다.

이 책은 2004년 제1판이 출간된 이래 미국 대학가에서 가장 많이 사용되는 도시지리학 교재로 자리잡았다. 그 이유는 도시에 관한 최신 이론과 쟁점을 담고 있으면서 간결한 서술 방식을 채택했기 때문일 것이다. 한국에서 출간된 도시지리학 개론서는 강대현(1975)과 홍경희(1981)의 저서가 있었고, 김인(1991)의 도시지리학원론이 마지막이다. 그 이후에는 여러 분야의 학자들이 집필한 도시학 또는 도시연구 저서가 도시지리학 교재를 대신하였기 때문에 도시지리학의 체계적인 발달과 최신 동향이 후학들에게 소개되기가 어려웠다. 그러므로 영어권에서 가장 많이 사용되고 있는 최신 도시지리학 교재인 이 책을 소개하는 것이 급선무라고 생각하여 번역에 착수하였다.

이 책은 도시지리학의 전 분야를 6부 15장으로 나누어 종합적으로 다루고 있다. 먼저 도시지리학의 연구방법을 소개했으며, 이어서 도시의 기원과 발달을 탐구하고, 현대 도시의 경제, 사회, 정치 현상을 검토한 다음, 살기 좋은 도시를 위한 도시계획과 전 세계의 도시에 대한 비교 탐구가 이어진다. 곳곳에 글상자를 넣어 도시의 이야깃거리와 쟁점뿐 아니라 최신 정보통신 기술의 적용까지 풍부하게 다루고 있다. 내용에는 도시연구의 최신 동향을 파악할 수 있도록 새로운 도시 이론과 방법론을 포함했으며, 세계 도시들의 최신 자료와 경험을 함축하여 담고 있다.

그리고 이 책의 모든 각주는 역자들의 주석임을 밝

힌다. 원저서의 내용 중에 한국적 상황과 다르거나 용어의 해설이 필요한 곳에는 주석을 붙여 독자들의 이해를 도왔다. 이 책의 내용은 도시에 관한 최신 이론과 자료를 다루고 있으므로 지리학 전공의 대학생뿐 아니라 도시학과 도시 현상에 관심 있는 모든 사람에게 신선한 지식을 제공해 줄 것이다. 이 책이 한국 학자들의 도시지리학 연구와 저술을 자극하는 계기가 되기를 기대한다. 끝으로 이 책의 번역에 기꺼이 동참해 주신 대구가톨릭대학교 이상율 교수님, 경북대학교 김감영 교수님, 상명대학교 정희선 교수님께 감사드리며, 편집을 맡아주신 (주)시그마프레스의 김은실 과장님께도 깊은 감사를 드린다.

2016년 1월
역자대표 김학훈

저자 서문

조지아대학교의 지리학 교수로 오랫동안 재직했으며, 학술지 *Urban Geography*의 공동 편집장으로 20년 이상 봉직한 윌러(James Wheeler)는 1999년 말 도시지리학 분야에 새 교과서를 집필할 시기가 왔다고 판단했다. 그는 도시에서 볼 수 있는 모든 흥미거리와 풍부한 소재를 소개하면서, 도시지리학 이론을 쉽게 제시하고 도시의 다양한 현안도 다루는 책이 학생들에게 필요하다는 것을 알았다. 또한 그는 시간 측면에서 도시의 기원부터 현재까지의 도시 발달과 공간 측면에서 미국의 도시로부터 시작해서 전 세계의 다양한 도시적 경험을 제시하는 교과서를 마음에 둔 것이다.

윌러 교수는 곧 우리들, 즉 켄트주립대학교의 캐플런(David Kaplan) 교수와 조지아대학교의 할러웨이(Steven Holloway) 교수를 공저자로 섭외하였다. 이 책의 1판과 2판은 도시지리학 분야의 적소(niche)를 충족시켰기 때문에 곧 도시지리학의 선도적인 교재가 되었다. 윌러 교수는 우리와 함께 3판을 집필할 계획을 논의하던 중에 지리학을 위한 평생의 헌신을 마치고 2010년 말 세상을 떠났다. 우리는 이전 방식을 이어가기로 결정하고 3판의 집필과 출판을 책임지게 되었다.

3판은 여러 외부 검토자의 비평과 특히 2판을 강의 교재로 사용한 동료 교수들의 비평에서 큰 도움을 받았다. 우리는 그들의 제안에 감사를 드리며 3판이 이전보다 훨씬 뛰어난 책이 되었기를 바란다. 3판의 주요 개정 사항은 1, 3, 4, 5, 6장을 다시 쓴 것이다. 이외에도 모든 장들이 21세기의 첫 10년간에서 얻은 정보를 수록하기 위해서 수정되었다. 불행히도 2000년 미국 센서스에 포함된 정보가 2010년 센서스에서는 얻을 수 없는 경우도 있었지만, 가능하다면 2010년 센서스에서 얻은 정보를 사용했다. 또한 본문 내용에서 다른 나라의 정보가 필요한 곳에는 최신 통계 및 사실 정보를 수록하기 위해 노력했다.

캐플런은 주로 2, 3, 5, 10, 11, 12, 13, 14, 15장의 집필을 책임졌으며, 할러웨이는 1, 4, 6, 7, 8, 9장에 초점을 맞추어 집필했다. 우리들은 이 공동 작업을 수행하면서 이 책이 전체적으로 우리의 비전을 반영하여 두 저자의 공동 산물이 되도록 노력하였다.

캐플런은 여러 사람의 도움에 감사드린다. 특히 이 3판은 두 학생, Gina Butrico와 Christabel Devadoss의 도움을 많이 받았다. 캐플런은 또한 Jennifer Mapes의 그래픽 작업에 감사 드린다. 이 도시지리학 책을 만드는 데 도움이 된 James M. Smith, Leena Woodhouse, Samantha Hoover, Najat Al-Thaibani, Rajrani Kalra 등

다른 학자들의 연구물에도 감사드린다. 캐플런은 윌러 교수가 자신을 이 책 집필에 참여시킨 것에 감사하며, 또한 할러웨이 교수가 오랫동안 공동 연구에 좋은 성과를 내주고 최근에는 이 책의 집필에도 참여해 준 것에 감사 드린다.

할러웨이는 도시지리학을 배우는 젊은 학생이던 대학원 시절부터 동료 교수가 된 시절까지 윌러 교수로부터 받은 지성적·직업적·개인적 도움에 대해 깊은 감사를 드린다. 윌러 교수의 열정적인 지원이 없었다면 할러웨이는 지금처럼 학자나 동료 교수가 되지 못했을 것이다. 고인이 된 윌러 교수의 존재와 헌신을 더 이상 볼 수 없는 것이 매우 아쉽다. 또한 할러웨이는 이 책 3판을 집필하는 동안 충분히 돌보지 못했지만 이해해 준 대학원생들에게 감사 드린다. 조지아대학교의 여러 동료 교수들은 지속적인 지원과 격려를 해 주었다. 특히 Hilda Kurtz는 그의 강의에 이 책의 2판을 사용하면서 3판의 집필 과정에 매우 유용한 피드백을 제공하였다. 끝으로 할러웨이는 도시에 관한 모든 것에 공통의 관심을 보이고, 특히 도시의 역사적 뿌리를 이해하지 못하면 도시와 도시화를 제대로 이해할 수 없다는 신념을 공유한 캐플런에게 감사 드린다.

우리는 이 책의 출판과 판매를 위해 필수적인 막후 활동을 해 준 John Wiley & Sons, Inc의 많은 사람들에게 감사한다. 특히 지리학과 지질학 분야의 편집장인 Ryan A. Flahive는 이 책의 세 판 모두를 출판하는 동안 우리들을 이끌어 주었다. 또한 어려웠던 1판의 출판을 위해 우리들을 독려했던 Denise Powell에게도 감사를 전한다. 이 3판에 대해서는 출판의 모든 단계에서 우리를 지원해 준 Darnell Sessoms의 친절하고 관대한 배려에 대해 고마움을 가지고 있다. 마지막 출판 단계에서 Wiley 출판사의 Brian Baker, Marian Provenzano, James Russiello, Wanquian Ye와 Laserwords의 원고편집자인 Veronica Jurgena, Lavanya Murlidhar의 작업에 감사드린다.

Kent, Ohio에서 David H. Kaplan
Athens, Georgia에서 Steven R. Holloway

차 례

제1부

도시와 도시지리학의 개관

제1장

도시지리학의 학문적 개관

도시의 본질과 극적인 요소를 일부나마 이해하는 데 5,000년 이상 걸렸기 때문에, 도시가 아직도 실현
하지 못한 잠재성을 구현하는 데는 더 긴 시간이 걸릴지 모른다.

—Lewis Mumford, 1961, p. 3~4

먼저 첫 번째 장의 목적은 역사적 및 현대적 맥락에서 도시지리학을 소개하는 것이다. 우리는 도시에 관심이 있는 분야 및 학문의 영역을 먼저 살펴보고, 도시지리학이 이러한 분야와 어떻게 중첩되고 차이가 있는지를 주목한다. 그다음 도시지리학자가 도시를 연구한 일부 방식을 간략히 기술하고자 한다. 이어서 도시에 관심을 가진 사람 누구나 직면하게 되는 몇 가지 기본적이지만 대단히 중요한 질문에 답을 찾고자 한다. 즉 (1) 다른 종류의 비도시적인 장소와 관련하여 도시를 어떻게 정의할 것인가, (2) 어떻게 도시의 공간적인 영역을 규정하고, 또한 도시 경계를 어떻게 생각할 것인가. 전 세계의 산업 및 비산업 국가(nonindustrial countries)에서 점점 더 많은 사람이 도시에 살아가고 있기 때문에 교육적인 중요성이 높아지고 있는 현대 도시지리학에 대한 기대감과 역동성을 찾기 위해서 이 장 끝부분에서 우리는 독자에게 이 책의 내용과 접근방식을 소개한다.

왜 도시를 연구하는가

도시는 매우 흥미를 불러일으키는 장소이고 점점 더 많은 인간의 거주지이기도 하다. 이제 많이 알려져 있지만 1990년대 중반은 처음으로 세계 인구의 50% 이상이 도시에 거주한 첫 번째 시기가 되었다. 2010년 중반에는 지구의 대략 70억 인구 가운데 36억 이상이 도시에 거주하며, 5명 중 1명 이상은 인구 100만보다 규모가 큰 도시에 거주한다. 이러한 추세는 미래에 더욱 강화될 것이며, 유엔은 2050년에는 지구상의 90억 주민의 약 3분의 2는 도시를 자신이 사는 곳이라고 할 것이라고 예측한다.

20세기 초 지구상의 인구 가운데 14%만이 도시에 거주한 것을 상기하면 최근 과반이 넘는 인구가 거주하는 도시 세계로의 전환은 매우 뚜렷이 대조가 된다. 그보다 또 100년 전 19세기 초에는 3%만이 도시에 거주하였다. 그림 1.1은 지난 수세기 동안 세계가 얼마나 빠르게 도시화가 진행되었나를 보여준다.

도시 인구의 비율은 세계적으로 미국, 캐나다, 서부 유럽, 일본, 오스트레일리아, 뉴질랜드와 같은 선진 자본주의 국가와 빠른 경제 성장국인 한국, 싱가포르, 타이완에서 당연히 더 높다. 미국과 캐나다에서 인구의 80% 이상은 도시 인구로 분류되며, 실제로 모든 사람은 일상생활에서 도시와의 관계에 놓여 있다.

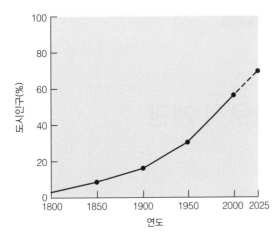

그림 1.1 세계의 도시화 추세, 1800~2025.
출처: © John Wiley & Sons, Inc.

세계는 도시가 되어 가고 있으며, 국가 간에 서로 긴밀히 연결된 선진 자본주의 국가는 거의 모두 도시 생활양식으로 변모하였다. 북미에서는 농촌 지역도 정보, 경제적 생활, 사회적 결속, 유흥과 레저 활동, 정치적 표현 및 태도, 문화적 특성, 행위의 대중문화적 표현 등 자신들의 삶의 근거를 전적으로 대도시에 의존하고 있다. 물리적으로 도시에 거주하든 아니든 우리 모두는 도시의 한 부분이다.

2010년에 미국인 83%가 대도시 지역(metropolitan region)에 거주하였다. 대도시 지역은 보다 정치적으로 규정된 **중심도시**(central city)와 그 중심도시와 경제적으로 상호 결합된 **교외**(suburbs)가 포함된 주변 지역으로 구성된 도시 지역의 확대 형태이다. 대도시의 인구는 미국 토지 면적의 4분의 1에 못 미치는 지역에 집중되었다. 뉴욕(New York) 대도시의 1,960만 인구 규모는, 두 번째 인구 규모를 가진 1,280만 인구의 로스앤젤레스(Los Angeles)와 세 번째 950만 인구의 시카고(Chicago)보다 훨씬 크다(표 1.1). 11개의 다른 대도시 지역은 인구 규모가 400만에서 700만 사이로 댈러스–포트워스(Dallas-FortWorth), 필라델피아

(Philadelphia), 휴스턴(Houston), 워싱턴(Washington), 마이애미(Miami), 애틀랜타(Atlanta), 보스턴(Boston), 샌프란시스코(San Francisco), 디트로이트(Detroit), 리버사이드(Riverside), 피닉스(Phoenix)가 그에 해당한다. 총 37개 미국의 대도시는 100만에서 400만 사이이다. 50개 상위 대도시 지역에 미국 전체 인구의 절반 이상이 거주한다.

상위 20개 미국 대도시 지역 가운데(표 1.1) 2000년과 2010년 사이에 가장 빠르게 성장한 지역은 리버사이드(29.8%), 피닉스(28.9%), 휴스턴(26.1%), 애틀랜타(24.0%)이다. 인구 100만을 상회하는 일부 대도시가 특히 빠르게 성장하였다. 라스베이거스(Las Vegas)와 노스캐롤라이나의 롤리(Raleigh)는 매우 놀랄 만한 41.8%의 성장을 하였고, 텍사스의 오스틴(Austin)은 37.3% 증가하였다. 상위 20개 도시 중 디트로이트는 2000년 인구에서 3.5% 줄었다. 보스턴, 시카고, 로스앤젤레스, 뉴욕의 인구는 4.0% 이하로 완만히 증가하였다.

대부분의 사람이 살고 의존하는 도시는 인구보다 더 큰 중요성을 가지고 있다. 저명한 도시연구자 멈포드(Lewis Mumford)는 75년 전에 다음과 같은 내용을 기술하였다.

역사에서 찾아볼 수 있는 것처럼 도시는 어떤 공동사회의 힘과 문화가 최대로 집중된 지점이다. 사회적 효율과 중요도가 높아지며, 많은 개별적 삶의 분산된 광선이 초점으로 모이는 곳이다. 도시는 통합된 사회적 관계의 형태와 상징이다. 즉 도시는 사원, 시장, 재판소, 학업기관이 있는 중심지이다. 도시에서는 문명의 산물이 증폭되기도 하고, 또한 인간의 경험이 실행 가능한 표식, 상징, 행동 패턴, 질서 체계로 변화하는 곳이다. 이곳은 문명의 이슈가 집중된 곳이기도 하고, 관습(ritual)이 다양하

표 1.1 2010년 상위 20개 미국 대도시 지역의 인구 및 2000~2010년 인구 변화

순위	대도시 지역	2010년 인구(100만)	% 변화, 2000~2010년
1	New York, NY	19.6	3.3
2	Los Angeles, CA	12.8	3.7
3	Chicago, IL	9.5	4.0
4	Dallas-Fort Worth, TX	6.4	23.5
5	Philadelphia, PA	6.0	4.9
6	Houston, TX	5.9	26.1
7	Washington, DC	5.6	16.5
8	Miami, FL	5.6	11.1
9	Atlanta, GA	5.3	24.0
10	Boston, MA	4.6	3.7
11	San Francisco, CA	4.3	5.1
12	Detroit, MI	4.3	−3.5
13	Riverside, CA	4.2	29.8
14	Phoenix, AZ	4.2	28.9
15	Seattle, WA	3.4	13.0
16	Minneapolis-St. Paul, MN	3.3	10.5
17	San Diego, CA	3.1	10.0
18	St. Louis, MO	2.8	4.2
19	Tampa-St. Petersburg, FL	2.8	16.2
20	Baltimore, MD	2.7	6.2

출처: U.S. Bureau of the Census, 2010; compiled by authors.

고 자의식이 강한 사회의 활발한 드라마로 표출되는 곳이기도 하다.(1938. p. 3)

멈포드가 역사적 측면에서 도시를 고찰한 사실은 지금도 그러하다. 대단한 도시든 평범한 도시든 도시는 정치, 경제, 법, 교육 및 문화를 포함한 거의 모든 삶의 영역에서 힘과 중요성을 가진 장소이다. 플로리다(Richard Florida)는 2011년 *The Atlantic Cities*라는 블로그(www.theatlanticcities.com)에 올린 글에서, "도시는 우리의 대단한 발명이다. 도시는 우리를 보다 창의적이고 생산적일 수 있도록 밀도, 상호작용, 네트워크를 제공하면서 부를 창출하고 삶의 질을 높였다. 도시는 경제 성장에 필요한 사람, 일, 그리고 모든 투입 요소들을 함께 하도록 하는 우리 시대의 핵심적인 사회 및 경제 조직 단위이다."라고 하였다.

카츠(Bruce Katz)와 브래들리(Jennifer Bradley)는 최근의 책 *The Metropolitan Revolution*(대도시 혁명, 2013)에서 대도시 지역이 다른 지역에 비해 국가 경제에 얼마나 중요한가를 지적하였다. 미국 상위 100개 대도시 지역은 국가 면적의 12%에 불과하지만 인구의 3분의 2가 거주하는 곳이며 국가 총 경제 생산량의 4분의 3 비중을 가진다. 대도시 지역은 "집중과 집적, 즉 함께 모여서 경제 발전을 이루어가는 혁신 기업, 재능을 가진 근로자, 위험을 감수하는 기업가, 이를 뒷받침하는 제도와 기관의 네트워크가 구현되기 때문에 점점 더 중요해지고 있다."고 그들은 주장하였다. 본질적으로 미국(혹은 중국, 독일, 브라질) 경제라는 것은 없고, 국가 경제는 오히려 대도시 경제 네트워크라

고 할 수 있을 것이다(Katz and Bradley, 2013, p. 1).

도시를 별로 좋아하지 않는 사람도 있지만 도시는 존중을 받고, 기본적인 문제의 해답을 구하는 데 성실한 노력을 기울여야 할 가치가 있다. 우리가 도시, 도시 지역 혹은 대도시 중심지라고 하는 매우 집약된 집적지에 인간을 모이게 하는 것은 무엇일까? 낮은 인구 밀도로 작으면서도 종종 이동성을 띤 종족 그룹으로 살아온 거의 모든 인간 역사에서 왜 인간은 단지 지난 8,000~9,000년 전에 규모가 큰 거주지에 모여 살게 되었는가? 오늘날 뉴욕과 로스앤젤레스 대도시를 합친 인구 수준인 3,000만 명을 미국 전체 도시 인구가 처음 초과한 것이 왜 겨우 1900년경인가? 왜 미국 도시 인구가 미국 전체 인구의 50%를 처음 초과한 것이 1920년이었나? 끝으로 왜 인구 100만 명 이상의 대도시 지역이 미국과 캐나다에 50개 이상이나 출현하게 되었는가? 인간이 대도시 지역으로 점차 모이고 또한 교외지역으로 퍼져나간 강력한 요소는 무엇인가? 이 책의 주요 목적은 인간 거주의 집중과 분산에 관한 이러한 기본적인 질문을 이해하고 답을 제시하는 것이다.

어떻게 도시를 연구하는가

도시의 이해와 연구에 관심을 가지는 여러 분야 및 학문이 있다. 이러한 분야의 하나를 여러분은 전공할 수 있을 것이다. 그림 1.2에서 도시는 여러 학문 분야로 둘러싸인 이미지의 가운데 위치해 있다. 각각의 학문에는 도시를 연구하는 분야가 있다. 예를 들면 사회학에서 도시를 연구하는 오랜 전통이 있다. 즉 도시사회학은 주요 학문 분야 중 하나이다. 다른 학문 분야도 마찬가지로 도시에 관한 세부 분야가 있다. 일부 세부 분야는 도시사회학과 같이 오랫동안 존재했었고,

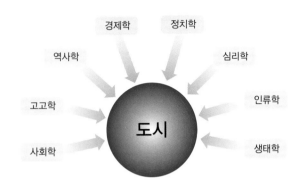

그림 1.2 도시는 현대 인구 존재에 있어 아주 광범위하고 주요한 부분이어서 많은 기존 학문 분야는 도시를 연구하는 세부 분야가 있다. 예로 도시사회학은 사회학의 초기부터 있었던 대단히 중요한 세부 분야이다. 도시생태학 혹은 도시의 영향 및 도시가 비인간적인 환경적 과정에 의해 어떻게 영향을 받았는가에 관한 연구는 비교적 새로운 세부 분야이다.

도시생태학 혹은 도시의 영향을 받는 '환경' 시스템에 관한 연구는 비교적 최근에 발달하였다.

그림 1.2에 지리학이 나타나 있지 않다는 것에 주목하게 된다. 지리학은 종합 학문으로서, 지리학의 세부 분야는 다른 모든 학문에서 형성된 지식을 필요로 한다는 것을 의미한다. 지리학이 종합하는 영역은 공간이다. 도시 역사 또한 시간의 영역에서 통합하는 종합 학문인 것이다.

그림 1.3은 도시지리학이 이미지의 가운데 위치하고 다른 학문과 쌍방향의 화살표로 연결되어 있음을 표시하고 있다. 도시지리학자는 다른 학문에서 창출된 정보와 지식을 활용하고 또한 도시지리학자는 다른 학문에서 활용되는 지식과 이해를 창출한다는 것을 그림은 의미한다. 도시 및 도시 체계의 이해를 제공하는 전통적인 학문 분야 외에도 도시의 이해와 도시의 변화를 모색하는 전문 분야의 교육을 제공하는 여러 응용학문 분야도 있다. 먼저 도시계획은 도시지리학과 가장 밀접하게 결합되어 있고, 정부 및 민간 부문의 업무에 활용될 수 있다. 둘째, 도시 디자인과

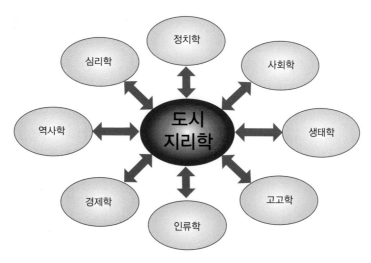

그림 1.3 도시지리학은 여러 분야와 밀접한 관계를 가진 종합 학문이다.

건축, 조경, 환경 디자인과 같은 관련 분야 역시 도시 지리학과 밀접히 관련되어 있다. 이러한 분야의 많은 학생이 도시지리학을 수강한다. 셋째, 공공 행정은 공공부문에서 활동하고자 하는 학생에게 교육 기회를 제공한다. 모든 공공 행정 분야가 도시나 도시 지역과 관련되어 있지는 않지만 공공 행정 학위를 소지한 전문가는 종종 도시 환경에 큰 영향을 주는 직업을 갖기도 한다. 넷째, 부동산업의 오랜 금언인 입지, 입지, 입지가 있다. 도시지리학은 도시 환경에서 입지 이해에 큰 도움이 되기 때문에 부동산 및 개발 직업은 종종 도시의 지리적 지식을 적용할 수 있는 기회가 되기도 한다. 다섯째, 공학 특히 토목학은 도시 환경 건설과 운영에 필요한 실제적인 기술을 제공한다. 여섯째, 도시 및 도시 주민의 삶을 개선하고자 하는 비정부 및 비영리 기관(NGOs)이 많이 있다.

도시지리학의 분야

지금까지 도시지리학이 도시에 초점을 둔 다른 학문과 어떻게 관련되는지를 보았지만 아직 도시지리학

의 주요 핵심 내용은 구체적으로 언급하지 않았다. 지리학자는 대체로 세계의 자연 및 인문 환경에 관해서 연구한다. 인간이 자연 경관, 대기, 물, 토양을 어떻게 변모시켰는지를 지리학자는 탐구한다. 자연지리학자는 지형(지형학), 장기적인 기후 변화 및 패턴(기후학), 동식물의 자연적 및 인간에 의한 변형된 공간 분포(생물지리학)를 연구한다. 반면 인문지리학자는 지리적 공간에서 인간 및 인간 활동의 입지에 관심을 기울인다. 장소 및 공간(지역)에서 전개되는 경제 활동 및 행위, 인간 사회의 사회적·문화적 특징, 그리고 정치적인 힘의 관계에 대한 입지적인 부분에 주로 관심을 기울인다. 도시지리학은 일반적으로 도시나 도시 지역을 연구하는 인문지리학의 한 분야라고 여긴다. 그러나 오늘날 도시지리학자는 점점 인문 및 자연 지리의 가교를 담당하는 도시와 생물학적인 과정, 지속 가능성과 복원력(resilience)에 관한 개념에 관심을 보인다.

도시지리학자는 도시 및 대도시 지역에 관한 연구를 두 가지 방식과 두 가지 스케일에 관심을 기울인다. 첫째, 도시지리학자는 지역, 국가 혹은 글로벌 차

원에서 도시체계, 즉 도시 사이의 관계를 강조함으로써 **대도시 간**(intermetropolitan) 또는 도시 체계적 접근 방식을 택한다. 미국 도시들의 불빛을 위성에서 조망한다면 도시체계에 관하여 많은 질문이 나올 것이다(글상자 1.1).

도시지리학자가 활용하는 두 번째 접근 방식은 **대도시 내**(intrametropolitan) 접근 방식으로, 대도시 지역 내에서 사람, 활동, 제도의 입지에 관한 내부 분포에 초점을 둔다. 그다음 도시 내 공간 구조에 관한 질문을 한다. 즉 도심의 업무지구는 어디에 입지하는가? 어디에 부유한 사람 혹은 이민자는 살고 있는가? 왜 그리고 어떤 결과로 이어지는가? 도시에서 이동할 경우 도로, 고속도로, 대중교통 체계, 철도, 그 외의 다른 이동 방식이 포함된 도시 내 교통과 관련하여 도시가 어떻게 작동하는가? 토지이용/토지 피복, 지가, 변화하는 건조 환경의 특징, 지역 경제의 성격과 건전성, 사회 구조의 성격이 우리가 접근하고자 하는 주요 주제이다. 또한 사회 구조가 도시의 공간 패턴, 특히 주거지 분리에 어떻게 반영되는가, 도시가 자연 환경을 어떻게 바꾸는가, 도시가 이러한 환경 변화를 어떻게 통제하고 대응하는가 등이 그 주제에 포함된다. 예로 일반적인 글로벌 기후변화 및 구체적인 해수면 상승의 영향은 많은 도시에서 점차 관심이 집중되고 있다.

도시지리학자는 스케일 혹은 도시화 과정(대도시 간 또는 대도시 내 접근방식을 취함으로써)의 정도에 기반을 둔 연구를 수행할 수 있을 것이다. 또한 어떤 한 도시(사례 연구) 또는 세계의 어떤 지역에서 도시(러시아 도시, 아랍 도시)를 연구하거나 어떤 주제(빈곤, 민족성)를 조사하여 다른 많은 지역의 다른 도시에 적용해 보는 일반적인 설명을 도출하는 시도를 도시지리학자는 할 수 있을 것이다. 이 책의 2부('대도

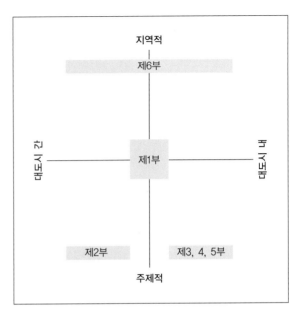

그림 1.4 수직선은 지역(넓은 범위의 주제 또는 속성에 대해 어떤 제한된 장소에 관한 연구)과 주제(넓은 범위의 장소에 대해 일부 특성에 관한 연구) 간의 연속선을 나타낸다. 수평선은 대도시 간(중심 체계)과 대도시 내(어떤 중심지 내에 입지한 활동) 사이의 연속선을 나타내고 있다.
출처: © John Wiley & Sons, Inc.

시 체계' 3~5장)에서는 대도시 간 주제적 접근을 다룬다(그림 1.4의 하단 왼쪽 부분). 3, 4, 5부(6~12장)는 대도시 내의 주제적 관점을 다룬다. 6부('세계의 도시들' 13~15장)에서는 대도시 간 및 대도시 내 관점을 활용한 전통적인 지역 연구가 바탕이 된다(그림 1.4의 윗부분).

도시지리학자가 대도시 간 또는 대도시 내 스케일에서 도시를 연구하는 또 다른 중요한 방법은 도시 간 혹은 도시 내 장소 간에 다양한 상호작용 또는 연계성의 정도를 이해하는 것이다(그림 1.5). 예를 들면 트럭 통행에 의해서 연결되는 어떤 지역 내에 있는 도시들을 생각해 보자. 어떤 중심지는 그 규모와 다른 도시와의 근접성(주간 고속도로) 때문에 그 중심지와 다른 중심지 사이에 상당히 많은 교통량이 있게 될 것이다.

글상자 1.1 ▶ 밝은 빛의 대도시들

NASA는 야간 조명의 밝기를 나타내는 새로운 합성 위성 이미지를 만들었다(그림 1.4).

미국 전역의 야간 이미지는 2012년 4월과 10월에 수오미(Soumi) NPP 위성으로부터 구한 데이터를 합성한 것이다. 이 이미지는 위성의 투시적외선 이미지 라디오미터 수트 '주야간 밴드'에 의해 구축되었다. 그 밴드는 녹색에서 거의 적색에 이르는 파장 범위의 빛을 탐지하고, 도시의 불빛, 가스 조명, 오로라, 산불, 반사된 달빛과 같은 희미한 조명을 관찰하기 위해서 필터링 기법을 사용한다.(www.nasa.gov/mission_pages/NPP/news/earth-at-night.html)

미국에서 가장 큰 대도시 지역인 뉴욕, 시카고, 로스앤젤레스, 애틀랜타가 가장 선명하게 표시되어 있다. 여러분이 살고 있는 곳에 가까운 도시를 찾을 수 있다면 살펴보라. 이 이미지는 도시지리학자가 묻고 싶은 질문인 도시체계 혹은 대도시 간 입지를 생각할 수 있게 한다. 왜 도시는 현재 지점에 위치하는가? 왜 일부 도시는 다른 도시보다 더 큰가? 도시는 어떻게 그 도시 나름의 성장을 하였나? 도시는 다른 도시와 어떻게 상호관련성을 맺고 있는가? 100년 전에도 유사한 이미지

가 있었다면, 그 이미지는 당연히 훨씬 희미했겠지만 도시 체계의 기본 구조 및 패턴과 같은 면모는 비슷했을 것이다. 그 비교를 통해 왜 애틀랜타와 같은 일부 도시는 지난 50여 년 동안 그렇게 빠르게 성장하였는가를 질문하도록 한다.

이 이미지에서 주목할 또 다른 하나는 도시 간에 어떤 일이 있었는가 하는 것이다. 직선상의 불빛 배열은 대도시를 연결하는 선과 같다. 이것은 도시가 상호 어떻게 연결되어 있는지를 생각하도록 하는 고속도로이다. 이러한 연결은 고속도로 또는 항공 노선과 같은 교통 시설에 의한 것이지만, 그 연결은 돈, 정보, 혹은 문화의 형태로 나타날 수 있다. 이 모든 질문은 이 책 전체에서 모색할 도시체계와 관련된다.

이 위성 이미지(색깔이 바뀐다면)는 개개의 사람이 2010년 센서스를 바탕으로 점으로 지도 위에 표시되는 매우 세세한 점묘도와 유사한 점이 흥미롭다(http://bmander.com/dotmap/index.html#4.00/40.00/-100.00). 그 지도는 도시화의 정도와 패턴을 보여주는 매우 다른 데이터 수집과 분석이 수렴되어감을 보여준다. 그러나 그 점묘도에서 보여주지 못하지만 NASA 이미지에서는 잘 나타나는 것이 있다. 예로 샌프란시스코 만과 탬파 만을 가로지르는 다리는 NASA 이미지에 잘 나타난다. 또한 걸프 해안을 따라 석유 채굴 장치들이 NASA 조명에 나타날 수 있을 것이다.

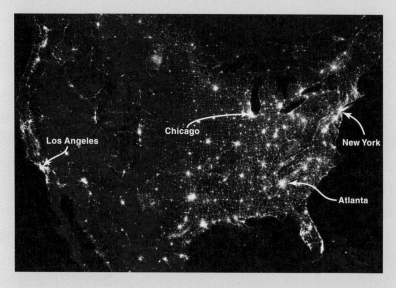

Los Angeles
Chicago
New York
Atlanta

그림 B1.1 야간 조명의 밝기를 보여주는 NASA의 합성 위성 이미지. 출처: NASA Earth Observatory/NOAA National Geophysical Data Center. www.nasa.gov/mission_pages/NPP/news/earth-at-night.html.

이러한 흐름의 양은 공간상에서 중심지 간의 연결성을 의미하는 **공간 상호작용**(spatial interaction)의 척도가 된다. 마찬가지로 대도시 내에서 교통량은 공간 상호작용의 다양한 정도를 보여주면서 구역 간에 다르게 나타날 것이다.

도시지리학의 기원과 발달

지리학의 한 분야로서 도시지리학은 20세기에 발달하였다. 미국 인구의 40%만이 도시에 거주하던 1900년에 지리학자는 주로 자연 경관 특히 지형학[당시에는 자연지리(physiography)라 하였음]에 관심이 있었다. 일부 소수 학자에 의해 개발된 몇몇 주요 개념을 바탕으로 20세기 초에 도시지리학이 점차 부각되었다. 일부 초기 연구는 취락의 초기 입지와 도시로의 성장을 설명하면서 **절대적 위치**(site, 입지의 자연적 특성과 관련)와 **상대적 위치**(situation, 다른 입지들과 관련) 간의 차이점을 규명하였다.

제퍼슨(Mark Jefferson)은 도시체계의 지리적 구조에 관한 개념적인 연구(예: 1939년 '종주도시의 법칙') 때문에 가장 유명한 초기 도시지리학자가 되었고, 그의 연구는 1950년대 및 1960년대의 도시 규모 분포에 관한 많은 연구의 바탕이 되었다(3장과 4장 참조). 해리스(Chauncy Harris)와 울먼(Edward Ullman)은 도시지리학에 큰 영향을 주었다. 그 예로 도시의 공간구조에 관한 2차 세계대전 직후의 연구(1945)는 도시 내 공간구조에 관한 세 가지 고전적인 모델의 하나가 되었으며(7장 참조), 현대의 도시지리학과 사회학 교재에서 여전히 다루어지고 있다(Harris, 1977 참조). 첫 공식적인 도시지리학 수업이 1940년대 후반에 있었고, 도시지리학은 그 후 10여 년 뒤부터 20세기 후반에 이르러서는 주요 핵심 교과목으로 발전하였다(Berry and Wheeler, 2005).

도시지리학 연구의 접근방법

1950년대에 주요 핵심 세부 학문으로 부상된 후 여러 가지 접근방식이 도시지리학 연구의 특성이 되었다. **인식론**(epistemology)은 지식이 어떻게 어떠한 상황에서 형성되고, 어떻게 그 세계가 알려지게 되는가와 관련된 철학의 한 분야이다. 종종 도시지리학자는 자신의 연구가 네 가지 주요 인식론적 접근 가운데 하나 이상에 해당한다고 여긴다. 즉 도시지리학자가 도시 및 도시에 관한 지식을 창출하려고 한 네 가지 주요 방식은 (1) 실증주의(positivism), (2) 구조주의(structuralism), (3) 인본주의(humanism), (4) 후기구조주의(poststructuralism)이다. 우리는 이들 각각을 논의할 것이다. 추상적인 것으로 여겨지는 각 접근의 철학적 원리를 엄격히 따르기 위해 이 용어들을 사용하는 것은 아니다. 대신 이 용어는 도시지리학자가 자신의 연구를 어떻게 이해하였나를 대략적으로 설명하기 위해 제시된 것이다.

실증주의 실증주의는 과학적 방법의 인식론이다. 대부분의 과학자는 철학적 가정과 자신의 연구를 뒷받침하는 신념을 반영하는 데 많은 시간을 들이지는 않지만 이 연구 방법에서는 그렇게 하는 것이 도움이 된다. 도시지리학에서 이 접근 방법은 '실체(reality)'가 그것을 이해하고자 하는 우리의 능력 밖에 존재한다고 가정한다. 지식을 창출하는 유일한 방법은 일반화와 가설 검정을 통한 이론 구축을 목표로 반복 발생하는 사실에 대한 엄정한 경험적 관찰을 수행해야만 가능한 것으로 보고 있다. 연구자는 (사실 그 자체가 논증하도록) 객관성을 견지하고 다른 학자에 의해서 증명/부정이 될 수 있는 연구를 추구한다. 도시지리학의 몇몇 연구 분야는 실증주의 접근 방식에 어느 정도 부응한다. 실증주의는 다음에 논의되는 이유 때문에

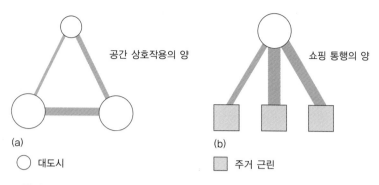

그림 1.5 (a) 대도시 간, (b) 분배 지점들(창고 또는 제조 공장)과 도시 시장 간 공간적 상호작용 또는 연계 정도를 나타내는 도식도. 그림 1.5(a)의 예는 어떤 연도의 세 도시 간 항공 탑승객의 수이며, 그림 1.5(b)의 예는 장소 간 화물 트럭의 이동량이다.

도시지리학에서 거센 비난을 받기도 했지만, 이 접근 방식을 택한 대부분 도시지리학자는 그들이 연구한 것을 '과학'으로 생각할 따름이지, 실증주의의 철학적 원칙을 철저하게 고수하지는 않는다.

구조주의 구조주의 인식론은 인간의 탐구에 의해서 이해될 수 있는 폭넓은 실체가 있다는 실증주의에 동의한다. 구조주의는 이해를 모색하기 위해서 반복되는 동시 발생 현상의 객관적 관찰의 능력에 관해서는 실증주의와 차이가 있다. 대신 구조주의는 정말로 우리 세계를 관찰 가능하도록 하는 요인은 쉽게 측정할 수 없는 심오한 구조적 실체라고 주장한다. 다양한 구조주의적 접근 방식이 있지만 도시지리학에서 구조적 논리는 마르크스주의와 거의 같다. 마르크스주의 구조적 논리에 의하면 도시화 과정은 다양한 역사적 형태에서 자본주의의 깊은 이해와 관련된 것으로 주장한다.

인본주의 인본주의 지리학자는 행태주의 지리학(아래 부분의 정의 참조)과 같은 비판, 특히 인간 행태의 전제된 합리성에 대해서 비판함으로써 실증주의 접근 방식을 비판하였다. 또한 인본주의 지리학자는 인간을 실험 대상으로 다루고 측정할 수 있는 것만을 고려하는 비인간적인 방식에 대해서 비판을 하였다. 재생산 가능한 방법에 기초한 과학적으로 입증 가능한 지식 대신에 인본주의는 의미와 경험을 중시하였다. 이론적 관점과 가설 검증에는 덜 관심을 기울이고, 장소와 경관에 대한 태도, 인식, 가치에 보다 흥미를 보였다. 인본주의 지리학을 주장한 잘 알려진 사람 가운데 한 명인 투안(Yi-Fu Tuan)은 인본주의의 의미를 다음과 같이 고찰하였다(1976, p. 266). "인본주의 지리학은 자연과 인간과의 관계, 인간의 지리적 행태와 더불어 공간과 장소(space and place)에 대한 인간의 감정과 사고를 연구함으로써 인간 세계를 이해하고자 한다."

투안은 **토포필리아**(topophilia)라는 용어를 만들었는데, 그것은 땅에 대한 사랑을 의미하며 지리학 분야에서 베스트셀러 저서의 제목이기도 하다. 숫자로 표현된 데이터, 도심의 일반화된 토지이용 모델, 또는 관찰되는 빈곤의 구조주의적 설명에는 관심 없는 세인트루이스(St. Louis)의 도심을 걸어가는 한 도시지리학자가 인본주의 지리학의 한 사례가 될 수 있을 것이다. 그 지리학자는 대신 경험상 주변의 냄새와 소리뿐만 아니라 세인트루이스 도심의 가까운 지점과 먼 지점의 경관을 해석하려고 한다.

후기 구조주의 일부 도시지리학의 연구 경향은 실증주의, 구조주의, 인본주의의 인식론적 비판을 공유하고 있다. 이 연구 경향은 상호 간 상당히 다르지만 후기 구조주의의 특징을 상당히 공유하고 있는데, 그중 하나는 일반화할 수 있는 진리가 결국 발견된다는 생각을 거부하는 것이다. 일부 연구는 그와 같은 진리는 존재하지 않는다고 주장하고, 또 다른 연구는 그와 같은 진리의 존재에 대해서 알 수 없는 것이지만 인식은 할 수 있다고 주장한다. 이러한 연구자는 실증주의자와 구조주의자 모두에게 그 비판을 가한다. 이들은 인본주의자들은 힘과 불평등과 같은 중요한 문제에 관여하지 않는 것으로 여긴다. 후기 구조주의자는 대신 인간의 탐구에 대한 다양한 목표를 제시한다. 후기 구조주의자라고 하는 모든 연구가 공유하는 것은 아니지만 그 실체는 역사 및 지리적 환경에 따른다는 입장이다. 또 많은 후기 구조주의자는 실체는 필수 불가결한 것이라기보다는 사회적으로 형성된 것이라고 주장한다. 어떠한 상황에서 사회적으로 형성된 실체가 작동하는가와 구체적으로 어떤 결과를 가지게 되는지를 이해하는 것이 그다음 목표이다. 그 목표는 실증주의 탐구가 이해되는 방식인 어디에서나 똑같이 작동하는 진리에 관한 지식을 창출하는 것은 아니다.

도시지리학 연구의 흐름

도시지리학자 대부분은 그들이 연구하는 넓은 범위의 접근 방식을 어느 정도 의식하고 있지만 보통은 구체적인 연구의 흐름과 더 밀접한 관계에 있다. 오랫동안 도시지리학의 각 세부 분야를 이끌어왔던 연구 경향을 살펴볼 것이다(그림 1.6). 이러한 연구 경향은 대부분 위에서 언급된 네 가지 연구 방식에 해당되지만 일부 연구는 다음에 설명되는 것처럼 시간이 지남에 따라 접근 방식에서 변화가 있었다.

공간 분석

공간 과학으로 알려진 **공간 분석**(spatial analysis)은 도시지리학을 지배한 첫 번째 연구 흐름이다. 주요 연구 주제를 뒷받침하기 위해서 공간 분석이 이용된다고 최근 일부 학자들이 주장하지만 이 흐름은 실증주의 접근 방식이다. 이 방식은 특히 인간 행태의 당위적인 합리성과 관련을 맺으며, 신고전경제학의 연구 방식과 이론에 많이 의존한다. 2차 세계대전 후 도시지리학은 3명의 독일 학자, 지리학자인 크리스탈러(Walter Christaller, 1933)와 경제학자인 뢰쉬(August Lösch, 1938)와 베버(Alfred Weber, 1929)로부터 큰 영향을 받았다. 남부 독일의 도시 취락 패턴에 관한 크리스탈러의 연구는 중심지 이론으로 알려졌다(3장의 글상자 3.2 참조). 베버의 간단하지만 통찰력 있는 이론은 세 가지 요소, 최소 운송비, 최소 노동비, 집적지로 인한 비용 절감(특히 도시 또는 도시 지역 내에서 다른 기업과의 근접성)에 바탕을 둔 공업입지를 설명하였다. 헤거스트란트(Torsten Hägerstrand)의 *Innovation Diffusion as a Spatial Process*(공간과정으로서의 혁신 확산, 1967[1953])는 도시지리학의 연구 활동에 폭발적인 계기가 되었다. 영국 지리학자 해게트(Peter Haggett, 1966)는 대부분 미국에서 이루어진 공간 분석 연구의 초기 성과를 종합하였으며, 1960년대의 도시지리학을 지배한 '새로운' 계량적 공간 분석에 대한 엄정하고 확고한 기반을 마련하였다.

도시지리학에서 공간분석을 규정할 수 있는 특징은 다른 사회과학, 생물학, 자연과학에서도 채택된 방

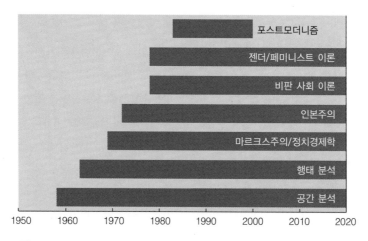

그림 1.6 1950년부터 2020년까지 도시지리학의 연구 접근법. 이러한 연구 흐름은 별개의 연구 접근법으로 제시되었지만, 실제로는 서로 합쳐지거나 초기 연구 방식이 조금 변형되거나 비판이 가해진 것이다.

법인 통계학과 수리적 모델의 활용이다. 타프(Taaffe, 1974)는 이러한 기법이 지리학에 소개된 것은 세 분야의 혁명, 즉 (1) 기술적(통계학 및 수학), (2) 이론적, (3) 정의(定意)적인 혁명이라고 하였다. 기초 통계학적 기법은 일반화 관계를 구축하기 위해서 도시 데이터에 적용되었다. 이론적 모델은 진술과 가설 검정으로 이어진다. 그리고 지리학은 어떤 기술(記述)적인 분야라기보다는 일반화를 추구하는 과학적인 분야라고 규정되었다. 이 같은 사고의 변화는 독특한 장소에 대한 기술을 강조했던 초기의 접근 방식을 부정하도록 이끌었다.

행태지리학

초기의 대부분 공간 분석가들이 수행한 집합적 분석(다수의 사람을 조사하는 것)은 너무 범위가 넓어 개인이나 집단이 어떻게 도시 환경에서 행동하는지 설명하지 못한다고 행태주의 지리학자들은 여겼다. 행태 도시지리학은 공간 분석에서 적용된 과학적인 실증주의 접근 방식을 이어나갔지만, 예로 개인이 어디서 집을 구하고 어떻게 직장으로 가는 최적의 노선을 선택할지에 관한 공간적 결정에 관해 연구한다. 행태지리학자들은 초기 많은 공간분석에 흔히 있었던 합리성의 가정에 의문을 제기하였다. 그들은 대신 개인의 태도와 장소에 대한 기대감, 구체적으로 도시의 여러 부분을 어떻게 학습하고, 지리적 선택과 결정을 하는지, 위험과 불확실성 및 일상 공간 활동의 성격을 어떻게 평가하는지에 비중을 두었다. 행태 도시지리학과 심리학은 겹치는 부분이 있었다.

마르크스 도시지리학과 도시 정치경제학

1969년 클락대학교에서 급진적 지리학 학술지인 *Antipode*의 출판을 시작으로, 지리적 경관의 마르크스적 해석은 점차 보편적인 것이 되었다. 하비(David Harvey)의 *Social Justice and the City*(사회 정의와 도시, 1973)가 대표적인 예가 되는데, 마르크스 도시지리학자들은 공간 분석이 입지의 기하학적 배열과 표면 상관관계에 지나치게 치우침으로써 불평등을 이해하거나 대응할 수 없게 된다고 여겼다. 예를 들면 대부분의 공업입지는 근로자에게 관심을 기울이기보다는 기업가들의 이윤에 관심을 두고 있었다(Massey, 1973). 마르크스 지리학자들은 도시 빈곤, 여성과 소수민족의 차별, 도시사회 서비스에 대한 불평등한 접근, 제3세계 저개발 등 불평등의 기저에 놓여 있는 원인들을 연구하거나 대응하기 위해서 자본주의 생산의 구조와 그 구조의 노동관계를 이해하는 것이 중요하다고 강조한다. 마르크스 도시지리학자들은 이와 같은 현상들을 그 현상에 내재된 모순의 시각에서 조명하고, 또한 그 현상이 넓은 범위의 사회적·경제적 맥락의 어디에 어떻게 해당되는지를 연구하였다. 사회 문제로 복잡하게 하는 구조적인 근간을 이해하는 것이 혁명적인 사회적 변화를 위한 잠재력을 만들어내는 것으로 생각하였다. 급진적인 마르크스 도시지리학자들은 1960년대 후반과 1970년대 초반에 출현한 다른 급진적인 사회운동에 협력하였다.

초기 마르크스 도시지리학의 분노 및 급진적 행동주의 특징은 도시지리학 연구 흐름 가운데 매우 강한 영향력과 폭넓은 관심을 받게 된 흐름으로 발전하였다. 지금은 이 흐름을 흔히 **도시 정치경제학**(urban political economy)이라고 일컫는다. 이 흐름은 특히 정치와 사회경제적 구조 간의 변화하는 관계에 관심을 기울여 왔다. 도시체계의 구조와 도시의 내부구조에 도시의 정치경제가 반영되기도 하고, 그 구조가 도시의 정치경제를 형성하기도 한다. 실제 도시 정치경제학은 경제의 세계화와 신자유주의 이데올로기에 의해 영향을 받은 정부와 도시 경제 간 관계 변화에 많은 관심을 기울였다. 전통적인 정치경제와 관련하여 연구하는 도시지리학자들은 구조주의 관점을 확고히 지지하지는 않고, 다음에 논의되는 일부 후기 구조주의적 연구의 흐름에 동조하는 연구를 한다.

도시지리학의 비판적 사회이론

1970년대 후반 및 1980년대에 **비판적 사회 이론**(critical social theory)이 발달하면서, 이 이론은 인문지리학, 구체적으로는 도시지리학에 수용되었다. 사회 이론가들은 어떤 면에서 더 나은 세계로 나아가기 위한 변화를 위해서 비판적 정치 관점을 받아들였다. 사회 이론은 그 스타일, 특성, 인간 해방을 위한 의도 등에서 거의 좌파적이다(Peet, 1998, p. 7). 거리, 확산의 정도, 개입 장소와 같은 공간적 관계가 이동과 이주와 같은 사회적 활동을 결정한다는 사고를 거부하고, 대신 사회적 관계가 지도에서 나타난 공간적 또는 지리적 분포나 패턴에 영향을 준다고 주장하였다. '인간 주체' 혹은 사회적 맥락과 힘의 관계가 공간적인 속성을 이해하기 전에 규명되고 이해되어야 한다. 모든 인간의 실체는 사람에 의해 형성된 '사회적으로 구성된' 것이다.

페미니스트 도시지리학

젠더(gender)[1] 연구와 페미니스트(feminist) 이론은 1970년대에 의미 있는 지리적 연구가 되었다. 이 연구 흐름은 네 가지 인식론적 접근 가운데 세 가지 접근에 해당하였다. 예를 들면 초기에 핸슨과 핸슨(Hanson and Hanson, 1980)은 스웨덴 웁살라(Uppsala)의 남녀 간 직장통행 패턴을 연구하여, "여성 직장인은 남성 직장인보다 이동성이 상당히 낮다."는 것을 밝혔다(p. 294). 성 차별성에 관한 질문을 조사하기 위해서 공간분석의 방법이 이용되었다. 1980년대를

---

1) 페미니스트들은 성별을 언급할 때 sex 대신에 gender를 사용하고 있는데, 일반 미국인들도 어감이 불편한 sex 대신에 gender를 점점 더 많이 사용하는 경향이 있다. 일부 학자들은 sex는 생물학적인 남녀 구분을 뜻하고, gender는 사회적으로 결정된 성별 현상을 지칭한다고 주장한다.

거쳐 현재까지 페미니스트 지리학 연구의 관심 사항은 크게 증가하였다. 길버트(Melissa Gilbert, 1997, p. 166)는 도시의 과정과 일상 생활에 관한 페미니스트 연구는 학회 발표 논문, 간행물 자료, 책 등에서 볼 수 있듯이 상당히 많이 수행되고 있다고 하였다. 길버트는 또한 "많은 페미니스트 도시지리학자들이 도시에서 다양한 여성의 경험과 불평등의 상이한 구조가 도시의 과정에 어떻게 영향을 주고 있는지를 연구하기 시작했다."고 언급하였다(p. 167).

가부장제와 자본주의 간의 연계성이 규명될 때는 보다 구조주의적인 특징이 페미니스트 이론과 페미니스트 도시지리학에 나타났다. 사회적 재생산의 책임이 여성에게 주어진 구조적인 역할과 관련되는 경우에는 특히 그러한 경향이 나타났다. 도시 공간구조(예: 교외화)를 노동의 성별 분업과 노동 학대가 발생할 수 있는 가사 책무와 관련시키는 연구가 많이 진행되었다.

최근 페미니스트 이론이 다양해지면서, 앞서 언급된 후기 구조주의 접근 방식이 그 이론에 상당히 많이 수용되었다. 페미니즘은 힘과 억압에 초점을 두고 있지만 가부장제는 단지 자본주의 구조와의 관계만으로 이해될 수 없다고 주장한다. "페미니스트 이론에서 성(gender)은 계급과 인종처럼 사회 조직의 기본 구성 요소이다. 성 관계는 이 정도로 개인의 능력을 결정할 수 있는 힘의 체계를 유지한다. 성은 생물학적으로 주어진 것이 아니라 가정, 학교, 직장, 국가에 의해 제도화된 남성적 및 여성적 행위의 산물이다"(Pickles and Wats, 1992, pp. 312~313). 성은 힘의 체계에서 공통으로 나타나는 부분이다. 즉 성은 실체적 결과를 수반하는 사회적으로 구성된 것이다. 페미니스트 인식론은 초기의 페미니스트 연구와는 많이 차이가 나며 다양해졌다. '남성적' 도시를 가정한 초기 접근 방식과

는 다르게 도시지리학 연구에 이러한 인식은 페미니스트적 사고의 도입에 기여하였다. 길버트(1997)는 페미니스트 도시지리학의 현재 상태를 다음과 같이 간결하게 요약하였다. "분석의 범주로서 성의 중요성을 유지하면서 최근에 페미니스트 도시지리학자들은 구체적으로 상이한 불평등의 구조와 관계가 공간적으로 어떻게 상호 구성되는지에 관한 연구를 하고 있다. 도시에서 여성의 경험에 대한 상이성을 규명하기 위해서는 페미니스트 도시 이론의 재개념화가 때로는 필요하다(p. 168).

포스트모던 도시지리학

지리학에서 포스트모더니즘(postmodernism: 탈근대주의)의 도입은 부분적으로 1980년대 디어(Michael Dear, 1988)와 소자(Ed Soja, 1989)의 글에서 찾아볼 수 있다. 후기 구조주의 접근의 다른 연구 경향처럼 포스트모더니즘은 과학만이 지식을 창출하는 적합한 방식이라는 것을 부정한다. 포스트모더니즘은 실증주의와 구조주의에 대해 가장 많이 비판하였고, 또한 논란거리가 되는 연구 흐름의 하나가 되었다. 많은 학자 및 학생들은 **포스트모더니티**(postmodernity)라는 일련의 사회적 변화를 **포스트모더니즘**의 연구 주제와 혼동하였기 때문에 어려움을 겪었다. 포스트모더니티는 지리학자들이 연구를 시작하기 수십 년 전에 시작되었는데, 즉 사회는 당면한 사회 문제를 해결하기 위한 합리성과 과학의 전망에 대해 냉소적이었다. 냉소주의와 회의주의가 점차 서구 사회에 스며들었고 문화적 분열과 사회적·정치적·경제적 분열을 초래한 상이성을 당연시하게 되었다.

그에 비해 포스트모더니즘은 일반적으로 1970년대에 시작된 예술과 건축의 사조와 관련된다. 이전에는 형태에 대한 관심을 기울이기보다는 구조의 기능을

반영하는 매우 단순한 형태에 기초한 하이 모더니즘 (high modernism)[2]이 지배적이었다. 2차 세계대전 후 초기에 세워진 도심의 많은 고층 건물이 이 접근 방식의 뚜렷한 예가 된다. 포스트모던 디자인에서는 저항의 표시로 많은 저급 디자인 요소들을 모방하여 독창적인 아상블라주(assemblage)를 만드는 것이 유행하였다. 학문에 수용된 포스트모더니즘은 공간 분석의 완벽성과 익명성, 그리고 마르크스 구조주의의 지배적 성격에 반대하며 문화에 초점을 맞추었다. 디어는 *The Postmodern Urban Condition*(포스트모던 도시의 조건, 2000, p. 1)에서 다음과 같이 선언하였다. "모더니스트(modernist) 사고의 원칙은 약화되고, 반론이 제기되었다. 그 자리는 새로운 다양한 인식 방식으로 대체되었다." 또한 그는 "21세기 지리학이 새롭게 나타남에 따라 포스트모던 사고의 등장은 권장되었을 뿐 아니라 새로운 방식의 시각을 요구하였다. 차이점과 급진적인 논증 불가능성에 대한 민감한 시각에 기초한 포스트모더니즘은 우리가 필요하고 제시하고 선택하는 방식 등에 의문을 던졌다."고 설명하였다.

그러나 모더니즘(modernism)에 대한 반박을 벗어나 포스트모더니즘이 무엇인지를 규명하는 것은 어려운 것이었다. 실제로 포스트모더니즘은 매우 다양한 해석과 더불어 어떤 범주에 속하는 것을 거부하기 때문에 포스트모더니즘에 대한 어떤 간결한 정의를 하기는 어렵다. 이것은 복잡함과 다중성, 주관성과 정의하기 곤란함, 무질서와 모순을 기꺼이 받아들인다. 포스트모더니스트 학풍은 모더니즘 요소들이 만든 억압과 억제를 분출하고 인종차별과 성차별 같은 사회적 기반의 힘의 관계를 폐지하기를 원하지만, 많은 사람들은

포스트모더니즘의 모호성과 복잡성이 분명히 발전적인 정치적 전략을 훼손시킨다고 비난하였다. 1990년대 중반까지는 상당한 관심을 끌었지만, 오늘날 도시지리학자들은 이 접근 방식으로 연구는 거의 하지 않고 있으며, 또한 그에 따른 논란도 대부분 잠잠해졌다.

지리정보학과 도시지리학

지리학에서 최근에 가장 빠르게 성장하는 분야 중 하나가 **지리정보학**(Geographical Information Science, GISci)이다. 지리정보학은 컴퓨터 과학과 지오 데이터 입력뿐만 아니라 지도학, 원격탐사, 위성 데이터의 이미지 처리와 같은 기존의 지리학 분야로부터 발전하였다. 여러 면에서 도시에 초점을 둔 지리정보학은 공간분석 연구 경향의 최근 버전이다. 미국 지질조사

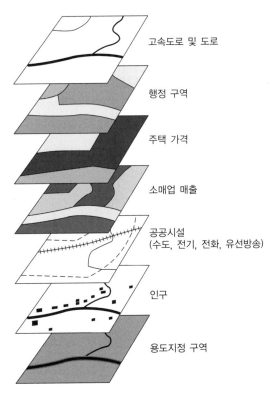

고속도로 및 도로

행정 구역

주택 가격

소매업 매출

공공시설
(수도, 전기, 전화, 유선방송)

인구

용도지정 구역

그림 1.7 도시 GIS의 데이터 층(layer)의 예.
출처: © John Wiley & Sons, Inc.

---

2) 사회 및 자연 세계를 재조직하기 위한 수단으로서 과학과 기술을 신봉하는 근대성의 한 형태이다.

국(USGS)에서 사용한 표현에 따르면 **지리정보시스템**(Geographical Information Systems, GIS)은 복잡한 계획과 관리 문제를 해결하기 위해 공간적 참조 데이터의 수집, 관리, 조작, 분석, 모델링, 표현 등을 지원하기 위한 '하드웨어, 소프트웨어 및 절차의 체계'로 정의된다.

GISci/GIS는 1980년대 중반에 별개의 학문 분야로 자리 잡았고, 1980년대 후반에는 북미 대학의 교육과정에서 보편적인 강좌과목이 되었다. GIS는 21세기 지리학에서 계속 선도적 성장 분야가 되었는데, 이는 직업 창출, 전문가 회의에서 발표된 논문, 책의 출간, 특히 학술지의 논문에 잘 나타났다. GIS와 관련된 기술이 일상 도시 생활에서 점점 더 많이 사용되고 있다(글상자 1.2).

글상자 1.2 ▶ 지구측위시스템(GPS)

기술과 도시지리

군용 항법을 위해 미국 국방성에서 처음 개발한 지구측위시스템(Golbal Positioning Systems, GPS)은 지금은 대단히 광범위하게 활용되고 있다. GPS는 단순히 지구상에서 정확한 위치를 알려주는 기술이다.

GPS의 원리는 어느 정도 기본적이지만 GPS 실행을 위해 첨단기술에 미국 정부가 수십억을 투자하였다. 이 시스템은 지상에서 약 12,500마일(2만 km)[3] 위에서 정확한 간격으로 괘도를 선회하는 24개의 인공위성으로 구성되어 있다. 각각의 인공위성은 지상으로 무선 신호를 발송하며, GPS를 수신기를 가진 사람은 그 신호를 받을 수 있다. 인공위성과 지상 수신기는 동기화 전자시계를 갖추고 작동하기 때문에 빛의 속도로 이동하여 지상의 특정한 지점에 도달하는 데 걸리는 무선 신호를 오차 없이 정확한 시간을 계산해 낸다(그림 B1.2). 3개(혹은 4개)의 위성 신호와 연결된 3각 처리과정에 의해서 GPS 수신기의 위치가 15피트 내지 30피트(4.5~9m)[4]의 정확도로 탐색된다. 이동 중인 GPS 수신기는 약간 덜 정확할 수 있다.

도시에서 GPS 활용의 주요 예는 도난당한 차를 추적할 수 있는 위성수신 장치를 설치하는 것이다. 또 애완동물에게 쌀 크기의 마이크로 칩을 이식하여 주인이 쉽게 찾을 수 있도록 GPS가 활용되기도 한다. 마찬가지로 GPS 수신기의 가격이 점점 내려감에 따라 산악 조난자의 구조에 도움이 되도록 그리고 현대 도시의 미로에서 길 잃은 관광객과 대집회 참가자에게 도움이 되도록 GPS 장치가 휴대폰에 설치될 수도 있다.

도시의 사회 공간에서 GPS가 얼마나 활용될 것인가? 예로 치매 환자가 길을 잃을 것을 대비해서 마이크로칩 GPS 수신기를 치매 환자에게 이식하는 것을 사회가 허용할 것인가? 어린이 성추행자, 암흑 속의 마약 판매자, 의심받는 부정한 배우자를 포함한 가석방된 죄수의 추적에 이 기술이 사용되어야 하는가? 어린이를 지문 채취하는 근린에서 도움이 될 GPS 마이크로 칩을 어린이에게 넣어야 하는가? 다른 기술이 발전함에 따라 분명히 많은 가능성은 있지만 도덕적인 문제도 있다.

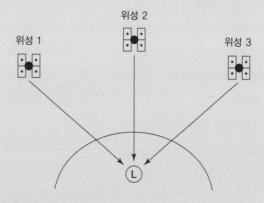

ⓛ GPS 수신기의 위치 ⟶ 무선 신호

그림 B1.2 빛의 속도로 이동하며 무선 신호를 보내는 위성들로부터 3개의 무선 신호가 위성의 전자시계와 정확히 동기화되는 지구 전자시계를 가지고 있는 GPS 수신기에 도달하는 데 걸리는 시간에 기초하여, 3각 처리과정을 거쳐 지구의 어떤 장소라도 그 위치가 정확히 결정된다.
출처: ⓒ U.S. Census Bureau.

3) 1마일(mile)=1,609.344m=약 1.6km
4) 1피트(foot, feet)=12inch=30.45cm

자연스럽게 GIS에 이끌린 도시지리학자들은 계획, 연구, 교육에 GIS를 일상적으로 활용한다. 도시 및 지역 계획과 도시 연구의 학문적 연구에 종사하는 사람들과 정부 기관은 GIS를 도시의 현안과 문제에 적용할 영역과 가능성을 상당히 열어두었다.

GIS는 **지리적 공간**(geographical space)과 **지리적 스케일**(geographic scale)의 특징을 갖는 지리적 데이터를 활용한다. 지리적 공간에서는 데이터가 흔히 경도와 위도로 된 x, y축, 즉 좌표 공간에서 표시되어 다른 근거로부터 점, 선, 면적 데이터가 상호 참조할 수 있어야 한다. 지리적 스케일에서는 작은 지역, 특히 아주 복잡한 도시 지역에서 기록된 데이터가 상이하지만 보다 특별히 일반화된 스케일로 정보를 보여주고 분석할 수 있다는 것을 뜻한다.

그림 1.7은 도시적 GIS의 몇 가지 대표적인 데이터 레이어(layer)를 보여준다. 가게당 소매 판매와 같은 데이터는 좌표 점으로 표시될 수 있다. 다른 데이터, 예로 정치 또는 행정 단위는 다각형, 즉 어떤 지역을 둘러싸고 있는 일련의 선으로 측정될 수 있다. 도로, 하천, 공공시설과 같은 데이터는 여전히 선형으로 표시될 수 있다. 원래 데이터의 상이한 구조에도 불구하고 GIS는 이러한 데이터의 표현, 모델, 분석, 측정 등이 통합될 수 있도록 한다.

상권 변화의 모색, 판매 실적 분석, 새로운 업체의 입지, 혹은 실적이 부진한 기존의 입지 파악 등을 위해 도시 지역의 업체들은 다양한 자료의 데이터를 통합하는 GIS를 활용한다. 데이터는 미국 인구센서스와 정부 자료, 컨설팅 회사, 회사 문서로부터 나올 수 있다. 데이터는 센서스트랙(census tract), 도시계획구역, 교통 활동지구, 우편번호, 소매 상권 등을 기초로 수집된다. 다양한 기업의 성장 시나리오 분석, 기업 확장, 경쟁의 심화, 신기술의 예상되는 영향을 예측하고, 공급과 수요 지점 간 필요한 배송을 결정하기 위해 이런 데이터 자료들이 GIS에 의해 합쳐질 수 있다. 일반적으로 1960년대에 개발되고 적용된 공간 모델이 도시업체, 도시계획, 학문적인 도시연구 및 교육 분야에서 GIS로 점차 활용되고 있다.

도시의 정의

농촌 – 도시 연속체

도시의 성격과 도시를 형성하는 도시화 과정을 이해하려면 도시를 어떻게 정의할 것인가에 대해 생각할 필요가 있다. 두 가지 면에서 이 부분에 대해 언급할 것이다. 첫째, **농촌–도시 연속체**(rural-urban continuum)의 사고를 활용할 수 있을 것이다. 농촌–도시 연속체에 의하면 장소는 다양한 성격을 가지고 있고, 연속체의 한편에서 농촌, 즉 어떤 의미에서든 분명히 도시가 아닌 장소로부터 누구나 도시인 것으로 인지할 대단히 도시적인 장소까지 많은 장소의 형태에 우리는 관심을 가지고 있다는 점을 주목한다. 따라서 많은 사람들이 황야 혹은 농가가 매우 적은 지역은 어떤 의미에서 도시나 농촌이 아니라고 생각할 것이다. 한편 미국적인 맥락에서 뉴욕 시, 특히 맨해튼(Manhattan)은 미국 전체에서 가장 상징적인 도시적 장소이다. 그림 1.8은 연속체의 양끝을 차지하고 있는 장소의 독특한 특성과 함께 농촌–도시 연속체를 보여준다.

우리가 파악해야 하는 것은 이 연속체의 양 끝이 아니라 양 끝 지점 사이에 많은 종류의 장소가 있다는 것을 의미하는 **연속체**라는 점을 생각해 보자. 이러한 장소들을 연속체 상의 어디에 둘 것인가? 크든 작든 도시들을 이 연속체의 도시 쪽에 둘 것임은 분명하다. 그렇지만 작은 촌락, 즉 대단히 작은 상업적 또는 제도적 토지이용이 이루어지고 있는 가옥들의 클러스

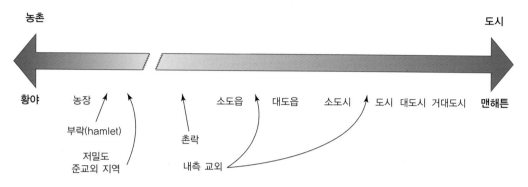

그림 1.8 농촌-도시 연속체. 정부와 학자들은 종종 취락을 '도시'와 '농촌'(또는 '비도시')으로 분류한다. 실제 취락은 연속성으로 여겨질 수 있는 다양한 특징을 가지고 있다. 도시와 농촌의 구별이 가능한 기준을 설정하는 것이 해결해야 할 과제이다.

터 혹은 규모가 크고 어느 정도의 상업적 또는 제도적 토지이용을 갖추고 있는 마을은 어디에 둘 것인가? 규모가 비교적 큰 타운, 교외지역은 어떠한가? 20세기 초에 개발된 비교적 오래된 교외지역은 규모가 크고 밀도가 높아 이 연속체의 도시 측에 속한다. 또 일부 교외지역은 넓게 펼쳐진 대도시 지역의 준교외 끝에 위치하며 대단히 저밀도로 개발되었다. 이런 곳들을 연속체의 농촌 쪽에 놓아야 하는가?

농촌-도시 연속체는 농촌과 도시를 구분하는 기준에 대해 생각해 보고, 도시의 본질적 특징을 보다 이해하도록 이끌어 준다. 그 기준의 하나는 인구와 관련된다. 분명히 도시는 도시가 아닌 장소보다 인구가 많다. 아주 간단하다! 이와 같은 경우에서도 어느 나라를 살펴보고 있는가에 따라 이 기준이 크게 달라질 수 있을 것이다. 어떤 나라(Iceland)는 200명 정도의 적은 주민이 거주하는 장소를 도시라고 정의한다. 다른 나라의 경우, 예로 미국은 타운이 도시로 여겨지기 위해서는 2,000명의 주민이 거주해야 한다는 오랜 전통을 갖고 있다. 또 어떤 나라(한국)에서는 훨씬 더 많은 20,000을 최소 인구로 설정해 왔다. 인구 기준은 장소에 따라 다르게 적용된다는 것을 알 수 있을 것이다.

그러나 개념상 인구만으로 충분하지 않고, 인구가 얼마나 조밀하게 거주하는가를 알 필요가 있다. 달리 말하면 거주하는 주민에 비해 거주지가 상대적으로 어떤 규모인가에 대해서 알 필요가 있다. 따라서 두 번째 기준은 인구 밀도인데, 도시적 장소에는 농촌적 장소보다 사람들이 더 조밀하게 거주하고 있다. 도시와 농촌의 구별은 결국 인구 규모와 인구 밀도를 합쳐야 되는 어려움이 있다.

그러나 여기서 주의할 점이 있다. 확실히 도시이지만 인구가 희박한 지역이 서구, 특히 미국 내에 있다. 그 예로 애틀랜타와 같은 대도시의 교외(exurban) 지역에서 볼 수 있는 저밀도 개발지를 생각해 보자. 이지역에 소규모의 타운과 농촌적 삶의 특징이 나타난다 해도 이 지역은 애틀랜타 대도시 지역과 긴밀히 연결되어 있기 때문에 도시라고 할 수 있을 것이다. 반면 조밀하게 인구가 많은 지역이 있는데, 그 지역 사람들은 대부분 농업이나 어업으로 삶을 영위한다. 이지역과 이 지역 사람을 근본적으로 도시적이라고 할 수 있겠는가?

인구 규모와 인구 밀도 외 다른 기준들은 **사회적 및 경제적**일 수 있다. 또한 그 기준은 **정치적 및 문화적**일

수도 있고, **생태학적, 건축학적** 혹은 관련 디자인 일 수도 있다. 핵심은 근본적으로 도시와 도시가 아닌 지역의 차이에 대해서 비판적 및 종합적 측면에서 파악하는 것이다.

도시 이론가 브레너(Neil Brenner)는 농촌-도시 연속체는 낡고 오해의 소지가 있다고 말한다. 급속히 발전하는 정보통신에 힘입어 정치적·경제적·사회적·문화적 체계의 부분으로 전 세계적으로 도시성(urbanism)이 매우 깊게 뿌리내려져 있기 때문에, 어떤 장소를 도시적이 아니라고 간주하는 것은 이해하기 어렵다고 브레너는 주장한다. 대신에 그는 **유동적 도시성**(planetary urbanism)을 제안하고, 도시를 (존재하지 않는) 농촌과 구별하지 않아야 한다고 주장한다.

도시의 공간 범위

도시를 어떻게 정의할 것인가에 대해 논의하면서, 도시 공간 범위에 대한 정의에 중점을 둔다. 달리 말해 도시의 경계를 어떻게 규정할 것인가? 경계 획정에 대해서 두 가지 접근 방식이 있다.

기능적 접근 방식 　도시의 공간적인 범위를 획정하는 한 방법은 영향력의 범위를 살펴보는 것이다. 즉 도시로부터 크게 영향을 받는 지역이 있다. **배후 지역**(tributary area)은 도시 주변 지역에서 도시로 소비자의 이동 또는 주변 지역 주민에게 도시의 상품 또는 서비스의 이동을 의미한다. 예로 도시에 거주하는 사람은 물론 도시 바깥에 살지만 의료 서비스 때문에 왕래하는 주민에게도 서비스를 제공하는 병원을 생각해 보자. 이것이 바로 배후 지역이다. 스포츠 팀을 생각해 보자. 조지아 주의 애선스(Athens)는 유명한 대학 미식축구팀의 본거지이고, 사람들은 현장 진행 스포츠 경기를 즐기기 위해 멀리서도 온다. 어떤 도시는 도시 그 자체보다 더 큰 지역에 문화적·경제적·상업적인 영향을 미친다는 것을 위 두 가지 예는 보여준다.

도시가 도시 자체보다 더 큰 영향권을 가지는 다른 방법으로 **일상 도시체계**(daily urban system, DUS)가 있는데 이것은 노동, 즉 근로자의 일일 통행을 추적하는 것이다. 일상 도시체계는 통근자가 일 때문에 도시로 들어오는 공간에 관한 것으로, 이러한 공간을 통근권이라고 한다. 이것은 어떤 도시가 통근 과정을 통해서 주변 지역과 함께 수행하는 일상의 경제적·사회적·정치적 교류를 반영한다.

행정적 접근방식 　지금까지 주변 지역에 대한 도시의 영향력 면에서 도시의 경계를 기능적으로 정의할 방법에 대해서 논의하였다. 행정적 접근 방식은 도시들의 실제 경계를 획정한다. 가장 일반적인 행정적 접근 방식은 자치도시의 법적인 경계를 의미한다. 이것이 일반적으로 우리가 말하는 'the City of ___'라는 것이며, 그 예가 애틀랜타 시이다. 행정적 시의 경계는 '도시'라고 사람들이 흔히 일컫는 것과는 차이가 있다는 점을 주목하자. 예를 들면 애틀랜타의 경우 법정 시의 경계는 400만 명이 넘는 전체 대도시 지역에 비해 50만 명 미만의 작은 인구를 가진 지역에 해당한다. 애틀랜타 시 주변에는 법적으로 자치권을 얻은(incorporated) 교외 도시들과 카운티(county)[5] 정부에 의해서 관리되며 자치권이 없는(unincorporated) 많은 지역들이 있다.

---

5) 미국에서 county는 주(state)를 구성하는 최대 행정구획으로 군(郡)으로 번역하는 경우가 있지만, county에는 city가 포함되므로 시(市)와 군(郡)이 별개의 행정 단위인 우리나라와는 다르다. 미국 내 일부 주에서는 county 대신에 다른 명칭을 사용하고 있는데, 알래스카에서는 borough, 루이지애나에서는 parish라는 명칭을 사용하고 있다.

그림 1.9 애틀랜타(Atlanta) 시(진한 색)는 많은 법정 자치시(연한 색)들로 둘러싸여 있으며, 도시의 과소경계 특성과 관할 구역의 파편화라는 문제를 함께 보여준다.

실제 혹은 기능적으로 정의된 영향권보다 작게 획정된 도시를 **과소경계**(underbounded) 도시라 한다(그림 1.9). 과소경계 도시는 법정 경계가 역사적으로 일찍 획정된 오래된 대도시 지역에서 흔히 존재한다. 도시가 성장함에 따라 법적으로 다른 관할 구역이 그 오래된 도시를 에워싸게 된 것이다. 한편 **과대경계**(overbounded) 도시가 있는데, 이 도시에는 법정 도시의 경계 내부에 많은 미개발지가 있다. 최근에 급격한 도시 성장이 진행된 미국 서부 및 남서부 지역에서 이 과대경계 도시가 상당히 많이 나타난다. 미국의 모든 대도시 지역에는 도시와 그 도시에 편입된 교외지역 외에도 복잡한 법정 관할 구역이 얽혀 있다. 소방서, 학교 구역, 상하수도 등 하부 시설과 서비스는 법적 도시행정구역과는 일치하지 않지만 법적으로 인정된 관할 구역에도 제공된다. 대체로 대도시 지역은 혼란스럽고 간혹 정치적으로 논란이 되는 **관할 구역의 파편화**(jurisdictional fragmentation)로 어려움을 겪는다.

도시 경계를 획정하는 두 번째 행정적 접근은 통계적 목적이며, 데이터의 수집과 보급에 편리하도록 경계가 설정된다. 미국 인구조사국은 인구를 집계할 수 있는 헌법상의 권한을 갖고 있다. 인구조사국은 인구에 관한 실질적으로 중요한 많은 데이터를 모은다. 인구센서스에는 인구조사국에서 설정한 다양한 행정 경계들이 포함된다. 경계들 가운데 하나는 도시 내의 작은 지역을 나타내준다. 가장 작은 단위 지역인 **블록**(block)부터 시작해서 인구조사국은 수백 명의 사람이 거주하는 이런 단위 지역의 경계를 국가 전체에 공식적으로 설정하였다. 구역을 재조정할 때도 블록이 사용된다. **블록 그룹**(block group)은 블록들의 그룹으로, 평균 약 1,000명의 인구가 포함되는 구역이다.

트랙(tract)은 블록 그룹의 집합으로 구성되고[이 같은 배열을 포섭배열(nested arrangement)이라고 한다], 평균 4,000~6,000명이 거주하는 구역이다. 트랙은 '근린(neighborhood)'의 개념을 가장 잘 나타내 주는 단위(그 단위가 정말로 그 역할을 잘 수행하는가에 대한 논란이 있지만)로서 모든 지역에서 광범위하게 사용된다. 몇십 년 동안 쌓인 트랙 단위의 데이터 세트가 있는데, 이러한 데이터를 사용해서 근린의 변화에 관한 연구를 수행할 수가 있다.

미국 인구조사국은 또한 여러 종류의 도시 경계를 설정한다. 인구조사국은 **도시화 지역**(urbanized area)과 그 지역보다 더 작은 **도시 클러스터**(urban cluster)에 대한 경계를 설정하고 있다. 이것은 도시화 패턴의

현장에서의 상황을 가장 잘 반영하기 위한 것이다. 그 경계들은 연속된 도시의 시가지 지역, 즉 도시적 토지 이용 지역을 나타낸다. 그 경계들은 또한 항공사진이나 위성 이미지로부터 도시 경계라고 할 가시적인 것과 가장 잘 부합한다. 도시화 지역과 도시 클러스터의 단점은 도시화가 진행됨에 따라 시간에 따라 변한다는 것이다.

논의될 마지막 센서스의 경계 개념은 새로운 도시권인 **중심기반 통계지역**(Core Based Statistical Area, CBSA)이다. 어떤 한 도시 또는 기능적으로 통합된 도시들 주변의 넓은 지역을 공식적으로 나타내기 위한 것이다. CBSA를 구축하는 단위는 카운티이며, 모든 카운티들은 CBSA에 포함될 수도 있고 제외될 수도

글상자 1.3 ▶ 소도시 지역

미국 관리예산국(U.S. Office of Management and Budget, OMB)은 대도시 통계 지역(Metropolitan Statistical Area, MSA)으로 알려진 미국 대도시 지역을 규정하는 지침을 정기적으로 갱신한다. 1990년대 말 OMB는 대도시 지역과 관련된 개념과 정의에 대해 종합적인 조사를 실시하였다(Metropolitan Area Standards Review Project, MASRP). 이 조사의 결과로 2000년 OMB는 대도시 지역의 개념, 용어, 정의가 바뀐 새로운 규정을 발표하였다. 새롭게 변화된 개념은 중심 도시 지역과 그 주변 지역 사이의 경제적·사회적 관계에 기반을 두었다. 이 개념은 지역을 전체 카운티와 결합하였다. 단 도읍 지역이 추가되도록 정의된 뉴잉글랜드는 예외로 하였다. 그 규정으로 중심기반 통계지역(CBSA)이 출현하였다. 대도시의 CBSA(즉 MSA)에서는 최소 5만 이상의 하나 이상인 도시 지역(도시화 지역으로 알려진)을 갖춘 중심 카운티와 최소 25% 이상의 고용 교환(즉 통행)으로 그 중심 카운티와 긴밀히 연결된 인접 카운티의 포함이 그 핵심이다.

2000년 OMB의 규정에 의해 **소도시 지역**(micropolitan areas)이라는 새로운 지리적 구획이 만들어졌다. 소도시 지역은 또한 CBSA이며, 인구 10,000에서 49,999명(도시 클러스터라

고도 하는) 사이의 최소 기준을 갖춘 도시 지역이 포함된 카운티가 해당 지역으로 지정되었다. 중추 지역과 인접 카운티 간에 고용의 흐름(통행)이 활발하면 주변 카운티가 포함될 수 있다. 소규모의 도시와 기능면에서 연결된 주변 지역의 개념이 소도시 지역의 개념에서 포착될 수 있다.

OMB는 2013년부터 시행될 조금 개정된 규정을 2010년에 발표하였다. 그림 B1.3은 조지아 주의 대도시가 아닌 지역에서 소도시 지역들의 예를 보여준다. 조지아 주의 더블린(Dublin)은 조지아 중앙에 위치한 2010년 인구 16,301명의 소도시이다. 그 도시는 중심 소도시의 조건을 갖추고 있다. 인구 48,434명의 로렌스(Laurens) 카운티에 위치한 더블린은 16번 주간 고속도로에 의해 메이컨(Macon)과 사바나(Savanah)와 연결된다. 로렌스 카운티는 소도시 지역임은 물론 북쪽에 위치한 인접한 존슨(Johnson) 카운티 또한 소도시 지역이다. 왜냐하면 어떤 카운티의 교류가 두 카운티 사이에서 25% 이상이 이루어지기 때문이다. 존슨 카운티의 중심도시(인구 9,980)는 2010년 2,223명의 라이츠빌(Wrightsville)이다. 두 카운티가 구성된 소도시 지역의 전체 인구는 58,414명이다. 윌러(Wheeler) 카운티(인구 7,421)는 로렌스 카운티에 인접하고 있지만 소도시 지역의 일부

있다. 뉴잉글랜드 지방에는 두 종류의 CBSA 경계, 즉 카운티에 기초한 경계와 타운십에 바탕을 둔 경계가 있다. CBSA에는 두 가지 형태의 카운티로 구성된다. 그중 하나는 일정 규모의 인구가 거주하는 중심 도시를 포함하는 중심 카운티이다. 이 중심 카운티와 연속적으로 닿아 있고 일일 통근으로 긴밀히 연결되는 인접 카운티도 CBSA에 포함된다. 즉 중심 카운티에 인접한 어떤 카운티의 주민들이 중심 카운티에서 일하는 비율이 25%를 초과하면 그 카운티는 CBSA에 포함된다. 중심 카운티에서 인접 카운티로 통근이 있을 수도 있다. 이 점이 바로 일정 기간 변하지 않고 안정적인 지리를 활용하여 일상 도시체계(DUS)에 근접하고자 하는 인구조사국의 의도이다.

CBSA는 중심 카운티에 위치한 도시의 규모에 따라 두 가지 카테고리로 분류된다. **대도시 지역**(metropolitan areas)의 중심에는 인구 5만 명 이상의 도시 지역이 포함된다. **소도시 지역**(micropolitan areas)의 그 중심에는 1만 명에서 49,999명 사이의 인구를 가진 도시 지역이 있다(글상자 1.3).

대도시 지역이 점점 더 커지고 넓은 지역에 더 큰 영향을 미친다는 점을 반영하기 위한 **복합지역**(combined areas)은 대도시 지역과 인접한 다른 대도시 지역 혹은 인접한 소도시 지역들이 합쳐진 지역으로서 (a) 경계를 같이하고, (b) 통근을 통해 경제적으로 상호 연결될 경우에 해당된다.

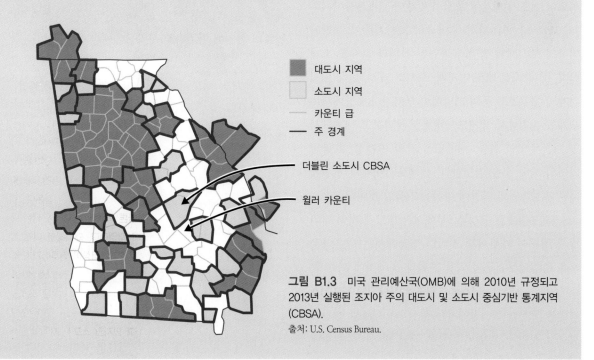

는 아니다. 존슨 카운티에는 비교적 직장이 없고, 양호한 2차선 고속도로 통행으로 더블린까지는 15마일(24km) 정도밖에 되지 않지만 윌러 카운티의 관청 소재지 맥레(McRae)까지의 통행거리는 비교적 양호한 2차선 도로로 30마일(48km)이다.

대도시 지역
소도시 지역
카운티 급
주 경계

더블린 소도시 CBSA

윌러 카운티

그림 B1.3 미국 관리예산국(OMB)에 의해 2010년 규정되고 2013년 실행된 조지아 주의 대도시 및 소도시 중심기반 통계지역(CBSA).
출처: U.S. Census Bureau.

이 책의 소개

앞서 논의한 것처럼 도시지리학은 지난 몇십 년에 걸쳐 지리학의 주요 강좌 및 연구 분야로 발전하였다. 최근에 많은 대학생들은 도시지리학을 배웠고, 상당수의 학생들은 교육 분야는 물론 대학원 과정으로 진학하거나 도시지리학, 도시 및 지역계획, 공공행정, 기타 관련 분야의 경력을 가지게 되었다. 도시지리학은 일상생활과 밀접히 관련된 흥미롭고 관심을 불러일으키는 분야임을 많은 학생들은 알게 되었다. 이 분야의 최근 경향을 개관한 후 이 책을 간략히 요약하고 이 장을 마칠 것이다.

이 도입 장에 이어서 도시의 기원과 역사적 발달에 관심을 기울일 것이다. 왜 초기 도시의 형성이 이루어졌는가? 그 도시들이 왜 어떤 입지에서 발달하였고, 다른 입지에서는 그렇지 않았는가? 첫 번째 두 장은 이 책의 1부를 구성한다. 2부는 3장과 4장으로 구성되어 대도시 체계에 초점이 맞추어진다. 3장에서는 1630년부터 2010년까지 미국의 도시계층이 포함된 미국의 도시체계 발달과 관련된 이론과 문제를 소개한다. 이 장에서 대도시 지배, 도시화 과정, 현대 도시 경제의 재구조화 등의 개념이 다루어진다. 4장에서는 세계화 관점에서 세계도시체계를 살펴보고 세계도시 및 자본주의의 역할, 세계도시 간의 연계성, 초국적 기업의 역할 등을 검토한다. 세계도시체계의 진전에 대한 정보통신의 역할에 관심을 기울일 것이다.

5장과 6장으로 구성된 3부에서는 대도시 지역 내의 경제 경관이 다루어질 것이다. 5장에서는 다운타운 혹은 중심업무지구의 역할 변화와 20세기에 거주지, 소매업, 제조업의 교외화 진행을 살펴볼 것이다. 경제 경관을 고찰한 뒤 6장에서는 생산, 즉 제조업 경관이 검토될 것이다. 공업의 고용은 지난 몇 십 년간 절대

적 그리고 상대적으로 매우 큰 변화를 겪었을 뿐만 아니라 대도시 지역 내 공업은 근본적으로 토지이용에서 그 입지의 변화가 있었다.

7장에서 10장까지의 4부는 대도시 지역의 사회 경관을 다룬다. 이 부분에서는 사람 그리고 어디에 어떻게 사람이 거주하는지를 살펴볼 것이다. 7장은 도시사회공간의 전통적인 모델을 다루며, 또한 도시 내부 공간을 조직하는 새로운 요소, 세계화 및 포스트모더니즘을 조사한다. 8장에서는 도시 주거, 특히 정부의 역할, 주거 시장에서 차별에 대한 논란, 주거지 노후화, 근린 재생(gentrification), 도시의 무분별한 확대 등이 다루어진다. 9장은 북미 도시의 도심부에 유의하면서 주거지 분리, 인종, 빈곤 등의 주제와 관련된다. 이 장에서는 차별, 복지 개혁, 하층민 등 어렵고 논란이 되는 모든 문제를 다룬다. 10장에서는 라틴계와 아시아계 이민의 지리적 패턴에 특별히 주의를 기울이면서 이민, 민족성, 도시주의 등의 문제 간의 관계를 분석한다. 이 장은 급속히 변화하는 사회적 및 민족적 환경에 거주하는 사람들에게는 매우 흥미로울 것이다.

5부에서는 대도시 지역의 정치 경관을 소개한다. 11장에서는 대도시의 협치(governance)와 지리적 및 정치적 분절화의 주요 문제가 다루어진다. 12장은 도시계획이 어떻게 실행되는지 및 도시계획이 어떻게 더 나은 도시를 만들 수 있는지를 설명한다. 도시계획에서 자신의 경력을 쌓아가려는 사람에게는 이 장이 특별히 도움이 될 것이다.

이 책의 마지막 부분인 6부에서는 미국과 캐나다와의 세계 선진국 또는 공업 지역(13장) 및 세계 저개발 및 공업화가 덜 이루어진 지역(14장)의 도시들을 먼저 살펴본다. 세계 각 도시에 사람들이 어디서 어떻게 다른 삶을 영위하는지 흥미로운 검토를 한다. 마지막으

로 15장은 라틴아메리카, 사하라 이남의 아프리카, 남아시아, 동남아시아에 위치한 도시들의 지리적 의미를 상세히 살펴본다.

요약

도시지리학은 지리학을 선도하는 실질적인 분야이며, 현대 지리학의 앞서 나가는 부분인 GIS 기술이 가장 잘 활용되는 분야이기도 하다. 다른 사회 및 행동 과학처럼 도시지리학은 지난 세기의 산물이며, 그 성과의 대부분이 불과 지난 몇십 년 동안 발생하였다. 도시지리학은 미국과 캐나다, 그리고 세계 전역의 변화하는 도시 지역을 더 잘 이해하기 위해서 어떻게 연구를 수행할 것인가에 관한 여러 관점을 적용해 볼 기회를 활용하였다. 도시에 관심을 기울인 여러 세대의 지리학자들이 쌓아온 풍성한 학문 및 교육 전통을 기반으로 오늘날 도시지리 교육, 훈련, 연구는 민간 기업, 정부, 계획, 교육 분야에서 시도해 볼 만한 고용 기회를 제공한다.

제2장

도시의 기원과 발달

철도와 강 사이에 얼마간의 재배지가 있고, 진흙 오두막이나 갈대로 엮은 집들의 작은 마을이 여기 저기 있다. 그러나 그곳의 서쪽에는 텅 비어 있는 사막이 있다. 이 버려진 황무지 너머에 우르(Ur)의 언덕들이 솟아 있고, 그중에서 가장 높은 지구라트(Ziggurat) 언덕을 아랍인들은 'Tell al Muqayyar', 즉 최정상의 언덕(Mound of Pitch)이라 불렀다.

―C. Leonard Woolley, 1930, p. 17(그림 2.1)

인류 역사의 아주 최근에서야 도시에 많은 사람들이 거주하게 되었다. 역사 자체만큼이나 오랫동안 도시가 존재해 왔고, 일부 사람들만이 도시에 거주하였지만 종교 조직, 복잡한 정치 체계, 쓰기와 학습, 공예와 기술 등 인류 문명의 주요 부분이 도시에서 전개되었고 발달하였다. 도시를 서술할 때 도시는 크게 다가오는데, 이는 역사 및 역사적인 대부분의 주제들에 대해서 기록한 사람들이 도시에 살았기 때문일 것이다. 우르(Ur), 아테네(Athens), 시안(Xian), 모헨조다로(Mohenjo Daro), 팀북투(Timbuktu), 로마(Rome), 테노치티틀란(Tenochtitlán), 바그다드(Baghdad), 베네치아(Venice), 항저우(Hangchow), 런던(London) 등 이러한 도시들은 현대적 기준에 의하면 대단히 큰 도시는 아니었다. 다만 일부 도시만이 인구 100만 명을 넘었다. 그렇지만 이 도시들과 다른 수많은 도시들이 인간 사회의 기반이 되었고, 또한 사회 변화를 가져오기도 하였다.

도시란 무엇인가

1장에서 논의되었듯이 도시는 여러 면으로 정의되었다. 역사적으로 도시는 인구 규모가 더 크기 때문에 다른 형태의 취락과 구별되었다. 직업면에서 도시는 직접 농사에 종사하지 않는 사람을 포함하였다. 위상면에서 도시는 정치, 경제, 사회적 힘의 중심이었다. 엘리트 계층이 도시에 거주하였다. 도시는 일반적으로 하나의 사회적 단위로서 함께 기능을 수행하는 사람들이 고밀도로 모인 곳이라는 특징을 가지고 있다. 도시가 주변 지역과 구별되는 것이 바로 이 점이다(그림 2.2).

유명한 도시연구자인 멈포드(Lewis Mumford)는 '고정된 장소, 내구성을 갖춘 주거지, 조립, 교환, 저장을 위한 영구적 시설'을 포함하는 **물리적 측면**과 도시가 수행하는 '지리적 망, 경제 기관, 제도적 과정, 사회적 행위 무대, 집단의 미적 상징' 등의 **사회적 측면**으로 도시를 구분하였다(Mumford, 1937; LeGates and

그림 2.1　세계에서 가장 오래된 도시 중 하나인 우르(Ur)에 있는 지구라트(Ziggurat) 언덕.

그림 2.2　이 사진은 이라크의 고대 도시 아르벨(Arbil, Arbela)의 고밀도를 보여준다. 초기 도시의 한 특징은 사람이 조밀하게 집중된 것이다.

Stout, 2003에서 재인용). 도시의 사회적 기능, 즉 인간 상호작용의 여러 분야에서 그 중심이라는 사실이 도시 존재의 핵심이다.

도시가 발달하면서 온갖 형태의 사회 기능이 도시에서 진행되었으며, 이 기능들의 성격이 견고히 유지되기도 하고 혹은 변형되기도 하였다고 할 수 있다. 도시가 농업, 상업, 공업과 같은 다양한 경제 체계의 중심지로 발전했기 때문에 그 변화의 주요 원동력은 경제였다. 도시는 그 스케일이 계속 확장되고 권력이 중앙 집권화되면서 여러 정치 체제의 수도로서 그 역할을 담당하였으며, 많은 정치적 변화를 겪었다. 문화적인 주요 변화도 있었다. 어떤 경우에는 확고한 현상 유지를 위한 정통성의 중심지로 도시는 발전하였다.

또 어떤 경우에는 큰 문화적 변화의 주체로서 그 역할을 하기도 하였다.

도시 형성의 전제 조건

도시는 빨라도 약 6,000년 정도의 역사에 불과하고 세계적으로는 300년 전까지는 보편적이지 않았던 비교적 최근의 현상이다. 도시는 농업 지역에서 출현하였기 때문에 농업이 도입되어 주민에 의해 수용되었을 때 발달하였다(글상자 2.1). 그러나 도시의 출현은 단순히 농업의 수용 이상을 필요로 한 것으로 보인다. 왜냐하면 예를 들면 남동부 북미와 아마존의 아메리카 인디언 문화의 농업 지역에서는 도시가 발달하지 않았기 때문이다.

글상자 2.1 ▶ 농업이 없는 도시?

대부분의 연구자들은 도시는 이미 농업 경제가 이루어진 장소에서 발달할 수 있었다고 여긴다. 그러나 다른 식으로 발달이 이루어질 수는 없었을까? 이러한 과정은 그 증거로 농업이 도입되기 전에 존재했던 두 취락, 즉 오늘날 터키의 차탈휘익(Çatal Höyük)과 요르단 서안 지구의 예리코(Jericho)에 기반을 두고 있다(그림 B2.1).

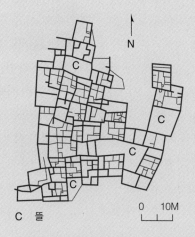

그림 B2.1 차탈휘익 모식도.

C 뜰

0 10M

그 취락은 도시의 많은 특징을 보여주고 있다. 예로 예리코는 B.C 8000년경으로 거슬러 올라가, 사람들이 농업에 종사한 지 얼마 되지 않아 조밀하게 형성된 취락이 존재한 것으로 보인다. 그곳의 거대한 성벽은 성경 이야기와 노래로 유명했다. 차탈휘익은 사람들이 약 32에이커[1] 지역을 지붕으로 들어가는 주거지에 사람들이 집중 거주한 것으로 보인다. 그 취락은 기원전 7500년경으로 거슬러 올라간다. 이 취락들이 수메르 도시에 앞선다는 것은 분명하지만 그 취락들을 도시라고 할 수 있는지는 논란이 되어 왔다. 차탈휘익을 발견한 사람이 많은 노동자와 공업이 그곳에 존재한 것으로 설명하였지만 주로 농부로 구성된 농촌 취락이 크게 성장한 것일 수도 있다.

이 정보를 이용하여, 제이콥스(Jane Jacobs, 1969)는 차탈휘익은 많은 주류 고고학자들이 받아들이지 않는 생각, 즉 농업 환경의 이전 시대에 나타난 것이라고도 하였다. 흑요석과 같은 중요한 상품 교역 때문에 차탈휘익이 존재하였을지도 모른다. 식량은 처음에 인접 지역에서나 교역에 의해서 구해졌다. 나중에 교역 시장의 역할 때문에 집약 농업을 낳았을 수도 있다.

---

1) 1acre=4,046.71m² =약 1,224평

도시 출현의 한 가지 전제 조건은 문명의 존재 여부이다. 도시와 **문명**은 같은 라틴어 어원(civitas)에서 나왔고, 그 둘의 관계는 역사적인 기록에서 잘 나타난다. **문명**(civilization)의 정의는 도시의 정의보다 더 어렵지만 문명을 공식적인 제도를 갖추고 중앙집권적 기관의 지배 하에 외부인들을 조직화된 커뮤니티로 수용하는 복합적인 사회문화 조직이라고 할 수 있다. 문명이 문화적 의미를 내포하지만 단순한 인간관계에서 표출되는 조직, 질서, 복합성과는 구별할 필요가 있다.

도시가 문명과 독립적으로 존재할 수 없다는 것은 확실하다. 자신의 식량을 생산하지 않는 수백 혹은 수천 명을 위한 고정된 취락이 형성될 수 있기 위해서는 문명의 특성과 관련된 조직, 질서, 복합체가 필요하였다. 역으로 세계 역사에서 대다수 문명은 정도의 차이는 있지만 도시를 발달시켰다. 예로 고대 이집트 문명의 기록에 따르면 이집트 도시들은 작고 임시적인 것이었다. 대조적으로 몬테주마(Montezuma) 시대의 아즈텍(Aztec) 제국에서는 테노치티틀란(Tenochtitlán)이라고 하는 규모가 아주 큰 중심도시가 형성되었다. 대부분의 도시들은 그 문명의 최고 모습을 발견할 수 있는 문명의 중심점이 되었다.

생태, 기술, 힘

도시가 형성되기 위해서는 문명의 존재 외에 생태적 환경, 기술, 사회적 힘이라는 세 가지 선행조건이 필요하다.

1. **생태적 환경**: 도시는 식량이 필요했기 때문에 비교적 비옥한 지역에 입지하였다. 초기 대부분의 도시들은 서리의 문제가 별로 없는 아열대 지역에서 발달한 것으로 보인다. 이 도시들은 토양을 쉽게 이용할 수 있고 물을 가까이서 고정적으로 확보할 수

있는 제방에 흔히 발달하였다. 그 외 도시들은 자연적 교통 특성(강 혹은 항구 등), 광물자원의 형태(유용한 광물), 건축 재료, 종종 군사적 방어 요소(예로서 고도)와 같은 다른 천연 자원에 접근성이 좋은 경우에 발달에 유리하였다. 이집트와 중국의 초기 도시들은 담수와 비옥한 토양을 구할 수 있는 나일 강과 황하 강 가까이에 각각 입지하였다.

2. **기술**: 도시가 발달하기 전에 농업과 농업 이외의 분야에서 발전이 필요했다. 도시는 농업 외의 전문화된 직종의 사람들을 부양할 수 있을 정도의 식량이 필요하기 때문에 농업 생산의 지속적인 잉여가 가능하기 전에는 도시가 발생할 수 없었다. 도시는 관개가 필요한 지역에서 주로 출현하였다. 도시의 출현에 또한 필요한 것은 교통과 식량 저장과 관련된 기술 발달이었다. 끝으로 도시 자체는 인구를 수용하고, 취락을 견고히 하고, 매우 정교한 의식과 기념물을 건축하기 위한 상당한 기술의 발전이 필요하였다.

3. **사회 조직과 힘**: 농촌에 비해 초기 도시는 크고 복잡하였다. 모든 사람이 서로를 아는 정도를 초월하여 사람들을 결속시킬 수 있는 어떤 형태의 사회 조직이 필요하였다. 그 외에도 (1) 강요 혹은 교역에 의해서든 주변 농촌 지역으로부터 식량을 구하고, (2) 도시 및 배후지의 물리적 측면을 조성하여 유지하고, (3) 도시 내에 거주하는 사람들의 활동을 규제하기 위해서 도시는 사회적 조정력이 필요했다. 사회 조직은 어느 한 그룹이 물적·사회적 자원을 지배하고 도시 안과 밖에 거주하는 사람들의 활동을 통제할 수 있는가에 따라 규정되는 사회적 힘을 갖추어야 했다.

도시는 이 세 가지 선행 조건이 확보되지 않을 때는

형성될 수가 없었다. 고대 도시들은 잉여 농산물이 저장되고 분배되는 장소로서 그 역할을 했다는 점에서 이러한 전제 조건을 갖추었다. 도시는 주변 농촌에서 도시민을 위해 운반된 곡물 등의 **자원 획득과 재분배의 중심지**(centers of extraction and redistribution)로서 경제 기능을 수행하였다. 중심 기관의 주요 기능 중 하나가 곡물을 수확, 저장, 재분배하는 것이었다. 곡물 저장소는 초기 도시의 사원 내에서 종종 발견되었다. 표기 체계는 사회가 잉여 곡물을 기록할 수 있는 최상의 방법이었기 때문에 도시의 성장에 매우 중요하였다. 배급과 임금 기록은 물론 곡물의 수령과 분배가 파악될 수 있는 초기 장부가 표기 체계의 처음 형태였던 것으로 보인다. 무엇보다 도시는 정치적으로 **중앙 권력의 중심**(seats of central power)으로서의 역할이었다. 도시는 **문화의 중심**(centers of culture)이기도 하였다. 도시는 문화의 주요 특징이 문서화되어 나중에 확산되고 권력이 합법화되는 중심지가 되었다.

도시 기원론

이 선행 조건들이 상호 어떻게 관련되는가를 주목하는 것이 중요하다. 예를 들면 양호한 환경과 농업 기술의 개선은 인구 증가를 가져왔고, 이는 다시 더 많은 식량 생산과 더 복잡한 사회 조직이 필요해지게 되었다. **사회적 힘**(social power)의 발달이 대부분 도시 기원론의 중심에 있다. 아랍의 역사학자이며 지리학자인 이븐 할둔(Ibn Khaldun)은 "도시 건축과 타운 계획을 위해서는 왕조와 국왕의 권한이 절대적으로 필요하다."고 언급하였다(Kostof, 1991, p. 33에서 인용). 그러나 도시 출현의 선행조건을 나열하는 것으로는 왜 도시가 발달하였는지를 설명하지 못한다. 수십 년 동안 학자들은 왜, 언제, 어디서 도시가 출현했는가를 밝히려고 하였다. 처음에 학자들은 도시 출현

의 단일 이유를 모색하였다. 그러나 다양한 도시 기원론 때문에 그와 같은 단일 원인은 지나치게 단순한 설명이다. 오히려 도시는 몇 가지 요소가 상호 결합된 결과로 출현한 것으로 보인다. 카터(Harold Carter)는 1983년 자신의 책 *An Introduction to Urban Historical Geography*에서 타운과 도시의 출현에 관련된 네 가지 요소를 요약하였다. 그 요소는 잉여 농산물, 종교, 방어 필요성, 교역 조건이다.

잉여 농산물 시간이 지남에 따라 초기 농부들은 자신과 가족을 충분히 부양하고도 약간은 남을 정도로 식량 생산을 할 정도로 좋아졌다. 마을 단위 사회에서 그러한 잉여 농산물은 사회적 잉여를 의미하였다. 달리 말하면 모든 사람이 농업에 종사하지 않아도 될 자원의 여유가 있었다. 소규모 사회에서 이러한 잉여는 다른 품목, 즉 금속 도구를 만드는 데 재능이 있고, 그 일에 더 많은 시간을 할애할 수 있을 정도로 잘하는 한두 명을 부양할 수 있었을 것이다. 전문화에 의해 농부와 농업이 아닌 다른 전문 종사자 사이에 간단한 노동의 분업화가 이루어졌다. 사회 규모가 커지고 사회가 복잡해지면서 잉여 농산물은 더 많은 사람이 농업 외의 일을 할 수 있도록 잉여 농산물을 모았을 것이다. 그 잉여 농산물은 농부가 다른 목적을 위해서 자신들의 시간을 할애할 수 있도록 또한 이용되었을 것이다.

공동의 목적을 위해서 잉여 농산물을 직접 거두거나 노동을 활용하는 몇 가지 메커니즘이 있었다. **십일조**(tithing) 방식은 집단적으로 모으기 위해서 수확물의 일정 부분을 자발적으로 할당하는 것이다. **세금**(taxation)은 개개의 농부가 정부에 수확물의 일정 부분을 지불하게끔 하는 시스템이다. **무급 노동**(corvée labor)은 정부가 개인에게 대규모 공공사업에 일정 시

그림 2.3 이 성채(citadel)는 모헨조다로의 외곽에 있다. 이 사진은 서쪽의 높은 언덕으로 많은 진흙 벽돌의 기반과 하라파(Harappa) 시대(기원전 2600~1900)의 벽돌집들을 보여준다. 하라파 구조물 위에 기원후 1세기경 진흙 벽돌로 조성된 불교 시대의 탑이 있다.

© DAJ/Getty Images

간 일하도록 요구한 행위였다. 예를 들면 이집트 무덤의 건축은 노예 노동과 무급 노동의 산물이었다.

여기서 중요한 질문은 잉여물의 존재 그 자체가 사회적 힘을 발전시켰는가 하는 것이다. 울리 경(Sir Leonard Woolley)과 차일드(V. Gordon Childe)와 같은 초기 고고학자에 의하면 잉여물의 생산과 관리는 어떤 조직을 필요로 하였고, 그 조직은 다시 어떤 사회적 통제 형태를 필요로 하였다고 한다. 그 잉여물을 관리하는 것이 필요했기 때문에 **중앙 권력**(central authority)이 생기게 되었다. 특히 노동의 정교한 조직이 필요했던 복잡한 관개 시설의 발달에 이 주장이 적용되었다. 그러나 초기 수메르 사회처럼 광범위하게 관개 사업의 결과로 나타난 것이 아닌 문명과 도시가 확실히 있다. 더구나 조직화된 사회가 발달한 뒤에 어떤 대규모의 공공사업이 진행된 것으로 여겨진다. 잉여 농산물만이 사회적 통제의 메커니즘을 필요로 했는지 여부는 확실하지 않다.

종교 모든 초기 도시의 공통적인 특징 가운데 하나는 사원의 존재였다. 어떤 경우에서든 사원은 도시 내의 어떤 다른 요소보다 훨씬 더 두드러진다. 우르의 대사원은 몇 마일 밖의 평평한 메소포타미아 평원에서도 볼 수 있었다. 오늘날 파키스탄에 있는 인더스 계곡의 모헨조다로에 약 43피트(13.1m) 높이의 종교적 성채가 있다(그림 2.3). 현대 터키의 차탈휘익과 같은 도시의 원형도 상당 부분은 종교적 목적과 관련된다는 것을 보여준다. 종교는 도시 이전 사회에서도 매우 중요하였고, 모든 초기 도시에서 종교적 구조물은 매우 뚜렷하여 종교가 사회적 세력의 발달과 관련되었다는 것은 타당하다. 이 관계는 초기의 엘리트가 정치 및 정신적 권력 모두를 가졌다는 사실로 뒷받침된다. 즉 왕과 제사장은 같은 인물이었다.

이러한 역사에 기초해서 잉여 농산물이 생산됨으로써 강력한 사제 계층이 출현한 과정을 재구성하는 것은 쉽다. 초기 농업 외의 전문직 종사자들은 유형의 상품 생산에 관여했을 가능성이 높다. 또한 촌락민의 삶에 큰 부분을 차지하는 가뭄, 홍수, 해충, 질병 등 예상하지 못한 재해를 설명하는 일부 카리스마를 가진 사람들도 있었다. 이러한 인물들은 약간 변형되었지만 전문인의 지위를 부여받았다. 달리 말하면 그들

© Essam Al-Sudani/Stringer/AFP/Getty/Images

그림 2.4 수메르 도시의 고대 성벽과 요새. 성벽은 초기 수메르 문명의 필수 요소였다. 성벽은 공격자를 방어하기도 하고 외부 마을 주민의 접근을 제한하였다. 우루크(Uruk)에 있는 성벽의 둘레는 약 6마일(9.6km) 정도였다.

은 미지의 것을 달래는 종교적 의식의 필요성을 설명하고 명문화하는 전문가였다. 이 사람들이 점차 강력해지면서 **사제 계급**(priestly class), 즉 초자연적인 현상을 설명하고, 촌락민과 초자연의 힘 사이의 중재에 관여하는 사람들이 나타났다. 시간이 지남에 따라 이 사제 계급은 구성원과 사제 지위가 부모로부터 자녀에게로 어떻게 이어질 수 있는지를 법으로 명시하거나 어떤 경우에는 신에게 부여받았다고 주장하면서 나머지 사람들과 구별되었다. 이 계급은 잉여 농산물을 통제하고, 전체 주민이 받아들이는 가운데 자신들의 목적에 부합하도록 그 잉여 농산물을 활용할 수 있었다는 점이 가장 중요하다. 종교와 세속 정치가 혼합된 **신권정치**(theocracy)는 초기 문명의 주요 특징이었다.

사제 계급은 실제로 중요했지만 그 계급의 출현이 복잡한 사회 조직 형성에 유일한 것이었는지, 그리고 그 계급이 출현했다는 것이 초기 촌락 사회를 집약적이고 조직적인 도시사회로 변형시켰는가에 대한 증거는 없다.

방어의 필요성 초기 도시의 또 다른 특징은 어떤 요새의 형태가 존재한다는 것이다. 고대 도시의 대부분은 성벽이 있고, 그 도시에는 모두 방어 공사, 군인 계급, 무기 생산의 흔적이 있다. 도시를 나타내는 이집트 상형 문자는 원과 그 안에 십자가로 표시되어 있다. 십자가는 일종의 모임장소, 아마도 시장의 형태를 의미한다. 원은 그 모임 장소를 방어하는 벽을 나타낸다. 역설적으로 대부분의 고대 이집트 도시에는 두드러진 성벽이 없었다. 이 점이 이집트 도시와 고대 수메르 시대의 중무장한 성곽 도시의 뚜렷한 차이점이다(그림 2.4).

곡물 저장고, 중앙 권력의 중심지로서의 위상, 사람들의 집중 때문에 고대 도시들은 어떤 형태로든 방어를 필요로 하였다. 그 도시들은 매력적이고 가시적인 목표물을 만들었을 것이다. 공격에 처했을 때 도시는 인접한 배후지 거주자를 위해 문을 열고 피난처를 제공하고, 창이나 투석구를 제공하였을 것이라고 상상할 수 있다. 군인들은 잘 알지만 성공적인 방어를 위해서는 상당한 정도의 계획된 협력이 필요하고, 그 협력을 위해서는 명령의 명쾌한 전달 체계와 노동 분업이 필요하다. 성공적인 군대는 유사 시 예비 병력들이 보강되지만, 지속적인 훈련을 유지할 수 있는 정규 군이 필수적이다. 상당 부분의 잉여 농산물은 요새 건축, 무기 생산, 군인들을 돌보고 부양을 위한 지불에 사용되었다. 일단 군인 계급이 성립된 후, 그 계급은 어떤 특권층이 되어 도시 및 주변 지역의 거주자에 대해서 어느 정도 사회적 통제를 할 수 있었다.

교역 조건 보다 정교한 문화의 발달은 더욱 긴밀한 경제의 성장과 관련되었다. 도시가 출현하기 이전에 특정 상품의 교역이 활발했다는 증거가 많다. 근동 지역에서 교역물품은 주로 흑요석(obsidian, 날카로운 도구로 유용한 단단한 유리질 화산석)이었지만, 다른 물품도 거래가 되었다. 메소포타미아에서 생산된 많은 금속 도구는 구리를 사용하였다. 구리는 거리가 1,000마일(1,600km) 이상 떨어진 아나톨리아 고원에서 생산된 것으로 여긴다. 교역 자체는 시장 출현의 기폭제가 되고 새로운 도시 기반을 형성할 수 있는 요소이다. 도시가 형성되기 전 취락들을 찾아 다니던 교역상들은 서로 구하기 어려운 물건들을 주민들과 직접 물물 교환을 하였을 것이다. 전문화된 상품의 교역에 의해서 사람들이 다른 농업 및 농업 외의 생산물을 구입하기 위해서 잉여 농산물을 생산하였기 때문에 더 전문화와 경제적 집중이 이루어지게 되었다. 교역 때문에 기술이 있는 농업 외의 장인들이 또한 번창할 수 있었다. 도시는 교역의 중심점, 즉 시장 주위에서 발전되었을 것이다.

교역은 확실히 많은 고대 도시에서 중요한 역할을 담당했고, 중세 때 도시 삶을 부흥시킨 주요 요소라고 할 수 있을 것이다(뒤에 나올 '새로운 교역 도시' 참조). 한편 초기 도시 발달의 주요 요인으로 교역에 관한 증거는 부족하다. 때로는 존재했지만 시장도 사원과 성벽처럼 장대하고 중요했다고는 할 수 없다. 고학적 기록에 의하면 상인 집단은 특권층(중세 교역 도시에서 시장의 위상과는 큰 차이가 있었다)의 지위를 가졌다고는 할 수 없다. 실상 자유 교역에 유리한 자본주의 경제는 훨씬 뒤에서야 성립될 수 있었다. 경제적 교환은 조심스럽게 규제되었고 신권 정치적 생활의 규정과 의식이 우선이었다.

어떤 단일 요소가 도시 출현의 핵심 요소가 될 수 없음은 앞선 논의에서 분명하다. 세계에서 가장 초기의 도시 발달과 문명의 탄생이 가능하게 한 양호한 사회 경제적 요소가 특정 장소에서 결합하였다.

고대 도시화의 패턴

고대 도시의 역사는 넓은 범위에 걸친 시간과 공간에서 시작되었다. 한때는 도시가 초기 메소포타미아의 한 장소에서 발달하여 지구상의 다른 곳으로 전파되었다고 학자들은 여겼다. 최초의 도시가 메소포타미아에서 시작되었지만 도시들은 여러 문화와 장소에서 독립적으로 발달했다고 오늘날 대부분의 학자들은 말한다. 농업이 도시를 지지하는 핵심 조건이었듯이 도시 취락은 농경 경제가 처음 발생한 장소에서만 형성되었을 것이다. 그다음 이러한 시초의 중심지에서 도시화가 확산되었다.

고대 도시의 입지

고대 도시의 입지가 그림 2.5에 나타나 있다(글상자 2.2 사라진 도시들 찾아내기 참조). 첫 번째 진정한 도시는 기원전 4750년경 수메르(Sumer, 남부 메소포타미아, 오늘날 이라크)에서 출현했다는 데 대부분의 연구자들은 의견을 같이하였다. 그 다음 도시는 기원전 3000년경 이집트에서, 기원전 2200년경 인더스 계곡(오늘날 파키스탄)에서, 기원전 1500년경 황하 강을 따라 중국의 북부에서 나타났다. 독립적으로 도시가 발달했다는 증거가 있다. 즉 기원후 1년경 멕시코 남부에서, 기원후 1000년경 페루에서, 얼마 후 서부 아프리카에서 독립적으로 형성된 것으로 여겨지는 도시 중심지가 출현하였다. 이러한 도시들에는 신권 정치적 경향을 가진 강력한 지배 계급, 글을 읽고 쓰는 능력, 잉여 농산물을 재분배하는 발달된 방식, 관개사업에 대한 많은 기록(옥수수에 의존한 메소아메리카는 예외)이 존재했다는 증거가 있다. 도시가 다른 장소에서 독립적으로 발달했을 수도 있지만 이것에 대한 뚜렷한 증거는 없다.

이러한 고대 도시들은 모두 초기 농업의 생산 지역에 위치했다는 점이 중요하다. 간략히 언급하면 도시는 잉여 농산물과 정착민이 있어야 했다. 농업은 이 두 요소를 제공하였다. 성공적인 농업 생산에 의해서 기대된 일정한 잉여 농산물이 생산되었다. 초기 모든 도시에서 행해진 **종자 농업**(seed agriculture)은 사람들이 장소에 머물게 하고 구획된 땅에 전념할 수 있게 하였다. 또한 농업생산은 전반적으로 인구밀도를 높였다. 초기 수렵 채취로 살아간 사람들은 1제곱마일(약 2.6km^2)에 1명도 되지 않는 인구밀도에서 살았다. 농경생활이 도입되면서 특히 메소포타미아, 인더스, 황하의 비옥한 계곡에서 인구밀도가 상당히 높아지게 되었다.

도시화의 확산

도시는 시초의 중심지에서 많은 지역, 즉 메소포타미아와 이집트에서 지중해 동부 전역, 북아프리카 및 남부 유럽의 해안을 따라서, 그리고 인더스 계곡에서 중앙아시아로, 황하 지역에서 중국의 동북쪽으로, 메소아메리카에 전역에 걸쳐 확산되었다. 고고학적 탐구로 초기 도시의 수와 규모가 계속 확대되고 있다(그림 2.5). 때로는 교역로를 따라 발달한 취락 형태로 문명이 발달한 지역 간에 접촉이 있었다는 것도 밝힌다. 고대 이집트 문화와 오늘날 미국 남서부에 위치한 아나사지(Anasazi) 문화와 같은 일부 문화에서는 일정 기

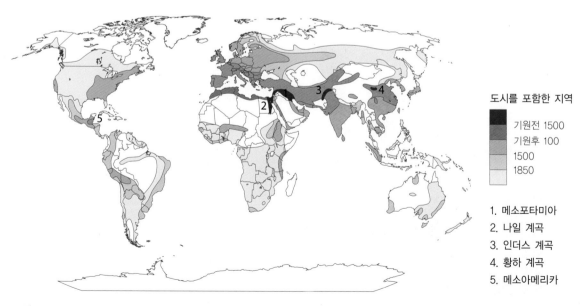

도시를 포함한 지역

■	기원전 1500
▨	기원후 100
▨	1500
□	1850

1. 메소포타미아
2. 나일 계곡
3. 인더스 계곡
4. 황하 계곡
5. 메소아메리카

그림 2.5 도시의 확산. 도시는 그 기원지로부터 서서히 확산되었다. 농업 기술의 발달, 교통 개선, 군사적 정복에 의해 확산이 이루어졌다.

간 점유하고 그 뒤에 버리는 임시 도시가 존재했다는 증거 또한 많다.

무엇이 도시에서 문화를 일으키고, 필요하였고, 받아들였으며, 그 결과 도시가 확산되도록 할 수 있었나? 농업 기술의 발달이 도시의 지지에 필요한 잉여 농산물을 생산하는 데 중요한 역할을 확실히 하였다. 그 발달에서 가장 중요한 점은 기원전 1200년경에 시작된 주요 금속이 청동에서 철로 변화한 것일 것이다.

초기 농업은 가볍고 쉽게 작업이 가능한 충적(하천 퇴적) 토양이 있었던 하천의 계곡에 한정되었다. 철로 인해 사람들은 더 많은 땅을 개간할 수 있는 더 나은 도끼와 더 단단하고 더 비옥한 땅을 팔 수 있는 더 강한 쟁기 날을 생산할 수 있게 되었다. 이것들로 인해서 경작지가 증가하였다. 철기 시대가 시작된 지 500년 동안 이전 1,500여 년의 청동기 시대보다 더 많은 도시 성장이 있었다는 것은 우연이 아니다.

글상자 2.2 ▶ 사라진 도시들 찾아내기　　　　　　　　**기술과 도시지리**

고고학자들이 자신의 통찰력을 발휘하여 지하에 묻힌 취락을 발굴하기 위해 참여하는 고대 도시의 발굴에는 그야말로 많은 노력이 필요하였다. 오늘날 고대 도시의 발견은 인공위성과 원격탐사 이미지의 도움을 크게 받는다. 이 이미지에서 육안으로는 거의 보이지 않는 다양한 빛의 스펙트럼을 활용하여 어떤 경관을 볼 수 있다. 고고학자들은 몇 피트 지표 밑에 묻혀 있는 구조물을 찾는 지하 침투 레이더를 또한 이용할 수 있다. 이 방법은 많은 고대 취락이 그러했던 것처럼 모래사막에 묻힌 상황에 대단히 유용하다.

오늘날 오만(Oman)의 모래 밑에 묻힌 사라진 도시 우바르

(Ubar)는 대단히 힘든 연구, 직관, 원격탐사 기술이 합쳐져 발견되었다. 우바르는 의학 및 미용 목적으로 나무의 진으로 만든 향료인 유향의 채취와 분배의 중심지로서 성장하였다. 우바르는 기원후 2세기에 널리 알려지게 되었다. 그 도시 주변에 전해지는 신화가 있었지만 그 도시의 존재는 확실하지가 않았다. 거대한 사막 한가운데 위치한 것으로 알려졌다. 따라서 전통 방식으로 발굴하는 것은 거의 불가능하였다. 인공위성 이미지(그림 B2.2)에서 고대 대상들의 길을 포함한 파묻힌 도시와 관련된 특징을 찾아내었고, 그 지점에서 이 중요한 고대 도시가 다시 발견되었다.

쉬시르(Shishr)/우바르 지점

고대 통로

현재의 자갈 도로

U.S. Geological Survey

그림 B2.2 우바르의 랜드샛 (Landsat) 인공위성 이미지. 화살표는 우바르로 이어지는 향료의 길을 가리킨다.

교통의 발달 또한 중요하였다. 대부분의 도시는 강과 같은 자연 교통망에 접근하기 쉬운 곳에서 나타났지만 교통 발달에 의해서 더 넓은 지역에서 도시 기능이 수행될 수 있게 되었다. 여기에서도 더 나은 바퀴와 빠른 배를 만드는 데 철이 중요하였다. 교통 발달은 교역이 이루어지는 범위를 넓혔다. 오늘날 튀니지에 있는 카르타고(Carthago) 도시는 이렇게 해서 형성되었다. 미노아의 크레타(Minoan Crete) 또한 교역 경제가 잘 발달하여 크레타 전역과 다른 에게 해의 섬에 항구가 세워졌다. 종종 과잉 인구를 수용하고 새로운 땅을 개간하기 위해 식민지도 설립되었다. 시실리(Sicily)와 같이 서쪽으로 멀리 떨어져 위치한 그리스 식민지의 경우, 그 새로운 시민지는 자치적이었다.

군사적인 정복으로 야망을 가진 지배자가 자기 국민을 동원하여 인접 지역을 가질 때 작은 국가는 더 큰 국가에 통합되었다. 국가의 규모가 커짐에 따라 많은 독립적인 정치적 실체는 줄어들었다. 기원전 2300년경 모든 수메르의 도시 국가는 단일 국가로 합쳐졌다. 다른 곳에서도 유사한 통합이 일어났다. 중앙 통제 하에서 정복이 확대되면서 작은 문명으로부터 큰 문명이 출현하였다. 이 새로운 정복지 내 도시들은 착취와 통치의 중심지가 되었다.

도시 발달과 초기의 경제: 전통 도시

고대 도시는 상당히 다양하다. 초기 도시의 규모는 약 2,000명에서 시안(중국 당나라의 수도), 로마, 바그다드(이슬람 칼리프의 중심지)에서는 100만 정도로 다양하였다. 도시 형태도 다양하였다. 어떤 도시는 계획적이었고, 또 어떤 도시는 중심의 위치로부터 비롯되었다. 일부 도시는 방어시설을 잘 갖춘 곳에 형성되었으나 일부는 성벽이 없이 존속했다. 그러나 도시는 공

통의 기능도 갖고 있었다. 이 점은 전통적인 도시, 즉 중세 말 유럽의 상업자본주의의 출현에 앞선 전통적인 도시의 경우엔 더욱 더 그렇다. 이러한 전통 도시는 다음 세 가지 핵심 요소를 공유하였다.

1. 그 도시들의 존재는 배후 지역에서의 물품 획득(일반적으로 강제적인)에 달려 있었다. 획득의 메커니즘은 세금이나 조공일 수 있지만 대개는 의무적인 관계였다. 교역은 확실히 존재했지만 그렇게 중요하지는 않았고 도시의 경제적 기반이 되지는 못했다.
2. 보통은 종교적으로 엘리트 계급이 그 도시들에서 중심이 되었다. 도시에서 이 계급이 형성된 것은 그들이 도시에서 중심적인 위치에 있다는 것을 의미하며, 그들로 인해 주변 지역에 비해 도시가 우위에 있을 수 있게 되었다. 도시 자체가 형성된 것은 이 엘리트 계급 때문이었다.
3. 도시들은 문화적으로 정통성을 유지한 중심지였다. 도시는 점차 정교해져 문화, 정치, 경제 관계 등을 반영했지만 대부분의 고대 도시는 현상을 유지하려 하였고 변화를 거부하였다. 그 도시들은 변화의 가장자리가 아닌, 자신들 문명의 중심에 있었다. 도시들은 이러한 정통성을 부각시키기 위해 도시 공간이 계획되었다.

고대 도시 국가: 수메르

앞에서 살펴본 것처럼 확인된 최초의 도시들은 남부 메소포타미아의 수메르에서 발견되었다. 예리코(Jericho)와 같은 초기의 취락들은 인상적이고, 집촌과 요새와 같은 고대 도시의 많은 특징이 나타났다. 그러나 그 취락들은 큰 문명과 분리되어 나타났고 농부들이 거주한 것으로 보인다. 티그리스 강과 유프라테

스 강을 따라 큰 범위의 문명 내에서 처음으로 실질적인 일부 도시가 출현하였다. 농업이 오랫동안 이 지역에서 잘되었는데, 하천 계곡 주위의 산에서 시작하여 기원전 5300년경에 저지대로 이동하였다. 기원전 4750년경 에리두(Eridu)에서 시작하여 기원전 3600년경에는 우루크(Uruk), 우르, 라가시(Lagash), 알루바이드(Al'Ubaid)(그림 2.6) 등 많은 도시들이 강의 제방을 따라 길게 이어졌다. 초기 중심지 인구는 대부분의 농촌 마을이 약 100명 정도의 인구를 수용한 것에 비추어 볼 때 매우 많았다. 이 도시들의 인구는 기원전

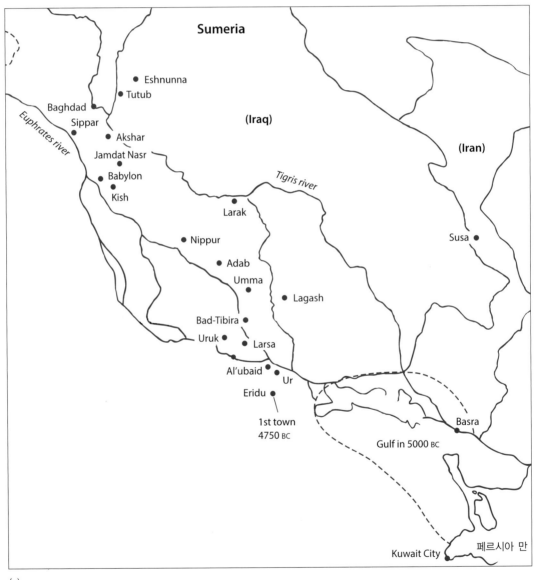

(a)

그림 2.6 고대 수메르 도시들의 위치도(3600 BC). 고대 수메르 도시국가들은 지금의 이라크에 있는 티그리스 강과 유프라테스 강을 따라 입지하였다.

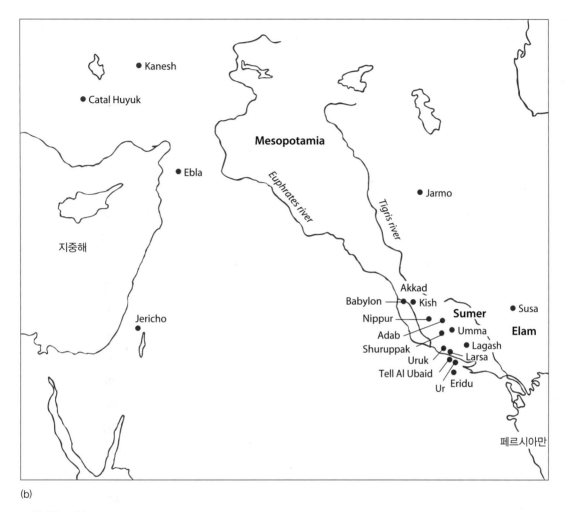

(b)

그림 2.6 계속

3100년경 10,000명, 기원전 2600년경 50,000명 정도였다.

처음에는 정치적으로 상호 분리되었지만 문화적으로는 유사한 10여 개 도시에서 수메르 문명이 구성되었다. 각 도시는 그 **배후 지역**(hinterland)에서 잉여 농산물을 획득하였고 도시 주변의 비옥한 지역에서 생산이 없었다면 존속될 수는 없었을 것이다. 이 때문에 초기 도시의 규모는 배후지에서 구한 잉여 농산물에 의해 제한되었다. 초기 도시시대에 농업의 잉여는 매우 적었다. 20% 잉여(이 시대에서는 상당히 많은 편)를 가정한다면 10,000명의 도시는 40,000명의 배후지 농부가 필요했고 50,000의 도시는 배후지에 200,000명의 농부가 필요하였을 것이다. 매우 정교한 정치적 체계만이 이 정도 규모의 배후지를 관리할 수 있었다.

도시와 배후지의 관계는 **도시 국가**(city-state)라고 하는 정치적 형태에 명문화되었다. 오늘날 도시 국가는 드물지만 도시의 역사에서는 상당히 많았다. 개개의 수메르 도시들은 정치적으로 **주권 국가**(state,

country와 동의어)의 틀 안에 있었다. 간단한 배치에
의해서 도시는 정치 및 군사적으로 주변 지역을 통제
하였다. 도시 그 자체는 중앙 권력을 가시적으로 규정
한 것이다. 잉여 곡식이 도시로 들어가듯이 지시 및
정책은 배후지로 나아갔다. 뒤에 이들 도시 국가는 더
큰 왕국으로 합병되었다. 다른 문명, 대개 고대 이집
트와 인더스 계곡에서는 하나의 중앙 권력 밑에 몇 개
의 도시가 있었다.

고대 수메르 도시 국가의 공간적 배치는 쇼버그
(Gideon Sjoberg)의 1960년 저서, *The Preindustrial City:*
Past and Present(전산업도시: 과거와 현재)에 잘 나타나
있다. 그의 모델은 모든 비산업(non-industrial) 도시에
적용된다고 하며, 일부 요소는 시간과 공간을 가로질
러 모든 도시에서 발생하기도 한다. 그 모델은 수메르
도시에서 가장 완벽히 잘 예시되었다(그림 2.7).

각각의 수메르 도시는 그 도시에 식량을 제공한 배
후지와 관련이 있다. 도시 자체는 거의 모두 성벽으
로 둘러싸여 있다. 이 도시들은 규모가 상당히 큰 것
도 있었다. 고대 수메르 도시 중 하나인 우르크는 2
제곱마일(약 5.2km²) 정도의 면적이었고, 900개 내
지 950개의 원형 망루를 가진 약 6마일(9.6km) 길이
의 성벽으로 둘러싸여 있었다. 그 성벽은 10~20야드
(9.1~18.2m) 두께이고 진흙으로 축조되었다. 이 성벽
은 방어 목적이 분명하고, 특권층인 도시 주민과 그렇
지 않은 농촌 주민 간의 장벽도 되었다. 외부로부터
진입은 출입문이 열리는 시간으로 제한되었다.

도시 중심에는 엘리트 계급의 구역 또는 성역
(temenos)이 위치하고 있었다. 최초에 형성된 도시에
관한 연구에 의하면 이 구역은 크게 사원과 그 사원의
보조 건축물로 구성되었다고 한다. 사원은 지표에서
약 40피트(12.2m) 위에 있었고 멀리 떨어진 사람에게
는 거대한 형상으로 나타났을 것이다. 곡식 저장고,

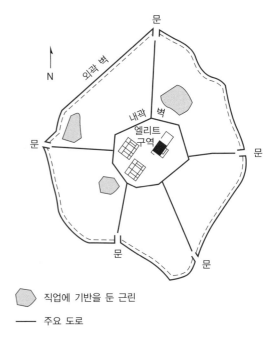

그림 2.7 수메르 도시의 모델.

학교, 공예 등 사회의 거의 모든 비농업적 요소와 더
불어 사제 계급, 사본 필사자, 기록자들이 사원에 있
었다. 수메르의 한 사원에서는 1,200명 이상의 사람
이 일을 하고 있었다.

고대 사회가 점차 복잡해지면서 이 엘리트 계급의
구역 내에서 별개의 구조물이 나타나게 되었다. 이 초
기 도시에서 나타난 첫 번째 구조물이 궁전이었다. 궁
전의 존재는 세속적인 권위자와 종교적 권위자는 같
은 인물이 그 두 업무를 맡았다고 해도 별도로 존재했
다는 것을 의미한다. 울리(Woolley, 1930)에 의해 보
고된 다소 끔찍한 발견은 우르에 있는 왕의 무덤이다.
이 무덤에는 왕의 부장품과 제물로 바쳐진 74명의 희
생자가 있었다. 그러한 희생은 많은 문화에서 흔한 것
이었고, 사람들이 사후에도 자신의 신과 같은 주인을
따르기를 원했기 때문에 기꺼이 그리고 자진해서 무
덤으로 들어간 것으로 보인다.

도시의 주요 도로가 도시의 중심에서 출입문까지 뻗어 있었다. 권력과 명성은 중앙에 대한 공간적 접근으로 규정되었다. 그래서 이 도로는 때로는 부유한 자들의 집과 나란히 배치되었다. 고대 수메르의 도시와 같은 **자연발생 도시**(organic city)에서 도로는 계획에 맞게 디자인된 것이 아니라, 무계획적으로 발달하였다. 인더스 계곡의 모헨조다로와 같은 도시는 규칙적인 도로망을 갖춘 **계획 도시**(planned cities)로 발달한 것으로 보인다.

고대 도시에서도 상당한 교통 혼잡이 있었다. 모든 것이 갈대와 진흙으로 만들어졌기 때문에 큰 건물을 짓는 것이 불가능하였다. 도시 내부의 인구밀도가 1제곱마일(약 2.6km^2)당 25,000명을 초과했기 때문에 공간이 상당히 부족하였다. 이는 현대 미국 도시의 대부분이 1제곱마일당 약 5,000명의 인구밀도를 가진 것과 비교되며, 이 수치도 고층빌딩과 마천루에 의해 가능해진 여분의 층상 공간을 함께 고려한 것이다.

위생 기준은 미흡하였다. 고대 로마가 그랬던 것처럼 적합한 물의 공급이 있었다면 그러한 물은 대개 도시의 부유한 지역에서 나타났다. 거리 자체가 배수가 불량했다. 실제 수메르 도시의 발굴에서 시간이 지나고 사람들이 버린 쓰레기가 쌓여감에 따라 지상과 같은 높이로 높아졌고, 건물에 별도의 출입구를 내야 했다.

도시사회가 더 복잡해지면서 종교 외의 전문가들은 사원 밖으로 나가고 엘리트 계급의 구역을 둘러싸게 되었다. 초기 도시의 근린은 직업에 따라 구성되었다. 양조업자만 있는 몇 블록이 있었고 금속 노동자가 있는 몇몇 블록이 존재하였다. 대개는 중심으로부터 거리가 직업의 지위를 반영하였다. 피혁업자, 정육업자와 같은 낮은 지위의 직업은 도시의 벽을 따라 나타났다. 사회가 점차 복잡해짐에 따라 도시 중심지는

더 다양화되었다. 엘리트 계급을 일반인 구역과 차단하고 별개의 **직업별 근린**(occupational neighborhoods)을 조성하기 위해서 내부 벽이 건설되었다. 뒤에 도시는 여러 다른 인종 집단도 수용하였고, 그 집단들 또한 벽으로 분리되었다.

다른 고대 도시들

도시는 적어도 5개의 핵심 기원지에서 발달하였다(그림 2.5 참조). 심지어 도시가 확산되어 갈 때에도 다른 사회적·생태적 상황에 따라 변화 및 적응했을 것이다. 앞에서 언급된 수메르 도시는 오래되었고 역사적 기록이 보다 많이 있었기 때문에 좋은 사례가 된다. 다른 고대 문화에서 형성된 도시들은 많은 부분이 의문으로 남아 있고 그 도시가 실제 어떠했는지를 가늠하기는 어렵다.

이집트 이집트에서 도시 발달은 수메르 문명의 영향을 받은 것 같지만 그 형태는 상당히 달랐다. 주로 도시는 정치적 구조의 결과였다. 수메르 문명이 자치적인 도시 국가로 구성된 것에 비해 나일 계곡 전체는 한 사람의 파라오에 의해 통제되었고, 도시는 파라오의 필요, 특히 대무덤(피라미드)을 건설할 필요에 따라 존재하는 것이었다. 정부, 관리들, 건설 팀, 공예 기술자, 장인 등이 운집한 도시는 파라오가 묻힐 때까지 유지되었다. 그 후 도시는 버려졌다. 최근 기자(Giza)에서 발견된 제빵 시설은 비록 일시적이긴 하지만 고대 이집트 도시들이 그 당시 기준으로 상당히 큰 규모로 성장하였다는 것을 말해 준다.

인더스 계곡 인더스 계곡 문명의 도시들은 오늘날 쟁점이 되고 있는 파키스탄과 인도의 국경지대에 위치하며 텍사스주 크기의 지역에 걸쳐 있었다. 고고학적

발굴로 적어도 5개의 주요 도시와 20여 개의 2차 취락이 존재하였다. 이 중에서 가장 잘 알려진 도시는 히말라야 산 기슭에 가까운 하라파(Harappa)와 바다에 더 가까운 모헨조다로(Mohenjo Daro)이다.

각 도시의 면적은 우연히도 약 1제곱마일(2.56km²)이고, 대략 20,000명 규모의 인구를 가진 도시였다. 계획되지 않은 자연발생 도시였던 수메르 도시와는 대조적으로 인더스의 도시들은 계획되었다. 이 도시들은 넓은 직선상의 거리가 정교하게 계획되어서 초기부터 설계된 도시라는 것을 말해 준다. 모든 주요 도시들에서 일관된 도시적 요소는 상당한 정도의 조직화와 정치적 통합이 이루어졌음을 뜻한다. 초기 수메르인과는 달리 인더스 문명은 큰 규모의 왕국이었을 것이다. 덧붙이면 수메르 도시의 일부 요소는 인더스 도시들에서는 없다. 도시를 구획하는 벽이 거의 존재하지 않는다. 대신 도시 안의 각 구역은 벽으로 나누어졌다. 지배적인 사원이 있었다는 뚜렷한 증거가 없고 각 도시는 중요한 의식을 수행한 것 같은 성채를 포함하고 있지만, 그것의 중요성은 파악하기 어렵다. 이 성채는 또한 도시적 기능이 집중된 곳의 서쪽에서 발견되었고 그 자체는 성벽으로 단단히 둘러싸여 있다. 사회적 구조물은 덜 신권 정치적이고 오히려 장인 및 교역과 관련된 것으로 보인다. 어떤 고고학자는 인더스 도시들은 '정교한 중산층 도시'라고 표현하였다(Edwards, 2000). 주택의 종류는 방 하나의 공동주택에서 멋진 집에 이르기까지 다양하였다. 많은 집들은 목욕탕을 갖추고 있었고 배설물은 하수관으로 배출되었다.

인더스 문명과 그 문명에서 도시 생활의 구조는 그 언어를 해독할 수가 없어서 충분히 이해되지는 않는다. 글귀가 무엇을 의미하는지에 대해 전혀 단서가 없다. 심지어 그 도시에 부여된 이름조차도 오늘날 명명한 것이다. 모든 다른 초기 문명과는 달리 인더스 계곡 문명의 도시는 그 문명을 활용하지 않은 밝은 피부색의 인도 유럽인에 의해서 기원전 1750년경 사라지게 되었다. 그 후 이어진 문명은 없었다.

중국 북부 가장 오랫동안 지속된 문명은 중국에서 나타났으며, 이 문명의 가장 오래된 증거는 황하 강을 따라 나타난 상(商, Shang) 문화이다. 이곳에서 도시 발달은 기원전 1500여 년 이전으로 거슬러 올라간다. 그러나 이 도시들에 관해서 그렇게 잘 알지는 못한다. 확실한 것은 문자 사회가 그 도시들에서 형성되었고 최상층에 엄격히 구분된 신성한 통치자가 존재하였다. 무사 엘리트 계급이 통치자를 보호하였다. 직업의 전문화도 어느 정도 이루어졌다. 도시가 뚜렷이 존재했지만 도시의 수는 많지 않았다. 도시 중앙에 궁전 구역이 있었고 성벽이 도시를 둘러싸고 있었을 것이다. 그 후 중국 문명, 특히 기원전 200년에 시작된 한(漢, Han)나라 시대에는 번성한 대제국 문명이 지속되었음을 보여주는 많은 유물들을 만들어낸다.

메소아메리카 도시 전반적으로 신세계에서 문명은 주요 도시보다 몇백 년 앞서서 시작되었다. 대신 보다 복잡한 사회는 소규모의 의식 중심지에서 비롯되었다. 기원후 1년 이전에 첫 번째 큰 도시인 테오티와칸(Teotihuacán)이 출현하였고 강력한 중앙 권력의 등장으로 빠르게 성장하기 시작하였다. 기원후 500년경 테오티와칸은 권력의 정점에 있었다. 멕시코 계곡이 중심이 된 넓은 지역을 통치하였고 그 도시의 영향력은 유카탄 반도로 확대되었다. 테오티와칸의 규모는 대단하였다. 그 도시는 8제곱마일(약 20.5km²)의 면적에 20만 명 정도의 인구 규모로, 로마나 시안(西安, Xian, 중국 여러 왕조의 수도)보다는 작았지만 신세계에서는 가장 큰 도시였다.

테오티와칸이 특별히 관심을 끄는 것은 우주론적 계획에 입각한 정교한 설계에 있다. 밀론(René Millon)은 도시 전체를 지도화하였고, 그렇게 하면서 거대한 사원들 방향의 격자를 발견하였다. 사원 중 하나가 '태양의 피라미드'이며, 이 피라미드의 기반은 이집트의 가장 큰 피라미드와 같다. 테오티와칸의 규칙성은 중심대로인 '죽은 자의 거리'에서 나타난다. 그 거리는 '위대한 구역'과 퀘차코아틀(Quetzacoatl) 사원에서 또 다른 큰 피라미드인 달의 피라미드로 뻗어 있었다(그림 2.8). 모든 다른 주요 도로와 이 도시를 지나가는 강마저도 이 대로에 평행이거나 직각을

이루도록 계획되었다.

그 도시에 종교적 · 군사적 엘리트 계급도 존재하였고 많은 농업 외의 노동자도 있었다. 몇몇 주요 시장에서 테오티와칸의 경제적 중요성이 잘 나타났다. 그시장에서는 중미 전역에서 재배, 채굴되거나 제조된 상품이 거래되었을 것이다. 테오티와칸에는 약 2,000개의 아파트 구역이 선을 따라 구성된 것으로 보이며, 각 아파트 구역은 직업이나 친족 관계로 결합된 몇 개의 가족들로 구성된 것으로 나타났다. 또한 다른 주거 형태와 다른 관습을 나타내는 유물들을 가진 민족적인 근린이 뚜렷이 드러나는 유적지들이 남아 있다. 이 도시에서 보이는 민족의 다양성은 나중에 아즈텍의

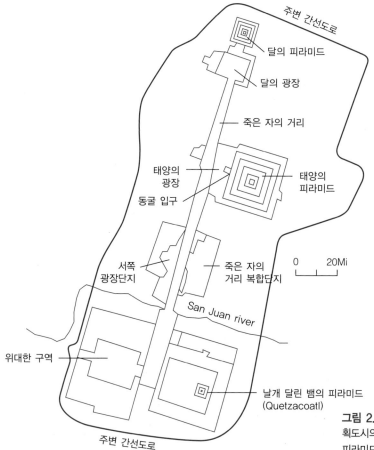

그림 2.8 고대 메소아메리카 도시인 테오티와칸은 계획도시의 한 예다. 중심가인 '죽은 자의 거리'는 3개의 피라미드 및 다른 도로들과 연결된다.

수도 테노치티틀란(Tenochtitlán)에서도 나타났다.

제국 도시

기원전 1000년 말쯤 규모가 크고 안정적인 **제국**(empire)이 성장함에 따라 마침내 100만 명 이상의 아주 큰 도시가 발달하기 시작하였다. 지중해 주변의 로마 제국, 중국의 한나라와 그 뒤 당나라, 중동과 북아프리카의 이슬람 제국들은 5,000만 이상의 인구 규모였고 하나의 압도적인 수도가 제국의 영토를 통치하였다. 새로운 영토를 모색하는 식민지배자의 기반으로서뿐만 아니라 제국의 힘을 발휘하기 위해서 새로 획득한 영토에서 도시가 형성되면서 도시화의 확산도 그 제국에서 빠르게 이루어졌다.

그 도시들의 영역은 대단히 넓었지만 이 제국 도시들은 앞선 더 오래된 도시와 대단히 비슷하였다. 즉 그 도시들은 착취 경제에 기반을 두었고, 문화적 정통성의 상징이었다. 또한 엘리트 계급의 본부로서 그 역할을 수행하였다. 물론 도시는 몇천 년에 걸쳐 변화하였다. 시간이 지나면서 건축 재료, 건축 기술, 교통망, 물 공급과 배수, 방어 요새 등이 개선되었다. 농업의 효율성 개선과 교통의 발달은 곡물이 더 먼 곳에서도 구해질 수 있었다는 것을 뜻한다. 소규모의 정치 체제가 복잡한 제국에 합병되면서 사회적 힘이 확대되었다. 아주 큰 제국 도시는 수메르의 우르와 달랐지만 기본적인 경제적·문화적 기능은 마찬가지로 유지되었다(글상자 2.3).

고대 도시의 규모는 획득될 수 있는 잉여물의 정도에 따라 제약을 받았다. 시간이 지남에 따라 도시는 다음 세 가지 이유 때문에 커지게 되었다.

1. 더 큰 규모의 배후지를 획득하였다. 그 결과 잉여 농산물을 구할 수 있는 지역이 더 넓어졌다. 여기서 중요한 요소는 국가의 규모였다. 제국은 소왕국보다 더 큰 도시를 지지할 수 있었을 것이다. 제

글상자 2.3 ▶ 집단적 대안

모든 권력을 사적으로 이용한 초월적 지배자의 모델과는 대조적으로 일부 도시는 어떤 공동 집단이 통치를 한 대응 방식도 있었다. 고대 수메르 도시도 아주 초기에는 의회에 의해 통치되었으나 점차 지배자 1명이 대신했다는 증거가 있다. 그리스의 도시 국가는 어떤 그룹이 도시를 통치한 가장 유명한 사례이다. 선거권이 부여된 그룹의 규모는 전체의 6분의 1로 작았다. 하지만 그 그룹은 도시에서 보다 민주적 접근을 하였다.

집단적 권력의 출현으로 도시 형태는 조금 달랐다. 일반적으로 엘리트 계층과 비엘리트 계층 간 도시 내에서, 또는 배후지와 도시 자체 사이에 토지이용의 엄격한 구분이 있었던 것 같지는 않다. 이 도시들은 배후지가 작고 큰 관개사업을 필요하지 않은 지역에서 종종 나타났다. 뚜렷이 규정된 엘리트 지역도 없었다. 대신 **아크로폴리스**(acropolis, 신전 구역), **아고라**(agora, 공동 집회 장소 및 시장)가 있었다(그림 B2.3). 집단이 통치한 도시의 또 다른 면은 도시와 배후지 간에 착취

그림 B2.3 아테네의 아크로폴리스.

관계는 약했다. 배후지 주민에게는 완전한 시민권의 지위가 부여되었고, 단순히 세금의 징수보다는 잉여물의 판매에 더 비중이 두어졌다.

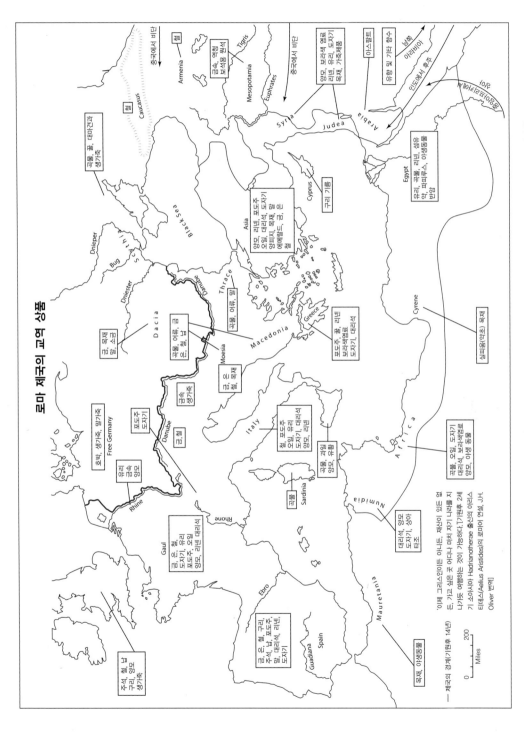

로마 제국의 교역 상품

그림 2.9 로마 제국의 무역 지도. 로마 같은 제국 도시들은 식량 외에 사치품, 동물, 금속, 심지어 노예도 광대한 지역에서 구할 수 있었다.

국은 규모가 매우 크기 때문에 잉여 농산물의 양은 처음으로 큰 도시를 지지할 정도로 많았다. 곡물만이 관여된 것은 아니었다. 배후지가 넓었기 때문에 사치품, 금속, 때로는 노예 등의 대량 거래가 가능해졌다(그림 2.9).

2. 농업 기술의 개선은 새로운 토지가 개간되고 기존의 토지는 더 많은 사람을 부양할 수 있게 되었음을 말한다. 쟁기와 같은 많은 새로운 기술들은 단단하지만 비옥한 토양이 다시 경작될 수 있게 하였다. 벼의 이모작과 같은 변화는 농부가 같은 구획의 토지에서 생산량을 증가시킬 수 있게 되었다는 것을 의미한다.

3. 고대 문명이 기존의 자연적 특징을 이용하거나 새로이 조성하려고 할 때 운송 방식이 개선되었다. 예를 들면 중국 송나라 시대에 양쯔 강과 황하 강을 연결하는 대운하의 건설은 배후지 확장의 중요한 계기가 되었다. 이로서 중국 북부의 식량이 부족한 도시들은 남부에서 재배된 쌀을 구할 수 있게 되었다. 물에 대한 접근이 중요하였다. 육로 운송은 하천 운송보다 5배, 바다로 운송할 때보다는 20

배나 더 비용이 들어갔다.

로마 제국　로마는 영원한 도시(Eternal City)라 불렸다. 어떤 면에서 로마는 매우 오랜 기간 진정한 '세계도시(world city)'로 그 지위를 유지하였다고 할 수 있다. 또한 역사상 유일하게 가장 영향력이 있었던 도시라고 할 수 있을 것이다. 오늘날 로마는 이탈리아와 가톨릭교회의 수도이다. 과거 유럽에서 로마의 영향은 정복, 언어, 행정, 종교, 도시화 등에서 비교할 수가 없다. 로마 제국에 의해서 황량한 경관은 유명한 로마 도로가 연결된 도시, 타운, 농장 등의 경관으로 변모하였다.

로마에서는 정교한 **도시체계**(urban system)가 형성되었다(그림 2.10). 로마 식민지는 로마의 영토를 확보하기 위한 수단으로 조직되었다. 로마가 새로운 영토를 정복할 때 처음 한 것은 도시를 만드는 것이었다. 이렇게 할 때 로마 문화가 반영되었다. 로마의 농민들도 스스로 도시민으로 여겼고, 식민주의자(때로는 로마에 충성을 바치고 땅을 지급받은 제대 군인)들은 정주 사회로 이동할 수 있다는 것을 확실히 해두고

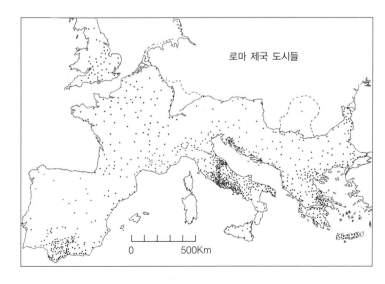

그림 2.10 로마 제국 도시들의 지도. 로마 도시들은 주로 군사 및 행정 도시였고, 넓은 면적의 제국을 통치하기 위해 이용되었다. 이 도시들은 또한 라틴어를 구사하는 식민지 주민들의 구심점이 되어 주변 지역의 문화를 변화시키는 역할도 하였다.

싶었다. 도시는 로마의 힘과 대단함을 효과적으로 표출하였기 때문에 중요했다. 도시는 세금 징수를 또한 용이하게 하며, 상인은 물론 관료 및 군인들이 업무를 쉽게 할 수 있게 하였다. 로마 제국은 1,200개 도시와 그 도시의 일부에서는 100,000명이 넘는 사람이 거주하였다고 추정한다. 이전에 도시화가 되지 않았던(지중해 동쪽 지역에서는 로마 이전부터 오랜 기간 문명 생활을 하고 있었다) 로마의 서쪽에서는 아주 작은 사회에서도 **격자 패턴**(grid pattern)으로 계획되었다. 이 패턴은 몇 세기 앞서 인더스 계곡에서 발견되었고, 그리스 계획가 히포다무스(Hippodamus)가 먼저 고안하고 계획적으로 실행한 것으로 오랫동안 지속되었다. 힘과 확고한 결의를 가진 로마인들은 지중해와 유럽 전역에 이 패턴을 확산시켰다. 로마 격자 체계는 직각으로 구성된 2개의 주 거리로 시작하여, 그다음 거리는 평행이 되게끔 하였다.

그다음 포럼(forum)은 교차로에 배치되었다. 가까이에 주요 사원, 공중목욕탕, 극장이 위치하였다. 검투사 및 다른 공연을 하기 위한 대형 원형극장이 커뮤니티의 외곽에 세워졌다. 때로는 방어용 벽이 있었지만 방어벽이 로마 국경선 훨씬 뒤쪽에 위치한 도시에서 필요했던 것으로 여겨지지는 않는다. 도시의 형성으로 로마의 지배는 강화되었고 로마의 문화가 전달되었다. 로마 시 자체는 굉장하였다(그림 2.11). 기원전 100년부터 기원후 476년(그 이전 몰락하기 몇십 년 동안은 어려웠지만) 몰락까지의 시기에는 가장 큰 도시였다. 기원후 300년 로마는 인구가 적어도 100만 명이었고 8제곱마일(20.5km²)의 공간을 차지하였다. 아파트가 약 6층으로 제한되었을 시기에 인구밀도가 에이커당 약 200명이었다는 것을 말한다. 고대 로마는 확실히 과소 경계도시였다는 것을 알 수 있다. 이는 공식적인 시 경계에 전체 인구를 수용할 수 없다

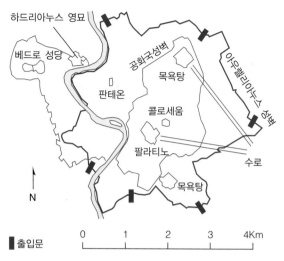

그림 2.11 고대 로마의 지도. 전성기의 로마는 약 8제곱마일의 면적에 약 백만 명의 인구를 가진 세계에서 가장 큰 도시였다.

는 것을 의미한다. 로마인들은 7개의 벽을 쌓았는데, 그중 가장 긴 벽은 기원후 272년에 지어졌고 그 둘레는 11.5마일(18.4km)이다. 로마에는 8개의 다리, 2개의 광장, 2개의 원형 극장, 3개의 극장, 28개의 도서관, 290개 창고가 있었다. 도시의 정치적 조직은 또한 복잡하였다. 로마는 14개 지역과 약 265개의 등질적인 근린 지구로 세분되었다.

도시 발달에 대한 로마의 기여

로마는 집단 주택, 포럼, 공공 기념물과 건물, 복잡한 사회 지리가 포함된 혁신적인 많은 도시적 요소가 종합된 도시였다.

집단 주택   주택은 도무스(domus)라는 엘리트 계급의 단독 주택과 인술라(insula)라는 대중적인 3~6층의 공동 주택으로 나누어진다. 인술라에는 수많은 도시민이 거주했는데, 규모가 가장 작은 인술라는 5개의 다세대 주택에 약 30여 명이 거주하였고, 규모가 큰 인술라는 이 숫자보다 많았을 것이다. 오스티아

(Ostia) 같은 항구 도시에서는 로마인들은 40개에서 100개 정도의 아파트로 구성된 정교한 아파트 단지를 조성하였다. 로마인들은 인구 성장에 대비한 도시 주택의 개발에 능숙했던 것이 확실하다.

로마 포럼 포럼(forum)은 정치 활동 및 상업의 중심 지역이다. 이곳은 커다란 실내 홀인 바실리카(basilica)로 연결된다. 로마 인구가 증가하면서 포럼은 계속 확대되었다.

공공 기념물 개개의 정복 장군은 돌아와서 신에게 기념물을 바쳤다. 로마의 국교는 **다신교**(Polytheistic)였다. 이는 로마인들은 여러 신을 숭배했음을 의미하고, 신의 수는 계속 증가하였다. 위대한 지도자, 특히 황제를 위한 기념물도 급증하였다.

공공 건물 엘리트 구성원들은 대중을 위해 광장과 극장을 지원하는 것을 기대하였다. 로마 시민을 위한 위생 및 활력소가 될 기타 시설과 더불어 차고 따뜻하고 더운 풀을 갖춘 거대한 시설인 목욕탕을 로마인들은 선호하였다.

보다 복잡한 사회지리 제국 각지에서 업무를 본다든지, 정부에 청원을 하기 위해서든 혹은 그저 관광을 하든 많은 사람이 로마에 왔다. 제국의 주민들은 눈부시게 화려한 로마를 찾는 것을 평생의 소원으로 여겼을지도 모른다. 로마의 문화적 다양성에 관해 한 그리스인 작가는 다음과 같이 적고 있다.

로마는 전 세계를 압축한 도시라고 한 표현은 그렇게 잘못된 것이 아니다. 왜냐하면 로마를 제외한 다른 도시들은 집합적으로 조직되거나 개별화된 것을 볼 수 있기 때문이다. 로마 전체에서 발견되는 다양한 도시의 모습은 너무나 많아서 그 수를 파악하려는 사람에게는 일 년도 더 걸릴 것이다. 정말로 전 세계 국가가 그 속에 들어 있다.(Piana, 1927, p. 206)

로마의 규모가 커지고 밀도가 높아지면서, 또한 복잡해지면서 도시계획이 필요해졌다. 로마는 결코 계획된 도시는 아니었다. 이 도시는 아주 빠르게 아주 크게 성장하면서 조직화된 디자인은 거의 불가능하였다. 하지만 그 가능한 범위 내에서 규제의 필요성이 급격히 제기되었다. 로마인들은 교통량과 도시의 기능을 감안하여 도로를 범주화함으로써 이 필요성에 대처하였다. 일방통행로가 설정되었다. 기원후 300년경 때로는 무시되기도 했지만 약 100피트(30.5m) 고도 제한이 시행되었다. 로마가 도시 하수의 상당 부분을 처리하고 많은 시민에게 깨끗한 물을 공급하는 264마일(424.9km) 길이의 수로 지하 도시를 만든 것은 잘 알려졌다. 로마는 그 규모에도 불구하고 그 이전 또는 그 이후의 다른 대부분의 도시보다 깨끗했다. 물론 로마만이 제국 도시는 아니다. 시안(西安)과 같은 동시대의 도시들과 콘스탄티노플, 바그다드, 테노치티틀란 등 그 뒤의 도시들도 각 제국의 중심에 위치하였다. 또한 각 제국은 왕이 다스리는 규모가 크고 복잡한 수도를 포함하였다. 파리, 런던, 베이징, 모스크바, 워싱턴 등 오늘날의 큰 도시들도 마찬가지로 성장하고 번성하기 위해서 그 배후지에서 얻어진 잉여물에 의존한다.

경제 성장의 동력으로서 도시: 자본주의, 산업주의, 도시화

기원후 1000년경 세계를 간략히 언급하면, 인류의 미래는 동쪽에 있었다고 할 수 있을 것이다. 그 당시 문명은 웅장한 동쪽의 제국에서 번성하였다. 비잔틴 제국은 몰락한 로마제국의 후계자였지만 지중해 동쪽 절반만 계승하였다. 제국의 화려한 수도는 인구가 500,000명 정도의 콘스탄티노플이었다. 그 도시는 유럽과 아시아로부터 상품이 거래되는 세계의 교역 중심이 되었다. 6세기 초 무하마드가 창설한 이슬람 종교는 이슬람 제국의 성장을 촉진시켰다. 기원후 1000년경 이슬람 제국은 몇 개의 경쟁을 하는 칼리프 국가로 분할되었지만 몇 분파로 나누어진 이슬람 문화는 그 무렵 중동, 북아프리카를 거쳐 남부 아시아 및 서쪽으로는 이베리아 반도까지 뻗어 나갔다. 코르도바(Córdoba)와 카이로(Cairo) 같은 수도의 인구는 약 500,000명이었고, 바그다드는 100만보다 더 많았을 것이다. 이러한 도시적 유산은 셀주크 터키와 그 뒤의 십자군 정복에도 불구하고 계속되었다. 문명이 가장 오래 지속된 중국은 짧은 분열의 시기가 있었지만 당나라에서 송나라로 이어질 때가 황금 시대였다. 당나라는 세계에서 가장 주목할 만한 두 도시, 시안과 항조우를 통치했다.

한편 열악한 서부 유럽은 로마의 약탈과 로마 제국의 서쪽 절반의 붕괴로부터 회복되지 못했다. 5세기 이상 도시에 거주하는 인구와 도시의 수가 급격히 감소한 **탈도시화**(deurbanization)의 계속된 과정으로 번영의 경관은 강도, 반란군, 불량 취락이 가득한 을씨년스러운 황무지로 변했다(글상자 2.4).

중세 교역 도시

도시의 회복은 기원후 1000년 서부 유럽의 상황에서는 터무니없는 것으로 보였다. 더 믿기 어려운 것은 이 지역에서 새로운 경제, 즉 세계를 정복하고 앞선 어떤 종류의 도시와는 다른 새로운 도시 형태를 낳게 되는 경제가 나타날 것이라는 전망이었다.

자본주의경제 도시화가 재개된 것은 자본주의 경제가 부활하고 주도한 것이 큰 힘이었다. 처음에 상인들이 실천한 자본주의는 이윤 목적의 구매와 판매(상업 자본주의)를 수반하였다. 장인에 의해 실천된 자본주의는 제품의 제조(산업 자본주의)에 의해서 이윤 창출로 이어졌다. 이 두 가지 형태의 자본주의는 고대 세계에서는 대단히 중요한 요소였고 전 세계적으로 그 중요성이 계속되었다. 그러나 아마도 페니키아인들을 제외하고는 교역은 주로 강요에 의존한 정치 구조의 요구에 따랐다. 예로 오랫동안 견고한 교역 경제를 향유한 중국에서 상인 계급은 4개의 전통 계급 가운데 가장 낮은 계급이었고, 학자가 최고의 계급이었다. 세계 전역에서 상인들은 대개 매우 낮은 지위였고 자치권이 거의 주어지지 않았다. 정부뿐만 아니라 경제는 주로 종교 지도자, 군인, 대지주의 손에 있었다. 로마에서도 많은 상품은 제국 각지로부터 로마로 들어왔지만 거의 나가지는 않았다.

서부 유럽에서 교역은 많이 줄어들었고 사람들은 **자급자족**(autarky)할 수 있는 토지에 기대어 생활하였다. 봉건 경제는 농민이나 농노로부터 세습권의 한 부분으로 잉여 농산물을 요구한 지방 영주나 주교의 잉여 농산물 강요에 그 기반을 두고 있었다. 잉여 농산물의 대부분은 갑옷을 구입하고 군인을 부양하고 말을 먹이는 데 사용되었다. 간혹 식량은 충분하지 않았고 또한 누군가와 거래할 수 있는 잉여 농산물이 부족하여 사람들은 굶어 죽었다.

교역 경제가 재건되었을 때 큰 정치 제국과는 별개로 경제가 발달하였다. 교역을 중심으로 성장한 새로운 도시는 봉건 영토와 왕국 밖 또는 가장자리에 입지하는 경향이었다. 정치적 통제와 경제적 의무에 기반을 둔 오래된 배후지는 도시가 상품을 구입하고 판매하는 **상업적인 배후지**(commercial hinterland)로 변화되었다. 전통적인 도시와는 달리 새로운 상업도시들은 잉여 농산물이 강요된 농업 배후지에 의존할 수 없었다. 오히려 그 상업도시들은 구입과 판매를 통하여 생

글상자 2.4 ▶ 도시의 죽음

자본주의 이전 제국 경제에서 도시의 건전성과 복지는 온전히 남아 있는 제국에 의존하였다. 특히 로마 제국에서 그랬다. 제국이 붕괴된 후 약탈을 일삼는 게르만 족이 자연 및 인문 경관의 많은 부분을 이어받았다. 게르만 족은 정착 생활을 하면서 라틴어를 채용하고 심지어 기독교인이 되기도 하였다. 그러나 게르만 족은 제국의 통일성을 유지하지 못하고 약탈품을 서로 나누어 차지하였다.

남은 것은 게르만 부족의 지배를 받는, 멀리 떨어진 곳에 사는 고립된 주민들이었다. 로마 도시들은 황무지로 변했고 탈도시화가 본격적으로 시작되었다. 로마 자체도 붕괴 후 1세기 만에 인구 80%가 줄어든 것으로 추정된다. 기원후 1000년경 인구는 35,000명밖에 되지 않은 것으로 추정된다. 하지만 로마는 적어도 로마 가톨릭교회의 중심으로 계속 남았고, 일부 도시 기능은 유지되었다. 로마 제국에 경제적으로 의존했던 도시들은 더 빠르게 쇠퇴하였다.

로마에서 남동쪽으로 약 100마일(160km)쯤 위치한 도시인 민투르나이(Minturnae)는 제국이 해체될 때 어떻게 되었는지를 고고학적 발굴에서 보여준다. 민투르나이는 한때 100,000명의 사람이 거주를 하였고 기원후 500년경에는 15,000명의 인구였다. 도시 자체가 재난 지역이었다. 전 구역에 걸쳐 가옥들은 비어 있었다. 화재가 일어나 많은 가옥들이 파괴되었다. 지진으로 수로가 파괴되었고 사람들은 그들 자신의 우물을 파야 했다. 포장도로는 지하 하수도로 들어갔다(그림 B2.4).

사람들은 그들이 구할 수 있는 것으로 겨우 살아나갔다. 버려진 가옥과 건물은 각종 재료를 얻기 위해 난입되었다. 큰 도서관에 있는 파피루스 두루마리는 불쏘시개로 사용되어 몇 세기 동안의 지식이 파괴되었다. 사람들은 버려진 광장이나 극장에 매장되었다. 유럽의 다른 도시에서는 전체 인구가 경

그림 B2.4   민투르나이의 유적.

기장에 들어가 살 만큼 적은 인구가 남았다. 몇 개 도시들은 가톨릭 성당과 수도원을 중심으로 살아남았다. 이와 같은 방식으로 남은 일부 도시 생활이 로마 문명의 일부 특징을 보존하고 도시가 부활할 수 있는 길을 닦았다.

존해야만 했다. 전통적인 배후지와는 달리 상업 배후지는 뒤에 일부 강력한 교역 도시가 보다 독점적인 관계를 갖추려고 하였지만 어떤 한 사람의 지배 하에 있지는 않았다.

도시화의 재건   이 무렵 서부 유럽에서 성장한 타운과

도시는 그렇게 크지 않았다. 어떤 도시도 동쪽 제국의 수도 및 고대 로마의 규모와 화려함에 비할 바가 아니었다. 더구나 이 무렵의 도시들은 정치적으로 분할된 가운데서 나타났다. 8세기 초 샤를마뉴(Charlemagne) 대제는 넓은 서부 유럽대륙을 통합하는 데 성공했으나 샤를마뉴 자신보다 더 오래가지는 못하였다. 진정

한 이 지역의 통합은 16세기 이후 이루어졌다.

중앙권력이 부재했음에도 서부 유럽의 인구는 AD 1000년경부터 성장하기 시작했다. 5,200만 유럽의 인구는 1000년과 1350년 사이에 8,600만 정도로 증가했다고 추정된다. 이 증가는 현대 기준으로는 조금밖에 되지 않는 성장이지만 로마 시대 직후의 인구 감소와는 크게 대조된다. 상당히 줄어들었지만 완전히 없어진 것은 아니었던 상품의 교환이 다시 가속화되기 시작하였다. 당시 남아 있던 도시에서는 수출입 상품의 양과 종류가 증가하였고 시장의 범위도 넓어졌다. 다른 곳에서는 교역 시장(정해진 날짜에 노점상과 구매자가 모이는 정기 시장)의 네트워크 조직이 프랑스의 샹파뉴(Champagne) 지방과 라인 강을 따라 전개되었다. 제조업 분야의 경제가 다시 활기를 되찾았다. 로마 몰락 500년 동안 서부 유럽은 주로 먼 동방 제국에 대한 나무, 모피, 양모 등의 원료 공급지 역할을 하였다. 이 무렵 유럽에서도 섬유, 백랍(pewter), 철제 같은 완제품에 관심을 기울이기 시작했다.

끝으로 도시 수와 규모가 확대되기 시작하였다. 11세기부터 300년간 도시 성장이 상당히 빨랐지만 도시의 정확한 수는 도시를 어떻게 정의하는가에 따라 다르다. 타운(town)은 중세 유럽에서 법적으로 확고히 규정된 실체였으며, 많은 타운은 앞서 언급된 정의에 따르면 소도시라고 할 수 있을 것이다. 파운즈(Norman Pounds, 1990)는 약 6,000개의 새로운 타운이 들어섰다고 추정하며, 최고조의 시기였던 1250년과 1350년 사이에 중부 유럽에서만 75개 내지 200개의 새로운 타운이 매 10년마다 나타났다고 한다. 소수의 일부 타운은 중세 기간 완전히 붕괴되지 않은 기존의 타운이 재건된 것이었다. 일부 타운은 방어의 필요성에서 출현하였다. 또 일부는 수도원과 성 주변에서 발달하였다. 하지만 많은 타운은 간혹 이웃 영주의 허락 하에 상인과 장인 취락에서 발달한 것으로 여겨진다.

새로운 도시와 새롭게 활기를 찾은 유럽 도시들은 그 당시 기준에서도 큰 편이 아니었다. 1250년경 6개 도시만이 인구 50,000명보다 많았다. 중국 제국에서 그 정도의 도시는 지방 수도보다 작은 규모였다. 도시 성장이 처음 시작된 1000년경 2만 명 이상의 유럽 도시는 로마뿐이었다. 중세 유럽의 도시 지도(그림 2.12)는 이 도시들이 어디에 위치했는지를 보여준다. 콘스탄티노플, 세비야(Serville), 코르도바(Córdoba), 그라나다(Granada) 등 상당수의 대도시들은 제국에 속했다. 사람들은 전통적인 생계 방식에 의존한 것으로 보인다. 오늘날의 프랑스와 독일 영토 내부 지역에도 몇 개의 소도시가 있었다. 이 지역 외의 도시화가 크게 진행된 두 지역은 북부 이탈리아와 북서 유럽이었다. 이 두 지역은 주로 도시 재건과 관련된 새로운 자본주의 교역 경제의 기반이었다.

북부 이탈리아 새로운 자본주의 도시 가운데 가장 앞선 도시로는 베네치아(Venice), 제노아(Genoe), 밀라노(Milan), 피렌체(Florence)뿐만 아니라 여러 도시들이 속해 있는 이탈리아 북부 도시들이다. 이 도시들 전체가 지금은 이탈리아에 속하지만 그 당시에는 특혜를 누린 독립 도시 국가였다. 각 도시는 상당한 범위의 영토를 관리하였지만 영토는 각 도시 국가의 경제 기반이 아니었다. 심지어 베네치아는 항해 제국으로 발전하였다. 경제는 상인과 장인 활동에 기반을 두게 되었다. 도시 상인은 지중해를 넘나드는 국제 무역을 시작하였다. 다수의 상인들은 극동의 상품을 구하기 위해서 중간 상인 그룹에 의존하였다. 다양한 **사치품(luxury)**과 **대량 상품(bulk commodities)**이 거래되었다. 예로 베네치아 상인들은 극동의 향료, 비단, 자기

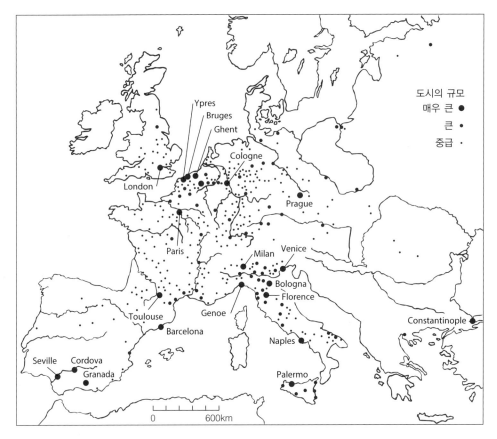

그림 2.12 중세 유럽의 도시들. 이 지도는 도시와 타운이 중세 후기에 어디에 입지하고 있는지를 보여준다. 큰 도시들은 여전히 제국에 속해 있지만, 북부 이탈리아와 북서 유럽에 도시들이 집중한 것은 도시화의 재건과 교역의 중요성을 입증하고 있다.

를 서부 유럽과 유럽 내륙의 목재, 노예, 철을 교환하기 위해 교역을 하였다.

이탈리아 도시가 성공을 거두었다는 것은 도시의 인구 증가로 나타났다. 1363년 베네치아는 약 80,000명의 인구였으며, 피렌체, 밀라노, 제노아도 거의 비슷한 수준으로 인구가 증가하였다(이 인구수는 1348년에서 1350년 사이에 많은 인구 감소가 있었던 흑사병 발병 이후의 인구다). 이 도시들은 또한 놀랄 만하게 부유해지고 있었다. 도시의 성공은 그 도시의 정치적인 독립에서도 나타났다. 처음에는 더 큰 관할권의 통제를 받았지만, 1300년경 이 도시들은 완전히 주권

을 가진 도시가 되었다. 이 도시들은 적극적인 외교 정책을 펼치고 정교한 방어체계를 갖출 수 있었다. 일부 도시는 그 도시를 위해 싸워 줄 용병을 고용하기도 하였다. 이 도시들은 유럽 무대에서 정치적으로 대단히 중요한 영향을 미쳤다. 오래된 상인 계급에서 선출된 공작이었던 베네치아 총독은 유럽에서 가장 영향력 있는 사람이 되었다. 이 도시들은 그 규모와 정치적 영향력이 커졌지만 그 도시의 경제적 업무가 늘 최우선이었다.

북부 유럽 발트 해와 북해를 따라 북쪽에서 교역은 작

은 타운에 기반을 둔 상인들 집단에 의해 시작되었다 (그림 2.13). 남쪽의 이탈리아 상인과는 달리 북쪽 타운의 상인들은 주로 대량 상품, 즉 북해 연안의 소금, 잉글랜드의 양모, 벨기에의 리넨(아마포), 노르웨이의 청어, 러시아 내륙의 모피, 프랑스의 와인과 곡물, 독일의 귀리와 호밀 등을 거래하였다. 이 상인들은 봉건 제도로부터 다소 독립적이었지만 상품 생산 때문에 그 제도에 의존하고 있었다. 이러한 타운들로부터 **한자동맹**(Hanseatic League)이 형성되었다. 한자동맹은 대부분 게르만 언어를 사용하면서 상호 간 특별한 교역 관계를 형성한 일련의 타운들이었다. 한자동맹은 한때 약 200개 도시로 구성되었다. 더 중요한 것은 그 동맹은 정치적 단위가 아니었다. 타운들은 지리적으로 서로 떨어져 있었고 어떤 통합 수도는 없었지만 일련의 원칙과 기준에 대해 서로 합의를 하였다.

한자동맹 도시의 인구 규모는 대부분 5,000명보다 적었다. 이 후 이 타운은 서쪽의 일부 교역 및 섬유 도시들에 압도되었을 것이다. 브뤼헤(Bruges, Brugge), 겐트(Ghent), 이페르(Ieper)와 같은 도시는 모직공업에 깊이 관여하였다. 그 뒤 암스테르담(Amsterdam)이 이 도시들에 합류하였다. 암스테르담은 강과 바다의 교차점에서의 위치를 이용하여 큰 교역 중심지가 되었다. 또한 암스테르담은 지중해와 발트 해로부터 경제의 흐름이 대서양 및 그 너머로 변화된 이점을 활용할 수 있었다.

교역 도시의 구조와 형태 주요 경제의 변화는 다음에 논의될 새로운 교역 중심지의 사회적 구조와 형태의 변화를 가져왔다.

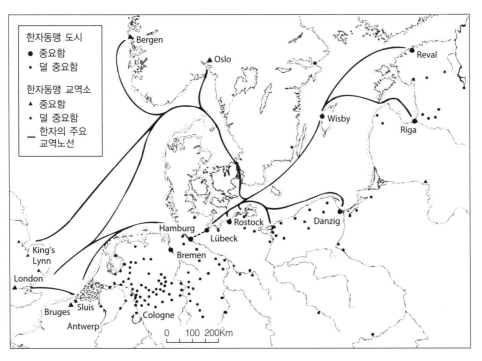

그림 2.13 한자동맹의 도시와 교역. 남쪽의 이탈리아 상인과는 달리 한자동맹의 상인들은 소금, 양모, 아마, 모피, 생선, 귀리 등 대량 구매 상품에 보다 관심이 많았다.

정치 및 경제적 구조   **시민권**(citizenship)이라는 개념은 교역 도시와 교역 도시 주위의 봉건질서를 분리하는 것을 의미했기 때문에 높게 평가되었다. 독립 혹은 **특권을 부여받은 도시**(chartered city)의 시민이 되는 것이 최상으로 여겨졌다. 이 도시에는 많은 비시민권자, 즉 다른 도시와 왕국으로부터 방문객, 농촌 사람, 소수민족 인구도 있었다.

도시에서 사회적 질서는 **상인 계급**(merchant class)이 주도하였다. 이 집단은 부동산을 그렇게 많이 소유하지 않았다. 대신 이 집단은 이동성 자산, 즉 상품, 화물선, 현금 등을 소유하였다. 1400년경 피렌체 부의 60%는 이동성 자산의 형태였는데, 이는 주로 토지소유권에 기반을 둔 봉건 및 고전 경제와는 상당히 거리가 먼 것이었다. 상인 계급의 힘이 정치적으로 인정되었고 이 계급이 봉건 귀족보다 더 혜택을 받았다. 일부 도시는 지방의 문제에 귀족의 간섭을 제한하는 법을 통과시켰다. 현대적 의미에서 민주적 체계는 아니었다. 또 일부 도시에서는 새로운 상인 귀족이 생겨났다. 그 새로운 귀족은 후발 상인들, 그 상인이 아주 성공한 상인이라고 해도 출입을 제한하였다. 그 예로 베네치아의 고위 의회 및 사무소는 초기 상인 계급의 가족이 차지하였다.

또한 생산에 역점을 두었다. 부유한 상인들은 자신의 작업장을 개설하였다. 그 상인들은 종종 옷, 철제 등 다양한 제품을 생산하기 위해서 기술이 있는 공예가나 장인들을 고용하였다.

상인과 장인들은 이 당시 대표적인 제도 **길드**(guild)와 관련되었다. 길드는 오늘날 기업과 노동조합의 합성과 같은 직업 단체였다. 도시 내에서 길드는 특별한 기술에 공동의 관심을 가진 비슷한 작업장들을 함께 모았다. 처음에는 상인 길드와 수공업 길드에 대해 구별이 있었지만 그 둘 사이의 경계는 그렇게 뚜렷하지

않았다. 길드는 정치적 영향력을 발휘하게 되었고, 시간이 지나면서 경제적으로 보수적인 세력이 되었다. 가장 규모가 큰 길드는 도시 내에서 때로는 자치적인 정부로서 역할을 수행하였다. 예로 피렌체의 모직 길드는 자체 경찰, 치안 판사, 감옥을 보유하였다.

공간 형태   사회 구조의 변화가 새로운 도시의 형태 변화에 반영되었다(그림 2.14). 먼저 성벽은 여전히 중요했다. 대부분의 도시들은 특권을 누렸으며, 군사적인 침략이나 굶주린 농민에 의해 약탈되는 것을 두려워했다. 많은 도시들은 예산의 60% 이상을 성벽 보수에 지출하기도 했다. 또한 성벽은 도시의 성장을 제한하였고 때로는 새로운 성벽이 건설되기도 하였다. 브뤼헤처럼 번창한 도시에서는 성벽은 물론 해자도 있었다. 특히 성장하는 도시의 경우 성 밖에서 교외 개발이 진행되었으나, 18세기 후반까지 성벽은 도시의 범위를 한정하는 역할을 지속하였다.

새로운 도시는 시장을 중심으로 형성되었다. 시장이 열리는 광장은 새로운 도시의 활동 중심이 되었다. 주요 도시에는 시장이 여러 군데 있었는데, 예를 들면 불규칙 형태의 중앙 광장, 도시 성문 가까운 지점, 심지어 도로가 넓어지는 곳에도 있었다. 시장 가까이에는

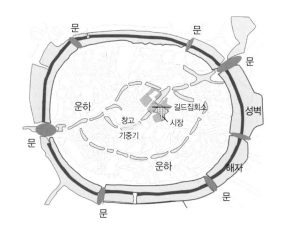

그림 2.14   중세 교역 도시의 모델인 브뤼헤 지도.

다른 종류의 업무가 이루어지는 장소도 있었다. 1600
년대 중반에 암스테르담이 발달할 무렵 담(dam), 즉 대
형 시장은 세계 각지의 상품과 상인들이 모여드는 기
이한 장소였다.

활동의 중심은 주로 항구 및 수로와 연결되어 있었
다. 중세 도시는 선박에서 상품을 하역하고 싣기 위해
사용된 사람이 발로 밟아 움직이는 거대한 기중기를
보유했다. 상품을 저장하기 위해 매우 큰 창고가 가까
이에 세워졌다. 항구는 더 큰 선박이 정박할 수 있도
록 준설되었다. 섬 위에 건설된 베네치아는 길이 2마
일(3.2km) 폭 80야드(73.2m)의 대운하를 포함한 운하
와 강이 연결된 네트워크를 개발하였다. 이로서 200
톤 급의 배도 출입할 수 있었다. 브뤼헤와 암스테르담
과 같은 도시도 운하 체계를 중심으로 건설되었다.

길드 집회소 건설에서 변화가 나타났다. 길드 집회
소는 중앙 시장을 중심으로 조성되었다. 때때로 이 집
회소는 베네치아의 경우처럼 개개의 길드가 건설한
것이었다. 또 어떤 경우는 여러 길드가 공동의 집회소
를 짓기 위해서 같이 참여한 경우도 있었다. 길드 집
회소는 도시 정부에서 길드의 영향력을 보여주는 권
력의 경관에 필수 요소였다.

보다 복잡한 사회 지리 또한 이 시기에 발전하면서
상이한 집단을 더욱 분리시키게 되었다. 때로는 이와
같은 분리는 직업이나 길드 조직에 바탕을 두었다. 베
네치아에는 리넨, 비단, 모직으로 구분된 지역이 있었
다. 또한 민족 집단을 바탕으로 주거분리가 나타나기
도 하였다(글상자 2.5). 베네치아는 지구로 나누어졌
고, 각 지구에 그리스 인, 슬라브 인, 알바니아 인, 다
른 이탈리아의 도시 국가 사람들이 거주하였다. 가족
그룹을 바탕으로 한 분리도 보편적이었다. 즉 부유한
가족은 도시 내에서 큰 구역을 조성하여 이 구역이 마
치 주권 국가인 것처럼 활동하였다. 이 때문에 때로

도시의 상이한 구역 간에 불화를 낳기도 하고 심지어
전쟁을 초래하기도 하였다(그림 2.15).

중세 교역 도시의 가로 체계는 도시를 여러 개의 구
역으로 분할하는 결과를 낳았다. 대부분 가로는 접근
이 편리하도록 고안된 것이 아니고, 근린지역 중심 주
변을 우회하도록 되어 있었다. 가로는 상업과 생산을
위해 만들어졌고, 가로의 전면은 비싼 토지가 되었다.
흔히 건물은 바로 도로 옆에 위치했다. 높은 층은 거
리 쪽으로 나와 있어 3층에서 어떤 사람이 몸을 기울
여 길 건너편 건물의 사람에게 키스를 하는 것이 가능
할 정도였다.

중세 시대 중반 및 후반에 발달한 도시는 그 이전
부터 존재했던 도시와는 사뭇 달랐다. 그 시기 도시는
유럽 경제의 성격을 바꾸었다. 지주들은 가장 큰 소득

그림 2.15 이탈리아 볼로냐(Bologna)에 있는 아시넬리(Asinelli)
탑. 경쟁적인 큰 가문들이 초기 교역도시들을 장악하였고, 그 가문
들은 권위를 내보이기 위해서 이런 기념물을 조성하곤 하였다.

글상자 2.5 ▶ 첫 번째 게토

현재 미국에서는 일반적으로 **게토**(ghetto)를 주로 소수민족 사람들이 거주하는 열악한 근린을 말한다. 그 용어는 베네치아의 유태인 근린에 처음 사용되었고, 작은 타운을 지칭하는 *borghetto*, 또는 주물공장을 지칭하는 *gietto*의 이탈리아어에서 유래한 것 같다. 14~15세기 동안 기독교인에게는 금지된 행위였던 대금업이 베네치아에서 유태인들에게는 허용되었다. 1516년 베네치아 정부는 영구적인 유태인 구역의 설정을 발표하였다. 어떤 광장 지역은 건물과 벽으로 에워싸였고, 그 건물과 벽은 다시 원형의 운하로 둘러싸였다. 2개의 출입문으로 접근은 엄격히 통제되었고, 주민들은 해가 진 후 게토

바깥에 있는 것이 허용되지 않았다. 게다가 주민들은 그들을 통제하는 경비병들의 급료를 지불하도록 강요되었다. 게토를 이탈하면 베네치아 당국에 의해 심한 처벌을 받게 되고, 또한 다른 게토 주민들도 불쾌히 여겼다(그림 B2.5).

게토의 개념은 프랑크푸르트, 프라하, 트리에스테(Trieste), 로마 등 많은 도시로 퍼져 나갔다. 일정 구역에 대한 유태인의 거주 금지는 유럽 전역에 널리 실행되었다. 전통적인 유럽의 게토가 사라진 지 오랜 시간이 지나 나치는 그 개념을 끔찍스럽게 왜곡하여 부활시켰다. 나치는 유태인들을 죽음의 캠프로 추방하기 이전에 게토를 대기 장소로 이용하였다.

Courtesy of Dr. David H. Kaplan

그림 B2.5 베네치아의 게토 입구.

을 얻을 수 있는 작물을 재배하게 되면서 농업용 토지의 전문화가 더욱 중요해졌다. 자급자족의 영지 경제에서 발달한 **농노제도**(serfdom)는 새로이 전문화된 경제에서는 덜 중요해졌다. 교회로부터 보다 독립적인 **세속 법**(secular law)과 사람의 거주 장소가 어떤 법을 따를 것인가를 결정하게 한 속지주의 법을 도시가 앞장서 채택함으로써 법의 성격이 변화하였다.

유럽에서 국가의 성장으로 자치 또는 독립적인 교

역 도시의 우위는 결국 끝이 났다. 16세기부터 시작된 새로운 국가는 규모와 통합된 시장의 이점을 누렸고, 일부 도시는 정치 혹은 종교적 힘의 중심지로서 더욱더 전통적인 역할을 계속 수행해나갔다. 그러나 초기 교역 도시를 이끌었던 자본주의의 기본 원리는 유럽의 많은 국가 경제로 넘어가서 단일 세계 경제의 발달에 한 동력이 되었다.

산업도시

상업도시는 새로운 종류의 경제를 촉진시켰고, 유럽 전역이 보다 자본주의적 체계로 변화하는 데 앞장섰다. 이 도시들은 여전히 그렇게 규모가 큰 편은 아니었다. 가장 큰 도시조차도 그 규모는 제한되었고 다른 세계 지역의 제국 도시와는 비교될 수 없었다. 영국과 프랑스를 포함한 통합 왕국을 지향한 일부 국가들의 정치적 움직임과 더 넓어진 교역망에 의해서 초기 근대 도시 규모는 커지게 되었다. 런던은 1600년 약 200,000명의 인구였던 것으로 추정되고, 그 도시는 주로 농촌 지역인 몇몇 교외지역을 포함하였다. 시 행정 구역 내의 인구는 파리, 암스테르담, 다른 주요 도시도 그러했던 것처럼 100,000명이 되지 않았다. 통합 왕국의 출현은 계획된 요새 도시(bastide)를 만드는 데 큰 영향을 주었다(글상자 2.6).

사회 전체의 도시화가 광범위하게 진행되고, 거대한 제국이 아니면서도 도시의 규모가 커지기 위해서는 도시의 경제적 기반이 바뀌어야 했다. 전통적인 도시는 주로 획득에 의존했다. 번창한 수공예 산업에도 불구하고 중세 자본주의 도시는 주로 농산품의 교환에 의존했다. 도시는 그 도시를 지지하는 인구와 더불어 종교 및 정치적 엘리트를 수용하고, 그다음 상인과 장인 계급을 받아들였다. 하지만 이들의 직종은 많은 수의 사람을 필요로 하는 것이 아니었다. 중세 시대에 제조업의 발달이 있었으나 아무리 잘 조직되었다 하여도 장인 집단이 큰 도시의 유지에 필요한 수요와 공급과 같은 것을 창출할 수가 없었다. 기껏해야 다양한 수공업자들과 하도급 계약을 체결할 수 있는 소규모의 사무실을 운영하는 것이었다. 그 뒤 많은 섬유 생산 공장은 도시에서 농촌 지역으로 이동했다.

산업혁명 도시가 정말로 발달하기 위해 필요한 것은 큰 도시의 노동력을 유지할 수 있는 상품의 생산과 교환에 바탕을 둔 전혀 다른 경제를 만드는 것이었다. 이 새로운 경제의 출현은 다음과 같은 일련의 상호 보완적 과정에 대한 포괄적 용어인 **산업혁명**(Industrial Revolution)과 밀접한 관계가 있었다.

- 석탄 사용 증기기관의 도입에 따른 동력 공급의 변화
- 역직기와 철 교련법과 같은 발명에 의한 기계 기술의 발달
- 작은 수공업 작업장에 기초한 생산 체계에서 수십 명, 수백 명의 노동자들을 조직화한 공장 체계(factory system)로의 변화. 이에 따라 노동자들은 하나의 증기기관과 여러 개의 복잡한 벨트로 연결된 기계를 사용하여 한 건물에서 작업할 수 있었다.

이러한 다양한 과정이 개발되면서 진정한 **대량생산**(mass production)이 가능해졌다. 그러나 다른 부수적인 발달은 이전에 이루어져야 했다. 한 예로 이러한 기술을 이용할 수 있기 위해서는 반드시 자본이 필요했다. 자본을 구하기 위해서는 증기기관, 기계, 공장에 기꺼이 투자를 할 일부 부유한 상인이 필요했다. 노예무역으로부터 이윤은 물론 아시아, 아프리카, 아메리카를 포함한 해상 무역의 증가로 유럽 상인들은 부를 크게 축적할 수 있었다. 특히 영국 상인들의 수출은 1700년과 1800년 사이에 5배 이상 증가하였다. 둘째, 농업은 공장에서 일하는 모든 사람을 부양할 수 있을 정도로 발달해야 했다. 초기에 농업 생산성은 당연히 낮았고 소규모 잉여만 발생할 정도였다. 17세기와 18세기 동안 농업에서 효율성의 제고는 (1) 적은 수의 농부가 더 많은 사람을 지지할 수 있는 잉여 농산품의 증가를 가져왔고, (2) 더 부유한 농가에서 공

글상자 2.6 ▶ 공간 계획: 요새 도시와 그랜드 매너

중세 초의 교역도시는 대부분 자연적이었다. 이 점은 도시들의 다소 무계획적이고 체계적이지 못한 경제 발전을 의미했다. 많은 도시가 봉건 농촌사회의 구조 및 제약과는 분리되었고, 봉건 귀족이 분열되면서 더 많은 자유를 추구하고 있었다. 그 뒤 르네상스와 초기 근대 시기에 도시 설계와 계획이라는 사고가 영향을 미치기 시작하였다. 이 점은 도시와 농촌, 그리고 도시의 자치권과 귀족의 권한 간의 관계가 변화하면서 나타났다. 왕자 혹은 대 귀족의 권위로 통합된 권력은 강력한 국가의 부상과 독립 도시의 쇠퇴를 의미했다. 이 같은 환경에서 도시는 다른 조건 하에서 발전해 나갔다. 도시는 자본주의 활동의 중심지 역할을 지속했지만, 도시는 이제 국가라는 큰 범위 내에서의 장소로서 존재했다. 국가의 지배자는 영토를 더 잘 확고히 하고 수익이 많기를 바라면서 자신의 영역 내에서 새로운 도시를 세우거나 새롭게 확대된 토지를 기존의 도시에 더할 수가 있었다.

도시를 디자인하는 어떤 모델도 없었지만 몇 가지 원칙은 있었다. 많은 도시들이 요새화 또는 **요새 도시**(bastide city)를 염두에 두고 건설되었다. 망루는 규칙적인 간격으로 배치되고 도시로 진입을 할 수 있는 출입문을 갖춘 요새화는 규칙성을 띤 기하학적 형태였다. 요새 도시에서 가로는 다른 가로, 중앙 시장 광장, 타운 출입문과 반드시 연결되도록 하면서도 규칙적으로 배치되었다. 가로의 배치와 패턴은 도시 방어를 위해 군대와 사람의 이동이 용이하도록 계획되었다. 건물은 계획이 확정된 뒤에 들어섰기 때문에 질서가 보다 잡힌 경관이 조성되었다. 1593년 베네치아인들이 건설한 팔마노바(Palmanova)의 그림이 보여주듯이 어떤 도시는 아주 실용적이라기보다는 기하학적으로 더 관심을 끌었다(그림 B2.6).

그 후 심지어 규모가 더 크고 강력한 왕국의 확장은 바로크 양식과 결합하여 도시 디자인의 한 양식인 그랜드 매너(Grand Manner, 장중한 양식)라는 이념상을 낳았다. 여기서 도시는 장엄한 기념물, 핵심 건물, 지형적 특성, 거리와 조망 네트워크와 연결된 공원 등의 총체적인 것으로 도시에 대한 선견자에 의해 전체적으로 구상되고 미리 계획되었다. 가로 경관, 건축물과 화합, 극적 효과, 이 모든 것이 대통합(인위적인 통합)을 이루기 위해서 함께 하였다. 몇몇 중요한 도시, 특히 오늘날 국가의 수도가 된 도시들이 이런 방식으로 설계되었다. 워싱턴은 그랜드 매너의 원칙이 그 이전의 역사에 의해 얽매이지 않은 사례이다. 1791년 랑팡(Pierre Charles L'Enfant)이 계획한 이 도시의 디자인은 첫 100년 동안 도시 인구를 능가할 만큼 넓게 설계

산품의 수요 증가를 가져왔고, (3) 농업에 더 이상 필요하지 않으나 산업혁명의 도시 공장에서 일을 할 잉여 노동력을 창출하였다. 영국은 확실히 이 변화의 중심에 있었다. 새로운 세계경제에 런던이 들어감으로써 런던은 첫 번째 진정한 세계도시가 되었다. 북미, 카리브 해, 남아시아, 뒤에 아프리카와 중국에서 영국의 식민주의는 많은 영국 상인들의 지갑을 두툼하게 하는 데 일조하였다. 식민지들은 공업 생산품에 필요한 많은 천연 원료를 제공하였다. 영국의 배후지는 세계의 특정 지역에 더 이상 한정되지 않았다. 즉 세계가 실질적으로 영국의 배후지가 되었다.

영국은 또한 농업 분야에서 변화의 선두에 있었다. 더 나은 씨앗 선정, 동물 교배, 사료 곡물, 윤작, 소수

의 더 넓은 농장으로의 변화 등을 통하여 18세기의 농업 생산량은 인구 증가보다 더 빠르게 증가하여 더 많은 노동자가 공장에서 일을 할 수 있게 되었다. 더구나 영국은 엄청난 석탄 매장량을 갖고 있었다(그림 2.16). 석탄 동력이 철도와 증기선과 같은 새로운 교통수단뿐만 아니라 많은 증기 엔진을 운영하는 데 사용되었기 때문에 특히 중요하였다.

산업혁명의 과정은 도시화를 가속화시켰다. 산업화는 많은 수의 사람이 공장에서 일하고 도시와 농촌 거주자 모두가 소비할 상품의 생산을 의미하였다. 철도와 증기선과 같은 석탄 동력을 바탕으로 한 교통의 발달은 산업도시의 범위를 확대시켰다. 도시는 더 넓은 지역에서 필요한 식품을 구할 수 있었다. 런던은

되었다. 1842년 찰스 디킨스(Charles Dickens)는 *American Notes*에서 기록하기를, 워싱턴에는 "어디에서 시작하고 어디로 향하는지 모르는 넓은 거리가 매우 많았고, 1마일(1.6km)에 이르는 도로는 단지 집, 길, 주민이 필요할 따름이며, 공공건물에도 사람이 별로 없었다"(Mumford, 1961, p. 407에서 인용).

© Yann Arthus-Bertrand/Corbis Images

그림 B2.6 팔마노바의 항공 전경.

세계 어디에서든 곡물을 구할 수 있었는데, 쌀은 인도, 밀과 소고기는 미국과 캐나다에서 구할 수 있었다. 공산품에 필요한 천연 원료도 거의 세계 어디에서나 구할 수 있었다. 북미, 남아메리카, 아시아에서 생산된 원료가 새로운 공장으로 투입되었는데, 한 예로 미국 남부는 19세기 중반 면화의 주요 공급지가 되었다. 이 같은 큰 변화는 농촌 지역 사람들의 도시 지역으로 이동을 초래하였다. 19세기 유럽의 도시화는 대단했다. 유럽 인구가 18세기에 배가 되었으나 도시 인구는 6배가 넘었다. 1800년 영국의 도시 인구는 20%였으나 1850년에 40%, 1890년에는 60% 이상이었다. 영국은 첫 번째 도시 국가(urban country)였다. 반면 이탈리아 북부는 교역 도시로서의 전성기에도 결코 도시화율이 20% 이상 된 적은 없었다.

산업화는 많은 도시가 급격히 성장하였다는 것을 말했다. 영국의 도시에서 인구 성장에 관한 숫자는 그 결과를 보여준다. 맨체스터와 리버풀은 규모가 4배가 되었다. 가장 큰 도시는 마침내 가장 큰 제국 도시들과 필적하다가 뒤에 능가하게 되었다. 1800년 런던은 약 100만의 인구였고 파리는 약 55만이었다. 1850년경 런던은 약 250만이었고 파리는 100만이었다. 1900년경 8개 도시가 100만을 넘었고, 런던은 650만으로 가장 인구가 많은 도시였다.

도시 입지의 변화

다음 모든 사항은 도시 입지의 요인에 영향을 주었다.

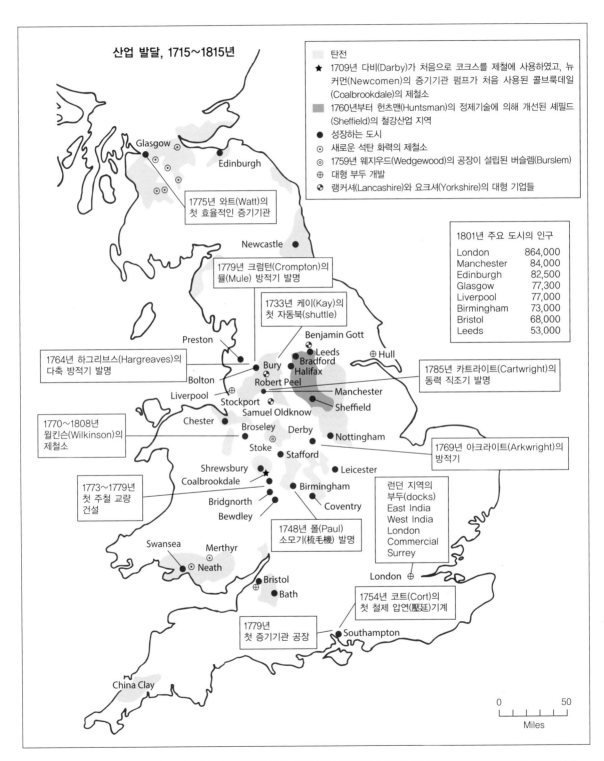

그림 2.16 영국의 석탄 매장지와 공업도시의 지도. 영국은 특히 석탄이 잘 공급되었고, 대부분의 공장을 탄광 가까운 곳에 건설하였다.

- 공장 시스템에서는 한 장소에 노동이 집중될 필요가 있었다. 산업 시스템에서는 공장의 대량생산이 여러 지역에 흩어진 작업장의 소규모 생산을 대체함에 따라 일부 장소에 집중된 취락이 선호되었다.
- 증기 기관은 생산 과정에서 보통 무게가 가장 많이 나가서 운송비가 비싼 석탄이 많이 필요하였다. 새로운 많은 산업도시는 탄광 지대 주변에서 발달하였고, 인구가 상당히 증가하였다.
- 일부 도시, 특히 런던은 산업 교역의 중심지가 됨에 따라 혜택을 보았다. 산업혁명으로 많은 작은 기업들이 런던에 또한 모이게 되었다.

경제적 측면 외에도 산업화는 또한 도시의 성격과 공간 배치에 변화를 가져왔다. 19세기 산업도시의 보편적인 이미지는 아름다운 것은 아니었다. 이미지의 대부분은 디킨스(Dickens)의 소설 *Oliver Twist*(1838)와 그 당시 다양한 사회 문제의 비평가에서 연유한다. 도시 위에 장막이 드리워진 검댕이, 부자와 가난한 자 사이의 아주 큰 차이, 도시를 내려다보는 언덕 위의 맨션과 공장 출입문 가까이의 우글거리는 슬럼을 떠올리게 된다. 엥겔스(Friedrich Engels)는 맨체스터에 대해 '부자와 가난한 자의 거리가 그렇게 크고, 그들 사이의 장벽이 넘나들기가 아주 어려운 그런 타운은 세계 어디에도 없다'고 기록하였고, '타운에서 공장 노동자들이 거주하는 지역의 혐오스러운 상황'에 대해 말하였다. 이러한 관찰에 대한 반응으로 한 중산층 신사는 "그러나 여기서 돈을 많이 벌고 있습니다."라고 말하였다(Briggs, 1970, p. 100, p. 114에서 인용).

양쪽 모두 옳았다. 엥겔스는 심한 불균형이 드러나 부자는 더 많은 돈을 벌고 가난한 자는 고통을 받는 도시 환경에 주목하였다. 부자와 가난한 자 모두에게 맨체스터는 대단히 불결한 도시였다. 다른 산업도시와 마찬가지로 맨체스터는 질병의 온상이었다. 천연두와 같은 전염병이 쉽게 퍼졌고, 나쁜 위생은 발진티푸스(이가 옮기는 질병)를 초래했고, 좋지 않은 수질 공급은 심한 콜레라 전염병을 야기하였다. 산업 재해, 음식 부족으로 인한 노동자의 영양 결핍, 햇빛 부족에 기인한 구루병과 같은 질병 등이 너무 많았다. 1880년까지 도시에서 사망률은 농촌보다 50%가 더 높았다. 1842년에 출판된 **고통에 처한 영국 주민의 위생 상태에 관한 보고서**에서 맨체스터 근로자들의 평균 사망 연령은 17세밖에 되지 않았고, 이는 러틀랜드(Rutland)의 농촌 타운의 절반밖에 되지 않았다. 심지어 전문가 계층도 고통을 겪었는데, 평균 38세에 사망하였다. 반면 농촌 지역은 평균 52세가 사망 연령이었다.

산업도시의 요소 산업도시의 새로운 주요 요소는 공장, 철도, 빈민가였다(그림 2.17).

- 공장(factory)이 항상 가장 좋은 위치를 차지하였다. 공장의 설립으로 도시가 성장한 경우가 많았기 때문에 공장은 도시 형태의 중심이었다. 물론 어떤 오염 통제는 없었다. 대기는 더러웠고 강은 배수와 하수도로 이용되었다.
- 철도(railroad)는 공장에서 주요 항구로 연결되었다. 영국에서는 주요 항구는 런던과 리버풀이었다. 철도는 바퀴 달린 공장과 같았고, 오염을 도시 각 지역 및 지방으로 퍼지게 하였다.
- 빈민가(slum)는 마지막 요소였다. 공장과 연관된 대량생산은 공장에서 일하는 공장 노동자의 대형 숙소를 필요로 하였다. 노동자들은 옛 작업장에서 일할 때와 같은 작업장 숙소에 더 이상 거주하지는 않았지만 여전히 가까이에 있을 필요가 있었다. 주택은 간혹 공장 주인에 의해서 서둘러 값싸게 지어지

그림 2.17 산업도시의 요소를 보여주는 런던 남부의 캠버웰(Camberwell) 지도.

기도 했다. 긴 연립주택이 급히 지어졌고 공간(그리고 환기)을 최소화하기 위해서 이어서 지어졌다.

산업도시는 생산으로 번창했으며 공장에 많은 사람을 고용할 수 있었다. 이곳에서 사회 계층 간 공간적 분리가 가속화되었다. 부자들은 점차 많은 도시 문제에서 벗어날 수단을 갖고 있었다(맨체스터 기대수명이 제시하는 것처럼 초기에는 부자들도 도시 빈민층과 비슷했지만). 노동자들은 자신들과 가족에게 엄청난 대가를 지불하고 직업을 구했다. 그들은 도시에서 최악의 구역에 살았다. 런던과 같은 큰 도시에서는 사무원, 점원, 관료 등이 포함된 또 다른 계층이 확대

되고, 간혹 도시 내에서 별도의 지역에 거주하기도 하였다. 이같이 현대 도시의 사회적 분리가 나타나기 시작하였다. 교통 기술의 변화와 도시의 물리적 규모가 확대되면서 사회 계층이 더욱 분리되었다.

요약

세계에서 도시가 점차 많아짐에 따라 도시가 상대적으로 최근 현상이라는 것을 쉽게 잊는다. 도시가 출현하기 위해서는 몇 가지 선행조건이 있어야 했다. 충분한 잉여 농산물, 도시를 건설하고 유지하는데 필요한 기술, 인구 자원의 관리와 잉여 농산물을 구하고 분배하는 데 필요한 사회적 권력이 이 조건에 포함된다. 정확히 도시가 어떻게 형성되었는지는 의문으로 남아 있다. 도시는 세계 여러 문명의 발상지에서 서로 독립적으로 출현했다. 초기의 도시들은 상당히 다양했으나 자원 추출 경제(extractive economy, 농림어업이나 광업처럼 자연에서 자원을 추출하는 경제)에 의존했다는 공통점이 있다. 고대 로마처럼 제국 도시는 이러한 초기 배경에서 건설되었고 넓은 지역에 대한 통제의 결과로 성장할 수 있었다. 도시 발달의 기반이 바뀐 것은 기원후 1000년에서 1200년 사이 자본주의 경제의 출현과 관련되었고 도시는 경제 성장의 동력이 되었다. 산업화는 도시를 더욱 성장시켜 그 이전보다 몇 배나 더 커지게 만들었으며, 도시는 훨씬 더 많은 사람을 수용하게 되었다.

URBAN GEOGRAPHY

제2부

대도시 체계

제3장

미국 도시체계의 발달

나는 많은 사람들을 위한 자동차를 만들 것이다.

—Henry Ford, 1922

왜 일부 도시는 빠르게 성장하고 반면 다른 일부 도시는 천천히 성장하는가? 왜 일부 도시는 침체하여 인구 감소와 경제적 쇠퇴를 겪는가? 왜 다코타(Dakotas) 주와 몬태나(Montana) 주 동부의 도시들은 여전히 작고, 댈러스-포트워스(Dallas-Fort Worth)와 휴스턴은 커지게 되었나? 왜 시카고의 초기 허풍선이 선전광고에서는 그 도시를 빠른 속도의 바람이 아닌 '바람의 도시(Windy City)'라는 명칭을 부여하였는가? 최근 자동차 산업이 남부로 이동하기 전에 왜 디트로이트(Detroit)가 미국 자동차 산업의 초기 중심지가 되었고, 왜 디트로이트는 최근 그렇게 어려움을 겪게 되었나? 이것들이 경험적 조사에 의해서 미국 도시체계가 어떻게 발달하고 성장하였는지를 이 장에서 찾고자 하는 질문들이다.

도시체계와 도시계층

도시체계(urban system) 개념은 교통과 통신 기술의 변화에 바탕을 두고서, 도시가 어떻게 상호 연결되고 의존하는지에 관한 것이다. 도시는 지역 및 국가적 범주에 속하며, 규모가 크고 더 근접한 도시들은 상호 의존 정도가 더 크다. 도시체계 개념은 1장에서 소개된 기본 개념, **상대적 위치**(situation)에서 비롯된다. 어떤 도시 또는 도시 지역의 위치는 그 지역 혹은 국가에서 그 도시가 다른 장소와의 공간적 관계와 관련된다. 이 경우 상대적 위치는 다른 많은 것들을 의미한다. 다른 것은 다른 도시를 의미한다. 소매 시장, 공업 생산, 농촌에서 도시로 이주 노동자에 대해 상호 경쟁은 주로 인접한 소규모 도시들이었다. 미국 경제가 점차 성숙하고 교통이 개선됨에 따라 점점 더 멀리 있는 중심지들이 상호 경쟁을 하게 되었다. 경제, 인구, 정치적 영향력을 증대하기 위한 도시들의 경쟁은 도시 간 체계의 변화를 초래한다. 상대적 위치는 또한 소비 또는 개발을 위해 도시로 들어오는 자원과 교통망을 이용할 수 있음을 의미한다. 많은 미국 도시는 자원이 유입될 수 있는 상대적 이점 때문에 항구나 하천과 같은 수상 교통로 가까이에 입지했다. 19세기 오대호를 따라 발달한 일련의 대규모 산업도시들은 외곽 지역에서 많은 광물 및 농업 자원의 운송에 편리하였고, 가공을 위해 도시로 옮기는 데도 수로가 편리했다는 증거가 되고 있다. 주요 교통로에 인접하였기 때문에 산업도시는 좀 더 많은 생산을 하거나 최종 소비를 위해 다른 도시에 상품을 보내는 것이 용이했다. 이러한 방식에 의해 전체 미국 도시 체계가 발달하였다.

도시체계는 다양한 스케일에서 도시 사이의 관계를 살펴볼 수 있는 유용한 방법이다. 1장에서 언급된 지리적 스케일 개념은 상이한 도시체계를 이해하는 매우 중요한 개념이다. 먼저 **세계적 스케일**(global scale)에서 적용될 도시체계를 살펴볼 수 있다. 오늘날 이 스케일에서 세계에서 가장 큰 도시, 즉 런던, 뉴욕, 도쿄를 선두로 바로 그 아래 위치를 점하는 몇몇 도시에 대해 그 관계가 주로 조사된다(4장 참조). 1차 '세계도시(world city)'인 이 세 도시는 현재도 그 지위가 유지되고 있지만 몇몇 도시는 앞으로 논쟁이 될 수 있다. 과거에 미국이 발전을 하기 시작할 때 일부 다른 핵심 도시가 있었다. 이 도시들은 당시 도시체계의 구성에 중요하였다.

국가 또는 지역 스케일(national or regional scale)에서 국가 경제의 기반이 되는 도시체계를 이해하는 것은 매우 중요하다. 세계화의 영향에도 불구하고 국가 간 경계는 돈, 상품, 특히 사람이 국가 안과 밖의 흐름을 결정하는 데 여전히 중요하다. 대부분의 국가는 분명히 국가 경제와 그에 따른 도시체계를 갖고 있다. 크고 도시화된 국가로서 미국은 동쪽 해안의 뉴욕, 서쪽 해안의 로스앤젤레스, 오대호의 시카고, 멕시코만 해안의 휴스턴을 기반으로 하는 매우 복잡한 도시체계를 활용하고 있다. 이러한 특별한 도시체계는 물론 극적으로 바뀌어 왔고, 이 변화가 미국의 공간 경제 변화를 반영하였다.

끝으로 **대도시 스케일**(metropolitan scale)로서, 어떤 대도시 내에서 도시와 타운의 상호작용을 찾아볼 수 있다. 이 대도시권은 때로는 2, 3개의 큰 도시일 수도 있지만 일반적으로 하나의 큰 중심도시가 기반이 되고, 그 중심도시는 일련의 작은 도시, 작은 타운, 교외로 둘러싸인 지역이다. 이 지역을 규정할 방식이 여러 가지 있으나 그중 하나는 이러한 대도시 도시체계를 하나 이상의 경제적 결절, 즉 경제 활동의 지역 센터와 그 결절과 경제적으로 관련된 주변의 도시, 타운, 농촌 지역으로 구성된 것으로 보는 것이다.

도시계층(urban hierarchy) 사고는 도시체계 개념의 중심에 있다. 도시계층은 다시 몇 가지 지리적 스케일에서 주목될 수 있다. 도시들은 인구 규모가 다르고 다양한 경제적 영향력을 가지고 있다는 것이 도시계층 개념에 내포되어 있다. 하나의 도시는 다른 도시에 비해 우세하고, 또 그 도시는 또 다른 영향력 있는 도시에 의해 지배될 수 있다. 중심지의 순위를 조사하면 가장 크고 압도적인 도시 지역부터 가장 작고 경제적으로도 가장 덜 중요한 장소까지 파악할 수 있다. 도시계층은 인구 규모, 경제력, 소매 판매 또는 산업 종사자 수와 같은 여러 가지 기준에 의한 도시의 순위와 관련된다. 게다가 도시계층은 도시들 사이에 존재하는 관계의 구조를 파악한다. 일부 작은 도시는 가장 중요한 지역 중심지와 상호작용을 할 수 있다. 보다 큰 스케일에서 이 지역 중심지는 다시 하나의 압도적인 국가적 중심지와 상호작용을 한다. 도시 중심지 그룹을 분석함으로써 도시 중심지가 여러 면에서 상호 교류를 하는 과정에 대해 귀중한 통찰력을 얻을 수 있다. 시간적으로 그러한 도시계층을 분석함으로써 어떤 중심지가 도시계층 내에서 그 위치가 어떻게 변화했는지를 더 잘 이해할 수 있다.

순위규모법칙과 종주도시

도시계층의 주요 핵심은 지역 또는 국가적 스케일의 도시체계 내에서 관계를 설명하는 **순위규모 관계**(rank-size relationship)에 의해 수식으로 표현될 수 있다. 국가 또는 지역 체계 내에서 도시들의 관계는 순위규모

법칙(rank-size rule)을 결정하는 데 도움을 준다. 법칙 자체는 매우 간단하다. 기본적으로 도시체계 내에서 어떤 도시의 인구는 그 도시의 인구순위와 가장 큰 도시(수위도시)의 인구를 파악함으로써 예측될 수 있다. 수식 형태로 이 관계는 다음과 같다.

$$P_r = P_1 \cdot r^{-q} = \frac{P_1}{r^q}$$

P_r은 해당 도시의 예상 인구

P_1은 가장 큰 도시의 인구

r은 해당 도시의 순위

q는 상수

$q=1$일 때 가장 큰 도시 인구가 100만 명이라면 네 번째로 큰 도시는 25만(100만의 4분의 1) 인구가 될 것이다. 그림 3.1은 이론적인 순위규모 법칙을 보여준다. 그 법칙에서 도시의 규모 순위가 수평축(X)에 표시되고 도시의 인구 규모는 수직축(Y)에 나타난다.

표 3.1 대도시 인구 (인구 단위: 100만 명)

대도시	1990	2000	2010	비율
New York	16.8	18.3	18.9	1
Los Angeles	11.3	12.3	12.8	1.5
Chicago	8.2	9.1	9.5	2.0
Dallas/Fort Worth	4.0	5.2	6.4	3.0
Philadelphia	5.4	5.7	6.0	3.2
Houston	3.8	4.7	5.9	3.2
Washington	4.1	4.8	5.6	3.4
Miami	4.1	5.0	5.6	3.4

출처: http://www.city-data.com/

이 같은 관련성이 실제 어떻게 나타나는가? 규모가 크고 통합이 잘 이루어진 도시체계를 갖추고 있는 미국의 경우에는 그 관계성이 잘 나타난다. 대부분의 도시가 행정 경계를 넘어 교외로 진행된 미국 도시화의 특성 때문에 도시화 지역을 고려하는 것이 타당하다. 미국 대도시 지역의 인구 변화와 비율을 표시하면 표 3.1과 같다.

모델에서 나타날 예상보다는 그 관계가 조금 더 압

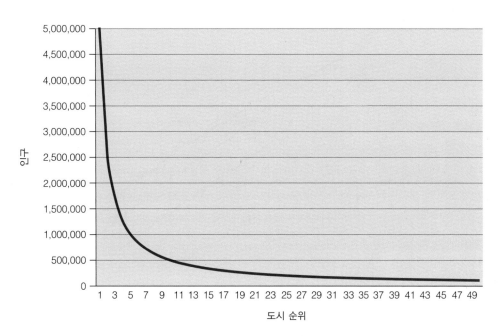

그림 3.1 이론적 순위규모 관계.

축되어 있지만 뚜렷한 계층 관계를 보여준다. 이같은 관계가 그렇게 잘 나타나지 않을 때도 있다. 그 경우 2 개 혹은 더 많은 도시 등의 인구 규모가 비슷하여 도시 계층의 상부를 점하는 경우일 것이다. 이런 **이원 체계** (binary system)는 국가 경제가 두 지역으로 나뉘고, 두 도시 각각이 각 해당 지역을 대표할 경우에 나타날 수 있다. 도시체계에서 매우 흔한 것은 종주성 또는 **종주 도시**(primate city) 현상이다. 도시계층에서 가장 큰 도시가 두 번째로 큰 도시보다 2배 이상일 때 나타난다. 종주도시의 출현은 불균등한 도시계층을 의미한다. 몇 가지 이유 때문에 종주도시가 발생할 수 있다. 간혹 한때 식민지였던 국가는 식민지 항구 도시 및 경제 중심지였던 종주도시가 있었기 때문이다. 14장에서 보듯이 식민지 영토는 거의 대부분 저개발 상태였으며, 식민지 내부는 주로 자원의 출처로 이용되고 주요 항구는 채굴된 자원을 식민 지배 국가로 운송하기 위한

장소가 되었다. 두 번째 이유는 과거 식민 지배 국가 자체의 내부에 있었다. 영국, 프랑스, 오스트리아와 같이 과거에 대제국을 통치한 국가는 한때 번성한 제국의 수도였으나 지금은 평균 정도 크기의 국가로는 지나치게 큰 종주도시인 도시가 있다. 한 국가의 어떤 중심지에 어느 정도 경제, 정치, 문화적 힘을 발휘하는 다른 요소들이 또한 종주도시를 만들 수 있다.

미국은 종주도시를 가진 적은 없었다. 식민지로서, 더 정확하게는 일부분 영국, 프랑스, 스페인의 식민지로 시작했지만 대서양을 따라 일련의 도시가 시작되었고, 그 후 중서부, 서쪽 끝, 남부로 확대되었기 때문에 도시는 항상 고르게 발달하였다(그림 3.2).

미국 도시화의 전개

미국에서 도시체계의 발달과 그에 앞서 식민지 미국

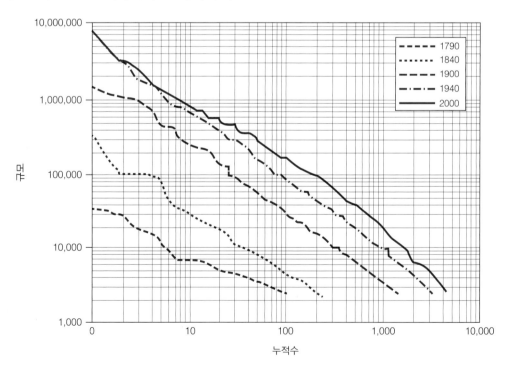

그림 3.2 시기별 미국 도시의 순위규모 관계.

은 도시 경제의 특성 변화와 밀접한 관계가 있다. 현재 미국과 캐나다 전역에 미국 원주민 취락의 흔적이 있다. 첫 번째 미국인이라고 하는 미국 원주민은 아메리카 대륙에 걸쳐 조직화된 취락, 공동 사회, 타운에 거주하였다. 동부 해안의 원주민 대부분은 농민이었고, 대평원과 캐나다 북부 원주민은 주로 수렵 및 채집으로 살아갔다. 남서부 부족들은 정교한 관개 시스템을 개발하였다. 실재 원주민 취락과 그 취락의 네트워크는 그 뒤 도로와 고속도로뿐만 아니라 유럽인의 타운과 도시의 입지와 성장에 영향을 미쳤다. 그러나 중남미의 마야, 아즈텍, 잉카와 같은 일부 진정한 도시 문명의 중심지와는 달리 미국 원주민들의 취락 대부분을 '도시'라고 하는 것은 지나치다.

북미의 첫 번째 '도시' 취락은 유럽의 경제적 탐색의 전진 기지 및 군사적 타운으로 시작되었다. 대체로 미국은 상업 자본주의, 즉 무역이 세계 경제를 지배할 시기에 형성되었다. 식민지 미국은 어느 정도 착취적인 방식으로 교역 경제에 진입하였다. 북미는 카리브 해 및 남미에서 발굴된 수준에는 못 미치는 자원이지만 많은 삼림, 야생동식물, 어류 등이 존재하였다. 개발이 이루어지면서, 이 지역은 토양이 비옥하고 물이 풍부하고 양호한 기후 조건으로 농산품의 생산지가 될 수 있었다. 따라서 북미는 채취와 농업 양 측면에서 주로 자원으로 이용될 수 있는 식민지가 되었다. 원주민 대부분은 질병 또는 강압에 의해서 사라지게 되었다. 남은 자도 유럽인의 침입으로 확실히 영향을 받아 모피를 도구와 총 등의 유럽 상품과 교환할 것을 요구하였다. 동부 해안지방에는 곧 유럽 정착민과 아프리카에서 비자발적인 이주자들이 거주하였다.

독립 후 미국은 농업에 계속 치중했으나 곧 농업에 기초한 1차 상업 경제에서 제조 상품의 공업 경제로 전환하였다. 이러한 전환으로 도시 및 전반적인 도시

체계의 상황이 바뀌었다. 따라서 도시화가 미국에서 처음 어떻게 시작되었는지를 살펴볼 것이다.

상업도시 모델과 미국 도시체계의 초기 발달

'상업적(mercantile)'의 사전적 의미는 '상인 또는 교역의 특성을 가진'이다. 그림 3.3의 반스(Vance)의 상업

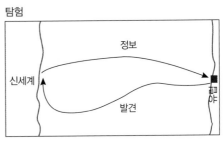

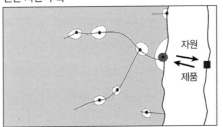

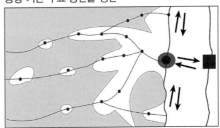

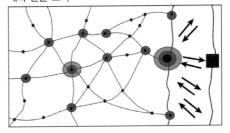

그림 3.3 탐험, 수확, 주요 산물 생산, 내륙 관문 도시의 4단계를 보여주는 반스의 상업도시 모델. 출처: Vance, 1970.

도시 모델(mercantile cities model, 1970)은 (1) 5단계 또는 다섯 시대 동안 상인의 역할, (2) 장거리 교역의 역할에 기반을 둔 북미 도시체계의 발달을 설명하려고 한다. 이 모델은 초기 미국 도시화를 잘 설명할 수 있는 방법일 수 있다.

첫 번째, **탐험** 시대는 지역 시장에 기반을 둔 소규모 북미 취락과 유럽과 미약한 교역 관계가 이 시대의 특징이다. 미국의 정복과 식민지화에 대한 최초의 동력은 주로 경제적이었다. 유럽인들은 아메리카 대륙을 천연자원, 어류와 모피, 굶주린 시민을 위한 토지 자원의 방대한 보고로 여겼다.

두 번째, 천연 자원의 수확 시대는 북미의 자원인 대구, 목재, 모피가 유럽으로 수출되었다. 소규모 취락이 어항 및 목재 캠프에서 시작되었다. 라틴아메리카에서 이베리아인의 제국주의적인 식민지 건설과 북미에서 신교도의 상업적인 식민지 건설 간에 큰 차이가 이 시대에 나타났다. 그러나 목표와 과정은 비슷했다.

북미에서 스페인 사람은 상당 부분의 경제가 농업, 특히 목장과 관련되는 취락을 세웠다. 가장 초기의 스페인 취락은 1565년에 세워진 플로리다에 있는 세인트 오거스틴(St. Augustine) 취락과 오늘날 미국 남서부의 로스앤젤레스, 샌안토니오, 샌디에이고, 샌프란시스코, 산타페(Santa Fe) 등 선교 도시에서 발견되었다.

프랑스가 지금의 퀘벡으로 진출한 것 역시 중요했다. 미시시피 강을 따라 아주 넓은 지역 전체를 뉴프랑스(New France)라 하였다(그림 3.4). 이 방대한 영토는 프랑스 소유라고 선언되었으나 프랑스가 진출했다는 일부 전진기지나 깃발만 있었지 실제는 거의 미개발 지역이었다. 그러나 오늘날 퀘벡의 세인트로렌스 강을 따라서는 다른 상황이 전개되었다. 영주와 소작인 체제의 준봉건 사회가 퀘벡의 취락을 지배하였다. 프랑스에서 적절한 토지를 얻을 수 없었던 하위 귀족들이 이 넓지만 상당히 혹독한 여건의 영토로 이주하였다. 토양과 기후는 유리하지 않았기 때문에 대부분의 농업은 주로 자급자족 목적이었다. 이 지역에 2만 명 정도의 사람이 거주하였다.

경제의 주된 관심은 모피 교역에 있었다. 캐나다의 넓은 삼림지역에는 많은 야생 동식물이 존재했고, 비

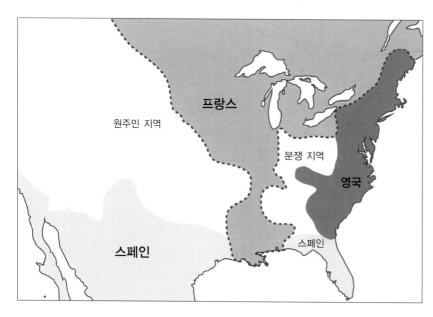

그림 3.4 프랑스의 북미 진출.

버 모피 모자가 유럽 사회에서 애호되었다. 모피를 찾기 위해서 프랑스는 오대호 주변과 미시시피 강을 따라 전진 기지를 세웠다. 그 결과 작은 취락이었던 디트로이트, 몬트리올, 뉴올리언스, 퀘벡 시, 세인트루이스가 형성되었다. 네덜란드는 뒤에 이름이 뉴욕으로 변경된 뉴 암스테르담(맨해튼 섬)에 모피 교역소를 세웠다(1624년).

북미의 취락과 도시 개발에 가장 오랫동안 큰 영향을 준 것은 영국 식민주의자들이었다. 제임스타운(Jamestown, 1607), 윌리엄스버그(Williamsburg, 1663), 아나폴리스(Annapolis, 1708), 찰스턴(Charleston, 1672), 서배너(Savannah, 1733)의 취락은 미국 역사가들에게 잘 알려졌다. 이 초기 중심지 대부분은 식민 시대의 멋진 모습을 많이 간직하고 있지만 미국 도시계층에서 상대적으로 쇠퇴하였다. 1630년에 청교도에 의해 설립된 보스턴, 1682년 윌리엄 펜(William Penn)에 의한 퀘이커 취락으로 계획된 필라델피아와 같은 도시는 유럽인의 주요 무역 중심지가 되었고 몇 세기 동안 그 지위를 누렸다.

세 번째, 농장 기반의 주요 산물 생산이 등장한 시대에서는 유럽 제품과 거래하기 위해 수출용 목화, 담배, 곡물 생산을 위한 농업 지역에서 취락이 발달하였다. 이 시기는 대서양 항구 도시가 쌍방향 무역에서 중요해질 무렵이었다. 보스턴, 찰스턴, 사바나는 주요 상업 중심지로 발달하고 있었다.

오늘날 뉴욕은 미국 경제의 중심지이고 세계도시 가운데 한 도시이지만 식민지 시대와 18세기 뉴욕은 거대한 도시가 아니었다. 실제로 필라델피아가 1760년에서 미국의 첫 인구센서스 연도인 1790년까지 가장 큰 인구 중심지였다(표 3.2). 1760년에는 보스턴 역시 뉴욕보다 큰 규모였다. 1790년 1만 명 이상의 모든 취락은 항구 도시였는데, 그 도시들의 기능은 유

표 3.2 미국 주요 항구 도시의 인구, 1760~1790년

항구 도시	1760	1775	1790
Baltimore	–	6,734	13,503
Boston	15,631	16,000	18,038
Charleston	8,000	14,000	16,359
New Orleans	–	–	5,338
New York	14,000	22,000	32,305
Philadelphia	18,756	23,739	42,520

출처: Atlas of Early American History: The Revolutionary Era, 1760~1790.

럽의 항구, 특히 영국의 런던과 리버풀 항구와 밀접히 관련되었다. 이 항구 중 하나가 사우스캐롤라이나의 찰스턴이었다. 1775년 이 도시는 북미에서 네 번째 큰 도시였다. 오늘날 약 265,000명 인구로 중간 규모의 대도시 지역인 것과 대조적이며, 도시계층에서 한참 내려오게 되었다. 볼티모어(Baltimore)는 항구 도시로서 늦게 출발했으나 1775년과 1790년 사이에 인구가 배 이상으로 증가하여 그 기간 동안 가장 빨리 성장하여 1790년경 동부 해안 지역에서 다섯 번째 큰 도시가 되었다(그림 3.5). 뉴올리언스(New Orleans)는 18세기 말 미시시피 강 하구의 중요한 항구로 등장하였다. 초기에는 프랑스 지배 하에 있던 그 도시는 이후 1803년 그 유명한 루이지애나 구입지(Louisiana Purchase)로 미국에 팔려졌다.

네 번째, 내륙 관문 도시 시대에 도시는 상품의 창고였고, 전형적으로 교통로를 따라 입지하였다. 북미의 자원 기반 수출품의 증가는 영국 및 다른 유럽 국가로부터의 제품 수입 증가와 부합하였다. 식민지 및 그 후 독립 후 첫 세기 동안에도 미국은 여전히 수출 상품 지향의 경제적 역할을 수행하였다(글상자 3.1).

이런 면에서 미국의 지역들은 상당한 차이가 있었다. 남부는 전형적인 수출 경제였다. 대농장 또는 플랜테이션(plantation)과 결합한 넓은 토지와 취락 패턴의

글상자 3.1 ▶ 미국의 반 도시 성향

미국은 오랜 기간 도시화된 사회였으나 또한 도시를 불신하는 사회이기도 하였다. 많은 유명한 미국인들은 미국의 초기부터 도시에 대한 불신을 표명하였고, 이 점은 국가 의식에 널리 스며들었다. 이것은 미국 농촌 지역의 독특한 상황과 관련될지도 모른다. 땅은 넓고 농촌 생활은 당연히 노예 신분의 사람을 제외하고는 억압이 없는 생활이었다. 미국 자체가 국가로 등장할 때 유럽의 도시들은 산업화하면서 변화하여 도시들은 점점 더 규모가 커지고, 더러워지고, 슬럼화되었다. 산업화로 더 많은 사람이 뉴욕, 보스턴, 필라델피아, 시카고와 같은 곳으로 이동하였지만 그 도시들을 좋아한 것은 아니었다.

미국에는 필요악일지라도 도시는 악한 것이라는 정서, 즉 일종의 반 도시 성향이 항상 있었다. 제퍼슨(Thomas Jefferson)은 도시를 특히 걱정하고, 슬럼, 우범 지역, 부패, 불필요한 게으름이 상존하는 유럽도시가 미국을 침범할지도 모른다는 우려를 하였다. 도시는 '도덕성의 타락', '불행', '악'을 상징하고, 농촌은 건전한 도덕, 정직한 일, 고고한 즐거움의 이미지를 가지고 있었다. 제퍼슨은 도시가 전혀 없는 것을 선호했을지 모르나 도시를 멈추기 위해서 그가 할 수 있는 것은 아무것도 없다는 것을 알게 되었다.

그 이후 에머슨(Ralph Waldo Emerson), 소로(Henry Thoreau, 그림 B3.1), 멜빌(Herman Melville), 호손(Nathaniel

그림 B3.1 소로(Henry Thoreau, 1817~1862).

Hawthorne)과 같은 19세기 작가들은 한결같이 도시를 악, 상업주의, 빈곤, 죄 등 모든 나쁜 것의 중심지로 보았다. 진정한 영

남부는 담배, 쌀, 인디고(indigo, 콩과 식물), 나중에 목화를 생산하였다. 버지니아와 메릴랜드가 된 체스피크 만(Chesapeake Bay) 지역은 주로 플랜테이션 농업에 바탕을 두었다. 이 농업은 매우 넓은 토지와 많은 노동력을 필요로 하였다. 일부 항구 도시를 제외하고 농촌 지역인 이 지역에서는 상층부에 몇몇 부유한 지주가 존재하였고, 이들은 처음에는 계약고용인, 나중에는 아프리카 노예에 의존하였다.

일부 채취 산업(모피와 목재)이 뉴잉글랜드에 있었지만 농업에 비해서는 상대적 열위에 있었다. 토양은 암석이 뒤섞여 있고 비옥도가 낮았다. 가장 값어치

가 있는 수출품은 '해운 산업'에 있었다. 더구나 매사추세츠 만(Massachusetts Bay) 식민지들은 다른 경제적 조건 하에서 설립되었다. 대부분의 정착민인 청교도인들은 비경제적 이유로 도착하였다. 청교도 인들은 주로 자급자족 경제를 기반으로 한 경제 활동을 하였다. 그러나 이 지역은 상업적인 화물 집산지(commercial entrepôt, 교역과 분배 센터)로 변화되었다. 1700년경 보스턴은 대서양 지방 경제의 중심이 되었다.

중앙에 해당하는 주—뉴욕, 뉴저지, 펜실베이니아—에서는 노예 소유는 별로 없는 가족 농장에 주로 의존하였다. 이 주들은 곡물 수출에 의존한 농업 식민

적 정신은 오직 농촌 환경에서만 나올 수 있다고 보았다. 에머슨은 '이해', '노고', '궁리'의 장소로서의 도시와 '이성', '비전'이 담긴 농촌을 구별하였다. 소로는 월든(Walden) 호숫가에서 완전한 고독 속에 살 때 가장 행복했다.

이러한 정서를 편견이라 치부할 수 있다. 그러나 어느 정도 그 정서는 지적 및 보편적인 생각을 반영하였다. 도시의 규모가 커짐에 따라 사람들을 점점 더 도시를 싫어하고 두려워했다. 20세기 초부터는 도시 생활이 농촌 생활을 압도하였다. '시카고학파'의 도시사회학자들에 의한 도시에 관한 많은 연구는 19세기의 반 도시적(anti-urban) 성향을 반복하였다. 가장 지배적인 사고는 도시는 악할 뿐만 아니라 그 속에 살고 있는 사람조차도 악하게 만든다는 것이었다. 이것을 **도시결정주의**(urban determinism)라고 표현할 수 있다. 결정주의는 어떤 현상의 발생에 어떤 한 요소가 다른 모든 것에 비해 압도적인 경우이다. 도시에 산다는 것은 모든 종류의 사회적 질병, 즉 **사회 병리**(social pathologies)(글상자 7.1 '지역사회 상실' 관점 참조)를 초래하는 방식이라고 여겨졌다.

도시는 모든 종류의 자극, 즉 경적 소리, 비인간적인 군중, 강도를 당할 높은 가능성 등의 바탕이 되는 것으로 보았다. 이렇게 지나칠 정도의 자극에 대해서 도시에 사는 사람은 자신을 보호하기 위해서 어느 정도 적응해야만 한다. 그 결과 도시 사람은 보다 냉정하고 이해 타산적이며 훨씬 더 스트레스를 많이 받고 있다. 도시 거주자들은 결국 **비인간적인 세계**(impersonal world)에서 살아간다는 생각으로 이어졌다. 작은 도시에서는 다양한 **1차적 인연**(primary ties)을 가지게 된다. 예를 들면 어떤 사람을 식료잡화 상인, 처남, 또는 이웃 사람이기도 하기 때문에 여러 다른 연줄로 사람을 알게 된다. 그러나 큰 도시에서는 이 모든 것이 **2차적 인연**(secondary ties)으로서 오직 일방의 관계로만 맺어진다. 사람들은 분절된 역할을 이행하고 거대한 비인간적인 군중 속에서 잃어버리고 혼자 있다는 느낌의 **사회적 소외감**(social estrangement)을 초래한다. 1차적 결연관계가 적다는 것은 사람들이 행위에서 별 제약이 없다는 것을 말한다. 달리 말해서 어떤 사람도 자신이 지금 처신을 잘하고 있는지를 확인하기 위해서 뒤돌아보지 않는다는 것이다. 그래서 도시 생활은 보다 많은 범죄와 타락 행위를 야기한다고 한다. 이것은 온당한 행위의 규정이나 규범이 결여된 도시의 아노미(anomie), 현상에 의해 나타나는 특징의 하나다.

따라서 도시는 당연히 스트레스, 소외, 악, 범죄의 중심에 있는 것으로 여겨졌다. 도시는 이런 종류의 행위를 하는 사람들을 수용하고 있을 뿐만 아니라, 농촌에서 온 착하고 건전한 사람을 무심하고 매정한 도시의 동물이 되게끔 만든다는 것이다.

지로 설립되었다. 1700년 초 이 지역은 곡물을 카리브 해, 미국 남부, 남부 유럽으로 수출하였다. 농업의 성공은 필라델피아를 그 중심으로 한 상업적인 성공을 이끌었다.

이 시대의 미국은 식민지 관계에서 완전히 통합된 도시체계로 변화하였다. 19세기 초 미국 도시계층의 상위 부분조차도 현대 기준에 의하면 소규모의 도시였다. 예로 가장 큰 도시였던 뉴욕은 2005년 와이오밍 주의 캐스퍼(Casper)와 비슷한 6만 인구였다. 1800년 다른 주요 세 도시 필라델피아, 보스턴, 볼티모어는 규모가 작아서 오늘날 대도시 지역의 규정에 부적합했다. 1800년 선두의 4개 도시는 보스턴과 일부 서부 유럽 국가와 밀접하게 직접 연결된 항구 도시였다. 이 중심지 모두는 수출을 위한 상품(주로 원료)을 수집하고 해외 수입 상품을 분배(주로 제조품)하기 위해서 배후지(토지의 배후, 2장 참조)라 부르는 어떤 제한된 주변 지역에 서비스를 제공하였다. 전자는 수출 배후지로 언급되고 후자는 수입 배후지로 표현된다.

네 번째 시대 끝 무렵 북미 시장은 대규모 국내 제조업과 일부 큰 도시 지역의 발달을 충분히 수용할 수 있는 정도로 성장했다. 이 무렵의 미국은 특히 영국과는 식민지적 관계의 일면을 보였지만 더 이상 식민지

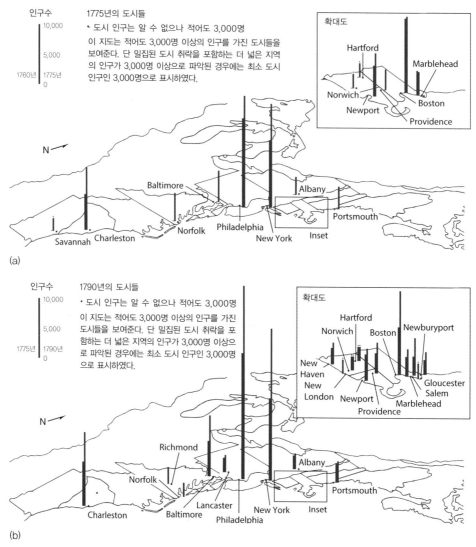

그림 3.5 북미의 주요 동부 해안 도시의 인구, (a) 1775년 (b) 1790년.
출처: U.S. Census of Population.

는 아니었다.

도시 경제의 변화는 가장 큰 도시들의 규모와 지위에 반영되기 시작하였다. 18세기 말경 뉴욕은 훨씬 우위에 있는 도시로 부상했다. 1800년 뉴욕은 두 번째 순위의 필라델피아보다 약 50% 더 규모가 컸다. 뉴욕은 중서부, 그 뒤 미시시피 및 미주리(Missouri) 계곡과 연결되면서 19세기 초 그 규모와 중요성이 커져 갔다.

1840년경 뉴욕은 미국의 도시계층에서 두 번째 그룹에 속하는 세 도시 볼티모어, 보스턴, 필라델피아보다 3배나 더 컸다(표 3.3). 1800년대의 첫 몇십 년 동안 뉴욕의 빠른 성장은 그 도시가 수입과 수출의 배후지를 내륙으로 확장할 수 있었던 것이 큰 이유였다.

19세기 초 알바니(Albany), 버펄로(Buffalo), 신시내티(Cincinnati), 시카고, 세인트루이스 등 많은 내륙 도

표 3.3 미국 동부 해안의 주요 항구 도시 인구, 1800년과 1840년

도시	1800	1840
Baltimore	26,514	102,313
Boston	24,937	93,383
New York	60,515	312,710
Philadelphia	41,220	93,665

출처: U.S. Bureau of the Census.

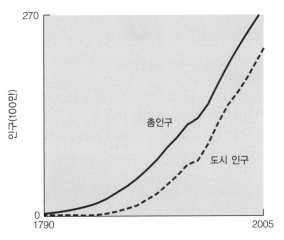

그림 3.6 미국 전체 및 도시 인구의 변화, 1790~2005년.
출처: U.S. Bureau of the Census.

시들이 형성되기 시작하였다. 이 도시들은 오늘날 기준으로는 아주 작지만 19세기에 걸쳐 점진적으로 때로는 아주 빨리 성장하였다. 벤스 모델에 비추어 보면 애팔레치아 산맥 너머, 그다음 미시시피 강 너머로 도시체계가 내륙으로 확대됨에 따라 중심지가 제대로 채워져 가는 것이라고 할 수 있다(글상자 3.2).

19세기 및 20세기 미국 도시의 발달

독립 국가로서 미국은 초기부터 급격한 인구 성장, 정착할 수 있는 넓은 토지, 초기 산업화, 교통망의 발달에 힘입어 도시 성장이 빠르게 진행되었다.

미국은 1790년 첫 인구센서스에서 400만에 불과했다. 1810년 인구는 거의 배가 되었다. 25년 뒤 인구는 다시 배가 되었고, 그 이후 25년 뒤 다시 배가 되었다. 1859년 남북전쟁 직전 인구는 3,000만을 넘었다(그림 3.6). 이러한 급격한 증가는 높은 출생률과 10장에서 논의될 엄청난 이민 때문이었다. 미국인들은 유럽 사람들보다 출생률이 높았고 어린이 및 전체 인구는 상당히 건강한 경향이 있었다.

급격한 인구 성장에도 불구하고 미국은 항상 충분한 토지를 보유하고 있었다. 문제는 시민들에게 충분한 땅을 제공할 수 없었기 때문에 유럽 국가들이 겪은 과잉 인구가 아니었다. 적은 인구가 오히려 문제였다. 초기 독립국가 미국은 13개의 인구가 적은 주로 구성되었고, 그다음 12개의 규모가 컸지만 인구가 적은 주가 된 북서부 령(Northwest Ordinance) 토지 모두를 수용했다. 미국은 루이지애나 구입지(Louisiana Purchase), 플로리다 구입, 멕시코 전쟁과 텍사스 합병, 끝으로 오리건 조약에 의해서 세계 역사에서 어떤 나라보다도 더 생산적이며 양호한 토지를 가지게 되었다. 필요한 것은 정착하는 것이었다.

세계 어느 곳보다 농업이 미국에서 더 관심을 불러일으킨 까닭은 토지를 구할 수 있었기 때문이었다. 독립적·자립적·성공적 자영 농민의 이상이 글상자 3.1에서 논의된 반 도시 성향과 잘 맞았다. 또한 영국이 산업화를 시작한 후 곧 미국도 산업화를 시작하였다. 1830년대 직물 공장이 발달하면서 초기 산업 활동의 상당 부분이 뉴잉글랜드에서 진행된 것은 별로 놀라운 일이 아니었다. 뉴잉글랜드 남부 지역은 산업을 유인하였다. 그 까닭은 그 지역은 상대적으로 혹한 기후와 암석이 섞인 농경지여서 영농에 적합하지 않은 곳 중 하나였기 때문이다. 그 지역은 새로운 공장을 자금 지원할 수 있는 상인 계급이 있었기 때문에 주요 교역 장소로 부상하였다. 영국의 주요 산업

글상자 3.2 ▶ 중심지 이론

중심지 이론(central place theory)은 취락 패턴의 공간적 논리를 이해할 수 있는 한 방식이다. 중심지 이론의 기본은 크리스탈러(Walter Christaller, 1933)에 의해 제시되었다. 이 이론은 상대적으로 작은 취락 또는 중심지의 규모, 분포 간격, 기능을 밝히고자 하는 이론이다. 다섯 가지 주요 핵심 개념이 중심지들의 관계에 대해 설명한다.

1. 중심지 규모가 클수록 같은 규모 또는 더 규모가 큰 중심지와는 더 먼 거리에 중심지는 입지한다.
2. 중심지 규모가 클수록 그 중심지에서의 소매 및 서비스 기능 또는 활동 수는 많다.
3. 중심지 규모가 클수록 그 중심지가 제공하는 상권 범위는 더 넓다.
4. 중심지 규모가 클수록 그 중심지가 제공하는 기능 계층이 더 높아서 규모가 큰 중심지는 **고차 기능**(higher-order functions)을 수행하고 규모가 작은 중심지는 **저차 기능**(lower-order functions)을 담당한다.

5. 중심지 규모가 클수록 중심지의 수는 적고, 중심지 규모가 작을수록 그 수는 많다.

그림 B3.2는 최적의 중심지 이론 경관이며 위에서 언급된 다섯 가지 원리를 따르고 있다. 규모가 가장 큰 3개 중심지(시, city)는 상호 동일한 간격으로 분포하고 있다. 그 3개 중심지는 또한 상호 최대 거리를 두고 입지한다. 이 중심지는 가장 넓은 상권(6각형)을 보유하고 가장 작은 중심지(부락, hamlet)는 가장 작은 상권을 가진다. 규모가 가장 큰 중심지는 최상위 계층의 재화와 용역을 제공함으로써 가장 먼 거리의 고객을 불러오게 된다. 그 결과 가장 넓은 상권이 형성된다.

다른 경제 모델과 같이 중심지 이론 전개를 위한 가정은 엄격하고 다소간 비현실적이다. 중심지 이론은 인구가 균등하게 분포하고, 교통 발달이 현저히 나타나지 않고, 지형에 의한 왜곡이 별로 없는 지역에서 가장 적합하다. 가정이 완화되면 중심지 이론의 원리가 여전히 적용되겠지만 그 결과는 다를 것이다. 예를 들어 인구밀도 패턴이 균등하지 않다면 저밀도 지역에서는

이 섬유업인 것은 흥미롭다. 영국과 뉴잉글랜드는 미국 남부에서 재배된 목화를 계속 필요로 하였다. 이 지역 및 인접 뉴욕에서 초기 산업의 이점이 나머지 북동부 주 및 중서부 주로 퍼져 나갔다.

교통망과 도시 발달

최근 미국이 교통의 혁신에서 다른 나라에 뒤져 있지만 늘 그러했던 것은 아니다. 사실은 미국은 역사적으로 운하 준설, 철도 확장, 개인용 자동차, 자동차와 함께한 도로 건설에서 교통 혁신을 적극 채택한 선도적인 국가였다. 이 혁신은 5장에서 논의된 미국 도시 그 자체의 형태와 확대에 큰 영향을 주었다. 또한 그 혁신은 19세기 초부터 20세기 중반까지 미국 도시체계의 확대에도 기여했다.

이 사실을 설명하기 위해서 보처트(John Borchert, 1967)는 교통의 단계 모델을 개발하여 미국의 도시 역사에서 특정 교통 시대를 파악하였다. 각각의 교통 시대는 교통 기술의 근본적인 변화와 관련된다. 각각의 시대에 도시 내부에서 도시 활동과 기능의 분포 변화와 더불어 도시 지역 간 상호 작용의 변화 역시 일어났다. 보처트의 분류에 따라 표 3.4의 다섯 가지 교통 시대가 파악될 수 있다.

화물 또는 사람의 이동은 시간과 비용이 들기 때문에 교통의 차이는 중요하였다. 울창한 삼림이나 산악

표 3.4 교통 시대

말, 마차, 수로 시대	1820년 이전
운하 시대	1820~1840
지역 철도 시대	1830~1870
국가 철도 시대	1870~1920
자동차 및 항공 시대	1920~현재

공간적으로 더 넓게 퍼진 패턴이 나타날 것이다. 그리고 고밀도 지역에서는 더 압축된 격자형이 나타날 것이다. 이 모델은 또한 재화와 용역에 대한 차별적 세금의 효과와 비교우위에 기인한 더 나은 가격과 품질을 고려하지 않는다. 예로 위스콘신 주의 소도시 라크로스(La Crosse)는 시카고보다 맥주를 더 많이 판매한다. 그 이유는 라크로스가 더 좋은 맥주를 만들기 때문이다. 월마트와 같은 대형 소매상은 낮은 가격과 더 넓은 선택의 폭 때문에 멀리 떨어진 곳까지 시장 점유율을 높이는 규모의 효과를 발휘한다.

일부 단점에도 불구하고 중심지 이론은 도시체계가 시장 조건 하에서 어떻게 발달하는지를 보여준다. 이 이론은 단지 도시의 상업적 기능만을 고려하여 단순화시키는 여러 가정을 제시한다. 중심지 이론은 19세기 중반 미국 개척 농업지역에서 도시체계가 형성되는 것을 잘 설명한다. 또한 중심지 이론은 도시 내 상업 중심지의 분포 이해에도 유용하다.

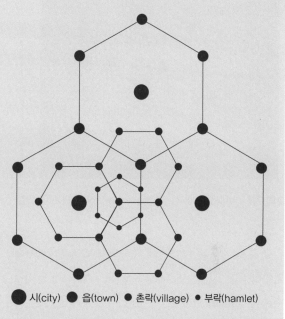

● 시(city) ● 읍(town) ● 촌락(village) · 부락(hamlet)

그림 B3.2 부락, 촌락, 읍, 시의 크기와 분포 간격을 보여주는 최적의 중심지 계층.

도로를 지나 이동하는 것은 시간이 걸리고 비용도 많이 들면서 때로는 위험하기도 하다. 대규모 교통 인프라가 없다면 사람들은 상품의 수송에 자연적인 교통로에 의존해 왔다. 해안에서 천연 항구 또는 가항 하천에서 유리한 지점, 특히 두 강이 합류하는 지점은 적합한 곳이었다. 이 지점에서 초기 미국 도시가 출현하였다. 뒤에 일어난 혁신에 의해 잠재성이 있는 도시 사이트의 수가 확대되었으며, 기존의 도시에 형성된 이점은 더 강화되었다.

말, 마차, 수로 시대   첫 번째 시대는 도로와 수로에 의존하였다. 땅은 넓고 사람은 적었으며 자연 장애물은 많았던 것이 미국 특유의 문제였다. 수백 마일을 가려면 몇 주가 걸렸는데, 예로 필라델피아에서 서배너까지 가려면 33일이 걸렸다. 그런 이유로 생산물의 교환이

대단히 어려웠다.

미국은 또한 초기에 취약한 도로 체계를 갖고 있었다. 대부분의 도로는 해안을 따라 연결되었다. 식민지로서 미국은 주로 영국과 연결되었고, 그 결과 타운과 교통이 그에 상응하여 발달하였다. 그 당시 많은 도로는 미국 원주민들이 지나다니던 길을 시작으로, 점차 조금 더 큰길이 되었고, 그다음에는 마차가 실제 다닐 수 있는 마차도로가 되었다(그림 3.7).

초기 미국에서는 더 나은 도로가 요구되었으나 영국이나 프랑스와는 달리 연방 정부가 도로에 비용 지출을 하지 않았다는 문제가 있었다. 주 정부 비용으로 지출되어야 했기 때문에 재정이 주요 문제였다. 형편이 나은 주는 그렇지 않은 주에 비해 크게 유리했다. 민간 기업 또한 관여하였다. 민간 기업이 도로건설 비용을 제공하고 대신 도로 이용료를 징수하는 미국의

그림 3.7 테네시 주 채터누가(Chattanooga)의 1890년대 흙길 사진.

유료 도로 시대는 1785년에 시작되어 약 40년간 지속되었다. 그 이유는 더 나은 유료 도로에 의해 말이 2배나 먼 곳으로 짐을 끌 수 있게 되었기 때문이다. 그러나 유료 도로의 문제는 도로 투자에 대한 회수가 항상 좋았던 것은 아니었다. 다른 무엇을 팔 것이 없었다고 한다면 그 기업들은 도로 사업에서 자금을 잃고 도로에 비용 지출을 할 수 없었다.

수로에 의한 운송은 육상 운송, 특히 당시의 기준 이하의 도로 이용보다는 비용이 훨씬 적게 들었다. 1810년대 증기 기관선의 발명으로 배는 당시 상류로 운항할 수 있게 되어서 수로는 더욱 유용해졌다. 1820년대 초 뉴올리언스, 세인트루이스, 루이빌(Louisville), 신시내티, 피츠버그, 내슈빌(Nashville) 간에 운항 서비스가 있었다. 증기 기관 수송의 발명은 특히 주요 강에서 유용했으나 여전히 주요 수계 간 운항, 예를 들면 오대호와 허드슨 강 사이를 운항 할 방법이 필요했다.

초기 미국의 도시체계는 자연적인 수로와 밀접한 관계가 있었다. 거의 모든 큰 도시는 해안이나 가까운 큰 강을 따라 위치하였다. 하트퍼드(Hartford)(코네티컷 강을 따라), 알바니(Albany)(허드슨 강을 따라), 리치먼드(Richmond)(제임스 강을 따라)는 이 당시 주요 내륙 도시였다.

인구가 성장하면서 더 많은 정착민들이 내륙으로 이동했다. 그들 대부분은 농업에 종사했고, 소규모의 도시 개발 또한 진행되었다. 이 취락들은 큰 우려를 자아내었다. 서쪽으로 이동하는 사람들은 동부 해안 도시와 연결고리가 매우 약했다. 그들은 경제적인 문제뿐만 아니라 잠재적인 정치적 문제도 있었다. 그 지역 사람들이 오대호를 넘어 영국계 취락, 혹은 남서부의 프랑스나 스페인 취락과 결합에 더 관심을 기울이거나 아니면 분리를 결정하고 그들 자신의 국가 또는 여러 국가를 형성하고자 한다면 어떻게 될 것인가? 각각의 영토는 유럽의 어떤 국가만큼이나 그 규모가 클 수도 있고, 쉽게 그들 자신의 독립 국가를 구성할 수 있었다.

오하이오 주가 미국으로 편입된 직후 그와 같은 잠재적인 문제에 대해 연방 정부가 개입하게 되었다. 재무 장관 알버트 갤러틴(Albert Gallatin)은 네 가지 목적을 달성하기 위한 계획을 1808년 제안했다. 첫째는 메인 주에서 조지아 주까지 긴 유료 도로와 해안 수로가 포함된 대서양 연안을 따라 나란히 달리는 육로와 수로를 개발하는 것이다. 둘째 목표는 대서양으로 흐르는 강과 하천을 서쪽의 수계와 더 많이 연결시키는 것이었다. 세 번째는 세인트로렌스(St. Lawrence) 강으로 흐르는 오대호 수계를 대서양(대부분 허드슨 강을 경유하여)과 미시시피 강과 연결시키는 것이었다. 마지막으로 갤러틴 계획은 서부로 향하는 도로들을 여러 변경지역과 연결하는 체계를 모색하였다.

운하 시대 미국은 긴 해안선과 많은 강의 혜택을 입었다. 하지만 갤러틴 계획에서처럼 일부 수계를 서로 연결시켜야 하는 문제가 있었다. 오대호는 주요 정착 지역이 되었고 풍부한 농지와 다른 많은 자원이 주위에 있었으나 이 지역에서 동부 해안의 주요 도시로 화물을 쉽게 운송할 수 있는 방법이 없었다. 또 어떤 경우 강이 너무 협소하거나 유속이 빨라서 내부 지역으로 진입이 적절하지 않았다.

그 해결책은 운하에 있었다. 이것은 오랜 기술이었다. 일부 매우 오래된 것은 중국의 대운하와 베네치아와 암스테르담과 같은 주요 중세 유럽도시를 형성한 운하였다. 운하는 수계를 연결시키는 데 사용되어 화물(및 승객)이 그 국가에서 이동할 수 있게 된다. 일반적으로 운하는 이동 속도는 빠르지 않지만 운송비는 적게 들었다. 하천과 운하의 연계비용 및 운하 운송비는 육상 운송비보다 훨씬 낮았다. 운하는 또한 힘든 사업일 수도 있었다. 고도 차이 때문에 물을 더하거나 줄임으로써 배가 올려지거나 내려가도록 하는 설비를

Library of Congress, Prints and Photographs Division, Historic American Engineering Record, photograph by Jet Lowe

그림 3.8 뉴욕 주 로크포트(Lockport)의 오래된 갑문(우)과 새로운 갑문(좌).

갖춘 갑문이 있어야 했다(그림 3.8). 가파른 지형에서는 빠르게 이어지는 수십 개의 갑문이 일반적으로 있어야 했다.

빠르게 이어져야 했기 때문에 일부 주에서는 상품과 사람의 운송을 용이하게 할 일련의 운하 건설을 결정하였다. 이것은 주 정부의 결정이었다. 뉴욕, 펜실베이니아, 오하이오 주는 새로운 운하 건설에 앞장선 주였다. 뉴욕 주에 있어서 운하 중 이리 운하(Erie Canal)가 가장 크고 중요했는데, 이리 운하는 1825년에 개통되어 허드슨 강과 오대호를 연결하였다(글상자 3.3).

오하이오 주는 몇 개의 운하와 지선 운하가 건설되면서 크게 발달하였다. 1825년경 작은 취락 클리블랜드(Cleveland)는 오하이오 운하와 이리 호를 남쪽의 오하이오 강까지 연결한 거대한 사업이었던 이리 운하의 북쪽 종점이었다. 이리 운하는 1827년 애크런(Akron)으로 연결되었고, 그다음 남쪽으로 몇 개의 지점을 거쳐 1840년 6,000명 인구의 오하이오 북동부에서 가장 큰 도시인 클리블랜드 형성에 기여했다. 1850년에 인구는 3배가 되었고, 클리블랜드가 오하이오에서 규모가 가장 큰 도시가 된 1860년에 다시 3배가 되었다(그림 3.9). 오하이오 주 서쪽에서 이리 호의 톨레도(Toledo)와 오하이오 강의 신시내티는 마이애미·이리 운하(Miami and Erie Canal)로 연결되어 그 두 취락은 더 나은 위치에 있게 되었다.

실제 운하의 효과는 미국의 북쪽 3분의 1 지역이 운하로 화물을 가져가서 바로 동부 해안으로 운송하거나 또는 오대호를 거처 운송할 수 있게 되었다. 미국 중서부 지역의 동쪽에서 생산된 농산품은 이리 운하를 통해 동쪽으로 간 다음 허드슨 강을 경유하여 남쪽으로 가서 뉴욕 항구로 운송될 수 있었다. 이리 운하가 동쪽으로 흐르는 모호크(Mohawk) 강을 따라 건설되

글상자 3.3 ▶ 이리 운하

많은 어린이들은 이리 운하(Erie Canal)에 대한 그 유명한 노래를 부르며 성장했다. 그러나 그 노래는 다른 시대의 유산인 것 같다. 운하 건설이 매우 필요했기 때문에 이리 운하가 조성되었다. 뉴욕 시, 보스턴, 필라델피아 등의 동부 해안 도시로 갈 수 있는 접근 가능한 수로가 오대호와는 바로 연결되지는 않았고, 뉴욕 주 북부를 지나는 교통은 느리고 비용이 많이 들었다.

이리 운하는 당시 미 연방 가운데 가장 부유한 뉴욕 주의 주지사인 클린턴(DeWitt Clinton)의 감독으로 1825년에 완공되었다. 동쪽으로 알바니와 서쪽으로 버펄로 사이의 뉴욕 주를 가로지르는 350마일(560km) 길이의 운하였다. 두 도시 간 571피트(174m) 고도 차이를 극복하기 위해 약 85개 제어장치가 운하 건설에 필요했다. 비용은 뉴욕 주에서 발행한 채권으로 충당되었고 통과요금으로 갚았다. 운하가 매우 인기가 높아지면서 몇 년 만에 갚을 수 있었다.

이리 운하의 영향은 대단했다. 먼저 이민자들이 운하 건설 책임을 맡은 주요 노동력이었고, 이렇게 해서 그들은 미국 경제생활에 편입되게 되었다. 둘째, 이리 운하는 각 민족의 이민자들이 서쪽으로 이동할 때 길이 되었다. 배를 끄는 길을 따라 당나귀나 말이 끄는 운하 선은 많은 화물을 운송할 수 있었고,

오하이오, 미시건, 일리노이, 혹은 위스콘신 주에서 새로운 삶을 시작하기 위해 가족 단위로 배에 타고 그들의 물건을 옮길 수 있었다. 잘 사는 뉴욕 주민은 운하에서 배를 빌리거나 구입하여 아주 멋지고 아름다운 경치를 즐기기도 하였다.

이리 운하는 또한 도시에 대단히 큰 영향을 미쳤다. 가장 큰 수혜 도시는 뉴욕 시였는데, 이로서 뉴욕은 미국에서 가장 번성한 항구이고 가장 견실한 경제를 가진 도시였고, 200년 뒤에도 여전히 유지된 가장 큰 도시로서의 위상을 확고히 했다. 뉴욕 시 외에도 뉴욕 주 북부에 위치한 전체 도시들, 알바니, 스키넥터디(Schenectady), 유티카(Utica), 시러큐스(Syracuse), 로체스터(Rochester), 버펄로의 성장에 이리 운하는 기여했다. 오늘날에도 뉴욕 주 북부 인구의 80%는 이리 운하에서 25마일(40km) 내에 거주한다(그림 B3.3).

이리 운하는 더 이상 미국에서 가장 중요한 수로가 아니지만 그 운하는 경제적이어서 아직도 활용되고 있다. 1갤론 디젤 연료로 트럭은 1톤 화물을 59마일(94.4km), 기차는 202마일(323.2km), 운하를 이용한 화물선은 514마일(822.4km)을 운송할 수 있다. 화물선 한 척은 트럭 100대가 운송할 화물을 운송한다. 운하를 따라서는 아직도 멋진 경관이 전개된다.

그림 B3.3 뉴욕 주 로체스터(Rochester)의 이리 운하, 1900년경.

Library of Congress, Prints and Photographs Division, Detroit Publishing Co.

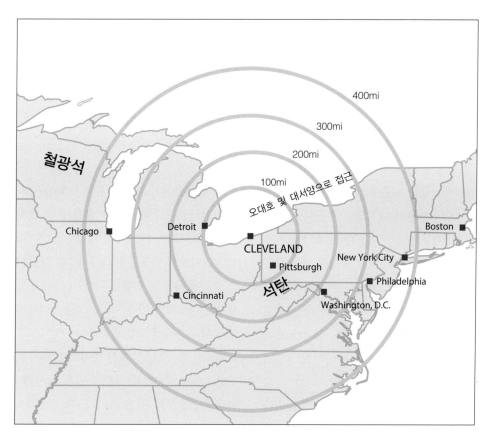

그림 3.9 클리블랜드(Cleveland)의 입지여건을 보여주는 지도.

었기 때문에 뉴욕의 인구 및 경제적 우위가 확대된 것도 모호크 및 허드슨 계곡과 관련한 뉴욕의 전략적 항구 입지 덕분이다. 대조적으로 필라델피아와 볼티모어는 애팔래치아 고원이 포함된 애팔래치아 하일랜드(Appalachian Highlands)의 험준한 산세 때문에 농업이 발달하고 있는 중서부지역과 쉽게 접근 가능한 교통이 차단되었다. 보스턴의 서쪽 배후지도 매사추세츠 서부의 낮은 버크셔(Berkshire) 산으로 차단되었다.

지역 철도 시대   운하는 미국 취락의 역사에서 짧지만 중요한 틈을 매웠다. 하지만 증기 기관차와 철도가 빠르게 운하를 대체하였다. 기존의 수로를 연결한 운하

와 달리 철도는 길을 만들고, 가고 싶은 곳으로 갈 수 있었다. 운하만큼 경제적이지는 않지만 철도는 훨씬 빨라서 공장이나 시장으로 상품을 빨리 운송하는 것이 가능하였다.

철도는 먼저 영국에서 발명되었으나 미국에서 빠르게 수용되었다. 1820년에서 1836년 동안 첫 번째 미국 철도는 단거리만 운행하였다. 철도의 역할은 주로 해안 가까운 내부의 타운들을 결합시키거나 물길(bodies of water), 즉 바다, 강, 호수 등을 결합시켰다. 예를 들면 어떤 철도는 보스턴과 우스터(Worcester)를 연결하였고, 또 어떤 철도는 챔플레인 호수(Lake Champlain)를 몬트리올 및 세인트로렌스 강과 결합

시켰다. 철도 운행으로 큰 도시들은 내부 배후 지역과의 접근성이 더 좋아졌고, 물길들이 연결될 수 있게 되었다.

철로의 건설로 더 멀리 떨어진 곳과 통합될 수 있었고 철도 투자는 1840년에 운하 투자를 능가하였다. 철도 건설은 주로 중서부 지역에서 진행되었고 이 지역을 동부와 연결될 수 있게 하였다. 이러한 애팔래치아 횡단 루트는 중서부를 동부 지역과 결합을 촉진하였다. 대부분의 농민들은 상대적으로 저렴한 교통수단에 쉽게 접근이 가능하였다. 철도나 항해 가능한 수로 및 운하에서 20마일(32km) 이상 떨어져 사는 사람이 별로 없었다. 해안의 주요 도시는 빠르게 철도를 건설하게 되었다. 당시 미국에서 상위 도시 중 하나인 볼티모어는 휠링(Wheeling) 및 오하이오 강과 연결되는 철도를 건설하여 볼티모어를 서쪽의 주 및 영토와 연결되기를 희망하였다.

이 시기의 문제는 모든 철도 회사는 민영이었기 때문에 어떤 표준이 없었다. 많은 철도들은 상이한 철로 넓이로 운행되었다. 철로의 넓이 차이 때문에 어떤 철로의 동일한 기차를 다른 철로에서 운행할 수 없어 연결이 어려웠다.

국가 철도 시대　1860년경 미국의 많은 지역에서 철도가 운행되었다. 철도가 중서부로 연장되면서 보스턴에서 철도 교통의 발달에 의해 주요 도시가 된 세인트루이스에 이르는 지역은 활기가 있었다. 북동부와 중서부 지역이 철도 발달로 큰 혜택을 보고, 따라서 도시화가 되었지만 남부는 이러한 통합에서 배제되었다는 점을 언급할 필요가 있다. 남부는 여전히 상품 및 그 상품의 수출 시장 지향적이었다.

캘리포니아는 금 발견과 농업 자원의 강점으로 붐을 이루고 있었다. 태평양 쪽의 가장 큰 도시인 샌프란시스코는 클리블랜드와 비슷한 60,000명 인구였다. 마지막으로 필요했던 것은 태평양 해안 지역을 철도로 미국의 다른 지역과 연결하는 것이었다. 1869년에 대륙횡단 철도가 개설된 후 1883년 3개의 횡단 철도가 더 개설되어 대륙 철도망이 형성되면서 이 목표가 실현되었다(그림 3.10).

19세기 말 미국의 철도망은 세계에서 가장 길었고, 계속 확장되었다. 1880년 후 약 7,500km의 철로가 매년 건설되었다. 1900년경 미국은 유럽 전체 철도망보다 더 많은 312,000km 의 철도망을 가지고 있었다. 이러한 철도의 연장은 19세기 및 20세기 초에 미국 도시 발달에 매우 큰 영향을 주었다. 미국이 도시화가 된 시기와 철도 발달이 일치하기 때문에 철도는 미국 도시 역사에 가장 중요한 원동력이 되었다고 할 수 있다.

철도는 두 가지 중요한 방식으로 도시 네트워크를 발달시켰다. 첫째, 특정한 우위의 도시가 갖는 이점이 강화됨으로써 도시 네트워크가 발달하였다. 늘 그랬던 것처럼 내륙에서 사람과 생산품을 더 빨리 이동시킬 수 있게 되면서 뉴욕 시는 혜택을 보았다. 그러나 내륙도시가 더 빨리 확대되어 그 도시가 위치한 지역에서 고차의 도시로 발전하기 시작하였다. 1890년경 시카고는 오대호의 유리한 위치에다가 그 도시에서 합류하는 철도망이 합쳐져 미국에서 필라델피아보다 더 큰 두 번째 도시가 되었다. 시카고는 중서부의 수도로 떠올랐다. 시카고와 더불어 세인트루이스, 클리블랜드, 디트로이트 또한 조금 작지만 각 도시가 위치한 지역에서 가장 우세한 도시가 되었다. 대륙 횡단 철도가 개설되면서 샌프란시스코와 로스앤젤레스 같은 캘리포니아 도시들도 성장할 여지를 가졌다. 샌프란시스코는 캘리포니아 지역의 중심이 되었다. 동부로부터 거리 때문에 그 도시는 상당한 자치권을 가지며 운영되었다.

그림 3.10 1870년 미국 철도망 지도.

철도가 도시화를 촉진시킨 또 하나의 방식은 철도가 완전히 새로운 도시를 만든 것이었다. 특히 대평원과 서부에서 약 70개 민간 철도 회사에 정부가 땅을 무상으로 준 후 철도는 타운 발달에 영향을 미쳤다. 약 1억 3,400만 에이커의 땅을 연방정부가 무상으로 대여하였고 약 4,900만 에이커의 땅은 여러 주가 무상 대여하였다. 이러한 무상 제공은 전례가 없는 것이었고 그 무상 대여된 토지 크기는 영국, 스페인, 벨기에를 합친 것보다 더 컸다. 이 땅은 주로 동부의 이해관계에 의해서 조정되었다. 상품의 분배 중심지는 이 넓은 지역에서 주요 도시로 부상하였다.

철도 회사는 무상 대여된 땅을 농민에게 팔 수 있게끔 그 땅을 활용하고 싶었다. 철도 회사는 그 땅에 정착하고자 하는 사람을 모집하였고, 때로는 이민국과 같이 모집하였다. 장차 농민이 될 사람이 타운에서 충분히 서비스를 제공받을 수 있다는 것은 철도 관련자에게는 중요하였다. 따라서 철도 회사는 곡물과 다른

상품의 집합 장소로서 철도 노선에 있는 타운들이 간격을 유지하게끔 하였다. 이 철도 타운(railroad town)은 또한 특별한 방식에 의해 발전하였다. 타운의 형태는 완전히 철로 쪽 방향으로 배치되었고, 곡물 창고, 목재 하치장, 철도역은 철로에 바로 인접하고 다른 타운 기능도 멀리 떨어지지 않은 위치에 주로 있었다(그림 3.11).

먼 서쪽에서도 일부 동일한 활동이 전개되었으나 경제 활동은 주로 농업보다는 광물 채굴 지향이었다. 골드러시는 아주 많은 사람을 캘리포니아로 오게끔 하였고 경제 또한 변화를 가져오게 되었다. 19세기 말 광산은 대규모의 자본 집약적 산업으로 바뀌었다. 그 결과 많은 도시가 새로운 이민자들의 서비스 중심지로 부상하였다.

자동차 및 항공 시대 철도 시대는 미국 역사에서 오랫동안 지속되었고 지도에서 빈 곳을 많이 메웠다. 철도

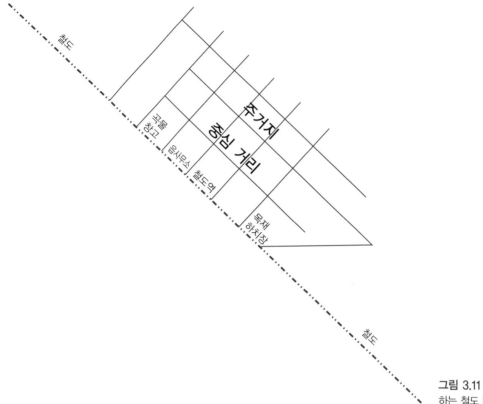

철도

주거지

상점 거리

창고
광장

철도역
사무소

목재
하치장

철도

그림 3.11 철로를 지향하는 철도 타운 모델.

의 많은 장점은 특히 속도와 화물 운송비 측면에서 오늘날까지 남아 있다. 하지만 철도에는 일부 주요 단점도 있다. 그중 하나는 미국이 매우 양호한 철도망을 보유하고 있으나 아직도 철도 서비스가 제공되지 않거나 적은 서비스만 이루어지는 지역이 있다는 것이다. 철도나 하천에서 떨어져 있다는 것은 접근할 수 없다는 것을 뜻하고, 많은 장소는 철도 서비스를 받지 못하게 된다. 철도와 철도 위의 기차는 거의 대부분 민간이 소유했고 철로 넓이와 철도망의 또 다른 면에 대해서 회사들이 표준화하려는 시도가 있었지만 민간 회사의 이해관계에 따라 철도가 어디에 건설될지 결정되었다. 이윤이 남지 않는 지역은 배제되었다. 승객 이동에서 더 중요한 것은 철도 교통에서는 사생활이 별로 없고 사람들은 고정된 스케줄과 연결에 따라야 했다.

차(car)에 의해 이 모든 것이 변화될 것이라고 전망되었다. 그 차는 자동차였고 사람들이 자기 시간에 맞춰 도로가 있는 곳은 어디에서나 이동할 수 있게끔 하였다. 그러나 철도의 장점은 20세기에 자동차가 운행되기 시작한 뒤에도 계속 되었다. 실제 초기의 자동차는 그렇게 빨리 보급되지는 않았다. 자동차는 값이 비싼 편이었을 뿐 아니라 시동을 걸기가 쉽지 않았고 유지하기도 어려웠다. 게다가 자동차가 운행될 수 있는 도로망이 미국에서는 잘 갖추어져 있지 않았다. 자동차는 애호가나 대단히 부유한 사람들의 호사스러운 물건이었다. 1905년 약 75,000대의 자동차가 미국에 등록되었다. 미국인 500명 중 1명만 차를 가지고 있었다. 나라를 횡단하는 것은 여전히 모험이었다. 그러한 일을 해낸 용감한 사람의 업적은 신문에 실렸다. 사실 첫 번째 대륙 횡단 자동차 여행이 성공한 것은 1903년이었다. 그 여행은 64일 걸렸는데, 자동차 수리에 그중 19일이 걸렸다. 몇 년 뒤 자동차 대륙 횡단 여행의 차 행렬이 있었고 각각의 자동차 행렬은 몇 주 걸렸지만 유망 사업이었다.

미국에서 진정한 자동차 문화의 발전은 자동차가 대량생산되면서 비롯되었다. 1909년 헨리 포드(Henry Ford)는 모델 T를 소개하였다(그림 3.12). 모델 T 자동차는 조립 라인 기술과 생산의 표준화에 의해 값이 저렴하며 튼튼한 장점을 갖고 있었다. 좌석이 높았기 때문에 그 차는 거친 길을 통과하는 것이 가능했다. 모델 T는 대단히 성공적이었다. 1915년경 모델 T는 1년에 100만 대가 팔렸다. 1920년경 세계 차의 절반은

모델 T였다. 더 많은 사람들이 특히 미국에서는 차를 구입할 수 있었다. 1930년경 2,600만 대의 자동차, 즉 5명 중 1명은 차를 가지고 있었다. 이 비율은 1950년대 후반 서부 유럽에서 비율이었다(13장 참조).

미국인들이 자동차 보유가 많아진 후 그다음 일은 양호한 도로망을 갖추는 것이었다. 도로 대부분은 농가 도로보다 별로 나을게 없었다. 실제 모래, 자갈, 쇄석 도로로 만들어진 포장도로의 길이는 1915년 철도 노선보다 짧았다. 콘크리트로 된 도로는 1920년대에 보편화되었고, 더 많은 교통량에도 이 도로는 견딜 수 있었다.

양호한 교통망을 갖춘다는 것은 공공 재정에서 어떤 메커니즘이 있어야 함을 뜻했다. 연방 도로 보조법이 1916년 통과되어 도로망 개선에 필요한 프로그램이 요청되었다. 하지만 도로 관리 및 재정의 대부분은

Library of Congress, Harris & Ewing Collection

그림 3.12 초기 모델 T.

여전히 주 정부 소관이었다. 특히 남부와 서부의 가난한 주들은 도로 상황이 열악한 상태가 계속되었다.

마침내 국가 고속도로 계획이 휘발유 세금의 재정 보조로 1920년대 수립되었다. 이로써 오늘날까지도 사용 중인 도로를 포함하여 많은 도로 건설이 이루어지게 되었다. 1950년대에 시작된 **주간(**州間**) 고속도로 체계**(Interstate Highway System)는 대규모의 접근이 제한된 슈퍼하이웨이를 허용했다(글상자 3.4). 41,000마일(65,600km) 네트워크는 대부분 연방 정부가 지불하였는데, 그 지불 규모는 1956년 260억 달러로 이는

그 당시 전체 연방 예산이 680억 달러였던 시기였다.

자동차 보유와 도로망의 증가는 5장에서 논의될 주제인 미국 도시의 형태에 큰 영향을 주었다. 미국 도시 체계에 대한 영향은 적었던 편이다. 아마도 도시체계가 이미 형성되었기 때문일 것이다. 하지만 그 영향은 실제 몇몇 스케일에서 나타날 수 있다. 국가적 스케일에서 도로망은 보다 균등하게 건설되어 국가 철도시대 때 소외되었던 지역에 대한 접근을 높일 수 있었다. 남부와 서부의 도시들은 고속도로체계에 들어오게 되면서 성장하였다. 애팔래치아와 같이 고립된 장소들이

글상자 3.4 ▶ 주간 고속도로 체계

오늘날 건설되는 주간 고속도로 체계(interstate highway system)의 규모로 공공사업 분야를 짐작하는 것은 어렵다. 1956년 공식적인 승인에 앞서 몇 개의 고속도로 법안이 통과되었고 새롭게 정비될 도로 비용에 지출될 가솔린 세금이 조성되었다. 그러나 1956년 연방 고속도로 보조법과 그 법안과 같이 진행된 1956년 고속도로 세법은 매우 과감한 법안이었다. 그것은 41,000마일(65,600km) 길이의 도로체계를 만들어 20년 뒤 1975년 교통 수요에 대처할 수 있도록 제안한 고속도로 법안이었다. 게다가 지원기금은 적어도 1960년대 말까지 계속되도록 계획되었고, 연방정부가 그 비용의 90%를 감당하기로 합의하였다. 각 주와 도시들은 이 프로그램에 참여함으로써 엄청난 혜택을 볼 수 있었다.

주간 고속도로 법의 성공은 건설 속도에서 아주 뚜렷했다. 그림 B3.4에서 보여주듯이 그 체계의 넓은 지역이 법안의 승인 이후 14년 만에 거의 1970년에 완료되었다. 1990년경 그 체계는 완료되었다. 정부가 그렇게 빨리 도로 건설을 할 수 있었던 것은 8장에서 논의될 광범위한 토지 수용과 대부분 우선시된 공익사업과 관련되었다. 고속도로 사업이 얼마나 의도한 대로 잘 진행되었는가는 고속도로가 전통적인 철도 노선으로는 서비스를 잘 제공받지 못한 많은 지역사회의 접근성을 얼마나 높였는지, 미국인의 이동이 얼마나 빠르게 자동차 사용으로 바뀌어 나갔는지, 얼마나 많이 미국인의 통행 행태를 변화시켰는지에 의해서 잘 나타난다. 그 고속도로 프로젝트의 규모가 어느 정도였

지가 논의되지는 않았다. 어떤 한 저자는 그 프로젝트는 '마지막 뉴딜 프로그램이며 첫 번째 공간 프로그램'이라고 표현하면서, 그 프로젝트는 전 국가를 결합시켰을 뿐만 아니라 미국의 힘, 기술, 재능을 거의 신성시한 상징이었다고 한다(Patton, 1986, p. 85).

고속도로 건설이 진행되었지만 고속도로의 영향에 대해 별로 낙관적이지 않은 사람들이 있었다. 주간 고속도로가 도시 사이의 이동 속도를 높이게 되었고, 군사적 공격이 있을 경우 대피를 신속히 할 수 있다고 홍보되었다. 그러나 그러한 제안에 대해 사람들의 인식은 별로 개선되지 않았다. 그 체계의 이름이 된 아이젠하워 대통령 자신도 고속도로 건설에 길을 내주기 위해 도시가 파괴되는 것에 마음이 동요되었다고 한다. 실제 많은 근린이 분리되거나 완전히 없어지게 되었다. 정치적인 영향력이 적은 가난한 근린이 그 결정에 직접적인 영향을 받았다. 샌프란시스코와 보스턴의 역사적 중심지를 철거할 수 있는 터무니없는 프로젝트가 실행되는 것을 막기 위해 엄청난 정치적 반대가 있었다.

주간 고속도로 체계는 미국을 분명히 변화시켰다. 많은 사람이 도시 및 교외지역으로 뻗어나가는 고속도로의 영향을 후회스럽게 생각할지 모른다. 그러나 통행에 시간이 2배나 걸리고 도로는 훨씬 더 위험하며, 운송은 엄청나게 비싸고 느린 시대를 상상하기는 아주 어려울 것이다. 주간 고속도로 체계는 미국을 통합과 이동성이 높은 국가로 만들었다.

마침내 국가적 통합 영역으로 들어오게 되었다.

작은 스케일에서, 어떤 지역은 자동차 생산의 확대로 큰 도움을 받게 되었다. 자동차 산업이 확대되고 합병됨에 따라 미국의 일부 지역이 영향을 받았다. 미시건 남부는 대부분의 자동차 회사가 모인 장소가 되었고, 디트로이트(Detroit)는 중간 정도의 항구에서 미국에서 네 번째로 큰 도시가 되었다. 다른 도시들도 강철, 플라스틱, 납, 구리, 크롬, 유리, 고무, 섬유, 기계 공구, 볼베어링 등 자동차 부품을 제공했기 때문에 혜택을 보았다. 오하이오 주의 애크런(Akron)은 타이

어에 집중하여 부유한 도시가 되었다. 자동차로 전환됨에 따라 특정 자원, 특히 석유에 대한 수요에도 영향을 미쳤다. 휴스턴과 같은 유전과 가까운 도시의 부에도 영향을 주었다.

끝으로 자동차 운송은 보다 로컬 스케일에서, 도시에 큰 영향을 주었다. 5장에서 살펴보겠지만 자동차 이용은 도시 중심의 많은 이점을 줄이고 보다 바깥에 놓인 교외지역의 부상을 가져왔다. 확실히 자동차 이용은 작은 타운들로 둘러싸인 어떤 지배적인 중심도시가 보다 통합된 도시 지역이 되도록 하였다. 도시

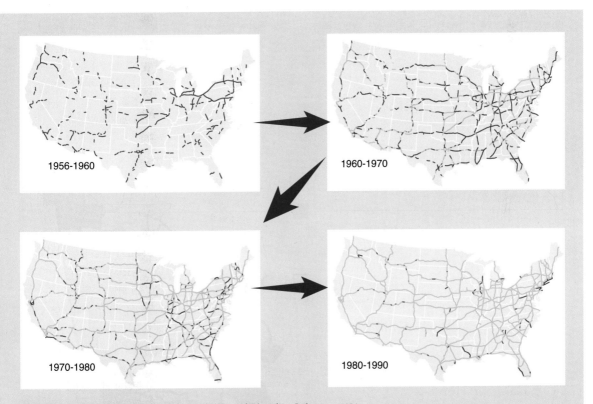

그림 B3.4 각각 10년간의 주간 고속도로 변화를 보여주는 지도. 출처: Moon, 1994.

글상자 3.5 ▶ 허브-스포크 체계, 그리고 공항 계층성의 출현 　　기술과 도시지리

도시계층에서 한 도시의 위치를 정하는 주요 특징은 그 도시의 공항 크기와 중요성이다. 공항은 도시 지역의 경제적 동력으로서 역할을 하며 간혹은 공항 가까운 위치에 입지하는 호텔, 레스토랑, 창고, 사무실이 필요하게 된다. 공항 시설 가운데 주요 공항 자체가 항공사 및 공항 내 영업에 이용된 공간으로부터 많은 수익을 창출한다. 주요 공항은 전형적인 접근성 그 자체다. 주요 항공사가 운행되는 도시는 그렇지 않은 도시보다는 세계의 다른 지역에 실제로 가깝다.

이러한 이유 때문에 허브-스포크 체계(hub-and-spoke system)의 발달은 항공 여행의 중요한 이정표가 된다. 1970년대 후반까지 대부분 항공 여행은 점 대 점이었다. 항공사는 비행기를 한 도시에서 다른 도시로 보냈다. 가격과 루트가 상당 부분 규정에 의해서 고정되었다. 1978년 항공 산업의 탈규제화(deregulation)에 의해서 항공사들은 허브-스포크 체계를 활용하기 시작했다. 어떤 공항은 각 항공사의 허브가 되어, 이 허브로 가는 승객은 원하는 목적지로 가는 다른 비행기를 갈아탈 수 있게 되었다(그림 B3.5).

허브-스포크 체계의 출현으로 다음 세 가지가 이루어졌다. 첫째, 큰 도시 간의 비행이 아니면 논스톱 비행을 하는 것은 점차 어려워졌다. 대부분의 비행은 허브 공항에서 환승을 해야 했다. 둘째, 승객 좌석의 반쯤 채우고 운항하는 것이 별로 없게 되었다. 용량 소프트웨어(capacity software)를 활용하여 한도 이상의 예약을 받아도 항공사는 효율적으로 비행기의 크기와 승객 수를 맞추게 되었다. 셋째, 공항과 그 공항이 있는 도시는 접근성과 위상 때문에 주요 항공사의 허브가 되는 것에 전력을 기울였다. 1990년대 괴츠(Andrew Goetz)의 연구에 의하면 많은 양의 항공 교통을 취급하는 도시는 인구와 고용 기회가 많아졌다고 한다.

스카이웨스트 항공의 델타항공 연결노선
● 솔트레이크시티(Salt Lake City)의 허브 공항 ㆍ 솔트레이크시티로부터 스포크

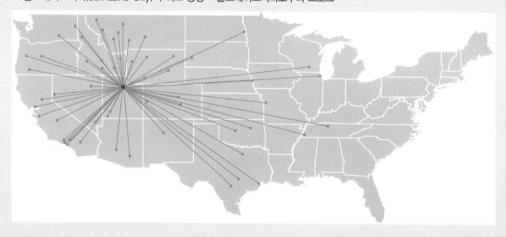

그림 B3.5 스카이웨스트(SkyWest) 항공사의 간략한 허브-스포크 체계. 규모가 큰 항공사는 다수의 허브(중심)를 갖고 있다.

지역 내의 보다 작은 타운들은 중심도시 그 자체의 성격을 가지게 되었다.

보처트가 제시한 마지막 시대의 또 한 부분은 항공 교통의 도래이다. 여객 열차가 제공한 많은 장거리 기능은 1950년대 비행기가 상업화된 뒤 비행기로 대체되었다. 일반적으로 가장 큰 대도시 지역은 주요 항공 허브의 역할을 하여 초기 항공 승객의 계층을 형성하였다. 1960년에는 3대 대도시인 뉴욕, 시카고, 로스앤젤레스가 이 계층에서 가장 앞섰고 그다음 보스턴, 디트로이트, 필라델피아, 피츠버그, 샌프란시스코였다(글상자 3.5). 개선된 항공 운송은 2차 세계대전(1941~1945) 후 미국 중산층의 풍요와 소비자 서비스 경제(예: 패스트푸드 식당, 호텔 서비스)의 확대에 기여하였다. 비즈니스 여행이 더 중요해졌고, 경제적인 항공여행은 여가 목적지의 성장에 큰 힘이 되었다. 편리한 항공 이용과 저렴한 항공요금이 없었다면 라스베이거스가 중요한 목적지가 되었을 것 같지는 않다.

요약

미국은 상대적으로 새로운 국가이지만 아마도 세계에서 가장 복잡한 도시체계가 형성되었다. 미국 도시체계는 도시화의 특정 모델이 실제로 이행되었는지를 파악할 실체이기도 하다. 이 장에서 세 가지 모델이 조사되었다. 첫째 모델에서는 순위규모 관계의 관점에서 도시화가 조사되었다. 이런 측면에서 미국의 도시체계는 도시 성장과 경제적 발달이 균형을 이룬 상대적으로 고른 도시계층을 반영하였다. 게다가 미국의 순위규모 관계는 역사상 지속적으로 어떠한 도시도 다른 도시에 비해 압도적이지는 않았다.

두 번째 모델에서는 미국 도시화의 발달을 상업도시 발달로 보았다. 이런 관점은 식민지 시대의 도시가 초기의 전진 기지에서 오랜 기간 형성된 도시계층성과 더불어 식민지의 내부 지역이 도시화되어 가는 상황까지 이해할 수 있게 한다. 독립국가로 등장할 무렵 미국은 그 영토의 상당 부분을 농가, 타운, 도시로 채워가는 중이었다. 계속된 서진으로 새로운 토지가 미국 영역으로 들어오게 되었고 미국은 넓은 영역의 새로운 국가를 결속시키는 데 필요한 교통 기술을 발전시키는 데 앞섰다. 세 번째 모델에서는 운하 시대부터 시작하여 철도 시대를 거쳐 현대의 자동차와 비행기 시대까지 미국의 여러 교통 시대를 살펴보았다. 각 시대는 미국 도시의 분포와 계속되고 있는 미국 도시체계 발달의 변화를 이해할 수 있게 한다.

제4장

세계화와 도시체계

'세계화'는 그 용어 자체가 전체적으로 큰 문제이다.

—Peter Dicken, 2004, p. 5

이 장의 목적은 세계화(globalization)와 도시의 관계를 소개하는 것이다. 그 관계에 대해서 두 가지 주요 접근 방법이 있다. 첫째, 세계화는 세계 경제를 조정하고 관리하는 특별한 역할을 수행하는 아주 강력하고 영향력 있는 도시들을 출현시켰다. 이 도시들은 세계도시(world cities 또는 global cities)로 알려진다. 이 도시들은 반드시 인구가 가장 많은 도시는 아니다. 대신 이 도시들은 점점 더 복잡하게 상호 결합된 세계 경제를 관리하는 통제 및 조정 지점이다. 정보 통신의 결합은 세계도시가 그 기능을 수행하도록 하는 정보 베이스이다. 세계도시에는 전 세계적으로 활동하고 세계 경제를 통제하는 거대 기업의 본부가 있다. 계층적으로 구조화된 세계체계를 그려보면서 그 세계체계의 계층 구조와 기능을 이해하기 위한 노력은 세계도시와 밀접히 관련되었다. 이러한 노력의 핵심은 세계 계층에서 도시를 순위로 분류하는 것이다. 두 번째 접근 방식은 세계화는 모든 도시에 스며들어 영향을 미치는 것으로 고찰한다. 첫 번째 접근 방식은 세계계층의 최상위에 있는 도시에 초점을 두었다. 반면 두 번째 접근 방식은 정치, 사회, 문화, 환경 등 여러 분야(즉 경제만이 아닌)에서 세계화가 각각의 도시에 미친 영향을 이해하려고 한다. 이러한 주제를 상세히 규명

하기 전에 특히 경제적 영역에서 그 이슈의 근본이 되는 세계화가 설명된다.

세계화가 무엇인가를 질문함으로써 시작해 보자. 대부분의 지리학자에게 세계화는 자본, 정보, 상품과 서비스와 관련된 1970년대 시작된 일련의 경제적 변화를 말한다. 세계화는 정치, 사회, 문화 영역으로 확대된 상당히 논란이 있었던 복잡한 사고이다. 논의를 간략히 하기 위해서 경제 영역, 특히 상호결합에 집중해 보자. 세계화는 주로 장소가 어떻게 점점 더 상호 연결되는가를 언급하고, 세계적인 연결성의 정도, 강도, 속도를 그 영향과 더불어 고려한다.

세계화에 관한 연구의 대부분은 세계 경제의 성격을 조사하였다. 자본주의는 오랜 기간 세계에 영향을 미쳤고 인간 사회의 역사에는 제국 중심지로서 많은 세계도시를 포함하였지만 지난 40년 동안 다국적·초국적(multinational and transnational) 기업과 관련하여 국민 국가의 역할 변화에 기인하여 새로운 현상이 나타났다. **세계화**는 (1) 일반적인 기능은 공간적 분산이 이루어지고 반면 고급 전문 기능은 도시에 집중되는 패턴으로 공업 생산 및 서비스 공급, 특히 자본 가용성과 금융서비스의 지리적 재조직을 가져왔다. (2) 종종 일부 기업(여러 국가에서 상품과 서비스를 생산

하고 공급하는 회사)은 더 이상 한 국가에 소속되지 않을 정도로 국경을 초월한 기업의 진입이 이루어지고 있다. (3) 개발도상국 사람들은 그 국가 내 대도시로 인구 이동이 일어나고, 또한 개발도상국 사람들은 미국, 캐나다, 서부 유럽으로 이주한다.

자본주의 권력과 세계도시

경제적 세계화의 원동력은 세계도시의 네트워크와 계층과 관련된 자본주의이다. 인류는 매우 국지적인 장소에서 부족 및 커뮤니티로 발전했다. 인간 거주지가 도시 또는 도시 지역이라 할 만큼 그 규모가 커졌음에도 인간의 관심은 그 국지적 장소에 머물러 있었다. **자본주의**(capitalism)는 노동이 공장 소유주가 시장에 파는 생산품으로 변환되고, 노동자는 임금을 받으면서, 노동이 생산 수단의 소유와 생산품 그 자체와는 분리되는 특별한 사회경제적 조직이다. 16세기 이후 교역에 관여한 여러 민족국가에 기업 활동이 이루어지면서 서구 사회에 자본주의가 형성되었다.

자본주의가 성장하고 국가나 민족국가가 형성되면서 주권을 가지거나 독립적인 정치 단위들이 경제적 관계를 상호 맺어나갔다. 종종 이러한 국제 무역의 기반에는 개발도상국에서 천연자원(광물과 농산품) 채굴과 경제적으로 앞선 국가나 국민국가로부터 그 자원의 수입이 있었다. 그리고 제품의 주요 생산국가인 선진국은 공업 상품을 저개발 국가로 수출하였다. 이것은 국제 무역, 국제 외교, 심지어 세계대전과 같은 세계적 관계라기보다는 국가 간의 관계이다.

세계화는 인류 역사에서 40년이 채 되지 않았는데, 처음에는 점진적이었으나 지금은 빠른 속도로 진행되고 있다. 20세기 말에 이르러서야 세계 경제는 '세계적(global)'이라고 할 수 있을 정도로 세계적으로 상호결합되었다. 정보통신 시대에 작동하는 새로운 정보경제에 의해서 지구상의 도시체계는 **단일 경제 단위**(single economic unit)로서 현재 작동하고 있다. 단일 경제 단위로서 세계 개념이 그 핵심에 해당하는 정의이고 세계화 과정을 이해하도록 한다.

세계도시 출현의 지리적 맥락에서 기존 도시의 변화가 있었다. 19세기 및 20세기에 걸쳐 대부분의 도시는 상대적으로 자치적이었고 주로 지방 및 지역 시장의 역할을 하였고, 뉴욕, 파리, 런던의 경우는 국가적 시장의 역할을 하였다. 런던의 '국가적' 시장은 넓은 식민 제국을 포함하지만 그 제국의 기본은 국민국가였다. 오늘날 어느 정도 발달한 많은 세계도시는 계층 네트워크로서 그 역할을 하면서 단일 세계 경제 단위를 형성한다.

거대하고 복잡한 자본주의 다국적 및 초국적 기업(그림 4.1)은 세계화를 결속시키는 역할을 한다. **다국적 기업**(multinational corporation)은 다수의 국민국가에서 많은 활동과 관심 사항을 수행하지만 기본적으로 '모국(home)' 국민국가에 소속되어 있다. **초국적 기업**(transnational corporation)은 기본적으로 어떤 한 국가에 소속되어 있지 않고 세계적 전략의 추진에 보다 자유로워서 국민국가의 이해와 충돌할 수도 있다. 또한 세계 경제는 지리적 맥락에서 **핵심**(core), **반주변**(semi-periphery), **주변**(periphery)으로 구분된다. 다음에서 논의될 핵심 세계도시는 고차의 정보를 수출하는 생산자와 힘에 바탕을 둔 자본주의 세계 경제의 통제 및 조정(관리) 지점으로서 역할을 한다. 반주변 도시는 그 도시의 경제발전이 활발하게 이루어지면서 세계도시의 위상으로 나아가고 있다. 주변 도시는 통제되거나 관리되는 도시인데, 이 도시는 경제적으로 세계 경제의 가장자리 또는 주변 지역에서 작동한다. 핵심 도시로는 당연히 뉴욕, 도쿄, 런던이 포함

© James Russiello

그림 4.1 주요 다국적 기업 본부.

도시계층과 네트워크

초국적 및 다국적 기업은 여러 면에서 단일 국가 내 활동에서 벗어나 산업 생산, 서비스 제공, 분배의 세계적 네트워크를 구축하였다. **세계도시**(world city)는 다국적 기업의 경영 본부가 위치한 장소라고 할 수 있다. 거대 기업의 본부는 세계적 운영의 통제 및 조정 기능을 수행한다. 선별된 세계도시에 집중된 정보 통신에 의해 다국적 기업은 먼 곳에 위치한 사업들을 조정한다. 다국적 기업은 넓은 금융서비스 망과 광고, 마케팅, 법률 지원, 가상공간 유지와 지원 등의 생산자 서비스를 이용한다. 일부 세계도시는 현대 세계 경제가 가동되고 운영되는 결절지이다. 아프리카, 아시아, 라틴아메리카의 많은 지역은 100년 전과 다름없이 세계적이지 않고 실질적인 세계도시로 발전하지 못했지만 다국적 기업은 그럼에도 낮은 노동비용으로 선진국의 소비자들이 구입하는 많은 저가품을 생산하기 위해 그 지역으로 진출하였다.

세계도시 계층

세계도시는 어디에 입지하는가? 프리드먼(John Friedmann, 1986)이 제안한 이 주제에 대한 실제 연구의 해석이 **세계도시 가설**(world city hypothesis)이다. 세계도시 가설은 **노동의 신국제분업**(new international division of labor, NIDL)의 공간 조직과 관련된다. 프리드먼이 언급한 노동의 신국제분업화는 경영, 금융, 생산(노동) 기능의 분리를 의미했다. 즉 자본주의 세계 경제의 분업은 각 지역의 전문화 역할을 말한다. 기술이나 창의성을 필요로 하지 않으며 대량생산이 가능한 생산 과정은 거의 주변 또는 반 주변 지역에서 저임금으로 고용할 수 있는 입지를 모색한다. 지난 몇십 년 그러한 입지로는 멕시코와 중국을 들 수 있다.

된다. 반 주변 도시는 홍콩, 상파울로, 서울, 싱가포르가 해당된다. 주변 도시로는 뉴질랜드의 오클랜드, 나이지리아의 라고스, 페루의 리마, 영국의 리버풀, 인도의 첸나이(Chennai), 러시아의 노보시비르스크(Novosibirsk), 미국의 세인트루이스가 포함된다.

규모가 큰 다국적 및 초국적 기업의 성장으로 '세계화(globalization)'라는 용어는 오늘날 경제, 문화, 정치적 환경을 대표하던 '국제화(internationalization)'를 대체하게 되었다. 국가 경계는 세계 각지에서 덜 중요해지고 있다. 초국적 기업이 현대 세계 경제의 실질적인 추진력이 되고 있다. 마치 국가 경계가 존재하지 않는 것처럼 금융의 국가 간 이동은 매우 빠르다.

표 4.1 프리드먼의 세계도시 계층, 1986년

핵심 국가		반 주변 국가	
1차	2차	1차	2차
Chicago	Brussels	São Paulo	Bangkok
Frankfurt	Houston	Singapore	Buenos Aires
London	Madrid		Caracas
Los Angeles	Miami		Hong Kong
New York	San Francisco		Johannesburg
Paris	Sydney		Manila
Rotterdam	Toronto		Mexico City
Tokyo	Vienna		Rio de Janeiro
Zurich			Seoul
			Taipei

출처: Friedmann, 1986, p. 72.
주: 도시들은 알파벳 순서로 배열되었음.

성숙 단계 상품의 총 생산비에서 노동비와 규제 사항이 크게 차지하기 때문에 생산 과정을 세계 전역으로 나누고 분산시킨다. 즉 가장 낮은 생산비와 최소 규제 지역을 찾아 생산 과정을 공간적으로 분산시킨다. 그러나 생산 과정이 이렇게 세계적으로 분산되기 때문에 기업은 생산 과정을 관리하고 조정하기 위한 한층 더 정교한 능력을 필요로 한다.

프리드먼 주장의 핵심은 세계도시의 기능을 수행하는 주요 도시의 순위, 즉 **세계도시 계층**(world city hierarchy)이다(표 4.1). 프리드먼은 세계도시를 (1) 자본주의 세계의 핵심(core) 또는 중심지(미국, 캐나다, 서부 유럽, 일본, 오스트레일리아, 뉴질랜드 같은 선진국)에 있는 도시, (2) 반 주변(semi-periphery), 즉 멕시코, 브라질과 같은 개발도상국의 도시로 나누고, 다시 이 두 범주를 1차 및 2차 세계도시로 나누었다. 프리드먼은 1차 핵심의 9개 세계도시를, 즉 3개의 미국 도시(뉴욕, 로스앤젤레스, 시카고), 5개의 서부 유럽 도시(런던, 파리, 프랑크푸르트, 로테르담, 취리히),

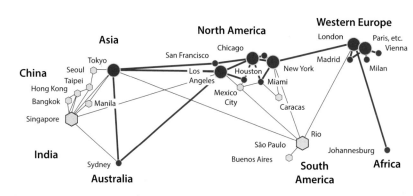

핵심 국가: 1차 도시   반 주변 국가: 1차 도시   핵심 도시 간 연결
핵심 국가: 2차 도시   반 주변 국가: 2차 도시   그 외 다른 연결

그림 4.2 세계도시 계층, 1986년.
출처: Friedmann, 1986.

일본의 도쿄를 확인하였다. 프리드먼은 9개의 2차 핵심 세계도시, 3개의 미국 도시(샌프란시스코, 마이애미, 휴스턴), 4개의 서부 유럽 도시, 오스트레일리아의 한 도시(시드니), 캐나다의 한 도시(토론토)를 파악하였다. 반 주변 도시 중 상파울루와 싱가포르만이 1차 세계도시에 포함되었다. 2차 반 주변 세계도시는 5개의 아시아 도시, 3개의 라틴아메리카 도시, 1개의 아프리카 도시(남아프리카 공화국의 요하네스버그)가 있다.

그림 4.2의 프리드먼의 1986년 세계도시 계층 지도는 표 4.1의 도시 목록과 정확히 일치하지는 않지만 계층을 더 상세히 나누었고, 선정된 도시 간의 연계성을 보여준다는 점에서 유익하다. 그림 4.2는 서쪽에서 동쪽으로(왼쪽에서 오른쪽으로) 최고 계층에 6개

의 세계도시 도쿄, 로스앤젤레스, 시카고, 뉴욕, 런던, 파리를 보여준다. 계층의 다음 단계에는 다시 왼쪽에서 오른쪽으로 핵심 2차 세계도시인 시드니, 샌프란시스코, 휴스턴, 마이애미, 토론토, 마드리드, 밀라노, 비엔나, 요하네스버그가 있다. 이 그림은 또한 2개의 다른 계층, (1) 1차 반 주변도시, (2) 2차 반 주변도시를 보여준다. 핵심 세계도시 간 연계는 굵은 선으로 표시되고 있다.

표 4.2는 세계 100대 다국적 기업의 본사와 1차 자회사 수에 의한 상위 50개 도시의 세계도시 계층을 보여준다(Godfrey and Zhou, 1999). 50개 이상의 본부와 1차 자회사가 입지하고 있는 뉴욕, 도쿄, 런던이 최상위 3개 세계도시로 나타난다. 2차 세계도시는 유럽(19), 동아시아 및 동남아시아(13), 라틴아메리카(8),

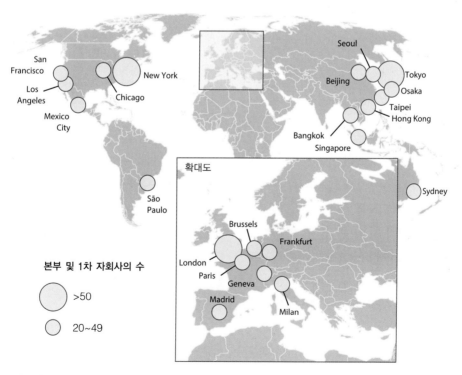

그림 4.3 세계 100대 다국적 기업의 본부와 1차 자회사를 20개 이상 가진 세계도시(표 4.2 참조).
출처: Godfrey, B.J. and Y. Zhou, 1999에서 수정.

표 4.2 세계 100대 기업의 본부와 1차 자회사의 입지로 본 상위 50개 세계도시

순위	세계도시	본부 및 1차 자회사 수	순위	세계도시	본부 및 1차 자회사 수
1	New York, USA	69	24	Caracas, Venezuela	18
2	Tokyo, Japan	66	24	Istanbul, Turkey	18
3	London, UK	50	24	Toronto, Canada	18
4	Hong Kong, China	40	28	Dusseldorf, Germany	17
5	Singapore	35	29	Shanghai, China	17
6	Milan, Italy	30	30	Vienna, Austria	16
7	Paris, France	29	31	Bogotá, Colombia	15
8	Mexico City, Mexico	28	31	Jakarta, Indonesia	15
8	Madrid, Spain	28	31	Manila, Philippines	15
10	Seoul, Korea	26	34	Berlin, Germany	14
11	São Paulo, Brazil	25	34	Houston, USA	14
11	Zurich, Switzerland	25	34	Melbourne, Australia	14
13	Osaka, Japan	24	38	Panama City, Panama	13
14	Beijing, China	23	38	Santiago, Chile	13
15	Bangkok, Thailand	22	40	Dublin, Ireland	12
15	Brussels, Belgium	22	42	Athens, Greece	11
15	Chicago, USA	22	42	Dallas, USA	11
15	Frankfurt, Germany	22	42	Rome, Italy	11
15	Sydney, Australia	22	45	Barcelona, Spain	10
20	San Francisco, USA	21	45	Budapest, Hungary	10
21	Los Angeles, USA	20	45	Guangzhou, China	10
21	Taipei, Taiwan	20	45	Hamburg, Germany	10
23	Buenos Aires, Argentina	19	45	Kuala Lumpur, Malaysia	10
24	Amsterdam, The Netherlands	18	45	Rio de Janeiro, Brazil	10

출처: Godfrey, B. J. and Y. Zhou, 1999, p. 276.

미국과 캐나다(7), 오스트레일리아(2)의 도시가 나타나고 있다. 즉 1980년대 이후 2차 세계도시는 유럽, 미국, 캐나다에서 중요한 위상을 차지하고 있으며, 동아시아와 동남아시아에서도 그 숫자가 증가하고 있다. 아프리카에서는 요하네스버그조차 세계도시에 해당되지 않는다. 그림 4.3은 100대 다국적 기업의 본사와 1차 자회사를 20개 이상 가진 세계도시 22곳을 표시한 지도이다.

프리드먼의 세계도시 계층과 표 4.2에 나타난 최근 계층과의 비교는 흥미롭다. 일부 동아시아 및 라틴아메리카 도시가 일부 유럽 도시와 더불어 1980년 이후

그 순위가 올라갔다. 특히 관심을 끄는 것은 일본의 오사카뿐만 아니라 중국의 베이징, 상하이, 광저우의 위상이 높아진 것이다. 또한 주목할 만한 것은 이스탄불, 보고타, 자카르타, 베를린, 댈러스, 멜버른, 산티아고, 더블린, 리스본, 아테네, 로마뿐만 아니라 홍콩, 싱가포르, 멕시코시티, 서울, 상파울루, 순위 상승이다.

프리드먼이 처음으로 그 존재를 주목한 1970년대 이후 세계도시의 일부 중요한 경제적 기능이 변화하였다. 그러나 그 당시 및 지금의 세계도시는 여전히 다음과 같은 여러 가지 역할을 하고 있다.

- 국가 및 국제 관광, 상품 교역, 외국 투자 중심지
- 상업 은행, 투자 은행, 보험, 다른 금융서비스 중심지
- 국내 및 국제 정치에서 힘의 중심지, 많은 비영리 제도, 기관, 정부와 관련된 조직의 입지
- 부유한 엘리트 지향의 전문화된 사치품과 중하층 계급을 겨냥한 대량생산 상품의 소비 중심지
- 의학, 법, 고등 교육, 과학적 지식과 기술의 응용 분야에서 고급 전문서비스 중심지
- 고차 정보생산과 선정된 제도, 정부, 주요 기업뿐만 아니라 개인에게 지식(자산권이 있는 정보, 데이터, 보고서) 판매(확산) 중심지
- 대기업과 상호 이익 때문에 모이는 대기업 관련 고급 생산자 및 업무서비스의 중심지
- 문화, 예술, 예능, 의류 및 디자인의 중심지

언급된 활동들이 1970년대 세계도시의 특징이었으며, 일종의 **역사적 관성**(historical inertia)에 의해 현재에도 그 특징이 지속된다. 역사적 관성의 의미는 세계도시의 중요한 경제적 기능의 대부분은 별로 변하지 않았다는 것을 뜻한다. 다른 도시에 비해 먼저 시작했기 때문에 세계도시는 다른 도시들과 높은 단계의 경쟁에서 그 도시의 주요 활동을 지속할 수 있었다.

그러나 오늘날 세계도시의 주요 기능이 하나 더 추가되었다. 반면 1970년대에 매우 중요한 세계도시 활동의 하나는 상당히 퇴색되었다. 추가된 기능과 퇴색된 활동은 (1) 세계도시 네트워크와 계층, 특히 고급 서비스에서 잘 나타난 세계 경제의 **정보화**(informationalization), (2) 선도적인 세계도시에서 제조업의 쇠퇴이다. 정보화는 이 장 뒤에서 논의될 정보통신을 기반으로 한 상호연결성과 관련된다. 세계도시는 자본주의 경제를 운영하기 때문에 정보와 데이터가 세계도시에서 신속히 대량으로 안전하게 전환될 필요가 있다. 다국적 기업의 국제 투자 증가와 이 거대한 기업에 금융과 서비스를 지원할 필요성 또한 정보화 수요 증가에 영향을 미쳤다.

그러나 세계도시가 정보 생산과 전파의 기능을 추가함과 동시에 공산품 생산은 세계도시에서 그 중요성이 약화되었다. 산업화된 세계지역인 서부 유럽, 일본, 오스트레일리아, 뉴질랜드뿐만 아니라 미국과 캐나다는 1970년대 이후 제조업이 상당히 줄어들었다. **탈산업화**(deindustralization)로 알려진 이 과정은 세계도시에서 그 지방 산업 부문에서 고용이 크게 준 결과를 낳았다. 상당히 낮은 임금과 토지 비용 때문에 개발도상국의 저비용 입지가 보다 경쟁력이 있게 되면서 선진국의 탈산업화가 나타났다. 게다가 공산품 시장은 포화상태가 되었다. 예를 들면 각 가정에 얼마나 많은 식기 세척기가 필요한가?

고차의 정보를 필요로 하는 경제 기능이 엄청나게 증가함과 동시에 산업 기반의 세계도시는 쇠퇴하는 결과를 초래하였다. 상대적으로 보통 정도의 임금을 지급하는 제조업은 고임금의 정보화 기반의 직업으로 교체되었다. 전문적인 가상공간 관련 직종은 높은 수준의 교육과 전문지식을 필요로 하여 주변 지역 및 전 세계 지역에서 세계도시로 우수한 인재를 불러들인다. 우수한 인재의 대부분은 세계도시 및 미국, 캐나다, 영국의 대학교에서 고등 교육을 받는다. 보다 일반적인 정보 관련 업무는 인도와 같은 개발도상국의 정보통신을 통해서 처리되기도 한다. 산업 직종이 줄어들면서 미숙련 노동자는 소비자 서비스 및 소매의 저임금 직종으로 내몰리게 될지도 모른다.

세계도시

사센(Saskia Sassen, 1991)에 따르면 뉴욕, 런던, 도쿄

는 계층의 최고위에 위치한 3대 세계도시(global city, 사센이 사용한 용어)이다. 사센은 프리드먼의 세계도시 계층 분석을 바탕으로 새로운 세계화 시스템을 결속시킨 영향력 있는 도시들의 집중된 자본주의 논리에 초점을 두고 있다. 프리드먼과 마찬가지로 사센은 공간적으로 분산된 경제 활동들이 제 기능을 수행하기 위해서는 세계적인 통합이 필요하다고 주장한다. 도시는 세계 경제의 통제 지점이면서 지방, 국가, 지역 경제의 시작점으로서 역할을 한다. 기업에 제공되는 고급 서비스, 즉 생산자 서비스는 세계의 유통 공간을 관리하는 데 필요하다. 점점 더 복잡한 금융 거래가 경제 시스템 유지에 필요하기 때문에 세계 경제는 강력한 금융화가 진행되고 있다. 사센은 다국적 및 초국적 기업이 통제 및 조정 기능 수행에 필요한 고급 생산자 서비스 및 금융서비스에 주의를 기울이며, 이러한 서비스는 대체로 대기업 내의 분업보다는 별개 회사에 의해 제공된다는 것에 주목하였다. 이런 서비스를 제공하는 기업의 집적은 단지 몇몇 장소에서만 일어나는데, 기업은 강력한 집적 경제(유사한 기능을 가진 기업들이 지리적으로 가까이 입지하여 얻는 경제적 비용 절감, 6장 참조)에 유인된다. 뉴욕과 런던은 그러한 유형의 대표적인 도시이다. 도쿄의 영향력은 사센이 연구할 때에는 급속히 증가하고 있었지만 그 이후 다소 쇠퇴하였다.

세계도시의 네트워크

테일러(Peter Taylor)는 도시와 세계화를 집중적으로 다루는 연구 센터를 개설하였다(영국 러프버러대학교의 세계화 및 세계도시 리서치 네트워크[GaWC]).[1]

---

1) 영국 Loughborough University의 Globalization and World Cities [GaWC] Research Network

테일러는 프리드먼의 세계도시 계층에 관한 사고와 세계 경제의 관리에 생산자 및 금융서비스의 중요성에 대한 사센의 통찰력에 바탕을 두고 있으나 프리드먼과 사센은 이전 연구에서 함축된 도시 간 실제 존재하는 연결성을 충분히 고려하지 못했다. 세계도시의 경직된 계층(Friedmann) 또는 독자적인 영향력을 갖고 있는 일련의 중요한 세계도시(Sassen)보다 세계도시의 네트워크를 살펴야 한다고 테일러는 주장했다. 그래서 GaWC 연구소에서는 세계 체계에서 도시의 연결성을 파악할 새로운 측도의 개발과 해석을 시도하였다.

세계도시를 살펴볼 한 가지 방법은 세계적 네트워크에서 해당 세계도시가 발휘하는 힘의 정도이다. 힘의 상당 부분은 어떤 중심지가 주요 세계도시의 전체 네트워크와의 연결 정도에 그 기반을 두고 있다. 힘은 세계도시의 상호 결합된 네트워크에서 그 도시의 위상과 순위에서뿐만 아니라 그 도시의 내부 특성으로 나타난다. 테일러를 비롯한 연구자들은 주요 세계도시 사이에 네 가지 다른 힘의 척도, 즉 초연결 도시, 지배적 중심지, 통제 중심지, 관문 중심지를 제시하였다(표 4.3).

테일러는 10개 도시를 '초연결 도시(highly connected city)'로 분류하였다. 최상위 3개 도시인 뉴욕, 런던, 도쿄(Sassen, 1991) 외에 북미 도시로는 시카고, 로스앤젤레스, 토론토가 있다. 유럽 도시로는 밀라노와 파리가 포함된다. 세계도시 네트워크와 잘 연결된 아시아 도시에는 홍콩과 싱가포르가 있다. 단지 7개 도시만이 '지배적 중심지(dominant center)'로 분류되었다. 이 도시들은 또한 잘 연결된 도시이기도 한데, 독일의 프랑크푸르트가 추가되었다.

'통제 중심지(command center)'는 그 수가 11개이다. 이 도시들은 주요 초국적 기업, 특히 세계 100대

표 4.3 강력한 세계도시의 네 가지 척도

도시	초연결 도시	지배적 중심지	통제 중심지	관문 중심지
Amsterdam			×	
Brussels			×	
Boston			×	
Buenos Aires				×
Chicago	×	×	×	
Frankfurt		×	×	
Hong Kong	×	×		×
Jakarta				×
Kuala Lumpur				×
London	×	×	×	
Los Angeles	×			
Madrid				×
Melbourne				×
Mexico City				×
Miami				×
Milan	×			×
Mumbai				×
New York	×	×	×	
Paris	×	×	×	
São Paulo				×
Singapore	×		×	×
Sydney				×
Taipei				×
Tokyo	×	×	×	
Washington, D.C.	×			×
Zurich			×	

출처: Taylor, Walker, Catalano and Haylor, 2001.

서비스 기업의 세계 본사 또는 지역 본부가 위치한 도시이다. 지역 본부는 지역 상황에 관한 지식이 멀리 떨어져 '정보가 부족한' 세계 본부보다 많기 때문에 핵심 의사결정에 점점 더 중요한 역할을 한다.

마지막으로 잘 연결된 '관문 도시(gateway center)'는 대체로 지배적 중심지 또는 통제 중심지가 아니다. 이 도시는 국가 경제에 중요한 역할을 하는데, 그 예로는 브라질의 상파울루(São Paulo), 멕시코의 멕시코시티, 오스트레일리아의 멜버른과 시드니가 있다.

GaWC 연구자들은 2000년과 2008년 사이에 주요 세계도시의 네트워크 연결성의 변화를 조사하였다 (DeRudder et al., 2010). 그 연구자들의 척도는 여러 개의 도시에 고급 생산자 서비스를 제공하는 기업에 대한 도시별 기업 데이터에 바탕을 두고 있다. 보다 세계 지향적인 기업들이 사무실을 운영하는 도시는 더 높은 점수를 받는데, 표본에 있는 모든 기업이 사무실을 운영하는 도시는 최고 점수를 받는다. 표 4.4 에는 각 년도 최상위 20개 도시와 그 순위에 새로 진입하거나 빠진 도시도 표시되었다. 주목할 만한 특징은 주요 세계도시로 논의한 도시는 2000년, 2008년

표 4.4 세계도시 네트워크에서 가장 잘 연결된 20개 도시, 2000년과 2008년

	2000			2008	
1	London	100.00	1	NewYork	100.00
2	NewYork	97.10	2	London	99.32
3	Hong Kong	73.08	3	Hong Kong	83.41
4	Tokyo	70.64	4	Paris	79.68
5	Paris	69.72	5	Singapore	76.15
6	Singapore	66.61	6	Tokyo	73.62
7	Chicago	61.18	7	Sydney	70.93
8	Milan	60.44	8	Shanghai	69.06
9	Madrid	59.23	9	Milan	69.05
10	Los Angeles	58.75	10	Beijing	67.65
11	Sydney	58.06	11	Madrid	65.95
12	Frankfurt	57.53	12	Moscow	64.85
13	Amsterdam	57.10	13	Brussels	63.63
14	Toronto	56.92	14	Seoul	62.74
15	Brussels	56.51	15	Toronto	62.38
16	São Paulo	54.26	16	Buenos Aires	60.62
17	San Francisco	50.43	17	Mumbai	59.48
18	Zurich	48.42	18	Kuala Lumpur	58.44
19	Taipei	48.22	19	Chicago	57.57
20	Jakarta	47.92	20	Taipei	56.07
22	Buenos Aires	46.81	21	São Paulo	55.96
23	Mumbai	46.81	22	Zurich	55.51
27	Shanghai	43.95	25	Amsterdam	54.60
28	Kuala Lumpur	43.53	28	Jakarta	53.29
29	Beijing	43.43	31	Frankfurt	51.58
30	Seoul	42.32	40	Los Angeles	45.18
37	Moscow	40.76	46	San Francisco	41.35

출처: Derudder, B. et al., 2010.

모두 그 목록의 최상위에 있었다. 홍콩이 그 두 연도에서 3위에 있고, 싱가포르, 상하이, 베이징, 서울이 포함된 다른 아시아 도시가 부상하였다. 뉴욕을 제외한 모든 북미도시는 세계도시 네트워크와의 연결성에서 하락하였다. 고급 생산자 서비스 제공과 관련된 세계 경제에서 아시아 도시들이 점차 중요해지는 흐름이 반영된다. 세계 금융 위기와 경기 부진에 앞서 수집된 2008년 데이터를 주목해 보자.

GaWC 연구소는 네트워크에 대한 도시의 역할과 중요성에 바탕을 두고 분류한 도시계층 목록을 작성하였지만, 그들은 또한 흐름의 성격도 밝히려고 하였다. 그림 4.4는 그 연구에서 최상위에 위치한 알파(α) 도시 간 전개된 네트워크를 보여준다.

블랙홀과 약한 연결　쇼트(John Short, 2004)는 세계도시 네트워크의 **블랙홀**(black hole)과 **약한 연결**(loose connection)을 언급하였다. 쇼트는 세계도시로 분류되지 않는 인구 300만 이상의 도시를 블랙홀이라고 정

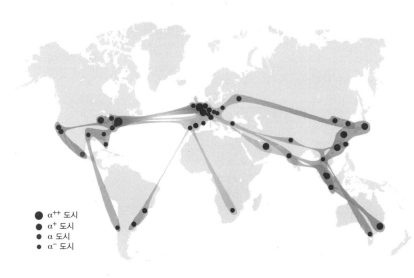

● α⁺⁺ 도시
● α⁺ 도시
● α 도시
● α⁻ 도시

그림 4.4 GaWC 리서치 네트워크가
분류한 알파(α) 도시 간 연결, 2010년.
출처: Carta and González, 2012를 수정.

의하였다. 약한 연결의 개념은 도시 인구규모에서 예상되는 것보다 연결성이 낮은 도시를 말한다. 블랙홀의 비세계적 도시라는 위상(표 4.5)은 높은 빈곤 수준과 관련된다. 이는 고급 생산자 서비스를 지원할 시장과 그 서비스를 이용할 고객수가 적다는 것을 의미한다. 이 블랙홀 도시는 가난할 뿐만 아니라 그 도시가 입지한 국가 또한 세계에서 빈곤 국가에 속한다. 더군다나 하르툼(Khartoum)과 킨샤사(Kinshasa)는 사회적

혼란과 무정부 상태를 겪었다. 그 외 이란의 테헤란(Tehran)과 북한의 평양은 국가 이데올로기로 인해 선진 자본주의 경제가 장려되지 않았다.

표 4.6의 10개 도시는 인구에 비해 모든 세계 대도시와의 세계도시 네트워크 연결성이 가장 낮은 도시를 보여준다. 연결성이 가장 낮은 도시로는 빈곤한 국가의 규모가 매우 큰 도시인 캘커타(Calcutta), 라고스(Lagos), 카라치(Karachi)가 있다. 우크라이나 경제는 최근 붕괴되었고, 놀랍게도 피츠버그가 포함되어 있

표 4.5 도시의 세계 네트워크에서 블랙홀

도시	국가	인구(100만)
Tehran	Iran	10.7
Dhaka	Bangladesh	9.9
Khartoum	Sudan	7.3
Kinshasa	Congo	6.5
Lahore	Pakistan	6.5
Baghdad	Iraq	4.9
Rangoon	Myanmar	4.7
Algiers	Algeria	3.9
Abidjan	Ivory Coast	3.8
Pyongyang	North Korea	3.6
Chittagong	Bangladesh	3.1

출처: Short, John, 2004, p. 297.

표 4.6 도시의 세계 네트워크에서 약한 연결

순위	도시	국가
1	Calcutta	India
2	Lagos	Nigeria
3	Karachi	Pakistan
4	Chennai	India
5	Guangzhou	China
6	Kiev	Ukraine
7	Rio de Janeiro	Brazil
8	Pittsburgh	USA
9	Casablanca	Morocco
10	Lima	Peru

출처: Short, John, 2004, p. 300.

다. 이 도시는 심각한 탈산업화를 겪고 있다.

세계도시에서 미국의 법률 회사   미국은 개인 또는 집단 소송이 빈번한 사회로 알려져 있다. 매우 작은 일에 터무니없는 소송이 언론을 채운다. 미국이 어떤 나라보다 변호사가 많다는 것은 별로 놀랄 만한 것이 아니다. 또한 많은 미국 법률 회사는 규모가 크고 일부 회사는 세계적으로 운영되며, 다국적 기업에 서비스를 제공한다. 예를 들면 세계의 가장 큰 법률 회사인 시카고에 본사를 두고 있는 베이커 및 멕킨지(Baker and McKenzie)는 그들 자신을 '세계 법률 회사'라고 부른다. 뉴욕에서 시작된 화이트와 체이스(White and Chase)도 마찬가지로 공공연히 자신을 '세계 법률 회사'라고 한다.

미국의 법률 회사는 미국을 벗어나 8개 세계 주요 도시에 사무실을 집중 운영한다(표 4.7). 홍콩이 미국 법률 회사의 수에서 도쿄보다 앞선 두 번째 순위인 것은 별로 놀랄 만한 일이 아니다. 아시아의 모든 세계도시는 주로 금융 중심지이고 고도의 법률 서비스를 필요로 한다. 홍콩은 제한적이고 폐쇄적인 일본 법률 체계와는 대조적으로 미국 법률 서비스를 쉽게 받아들인다. 미국에 기반을 둔 법률 회사 사무실이 있는 세계도시 중 4개는 서부 유럽에 있다. 소련의 붕괴로 시간 소모적이면서 예측이 어려운 시장 경제 전환 시기에 미국 법률 회사는 모스크바에 집중 입지하기도 하였다. 표 4.7의 8개 세계도시는 미국에 본사를 둔 법률 회사가 외국 사무실의 절반 이상을 차지하는 도시를 나타내고 있다. 이것은 미국 법률 회사가 매우 집적되어 있음을 말해 준다. 더군다나 이 기업들은 다국적 법률 체계가 포함된 매우 복잡한 법률적 문제를 다루는 뛰어난 재능의 변호사로 구성되어 있다.

이러한 세계적인 법률 회사의 미국 본사는 어디에 있는가? 세계적 법률 회사는 워싱턴을 포함하여 3개

표 4.7 미국 법률 회사의 사무실이 있는 세계도시

세계도시	미국 법률 회사 수
London	63
Hong Kong	36
Paris	28
Tokyo	24
Brussels	22
Moscow	17
Singapore	14
Frankfurt	12

출처: Beaverstock, Smith, and Taylor, 2000.

의 가장 규모가 큰 대도시 지역에 집중되어 있다. 워싱턴의 당연한 정치적 역할을 감안했을 때 국가 수도가 포함된 것은 놀랄 만한 것은 아니다. 뉴욕은 외국에 사무실을 둔 법률 회사는 33개로 두 번째인 워싱턴의 11개, 세 번째인 시카고보다 훨씬 앞선다. 두 번째로 큰 대도시인 로스앤젤레스는 외국 사무실을 둔 법률 회사는 시카고보다 적은 7개에 불과했다. 이것은 시카고가 로스앤젤레스보다 더 오랜 기간 미국의 도시계층에서 높은 순위에 있었다는 것을 반영한다.

세계도시와 부   세계도시는 부자(억만장자)와 부자의 비즈니스 및 금융활동 장소이기도 하지만 동시에 이 세계도시에 매우 가난한 사람, 실업자, 노숙자들이 과도하게 모여 있는 고용 기회의 양극화 경향에 대해 궁금해 할 수 있다. 양극화 현상이 있다면 세계도시 계층에서 어떤 도시의 위상과 그 도시 주민의 사회복지 간의 연결성은 어떠한가?

한 가지 널리 받아들여지고 있는 주장은 세계도시는 고임금 전문 및 고급서비스 직종을 끌어들이고 또한 저임금 직업, 실업, 노숙자의 증가를 가져왔다고 한다. 그 결과 부자와 가난한 자가 세계도시에서 공존한다. 현대식 건물 사무실에 각종 고급 정보통신 장치

가 설비되어 있으며, 기사 딸린 리무진을 소유한 회사 경영진이 있는 도시는 또한 보도에서 종이 상자를 덮고 자는 노숙자나 도심에서 일을 하기 위해 걸어가는 저임금 직장인이 거주하는 공간이기도 하다. 가진 자와 못 가진 자 모두 같은 공간에서 살아가지만 그들은 조금 다른 입지와 아주 다른 사회, 경제, 정치적 조건에서 공존한다.

세계도시와 세계도시로 부상하는 도시들의 변화된 경제적 기능뿐만 아니라 고급 정보통신 및 관리 중심지와는 달리 생산 지향 고용 중심지는 입지가 다르기 때문에 양극화된 고용 모습이 나타난다. 세계도시에서는 불완전 고용자와 실업자가 증가하여 그 수가 많아지지만 교육 및 기술 수준이 높은 근로자도 많아지고 있다. 기술 수준이 높은 근로자는 먼 곳, 종종 세계 전역에서 온다. 이러한 지식 근로자의 배출 지역은 두뇌 유출, 즉 그렇지 않으면 그 지방의 인재가 될 수 있는 손실을 겪는다. 세계도시는 높은 소득에 이끌리는 교육 및 기술 수준이 높은 근로자를 얻게 된다. 사센 (Sassen, 2006)이 주목한 것처럼 세계도시는 생산자 서비스업에서 교육 수준이 상대적으로 높은 근로자를 불러들인다. 또한 전 세계적으로 생산자 서비스 근로자들은 민주적인 형태의 정부를 갖춘 도시 입지를 선호하는 것 같다. 개발도상국은 그 나라의 '가장 우수한' 사람을 잃는다. 양극화가 지배적인 흐름이다(글상자 4.1).

세계도시 간 상호연결

세계도시는 그들 간 여러 종류의 상호 연결에 의해 정의되지만 이러한 상호 관련성 연구를 위한 흐름에 관한 데이터를 구하는 것은 어렵다. 세계화 및 세계도시 프로젝트 때문에 구해진 데이터 외 대부분의 데이터는 개별 기업 업무를 위한 자산권이 있는 대단히 전문적이고 특별한 데이터이다. 세계도시 간 진정한 상호 연결성에 관한 완전 정보는 총계적 자료로서만 구해진다.

세계도시 간 항공여행

세계도시 간 상호 연결의 결정에 사용된 한 가지 간접적인 측도는 항공 승객 흐름이다. 세계도시 가운데 어느 도시가 사람들이 가장 많이 비행기로 여행을 했을까? 글상자 4.2는 세계도시 네트워크에 미국 도시의 연결성을 이해하기 위해서 중력 모델이라고 하는 연구방법의 적용을 설명한다. 표 4.8은 항공 승객 여행에 기반을 둔 최상위 10개 도시와 떠오르는 10개 도시의 순위를 보여주고 있다. 서부 유럽의 런던, 파리,

표 4.8 항공 승객에 근거한 세계도시와 떠오르는 세계도시의 순위

순위	세계도시	떠오르는 세계도시
1	London	
2	Paris	
3	New York	
4	Tokyo	
5	Hong Kong	
6	Amsterdam	
7	Singapore	
8	Frankfurt	
9	Los Angeles	
10	Chicago	
11		Mexico City
12		Zurich
13		Milano
14		Madrid
15		Miami
16		San Francisco
17		Seoul
18		Houston
19		Boston
20		Montreal

출처: Smith and Timberlake, 2001.

글상자 4.1 ▶ 세계도시 간 숙련 노동자의 인구이동

일반적으로 **두뇌 유출**(brain drain)은 개발도상국에서 선진국으로 인구이동과 관련된다고 여긴다. 때때로 이러한 이주자들은 교육 때문에 선진국으로 이동한다. 선진국은 훨씬 더 큰 경제적 기회와 쾌적함을 제공하기 때문에 교육을 받은 사람들은 공부했던 선진 국가에 종종 남는다. 그들은 일반적으로 기업 및 학문 사회의 일원이 된다. 교육을 가장 많이 받은 근로자들은 출신 지역에서 선진국의 매력적인 대도시로 이주하는 두뇌 유출의 결과를 낳는다. 이러한 끄는 힘을 가진 도시가 점차 세계도시 및 세계도시로 부상하는 도시가 된다.

그러나 세계도시에서 다른 세계도시 및 지배적인 도시 중심지로 숙련 근로자의 국제적 인구이동은 별로 알려져 있지 않다(그림 B4.1). 여기서 런던의 한 외국 은행 예를 보자. 숙련 근로자 인구이동의 세계화는 금융 자본의 세계화를 뒤따른다.

외국에 돈을 빌려주는 런던에 본부를 둔 주요 은행에는 건전한 투자 행위에 매우 전문적인 사람들이 활동한다. 어떤 런던 투자 은행은, 예를 들면 시드니 또는 홍콩에서 활동하는데 그 지역의 은행원보다는 런던 본사에서 파견한 은행원을 더 신뢰할지 모른다. 많은 런던 은행원들은 다양성에 대한 관심과 추가되는 경제적 혜택 때문에 해외 세계도시에서 1년이나 2년 근무하길 원한다.

그림 B4.1을 한번 보자. 해외업무를 수행하는 런던의 많은 은행 가운데 한 예를 들면, 니폰은행은 고급 금융 투자 업무를 수행하기 위해 런던 본부에서 세계도시 및 떠오르는 세계도시로 은행원들을 1년 또는 2년 파견한다. 이 예의 경우 파리는 그 은행원들의 첫 번째 목적지이고 뉴욕, 도쿄, 밀라노가 그다음이다. 런던에 본부를 둔 브릿은행(BritBank)은 아시아와 북미 방면에 치중하고 있어서 은행원들을 홍콩, 싱가포르, 토론토, 워싱턴 등지로 파견한다.

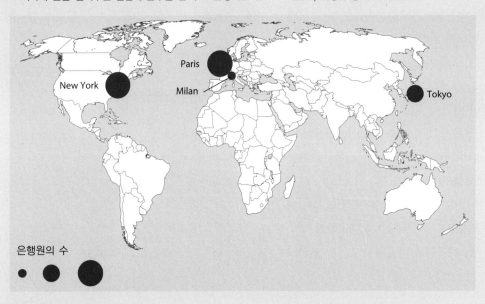

은행원의 수

그림 B4.1 니폰은행(NipponBank)의 런던 본부에서 세계도시 및 떠오르는 세계도시로 파견된 은행원.
출처: Beaverstock and Smith, 1996.

암스테르담, 프랑크푸르트와 같은 여행 네트워크 내에서 보다 '중심' 도시의 역할이 이 순위에서 강조된다. 보다 중심에 해당하는 도시가 멕시코시티, 마이애미, 서울, 몬트리올과 같은 주변에 해당하는 도시보다 세계도시로 승객 여행이 더 많다.

세계적인 활동을 하는 기업은 어느 도시에 그 기

표 4.9 뉴욕, 런던, 도쿄에 본부를 둔 고급 생산자 서비스 회사의 세계도시 사무 연계

뉴욕		런던		도쿄	
순위	도시	순위	도시	순위	도시
1	London	1	New York	1	New York
2	Hong Kong	2	Hong Kong	2	London
3	Tokyo	3	Tokyo	3	Hong Kong
4	Singapore	4	Singapore	4	Singapore
5	Paris	5	Paris	5	Paris
6	Frankfurt	6	Los Angeles	6	Frankfurt
7	Los Angeles	7	Milan	7	Los Angeles
8	Milan	8	Frankfurt	8	Milan
9	Chicago	9	Chicago	9	Chicago

출처: Beaverstock, Smith, and Taylor, 2000.

업의 해외 사무실을 입지할 것인지를 결정해야 한다. 고급 생산자 서비스의 세계적 오피스 입지 전략을 파악하는 것은 세계도시 간 상호 연결성에 관한 연구의 또 다른 방법이다. 2000년 연구에 의하면 3대 세계도시인 뉴욕, 런던, 도쿄는 기업 내부의 세계적 연계성에서 5개 최상위 세계도시 간 연결성과 거의 같다(표 4.9). 이들 도시들은 분명히 세계 네트워크의 정점에 있고 통제 및 조정 중심지 역할을 한다고 할 수 있다.

관광 세계도시

관광업(tourism)은 사람들의 많은 이동뿐만 아니라 식품, 음료수, 호텔 숙박, 항공 요금, 렌터카, 크루즈선, 기념품과 같은 가시적인 상품의 소비도 포함한다. 관광업은 많은 사람이 더 많은 여가 시간을 가지고, 은퇴자를 포함한 더 많은 사람이 여행할 재정적인 여유를 가짐에 따라 중요한 위락(entertainment)산업이 되었다. 심지어 비즈니스 여행자들도 여가시간에는 일시적 여행객이 되기도 한다. 광고, 텔레비전, 인터넷은 다양한 관광 입지, 즉 도시의 판매라는 홍보를 한다.

주요 도시, 특히 세계도시는 세계적 위락산업의 전

략적 장소이다. 위락산업은 다양한 활동을 계획하기 위해 세계도시에 의해 제공된 하부구조를 필요로 한다. 뉴욕과 로스앤젤레스는 세계 위락산업에서 두드러진다. 단지 이 두 세계도시에서만 세계 전역으로 수출될 고급 영화 산업을 유지하기 위해 영화배우, 탤런트, 작가, 감독과 같은 많은 창의적인 전문가들을 찾아볼 수 있다. 열광하는 세계 전역의 소비자에게 수출할 정도의 고급 위락 상품을 생산하는 위락산업에서는 고급 기술과 이러한 기술을 운영할 수 있는 전문가는 이 장소에서만 찾을 수 있다.

두 가지 요소가 국제 언론매체 시장의 성장에 중요한 역할을 하였다. 그 두 가지 요소는 기술 혁신과 정부의 탈규제화이다. 거대 기업에 비하면 작지만 그래도 비교적 큰 미디어 회사를 구입하는 합병에 의해서 예능산업의 세계화가 가속화되었다. 오늘날 위락산업을 지배하는 언론 재벌의 수는 비교적 얼마 되지 않는다. 많은 작은 전문 분야 회사가 틈새시장을 채운다. 거대 기업들은 확장된 국제시장에 표준화된 상품을 팔수 있다.

세계도시는 관광 및 다른 위락 상품의 장소일 뿐 아

글상자 4.2 ▶ 지방, 지역, 세계적 맥락의 중력 모델

고전적 중력 모델(gravity model)은 오랫동안 도시경제 및 교통 지리학에서 중요한 역할을 하였다. 이 모델은 질량(인구)과 장소 간 거리에 기반을 두면서 2개 이상의 장소 간 흐름의 양, 즉 공간 상호작용의 정도를 비교한다. 이 모델의 형태는 다음과 같다.

$$I_{ij} = k \frac{p_i p_j}{D_{ij}^b}$$

I_{ij}는 기원지 i와 목적지 j 사이의 상호작용, 즉 흐름의 양적 정도
b는 경험적으로 결정되는 거리계수
k는 상수
p_i는 기원지 i의 인구 규모
p_j는 목적지 j의 인구 규모
D_{ij}는 i와 j 간 거리

이러한 중력 모델 형태는 인구가 아닌 다른 척도가 사용될 수 있고(소매판매액 또는 총 고용 등), 거리는 시간 거리 또는 화폐 비용으로 계산될 수 있기 때문에 가변적일 수 있다. 계산상 중력 모델은 일반적으로 잘 알려진 다음과 같은 회귀방정식 형태를 갖는다.

$$\log I_{ij} = \log k + \alpha \log p_i p_j - \beta \log D_{ij}$$

중력 모델은 인구이동은 물론 통근 통행, 쇼핑 통행, 사회적 통행, 운송 화물교환의 설명에 효과적이었다. 그래서 이 모델은 널리 활용되고 있으며, 지역적 중력 모델이라고 불리기도 한다.

그러나 세계적 스케일에서 공간 상호작용을 측정할 때 고전적인 중력 모델은 단점이 있다. 어떤 조정된 중력 모델 또는 세계적 중력 모델이 요구된다. 인구와 거리 외의 새로운 요소가 도입되어야 한다. 즉 네트워크 연결성이 요구된다. 특히 정보통신에 의해 세계도시가 어느 정도 연결되는가 하는 것이 인구 규모나 거리보다 더 중요한 요소이다. 이 장의 앞에서 살펴본 것처럼 일부 대도시는 블랙홀[예를 들면 테헤란, 다카(Dhaka), 하르툼(Khartoum), 바그다드, 라호르(Lahore)] 또는 약한 연결지[캘커타, 라고스, 카라치]로 언급된다. 이 도시들은 인구는 많으나 세계도시로서 기능을 수행하지 않는다. 따라서 인구가 차지하는 비중이 상당히 약화된다.

또한 거리도 세계도시의 공간적 상호작용에 꼭 필요한 역할을 하는 것은 아니다. 뉴욕, 런던, 도쿄는 멀리 떨어져 있지만 경제적으로 밀접히 연결되고, 항공여행이 많을 것으로 여겨질 수 있다.

니라 그 산업의 주요 소비지이기도 하다. 테마 파크는 월트 디즈니의 오랜 전통인 고객 충성도를 조장한다. 예를 들면 테마파크에는 규모가 매우 큰 쇼핑몰이 있다. 디즈니 상점은 오랫동안 전통적인 교외 쇼핑몰의 한 부분이었다. 예로 뉴욕은 1980년 맨해튼 브로드웨이(Broadway)의 핵심 위락 지역인 타임스퀘어(Times Square)에 대한 30년에 걸친 대규모 재개발 사업을 시작하였다. 월트 디즈니 회사는 브로드웨이 극장을 열기 원했기 때문에 시 정부에 정치적 압박을 했고, 그 사업의 초기에 상당한 금액을 제공했다. 또한 타임스퀘어 프로젝트에 다른 기업들이 투자하도록 하는 데 중요한 역할을 하였다. 2010년에 끝난 30년 재개발 사

업의 마지막은 '11 Times Square' 빌딩의 완공이었다.

관광도시로서 뉴욕과 로스앤젤레스

미국의 두 세계도시 뉴욕과 로스앤젤레스는 도시 경제 요소로서 관광업이 상당히 큰 비중을 차지하고 있다. 로스앤젤레스에서 관광업은 고용에서 전체 산업 중 세 번째이다. 관광업이 로스앤젤레스에서 더 중요한 부분이지만 그 규모 때문에 뉴욕이 총 관광객 수에서는 더 많다. 여행객들은 다양한 이유로 두 중심지로 모인다. 예를 들면 국가 및 세계 금융과 기업의 중심지인 뉴욕에는 예술과 위락에 관심이 있는 사람뿐만 아니라 많은 국제 비즈니스 여행객들이 찾는다. *New*

대단히 중요한 세계도시의 필수 요소는 그 도시의 기업가적 자본주의와의 결합이다. 세계적 중력 모델의 핵심은 네트워크 연결성이다. 즉

$$\log I_{ij} = \log k + \alpha \log p_i p_j + \beta \log N_i N_j - \gamma \log D_{ij}$$

N_i, N_j는 각각 네트워크의 기원지와 도착지를 나타내는 것을 제외하고는 앞에서 언급된 정의와 같다.

드루더, 윗락스, 테일러(Derudder, Witlox, and Taylor, 2007. p. 84)는 세계 네트워크 효과를 측정하기 위해 항공 데이터를 이용했다. 구체적으로 이들은 미국 도시의 세계적 연결성(네트워크 연결성)을 측정하기 위해 탑승 승객 수를 활용하였다(표 B4.1). 이들은 중력 모델을 이용하지 않았지만 뉴욕, 로스앤젤레스, 시카고, 샌프란시스코는 세계의 주요 관광지로서 뉴욕, 런던, 로스앤젤레스, 도쿄와 항공사 연결이 가장 많은 4개의 미국 도시라는 것을 밝혔다. 그리고 비즈니스 및 기업 연결성에 의해 세계적 연계를 갖는 상위 20개 미국 도시를 제시하였다.

표 B4.1 항공 자료에 근거한 미국 도시들의 세계연결성

순위	도시	연결 수(100만)
1	New York, NY	10.6
2	Los Angeles, CA	8.3
3	Chicago, IL	5.2
4	San Francisco, CA	5.2
5	Atlanta, GA	3.8
6	Miami, FL	3.7
7	Washington, D.C.	3.7
8	Dallas, TX	3.7
9	Boston, MA	3.6
10	Houston, TX	2.9
11	Denver, CO	2.5
12	Seattle, WA	2.4
13	Minneapolis, MN	2.3
14	Detroit, MI	2.2
15	Philadelphia, PA	1.8
16	San Diego, CA	1.7
17	St. Louis, MO	1.6
18	Portland, OR	1.4
19	Kansas City, KS	1.3
20	Cleveland, OH	1.1

출처: Derudder, B., F. Witlox, and P. J. Taylor, 2007.

*York Times*는 매일 '아트(The Arts)' 면을 발행한다. 로스앤젤레스 또한 상당히 많은 회의 참가자와 국제 비즈니스 여행객을 특히 아시아로부터 끌어들인다. 실제로 회의 참가자와 국제 비즈니스 여행객이 뉴욕 관광객의 33%, 로스앤젤레스 전체 관광객의 25%를 차지한다.

뉴욕과 로스앤젤레스는 관광의 특징을 많이 공유하지만 두 도시의 관광 지리는 차이가 있다. 일반적으로 세계도시가 그러하듯 뉴욕의 관광업은 중심 지역에 매우 집중되는 경향을 보인다. 뉴욕 메트로폴리탄 지역 내에서 뉴욕 시는 관광시장의 약 80%를 차지하며, 맨해튼 섬이 뉴욕 시 시장의 약 80%를 차지한다.

맨해튼에 뉴욕 시의 호텔 93%, 놀이 및 여가 서비스 산업 직종의 80%가 있다. 관광 시장의 대부분은 96번가(96th Street)와 로어 맨해튼(Lower Manhattan) 사이에 있다.

대조적으로 로스앤젤레스의 관광 지리는 넓게 퍼져 있다. 예로 그 대도시의 숙박 관광객 가운데 5%만이 로스앤젤레스 도심에 머문다. 실제로 10개의 가장 유명한 그 대도시 내의 관광 시장을 합쳐도 전체 숙박 방문객의 55%밖에 되지 않는다. 전체 숙박 방문의 25%를 차지하는 할리우드(Hollywood)가 로스앤젤레스에서 가장 유명한 관광 장소라는 것은 별로 놀라운 것은 아니다. 저자의 지난번 로스앤젤레스 체류는 그

5%의 도심 숙박에 해당하며, 21층 창문 밖으로 언덕 위의 그 유명한 할리우드 사인이 보였다. 베벌리힐스(Beverly Hills)는 두 번째로 많이 찾는 지역이지만 전체 숙박 관광 방문의 15%만을 차지한다.

9/11의 영향 2001년 9월 11일 뉴욕의 110층 쌍둥이 세계무역센터 타워와 워싱턴의 펜타곤에 대한 테러 공격은 미국과 그 시민에게 엄청난 영향을 미쳤다. 모든 정서적·심리적·사회적 결과 외에도 그 테러 공격은 미국 경제에 매우 심각한 경제적 타격을 가했다.

미국의 3개 세계도시인 뉴욕, 로스앤젤레스, 시카고에 가장 큰 영향을 미쳤다(그림 4.5). 관광 및 관련 산업이 가장 먼저 영향을 받았지만 그 여파는 모든 부문에 미쳐서 금융서비스 및 소매업 등 미국 경제 전체에 영향을 주었다. 소규모의 많은 기업과 대기업도 그 영향으로 근로자를 해고하였다. 경제 전체가 큰 충격을 받았다.

당연히 뉴욕이 가장 큰 영향을 받았고, 영향을 받은 전체 산업에서 70,000명의 직업이 줄어들었다. 전체 직업의 15% 이상이 금융과 소매업뿐만 아니라 관

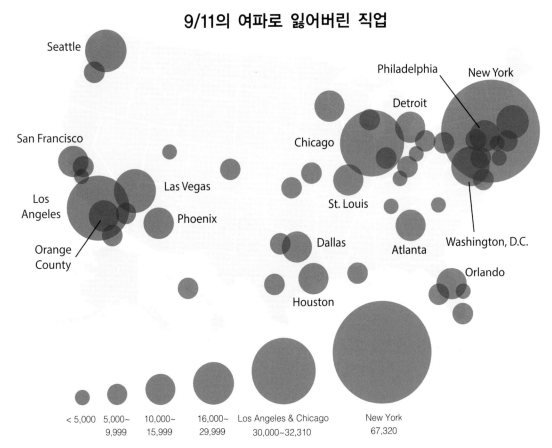

그림 4.5 9/11 테러 공격으로 가장 큰 영향을 받은 50개 미국 대도시 지역: 큰 타격을 입은 산업들(항공우주 산업, 항공사, 방위업체, 여흥, 금융, 관광업, 여행업)의 2002년도 고용 감소.
출처: Johnson, J. H. Jr., 2003.

광업, 항공사 및 기타 여행업, 여흥에서 발생하였다고 추정된다. 로스앤젤레스와 시카고 또한 큰 피해를 보았는데, 그 도시들은 각각 30,000명 정도가 직업을 잃었다. 세계도시체계 밖에 위치한 관광 및 여흥의 중심지인 라스베이거스와 올랜도(Orlando)에서는 약 20,000명이 직장을 잃는 손실을 보았다.

그림 4.5가 보여주는 것처럼 경제 피해는 전 국가적 현상이었다. 그 예로 워싱턴에서는 약 2만 명이 직장을 잃었다. 미국의 다른 지역 중심지들, 샌프란시스코, 시애틀, 애틀랜타, 댈러스-포트워스, 휴스턴, 세인트루이스, 미니애폴리스(Minneapolis), 디트로이트, 보스턴, 필라델피아 또한 경제적 손실이 발생하였다. 경제적 손실은 다소 작은 대도시 지역인 솔트레이크시, 내쉬빌, 루이빌, 샬롯(Charlotte)에서도 나타났다. 어떤 장소도 경제적 타격에서 벗어나지 못했다. 그렇지만 그 세계적인 세 도시가 가장 큰 영향을 받았다. 그 이유는 세 도시 가운데 특히 뉴욕과 로스앤젤레스는 관광, 여흥, 항공사업이 집중된 주요 장소이기 때문이었다.

정보통신, 상호연결성, 세계도시

이 절에서는 전기통신(telecommunications, 전자통신)이 세계 경제에 어떤 역할을 하는가, 좀 더 구체적으로는 세계 도시체계에 미친 영향과 더불어 경제적·사회적 활동의 분산 혹은 집중에 기여하였는가를 알아본다. 국가 및 세계적 스케일과 상이한 통신 기술과 관련하여 통신 하부구조의 매우 중요한 역할이 논의된다. 궁극적으로는 전자통신은 전혀 예상하지 못한 분절된 도시 지리를 형성하며, 세계도시 경제와 도시 사회에 아주 중요하다.

우리는 아직 정보 시대의 초기 단계에 있다. 광범위한 컴퓨터의 상업적 용도 및 개인적 활용은 1990년대 초 비교적 최근에 시작되었다. 2011년 인터넷 접속은 미국 인구의 70%가 되지 않았고(미국에서 인터넷의 확대는 2012년에 상당히 높은 81%였다고 국제전자통신 연맹은 추정하였다), 48% 이상은 인터넷에 접속하기 위해 스마트폰을 이용했다고 미국 인구센서스는 보고하였다. 그 결과 인터넷은 우리의 근무 시간과 돈, 여가를 어떻게 사용할 것인가에 놀라운 변화를 가져왔고, 더 많은 변화가 또한 앞으로 일어나게 될 것이다. 무선통신과 스마트폰은 흔한 것으로 여겨지고, 인터넷과 클라우드 컴퓨팅을 어디서나 할 수 있게 되어 감에 따라 다양한 형태의 전자상거래가 급격히 진행되고 있다. 아울러 일부 사람들은 재택 근무(텔레커뮤팅)가 가능해졌다. 현재 인터넷을 사용하는 미국인의 70% 이상은 온라인 기술이 그들이 정보를 취득하는 가장 중요한 근거이고, 텔레비전과 신문을 포함한 모든 미디어보다 더 높게 평가한다.

분산 또는 집중?

인터넷의 출현은 '지리의 종말'을 가져올 것이라고 많은 사람은 주장하였다. 다른 말로 월스트리트에 있든 태국의 잘 알려져 있지 않은 농촌 마을에 있든 물리적으로 어디에 있느냐는 인터넷 접속에는 별 차이가 없다. 그 결과 정보 기반의 활동은 점차 세계 전역으로 분산되고 있다. 이처럼 '거리가 별로 중요하지 않다'라는 개념은 사실인가? 그에 대한 답으로 그 점은 일부 소규모 스케일의 기능에서는 사실이지만 이 장의 앞에서 언급된 것처럼 세계적 기업 자본주의에서는 그렇지 않다.

전기통신은 분산된 입지에서 어떤 활동이 이행될 수 있도록 한다. 예를 들면 현장의 기자는 멀리 떨어진 도시에 위치한 신문사 편집국에 기사를 전송할 수 있다. 분산의 또 다른 예로는 표준화된 일상적인 자료와 서류를 처리하는 사무 기능으로 정의되는 **백오피스(back-office, 후선업무)** 활동이 있다. 이러한 전형적인 단순 사무직의 피고용인은 종종 단조로운 환경에서 저임금으로 일한다. 백오피스 기능은 거의 모든 곳, 소도시 및 농촌 지역, 뒷골목, 소규모 쇼핑센터, 심지어 편의점 2층에서도 정보통신에 의해 수행될 수 있다. 문화적 모방의 경지에 도달한 인도의 콜센터는 세계적으로 알려진 백오피스 업무의 상징과 같다. 미국 기업은 상대적으로 저임금이지만 교육 수준이 높은 인도 근로자를 임금 차이 때문만이 아니라 미국 근로자들의 높은 이직률 문제를 완화하기 위해서 활용한다.

분산된 활동과는 대조적으로 많은 직업과 업무는 정보통신에 의해서 점점 더 집중된다. '거리의 소멸' 논쟁이나 인터넷 통신이 경제 활동의 분산 또는 집중을 가져오느냐 하는 의문에 대해서 사센(Sassen, 2004, p. 196)은 다음과 언급하고 있다.

새로운 정보통신 기술은 시스템 통합을 잃지 않고도 경제 활동의 지리적 분산을 확실히 촉진시켰지만 그 기술은 기업 및 시장에 대한 중앙 조정과 통제의 중요성을 강화하는 효과도 있었다…. 널리 분산된 지점과 제휴관계의 네트워크를 가지고 많은 시장에서 활동하는 기업은 그 기업이 어떤 분야든 훨씬 복합적인 중심기능을 수행한다…. 정보통신의 이점을 최대화할 수 있고 세계적인 활동을 위한 새로운 여건을 충분히 활용할 수 있는 최신의 자원들이 주요 중심지에 상당히 집중되어 있다.

프론트 오피스 직종은 법률 및 금융 서비스, 마케팅, 영업, 광고, 엔지니어링 및 건축 활동, 경영 및 홍보 활동과 같은 분야로서 높은 기술, 전문적이며 교육

을 많이 받은 고임금의 전문가들을 필요로 한다. 프론트 오피스(front-office, 경영일선) 활동에는 다양한 입지에서 수집된 데이터와 정보를 관리할 수 있는 전문적이며 기술적인 지식을 갖춘 사람들을 결합시키는 대면 의사소통과 고위급 의사결정이 포함된다. 이러한 활동은 세계도시체계의 상위에 위치한 규모가 가장 큰 대도시에 집중하고, 종종 대도시의 도심과 에지 시티(edge city)라고도 하는 새로운 교외 업무지구에 집중된다(7장 참조). 국제 항공 연계는 다국적 기업의 핵심 의사결정의 한 부분이 되는 대면 의사소통을 위해 세계 각지로부터 사람들을 결합하는 데 매우 중요하다. 프론트 오피스 활동은 눈에 잘 띄고 좋은 위치의 뛰어난 입지를 모색하고, 이러한 오피스를 차지하는 기업은 기꺼이 높은 임대료 또는 지가를 지불하려고 한다. 따라서 프론트 오피스는 맨해튼에서는 브로드웨이, 5번가, 또는 월스트리트, 애틀랜타에서는 피치트리(Peach tree), 시카고에서는 노스 미시간 에브뉴(North Michigan Avenue), 샌프란시스코에서는 마켓 스트리트(Market Street)에 입지하려고 한다. 잘 알려진 입지는 홍보비용의 한 부분을 차지한다(그림 4.6).

그림 4.6 세계의 금융 중심지인 맨해튼의 월스트리트(Wall Street).

인터넷 연결성과 인터넷 중추

통신 기술이 발전하면서 지식 기반 정보는 세계의 극

Courtesy of Dr. James O. Wheeler

그림 4.7 뉴욕 시의 이스트 강(East River)에서 본 유엔빌딩의 전경. 사진의 중심에 있는 고층의 빛나는 건물이다. 이 빌딩은 세계의 많은 지역 센터뿐 아니라 주요 도시 및 국가와 긴밀한 통신으로 잘 연결되어 있다.

히 일부 장소에 집중된 것으로 보인다. 마찬가지로 미국에서도 특허권 및 가치가 있는 기술 선진 정보를 가장 많이 창출하고 수용하는 지역은 큰 대도시이다. 3대 세계도시인 뉴욕, 런던, 도쿄의 금융기관, 주식 시장, 다국적 기업들은 광섬유와 위성에 의한 전자통신으로 밀접히 연결되어 있다. "국제 투자와 무역의 성장, 그리고 그러한 분야의 재정 지원과 서비스를 제공할 필요성이 주요 도시에서 이러한 기능의 성장을 가져왔다"(Sassen, 2006, p. 32). 그 외에도 뉴욕의 유엔 건물과 같은 국제 장소는 지역 중심지는 물론이고 세계의 모든 주요 도시 및 국가와 연결되어 있다(그림 4.7).

세계에서 가장 큰 도시에 거대 기업이 매우 많이 모여 있으며, 필요한 생산자 서비스와는 광섬유 네트워크에 의해서 밀접히 결합되어 있다. 도시에 거대한 자본주의 기업이 집중하고 있기 때문에 비싼 광섬유 케이블을 그 기업들은 공유할 수 있고, 또한 대면 의사소통이 쉽게 이루어질 수도 있다. 주요 정보통신 센터를 조성하고 유지하는 데 필요한 엄청난 비용의 하부구조 투자는 북미 또는 세계 전역의 일부 도시만이 이러한 커뮤니케이션 기능을 수행할 수 있다는 것을 의미한다. 예를 들면 맨해튼에 기업들이 집중되어

그 기업들은 지역 내 지원 생산 서비스 기업과의 결합을 유지하면서 정확한 세계 정보에 접근할 수 있게 된다.

어느 세계도시가 인터넷 중추 용량을 통해 가장 잘 연결되는가? 그림 4.8은 인터넷 연결의 지역적 패턴을 보여준다. 가장 큰 흐름은 북미와 유럽의 지역 흐름이며 그다음은 북미와 라틴아메리카, 그리고 아시아와 연결이다. 유럽은 북미에 비해 인터넷 용량이 2배 이상이지만 그 용량의 일부만이 유럽 외에 사용된다(유럽이 가진 인터넷 용량의 77%는 유럽 내에서 사용되며, 미국과 캐나다는 15%만이 지역 내에 사용된다). 도시 간 인터넷 연결을 살펴볼 때 중요한 점은 인터넷은 허브와 스포크 체계로 구성되어 있다는 것을 주목할 수 있다(TeleGeography, 2012). 그림 4.9에 2011년 당시 가장 큰 용량을 가진 인터넷과 연결된 10개 도시가 나타난다. 런던은 총 인터넷 용량이 초당 11테라비트(terabits) 이상을 보여주는 제1위 도시이다. 그 외의 주요 인터넷 허브 도시는 프랑크푸르트, 파리, 암스테르담, 뉴욕이다. 이들 5개 상위 허브 도시는 2003년의 상위 10개 도시 리스트에 있었다. 나머지 인터넷 허브 도시로 마이애미, 스톡홀름, 로스앤젤레스, 밀라노, 마드리드인데, 이들 도시는 브뤼셀,

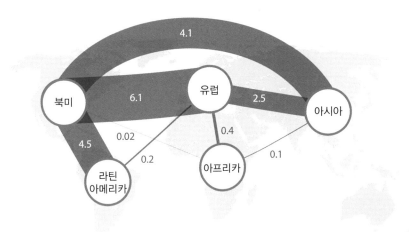

2011년 인터넷 대역폭(단위: Terabits/초)					
	북미	라틴아메리카	유럽	아프리카	아시아
지역 간	14.7	4.7	9.2	0.52	6.7
지역 내	2.1	0.7	31.5	0.01	2.9
총	16.8	5.4	40.7	0.53	9.6

그림 4.8 지역 간 인터넷 연결성, 2011년.

출처: "Global Internet Map 2012," TeleGeography (http://www.telegeography.com/telecom-resources/map-gallery/global-internet-map-2012/index.html) 자료를 토대로 작성.

2011년 총 인터넷 용량에 근거한 세계 인터넷 허브 도시

그림 4.9 2011년 총 인터넷 용량에 근거한 세계의 인터넷 허브 도시. 원의 크기는 총 인터넷 용량에 비례한다.

출처: "Global Internet Map 2012, Interactive Version" TeleGeography (http://global-internet-map-2012.telegeography.com) 자료를 토대로 작성.

표 4.10 2011년 용량으로 본 세계 인터넷 허브 도시의 상위 인터넷 노선

세계 허브 도시	각 허브 도시의 상위 3개 인터넷 노선
(1) London	1. Amsterdam
	2. Paris
	3. New York
(2) Frankfurt	1. Paris
	2. Amsterdam
	3. London
(3) Paris	1. Frankfurt
	2. London
	3. Madrid
(4) Amsterdam	1. London
	2. Frankfurt
	3. Paris
(5) New York	1. Washington, D.C.
	2. London
	3. Chicago
(6) Miami	1. Atlanta
	2. São Paulo
	3. Washington, D.C.
(7) Stockholm	1. Copenhagen
	2. Helsinki
	3. Hamburg
(8) Los Angeles	1. San Francisco
	2. Dallas
	3. Washington, D.C.
(9) Milan	1. Frankfurt
	2. Paris
	3. New York
(10) Madrid	1. Paris
	2. London
	3. Milan

출처: "Global Internet Map 2012," TeleGeography [http://www.telegeography.com/assets/website/images/maps/globalinternet-map-2012].

제네바, 토론토, 몬트리올, 워싱턴을 대체하여 그 리스트에 올랐다.

중요한 점은 도쿄의 은행 및 금융, 그리고 다른 세계적 지표에서 세계도시의 지위에도 불구하고 도쿄는 리스트에 오르지 못했다는 것이다. 지난 15년 동안

가장 많은 인터넷 용량은 뉴욕과 런던 사이의 노선이었고, 그다음으로 런던과 파리 간의 노선이었다. 하지만 인터넷의 위상은 최상위 10개 인터넷 허브 도시의 2011년 기준 각각 인터넷 상위 3개 노선이 나타나는 표 4.10에서와 같이 변했다. 런던-암스테르담 노선은 2009년 뉴욕-런던 노선을 능가했고, 그 노선은 2011년 프랑크푸르트-파리 노선에 뒤졌다(TeleGeography 2012). 2000년대 초기 이후 변하지 않은 것은 세계 인터넷 용량에서 유럽의 우위이다. TeleGeography(2012)는 세계 상위 50개 인터넷의 대다수는 유럽 도시를 연결한다고 보고한다. 그 리스트에서 마이애미가 나타나는 것은 라틴아메리카에 대한 관문으로서의 그 역할이 증가하는 것을 보여주고 있으며, 그 체계의 위상은 계속적으로 역동적일 것이라는 점을 시사한다.

광섬유 및 위성

와프(B. Walf, 2006, p. 1)가 지적한 것처럼 대서양과 태평양을 넘나드는 연결에는 "국제 정보통신 교류는 전적으로 전송의 2방식, 즉 위성과 광섬유에 달려 있다." 다양하고 복잡한 전문 활동을 수행하는 세계적 기업은 정교한 통신체계에 전적으로 의존한다. 수십 개의 위성 회사들이 매스미디어 통신을 확고히 장악하고 있다. 주요 기업, 특히 금융 회사는 보다 안정되고 많은 양의 데이터를 빠르게 전송할 용량 때문에 1,000개 정도의 광섬유 회사를 더 선호한다. 많은 기업과 기관들은 위성과 광섬유를 같이 활용한다.

지리적으로 위성 전송 비용은 거리와는 별 관계가 없기 때문에 위성은 멀리 떨어진 농촌 지역에 더 적합한 역할을 할 수 있지만 광섬유 비용은 광섬유의 길이와 관련된다. 대조적으로 광섬유는 복수의 고객이 규모의 경제 또는 비용절감을 위해 집중된 대도시 지역에 훨씬 적합하다. 금융기관을 포함한 대기업이 집중

된 뉴욕과 런던은 광섬유 연결이 세계에서 가장 밀집되어 있다.

광섬유 회사는 대서양 및 태평양을 넘나드는 시장에 대해서 지난 10년 동안 위성 전송 대신 성장하였다. 거의 모든 음성 통신은 현재 광섬유를 통해서 전달된다. 가장 큰 세계도시에서 많은 사용자가 집중함으로써 광섬유에 대한 경쟁의 균형이 근본적으로 변화되었다. 최근 대서양과 태평양을 넘나드는 세계적 광섬유 네트워크가 성장하여 대도시 고객의 필요에 맞추어 갔다(Warf, 2006). 글상자 4.3에서 음성통신에 의한 지리적 패턴은 비슷하지만 중요한 차이점이 있는 인터넷 통신에 의한 지리적 패턴을 비교한다.

광섬유 및 위성 외에도 또 다른 주요 전자통신 혁명의 주요 핵심 부분은 이동식 통신, 즉 스마트폰과 무선 태블릿의 엄청난 성장이었다. 이러한 성장은 최근 비용이 하락하고 업체 간 경쟁이 증가하면서 특히 두드러지게 되었다. 세계 전체에서 2000년에는 6억 명이었지만 2013년 65억 명 이상이 이동통신에 가입하였다. 세계 인구가 2013년에 70억이었다는 것을 감안하면 대단한 숫자라 할 수 있다. 미국 및 다른 경제적 선진 국가에서는 가입자가 인구보다 더 많아 많은 사람의 복수 가입을 보여준다. 선진국이 아닌 개발도상국이 이동통신 가입의 76% 이상을 차지한다(그림 4.10). 지상 전화선이 별로 없는 아프리카는 이동통신이 가장 빠르게 성장하고 있는 지역이다. 아프리카에서는 2000년에 1,200만 명만이 가입했지만, 2006년에는 1억 5,200만, 2013년에는 5억 4,500만이 가입하였다.

정보통신과 도시경제

시간과 공간을 극복하기 위한 필요성이 현대 자본주의의 중심에 있다. 과거 시공의 초월은 보다 나은 교통 기술, 즉 더 빠르고 큰 제트 비행기, 더 나아진 자동차 성능, 더 큰 트럭, 더 넓고 개선된 주 간(interstates) 및 다른 고속도로에 의해서 이루어졌다. 오늘날 정보

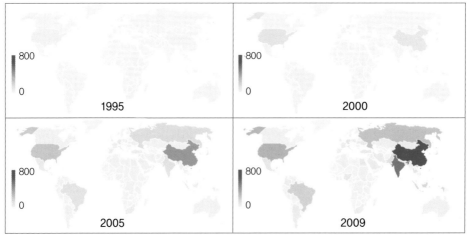

1995~2009년 휴대전화 사용
이용자 단위: 100만 명

그림 4.10 휴대전화 사용의 폭발적인 증가, 1995~2009년.
출처: Michael Hale [http://en.wikipedia.org/wiki/File:Mobile_phone_map_1980~2009.gif]. Data Source: http://reference. wolfram.com/mathematica/note/CountryDataSourceInformation.html을 수정.

글상자 4.3 ▶ 국제 인터넷 용량과 국제 전화 이용량   기술과 도시지리

세계 경제의 지리적 기능의 근본적인 이해는 세계 인터넷 용량과 다른 커뮤니케이션 형태와 비교함으로써 가능할 수 있다. 북미와 유럽 간의 인터넷 연결이 아시아나 라틴아메리카와의 연결보다 더 많다는 것을 그림 4.8이 보여주지만, 그림은 지역 내 연결에 대해서는 상세하지 않다. 그림 4.9와 표 4.10은 특정 도시에 대한 보다 자세한 부분을 제공한다. TeleGeography(www.telegeography.com)에서는 단순 지도에서 묘사하기가 쉽지 않은 상세하며 유용한 데이터를 제공한다. 미국은 유럽의 선진 국가(영국, 프랑스, 독일, 이탈리아)와 그 국가들의 주요 도시들과 인터넷 연결이 많다. 태평양 너머의 국가와 연결은 일본이 많지만 한국, 중국, 타이완과도 많다. 라틴아메리카의 개발도상국과 미국과의 연결은 미약하지만 브라질과 주로 연결되고 아프리카와의 연결은 여전히 상대적으로 미약하다.

국제전화 통화(그림 B4.2)는 인터넷 전송 용량의 패턴과 같지는 않지만 유사한 패턴을 보인다는 점이 흥미롭다. 예상한 대로 전화 통화량은 유럽과 캐나다의 경제적으로 발전한 국가의 주요 도시 중심지와 가장 많다. 국제 전화 교류는 대륙 간 4억 분 이상일 때만 표시된다. 전화 교류선의 폭은 2012년 각 국가 간 수백만 분 통화의 공공 전화망의 총 연간 통화에 비례한다. 미국과 아시아 국가 간 전화 연결은 인도와 중국이 가장 많다. 전화 연결은 영어 교육을 받은 젊은 여성이 제공하는 기업 전화 서비스 때문에 인도가 중국보다 더 많다. 미국과 아시아 국가의 연결에서 오스트레일리아, 인도네시아, 타이완, 일본, 한국과의 연결이 포함된다. 유럽에서는 영국이 미국과 관계에서 독일과 프랑스와 같이 전화연결 수에서 눈에 띈다. 전화 연결은 미국과의 멕시코 간에는 나타나지 않고 있다. 콜롬비아와 브라질이 잘 연결된 남미 국가로 나타난다. 다른 대륙 간 전화 연결은 터키와 독일 간의 흐름이 주목된다. 많은 전화 교류는 영국과 과거 식민지와의 연결 흐름이다.

인터넷 기반 커뮤니케이션이 여러 면으로 재래식 전화와 같은 오래된 커뮤니케이션 기술을 대체하고 있지만 국가 및 도시 간 인터넷 연결 패턴은 어떤 면에서 진정한 세계도시체계의 구조를 덜 반영하고 있다. TeleGeography(2012)가 주목한 바 인터넷 위상은 기술 또는 지정학적 이유 때문에 한 도시에서 다른 도시로 연결을 재조정할 수 있는 특정 운영자에 의해 조절된다. 따라서 세계도시체계를 잘 이해하기 위해서는 새로운 커뮤니이케이션 패턴과 전통적인 패턴 양쪽을 살펴보는 것이 유용하다고 할 수 있다.

그림 B4.2 국제 송신 전화통화를 보여주는 세계통신 케이블 지도.
출처: TeleGeography/ www.telegeography.com.

통화량

10,000 5,000 1,000

단위: 100만 분

각 밴드는 해당 국가 간 양방향의 공공 전화망의 연간 총 통화량에 비례한다.

통신은 현대 세계 자본주의의 지리적·경제적 기능의 수행에 필수적이다. 이동성과 거의 즉각적인 정보통신은 기업의 힘과 통제, 과학 및 엔지니어링 담론, 자본주의 경제에 대한 정부차원의 합법화에 그 바탕이 된다. 세계 자본주의 이념은 모든 도시가 기능적으로 한 입지에 모일 수 있는 '공간 없는 세계(spaceless world)'를 창출하는 것이다. 다시 표현하면 국가와 세계적 도시를 넘나드는 관계는 세계의 거대 대도시를 지향하여 그 지방의 도시-배후지 지역 관계를 초월하였다. 이처럼 도시 간 연결성은 금융 시장 간 자본의 흐름에서 가장 잘 나타난다.

금융 시장

뉴욕, 런던, 도쿄의 3대 세계도시가 세계 금융 시장을 지배한다(Sassen, 1991). 뉴욕은 자본의 주요 수용 도시이고 런던은 국제 자본의 주요 가공 도시이며 도쿄는 자본의 주요 수출 도시이다. 이 세 도시가 24시간 세계 금융 시장의 핵심이 되고 있다. 이 도시들 간의 금융 거래와 더불어 시카고, 홍콩, 싱가포르로부터, 방콕, 마닐라, 이스탄불에 이르는 세계의 많은 도시에서 주식 시장 간 금융 거래는 발달된 정보통신 체제에 의해서 이루어진다. 이러한 네트워크 연결은 위성에도 의존하지만 광섬유 케이블에 점점 더 많이 의존하고 있다.

정보통신망에 의해서 세계 전역의 금융 투자가들이 주식 가치와 환율의 작지만 주요 변동을 활용할 수 있게 되었다. 디지털 거래 체계로 인해 고객들은 거의 즉각적인 커뮤니케이션이 가능하게 되었다. 기금 투자가들은 최고의 이익이 발생하는 지역을 모색하고 금융 거래의 어떠한 지연을 겪지 않게 되었다. 멀리 떨어져 있는 도시들은 금융거래에서 지방 및 배후 지역 경제보다 상호 간 더 긴밀한 관계를 유지한다.

대부분의 금융 기관, 다른 데이터 집중 기업, 정부 및 기관들은 자연재해 또는 2001년 9월 11일에 발생한 사람에 의한 테러 공격에 대비하여 미국 내의 일부 지역에 백업 체계를 유지하고 있다. 예로 뉴욕 3번가 730에 그 본부가 있는 교원보험 및 연금 조합-대학 퇴직평등기금(TIAA-CREF)은 덴버와 샬롯에 백업 서비스와 데이터 센터를 두고 있어 9/11의 엄청난 재난에서도 물리적으로는 피해를 보지 않았다. 마찬가지로 사회 보장 및 군사적 데이터도 복수의 백업 장소에 의해 보호되고 있다. 세계 전역의 컴퓨터 인터넷에 내재된 복수 접근 때문에 인터넷은 9/11의 영향을 별로 받지 않았다.

오피스 경제

지난 몇 년간 인터넷 서비스 제공자(Internet Service Provider, ISP)는 주요 대도시에 광섬유 케이블을 빠르게 설치하였다. 광케이블을 가장 저렴하게 연결하는 방법은 기존의 전력선을 따라 덧붙이는 것이다. 그러한 케이블은 쉽게 차단되기도 하는데, 그 예로는 자동차가 전봇대에 부딪치거나 얼음 폭풍이나 눈이 전선을 끌어 내릴 때이다. 지하 케이블을 가설하는 비용은 복잡한 도심에서는 마일당 10만 달러 이상이고 교외지역에서는 마일당 25,000달러로 차이가 난다. 지하 케이블은 당연히 자연 혹은 인위적인 차단에 덜 취약하고 더 견고한 편이다.

광섬유 케이블은 대도시 도심과 교외지역에서 주로 환상(100P) 형태로 설치된다. 비용을 줄이기 위해서 광섬유 선은 기존의 철도, 전기, 천연가스 전용선을 따라 배치된다. 광섬유 케이블을 설치하는 이유는 두 가지이다. 하나는 보통 도심에 입지한 규모가 큰 기존 회사 및 기관(애틀랜타의 코카콜라, 샬롯의 와초비아은행, 또는 뉴욕의 시티뱅크)에 인터넷 서비스를 연결시키기 위한 것이다. 이것이 그러한 기관에 인터넷이 연결되는 방식이다.

대도시 지역에 광섬유를 설치하는 두 번째 이유, 즉 광섬유의 설치가 주로 교외지역에서 이루어지는 이유는, 교외지역으로 새로운 기업이나 이전 기업을 유치하기 위한 것이다. 광섬유를 이용하는 고비용에도 불구하고 지식 기반 회사와 기관은 이러한 서비스가 그들의 업무에 필수적이라는 것을 알고 있다.

도심 입지가 정보통신에 유리한 점은 노화 건물이 상당히 많고, 그 건물들은 점점 원래 용도에 부적합하지만 공간이 넓다는 점, 광섬유 전용선을 위한 철도라인의 근접성, 고층이 많은 용량을 수용할 수 있어서 인터넷 설치에는 아주 적절하다는 것이다. 그 건물들은 도심의 광섬유 루프 가까이에 입지해 있고, 또한 그 건물은 기업과 기관에 복수의 메시지를 동시에 처리하고 빠른 높은 음량의 데이터 전송이 가능한 광대역 초고속망(비즈니스 용어로 'fat pipe')을 제공할 수 있다. 어떤 전문가들은 인터넷을 도로 계층에 비유하면서 초고속망을 많은 자동차(메시지)를 빠르게 한꺼번에 이동시킬 수 있는 고속도로와 같다고 한다. 대조적으로 구리로 된 뒷길의 전화선은 약간의 통화량으로도 혼잡해질 수 있다. 따라서 도심은 큰 규모의 통신집약적 기업에게 가장 적합한 입지가 되고 있다. 왜냐하면 빌딩 인프라, 도심의 광섬유 루프, 광섬유 케이블을 설치할 수 있는 철도, 전기, 전화, 천연가스 전용선이 있기 때문이다.

정보통신과 도시사회

정보통신은 사람들이 어디에 살고, 일하고, 사회적 활동을 하고, 시장을 가는지에 영향을 줄 뿐만 아니라 가정, 사무실 및 직장, 교실, 금융 기관에서 일어나는 여러 종류의 활동에도 변화를 준다. 세계화의 현재 단계의 중심에 있지만 인터넷은 사회적 네트워크, 조부모와 손주 간의 관계, 여가 활동, 뉴스 리포트, 쇼핑, 데이트 서비스, 하물며 조직범죄에서도 그 중심이 되고 있다. 이러한 변화는 모든 규모의 도시와 지역에서 나타나고 있다는 것이 중요하다.

정보 도시에 관한 선도적 이론가인 카스텔(Manuel Castells, 2004, p. 83)은 다음과 같이 언급한다.

도시화는 새로운 유형의 대도시 지역에 비균형적으로 집중된 것이다. 즉 많은 도시적인 것들이 넓은 영토에 분산되고, 다핵 구조를 중심으로 기능적으로는 통합되고 사회적으로는 차이가 있다. 필자는 이러한 새로운 공간적 형태를 대도시 지역으로 칭한다. 발달된 통신시설, 인터넷, 빠르고 컴퓨터화된 교통 체계는 공간적인 집중과 분산이 같이 발생할 수 있게 하며, 세계 및 국가에서 대도시 지역 간 및 대도시 지역 내에서 네트워크와 도시의 통신수단에 관한 새로운 지리로 나아가도록 한다.

비록 점차 사람들은 이메일이 영구적인 기록을 남긴다는 것을 인식하는 가운데 민감한 커뮤니케이션 형태는 통화 커뮤니케이션에 의해 잘 이루어지더라도 이메일은 종종 불편한 전화 통화를 필요로 하지 않기 때문에 더 나은 효율성과 생산성의 증대가 직장에서 이루어진다. 그러나 이러한 직장에서도 2013년 미국 국가안전 요원의 스파이 활동에 대한 논란처럼 휴대전화 통화는 추적 관찰될 수 있다는 것을 보여준다. 물리적인 근접성이 요구되는 대면 커뮤니케이션이 세계화를 부르짖는 낙천주의가 생각하는 것보다 실제 더 필요하다.

우리가 살펴본 것처럼 국가 또는 세계 어디에서나

똑같이 매우 많은 정보의 결과 때문에 일부 학자들이 '도시의 종말'을 예측했지만 정보통신은 도시 활동을 집중 및 분산시킬 수 있다. 과거 도시계획과 정책의 접근 방식에서 도시는 용도지역 조례에 의해서 주거용, 상업용, 공업용 토지이용 등 구별되는 구역들로 구성되는 것으로 여겼다. 이러한 산업시대 관점은 정보통신 시대에는 낡은 것이 되었다. 공간이 없는 커뮤니케이션과 거리의 소멸로 나아갈 것이라는 예상과는 다르게 현대의 대도시는 다른 주요 도시와 연결된 컴퓨터의 집적지가 되면서 국가 및 세계 경제와 사회·문화적 결과를 통제하는 지점이 되었다.

인터넷은 정보, 사람, 돈, 상품, 여흥, 문화적 상징의 세계적 교류를 가능하게 한다. 정보통신 때문에 세계 전역의 도시가 가진 문화적·상징적 콘텐츠와 이미지가 크게 높아지면서 관광 산업이 발달하였다. 이 분야의 경제는 거의 전적으로 대도시 미국의 예로서 뉴욕, 로스앤젤레스, 시카고, 보스턴, 애틀랜타에 입지하고 있다. 텔레비전 뉴스센터(애틀랜타, 뉴욕, 워싱턴)와 같은 이미지 창출 산업과 영화 생산 및 음반 녹음(로스앤젤레스), 여성 의류산업(뉴욕, 파리, 로스앤젤레스)에서 위성과 광섬유 정보통신은 세계적 창조문화 경제를 유지하는 데 점점 더 필수적인 것이 되었다.

요약

일부 선도적인 도시가 영향을 주고 정보통신 기술에 의해 가능해진 세계화는 1970년대 이후에서야 국가 간의 국제관계를 대체하게 되었다. 예를 들면 국제 무역은 국가 간 상품 이동을 의미하지만 세계화는 국경의 전통적 역할을 배제하면서 거대 다국적 기업 간 자본, 정보, 상품, 서비스가 이동하는 것을 의미한다. 다국적 기업은 상대적으로 일부 세계도시에 집중되어 있다. 세계도시 계층은 시간이 지남에 따라 동아시아, 동남아시아 도시, 유럽 도시, 라틴아메리카 개발도상국 도시의 경제적 성장과 더불어 변화하였다. 미국의 다국적 기업은 세계 경제, 특히 석유 분야에서 지배적이었고, 일본 기업들은 자동차업계에서 선도적이었다. 나이 서른이 되지 않은 선진국 사람들은 점점 더 세계 개발도상국의 사람들과 연결되는 세계 경제에 사는 경험을 하고 있다. 그보다 나이가 많은 사람들만이 지방, 지역, 국가 기반의 세계와 정보화 시대에 의해서 다국적 기반의 세계적 단위로 그 세계의 급격한 변화를 기억한다.

우리는 정보통신이 도시에 영향을 미치는 초기 단계에 와있다. 그렇지만 세계도시와 거대도시가 새로이 도래하는 경제 및 사회 질서의 주요 결절 지점이 되면서 지리의 분열을 이미 주목하고 있다. 이처럼 규모가 큰 상호 연결된 도시들이 거대 다국적 기업에 의한 세계자본주의 체계를 결합시키면서 세계화의 기본 틀을 형성한다. 이러한 틀은 물리적으로 머리카락처럼 가는 유리섬유로 결합되어 있으며, 일부 섬유는 해양 바닥에 케이블로 놓여 있고 일부는 토양에 묻혀 있고 또 일부는 전화선으로 연결되어 있다. 이 장에서는 전자통신, 특히 인터넷이 어떻게 프론트 및 백오피스 활동에 의해 도시 지역과 국가 및 세계도시 간의 관계를 다시 만들어 가고 있는지를 살펴보았다.

제3부

도시의 경제 경관

제5장

도시 토지이용, 중심업무지구, 교외의 성장

1904년에 와서 전차는 매우 중요하고 널리 퍼져 "전차는 현대 생활에서 가장 큰 영향력을 가지게 되었다."고 Frank Sprague는 당연히 주장할 수 있었다.

—Kenneth T. Jackson, 1985, p. 115

이 장에서는 우리는 도시의 내부 측면을 살펴볼 것이다. 왜 도시들은 지금과 같은 외관을 가지게 되었고, 이러한 변화의 원동력은 무엇이었는가? 여기서 우리는 **도시 기능**(urban function)의 종류를 제시하고, 이러한 기능의 분포를 이해하는 수단을 제공하고자 한다. 다시 말하면 왜 특정한 기능은 도시 내의 특정 지역에 나타나는가를 이해하는 것이다.

이러한 도시 분포는 우선적으로 지가와 입찰지대의 개념을 통해서 살펴볼 수 있다. 알론소(William Alonso)의 저서 *Location and Land Use*(1964)에 의하면, 이 개념이 시장의 힘이 어떻게 지가를 결정하는가와 어떻게 토지가 이용되는가를 이해하는 한 방법이다. 도시 내부 교통의 변화는 지가의 논리뿐 아니라 기능의 입지, 도시의 밀도 분포도 변화시켰다. 다운타운의 쇠퇴는 재활성화를 위한 노력을 자극했으며, 그 결과 다양한 재생 전략이 시행되고 있다. 끝부분에서는 다핵심 도시들이 어떻게 교외를 변모시키고, 더욱 광범위한 교외 확장으로 이끌고 나갔는지 논의한다.

지가 문제는 전 세계 모든 도시에 적용되지만 이 장에서는 미국 도시에 강조점을 두고 있다. 미국 도시들은 두 가지 측면에서 유용하다. 첫째, 많은 미국 도시들은 텅 빈 황무지로부터 시작했다. 미국의 도시들은 긴 역사를 가지지 않았지만, 유럽과 아시아의 도시들은 역사적 요소에 의해 제약을 받고 있다. 그래서 미국의 도시들은 시장의 힘에 의해 확장될 기회가 더 많았다고 할 수 있다. 둘째, 토지이용 계획(land use planning)의 영향이 미국에서는 아주 적은 편이다(12장 참조). 이러한 사실은 여러 가지 부작용을 초래할 수 있지만, 반면 시장의 힘이 자유롭게 발휘되는 여건을 제공하기도 한다.

토지이용의 모형

도시 모형 또는 도시 지가에 대해 본격적으로 공부하기 전에 현대 도시에 대한 일반적인 이해가 필요하다. 이를 통해서 일종의 이상형을 파악할 수 있다. 여기서 우리가 관심을 가져야 할 몇 가지 기초 개념은 (1) **기능**(function): 도시에 나타나는 특징적인 토지이용의 종류, (2) **분포**(distribution): 이러한 토지이용이 위치한 곳, (3) **집약도**(intensity): 이러한 토지이용의 밀집 정도이다.

모든 경제 모형과 마찬가지로 도시 모형의 초기 내

용은 다소 비현실적으로 보일 것이다. 그러나 도시에서 발생하고 있는 사안들을 묘사하고 설명하는 것은 복잡한 일이라는 것을 명심해야 한다. 그러므로 가장 단순한 모형으로 시작해서 오늘날 우리가 아는 도시와 유사해질 때까지 그 모형을 정교하게 만드는 것이 최상이다.

도시 기능

현대 도시는 다양한 기능들로 구성되어 있다. 도시의 어떤 부분은 재화와 서비스의 교환(소매 기능)을 위한 곳이고, 어떤 부분은 사무실과 기업 본사(사무 기능)들을 위한 곳이며, 어떤 부분은 공장(공업 기능)들을 위해 사용되며, 또한 어떤 부분은 주택과 아파트(주거 기능)들을 위해 사용된다. 여기에 더해서 도시의 어떤 부분은 공용토지로서 도로, 쓰레기 매립지, 공원, 정부기관, 학교 등으로 사용된다. 이러한 공용토지는 현대 도시의 토지에서 큰 부분을 차지하고 있다. 부가적으로 도시에는 하천이나 호수면 아래에 있는 토지, 개발이 불가능한 토지(예: 산언덕), 또는 단순히 공지로 남아 있는 토지도 있다.

불행히도 미국 도시들의 토지이용 기능에 대한 연구실적은 많지가 않다. 우리가 찾아낼 수 있었던 마지막 자료는 1968년에 조사된 것으로, 미국의 100대 도시에 대한 평균치가 제시되었다(표 5.1).

이 표에서 상업 기능의 비율이 작은 것은 다소 오해를 일으킬 수 있다. 대도시에서 상업지역의 대지 면적은 광활하지 않을 수 있지만, 그 건물들은 엄청난 수직 공간을 차지하고 있다. 상업지역의 지가가 높을수록 높은 빌딩을 짓는 것이 더 이익을 남길 수 있다. 그러므로 전체 매장 면적의 비율을 고려한다면 상업 기능의 비율은 훨씬 높을 것이다. 또한 각 도시 기능은 밀도 수준이 여러 가지로 다르게 나타난다. 예를 들어

표 5.1 도시의 토지이용별 기능, 1968년 (단위: %)

토지이용 유형	인구 10만 이상 도시	인구 25만 이상 도시
사유지	**67.4**	**64.7**
주거용지	31.6	32.3
상업용지	4.1	4.4
공업용지	4.7	5.4
철도용지	1.7	2.4
미개발지	22.3	12.5
도로용지	**17.5**	**18.3**
공유지	**13.7**	**16.2**
공원	4.9	5.3
학교	2.3	1.8
공항	2.0	2.5
묘지	1.0	1.1
공공주택	0.5	0.4
기타	3.0	5.1

출처: Manvel, A. D., 1968.

주거지 개발은 고층 아파트 건물부터 넓게 퍼진 단독주택 단지까지 다양하게 나타난다.

1968년 이래 몇 가지 일반적 추세를 살펴보면, 주거용도의 토지 비율은 높아지는 반면 도로용 토지 비율은 감소하고 있다고 말할 수 있다. 이러한 추세는 전체적으로 밀도가 낮아지고 있기 때문이다. 밀집도가 높은 압축 도시(compact city)에서는 많은 도로를 개설할 것이지만, 저밀도의 교외 도시들은 넓게 퍼진 지역에 비교적 적은 수의 도로를 설치할 것이다. 집들은 더욱 더 교외로 퍼져나가기 때문에 주거용 토지 비율이 높아진 것이다. 그럼에도 불구하고 도로와 주차장이 점유하고 있는 면적 자체는 엄청나게 확대되어 왔다.

지가 모형

한 도시의 일정 구역을 차지하고 있는 다양한 기능을 파악할 수 있다면, 이런 기능의 토지이용이 어떻게 분포하는지도 그려볼 수도 있다. 우선 토지이용은 각 필

지의 상대 가격에 의해 대체로 결정된다. 즉 지가(land value)가 높은 토지는 지가가 낮은 토지와는 다른 목적으로 이용될 것이다. 이러한 지가는 토지이용의 집약도에도 영향을 미친다.

토지이용의 분포와 집약도 = f (지가 분포)

지가를 정의하는 한 방법은 **입찰지대**(bid rent)로, 이는 단위 면적의 토지가 기대할 수 있는 지대 수입액이다. 이 경우 입찰지대는 지가와 동의어가 된다. 입찰지대 또는 지가는 두 가지 기본 요소와 관련이 있다.

지가 (또는 입찰지대) = f (위치, 여건)

위치(site)는 입지의 물리적 속성과 관련이 있다. 위치는 특정 기능에 대한 지가 분포가 결정되는 데에 있어서 매우 중요한 요소이다. 공장들은 평지를 선호하는 반면, 대부분의 사람들은 언덕진 곳에 살기를 선호할 것이다.[1] 기본적인 조건이 동일하다면, 매력적인 위치(예를 들어 바다가 보이거나 공원 옆에 위치한 경우)는 더 높은 가격을 받을 수 있다. 여기서 **여건**(situation)은 도시의 다른 부분과 비교한 입지를 의미하며, 이것은 곧 **접근성**(access 또는 accessibility)이라는 말로 요약될 수 있다. 직장, 상점, 공장 등이 얼마나 접근하기 좋은가를 고려해 볼 때 그 접근성은 상점, 공장, 주민에게 각각 다른 의미로 다가올 것이다.

토지이용의 모형을 구축하기 위해서는 복잡한 요인들을 제거하는 것에서 시작하여 가능한 한 가장 단순한 사례를 이용할 필요가 있다. 그래서 원초적으로 다음과 같은 가정을 하게 된다.

1. 도시 내에는 가장 접근성이 높은 지점이 있다. 이러한 지점을 **최고지가 지점**(Prime Value Intersection,

---

1) 이것은 한국 사람의 전통적인 주거지 선호와 차이가 있다.

PVI)이라 하며, 이 지점은 주변의 다른 모든 지가가 결정되는 중심 지점이 된다.

2. PVI에 대한 접근성은 오직 거리에 기초하여 결정된다. 방향과 관계없이 PVI에서 동일한 거리에 떨어져 있는 사람들은 모두 동일한 접근성을 가진다. 간선 도로의 중요성은 나중에 고려할 것이다.

3. 모든 부지 요인은 일정하다. 즉 모든 토지는 물리적 속성에 있어서 동등하다는 것이다. 다시 말하면 오직 내부 여건 또는 접근성 요인만이 고려된다는 것이다.

4. 특정 토지를 특정 용도로 지정하는 용도지역제(zoning)나 다른 어떤 토지이용 계획도 시행되지 않는다.

이러한 가정에 의하면 입찰지대는 오직 토지의 고유한 가치에서 접근비용(access cost)을 뺀 것에 기초한다. 식으로 표현하면 다음과 같다.

입찰지대 = PVI의 지가 − 접근비용

여기서

접근비용 = 거리 × 특정 기능의 단위 거리당 이동 비용

어떤 기능은 PVI에 근접하여 접근도를 높이는 것에 대해 큰 이해관계를 가지고 있다. 예를 들어 기업 사무실과 금융기관 본사들은 PVI에 근접할 필요가 있다. 그런 기능은 대면접촉, 즉석미팅, 신속한 신용대출 등에 의존한다. 전문 소매업체들은 도보 또는 차량 통행과 전체 상권에 대한 편리한 위치가 중요하기 때문에 높은 접근성이 요구된다. 공장들도 역시 PVI에 근접할 필요가 있지만 필수적이지는 않다. 역시 PVI에 근접할 필요가 있다. 사실 공장들은 다른 도시에 쉽게 접근하고 원료산지까지 좋은 교통 여건을 가지

표 5.2 기능별 지가와 접근비용

	PVI 지가	마일당 접근비용
사무 기능	$2000	$1000
소매 기능	$1500	$500
공업 기능	$1000	$250
주거 기능	$500	$75

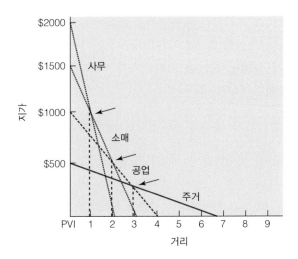

그림 5.1 기능별 지가 변화의 그래프.

는 데 더 관심이 있다. 접근성은 다른 공장이나 상점 뿐 아니라 철도 같은 운송시설에 근접한다는 관점에서 유용하다. 거주지는 상황에 따라 다르겠지만 도심에 근접하는 것에 대한 이해관계가 아마도 가장 적을 것이다. 어떤 주민들은 직장, 상점, 기타 기능에 근접하는 것을 좋아할 것이지만, 다른 주민들은 과밀한 도시활동의 소음으로부터 멀리 떨어져 있는 것을 좋아할 수도 있다.

이러한 접근성이 어떻게 작용하는지는 위의 등식을 사용해서 살펴볼 수 있다. PVI의 바로 옆에 한 필지의 땅이 있다고 가정해 보자. 그러나 표 5.2에 나타난 것처럼 도시 기능이 다르면 단위 거리당 접근비용도 차이가 난다. 그래서 기능별 접근비용은 PVI에서의 거리에 따라 달라질 것이다(표 5.3).

그림 5.1은 이 표에 따라 그려진 그래프이다. 이 그래프는 각 기능별 입찰지대의 변화를 보여준다. 만약 어떤 간섭 요인도 없다면 토지는 최고 입찰자에게 팔릴 것이다. 이것은 '최고가의 최적 이용(highest and best use)', 즉 가장 이윤이 높고 동시에 가능한 토지이용이라는 부동산의 원리로 설명할 수 있다.

단위 토지의 가격은 PVI로부터의 거리와 사용되는 기능에 따라 달라지기 때문에, 결국 토지는 도심에서 얼마나 떨어져있는가에 따라 용도가 달라질 것이다. 그림 5.1에서 보면 PVI에서 1마일(mile)[2]까지의 토지는 사무용으로 이용될 것이다. 1~2마일의 토지는 소매용, 약 2~3 마일의 토지는 공업용으로 이용될 것이다. 그리고 약 3~6.7마일의 토지는 주거용으로 이용될 것이다. 약 6.7마일 이상의 거리에서는 효율적이며 도시적인 토지이용은 끝이 난다. 이 그래프를 PVI를 둘러싸는 평면 구역으로 변환하여, 각 구역에 우세한 토지이용을 명시할 수 있다(그림 5.2).

PVI로부터의 각 거리에 대한 최고로 좋은 토지이용은 각 단위 토지의 가격에 대한 기초를 제공한다. 지가 곡선의 실제 모양은 다른 기능이 점유하면서 바깥쪽으로 뻗어나간다. PVI 바로 옆의 지가는 매우 급속히 하락한다. PVI에서 두 블록 떨어진 주차공간은 PVI에 위치한 주차공간의 비용에 비해서 반값으로 떨어질 수 있다. 미국 미니애폴리스(Minneapolis)와 세

표 5.3 거리에 따른 지가 변화

	PVI	1마일	2마일	3마일	4마일	7마일
사무 기능	$2000	$1000	$0			
소매 기능	$1500	$1000	$500	$0		
공업 기능	$1000	$750	$500	$250	$0	
주거 기능	$500	$425	$350	$275	$200	0

2) 1mile = 1,609m = 약 1.6km

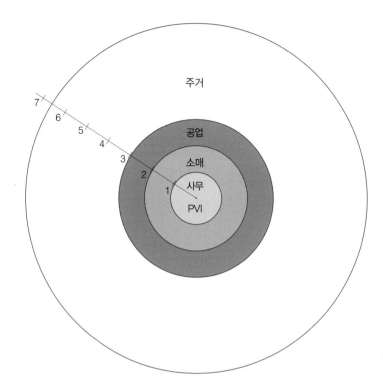

그림 5.2 그림 5.1의 지가 그래프에 근거하여 가상의 토지이용 구역을 나타낸 지도.

인트폴(St. Paul) 주변의 지가분포를 보여주는 지도는 이런 개념을 잘 나타낸다(그림 5.3).

이러한 지가분포는 또한 토지이용의 **집약도**(intensity)와 관련이 있다. PVI 인근의 지가가 높은 것은 그곳의 토지를 더 집약적으로 이용하고 고층 건물을 짓는 것이 더 경제적이라는 것을 뜻한다. 지가가 한 에이커당 수백만 달러가 되면 50층 빌딩을 짓는 것이 가능해진다. 뉴욕의 연방준비은행(Federal Reserve Bank)은 엠파이어스테이트 빌딩(Empire State Building) 인근의 지가가 2006년의 경우 1에이커(acre)[3]당 9,000만 달러에 이른다고 하였다. 지가가 이렇게 비싼 곳에 저층빌딩을 지을 사람은 아무도 없을 것이다. 도시의 외곽으로 나가면 고층빌딩은 건설비용만큼의 가치는 없게 되고, 저층빌딩이나 단독주택

이 더욱 더 실용적일 것이다. 즉 높은 지가가 집약적인 이용을 부추기는 것이다. 그래서 지가가 높은 지역에서의 사무 기능은 마천루 건물에 들어서게 된다. 마찬가지로 값 비싼 주거지가 고층빌딩에 들어서기도 한다. 아무리 부자라 할지라도 어떤 대도시의 다운타운 한가운데 단독주택을 짓고 들어설 수는 없을 것이다.

사실 앞에서 언급한 기본 가정들의 상당 부분은 비현실적이며, 지가를 결정하는 요인은 PVI까지의 단순 거리 외에 여러 가지가 있다. 어떤 토지는 교통 여건이 좋아서 접근성이 높을 수 있다. 또한 부지 측면을 고려하는 것이 더 중요할 수도 있다. 공장들은 어떤 위치에 설치되더라도 평평하고 마른 땅 위에 입지해야 할 것이다. 고층빌딩들은 단단한 기초를 세울 수 있는 지질 구조가 필요하다. 주거지는 부지의 영향을 특히 많이 받는다. 즉 사람들은 평지보다 언덕진 지형이나 수변 지역을 주택지로 선호할 것이다. 부동산 중

---

3) 1acre = 4,046.71m² = 약 1,224평

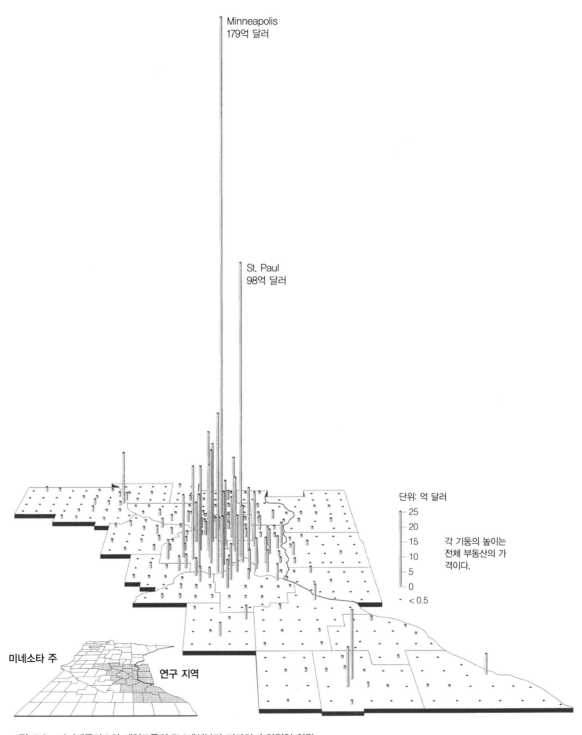

그림 5.3 미니애폴리스와 세인트폴의 PVI에서부터 지가의 순차적인 하락.

개인들이 말하는 것처럼 어떤 동네는 다른 곳보다 더 인기가 있으며, 이것이 주택 가격을 상승시킨다. 여기서 **외부효과**(externalities)가 중요한 문제가 되는데, 이는 토지, 특히 주거용지의 가격과 선호도는 무엇이 인접해 있는가에 영향을 받는다는 사실을 말한다. 용도지역제(zoning)에 대해서는 12장에서 다룰 것이지만, 그 개념은 유사한 용도는 모이게 하고 다른 용도는 배제함으로써 부정적인 외부효과를 저감하는 수단이라고 이해하면 된다.

중심업무지구(CBD)

도시에서 가장 눈에 띄는 특징은 **중심업무지구**(Central Business District, CBD)이다. 비록 대도시에서는 CBD가 다운타운(downtown)뿐만 아니라 업타운(uptown)을 포함할 수 있고, 또 그 전체 범위가 10여 km²까지 뻗어나갈 수도 있지만, 여러 관점에서 CBD는 다운타운보다 더 정확한 용어이다. 많은 미국 도시에서 CBD는 이전만큼 중요하지 않게 되었지만, 2차 세계대전까지만 해도 CBD는 모든 미국 도시에서 유일하고 가장 중요한 장소였다. 지금도 여전히 CBD는 중요한 역할을 수행하고 있으며, 어떤 사람은 CBD가 다시 의미 있는 수준으로 돌아오고 있다고 주장한다.

중심성(centrality)[4]은 도시 내 CBD의 위치와 CBD가 보유하는 기능의 종류에 절대적 영향을 미친다. CBD가 유리한 점은 바로 그 중심성에 있다. 많은 CBD들은 외부로 연결되는 교통망의 주요 결절지점에서 발달하였다. 예를 들어 화물이 한 교통수단에서 다른 교통수단으로 옮겨지는 **환적지**(break-of-bulk point)에서 많은 CBD들이 출현했다. 이 지점은 공장

을 세우기에 좋은 장소가 될 수 있다. 다른 유형의 교통 중심지는 사람들이 환승을 위해 모이는 곳으로서 역시 경제활동에 유리한 곳이다. 3장에서 언급한 운하의 경우, 갑문이 있는 곳은 배가 오르고 내리는 동안 승객과 짐꾼들이 기다리면서 이용할 수 있는 선술집과 유흥시설을 세우기 좋은 위치이다. 교차로는 2개 이상의 도로에서 접근할 수 있기 때문에 업소들이 들어서기 좋은 곳이 된다. 이외에도 주요 광산이나 관광지 또는 시장 주변에서 출발하여 나중에 CBD로 발달한 곳도 많이 있다.

CBD는 일차적으로 높은 지가, 집약적 토지이용, 높은 접근성에 기초하여 도시 내에서 다양한 역할을 수행한다. CBD의 역할과 특징은 다음과 같다.

1. **중심 시장**: 이는 특화된 전문 상점, 대형 백화점의 본점, 대형 은행, 중개 사무소 등을 뜻한다. 또한 극장, 음악당, 박물관, 체육관 등 주요 위락 및 문화 서비스도 CBD에 입지하는 경우가 많다.
2. **교통 결절지**: CBD는 모든 교통로(넓은 땅이 필요한 공항은 제외)에 대한 결절지 역할을 수행한다. 대도시의 CBD는 여전히 철도역과 시외버스 정류장을 보유하고 있으며, 또한 자동차, 지하철, 경전철 등의 시내 교통에서도 핵심지가 되고 있다. 항구 도시들의 CBD는 보통 부둣가 주변에서 발달한다.
3. **행정 중심지**: 대중과 많은 상호작용이 있는 정부 관청은 대개 CBD에 위치하게 된다.
4. **고급 생산자 서비스와 관리 기능의 입지**: 광고나 법률 서비스 같은 고급 생산자 서비스와 기업 본사 같은 관리 통제 센터는 CBD에 입지한다. 미국 휴스턴(Houston)처럼 외곽으로 퍼져나가는 도시들도 다운타운에는 여전히 주요 기업들의 본사가 위치한 고층빌딩들이 들어서 있다.

---

4) 중심성이란 중심지 이론에서 제시된 용어로서 중심지(도시)가 배후지에 제공하는 중심기능의 크기를 뜻한다. 중심성은 대체로 그 도시의 인구규모와 비례한다.

5. CBD에서는 전반적으로 높은 지가와 집약적 토지 이용을 볼 수 있다. 그러므로 고도제한이 적용되지 않는다면 더욱 높은 고층빌딩들이 들어설 것이다.

6. 높은 밀도는 사람들을 더 걷게 만들기 때문에 CBD에서는 수많은 보행자들의 통행을 볼 수 있다.

7. 특히 중요한 것은 CBD가 전통적으로 주거 기능이 거의 없는 구역이라는 것이다. 사람들은 CBD에 일이나 쇼핑을 위해 가는 것이지 살기 위해 가는 것은 아니다.

비록 최근에는 변화가 나타나고 있지만, 그림 5.2의 단순 모형에서 볼 수 있듯이 일반적으로 도시의 중심부는 주거 기능이 결여되어 있다. 그러나 주거 기능

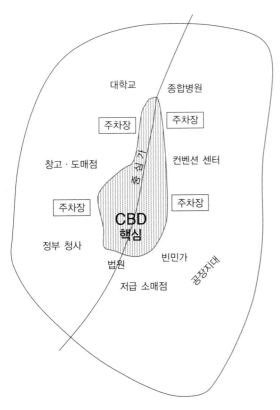

그림 5.4 CBD 핵심(core)과 그 주변의 프레임(frame)에 위치한 기능들.

을 포함한 다른 기능들이 바로 전통적인 CBD의 외곽에 나타나기도 한다. 상대적으로 덜 집약적인 토지이용이 일어나는 이 지역을 지리학자들은 **CBD 프레임**(CBD frame)이라고 부른다. 대도시의 CBD 인근에서는 쾌적한 수변이나 공원 주변에 주거용 고층건물이 들어서기도 한다. 뉴욕에는 센트럴파크(Central Park)의 세 면을 둘러싸면서 고급 아파트들이 줄지어 있으며, 시카고에는 미시간 호(Lake Michigan) 주변에 고급 고층아파트들이 들어서 있다. 어떤 종류의 중심성이 필요하면서도 중심부에 위치할 경제적 여건이 안 되는 다른 기능들 역시 CBD 프레임에 입지할 수 있다. 이러한 기능에는 공장, 창고, 대형 가구점 같은 소매업, 종합병원과 대학교 같은 기관이 포함된다. 어떤 CBD 프레임에는 빈민가(skid row), 홍등가, 철도변 등이 위치하여 불쾌성(disamenity)을 내포하기도 한다. 또한 이 지역에 공공 임대주택(public housing)이 자리 잡기도 한다(8장 참조).

주거용 토지이용

CBD 프레임을 벗어나면 집약도가 감소하면서 주거용 동심원 구역이 나타난다. 이는 아파트로 시작하여 연립주택(rowhouse), 두 세대용 연립주택(duplex), 마지막으로 단독주택이 나타난다. 위에서 언급한 것처럼 집약적인 주거 빌딩 중에는 부유한 고객을 위한 것이 있기도 하지만, 미국 도시에서 일반적으로 가난한 주민들은 도심부(inner city)에 거주하는 경향이 있고 부유한 주민들은 교외지역과 준교외지역(suburban and exurban areas)에 거주하는 경향이 있다. 이것은 왜 가난한 사람들이 지가가 비싼 도심부 인근에 거주하며 부자들은 지가가 싼 외곽에 거주하는가라는 역설적인 의문을 일으킬 것이다.

8장에서 대도시권의 주택 시장을 분리하는 경제

적·정치적·제도적 요인에 대해 더욱 종합적인 관점이 제시될 것이지만, 여기서 이 역설에 대해 몇 가지 설명할 것이 있다. 먼저 주거용 토지의 가치는 사무실, 상점, 공장들과는 다르다는 것을 염두에 두어야 한다. 외곽에 있는 넓은 면적의 땅값은 도심부의 한 조각 땅값과 같기 때문에, 그 땅값을 지불할 능력이 있는 대부분의 사람들은 시내의 좁은 공간보다는 교외의 넓은 공간을 선택할 것이다.

게다가 주거용 토지이용에 있어서 도심에 가까운 입지는 **부정적인 외부효과**(negative externality)가 수반된다. 도심부의 토지는 도로의 소음, 공장 매연 등이 근접한 곳에 있기 때문에, 다른 곳으로 이사 갈 여유가 있는 사람에게는 그 토지의 매력이 떨어질 것이다. 물론 어떤 사람에게는 상점, 식당, 박물관 등의 **긍정적인 외부효과**(positive externality)가 시내 생활을 바람직하게 만들 수도 있지만, 그런 사람은 소수에 지나지 않을 것이다.

마지막으로 상대적인 **접근비용**(cost of access)은 저소득층이 고소득층보다 높다는 사실이다. 중산층 이상의 주민들은 자동차를 소유하고 대체로 안정적인 직업을 가지고 있다. 이들에게는 혼잡을 피해 통근하는 것이 상대적으로 쉬운 편이다. 승용차가 없는 저소득층에게는 버스요금을 내고 오랜 시간을 걸려 시내로

나가는 것이 어려울 수 있다. 그리고 교외지역은 버스나 다른 대중교통으로 연결이 잘 안 되는 경우가 많다.

물론 시내에도 여러 가지 쾌적성(amenity)이 있기 때문에 어떤 부자들은 시내에 살기를 선택하는 예외도 있다. 많은 사람들은 시내에서 가까운 주택을 구입할 여유가 없기 때문에 결국 시내에서 멀리 떨어진 곳에 살게 된다. 'drive til you qualify'라는 말은 가족의 욕구를 충족할 수 있는 크기의 집을 얻기 위해서는 교외 먼 곳에서도 통근할 수 있다는, 즉 시간(time)을 주고 공간(space)을 얻는다는 의식을 반영한다. 교외에서는 저소득층이 거주하는 트레일러 단지(trailer park)도 볼 수 있다.

밀도 곡선

지가 곡선의 중요한 의미 중 하나는 집약도에 대한 지가의 영향을 나타낸다는 것이다. 이것은 몇 가지 방법으로 측정할 수 있는데, 그중 가장 좋은 방법은 인구밀도(population density)를 조사하는 것이다. 여기서 우리는 **주간밀도**(daytime density)와 **야간밀도**(nighttime density)를 구분해서 살펴볼 수 있다. CBD는 대부분의 공간이 고용을 위해 활용되기 때문에 야간밀도는 낮을 것이지만, 사람들이 일을 하는 주간밀도는 높을 것이다.

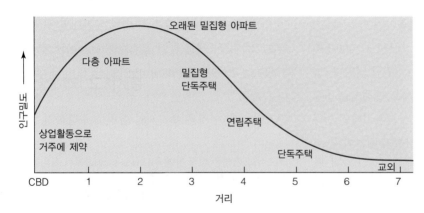

그림 5.5 야간 밀도 곡선.

그림 5.5는 전형적인 야간 **밀도 곡선**(density gradient)을 보여준다. CBD의 바로 주변은 야간에 매우 저밀도가 나타나지만 주간에는 매우 높은 밀도를 보일 것이다. CBD에 근접하여 주거용 개발이 시작되는 곳에서 흔히 최고의 밀도 지역을 볼 수 있다. 이 고밀도의 정점은 CBD를 둘러싸는 원으로 묘사될 수 있다. 밀도는 건물 층별 면적이 아니라 대지 면적에 대한 인구로 계산하기 때문에 주거용 고층빌딩은 엄청난 밀도를 보이게 된다.

이 밀도 정점을 넘어가면 밀도 경사는 떨어지는 경향을 보이는데, 처음에는 아파트 고도가 낮아지면서 밀도는 급격하게 떨어지고 연립주택(rowhouse, triple-decker, duplex)이 나타나면서 경사가 완만하게 떨어진다. 그다음으로 단독주택 지역에서는 주거용 토지 한 필지가 약 8분의 1에이커 정도부터 시작하여 1~3에이커까지 확대되면서 밀도 경사는 더욱 서서히 떨어지게 된다. 마지막으로 밀도 곡선은 도시 토지이용이 농촌 토지이용으로 전환되는 곳에서 끝나게 된다.

많은 학자들이 밀도곡선의 모양이 시간이 경과하면서 어떻게 변하는가에 대해 연구하였으며, 두 가지 결과가 주목을 받았다. 첫째, CBD의 밀도는 도시가 성장하면서 정점에 도달하지만 도시가 확장되면서 그 밀도는 떨어지기 시작한다. 미국에서는 대략 1930년대에 정점에 도달했는데, 밀워키(Milwaukee)의 경우 중심도시의 밀도는 1930년에 1제곱마일(약 2.6km²)당 75,000명이었지만 1963년에는 단지 31,000명이 되었다. 그 도시의 전체적인 밀도는 훨씬 낮았다. 둘째, 밀도 경사는 시간이 경과하면서 평탄해지는 경향을 보였다. 이는 도시가 팽창하면서 외곽지대의 인구가 중심부에 비해서 더 많이 증가하였기 때문이다.

일반적으로 미국 도시들은 세계에서 가장 밀도가 낮은 편에 속한다. 외국 도시들의 밀도는 월씬 높은

데, 그 목록을 보면 마닐라는 1제곱마일당 111,000명, 카이로는 46,000명, 파리는 53,000명에 이른다. 미국의 경우 뉴욕은 1제곱마일당 26,000명으로 가장 밀도가 높은 대도시인 반면 다른 도시들은 훨씬 밀도가 낮다. 보스턴, 시카고, 마이애미, 필라델피아는 1제곱마일당 11,000명~12,000명이지만, 다른 도시들 대부분은 1제곱마일당 7,000명 미만에 불과하다. 대체로 선벨트(Sunbelt) 도시들은 북동부(Northeast)와 중서부(Midwest) 도시들보다 인구밀도가 낮다. 물론 이 자료는 도시 인구를 더 정확하게 보여주는 도시화 지역(urbanized area)[5]의 밀도를 포함한 것은 아니다. 모든 도시에 해당되지는 않지만, 도시화 지역은 도시 인구가 증가하면서 그 면적도 지속적으로 확장되어 왔다.

그림 5.6은 미국 주요 도시들의 중심도시를 포함한 도시화 지역의 밀도가 어떻게 변해 왔는가를 보여준다. 도시화 지역의 밀도는 중심도시 자체의 밀도보다 확실히 낮은데, 그 이유는 도시화 지역이 도시를 둘러싼 저밀도 교외지역을 포함하기 때문이다. 1980년까지 도시화 지역의 밀도 수준은 극적으로 떨어졌지만, 그 이후 그 밀도수준은 상당히 비슷하게 유지되었다. 중심도시의 경우 밀도 수준은 1990년까지 계속 떨어졌다. 많은 도시들은 그들의 행정구역 내의 인구가 감소한 반면, 인구가 증가한 도시들은 대개 미국 남부(South)와 남서부(Southwest) 도시들로서 공격적인 합병(annexation)을 통해서 영역을 확대할 수 있었다(11장 참조). 예를 들어 휴스턴(Houston)과 댈러스(Dallas)는 1950년과 1990년 사이에 그 토지 면적을 3배로 확장했다. 1990년 이래 중심도시의 밀도는 약간 증가했는데, 이것은 추가적인 합병을 수반하지 않은

---

5) 도시화 지역은 미국 통계국(Census Bureau)에서 정의한 것으로, 도시 행정구역을 넘어 실제 도시화 패턴 또는 도시적 토지이용이 나타난 지역으로 경계를 설정한다(1장 참조).

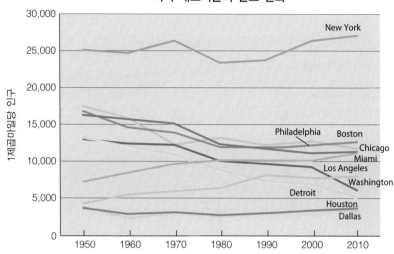

그림 5.6 미국 대도시들의 밀도 변화.

인구 증가 때문이라고 볼 수 있다. 그렇지만 도시 표면 자체에서 보면 그 밀도 곡선은 지속적으로 평탄해지고 있다. 사람들이 중심도시로 돌아오고 있는 징조가 보이기도 하지만 이것이 새로운 추세의 시작인지는 앞으로 10년 이상을 지켜보아야 한다.

도시 교통과 지가 변화

지가와 입찰지대의 개념은 도시의 확장 규모, 도시의 변화 형태, 도시 기능의 분포 등과 깊은 관련이 있다. 2장에서 본 것처럼 도시는 교통에 민감한 관심을 보이지만, 초기 도시들의 관심은 재화를 어떻게 빨리 받을 수 있는가에 한정되어 있었다. 시간이 지나면서 상업형 도시들은 가장 유리한 여건을 가진 지역, 즉 상거래와 운송 통로에 최대한 접근하기 쉬운 장소에 입지하는 경향을 보였다. 그러나 외부 통로와의 접근이 유리한 지역에 입지하는 도시들의 필요성을 넘어, 도시 내 주민들이 단일 공동체를 형성하는 데 도움을 주는 내부 교통로를 생각해 보아야 할 것이다.

교통 부문의 진보는 상대적으로 최근에 이루어졌다. 약 1850년까지는 도시 교통에 큰 변화가 거의 없었다. 때때로 도로는 확장되기도 하고 바람직한 교통 규제가 시행되기도 하였다. 미국에서는 19세기 중반부터 사람들이 이동하는 데 도움을 주는 새로운 교통체계가 자리잡기 시작했다. 교통은 접근을 용이하게 하고, 접근은 지가 차이를 줄이며, 또한 지가는 도시들의 형태, 크기, 기능 분포를 유사하게 만들기 때문에 교통은 근대 도시의 모습을 결정하는 데 중요한 역할을 수행한다. 이러한 도시 내부의 교통 이야기는 네 단계로 나누어 볼 수 있다.

1. 보행 도시: 1850년 이전
2. 마차와 전차 시대: 1850~1920년
3. 오락형 자동차 시대: 1920~1945년
4. 고속도로 시대: 1945년 이후

보행 도시

약 1850년까지의 도시는 **보행 도시**(walking city)라고 표현할 수 있다. 마차를 타고 다닐 수 있었던 부자들을 제외하고 도시의 주민 대부분은 도시 내에서 걸어서 직장에 가고, 쇼핑을 하고, 친구를 만났다. 사실 당시에 인구가 가장 많고 빠르게 성장한 도시들(뉴욕, 보스턴, 필라델피아, 찰스턴 등)은 전체 반경이 약 2마일(3.2km)에 불과했다. 그 거리는 사람이 변두리에서 중심부까지 약 1시간 내에 편하게 걸을 수 있는 거리였다.

이러한 도시의 수평적인 밀집 형태는 건물들이 어떤 높이 이상 올라갈 수 없다는 사실에 의해 더욱 강화되었다. 마천루를 가능하게 해 준 철근 건축술과 승강기는 아직 발명되지 않았다. 그래서 도시가 더 많은 토지를 얻는 유일한 방법은 언덕을 깎아 내거나, 늪의 물을 빼거나, 강변을 매립하는 것이다. 또한 교량과 나룻배는 중심도시와 인근 지역들을 연결하였는데, 그 예로 보스턴과 케임브리지 사이 맨해튼과 브루클린 사이가 있다. 그러나 도시의 공간적 한계는 기본적으로 변하지 않았다.

보행 도시는 어떤 독특한 도시 형태가 있다. 먼저 그런 도시에는 특화된 기능이 아직 없는 편이다. 단지 접근성에 기초해서 몇 가지 명확한 고리 모양의 지대(ring)를 특정해 볼 수 있다(그림 5.7). 도시의 중심부는 바로 항구에 있으며, 그곳에는 부두, 창고, 상품 거래소 등이 들어서 있다. 이런 기능이 있어서 거리 마찰(friction of distance)은 가장 심하게 나타난다. 그들은 부둣가의 땅을 확보해야 했다. 철도가 더 중요해지면서 이런 중심부 기능은 철도역 쪽으로 이동했을 것이다. 이런 구역 너머로는 중심부 접근이 필요한 다른 기능들이 자리 잡았는데, 그중에서 상업 기능이 거리 마찰에 가장 민감했다. 이러한 두 번째 고리 지대에는 전문품점, 호텔, 관청 등이 들어섰다. 또한 부둣가 바로 위는 아니지만 부두에서 가까운 곳에 살기 원하는 부유한 상인들의 집들도 이곳에 자리 잡았을 것이다.

런던 같은 도시에서 볼 수 있는 것처럼, 부유한 산

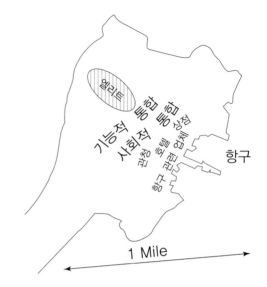

그림 5.7 보행 도시의 도식적 개요.

업가 및 상인(엘리트 계층)들은 공장들의 먼지와 혼잡에서 멀리 떨어져 있으면서 도시 내에 위치한 좋은 집을 원했을 것이다. 그래서 그들은 기존 도시와 인접한 교외 부지에 큰 집을 지었다. 또한 도시 내에서 금융 및 사업 관련 업무를 보거나 단순히 사회적 유대를 유지하려는 부유한 귀족들을 위해서 도시 내에 연립주택도 건설되었다. 이러한 것들은 여러 측면에서 나중에 나타나는 교외화(suburbanization)의 선례라고 볼 수 있다.

보행 도시들은 다음과 같은 몇 가지 특성을 공유한다.

- **기능적 통합**: 미국에는 대규모 공장 건설이 늦게 나타났기 때문에 직장과 주택의 완벽한 분리(職住 分離)가 아직 나타나지 않았으며, 주거지는 보통 길가에 면하는 작업장이나 상점을 포함하고 있었다.
- **소매 활동**: 중심부의 고급 상점을 제외한 대부분의 소매 활동은 주거 지역에 분산되어 있었다. 공간은 한정되어 있고 용도지역 제도는 없었기 때문에 소

매 활동은 혼란스러웠다.

- **사회적 통합:** 비록 영국처럼 부자들은 분리된 구역으로 이주하기 시작했지만, 사회계급 간의 통합도 어느 정도 나타났다. 그렇지만 도시의 공간범위가 제한되어 있기 때문에 이러한 통합이 완성되기는 어려웠다. 사실상 이 시대의 많은 사진(보스턴의 예)들을 보면, 중상류층의 집들은 도로를 접하고 있고 노동자 계급의 집들은 뒷골목을 접하고 있다.

- **CBD의 부재:** 공간적 제약 때문에 이미 낮은 지대(rent)를 내고 있는 기능들을 밀어내는 것이 거의 불가능했다. 그래서 중심업무지구(CBD)는 아직 명확하게 나타날 수 없었다.

마차와 전차 시대

약 1840년 이후, 결국 오래된 도시들을 개조하고 확장시킬 수 있는 여러 요인들이 나타났다. 도시에서 직장을 제공하는 기회가 확대되면서 많은 사람들이 도시로 전입했다. 도시의 성장과 공간적인 제약이 결합하여 밀도는 최고 수준으로 증가하였다. 뉴욕은 1850년에 전체 밀도가 1제곱마일당 약 87,000명에 이르게 되었다. 필라델피아와 보스턴은 1제곱마일당 약 48,000명이었다. 산업화가 시작되고, 이민자가 증가하고, 농촌에서 도시로 많은 사람이 이주해오자 인구밀도는 더욱 증가하고 도시의 규모도 가차 없이 증가하였다.

이렇게 증가한 인구의 일부는 개선된 건축 기술로 수용할 수 있었다. 마침내 투자가 바람직할 만큼 임대료가 높은 도시의 중심부에는 고층빌딩들이 들어서기 시작했다. 그렇지만 가장 중요한 것은 다양한 유형의 대중교통 시설을 개발하는 것이었다. 초기의 대중교통 체계가 나타난 것은 1827년으로, 이때 뉴욕에서 두 마리의 말을 긴 마차에 묶어 끌도록 하는 **합승 마차**(omnibus)가 출현한 것이다. 말 한 마리가 끄는 마차(cab)와 달리 이 옴니버스 마차는 고정 요금(12센트)를 받고 고정된 노선(Broadway 왕복)을 운행했다. 좌석은 세로로 길게 배치하여 약 20명의 승객을 태울 수 있었다. 이 마차를 세우고자 하는 승객은 단지 마부의 다리까지 연결된 끈을 당기면 된다. 1850년대 초까지 대부분의 북부 도시와 뉴올리언스에서 옴니버스를 운행하였다. 뉴욕의 옴니버스는 매년 약 12만 명의 승객을 실어 날랐다. 런던에서도 옴니버스는 중요한 교통수단이었는데, 1854년경 약 20,000명의 통근자가 옴니버스를 이용했으며, 기선(steamboat)은 15,000명, 철도는 6,000명이 이용하였다. 그러나 200,000명은 여전히 걸어다녔다. 옴니버스와 유사하지만 궤도를 깔아서 그 위로 운행하는 **궤도 마차**(railroad car 또는 streetcar)가 곧이어 출현했다(그림 5.8).[6] 이것은 끌기가 쉽기 때문에 객차의 크기가 커 질 수 있었다. 이 궤도 마차의 노선도 역시 고정되었으며, 노선이 한번 정해지면 그 궤도를 따라 계속 운행되었다.

19세기 말에는 케이블카(cable car)가 개발되었다.[7] 더 중요한 발전은 **전차**(electric trolley 또는 streetcar)로서, 이는 궤도 마차처럼 궤도 위를 달렸지만 더 빠른 속도로 훨씬 멀리 갈 수 있었다.[8] 전차는 시카고에서처럼 고가 철도(elevated) 형태로 달리기도 하고, **지하철**

---

6) 세계 최초의 승객용 궤도 마차는 영국 웨일즈 남부에서 1807년 운행되기 시작했으며, 미국에서는 1832년 뉴욕에서 처음 운행되었다. 이러한 궤도 마차를 미국에서는 horsecar 또는 streetcar라고 불렀으며, 영국에서는 tram이라고 불렀다.

7) 케이블카는 도로면 아래에 철사 밧줄(cable)을 깔고 전기 동력기로 끌어당겨서 객차를 움직이는 방식으로, 한국의 관광지에서 운행되는 케이블카와는 차이가 있다. 세계 최초의 케이블카는 미국 샌프란시스코에서 1873년부터 운행되었으며 지금까지 관광용으로 활용되고 있다.

8) 전차는 1881년 독일 베를린 교외에서 처음 운행되었다. 북미 대륙에서는 전차를 trolley라고 불렀는데, 차츰 streetcar 또

그림 5.8 조지아 주 커빙턴 (Covington)에서 노새가 끄는 궤도 마차, 1900년경.

(subway)로 달리기도 하였다. 미국에서는 1897년 보스턴에서 처음으로 전차가 운행되었으며, 1904년에는 뉴욕에서도 운행되었다.

그림 5.9에 나타난 것처럼 전차는 지가뿐 아니라 도시의 형태와 본질에도 엄청난 영향을 미쳤다. 이러한 전차의 영향은 오늘날 미국에서 보는 많은 도시의 다음과 같은 특성을 형성하는 데 기여를 했다.

- **도시의 확장:** 궤도 마차는 도시민들이 중심부에서 5마일(8km)까지 떨어진 곳에 사는 것을 가능하게 만들었으며, 전차는 그 반경을 10마일 내지 20마일까지 확장시켰다. 보행 도시의 반경이 2마일 정도였던 것을 고려하면 전차는 가능한 도시 공간을 25배 내지 100배 확장하는 잠재력을 제공한 것이다. 도시 면적은 50제곱마일을 넘어 100제곱마일

(260km²) 이상으로 확대되었다. 12장에서 논의한 정책 수단인 합병(annexation)은 19세기 도시 행정 구역이 효율적인 규모의 도시 공간으로 성장할 수 있도록 이끌었다.

- **사회계층 분리:** 도심부를 벗어날 경제적 여유가 있는 사람은 전차가 제공하는 이동성을 활용하였다. 그러나 그것은 비용이 드는 것이다. 하루에 1달러를 버는 평균적인 노동자는 기본적으로 여전히 이사가 불가능했다. 전차 요금은 거리에 따라 달라지기 때문에 부자들은 멀리 나가서 살 수 있는 반면 중산층 주민들은 비교적 도심에서 가까운 곳에서 살았다. 부동산 개발업자들은 교외 생활이 도시의 혼잡을 벗어나지만 도심에도 접근이 가능하다는 생각을 조장하였다. 전차 궤도는 가장 많은 이익을 주는 노선에 설치되도록 고려하였다. 그리고 부자들은 가장 유리한 택지를 먼저 선점하였다.

- **CBD의 형성:** CBD는 보행 도시를 형성했던 대부분의 공간을 포함하도록 확장되었으며, 지대를 최대한으로 받을 수 있는 기능에만 전문화되기 시작했다. 다운타운 중에서도 교통의 핵심부에 금융, 사무

는 light rail vehicle(경전철)이라는 명칭이 공식화되자 trolley는 구형 전차나 관광용 전차에만 사용하는 용어가 되었다. 영국을 포함한 유럽에서는 일반적으로 전차를 tram이라고 하는데, 다만 궤도가 없이 전기 동력선에 의해 운행되는 버스를 trolleybus라고 부른다.

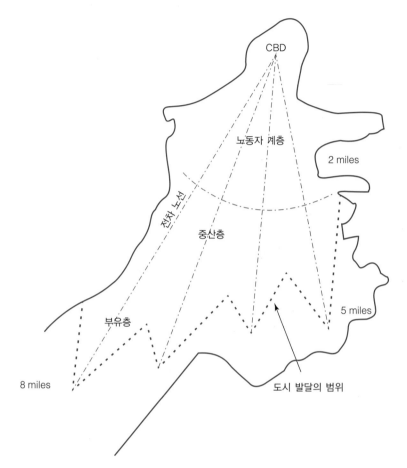

CBD

노동자 계층

2 miles

전차 노선

중산층

5 miles

부유층

8 miles

도시 발달의 범위

그림 5.9 사회적 격리와 도시 발달의 범위를 보여주는 전차 도시 (streetcar city)의 개요.

실, 전문품 업종이 입지하여 도시의 모든 장소에서 접근이 가능하도록 배치되었으며, 입찰지대 곡선(bid-rent curve)의 형태가 나타나기 시작했다. 이곳은 지가가 매우 높기 때문에 고층빌딩들이 건축되었다. 공장들은 다소 외곽이지만 여전히 교통 결절지에서 충분히 근접한 곳에 입지하였다. 이 지대를 둘러싸고 있는 구역에는 가장 가난하고 이사 나갈 수 없는 사람들이 거주하였다.

● 이동성의 증대: 1900년의 경우 4명 중 1명이 매년 이사를 하였다. 오늘날 5명 중 1명이 매년 이사하는 추세에 비교적 근접하였다.

● **별모양 패턴(Star pattern)**: 전차 노선에 인접할수록

접근성이 증대되며 지가에도 영향을 준다. 전차 노선 주변의 땅값은 솟아오르고, 두 주요 노선이 교차하는 지점은 새로 분산되는 은행 지점, 식료품점, 정육점 같은 기능을 위한 결절지가 되었다. 이러한 결절지들은 소규모 중심지를 형성하여 입찰지대 곡선에도 뚜렷한 영향을 미쳤다. 또한 이런 현상이 CBD의 존재를 더욱 부각시키기도 한다.

전차 교통의 성장으로 인하여 새로운 유형의 지역사회와 주택지가 형성되었다. 이러한 새로운 유형의 주택지를 **전차 교외**(streetcar suburb)라고 한다(그림 5.10). 전차 교외는 대중교통 노선에 빨리 접근하도록

그림 5.10 시카고에 위치한 전차 교외의 항공사진.

배치되었다. 다운타운에 일하러 가는 이곳 주민들은 집에서 걸어 나와 길을 건너 간선도로를 따라 지나가는 전차를 바로 탈 수가 있었다. 또 다른 특징으로는 사진에 보이는 것처럼 전차 노선에 편리하게 접근할 수 있는 집들의 수가 최대가 되도록 대지의 폭이 비교적 좁다는 것과 대지의 전면에 넓은 현관을 가진 집을 배치하였으며 차고가 없다는 것이다.

오락형 자동차 시대

교통의 세 번째 시대는 많은 사람이 자동차를 몰게 되었던 시기에 출현했다. 3장에서 언급한 것처럼 1930년까지 미국에는 2,600만 대의 자동차가 있었고 이는 인구 5명당 1대에 해당된다. 자동차가 도시 간 교통을 변화시킨 것은 명백하지만, 자동차가 도시 형태에 미친 영향은 무엇인가?

초기에는 자동차의 영향이 상당히 적은 편이었는데, 그 이유는 다운타운의 유리한 중심성이 지속되었기 때문이다. 전차 노선이 지나지 않아서 여태까지 접근이 불가능했던 부지들을 자동차는 접근이 가능하도록 만들었다. 자동차의 영향 중 하나는 도시 반경을 어느 정도 확장시킨 것이다. 자동차를 소유한 사람들은 CBD에서 30~40마일(48~64km) 떨어진 곳에서도 살 수 있었다. 뉴욕 같은 대도시에서 사람들은 대중교통이 갈 수 없는 곳에서도 살기 시작하였다. 아주 멀리 떨어진 침실 교외(bedroom suburb) 또는 침상도시(bedtown)가 모습을 드러냈으며, 자동차는 그 중심에 있었다. 기존 전차 노선들 사이에 위치한 지역의 개발에도 자동차는 영향을 미쳤다. 전차 노선들은 지가 표면에서 접근성이 높은 능선을 형성하였는데, 자동차는 전차 노선에서 거리가 떨어진 곳에서 살면서 통근하는 것을 가능하게 해 주었다. CBD에서 주차하는 것은 어렵기 때문에, 많은 사람들은 통근열차 역까지 운전해 간 다음 다운타운까지 가는 열차로 환승했다.

자동차로 인하여 접근성이 향상되자 많은 농업용 토지가 도시용으로 전환되었다. 이것이 또한 1920년대의 대규모 주택지 확장에 원인이 되었다. 그림 5.11의 입찰지대 곡선을 통해서 자동차가 광범위하게 보급되기 전의 곡선을 고려해 볼 수 있다. 주택지 같은 도시용 토지이용은 R선으로 표현되고, 농업용 토지이용은 A선으로 표현되었다. 두 선이 교차되는 곳은

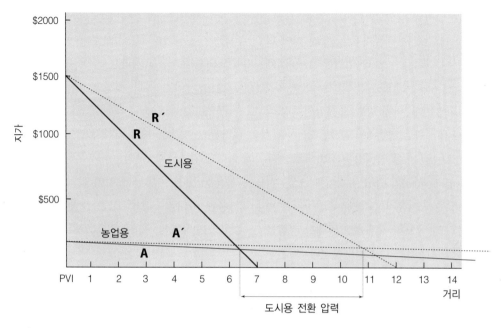

그림 5.11 자동차 이용이 거리에 따른 지가선을 어떻게 변화시키는지 보여주는 그래프.

도시가 농촌으로 바뀌는 곳이다. 자동차가 출현하면서 지가 상승으로 인하여 R선은 밖으로 뻗어나가고 A선도 약간 뻗어나가는 변화가 생긴다. 그 결과 새로운 교차점은 더 멀리 밖으로 나가게 된다. 그러면 두 선 사이의 땅에는 어떤 변화가 생길 것인가? 그곳에는 토지이용의 전환 압력이 극심해지고 수많은 투기 활동이 나타날 것이다. 그곳의 농토는 이제 주거용 토지만큼 지가가 상승한다.

자동차 교통은 초기에는 CBD의 본래 모습에 해를 입히지 않았다. 대부분의 사람들이 여전히 다운타운에서 일을 했으며, 자동차가 없는 수많은 사람들이 여전히 그 인근 지역에 거주했다. 사실 대부분의 도시에 있어서 인구밀도는 1930년과 1950년 사이에 최고 수준에 도달했다. 1950년에는 대도시 인구의 60% 이상이 중심도시 내에 거주한 사실은 2010년에 약 30% 만이 중심도시에 거주하는 것과 비교가 된다. 전차 노선은 여전히 도시 패턴을 주도하고 있었으며, 자동차는 도시 내 필수 통근수단이라기보다는 시외 여행에 더 많이 사용되고 있었다.

고속도로 시대

1950년대에 들어서면서 자동차는 도시 공간을 근본적으로 변화시키기 시작한다. 세 가지 중요한 변화가 이때 발생한다. 첫째로 수많은 병사들이 2차 세계대전과 한국전쟁 이후 집으로 돌아왔으며 많은 신생아가 태어나게 된다. 연방정부는 그들에게 재향군인 관리국(Veterans Administration) 프로그램을 통해서 주택 담보 대출을 제공하였다. 그렇지만 미리 계획된 주택 건설은 부진하였고, 주택수요는 새로운 유형의 개발자를 찾게 되었다. 이에 레빗(William Levitt)과 그의 아들이 대량으로 주택을 건설하기 시작했다. 그들은 도시에서 가까운 농지들을 구입한 다음 수많은 단독

주택용 대지로 분할하였다. 뉴욕 주 롱아일랜드(Long Island)의 감자밭에 건설된 레빗타운(Levittown)이 그 첫 번째이다. 전체 면적은 4,000에이커(약 16km²)에 달하며, 각 주택은 60피트(18m) 간격을 두고 콘크리트 벽돌로 건설되었는데, 마치 공장 조립라인처럼 작업이 진행되었다(상세한 설명은 8장 참조).

두 번째 변화로는 각 주를 연결하는 고속도로 체계(Interstate Highway System)가 확립된 것이다. 3장에서 논의한 대로 이것은 도시 간의 교통을 촉진하기 위해서 건설되었다. 그러나 도시 자체에도 막대한 영향을 미쳤다. 세 번째 변화는 항공 교통의 확대와 열차 교통의 쇠퇴이다. 공항은 도시 중심부에서 멀리 떨어진 곳에 엄청난 크기의 토지가 필요하다.

이러한 세 가지 요인은 함께 도시 공간에 다음과 같은 중대한 영향을 미쳤다.

- CBD의 쇠락: 다운타운은 유리한 접근성 때문에 높은 가치가 있다. 그러나 이 접근성은 보행이나 대중교통에 의존한 것이다. 자동차는 공간을 많이 차지하기 때문에 다운타운 직장에 차를 몰고 다니는 것은 편하지 않다. 새로 건설된 고속도로는 도시 주변의 이동을 신속하게 만들었으며, 또한 도시를 둘러싸는 환상 도로(ring road) 또는 벨트웨이(beltway, 외곽순환 고속도로)를 건설하여 더욱 편리하게 이용할 수 있게 되었다. 많은 업체들은 다운타운에 입지하는 것보다 벨트웨이 가까이 입지하는 것이 더 편리하게 되었다. 지역의 대형 쇼핑센터들도 이러한 곳에 입지하면서 소비자가 주차나 보행의 불편함 없이 많은 종류의 상점들을 이용할 수 있도록 하였다. 도시 외곽에 공항이 들어서면서 중심도시는 교통 결절지로서의 중요성을 잃게 되었다. 택배 서비스 같은 도시 간 연결 기능이

나 호텔 같은 접객 서비스는 공항 근처에 입지하는 것이 더 편리하다는 것을 알게 된 것이다.

- 교외의 우세: 교외화는 항상 미국 도시의 한 특징이 되어왔는데, 새로운 교통 기술과 기반 시설(infrastructure)은 사람들이 도심에서 더 멀리 50~60마일(80~96km)까지 떨어져 사는 것을 가능하게 만들었다. 교외는 대부분의 미국인이 사는 곳이 되었다. 1960년에 이미 교외에 사는 사람이 농촌뿐 아니라 도시에 사는 사람 수보다 많게 되었다. 1990년에는 모든 미국인의 약 절반이 교외에 살았다. 교외지역은 또한 대부분의 사람이 쇼핑하고 일을 하는 장소로 부상하였다. 1973년에 이미 교외의 고용이 중심도시의 고용보다 많게 되었다. 1947년부터 1967년까지 중심도시는 연평균 17,000명의 제조업 고용을 잃은 반면, 교외는 연평균 85,000명의 제조업 고용을 얻었다. 1980년대에는 교외의 사무실 공간이 중심도시보다 두세 배 많이 증가하였다. 기업의 본사조차도 다운타운의 고층빌딩에서 나와 교외에 위치한 기업 캠퍼스(corporate campus)[9]로 이주하기 시작했다(그림 7.11 참조).

이러한 경향은 지가 곡선 및 접근성과 관련하여 설명할 수 있다. PVI의 논리가 어떻게 변했는지 생각해보자. 자동차 전용 고속도로와 교외의 성장은 자동차 이외의 다른 교통수단이 쇠퇴하면서 많은 사람들이 자동차에만 전적으로 의존하게 되었다는 것을 의미한다. 20세기 중반에 오면 전차는 아주 적은 수만 만들

---

9) 대기업이 소유한 대지와 건물들의 집합을 corporate campus라고 한다. 이것은 전통적으로 도시 내 다운타운에 위치할 수도 있지만, 최근에는 교외의 값싸고 넓은 부지에 현대식 건물을 신축하는 경향이 있다.

어졌고, 많은 전차 노선이 고속도로 건설을 위해 폐쇄되기에 이르렀다. 이러한 여건 하에서 전통적인 PVI는 더 이상 접근성의 중심이라 할 수 없으며, 오히려 접근성은 자동차가 쉽게 갈 수 있는 곳에서 볼 수 있었다. CBD가 유리한 접근성을 잃게 되면서 도심부의 실질적인 땅의 가치는 감소하였다. CBD의 외곽(또는 frame)에서 실질적인 지가 하락은 오히려 더 심각하다. 예를 들어 제조업도 도심부의 오래된 건물부지(brownfield)에 있는 구식 공장보다는 고속도로 인근에 나지막하게 새로 건설할 수 있는 부지(greenfield)를 선호하였다.

접근성의 본질에 대한 이러한 변화는 1개의 중심지보다는 교통 노선이 수렴되는 여러 중심지들이 있다는 것을 의미한다. 이것이 도시를 CBD라는 1개의 핵심을 가진 **단핵도시**(monocentric city)에서 여러 개의 핵심을 가진 대도시로서의 **다핵도시**(polycentric city)로 변환시켰으며, 여기서 CBD는 단지 1개의 핵심지일 뿐이다. 7장에서 논의되는 **에지시티**(edge city) 개념은 교외에 나타난 또 다른 핵심지를 의미하므로 여기서의 설명과 잘 부합한다. 이제 CBD 자체는 여러 핵심지 중 하나일 뿐이며, 가장 중요한 핵심지가 되는 것도 아니다.

CBD 재활성화 시도

1950년대부터 소매업은 교외로 빠져나가고 CBD 외곽이나 인근 도심부에 있던 제조업도 쇠퇴하면서 다운타운도 퇴락하기 시작했다. 구매력을 가진 중산층과 상류층 주민들은 다운타운 가까이 살던 곳을 떠나서 교외의 안전하고 넓으며 정원을 갖춘 새집을 사서 떠났다. 많은 소비자와 업체들, 전문직 종사자(의사, 변호사 등)들은 다운타운에 남았지만, 그들도 곧 교외

의 시장이 더 크다는 것을 알고는 이전하기 시작했다. 1960년대에 들어서서 CBD는 더 급격하게 쇠퇴하였다. 다운타운에는 어떤 목적으로 철거되지 않았다면 유용한 서비스 기능이 아니거나 공실로 고통 받는 건물들이 남아 있었다. 결국 이런 부동산은 눈에 거슬리는 존재가 되어 부정적인 외부효과를 발생시키고 부동산 가격을 더 떨어뜨렸다.

중심도시에 대한 영향도 재앙적이었다. 사람, 공장, 상업 활동 등이 나가버렸기 때문에 조세 기반이 급격하게 악화되었다. 중심도시에 남아 있는 사람들 중의 상당 부분은 오래된 주거지역에서 사는 저소득층이었다. 공실이 많고 보수가 안 되어 있는 낡은 건물들의 하부구조, 좁고 관리가 부실한 주변 도로, 낡고 누수가 있는 상하수도관, 부족한 녹지공간 등은 CBD와 중심도시를 황폐한 모습으로 만들었다. 많은 근린지역들도 높은 범죄율, 빈 가게, 노숙자, 부진한 사업, 저급한 상품, 저질의 소비자 서비스에 고통을 받았다. 충분한 재정을 가진 행정 단위에서는 하부구조를 정상적으로 관리하고 개선할 수 있지만, 쪼그라든 조세 기반으로 고통을 받는 지방정부에서는 그러한 시정 활동이 제약을 받았다.

1960년대 중후반기에는 다운타운의 기업가들이 여러 가지 재활성화 계획에 착수했다. 지방정부도 다운타운 재활성화를 위하여 CBD 상인, 은행, 투자회사, 부동산 개발업자, 도시계획가, 노동조합 등과 협력하였다. 이러한 이해집단의 연합을 **성장 기구**(growth machine)라고 부르기도 한다. 연방 기관의 지역 부서들도 성장 기구에 참여하게 되었다. 이들의 목표는 한때 막강했던 CBD에 번영을 되돌려주는 것이다.

미국 전역에 걸쳐 이러한 성장 기구의 결과는 다양하고 특이하다. 다운타운마다 제각기 과거 역사에서 얻은 사실적 또는 허구의 주제에 기초한 자신의 이

미지를 팔려고 시도했다. 예를 들면 디트로이트의 르네상스센터는 퇴락한 도시 블록들로 둘러싸인 거대한 건축물이다. 이 프로젝트는 인접 구역에 대한 투자를 이끌어내지 못했으며, 긍정적인 파급효과나 지역사회 효과도 거의 창출하지 못했다. 대조적으로 볼티모어(Baltimore)의 하버플레이스(Harbor Place, 그림 5.12)는 항구 기능을 주제로 건설했기 때문에 훨씬 성공적이었다. 그러나 이곳에서도 인근 지역사회의 쇠락과 사회적 박탈은 그다지 크게 달라지지 않았다.

오늘날 거의 모든 대도시에서는 공연, 미술전시, 민족 축제, 고급 쇼핑, 맛있는 식사 등으로 관광객들을 끌어 모으고 교외 주민들을 다운타운으로 유도하기 위해서 독특한 복합 단지들을 개발하였다. 어떤 다운타운은 토론토의 Eaton Centre, 샌디에고의 Horton Plaza, 필라델피아의 Gallery처럼 대규모 쇼핑몰을 개발하기도 했다. 필라델피아는 센터시티(Center City, 필라델피아의 다운타운) 내에 기업 센터인 펜센터(Penn Center)를 개발하기도 했다. 1980년대 시청 꼭대기의 윌리엄 펜(William Penn, 필라델피아 시의 개척자) 동상보다 높게 마천루 건물을 올릴 수 있도록 법이 바뀌자 펜센터 주변에는 고층빌딩들이 우후죽순처럼 들어서게 되었다. 그리고 스포츠 경기장을 건설하는 것도 다운타운을 활성화시키는 방법으로 많이 사용되고 있다(글상자 5.1). 주정부 법이 허용한다면 카지노도 인기가 있다. 클리블랜드는 바로 최근에 새 카지노를 개설했는데, 시에서 바라는 것은 카지노가 사업체들을 다운타운으로 들어오도록 유도하는 것이다(글상자 5.2).

대도시와 마찬가지로 소도시도 다운타운 지역을 더 매력적이고 사회 및 경제적으로 더 활기 있게 만들기 위해서 많은 전략을 구사했다. 다운타운의 비즈니스 이해당사자들은 현대의 CBD가 거대한 고급 쇼핑몰, 공간이 넓은 산업기술 단지, 기업 사무실과 본사 건물들이 모여 있는 풍요로운 교외와 일대일 경쟁은 불가능하다는 것을 차츰 인식하게 되었다. 그래서 다운타운의 번영을 되살리기 위한 다음과 같은 대안 전

그림 5.12 볼티모어의 하버플레이스.

글상자 5.1 ▶ 스포츠 시설을 통한 도시의 재활성화

거의 모든 대도시들은 다운타운을 재활성화하기 위해서 스포츠 시설의 개발에 착수했다. 볼티모어, 버펄로, 클리블랜드, 댈러스, 데이턴, 디트로이트, 로스앤젤레스, 오클라호마시티 등은 스포츠를 다운타운 재개발을 위한 앵커로 사용했다(Austrian과 Rosentraub, 2002, p. 550). 1980년대 말에 시작된 이러한 건설 붐은 1990년대에 가속화되었으며, 지금도 계속되고 있다. 이러한 팽창은 "야구연맹의 확대, 연고지(franchise) 이동, 현재 연고지에 대한 새 시설의 필요 등에 기인할 수 있다"(Newsome and Comer, 2000, p. 105). 그래서 "도시들은 자동차 공장을 위해 경쟁하는 대신에 스포츠 팀을 위해 경쟁하였으며," 또한 "기업들은 경기장과 야구장에 이름을 붙일 권리를 사면서 다운타운 스포츠 시설에 대한 열광에 편승을 할 수 있었다"(Turner and Rosentraub, 2002, p. 489). 덴버에 있는 쿠어스필드(Coors Field)가 한 예이다. 표 B5.1은 1997년 기준으로 도시 내에 입지한 경기장(stadium), 원형 경기장(coliseum), 하키 경기장(rink)의 수를 나타낸다. 표를 보면 NFL(National Football League), MLB(Major League Baseball), NBA(National Basketball Association), NHL(National Hockey League)를 위한 전체 경기장 중에서 다운타운 입지가 50%를 넘는다.

표 B5.1 스포츠별 경기장의 도시 내 입지, 1997년

입지	NFL	MLB	NBA	NHL	합계	비율(%)
다운타운	14	9	18	17	58	51.3
중심도시	4	12	6	4	26	23.0
교외	12	7	5	5	29	25.7
합계	30	28	29	26	113	100.0

출처: Newsome and Comer, 2000, p. 113.

략을 모색하였다. 본질적으로 이러한 전략의 성공 여부는 다운타운마다 크게 다르다.

- 역사 보전과 건축의 통합
- 다운타운 주택 건설
- 컨벤션센터(convention center)
- 주차시설 개선
- 대중교통 개선
- 수변(waterfront) 개발
- 야간유흥시설
- 카지노
- 문화적 명소
- 관광 사업

- 사무용 빌딩 건설, 낡은 건물 보수, 사이버공간 연결
- 경기장과 스포츠 광장
- 보행자 공간
- 경찰의 보호와 순찰

미국의 새로운 다운타운

포드(Larry Ford, 2003)의 저서 *America's New Downtowns*는 미국 도시의 다운타운을 재활성화하고 재창조하기 위한 상당한 통찰력을 제공한다. 그는 현재의 다운타운 활동은 전통적인 밀집형 CBD를 넘어 더 많은 공간이 필요한 조방적인 토지이용으로 확장되었다고 지적했다. 또한 그는 미국 대도시의 새로운 다운타

글상자 5.2 ▶ 다운타운 카지노

재정난에 봉착한 도시가 수입을 늘리기 위해서 무엇을 할 수 있는가? 공장들은 오래전에 사라졌고, 다운타운 쇼핑은 1960년대부터는 추억거리에 지나지 않고, 많은 사무실들이 이제 교외에 위치한 현실에서 몇몇 도시들은 해결책을 찾아냈다. 바로 다운타운 카지노이다! 한때 도박은 네바다 주에만 한정되어 있었다. 그러나 새로운 법이 인디언 보호구역, 유람선, 경마장에 도박장(소위 'racino')을 허용하자 변화가 시작되었다. 몇몇 도시들은 오래 고통 받았던 중심지구가 카지노 수입으로부터 혜택을 볼 가능성을 받아들였다.

카지노는 상당한 액수의 수입을 이끌어 낼 잠재력이 있다. 카지노는 도박을 좋아하는 관광객들로부터 많은 이익을 챙길 수 있다. 다른 사업과는 달리 카지노는 많은 토지 사용권이나 세금 환불을 요구하지 않는다. 잘만 운영하면 카지노는 호텔, 식당, 위락시설 등 다른 사업들을 창출하여 중심도시를 재생시킬 잠재력이 있다. 이러한 사업체로부터 들어오는 세금은 재정 위기를 벗어나게 할 수도 있다. 이런 이유로 재정난에 허덕이는 도시들인 디트로이트, 클리블랜드, 세인트루이스, 뉴올리언스 등은 필수적인 주 승인을 받은 후 다운타운에 카지노를 유치하였다(그

림 B5.1).

그래서 그 카지노들은 홍보한 것처럼 잘 운영되는가? 애틀랜틱시티(Atlantic City)는 이 전략을 시도한 첫 번째 도시로, 1970년대에 쇠락한 해변휴양지를 동부 해안의 도박 성지로 변환시켰다. 그러나 그 카지노가 오랫동안 지속된 빈곤을 뒤집을 것이라는 약속은 거의 지켜지지 않았다. 빈곤은 그대로 남아 있고 많은 카지노들은 파산했다. 게다가 카지노는 범죄, 마약, 매춘 등의 부작용을 낳을 수 있다. 그러나 궁극적으로는 긍정적 측면이 부정적 측면보다 많기를 희망한다. 새로운 다운타운 카지노는 더 잘 할 수 있을까?

이러한 논의의 상당 부분은 누가 가장 많은 혜택을 입는가에 달려있다. 카지노 단지의 건설은 수많은 건설 임시직 고용을 창출한다. 완공 후에는 카지노 운영자들이 많은 이익을 실현할 것이며, 카지노 자체도 상당히 저임금으로 수많은 사람들을 고용할 것이다. 또한 카지노는 시 정부의 공공재 구매에 필요한 실질적인 세금 수입을 제공한다[그러나 금융투자전문가 버핏(Warren Buffett)은 이것을 '무지한 사람에게 부과한 세금'이라고 묘사했다]. 카지노가 대도시에 위치한다면 정말로 성공

운 확장과 변화에서 볼 수 있는 세 가지 특징을 찾아냈다. 첫째로 그는 거친 표현으로 **위락 지구**(fun zone)라고 하였다. 이것은 위락 및 문화적 명소로서 스포츠 복합시설, 박물관, 문화센터, 극장, 공연장, 동물원, 항구 유람선 등을 포함한다. 이러한 위락 지구는 도심부 주민보다는 주로 교외 주민과 관광객들을 대상으로 서비스를 제공하고 있다.

둘째로는 **역사 지구**(historic district)가 미국의 다운타운에서 탄력을 받고 있다고 지적했다. 역사보존 운동은 대규모 도시재개발, 고속도로 건설, '유리상자' 같은 사무용 타워빌딩 등에 대한 일부 반작용으로서 1970년대에 대두되었다. 보존된 지역이나 건물들은 관광 명소가 되고 새로운 상가도 조성되었다. 그러나 이러한 역사 활용계획도 역시 도심부 주민들에게는

경제적으로 긍정적인 효과가 별로 없다.

셋째로는 다운타운 인근의 **주거용 근린지역**(residential neighborhood)의 변화를 꼽았다. 전통적인 CBD에는 주거용 토지이용이 거의 모두 사라졌지만, 과거 25년간 도시로 되돌아가거나 다운타운으로 되돌아가자는 운동이 증가해 왔다. 이러한 운동은 다운타운에서 일하고 다운타운의 사교 생활을 즐기는 교외 주민, 독신자, 자녀가 없는 부부와 새로 도시로 이사온 사람들 사이에 퍼지고 있다. 이러한 최근의 다운타운 주거 추세에도 불구하고 미국 도시의 다운타운에 살고 있는 사람의 총수는 교외 인구에 비하면 여전히 매우 적다.

다운타운의 주거용 근린지역은 세 가지 특성으로 구성된다. (1) **젠트리피케이션**(gentrification), (2)

할 수 있을 것이라는 연구도 있었다(Lambert, Dufrene, and Min, 2010). 게다가 다운타운에 가까운 입지는 외곽에 있는 것 보다는 확실히 더 유리하였다. 그러나 다른 연구는 혼재된 결과를 보여주고 있다.

그림 B5.1 클리블랜드(Cleveland) 다운타운의 카지노.

© John Kuntz/The Plain Dealer / Landov

낡은 공장이나 창고의 주거용 로프트(loft)로의 개조, (3) 새로운 콘도미니엄(condominium)과 아파트(apartment)[10] 단지의 건설이다. 젠트리피케이션은 한때 우아하고 건축이 독특했지만 지금은 저소득층 주민이 사는 낡은 집을 현대적이며 품위 있는 구조물로 변환하는 것과 관련이 있다. 근린지역 전체가 이러한 경로를 거친다면, 그 지역은 고급화되었다(gentrified)거나 재활성화되었다(revitalized)고 말한다. 새로 이주해 온 중상류 소득층 주민은 이사해 나간 이전 주민과는 상당한 차이가 있다. 단지 관심을 끌 만큼 역사성을 가진 근린지역만이 젠트리피케이션을 겪을 가능성

이 있으며, 미국의 모든 다운타운이 이러한 과정을 경험하는 것은 아니다.

오래되고 버려진 공장지대를 주거지로 전환하는 것은 주로 1980년대에 시작되었다. 이렇게 전환된 지대는 전통적인 CBD보다는 그 외곽에서 더 많이 볼 수 있다. 공장을 개조한 로프트 생활은 교외의 주택과 비교해서 넓으면서도 상대적으로 값싼 공간을 제공한다.

CBD 핵심지에 새로 건설되는 주택들은 주로 고층 콘도미니엄이다. 저층의 아파트와 연립주택 단지는 대개 다운타운의 외곽에 나타난다. 어떤 고층빌딩은 주거 기능에 부가하여 소매업, 사무실, 호텔 등의 복합 용도로 사용된다.

---

10) 미국에서 condominium은 집합건물의 호별 소유자가 있는 한국식 아파트를 의미하며, apartment는 집합건물 전체를 소유한 건물주가 호별로 월세 임대료를 받는 주택을 의미한다.

교외의 변화

1960년부터 1980년까지 접근성의 향상으로 인하여 개발이 가능해진 대량의 교외 토지가 차츰 건물로 채워져 나갔다. 1960년 이전에 공업과 상업 활동이 자리 잡았던 구역은 그 후 인근에 주거용 개발을 유도하였다. 역으로 1960년 이전에 교외에 개발된 주거 지역은 그다음에 공지를 채우는 과정에서 상업용 개발을 유도하였다. 역시 교통 접근성, 특히 고속도로 근접성은 공지를 채우는 과정에서 중요한 요소였다.

교외에서의 다핵성(polycentricity)은 이 기간 동안 확실히 분명해졌다. 여러 개의 핵심이 출현하는데, 교외지역 내측에 먼저 나타났고 나중에 교외지역 외측쪽에 나타났다. 대부분의 핵심은 지역의 대형 쇼핑몰 주변에서 번창하였다. 소비자들이 소매품 구매를 이러한 쇼핑몰에서 하게 되자 은행 지점, 식당, 의사 같은 서비스도 마찬가지로 이러한 곳으로 옮겨오기 시작했다. 이로써 많은 재화와 서비스에 대한 다목적 쇼핑이 확대되었다. 동시에 사무실 활동들도 이런 새로운 소매업과 서비스의 집적지에 끌리게 되었다. 이러한 곳에는 상대적으로 값싸고 혼잡하지 않으며 넓은 주차장을 가진 공지가 있었다. 게다가 그곳은 근로자들의 주거지와도 가깝다. 지역 기업과 전국적인 기업의 본사도 이러한 교외지역의 핵심지로 옮겨서 고층의 사무용 빌딩에 자리 잡기도 한다.

1960년대에 교외에 건설된 나지막한 사무용 빌딩들은 1970년대에 5~12층으로 건설된 **중간 높이**의 사무용 빌딩에게 자리를 내주게 되었다. 한때 CBD에만 한정되었던 호텔과 컨벤션 시설들도 교외의 업무중심지에서 번창하였다. 마찬가지로 기업 본사들도 전통적인 CBD를 떠나서 이러한 교외에서 잘 운영되었다. 외곽순환 고속도로(beltway)는 대도시권 주변의 자동차와

트럭 교통을 원활하게 하였으며, 또한 교외의 업무중심지로의 수월한 접근을 제공하였다. 또한 식당, 유흥가, 종합병원 같은 많은 서비스 업체들이 고소득층 주거지에 자리 잡았다. 이러한 고소득층 주거지는 교외의 업무중심지에서 통근 거리 내에 위치하며, 일부는 비거주자의 불필요한 진입을 막기 위해서 입구에 경비원을 배치한 폐쇄 공동체(gated community)로서 그 내부에 서비스 시설들을 갖추고 있다.

1980년대에는 **고층/첨단기술**(high rise/high tech)이 시대의 소명이 되었다. 사무용 빌딩들은 더 많은 기업과 근로자를 수용하기 위해서 더 높아졌다. 고층의 호텔들도 업무중심지로 몰려들었다. 단층 또는 저층 건물의 컴퓨터 관련 첨단업종 기업들은 업무중심지의 주변에 자리 잡았다. 이러한 업무중심지의 고용밀도는 1980년대에 많이 증가했으며, 그 주변의 주거지역도 아파트와 콘도미니엄의 건설과 함께 인구밀도가 증가했다.

다핵도시는 1990년대까지 확실히 모습을 갖추게 되었다. 이러한 교외의 중심지들은 완전히 자립적인 업무지구와 문화, 사회, 오락 활동의 집적지로 기능하게 되었으며, 점차 행정기능도 갖추게 되었으며 주변의 주민들이 필요한 모든 것을 제공하게 되었기 때문에 교외 거주자가 CBD나 도심부로 나갈 필요가 거의 없어졌다.

비록 교외에 성숙된 중심지가 나타나서 주민에게 혜택과 편리함을 제공한다 하더라도 몇 가지 문제점이 있다. 이러한 중심지는 고속도로의 인터체인지가 있는 곳에 갑자기 형성되곤 한다. 그 결과 여러 가지 하부구조와 계획수립의 문제가 대두되었다. 이러한 문제는 농촌인 곳에 새로 주민, 직장인, 쇼핑객 등을 수용해야 하는 지역에서 특히 발생한다. 이러한 교외 중심지에서의 교통량은 대개 좁고 신호등 없는 농촌 도

로의 용량을 초과한다. 게다가 교외 중심지들이 2개 이상의 행정구역에 걸쳐 있는 경우가 많기 때문에 이러한 문제를 해결하는 것은 어려울 수 있다. 여러 개의 법정 구역이 결정에 관여할 수도 있기 때문에, 이들 사이에서 조정하는 것은 조직 구조상 여러 가지 어려운 점이 발생할 수 있다.

또 다른 문제는 사람이 일하는 곳과 사는 곳 사이에서 발생하는 **통근의 불일치**(commuting mismatch)이다. 일반적으로 교외의 중심지에서 일하는 고소득 직장인에게는 이런 불일치가 발생하지 않는다. 왜냐하면 이들은 대개 교외의 업무중심지에 가까이 위치한 비교적 비싼 단독주택이나 콘도미니엄에 살기 때문이다. 그렇지만 숙련 기술이 없는 점원이나 블루칼라(blue-collar) 노동자들은 통근상의 불일치가 심각한 문제가

될 수 있다. 그들은 업무중심지에서 가까운 값비싼 동네에서 살 능력이 안 된다. 그래서 그들은 대개 먼 곳에 떨어져 살면서 장거리를 통근하게 된다. 이들은 도심부에 살면서 버스로 역통근을 하거나 대중교통이 없는 농촌 주변에 살면서 승용차로 통근해야 할 것이다.

최근의 경제 불황이 닥치기 전에는 사무 단지와 쇼핑몰 같은 고용 집중지와 고속도로 가까운 교외지역의 내측에 고층 콘도미니엄이 엄청나게 들어서는 것을 목격했다. 12층 내지 30층에 이르는 이러한 콘도미니엄은 고소득 주민들을 겨냥한 것이다. 그래서 교외를 넓게 펼쳐진 단독주택지로 간주했던 과거와는 달리 교외의 인구밀도는 높아지고 있다. 대부분의 미국 대도시에서는 이러한 **대도시급 교외**(big city

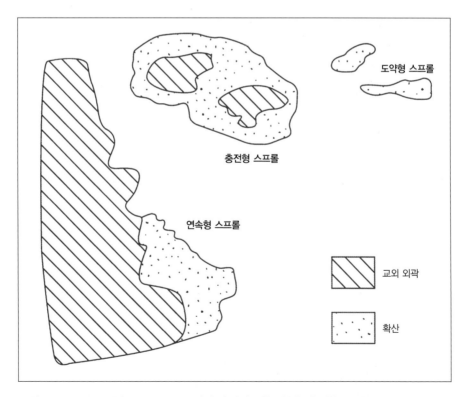

그림 5.13 교외 스프롤(suburban sprawl)의 세 가지 유형: 연속형, 충전형, 도약형.
출처: Zeng, H., D. Z. Sui, and S. Li, 2005.

글상자 5.3 ▶ 교외 스프롤의 모의실험을 위한 GIS 활용

교외 스프롤을 모의실험하기 위해 컴퓨터 모델을 사용하였으며, 이를 미국 미시간 호 주변의 일리노이 주, 인디애나 주, 미시간 주, 위스콘신 주를 포함하는 도시 지역에 적용하였다 (Torrens, 2006). 이 모델은 도시체계 외부로부터의 이주자

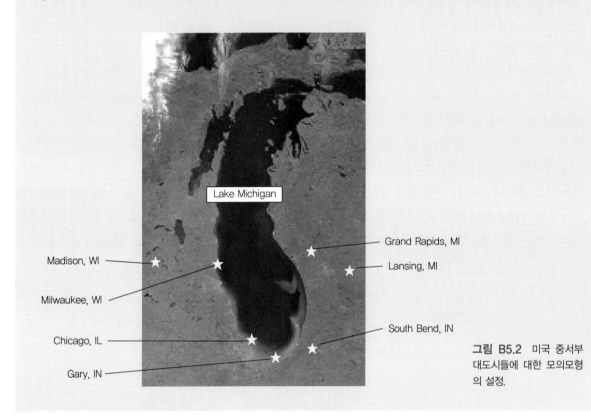

그림 B5.2 미국 중서부 대도시들에 대한 모의모형의 설정.

---

suburb)를 경험하고 있다. 토지 비용이 상승하면 부동산 개발업자들은 고층으로 올리는 것을 선호한다. 그래서 **교외의 수직적 생활**(suburban vertical living)은 고급 식당, 전문품점, 특정 서비스 등 복합용도의 활동을 유발한다. 지방정부들은 조세 기반을 확충하기 위해서 이러한 대도시급 교외의 개발을 선호한다.

물론 이러한 개발의 큰 단점은 교외 스프롤 (suburban sprawl)에 의해 확보된 개활지들이 사라지는 것이다. 전형적으로 매체와 일반 대중들은 교외 스프롤을 대도시 개발의 부정적인 특징으로 간주한다.

비록 교외 스프롤 주제는 많은 찬반 논쟁을 일으켰지만, 사실상 스프롤은 교외 성장과 확대의 정상적이며 자연스런 결과이다(글상자 5.3). 자연발생적인 교외 스프롤에는 연속형(continuous), 충전형(infill), 도약형 (leapfrog)의 세 가지 유형이 있다(그림 5.13). **연속형 스프롤**은 성장이 기존 교외의 시가지에 이어서 나타나는 것을 말한다. **충전형 스프롤**은 이전에 도약적으로 형성된 시가지가 더욱 확대되는 것이다. **도약형 스프롤**은 시가지에서 떨어져 있는 미개발 토지를 교외용 토지이용으로 전환하는 과정을 의미한다. 이러한 세 가

로 인한 외재적(exogenous) 성장과 내부 인구로 인한 내재적(endogenous) 성장을 모두 포함시켰다. 교외 스프롤은 도시 지역의 저밀도 외곽에 나타나는 새로운 형태의 도시화 과정이다. 이러한 교외지역에는 전적으로 자동차 지향적인 느슨한 개발 계획의 단편적이고 파편화된 패턴을 반영하는 비교적 동질의 단독주택 단지와 리본형 상가가 나타난다.

토런스(Torrens)가 고안한 교외 스프롤의 모의모형은 미국의 중서부 대도시가 위치한 미시간 호 하부 지역에 적용되었다(그림 B5.2). 이 모형은 특정 토지단위로부터 주어진 반경 내의 밀집형 근린지역으로 인구가 확산되는 조건 하에서 스프롤이 어떻게 진행되는가를 보여주기 위해서 고안되었다. 이 모형은 불규칙형 성장, 도약형 확산, 도로변 개발 등의 개념을 포함한다. "모의 도시체계는 특정 도시들의 바로 근접한 지역에서 느슨한 별 모양의 시가지로 발달하기 시작했다. 시카고와 위스콘신 주 하부 도시들이 비교적 우세한 것이 명백히 나타난다"(Torrens, 2006, p. 264)(그림 B5.3).

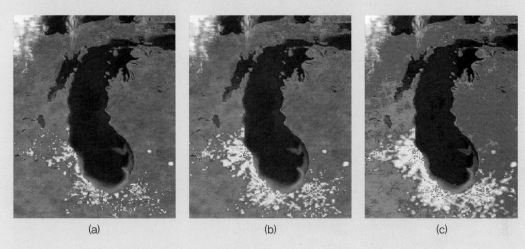

(a)   (b)   (c)

그림 B5.3 미국 중서부 모의스프롤의 세 단계: (a), (b), (c).

지 과정은 거의 모든 미국 대도시의 특징을 나타내며, 자동차 사회에서 볼 수 있는 주변부 개발의 고유한 특색이라 할 수 있다.

스프롤의 결과는 여러 가지가 있다. 그중 하나는 지금 우리가 완전히 자동차에 의존하고 있다는 것이다. 몇몇 도시를 제외하면 자동차 없이 사는 것은 불가능하다. 2009년 미국인의 86%가 자동차로 출근했으며, 76%가 홀로 운전하였다. 5%는 대중교통을 이용했고, 3%는 도보로 출근하며, 4%는 집에서 일했다. 지금 교외에서 교외로 통근하는 사람 수는 교외에서 CBD로 통근하는 사람의 2배가 넘는다.

도시의 지속적인 확산은 개활지를 감소시켰으며 대도시들이 서로 결합하게 만들었다. 이러한 도시들의 결합을 **코너베이션**(conurbation) 또는 연합도시라고 한다. 이러한 현상은 시카고-밀워키, 로스앤젤레스-샌디에이고, 샌프란시스코-샌호세 등 여러 곳에서 발견된다. 어떤 지리학자는 몇 개의 대도시가 연결된 거대한 도시 회랑인 **메갈로폴리스**(megalopolis)에 대해서 논의하고 있다(글상자 5.4).

글상자 5.4 ▶ 메갈로폴리스

1961년 프랑스의 도시지리학자 고트만(Jean Gottmann)은 *Megalopolis*를 출판했다. 지금까지도 영향력이 큰 이 책은 미국의 북동부 연안의 보스턴 북부에서 워싱턴의 남쪽까지 연속적으로 도시화된 지역에 초점을 맞추었다(그림 B5.4). **메갈로폴리스**의 개념은 연속적으로 시가지가 형성된 여러 개의 대도시 지역을 뜻하는데, 그 예로 캘리포니아 주의 San Francisco-San Diego 지역(San-San), Detroit-Chicago-Milwaukee 지역(Mil-Chi-De), Chattanooga에서 Macon까지 연장하면 X자형을 형성하는 Charlotte-Atlanta-Birmingham 지역(Atlanta X)이 있다.

미국 동부 해안의 연속 대도시권(Bos-Wash)은 1950년대 말에 정치, 경제, 금융, 문화 등의 영향력에 있어서 세계에서 가장 강력한 도시 집중지로 부상하였다(Morrill, 2006). 미국 동부 해안을 따라 원초적으로 형성된 도시 네트워크에서 출발하여 지금은 대도시들이 연속적으로 밀집한 형태를 보이는 이곳을 메갈로폴리스라고 칭한 것이다. 이 도시들은 보행과 전차 시대에는 상당히 구분되어 있었다. 그러나 자동차 시대가 초래한 맹렬한 교외화와 함께 도시 사이의 공간에 대한 지가가 급상승하여 그 토지는 농업용으로 부적절하게 되었다. 야채와 목축을 위한 아주 작은 농업용 토지를 포함한 교외(suburbs)와 준교외(exurbs)가 그 간격을 메웠다. 이러한 개발의 결말은 이 회랑이 미국 전체에서 가장 비싼 토지가 집중한 곳이 되었다는 것이다. 고트만 시대부터 지금까지 이 메갈로폴리스는 미국에서 가장 소득이 높은 주민들을 수용하고 있다.

그림 B5.4 이 지도는 메갈로폴리스의 범위를 보여준다.

요약

도시는 다양한 기능으로 구성되어 있으며, 각 기능은 특정한 방법으로 조직되어 있다. 공업용지 같은 토지이용은 도시의 특정 구역에만 나타난다. 주거용 아파트 같은 토지이용은 도시의 다른 구역 나타나게 된다. 정부는 특정 토지이용이 나타나도록 영향을 줄 수 있지만, 대부분의 토지이용 분포는 토지 가치의 경제 원리를 따르게 된다. 부동산을 거래하는 사람은 잘 아는 바와 같이, 어떤 지점의 토지 한 필지는 다른 지점의 같은 크기의 토지와 값이 다르다. 이것은 주로 접근성과 관련이 있으며, 그 필지 주변의 쾌적성과도 일부 관련이 있다.

역사적으로 볼 때 지가와 기능 분포는 접근성이 증진되면 그에 따라 변해 왔으며, 그 접근성은 도시 내 교통 발달에 의해 증진되어 왔다. 보행으로부터 전차, 그리고 자동차 도시로의 발달은 여러 가지 변화를 촉진시켰다. 첫째로 가장 중요한 것은 도시가 이용할 수 있는 면적을 50배 이상 증가시켰다는 것이다. 둘째로 이러한 확장은 토지이용 구역을 분절시켜 기능별 분리가 더욱 강화되었다. CBD의 발달이 그 대표적인 결과였다. 셋째로 접근성의 변화는 오늘날 완전히 다른 도시의 모습을 만들어냈으며, CBD의 기능은 주변부의 업무지구로 분산되었다. 다운타운과 교외의 변화된 모습은 이제 뿌리 깊게 자리 잡았지만, 그렇다고 불변하는 것은 아니다. 도시의 경관(urban landscape)은 계속 진화 중이며, 그 핵심적인 이유는 수시로 변하는 지가와 접근성의 논리 때문이다.

제6장

생산의 경관

우리는 이제 생존을 위한 투쟁을 좀 더 상세하게 논의할 것이다.

—Charles Darwin, 종의 기원(*The Origin of Species*), 1859

산업화(industrialization) 또는 제조업은 19세기 직전 영국에서 산업혁명(Industrial Revolution)을 시작한 이래 도시를 형성하는 주요 엔진이 되어 왔다. 산업혁명은 영국에서 미국, 캐나다, 서유럽, 일본, 오스트레일리아 등 다른 선진국 또는 공업국가로 퍼져나갔다. 오늘날 산업혁명은 중국, 한국, 대만, 싱가포르 등지에서도 꽃을 피우고 있다. 미국에서는 처음에 동부 해안을 따라 입지하다가 나중에 중서부까지 진출한 공업도시들은 차츰 도시 경관을 지배하게 되었으며, 한참 후에는 로스앤젤레스와 다른 서부와 남부 도시까지 퍼지게 되었다. 그렇지만 과거 50여 년 동안 고급 서비스 경제가 중요하게 대두되면서 미국 제조업 고용에 근본적인 변화가 있었다. 제조업에서 서비스업으로의 변환은 미국과 캐나다 각 지역과 각 도시에 어떤 방식으로든 영향을 미쳤으며, 또한 미국 대도시 내 산업 경관 입지에도 영향을 미쳤다.

이 장의 목적은 산업 입지와 입지 변화, 탈산업 경제의 입지 논리를 포함하는 어떤 이론적·개념적 사고를 펼쳐 보이는 것이다. 여기서는 도시 간(between cities) 및 도시 내(within cities)에서 제조업과 경제의 변화에 대한 구체적인 경험적 증거에 초점을 맞춘다. 먼저 도시의 인구 성장과 관련된 기반과 비기반 경제활동을 이해하는 것으로부터 시작한다. 그다음으로는 도시 산업변화의 일반화된 역사적 개관을 전통적인 산업도시, 20세기 산업 대도시, 탈산업(선진 자본주의) 대도시권에 초점을 두고 제시한다. 그리고 도시 간 및 도시 내 수준에서 제조업 입지를 이해하기 위한 개념적 틀을 검토한 후에는, 도시 산업 경관의 최근 변화에 대한 경험적 정보를 제공한다. 마지막으로 정치경제학적 접근을 검토하고 이 장을 끝맺는다. 이 장의 기본 주제는 (1) 선진국 제조업 고용의 감소와 새로운 고급 서비스 경제의 대두와 (2) 미국의 대도시권과 각 지역 내에서 공업과 서비스업의 서로 다른 입지조건에 관한 것이다.

도시 경제의 이해

우선 기초 지식을 쌓는 것부터 시작해 보자. 도시에 사는 사람들은 생계를 유지하기 위한 어떤 수단을 가져야 한다. 가장 기본적인 분업(division of labor)은 식량 같은 생존 수단을 직접 생산하는 경제활동과 그렇지 않은 경제활동으로 나누는 것이다. 도시에 있어서 경제활동은 도시의 공간 형태에 확실한 영향을 미친다. 즉 도시는 경제활동을 수용해 나가야 한다. 시간이 흘러 경제의 본질이 변하면, 도시의 경제 경관 역시 그 본질이 필연적으로 변한다. 이 장은 도시 경제 활동의 기본적인 측면을 탐구하는 것으로부터 시작한다. 여기서 경제학 강의를 하려는 것은 아니고 나중에 도시 경관에 대한 경제활동의 영향을 논의하기 위한 기초를 마련하려는 것이다.

경제 기반 모형

모든 도시는 경제활동의 결과로 얻는 소득을 창출해야 한다. 가장 기본적인 수준에서 우리는 경제활동을 기반과 비기반(basic and nonbasic)의 두 그룹으로 나눌 수 있다. 이러한 이분법은 도시 경제를 이해하는 출발점을 제공해 준다. 이러한 개념과 관련된 모형을 경제 기반 모형(economic base model)이라고 한다.

기반 대 비기반 활동   기반(basic) 경제활동은 도시의 주민들을 위한 소득을 창출한다. 이 활동은 도시 내에서 생산된 재화와 서비스를 도시 외부에 팔기 위해서 수출하므로 수출 활동(export activities)이라고도 하며, 경제성장을 위한 엔진이라 할 수 있다. 과거 수십 년간 기반 활동은 전형적으로 분업체계를 통해 어떤 물건을 만들어 내는 제조업과 연관이 있었다. 오늘날에는 고급 서비스도 역시 도시 기반 활동의 중요한 부분을 차지하고 있다.

대조적으로 **비기반**(nonbasic) 경제활동은 외부로부터 소득을 가져오는 것이 아니라 도시 내에서 소득을 순환시킨다. 비기반 활동은 전통적으로 소매업과 다른 소비자 서비스업(consumer services)과 연관되어 있다. 그렇지만 이러한 관점은 고급 서비스를 포함하도록 바뀌었다는 것을 곧 알게 될 것이다. 그림 6.1은 기반 활동과 비기반 활동의 차이를 보여준다.

모든 경제활동은 다음 식처럼 기반 활동과 비기반

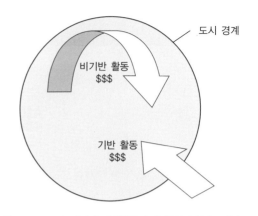

그림 6.1   기반과 비기반 경제활동의 차이를 보여주는 개념도.

활동으로 분류할 수 있다.

$$TA = BA + NBA$$

이 식에서 TA는 전체 경제활동, BA는 기반 경제활동, NBA는 비기반 경제활동을 뜻한다.

승수   기반과 비기반 경제활동을 구분하는 이유 중 하나는 기반 활동이 도시의 경제성장을 위한 엔진 역할을 하기 때문이다. 기반 활동이 없다면 아무 소득도 도시로 들어올 수 없을 것이다. 현실적으로 도시의 모든 주민은 도시 경제의 기반 부문에서 일하는 사람들이 도시 내로 벌어들인 소득에 의존한다. 미용사를 예로 들어 보자. 그의 소득은 그의 업소로 와서 서비스에 대해 지불하는 사람에게 의존한다. 이렇게 소득을 가져다주는 사람이 없다면 미용사는 생계를 이어갈 수 없다. 만약 고객이 그 도시의 내부(말하자면 이웃집)에 산다면, 그 거래는 돈이 단순히 도시 내에서 순환하기 때문에 비기반 활동으로 간주될 것이다. 그러나 만약 고객이 그 도시의 외부(말하자면 다른 도시)에 살고 있다면, 그 거래는 돈이 그 도시로 들어오기 때문에 기반 활동으로 분류된다.

기반 활동이 도시의 다른 주민들을 지원하는 방법은 승수(multiplier)효과에 의한 것이다. 이러한 승수는 모두 도시 전체의 고용에 대한 기반 활동의 영향을 뜻한다. 예를 들어 도시의 기반 부문에 1명의 고용이 추가된 경우를 생각해 볼 수 있다. 도시 내에 입지한 제조업체가 수요 증가에 맞추어 생산을 늘리기 위해 1명의 직공을 더 고용한다고 가정해 보자. 그 승수는 첫 번째 수식의 항을 사용하여 다음과 같이 나타낼 수 있다.

$$TA = m \times BA$$

이 식에서 m은 1명의 추가 고용이 도시 경제 전체에 미치는 영향은 얼마나 되는지를 나타내는 승수이다. 만약 승수 효과가 없다면, 도시 경제에 10명의 고용을 추가하는 것은 그대로 10명 고용이 늘어난 것일 뿐이다. 이 경우 승수는 1이다. 그렇지만 현실에 있어서 승수는 항상 1보다 크다. 이것은 기반 부문에 종사하는 근로자가 도시 내부로 벌어들인 소득에 기반하여 어떤 비기반 활동이 이루어진다는 것을 뜻한다. 예를 들어 그 근로자는 집을 얻고(임대 또는 구입), 먹고(식료품을 구입), 출퇴근용 교통수단(대중교통 이용 또는 승용차 구입)도 필요할 것이다. 이런 모든 활동은 벌어들인 소득의 일부를 자기 도시 내에서 소비하는 것을 요구한다. 이러한 비기반 활동은 그 소득을 도시 내에서 순환시키며 추가적인 고용을 창출한다. 만약 공장에서 100명을 새로 고용한다면, 아마도 식료품점은 규모를 확장해야 할 것이고 새 주유소도 들어서야 할 것이다. 그러므로 기반 부문에서 1명의 추가 고용에 의한 전체 영향은 1명보다는 크게 된다.

순환 누적적 인과관계 승수에 대해서 알아야 하는 이유 중 하나는 승수가 **순환 누적적 인과관계**(circular and cumulative causation)라는 이론에서 중요한 역할을 담당하기 때문이다. 이 이론에서 **1차 승수**(primary multiplier)는 기반 활동과 지역 내 사업체 간의 직접적인 경제적 연계에서 수반되는 효과이다. **후방 연계**(backward linkage)는 한 기업과 그 기업의 생산과정에 필요한 원료 또는 서비스를 공급하는 기업 간의 연계이다. **전방 연계**(forward linkage)는 한 기업이 생산한 재화 또는 서비스를 다른 기업에게 판매하는 연계이다. 전방 연계와 후방 연계가 한 도시 내에 입지한 기업들 사이에 적용될 때, 그 연계는 도시 성장의 효과를 증대시키며 상위와 하위 기업 모두 혜택을 받게 될 것이다. 이렇게 1차 승수는 같은 도시 내의 한 기업과 다른 기업들 간의 직접 연결을 통해서 도시 내의 고용을 증가시킨다.

2차 승수(secondary multiplier)는 앞에서 제시한 비기반 활동의 예처럼, 기반 부문에 고용된 근로자가 소비한 돈이 도시 경제 내에서 여러 번 다양한 용도로 순환되며, 비기반 부문의 고용을 지원하는 효과이다. 예를 들어 대도시 경제 내에서 식료품에 100달러를 소비한 기반 부문 노동자는 그 100달러의 일부가 그 식품점 관리인의 임금으로 지불되는 데 기여할 것이며, 그다음으로 그 관리인은 그의 임금의 일부를 햄버거를 사는 데 쓸 것이고, 이것은 버거킹에서 일하는 누군가의 임금에 기여하게 된다. 그리고 이런 식으로 계속되어 갈 것이다. 결국 충분한 인원의 기반부문 근로자와 그들이 지원하는 비기반부문 근로자들이 도시 안에서 살 수 있다면, 새로운 종류의 재화와 서비스가 제공되거나 생산될 것이다. 예를 들어 자동차 대리점을 생각해 보자. 미국의 수많은 소도시에는 비교적 값싸고 표준화된 미제 자동차인 포드나 쉐보레의 대리점이 있다. 그렇지만 모든 도시에 렉서스나 아우디 대리점이 있는 것은 아니다. 값이 더 비싸고 고급화된 이런 차들은 더 많은 인구가 필요하다. 의료 서비스도 마찬가지다. 모든 도시에 의사들은 있지만, 신경외과 의사는 오직 대도시에만 있을 것이다. 어떤 지역의 인구 규모와 그곳에 존재하는 재화 및 서비스의 종류 간의 이러한 관계는 **최소요구치**(threshold)로 설명할 수 있다. 어떤 종류의 경제활동이 유지되기 위해서는 충분한 구매력을 가진 인구의 최소요구치가 필요한 것이다.

여기서 1차와 2차 승수를 합쳐서 본다면, 순환 누적적 인과관계의 기본적인 통찰을 얻게 된다. 즉 도시 경제에 소득과 고용을 가져온 경제활동은 성장을 일으키며, 그 성장은 더 큰 성장을 조성해나가고, 이러한 방식은 지속된다. 이렇게 경제성장의 과정은 순환 누적적이어서 자체적으로 성장을 지속해 나간다. 물론 이러한 설명이 다소 너무 낙관적이라고 생각할 수도 있다. 특히 작은 도시들은 경제적으로 취약하기 때문에 그 도시의 어떤 공장이 제품판매가 부진하여 문을 닫거나 생산을 감축해야 한다면 성장 과정은 역으로 작용할 것이다. 즉 식품점은 감원을 할 것이고, 주유소는 문을 닫아야 하고, 결국은 주민들도 떠나가 버릴지 모른다. 그렇지만 대체로 도시가 25만 명 정도의 인구로 충분히 성장한다면, 그 도시는 역방향으로 작용하는 과정을 적어도 인구 측면에서는 겪지 않을 것이라고 생각된 적이 있다. 충분히 많은 인구를 가진 도시의 경제는 튼튼할 것이고 경기 침체를 견뎌낼 것이라는 것이다. 그러나 대도시들도 인구 감소를 경험한 적이 있는데, 특히 미국 중서부의 오래된 제조업 도시인 버펄로, 시카고, 클리블랜드, 디트로이트 등이 그 예가 된다.

이러한 것들을 종합해서 보면 제품이나 서비스를 수출하여 지역을 위한 소득을 창출하는 활동은 기반 활동이기 때문에 기본적인 수준에서 생산은 기반 경제활동으로 정의되어야 한다. 산업 자본주의가 발전하면서 제조업은 기반 활동으로 간주되었다. 공장들은 새로운 기반 부문 종사자들을 데리고 오며, 이들은 지역 내 소비지향적인 서비스 부분의 근로자들을 지원한다. 서비스업은 항상 지역 내 비기반 활동으로 간주되었다.

그렇지만 3장, 4장에서 논의한 것처럼 1970년대 이래 경제는 급속하게 변했다. 비록 제조업이 여전히 국가 총소득의 대부분을 산출하고 있지만, 고용으로 볼 때 제조업은 전체 고용에서 상당히 작은 부분을 차지하고 있다. 제품을 생산하는 과정에서 기계가 사람을 대체하기 때문에 제조업은 과거보다 훨씬 적은 수의 근로자를 고용하고 있다. 어떤 의미에서는 적은 수의 근로자가 더 많은 것을 생산하기 때문에 이러한 생산 과정이 생산성을 증대한 것으로 볼 수 있다. 그러나 다른 의미에서는 이러한 경제적 변화가 우리에게 어려움을 주기도 한다. 제조업이 전체 도시의 경제를 지원하는 고용을 더 이상 제공하지 못한다면 무엇이 고용을 창출해야 하는가?

한 가지 대답은 서비스업이다. 그러나 지금까지 말해 왔던 그런 서비스업은 아니다. 여기서는 고급 서비스업(advanced services)을 말하는 것이다. 예를 들어 식료품점은 외부 지역의 주민이 찾아올 만큼 규모가 크거나 특산품을 취급하지 않는다면 소득을 외부로부터 도시로 가져오는 것이 아니므로 기반 경제활동이 아니다. 식료품점은 주로 그 도시의 경제에 이미 존재하는 소득을 순환시킨다. 그러나 우리가 목격해 온 것처럼 세계 경제는 점점 멀리 뻗어나가는 활동들을 통제하는 고급 서비스에 의존하고 있다. 그래서 지금은 지역 경제를 지원하는 기반 활동으로서 공장 근로자 대신에 변호사, 회계사, 투자가들이 도시 외부의 고객들을 끌어들여 그 역할을 수행하고 있다. 여러 측면에서 고급 서비스와 연관된 승수는 공장 근로자와 연관된 승수보다 크다. 왜냐하면 이러한 서비스 근로자는 더 많은 돈을 벌고 더 많은 돈을 지역 내에서 쓰기 때문이다. 그래서 공업 기반 대도시가 고급 서비스 기반 도시로 변하면 더 큰 승수 효과를 얻을 수 있다. 예를 들어 제조업 직장이 사라지자 엄청난 경제적 충격에 빠졌던 미국 오하이오의 클리블랜드는 새로운 고급 서비스 부문이 점차 비중을 차지하면서 지금은 경제적 활력을 되찾았다. 2차 승수 효과는 비록 모든 사람은 아니지만 많은 사람에게 번영을 가져다주고 있다.

집적

집적경제(agglomeration economies)의 개념은 도시 및 경제지리학에서 고전적인 위치를 차지하고 있다. 이 고전적 개념은 베버(Alfred Weber, 1909)의 공업입지론에서 한 부분을 구성하였다. 집적 입지의 이익은 제조업의 도시 간 및 도시 내 입지뿐 아니라 최근에는 서비스업 입지에도 적용되었다.

집적(集積, agglomeration)은 어떤 활동의 입지적 집중 또는 클러스터(cluster)를 뜻한다. 그리고 경제(economies)는 절약과 같은 의미이다. 다시 말하면 집적경제는 경제활동의 집중으로 얻을 수 있는 절약을 나타낸다. 제조업의 예를 들면, 집적경제의 결과로 나타난 것이 산업지구(industrial district) 또는 산업단지(industrial park)이다.

집적경제에는 두 종류가 있는데, **국지화 경제**(localization economies)와 **도시화 경제**(urbanization economies)가 그것이다. 국지화 경제는 유사한 종류의 제조업이 집중했을 때 발생하는 절약을 뜻한다. 고전적인 예는 피츠버그의 제철산업, 디트로이트의 자동차산업, 시카고의 도축업 등이다.

도시화 경제는 도시 지역에서 볼 수 있는 것처럼 서로 다른 활동들이 모였을 때 발생하는 절약이다. 이 경우에 얻는 혜택은 고속도로, 상하수도, 숙련 노동력 같은 도시의 기반 요소들(infrastructure)을 공유한 결과이다. 도시화 경제는 왜 대도시에 산업들이 집중하는지 이해하는 데 있어 중요하며, 미국 도시의 발달 과정에서 산업화 개념을 설명하는 데 도움을 준다.

제조업에 있어서 집적경제는 제품 한 단위의 평균 생산비용을 절감시킨다. 도시화 경제의 경우 도시의 기반 요소들을 공유함으로써 비용절감을 얻게 된다. 만약 기업이 먼 농촌 지역에 입지한다면 그 기업은 기반 요소들을 자체적으로 마련해야 하므로 상당히 높은 비용이 발생할 것이다. 그러므로 고급 서비스 경제로의 대규모 전환이 있기 전인 20세기 초중반, 미국의 주요 제조업 중심지는 뉴욕, 시카고, 디트로이트, 클리블랜드, 피츠버그, 버펄로, 밀워키 같은 대도시들이 된 것이다.

도시 간 산업 생산과 입지

이 절에서는 도시 지역의 성장과 관련하여 산업 생산과 입지의 두 가지 개념 모델, 즉 성장축 모형과 스탠백 모형을 살펴보고자 한다. 여기서 우리의 관심은 도시체계 내에서의 제조업의 입지와 변화에 집중되어 있다.

성장축 모형

성장축 모형(growth pole model)은 도시체계 내에서 제조업의 입지가 시간이 지나면서 변화하는 모습을 보여주는 한 방법이다. 이 모형은 미국, 캐나다 같은 국가 수준에 적용할 수도 있고, 미국 서부 같은 지역 수준, 또는 앨라배마, 미시간 같은 주 수준에 적용할 수도 있다. 이 모형의 핵심 요소는 제조업 활동의 입지와 생산성은 원초적으로 지리적으로 균등하지 않다는 것이다. 여기 1개의 **핵심 도시**(key center)와 많은 소도시가 있다면, 그 핵심 도시는 성장축(성장거점)이 될 것이다. 그 도시는 산업 생산성이 매우 높을 것이며, 매우 빠른 인구 증가를 경험할 것이다. 그 예로 미국 서부의 로스앤젤레스, 캐나다 태평양 연안의 밴쿠버, 미시간 주의 디트로이트, 앨라배마 주의 버밍햄이 있다. 핵심 도시 성장축의 나머지 외부 지역은 **주변부**(periphery)로서 저성장 도시 지역과 농촌 지역을 포함한다. 새로 확장하는 기업들은 핵심 성장 도시에 모여들 것이며, 그 도시는 더욱 인구가 증가하고 경제적 번영을 누릴 것이다.

동시에 주변부에 있는 제조업체들은 재화와 서비스의 구입과 생산된 제품의 판매를 위해서 성장축에 있는 기업들과 연계될 것이다. 이러한 성장축 또는 지역의 핵심도시와 주변부의 연계를 **파급효과**(trickle-down effect/process)라고 한다. 이러한 것은 지역의 도시산업 성장에 있어서 긍정적 요소라고 할 수 있다.

부정적 요소로는 지리적으로 불균등한 성장의 해로운 효과인 **양극화 효과**(polarization effect/process)가 있다. 주변부에 있는 소규모 제조업체가 도시 성장축에 있는 경쟁기업과 맞서는 것은 어렵다. 대체로 대도시에 있는 제조업체들은 가장 효율적이고 저비용으로 첨단기술을 사용하여 생산할 것이다. 게다가 핵심 성장축으로 주변부 근로자가 이주하는 현상이 발생하여 성장이 더딘 지역에서 성장축의 고임금에 이끌린 고급 숙련 노동자들이 빠져나가게 될 것이다. 자본 투자도 주변부 소도시로부터 빠져나가서 이윤이 더 남는 대도시에서 훨씬 많이 행해질 것이며, 이렇게 되면 주변부는 성장이 더욱 더디게 될 것이다. 그래서 양극화는 핵심 도시와 주변부 도시 간의 장기간 지속되는 격차를 야기하며 파급효과보다 강력한 경우가 많다.

스탠백 모형

성장축 모형이 개념 또는 이론적 모형인 반면, 스탠백 모형(Stanback model)은 대체로 경험적 관찰과 자료에 기반을 두고 있다. 스탠백(Thomas Stanback)은 미국 대도시 경제가 생산 기반에서 서비스 기반으로 변환한 것을 연구한 여러 권의 책을 저술했다. 스탠백 모형은 제조업의 급격한 쇠퇴와 고용 감소와는 대조적으로 사업서비스업과 전문서비스업, 그리고 비영리 부문의 고용 급증을 특징으로 하고 있다(그림 6.2).

이 모델에는 두 가지 기본적인 주장이 있다. 첫째, 공업 생산에 특화된 대도시들은 새로운 서비스 경제에 더 느리고 더 어려운 적응과정을 거쳤다. 제조업에서 대량의 고용 감소가 발생하자 버펄로와 클리블랜드 같은 대도시는 서비스 기반 경제를 발전시키는 데 더욱 어려움을 겪었다. 대조적으로 애틀랜타와 피닉스처럼 주요 제조업 도시가 아닌 곳은 빠르게 새로운 서비스 경제의 선두에 서게 되었으며, 많은 인구 증가도 경험하였다.

스탠백 모형의 두 번째 주장은 대기업들은 많은 종류의 고급 서비스 또는 생산자 서비스(producer services)가 필요하다는 것이다. 그러한 서비스의 예로는 금융,

그림 6.2 1903년에 문을 열고 1958년에 폐쇄된 Detroit Packard 자동차 공장.

© Benjamin Beytekin/DPA/Landov

법률, 광고, 회계, 감사, 마케팅, 보험, 중앙 관리(본부) 등이 있다. 그러므로 기업 본사들이 집중되어 있는 대도시는 대도시 내부뿐 아니라 국내의 다른 대도시로부터 이러한 서비스에 대한 수요를 창출하고 있다.

스탠백이 언급한 변화는 **구조적인 변화**(structural change)로, 순간적이거나 일시적이 아닌 영속적인 변화를 뜻한다. (종이 한 장을 꺼내서 절반을 빳빳하게 접었을 때, 가운데 남아 있는 접은 자국은 아무리 펴기 위해 노력해도 없어지지 않는다. 이런 것이 구조적인 변화이다.) 과거 45~50년간 발생한 이런 구조적인 변화는 역으로 되돌릴 수 없으며, 사실상 새로운 정보 시대에 의해 가속화되고 있다. 스탠백 모형을 요약하면 약 30여 년 전에 이러한 논제에 관심을 보인 미국 국립연구심의회(National Research Council)의 진술을 일부 수정해서 다음과 같이 제시할 수 있다.

과거 25년 이상 국내 및 국제 경제에 강력하고 깊게 뿌리 내린 구조적인 변화는 도시 지역과 그 도시들의 경제적 기능을 변형시켰다. 기업 본사와 생산자 서비스가 집중된 도시와 제조업에 더 특화된 도시 사이에 점증하는 양극화 현상과 함께 새로운 대도시 체계가 나타났다(Hanson, 1983, p. 1).

미국 대도시에서 고용을 창출하던 제품생산 부문의 대규모 쇠퇴는 대체로 대도시에 심각한 결과를 초래했다. 이에 대해서 스탠백은 다섯 가지 주요 관찰 내용을 제시하였다(Stanback, 2002).

1. 고용 창출의 원천으로서 서비스업의 중요성 증대
2. 대도시가 아닌 곳과는 대조적으로 압도적인 대도시 경제의 역할
3. 인구 규모에 따라 달라지는 대도시의 제조업, 금융, 의료서비스, 휴양 같은 경제적 특화
4. 대도시마다 차이가 심한 고용, 수입, 소득 등의 성장 패턴
5. 대도시 내에서 총 수요의 원천으로서 불로소득(non-earned income)의 중요성 증대

대도시권에서 서비스 고용의 압도적인 증가와 제조업 고용의 감소에 덧붙여서, 대도시권은 대도시권이 아닌 곳과 비교해서 총 고용이 과도하게 집중되어 있다. 예를 들어 25만 명 이상의 인구 규모를 가진 대도시권은 모든 대도시 고용의 90%를 차지한다. 게다가 인구가 200만 명 이상인 대도시권은 모든 대도시 고용의 40%를 차지한다.

휴양과 은퇴를 위한 중요한 요소들을 갖춘 대도시권은 빠르게 성장하는 도시에 해당하는 반면, 제조업에 치중하는 대도시권은 느리게 성장하는 도시에 해당한다. 빠르게 성장하는 노스캐롤라이나 주의 샬롯(Charlotte)과 느리게 성장하는 오하이오 주의 영스타운(Youngstown)을 비교해 보자. 미국 공업벨트의 핵심에 위치한 영스타운은 제조업 일자리를 잃었으며 고급 서비스 부문에 투자를 유치하는 데 성공적이지 못했다. 대조적으로 미국에서 뉴욕 다음으로 큰 금융 도시인 샬롯은 고급 서비스업의 다양한 일자리를 유인하는 매력을 가지고 있다. 일반적으로 제조업은 더 이상 일자리를 창출하지 못하며, 불로소득 부문을 포함한 다른 부분이 총 수요의 증대에 기여하고 있다. 배당금, 이자, 임대료, 이전소득(transfer payment: Social Security, Medicare, Medicaid 등의 사회복지와 연금)으로 구성된 불로소득은 간접적으로 노동에 대한 수요와 새로운 일자리를 창출한다.

표 6.1은 1960년부터 2010년까지 미국의 산업별 고용의 비율 변화를 보여준다. 제조업 고용은 비농

표 6.1 산업 부문별 고용 분포의 변화: 1960년, 2000년, 2010년 (단위: %)

산업 부분	1960년	2000년	2010년	비율 변화: 1960~2010년	비율 변화: 2000~2010년
광업	1.31	0.39	0.50	−0.81	0.11
건설업	5.32	5.12	4.24	−1.08	−0.89
제조업	30.97	13.04	8.84	−22.13	−4.20
TCU*	7.38	6.53	5.71	−1.67	−0.82
도매업	5.54	4.48	4.18	−1.36	−0.30
소매업	15.46	20.50	21.03	5.57	0.54
FIRE**	4.92	5.81	5.85	0.93	0.04
서비스업	13.69	28.44	32.42	18.73	3.98
연방행정	4.19	2.16	2.28	−1.91	0.11
주·지방행정	11.21	13.54	14.96	3.75	1.42

출처: U.S. Bureau of Labor Statistics.
* 교통(Transportation), 통신(Communications), 공공시설(Utilities)
** 금융(Finance), 보험(Insurance), 부동산(Real Estate)

업 노동력에서의 비중이 1960년과 2010년 사이에 31%(1960년)에서 13%(2000년), 그리고 약 9%(2010년)로 급격하게 감소했다. 가장 크게 증가한 산업은 서비스업(사업서비스, 교육서비스, 의료서비스 등을 포함하는 분류)으로, 그 비중은 1960년의 약 14%에서 2000년의 28%, 2010년의 32%로 급증하였다. 또 다른 주목할 만한 변화는 연방정부 고용비율의 감소와 지방정부 고용비율의 증가이다. 이 기간 동안 소매업의 고용비율 또한 증가를 보인다. 그림 6.3은 지난 50년간 각 산업 부문 노동력의 비중이 극적으로 변화한 모습을 그래프로 보여준다.

제조업 도시 대 서비스업 도시 미국 대도시권들의 차이를 스탠백 모형에 따라 명확히 보여주는 예가 있다. 미국의 30대 대도시권에 있는 기업 본사들의 업종을 7개 경제 부문에 따라 분류했다. 각 경제 부문에 대한 기업 본사의 비율을 계산하고 30개 대도시권을 제조업 도시와 서비스업 도시의 두 가지 유형으로 그룹을 지었다(그림 6.4 참조). 표 6.2는 클리블랜드(공업

도시)와 피닉스(서비스업 도시)에 대한 7개 경제 부문별 비율분포를 보여준다. 두 대도시권의 기본적인 차이는 (1) 제조업 부문의 비율이 피닉스(18%)에 비해서 클리블랜드(49%)가 월등히 높다는 것과 (2) 서비스업 부문의 비율은 클리블랜드(17%)에 비해서 피닉스(30%)가 월등히 높다는 것이다. 두 도시 간의 차이는 건설업, 도매업, 금융·보험·부동산업(FIRE)에도 나

표 6.2 클리블랜드와 피닉스에 위치한 기업 본사들의 경제 부문별 비율

경제 부문	Cleveland	Phoenix
제조업	49.4	17.8
서비스업	17.1	29.7
FIRE*	5.7	12.6
건설업	4.5	10.2
도매업	11.4	17.8
TCU**	3.3	3.4
소매업	8.6	8.5
합계	100.0	100.0

출처: 저자가 수집한 자료.
* 금융, 보험, 부동산
* * 교통, 통신, 공공시설

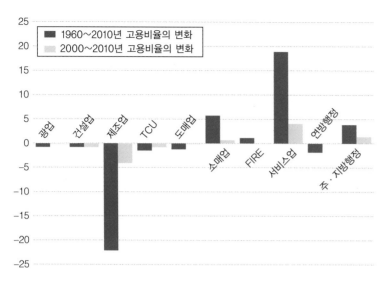

그림 6.3 산업 부문별 고용 분포의 변화: 1960~2010년, 2000~2010년.
출처: U.S. Bureau of Labor Statistics 자료를 토대로 작성.

타난다. 두 도시의 대조적인 비율분포의 의미는 피닉스가 서비스 기반 도시로서 새로운 고급 서비스경제로 순조로운 전환을 이루었으며 빠른 인구성장을 향유했다는 것이다. 반면에 클리블랜드는 제조업 기반 도시로서 1970년 이래 많은 제조업 일자리를 잃었으며, 새로운 고급 서비스 경제로 전환하는 데 어려움을 겪었다. 또한 그 대도시권의 인구성장은 느리게 진행되었으며, 클리블랜드 시 자체는 1970년 이래 오히려 인구가 감소하였다.

그림 6.4는 미국의 제조업 기반 대도시와 서비스업 기반 대도시의 지역적 분포를 보여준다. 중서부의 모든 대도시권은 주 수도인 오하이오 주의 콜럼버스와 인디애나 주의 인디애나폴리스를 제외하면 제조업에 치중하고 있다. 마찬가지로 동부 해안 도시들도 워싱턴과 보스턴을 제외하면 모두 제조업 기반 도시들이다. 캘리포니아 주에서는 오직 샌디에이고 만이 서비스 기반이다. 텍사스 주의 모든 대도시들(댈러스-포트워스, 휴스턴, 샌안토니오)은 제조업 도시로 분류된다. 대조적으로 선벨트(Sunbelt) 지역 내에서는 오직 플로리다 주의 탬파(Tampa) 만이 제조업 도시로 분류된다.

미국 제조업의 최근 변화 지난 수십 년 동안 미국에서는 제조업 고용이 감소해 왔다. 그렇지만 일반적으로 언론에서는 제조업 일자리 감소를 현대의 독특한 특징으로 강조하고 있다. "위스콘신 주 오시코시(Oshkosh)에 있는 한 공장이 문을 닫아서 120명이 직장을 잃었다!"는 식으로 언론에서는 반복한다. 예를 들어 1994년부터 2002년까지 미국의 제조업에서 370만 개의 일자리가 사라져서, 제조업 고용이 1994년의 1,810만 명에서 2002년의 1,440만 명으로 약 20% 이상이 감소했다. 같은 기간 동안 미국 전체 고용에 대한 제조업 고용의 비율은 약 6%가 떨어져서, 1994년의 18.7%에서 2002년의 12.8%로 감소하였다. 그 기간에 고용 감소가 가장 심했던 주들을 살펴보면 남부의 앨라배마, 미시시피, 노스캐롤라이나, 사우스캐롤라이나와 함께 미시간(자동차산업), 델라웨어, 로드아일랜드 등이 있다(Bowen, 2006).

미국 제조업의 고용 감소는 업종별, 지역별로 다르게 나타난다. 예를 들어 철강산업과 자동차산업의 고용 감소는 미국 중서부와 일부 다른 도시들에 많은 영향을 미쳤다. 남부에서는 섬유 및 의류산업이 가장 심

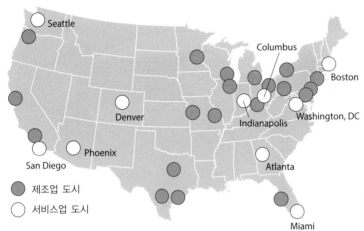

그림 6.4 제조업 도시와 서비스업 도시로 분류한 미국의 30대 대도시권.
출처: Wheeler(1986)를 수정.

각한 타격을 입었다. 남부의 자동차산업은 외국 기업들 덕분에 고용 증가가 이루어져서 다른 산업의 고용 감소를 다소 상쇄할 수 있었다.

그렇지만 언론들이 거의 항상 잊고 있는 것은 미국 제조업의 생산성은 증가하고 있다는 사실이다. 그림 6.5를 보면 노동 시간당 제조업 생산으로 측정한 생산성은 1950년 이래 꾸준히 증가했으며, 1990년부터 2000년 사이에는 생산성이 53% 증가하고, 2010년까지는 추가로 72%가 증가하는 등 1990년 이후의 생산성은 가속적인 증가율을 보이고 있다.

제조업 고용의 감소는 미국 전체적으로 동일하게

나타나지 않았다. 보엔(John Bowen, 2006)은 무역으로 인한 고용 감소 자료를 사용하여 미국의 제조업 고용 감소를 연구하였다. 그는 무역으로 인한 고용 감소의 1차적 패턴은 저소득과 낮은 교육수준을 보이는 지역과 상관이 있다는 것을 밝혀냈다. 게다가 이런 가난한 지역들은 북미자유무역협정(North American Free Trade Agreement, NAFTA)에 의해 가장 부정적인 영향을 받았으며, 또한 대체산업을 유치하기에는 경쟁력이 너무 약한 지역이다. 이러한 주들에는 남부의 앨라배마, 미시시피, 노스캐롤라이나, 테네시가 해당된다. 태평양 북서부의 오리건 주, 워싱턴 주와 북

그림 6.5 노동 시간당 제조업 생산성의 증가, 1950~2011년.
출처: U.S. Bureau of Labor Statistics.

동부의 메인 주도 무역으로 인한 고용 감소로 고통을 받았다. 미국 제조업 부문의 심각한 문제에도 불구하고 최근에 와서는 첨단기술 변화, 유연적 생산(글상자 6.1), 적시 배달(글상자 6.2) 등으로 발전하고 있다.

1980년대의 러스트 벨트 스탠백에 의하면, 제조업에 높은 고용 집중을 보이는 대도시권들은 이미 강한 서비스 요소를 가진 도시들보다 새로운 서비스 경제에 적응하는 데 어려움을 겪었다. 예를 들어 클리블랜드,

버펄로, 시카고, 디트로이트 같은 도시들은 새로운 서비스 경제로 전환하는 것이 느렸다(그림 6.4). 제조업 일자리가 없어질 때 그 노동력은 대체적으로 서비스업, 특히 고급 또는 생산자 서비스업으로 옮길 준비가 안 되어 있었다.

그림 6.6(a)는 소위 러스트 벨트(Rust Belt)의 한 지역인 인디애나, 오하이오, 미시간 주에서 1980년부터 1987년까지의 제조업 고용변화를 보여준다. 러스트 벨트라는 용어는 낡은 공장, 철강이나 자동차 같은 제

글상자 6.1 ▶ 유연적 생산

포드(Henry Ford)는 Model A와 Model T 자동차와 함께 처음으로 효율적인 대량생산 방식을 개발한 인물이다. 이러한 자동차의 대량생산 체계는 규모의 경제 또는 생산 단위당 비용 절감을 가능하게 했다. 포디즘(Fordism)이라고 하는 이 체계는 3~4세대를 이어가면서 지배적인 기술체계가 되었다. 포디즘은 차츰 미국에서 캐나다, 서유럽, 일본 등으로 퍼져나갔다. 포디즘은 고도로 효율적인 대형 제조 공장에서 대량으로 생산된 제품을 소비할 대규모 시장에 의존하였다. 대략 1970년대부터는 대량생산된 제품의 소비가 세계의 생산용량보다 뒤처지게 되어, 새로운 기술과 포스트포디즘(post-Fordism)적 생산체계를 추구하게 되었다.

이 새로운 생산체계는 **유연적 생산**(flexible production)이라고 하며, 컴퓨터 소프트웨어 개발과 고품질의 원격통신에 의존한다. 중앙 통제식 대기업과 노동의 관계는 대량생산으로부터 유연적 생산으로 변화되었다. 유연적 생산은 프로그램된 설비와 로봇이 반복적인 동작으로 대량생산을 하지만 같은 조립라인에서 다소 다른 제품을 생산한다. 포디즘에서는 제조업자가 도소매업자들이 구매하도록 다소 강제된 제품을 생산하지만, 유연적 생산에서는 소매업자, 특히 Walmart 같은 대형 소매업자가 원하는 종류와 수량을 제조업자에게 주문할 수 있다. 예를 들어 Kroger 식료품 체인점의 본사는 Breyers 아이스크림을 만드는 Unilever 회사에 어떤 종류의 아이스크림을 얼마나 필요한지 원하는 대로 주문할 수 있다. 그러면 Unilever의 유연적 생산시스템은 Kroger가 주문한 대로 처리하여 생산한다.

제품 디자인, 생산, 분배를 통합하는 시스템에 의존하는 유연적 생산체계에 덧붙여서, 유연적 고용체계가 자리 잡고 노동조합을 일부 대체해 나가고 있다. 이러한 시스템은 시간제 및 임시직 고용과 하청계약에 대한 의존을 증가하게 만든다. 게다가 생산라인은 시장 수요에 대한 지속적인 정보를 대형 소매업자들로부터 직접 받아서 원하는 제품이 곧장 그들에게 빨리 배달되도록 하고 있다. 예를 들어 카펫 판매부서는 이틀 안에 어떤 색의 카펫이 얼마나 필요한지 직접 카펫 공장에 연락할 것이다. 그러면 직공은 몇 명 없고 고도로 유연하게 프로그램할 수 있는 카펫 기계가 있는 공장의 작업자는 단추를 누르기만 하면 기계는 주문받은 카펫을 생산하고 쉽게 운반하도록 둘둘 말아서 공장 뒤뜰에서 기다리는 트럭에 싣는다. 유연적 생산에는 대기업과 소기업이 모두 참여할 수 있어서 소비자들은 폭넓은 선택을 할 수 있다.

스캇(Allan Scott, 1988, p. 182)은 "현대 자본주의 생산체계는 지난 20여 년 동안 상대적으로 엄격한 포디즘적 산업구조를 더 유연적인 형태의 생산조직으로 확실하게 변화시키고 있다."고 언급하였다. 그 결과 현대 자본주의의 입지적 기초가 분명히 바뀌게 되었다. 유연적 생산 체계는 오래된 도시 내의 입지를 피하고 교외 주변부에 있는 입지를 찾는다. 지역적인 수준에서는 거대기업이나 노동조합과는 직접적인 접촉이 거의 없었던 선벨트의 대도시권이 유연적 생산을 위한 입지로 각광을 받고 있다.

글상자 6.2 ▶ 적시 배달

유연적 생산과 다소 관련이 있는 조업 방식으로 **적시**(just-in-time, JIT) 배달이 있다. JIT는 재고와 창고를 없애는 생산 전략이다. 부품 부족으로 조립라인이 중단되는 것을 방지하기 위해서 최종생산물에 들어갈 많은 부품들을 가까운 창고에 보관하는 대신 부품들이 조립라인에서 사용될 수 있도록 시간에 맞추어(適時에) 배달하는 것이다. 그러면 재고 창고의 엄청난 비용을 절감할 수 있다. JIT는 같은 부품도 하루에 몇 번씩 배달될 수 있도록 효율적인 운송체계가 필요하다. 전체 시스템은 다음 부품이 필요할 때 그 생산과정을 알려주는 일련의 신호에 의해 운영된다. 그래서 부품 재고가 재주문할 수준으로 떨어지면 새로운 부품이 주문된다. JIT는 막대한 비용절감 효과가 있다는 것이 증명되었다.

전통적으로 제조업자들은 단순히 소매업자가 판매할 제품을 창의적으로 생산해서 소매업자들에게 떠넘긴다(그림 B6.1). 지금은 대형 소매업자 Walmart가 시작한 방식으로, 소매업자들이 주도적으로 그들이 원하는 제품을 언제, 어디로 적시에 배달하라고 정확하고 상세하게 제조업자들에게 주문하고 있다.

포드도 1922년에 소량의 적정 재고가 유리하다는 것을 인식했지만, 당시 철로에 의존하는 운송체계는 적시 배달에 부적합했다. "원료를 구입할 때 즉시 필요하지 않은 것을 구입하는 것은 적절하지 않다는 것을 알았다. 그러나 교통이 나쁘기 때문에 더 많은 재고를 보관해 두어야 한다."

JIT 방식은 자동차산업에서는 보편화되어 있다. 토요타 자동차회사는 일본의 토지가 공급 부족 상태가 되자 JIT 방식을 먼저 도입한 것으로 유명하다. 조립라인이 중단되면 엄청난 피해가 발생하기 때문에 토요타는 보통 두 군데의 부품 공급자를 사용하고, 그 공급자들과는 단기적인 가격경쟁 관계가 아닌 장기적 관계를 맺는다. 그 이유는 토요타의 전체 공급자 네트워크와 양질의 관계를 유지하기 위한 것이다. 점점 더 제조업자들은 제품의 재고를 대량 보유하는 대신 주문(made-to-order) 생산으로 이행하고 있다. 이것은 소매 주도(retail push)의 또 다른 예이다. 주문 제조는 JIT 시스템으로 매우 원활해졌다.

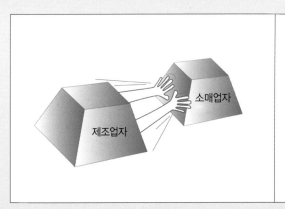

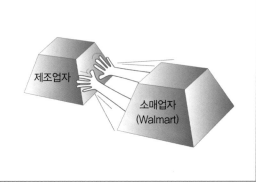

(a)　　　　　　　　　　　　　　　　　　(b)

그림 B6.1　(a) 전통적인 공업체계에서 제조업자는 소매업자가 판매할 제품을 창의적으로 생산한다. 그렇지만 (b) Walmart 같은 대형 소매업자들은 그들이 원하는 제품을 수량, 색상, 형태, 납품 일시, 납품 장소 등을 지정하여 제조업자들에게 주문하고 있다.

품의 생산 감소, 인구 감소가 나타나는 지역을 의미한다. 클리블랜드는 40,000명의 고용이 감소했고, 미시간 호의 남쪽 끝에 위치한 제철도시인 인디애나 주의 게리(Gary)는 30,000명의 고용이 감소했다. 또한 신시내티, 인디애나폴리스, 디트로이트에서도 주목할 만큼 고용 감소가 발생했다. 제조업 일자리의 감소는 인디애나 주의 사우스벤드(South Bend), 오하이오 주의 콜럼버스(Columbus)와 데이튼(Dayton), 미시간 주의 그랜드래피즈(Grand Rapids)를 제외하면 이 지역의 모든 대도시권에서 나타났다(글상자 6.3).

1980년대의 제조업 고용 감소와는 대조적으로 서비스업 고용은 이 지역의 모든 대도시권에서 증가하였다(그림 6.6(b)). 가장 많이 증가한 곳은 디트로이트였다. 제조업에서 가장 많은 고용 감소를 보였던 클리브랜드는 이 기간 동안 서비스업 고용이 50,000명 증가하였다.

그림 6.6(a)와 (b)를 비교하면 미국 중서부의 한 지역에서 1980년대에 있었던 대도시 경제의 변화를 알 수 있다. 운 좋게도 1990년대부터 나타난 서비스업 고용의 꾸준한 증가는 제조업 고용의 감소를 상쇄하고도 남게 되었다. 비록 공업의 쇠퇴는 미국의 모든 지역에서 나타나고 있지만, 결과적으로 지금 러스트 벨트라는 용어는 대부분 역사적 의미만 남게 되었다.

첨단기술과 창조경제의 출현

미국의 인적 자원 또는 고급 인력의 도시지리는 단지 몇 개의 주요 대도시권에 고도로 집중되어 있다. "고급 인력은 첨단산업의 입지와 밀접하게 연관되어 있다. 고급 인력과 첨단산업은 더 높은 지역 소득을 창출하기 위해서 독립적으로 그리고 함께 일을 한다"(Florida, 2002, p. 174). 어떤 대도시권은 재능 있는 사람들, 특히 원하는 지역으로 이주할 수 있는 고학

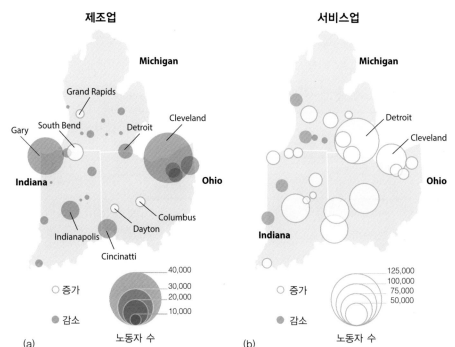

그림 6.6 인디애나, 오하이오, 미시간 주에서의 (a) 제조업 고용의 변화와 (b) 서비스업 고용의 변화, 1980~1987년.

글상자 6.3 ▶ 미국 러스트 벨트 도시들의 재구조화

윌슨과 와우터스(Wilson and Wouters, 2003)는 미국 중서부의 과거 러스트 벨트(Rust Belt) 제조업 도시들이 1980년대와 1990년대에 어떻게 경제구조를 바꾸었는가를 설명하는 데 있어 두 가지 주제에 초점을 두었다. 그 두 주제는 (1) 세계화 시대를 맞이한 중서부 도시들 간의 가열된 경쟁과 (2) 도시 내에서 기업 리더십과 성장 연대(growth coalition)의 역할이다. 이 두 가지 힘은 점차 러스트 벨트 도시들을 재구조화했으며, 서비스 부문의 일자리를 성장시켰다. 축소, 폐쇄, 이전되는 제조업 일자리는 도시 인구와 시 자치정부의 재정 수입에 막대한 영향을 미쳤다.

표 B6.1은 클리블랜드와 세인트루이스의 인구와 제조업 고용이 1970년과 1990년 사이에 감소한 것을 보여준다. 두 도시의 인구는 30% 이상 감소했다. 두 도시를 합친 제조업 고용은 12만 명(52%) 이상 감소했다. 이러한 감소는 클리블랜드의 U.S. Steel과 세인트루이스의 Chrysler Plant No.1 같은 대형 제조업 공장들의 폐쇄 또는 이전에 기인한다.

제조업 고용이 엄청나게 감소하게 되자, 러스트 벨트 도시들은 새 일자리와 투자를 유치하기 위해서 심각하게 경쟁했다. 뉴욕, 런던, 도쿄 등 많은 지역 중심지에서 내려지는 투자 결정은 빠르게 발전하는 새로운 서비스 경제 하에서 침체된 도시들의 경제 회복에 영향을 미친다는 사실을 알게 되었기 때문에, 이 중서부 도시들은 세계 수준에서 경쟁해야 했다. 이 도시들은 그들의 강점과 비교 우위를 발견하고 강조를 했

는데, 그 예로는 세인트루이스의 미시시피 강과 클리블랜드의 이리 호가 있다. 도시의 이미지는 세계 경쟁에서 중요하다. 새로운 일자리는 금융기관, 법무법인 같은 고급 서비스업이나 첨단기술 기업에서 창출되었다. 사무직(white-collar) 시장은 미국 전체적으로 성장하여, 질 좋은 주택, 위락, 식당 등의 수요가 증가하였다.

기업의 리더십은 건설업자, 부동산업자, 개발업자, 언론, 공무원(시장 등), 대기업 등으로 구성된 성장 연대를 통해서 명확해졌다. 세인트루이스의 예를 들면 Anheuser-Busch, Monsanto, Ralston Purina 같은 기업이 눈에 띄는 역할을 수행했다. 그 리더십은 공적 이익과 사적 이익 간의 협력을 포함한다. 그 결과는 다운타운 재활성화(revitalization) 노력으로 나타났으며, 젠트리피케이션, 고급 서비스 고용을 위한 CBD의 변화, 위락시설이나 박물관 같은 문화 공간, 스포츠 복합시설과 경기장의 건설, 수변(waterfront) 개발 등이 시도되었다. 그 목적은 투자를 유치하고 일자리를 만들 수 있는 바람직한 물리적·기업적·사회적 환경을 조성하기 위한 것이다.

이와 같이 새로운 세계 경제에서 중서부 러스트 벨트 도시들 간의 가열된 경쟁과 공공-민간 성장 연대에서의 혁신적인 기업 리더십의 결과, 과거의 러스트 벨트 도시들은 더욱 강한 경제 기반을 확립하고 경제를 현대적 서비스 부문에 맞게 차츰 재구조화하였다.

표 B6.1 클리블랜드와 세인트루이스의 인구와 제조업 고용의 변화

	Cleveland		St. Louis	
	1970	1990	1970	1990
인구	751,046	505,616	662,236	396,685
제조업 고용	131,000	59,400	97,600	48,700

출처: Wilson and Wouters, 2003.

력자(인적 자본)들을 유인한다. 대도시권의 쾌적성(amenity) 또는 삶의 질(quality of life)과 대도시권이 고급 인력 또는 고임금 직장을 유치하는 능력은 밀접

한 관련이 있다. 이러한 도시에서 경제적 시장과 삶의 질이라는 비시장의 힘이 같이 작용을 한다. 플로리다(Richard Florida, 2005, p. 54)는 고급 인력에 대

표 6.3 대도시권 인구 100만 명당 소프트웨어 근로자 수

순위	대도시권	인구 100만 명당 소프트웨어 근로자
1	San Jose, CA	24,348
2	Washington, D.C.	22,562
3	San Francisco, CA	17,633
4	Boston, MA	16,871
5	Atlanta, GA	11,633
6	Dallas-Fort Worth, TX	11,345
7	Denver, CO	11,258
8	Oakland, CA	9,700
9	Minneapolis, MN	9,408
10	Raleigh-Durham, NC	9,309
11	Austin, TX	9,157
12	Seattle, WA	8,366

출처: Florida, 2005.

한 통찰력 있는 측정을 위해서 대도시권 인구 100만 명당 소프트웨어 근로자의 수라는 지표를 사용했다 (표 6.3). 이 표는 앞에서 본 고급 서비스 경제의 리더인 도시들의 목록과 같으며, 실리콘밸리가 있는 샌호세(San Jose)와 워싱턴이 그 목록의 앞부분을 차지하고 있다.

그림 6.7은 50개 미국 대도시권의 인구 1,000명당

전문직과 기술직 근로자의 수를 보여준다. 여기서 여덟 곳의 대도시권, 즉 애틀랜타, 오스틴, 댈러스, 덴버, 미니애폴리스-세인트폴, 리치몬드, 샌프란시스코, 워싱턴이 부각되었다. 미국에서 두 번째로 큰 대도시인 막강한 로스앤젤레스는 50위로 나타났는데, 이는 대체로 단순노동직의 라틴계 인구가 많기 때문이다. 미국에서 가장 교육수준이 높은 대도시권은 워싱턴으로 1990년도 인구의 약 42%가 학사학위 이상을 소지한 것으로 나타났다. 다른 다섯 곳의 대도시권, 즉 애틀랜타, 오스틴, 보스턴, 샌프란시스코, 시애틀은 인구의 30% 이상이 학사학위 이상을 소지했다. 라스베이거스는 교육수준에 있어 50위를 차지했는데, 인구의 14%만이 학사 학위 이상을 소지했다. 이러한 고급 인력은 첨단산업의 입지와 밀접한 연관이 있으며, 첨단산업은 지역인구의 성장과 지역소득의 증가를 이끌어 낸다.

많은 학자들과 정책입안자들은 최첨단 공학, 소프트웨어 게임 개발, 무선통신 기술 등의 창조 산업(creative industries)들을 유치하는 데 초점을 맞추고 있다. 만약 어떤 도시에 입지한 산업들이 혁신

전문직과 기술직 근로자

인구 1,000명당
- 60~240
- 241~320
- 321~400

그림 6.7 50개 대도시권의 인구 1,000명당 전문직과 기술직 근로자의 수.

(innovation)에 성공할 수 있다면, 그 도시의 경제는 번창할 것이다. 혁신은 재화와 서비스를 개발하고 생산하는 과정 안에 있을 수 있으며, 그 생산품 자체에 있을 수도 있다. 혁신의 한 지표는 특허 활동이다. 최근의 추세를 보면 특허 건수의 상당 부분이 기업 합병과 인수(M&A : merger and acquisition)를 목표로 하여 경쟁력을 강화하기 위해 노력하는 기업들에 의해 신청된다. 그렇다고 하더라도 특허는 여전히 혁신적인 경제활동의 유용한 지표이다. 특허 활동의 전통적인 지리적 위치는 미국의 북동부와 중서부로서, 전통적인 공업지대(manufacturing belt)의 힘을 반영한다. 존슨과 브라운(Johnson and Brown, 2004)은 1970년부터 2000년 사이에서 25년간 승인된 특허는 지역적인 역전이 있었다는 것을 알아냈다. 즉 Microsoft 사가 있는

태평양 북서부와 많은 컴퓨터 관련 회사들이 있는 캘리포니아는 혁신의 온상이 된 것이다. 북동부는 지난 10여 년간 강력한 재기를 보였으며, 지금은 서부 해안 지역과 경쟁하고 있다. 이러한 동부 해안과 서부 해안 패턴은 그림 6.8을 보면 명확히 드러난다. 그림 6.8은 특허 신청 건수가 서부 해안, 특히 샌프란시스코 만 지역과 북동부, 특히 다시 한 번 혁신의 주요 중심지가 된 뉴욕에 많이 집중되어 있는 것을 보여준다. 전통적인 데스크탑과 랩탑(노트북) 컴퓨터는 비교적 쇠퇴하고 휴대전화와 인터넷기반 기술이 발전하는 것도 알 수 있다. 벤처 캐피털(venture capital, 모형 자본) 활동을 지도로 나타냈을 때도 매우 유사한 패턴이 나타난다(그림 6.9).

플로리다(Richard Florida)는 이러한 생각을 확대해

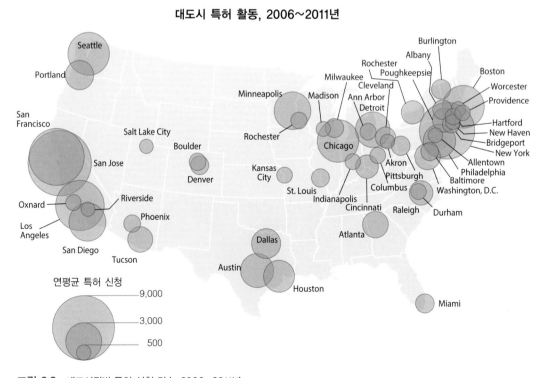

대도시 특허 활동, 2006~2011년

그림 6.8 대도시권별 특허 신청 건수, 2006~2011년.
출처 : http://www.brookings.edu/research/interactives/2013/metropatenting 자료를 토대로 작성.

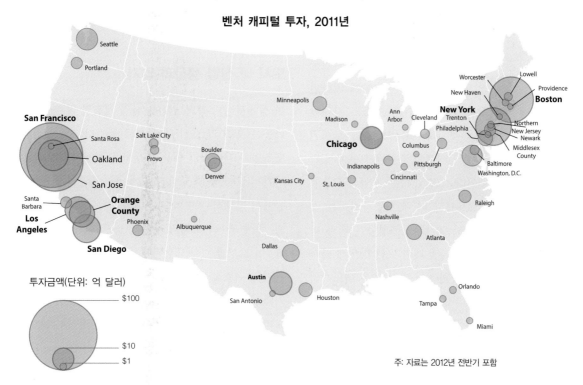

벤처 캐피털 투자, 2011년

그림 6.9 벤처 캐피털 투자, 2011년.
출처: The MoneyTree Report by PwC and NVCA as reported by http://www.newsworks.org 자료를 토대로 작성.

서 도시경제의 성장은 세계화 시대에 빠르게 혁신하는 도시의 능력에 달려 있다고 주장했다. 그는 창조적인 산업(industry)들은 도시경제의 성장에서 여전히 중요하지만, 정말로 문제가 되는 것은 일하는 업종과 무관하게 창조적인 근로자(worker)들이 모이는 것이라고 한다. 그리고 창조적인 근로자는 점점 더 매력적이고 밀집하여 높은 삶의 질을 제공하는 도시에서 살며 일하기를 원한다고 한다. 또한 창조적인 계층에게 매력적인 도시가 되려면 예술을 진흥하고 게이와 레즈비언까지 용인하는 관용적인 사회를 권장해야 한다. 모든 업종에서 창조적인 직업(occupation)들을 진흥하면, 모든 유형의 도시들이 경쟁력을 향상시킬 수 있다고 플로리다는 주장한다. 플로리다의 주장에 대해 비평가들은 창조적인 사람들이 살기에 매력적이지만 경제

여건이 좋지 않은 도시들이 있다고 지적한다. 플로리다의 주장은 끝에 가서 원하는 결과를 이끌어낼 가능성이 거의 없는 '생활양식(lifestyle)' 계획안에 대한 낭비적인 공공 지출로 이어질 것이라고 비평가들은 우려한다.

2000년대 말의 대불황(Great Recession, 금융위기)의 영향으로 도시체계가 어떻게 변할 것인가에 대해 확실히 알기에는 너무 이르다. 그렇지만 제조업이 또 다른 후퇴로 고통 받을 것이라는 것은 안다. 1960년부터 2000년까지 전체 경제에서 제조업 고용의 비율은 31%에서 13%로 큰 폭으로 떨어졌지만, 제조업 고용의 총수는 1,680만 명에서 1,720만 명으로 증가하였다. 그렇지만 2000년부터 2010년까지 제조업 고용의 비율은 4%가 추가로 하락하였으며, 또한 고용 총

수도 33%가 하락하여 1,150만 명이 되었다. 최근의 연구에 의하면 무기력한 경기회복에 따라 고임금 일 자리와 저임금 일자리가 서로 다른 대도시권에 집중 되고 있다는 것을 알게 되었다. 그림 6.10에 의하면 고임금 고용은 워싱턴 지역과 샌프란시스코 지역에 서 가장 높은 증가율을 보인다. 미국의 3대 대도시권 인 뉴욕, 로스앤젤레스, 시카고는 고임금 고용에서 단 지 완만한 증가를 보인다. 그림 6.11은 저임금 고용이 전체적으로 고임금 고용보다 더 빠르게 증가하는 것 을 보여주는데, 이는 소득과 부의 불평등 문제가 더 심해진 것을 반영한다. 지리적 패턴 또한 다르게 나타 나는데, 저임금 고용의 증가율이 가장 높은 대도시권 은 세인트루이스와 리버사이드(캘리포니아 주)이다. 저임금 고용의 증가율이 그다음으로 높은 대도시권 은 여러 곳이 있는데, 대표적인 곳은 콜럼버스(오하이 오 주), 뉴올리언스(루이지애나 주), 올랜도(플로리다

주), 로체스터(뉴욕 주) 등이다.

도시 내 산업 생산과 입지

이 절에서는 우리의 초점을 산업(제조업 및 다른 경제 활동을 포함)의 도시 내 입지로 옮긴다. 다른 장에서 제조업과 서비스업 활동의 분산을 설명한 적이 있다. 여기서 도시 및 대도시권 내에서 제조업의 입지와 생 산에서 발생하는 변화를 이해하는 두 가지 개념적 방 법, 즉 월러-박 모형과 제품 수명주기 모형을 소개한 다. 이 모형들은 대도시권에서 제조업의 입지 변화에 관련된 구조적 요인을 찾아내는 일반 모형인 반면, 워 커와 르위스(Walker and Lewis, 2005)는 중심도시에서 교외 입지로 산업이 확산되는 것을 설명하는 세 가지 주요 기능적 과정에 초점을 맞춘다. 첫째는 도시지리 적 산업화로 도시 팽창은 공업 성장과 자본 축적에 그

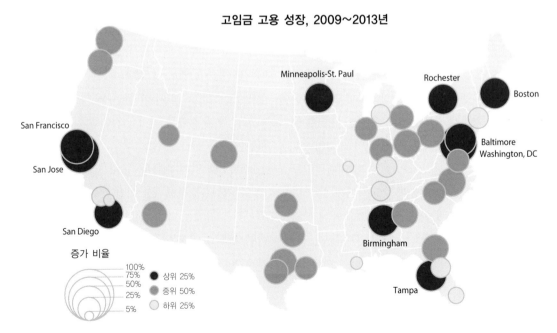

그림 6.10 고임금 고용 성장, 2009~2013년.
출처: Florida, 2013b를 토대로 작성.

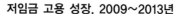

저임금 고용 성장, 2009~2013년

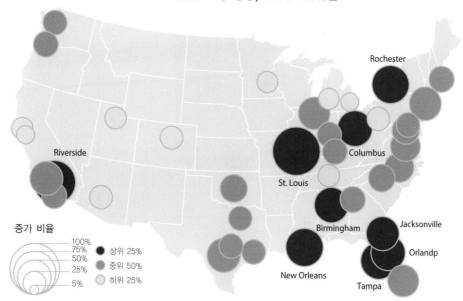

그림 6.11 저임금 고용 성장, 2009~2013년.
출처: Florida, 2013a 자료를 토대로 작성.

기반을 두고 있다는 것이다. 이것이 노동력과 신기술을 유치하는 새로운 장소를 만들게 되어, 그 결과 교외 입지의 산업지구가 나타나게 된다. 두 번째 요인은 부동산 투자로, 교외 변두리에 투자해야 이익이 남기 때문에 교외에 주택 개발과 고속도로 건설뿐 아니라 산업 집중이 이루어지는 것이다. 셋째는 업계와 정부의 지도자들이 이끌어 가는 정치적 과정이다. 그러므로 워커와 르위스는 윌러-박 모형과 제품 수명주기 모형의 토대가 되는 과정들을 분명하게 밝혔다.

윌러-박 모형

윌러-박 모형(Wheeler-Park model)은 대략 1850년 이래 대도시권 내의 제조업 입지의 기본적 변화를 설명한다. 특히 이 모형은 중심도시와 교외 사이의 차이점과 유사점에 초점을 맞추고 있다(그림 6.12). 이 모형은 6단계로 구성된다. 그림 6.12의 진한 색 곡선과 연

한 색 곡선이 유사한 추세를 보이지만, 표시되는 기간은 차이가 있다는 것을 주목하라. 이 선들은 각각 중심도시와 교외에 위치한 제조업의 규모 또는 강도를 나타내며, 그 규모는 총고용 또는 생산력(생산된 제품의 수량 또는 가치)으로 측정하였다. 수평축은 시간을 나타낸다.

그림 6.12의 진한 색 곡선은 중심도시에서의 제조업 추세를 보여준다. 1장에서 중심도시(central city)는 시 경계로 둘러싸인 지역 또는 정치적인 자치구역이라고 하였다. 대도시권(metropolitan area)은 중심도시와 그 교외지역을 포함하며, 교외지역은 대개 중심도시보다 넓은 지리적 면적을 차지한다.

윌러-박 모형은 제조업이 먼저 중심업무지구(CBD)와 그 주변에 입지하게 되는 **초기 집심**(initial centralization) 단계로 시작한다. 제조업자들은 다운타운 입지를 선호했는데, 그 이유는 다운타운이 철도 노

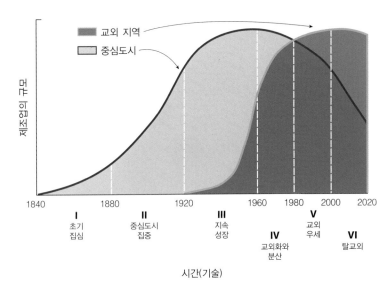

그림 6.12 대도시 제조업의 입지 변화를 개념화한 6단계의 윌러-박 모형.

출처: Wheeler, James O. and Sam Ock Park, 1981을 수정.

선과 상업 활동의 초점이었기 때문이다. 또한 다운타운에서는 도시의 노동 시장도 쉽게 접근할 수 있다. 초기 집심의 시간 범위는 대략 1850년부터 1880년이다. 이 기간의 많은 도시들은 공업활동보다는 상업활동에 치중하고 있었다.

두 번째 단계는 중심도시 집중(central-city concentration) 단계로, 해당 기간인 1880년부터 1920년까지는 철도의 전성기이며 동부 해안과 중서부의 일부 대도시가 우세한 공업도시로 발달한 시기이다. 동부 해안의 대도시들(뉴욕, 필라델피아, 볼티모어, 보스턴)은 대서양 항구의 이점을 누리고 있었으며, 대부분의 중서부 공업도시들은 오대호(시카고, 디트로이트, 클리블랜드) 또는 미시시피 강과 오하이오 강(세인트루이스, 미니애폴리스, 신시내티)에 접근할 수 있는 항구를 가지고 있었다. 공업은 CBD 주변뿐 아니라 CBD에서 뻗어 나오면서도 여전히 중심도시 안에 위치한 철도 노선을 따라 집중했다.

세 번째 단계는 지속 성장(continuous growth) 단계라고 이름 붙였다. 어떤 의미에서는 세 번째 단계는 두 번째 단계의 연속이지만, 다른 점도 있다(그림 6.12 참

조). 이 단계에는 교외 제조업의 최초 출현이 있지만 그로 인하여 발전된 것은 아니다. 대략 1920년부터 1960년까지 지속된 이 단계에서 중심도시 제조업은 최대 집중에 이르렀다. 자동차 트럭은 점점 철도를 대체해 나갔다. 미국 내륙에서도 인디애나폴리스, 버밍햄, 댈러스 같은 공업 도시들이 차츰 출현하기 시작했다. 그림 6.12에서 보는 것처럼 제조업 활동에 있어서 중심도시 입지는 교외 입지에 비해서 압도적이었다.

네 번째 단계인 교외화-분산(suburbanization-decentralization) 단계에서 제조업 고용은 넓은 교외지역에서 폭발적으로 증가하였고 혼잡하고 낡은 중심도시에서는 감소하기 시작하였다. 1960년부터 1980년까지 나타난 교외지역의 성장과 팽창은 철로가 지배하던 1880년부터 1920년까지의 중심도시 성장과 유사했다. 중심도시에 있던 일부 공장들은 교외로 이전했다. 그렇지만 교외의 공장들 중 다수는 교외에서 처음 시작한 새 공장들이었다. 이 공장들은 원료를 공급하고 제품을 가져가기 위해서 자동차 트럭을 사용했다. 비록 제조업 입지가 이 기간 동안 중심도시에 더 많이 집중되어 있었지만, 그림 6.12에서 보는 것처럼 교외

지역이 빠르게 따라잡고 있다.

　다섯 번째 단계는 교외 우세(suburban dominance) 단계라고 할 수 있다. 이 단계는 중심도시의 제조업이 더욱 빠르게 쇠퇴하고 교외지역이 우세해지는 것이 특징이다. 첨단기술의 제조업은 표준적인 원칙이 되었다. 교외의 공장들이 숙련된 교외 노동력을 구할 수 있게 되자, 중심도시 주민들은 교외의 새로운 일자리로부터 소외되었다(5장 참조). 교외지역은 저비용 토지가 넓게 펼쳐서 있는 경우가 많으므로, 공간이 제한된 중심도시와는 대조적이다. 적어도 1980년부터 나타난 이러한 교외 우세는 21세기에 들어서도 줄어들지 않고 지속되고 있다.

　어떤 도시학자는 21세기부터 여섯 번째 단계인 탈교외 시대(post-suburban period)에 진입하고 있다고 주장한다. 예를 들어 플로리다(2013a)는 경제혁신이 교외지역을 벗어나고 있다고 주장하면서, 샌프란시스코와 샌호세 사이에 펼쳐진 교외지역에 위치한 실리콘밸리처럼 새로운 경제의 성장축으로 존경받던 교외지역에서도 마찬가지라고 하였다. 샌프란시스코 시내에 있는 벤처캐피털 활동은 실리콘밸리에 있는 벤처캐피탈과 비교해서 충분히 경쟁력이 있다고 한다. 그는 뉴욕의 브룩클린처럼 매우 밀집한 도시 입지도 혁신적이며 창조적인 활동의 발생지가 될 수 있으며, 과거 수십 년간 첨단기술이 집적된 교외지역도 변화에 적응해 나가지 못하면 실패를 볼 수 있다고 주장한다.

제품 수명주기 모형

도시 내의 제조업 입지를 이해하는 두 번째 개념적 접근은 **제품 수명주기 모형**(product life-cycle model)이다. 이 모형은 4단계로 구성되며, 각 단계는 대도시 또는 중소도시 내부에 나타나는 여러 유형의 제조업 입지와 연관되어 있다. 각 단계는 (1) 도입(introduction) (2) 성장(growth) (3) 성숙(maturity) (4) 쇠퇴(decline)로 구분한다. 모든 제품에는 내재적인 수명주기가 있다는 개념에 기초하여 각 단계는 생산비, 총수입, 이익의 상이한 결합으로 특징이 나타난다. 그림 6.13은 이러한 네 단계와 도입 단계 앞에 제품개발 기간이 추가된 것을 보여준다. 그림 6.14는 주요 세 단계의 각각에 필요한 다양한 생산비 요소들의 상대적 중요성을 보여준다. 이에 따라 제조업체의 입지 선호가 단계별로 다르게 나타난다.

　이 모형의 초기 단계에서는 신제품이 개발되고 개선된다. 이 도입 단계는 또한 가장 위험한 단계로 많은 신제품들이 이익을 남길 만큼 성공하지는 못한다. 이 단계에서 가장 중요한 비용 요소는 (1) 제품의 제작, 개발, 개선을 위한 연구 및 공업기술(research and engineering)과 (2) 도시화 경제(urbanization economies)이다. 도시화 경제는 도로, 고속도로, 상하수도, 풍부한 노동력, 소비자를 위한 소매업 및 기타 서비스, 사업체를 위한 서비스 접근성 등 하부구조적 이점이 많은 도시 지역에 입지하여 얻는 비용 절감을 의미한다. 이 단계에서는 상대적으로 적은 자본이 요구되며, 단순노동력도 필요하지 않다. 이러한 초기 단계에는 기

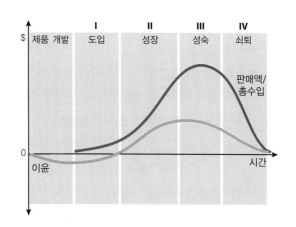

그림 6.13 제품 수명주기 모형의 4단계.

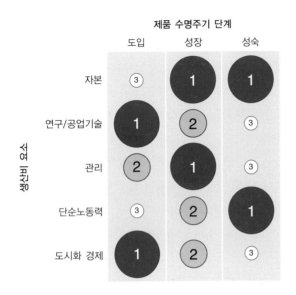

그림 6.14 제품 수명주기 모형의 주요 세 단계에 필요한 생산비 요소들의 상대적 중요성.

본적 필요와 비용 최소화를 위해서 도시의 하부구조에 의존한다. 그러므로 이 단계의 기업은 당연히 도시 입지를 선호한다.

두 번째 단계는 제품 주기에 있어서 성장 단계이다. 도입 단계에서 성공과 이윤을 얻었다고 가정하면, 이 성장 단계에서 제조업체는 제품의 수요가 높아지는 것을 보게 된다. 그 기업은 높은 이윤을 얻게 된다. 어떤 경우에는 첫 단계에서 성취한 혁신이 성장 단계에서 엄청난 이익을 창출하게 된다. 어떤 기업들은 그들이 생산한 제품과 관련하여 **과점**(oligopoly)의 한 부분이 되기도 한다. 과점 상태는 극도로 제한된 경쟁으로 인하여 단지 몇 개 기업들만이 제품을 생산할 때 발생한다. 이러한 기업들은 잠재적인 경쟁기업들을 누르고 유리한 고지를 선점한다.

이 성장 단계에서는 큰 규모의 새로운 생산 시설이 필요하게 되어, 기업은 생산 입지로서 값싼 교외의 토지를 찾기 때문에 도시화 경제는 훨씬 덜 중요하게 된

다. 마찬가지로 추가적인 연구나 공업기술이 요구되지도 않는다. 그러나 이제 빠른 성장의 관리는 중요해진다. 더 높은 수준의 관리와 판매가 지속적인 성장에 필수적이므로 관리 비용은 갑자기 증가한다. 게다가 생산량을 증대시키기 위해 더욱 강화된 자본 투입이 필요하다. 그 외에 공장 확장, 공간 확장, 원료 및 제품 운송 등이 필수적으로 요구된다. 전형적으로 대도시권의 가장자리에 입지를 찾게 되며, 교외 업무중심지 근처의 입지는 피하게 된다.

제품 주기의 세 번째 단계는 성숙 단계이다. 제품은 표준화되어 혁신적인 연구와 개발 개선은 거의 필요 없다. 다른 기업들도 기본적으로 동일한 제품을 생산하므로 경쟁은 심화된다. 이제는 성장 단계처럼 엄청난 이익을 축적하지는 못하지만, 시장 균형 수준의 정상적 이윤을 얻게 된다. 이 성숙 단계에서 생산비 요소는 다시 한 번 이동하게 된다. 자본은 매일 매일의 생산을 유지하기 위해서 여전히 필요하다. 그렇지만 이 단계의 성공을 위해서 저임금 단순노동력은 이제 필수적이다. 제품은 대량생산 체계로 표준화되었기 때문에 단순노동력도 생산과정을 수행할 수 있다. 이 단계에서의 일상적인 공정으로 인하여 관리 기능은 그 중요성이 상대적으로 감소하게 된다. 도시 입지의 필요성도 사라지게 된다. 이렇게 생산비 요소의 상대적 역할이 변하게 되자 기업들은 대도시권을 벗어나거나 외국으로 입지를 옮기기도 한다. 수십 년 동안 미국 남부의 농촌 지역은 뉴욕, 시카고, 애틀랜타 등지에 본사가 있는 **분공장 경제**(branch plant economy)를 통해서 성숙 단계에 있는 제조업체 분공장들을 수용했다. 최근에는 멕시코 같은 외국의 생산 시설에서 미국 노동력을 사용하는 비용의 극히 일부분으로 노동력을 제공하는데, 이는 많은 미국 노동자들에게 확실히 부정적인 영향을 준다. 이러한 외국에서의 생산

은 제품 주기의 성숙 단계나 쇠퇴 단계에 있는 기업과 제품(예를 들어 섬유와 의류)에게는 가장 적합하다.

정치경제학적 접근

이 장에서 지금까지는 도시의 산업경제 경관의 구성을 이해하는 데 있어서 전통적인 방법에 초점을 맞추었다. 그러나 도시가 지난 20년 내지 30년간 엄청나게 변했기 때문에 사회과학의 방법과 연구 접근법도 같이 변했다. 이 절에서는 생산경제의 도시 경관에 대해서 몇 가지 대안적 개념을 검토할 것이다. 특히 이 장에서 지금까지 논의했던 대부분의 개념은 개인이나 집단은 합리적인 방식으로 경제적인 결정을 내린다는 가정에서 (명시적으로 또는 암시적으로) 출발하였다. 그러나 이 절에서 논의하는 접근법은 이러한 가정에 근거하지 않는다. 이렇게 다른 가정에 근거하는 한 접근법으로 **정치경제학**(political economy)이 있다. 1970년대에 처음 등장한 이 접근법은 눈에 보이는 경제 경관을 형성하는 깊은 이면의 구조적 관계를 이해하려고 시도한다. 비록 신고전주의 경제학은 경제적으로 합리적인 의사결정이 경제 경관을 형성하는 가장 우세한 요인으로 확인하지만, 정치경제학적 관점은 다음의 기본 개념에서 설명하는 것처럼 이에 동의하지 않는다.

기본 개념

도시지리에 대한 정치경제학적 접근법에는 몇 가지 기본 개념이 있다. 첫째, 도시는 더 큰 구조, 특히 도시의 역할과 성격을 결정하는 생산 구조 안에 내재된다. 북미의 도시들은 자본주의적 생산경제 시스템 안에 내재되어 있다. 지난 수 세기 동안 자본주의는 일련의 서로 다른 구성 또는 **생산 양식**(modes of production)을 취하였다. 생산 양식은 제품을 생산할 때 원료와 노동을 결합하는 방법 같은 기본적인 경제적 관계를 말한다. 또한 생산 양식은 생산을 가능하게 하는 폭넓은 사회적 관계도 포함한다. 주요한 사회적 관계는 공장, 기계, 회사 같은 생산 수단의 소유와 통제와 관련이 있다. 자본주의에는 생산 수단을 소유(또는 통제)하는 사람과 노동자 간의 본질적인 갈등이 있다. 이런 갈등을 흔히 **계급 갈등**(class conflict)이라고 한다. 중요한 것은 피할 수 없는 계급 갈등이 때때로 생산 양식에 큰 영향을 미칠 수 있는 경제시스템의 **위기**(crisis)로 나타난다. 다시 말해서 자본주의 생산 구조의 폭넓은 변화는 바로 자본주의 구조로부터 발현되는 위기의 표현이라는 것이다.

위기는 계급 갈등으로부터 발현하지만 다른 형태를 취한다. 정치경제학 이론의 주요 주제 중 하나는 자본가는 인간 경제 행동의 기본 동기인 **자본 축적**(capitalist accumulation)에 대한 욕구에 의해 적극적으로 움직인다는 것이다. 자본 축적은 노동자들로부터 잉여 가치(surplus value)를 추출하는 자본가의 능력에 달려 있다. 다시 말하면 노동자가 생산한 제품의 경제적 가치는 노동자에게 지불하는 임금의 경제적 비용을 초과해야 한다. 여기에 갈등이 숨어 있다. 한편으로 노동자가 그들이 생산하는 제품의 가격을 반영하는 임금을 받는다면 자본가는 적은 이윤을 얻게 된다. 다른 한편으로는 만약 노동자가 그들이 생산한 제품을 살 만큼 충분히 임금을 받지 못한다면, 이러한 제품에 대한 수요는 부족할 것이고 자본가는 손실을 볼 것이다. 자본가는 임금을 낮게 유지해야 하는 경쟁적인 압력에 직면하지만, 만약 저임금이 만연한다면 경제시스템은 **저수요**(underconsumption)의 위기를 겪게 된다. 자본주의 경제를 괴롭히는 다른 위기들 중에는 재정 위기가 있는데, 이는 경제문제 관리에 있어서 정부가 점점 더 적극적인 역할을 수행할 필요에 의해 나타나는 위기이다.

자본의 순환

하비(David Harvey)는 도시지리에 대한 정치경제학적 접근을 최초로 제안한 사람들 중 하나이다. 그는 특히 정치경제학적 접근이 도시의 공간경제를 이해하는 데 적절하다고 주장한다(Harvey, 1989). 그는 몇 가지 기본 범주는 이전에 논의했던 것보다 더 복잡하다고 인식하고 있다. 예를 들면 모든 자본가가 다 똑같은 것은 아니다. 어떤 사람은 제조업에 참여하여 돈을 버는 반면, 다른 사람은 세계 금융 시장에 참여하여 돈을 번다. 이러한 그룹들은 그들의 행동, 욕구, 도시에 남기는 표식 등이 서로 다르다. 마찬가지로 모든 노동자가 똑같은 것은 아니다. 중공업 공장에서 일하는 생산라인 노동자는 첨단기계를 설계하는 컴퓨터 기술자와는 다르다. 그들은 서로 다른 욕구와 자원을 가지고

있으며, 도시에도 다른 방식으로 영향을 미친다. 그럼에도 불구하고 도시지리에 영향을 미치는 가장 중요한 힘은 여전히 자본주의 그 자체에 의해 발생한 계급 갈등이다.

하비는 또한 도시공간에 대한 자본주의 경제체제의 영향을 **자본 순환**(circuits of capital) 이론으로 설명하였다. 자본의 순환은 투자가 발생하는 가장 보편적인 방법이다. 하비는 세 가지 순환을 설명하였다. **1차 자본 순환**(primary circuit of capital)은 공업 생산으로부터 이윤을 얻는 기본적인 경제 상태를 반영한다. 제조업자는 팔 수 있는 상품을 만들기 위해서 원료, 노동, 생산수단(기계, 연장 등)에 자본을 투자해야 한다. 만약 생산된 상품의 교환가치(시장에서 실현될 수 있는 상품 가격)가 원료, 노동, 생산수단의 교환가치보다 크다면, 제조업자는 초과가치 또는 이윤을 실현한 것이다. 제조업자가 더 많은 것을 생산하기 위해서 초과가치를 투자할 때, 바로 첫 번째 자본 순환이 이루

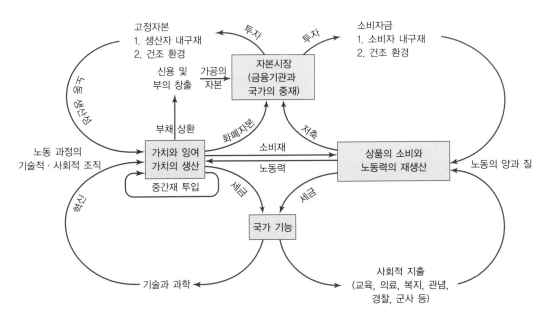

그림 6.15 하비의 자본 순환 개념도.
출처: Figure 3, p. 67, Harvey, David, 1989를 수정.

어지는 것이다. 물론 실제 과정은 여기 설명한 것보다 더 복잡하다. 그림 6.15는 그러한 복잡한 과정을 어느 정도 보여주고 있다. 여기서 개별 자본가의 이익과 집단으로서의 자본가의 이익 사이에 중요한 구별이 있다. 개별 자본가들은 첫 번째 순환에 과잉 투자하는 경향이 있어서, 그 결과 과도한 자본 축적과 과잉 생산력을 갖게 된다.

2차 자본 순환(secondary circuit of capital)은 필수적이지만 생산과는 직접적으로 연관이 없는 투자를 말한다. 자본 순환 이론에서 도시의 공간경제를 설명하는 부분이 바로 여기이다. 하비는 이러한 투자를 직접적인 생산요소는 아니지만 생산과 소비에 도움을 주는 것으로 파악한다. 여기서 생산을 위한 물리적인 틀 또는 **건조 환경**(built environment)을 형성하는 투자 자산을 **고정자본 자산**(fixed capital assets, 생산과정에 직접 활용되는 공장이나 기계가 아닌 자산들)이라 한다. 같은 방식으로 **소비를 위한 건조 환경**(built environment for consumption)을 형성하는 투자 자산은 **소비자금 자산**(consumption fund assets)이라 한다. 건조 환경 중에서 고정자본의 예로는 발전 시설, 교통 하부구조가 있다. 소비자금 자산의 예로는 주택, 학교, 보도 등이 있다. 도시의 건조 환경을 구성하는 어떤 요소들은 고정자본 자산이며 동시에 소비자금 자산으로 기능한다. 예를 들면 일반도로와 고속도로는 근로자(소비자)들이 출퇴근하거나 놀러가거나 쇼핑할 때 활용되며, 동시에 생산자들이 원료와 제품을 운반할 때도 활용된다.

비록 2차 자본 순환은 자본주의 체계에서 필수적이지만, 그것이 문제를 만들기도 한다. 첫째, 건조 환경은 대규모 자본투자가 요구되는 경향이 있어서, 자본가 개인이 직접 투자하는 것을 어렵게 만든다. 자본대출을 마련해 주는 복잡한 금융 시장과 금융 시장을 규제하고 세금을 부과하는 정부는 이러한 투자를 촉진하는 중요한 기관들이다. 둘째, 건조 환경은 지리적으로 고정되어 있고 오래 남아 있으므로, 2차 자본 순환에서의 투자는 긴 기간에 대한 투자인 경향이 있다. 비록 건조 환경이 처음에는 생산과 소비를 촉진시키지만, 나중에는 그 유용성보다 더 오래 살아남을 수 있으며, 최종적으로는 장애물로 전락할 수 있다. 노동력이나 기계 같은 자본 유형과는 달리 건조 환경은 파괴하지 않는다면 옮길 수도 없다.

건조 환경이 생산이나 소비에 더 이상 유용하지 않은 경제 위기 또는 재구조화의 시기에는 도시의 건조 환경의 상당 부분이 폐기되거나 재건설된다. 다른 시기에는 2차 자본 순환에서 새로운 투자 회전이 이루어져 도시에 새로운 건조 환경이 조성된다. 예를 들어 교외화(5장과 8장 등에서 상세하게 설명하였음)는 도시의 구시가지를 재건설하는 과도한 비용을 피하기 위한 한 방법이라고 정치경제학자들은 설명한다. 소비자금 자산(주택, 공원, 보도 등)과 고정자본 자산(고속도로 등)에 대한 새로운 투자는 도시 외곽의 미개발지에 하는 것이 값싸고 쉬운 것이다. 이러한 투자는 어떤 면에서는 1차 순환에서의 과잉생산과 건조 환경의 노후화 때문에 필연적이었다. 낡은 운송체계는 새로운 생산체계에 지장을 줄 수 있다. 새로운 주택의 건설은 과잉생산의 문제를 해결하는 데 필요한 새로운 소비 회전의 중요한 배경을 마련해 준다. 즉 새 주택을 지으면 냉장고, 레인지, 세탁기 등 가정용품의 새로운 구입이 따르게 된다.

정치경제학적 관점이 제공한 중요한 통찰은 제조업 부문에 대한 투자는 시간과 공간에 따라 다르게 나타나기 때문에 도시 개발은 원초적으로 불평등하다는 것이다. 도시 경관 내에서 이루어지는 주요 투자는 자본주의 체제를 촉진하기 위해서, 즉 이윤을 남기는 잠재력을 증진하기 위한 것이며 노동자에게 혜택을 주기 위한 것은 아니다. **불평등 개발**(uneven development)이란 어떤 도시는 다른 도시보다 훨씬 많은 투자를 받고 도시 내 어떤 구역은 다른 구역보다 훨씬 많은 투자를 받는 사실과 관련되어 있다. 그렇지만 지리적으로 불평등한 도시 개발은 자본주의 체제에서 단지 우연히 나타난 것은 아니다. 어떤 장소에 대한 명백한 저투자는 자본가들의 미래 개발과정에 필요한 전제 조건을 마련하는 것이다. 예를 들어 어떤 학자는 중심도시가 20세기 마지막 20년 내지 30년간 저개발 상태로 있었던 것은 한편으로는 교외지역이 침체할 때 추후 개발 압력에 대한 출구를 마련하기 위한 것이라고 주장했다. 젠트리피케이션(낡은 주거 구역의 개선, 8장 참조)에 대한 일부 주장도 이러한 관점을 반영한다.

하비는 또한 **3차 자본 순환**(tertiary circuit of capital)을 제시한다. 이 순환은 자본주의 체제의 장기적 건전성에 유용하지만 직접적인 상품 생산으로부터는 더욱 유리된 투자를 말한다. 한편으로 생산성을 높이고 새로운 상품을 설계하는 데 필요한 과학기술력에 투자하기도 한다. 다른 한편으로는 노동의 질을 높이기 위하여 교육과 정부지원 혜택 같은 형태의 **사회적 지출**(social expenditure)을 행한다. 때때로 이러한 사회적 지출은 사회체제의 틈새로 추락하는 개인이나 가족들을 건져내기 위한 사회 안전망의 형태로 시행될 수 있다.

연구개발과 사회적 지출과 관련해서 1차 순환에서 과잉투자하고 체제의 장기적인 건전성과 수익성에 기여하는 3차 순환에서는 과소투자하는 자본가들의 개인적 동기에 문제가 있다. 이러한 투자를 촉진하기 위해서는 정부의 역할과 **민관 파트너십**(private-public partnership)이 요구된다. 또한 사회적 지출의 적절한 금액과 배분에 대한 첨예한 갈등이 자주 나타나기도 한다.

요약

이 장에서는 먼저 기반 또는 수출 활동과 비기반 활동을 검토함으로써 대도시권의 경제를 이해하기 위한 통찰력을 제공하였다. 도시 간 산업경관은 고전적인 성장축 모형과 생산경제의 쇠퇴와 새로운 대도시 서비스 경제의 출현에 관한 스탠백 모형을 이용해서 해석하였다. 도시 내의 제조업 입지는 윌러-박 모형과 제품 수명주기 모형으로 설명하였다. 이 장은 정치경제학적 접근의 분석으로 끝을 맺었는데, 이는 도시의 사회 경관과 사회지리학의 모형들에 대한 다음 장의 도입부로도 유용하다.

제4부

도시의 사회 경관

제7장

도시사회 경관의 형성

> 격리 과정은 서로 인접해 있지만 서로 어울리지 않는 작은 세계들의 모자이크를 만들어 내는 도덕적 거리를 형성한다.
>
> —Robert E. Park, 1915, p. 608

5장과 6장에서 도시가 어떻게 경제 경관으로 조직화되는지를 살펴보았다. 이 장에서는 **사회 경관**(social landscape)으로서의 도시에 대하여 논의한다. "사회 집단들이 도시 공간상에 분포하는 방식에 패턴이 있는가?", "사회 집단들은 도시의 상이한 부분을 점하는가?" 등을 묻는다. 우리 대부분은 우리가 사회경관의 개념을 가지고 있다는 것을 인지할 것이다. 당신이 잘 알고 있는 자신이 거주하고 있는 도시에 대해 생각해 보자. 도시 내에서 이국적인 음식을 먹기 위해서 가는 곳, '차이나타운'이 있는가? 도시 내에서 꼼꼼하게 잘 가꾸어진 정원이 있는 오래된 집들이 있는 곳을 찾아볼 수 있는가? 밤에 도시를 혼자 걷기에 불편한 곳이 있는가? 도시의 이러한 부분들이 왜 그곳에 위치하는지를 궁금하게 생각해 본 적이 있는가? 도로 하나를 건넜을 뿐인데 도시의 한 부분에서 다른 부분으로 얼마나 빠르게 이동할 수 있는지에 깜짝 놀란 적이 있는가? 이러한 모든 질문들은 도시사회의 공간 조직화 방식을 이해하고자 하는 학자들에게 동기를 부여하였다.

이 장은 도시사회 구조를 설명하려고 시도했던 기본 이론들을 살펴본다. 도시의 사회 경관을 생태적 커뮤니티에 비교하는 사고를 살펴보는 것으로 논의를 시작하여, 도시를 도식적으로 재현하는 일련의 시도들을 살펴본다. 그런 다음 도시가 조직되는 다양한 차원을 논의하는 보다 현실적인 사고를 살펴보고, 현대 도시를 살펴보는 것으로 마무리한다. 이 장에서는 도시 내에서 거주지가 분화되는 일반적인 과정에 초점을 맞추고, 다음 장에서 보다 구체적인 주제를 다룬다. 8장에서는 주택 시장과 도시의 패턴을 만들어 내는 데 있어 주택 시장의 중요한 역할에 대하여 살펴본다. 9장에서는 특정 근린지역에 도시 빈민들이 집중되는 현상과 같은 주요한 정책적 이슈를 살펴본다. 10장에서는 거주지 격리와 이주에 대하여 논의한다.

도시에 대한 생태학적 접근

18세기 중반 영국에서 시작되어 다음 세기 동안 유럽 대륙으로 확산된 산업화는 빠르고 극적인 도시화를 이끌었다(2장 참조). 산업화는 유럽의 도시들을 근본적으로 변화시켰고, 많은 목격자들은 사회에 대한 부정적인 결과에 관심을 가졌다. 도시에서 관찰되는 것은 촌락과 소도시의 '전통' 사회 특징과 대조를 이룬다는 것이 일반적인 주장이다. 예를 들어 퇴니스(Ferdinand Tönnies, 1855~1935)와 뒤르켐(Emile Durkheim, 1858~1917)과 같은 관찰자들은 독특한 유형의 장소를 전형적으로 보여주는 '이상적인 유형'의 관점 — 일반적으로 대규모 산업도시를 하나의 이상적인 유형으로, 소규모 농경 취락을 또 다른 이상적인 유형으로 — 에서 사고를 하였다. 1장에서의 도시-농촌 연속체에 대한 논의를 상기하면, 이러한 이상적인 유형들을 장소 유형 연속체상의 각 끝점으로 간주하는 것이 도움이 된다(그림 7.1). 도시인과 소규모 촌락 거주자 사이의 사회적 행태에서 분명한 차이가 이러한 관찰자들의 특별한 관심사였다.

'지역사회 상실': 도시에 대한 유럽의 관점

지역사회(community)는 현재에도 많은 관심을 불러일으키는 다루기 힘든 개념이다. 도시에 대하여 처음으로 사고하기 시작한 유럽의 학자들은 일반적으로 도시를 소규모 촌락에서 경험한 이상적인 지역사회 생활과 대비시켰다. 촌락에서는 가족 혹은 친족이 사회의 기본 단위이고, 친밀감, 지속성, 응집력, 의무이행 등이 사회적 관계의 특징이다. 사람들은 '보살피는' 가족적인 방식으로 서로 엮이게 된다. 유사성, 공통된 신념, 공통적인 의식과 상징에 기초하여 사회적 유대

가 형성된다. 인구 집단은 사회적으로 동질적이고, 사람들은 자신들이 얼마나 많이 관련되어 있는지 생각하지 않고 협력한다. 가족과 이웃의 비공식적인 훈육을 통하여 개개인의 행동에 대한 통제가 이루어진다.

이와는 달리 유럽의 학자들은 도시 **사회**(society)를 전통적인 지역사회와 근본적으로 구분되는 것으로 묘사하였다. 사회적 관계는 합리성, 효율성, 그리고 새로운 형태의 경제적 조직화의 필요에 의해서 만들어진 계약적 의무에 의존한다. 대부분의 사회적 상호작용은 오래가지 못하고 표면적인 경향이 있다. 사람들은 기관과 조직에 대한 형식적인 관계에 의해서 서로 엮인다. 특정 개인에 상관없이 제도화된 법률에 의해서 개개인의 행동에 대한 통제가 이루어진다. 사회 질서는 차이에 기초한다. 즉 사회 질서는 사람들이 서로 다른 직업으로 전문화된 복잡한 노동의 분업에 의존한다. 전문화는 상호의존을 요구한다. 일반적으로 도시사회는 약해진 사회적 유대의 대가로 개개인의 자유와 선택에 대한 더 많은 기회를 제공한다.

예를 들어 짐멜(Georg Simmel, 1858~1918)과 같은 다른 유럽 학자들은 도시에서 삶의 심리적 충격에 대하여 염려하였다. 이들은 특히 도시로의 이주로 인하여 건전한 개개인의 삶이 비도덕적이고 나쁜 것으로 바뀔 것이라고 우려하였다. 짐멜(1903)은 여러 가

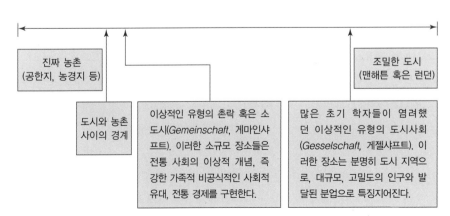

그림 7.1 이상적인 장소 유형과 도시 연속체. 비록 도시(예를 들어 맨해튼)와 농촌은 서로를 손쉽게 구분할 수 있지만, 연속체의 중간에서 명확한 구분 선을 확인하는 것은 어렵다.

지 도시의 부정적인 영향을 확인하였다. **역동적인 밀도**(dynamic density)는 도시가 소도시보다 훨씬 더 높은 인구 밀도를 갖는다는 것을 의미한다. 도시에는 다양한 사람들과 다양한 삶의 방식들이 존재하기 때문에, 도시에서 행동에 대한 비공식적인 사회적 통제는 약해진다. 개인적으로 잘 모르는 사람들과 더 많은 상호작용을 하게 되고, 소도시에서는 용납되지 않는 행동에 '관대'할 수 있다. 사회적 상호작용에 대한 증가하는 경제적 관계의 영향으로 **합리성/비인간성**(rationality/impersonality)이 나타난다. 사람들은 전통사회의 뿌리 깊은 사회적 토대 위에서 관계를 형성하는 것이 아니라 경제적 합리성에 기초하여 상호작용을 해야 한다. **과잉자극**(overstimulation)은 소도시나 촌락과 비교하여 더 커진 인구의 다양성이 만들어 낸 스트레스를 반영한다. 사람들은 북새통을 이루고 있는 사람들을 다루는 데 어려움을 겪고 있으며, 사생활을 보호하고자 사회적으로 위축되는 경향이 있다. 도시는 사람들에게 너무 많은 스트레스를 주고 이 때문에 사람들은 심리적으로 마음을 닫아버린다.

유럽 학자들, 특히 뒤르켐이 도시 생활과 관련시켜 생각한 두 가지 다른 현상이 아노미와 일탈 행동이다. **아노미**(anomie)는 전통적이고 비공식적인 사회적 유대가 약해짐으로 인해서 나타난 사회적 고립과 이에 따라 도시인들이 경험하는 도덕적 혼란과 무도덕성을 의미한다. **일탈 행동**(deviant behavior)은 사람들로 하여금 도시에 늘 상존하는 유혹을 떨쳐내는 것을 어렵게 만드는 아노미의 결과일 수 있다.

초기 유럽 학자들이 지지했던 '지역사회 상실(community lost)' 관점은 도시에 대한 비관론이었고, 오늘날에도 강하게 영향을 미치고 있다. 도시에 대한 견해들은 미국에서 완전히 뒤섞여 버렸다. 100년 이상에 걸쳐 유럽 학자들이 표출했던 많은 두려움은 여

전하다. 사실 이러한 견해는 미국의 독립 이후 지속되었다. 제퍼슨(Thomas Jefferson)은 도시에 대한 불신 때문에 농업적 미래에 전념하였다. 그러나 모든 학자들이 이러한 관점에 동의한 것은 아니다. 간스(Herbert Gans, 1962), 화이트(William Whyte, 1988), 제이콥스(Jane Jacobs, 1961) 등은 '지역사회 보존(community saved)' 관점(글상자 7.1)을 표출하면서 도시를 방어하고자 하였다. 사실 도시를 의심했던 뒤르켐조차 결국에는 도시는 위험을 상쇄할 만큼 충분한 사회적 기회를 제공했다고 주장하였다.

시카고학파

1892년 미국에서 처음으로 사회학과가 만들어진 이후 시카고대학교는 1914년 파크(Robert Park), 1919년 버제스(Ernest Burgess) 등 일련의 학자들을 임용하였다. 이들은 유럽에서 공부를 하였고 지금까지 논의한 비관적 관점으로부터 상당한 영향을 받았다(Burgess, 1925; Park, 1925). 이 학자들과 지도 학생들은 미국의 사회과학에 지대한 영향을 미쳤던 **시카고학파**(Chicago School of Sociology)를 발전시켰다. 이들은 이후 도시 연구 및 도시지리학을 특징짓는 '객관적이고' 경험 지향적인 접근법을 개발하였다. 시카고학파는 도시적 맥락에서 사회 집단을 직접 관찰할 필요성을 강조하였다. 파크는 유럽에서 짐멜을 접하였고, 지역사회와 정신 건강에 대한 도시의 해로운 영향에 대한 유럽인들의 불안을 공유하였다. 그럼에도 불구하고 시카고학파는 긍정적인 사회적 영향을 갖는 것에 관심을 가지고 있었고, 진보 운동의 조건부 낙관론과 개혁을 위한 헌신을 공유하였다. 시카고학파의 많은 연구들은 이제는 많은 학자들이 거북해하는 '일탈' 행동에 초점을 두었다. 그러나 더 중요한 것은 어떻게 도시사회가 공간적으로 조직화되는지에 대한 그들의

글상자 7.1 ▶ '지역사회 상실' 관점에 대한 반박

도시적 삶을 관찰한 모든 사람들이 초기 유럽의 학자들인 짐멜, 퇴니스, 뒤르켐처럼 비관적인 것은 아니었다. 이 부분에서는 도시의 사회적 삶에 대한 '지역사회 상실' 관점에 대한 주요 도전들을 살펴본다. 근대 대도시에 대해 초기 관찰자들이 염려했던 문제 중 하나는 이방인—소도시 지역사회에서 "모든 사람들이 당신의 이름을 알고 있다."는 것과 반대의 입장에 있는 익명성—의 존재였다. 그러나 몇몇 관찰자들은 이방인과의 상호작용을 부정적으로 보지 않았다. 사실 이들은 이러한 상호작용을 건강한 도시에 필수불가결한 것으로 보았다. 도시에 대한 주요 관심사 중 하나는 안전, 특히 도로에서 개인적인 안전이다. 당시 유행했던 거대 도시 재개발 계획과 모던 도시계획의 기풍에 대한 반대 입장에서 1950년대 후반에서 1960년대 초반 연구를 진행하였던 제이콥스(Jane Jacobs)는 보행로가 안전해지기 위해서는 보행로를 지속적으로 사용하고 개발해야 한다고 주장하였다(그림 B7.1). 보행로 설계에서 접근이 제한된 구석진 공간을 만들어 내는 경향은 실제로 도로에서의 위험을 가중시킨다.

그림 B7.1 제이콥스는 조밀하게 자리 잡고 있으며 대대적으로 사용되는 전통적인 도시 공간을 변호하면서 특히 보행로에 표현된 것으로 도로의 다양성을 찬양하였다. 맨해튼의 북동부에 위치한 요크빌(Yorkville)에서 찍은 이 사진의 보행로는 도시에 대한 제이콥스의 관점에 있어서 필수적인 부단한 사용을 보여준다.
출처: Library of Congress, Prints & Photographs Division, FSA/OWI Collection, LC-USF33-002675-M1 [P&P] LOT 1296, Photograph by Arthur Rothstein.

> 거대 도시보다 규모가 작고 단순한 취락에서, 범죄가 아니라면 용인되는 공공 행동에 대한 통제는 평판, 소문, 인정, 반감, 제재의 망을 통하여 어느 정도 성공적으로 이루어질 수 있다. 이 모든 수단은 사람들이 서로를 알고 있고 소문이 퍼져나가면 강력한 기능을 발휘한다. 그러나 도시에 거주하는 사람들의 행동뿐만 아니라 자기 지역에서의 소문과 제재로부터 벗어날 기회를 갖고자 교외와 소도시에서 온 방문자들의 행동도 통제해야 하는 도시의 거리는 보다 직접적인 방법으로 통제가 이루어져야 한다. 도시가 이러한 본질적으로 어려운 문제를 해결했다는 것은 이상한 일이다. 도시는 많은 도로에서 통제를 잘 수행하고 있다(Jacobs, 1961, p. 35).

화이트는 도시의 공적 공간에 관한 제이콥스의 긍정론을 공유하고, 수년에 걸쳐 어떻게 사람들이 공적 공간을 활용하는지에 대한 상세한 연구를 수행하였다. 화이트는 건설적인 상호작용을 용이하게 하는 일련의 디자인 특성을 분명히 표현하였다. 그는 또한 공공에 의해서 사용되지 않는 공간은 불법적인 목적으로 사용되기 때문에 도시 공간의 공적 사용은 안전을 위한 필수 요소라고 주장하였다(그림 B7.2).

도회촌(urban village)과 '지역사회 보존'

기존 도시 이론에 만연한 비관론에 반발하여 사회학자 간스(Herbert Gans, 1962)는 보스턴에 있는 이탈리아인들이 주

개념적 이해로, 이러한 관점을 **공간 혹은 도시 생태학**(spatial or urban ecology)이라 부른다.

1910년대 중반에서 1930년대 초반에 이루어진 생태학적 접근을 정의하는 연구들은 다양한 역사적 요

인의 영향을 받았고, 그 시기 도시의 공간적 구조를 반영한다. 도시는 인구 규모와 공간적 범위에서 현재보다 훨씬 좁았고 밀도는 더 높았다. 이 당시 도시들은 하나의 지배적인 중심업무지구를 가지고 있었고,

(a)   (b)

그림 B7.2 이 사진들은 도시의 공적 공간에 대한 디자인의 중요성을 보여준다. (a) 뉴욕 시의 워싱턴 공원인 첫 번째 공간은 개방적이고 매력적으로 설계되어 일반인들에 의해서 잘 활용되었다. (b) 보스턴 시청인 두 번째 공간은 비록 일반인들이 접근할 수 있지만, 개성이 부족하고 거의 사용되지 않는다.

출처: (a) Courtesy of The Greenwich Village Society for Historic Preservation, www.gvshp.org. (b) Library of Congress, Prints and Photographs Division, Historic American Buildings Survey, Photograph by Bill Lebovich.

로 거주하는 도심 근린지역인 웨스트엔드(West End)를 연구하면서, 여기에 상당한 아이러니가 존재한다는 것을 확인하였다. 도시 재활성화에 사로잡힌 도시계획 기관은 '도시 황폐(urban blight)'로 묘사되는 전형적인 특징인 높은 밀도와 낮은 사회경제적 지위를 근거로 이 근린지역을 재개발하는 것을 목표로 삼았다. 동시에 많은 전문 계획가들은 이 지역을 방문하여 웨스트엔드의 철저한 파괴를 모의하는 데 바빴다. 간스의 연구는 사회문화적 의미에서 '지역사회'가 밀집된 도시 환경 내에서 가능하다는 관점을 분명히 보여주었다. 사실 이러한 도시 지역사회는 초기 이론들에서 도시와 대조적인 역할을 하는 것으로 본 전통적인 농촌 취락과 많은 공통점을 지니고 있다.

'지역사회 변형'

간스(1967)는 당시 지배적인 지식에 반대하는 또 다른 이론적 관점을 분명히 표현하는 주된 목소리 중 하나였다. 이 시기에 간스는 레빗(Abraham Levitt)과 다른 사람들에 의해서 건설된 대규모로 대량생산된 신규 주택 지역을 연구하였다(8장에서 보다 상세히 논의). 당시 지배적인 사고는 이러한 새로운 교외 거주 환경은 여러 모로 2차 세계대전 이후 아메리칸 드림의 완벽한 본보기이지만, 생기가 없었고 지역사회가 전무하였다. 민속지적인 연구에 기초하여(간스는 레빗타운에 주택을 구매하여 거기서 살았다!), 간스는 단지 다른 형태로 레빗타운에 지역사회가 존재하였다고 주장하였다. 특히 지역사회는 처음에는 선구자의 열의(모든 거주자들이 새로이 이주해 온 사람들이기 때문에 새로운 유대를 형성하기 위해서는 신규 입주자의 자발성)에 기초하였고 후에는 경험하고 있는 공동의 생애주기 단계, 자녀 양육, 재산 가치의 보호 및 향상 등 공동의 이해에 대한 유대에 기초하였다.

공장들은 일반적으로 다운타운 가까이에 위치한 다층 건물을 사용하였다. 도시들은 이제야 교통 기술 혁신의 영향을 받기 시작하였다. 대중교통은 도시의 공간적 확장을 부추겼다. 처음에는 소수의 전문직 중산층 거주자들이 마차를 끌고 다녔고, 후에 다수의 보다 값싼 전차가 도로를 달렸다. 이러한 교통로는 또한 도시의 모양을 바꾸기 시작하였다. 교통로를 따라서 주택과 상점이 들어서면서 도시는 불가사리 모양으로 불균등하게 확장하였다.

이 시기 동안 선진 산업 자본이 점차 국가 경제를 추동함에 따라 특히 북동부와 북중서부에 위치한 제조업 도시들에서 도시 인구는 빠르게 성장하였다. 1차 세계대전 시기를 제외하고, 1920년대 이민을 제한하는 법안의 처리가 마무리되면서, 북미로 들어온 수백만의 이민자들은 경제적 기회를 얻기 위하여 제조업 도시들로 몰려들었다(10장 참조). 많은 제조업 도시들에는 미국에서 태어난 사람 수보다 유럽에서 태어난 사람 수가 더 많았다.

몇몇 다른 요인이 생태학적 접근의 본질에 영향을 주었다. 첫째, 이 방법은 유럽 학문을 특징짓는 좀 더 철학적 기반의 사회적 성찰보다는 인간 사회를 연구하기 위하여 과학적 방법론을 사용할 것을 주장하였다(즉 사회과학). 둘째, 진화론적 사고를 반영하고 이에 반응하여 변화한 생물과학 또한 빠르게 발전하였다. 특히 군집 생태학 분야가 두드러졌는데, 이 분야에 종사하는 사람들은 특정 장소에서 식물과 동물 종의 수와 유형 혹은 생태적 지위가 시간에 따라 어떻게 변하는지를 합리적이고 예측 가능한 방식으로 이해하고자 하였다.

시카고 사회학자들은 도시를 생태학적 커뮤니티와 같은 것으로 기술하였다. 기본적으로 이들은 식물 종이 햇빛과 토양 수분을 얻기 위하여 경쟁하는 것과 동일한 방식으로 도시에는 자원에 대한 사회 집단들 간의 경쟁을 통하여 드러나는 합리적이고 예측 가능한 패턴이 있다고 믿었다. 이러한 접근에 있어 핵심은 사회 집단들은 다른 집단과의 접촉을 가능하면 적게 하고자 한다는 **사회적 거리**(social distance) 개념이다. 더욱 집단들은 다른 집단으로부터 가능하면 멀리 떨어져 삶으로써 이 집단에 대한 그들의 반감을 현실화한다. 다시 말해서 **공간적 거리**(spatial distance)를 만들어

사회적 거리를 강화하거나 유지한다. 종종 거주 위치로 집단을 식별할 수 있는 구분되는 근린지역에 거주하는 다양한 집단들로 표현된 도시의 사회 경관은 이러한 행태의 자연적인 결과물이다.

생태학적 접근은 근린지역의 점유자들은 **침입**(invasion)과 **천이**(succession)라는 예측 가능한 과정을 통하여 시간에 따라 변한다고 주장한다. 버려진 농경지를 관찰해 보면, 이 지역을 점유했던 식물 및 동물 종이 예측 가능한 방식으로 시간에 따라 변하였다는 것을 알 수 있다. 예를 들어 초지와 작은 나무가 분포하는 관목림이 수명이 짧고 빨리 성장하는 나무들로 바뀌고, 결국 경작지를 만들기 위하여 베어 버렸던 숲과 비슷한 안정적인 나무 군락으로 바뀔 것이다. 도시 근린지역에 적용하면, 침입과 천이는 근린지역의 집단 거주자들이 시간에 따라 변한다고 본다. 시카고는 보다 일반적으로 북부의 산업도시들의 역사적 맥락에 비추어, 종종 국적에 기초하여 집단을 정의하였으며, 근린지역 내에서 한 이주 집단이 다른 집단으로 바뀌었다. 근린지역 관점에서 시카고학파는 침입과 천이 과정을 지속적인 것으로 보았다. 특정 근린지역은 시간이 지나면서 다른 이주 집단에 의해서 점유될 것이다.

도시 전체로 본다면 이주자들의 도착은 종종 연못 한가운데 돌멩이를 던지는 것과 같은 기능을 한다. 그 영향은 동심원을 그리며 외곽으로 펴져 나간다. 한 이주 집단이 도시의 특정 근린지역에 거주하고 있다고 가정하면, 그림 7.2는 어떻게 이러한 과정이 진행되는지를 보여준다. 새로운 이주자 집단이 도시에 도착함에 따라, 이들은 20세기 초반에는 도시 핵심부 가까이에 입지해 있던 일자리 근처에 있는 근린지역에서 주택을 찾을 것이다. 이들 대부분은 걷는 것 이외에 다른 형태의 교통수단에 대한 지불능력이 없다. 같은

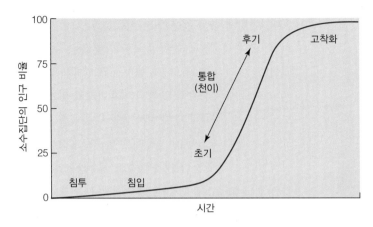

그림 7.2 지역에서 침입한 인구 비율에 기초한 근린지역 침입, 천이의 일반적인 단계를 보여주는 S자 모양의 곡선.

출처: R. J. Johnston, Urban Residential Patterns. London: Bell, 1971, Figure 6.3, p. 253.

국가에서 더 많은 이주자들이 들어오면서 같은 공장에서 일자리를 구하고, 이들보다 먼저 온 '개척' 이주자들이 사는 동일한 근린지역에 거주하는 경향을 띤다. 결국 동일 기원국으로부터의 충분한 이주자들은 그들의 존재를 가시화할 수 있도록 한 근린지역에 거주하고 빠른 변천이 뒤따른다. 이전 거주자들은 '이질적인' 집단과 가까이 사는 것을 꺼리기 때문에 떠나기 시작하고, 새로운 집단이 빠르게 증가한다. 이 근린지역의 이전 거주자들은 또 다른 근린지역에서 새로운 침입과 천이 과정을 시작할 것이다.

생태학적 은유를 사용하는 시카고 사회학자들은 이 장의 후반부에서 보다 자세히 살펴볼 관련된 중요한 아이디어를 제시한다. 도시를 **자연지역**(natural areas)으로 구성된 것으로 본다. 도시 공간에 걸쳐 집단들이 분포하는 과정은 자연적이고 공간에 대한 통제를 위한 집단들 간의 경쟁에 기인한다. 그래서 서로 다른 집단이 도시의 다른 부분을 점유하고 있다는 사실을 근본적으로 문제가 있다고 보지 않았다. 다만 개선을 위한 시도들이 도시의 특정 부분 내에서 이루어졌다.

시카고 사회학자들의 저작물들이 한 세기 정도 오래된 것들이지만, 우리들은 여전히 그들이 기술한 것과 비슷한 과정을 관찰한다. 예를 들어 뉴욕 시 맨해튼에 있는 전통 차이나타운(chinatown)을 생각해 보자. 지난 수십 년 동안 동아시아의 다른 국가들은 언급할 필요도 없이 중국 본토와 대만으로부터의 새로운 이주로 인하여 차이나타운의 인구가 증가하면서, 차이나타운은 주변 지역으로 확장하였다. 확장된 곳 중 주된 곳이 20세기 이탈리아 이민자들에 의해 형성되었고 여전히 이와 관련성을 지닌 리틀 이탈리아(little italy)이다. 그러나 차이나타운이 확장하면서, 이제는 전통이탈리안 레스토랑과 식료품점 옆에 중국인 상점이 들어선 블록을 볼 수 있다(그림 7.3). 차이나타운의 다른 한편에서는 한국인과 다른 동아시아 이주

Courtesy of Dr. Steven R. Holloway

그림 7.3 맨해튼의 리틀 이탈리아에 있는 중국어 간판은 이주자 근린지역의 변화하는 민족적 특성을 보여준다. 전통적인 이탈리아계 근린지역인 리틀 이탈리아는 불균등한 변천을 경험하고 있다.

Courtesy of Dr. Steven R. Holloway

그림 7.4 맨해튼의 로어 이스트사이드(Lower East Side)에 있는 한국어 간판은 민족 지구의 끊임없는 변화 특성을 보여준다. 전통적인 다세대 주택 지역인 이 지역은 점차 출신 국가가 다른 이민자들의 새 간판을 보여준다(10장 참조).

자들이 한때 버려졌던 근린지역을 점유하고 있다(그림 7.4).

우리들은 생태학적 접근에서 보고 기술한 도시사회의 많은 특징들을 여전히 관찰할 수 있지만, 다른 관점들이 지적하고자 했던 생태학적 접근이 갖는 많은 중요한 문제점들이 있다. 첫째, 사회 집단을 전적으로 이민자의 출신국에 기초하여 표면적으로 정의하였다. 사실 오늘날 복잡한 대도시 지역에서는 인종, 성, 성적 취향, 연령, 생활 방식 등 사회적 정체성을 형성하고 이에 영향을 주는 많은 다른 요인들이 있다. 둘째, 집단들이 상호작용하는 방식 또한 표면적으로 다루었다. 예를 들어 모든 집단은 '자연적으로' 다른 집단을 회피하며 자신들끼리만 관계를 맺고 살아가는 것은 부분적으로만 맞다. 이러한 방식은 거주지 경관에 영향을 주는 많은 다른 요인들을 간과하고 있다. 셋째, 도시의 부정적인 영향에 대한 근본적인 태도와 '일탈'한 것으로 인식되는 집단에 대한 초점은 현재의 정서와 일치하지 않는다. 넷째, 인간 사회를 큰 도시 생태계에서 단순한 생물학적 요소인 것처럼 다룰 수

없다. 이렇게 하는 것은 인간 행동을 만들어 내는 사회적 · 경제적 · 정치적 힘의 복잡한 배열을 무시하는 것이다. 이러한 문제점에도 불구하고 생태학적 접근은 여전히 매우 중요하고 현재 이루어지고 있는 많은 도시 연구에 (때때로 단지 함축적으로) 동기를 부여하고 있다. 늘어나고 있는 민족지적 연구를 포함하여 경험적인 도시 연구는 거의 항상 시카고 학자들의 선례와 방법론적으로 연계되어 있다. 집단 간 관계는 드러난 공간적 패턴과 역동성과 관련이 있다는 개념 또한 여전히 중요하다.

도시 공간 구조에 대한 전통적인 모형

지금까지는 시카고학파가 도시 연구를 어떻게 접근하였는지 그 기초에 관심을 가졌다. 사회적 · 공간적 과정의 상호작용이 시카고학파 접근의 핵심이다. 이 부분에서는 도시의 전형적인 형태를 명시적으로 살펴본다. 시카고학파의 저술들에 나온 모형을 살펴보는 것으로 이 부분을 시작하여 다른 두 가지 주요 모형을 설명하는 것으로 끝을 맺는다.

버제스의 동심원 모형

버제스(Ernest Burgess, 1925)는 침입과 천이 과정을 통하여 형성된 도시의 공간적 패턴을 가상적인 형태인 **동심원 모형**(concentric zone model)로 기술하였다(그림 7.5). 이 모형은 20세기 초반 산업도시의 사회적 질서를 구성하는 중요한 요소를 포착하고 있다. 이 모형이 시카고학파의 가장 중요한 공헌은 아니지만, 아마도 가장 널리 기억되고 있다. 산업 부문이 도심 중심업무지구(the Loop, 루프) 바로 밖에 위치하고 오래된 주거 지역(zone in transition, 점이지대)으로 확장하고 있다는 점을 주목하자. 주거/산업 혼합 지역은

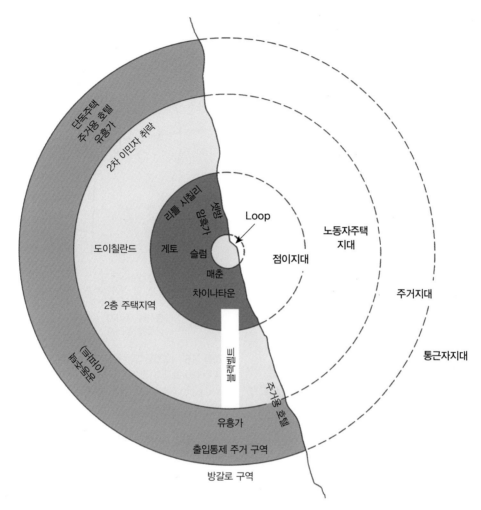

그림 7.5 시카고학파가 수행한 경험적 연구를 토대로 한 도시 공간 구조에 대한 버제스의 동심원 모형.
출처: Burgess, Ernest W., 1925 (1967).

대부분의 유럽 이민자들이 처음 정착했던 지역으로 앞에서 기술한 침입과 천이의 연속적인 라운드를 유발한다.

5장에서 살펴본 입지지대에 대한 논의를 상기하면, 입찰-지대 이론과 동심원 이론 모두 도시를 구성하는 동심원을 가지고 있다. 이 두 이론 사이에는 언급할 만한 가치가 있는 유사성과 차이가 있다. 두 이론 모두 어떤 점에서는 경쟁의 개념, 입찰-지대 이론에서는 토지 사용자 사이의 경쟁, 생태학적 접근에서는

사회 집단 사이의 경쟁에 기초하고 있다. 그러나 경쟁 대상과 형태는 상당히 다르다. 입찰-지대 이론에서 경쟁 대상은 이윤 혹은 효용성에 기여하는 도시 토지의 공간적 특성이다. 이러한 경쟁은 신고전 경제 원리에 따라 작동하는 '자유' 토지 시장에서 개인들 사이에 발생한다. 생태학 이론에서는 집단 사이의 사회적 거리를 유지하는 데 요구되는 도시 공간에 대한 통제를 둘러싸고 경쟁이 발생한다. 이러한 경쟁은 경제적인 것이 아니라 사회적인 것이다. 두 이론 모두 사회

를 형성하는 정치, 권력 및 다른 힘을 인정하지 않는 다소 단순한 인간 행동 개념에 의존한다. 두 이론 모두 의도하였든 간과하였든 늘어나는 도시 내 교통체계의 영향을 설명하는 데 실패하였고, 도시 경제 논리의 근본적인 변화를 설명하는 데 실패하였다. 두 이론을 통하여 예측된 사회적 · 공간적 패턴은 매우 유사하고 둘 사이의 지적 연계가 거의 없이 약 50년의 시간을 두고 두 이론이 제시되었지만 서로의 관계를 사고하는 데 여전히 유용하다.

호이트의 부채꼴 모형

1930년대 미연방 주택 관리국에 근무했던 호이트 (Homer Hoyt, 1936~1937, 1939)는 또한 보험 및 대출 기관에서도 일을 한 적이 있다. 호이트는 도시 토지 시장에 대한 다양한 경험적 연구를 수행하였고, 도시 공간구조에 대한 대안적인 모형이 된 **부채꼴 모형** (sector model)을 제안하였다(그림 7.6).

호이트가 기술한 기본 개념은 어떻게 도시가 성장하는지에 대한 그의 관찰에 기초하고 있다. 때때로 도시가 성장하면서 가장 높은 소득 집단은 새로운 근린지역에 있는 새로운 주택으로 이주한다. 이러한 근린지역은 종종 도시의 주변부에서 교통로를 따라 위치하였다. 다른 경우 이러한 근린지역은 하안 절벽, 구릉의 정상과 같이 눈에 잘 띄는 경관 특성을 갖는다든지 공원이나 대학과 같은 중요한 랜드마크와 근접하여 아름다운 경관을 제공한다. 고소득 집단이 새로운 주택으로 이주하면서, 다른 가구가 그들의 오래된 주택을 이용할 수 있게 된다. 호이트는 종종 낮은 경제적 지위를 갖는 가족이 상류층이 밖으로 이동하면서 생긴 주택을 순차적으로 점유하는 하향식 과정을 기술하였다.

호이트는 사람들은 종종 주요 교통로를 따라 현재

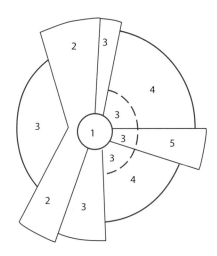

1. 중심업무지구
2. 도매 및 경공업지구
3. 저소득층 주거지
4. 중산층 주거지
5. 상류층 주거지

그림 7.6 1920년대와 1930년대 주택 시장 역동성에 대한 경험적 관찰을 토대로 한 도시 공간구조에 대한 호이트의 부채꼴 모형. 출처: Harris, Chauncy D. and Edward L. Ullman, 1945.

살고 있는 곳으로부터 가까운 지역에서 새로운 주택을 찾는다는 것을 인식하였다. 이는 구역적 팽창보다는 방사상의 팽창을 가져오고 결과적으로 동심원 패턴보다는 부채꼴 패턴이 나타나게 된다. 생태학적 접근에서 중심이 되는 사회적 역동성의 일부가 분명히 호이트 모형에 포함되어 있다는 것을 알 필요가 있다. 예를 들어 두 모형 모두에서 고소득 지구는 중간 소득 지구에 의해서 저소득 지구와 분리되어 있다. 또한 호이트의 부채꼴 모형은 인종과 민족의 군집을 분명하게 다루지 않는다. 또한 호이트의 모형은 단일한 주요 상업 핵을 갖는 도시에 기초하고 있다는 것을 알 필요가 있다.

해리스와 울먼의 다핵심 모형

해리스와 울먼(Chauncy Harris and Edward Ullman,

1945)은 2차 세계대전 직후 놀랍게도 도시지리학에 지속적으로 영향을 주고 있는 짧은 논문을 하나 썼다. 이들은 다른 사람들이 관찰하기 전 상대적으로 이른 시기에 20세기 마지막 수십 년 동안 도시를 특징짓게 된 많은 경향을 인식하였다. 동심원 모형과 부채꼴 모형에서 공통적으로 등장하는 단일한 중심업무지구의 개념 대신에 해리스와 울먼은 도시는 토지 가치와 주위의 토지이용을 형성한 다수의 중심지 혹은 '결절'로 발달한다는 것을 인식하였다(그림 7.7).

　그래서 해리스와 울먼의 모형은 **다핵심 모형**(multiple nuclei model)으로 알려지게 되었다. 이 모형에서 결절은 모두 동일한 기능을 갖는 것은 아니다.

어떤 것은 상업구역이고, 어떤 것은 병원과 대학과 같은 중요한 기관이다. 그렇기는 하지만 다수의 결절 모두는 그 주변 지역에 상당한 영향을 주게 되고 도시의 공간구조를 근본적으로 바꾸었다. 비록 1950년 이전의 많은 도시 지역이 단일한 지배적인 중심지를 가지면서 동심원과 부채꼴 모형을 닮기는 했지만, 20세기 후반부를 지나면서 도시들은 점차 공간적으로 복잡하게 성장하였다. 그래서 해리스와 울먼의 관찰은 궁극적으로 20세기 후반과 21세기 초반 도시는 어떻게 보일 것인지에 대한 훨씬 더 정교한 기술이었음을 증명한 것이다.

보다 복잡한 모형들

동심원, 부채꼴, 다핵심 모형은 도시사회 지리를 이해하는 가장 일반적인 방법이 되었다. 그러나 많은 교재들에 제시된 것처럼, 이러한 모형들은 기술적이고 단순하였다. 2차 세계대전이 지난 후 수십 년 동안 북미의 대도시 지역의 형태와 기능에서 급격한 변화가 일어났다. 또한 사회과학의 본질에서도 급격한 변화가 있었다. 아마도 가장 극적인 것은 사회과학이 양적인 데이터에 의존하기 시작하였고 새로운 데이터를 이용하기 위하여 새로운 분석 기법들이 고안되었다는 점일 것이다. 이 시기 동안 도시 연구는 여전히 생태학적 전통, 특히 경험적 데이터의 신중한 결합을 강조했던 관점의 영향을 강하게 받았다. 도시사회 연구가 '과학'의 기준으로 평가되기 시작하면서 '가설'을 수립하고 검증하는 데 더 많은 관심이 생겨나게 되었다. 이 부분에서는 과학적 방법론과 정량적 분석에 의존하는 경향을 반영하는 도시 구조에 대한 보다 복잡한 일련의 모형들을 살펴본다.

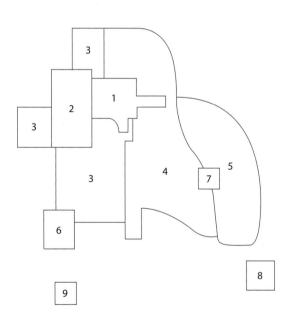

1. 중심업무지구
2. 도매 및 경공업지구
3. 저소득층 주거지
4. 중산층 주거지
5. 고소득층 주거지
6. 중공업지구
7. 외곽 업무 지구
8. 주거용 교외
9. 산업용 교외

그림 7.7 도시 공간 구조에 대한 해리스와 울먼의 다핵심 모형. 해리스와 울먼은 단일한 지배적인 도시 핵보다는 이를 중심으로 도시 토지이용이 군집되어 나타나는 여러 개의 '결절'을 확인하였다.
출처: Harris, Chauncy D. and Edward L. Ullman, 1945.

사회지역분석과 요인생태학

쉐브키와 벨(Eshref Shevky and Wendell Bell, 1955)은 분명히 파크와 그 학생들의 초기 연구물에 근거하고 있지만, 보다 연역적으로 격식을 차린 **사회지역분석**(social area analysis)이라 부르는 접근을 만들어 냈다. 중요한 것은 사회지역분석이 생태학적 접근의 경험주의에 기초하여 도시를 보다 연역적으로 다룬 최초의 시도는 아니라는 것이다. 사실 파크의 학생 중 1명인 워스(Louis Wirth)는 생태학적 접근을 공식화하고자 할 목적으로 1938년 기념비적인 논문을 썼다(글상자 7.2 참조).

사회지역분석은 도시는 복잡한 현대 사회를 반영한다는 전제에 기반을 두고 있다. 즉 전통 사회와 현대 사회를 구분하는 힘 또한 현대 도시를 형성하는 데 영향을 준다. 사회지역분석은 도시 공간을 형성시키는 세 가지 주된 힘을 확인하였다. (1) 산업 사회에서 성공하기 위해서는 보다 발전된 직업 기술이 요구되었다. (2) 2차 세계대전 이후 빠르게 발전하는 경제가 새로운 수요를 만들어 내고 새로운 기회를 제공함에 따라 가족 구조는 변하였다. (3) 주거 이동성은 증가하고 도시 공간은 인종, 민족 정체성과 같은 인구학적 범주에 기반하여 인식되기 시작하였다.

사회지역분석은 나아가 이러한 세 가지 힘 각각은 경험적으로 지도화할 수 있는 상이한 공간적 표출을 가지고 있다고 가정하였다. 먼저 **사회경제적 지위**(socioeconomic status)의 차이는 2차 세계대전 이후 산업 경제에서 다양해진 경제 활동의 범위를 반영한다. 고등교육을 받은 고소득 가구는 호이트가 확인한 것과 유사한 지구에 거주하는 경향이 있다. **가족적 지위**(family status)의 차이(**도시화의 차이**를 나타내기도 함)는 주택 수요와 선호를 결정하는 데 있어 증대되고 있는 가족과 가구의 인구학적 구조의 중요성을 반영한

다. 2차 세계대전 이후 '베이비붐'으로 출산의 급격한 증가가 나타났고, 이는 도시 주변부에서 빠르게 확장하는 교외와 공간적으로 연계되었다. 독신, 자녀가 없는 부부, 노인 가구 등은 오래된 소규모 주택이 있는 도심 가까이에 거주하는 경향이 있다. 마지막으로 **민족적 지위**(ethnic status)의 차이는 이민자들과 남부 농촌 지역으로부터의 이주자들이 도시로 몰려들면서 현대 도시사회의 증대된 이동성에 의해서 야기된 인종적·민족적 정체성의 중요성을 반영한다.

사회지역분석의 한 가지 중요한 측면은 미국 센서스국이 만들어 낸 도시 근린지역에 대한 대규모 데이터셋을 사용했다는 점이다. 쉐브키와 벨은 그들이 '요인(factor)'이라고 부른 세 가지 가정된 힘을 대변하기 위하여 센서스 데이터로부터 구체적인 변수를 선정하였다. 이러한 변수를 사용하여 이들은 파크에 의해서 앞서 기술된 자연지역과 관련된 '사회지역(social areas)'을 구별하였다.

사회지역은 일반적으로 동일한 생활수준, 동일한 생활방식, 동일한 민족적 배경을 가진 사람들이 살아가는 곳이다. 특정 유형의 사회지역에 거주하는 사람들은 특유의 태도와 행동으로 다른 사회지역에 거주하는 사람들과 체계적으로 다를 것이라는 것을 가정한다(Shevky and Bell, 1955, p. 20).

사회지역분석은 정량적 데이터 분석이 도시의 사회적 정형화에 관해 연역적으로 유도된 가설과 어떻게 결합될 수 있는지를 설득력 있게 보여주었다. 1960~70년대 동안 훨씬 더 많은 데이터를 이용할 수 있게 되었고 컴퓨터 기술이 빠르게 발전하였다. 지리학을 포함한 사회과학은 매우 큰 데이터셋(data set)에 대해 정량적 분석을 수행하는 복잡한 방법을 사용하

글상자 7.2 ▶ 워스의 '생활 방식으로서의 도시성'

1938년 사회학자 워스의 기념비적인 논문이 출간되었다. 워스는 시카고대학에서 파크와 버제스 밑에서 그리고 유럽에서 짐멜과 함께 공부를 하였다. 워스는 생태학적 연구가 지나치게 귀납적(자세한 관찰을 수행하고 관찰로부터 일반화를 이끌어 내는 과학에 대한 접근)이라고 주장하면서 시카고학파의 생태학적 연구의 경험주의에 반발하였다. 워스는 도시와 사회적 삶에 대한 보다 연역적(추상적인 사고로부터 구체적인 예측 수행)인 논의를 제공하였다. 워스는 도시에서 빠르고 극적인 변화를 만들어 내는 관련된 경제적·인구학적 경향으로서의 도시화(urbanization)와 이러한 경향에 대한 상호관련된 사회적·심리적 반응으로서의 도시성(urbanism)을 구분하였다. 워스는 도시화의 세 가지 주요한 속성을 확인하였다.

- **인구 규모** 늘어나는 사람의 숫자는 더 큰 문화적·직업적 다양성을 초래한다. 특히 국내 이동과 국제 이주를 통한 대규모 인구로 인하여 상이한 집단이 밀접하게 접촉할 가능성이 커진다. 더 커진 다양성으로 인하여 법체계와 같은 형식적인 통제 시스템에 대한 필요성이 더 커진다. 대규모의 구별되는 인구 집단은 매우 분화되고 전문화된 직업 구조를 가져온다. 요약하면 사회적 상호작용은 대인관계보다는 기능적이고 형식적인 역할에 기초하게 되고 점차 몰개성화된다. 궁극적으로 사회적 해체와 분열의 실질적인 위험이 있다.
- **물리적 밀도** 불충분한 도시 공간으로의 지나치게 많은 인구의 밀집은 공간적 분절화와 분화를 야기하여 늘어난 인구 규모의 효과를 강화한다. 밀집과 다양성의 사회심리적 효과

로는 지리적 고정관념 형성, 상이한 배경의 사람들로부터 받는 압박에 대한 해결책으로써 사회적 거리를 유지하고자 하는 시도 등이 있다. 보다 긍정적인 측면은 혼잡과 다양성이 차이에 대해 보다 관용적이 되도록 만든다는 것이다.
- **이질성** 우리가 이미 지나가는 말로 언급한 것처럼, 늘어나는 사회적 이질성은 도시화의 기본적인 속성이다. 특히 우리는 계급과 계층을 넘나드는 고조된 사회적 이동성, 약화된 가족적 유대, 개인적 성취의 가치 증가 등을 목격하고 있다. 사회적 이동성은 또한 다시 지역사회에 대한 유대를 약화시키는 것으로 피드백되는 공간적 이동성과 연결된다. 이질성은 또한 대인관계를 약화시키는 상업화와 합리화를 증대시킨다.

워스는 또한 그가 도시성으로 정의한 도시화의 세 가지 결과를 확인하였다.

- **적응해 나가는 개별 행동**이 변화하는 도시 맥락에 대한 반응으로 나타난다. 사람들은 보다 냉담하고 인간미가 없는 방식으로 행동을 하고 도시 환경이 제공하는 자유 때문에 그들의 행동을 구속하지 않는다.
- **신경증적인 개별 행동**, 예를 들어 정신질환, 알코올중독과 그 외 '일탈' 행동이 효과적인 사회적 통제가 부족하기 때문에 증가한다. 제도적으로 강제된 형태의 사회적 통제에 대한 의존도가 더 커진다.
- **사회적 분절화**는 집단들의 공간적 분절화로 나타나고 사회적 행동은 훨씬 더 구분된다.

였다. 이 방법은 흔히 '요인 분석'이라 하며 구체적으로는 **요인생태학**(factorial ecology)이라고 하는데, 일련의 정량적 기법을 사용하여 쉐브키와 벨이 제안한 아이디어를 살펴보는 방법으로 활용되었다. 기본적으로 도시의 공간적 패턴을 만들어 내는 힘은 대규모 데이터셋에 대한 귀납적인 분석을 통해서 찾아낸 경험적으로 정의된 '요인'을 보면 분명히 알 수 있다. 여기

서 정량적인 경험적 분석을 먼저 수행하고 이후에 요인을 식별해야 한다. 사회지역분석과 요인생태학 사이의 분명한 방법론적 차이에도 불구하고 두 경험적 접근은 일반적으로 도시 형태를 조직화하는 데 기여하는 다음 세 가지 주요 요인을 찾아냈다. (1) 사회경제적 지위, (2) 가족적 지위, (3) 민족적/인종적 격리.

도시 모자이크

1960년대와 1970년대 동안 도시 공간구조에 대한 사회과학 연구가 갖는 지속적인 어려움 중 하나는 버제스의 동심원 모형, 호이트의 부채꼴 모형, 해리스와 울먼의 다핵심 모형에서 제시한 공간구조 사이의 분명한 불일치였다. 이 세 가지 시각적 모형 중 어떤 것이 도시 공간구조의 실제를 가장 잘 반영하는지를 파악하고자 많은 연구들이 행해졌다. 결국 이러한 연구들은 세 모형 중 하나를 뒷받침하는 미약한 증거만을 찾았다. 이 시기 동안 많이 행해진 요인생태학의 새로운 결과들은 세 가지 시각적 모형들을 조화시킬 수 있

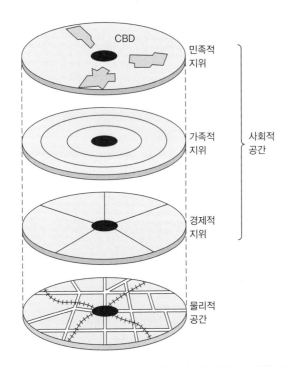

그림 7.8 요인생태학 연구에 기초한 도시 거주지 구조에 대한 머디의 이상화된 모델은 상이한 유형의 근린지역 특성은 상이한 과정에 의해서 도시 공간에 걸쳐 분포하고 그래서 상이한 공간적 패턴을 보인다는 것을 제시함으로써 도시 공간 구조에 대한 동심원, 부채꼴, 다핵심 모형 사이의 명확한 의견충돌을 해결하는 데 도움을 주었다.
출처: Murdie, R. A., 1969.

는 가능한 방법을 제공하였다.

머디(Robert Murdie, 1969)는 사회지역분석과 요인생태학에서 지속적으로 확인된 세 가지 주요한 힘의 교차에 기인한 **도시 모자이크**(urban mosaic)의 존재를 기술함으로써 세 모형을 조화시킬 수 있다는 점을 분명히 하였다. 머디는 사회경제적 지위 요인은 종종 호이트가 기술한 것과 유사한 부채꼴 패턴을 보여, 고소득 가구는 일반적으로 도시의 특정 섹터에 입지하는 경향이 있다고 보았다. 가족적 지위는 버제스가 기술한 동심원적 패턴을 보여, 혼자 사는 젊은이들과 노인들은 도심 근처에 위치한 아파트나 소규모 주택에 거주하며, 자녀가 있는 가족은 도시의 주변에 거주하는 경향을 보인다. 민족적·인종적 집중은 일반적으로 역사적 집중을 반영하고, 다른 요인에도 영향을 미친다. 이러한 패턴은 약하기는 하지만 해리스와 울먼의 다중 결절의 개념과 유사하다고 말할 수 있다. 이러한 세 가지 공간 패턴을 중첩시키면 도시 모자이크가 된다(그림 7.8).

현대 도시의 사회 공간: 세계화, 포스트모더니즘, 차이의 도시

지금까지 이 장에서는 도시사회 공간의 조직화를 이해하는 전통적인 방법들, 1970년대에 가장 널리 받아들여졌던 방법들을 제시하는 데 초점을 맞추었다. 그러나 도시와 사회과학은 지난 30년 동안 엄청난 변화를 경험하였다. 이전 장들에서 이러한 변화의 일부를 이미 살펴보았다. 이 부분에서는 도시의 현대 사회 경관에 대한 최근의 개념을 살펴본다. 이러한 사고 중 어떤 것은 도시 자체의 변화를 반영하고, 어떤 것은 도시에 대하여 우리가 사고하는 방법에서의 변화를 반영한다. 특히 이 장을 시작하면서 논의한 대부분의

사고는 집단과 개개인들은 상당히 합리적인 방법으로 그들이 어디에 거주할 것인지를 선택한다는 가정 하에 시작한다. 비록 이러한 선택이 생태학적 접근에서처럼 사회적 거리 혹은 신고전경제학에서처럼 경제적 효용을 유지하고자 하는 갈망을 반영할지는 모르지만, 선택의 능력은 이러한 접근들의 중요한 측면으로 남아 있다. 사회 경관은 개개인들의 선택이 누적된 것이라는 이러한 가정은 이 장 뒷부분에서 논의하는 관점에 의해 도전받게 된다.

6장에서 정치경제학적 관점에 대해서 논의했는데, 산업 생산의 경관에 초점을 맞추었다. 이 부분에서는 정치경제학적 관점이 도시의 사회 경관을 이해하는 데 어떻게 도움을 줄 수 있는지에 대하여 간략하게 살펴본다. 정치경제학으로부터의 중요한 통찰력은 도시의 사회 경관은 개개인의 결정에 의한 결과로 자연적으로 나타나는 것이 아니라는 것이다. 사회 경관은 경관의 의미를 얻고 또 기여하는 더 큰 경제체계의 일부이다. 특히 사회 집단은 그들이 원하기 때문이 아니라 그들에게 더 큰 힘이 부여되었기 때문에 도시의 상이하고 독특한 부분에 거주하는 것이다. 그래서 **권력**(power)은 정치경제학적 관점에서 중요한 관심사이다. 누가 권력을 가지고 있는가? 누가 권력을 가지고 있지 못한가? 어떻게 권력이 만들어지고 사용되는가? 정치구조 혹은 투쟁으로부터 나온 권력과 경제구조로부터 나온 권력이 이러한 연구들의 주요 초점이다.

자본주의의 중요한 정의적 특징 중 하나는 생산 수단을 소유한 사람들과 노동자 사이의 계급투쟁이다. **거주지 분화**(residential differentiation)로 알려진 사회적 계층 사이의 도시 공간의 분리는 자본주의 체제를 유지하고 재생산하는 데 중요한 기능을 한다. 자본의 2차 순환에서 투자는 주택, 공원, 도로 등으로 구성된 소비(또한 소비자금으로 알려짐)를 위한 건조 환경을 만들어 낸다는 6장의 내용을 상기하자. 다른 한편 이러한 특성은 과잉생산의 위기를 벗어나기 위하여 산업 상품에 대한 새로운 소비 라운드를 자극할 필요가 있다. 다른 한편 거주지 분화는 **사회적 재생산**(social reproduction)을 위한 필수적인 과정으로 여겨진다. 자본주의 체제를 지속적으로 유지하기 위하여 기본 계급을 재생산해야 한다. 자본주의는 가치 체계, 이데올로기, 기대, 태도, 행동 등 집단 규범으로의 사회화(socialization)를 요구한다. 사회화는 종종 학교, 공원, 놀이터 등 근린지역에서 이루어진다. 사회적으로 동질적인 근린지역은 이러한 과정을 용이하게 한다. 노동자 계급 아이들은 노동자 계급 근린지역에서 성장하기 때문에 부분적으로 노동자 계급의 일원이 되도록 사회화된다. 부유한 사람들의 자녀들은 그들이 엘리트 근린지역에서 성장하기 때문에 부분적으로 부르주아지의 일원이 되도록 사회화된다.

정치경제학적 관점은 또한 도시의 사회 경관 내에 내재되어 있는 때로는 놀랄 만한 양극화를 이해하는 데 도움을 준다. 자본 투자와 개발은 본질적으로 불균등하다. 이는 왜 도시에 절망적으로 가난할 뿐만 아니라 터무니없이 부유한 장소가 공존하는지를 부분적으로 설명한다. 투자, 투자 중단, 재투자의 역동성과 지리적 논리는 이 장 뒷부분, 그리고 8장과 9장에서 살펴본다.

이 장의 나머지 부분은 세 가지 주요 주제인 세계화, **포스트모더니즘**, 차이의 도시에 초점을 맞춘다. 특히 이러한 경향이 도시 공간의 사회적 정형화에 영향을 준 것이 무엇인지에 대하여 질문을 던진다. 이 부분의 목적은 도시의 사회 경관을 변화시키는 힘에 대하여 살펴보고(이러한 힘이 '새로운' 것인지 아닌지), 아마도 지난 수십 년 동안 목격하지 못했지만 오늘날에는 볼 수 있는 지역의 유형을 확인하고 기술하는 데 있다. 특히 세계화는 정치경제학적 접근의 통찰력에 의존하는 반면, 일부 이론가들에 따르면 포스트모더니즘과 차이의 도시 개념은 아래에서 간략하게 살펴볼 매우 상이한 입장에 의존한다.

세계화: 일반적인 경향

세계화(globalization)는 제조업에서 고차 서비스업으로의 변화, 지구적 스케일에서 점차 늘어나고 있는 경제적(특히 금융) 상호작용의 속도, 지구적 스케일에서 재화와 사람들의 늘어나는 이동성(혹자는 초이동성이라고 말한다)을 포함한 상호 연계된 경제적 변화를 의미한다(4장). 도시의 사회 경관에 대한 이러한 경제적 변화의 영향이 이 부분의 관심사이다.

논의의 초점을 맞추기 위해서 두 가지 질문을 던진다. 첫째, 세계화의 어떠한 양상이 도시사회 지리를 다시 만드는 잠재력을 갖는가? 세계화를 특징짓는 엄청난 경제적 변화는 경제적, **사회적 양극화**(social polarization)를 심화시켰다. 오늘날 부유한 사람과 가난한 사람의 수는 증가하고 있는 반면, 고소득 노동자계층과 중산층은 줄어들고 있다. 늘어나는 부유한 사람들의 수와 늘어나는 가난한 사람들의 수는 모두 주택과 거주지 기반 서비스, 어메니티에 대한 새로운 수요를 요구하기 때문에 이러한 양극화 과정은 도시에 영향을 줄 잠재력을 가지고 있다. 국제 이주 흐름, 특히 세계의 저개발 지역에서 세계도시로의 이주 흐름은 사회 집단들이 사회적으로 그리고 경제적으로 상호작용할 수 있는 새로운 기회를 만들어 내고 있다. 또한 차별과 갈등이 유발될 수 있는 새로운 가능성도 늘어나고 있다.

둘째, 도시 내에서 이러한 경향들의 지리적 관련성은 무엇인가? 연구들은 세계화와 함께 여러 가지 공간적 경향을 살펴보아야 한다고 주장한다. 가장 일반적으로 우리는 사회 집단들의 늘어난 공간적 집중과 분리, 즉 사회적 양극화에 수반된 **공간적 양극화**(spatial polarization)를 보아야 한다. 비록 어느 정도의 사회적 분리가 도시 내에 존재해 왔지만, 세계화가 분리의 범위와 강도를 두드러지게 했다고 주장한다. 이제 새롭게 형성된 다양한 유형의 엔클레이브(enclave)가 세계화하고 있는 도시를 특징짓는다.

증대된 집중과 분리는 도시의 구역들을 벽과 담 같은 장애물로 구분하고 감시를 강화하는 도시 공간의 늘어난 요새화(fortification)로 특징지어진다. 부유층과 점차 늘어나는 전문직 종사자들은 증대된 사회적 무질서와 범죄에 대한 두려움 때문에 원치 않는 집단을 '차단'하고 싶어 한다. 비록 방어적이고 배타적인 '요새'가 언제나 도시의 일부분에 존재해 왔기는 하지만, 이제 그 사용이 대폭 확장되었다. 양극화된 사회적 스펙트럼의 다른 한쪽에서 가난한 사람들은 점차 도시의 버려진 원치 않는 지역으로 감금된다.

집중과 분리로의 강화된 경향성은 내적인 자급자족성 — 일부 학자들은 이를 총체화(totalization)라 부름 — 으로 특징지어진다. 여기서는 **도시의 분리된 지역** 내에서 보다 포괄적인 범위에서 고용, 서비스, 소매, 오락의 기회를 제공하는 공간적으로 분리된 부분들이 늘어나는 경향성에 주목한다. 결과적으로 이질적인 집단들 사이의 공적인 상호작용의 장소로서 도시의 역사적인 역할은 줄어들었다고 볼 수 있다. 왜냐하면 사회 집단들은 점차 어떠한 목적에서든 도시에서 그들이 거주하고 있는 지역을 벗어날 필요가 없기 때문이다. 전문 사무용 건물과 대규모 복합 소매 상가들이 외딴 지역에 건설됨에 따라 이러한 경향을 교외지역에서도 관찰할 수 있다. 비슷하게 다운타운 주거지역은 이제 보다 다양한 소매 및 오락 기회를 제공하고 있다. 예를 들어 일반적으로 교외지역의 몰에서, 그리고 뉴욕의 타임스퀘어와 같은 도시 지역에서 찾아볼 수 있는 전국적인 그리고 국제적인 소매 체인점의 증가에 주목할 필요가 있다.

세계도시의 구성요소

지금까지는 세계화하고 있는 도시에 영향을 주는 경향을 확인하였다면, 이제는 이러한 도시들이 어떻게 보이는지에 대하여 질문하고자 한다. 최근 생겨난 도시의 사회 경관에는 무엇이 있는가? 세계 경제에서 가장 중요한 도시들인 뉴욕, 런던, 도쿄에 근거하여 사센(Saskia Sassen, 1991)과 다른 연구자들(예를 들어 Mollenkopt and Castells, 1991)은 보다 일반적으로 **분할된 도시**(divided city)를 의미하는 **이중 도시**(dual city)에 대해 기술하였다. 이중 도시에서 가장 중요한 힘은 경제적 양극화와 사회의 양극화된 부분들 사이의 기능적·공간적 연계이다. 계층구조 아래에서의 저소득 노동자 수의 증가는 상층의 변화하는 생활양식과 연결된다. 수준이 높아지는 노동자는 점차 기본적인 기능을 수행할 수 있는 누군가를 고용하여 생활의 기본 기능을 충족시킨다. 예를 들어 전문직 종사자 가족들은 보다 자주 외식을 하고, 집을 청소하고, 세차하고, 아이들을 돌보는 사람들을 고용한다. 이러한 패턴은 세계도시로의 새로운 이주 흐름을 강화한다. 왜냐하면 기존의 소수집단보다는 이민자들이 종종 이러한 낮은 수준의 저임금 서비스 일을 수행하기 때문이다.

공간적으로 이중 도시 가정은 도시의 사회 경관이 경제의 세계화로 야기된 골이 깊어진 사회적 양극화를 반영하는 공간적 분할로 특징지어진다고 예견한다. 등급 상승(upgrading)과 하락(downgrading)이라는 두 가지 유형의 근린지역 변화가 자주 목격된다. 한편에서는 전문직 계층에게 새로운 풍요를 제공하기 위

한 근린지역의 **등급** 상승이 나타나고 있다. 퇴락했지만 흥미로운 건축물을 가지고 있는 오래된 근린지역은 20세기 중반 동안 **젠트리피케이션**(gentrification)이라고 부를 수 있는 변화를 경험하였다. 여기서 선구적 취향을 가진 사람들이 상당한 재정적 위험을 감수하고 기꺼이 빈곤한 근린지역으로 이주하여 그들의 집을 보수한다. 더 많은 집들이 보수되면서 근린지역은 보다 광범위한 변화를 경험하고 결국 소수만이 접근할 수 있는 높은 가격의 주택을 가진 장소가 된다. 고용과 도시 여가 시설에 대한 편리한 접근성을 가진 이러한 근린지역의 도심지 입지는 종종 '여피족'(yuppies, 도시의 젊은 엘리트들)으로 불리는 새로운 전문직 계층에게 더욱 매력적이다. 정말로 부유한 사람들을 위한 배타적이고 사적인 도심지 근린지역은 세계 경제의 새로운 풍요를 상징하는 것이 되었다.

다른 한편 종종 등급 하락(downgrading) 혹은 여과과정(filtering)이라 부르는 빈곤한 근린지역의 확장과 이와 관련된 사회문제들이 있다. 경제적 혼란과 이주에 의해서 빈곤한 거주자 수가 늘어나면서 빈곤층의 주택이 점유하는 도시의 범위도 증가한다. 빈곤층은 이제 빈곤한 근린지역에 거주할 가능성이 더 높아졌고, 빈곤한 사람들이 사는 장소는 이제 또 다른 빈곤한 사람들을 이주시킬 가능성이 더 높아졌다. 이러한 늘어나는 빈곤의 공간적 집중은 일련의 사회 문제와 연결된다.

경제의 세계화에 의해서 추동된 현대 세계도시의 늘어나는 양극화로 특징지어지는 이중 도시 은유는 현재 흐름의 아주 일부분만을 포착할 뿐이다. 마르쿠제(Peter Marcuse, 1996, 1997)는 일련의 저술에서 세계화하고 있는 도시의 다른 구성요소들을 확인하였다. 그의 연구 내용을 간략히 요약해 다시 표현하면, 세계화하고 있는 도시를 구성하는 근본적인 세 가지

요소로 시타델, 엔클레이브, 게토가 있고, 게토에는 전통적인 게토와 '버림받은 게토'를 구분하는 하위 요소가 있다. 이러한 기본 요소들 사이에는 젠트리피케이션, 노동계층 주택, 총체화된 교외화 같은 도시경관이 존재한다.

시타델 "시타델(citadel, 성채)은 고소득 거주자들의 봉쇄된, 보호된, 격리된 지역으로, 도심에 위치할 경우 사무 및 상업적 이용과 같이 이루어진다"(Marcuse and van Kempen, 2000, p. 13). **시타델** 거주자는 소득과 권력 측면에서 가장 높은 수준에 위치하는 경향이 있는 반면, 젠트리피케이션된 근린지역 거주자들은 새로운 정보 경제 분야의 성장과 관련된 관리자 및 전문직 종사자들인 경우가 많다. 이러한 지역에 거주하고자 하는 부유한 사람들은 부모로부터 유산을 물려받았거나 탈산업 세계 경제의 기회로 새롭게 부를 축적한 사람들이다. 종종 시타델 거주자들은 도심에 근접하여 살고 싶어 하지만 현대 도시가 갖는 위험을 두려워한다. 이러한 이유로 새롭게 건설된 개발지역은 종종 높은 보호벽으로 둘러싸여 있고 '청원경찰'이 경비를 담당

그림 7.9 뉴욕에 있는 배터리파크시티(Battery Park City)는 시타델이 많은 도시 경관 중에서 중요한 특징이 되고 있다는 것을 증명한다. 시타델은 흔히 도심 가까이에 위치하여 도시 어메니티에 대한 근접성을 제공하고 때로는 안전을 위하여 심하게 요새화된다.

한다. 이러한 시타델은 부의 증가와 사회적 고립을 원하는 부유층의 늘어난 욕망을 반영한다(그림 7.9).

엔클레이브 엔클레이브(enclave)는 공간을 만들어내는 외부의 힘이 부과되기보다는 보다 자발적인 사회적 집중 공간을 나타낸다. 마르쿠제는 엔클레이브를 문화적 엔클레이브, 이민자 엔클레이브, 배타적 엔클레이브 세 가지 유형으로 구분하였다. **문화적 엔클레이브**(cultural enclave)는 거주자들이 자발적으로 참여하고 공통의 문화적 관심사를 공유하는 지역이다. 예를 들어 임대료가 저렴하고 스튜디오 공간이 있는 지역은 예술가들과 음악가들을 끌어들인다. **이민자 엔클레이브**(immigrant enclave)는 이름이 의미하는 것처럼 특정 이민 집단으로 구성된 인구를 수용한다. 여기서 현대적인 이민 집단의 집중과 산업도시의 전통적인 이민자 게토를 명확하게 구분할 필요가 있다. 경제적 자원을 별로 가지고 있지 않은 이민자들이 100여 년 전에 형성된 전통적인 이민자 게토(예를 들어 맨해튼의 차이나타운)로 여전히 몰려들고 있지만, 새로운 형태의 이민자 엔클레이브도 출현하고 있다(10장 참조). 경제적 자원과 정치적 영향력을 모두 지닌 이민자들(그리고 2세대 가구들)은 교외지역에 자발적으로 무리를 이루고 살면서 교외의 성격과 이민자 지역사회에 대한 기존 개념을 바꾸어 놓고 있다.

아마도 가장 골칫거리에 해당하는 엔클레이브 유형은 민족적·인종적 다양성, 특히 빈곤과 범죄에 노출되지 않으며 거주할 수 있는 공간을 추구하는 중상류층 가구들이 밀집되어 있는 **배타적 엔클레이브**(exclusionary enclave)일 것이다. 배타적 엔클레이브의 핵심은 다른 사람들을 배척하여 거주지의 동질성을 유지하는 것이다. 이러한 엔클레이브는 종종 배타적 지역지구제(exclusionary zoning), 구속적인 건축 법규

및 그 외 다른 국지적 규제 등을 통하여 균질성을 확보하는 고소득 교외 행정구역에서 나타난다. 그러나 점차 배타적 엔클레이브는 젠트리피케이션이 일어나고 재개발된 도심부 근린지역을 포함하여 도시의 다른 부분에서도 형성되고 있다.

게토   게토(ghetto)는 거주지 선택에 대한 외부의 힘이 작용하여 형성되고 유지되는 집단 공간을 의미한다. 역사적으로 게토는 예를 들어, 중세 유럽의 도시들에 있었던 유대인 구역(2장)과 같이 민족적 요소를 가지고 있었다. 미국에서 게토는 남부의 흑인이 북동부의 산업도시로 대이동을 하던 시기에 전례 없는 수준의 거주지 격리가 나타나면서 인종적인 의미가 부가되었다(9장). 빈곤의 관점에서 실질적인 함의를 갖는 게토가 만들어지는 것이 최근의 추세이다. 그래서 마르쿠제는 두 가지 유형의 게토를 인정하였다. **전통적인 게토**(traditional ghetto)는 민족적 · 인종적 정체성에 기반을 두고 있고, 거주자들은 일반적으로 보다 넓은 사회에 대한 경제적 기능(예를 들어 저임금 노동력의 원천)을 수행한다. 대조적으로 **배제된 게토**(excluded ghetto)(때로는 버림받은 게토로 표현)는 경제적 역할을 할 수 없는 인구 집단을 수용한다. 게토에 대한 이러한 묘사는 사회학자 윌슨(William Julius Wilson)의 연구에 근거를 두고 있다. 윌슨은 버려진 도심 근린지역에 고립되고 구조적으로 빈곤한 최하층 계급 거주지의 발달에 대하여 연구하였다(1987). 배제된 게토의 거주자들은 현시점에서 경제적 유용성이 없다는 사실이 역사적으로 앞서 있었던 전통적인 게토, 다른 노동자 계층 거주 지역 및 빈곤 지역과 구분되는 점이다.

세계도시의 과도기적 근린지역

시타델, 엔클레이브, 게토가 현대 도시를 구성하는

'확고한 유형'의 주요 공간 요소들이라면, 이들 중간에 다른 유형들이 존재한다. 공간적으로 시타델과 게토 사이에 있다는 의미에서, 그리고 시간적으로 한 유형에서 다른 유형으로의 변화의 과정에 있는 근린지역일 수 있다는 의미에서 이러한 지역들은 종종 과도기적이다. 시간적 지속성과 상관없이 이들은 현대 도시의 사회 경관을 구성하는 중요한 요소이다.

젠트리피케이션 도시   앞에서 기술한 것처럼, 젠트리피케이션은 중상류층, 주로 백인 거주자들이 건축학적으로 가치가 있는 주택이 위치한 낡은 근린지역으로의 이동을 나타낸다. 때때로 오래된 교외지역에 위치할 수도 있지만, 이러한 근린지역은 종종 도심의 업무지구 및 유흥가와 근접해 있다. 젠트리피케이션 과정은 도시 주택 시장에서 주택 가치 주기와 밀접하게 관련되어 있다. 젠트리피케이션은 일반적으로 성적 소수자나 예술가와 같은 소위 '도시 선구자(urban pioneer)'로 불리는 몇몇 사람들이 가치가 떨어진 오래된 주택을 구입하여 자신의 노력으로 개보수를 하면서 시작된다. 주택의 가치는 종종 빠르게 상승한다. '여피족'들과 자녀가 없는 부부들이 이러한 선구자들을 뒤따르는 것이 일반적으로 관찰되는 인구학적인 순서이다. 젠트리피케이션이 진행되고 있는 근린지역은 한동안 사회적 정체성과 경제적 자원 측면에서 상당한 다양성을 보인다. 그러나 종종 이전 거주자들이 해당 근린지역에 거주하는 데 있어 더 이상 감당할 수 없을 정도로 지대와 주택 가격이 치솟으면서 이들은 할 수 없이 떠나게 된다. 결국 이러한 과정이 끝나게 되면, 젠트리피케이션된 근린지역의 거주자들은 백인 상류층이 보다 지배적으로 거주하는 부유한 교외의 엔클레이브 거주자들처럼 될 것이다(그림 7.10).

PhotoDisc

그림 7.10 이 사진에 나타나 있는 샌프란시스코의 알라모스퀘어 (Alamo Square)에 있는 빅토리아풍의 건물들은 북미의 많은 도시들의 도심지역에서 늘어나는 젠트리피케이션된 근린지역의 확산을 잘 보여준다. 흥미로운 건축물을 가진 오래된 근린지역은 이러한 재산에 기꺼이 투자하고 개보수할 수 있는 능력이 있는 부유한 도시인들에게 인기를 얻게 되었다. 젠트리피케이션이 이전에 해당 근린지역에 거주했던 가난한 사람들을 퇴거시키고 도시 전체적으로 이용 가능한 주택의 공급을 줄인다는 비판이 제기된다.

Courtesy of Fairfax County Economic Development Authority

그림 7.11 버지니아 주 타이슨스 코너(Tysons Corner)는 1980년대 이후 많은 대도시 지역에서 증대되고 있는 에지시티의 중요성을 잘 보여준다. 이전에는 비도시 공간이었던 곳, 특히 방사상의 주간고속도로가 순환고속도로와 교차함으로써 접근이 용이하게 되었다. 에지시티에 고차 서비스 기능, 그중에는 기업의 명령과 통제 기능의 집중이 두드러진다.

교외 도시 교외는 세계도시에서 새로운 것이 아니다. 사실 다른 장에서 보다 자세히 살펴보겠지만, 분산이라는 일반적 과정, 그리고 교외라고 하는 구체적인 위치는 여러 세기 동안의 도시화와 연관되어 있다. 자동차의 보급에 따른 거주지의 교외화는 2차 세계대전 이후 수십 년 동안 도시 지역에 영향을 준 지배적인 힘 중 하나이다(5장 참조). 여러 모로 균질적인, 주로 백인, 중산층, 전통적인 가족 중심의 교외에 대한 신화는 지속되고 있는 힘의 하나로, 도시의 사회 지리의 실제뿐만 아니라 어떻게 우리가 현대 도시를 바라보는지에 영향을 주고 있다. 그러나 최근 몇몇 경향이 교외에 엄청난 영향을 주었고, 대도시 지역의 외곽에 위치한 교외의 본질을 근본적으로 변화시키고 있다.

첫째, **에지시티**(edge city)(또는 스텔스 시티, 교외 다운타운, 총체화된 교외 등으로 부름)가 형성되었다. 저널리스트 개로우(Joel Garreau)는 1991년 집필한 그의 책에서 이 용어를 유행시켰다. 고층 업무용 건물, 종합 쇼핑센터, 위락 시설들이 주택만 들어서던 교외지역에 추가되는 경향이 나타났다(그림 7.11). 점차 교외지역은 대다수의 주택뿐만 아니라 대다수의 대도시 지역 고용 및 소매업을 포함하게 된다. 그래서 교외 거주자는 다른 필요 때문에 교외 환경을 벗어날 필요가 없게 된다.

둘째, 교외 환경은 점차 방어적인 설계로 특징지어진다. 도시의 위험 요소로부터 보호하기 위한 방어적 시도로 담벽, 문, 경비원 등을 추가한 종합적인 개발지들이 이전 개발지 옆에 생겨나기 시작한다. 에지시티와 방어적 설계 모두는 세계화에 의해서 추동된 경제적 변화로 야기된 양극화의 일부로 볼 수 있다. 이 속에서 사람들은 점차 커지고 있는 도시 내부의 문제로부터 공간적 거리와 분리를 유지하고자 한다.

노동자 계급 도시 도시는 오랫동안 산업 자본주의를 뒷받침한 노동자 계급의 거주지로 기능해 왔다. 특히 19세기 후반 및 20세기 초반 동안 성장했던 도시들에서 노동자 계급이 점유한 근린지역은 다양한 운명을 경험하였다. 미국의 많은 도시들의 경우, 2차 세계대전 이후 20년 동안 건설된 노동자 계급 근린지역은 상당한 등급 하락을 경험하고 있다. 모두는 아니지만 도시 내부 가까이에 위치한 많은 노동자 계급 교외지역은 몇 년 후에 게토가 될 것이다. 예를 들어 로스앤젤레스의 경우, 많은 노동자 거주지들이 이미 도시 북동부 게토 지역과 유사한 빈곤율과 이에 연관된 범죄율을 보이고 있다. 다른 노동자 계급 거주 지역들은 극단적인 등급 상승의 압박에 직면하면서 주민들은 상승하는 주택비용을 해결할 방법을 찾고 있다. 일부 건물의 경우 단지 주택을 허물고 새로운 보다 더 큰 주택을 지을 수 있는 위치에 있다는 이유로 거래된다.

전반적으로 세계화 논지는 우리가 현대 도시에서 관찰하는 많은 경향을 만들어 내고 있다. 사실 이러한 경향 중 많은 것은 세계도시로 묘사되는 대규모 도시에서만 나타나는 것이 아니라 모든 규모의 도시 내에서 발생한다. 게다가 대도시들에서 지금까지 기술한 경향과 일치하지 않는 경향과 패턴을 관찰할 수 있다. 예를 들어 현대 도시는 인종에 의해서 첨예하게 분열된 채로 남아 있고(9장), 세계화보다 선행한 패턴을 가지기도 하며, 최근의 변화에 저항하기도 한다.

포스트모던 도시성

많은 학자들은 1960년대 후반부터 1970년대 초반 시기에 사회의 본질에서 주요한 역사적인 변화를 확인하였다. 선진국의 경제가 제조업 기반에서 고급 서비스 기반으로 바뀌었고, 동시에 보다 세계화되고 분절화되면서 문화 또한 바뀌었다. 학자들은 이러한 변화를 오랫동안 지속되어 온 모더니즘(modernism, 근대주의)으로부터 새로운 **포스트모더니즘**(postmodernism, 탈근대주의) 시기로의 획기적인 변화로 이해한다. 건축 및 다른 디자인 분야에서 포스트모더니즘의 도래는 다양한 과거의 요소들(때로는 근세 혹은 초기 근대)이 새로운 디자인과 결합되는 결과를 야기하였다. 때로 상이한 전통을 갖는 요소의 확연한 병렬 배치가 새로운 의미를 구성하는 기회를 제공한다고 생각하였고, 거주지에서부터 상업시설, 고층의 업무용 건물에 이르기까지 매우 다양한 유형의 건물들을 볼 수 있게 되었다. 포스트모더니즘은 또한 도시 형태에 급격하면서도 지속적으로 변화하는 영향을 준 것으로 평가된다. 녹스(Paul Knox, 1993)는 지속적으로 변화하는 포스트모던 대도시를 '끊임없이 변화하는 도시 경관'으로 묘사하고 있다. 표 7.1에서 보는 것처럼 포스트모던 디자인의 기본 요소는 모더니즘 디자인 요소와 다르다.

우리가 12장에서 보다 자세히 살펴볼 포스트모던 도시 디자인의 한 사례는 아주 근접한 때로는 동일한 필지에서 심지어 하나의 구조물에서 복합적 토지이용을 취하는 경향이다. 특히 **뉴어버니즘**(New Urbanism)(또한 신전통적 타운계획이라 부름)은 보통 19세기 후반 및 20세기 초반 타운 및 소도시, 더 큰 도시 지역의 전차 교외의 핵심 부분으로 간주되었던 과거 시대로부터 도시 및 건축 디자인을 되찾아 오고자 하는 운동이다. 종종 자동차에 의존적이며, 환경적으로 파괴적인 도시 스프롤에 대한 해결책으로 제시된 뉴어버니즘은 또한 보다 일반적으로는 지나치게 분절화된 도시 경관이 없으면서도 다양성을 갖는 디자인을 추구한다. 많은 뉴어버니즘 개발의 경우, 주택에는 현대적인 어메니티와 커다란 현관, 눈에 띄지 않는 차고지, 좁은 부지 혹은 연결된 주택, 보도와 같은 향수적인 디자인을 통한 공간적 감수성이 결합되어 있다. 더욱

표 7.1   모던 건축과 포스트모던 건축의 차이

모던	포스트모던
'적을수록 좋다'(Mies van der Hohe)	'적을수록 지루하다'(Rovert Venturi)
국제적 양식 혹은 '양식 없음'	더블코딩 양식
유토피아와 이상주의자	실세계와 대중 영합주의자
추상적인 형태	공감하고 인식할 수 있는 형태
결정론적인 형태('형태는 기능을 따른다')	기호학적 형태('형태는 허구를 따른다')
기능적 분리	기능적 혼합
단순성	복잡성과 장식
순수주의적	절충주의적
기술 지향	숨겨진 기술
역사적 혹은 지역적 참조 없음	역사적이고 지역적인 색채의 혼합
혁신	재활용
치장을 하지 않음	'의미 있는' 치장
맥락을 무시	맥락적 단서들
'바보 상자'	시노그라픽(scenographic, 공간 연출적인)

출처: Table 6.1 from Knox, Paul L., 1994, p. 166 (his sources: After C. Jencks, *The Language of Post-Modern Architecture*, New York: Rizzoli, 1997; and J. Punter, "Post-Modernism: A Definition," *Planning Practice and Research* 4 (1988): 22).

주거용 토지이용은 상업적·산업적 토지이용과 근접하거나 심지어 혼용되고, 대중 교통시설을 통하여 주거지에 쉽게 접근할 수 있다.

로스앤젤레스에 초점을 두고 연구를 한 학자들은 '포스트모던 도시성(postmodern urbanism)'에 대한 보다 상이한 논의를 제시하였다. 로스앤젤레스는 뉴욕의 맨해튼이나 다운타운 시카고와 같은 전형적으로 강한 중심지 없이 발달하였고 매우 분산되고 분절된 사회 경관으로 특징지어진다. 소위 'LA 학파' 학자들은 1980년대 초반부터 로스앤젤레스의 특수성에 사로잡혀 다소 독특한 주장을 하였는데, 이것이 포스트모던 도시화의 모델이다. 경제재구조화와 세계화에 대한 초기 논의에 근거한 디어와 플루스티(Dear and Flusty, 1998)의 상징적인 연구는 도시 형태에 대한 문화적 해석을 강조한다. 예를 들어 점차적으로 고립되고 있는 부유층 및 전문직 종사자 계층의 근린지역(앞에서 논의한 시타델과 젠트리피케이션된 근린지역)을

보다 일반적인 현실과 점차 분리된 그래서 인위적이고 부자연스러운 의미가 부여된 장소인 **드림스케이프**(dreamscape)로 인식하였다. 이들은 세계 경제에 대한 영향력 있는 통제자들을 도시의 드림스케이프를 소비하는 데 관심이 있는 **사이버조아지**(cybergeoisie)로, 점차 권리를 박탈당하고 학대받는 대중을 주변화된 도시 공간과 관련이 있는 **프로토서프**(protosurp)로 표현하였다. 이들은 로스앤젤레스에서 골이 깊어진 사회적 양극화로 인한 공간적 분절화의 깊이는 다른 대도시 지역 도시화의 미래를 비추어 준다고 주장한다. 우리가 이미 논의한 동심원 이론, 부채꼴 이론, 다핵심 이론에 대한 대안으로 디어와 플루스티는 도시 공간에 대한 놀이판 모델(game-board model)을 제시하였다(그림 7.12).

과거 도시 발달을 이끌었던 전통적인 중심지 주도의 집적 경제는 더 이상 적용되지 않는다는 것이 분명하다.

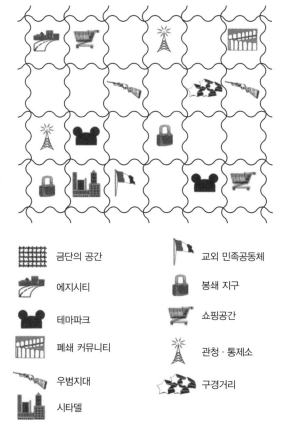

금단의 공간	교외 민족공동체
에지시티	봉쇄 지구
테마파크	쇼핑공간
폐쇄 커뮤니티	관청·통제소
우범지대	구경거리
시타델	

그림 7.12 포스트모던 관점에 바탕을 둔 도시 (비)구조에 대한 키노 자본주의 모델.
출처: Dear and Flusty, 1998을 수정.

시카고 방식의 전통적인 도시 형태는, 전통적인 중심지가 없는 그러나 전자적인 근접을 통하여 연결되어 있으며 명목상 역정보 고속도로의 신화로 통합되어 있는 분절화된 소비 지향적인 경관의 불연속적인 콜라주(collage)로 바뀌었다. 로스앤젤레스는 이러한 포스트모던 대도시의 성숙된 형태일 것이다. 라스베이거스는 이제 막 이러한 특성을 보이기 시작한 도시로 볼 수 있다. 이러한 도시의 전반적인 모습은 비뚤어진 규칙과 일관성 없는 별개의 도시 결과물로 구성된 키노 게임판처럼 극심한 분절화와 전문화로 특징지어진다(Dear and

Flusty, 1998, p. 66).

디어와 플루스티의 모델은 아마도 포스트모던 대도시를 이론화하고자 하는 가장 과장되고 극단적인 시도이기는 하지만, 많은 연구들에서 제시된 중요한 주제들을 분명히 보여준다. (1) 도시 토지의 개별 필지들은 세계화된 자본주의와 직접적으로 연결된다. 즉 토지의 개별 이용은 국지적인 이유보다는 세계 경제에서 토지가 갖는 효용성의 영향을 보다 크게 받는다. (2) 토지이용에서 필지들 사이의 연계가 명확하지 않다. (3) 토지이용은 혼합된 그리고 재분배된 형태로 뒤섞일 수 있다. 보다 최근에 베버리지(Andrew Beveridge, 2011)는 이 장 앞부분에서 기술한 시카고학파로부터 유래된 가설에 비추어 LA 학파에서 유래된 가설을 평가할 목적으로 혁신적인 역사 GIS 데이터를 이용하여 20세기의 대부분 시기에 대하여 대도시 지역들의 인구 성장 패턴을 비교하였다(글상자 7.3).

차이의 도시

도시의 사회 지리에 대한 중요한 시각의 하나는, 특히 사회 분화의 주요 축(인종, 성, 성적 취향 등)과 관련된 것으로, 포스트모더니즘과 같이 문화의 중요성을 존중한다. 이 부분에서 소개하는 내용이 하나의 연구 전통이나 이론에 의해서 지배되는 것이 아니다. 최근의 많은 연구들은 사회적 **정체성**(identity)의 문제를 우선적으로 다루고 있고, 어떤 상황에서는 **사회-공간적 변증법**(socio-spatial dialectic) 개념에 기반을 두고 있다. 사회-공간적 변증법은 공간의 설정과 사회적 정체성 사이의 선후 및 동시적 관계를 사고하는 방식이다. 예를 들어 성 정체성의 발달은 도시의 공간구조를 **반영**한다고 말할 수 있고, 동시에 성 정체성이 도시의 공간구조에 **영향**을 준다고 말할 수 있다. 최근에

글상자 7.3 ▶ 역사 지리정보시스템(GIS)과 도시 공간 형태 **기술과 도시지리**

GIS가 제공하는 지리공간정보의 처리 및 분석에 대한 기술력의 진전은 이제 새로운 유형의 도시 분석에 대한 기회를 열어주고 있는 역사 데이터에 적용되기 이르고 있다. 미네소타대학교에 있는 미네소타 인구 센터(MPC)는 온라인 데이터 접근과 지도화 포털인 국가역사 지리정보시스템(National Historical Geographic Information System, www.nhgis.org)을 구축하고 있다(MPC, 2011; Fitch and Ruggles, 2003). GIS 소프트웨어와 손쉽게 통합할 수 있는 포맷으로 최근 연도에 대한 미국 센서스 데이터와 수치 지리 경계 파일을 이미 이용할 수 있다. NHGIS 프로젝트가 수행되기 전까지는 초기 센서스 연도에 대한 데이터와 수치 경계를 이용할 수가 없었다. MPC는 1830년부터 모든 센서스 연도에 대한 경계 파일과 수치 데이터 파일을 생성하였다. 도시 내 작은 영역의 경우, NHGIS는 근린지역에 상응하는 센서스 트랙 수준에서 수치 경계 파일을 생성하였고(1장 참조), 대도시의 경우 1910년까지 거슬러 올라간다. 이러한 소지역 데이터는 새로운 유형의 역사적인 도시 분석을 가능하게 하는 뛰어난 정보원을 제공한다. 사회학자 베버리지는 NHGIS 데이터를 이용하여 한 가지 흥미로운 연구를 수행하였다. 베버리지는 도시 공간구조 이론의 관점에서 도시 인구 성장 패턴을 살펴보기 위하여 시카고와 뉴욕에 대해서는 1910년과 1920년, 로스앤젤레스에 대해서는 1940년과 1950년 센서스 트랙 데이터와 GIS 경계 파일을 활용하였다. 그는 도시 연구 문헌들을 종합하였고 도시 성장의 공간적 패턴과 특성을 이해하기 위한 세 가지 주요한 접근들 확인하였다. 이를 요약하면 다음과 같다(Beveridge, 2011, 191~92).

1. 시카고학파(사회학)의 가설
    a. 인구 성장과 쇠퇴: 주된 인구 성장은 도심으로부터 떨어져서 나타나는 반면, 인구 쇠퇴는 도심 근처에서 일어날 것이다.
    b. 성장의 공간적 패턴화: 인구 성장과 쇠퇴는 공간적으로 패턴을 형성할 것이다. 즉 한 시기 동안(10년) 성장한 지역은 다음 시기 동안(10년) 성장하는 지역 가까이에 위치하는 반면, 한 시기에 쇠퇴한 지역은 다음 시기에 쇠퇴하는 지역 가까이에 위치할 것이다.

2. 로스앤젤레스학파의 가설
    a. 인구 성장과 쇠퇴: 주요 인구 성장은 특정한 패턴을 따르지 않아, 도심으로부터 거의 동일한 거리에서 인구 성장과 쇠퇴가 같이 나타날 것이다.
    b. 성장의 공간적 패턴화: 인구 성장과 쇠퇴는 공간적으로 패턴을 형성하지 않을 것이다. 한 시기 동안(10년) 성장한 지역은 다음 시기 동안 쇠퇴하는 지역 가까이에 위치할 수도 있고 그 반대도 가능하다.

3. 뉴욕학파의 가설(가장 최근에 적용)
    a. 인구 성장 및 쇠퇴: 주요 인구 성장은 도심 근처에서 일어날 것이고, 도심으로부터 떨어진 곳에서 쇠퇴가 일어날 것이다.
    b. 성장의 공간적 패턴화: 도심에서의 성장은 공간적으로 패턴을 보일 수 있지만, 도시의 다른 부분에서의 성장 패턴을 예측할 수 있는 신뢰할 만한 방법은 없다.

그림 B7.3은 역사 GIS 데이터를 가지고 수행할 수 있는 새로운 유형의 분석을 보여주고 있다. 이 그림에서 1910년과 1920년 사이 시카고와 뉴욕의 인구밀도 성장은 시카고학파가 예측한 동심원 모형을 따른다. 즉 도시의 외곽 지역에서 가장 높은 증가가 나타났고 도심의 밀도는 낮아졌다. 그러나 베버리지의 분석의 다른 부분은 보다 혼합된 모습을 보여준다. 그의 공간 분석은 도시와 시기에 따라 뒷받침하는 모형이 다르다. 전반적으로 도시들은 20세기 초반에서 중반 시기에는 시카고학파가 예측한 패턴을 보이면서 성장한 것으로 보인다. 그러나 지난 수십 년 동안 패턴은 보다 복잡해졌고, 베버리지는 보다 세심한 이론이 필요하다고 보았다. 베버리지는 역사적인 도시 데이터에 GIS를 활용함으로써 가능해진 새로운 접근을 분명히 지지한다.

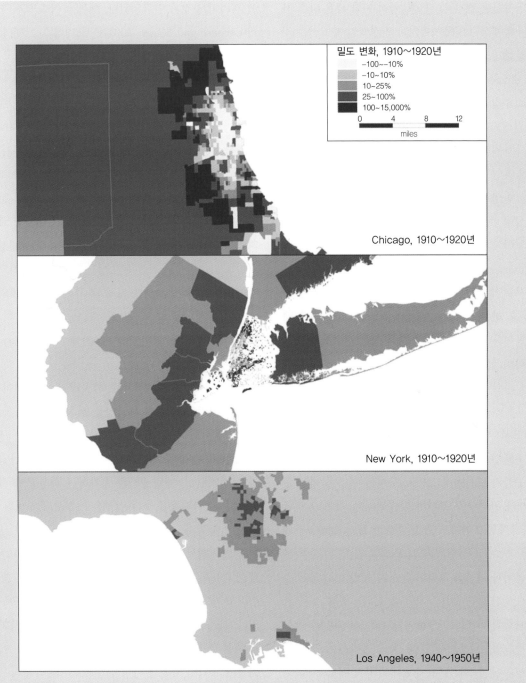

그림 B7.3 1910년과 1920년 사이 시카고와 뉴욕, 1940년과 1950년 로스앤젤레스의 인구밀도 변화.
출처: Beveridge, Andrew A., 2011.

많은 학자들은 점차 성, 인종, 성적 취향 혹은 다른 차원이든 정체성이 영구적이거나 안정적인 사고라는 것을 거북해하고 있고, 일부 학자들은 대신 **사회적 차이**(social difference)가 만들어지는 과정에 초점을 두어야 한다고 주장한다. 이러한 관점에서 차이는 생물학적으로 결정되기보다는 사회적으로 구성되며, 변할 수 있고 다차원적(예를 들어, 거주할 근린지역을 찾는 레즈비언 흑인 여성의 경험은 그녀의 인종적 차이, 성별 특성을 반영한 차이, 성적취향을 반영한 차이에 의해서 형성될 것이다)이라는 것을 알 수 있다. 이것은 사회적 차이가 만들어지고 경험되는 다차원적인 **상호교차성**(intersectionality)이라고 부른다. 우리는 이 부분에서 사회적 차이가 만들어지고 도시 공간 배열과 상호작용을 하는 두 가지 차원, 즉 도시 공간에 대한 페미니즘 이론, 도시 공간에서 성적 취향을 다루는 이론에 대하여 살펴본다. 인종에 의한 차이는 9장에서 자세히 살펴본다.

여성과 도시   여성은 이 장에서 거의 언급되지 않았다. 이는 주로 도시사회 공간에 대한 고전 모형들이 도시사회 공간과 도시에서 그리고 도시의 여성 정체성 및 경험과의 관련성을 고려하지 않았다는 것을 반영한다. 역사적으로 아마도 가장 중요한 도시사회 공간의 특성은 거주지로부터 직장의 분리일 것이다. 직주 분리는 산업화 이전의 모더니즘 시기 동안 시작되어 자본주의 생산의 산업화의 일부로 강화되었다. 가부장적인 사회적 관계를 반영하여 공간은 성 역할의 관점에서 문화적으로 이해되었다. 공적 공간은 노동과 상업의 영역이었고 임금 경제에서 가정 밖에서 일을 하는 남성의 영역이었다. 가정은 사적 공간으로, 임금 보상을 받지 않는 가사노동을 하는 여성의 영역이었다. 이러한 지나치게 단순한 이분법은 여러 스케일에

서 지리적 공간과 연결되었다. 예를 들어 도모시와 시거(Domosh and Seager, 2001)는 르네상스 시대 유럽에서 도시를 남성으로, 시골을 여성을 보았다고 언급하고 있다. 산업화는 공장, 창고, 교통시설을 포함한 생산에 필요한 대규모의 새로운 도시 구역을 필요로 하면서 이러한 공간적 연결을 심화시켰고 재배열하였다. 이러한 공간은 남성의 공적 영역의 일부가 되었다. 비노동 계급을 위한 주택이 새로운 교외 지구에 형성되면서 점차 생산 및 상업 공간으로부터 분리되었다. 따라서 사적인 여성 공간은 도시 내에서 교외 지역과 연관되게 된 반면, 공적인 남성 공간 정체성이 도시의 다운타운과 자본주의 생산 현장에 지속적으로 부여되었다. 공적인 남성 도시 대 사적인 여성 교외라는 지나치게 단순한 이원론은 오늘날에도 여전히 문화적 힘을 가지고 있어, 도시 공간에 대한 견해와 정치에 반영되어 있다.

물론 이러한 지나치게 단순한 이원론은 여성이 도시에서 살아가는 삶의 복잡성을 적절하게 반영할 수 없다. 예를 들어 도모시와 시거(2001)는 쇼핑에 드러난 많은 모순에 주목하고 있다. 19세기 동안 산업화가 진전되면서, 대량생산은 증가하는 중산층이 점점 더 많은 소비제품을 보다 알맞은 가격으로 소비할 수 있게 만들었다. 성 역할이 반영된 가정의 노동 분업이 심화되면서, 여성은 가정을 돌보는 데 일차적인 역할을 하도록 기대되었고, 점차 여성이 가정 경제를 관리하고 생활용품을 구입하는 책임을 질 것을 요구하였다. 대량생산된 제품의 유통을 필요로 하는 백화점과 다른 소매 공간은 다운타운에 위치해 있었고, 이는 여성이 교외의 사적인 여성 공간으로부터 다운타운의 공적인 남성 공간으로 이동할 것을 요구하였다. 이러한 일상의 이동성은 사회적 불안을 초래하였고, 어떻게 언제 여성이 도시 공간을 '적절하게' 지나갈 수 있

는지를 조절하는 데 많은 노력을 기울였다.

지난 50~60년 동안 여성은 노동현장에서 그들의 존재 가치를 크게 확장하였다. 그렇기는 하지만, 가정에서 가부장적인 노동의 분업은 여성이 일을 하면서도 대부분의 가사 업무를 담당할 것을 지속적으로 요구하고 있다. 이러한 이중 책무는 여러 가지 중요한 방식으로 도시 공간과 상호작용한다. **공간적 구속**(spatial entrapment) 논제는 여성의 이중 책무에 부응하기 위하여 여성은 경력을 희생시켜야 한다고 주장한다. 가사 업무를 가능하게 하기 위해서는 직장은 집 가까이에 위치해야 하고, 때로는 유연적 혹은 임시직 노동을 해야 한다. 많은 여성은 결국 상대적으로 낮은 임금을 받고 승진의 기회가 적은 전형적으로 '여성의 일'(예를 들어 간호사, 교사, 사무 업무 등)로 알려진 일을 할 수밖에 없다. 이와 관련된 중요한 경향의 하나는 대기업의 경우 가깝고 유연한 일자리를 찾는 공간적으로 구속된 교육을 받은 교외 여성 노동력 풀을 활용하기 위하여 사무 및 고객들을 직접 상대하지 않는 기능을 교외에 입지시킨다는 점이다.

핸슨과 프랫(Hanson and Pratt, 1995), 잉글랜드(Kim England, 1993)는 여기서 제시된 공간적 구속 논제는 다른 이유로 너무 지나치게 단순하다고 주장하였다. 핸슨과 프랫은 노동의 지리가 도시 공간에 따라 변하는 다양한 방법을 강조한다. 특히 여성은 매우 국지화된 규범과 가치(즉 국지적 맥락이 중요하다)에 대응하여 그들의 노동력을 제공하고, 고용주들은 이러한 맥락적 변이에 매우 민감하다. 계급 또한 중요해서 노동자 계급 여성은 가사 업무를 돌보는 데 임금 노동력을 활용할 수 있는 중상류층 여성보다 더 큰 공간적 구속을 경험할 것이다. 잉글랜드(1993)는 가정 밖에서 일을 하는 여성을 특징짓는 동기와 전략의 다양성을 강조하고 공간적 구속이 어디에서나 적용되는 것

은 아니라고 주장한다.

헤이든(Dolores Hayden, 1981)은 또한 공적 남성 공간 대 사적 여성 공간의 구분을 벗어나 ('꿈'의) 단독주택에 초점을 둔 도시 공간에 대한 매우 사유화된 디자인을 비판한다. 왜냐하면 이러한 유형의 주택은 이중 책무를 떠안은 여성들이 일하는 데 제 기능을 하지 못하기 때문이다. 보다 강하게 말하면, 단독주택에서 사생활에 대한 강조는 겉으로 보기에는 가정의 여성다움에 대한 사적 영역을 강조하는 것처럼 보이지만, 가사 노동을 훨씬 더 유연하게 만들 수 있는 공동주택과 같은 지역사회 자원으로부터 가정을 고립시켜 불필요한 가사 노동을 하도록 여성에게 부담을 지운다. 저명한 예일대학 출신 건축가인 헤이든은 나아가 근본적으로 일하는 여성, 특히 전형적이지 않은 가구(즉 독신 여성, 미혼모, 과부 등)를 구성하는 여성의 요구를 바탕으로 주택 디자인과 도시 디자인에 대한 여러 대안 모형들을 제시하기도 하였다.

성적 취향과 도시 성적 취향의 도시지리가 있는가? 모트(Frank Mort, 2000)는 1950년대 중반에 만들어진 악명 높았던 울픈던 보고서(Wolfenden Commission Report)(영국에서 동성애 행위의 몇몇 형태를 처벌 대상에서 제외시키는 데 공헌한 것으로 평가)에 포함되어 있는 런던 경시청장에 의해서 작성된 매춘과 남성 동성애 지도를 찾아냈다. 이 지도는 아마도 동성애 도시 공간에 대한 최초의 지도일 것이다. 정부의 관심은 질병 지도를 이용하여 공공보건 캠페인을 펼치는 것과 같이 성적으로 부적절한 행동 공간에 대한 모니터링과 규제를 통하여 제거하는 것이었다. 이 보고서 이전에는 도시의 성적 지리에 관해서 알려진 바가 거의 없었다. 게이 공간을 지도화하는 것은 지속적으로 매력적인 활동이 되어 왔다. 미국 도시 연구소의 *The*

Gay and Lesbian Atlas(Gates and Ost, 2004)의 대중성을 상기하기 바란다.

역사학자들과 다른 학자들은 규범적인 이성애와 반대되는 독특한 정체성으로의 동성애가 언제부터 사회적으로 인식되기 시작하였는지 그 시점에 대해서는 의견일치를 보이지 않는다. 어떤 학자들은 남성 사이의 성관계는 공적이었고, 많은 고대 도시들에서 삶의 일부로 받아들여졌다고 주장한다. 다른 학자들은 규범적인 이성애적 정체성과 대비되는 것으로 이해되는 독특한 동성애적 사회적 정체성은 자본주의가 사회적 재생산의 장소를 핵가족으로 고정시킴으로써 19세기 중반 산업주의 동안 서서히 형성되었다고 주장한다. 대부분의 학자들은 공적인 사회적 정체성이 20세기 초반 도시에서 공간적 형태를 띠기 시작하였다는 것에 동의한다. 시작부터 도시는 촌락이나 소규모 도시보다는 규모, 다양성, 익명성 때문에 동성애적 활동을 위한 장소로 매력적이었다. 도시 내에서 게이 남성은 성적 대상자를 찾고 만나기 위하여 점차 공공 혹은 반(半)공공 공간을 활용하기 시작하였다. 비록 항상 경찰이나 원치 않는 대중의 주시에 주의를 기울일 필요가 있었지만, 공원, 대중목욕탕, 공중화장실 등이 게이들이 어울려 노는 공간으로 알려지게 되었다. 동성애적 활동이 대부분의 서구 사회에서 1960년대까지 그리고 그 이후에도 여전히 불법으로 간주되면서, 이미 성적 관용이 허용되는 도시 구역에 위치한 술집과 사교클럽 등에서 보다 영구적인 공간이 형성되었다.

동성애에 대한 사회적 관용의 증대와 1969년 그리니치빌리지(Greenwich Village, 뉴욕에 있는 예술가·작가가 많은 주택 지구)에서 발생한 스톤월(Stonewall) 폭동 이후 능동적인 게이 인권 운동의 출현으로 1960년대 게이 남성을 위한 공간은 극적으로 변하였다. 그 결과 중 하나는 공중화장실과 비밀 술집과 같은 일시적이고 은밀한 공간에서 미국의 여러 대도시들에 존재하고 있는 확연한 주거 군집으로의 변화이다. 레빈(Martin Levine, 1979)은 '게이 게토(gay ghetto)'라는 용어를 대중화시켰다. 이 장 앞부분에서 이미 언급한 것처럼, 게이 남성은 종종 젠트리피케이션과 연관된다. 지나치게 단순하지만 부분적으로 정확한 주장은 게이 남성은 자녀를 양육하는 재정적 부담을 지지 않았기 때문에, 심지어 이성애적 남성보다 보수가 적음에도 불구하고 더 많은 가처분 소득을 누렸다. 도시의 상대적 관대함과 익명성을 추구하면서, 게이 남성들은 수십 년 동안 쇠퇴에 시달렸지만 도시의 직업 기회와 생활 편의시설에 근접해 있다는 사실이 무시되던 시내 근린지역에서 선구자가 될 수 있는 유리한 입장에 있었다. 게이 남성들은 주변부적인 근린지역의 부동산에 투자를 함으로써 그들의 생활 방식과 금융 재원을 향상시킬 수 있었다. 자기 노동을 들인 개보수는 젠트리피케이션 과정의 시작이다. 모든 젠트리피케이션이 남성 게이의 집중과 연관되는 것은 아니지만, 최초 그리고 가시적인 사례 중 몇몇은 분명히 남성 게이와 관련되어 있다[예를 들어 샌프란시스코의 카스트로(Castro) 구역, 뉴욕의 그리니치빌리지, 뉴올리언스의 마리니(Marigny) 근린지역].

놉(Lawrence Knopp)은 동성애적 도시 공간의 발달에 대해 광범위하게 기술하였다. 그의 영향력 있는 주장 중 하나(Lauria and Knopp, 1985)는 게이의 사회적 정체성을 확립하고 방어하는 데 기여할 수 있는 게이 영역을 형성하는 전략으로 게이 남성들이 도시의 특정 근린지역으로 모여 든다는 점이다. 비록 도시들 사이에 구체적인 목표와 방법이 상당히 다르지만 이러한 게이 근린지역들 또한 경제적·정치적 힘을 향상시키기 위한 영역적 기반을 제공한다(Knopp, 1990, 1998).

포리스트(Benjamin Forest, 1995)는 웨스트할리우드 시(City of West Hollywood)를 설립하고자 한 성공적인 노력을 분석하여 보다 광범위한 스케일에서 동성애적 도시 공간 발달 연구를 수행하였다. 이 지역은 오랫동안 로스앤젤레스 대도시권에서 게이 지역으로 알려져 왔지만, 여러 게이 신문들에 나타난 것처럼, 지역의 게이 커뮤니티의 강력한 지원을 통하여 이 지역은 아마도 게이가 다수를 이루는 최초의 게이 도시가 되었다. 포리스트는 시 설립 투표에서 승리하고자 하는 노력에서 웨스트할리우드의 장소 정체성에 기초한 게이의 사회적 정체성이 갖는 상징적 특성에 초점을 맞추었다. 이러한 상징적 특성은 다시 게이가 된다는 것이 무엇을 의미하는지에 대한 내러티브를 확고히 했다. 포리스트는 이러한 게이의 사회/장소 정체성을 구성하는 일곱 가지 요소, 즉 '창조성, 미적 감수성, 위락 혹은 소비 지향, 진보성, 책임감, 성숙함, 집중성'을 확인하였다(Forest, 1995, p. 133).

도시 공간과 성적 취향에 대한 대부분의 출간된 연구들은 레즈비언보다는 게이 남성에 초점을 두었다. 일부 연구자들(예를 들어 Castells, 1983)은 레즈비언은 가시적으로 '레즈비언 근린지역'에 모이는 경향이 덜한데, 이는 부분적으로 영역을 지배하고자 하는 남성의 타고난 갈망에 기인한다고 주장하였다. 이는 성역할을 반영한 고정관념을 만들어 내는 지나치게 단순한 관점이다. 게이 공간을 지도화하고자 하는 지속적인 관심이 있는 반면(글상자 7.4), 최근의 연구들은 이러한 접근을 몇 가지 이유에서 비판을 한다. 첫째, 지도를 만드는 데 사용되는 데이터에 진짜 문제가 있다. 센서스 데이터는 동성 파트너로 이루어진 가구를 포착하는 반면, 게이와 레즈비언은 다양한 유형의 가구에서 살고 있다. 더욱 많은 게이 남성과 레즈비언은 고의적으로 그들의 성적 정체성을 감춘다('드러나지

않은' 동성애자). 둘째, 게이 공간을 지도화했을지라도 해당 근린지역에서는 게이가 아닌 다수의 사람들이 살고 있고, 동시에 많은 게이와 레즈비언은 도시의 다른 공간에서 살고 있다. 셋째, 게이 공간에 대한 초점은 도시에 있는 모든 공간이 성적 정체성을 갖는다는 보다 기본적인 사실을 감춘다.

요약

이 장은 도시의 사회 경관, 특히 어떻게 사회 집단들이 도시의 상이한 부분을 점유하게 되는지를 이해하는 전통적인 방법과 현대적인 방법에 초점을 맞추었다. 이 장 앞부분에 제시된 많은 모형들은 지난 30년 동안 신랄한 비판을 받았다. 이러한 비판의 일부는 이론적 틀에 대한 변화하는 취향을 반영하였다. 그러나 비판의 일부분은 동심원, 부채꼴에 기초한 전통적인 모형들이 학자들은 말할 것도 없고 대부분의 사람들이 도시에서 관찰하는 것을 더 이상 기술할 수 없다는 사실을 반영한다. 예를 들어 도시에 살고 있는 대부분의 사람들은 교외에 고용과 위락 기능이 증가하면서 교외의 특성이 빠르게 변화하고 있고, 도심에서는 젠트리피케이션 근린지역이 확대되고 있다는 것을 절실히 알고 있다.

그래서 이 장 후반부의 상당 부분을 새로운 이론적 관점에서 현대 도시의 사회 경관을 이해하는 데 할애하였다. 다음과 같은 간단한 질문을 던지면서 이 장의 논의를 마무리하고자 한다. 도시는 모든 부분에서 정말로 과거와 다른가? 혹은 우리는 단지 한 세기 전에 이미 시작되었던 과정의 최종 결과를 보고 있는 것일까? 이 장 앞부분에서 살펴보았던 몇몇 연구자들을 살펴보는 것은 흥미롭다. 예를 들어 1990년대에 여러 글을 통하여 경제의 세계화 시대에 도시가 실질적으

글상자 7.4 ▶ 게이와 레즈비언 공간의 지도화

미국 도시 연구소의 게이츠(Gary Gates)는 게이와 레즈비언의 수를 헤아리고 지도화하는 데 있어 미국 센서스의 잠재성을 광범위하게 탐색하였다. 그의 이러한 노력의 결과는 *The Gay and Lesbian Atlas*에 매력적으로 나타나 있다. 이 책에서 이

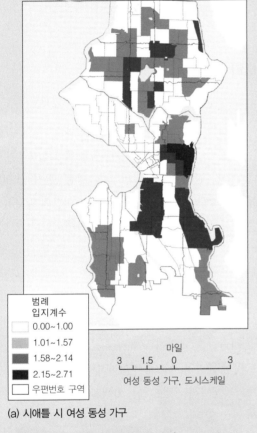

범례
입지계수
☐ 0.00~1.00
▨ 1.01~1.57
▨ 1.58~2.14
■ 2.15~2.71
☐ 우편번호 구역

마일
3   1.5   0   3
여성 동성 가구, 도시스케일

(a) 시애틀 시 여성 동성 가구

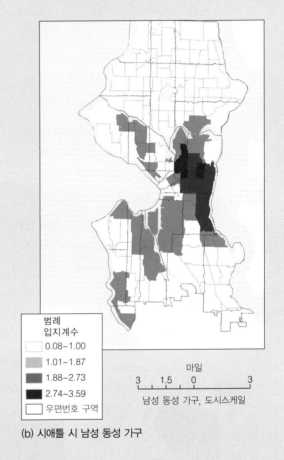

범례
입지계수
☐ 0.08~1.00
▨ 1.01~1.87
▨ 1.88~2.73
■ 2.74~3.59
☐ 우편번호 구역

마일
3   1.5   0   3
남성 동성 가구, 도시스케일

(b) 시애틀 시 남성 동성 가구

그림 B7.4 시애틀에서 게이와 레즈비언 도시 공간 지도.
출처: Brown, Michael and Larry Knopp, 2006.

로 어떻게 변화고 있는지에 대하여 강한 어조의 주장을 폈던 마르쿠제를 들어 보자. 2000년에 출간된 책에서 마르쿠제는 이러한 주장으로부터 한발 물러섰다. 세계화하고 있는 도시에서 '새로운 공간 질서'의 증거 대신에 마르쿠제는 세계화하고 있는 도시에서 변화에 영향을 주는 힘이 실제로 존재하고 실제로 효과를 나타내기는 하지만, 과거의 과정 및 과거의 공간적 패턴과의 유의미한 연속성 또한 존재한다고 결론을 내렸다.

유사한 반응은 새롭게 출현하는 포스트모던 도시에 대한 주장에서도 찾아볼 수 있다. 새로운 어법을 제거하면, 포스트모던 도시성에 대한 주장(그리고 로

미지를 컬러로 표현할 수 없지만, 브라운과 놉(Michael Brown and Larry Knopp, 2006)은 회색조로 여러 장의 지도를 만들었다. 이들 지도는 2000년 센서스 데이터를 바탕으로 시애틀의 근린 수준에서 여성(그림 B7.4a)과 남성(그림 B7.4b) 동성 가구

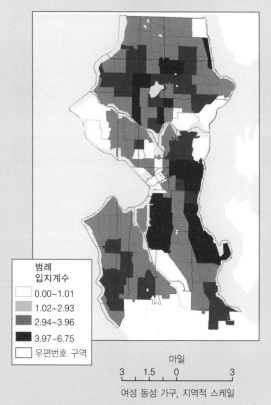

범례
입지계수
- 0.00~1.01
- 1.02~2.93
- 2.94~3.96
- 3.97~6.75
- 우편번호 구역

마일
3 1.5 0 3
여성 동성 가구, 지역적 스케일

(c) 지역적 스케일에서 여성 동성 가구

그림 B7.4 (계속)

의 분포를 보여주고 있다. 이들 접근에는 상당한 방법론적 문제가 있기는 하지만, 브라운과 놉은 이러한 지도들이 국지적으로 '게이' 혹은 '레즈비언'화되고 있는 것으로 알려진 도시 공간과 대체로 일치한다는 것을 확인하였다. 그렇기는 하지만 그들은 또한 데이터 처리 방법에서 약간의 차이가 매우 다르게 보이는 지도를 만들어 낸다는 것을 알고 있다(그림 B7.4c는 다시 그려진 여성 동성 가구 지도를 보여준다). 이러한 방법은 상당한 수의 레즈비언들이 거주하는 것으로 알려진 몇몇 근린지역을 보다 더 잘 보여준다. 브라운과 놉은 게이츠의 지도화 프로젝트를 바탕으로 우리가 이 책에서 살펴볼 수 있는 것보다 광범위한 작업을 진행하였다. 센서스 데이터를 이용한 게이츠의 작업은 매우 상이한 맥락에서 제시된 것이다. 플로리다는 '창조 계급' 주장(2002, 2005)으로 최근에 엄청난 관심을 받고 있다. 플로리다는 다양하고, 관용이 있고, 활기 넘치는 보헤미안 문화생활은 구글과 이베이 같은 기업을 창업할 수 있는 다양한 혁신적이고 창조적인 노동자들을 유인함으로써 경제적으로 승리한다고 주장한다. 플로리다는 새로운 '창조 계급'이 거주하기를 선호하는 문화적으로 다양하고 관용이 있는 도시를 확인하는 방법으로 '게이 지수'를 만들기 위하여 게이츠와 함께 연구를 하였다.

스앤젤레스의 전형적인 지위)은 놀랍게도 한 세기 전 시카고학파가 두각을 나타냈을 때 만들어진 주장과 유사하다. 이는 우리가 현대 도시의 사회 경관에서 실질적인 변화를 볼 수 없다는 것을 의미하는 것이 아니다. 우리는 실질적인 변화를 볼 수 있다. 다만 여기서 말하고자 하는 것은 이러한 변화는 경제활동의 본질에 있어 거시적인 변화를 유도하는 새로운 과정뿐만 아니라 오랫동안 지속되어 온 과정의 결과라는 것을 의미한다. 변화하는 도시에 대한 대중적이고 비학술적인 표현이 빠르게 성장하는 분야인 지리인구통계학(geodemographics)에서 눈에 띈다. 이 분야는 비즈니스 목적으로 우리가 이 장에서 살펴본 도시의 사

회적 정형화를 활용한다. 기업들은 특별 마케팅의 대상이 될 소비자 거주지를 찾아내고, 잠재적으로 이윤을 가져다주는 비즈니스 입지를 결정하게 된다. 대부분의 주요 데이터 판매 회사(비즈니스에 유용한 포맷으로 다양한 자료로부터 데이터를 수집하고 처리하는 회사)들은 근린지역 분류 체계를 가지고 있다. 다음 장에서 도시의 사회 경관에 대한 구체적인 양상을 주택(8장), 빈곤(9장), 이민(10장)으로 구분하여 보다 자세히 살펴본다.

도시의 주택 시장: 스프롤, 쇠락, 재생

일상적인 미국의 경관은 최근 미국에서 빠르게 성장하는 야외모험 취미를 열렬히 즐기는 사람들이 용감하게 대면하고 있는 어마어마하고 혼란스럽고 위험한 미지의 영역(terra incognita)이다. 이들은 가끔 차멀미를 하기는 하지만, 잘 모르는 고속도로 나들목을 빠져나가는 두려움을 모르는 운전자들이고, 마구 쏟아져 나와 넘쳐흐르며 디트로이트와 요코하마에서 생산된 강철로 둘러싼 클래스 V형 급행열차가 되어 간선도로를 달리는 대담한 질주자들이다.

―Armando Carbonell, 2004, p. 5

7장에서 우리는 도시에서 사회 집단들의 일반적인 공간적 배열, 즉 도시의 사회적 구조를 논의하였다. 비록 우리가 명시적인 관심을 드러내지는 않았지만, 주택은 도시의 사회 경관에서 매우 중요한 특성을 차지한다. 자신이 살고 있는 도시의 다양한 부분에 대하여 살펴보는 것과 같이, 자신의 인식 속에서 주택이 얼마나 중요한지를 생각해 보자. 어떤 근린지역은 막다른 골목으로 끝나는 굽은 도로를 따라 위치한 새롭고 규모가 큰 교외 주택들로 구성되어 있다. 어떤 근린지역은 다운타운 가까이에 있으면서 비좁은 도로 변에 다닥다닥 붙어 있는 연립주택으로 구성되어 있다. 어떤 근린지역들은 대규모 아파트 단지들로 구성되어 있다. 도시의 사회 경관에 대해 생각할 때 우리의 기억에 떠오르는 많은 것들은 주택에 의해서 상징화된다! 이 장에서는 북아메리카의 도시들에서 주택을 만들어 내고 지속적으로 변화시키는 주된 힘을 살펴본다. 구체적으로 쇠락(blight), 스프롤(sprawl), 다양한 형태의 근린지역 재생(neighborhood regeneration) 개념에 대하여 살펴본다. 주택과 주택 시장의 기본적인 특성을 살펴보는 것으로 이 장을 시작한다.

주택과 주택 시장

주택이란 무엇인가? 아주 근본적인 수준에서 주택은 인간 존재를 위한 기본적인 요구 중 하나이다. 즉 주택은 자연의 힘으로부터 인간을 보호하는 피신처이며, 잠을 자고 먹는 등의 재생산을 위한 장소이다. 그러나 북미 사회에서 주택은 훨씬 더 광범위한 의미를 가지고 있다. 주택은 중요한 투자 가능성일 뿐만 아니라 대부분 가구의 가장 큰 단일 지출 품목이다. 우리 대부분은 기능적인 의미에서 우리에게 알맞은 주택을 선택하지만, 우리 중 다수는 개성의 여러 측면을 표현하거나 가치의 일부를 반영하는 주택을 찾기도 한다. 주택은 다양한 방식으로 우리에게 영향을 준다. 주택은 우리의 개성과 가치를 표현하는 도화지와 같은 기능을 할 수 있지만, 납이 주성분인 페인트가 벗겨지거나 라돈이 공기 중에 떠돌아다닌다면, 주택은 우리를 아프게 할 수도 있다. 주택은 공적 생활로부터 사생활을 분리해 주지만, 때로 공공의 이슈가 우리 가정으로 밀고 들어오기도 한다. 이러한 것들을 비추어 보았을 때, 사람들이 어떻게 주택을 선택하는지에 영향을 주는 기본적인 과정은 무엇인가? 어떻게 주택이 공급되는가? 주택의 관점에서 도시는 시간이 지나면서 어떻게 변해 왔는가?

주택 점유 유형

북아메리카 도시에는 어떠한 유형의 주택이 존재하는가? 가구가 주택을 점유하는 방식을 구분하는 어떠한 유형의 합의된 방법이 있는가? 주택을 구분하는 일반적인 방법은 **점유**(tenure)('유지하다'는 뜻의 라틴어 *tenere*에서 기원)의 개념에 근거하는 것이다. 점유는 주거 단위를 획득하고 점유하는 다양한 방식을 나타낸다. 또한 임대 주택과 자가 주택을 구분하는 것이 가장 간단한 방법이다. *The Encyclopedia of Housing*은 임대/자가 구분은 주택을 구분하는 보다 기본적인 요인들보다는 부차적인 것이라고 지적한다. 표 8.1은 민간 소유 대 공공소유, 시장 대 비시장 양도(conveyance)에 기초하여 네 가지 가능한 주택 시장을 보여주고 있다.

소유 구분은 따로 설명이 필요 없다. 공공단체 혹

표 8.1 소유와 양도 방식에 따른 주택 시장 구분

		양도 방식	
		시장	비시장
소유 방식	민간	민간 시장 주택	민간 비시장 주택
	공공	공공 시장 주택	공공 비시장 주택

은 정부가 재산에 대한 소유권을 가지고 있는가, 혹은 재산을 사적으로 소유하고 있는가? **양도**(conveyance)는 가격 결정 메커니즘을 말한다. 시장이 점유 기간과 가격을 설정하는가, 혹은 가격과 점유 기간이 시장의 밖에서 설정되는가? 네 가지 가능성 중에서 공적으로 소유된 주택이 시장에 의해서 양도되는 것은 거의 드물다. 민간 시장 주택(임대와 자가 주택으로 구성)이 가장 일반적이다. 미국 주택의 90% 이상이 민간 시장을 통하여 양도된다. 아래에서 살펴볼 것처럼 여러 가지 이유에서 중요하기는 하지만 공공 비시장 주택은 전체 주택에서 적은 부분만 차지한다. 캐나다와 다른 산업화된 국가들에서 이 부문의 비중이 더 크다. 산업화된 국가에서 눈에 띄는 **제3부문 주택**(third-sector housing) 혹은 사회/비영리 주택으로 불리는 네 번째 유형의 주택은 사적으로 소유되지만 전통적인 시장에 의해서 양도되지는 않는 주택을 말한다. 많은 지역사회 활동가들은 부담 가능 주택(affordable housing) 공급이 매우 낮은 것에 대한 가능한 해결책으로 이러한 유형의 주택을 선호한다.

북아메리카에서 대부분의 주택은 사적으로 소유되고 시장을 통하여 가격이 결정된다. 그래서 임차인 혹은 소유자가 점유하는 것과는 상관없이 주택은 아주 기본적인 의미에서 사고, 팔고, 임대하는 상품이다. 이것이 무엇을 의미하는가? 첫째, 사고 파는 모든 제품과 마찬가지로 주택은 경제학의 아이디어와 개념을 이용하여 **시장**(market) 관점에서 분석될 수 있다. 둘째, 주택은 보통 움직일 수 없다는 면에서 다른 상품들과 다르다. 주택은 비싸고, 내구성이 있으며, 근린 지역 효과를 강하게 받는다. 그리고 주택은 동시에 강한 사용 가치(우리가 주택으로부터 이끌어내는 무형의 가치)와 교환 가치(주택을 팔았을 때 실현되는 주택의 경제적 가치)를 모두 가지고 있다. 이러한 특성,

특히 지리적 부동성은 주택에 대한 이해를 복잡하게 만든다.

우리는 얼마가 많은 주택을 생산하는지(신규 혹은 개보수), 어디에서 주택이 지어지는지, 누가 이러한 주택을 구매하는지를 결정하는 힘을 이해하고자 한다. 신고전경제학의 개념적 도구를 활용하여 논의를 시작해 보자. 우리는 주택에 대한 수요를 형성하는 힘, 주택의 **공급**을 형성하는 힘, 그리고 수요와 공급 사이의 상호작용의 영향을 이해할 필요가 있다.

주택 시장: 수요

어디에서 그리고 어느 시점에서든 사람들은 항상 거처를 필요로 하였고, 따라서 주택에 대한 수요를 형성하였다. 그러나 주택 수요를 이해하는 것은 가구의 수와 주택의 수를 세는 것 이상을 요구한다. 주택 수요는 또한 주택의 경제적 가치를 결정하는 주택의 특성인 주택 **편의시설**(amenity)과 관련된다. 최근 당신이 (혹은 친구나 가족 구성원이) 거주할 장소를 물색했던 경험을 떠올려 보자. 당신은 얼마나 많은 비용(월세 혹은 담보대출금)을 지불할 수 있는지와 주택의 편의시설 사이에서 절충해야 하는 상황에 직면하였을지도 모른다.

잠재적인 거주지를 살펴볼 때 아마도 다음과 같은 기본적인 질문을 할 것이다. 방이 몇 개인가? 욕실이 몇 개인가? 부엌이 얼마나 큰가? 노외주차장이 있는가? 아파트 단지 혹은 근린지역에 풀장이 있는가? 중앙냉방인가? 이러한 편의시설 각각은 사용 가치와 교환 가치를 가지고 있다.

사람들이 주택을 임대할 때보다는 구입할 때 주택의 편의시설에 더 많은 관심을 쏟는다. 우리가 얼마만큼 지불할 수 있는지와 같은 예산의 제약을 받기 때문에 절충해야 한다. 진득이 앉아 정확한 월별 예산을

세우지 않을 때조차, 우리 대부분은 여전히 우리가 얼마나 지불할 수 있는지를 의식하면서 경제적인 선택을 한다. 중요하게도 개별 주택 편의시설은 각각의 가치를 갖는다. 사실 주택 연구에 대한 한 가지 접근은 이러한 속성 각각에 대하여 가치를 정량화하는 시도인데, 이러한 접근을 헤도닉 가격 모델링(글상자 8.1)이라 부른다. 그러나 대부분의 경우 우리는 **편의시설 전체**(amenity bundles)의 가치를 평가한다.

우리가 관심을 둘 만한 가치가 있는 상품으로서 주택의 두 번째 속성은 분명히 지리적이라는 것이다. 주택의 가격은 개별 주택의 편의시설뿐만 아니라 주택의 **지리적 입지**(geographic location)에 따라 달라진다. 당신이 주택을 찾을 때, 당신의 예산과 주택 가격을 절충할 뿐만 아니라 당신은 또한 분명한 공간적 의사결정을 한다. 즉 당신이 어디에 살 것인지를 선택한다.

여러 지리적 스케일에서 입지는 중요하다. 첫째, 장소의 특성은 주택 가격에 영향을 준다. 장소에 그늘이 지는가? 주택이 습지에 위치하는가 혹은 하천 가에 위치하는가? 돌이나 모래가 많은 토양인가? 둘째, 바로 근접한 시설들과 관련된 주택의 위치는 중요하다(글상자 8.2). 주택이나 아파트가 혼잡한 도로에 면해있는가 혹은 기찻길 옆에 있는가? 이웃한 주택이 당신이 고려하는 주택보다 더 크고 좋은가?

세 번째 고려 요소는 당신의 일상 활동의 공간적 배열 내에서 당신의 주택 혹은 아파트의 위치를 결정하는 것이다. 당신은 집에서부터 학교 혹은 직장까지 이동할 필요가 있다. 당신은 식료품을 구입할 필요가 있다. 당신은 공원에서 달리기를 하는 등 휴식을 취하고 여가생활을 하고 싶어 한다. 이때 여러 가지 질문들이 생겨난다. 집이 학교나 직장으로부터 얼마나 가까워야 하는가? 운전을 할 필요가 있는가 혹은 대중교통 혹은 자전거를 탈 수 있는가 아니면 걸어갈 수 있

글상자 8.1 ▶ 헤도닉 주택 가격 모델

경제학자들은 주택 가격을 고려하여 연구하는 한 방법을 개발하였다. 이들은 한 도시에 있는 많은 수의 주택에 대한 대규모 데이터베이스를 구축하였다. 데이터베이스에는 각 주택에 대하여 판매 가격과 방의 수, 욕실의 수, 면적, 마감되어 있는 지하실 등 주택에 대한 상세한 정보가 수록되어 있다. 경제학자들은 이러한 정보를 이용하여 전반적인 판매 가격에 대한 개별 특성의 영향을 파악할 수 있었다. 이러한 접근은 가격에 대한 개별 특성의 순 기여 정도를 파악하는 통계 분석 기법인 다변량 회귀분석에 기초하고 있다. 예를 들어 "다른 모든 것들은 그대로 둔 상태에서 주택 소유자가 새로이 욕실을 추가할 경우 주택 가격은 어떻게 되는가?"를 데이터베이스에 있는 주택들에 대하여 아래에 제시된 회귀 모델을 통하여 일반적인

관계를 파악할 수 있다.

$$\hat{\$} = 125,000 + 1,750 \times \text{BATH} + 3,250$$
$$\times \text{BEDROOM} + 5,050 \times \text{FINISHED BASEMENT}$$

이 사례에서 다른 변수들이 변하지 않은 상태에서 욕실(BATH)을 추가할 경우 평균적으로 주택의 판매가격은 1,750달러 상승한다. 이는 특정 주택 소유자가 판매가격에서 정확하게 1,750달러를 더 받을 것이라는 것을 말하는 것이 아니다. 오히려 이 식은 일반적인 관련성만을 보여준다. 이러한 접근을 **헤도닉 가격 모델링**(hedonic price modeling)이라고 부르고 주택 가격을 형성하는 힘을 이해하기 위하여 광범위하게 사용되어 왔다.

는가? 식료품점이나 비디오 가게를 가는 것이 얼마나 힘들 것인가? 집에서 공항까지 접근이 얼마나 용이한가?

이러한 모든 고려 요소는 주택 단위의 시장 가치와 당신이 얼마나 많은 돈을 주택에 지불할 수 있는지에 영향을 준다. 우리가 지금까지 이야기한 절충을 염두에 둔다면, 당신들 중 일부는 매력적인 편의시설이 있는 주택을 선택하는 대가로 비용을 줄이기 위해서 선호도가 떨어지는 위치를 받아들여야만 한다. 혹은 당신이 직장 혹은 학교에 가까운 입지에 가치를 두어, 즉 좋은 입지를 확보하기 위하여 당신이 원했던 편의시설 중 일부를 포기하는 선택을 했을 수도 있다.

주택 시장: 공급

주택 공급은 여러 모로 복잡한 주제이다. 첫째, 주택은 일반적으로 사용되는 바로 그 장소에서 만들어진다. 이는 생산 방법에 영향을 준다. 주택은 일반적으로 공장에서 조립되어 소비되는 장소로 이동되는 것

이 아니다. 노동자들이 주택을 건설하는 장소로 재료를 모은다. 주택 공급에서는 대량생산을 통한 경제적 비용의 절감과 이동할 수 있는 상품에 대해서 가능한 조립라인 생산 기법을 거의 찾아보기 어려웠다. 그럼에도 불구하고 건설업자들은 특히 2차 세계대전 이후 주택의 본질에 엄청난 영향을 준 대량생산과 조립라인 생산 절차(즉 분업의 심화 경향, 표준화된 주택 설계, 울퉁불퉁한 지형을 밀어버리거나 나무를 베어내는 것을 통한 대규모 부지 확보 등)를 통하여 경제적으로 이득을 보고 있다.

주택의 공급과 관련하여 실제로 중요한 이슈는 부담 가능 주택의 타당성을 둘러싸고 발생한다. 특히 저소득층 가구 혹은 장애인이 그들이 지불할 수 있는 가격 수준에서 적절한 거처를 찾을 수 있는가? 오래된 경험적 추정치 중 하나는 대부분의 가구는 그들 소득의 약 1/3을 주택에 소비할 것이라는 것이다. 저소득 가구는 일반적으로 훨씬 더 많은 소득의 일부를 주택에 지불한다. 사회 운동가들과 몇몇 학자들은 시장은

글상자 8.2 ▶ 님비, 룰루, 바나나: 주택 소유자가 인접한 토지이용에 어떻게 반응하는가

주택을 상품으로 취급하는 많은 사회에서 주택 가격을 이해하는 데 있어 복잡한 양상 중 하나는 국지적 맥락(local context)의 영향이다. 부동산 중개업자들은 자산의 세 가지 중요한 속성은 입지, 입지, 입지(location, location, and location)라고 말한다. 현실적 측면에서 이는 주택 자체의 특성뿐만 아니라 주택을 둘러싼 지역의 특징이 중요하다는 것을 의미한다. 2개의 차고지와 일반적인 편의시설을 모두 갖춘 방이 4개인 교외의 주택을 생각해 보자. 이제 주택이 도로를 사이에 두고 자동차 부품 재활용 공장(즉 고물자동차 야적장) 맞은편에 입지해 있다고 상상해 보자. 이 주택은 가장 가까운 유해시설로부터 몇 마일이나 떨어진 잎이 무성한 막다른 길에 위치해 있을 때보다 훨씬 싸게 판매될 것이다.

국지적 맥락이 갖는 문제는 지역사회는 시간이 지나면서 변한다는 것이다. 주택이 지어질 때는 다른 어떠한 유해시설로부터도 수 마일 떨어져 있었을지 모른다. 그러나 시간이 지나면서 주변 토지들이 개발되고 또 재개발된다. 새로운 토지이용이 재산 가치에 해로운 영향을 주는 것으로 인식된다면, 주택 소유자는 이러한 토지이용에 저항하거나 항의할 것이다. 때로 한 지역의 주택 소유자들은 그들의 재산 가치를 방어하고자 계획된 개발에 저항하기 위하여 함께 연합하기도 한다. 때로는 이러한 저항이 전체 교외 관할구역으로 확대되기도 한다. 교외지역에서 이러한 유형의 정치적 힘은 도시 성장에 영향을 주는 잠재적인 힘으로 알려져 있다. 어떤 비판가들은 교외 거주자들은 적어도 그들 주택만큼 가격이 나가는 교외 주택 이외의 다른 유형의 토지이용을 거부하는 태도를 보일 수 있다고 주장한다. 그래서 교외 거주자들은 아파트 건물(특히 공공으로 재원이 조달되거나 보조금이 지원되는 경우), 공동주택, 저소득층 주택, 비주거용 토지이용 등에 저항해 왔다. 이러한 토지이용이 부정적인 **외부효과**(externalities), 즉 소음, 악취, 미관 등에서 부작용을 가질 때 특히 저항이 심하였

다. 때로는 이러한 저항이 강렬하여 님비(NIMBY, Not In My Back Yard)라는 별칭을 얻게 되었다.

님비에 대한 변형된 형태로 룰루(LULUs, Locally Unwanted Land Uses, 지역적으로 원치 않는 토지이용), 극단적인 행태인 바나나(BANANA, Build Absolutely Nothing Anywhere Near Anything, 그 어떠한 장소에 아무것도 지을 수 없다) 등이 나타났다. 이 모든 용어들이 종종 문제가 있는 주택을 상품으로 취급하는 데서 기인한 태도를 반영한다. 우리가 우리의 주택에 부를 투자했다는 것을 고려하면, 주택은 우리가 거주하는 곳 이상의 의미를 갖게 된다. 동일한 것을 의미하는 또 다른 방식이 자본주의 경제에서 우리의 주택은 **교환 가치**(exchange value)를 갖는다는 것이다. 즉 주택은 주택 소유자가 주택으로부터 얻게 되는 즐거움, 효용성을 의미하는 **사용 가치**(use value)뿐만 아니라 대부분의 주택 소유자가 이윤을 얻는 투자의 한 형태이다. 비록 이러한 방어가 종국에는 지역사회 전체적으로 해를 끼칠 수 있다 하더라도 우리는 우리 주택의 교환 가치를 방어하고자 한다. 예를 들어 한 대도시 지역에 있는 모든 사람들은 모두를 위하여 효과적인 하수 처리 시설이 필요하다는 것에는 동의하지만, 우리 근린 지역의 상류에 처리시설을 세우지 않았으면 한다. 어떠한 지역사회도 그들의 경계 내에 들어서기를 원하지 않는 필수적이고 사회적으로 중요한 토지이용이 있다는 것이 문제이다.

앞에서 언급한 것처럼 토지이용과 관련한 논쟁은 많은 경우 하수 처리 시설 혹은 쓰레기 소각을 통하여 전력을 생산하는 설비와 같이 분명한 부정적인 외부효과를 갖는 시설들에 초점이 맞추어져 있다. 종종 대도시 지역이 매우 분절화된 상황에서 처하면서, 이러한 토지이용이 효율적이지 않은 지역에 입지하거나 이에 저항할 만큼의 동일한 정치적 힘을 가지고 있지 않은 빈곤층과 소수민족들이 사는 지역에 입지하곤 하였다.

주택의 적절한 공급에 실패하였다고 주장한다. 그래서 저소득 가구는 정말로 소득의 많은 부분을 주택과 위험한 금융 불안정에 쏟아붓든지 혹은 예를 들어, 대부분의 미국인들이 받아들일 수 없는 여러 가족들이

함께 거처하는 원룸 아파트와 같이 주택 조건을 수용해야만 하는 것과 같이 매우 어려운 결정을 할 수밖에 없다. 더욱이 지난 수십 년 동안의 추세는 부담 가능 주택의 공급을 줄이는 쪽으로 가고 있다. 주택 시장에

대한 전통적인 경제 이론들은 시장은 앞으로 우리가 논의할 주택 여과과정과 공가 연쇄 과정을 통하여 저소득 가구를 위한 충분한 주택을 공급해야 한다고 주장한다. 그런 다음 주택 시장이 지리적으로 어떻게 기능하는지에 대한 전통적인 이론들을 살펴본다.

주택 시장의 지리와 근린지역의 변화

지금까지의 논의는 개략적으로 주택 시장이 어떻게 작동하는지에 대부분의 초점을 맞추었다. 그러나 주택 시장은 매우 분명한 지리를 가지고 있다. 다음 절에서 도시 주택 시장의 공간적 양상을 이해하는 다양한 방법을 살펴본다.

도시생태학과 주택 시장: 침입과 천이

이전 장에서 도시 공간 구조에 대한 시카고학파의 관점을 소개하였다(즉 사회적 지위와 동화의 정도에 의해서 정의되는 중심업무지구와 산업구역을 둘러싼 동심원들). 이러한 접근은 또한 주택 시장이 공간적으로 어떻게 작동하는지에 대한 중요한 이해를 제공하였다. 생태학적 이론에 따르면 도시의 주택 수는 도심에서 밖으로 나가면서 늘어난다. 외국으로부터 가장 최근에 들어온 이주자들에 의해서 야기된 근린지역 침입과 천이에 대한 7장의 논의를 상기해 보자(그림 7.2). 이주자들에게 직업을 제공하는 공장 가까이에 있는 근린지역에 살던 거주자들이 해당 지역을 떠나 도심으로부터 더 멀리 떨어진 근린지역에서 주택을 찾아 나가면서 이주의 영향은 밖으로 퍼져나간다(그림 8.1). 외부에 위치한 다음 동심원 지대로의 공간적 이동성은 가장 최근에 들어온 사람들로부터 사회적 거리를 유지하고자 하는 열망에 의해서 추동되지만, 이는 사회경제적 지위를 향상시키고자 하는 이동성과

주류 사회로의 사회적 동화에 의해서 가능해진다.

주택 여과과정과 공가 연쇄

7장에서 소개한 도시 공간 구조에 대한 부채꼴 모형을 고안한 주택 경제학자 호이트(Homer Hoyt, 1939)는 주택 시장 특성의 공간적 함의를 명시적으로 고려하였다. 1930년대에 수집 및 지도화된 미국의 주택 가격 데이터를 바탕으로 도시 주택 시장의 공간적 기능에 내재하는 것으로 여겨지는 여러 가지 패턴을 확인하였다. 생태학적 이론으로부터 도출된 개념들과는 대조적으로 호이트는 도시는 외부로부터 안으로 성장하였다고 주장하였다.

호이트는 고소득층 가구가 도시의 가장가리에서 도시 성장을 추동하는 것을 관찰하였다(그림 8.2). 주택소유자들의 소득이 증가하면서, 그들은 더 많은 편의시설이 있으며, 교통이 편리하며, 기존 도시의 경계 부분에 건설된 더 큰 주택을 원하였다. 주택소유자가 새로운 주택으로 이주를 하면, 그들의 이전 주택은 비게 되고 일반적으로 젊고 적은 금융 재원을 가진 새로운 가구가 점유하는 것이 가능해진다. 중요한 것은 상류층 가족의 이동에 의해서 빈 주택을 새롭게 점유한 사람은 도심 가까이에 있는 근린지역으로부터 상향으로 그리고 외부로 이동해 왔다는 점이고, 그래서 추가적으로 새로운 빈집이 생기게 된다는 점이다. **공가(空家) 연쇄(vacancy chains)** 는 이러한 연속적인 빈집 발생과정을 묘사하며 이 과정에서 도심에 가까울수록 빈집의 크기는 더 작아지고 더 낡게 된다. 이러한 관점에서 도심 근린지역에 위치한 주택은 공가 연쇄 과정을 통하여 새롭게 도착한 사람들(즉 해외 이민자들과 국내 이주자들)이 이용할 수 있게 된다. 고소득층을 위한 새로운 주택이 도시의 경계 부분에 공급되면, 나머지 주택들은 순차적이고 점진적으로 보다 낮은

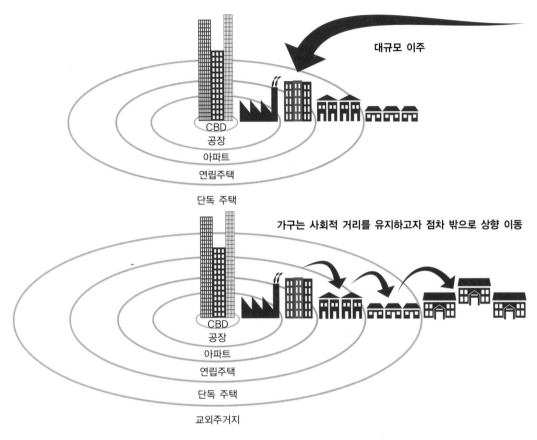

그림 8.1 주택 시장에 대한 침입과 천이의 영향.

소득 집단이 이용할 수 있게 된다.

여과과정(filtering)은 중요한 연관 개념이다. 여과과정을 이해하는 여러 가지 방법이 있다. 첫째, 도시의 경계 부분에서 상류층 가족을 위한 신규 주택 건설로 인하여 공가 연쇄를 통하여 여과가 진행되고, 그 결과 도심 가까운 곳에 새롭게 도착하는 저소득 가구가 이용할 수 있는 빈 주택이 형성된다. 둘째, 개별 가구는 주택 시장에서 잇따라 더 크고 보다 비싼 주택을 점유하면서 상향으로 이동한다. 처음에는 도심 가까이에 있는 작은 아파트를 임대하여 살고 있는 젊은 부부를 생각해 보자. 직장에서 승진하면서 그들의 금융 재원이 늘어나게 된다. 그렇게 되면 이 부부는 도심으로부터 보다 멀리 있는 더 크고 더 새로운 아파트로 이주할 수 있다. 이제 이 부부에게는 보다 먼 거리를 통근할 여력이 있고 아마도 차를 구입할 수도 있다(호이트가 1930년대 글을 썼다는 것을 떠올리자). 몇 년 후에 이 부부는 첫아이를 갖기로 결정하고 도심으로부터 훨씬 더 멀리 떨어진 작은 생애 처음으로 구입한 집(starter house)으로 이사한다. 그들의 자녀가 성장하면서 이 부부는 보다 큰 집(아마도 욕실이 2개)을 원하고 학교의 수준과 근린지역의 사회적 안정성에 보다 많은 관심을 갖게 된다. 결국 이들은 도심으로부터 보다 더 떨어져 있는 더 큰 주택으로 이사한다. 자녀들이 고등학생이 되면(대학학비 부담 전),

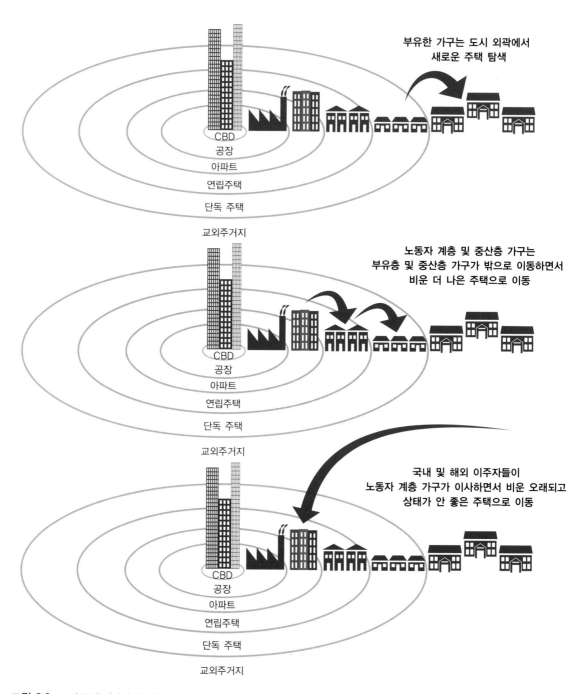

부유한 가구는 도시 외곽에서
새로운 주택 탐색

CBD
공장
아파트
연립주택
단독 주택
교외주거지

노동자 계층 및 중산층 가구는
부유층 및 중산층 가구가 밖으로 이동하면서
비운 더 나은 주택으로 이동

CBD
공장
아파트
연립주택
단독 주택
교외주거지

국내 및 해외 이주자들이
노동자 계층 가구가 이사하면서 비운 오래되고
상태가 안 좋은 주택으로 이동

CBD
공장
아파트
연립주택
단독 주택
교외주거지

그림 8.2 도시 주택 시장에서 호이트의 주택 여과과정.

이 가족은 도시의 경계에 새롭게 지어진 꿈꾸던 집을 구매한다.

셋째, 아마도 가장 일반적인 여과과정에 대한 해석은 주택과 근린지역의 운명(명암)에 적용된다. 호이트는 1930년대 동안 저소득층 가구들, 이주자들, 소수 인종들이 큰 주택들로 구성되어 있는 한때 부유층이 선호했던 근린지역을 점차 점유하는 것을 목격하였다. 이들 근린지역 중 어떤 곳은 심지어 '슬럼'(slum)이 되어 버렸다. 호이트는 주택의 새로운 점유자가 종종 떠나는 가구보다 소득과 사회적 지위가 더 낮았다는 의미에서 여과과정이 근린지역에도 적용된다고 설명하였다. 초기에는 한때 부유층이 선호한 도심부에 위치한 근린지역이 형성되었고 고소득의 도시 상류층이 이를 점유했지만, 이 근린지역은 시간이 지나면서 최신의 편의 관점에서 보면 구식이 되어 버렸다. 이제 침대는 너무 작게 느껴지고, 수납공간이 부족하고, 도로에 새로 구입한 차를 주차하는 것이 어려워지고, 부엌에는 최신 편의시설이 부족하다. 상류층을 위한 새로운 주택이 지어지면, 그들은 처음 집을 짓고 이를 소유할 때보다 더 낮은 소득을 갖는 가족에게 그들의 오래된 집을 판다. 몇 년 후에 중산층 가족이 이주해 나갈 때 이들은 보다 낮은 소득을 갖는 중산층에게 집을 팔고, 또 몇 년 후에 이들은 저소득층 가족 혹은 임대주에게 집을 판다.

규모가 큰 단독주택은 어느 시점에서 여러 개 아파트로 분할된다. 그래서 이 근린지역은 그곳에 거주하는 가구의 소득과 계급 수준에서 하향으로 여과된다. 호이트는 하향식 근린지역 여과과정을 건전한 도시 주택 시장의 자연적 특성으로 보았다. 왜냐하면 이러한 과정은 주택 공급의 증가를 반영하고 여전히 중심화된 산업 고용에 대한 접근이 용이한 바로 그 지점에서 늘어나는 저소득층 가구들이 이용할 수 있는 주택을 제공하기 때문이다. 만약 유지보수에 자금을 투여하는 부동산 소유자의 의지를 넘어서 주택의 물리적 조건이 악화되면, 하향식 주택 여과과정에 의해서 이용 가능한 주택 물량이 줄어들기도 한다.

몇몇 관찰자들과 정책입안자들은 비효율적인 여과과정과 예상보다 빠른 철거가 저소득층의 부담 가능 주택의 부적절한 공급에 대한 주된 이유라고 주장한다. 대공황기에 보다 높은 소득을 갖는 가구를 위한 신규 주택 건설이 이루어지지 않았을 때 공가 연쇄가 깨졌고, 여과과정은 정상적으로 기능하는 것을 멈추었으며, 주택은 지나치게 붐비게 되었다. 다음에서 보는 것처럼 도시 주택 시장이 자연적이고 적절하게 기능할 것이라는 호이트의 생각은 연방 주택 정책에 강한 영향을 주었고 결과적으로 2차 세계대전 이후 미국 대도시권의 근본적인 재구조화에 영향을 주었다. (필요하다면) 주택 시장 개입에서 정부의 바람직한 역할은 고소득층 가구를 위한 새로운 주택 건설을 장려하는 것이라는 호이트의 주장이 주택 정책에 기본적으로 반영되었다. 저소득층 가구를 위한 주택은 여과과정과 공가 연쇄라는 자연적 과정을 통하여 적절할 때 공급될 것이다.

근린지역 변화의 생애주기 개념

몇몇 도시이론가들은 호이트의 개념과 유사한 근린지역 변화의 생애주기 혹은 단계 모형을 개발하였다. 이들은 주택이 오래되면서 그리고 현재의 취향에 비추어 구식이 되어가면서 근린지역은 물리적으로 그리고 사회적으로 불가피하게 쇠퇴한다는 호이트의 기본 개념에 동의한다. 이러한 과정은 적절하게 기능하는 경제적인 주택 시장의 자연적인 부산물이기 때문에 불가피한 것으로 간주되었다.

후버와 버논(Edgar M. Hoover and Raymond

Vernon, 1962)은 1950년대 뉴욕 대도시권에 대한 관찰을 바탕으로 근린지역 진화(발전)에 대한 단계 모형을 개발하였다. 그들이 기술하는 주택 시장 과정은 호이트가 기술했던 여과과정과 유사하고 근린지역의 진화는 시카고학파의 침입과 천이의 논의로부터 이끌어낸 예측을 닮았다. 후버와 버논은 근린지역의 주택이 그곳에 거주하는 사람들의 인구학적 특성과 함께 어떻게 변하는지를 이해하고자 하는 시도를 통하여 5단계를 확인하였다.

- 1단계: 초기 도시화 — 일반적으로 도시의 주변부에서 발생
- 2단계: 변천 — 인구 성장이 지속되고, 밀도가 증가하고, 다가구 주택이 지어지기 시작
- 3단계: 등급하락 — 오래된 주택이 다가구 이용으로 전환, 밀도는 계속해서 증가, 주택은 물리적으로 쇠퇴
- 4단계: 쇠퇴 — 인구가 줄어들고, 가구 크기가 줄어들고, 비고 버려지는 집이 늘어나게 됨
- 5단계: 재개발 — 낡은 주택은 다가구 건물로 대체, 토지이용의 강도와 효율성 증가. 재개발은 공공부분의 개입이 필요한 것으로 여겨짐

다른 학자들은 후버와 버논의 단계 모형을 수정하였다. 예를 들어 다운스(Anthony Downs, 1981)는 근린지역이 건전성과 생존력 사이의 연속체상의 어느 단계에 위치하는 것으로 생각하였다. 다운스의 다섯 단계는 다음과 같다. (1) 건강하고 생존 가능, (2) 초기 쇠퇴, (3) 명확한 쇠퇴, (4) 심한 쇠락과 함께 가속화되는 쇠퇴, (5) 포기 및 생존 불가능. 근린지역의 사회적 구성에서 두드러진 변화는 소유자가 임차인으로 대체되고, 노동자 계층이 빈곤층으로 대체되는 것이다. 이

러한 변화는 근린지역의 앞날에 심각하게 의문을 제시하는 3단계와 4단계에서 발생한다. 후버와 버논과는 달리, 다운스는 근린지역은 연속체상에서 양방향으로 움직일 수 있다는 것을 인식하였다. 즉 근린지역은 주택 시장에서의 변화와 공공 개입을 통하여 재활성화될 수 있다.

지금까지는 시장에 대한 경제적 이해가 정확하게 주택에 적용되는 것처럼 다소 추상적으로 주택을 다루었다. 이제 어느 부분에서 주택 시장의 실제가 이론과 달라지는지를 논의한다. 먼저 미국 사회의 모든 집단에게 동등한 접근을 제공하는 데 있어 주택과 금융 시장의 실패를 살펴본다. 그런 다음 미국 주택 시장의 정부 개입에 대한 의존성을 논의한다. 여기서 대공황 시기 동안 미국연방정부의 대출담보 프로그램이 어떻게 이행되었는지 살펴보고, 이어서 현대 주택 시장에 영향을 준 최근의 연방 정책 변화에 대하여 논의한다. 기관과 정부가 주택 시장의 작용에 어떠한 힘을 행사하는지를 살펴본다.

주택에 대한 불평등한 접근

주택에 대한 불평등한 접근은 수십 년 동안 도시 주택 시장을 특징지어 왔다. 10장에서 살펴볼 것처럼 19세기 후반에서 20세기 초반 산업도시로 쇄도한 이주자들은 종종 매우 취약한 주거 환경(과밀한 공동주택과 물리적으로 쇠락한 주택)에서 생활을 하였다. 부적절하고 과밀한 주택 상황은 또한 이후에 들어온 국내 이주자들(남부 농촌으로부터 이주해 온 아프리카계 미국인들)을 괴롭혔다. 비록 의심할 여지없이 저임금이 이러한 문제의 원인 중 하나이지만 주택 시장이 백인들에게 기능했던 것과 동일하게 이주자들이나 흑인들에 기능하지 않았다. 당시 주택 시장 참여자들은 분명

히 이러한 사실을 인지하였고, 하나는 백인을 위하여 다른 하나는 흑인을 위한 이중 주택 시장을 의도적으로 만들어 냈다. 9장에서 인종적 격리를 만들어 내고 강화하기 위하여 사용된 전략들을 살펴본다. 여기서는 이러한 전략들이 주택 시장의 작용에 어떠한 영향을 주었는지를 살펴본다.

부동산 중개인과 차별화된 접근

여러 형태의 차별이 임차인과 주택 구매자 모두를 위한 주택 시장 거래에 수반된다. 잉거(John Yinger, 1995)는 차별을 주택 시장 거래의 일부분으로 생각하는 유용한 틀을 제시하였다. 잉거는 잠재적으로 차별이 발생할 수 있는 광고에 소개된 주택에 대한 초기 문의과정을 바탕으로 주택 시장 거래의 세 단계를 논의한다. 1단계는 이용 가능한 주택에 대한 정보 제공과 관련된다. 주택에 대한 접근을 거부하는 것에 해당하는 정보 제공을 하지 않았을 때, 주택에 대한 접근을 제한하는 것에 해당하는 인종 때문에 주택을 찾는 사람에게 훨씬 적은 수의 주택을 보여줄 때, 차별이 발생한다. 2단계는 판매 및 임대 중개인 사이에 상호작용하고, 계약 기간과 조건에 대하여 협상하고, 필요한 자금 조달과 관련한 조언과 도움을 받는 과정에서 차별이 발생한다. 이러한 과정에서 소수집단이 불리한 대우를 받을 때, 주택에 대한 그들의 접근은 제한된다. 3단계는 광고에 나온 관심이 있는 주택 외에 다른 주택의 지리적 위치와 관련된다. 근린지역의 인종 혹은 계급 구성에 근거하여 임차인과 구매자를 특정 주택으로 유도하거나 특정 주택으로부터 멀어지게 할 때 주택에 대한 그들의 접근은 제한된다.

20세기 초반에 주택 차별은 일상적이고 공공연하였다. 몇몇 임대업자들은 소수집단에게 주택을 임대하는 것을 거부하였다. 몇몇 백인 부동산 중개업자들은 흑인을 대상으로는 사업을 하지 않았다. 몇몇 흑인 부동산 중개업자들 또한 흑인 근린지역에 있는 주택만을 소개하거나 주택이 부족할 때는 흑인 근린지역에 이웃한 근린지역에 있는 주택만을 소개하는 것을 통하여 차별과 격리된 근린지역 형성에 기여하였다. 흑인 부동산 중개업자들은 블록버스팅(block-busting) 기법(9장에서 보다 자세히 논의)을 행하여 근린지역의 인종적인 변화를 자극했다는 이유로 비난을 받았다.

시민권 운동이 성공을 거두면서 인종에 따른 명시적인 차별을 금하는 법률이 1960년대와 1970년대 통과되었다. 그럼에도 불구하고 주택 시장에서 인종 차별에 대한 주장이 계속되었다. 시간이 지나면서 주택 시장 게이트키퍼(gatekeeper, 모니터 역할을 하는 사람들)에 의한 명시적인 차별은 줄어들었지만, 보다 미묘한 형태의 차별은 증가한 것처럼 보였다. 1970년대와 1980년대 행해진 연구들을 통하여 임대주, 재산 관리자, 부동산 중개업자들이 다양한 형태의 차별 기법을 행하는 것으로 확인되었다.

터너(Margery Austin Turner)는 장기간의 **공정 주택 거래 대응쌍 감사**(fair housing matched-pairs auditing) 기법을 이용하여 2012 주택 차별 연구(Housing Discrimination Study of 2012, HDS2012)로 알려진 주택 시장 거래에서 인종 차별에 대한 가장 최근의 국가 수준의 조사를 수행하였다(Turner et al., 2013). 이전 국가 수준 연구는 1977년(Housing Market Practices Study, HMPS), 1989년(HDS), 2000년(HDS2000)에 수행되었다. 모든 고용 및 금융 특성을 일치시킨 신중하게 훈련된 지원자 쌍(검사자 혹은 감시관)을 일반인들에게 광고된 이용 가능한 주택을 알아보도록 파견하였다. 지원자 쌍 사이의 유일한 차이는 인종, 즉 어떤 이는 흑인, 어떤 이는 백인, 어떤 이는 히스패닉 혹은 아시아인이다. 검사관은 부동산 및 임대 중개인의 행위를 포함하여 거래 행위 전반을 상세하게 기록하였다. 대응쌍이 얼마나 상이한 대우를 받았는지를 평가하기 위하여 수집된 정보를 분석하였다. 이 연구는 백인 검사관이 비백인 검사관보다 일관되게 우대를 받을 때 상이한 대우를 체계적인 인종 차별의 지표로 해석하였다.

분석 결과(Turner et al., 2013) 비백인 집단이 임대 및 판매 주택 시장 거래 모두에서 상당한 차별을 경험한 것으로 나타났다. 오늘날 흑인 혹은 소수인종과 말하는 것 자체를 거부하거나 문을 꽝 닫는 등 직접적이고 뻔뻔스러운 인종차별적인 행태는 이전 시기에 비하여 훨씬 덜하였다. 종종 미소, 악수와 함께 이루어지는 간접적인 형태의 차별은 이제 보다 더 보편화되었고 개개인들이 이를 파악하는 것이 더욱 어려워졌

다. 표 8.2는 임대 및 판매 주택 탐색의 다양한 단계를 열거하고 있다. 이들 단계 어디에서든 우대가 발생할 수 있고 종종 한 번 이상 발생한다. HDS2012는 백인들은 전부는 아니지만 주택 탐색의 많은 단계에서 우대를 받는다는 것을 보여준다. 잉거(1995)는 1989년 HDS로부터 가장 완강하게 산출된 차별 측정치를 이용하여 상이한 탐색 과정에서 우대가 발생할 수 있고 대부분의 사람들이 주택을 탐색할 때 많은 중개업자들과 상호작용하기 때문에 주택 탐색 과정의 어느 시점에서든 어떠한 형태의 차별을 당할 가능성이 매우 높다고 추정하였다.

그림 8.3은 2012년 연구로부터 임대 및 판매 주택 거래에서 우대에 대한 측정 결과를 요약해 보여주고 있다. 임대를 할 때 흑인, 히스패닉, 아시아인 검사관들은 백인 검사관들보다 확실히 적은 수의 주택을 보

표 8.2 임대 및 판매 주택 거래에서 불리한 대우 평가 지표

임대 주택 거래	주택 판매 거래
1. 비교할 만한 정보? • 광고된 주택을 구할 수 있었는가? • 비슷한 주택을 구할 수 있었는가? • 얼마나 많은 임대 주택을 소개받았는가? 2. 주택을 점검하는 능력? • (가능하다면) 광고된 주택을 살펴보았는가? • (가능하다면) 유사한 주택을 살펴보았는가? • 얼마나 많은 주택을 살펴보았는가? 3. 주택 거래 비용 • 신청 수수료를 요구하였는가? • 임대 인센티브를 권하였는가? • 임대 보증금을 요구하였는가? • (가능하다면) 광고된 주택의 임대료가 얼마였는가? 4. 중개인의 유익함 • 중개인이 후속 접촉을 하였는가? • 당신이 임대 자격을 갖추었다고 말하였는가? • 향후 접촉을 위한 약속을 하였는가? • 신청서를 완성할 것을 요구하였는가?	1. 비교할 만한 정보? • 광고된 주택을 구입할 수 있었는가? • 비슷한 주택을 구입할 수 있었는가? • 구입할 수 있는 주택을 얼마나 많이 소개받았는가? 2. 주택을 점검하는 능력? • (가능하다면) 광고된 주택을 살펴보았는가? • (가능하다면) 유사한 주택을 살펴보았는가? • 얼마나 많은 주택을 살펴보았는가? 3. 모기지 금융 옵션 • 제안을 받은 자금 조달 방법이 도움이 되었는가? • 구체적인 대출기관을 추천받았는가? • 계약금 요구조건에 대하여 논의하였는가? 4. 중개인의 유익함 • 중개인이 후속 접촉을 하였는가? • 당신이 주택 구입 자격을 갖추었다는 것을 말하였는가? • 향후 접촉을 위한 약속을 하였는가? 5. 근린지역의 차이 • 추천받은 주택이 위치한 근린지역의 평균 백인 비율은? • 살펴본 주택이 위치한 근린지역의 평균 백인 비율은?

출처: Turner et al., 2002.

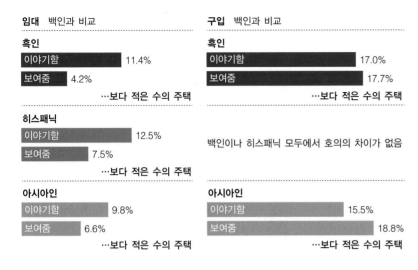

그림 8.3 2012년 임대 및 판매 시장에서 비백인 주택 구입자의 차별대우.
출처: Figure ES-1, p. xi, in Turner et al., 2013.

고 이에 대하여 이야기했다. 백인들에게는 실질적으로 보다 더 많은 주택을 보여주고 이에 대하여 이야기한 지역의 경우, 흑인과 아시아인에 대한 판매 주택 거래에서 명백한 차별의 정도는 심지어 더 컸다. 그림 8.4는 지난 수십 년 동안 임대 시장에서 흑인과 히스패닉에 대한 차별은 감소하였지만, 판매 시장에서, 특히 검사관에게 보여준 주택 수에서 덜 노골적인 형태의 우대 측정값이 여전히 높다는 것을 보여준다. 전반

적으로 공공연한 차별의 감소에도 불구하고 일반적으로 임대 및 주택 시장 거래에서 미묘한 형태의 인종적으로 차별화된 우대가 여전히 남아 있다.

주택 시장에서 인종 차별을 연구한 것 이외에 HUD는 온라인상에 광고된 임대 주택에 초점을 둔 2011년 수행된 동성 가구에 대한 주택 시장 차별 연구와 비슷한 형태의 연구를 의뢰하였다(Friedman et al., 2013). 그림 8.5에 따르면 전반적인 대우(일관성 지표,

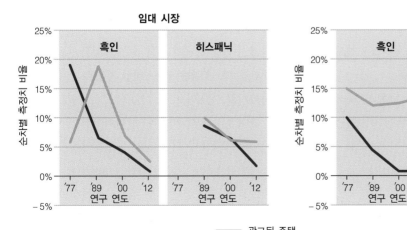

그림 8.4 임대 및 판매 시장에서 흑인과 히스패닉에 대한 차별의 장기 경향.
출처: Figure ES-10, p. xix, and Figure ES-12, p. xx, in Turner et al., 2013.

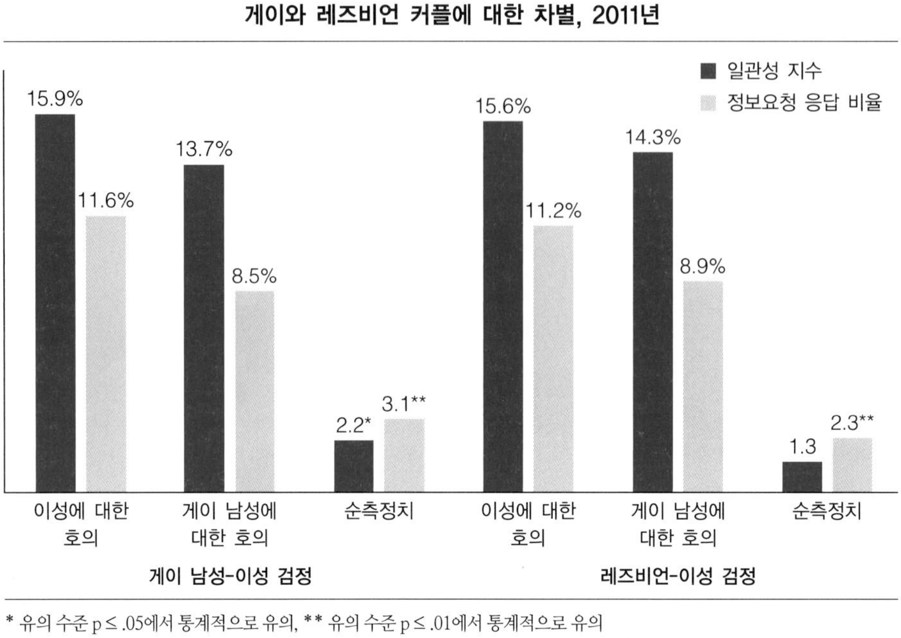

게이와 레즈비언 커플에 대한 차별, 2011년

범례: ■ 일관성 지수　▨ 정보요청 응답 비율

게이 남성-이성 검정:
- 이성에 대한 호의: 15.9%, 11.6%
- 게이 남성에 대한 호의: 13.7%, 8.5%
- 순측정치: 2.2*, 3.1**

레즈비언-이성 검정:
- 이성에 대한 호의: 15.6%, 11.2%
- 게이 남성에 대한 호의: 14.3%, 8.9%
- 순측정치: 1.3, 2.3**

* 유의 수준 $p \leq .05$에서 통계적으로 유의, ** 유의 수준 $p \leq .01$에서 통계적으로 유의

그림 8.5 게이와 레즈비언 커플에 대한 차별(2011).
출처: Friedman et al., 2013, p. viii, 그림 E-1을 변형.

consistency index) 관점에서 그리고 보다 좁은 의미에서 광고된 주택에 대한 이메일 요청에 답을 받는지 비율에서 게이와 레즈비언 커플보다는 이성 커플을 선호하였다. 모든 대도시 지역에서 그리고 미국의 모든 지역에서 이러한 우대가 관찰되었다. 가장 적게 잡은 차별에 대한 '하한' 추정치가 4분의 3 정도로 차별이 상당하다.

조종(steering)은 본질적으로 차별의 지리적 형태로, '고객과 같은 인종 혹은 민족 집단이 집중되어 있는 근린지역으로 고객을 안내하는 행위'로 정의된다(Yinger, 1995, p. 51~52). HDS2012는 조종에 대한 상세한 조사를 수행하였고 중개업자들은 추천 근린지역, 주택 안내, 근린지역에 대한 옵션 제시 등에서 인종적으로 차별화하는 방향으로 고객을 유도한다는 것을 확인하였다. 백인들에게 소수인종보다는 백인이 우세한 근린지역에서 주택을 찾도록 장려할 때 혹은

역으로 소수인종 가구를 인종적으로 다양하거나 혹은 소수인종이 지배적인 근린지역으로 유도할 때 조종은 인종적 격리를 심화시킨다. 백인들이 비슷한 수준의 소수인종 가구보다도 더 부유한 근린지역을 소개받을 때 혹은 반대로 비슷한 수준의 사회경제적 지위를 가진 소수인종 가구가 혼합 혹은 저임금 근린지역을 소개받을 때, 조종은 또한 계급 기반의 거주지 분리를 심화시킬 수 있다.

표 8.3은 흑인, 히스패닉, 아시아인 검사자들이 백인 검사자들보다 더 격리된 근린지역에 있는 주택을 소개받고 살펴본 정도를 보여주고 있다. 중개업자에 의한 지리적 조종이 흑인 검사자들에게서 가장 두드러졌고, 그다음 아시아인 검사자들이다. 히스패닉 검사자들도 유사한 패턴을 보이지만, 차이가 유의미한지는 통계적으로 덜 분명하다. 이 분석에서 다른 형태의 조종은 일관적이지 않다.

표 8.3 흑인, 히스패닉, 아시아인 검사자에 대한 지리적 조종 지표

	백인	흑인	차이	백인	히스패닉	차이	백인	아시아인	차이
주택을 추천한 경우									
백인 우세 트랙 추천 비율, %	24.8%	16.8%	8.0	22.6%	20.8%	1.8	25.6%	21.0%	4.6
평균 백인 비율, %	66.1%	64.3%	1.8	53.5%	53.9%	−0.4	59.2%	58.0%	1.2
주택을 보여준 경우									
백인 우세 트랙 추천 비율, %	20.5%	15.5%	5.0	25.8%	20.8%	5.1	25.4%	19.5%	5.9
평균 백인 비율, %	67.3%	65.8%	1.4	56.1%	55.8%	0.2	58.5%	57.5%	1.3

출처: Turner et al.(2013)의 자료 IV-19, IV-24, IV-28(pp. 56, 60, 64).
주: 음영 표시는 통계적으로 유의한 차이를 나타냄(진한 색: p<.05, 옅은 색: p<.10)

대출에서 차별

인종은 주택 금융 시장에서 오랫동안 중요한 역할을 해 왔다. 민간 대출기관은 대공황 전에도 여러 가지 방법으로 소수집단을 차별하였다. 첫째, 이들은 종종 노골적인 차별을 자행하였다. 즉 대출기관들은 단순히 소수집단 고객들에게 서비스를 제공하는 것을 거부하였다. 흑인 고객이 계약금을 지불할 충분한 소득과 부를 가지고 있다 하더라도 많은 은행들은 이들이 주택을 구입하는 데 필요한 돈을 대출하는 것을 거부했다.

둘째, 한 근린지역 내에 흑인, 유대인, 다른 인종적 소수집단의 존재는 이러한 근린지역 내 자산의 장기적인 가치에 영향을 줄 것이라는 전제 하에 대출기관들은 도시의 흑인과 소수인종 거주 지역에 대출을 거부하는 대출 위험 평가 방법을 고안하였다. 인종적·민족적 구성 때문에 받아들일 수 없을 정도로 위험한 것으로 간주되는 근린지역을 대출 승인 및 평가 과정에서 사용되는 지도 위에 붉은색으로 표시하였기 때문에(그림 9.4) 이러한 관행은 **레드라이닝**(redlining)으로 알려지게 되었다.

연방정부는 대공황기 동안 수립된 주택 금융 프로그램에서 레드라이닝을 수용하였다. 아래에서 논의할 미국 연방주택국(FHA)의 대출담보 프로그램 하에서, 레드라이닝은 9장에서 보다 자세히 논의할 엄청난

결과를 초래하였다. 여기서는 국가적으로 지원을 받은 레드라이닝은 소수인종과 도심 근린지역이 필요로 하는 자금을 인정하지 않았고, 그 결과 2차 세계대전 이후 수십 년 동안 빠르게 진행된 교외화 과정에서 흑인과 다른 소수인종을 배제시켰다는 것에 주목한다.

연방정부는 결국 자신들의 프로그램에서 레드라이닝을 금지하였고, 민간 대출기관에 의한 차별을 금하는 법을 통과시켰다. 1975년 주택모기지공시법(Home Mortgage Disclosure Act, HMDA)은 대출기관으로 하여금 대출 금액과 대출을 해 준 위치를 보고하도록 요구하였다. 1977년 커뮤니티재투자법(Community Reinvestment Act, CRA)은 대출기관에게 도심 및 소수인종 근린지역을 포함하여 예금을 유치한 지역에서 대출이 이루어지도록 요구하였다. 그러나 이러한 연방정부의 정책 변화에도 불구하고 대출 차별에 대한 주장은 계속되었다. 지역사회 운동가들은 대출기관들이 1980년대 내내 백인들이 지배적으로 우세한 지역과 교외지역을 대상으로 모기지 대출의 가장 높은 가치를 유지하고자 하였다는 것을 보여주기 위하여 HMDA 데이터를 이용하였다.

1990년대 차별 논쟁은 레드라이닝에서 지원자 수준의 차별로 옮겨갔다. 상세하고 신뢰할 수 있는 데이터를 이용하여 행해진 보스턴연방준비은행의 연

구를 포함한 주요 연구들은, 은행이 위험을 평가하기 위하여 이용하는 대출자 특성을 통제할 때조차도, 흑인과 소수인종 신청자들의 경우 그들의 대출 신청이 거부될 가능성이 더 높다는 주장을 일반적으로 뒷받침한다.

1990년대 후반에서 2000년대 초반 대출 차별에 대한 논쟁은 **약탈적 대출**(predatory lending)과 **역 레드라이닝**(reverse redlining) 문제로 옮겨갔다. 1990년대 후반 주택 금융 시장에서의 주된 변화로 인해 대출기관들은 2~30년 전에는 받아들일 수 없을 정도로 위험한 것으로 평가되었던 신청자들에게 기꺼이 대출을 해 주기 시작하였다. 사실 **서브프라임 대출**(subprime lending)로 불리는 전 산업 부문이 이러한 많은 대출을 처리하기 위하여 존재하고 있다. 보다 높아진 위험을 보완하기 위하여 대출기관은 서브프라임 대출에 더 높은 수수료와 더 높은 이율을 부과하고 있다. 그렇다고 서브프라임 대출을 행하고 있는 모든 대출기관들에게 약탈적 대출 관행에 대한 책임이 있는 것은 아니다. 대출기관들은 과거 신용 결함이 있거나, 불규칙적인 고용 혹은 대출자를 위험하게 만드는 다른 요인을 가진 고객들에게 필요한 융자를 제공한다. 그러나 대출기관들이 신청자들을 비윤리적으로 다룰 때 **약탈적**(predatory) 대출에 대한 주장이 제기된다. 임머글루크와 와일스(Immergluck and Wiles, 1999)는 약탈적 대출 관행의 네 가지 범주를 확인하였고 열거하면 다음과 같다.

1. 판매 및 마케팅
   - 강압적인 방문 판매
   - 취약 인구 집단 대상(예를 들어 병약자, 노인, 저학력 집단)
   - 대출자가 적은 금액을 대출받을 수 있는 신용임에도 불구하고 더 많은 금액을 대출하도록 유도
   - 플립핑(flipping) ─ 지나친 재융자(refinancing)
   - 계약자가 대출 브로커 역할을 하는 주택 개량 신용 사기

2. 과도한 수수료
   - 대출금으로 재원을 충당하는 신용 생명 보험 가입을 포함한 불필요한 수수료를 부과하는 패킹론
   - 부풀린 부동산 매매 수수료
   - 지나치게 높은 융자개시 수수료
   - 수익률 스프레드 프리미엄을 포함한 높은 브로커 수수료

3. 대출자가 감당할 수 없는 융자를 받도록 함정에 빠뜨리는 조건
   - 융자의 실제 비용을 감추는 풍선식 상환(balloon payment)
   - 상환 금액이 이자보다 적어 원금 잔액은 늘어나고 소유자 지분은 줄어드는 결과를 초래하는 차입원금의 마이너스 상각
   - 선납 위약금
   - 상환 능력을 무시하는 '자산담보부(asset-based)' 대출

4. 기타 사기 관행
   - 부풀린 소득 수치 보고
   - 서류 위조
   - 불충분한 혹은 부적절한 시점의 공시
   - 부분적으로 2차 시장 판매를 가능하게 하는 과장된 평가

약탈적 대출은 1990년대 후반 재융자 및 주택 개량 대출과 연관되곤 하였다. 2004~2006년 세계 금융 위기로의 진입 시기에 서브프라임과 알트 A(서브프라임

보다 덜 위험하지만 전통적으로 분류되는 것보다는 여전히 위험) 대출이 급격하게 증가하여, 최고 절정기에는 대출 시장의 40%를 차지하였다. 이러한 대출과 이에 수반된 높은 수준의 채무불이행 및 주택압류는 2008년 세계 금융 위기를 예측하는 데 있어 주된 역할을 하였다. 다음 절에서 세계 금융 위기와 서브프라임 대출 사이의 연관성을 설명할 것이다. 1990년대 후반 서브프라임 붐과 이보다 훨씬 컸던 2004~2006년 붐에서 연구자들과 지역사회 운동가들의 핵심 관심사는 서브프라임과 약탈적 대출, 그리고 이에 따른 주택압류가 초기 레드라이닝 때문에 자금 유입이 차단되었던 소수인종과 저소득층 근린지역에 과도하게 집중되어 있다는 점이다(글상자 8.3).

주택 시장 차별의 누적 효과

앞에서 주택 및 대출 시장이 차별적이라는 것을 살펴보았고, 이제 다음과 같은 질문을 던져 보자. 차별의 영향은 무엇인가? 잉거(1995)는 미묘하고 파악하기 어려운 형태의 차별조차도 가혹한 금융비용 — **차별 세금**(discrimination tax)을 발생시킨다고 주장한다. 차별은 (1) 살펴본 주택의 수를 줄이고, (2) 탐색 과정을 비효율적이고 더 많은 비용이 들게 만들고, (3) 적절한 자금 조달 방법을 찾는 데 어려움을 가중시키고, (4) 주택 담보 대출 신청이 거부될 가능성을 키우며, (5) 실제 이주비용을 증가시킨다.

잉거는 흑인과 히스패닉 가구는 주택에 대해서 3,000에서 4,500달러(1990년 가치 기준, 2013년 가치로 환산하면 5,000에서 7,800달러) 이상 더 지불한 것으로 추정하였다. 지난 3년 동안 이사를 한 흑인 및 히스패닉 가구의 수를 합산하면, 차별에 따른 총 비용은 110억에서 160억 달러(1990년 가치 기준)에 달한다. 잉거의 연구 이후로 차별의 발생 정도는 줄어들었

지만(잉거의 차별 세금에 대한 추정을 최대치로 받아들여야 함), 주택 시장 실패는 사소한 일이 아니다.

주택 시장에 대한 정부의 관여

대공황기 이전에 주택을 구매하는 것은 상당한 재력을 지닌 사람들에게만 가능하였다. 과거 자료에 따르면 오늘날보다 훨씬 적은 비율의 인구가 이 기간 동안 자신들의 집을 소유하였다(그림 8.6). 주택 소유가 일반적이지 않았던 이유 중 하나는 경제가 충분한 부를 만들어 내지 못했기 때문이다. 그러나 보다 중요한 이유는 주택 금융의 본질이었다.

오늘날처럼 역사적으로 주택을 구입하는 것은 대부분의 가구가 감당할 수 있는 것 이상으로 훨씬 많은 돈을 필요로 하였다. 주택을 구입하는 대부분의 사람들은 적어도 구입비용의 일부를 빌려야 했다. 대공황기 이전에 대출기관은 주택 구입 자금을 빌려주는 방법에 있어서 훨씬 더 엄격하였다. 첫째, 대출자는 총 구입 가격의 30%에서 50%까지 많은 현금을 가지고 있어야 했다. 둘째, 대출기관은 종종 6년 혹은 7년을 넘지 않는 단기로 돈을 빌려주고자 하였다. 마지막으로 대출기관은 대출에 따른 위험을 모두 떠안았다. 대출기관은 주택 구입 대출에 대하여 높은 이자율를 부과하였다. 공급 관점에서 대부분의 주택이 투기의 목적으로 지어진 것은 아니었다. 오히려 가구가 재정적으로 건설업자와 계약을 체결할 수 있었을 때 주택이 건설되었다.

대출담보를 통한 주택 소유권 확보

대공황은 주택 소유권의 본질에 큰 영향을 주었다. 대공황에 따른 경제적 이탈로 고소득 가구조차 소득이 줄어들었다. 새로운 자가 거주 주택에 대한 수요

글상자 8.3 ▶ 서브프라임 모기지 대출과 주택압류의 인종 지리

약탈적 대출에 대한 정책 및 대중의 큰 관심사는 대출 피해자가 받은 실질적인 개인적 금융 손실이다. 한 가지 엄청난 결과 중 하나는 주택압류에 의한 자산 손실일 것이다. 불행히도 주택압류는 특히 주택 시장 붕괴와 2000년대 후반 세계 경제 붕괴에 따른 도시의 주거 지리에 상당한 영향을 준 보다 광범위한 문제이다. 비판가들은 주택압류의 물결이 서브프라임 대출 붐 뒤에 이어졌고, 많은 소수인종과 저소득층 근린지역에 부정적인 영향이 불공정하게 집중되었다고 주장한다. 서브프라임 론의 담보

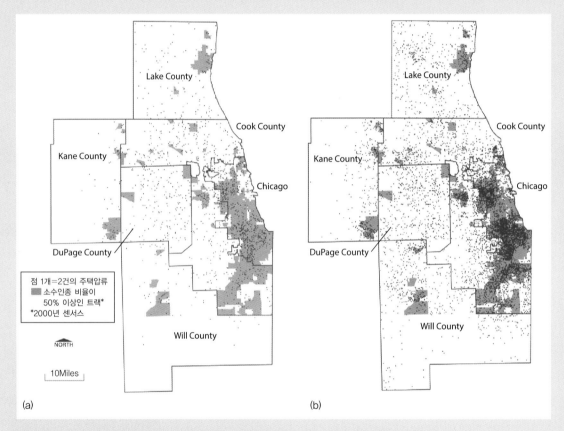

그림 B8.1 소수인종 근린지역과 연관된 시카고에서의 주택압류, (a) 1995년, (b) 2002년.
출처: Figure 2 & Figure 3 in Immergluck, Dan and Geoff Smith, 2005.

는 말라붙었고, 대출을 가지고 있는 가구들이 경험한 경제적 어려움은 금융업을 더욱 위태롭게 하였다. 건설업은 매우 위축되었다. 루즈벨트 대통령 체제의 연방정부는 국가 경제 전망에서 주택과 금융 산업의 중요성을 인식하였다. 주택 수요가 경기 순환에 너무 민감하고 고소득층 가구에 지나치게 한정되어 있다고 판단하였다. 연방정부는 융자 주택 구입에 초점을 맞추었다. 대공황기에 시작된 많은 변화는 2차 세계대전 후까지 큰 효과를 내지 못하였다.

루즈벨트 대통령은 대공황기 초기에 주택을 소유

권 이행률은 훨씬 높다. 서브프라임 대출자들이 보통 금융적으로 보다 위험하다는 것을 감안하면 이는 표면적으로 놀랄 만한 것이 아니지만, 비판가들은 서브프라임 대출이 소수인종과 저소득층 근린지역에 심하게 집중되어 있고 위험도가 낮은 대출자들을 서브프라임 론으로 유도하였다는 점을 지적한다. 결과적으로 주택압류의 지리적 위치와 소수인종 및 저소득층 인구의 지리적 집중 사이에는 강한 연관성이 있다.

임머글루크와 스미스(Dan Immergluck and Geoff Smith, 2004, 2005)는 지역의 인종 패턴과 연관시켜 1990년대 후반 서브프라임 대출 물결(즉 금융 위기 전) 후에 이어진 주택압류의 분포를 연구하였고, 시카고의 소수인종 근린지역에서 주택압류가 분명히 집중되었음을 보여주었다(그림 B8.1). 이 연구의 통계적 분석은 소수인종 및 저소득층 근린지역에서 서브프라임 대출의 집중과 이에 따른 주택압류의 집중 사이의 강한 관련성을 보

여준다. 금융 위기는 이전의 경향을 강화한 동시에 새로운 지리적 역동성을 가져왔다. 그림 B8.2는 조지아 주 애틀랜타에서 주택압류[부동산 소유의 자산(Real Estate Owned properties, REO)이 주택압류를 통하여 형성되었고, 대부분이 대출업자가 소유하게 되었다]가 비백인이 다수인 애틀랜타의 가장 가난한 근린지역에 집중되어 있다는 것을 보여준다. 그러나 신중하게 살펴보면 도심의 북부와 남부에 해당하는 풀턴 카운티(Fulton County) 교외지역에서도 REO가 주목할 만하게 집중되어 있다. 어떤 이는 주택압류 패턴을 도넛 모양에 비유한다. 즉 이미 높은 주택압류와 공가율이 높았던 빈곤한 종종 인종화된 도심 근린지역에서 높게 나타나고, 이제 금융 위기 이전에 주택압류가 상대적으로 드물었던 준교외 및 교외 근린지역에서 새롭게 높아졌다.

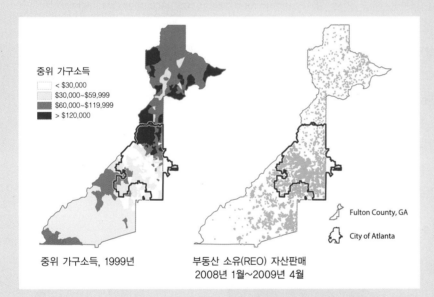

중위 가구소득

☐ < $30,000
☐ $30,000~$59,999
▦ $60,000~$119,999
■ > $120,000

중위 가구소득, 1999년

부동산 소유(REO) 자산판매
2008년 1월~2009년 4월

Fulton County, GA

City of Atlanta

그림 B8.2 중위 가계소득과 연관된 2008년과 2009년 대출기관이 매입한 담보권이 행사된 자산(REOs).
출처: Figure 8, p. 57, in Immergluck, Dan, 2012를 수정.

하고자 하는 가구를 즉각적으로 돕기 위하여 주택소유자대출공사(HOLC)를 수립하였다. 이미 주택을 가지고 있거나, 막 소유하려고 하는 사람들 혹은 주택을 잃은 사람들에게 바로 대출해 주었다. 연방정부가 주택소유자에게 직접 자금을 대출해 주었고 이미 주택을 소유한 사람들이 프로그램의 수혜자들이었기 때문에 HOLC의 효과는 제한적이었다.

이후 정책의 효과를 확대하는 동시에 연방정부의 재정적 부담을 줄이기 위하여 루즈벨트는 새로운 기관인 연방주택관리청(FHA)의 후원 하에 새로운 금융

프로그램을 시작하였다. FHA 프로그램은 HOLC와는 다르게 운영되었고 궁극적으로 주택 시장과 도시의 특성에 훨씬 더 강한 영향을 주었다. FHA는 직접 대출(direct loan)보다는 대출자가 대출상환을 하지 못하는 경우 정부가 대신 지불하는 것을 보장함으로써 대출을 늘리도록 민간시장 대출기관들에 인센티브를 주었다.

연방의 대출 담보는 여러 가지 중요한 특징을 갖는다. 첫째, 대출기관에게 대출금을 균등 **분할상환**(amortize)하도록 요구하였다. 이는 대출기관이 상환 기간 시작 시점에 대출자가 낸 대부분의 이자를 받고 그렇게 함으로써 장기간 동안 완전히 상환될 수 있는 대출을 조직한다는 것을 의미한다. 최초 20년 상환기간은 25년으로 다시 30년으로 연장되었다. 이를 통하여 월별 대출 상환액이 상당히 줄어들었다. 둘째, 이전의 30~50%보다 적은 20%의 보다 적은 계약금(down payment)을 요구하였다. 대출자는 집을 사는 데 현금이 적게 필요하였다. 셋째, 연방정부가 궁극적으로 금융 위험을 떠안았기 때문에 이자율이 상당히 떨어졌다. 새로운 프로그램은 주택을 구입하는 가구의 전체 및 월별 비용을 상당히 줄여주었다.

20년에서 30년 분할상환하는 대출이 갖는 한 가지 문제는 장기간 대출기관의 자금이 묶인다는 점이다. 모기지로 대출될 수 있는 충분한 자금을 확보하기 위하여 은행과 저축기관으로부터 정부 지원 대출금을 매수하여 투자자들에게 팔수 있도록 1938년 연방 국민저당협회(Federal National Mortgage Association, Fannie Mae)를 만들었다. 은행과 저축기관은 전체 대출 기간 동안 그들의 회계장부에 대출을 유지할 필요 없이 대출을 정지시킬 수 있었다. 이를 통하여 대출기관은 더 많은 대출을 할 수 있게 되었다.

이 기간 동안 만들어진 연방 주택 정책의 또 다른 주된 양상은 **주택 담보 대출 이자에 대한 소득세 감면**(home mortgage interest income tax deduction)이다. 주택 소유자들은 연방세를 계산할 때 소득에서 대출 이자로 지불한 금액에 대하여 세금 감면을 받을 수 있다. 장기 분할 상환 대출에 대하여 처음 몇 년 동안 낸 대부분의 월 상환액은 이자이다. 이러한 이자 상환에 대하여 세금 감면을 받을 수 있다는 것은 실질적인 재정적 혜택으로, 가구가 주택을 구매하도록 추가적인 인센티브를 제공하는 것이다. 다음에서 살펴볼 것처럼 교외지역이 일반적으로 연방 프로그램으로부터,

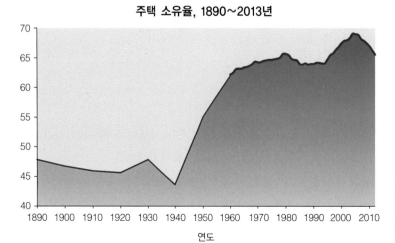

주택 소유율, 1890~2013년

연도

그림 8.6 20세기 및 21세기 동안 주택 소유율의 변화.

출처: 1960–2013 from U.S. Bureau of the Census, Department of Commerce (http://www.census.gov/housing/hvs/data/ histtabs.html), and decennial Census data for 1890–1960 자료를 토대로 작성.

구체적으로 세금 정책에서 가장 큰 혜택을 받았다.

FHA 프로그램의 영향은 2차 세계대전이 발발하고 주택 건설이 멈추었을 때 막 감지되기 시작하였다. 프로그램은 여전히 효과적이었지만, 2차 세계대전 이후에 확대되었고, 이 장 후반부에서 살펴볼 분산과 스프롤에 크게 기여하였다. 주택에 대한 수요를 안정화시키고, 나아가 확대하여 건설 산업과 금융 산업을 안정화시켰다는 측면에서 새로운 연방 지원 주택 금융 체계는 성공적이었다.

FHA와 이와 유사한 재향군인관리국(VA) 대출 담보 프로그램을 통하여 수백만 가구가 적정한 가격에서 주택을 구매할 수 있게 되면서 대공황기의 주택 금융 체계는 2차 세계대전 이후 수십 년 동안의 경제 활성화에 가장 큰 영향을 주었다. 주택 소유율이 빠르게 증가하였다(그림 8.6에서 1940년에서 1960년 사이 빠른 증가 참조). 게다가 5장에서 논의하였고 이 장 후반부에서 살펴볼 것처럼, 교외지역에 새로운 주택을 짓는 것을 선호하였기 때문에 도시의 공간적 형태는 급격하게 변하였다.

2차 모기지 시장: 새로운 주택 금융 체제

2차 세계대전 이후 주택 금융 체제는 상당히 변하였다. 상업 예치환거래 은행(commercial depository bank)과 소규모의 저축 대부(S&L) 기관(저축기관이라 부르기도 함)들이 초기에는 소비자들이 주택을 구매하는 데 사용한 대부분의 자금을 제공하였다. FHA와 VA 프로그램을 통하여 보증된 수백만 건의 대출이 가능하였고 실제 이루어졌으며, 투자자들에게 판매되었지만, 주택구매자들에게 대출할 자금이 충분하지 않다는 문제는 여전하였다. 이에 대한 해결책은 1960년대 후반에서 1970년대 초반 투자자들에게 판매될 수 있는 여러 가지 방법의 대출을 가능하게 한 탄탄한 **2차 모기지**

시장(secondary mortgage market)을 형성하는 것이었다. 연방국민저당협회(Fannie Mae)는 1968년 두 부분으로 분리되었다. FHA와 VA 대출은 이제 새롭게 조직된 **국립주택저당금고**(Government National Mortgage Association, Ginnie Mae)에 의해서 관리되었다. 연방국민저당협회에서는 채무불이행의 위험도가 가장 낮은 이른바 통상적인 대출이라 부르는 무보증 대출을 구매하는 것이 허락되었다. 연방국민저당협회와 경쟁하기 위하여 1970년 연방주택금융저당회사(Federal Home Loan Mortgage Corporation, Freddie Mac)를 만들었다. 주택 시장을 통하여 자금 회전을 원활하게 하는 것이 이 기관의 주된 역할이었다. 다른 기관들과 함께 연방국민저당협회와 연방주택금융저당회사를 **정부후원기업**(government-sponsored enterprises, GSEs)이라고 부른다.

이 기간 가장 큰 혁신은 **주택저당증권**(mortgage-backed securities, MBSs)의 설정이었다. 투자자들이 한번에 하나씩 대출을 구매할 필요가 없이 대출 기간 동안 대출을 보유하고 있다면 보다 많은 투자자들은 모기지를 구매하는 데 관심을 가질 것이고, 결국 대출기관이 대출할 수 있는 더 많은 자금을 제공할 것이다. 연방국민저당협회, 연방주택금융저당회사, 국립주택저당금고는 대출기관으로부터 다량의 모기지를 사들였다. 이 기관들은 모기지를 공동으로 출자하여 투자자들에게 증권 형태로 판매하였다. 투자자들은 주택저당증권이 매달 수많은 주택 구매자들이 납부하는 모기지 상환금에 기초하여 매우 안정적인 투자 수익률을 제공하기 때문에 이를 선호하였다. 주택저당증권은 또한 매우 안정적이었다. 국립주택저당금고가 발행한 주택저당증권은 공식적으로 보증된 FHA와 VA 대출을 기반으로 하였다. 연방정부는 이미 채무불이행 대출을 구제하는 것에 전념하였다. 연방국민저당협회와 연방주택금융저당회사가 제공하는 주택저당증권은 공식적으로 보증된 것은 아니지만, 업계에서 프라임 대출(prime loan)이라 부를 만큼 높은 수준의 기준을 충족시켰고, 투자자들은 연방정부가 이러한 통상적인 대출을 암묵적으로 보증할 것이라고 생각하였다. 최근 모기지 위기 동안 이러한 가정이 타당한 것으로 판명되었다.

주택저당증권은 연방정부가 제공한 재정적으로 엄격한 관리감독 때문에 수십 년 동안 약간 지루한 감이 있지만 매우 안정적인 투자로 여겨졌다. 구입하여 주택저당증권으로 함께 묶은 FHA 혹은 VA 대출이 아닌 통상적인 대출은 소득, 신용 내역, 부채부담 등을 포함한 대출자의 재정상황과 관련한 엄격한 지침을 따라야 했다. 엄격한 지침을 따랐을 때 이러한 대출을 **적격대출**(conforming loan)이라 부른다. 정부가 보증한 대출과 통상적인 적격대출을 2차 금융 시장에 판매함으로써 대출기관은 장기대출에 내재되어 있는 금융 위기를 판단하는 능력을 얻게 되었고, 신규 대출에 이용할 수 있는 안정적이고 신뢰할 만한 자금원에 접근할 수 있게 되었다. 개별 투자자들은 대출 묶음 형태로 증권을 구매함으로써 위험으로부터 보호를 받았다. 너무 많은 대출이 채무불이행에 빠지지 않는 한 증권은 개별 대출의 불이행에 의해서 즉각적으로 위협을 받지는 않는다. 2차 모기지 시장은 1970년대부터 1990년대까지 아주 잘 작동하였고, 결과적으로 채무불이행이 거의 늘지 않은 상태에서 주택 소유율을 증가시켰다.

불평등 문제에 대처하기 위한 주택 소유 촉진: 약속과 위험

1990년대가 시작되면서 클린턴 대통령 행정부는 주택 시장에서의 사회적 불평등에 대처하기 위하여 2차 모기지 시장을 통하여 확산되고 있는 위험의 논리를 이용하고자 하였다. 미국 주택도시개발부(HUD)는 특히 저소득층, 중산층 및 소수인종 근린지역에서 주택 소유율을 높이기 위하여 저소득층, 중산층 가족 및 소수인종과 같이 전통적으로 대우를 잘 받지 못했던 시장에 대출을 늘리도록 정부후원기업들에게 요구하였다. 대출기관들에게는 계약금 요구조건을 완화하는 것을 허용하였고 결과적으로 대출자들은 3%의 낮은 계약금으로 대출을 받을 수 있게 되었다. 새로운 정부후원기업 지침에서는 또한 주택 구매자에게 더 높은 부채 수준을 허용하였고 고용과 신용 내역에 관한 요구조건을 보다 완화하였다. 정부후원기업 요구조건에 따라 대출기관에서 시행된 완화된 대출 기준은 1990년대 후반에 들어 특히 저소득층 및 중산층 대출자들, 나아가 저소득층 및 중산층 근린지역에서 주택 소유율을 높이는 데 기여하였다(그림 8.6). 늘어난 채무불이행의 위험이 자격을 갖춘 대출을 취득하여 묶는 데 일차적인 책임이 있는 정보후원기업의 관리감독 하에 2차 모기지 시장 투자자들 사이에 확산되었다.

주택 시장과 세계 금융 위기

2008년 후반 세계 경제는 대공황 이후 최악의 불경기에 빠지게 되었다. 그러나 불황을 유발한 경제적 문제는 미국이 불경기로 진입한 시점인 2007년 후반에 시작되었고, 미국의 주택 및 주택 금융 시장에서 발생한 사건들에 의해서 촉발되었다. 이러한 사건들이 복잡하기는 하지만, 이 장에서 논의하는 내용과 밀접하게 관련되어 있으며, 몇 가지 측면에서 성찰할 필요가 있다. 이 절에서는 극단적인 취약성을 만들어 낸 네 가지 상호 연관된 경향에 초점을 맞추어 설명한다. (1)

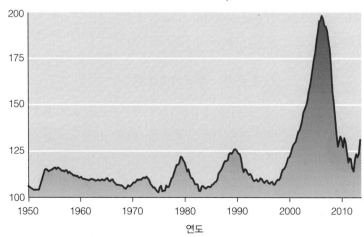

Case-Shiller 주택 가격 지수, 1950~2013년

연도

그림 8.7 주택 시장 버블: 1950년 이후 실제 주택 가격. 2000년대에 들어서면서 극단적으로 가파르게 상승하여 2006년 무렵에 끝이 난다. 출처: http://www.econ.yale.edu/~shiller/data.htm를 토대로 작성.

주택 가격 버블, (2) 서브프라임 대출의 공격적인 증가, (3) 부동산 기반 투자에 대한 세계적인 수요에 의해서 추동된 규제되지 않은 자사 브랜드(private-label) 주택저당증권의 빠른 성장, (4) 주택저당증권에 부여된 극도로 부정확한 평가 등급. 2006년 중반 주택 버블이 꺼졌을 때, 특히 서브프라임 론 중에서 주택압류가 급격하게 증가하였다. 금융 체계가 서브프라임 기반의 주택저당증권에 노출되었기 때문에(이는 신용평가기관이 예상한 것보다 훨씬 더 위험했다) 주택압류의 영향이 미국과 세계 경제로 빠르게 퍼졌다. 신용대출시장은 얼어붙었고, 대규모 투자 기업들은 실패하였으며, 세계의 많은 국가들이 이러한 금융 체제를 구제할 목적으로 개입하여 간신히 막았다.

주택 가격 버블

장기간 상대적으로 안정적이었던 주택 가격은 1990년대 후반부에 들어서면서 빠르게 증가하기 시작하였다. 가격 붐은 투기 목적의 투자에 의해서 추동되었고, 2000년대 중반까지 지속되었다(그림 8.7). 뒤늦게 알게 된 사실이지만, 이러한 가격 상승은 지속될 수

없는 투기 버블이었다. 여러 가지 일들이 벌어졌다. 첫째, 많은 주택 소유자들이 다른 많은 소비재들(예를 들어 제2의 집, 크고 새로운 차, 휴가 등)뿐만 아니라 자녀들의 대학 학비를 충당할 목적으로 주택자산 대출과 2차 모기지를 받기 위하여 그들 주택의 진가를 활용하고자 하였다. 둘째, 많은 주택 소유자들은 보다 적극적으로 주택을 부를 축적하는 원천으로 보기 시작하였고, 보다 더 위험한 투기적인 주택 구매 관행에 참여하기 시작하였다. 예를 들면 그들이 합리적으로 지불할 수 있는 것보다 더 비싸게 주택을 구입하곤 하였다. 이들은 주택 가치가 지속적으로 올라갈 것이고 이는 향후 필요에 따라 대출을 받을 수 있는 추가적인 자본을 제공할 것이라고 생각하였다. 혹은 아마도 보다 더 중요하게는 주택 소유자들은 경제적 어려움에 처하고 은퇴를 하게 되면 언제든지 그들의 집을 판매할 수 있을 것이라고 생각하였다.

서브프라임 대출 확대

2003년이 시작되면서 대출기관들은 보다 많은 서브프라임 론과 다른 유형의 위험한 대출 상품을 내놓기

시작하였다. 서브프라임 대출의 초기 흐름은 재융자(refinance)와 시장의 주택 개조 분야에 집중되어 있었다. 이러한 흐름은 주택 구매에 초점을 맞추었다. 그림 8.8을 보면 서브프라임 대출의 양은 2002년에서 2005년 사이 3배가 되었다. 서브프라임 대출은 2006년 전체 모기지 시장에서 거의 25%를 차지하였다. 점차 복잡해지고 있는 모기지 금융 시장에서 이러한 형태의 대출이 대출기관 및 여타 기관들에게 아주 높은 수익을 가져다줄 수 있다는 것이 판명되면서 이러한 위험한 대출이 급격히 증가하였다. 중요하게는 세계적인 투자자들이 서브프라임 론에 기초한 증권에 대한 막대한 수요를 만들어 내면서 무서류대출[no-documentation loan, 때로는 '대출자가 차용증을 요구하지 않는 주택담보 대출(liars loan)'이라 부름]과 같은 수많은 최악의 대출 관행이 행해졌다. 대출 신청 처리를 모기지 브로커에 의존하는 것과 같은 업계 관행과 대출을 개시한 기관들이 거의 항상 대출을 2차 모기지 시장에 판매하였다는 사실은 대출의 질과 대출자의 재정적 자격에 관심을 둘 이유가 없었다는 것을 의미한다. 주택의 가치가 계속해서 올라갈 것이고 필요

하다면 곤경에 처한 대출자가 주택을 매각하는 것이 가능할 것이라는 전제 하에 많은 서브프라임 및 다른 위험한 대출들은 정당화되었다.

자사 브랜드 주택저당증권

서브프라임 대출을 크게 촉진시켰던 2000년대 중반 세계 금융 시장의 특징 중 하나는 위험도가 높은 대출에 대한 매우 활발한 2차 모기지 시장의 형성이다. 정부보증대출과 적격대출에 대한 2차 모기지 시장은 낮은 투자 수익률에도 불구하고 수십 년 동안 신뢰를 형성해 왔던 반면, 정부후원기업 이외의 금융기관들은 보다 더 적극적으로 참여하기 시작하였다. 정부후원기업에게는 자신들이 발행한 주택저당증권을 포함하여 위험도가 높은 서브프라임 론을 구매하는 것이 허용되지 않았다. 몇몇 대규모 투자 회사들은 1970년대 후반 자신들의 '자사 브랜드' 주택저당증권을 만드는 것을 시험하기 시작하였다. 서브프라임 론에 기반을 둔 이러한 형태의 최초 증권이 1988년 출시되었다. 1990년대를 통하여 민간에 의해서 담보된 서브프라임 론(즉 비정부후원기업 기관에 의해서 투자 상품

서브프라임 모기지 발행

그림 8.8 서브프라임 모기지 대출, 1996~2008년. 서브프라임 론은 2003년에서 2006년 사이 절대금액에서뿐만 아니라 전체 모기지 시장 점유율에서 빠르게 증가하였다. 이러한 위험한 대출 대부분은 담보화되었다. 세계 금융 위기가 시작되면서 서브프라임 시장은 붕괴되었다.

출처: Figure 5.2, p. 70, FCIC, 2011.

주: 발생된 서브프라임 증권을 해당 연도의 총 모기지로 나누어 담보화 비율 산출. 2007년의 경우 발행 증권이 모기지 발행을 초과.

으로 포장되고 판매되는 대출)은 일반적으로 대출기관의 자산(포트폴리오)으로 설정되어 있는 비담보화 서브프라임 론과 함께 시장 점유율이 그다지 높지 않았다. 2003년에 시작된 서브프라임 대출이 크게 확대되면서 상당수 위험도가 높은 대출이 포함된 민간 투자 상품이 빠르게 증가하였다. 모든 자사 브랜드 주택 저당증권이 서브프라임 론은 아니다. 그림 8.9는 시장에 대한 자사 브랜드 금융증권화의 전체적인 영향을 보여준다. 2003년에 들어서면서 은행 자산(포트폴리오)으로 묶여 있던 대출의 양이 감소하는 동시에 민간 증권으로 전환된 대출의 양은 증가하였다. 한 가지 중요한 결과는 정부후원기업이 자사 브랜드 부분에 대한 시장 점유율을 잃으면서 정부후원기업을 통하여 처리되는 모기지 시장의 지분율이 급격히 줄어들었다는 것이다.

정부후원기업은 비록 프라임 론에 대한 지침을 공

정 주택 거래 목적에 부응하도록 완화하였기는 하지만 여전히 상대적으로 안정적인 대출을 구매하여 증권화하고 있었고, 정부후원기업이 처리한 대출은 이 기간 내내 매우 잘 이행되었다. 자사 브랜드 증권은 어떠한 관리감독 혹은 어떠한 규제 대상도 아니었다. 이는 부분적으로 상업은행이 위험한 투자를 하는 것을 금하고 투자은행이 공탁금을 가로채는 것을 금하는 대공황시기 글래스스티걸법(Glass-Steagall Act, 1933년 제정된 미국 금융법)의 중요한 부분을 폐지하는 것으로 대표되는 금융 시장 규제 완화를 추구하는 신자유주의 노력의 결과이다. 1999년에 제정된 금융서비스현대화법[Financial Services Modernization Act, 일명 그람-리치-블라일리법(Gramm-Leach-Bliley Act)]은 처음으로 일반 은행을 투자은행, 보험사, 증권사와 통합하는 것을 허용하였다. 이 법은 Citycorp가 Travelers Insurance를 합병하여 만든 Citygroup과 같은

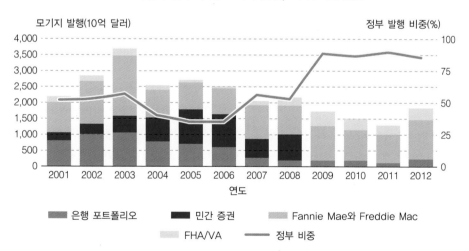

민간-시장과 정부-후원 모기지 발행, 2001~2012년

그림 8.9 유형별 모기지 발행의 양과 정부 모기지 발생 비중, 2001~2012년. 민간 부문(은행 포트폴리오와 민간 증권)은 2004년부터 민간 증권이 급격하게 늘어나면서 금융 위기 이전 수년 동안 모기지 발행의 금액 및 비중이 증가하였다. 서브프라임 붕괴 이후, 정부후원기업(GSEs) 기반, FHA/VA 보증 대출이 모기지 대출의 주된 원천이었다.
출처: Figure 5.2, p. 70, FCIC, 2011.

점차 복잡해지고 대규모인 금융 기관으로 하여금 새롭고 (처음에는) 이윤이 나는 방식으로 투자하는 것을 가능하게 하였다. 이러한 기관들은 주택저당증권뿐만 아니라 더 복잡한 투자 상품들을 발행하는 데 열을 올렸다. 왜냐하면 이런 상품들이 보다 높은 수익을 가져다주기 때문이다. 잠재적 이윤의 일부는 주택저당증권에 대한 폭발적인 세계적 수요에 기인하였다. 정부후원기업에 의해서 발행된 오랫동안 잘 관리된 위험도가 낮은 주택저당증권을 거울삼아 세계 투자자들은 자사 브랜드 증권이 비슷하게 위험도가 낮을 것이라고 생각하였다. 원유가격이 치솟으면서 형성된 석유 수익금과 초기 투자 붐의 실패 때문에 세계 경제에는 안전한 투자처를 찾는 많은 자금이 형성되었고, 미국에서 발행된 주택저당증권이 이상적인 해결책인 것처럼 보였다.

신용평가기관과 거짓된 신뢰

자사 브랜드 주택저당증권이 위험도가 낮은 투자 대상으로 보이게 된 이유 중 하나는 투자 상품과 관련된 위험도를 평가하는 데 책임이 있는 세 신용평가기관(Standard & Poor's, Moody's, Fitch Ratings)들이 관례적으로 서브프라임 론으로 가득한 자사 브랜드 주택저당증권에 가장 높은 평가 등급을 부여했기 때문이다. 구체적으로 주택저당증권과 보다 복잡한 상품들을 한데 묶어(금융기관이 개별 대출을 모아 다시 발행한 채권을 의미하는 트랑쉐) 평가하였다. 가장 위험도가 낮은 그룹조차 많은 위험한 서브프라임 론을 포함하였음에도 불구하고 신용평가기관들을 이들을 AAA 증권으로 평가하였다. 보다 복잡한 투자 상품들은 주택저당증권 트랑쉐를 모아 새롭게 결합한 금융 상품이다. 이러한 복잡한 투자 상품들 또한 신용평가기관에서 평가를 하였다. 첫 단계의 주택저당증권 트랑쉐가 위험한 것으로 평가되었음에도, 두 번째 단계의 많은 트랑쉐는 신용평가기관으로부터 AAA 등급을 받았다. 이러한 신용평가는 많은 기관 투자가(예를 들어 연금기금)들과 외국 정부로 하여금 그들이 위험도가 낮은 투자 상품으로 생각했던 것들을 구매하도록 하였다.

이제 알려진 것처럼(그리고 앞서 일부가 예측했던 것처럼) 주택 버블은 오래 지속되지 않았다(모든 비합리적인 투기적인 버블은 꺼진다). 2006년 주택 버블이 꺼졌을 때 주택 가격은 가파르게 떨어지기 시작하였다(그림 8.7). 이는 곤경에 처한 주택 소유자들이 그들의 주택 가격보다 더 많은 빚을 지게 되었다는 것을 의미한다. 이들은 언더워터(underwater, 주택가격이 담보가액 밑으로 떨어지는 현상)에 빠졌다. 이들 대다수가 대출 상환금을 체납하기 시작하였다(그림 8.10). 너무나 많은 위험도가 높은 대출이 자사 브랜드 주택저당증권과 보다 복잡하게 결합된 투자 상품의 많은 부분을 차지하였기 때문에, 채무불이행과 주택압류의 영향을 억누르는 것이 불가능하였다. 많은 주택저당 투자 상품에 대한 AAA 등급 평가가 극도로 과대평가된 것이라는 것이 명백해지면서, 많은 투자자들은 그들의 투자 가치를 더 이상 알 수 없게 되었다. 이로 인하여 금융 시장이 얼어붙었고 대불황이 이어졌다. 주택담보 기반의 투자가 세계 금융 시장의 주된 부분을 차지하고 있었기 때문에 미국 주택 위기는 전 세계적으로 영향을 미쳤고, 세계 경제의 심각한 하락세를 가져왔다.

교외 주택과 2차 세계대전 이후의 스프롤

최근 역사에서 북미 도시에서 주택을 특징화하는 지배적인 지리적 경향은 아마도 도시의 빠르고 광범위

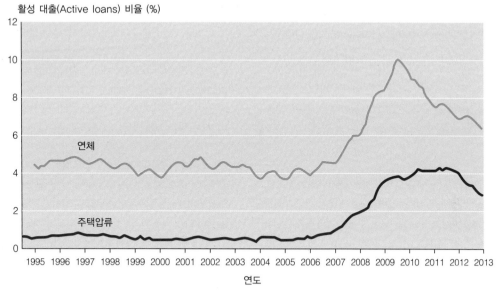

대출 연체와 주택압류

그림 8.10   주택압류와 연체율, 1995~2013년.
출처: Slide 12, Loan Processing Services, 2013.

한 확장, 즉 교외화와 도시 스프롤(urban sprawl)일 것이다. 글상자 8.4에 제시된 것처럼 스프롤은 여러 가지 방법으로 정의될 수 있다. 언제 어떻게 스프롤이 발생하였는가? 이전 장에서 교외화의 다양한 양상에 대하여 논의하였다. 여기에서의 관심사는 도시의 경계 부분에 건설된 주택이다. 많은 전문가들은 2차 세계대전 이후 수십 년을 교외화의 핵심 시기라고 말하고 있다. 2차 세계대전 이후 교외화가 빠르게 진행되면서 도시를 근본적으로 바꾸어 놓았다. 그렇다 하더라도 3장과 5장에서 기술한 것처럼 교외화는 2차 세계대전 전에 이미 시작되었다는 것을 기억하자.

2차 세계대전 이후 교외 스프롤을 설명하는 한 가지 방식은 경제적 관점이다. 2차 세계대전은 궁극적으로 매우 효과적인 경제적 자극이었다는 것이 증명되었다. 미국은 2차 세계대전 이후 스스로 주목할 만한 위치에 있다는 것을 알게 되었다. 경제적 측면에서

대부분의 경쟁자들이 전쟁에서 패배하였거나 거의 경쟁이 될 수 없을 정도로 전쟁의 여파로 진이 빠져 있었다. 미국은 도전자 없이 세계 경제의 리더가 되었고, 수십 년 동안 탄탄한 국내 경제 성장을 경험하였다.

공급 요인과 수요 요인

주택 공급의 본질이 2차 세계대전 이후 교외에 초점이 맞추어진 성장을 부분적으로 설명한다. 전후 경제 번영은 대공황기와 2차 세계대전 동안 억눌려 있던 주택 수요를 촉발시켰다. 수많은 노동자들이 전후 경제를 추동한 공장에서 상대적으로 높은 임금을 받는 직업을 찾으면서 2차 세계대전 이후 도시는 빠르게 성장하였다. 대부분의 거주자들은 일자리를 찾을 수 있었고, 임금은 상승하였다. 이러한 경제 번영은 가구가 주택을 구매하는 데 사용할 수 있는 추가적인 경제적 재원을 갖게 되었다는 것을 의미한다. 보다 높은 소

글상자 8.4 ▶ 스프롤과의 씨름: 도시 형태를 측정하기 위한 GIS의 활용 　　기술과 도시지리

사람들에게 교외주택지와 관련하여 좋아하지 않는 것이 무엇이냐고 물어보면, '스프롤'이라는 용어를 포함한 대답을 쉽게 얻을 수 있을 것이다. 사실 교외 스프롤은 새로운 상업지 및 주거지 개발과 관련한 안 좋은 것들에 대한 약칭이 되었고, 이것이 사람들이 스프롤에 반대하는 이유이다. 듀아니, 플레이터-자이버크, 스페크(Duany, Plater-Zyberk, Speck, 2000, p. x)의 말에 따르면

> 같은 모양의 주택, 넓고 나무도 없고 인도가 없는 도로망, 무지하게 구부러진 막다른 골목, 차고지 문이 잔뜩 보이는 도로경관 … 혹은 더 나쁜 것은 무수히 많은 가식적이고 큰 대문을 필수적으로 가지고 있는 화려한 저택들. 당신은 이곳에서 환영받지 못할 것이고, 아니 이 단조로운 황량한 지역을 방문할 아무런 이유가 없을 것이다.

주택 스프롤뿐만 아니라 비판가들은 주차장의 바다에서 헤엄치는 대형 매장들을 중심으로 한 현대의 상업 개발(때로는 상업 스프롤이라 부름)을 비판한다.

이러한 묘사가 스프롤에 대한 우리의 인식에 자리 잡게 되었지만, 이는 스프롤을 정의하거나 측정하는 데 거의 도움이 되지 않는다. 최근 GIS가 제공하는 보다 정교한 도구를 이용하여 스프롤을 이해하고 측정하는 새로운 방법을 개발하는 데 상당한 연구가 진행되었다. 5장(글상자 5.2)에서 GIS 기반 기법들을 이용하여 스프롤을 예측하고자 했던 시도를 살펴보았다. 불행히도 스프롤을 측정하는 최선의 방법이 무엇인지에 대한 합의가 있지는 않다. 여기서 두 가지 상이한 접근을 소개한다.

첫째, 갤스터(George Galster), 울만(Hal Wolman), 커트싱어(Jackie Cutsinger) 등을 포함한 연구팀은 전체 대도시권을 대상으로 다양한 스프롤 측정치를 만들어 내는 데 초점을 두었

다. 이 팀은 개념적으로 대도시권 토지이용이 달라지는 일곱 가지 차원을 식별하였다—밀도(density), 연속성(continuity, 그림 B8.3), 집중도(concentration), 중심성(centrality), 근접성(proximity), 핵성(nuclearity), 혼합적 토지이용(mixed use). 스프롤은 이러한 차원들의 각각에서 극단으로 개념화된다.

이러한 일곱 가지 차원을 측정하기 위하여, 이 팀은 다양한 GIS 기법을 사용하였다. 첫째, 이들은 개발되었거나 개발될 수 있는 토지를 식별하기 위하여 미국 지질조사국의 국가토지피복데이터베이스(National Land Cover Data Base, NLCDB)에서 제공하는 위성영상을 이용하였다. 개발될 수 없는 토지를 제외하고 확장된 도시화 지역(Extended Urbanized Area, EUA)에만 초점을 둠으로써 이들이 제시한 측정치는 훨씬 더 정확하고, 대도시 지역 주변에서의 도시 성장을 파악하는 것이 가능하였다. 이들은 또한 가능한 작은 공간 단위에서 주택과 고용에 대한 센서스 정보를 이용하였고, 1마일(1.6km) 해상도의 그리드에서 측정된 모든 데이터를 중첩하기 위하여 GIS를 사용하였다. 이 팀은 50개 대도시 지역에 대하여 7가지 차원에 대한 14개의 측정치를 계산하였고, 이후 다양한 분석에 사용하였다.

한 분석에서(Cutsinger and Galster, 2006) 이들은 이러한 데이터를 기반으로 밀집하지만 분산된 유형, 비지적인(leapfrog) 유형, 조밀하고 중심부가 주도적인 유형, 분산된 유형 등 네 가지 '유형'의 대도시 스프롤을 확인하였다. 이 분석을 통하여 도출된 결론의 일부는 스프롤에 대한 우리의 일반적인 이해가 사실임을 보여준다. 예를 들어 애틀랜타는 이들이 '비지적'이라고 명명한 것처럼 매우 스프롤되어 있다. '비지적' 유형은 높은 고용 집중도, 낮은 주택 및 고용 밀도, 낮은 연속성, 낮은 주택 중심성, 낮은 혼합적 토지이용으로 특징지어진다. 다른 결과들은 다소 놀랍다. 예를 들어 LA는 높은 고용 및 주택 밀도, 높은 연속성, 낮은 고용 근접성, 낮은 고용 집중도로 특징지어진

득을 가진 가구에게 계약금으로 사용될 자금을 저축하고 월별로 대출금을 상환하는 것이 보다 용이해졌다. 이전에는 혼잡하고 비좁은 임대 주택에서 살아야 했던 가구들은 이제 밖으로 이주할 수 있게 되었다.

인구학적 경향 또한 주택 수요에 큰 영향을 주었

다. 전후 수백만의 군복무자들이 일상생활로 복귀하였다. 결혼을 한 많은 사람들이 일하기 시작하였고, 자녀를 갖게 되었으며, 이는 베이비붐으로 이어졌다. 그 결과 젊은 자녀를 가진 가구의 수가 급격하게 증가하였다. 이들 중 많은 가구는 자녀를 양육하는 데 유

다. 그들의 일관된 논점 중 하나는 스프롤은 개념적으로 다차원적이어서 하나의 측정치에 의존할 수 없다는 것이다. 이들의 분석은 복잡한 측정 문제를 다루기 위해서는 GIS 기법의 필요하고 스프롤이 다차원적인 문제라는 것을 보여준다.

송과 냅(Song and Knapp, Song 2005, Song and Knapp 2004) 또한 스프롤을 측정하기 위하여 GIS를 이용한 다른 접근에 의존하였지만, 전체 대도시 지역을 기술하는 측정치보다는 근린지역 특수적(neighborhood-specific) 측정치를 제시하였다. 갤스터, 울만, 커트싱어 팀과 같이, 이들 또한 스프롤을 다양한 경험적 측정치를 필요로 하는 다차원적인 문제로 인식하였다. 그러나 이들은 고용과 주택의 공간적 패턴에 초점을 두기보다는 건조 환경의 특징에 초점을 두었다. 이들은 상세한 필지 및 도로 네트워크 레이어를 기반으로 GIS를 활용하였다. 이들의 측정치는 다섯 가지 주제로 구성된다. 도로 디자인과 순환 체계(근린지역 내의 도로 연결성, 중위 블록 둘레길이, 주택 단위당 블록 수, 막다른 길의 중위 길이, 근린지역 밖으로의 도로 연결성), 밀도(단독주택 개발지의 중위 필지 크기, 단독주택 거주지 밀도, 단독주택의 중위 바닥 면적), 토지이용 혼합(주택 단위당 상업, 산업, 공공 토지이용의 면적), 접근성(최근린 상업 토지이용까지의 중위 거리, 최근린 버스 정류장까지의 중위 거리, 최근린 공원까지의 중위 거리), 도보 접근[기존 상업 시설로부터 0.25마일(400m) 이내의 단독주택 비율, 모든 기존 버스 정류장으로부터 0.25마일(400m) 이내의 단독주택 비율]. 이들의 경험적 사례분석에 따르면 오건 주 포틀랜드의 뉴어바니스트와 스마트성장 정책은 단독주택 주거 밀도, 내부 연결성(즉 막다른 골목의 감소), 상업적 토지이용과 버스 정류장에 대한 도보 접근 등을 증가시키면서 1990년대 초반 이후 근린지역 디자인에 영향을 주었다. 그렇기는 하지만 외부 연결성은 줄어들었고, 토지이용 혼합은 여전히 제한적이며, 주택의 크기는 지속적으로 증가하였다.

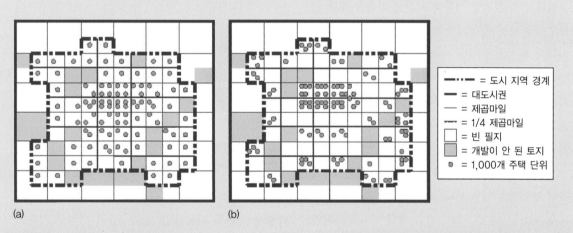

(a)   (b)

—··—··	= 도시 지역 경계
——	= 대도시권
—	= 제곱마일
------	= 1/4 제곱마일
□	= 빈 필지
▨	= 개발이 안 된 토지
⊙	= 1,000개 주택 단위

그림 B8.3 불연속성의 양상. (a) 높은 연속성은 토지가 상대적으로 끊어지지 않은 방식으로 개발되었다는 것을 의미한다. (b) 낮은 연속성은 '비지적' 개발에 기인한다.
출처: Galster, George, et al., 2001.

리할 것으로 생각되는 편의시설을 갖춘 주택을 찾게 되었고 다수는 그들 자신의 집을 구매하기를 원하였다. 하얀 말뚝 울타리, 개 한 마리, 2.4명의 자녀, 차고지 2개, 스테이션 왜건(이후 미니밴, 최근에는 SUV)이 있는 자신의 집을 소유하는 아메리칸드림이라는

강력한 사회적 이상(social ideal)이 이 시기 동안 미국인들의 마음에 자리 잡았다.

10년 이상 주택 건설이 제한되었기 때문에 처음에는 전후 주택에 대한 강력한 수요를 충족시키지 못하였다. 신규 주택 공급이 주택 산업이 당면한 문제 중

하나로 빠르게 부상하였다. 주택 산업은 또한 새로운 가구가 새롭게 지어진 주택을 감당할 수 있도록 충분히 낮은 비용을 유지하고자 하였다. 전후 수십 년 동안 주택 공급 분야에서 여러 가지 극적인 경향이 나타났다. 부동산 개발업자 레빗(William Levitt)이 선구적인 역할을 한 생산 과정에서의 여러 혁신을 통하여 주택 건설비용을 줄일 수 있었다. 미국 북동부 지역에서는 노동의 분업에 기초한 대량생산의 경제원리가 주택 건설에 적용되었다. 핵심은 넓은 지면에 여러 주택을 동시에 짓는 것이었다. 대규모 개발업자들은 여러 가지 경제적 이점을 현실화시켰다. 첫째, 공급자들이 일반적으로 대량주문을 통하여 개별 주택당 낮은 가격을 청구하기 때문에 공급이 보다 저렴해졌다. 둘째, 표준화된 건축 계획을 이용하고 건설 과정을 개별 공정으로 구분하여 생산 시간을 단축할 수 있었다.

하나의 작업조가 아닌 여러 개의 작업조가 주택을 건설하면서 업무에 특화된 작업조가 조직되었고 건설 단지 내에서 위치를 이동하면서 업무를 수행하였다. 예를 들어 건물의 토대가 마련되면 프레임 시공조가 투입되어 건물의 프레임을 짓는다. 이들이 다음 장소로 이동하여 주택의 프레임을 시공하면, 배전공과 배관공이 투입되어 일을 한다. 각각의 작업조는 한정된 업무로 특화됨으로써, 특히 건축 계획이 표준화되면서 과정을 빠르게 처리할 수 있었다. 작업조들은 사전에 그들의 업무를 완수하기 위하여 무엇이 필요한지를 정확하게 알았다.

대규모 택지부지를 대상으로 투기적인 주택 개발로의 추세 변화는 주택의 본질에 여러 영향을 주었다. 첫째, 새로운 주택 건설 방식은 빠르게 성장하는 시장 분야, 즉 중간 정도의 소득을 가진 젊은 가족들에게 이용 가능한 주택을 제공하는 목표를 달성할 수 있게 하였다. FHA와 VA 대출 보증 프로그램과 함께

(a)

(b)

그림 8.11 (a) 1947년 감자밭이었던 곳에 개발된 레빗타운 항공사진, (b) 레빗타운 도로근경.

대량생산 건축 기법은 많은 가구들로 하여금 처음으로 주택을 구매하는 것을 가능하게 하였다. 둘째, 이러한 과정은 상대적으로 규모가 작은 주택들로 이루어진 다수의 유사한 형태의 새로운 지역사회를 만들어 냈다. 주택과 도로망은 훨씬 더 획일적이었다(그림 8.11). 모든 전후 주택이 레빗타운과 같이 동일한 규모로 건설된 것은 아니지만, 이후 건축 및 디자인 혁신의 많은 부분이 수용되었다.

스프롤과 연방정부: 주택 금융

교외 주택의 빠른 개발은 단순히 늘어난 주택 수요와 이에 보조를 맞춘 새로운 방식의 확대된 주택 공급에서 기인한 것만은 아니다. 대공황기 동안 자리를 잡은 새로운 주택 금융 체제 또한 교외화의 정도와 성격에 많은 영향을 주었다. 앞에서 살펴본 것처럼 금융 체제는 많은 가구들이 처음으로 주택을 구입하는 데 도움을 주었다. 그러나 금융 체제 자체는 어디에(where) 새로운 건물이 지어질지에 대한 질문에 대해서는 답을 하지 못하였다.

첫째, FHA와 VA 대출 보증 프로그램의 목표 중 하나는 주택 소유를 늘리는 것이라는 점을 상기하자. 주택 소유가 증가함에 따라 이러한 금융 프로그램들은 대부분 새로운 교외에 지어지고 있었던 신규 주택에 대한 수요를 강화하였다. 게다가 이러한 프로그램들은 대부분의 혜택을 교외 주변부에 입지한 새롭게 건설된 주택에 부여하는 뚜렷한 지리적 편향을 보였다. FHA와 VA 대출 지침은 불량 주택(주택이 파손되었을 때 소유자가 채무를 이행하지 않을 가능성이 높거나 주택을 수리하기 위하여 현금 투입을 필요로 하는 주택)과 달리 주택은 안전장치와 같은 최소한의 물리적인 기준을 만족해야 한다는 것을 명시하였다. 이러한 기준은 상대적으로 엄격한 것으로, 많은 오래된 주택들이 대출 자격을 갖추지 못하게 되었다. 새로운 주택 건설업자들은 보통 금융 프로그램 지원 자격을 얻기 위하여 FHA 기준에 맞추어 집을 지었다.

FHA와 VA 대출 프로그램은 1960년대 후반까지 차별적인 평가 기준(레드라이닝)을 이용하였다. 이러한 기준 또한 공간적 편향을 가졌다. 도심부 근린지역을 특징짓는 인종적·민족적 이질성과 레드라이닝은 주택 구입자들이 FHA와 VA 대출 프로그램을 이용하여 도심부 지역에 있는 주택을 구입하는 것을 가로막았

다. 결국 FHA 보증 주택 대출 자금의 대다수는 도심부 근린지역을 배제하는 대신 교외 스프롤을 재정적으로 지원하였다.

스프롤과 연방정부: 고속도로와 자동차에 의한 이동성

연방정부는 전국 주간 고속도로망을 재가하고 재정지원을 하면서 교외 개발을 자극하는 또 다른 중요한 역할을 하였다. 주간 고속도로 계획은 1956년 연방고속도로지원법[Federal-Aid Highway Act, 일반적으로 주간 고속도로법(Interstate Highway Act)으로 알려짐]의 통과와 함께 아이젠하워 대통령 행정부의 승인을 얻었고, 모든 주요 도시 지역을 연결하는 전국 고속도로망 건설이 진행되었다.

주간 고속도로가 교외화에 미친 영향은 엄청났다. 고속도로망(그림 8.12)은 처음에는 주요 도시들만을 연결하였고, 이를 통하여 쉽고 빠르고 저렴한 장거리 여행이 가능해졌다(글상자 3.4의 주간 고속도로망의 역사적 발달에 대한 논의 참조). 새로운 주간 고속도로는 주요 대도시의 핵심 지역을 관통하도록 놓였고, 핵심 지역에서 배후 지역으로, 그리고 핵심 지역과 도시의 주변 지역 사이에 새로운 경로가 형성되었다. 경제적 측면에서 주간 고속도로망은 화물자동차운송사업에 매우 요긴하였고, 교통수단으로 장거리 철도 기능의 점진적인 쇠퇴를 가져왔다.

우리가 여기에서 관심을 갖는 것은 도시 자체에 대한 고속도로망의 영향이다. 주간 고속도로는 기존 도시 핵심 지역으로부터 점점 더 멀리 떨어진 지역으로 새로운 거주지 개발을 가능하게 하였다. 거주자들은 비슷한 시간 동안 보다 긴 거리를 통근할 수 있었고, 그래서 가구들은 기존 고용 중심지로부터 훨씬 더 먼 곳에 거주할 수 있게 되었다. 전후 도시에서 주택

현대 주간 고속도로망

그림 8.12 현대 주간 고속도로망.

의 변화하는 특성에 관하여 이미 논의한 많은 과정들이 주간 고속도로망에 의해서 증폭되었다. 고속도로망이 제공한 향상된 접근성으로 인하여 투기목적으로 대규모 미개발 토지를 주거용 부지로 개발하는 것이 보다 용이해졌다.

1950년대와 1960년대 도시들은 새로운 주간 고속도로망을 따라 성장하였다. 여러 가지가 이러한 팽창을 특징짓는다. 우선 이러한 성장의 한 가지 이유는 대중교통보다는 자동차 기반의 통근 때문이다. 이러한 개념을 **자동차에 의한 이동성**(automobility)라고 부른다. 대중교통에 근거한 거주지 개발은 본질적으로 더 조밀하다. 왜냐하면 거주자들이 집에서 대중교통 정류장까지 손쉽게 접근할 수 있어야 하기 때문이다. 이와는 달리 주간 고속도로망에 의해서 자극된 자동차 기반 거주지 개발은 보다 분산되고 밀도가 훨씬 낮은 경향을 보였다. 그래서 압축적인 전차 기반의 교외

와 비교하면, 자동차 의존적인 교외는 종종 빠른 속도로 훨씬 많은 토지를 소모하였다. 더욱이 5장에서 논의한 것처럼 전후 수십 년간 도시를 특징지은 쇼핑센터, 상업지역, 다양한 경제적 기능들이 점차 주거 지역을 따라 도심으로부터 벗어나 분산되었다. 1960년대에 들어서면서 방사상의 주간 고속도로 사이에 도시 순환고속도로(circumferential links)가 건설되었다. 대부분의 도시 지역은 결국 도심으로부터 비슷한 거리에 완전한 순환고속도를 갖게 되었다. 방사상의 주간 고속도로와 순환고속도로의 교차점은 많은 경제적인 이점을 지녔고, 경제활동의 주된 결절점이 되었다. 당신이 살고 있거나 방문했던 도시를 생각해 보자. 이러한 교차점 주변에서 쇼핑몰, 상업지구, 업무용 건물, 아파트들이 몰려 있는 것을 확인할 수 있을 것이다. 5장과 7장에서 에지시티라고 한 이러한 도시의 경제 경관 특성에 대하여 살펴보았다. 주택의 관점에서

주간 고속도로망의 지속적인 확장은 두 가지 주요한 영향을 주었다. 첫째, 고속도로망은 도심으로부터 멀리 떨어진 곳에서 주택의 유형이 보다 더 다양해지는 것에 대한 경제적 논거를 제공하였다. 둘째, 고속도로망은 도심으로부터 훨씬 멀리 떨어진 곳에서 훨씬 더 다양한 고용기회를 제공하였다. 결국 거주자들이 도심으로부터 훨씬 더 멀리 떨어진 곳에서 거주하는 것이 가능해졌다.

'쇠락'과 도심부 주택

다음으로 2차 세계대전 이후 수십 년 동안 도심부 주택의 운명에 대하여 살펴보자. 대공황기 동안 지체되고 전쟁기간 동안 멈춰버린 주택 건설을 상기해보자. 연방정부의 대출 보증 프로그램이 가동될 준비가 되었고 전후 주택 건설 붐이 일어나면서 프로그램이 완전히 효과를 발휘할 수 있게 되었다. 동시에 도심부 근린지역에서는 종종 불도저를 수반하기도 한 상이한 유형의 변화가 진행되었다. 이러한 지역에서 발생한 변화는 전후 수십 년 동안 많은 도시의 기능과 구조를 급격하게 바꾸어 놓았다.

2차 세계대전 이후 초기 개발 압력

다운타운 상업 중심지에 근접한 과밀하고 물리적으로 쇠락한 근린지역들이 20세기 전반 미국 도시 주택의 많은 부분을 차지하였다. 이러한 지리적인 배치는 일자리를 찾아 도시로 이주해 온 내국 이주자들과 해외 이민자들에게 실용적이었다. 왜냐하면 이들 지역은 도시의 산업지역이 제공하는 직업에 근접해 있었기 때문이다. 도심부 근린지역들은 심지어 더 과밀해졌고, 2차 세계대전 동안 주택 시장의 정체로 인하여 상태가 더욱 악화되었다. 특별히 우려되는 것은 노후하고 구조적으로 부적절한 다세대 주택이었다. 지역사회 활동가들은 상태를 개선하는 공적인 조치를 계속해서 요구했다. 어떤 지역에서는 주택이 정말로 위험하였고, 선뜻 수리할 수 없었다. 그래서 유일한 해결책으로 철거가 나타났다(후버와 버논이 제시한 근린지역 진화의 마지막 단계를 상기해 보자).

낡은 주택이 점차 부적절한 거주지로 간주되는 문제는 전후 교외화에 의해서 더욱 심화되었다. 교외화는 2차 세계대전보다 앞서 진행되었고 비록 미미하기는 하지만 소매 기능의 분산을 수반하였다. 2차 세계대전이 발발하기 전에 초기 교외 쇼핑센터들이 건설되었다.

소매 기능의 분산은 Macy's와 Gimbels 같은 거대 다운타운 소매업자들에게 문제를 안겨주었다. 대규모 소매업자들은 교외화는 지속될 것이고 그들이 선호하는 고객들은 점차 새롭게 개발된 교외지역에 거주할 것이라고 전망하였다. 분산된 인구에 서비스를 제공하기 위하여 새로운 쇼핑센터가 건설되면서 교외 거주자들은 점차 쇼핑을 위하여 도심으로 이동하는 것이 번거로운 일이라는 것을 느끼게 되었다. 소매업자들은 소매지구 부근의 쇠퇴한 근린지역을 문제로 인식하기 시작하였다. 소매업자들은 교외 거주자들이 쇠퇴한 지역을 지나 다운타운으로 쇼핑하러 오는 것을 꺼릴 것이라고 걱정하였다.

지역 경제인들과 협력을 통하여 지역 정치인들(때로는 지역 성장 기제로 표현)은 쇠퇴 문제를 해결하기 위하여 연방정부의 원조를 강력하게 요구하였다. 1949년 주택법(Housing Act)이 개시되면서, 해결책은 점차 불도저식 형태를 띠었고 바로 건물이 지어졌다. 즉 낡은 근린지역이 철거되어 새로운 개발로 대체되었다. 이러한 노력은 민간 개발자들이 개발을 진행하기에 앞서 정부가 쇠락한 자산을 취득하고 철거하는

그림 8.13 시카고 도시 재개발 노력의 일환으로 이민자들과 소수민족의 근린지역을 철거한 후 일리노이대학교는 1965년 시카고 서클 캠퍼스(후에 일리노이대학교 시카고로 명칭 변경)를 창설하였다.

데 비용을 지출하는 복잡한 공공-민간 파트너십 형태를 띠었다.

1950년대와 1960년대를 통하여 그리고 1970년대까지, 미국 전역에 걸쳐 도시의 다운타운 지역에 대한 대규모 도시 재개발(redevelopment) 계획에 수백억 달러를 지출하였다. 이러한 많은 지역들은 거주지였다. 불도저에 의해서 완전히 파괴된 어떤 지역은 개발되지 않고 오늘날까지 나지로 남아 있는 경우도 있지만, 대부분의 경우 이러한 지역은 쇠락한 것으로 낙인찍히거나 허물어졌고, 종종 대규모 프로젝트로 대체되었다. 당신이 알고 있는 다운타운 지역을 생각해 보자. 그곳에는 아마도 이 시기 동안 건설되거나 확장된 관청가, 대학 혹은 병원이 있을 것이다(그림 8.13).

주택 재개발의 역동성

주택 재개발 노력은 여러 가지 문제에 직면하였다. 퇴거된 거주자들은 어디로 가서 살 것인가? 가장 열악한 근린지역의 대다수 거주자들은 차별에 의해서 주택 선택이 제한된 인종적 소수자들이었다는 사실로 인하여 이러한 문제는 많은 도시들에서 매우 악화되었다. 오래되고 과밀한 근린지역을 바꾸기 위하여 어떠한 형태의 개발이 이루어져야 하는가? 주택을 공급할 것인가 아니면 철거된 토지를 다른 기능으로 활용할 것인가? 어떻게 재원과 책임을 부여할 것인가?

해법은 예를 들어 1949년 주택법과 같은 연방 법률에 의해서 주로 권한이 부여된 복합 프로그램이었다. 중앙정부는 공식적으로 쇠락한 것으로 판명된 오래된 근린지역에 대하여 부적합 판정을 내리고, 정부가 공공의 사용을 위하여 보상을 대가로 사유 토지를 수용하는 권리인 **토지 수용권**(eminent domain)을 통하여 부동산 소유권을 획득하였다. 이러한 방법을 통하여 부동산을 획득하면, 정부는 기존 구조물을 철거하고 민간 개발자들이 새로운 건설을 할 수 있도록 한다.

근린지역의 쇠락 지정은 상당한 문제가 되었다. 쇠락은 아마도 개보수하기 어려운 가장 상태가 안 좋은 주택을 묘사하기보다는 많은 지역에서 자기 현실적인 예언이 되었다. 이 기간 동안 파괴된 많은 근린지역들은 새로운 국제 이민자들과 농촌에서 도시로의 이주자들을 위한 관문으로서 오랫동안 기능해 오면서 가난하지만 경제적으로 그리고 사회적으로 생존 가능하였다. 그러나 한번 '쇠락한' 것으로 지정되면, 이러한 생존 가능한 근린지역들은 불가피하게 매우 빨리 파괴되었다.

쇠락 지정 후 어느 정도는 주택 시장의 역동성 때문에 물리적인 쇠퇴가 빠르게 진행된다. 자산 소유자들은 어느 순간에 시가 소유권을 인수할 게 분명하기 때문에 쇠락 지정 이후 자산을 유지할 금융적인 인센티브를 갖지 못한다. 문제는 법적 절차로 수용권을 행사하는 것이 교착 상태에 빠질 수 있고, 그래서 건설이 시작되기 전에 이루어져야 하는 모든 재산 취득이 상당히 지연될 수 있다는 점이다. 자산 소유자들은 이 기간 동안에 지속적으로 소득이 들어오기를 원하였고, 그래서 유지보수를 하지 않은 상태에서 자산을 임대하는 것을 계속하였다. 그 결과 다른 근린지역으로 거의 이주할 수 없는 다수의 인구가 심하게 불량한 주택에 살 수밖에 없었다.

쇠락한 근린지역에 무엇을 재건축할 것인지에 대한 결정 또한 지역 성장 기제의 영향을 강하게 받았다. 교외의 소비자들에게 다운타운 지역의 매력을 유지하기 위하여 대부분의 도시들은 빈곤층이 점유할 수 없는 개발을 추구하였다. 다운타운에 있는 병원과 대학들은 부지를 확장하고자 하였다. 도시 정부는 다운타운 컨벤션센터와 스포츠 시설을 지었다. 고속도로 건설업자들은 새로운 주간 고속도로망을 건설하는 데 있어 가능한 저렴한 토지를 찾았다. 민간 개발자들은 정기적인 수익을 가져다줄 수 있는 혼합적으로 이용되는 고층 건물을 짓기를 원하였다. 이러한 새로운 건물들의 경우 고소득층의 주거공간이 업무공간, 상업공간과 혼합되어 있는 경우가 많았다. 다운타운 재개발을 반대하는 지역사회 집단들은 재개발의 목적이 본질적으로 도시 내부의 빈곤층, 특히 가난한 소수인종 집단을 줄이는 것이라고 주장하였다.

퇴거와 공공주택

다운타운 재개발에 의해서 퇴거된 거주자들에게 주택을 제공하는 문제는 심각하였다. 재개발 계획을 밀어붙이기를 원했던 정치지도자들은 지역사회 거주자들로부터 심각한 반대에 부딪치곤 하였다. 많은 경우 이 문제에 대한 부분적인 해결책으로 공공주택에 의존하였고, 이 과정에서 당시 공적으로 재원이 뒷받침된 주택을 제공하고자 하는 기초적인 노력만이 결실을 맺었다.

유럽의 많은 산업국들은 대공황의 고통에 대응하여 공유 주택(publicly owned housing)에 의존하였다.

그림 8.14 1938년 일리노이 주 시카고에 건설된 제인 아담스 (Jane Addams) 주택 프로젝트는 초기 공공주택의 대표적인 사례이다. 건물들은 일반적으로 작고, 세입자들은 일반적으로 백인 빈곤 노동자였다.

미국은 공공주택의 개념을 반대한 대신 주택 소유를 늘리기 위하여 앞에서 논의한 일련의 금융 인센티브를 선호하였다. 호이트의 공가 연쇄와 여과과정 아이디어가 이러한 정책 방향의 이면에 자리잡았다. 사회경제적 지위의 향상 지향층을 위한 충분한 주택이 도시 주변 지역에 공급되면, 주택 시장 과정은 자연스럽게 가난한 사람들이 이용할 수 있는 주택을 충분히 만들어 낼 것이다.

그렇기는 하지만, 1935년부터 연방정부는 지방주택당국의 후원 하에 미국 전역의 도시에 제한된 수의 공공주택을 건설하는 자금을 지원하였다. 공공주택의 초기 목적은 오늘날 우리가 생각하는 것과 전혀 다른 것이었다. 지방주택당국은 엄격한 선정 기준을 적용하였고, 주택을 일자리를 찾을 것으로 예상되는 온전한 핵가족을 위한 임시 거처로 생각하였다. 즉 공공주택을 대공황이라는 불행한 경제적 상황으로 인하여 피해를 입은 자격을 갖춘 가난한 사람들을 위한 과도기적인 주택으로 생각하였다(그림 8.14). 대부분 초기 공공주택은 백인 가족들에게만 제공되었다.

2차 세계대전이 종식되면서, 지방주택당국은 수백

만의 군복무를 마친 인구가 초만원의 주택 시장으로 복귀하면서 야기된 잠재적 문제를 잘 알고 있었다. 연방 정책은 주택 소유를 장려하였고 새로운 주택 건설을 자극하였다. 이러한 접근은 효과적인 주택 여과과정에 의존하는 장기적인 전략이었다. 지방주택당국은 여과과정이 복귀하는 참전 군인들의 주택 요구를 처리할 만큼 빠르게 작동하지 않을 것이라는 것을 걱정하였고, 그래서 복귀하는 참전 군인들을 위한 새로운 공공주택 건설을 모색하였다. 이러한 공공주택을 오늘날처럼 낙인찍을 수 없었다. 오히려 대부분의 사람들은 이 당시의 공공주택을 참전 군인들을 위한 당연한 혜택으로 간주하였다.

초기의 고귀한 목표에도 불구하고 퇴거 문제에 대한 정치적 해결책을 제공할 목적으로 결국에는 다운타운 재개발 사업에 공공주택을 끌어들였다. 지방 성장 기제(그리고 지역사회 조직들)로부터의 압력 하에서, 많은 지방주택당국은 공공주택을 다시 고려하기 시작하였다. 공공주택은 더 이상 일시적이고 과도기적인 행태의 주택이 아니었다. 오히려 공공주택은 도시 재개발 프로그램에 의해서 퇴거된 가장 빈곤한 거주자들이 거주하는 장소가 되었다. 많은 재개발 계획을 인가한 법률들(예를 들어 1949년 주택법) 또한 퇴거된 거주자들을 채울 목적의 공공주택 공급을 크게 확대할 수 있도록 지방주택당국에게 연방 재정을 제공하였다. 공공주택의 사회적 구성은 온전한 가족과 복귀한 참전 군인들로부터 장기 빈곤층, 종종 자신 소유의 대안 주택을 마련할 능력이 없는 철거된 근린지역의 거주자들로 빠르게 바뀌었다.

새롭게 구성된 공공주택 프로젝트의 대상지에 대한 결정이 강한 정치적 논쟁을 불러일으킨 것은 놀라운 일이 아니었다. 한편으로 쇠락한 근린지역으로부터 퇴거된 거주자들을 위하여 공공주택을 제공하는

것은 다운타운 재개발 프로젝트의 정치적 거래에서 필수적인 부분이 되었다. 그러나 재개발 프로젝트를 통하여 파괴된 주택 수는 고소득층 주택을 포함하여 이들 지역에 새로 건설된 주택의 총 수보다 훨씬 많다는 사실을 기억하자. 다른 한편 공공주택이 정말 빈곤하고 인종적으로 소수인 사람들의 거주지가 되어 가면서, 지역사회는 프로젝트의 대상지 선정에 점차 저항하기 시작하였다. 2차 세계대전 이후 수십 년 동안 최악의 도시 폭동으로 기록된 여러 사건들이 공공주택의 입지선정과 이곳 거주자들의 인종 구성을 둘러싸고 발생하였다. 백인 지역사회는 흑인 거주자들, 심지어 온전한 핵가족을 이루고 있고 좋은 직업을 가진 흑인 군인들이 거주하는 것에 반대하여 격렬하게 저항하였다(9장 참조).

결국 많은 대규모 공공주택 프로젝트는 낡고 버려진 산업지역 안쪽 혹은 인접 지역, 철도 선로 혹은 새롭게 건설된 주간 고속도로에 의해서 분할된 지역 등 경제적 가치가 낮은 한계 지역에 입지하게 되었다. 어떤 도시의 경우 이 시기에 지어진 공공주택이 매우 넓은 부지면적을 점유하게 되면서 빈곤의 가시적인 상징이 되기도 하였다. 이에 대한 전형적인 사례는 1950년대 중반 세인트루이스에 건설된 프루트 이고에(Pruitt Igoe) 주택 개발사업으로서 완공 당시에는 현대 도시계획과 사회공학의 승리로 공표되었다(그림 8.15).

고밀도의 고층 주택들은 극빈층의 수용장소가 아니라 더럽고, 과밀하고, 쇠락한 근린지역에 살던 많은 불운한 사람들의 삶을 개선하는 방법으로 대중에게 판매되었다. 불행히도 산업 자본주의의 사회 병폐에 대한 모던 건축의 예견된 승리는 궁극적으로 실패하였다. 이러한 많은 고층 주택들은 건설 이후 머지 않아 높은 범죄율로 골머리를 알았다. 예를 들어 세인

(a)

그림 8.15 1995년에 완성된 푸루트 이고에 주택(Pruitt Igoe Homes)의 조감도. 이 프로젝트의 건축가인 야마사키는 미국 건축가 협회로부터 상을 받았다. 이 프로젝트는 대규모 스케일에서 진행된 모더니스트 디자인의 대표적인 사례이다.

트루이스의 프루트 이고에 주택은 20년도 채 지나지 않은 1972년 철거되었다(그림 8.16). 미국건축가협회는 해당 프로젝트를 설계한 건축가 야마사키(Minoru Yamasaki)를 표창하기도 했다. 그렇지만, 건축가들의 모더니즘 디자인은 주택 당국, 경찰관, 거주자들이 건물에서의 활동을 감독하는 것을 힘들게 만들었다. 결국 범죄율은 과도하게 높아졌고 사회 생활은 유지하기 어렵게 되었다. 일부 거주자들은 주택단지를 철거하라고 로비까지 했다. 공공주택은 모더니즘 디자인의 힘을 보여주는 증거가 아니라 모더니즘 디자인의 실패를 의미하게 되었다. 오늘날 연방정부는 재건축된 공공주택을 해체하는 데 수백억 달러를 지출하고 있다.

(b)

그림 8.16 1956년 준공식에서 푸루트 이고에 주택 단지를 세인트루이스 슬럼 주거지를 개선하는 방법으로 공표하였다(a). 이 단지는 20년도 지나지 않아서 연방정부가 실패를 선언하고 1972년에는 건물을 해체하였다(b). 이 건물의 부지는 그 이후 지금까지 공지로 남아 있다.

근린지역 재활성화: 젠트리피케이션

명시적인 쇠락에도 불구하고 많은 도심부 근린지역은 최근에 주목할 만한 호전을 경험하였다. 지난 수십 년 동안 이러한 경향이 아주 드물었던 것은 아니었다. 예를 들어 베리(Brain Berry, 1985)는 1970년대 중반 '쇠락의 바다 위에 떠 있는 재개발의 섬들'이라는 표현을 사용하였다. 사실 낡고 황폐한 근린지역의 선택적 재개발이 일부 북미 도시에서 1960년대 동안 진행되었다. 젠트리피케이션(gentrification)은 대체로 중산층 백인 거주자들이 가난한 소수인종 근린지역에서 주택을 구입하여 복구 혹은 재활성화하는 경향을 묘사한다.

주택을 재활성화하는 것은 세분된 임대 공간을 없애고 단독 가족의 거주 공간으로 구조를 복원하는 것을 의미한다. 자가 거주자는 수리 작업의 많은 부분을 스스로 수행하는 등 주택에 자신의 상당한 노력을 투여한다. 많은 젠트리피케이션 선구자들은 처음에는 재원을 확보하는 데 어려움을 겪었다. 그러나 일단 근린지역에 수리된 주택의 수가 충분히 늘어나면, 근린지역은 빈곤한 소수인종 임차인으로부터 백인, 중산층자가 거주자로 빠르게 변할 것이다. 도심지 근린지역이 특정 인구 집단에게 제공하는 상당한 편의시설이 반영되어 주택 가격은 빠르게 치솟을 것이다.

레이(David Ley, 1996)와 같은 학자들은 주택 수요의 다양성, 특히 새로운 소비 지향의 부유한 중산층과 전문가 계층에 초점을 맞추어 젠트리피케이션을 설명하는 것을 선호하였다. 이제는 주택 구매자의 구성이 2차 세계대전 이후 몇십 년 동안 보다 더 사회적으로 다양해졌다. 자녀를 갖지 않거나 육아를 미루는 젊은 층이 늘어나면서 자녀가 없는 가구가 훨씬 많아졌다. 또한 많은 독신자들이 독립적인 가구를 구성하였고, 게이와 레즈비언 수가 증가하였다. 이들이 젠트리피케이션을 개척하는 인구 집단이다. 이들은 흥미로운 건축물과 도시 편의시설에 대한 편리한 접근성을 지닌 오래된 근린지역에 매료되었다.

젠트리피케이션에 대한 대안적 설명은 도시 근린지역에서 토지 가치의 지리적 특성에 초점을 맞춘 것으로, 도심부 근린지역에 대한 수십 년 동안의 투자 중단은 투기적 투자에 대한 새로운 기회를 형성한다고 주장한다. 스미스(Neil Smith, 1996)에 따르면, 가난한 사람들에 의해서 점유된 도시 토지는 토지 시장에서 과소평가되어 있어, 토지의 현재 가치와 새로운 혹은 차별적 이용 하에서 더 높아진 잠재적 가치 사이의 차이인 **지대차**(rent gap)가 생기게 된다. 지대차는 자본 투자의 위험을 감수한 투자자들이 젠트리페이케이션을 통하여 얻어낼 수 있는 잠재적인 이윤을 의미한다. 스미스는 젠트리피케이션을 설명하는 데 있어 문화적 혹은 수요 중심의 설명보다는 경제적인 동기가 더 중요하다고 결론 내렸다.

젠트리피케이션은 매우 상반된 반응을 이끌어 냈다. 지지자들은 수십 년간의 교외화 이후 중산층(백인) 인구가 중심도시로 되돌아 온 것을 환영한다. 도시정부는 세금 납부자가 증가하는 반면 비용이 많이 드는 도시 서비스에 대한 수요는 감소한다고 주장한다. 고소득층 가구가 도심 거주를 선택하면서, 도시빈민의 집중과 관련된 문제들(9장에서 보다 자세히 논의)이 사라지거나 적어도 어디론가 옮겨졌다. 또한 젠트리피케이션은 이전 시기에 교외로 빠져나간 상업기능의 복귀를 동반하였다.

그러나 비판가들은 젠트리피케이션은 빈곤층을 착취하는 또 다른 사례라고 주장한다. 연방 주택 정책과 차별적인 주택 제도는 경제활동이 빠르게 분산되었던 시기에 빈곤층이 낡고 허물어져가는 주택들로 이루어진 도심부 근린지역을 점유하도록 강제하였다. 적어도 오래된 근린지역만이 대중교통을 통하여 접근할 수 있었고, 도심부에 그나마 남아 있는 고용기회에 근접하였다. 이제 도심부 생활의 매력이 되살아나면서, 빈곤층은 다시 그들의 근린지역으로부터 퇴거되고 있다. 이제 빈곤층은 대중교통을 통하여 접근할 수 없고 대부분의 도시 서비스와 고용기회로부터 훨씬 떨어져 있는 전후에 만들어진 작은 교외 주택과 같이 거의 이점이 없는 주택으로 이주할 수밖에 없다. 그래서 이러한 비판은 빈곤한 거주자들로부터 근린지역을 도용하는 권력 관계에 초점을 맞춘다.

요약

1999년 피시먼(Robert Fishman, 2000)은 도시역사가, 사회과학자, 계획가, 건축가들로 구성되어 있는

다학문적전문조직인 미국 도시 및 지역 계획사 학회(Society for American City and Regional Planning History) 구성원들인 전문가 집단을 조사하였다. 피시먼은 전문가 집단에게 지난 50년 동안 그리고 미래에 미국 대도시에 가장 중요한 영향 열 가지 순위를 정해 달라고 요청했다. 그 결과는 다음과 같다.

1. 1956년 주간 고속도로법과 지배적인 교통수단으로서의 자동차
2. 연방주택관리청(FHA)의 모기지 금융과 택지 구획 규정
3. 중심도시의 탈산업화
4. 도시 재개발: 다운타운 재개발과 공공주택 프로젝트(1949년 주택법)
5. 레빗타운(대량생산된 교외 주택)
6. 도심과 교외에서 인종 격리와 직업 차별
7. 폐쇄형 쇼핑몰
8. 선벨트 방식의 스프롤
9. 냉방 장치
10. 1960년대 도시 폭동

상위 10개 영향력 중 네 가지가 주택과 관련이 있고 이 장에서 살펴보았다. 피시먼이 지적한 것처럼 이러한 영향력의 대다수는 특히 1956년 고속도로법, FHA의 대출 보증 프로그램, 1949년 주택법과 같이 정부 개입의 직접적 혹은 간접적, 의도된 혹은 의도되지 않은 결과를 반영한다. 주택의 도시지리는 현대 대도시 지역의 핵심적인 특징이다.

제9장

격리, 인종, 도시 빈곤

··· 사람들이 근린지역을 선택한다는 일반적인 생각과는 달리 근린지역이 사람을 선택한다.

−Sampson, 2012, p. 327

결국 사회적 실험은 두 가지, 즉 프로그램과 이를 엄격하고 사려 깊게 평가하는 프로젝트가 결합된 것이다.

−Briggs, Popkin, and Goering, 2010, p. vi

이 장에서는 도시 빈곤과 이를 경험한 사람들을 살펴 본다. 도시 빈곤은 1990년대 탄탄한 경제 성장 이후 조차 지속적인 문제로 남아 있다. 빈곤은 이를 경험 한 사람들의 삶에 실질적이고 강한 영향을 주고 있다. 더욱이 빈곤은 우리가 도시를 상상하는 방식의 일부 가 되었다. 사람들이 특정 도시를 생각할 때 무엇을 떠올리는지 물어보아라. 이들은 의심할 여지없이 '게 토(ghetto)',[1] '바리오(barrio)',[2] '슬럼(slum)' 혹은 도시 경관의 일부분으로서 빈곤의 징후를 언급할 것이다.

심지어 도시 빈곤층의 대중적 이미지로 종종 비백 인 얼굴을 떠올린다. 당신이 도시에 살거나 대도시로 부터 텔레비전 방송을 수신한다면, 도시 빈곤층에 대

한 이야기의 본질을 상기해 보자. 자주 이야기되는 것 은 범죄 희생자, 버려진 아이들과 같이 끔찍한 곤궁에 처한 사람들에 관한 것이다. 종종 묘사된 사람들은 민 족적으로 그리고 인종적으로 소수집단이다. 이러한 묘사의 여러 측면에 우리는 대단한 관심을 보인다. 우 선 미국 도시에 사는 대부분의 빈곤층은 사실 백인이 다. 그러나 문제는 이것보다 더 심각하다. 이 책의 저 자들을 포함하여 당신 수업의 강사, 그리고 당신까지 그 누구든 경제적 불리와 연관 지어 민족적 · 인종적 정체성을 이야기한다면, 우리가 그렇게 의도하지 않 았어도 해당 집단에게 불쾌감을 주거나 심지어 오명 을 씌울 가능성도 있다.

이러한 문제의 상당 부분은 복잡한 정체성의 본질 에 있다. 민족성(ethnicity)과 인종(race)이란 용어는 정 부와 기관에서 사람들이 살아가는 복잡한 현실을 불 완전하게 반영하는 범주를 사용하기 때문에 어느 정 도 고정된 의미로 받아들여지는 유동적이고 부정확한 개념이다. 민족성 개념은 10장에서 논의한다. 이 장에 서는 인종의 개념에 대해서 살펴본다. 이러한 개념들

---

1) 게토는 유럽의 중세시대부터 도시 내에 형성된 차별적인 유태인 거주지역을 뜻하는 말이었으나, 현대에 와서는 흑인 게토처럼 저소득층 소수민족의 거주지역을 지칭하는 용어가 되었다(글상자 2.5 참조).
2) 바리오는 멕시코처럼 스페인어를 사용하는 라틴아메리카 의 도시 내 슬럼을 뜻한다. 미국에서도 도시 내에 히스패닉계 이민자들이 모여 사는 슬럼지구를 가리킬 때 이 용어를 사용 하곤 한다.

의 문제적인 특성을 강조하기 위하여 많은 저자들은 으레 단어의 끝에 괄호를 치고 물음표를 붙인다. 비록 민족성과 인종 개념이 논의하는 방식에 있어 정말 문제가 있다는 것에는 동의하지만, 이 책에서는 이러한 관행을 따르지 않는다. 이 장에서는 이러한 모호하고 부정확한 정체성의 범주를 이용하여 격리와 빈곤에 대하여 이야기하는 것이 특히 그들의 선택에 반하여 북미 도시에 살게 된 소수집단에 대해 도덕적인 무게를 담는 것이라는 점을 강조한다.

먼저 까다롭고 문제가 많은 인종의 범주를 살펴보는 것으로 논의를 시작한다. 인종의 개념은 유럽의 국가들이 탐험, 국가 건설, 식민지 개척 시기 동안 다양한 인구 집단을 접하면서 수 세기 전에 나타났다. 어디에서 인구 집단이 '발견되었는지'와 거기에서 살았던 사람들의 신체적 특성에 기초하여 백인종, 몽골인, 니그로인이라는 인종을 식별하였다. 몽골인과 니그로인 집단은 유럽인들에 비하여 열등한 것으로 간주되었다. 이는 유럽인들이 이들의 영토를 식민통치하는 것을 정당화하는 신념으로 이용되었다.

유전학적 연구에서는 인류 인종에 대한 어떠한 의미 있는 생물학적 논거도 거부하지만, 이러한 생각은 여전하다. 많은 사람들은 여전히 인종이 행동을 설명하는 본연의 특성과 경제적인 불이익을 검증하는 수단이 되는 것처럼 말한다. 이 책의 저자들은 이러한 개념을 거부한다. 우리가 인종에 대하여 이야기할 때 집단 간의 모든 차이는 특정한 역사적 지리적 맥락에서 사회적으로 만들어진 것이라는 것을 인정한다. 여전히 도시의 사회 경관을 이해하기 위해서는 틀렸어도 고쳐지지 않는 인종과 민족 정체성 개념에 기초하여 여러 형태의 억압을 살펴볼 수밖에 없다. 도시는 인종과 민족 정체성을 관찰하는 방법이다. 왜냐하면 사람들, 기관, 시장, 정부는 인종적 사고에 기초하여 행동하였고 지금도 그렇게 하고 있기 때문이다. 인종적 사고는 잘못되었지만, 우리가 이해하고자 하는 도시의 특성에 매우 중요한 영향을 주었고 계속해서 영향을 주고 있다.

북미 도시 맥락에서 인종에 대해 언급할 때 노예선을 타고 북아메리카로 강제로 들어온 아프리카인의 후손 인구 집단을 언급하게 된다. 니그로, 흑인, 아프리카계 미국인과 같이 이러한 인구 집단을 지칭하기 위하여 사용한 다양한 용어들을 떠올려 보자. 이 용어 중 어떠한 것도 오늘날 보편적으로 받아들여지고 있지는 않다. 이 책에서 기술하는 차이에 대한 어떠한 생물학적 근거를 함축하지 않는다 하더라도, 우리는 일반적으로 **흑인**(black)과 **아프리카계 미국인**(African American)을 서로 혼용한다. 도시 지역에서 인종과 불이익이라는 복잡한 문제에 대하여 생각하는 보다 좋은 방법은 **인종화**(racialization) 개념에 의해서 잘 전달된다. 인종화는 사회에서 주류가 체계적으로 적은 사회적 · 정치적 · 경제적 힘을 가진 소수집단에게 인종적 정체성을 부여하는 과정을 의미한다.

인종적 거주지 격리의 현재 패턴

미국의 노예제가 폐지된 남북전쟁 종료 시점에서 대부분의 아프리카계 미국인들은 남부 농촌 지역에 살았다. 농촌 지역 흑인들이 대규모로 북동부 도시로 이주한 20세기에 이러한 패턴은 급격하게 변하였다. 남부 농촌에서 북부 도시로의 이러한 인구학적인 변화 과정에서 아프리카계 미국인들은 다른 집단들이 경험한 것과는 달리 도시 공간에 갇히게 되었다. 많은 학자들이 관심을 가지고 있는 거주지 격리의 강도와 다양한 유형을 포함하여 현재 미국 도시들을 특징짓는 격리의 정도를 탐색하는 것으로 이 절을 시작한다. 그런 다음 어떻게 아프리카계 미국인들이 격리된 환경에서 살게 되었는지를 역사적으로 살펴보고, 이러한 조건이 어떻게 빈곤과 연결되는지 살펴본다.

2010년 센서스 상의 수치

10장에서는 특정 근린지역에서 이주자 집단의 거주지 격리에 초점을 맞추어 미국 도시의 사회 경관을 만드는 데 있어 국제 이주의 역할을 살펴본다. 이러한 격리의 양상은 도시와 시기에 따라 상이한 형태를 띠어 왔다. 이주자들의 격리가 사회적·문화적 동화를 방해할지도 모른다는 것을 오랫동안 염려해 왔지만, 많은 사람들은 여전히 접근하기 좋은 민족 근린지역을 찾고 있고, 이러한 근린지역이 이주자들에게 경제적·사회적·문화적 편의를 제공한다는 것을 알고 있다. 이 장에서는 도시 생활에 부정적인 영향을 훨씬 더 많이 준 거주지 격리의 인종적인 형태를 살펴본다.

흑인/백인 패턴 미국 센서스 데이터는 인종별 격리에 대한 주목할 만한 것들을 지속적으로 제공하고 있다. 센서스 데이터에 따르면 아프리카계 미국인들이 아주 높은 수준의 격리, 즉 미국 역사의 어떠한 시점에 어떠한 이주 집단들보다도 더 높은 격리를 경험하였다. 그러나 이러한 사실을 이해하기에 앞서, 먼저 격리 수준을 측정하는 방법(글상자 9.1에서 다루는 주제)에 대하여 이해할 필요가 있다. 가장 일반적으로 사용되는 지표인 상이 지수(index of dissimilarity)와 고립 지수(isolation index)는 전체 대도시권에 걸쳐 격리의 수준을 표현하는 정량적인 측정치이다. 0에서 100 사이의 값을 가지며, 100은 격리의 최대 수준을 나타낸다.

표 9.1은 시민 평등권 운동(civil rights movement) 이후에도 수십 년 동안 아프리카계 미국인들은 여전히 매우 격리된 상태에 있다는 것을 보여주고 있다. 상이 지수는 두 집단 사이의 균등 분포를 달성하기 위

표 9.1 가장 많은 흑인 인구를 가진 대도시 지역의 거주지 격리

	2010				2000		1990	
	흑인 인구	전체 인구에 대한 비율	흑인/백인 상이 지수	흑인 고립 지수	흑인/백인 상이 지수	흑인 고립 지수	흑인/백인 상이 지수	흑인 고립 지수
New York, NY	3,178,863	16.8	76.9	51.3	79.5	56.8	80.9	59.6
Atlanta, GA	1,733,046	32.9	58.4	58.1	63.9	61.2	66.3	63.2
Chicago, IL	1,669,774	17.7	75.2	64.8	80.4	72.1	84.4	77.1
Washington, D.C.	1,477,126	26.5	61.0	54.8	63.0	59.0	65.5	61.8
Philadelphia, PA	1,264,163	21.2	67.0	55.8	70.3	60.5	75.2	65.6
Miami, FL	1,137,108	20.4	64.0	51.1	68.5	55.6	74.0	58.8
Houston, TX	1,029,880	17.3	60.6	37.2	65.1	45.1	65.5	51.8
Detroit, MI	1,012,098	23.6	74.0	70.0	84.9	79.2	87.6	81.0
Dallas-Fort Worth, TX	982,634	15.4	55.5	35.0	59.1	40.0	62.8	48.6
Los Angeles-Long Beach, CA	932,431	7.3	65.2	27.6	68.1	32.7	72.8	40.5
평균			65.8	50.6	70.3	56.2	73.5	60.8
평균, 대규모 MSAs (인구>100만)			57.1	38.3	61.1	42.5	64.8	46.9

출처: Segregation indices calculated from the US2010 Project, Spatial Structures in the Social Sciences, Brown University. © John Logan, Spatial Structures in the Social Sciences, Brown University.

글상자 9.1 ▶ 격리의 유형과 측정치

이 장에서 다루고 있는 이슈들에 대하여 효과적으로 사고하기 위하여, 거주지 격리에 대한 여러 가지 기본적인 아이디어들을 이해할 필요가 있다. 격리는 도시지리학자들의 근본적인 관심사 중 하나이고, 이 책의 모든 장에서 이 이슈를 언급하고 있다. 이 부분에서는 오랜 그리고 많은 관심의 대상인 아프리카계 미국인들의 격리에 특히 초점을 맞추고자 한다. 이를 위해서 거주지 격리를 측정한 여러 방법들을 논의할 필요가 있다. 어느 수준에서든 격리된 근린지역을 손쉽게 확인할 수 있다. 당신이 살고 있거나 방문했던 도시를 떠올려 보자. 대부분의 대도시들에는 종종 게토(2장에서 살펴본 것처럼 게토라는 용어는 원래 중세 유럽 도시에서 유대인들이 격리되어 있던 지역을 지칭하였다)라고 부르는 아프리카계 미국인들이 지배적인 지역들이 있다. 그러나 학자들과 정책입안자들은 빈곤과 인종의 문제에 골머리를 앓으면서, "도시가 과거나 다른 도시와 비교하여 얼마나 격리되어 있는가?"와 같은 질문에 대해 곰곰이 생각하기 시작하였다. 이러한 질문에 답하기 위하여 격리를 측정하는 많은 방법들이 개발되었다. 오늘날의 격리에 대한 우리들의 논의는 격리에 대한 일반적인 정량적 측정치에 많은 영향을 받았다. 여기에서는 두 가지 가장 일반적인 측정치인 상이 지수와 고립 및 노출 지수에 대하여 살펴본다.

균등성과 집단들의 기본적인 분포

지금까지 격리에 대하여 사고하는 가장 일반적인 방법은 격리를 측정하는 가장 보편적인 방법과 연관되어 있다. 기본적인 개념은 도시 내 근린지역에 걸쳐 한 집단 혹은 집단들의 분포를 이상적인 경우와 비교한 다음 실제가 이상으로부터 얼마나 차이가 나는지를 정량적으로 측정하는 것이다. 격리가 측정되는 기준 분포는 **균등성**(evenness)이다. 예를 들어 한 집단이 도시 인구의 10%를 차지한다고 가정해 보자. 이 집단이 근린지역들에 걸쳐 '균등' 분포한다는 것은 이 집단이 각 근린지역 인구의 10%를 차지한다는 것을 의미한다. 평균적으로 이 집단의 분포가 이상적인 분포로부터의 차이의 정도가 격리를 측정하는 한 가지 방법이다. 바꿔 말하면 근린지역에 걸쳐 한 집단의 현재 분포 상태에서 격리를 제거하기 위하여(즉 '균등' 분포가 되기 위해서) 무엇이 요구되는가? 격리의 균등성 해석에 대한 가장 일반적인 측정치는 **상이 지수**(D)로, 표준 센서스 데이터를 이용하여

손쉽게 계산할 수 있다. 계산식은 다음과 같다.

$$D = \frac{1}{2} \times \sum_{j=1}^{J} \left| \frac{x_j}{X} - \frac{y_j}{Y} \right|$$

이 공식에서 아래 첨자 j는 근린지역(때로는 센서스 트랙이 형성되기 이전의 도시를 연구할 때는 선거구 혹은 구(ward) 등 다른 유형의 지역이 사용되기는 하지만, 대부분의 경우 센서스 트랙 혹은 블록 그룹을 나타낸다)을 나타낸다. ||는 차이에 대한 절대값을 의미하고, 그리스 문자 시그마(Σ)는 모든 근린지역의 값을 더한다는 것을 의미한다. x_j와 y_j는 각각 센서스 트랙 j에 사는 사람 중 집단 X와 Y에 속하는 사람들의 수를 나타낸다. X와 Y는 도시 전체에 거주하는 X 집단과 Y 집단의 총인구를 나타낸다.

개별 집단과 개별 센서스 트랙에 대하여 해당 트랙에 사는 사람의 수를 도시 전체에 사는 총 수로 나눈다. 개별 센서스 트랙에 대해서 이렇게 나누기를 수행하면, 센서스 트랙에 걸쳐 해당 집단의 **비율 분포**(proportional distribution)를 얻게 된다. 두 비율 분포 사이의 차이에 대하여 절대값을 취하여 합한 후 2로 나눈다. 표 B9.1에 상이 지수를 계산하는 간단한 사례가 제시되어 있다. 차이의 절대값의 합에 1/2을 취하면 이 도시에 대한 상이 지수가 산출된다. 즉 1.48/2 = 0.74 혹은 100을 곱하여 74로 표시한다. 이 수치는 균등 분포를 달성하기 위하여 소수 집단을 다른 근린지역으로 재배치해야 하는 비율로 해석할 수 있다. 이 사례에서 균등분포를 달성하기 위하여 74%의 흑인 거주자들이 다른 근린지역으로 이주해야만 한다. 표 B9.1의 B 부분은 집단 X의 구성원들이 이전에는 비율이 낮았던 다른 지역으로 재배치했을 때 나타날 수 있는 패턴을 보여준다. B 부분에서 집단 X는 이제 전체 도시인구에서처럼 모든 하위 지역에서 인구의 1/3을 차지한다.

상이 지수는 완벽한 균등성을 나타내는 0에서부터 해당 집단의 완전한 격리를 나타내는 100까지 값을 갖는다. 전통적으로 0에서부터 30까지는 낮은 수준, 30에서부터 70까지는 중간 정도, 70 이상은 높은 수준의 격리로 여겨진다. 그러나 지리적인 하위 지역의 크기와 모양은 지수값에 영향을 준다. 예를 들어 보다 작은 공간 단위(센서스 트랙 대신에 블록 그룹)를 사용할 경우 기저의 거주지 분포가 동일하다 하더라도 지수값이 더

표 B9.1 가상도시에 대한 상이 지수(D) 계산

하위 지역	인구		비율 분포		차이의 절대값
	x_j	y_j	$\dfrac{x_j}{X}$	$\dfrac{y_j}{Y}$	$\left\|\dfrac{x_j}{X} - \dfrac{y_j}{Y}\right\|$
A부분					
1	110	10	0.44	0.02	0.42
2	110	40	0.40	0.08	0.32
3	15	140	0.06	0.28	0.22
4	25	150	0.10	0.30	0.20
5	0	160	0.00	0.32	0.32
합계	250	500	1.00	1.00	1.48
B부분					
1	5	10	0.02	0.02	0.00
2	20	40	0.08	0.08	0.00
3	70	140	0.28	0.28	0.00
4	75	150	0.30	0.30	0.00
5	80	160	0.32	0.32	0.00
합계	250	500	1.00	1.00	0.00

커질 것이다.

노출 및 고립 지수

상이 지수는 매우 유용하고 오랫동안 사용되어 온 격리 측정치이다. 그렇기는 하지만 이 측정치에는 문제가 있다. 하위 지역의 공간적 특성과 서로의 상대적인 위치에 대한 지수의 민감성 때문에 시간에 따라 혹은 공간상에서 장소들을 비교할 목적으로 상이 지수를 사용하는 데 제약이 따른다. 보다 심각한 문제는 지수의 개념적 해석으로, 균등성의 측정치로서 상이 지수는 실제 비율 분포를 이상적인 '균등' 분포와 비교한다. 그러나 사회적으로는 근린지역 거주자들이 그들의 근린지역 내에서 무엇을 경험할 것인지에 더 많은 관심을 갖는다. 두 번째로 가장 일반적인 격리 측정치는 비록 불완전하기는 하지만 **고립**(isolation)과 **노출**(exposure)의 개념을 포착하는 것이다. 레이버슨(Stanley Lieberson, 1981)이 보편화시킨 지수인 P^* 혹은 P-스타는 사실 다음과 같은 형태를 취하는 관련된 지수 군이다.

$$_x P_y^* = \sum_{j=1}^{J}\left(\frac{x_j}{X}\right) \times \left(\frac{y_j}{T}\right)$$

기호들은 상이 지수에서 사용된 것들과 동일하다(T는 각 트랙의 총인구는 나타낸다). 노출 지수는 근린지역에 걸쳐 두 집단 분포 사이의 '평균적인' 차이를 측정하는 것이 아니라 한 근린지역 내에서 다른 집단의 구성원을 마주칠 기회를 측정하고자 한다. 만약 집단 X의 대부분이 집단 Y 구성원이 거의 살지 않는 지역에 거주한다면 집단 X의 개개인이 그들의 근린지역에서 집단 Y의 구성원을 마주할 가능성이 매우 낮을 것이다. 이에 대한 또 다른 사고 방법은 집단 X의 구성원들이 사는 근린지역의 평균 집단 구성의 관점에서이다. 구체적으로 여기에 제시된 공식의 경우, 집단 X의 평균 구성원들이 거주하는 근린지역에 살고 있는 집단 Y 구성원의 비율이 얼마인가를 측정한다. 만약 집단 X 구성원들이 불균형하게 사는 근린지역들에서 집단 Y 구성원의 비율이 높으면, 지수의 값은 커질 것이다. 반대로 근린지역에서 그들 자신 집단의 비율이 높으면, 지수값은 작아질 것이다. 지수 값은 0에서 1의 값을 갖고(일반적으로 100을 곱한다), 큰 값은 집단 Y에 대한 집단 X의 더 큰 '거주지 노출'을 의미한다. 밀접하게 연관되어 있고 보다 일반적으로 사용되는 변형된 지표가 고립 지수이다.

$$_x P_x^* = \sum_{j=1}^{J}\left(\frac{x_j}{X}\right) \times \left(\frac{x_j}{T}\right)$$

고립 지수는 집단 X의 다른 구성원들에 대하여 집단 X 구성원들의 평균 근린지역 비율을 측정한다는 점이 노출 지수와의 차이이다. 다시 말해 한 도시의 흑인 거주자들에 대하여 일반적인 근린지역 흑인 비율은 얼마인가? 큰 값은 평균적으로 집단 X 구성원들이 그들 자신 집단이 지배적인 근린지역에 산다는 것을 의미한다. 즉 이 집단 구성원들은 다른 집단으로부터 주거측면에서 고립되어 있다.

하여 주류 집단과 거주지를 바꾸어야 하는 소수민족 집단 인구의 비율로 해석할 수 있다. 흑인 인구 규모가 큰 모든 대도시 통계 구역(Metropolitan Statistical Area, MSA)에서 격리를 없애기 위해서는 반 이상의 흑인이 거주지를 이동해야 한다. 고립 지수는 특정 인종 근린지역에 살아가는 특정 인종 집단의 평균 비율을 의미한다. 표 9.1에 제시되어 있는 10개의 MSA 중에서 7개 MSA에서 평균적으로 흑인은 흑인 인구 비율이 50% 이상인 근린지역에 거주하여, 높은 수준의 거주지 격리가 나타나고 있음을 보여준다. 개별 MSA 전체의 흑인 비율과 고립 지수를 비교하였을 때 수치가 보다 두드러진다. 예를 들어 시카고에서 흑인들은 평균 흑인 인구 비율이 65%인 근린지역에 살고 있다. 이 수치는 시카고 MSA 전체의 흑인 인구 비율(18%)의 3배에 해당한다. 흑인 인구 비율이 7%에 불과한 LA조차 흑인들은 평균 28%의 흑인 비율을 보이는 근

린지역에 살고 있다.

히스패닉과 아시아인 히스패닉과 아시아인 범주가 그렇게 의미 있는 것은 아니다. 히스패닉은 다양한 국가 출신인을 지칭하는 것으로, 센서스 조사지에서는 인종과 민족성에 대한 질문이 분리되어 있기 때문에 히스패닉이 한 인종이 될 수 있다. 아시아인들은 보다 더 광범위한 국가들 출신으로, 19세기 후반 미국으로 건너온 중국인 이민자들의 후손에서부터 미국에 들어온 지 얼마 되지 않는 라오스인들까지 매우 상이한 인구 집단이 이 범주에 포함된다. 그러나 이러한 범주들은 자주 사용되고 있고, 이 시점에서 이용할 수 있는 최상의 범주이다.

표 9.2와 9.3은 각각 히스패닉과 아시아인들을 대상으로 계산한 격리 지수값을 보여주고 있다. 전체적으로 히스패닉은 아시아인들보다 더 격리되어 있다.

표 9.2 가장 많은 히스패닉 인구를 가진 대도시 지역의 거주지 격리

	2010				2000		1990	
	히스패닉 인구	전체 인구에 대한 비율	히스패닉/ 백인 상이 지수	히스패닉 고립 지수	히스패닉/ 백인 상이 지수	히스패닉 고립 지수	히스패닉/ 백인 상이 지수	히스패닉 고립 지수
Los Angeles-Long Beach, CA	5,700,862	44.4	62.2	63.2	62.5	61.5	60.3	56.1
New York, NY	4,327,560	22.9	62.0	43.7	65.6	42.7	66.2	40.5
Miami, FL	2,312,929	41.6	57.4	62.7	59.0	59.3	63.6	58.9
Houston,TX	2,099,412	35.3	52.5	50.4	53.4	47.0	47.8	38.6
Riverside-San Bernardino, CA	1,996,402	47.3	42.4	57.1	42.5	49.5	35.8	37.7
Chicago, IL	1,957,080	20.7	56.3	46.9	60.7	46.2	61.4	41.0
Dallas-Fort Worth, TX	1,752,166	27.5	50.3	44.5	52.3	42.5	48.8	31.5
Phoenix, AZ	1,235,718	29.5	49.3	47.5	52.2	45.6	48.6	35.5
San Antonio, TX	1,158,148	54.1	46.1	65.2	49.7	64.7	52.1	64.1
San Diego, CA	991,348	32.0	49.6	47.9	50.6	43.6	45.3	35.1
평균			52.8	52.9	54.8	50.2	53.0	43.9
평균, 대규모 MSAs(인구>100만)			45.9	27.3	46.4	23.3	40.5	17.5

출처: Segregation indices calculated from the US2010 Project, Spatial Structures in the Social Sciences, Brown University. © John Logan, Spatial Structures in the Social Sciences, Brown University.

표 9.3 가장 많은 아시아인 인구를 가진 대도시 지역의 거주지 격리

		2010			2000		1990	
	아시아인 인구	전체 인구에 대한 비율	아시아인/ 백인 상이 지수	아시아인 고립 지수	아시아인/ 백인 상이 지수	아시아인 고립 지수	아시아인/ 백인 상이 지수	아시아인 고립 지수
Los Angeles-Long Beach, CA	2,051,746	16.0	45.7	31.8	46.0	27.7	43.5	20.6
New York, NY	2,000,992	10.6	50.4	27.6	50.1	22.2	47.4	16.0
San Francisco, CA	1,122,631	25.9	44.3	39.0	44.9	34.3	45.8	28.6
San Jose, CA	612,502	33.3	43.0	45.4	42.0	37.6	38.8	24.3
Chicago, IL	586,214	6.2	42.7	16.3	45.0	14.0	46.5	10.9
Washington, D.C.	581,304	10.4	36.9	18.4	37.2	13.6	34.5	8.9
Seattle, WA	490,579	14.3	33.9	20.7	34.5	17.4	36.8	14.0
Houston, TX	417,415	7.0	48.7	17.7	50.0	13.9	48.0	9.1
San Diego, CA	397,551	12.8	44.3	23.6	46.7	21.6	48.1	17.0
Dallas-Fort Worth, TX	377,958	5.9	44.5	15.2	43.9	9.8	41.8	6.0
평균			43.4	25.6	44.0	21.2	43.1	15.5
평균, 대규모 MSAs(인구>100만)			39.4	12.1	39.7	9.3	39.8	6.6

출처: Segregation indices calculated from the US2010 Project, Spatial Structures in the Social Sciences, Brown University. © John Logan, Spatial Structures in the Social Sciences, Brown University.

그러나 어떠한 집단도 흑인만큼 격리되어 있지는 않다. 모든 대도시권에서 그리고 각 인구 집단의 규모가 큰 특정 대도시 지역에서도 마찬가지이다. LA, 뉴욕, 시카고, 댈러스는 각 집단의 상위 10개 도시에 모두 포함되어 있기 때문에 비교에 있어 흥미로운 점을 제공한다. 뉴욕, 시카고, 댈러스는 일반적인 경향을 보여 흑인이 가장 높고, 그다음으로 히스패닉, 아시아인 순이다. LA의 경우 이러한 패턴으로부터 벗어나 있다. 상이 지수에 의하면 히스패닉의 격리는 아프리카계 미국인들의 격리 수준과 비슷하다. 그리고 고립 지수에 따르면, 히스패닉은 아프리카계 미국인들보다 더 격리되어 있다. 이는 히스패닉이 LA 인구의 44%를 차지하는 데서 기인한다.

최근의 변화

상이 지수와 고립 지수에 따르면 미국 대도시들, 특히 흑인들이 많이 살고 있는 대도시 지역들에서 아 프리카계 미국인들의 격리 수준이 가장 높지만, 이들 지수값은 어느 정도 개선되었다. 표 9.1에 제시된 것처럼 개별 MSA에서 1990년대와 2000년대에 격리 정도가 줄어들었다. 미국의 모든 지역 및 모든 규모의 도시들에서 격리 정도가 완화되었다. 평균적으로 각 10년 사이 격리는 약 4포인트 정도 줄어들었다. 몇몇 도시에서는 격리 정도가 심화되었지만, 이들 도시의 경우 흑인 인구 규모가 일반적으로 작다. 20세기 전체를 살펴보았을 때(그림 9.1), 아프리카계 미국인들의 격리는 20세기의 2/3 시점까지 계속 증가하여 1960년대에 가장 높은 수준을 보였다. 1960년대와 1970년대 기념비적인 반차별 법들이 통과되었고(8장 참조), 이에 더하여 1990년대까지 경제 붐이 동반되면서 격리 수준이 완화되었다.

지난 수십 년에 걸쳐 아프리카계 미국인들의 격리

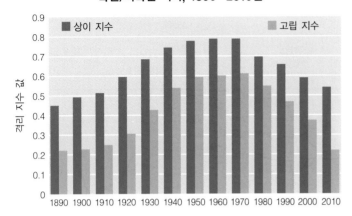

그림 9.1 상이 지수와 고립 지수로 측정된 거주지 격리 경향, 1890~2010년.
출처: Glaeser, Edward and JacobVigdor, 2012 자료를 토대로 작성.

가 낮아지는 경향을 보인 것과는 달리 히스패닉의 격리는 2000년대 동안 변동이 없었다(표 9.2). 비록 히스패닉의 격리가 아직은 아프리카계 미국인만큼 높지는 않지만, 그럼에도 불구하고 이러한 증가는 문제가 되고 있다. 히스패닉에 대한 고립 지수 값의 증가는 국제 이주에 의한 인구의 빠른 증가가 부분적인 원인이 되고 있다(히스패닉 인구가 많은 상위 10개 MSA에서 히스패닉의 수는 아프리카계 미국인들이 많은 상위 10개 MSA에서 흑인들의 수보다 많다는 점을 명심하기 바란다). 미국 센서스국 데이터에 따르면 히스패닉의 수는 아프리카계 미국인 수보다 더 많아, 히스패닉이 가장 큰 규모의 소수인종 집단이 되었다. 아시아인들의 격리(표 9.3)는 아시아인의 총인구가 증가하면서 고립 지수가 증가한 것을 제외하고는 지난 20년 동안 상대적으로 큰 변화가 없다.

경제학자 글래저와 비그돌(Edward Glaeser and Jacob Vigdor, 2012)은 우리는 '격리된 세기의 종말(The End of the Segregated Century)'로 나아가고 있다는 것을 주장하기 위하여 그림 9.1을 사용하였다. 2010년의 흑인 격리 수준은 1910년 이후 어느 시점보다도 낮다. 이러한 감소는 전체적으로 늘어난 인구

학적 다양성뿐만 아니라 공정 주택법, 늘어난 교외화로 인하여 흑인들에 대한 거주지 이동성 제약이 완화되었음을 의미한다. 로간(John Logan, 2013)은 이러한 주장에 동의하지 않았고, 오늘날 격리에 대한 기대에 미치지 못하는 몇 가지 사실을 언급하고 있다.

흑인-백인 격리의 감소는 매우 느리고 현재 비율이 지속된다면, 현재의 히스패닉 수준에 도달하는 데 앞으로 20년이 더 걸릴 것이다. 주요 대도시 지역에 격리가 강하게 남아 있는 게토 벨트(Ghetto Belt)가 여전히 존재하고, 현재의 평균 격리 수준은 여전히 인종에 의한 극명한 격리를 의미한다. 백인들은 소수인종이 지배적인 근린지역에 거의 들어가지 않고, 계속해서 인종의 혼합 지역에서 벗어나고자 한다. 이는 결국 다민족 대도시로 나아가는 데 한계가 있다는 것을 의미한다. 마지막으로 대부분의 부유한 흑인과 히스패닉 가구들은 여전히 부유한 백인들보다 훨씬 적은 지역사회 자원을 가진 근린지역에 살고 있다. 우리는 격리의 종식이 인종적 불평등의 다른 차원에 영향을 줄 것인가를 평가하는 시점에 전혀 와있지 않다. (p. 166)

격리와 초격리의 차원

지금까지 상이 지수와 고립 지수를 중심으로 격리에 대하여 사고하고 이를 측정하는 방법에 대하여 살펴보았다. 매시와 덴튼(Douglas Massey and Nancy Denton, 1988)은 서로 중첩되지만 여전히 독특한 다섯 가지 격리 차원을 파악하는 보다 정교한 접근을 제안하였다.

1. **균등성**(evenness)은 근린지역에 걸쳐 집단들 분포에서의 유사성을 기술한다(상이 지수로 측정).
2. **노출/고립**(exposure/isolation)은 집단 구성원들이 거주하는 근린지역의 일반적인 구성을 파악한다(고립 지수로 측정).
3. **중심화**(centralization)은 집단 구성원들이 다른 집단과 비교하여 도시의 중심부에 가까이 거주하는 정도를 기술한다.
4. **군집성**(clustering)은 집단 구성원들이 도시 내에서 서로 근접해 있는 근린지역들에 거주하는 정도를 기술한다. 다른 측정 지표들은 서로 이웃하여 분포하는 격리된 근린지역과 도시의 반대쪽에 놓여 있는 격리된 근린지역을 구분하지 않는다.
5. **집중성**(concentration)은 한 집단이 제한된 도시 공간에 거주하는 정도를 기술한다. 즉 집단이 고밀도 환경에서 거주하는 정도를 말한다.

매시와 덴튼은 한 집단이 다양한 형태의 격리에 동시에 직면했을 때 **초격리**(hypersegregation)를 경험한다고 주장한다. 다시 말해서 한 집단이 동시에 공간적으로 불균등하고, 고립되고, 집중되고, 군집되고, 중심화되었을 때 초격리되었다고 말한다. 초격리는 격리의 부정적 영향을 더 심화시키는 것처럼 보인다.

매시와 덴튼(1989, 1993)은 1980년 센서스 데이터

표 9.4 초격리된 대도시 지역, 1980~2000년

대도시 지역	1980	1990	2000
Albany, GA		X	X
Atlanta, GA	X		X
Baltimore, MD	X	X	X
Baton Rouge, LA		X	X
Beaumont-Port Arthur, TX		X	X
Benton Harbor, MI		X	
Birmingham, AL		X	X
Buffalo-Niagra Falls, NY	X	X	X
Chicago, IL	X	X	X
Cincinnati, OH		X	
Cleveland, OH	X	X	X
Dayton-Springfield, OH			X
Dallas-Fort Worth, TX	X		
Detroit, MI	X	X	X
Flint, MI		X	X
Gary, IN	X	X	X
Indianapolis, IN	X	X	
Kansas City, KS	X	X	
Los Angeles-Long Beach, CA	X	X	X
Miami, FL		X	
Milwaukee, WI	X	X	X
Mobile, AL			X
Monroe, LA		X	X
New Orleans, LA		X	
New York, NY	X	X	X
Newark, NJ	X	X	X
Oakland, CA		X	
Philadelphia, PA	X		X
Saginaw-Bay City, MI		X	X
Savannah, GA		X	
St. Louis, MO	X	X	X
Trenton, NJ		X	
Washington, D.C.		X	X

출처: Massey, D. S. and N. A. Denton, 1989, 1993; Demon, 1994; Wilkes, R. and J. Iceland, 2004.
주: 초격리를 살펴본 연구들마다 방법론과 선정한 대도시 지역 표본에서 차이가 있다. 이 표를 작성하기 위하여 가능한 일관적으로 확보할 수 있는 대도시 지역의 수를 이용하였다.

에 대한 경험적 조사를 통하여 아프리카계 미국인들만이 여러 차원에서 매우 격리되었다는 것을 알게 되었다. 이들은 한 집단이 5개 지표 중에서 적어도 4개

에서 높은 격리를 보일 경우 초격리되었다고 정의하였다. 표 9.4에 따르면 1980년에는 16개 대도시 지역이 초격리된 것으로 나타났다. "미국의 10대 대도시 중 6개가 초격리된 16개 대도시에 포함되어 있고 미국에서 가장 중요한 곳이다. 미국 흑인 인구의 35%, 도시 지역에 거주하는 모든 흑인의 41%가 이들 대도시 지역에 거주하고 있다"(Massey and Denton, 1993, p. 77).

1990년 센서스 데이터(표 9.4)에 따르면 16개 대도시 중에서 14개가 초격리된 상태로 남아 있다(Denton, 1994). 1990년에 몇몇 대도시 지역이 새롭게 초격리되었다. 2000년까지 대도시 지역에서 흑인 백인 격리는 감소하였고, 초격리된 지역의 수 또한 줄었다(표 9.4). 특히 윌크스와 아이슬란드(Wilkes and Iceland, 2004)는 2000년에 LA와 뉴욕에서 히스패닉이 초격리되었다고 보고하고 있다. 이는 처음으로 흑인 이외에 다른 집단에서 백인으로부터 극단적으로 그리고 광범위하게 격리되었다는 것을 확인한 사례이다.

격리의 원인은 무엇인가

사회과학자들은 거주지 격리의 원인이 되는 세 가지 힘 혹은 요인으로 들기도 한다 — 경제, 차별, 선호. 경제적 설명은 인종적 격리처럼 보이는 것은 단순히 소수인종 집단이 백인보다 평균적으로 소득이 낮고, 소유한 부의 규모가 작다는 사실에서 기인한다는 것을 시사한다. 다시 말해 소수인종 집단은 단순히 백인들과 동일한 근린지역에서 살아갈 만한 여력이 없다. 주택 시장의 자연스러운 작동 결과 고소득 근린지역은 백인 지배적인 곳이 된다. 그러나 경험적 연구들은 이러한 설명을 뒷받침하지 않는다. 사실 이러한 설명과 반대된다. 즉 인종적 격리는 모든 소득 및 부 수준에

서 발생한다.

차별 관점의 설명은 부동산 중개업자, 대출기관, 부동산감정사 및 다른 행위자들에 의해 제도화된 차별적인 대우를 지적한다(차별에 대한 보다 상세한 설명은 8장 참조). 이러한 관점에 따르면 차별이 격리를 지속시키는 중심에 놓여 있다. 이러한 관점에 대한 비판가들은 시민 평등권 운동의 성공과 10년 단위 센서스에 나타난 격리 수준의 경험적 감소를 강조한다. 그러나 8장에서 살펴본 것처럼 주택 시장에서 차별이 사라진 것은 아니다.

세 번째 힘인 선호는 가장 최근에 관심을 받고 있는 설명논리이다. 선호 주장에는 매우 상이한 함의를 가진 두 가지 형태가 있다. 첫 번째 형태를 주장하는 사람들은 격리는 소수인종 집단에 의한 자발적인 자기 분리의 결과라는 점을 견지한다. 오늘날과 과거의 이민자 근린지역을 살펴보면서, 이러한 입장의 연구자들은 격리가 문화적 강화, 직업상의 접촉 등 이점을 제공한다고 주장한다. 이들은 소수인종 집단이 그들 집단의 다른 구성원들과 가깝게 살기를 원했기 때문에 격리되었다고 결론을 내린다.

이민자 집단이 적어도 부분적으로는 이민자 근린지역에서 사는 것을 선택한다는 개념을 뒷받침하는 근거들이 있기는 하지만, 이민자 집단과 아프리카계 미국인들 사이에 중요한 차이가 있다. 이민자 근린지역은 새로운 것이 아니며, 20세기 대부분을 통하여 그리고 현재도 아프리카계 미국인들이 분리되었던 것만큼 결코 분리되어 있지 않았다. 단일 집단의 이민자들이 단일 근린지역의 압도적인 다수를 구성하지도 않는다. 이민자 집단이 한 근린지역의 다수를 구성할지는 모르지만, 이러한 근린지역에는 다른 집단 구성원들도 있을 것이다.

아프리카계 미국인들의 거주지 선호에 대한 가장

적합한 증거를 찾고자 했을 때, 보다 중요한 것은 흑인들이 격리된 근린지역에서 거주하기를 원한다는 주장을 뒷받침하는 증거를 거의 찾을 수 없다는 점이다. 포드재단(Ford Foundation)과 러셀 세이지 재단(Russell Sage Foundation)의 재정 지원을 받은 MCSUI(Multi-City Study of Urban Inequality) 연구는 이러한 문제를 살펴보기 위하여 혁신적인 방법론을 사용하였다. 이들은 LA, 보스턴, 디트로이트, 애틀랜타에 거주하는 수천 명의 사람들에게 그들 근린지역의 인종 구성 관점에서 원하는 것이 무엇인지에 대한 인터뷰를 수행하였다. 이들에게 근린지역의 다양한 인종 구성 조합을 묘사하는 '광고 전단'을 보여주고 선호하는 순서를 결정하도록 하였다. 이 연구는 흑인은 거의 50%의 백인과 50%의 흑인으로 구성되어 있는 근린지역을 '선호'한다는 것을 분명히 보여주고 있다. 흑인들에게 완전히 격리된 근린지역은 분명히 이상(the ideal)이 아니다.

MCSUI 연구는 선호의 문제를 바라보는 두 번째 방법, 즉 백인의 선호가 흑인의 선호보다 더 중요하다는 주장에 대한 강력한 증거를 제공한다. 흑인 응답자들은 통합된 근린지역이 가장 바람직하다고 표시한 반면, 백인 응답자들은 무엇보다도 소수인종의 존재가 문제가 된다고 표시하였다. 그래서 백인 응답자들은 통합이 이루어지고 있는 근린지역을 벗어나고자 하고 소수인종이 상당한 비율을 차지하는 근린지역으로 이주해 들어가는 것을 꺼린다. 이러한 결과는 1970년대에 이루어진 다른 연구들의 결과와 일치한다(Schelling, 1971). 이 연구들에 따르면 백인 거주자들은 **티핑 포인트**(tipping point)에 반응을 보인다. 인종 구성이 어떤 임계치를 넘어가게 되면(그리고 지난 40년 동안 임계치가 약간 높아졌다는 증거가 있다), 근린지역은 필연적으로 '기울(tip)' 것이다. 즉 근린지역은 백인들이 **백인 중산층의 교외 이주**(white flight)로 알려진 과정을 통하여 매우 빠르게 빠져나가면서 백인 중심에서부터 흑인 혹은 히스패닉 중심으로 완전히 전환될 것이다. 이러한 관점에서 보면 선호가 그렇게 상냥한 힘은 아니다.

격리의 원인에 대한 논쟁이 격렬하기는 했지만, 여전히 답하지 않은 것들이 많이 남아 있다. 아프리카계 미국인들의 격리 수준은 여전히 높고 1960년대와 1970년대에 극에 달했다. 격리 수준이 어떻게 정점에 도달하게 되었는가? 게토를 형성했던 힘은 여전히 유효한가? 상이한 힘에 의해서 20세기 초반에 형성되었던 격리 수준을 유지하는 데 있어 오늘날은 다른 힘이 작동하는가? 다음 절에서는 현재의 패턴을 이해하는 데 필수적인 미국의 복잡한 격리 역사를 살펴본다.

인종과 북아메리카 게토

19세기 후반의 경우 적은 수의 아프리카계 미국인들이 도시에 살았다. 격리 수준은 두드러지지 않았다. 도시 내 아프리카계 미국인들의 지역사회는 여러 모로 당시 대규모로 이주해 온 유럽 이민자들의 지역사회와 닮았다. 사실 중산층의 지위를 획득할 수 있었던 일부 아프리카계 미국인들은 종종 백인이 지배적인 근린지역에 거주하기도 하였다.

'최초'의 북아메리카 게토

대이동(Great Migration)이라 부르는 북동부 도시로의 아프리카계 미국인들의 첫 번째 이주 흐름이 1차 세계대전 직후인 1915년에서 1920년 사이에 발생하였다. 한편으로 목화 해충에 의한 남부 농업의 황폐화와 다른 한편으로 북부 도시들에서 심각한 전시 산업 노동력 부족에 의해서 대이동이 추동되었다. 북부 산업

자본은 1차 세계대전 발발 전 수년 동안 점차 영향력을 확대해 가고 있는 노동운동 쟁의를 와해시키기 위하여 이전에도 남부 흑인 노동력을 이용하였다. 북부 산업 자본은 1차 세계대전에 의해서 유럽 이민이 갑자기 줄어든 시점에 전쟁 생산을 늘릴 필요에 의해서 다시 남부 흑인 노동력에 주목하였다.

대이동의 결과로 많은 북부 도시들에서 흑인의 수와 비중이 급격히 증가하였다. 예를 들어 시카고의 흑인 인구는 1890년 약 14,000명에서 1920년 100,000명 이상으로 증가하였다(표 9.5). 북부 도시들에서 갑작스런 흑인 인구의 증가는 이미 한정된 주택 시장을 압박하였다. 전쟁 동안에는 매우 적은 수의 주택을 이용할 수 있었다. 지역 주택 시장에 대한 이러한 압력은 전시에 많은 도시들에게 위기를 가져왔다. 1차 세계대전 이후 갑작스럽게 늘어난 아프리카계 미국인들에 대한 도시의 반응 결과 최초의 아프리카계 미국인들의 게토가 형성되었다.

이중 주택 시장, 흑인 차별과 게토　게토는 받아들일 수 있는 사회적 · 경제적 과정의 '자연스런' 산물이 아니다. 오히려 개개인, 제도, 정부 등 사람들이 게토를 만들어 내고 유지한다. 이는 최초의 인종적 게토의 출현을 살펴보았을 때 보다 분명해진다. 공포와 인종주의가 점차 산업화와 대이동을 포함한 대규모 노동이동에 대한 북부 백인들의 특징적인 반응이 되었다. 20세기 초반 동안 흑인, 유대인 및 다른 여타 소수집단에 대한 백인들이 인종주의 정서를 표출하는 사례가 증가하였다. 북부 도시로 이주한 아프리카계 미국인들은 비록 많은 원 거주자들에 비해 교육을 더 받고 보다 많은 기술을 가지고 있었지만, 백인 사회로부터 그리고 기존 흑인 엘리트들로부터 문화적으로 후진적이고, 무지하며, 위험한 대상으로 인식되었다.

북부 도시에서 백인들은 흑인들을 공간적으로 뚜렷이 구분되는 게토에 고립시킴으로써 그들의 두려움과 적대감을 표출하였다. 비록 정도는 약하지만 아프리카계 미국인들은 남부 도시에서도 거주지 측면에서 격리되었다. 20세기 초반의 인종적 게토를 이해하기 위해서는 백인들이 도시의 거주지 경관에서 흑인 차별(color line)을 위하여 사용한 방법들을 이해할 필요가 있다.

표 9.5　시카고의 흑인 인구 성장, 1850~1930년

연도	총인구	흑인 인구	흑인 비율 (%)	증가율(%)	
				전체	흑인
1850	29,963	323	1.1		
1860	109,260	955	0.9	265	196
1870	298,977	3,691	1.2	174	286
1880	503,185	6,480	1.1	68	75
1890	1,099,850	14,271	1.3	119	120
1900	1,698,575	30,150	1.9	54	111
1910	2,185,283	44,103	2.0	29	46
1920	2,701,705	109,458	4.1	24	148
1930	3,376,438	233,903	6.9	25	114

출처: Philpott, T. L., 1991.

백인들은 아프리카계 미국인들과의 사회적 · 경제적 접촉을 최소화할 목적으로 비공식적 노력과 제도적 노력을 함께 동원하였다. 백인들은 흑인이 지배적인 근린지역으로 흑인들의 주택 선택을 제한하는 데 성공하였다. 1차 세계대전 이전에 백인 지배적인 근린지역에 살았던 흑인들을 때로는 강제로 내쫓았고, 남부에서 이주해 온 엄청난 수의 흑인들을 철저히 차단된 게토에 정착하도록 강제하였다. 흑인이 지역 인구의 1/4에 불과했던 1차 세계대전 전의 도시 내 '흑인' 지역은 전쟁 이후 훨씬 더 배타적으로 흑인 중심이 되었다.

아프리카계 미국인들은 점차 개인적인 폭력과 적대감에 직면하게 되었다. 백인들로만 구성된 지역을 만들고 유지하고자 하는 곳으로 흑인 가정이 이주하거나 살게 되면, 분노한 백인 군중들이 모여 돌을 던지고, 불을 지르고, 심지어 한밤중에 흑인 주거지에 화염병을 던지기도 하였다(Philpott, 1991; Spear, 1967). 인종적 폭력이 북부 도시들에 한정된 것만은 아니었지만, 백인과 흑인 사이의 접촉이 늘어나면서 북부 도시들에서 점차 보편화되었다. 이러한 인종적 폭력의 대상은 가장 빠르게 성장했던 흑인 지역사회로 향하였다. 폭력이 가장 빈번한 지역은 철저히 차단된 흑인 게토에 인접하거나 성장 축에 놓인 곳이었다. 흑인에 대한 백인 폭력이 가장 심했던 시기 동안, 젊은 백인 갱들은 대중교통 수단에서 흑인들을 끌어내려 폭력을 가하기도 하였다(Philpott, 1991; Spear, 1967). 1919년 시카고 인종 폭동 시 백인 갱들은 흑인 희생양을 찾기 위해 흑인 지역사회로 들어가기도 하였다. 비록 주택 문제가 항상 인종적으로 동기화된 폭력의 최악의 사례를 촉발시킨 것은 아니었지만, 폭력의 목표는 항상 인종의 사회적 분리를 강화하는 것이었다. 그림 9.2는 흑인에 대한 인종적 폭력의 결과를

그림 9.2 1919년 시카고 인종 폭동으로 많은 흑인들이 강제로 그들의 집을 떠났으며, 그 결과 거주지 격리가 심화되었고 인종적으로 분절화된 주택 시장이 형성되었다.

보여주고 있다.

백인 거주자들 또한 보다 교묘한 수단을 이용하여 흑인들을 배척하였다. 주택에 대한 흑인들의 필사적인 요구와 백인 근린지역으로의 불가피한 '유입'에 직면하면서, 백인 주택 소유자들과 근린지역 지도자들은 흑인들을 배척하는 것이면 무엇이든 행하는 **근린지역 개선 조합**(neighborhood improvement associations)을 조직하였다. 이 조합은 백인 소유자들과 임대인들에게 흑인들에게 집을 임대하거나 팔지 않겠다는 확답을 받고자 노력하였다. 조합은 또한 돈을 모아 인종적 변천으로부터 '위협을 받았던' 주택을 공공연히 사들이기도 하였다. 조합은 은행들이 흑인들에게 돈을 빌려 주지 않도록 설득하였고, 부동산 중개업자들에게는 흑인들에게 백인 근린지역에 있는 주택을 소개하는 것은 비윤리적인 것이라고 압력을 가하였다. 조합이 고안하고 제도화한 가장 중요한 것은 아마도 **제한 계약**(restrictive covenant)일 것이다. 제한 계약으로 인하여 근린지역 거주자의 대다수가 거래에 반대를 하면, 백인 소유자가 흑인에게 주택을 판매한 것이 불

법이 되었다.

비록 2차 세계대전 이후에 보다 더 보편화되기는 하였지만 흑인들을 인종적으로 한정된 게토에 집중시키는 가장 공식적인 메커니즘이 이 시기에 등장하였다. 예를 들어 1910년에서 1917년 사이 주로 남부와 경계주들(남북전쟁 전에 노예 제도를 인정하던 남부의 주들 중에 북부의 노예 금지 지역에 인접해 있던 주)에서 직접적인 법적 격리를 위한 시도들이 있었다(즉 흑인이 어디에는 살 수 있고 어디에는 살 수 없는지를 법으로 규정하는 것). 이러한 시도는 대법원이 위헌인 것으로 판결하면서 폐지되었다(Rice 1968). 이 시기 동안 법의 가장 영향력 있는 역할은 시행할 수 없는 것으로 결정된 1948년까지 제한 계약을 합법화한 것이었다.

이 시기 동안 제도적 관행은 백인과 흑인에 대하여 매우 상이하게 작동하는 **이중 주택 시장**(dual housing market)을 만들어 내는 데 중요한 역할을 하였다. 일부 부동산 중개업자들은 인종적 조종(racial steering)을 시행하였다. 주택에 대한 충분한 지불 능력이 있는 흑인들에게조차 백인 근린지역에 있는 주택을 보여주지 않았고, 백인들에게는 인종적으로 혼합된 혹은 과도기적인 근린지역에 있는 주택을 소개하지 않았다. 다른 부동산 중개업자들(흑인과 백인 모두)은 흑인 가족을 백인 근린지역에 이주시켜 인종적 두려움을 조성하면 주민들이 주택을 싸게 팔 것이라고 기대하고 백인 주민들에게 상황을 과장하는 수법인 블록버스팅을 통하여 이득을 보았다. 부동산 중개업자들은 종종 직접 해당 지역의 주택을 사들여 흑인들에게 재판매 혹은 임대한다. 아파트를 작은 거주공간으로 쪼개고, 터무니없는 임대료를 부과하는 것 또한 일반적인 관행이었다. 대출기관과 보험업체들은 흑인 근린지역을 레드라이닝하고 흑인들에게 대출을 거부함으로써 인

종적 격리 문제에 기여하였다.

2차 세계대전 이후 제도화된 게토

20세기 초반에 형성된 인종적 격리 패턴은 대부분 2차 세계대전 이후까지 지속되었다. 2차 세계대전 이후 많은 것이 변하였지만, 인종적 격리는 그렇지 않았다. 8장에서 논의했던 것처럼 전후 시기 동안 전례 없는 경제성장, 주택 물량의 폭발적 증가, 주택 금융 체계의 혁신적인 변화에 의해 추동된 주택 소유의 빠른 증가, 시민 평등권 운동의 주목할 만한 성공 등 많은 변화들이 북아메리카 도시들을 휩쓸고 지나갔다. 이러한 힘들이 인종적 게토를 손쉽게 종식시킬 수도 있었다. 그러나 인종적 게토와 나머지 도시사회 사이의 구분은 오히려 명확해졌고 강화되었다.

도시사회학자 허쉬(Arnold Hirsch, 1983)는 이 시기 동안 일차 게토와 구별되면서도 연속성을 띠는 '이차' 인종적 게토가 만들어졌다고 주장한다. 이러한 새롭게 만들어진 게토는 더 넓은 면적을 차지하였고, 훨씬 더 많은 인구가 거주하였으며, 해당 지역 거주자들에게 심화된 사회적·공간적 고립을 부과하였다. 시카고가 대표적이다. 1920년에 일차 게토의 윤곽이 그려지기는 했지만, 어떠한 흑인도 흑인이 90% 이상인 센서스 트랙에 살지 않았다. 그러나 1960년에는 시카고 흑인의 50% 이상이 거의 전적으로 흑인들로만 구성된 센서스 트랙에 살았다(그림 9.3). 이차 게토에 대한 이해는 현재의 인종, 격리, 빈곤 문제를 이해하는 데 중요하다.

1920년대 도시에 새겨진 이중 주택 시장은 수십 년 동안 만연하였다. 그러나 2차 세계대전 후 수십 년 동안 상태는 빠르게 나빠졌다. 늘어난 산업 노동력에 대한 수요와 남부 농업 경제의 지속적인 변화에 의해서 추동된 남부 농촌 지역 흑인들의 북부, 중서부, 서부

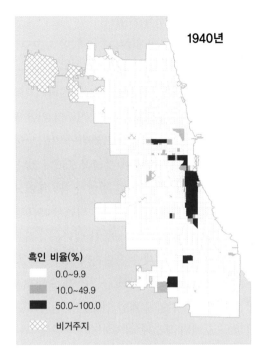

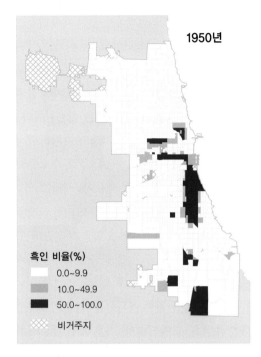

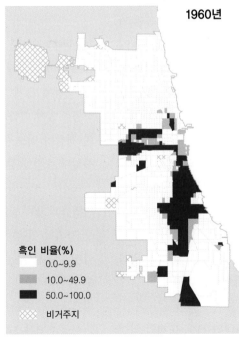

그림 9.3 **2차 세계대전 후 시카고의 인종 지리 변화.** 출처: The National Historical Geographic Information System (www.nhgis. org), Minnesota Population Center(2011) 자료를 토대로 작성.

산업도시로의 이주는 2차 세계대전 동안 재개되었고, 1950년대와 1960년에도 지속되었다. 이 시기 동안 흑인 이주자들의 수는 대이동 시기 이주자의 수를 능가하였다. 그렇기는 하지만 1920년대 도시에 새겨진 흑인 차별은 바뀌지 않았고, 흑인 차별은 대공황기와 2차 세계대전 시기의 침체된 주택 시장과 결합하여 일차 게토 내에 심하게 과밀하고 침울한 주택 수요를 만들어 냈다. 이러한 과밀은 일차 게토가 '쇠락'하였다는 인식을 심어 주는 데 기여하였고, 이러한 지역을 제거하기 위한 지방 성장 기제의 노력을 부추겼다. 그러나 실제 문제를 해결할 수 있을 만큼 공공주택이 충분히 공급되지는 않았다.

전후 경제 변영을 통하여 이득을 본 다수의 흑인들이 더 나은 주택을 찾게 되면서, 기존 흑인 게토에 바로 인접한 근린지역들에 대한 압력이 커졌다. 전쟁이 끝난 후 몇 년 동안 인접한 근린지역에 사는 백인 거주자들은 흑인들이 이전의 흑인–백인 경계선을 넘어서려는 시도에 강경하게 저항하였다. 그러나 대부분의 지역에서 이러한 압력은 너무 컸다. 때문에 새롭게 지어진 교외 주택을 이용할 수 있게 되면서 많은 백인들은 오래된 근린지역에서 급속히 빠져나갔고, **백인 중산층의 교외 이주**(white flight)로 묘사되는 과정을 거치면서 이전의 백인 근린지역을 흑인 가구들에게 넘겨주었다. 이러한 유형의 인종적 변천은 상대적으로 빠르게 이루어졌다. 도시의 주변부 지역에 백인을 위한 새로운 주택이 지어지기 시작하면서 이러한 변화가 일어날 수 있었다는 것을 기억하기 바란다.

정부 지원 차별 이차 게토는 확대된 정부 규제의 역할 때문에 일차 게토와 부분적으로 구분된다. 대공황기 동안 이행된 주택 금융 체계(8장에서 논의)에서의 많은 변화는 2차 세계대전 이후 인종적 격리를 심화시키는 데 중요한 역할을 하였다.

특히 연방주택관리청(FHA) 대출 담보 프로그램에서 레드라이닝 관행의 수용은 격리된 도심부 근린지역에서 모기지 자본과 적절한 보험 커버리지의 심각한 부족을 야기하였다(그림 9.4). 거주지 위험 평가 체계에 대한 인종적 논리는 레드라이닝 지도가 들어 있는 문서에서 인용된 구절에 분명히 드러나 있다. FHA 프로그램 개시 이후 이러한 관행이 차별적이고 시민권 보호에 위배되는 것으로 인식되면서 1960년대 중반 중단되기까지, FHA가 보증한 대다수의 자본이 백인이 지배적으로 우세한 근린지역으로 향하였다. 대부분의 소수인종 지배적인 근린지역(그리고 인종적 변천과 티핑의 위험에 처한 인접한 근린지역)은 도시의 보다 오래된 부분에 위치하였기 때문에, 인종적으로 차별화된 FHA 정책은 교외 스프롤만을 부추겼다.

공공주택과 도시 재개발 연방정부는 또한 재개발, 도시 스프롤, 공공주택 등 보다 구체적인 방법으로 도시 게토 형성에 크게 기여하였다. 8장에서 도시재개발과 공공주택에 대하여 많이 논의하였다. 여기서는 이러한 개발이 대도시의 인종화된 게토에 엄청난 영향을 주었다는 것을 강조하고자 한다.

도심의 보편화된 쇠퇴가 계기가 되어 형성된 민간 기업들과 공무원들의 강력한 연합체들은 중심업무지구 가까이 있는 지역을 사들이고 재개발하기 위하여 엄청난 돈을 투자하였다. 공공주택의 역할이 바뀌었고 가난한 흑인들이 이렇게 재개발된 지역으로부터 퇴거되었기 때문에 인종적 격리가 발생하였다.

공공주택은 2차 세계대전 이후 수십 년 동안 공간적으로 가난한 사람들을 게토에 공간적으로 집중시키고 벗어날 수 없도록 함으로써 이차 게토의 형성에 기여하였다. 공공주택이 이차 게토 형성에 기여한 세

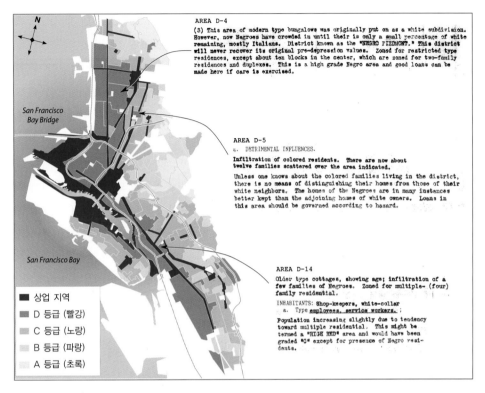

그림 9.4 캘리포니아 주 오클랜드에서의 레드라이닝. 주택소유자 대부회사(HOLC)는 1935년이 시작되면서 부동산 투자에 따른 위험도를 기초로 근린지역을 평가한 일련의 상세 주거 안전 지도(Residential Security Map)를 만들었다. 근린지역의 인종 구성이 HOLC가 고려한 주요한 요인이었다. 오클랜드와 버클리 지역에 대한 지도는 1937년 주거 안전 지도에 기초하고 있다. 'D' 등급 지역은 지도에 붉은색으로 표시되어 있는데, 가장 큰 위험도를 가진 것으로 간주되는 지역을 나타낸다. 지도에 있는 논평은 평가자가 제출한 실제 타자인쇄물이다.

출처: Map produced using resources obtained from R. Marciano, D. Goldberg, C. Hou, (n.d.) "T-RACES: a Testbed for the Redlining Archives of California's Exclusionary Spaces" (http://salt.unc.edu/T-RACES).

가지 이유가 있다. (1) 공공주택은 원래 목표했던 향상 이동을 지향하는 저소득층 노동자들을 위한 일시적인 주택이 아니라 재개발이 진행되는 지역으로부터 퇴거된 최빈곤층을 위한 최후의 주택 옵션이 되었다. (2) 대부분의 공공주택은 인종에 의해서 극도로 격리되었다. 그림 9.5는 공공주택을 둘러싼 인종적 적대를 보여준다. 소저너 트루스 주택단지(Sojourner Truth Homes)는 참전 군인들에게 주택을 제공할 목적으로 1942년 준공되었다. 백인 거주자들은 흑인 주거 지역으로 통합되는 것에 강하게 반대하였다. 1943년 끔찍한 디트로이트 인종 폭동으로 분출될 때까지 인종적 긴장이 높게 유지되었다. 공공주택으로의 통합에 대한 폭력적 저항은 재개발 계획의 일환으로 지방주택당국이 퇴거된 흑인들을 기존 및 신규 공공주택에 입주시켰던 1950년대까지도 지속되었다. (3) 아프리카계 미국인들이 점유한 거의 모든 공공주택은 이미(혹은 곧 그렇게 될) 가난한 사람들과 소수인종이 지배적인 근린지역에 위치하였다. 예를 들어 시카고에서는 1950년에서 1960년대 중반 사이에 33개의 공공주택단지가 지어졌다. 1개 단지를 제외한 모든 주택 단지

(a)

(b)

그림 9.5 원래 빈곤한 백인 노동자 계층을 위하여 지어진 공공주택이 1940년대 초반 통합되었다. 디트로이트의 소저너 트루스 주택단지(Sojourner Truth Homes)는 흑인 참전 군인들이 이사해 오려고 했을 때 백인들의 적대감 표출 지점이 되었다. (a)는 백인들의 조직화된 저항을 보여주고 있고, (b)는 격리에 대한 백인들의 분명한 바람을 보여주고 있다.

출처: Library of Congress, Prints and Photographs Division, Farm Security Administration-Office of War Information Photograph Collection, Photograph by Arthur S. Siegel.

가 흑인 인구 비율이 적어도 84% 이상인 근린지역에 지어졌다. 전체적으로 이 시기에 지어진 21,000개의

아파트 중 98%가 모두 흑인인 센서스 트랙에 위치하였다(Hirsch, 1983, p. 243).

가난한 흑인과 소수인종이 감당할 수 있었던 낮은 '쇠락한' 주택을 불도저로 파괴하였을 때 퇴거가 발생하였다. 퇴거된 빈곤층, 특히 민간 시장에서 주택을 찾는 데 가장 큰 어려움이 있는 최빈곤층은 결국 기존의 공공주택 및 신규 공공주택에 들어갈 수밖에 없었다. 재개발에 의해서 퇴거된 사람들에게 주택을 공급하기 위하여 공공주택에 가해진 압력은 또한 지방의 정치권력과 주택당국에 의해서 행해진 인종주의적인 부지 선정을 강화하였다.

1950년대와 1960년대 도시 재개발 계획은 이차 게토의 형성에 또 다른 그리고 아마도 보다 중요한 영향을 끼쳤다. 많은 수의 퇴거된 가난한 거주자들은 특히 이미 제한된 주택 선택에 직면한 소수인종을 위한 공공주택을 압박하는 동시에 민간 주택 시장에 대한 압력을 강화하였다. 교외는 FHA와 VA 담보 보증 프로그램을 통한 정부의 차별에 의해서 흑인들을 효과적으로 차단하였기 때문에, 흑인들은 도시 내에 있는 비게토 근린지역, 일반적으로 낮은 게토에 인접한 근린지역에서 주택을 찾을 수밖에 없었다. 이러한 상황에서

그림 9.6 1950년대와 1960년대에 발생한 주거지 통합에 대한 백인들의 (때로는 폭력적인) 저항. 이 사진은 1960년대 시카고 교외에서 촬영.

이들 근린지역에서 특히 교외로 이주하는 것을 꺼리거나 여력이 없는 백인들 사이에서 상당한 긴장이 존재하였다. 그림 9.6은 1950년대와 1960년대를 통하여 근린지역의 인종적 통합에 대한 백인들의 지속적인 저항을 보여주고 있다.

경제적 변화와 버림받은 게토　1960년대 말까지 북부 도시들의 인종화된 게토는 상당한 변화를 경험하였다. 2차 세계대전이 끝날 무렵 게토를 연구한 사람들은 인종적으로 고립되어 있지만, 경제적으로 그리고 문화적으로 연계된 지역사회를 묘사하였다. 드레이크와 캐이튼(Drake and Cayton, 1945)은 1940년대 후반 시카고의 '브론즈빌(Bronzeville)'에 대한 고전적이고 체계적인 연구에서 번성하는 지역사회를 묘사하였다. 위버(Robert Weaver)는 1948년 다음과 같이 기술하였다.

> 오늘날 니그로 게토는 미국 문화의 일부분이며 주류 미국인들과 공통 언어를 공유하는 철저히 미국인인 사람들로 구성되어 있다…. 게토 거주자들은 주류에 합류하기 위하여 그 어느 때보다 잘 준비가 되어 있고 이를 보다 더 열망하고 있다. 여러 가지 제도에 의한 거주지 격리는 그들의 이러한 아메리칸드림을 현실화시키는 데 있어 유일한 방해물이다.(Weaver, 1948, p. 7, Marcuse, 1996, p. 180에서 인용)

그러나 1960년대 끝 무렵 상황은 상당히 바뀌었다. 이전 절에서 기술한 것처럼 인종화된 게토의 제도화로 인하여 게토는 거의 희망이 없는 장소가 되어 버렸다. 클라크(Kenneth Clark)의 문제가 많은 기술은 이를 잘 요약해 준다.

> 흑인들이 권력을 갖지 않도록 하고 이들의 무력함을 지속시키고자 권력을 가진 백인 사회는 어두운 게토(dark ghetto)의 보이지 않는 벽이 만들었다. 어두운 게토는 사회적, 정치적, 교육적, 무엇보다도 경제적 식민지이다. 게토의 거주자들은 피지배인이고, 지배자의 탐욕, 학대, 무감각, 죄악, 두려움의 희생자들이다.(Clark 1965, p. 11, Marcuse 1996, p. 180에서 인용)

마르쿠제는 클라크의 서술은 게토가 주류사회에 이익을 가져다준다는 식으로 게토와 주류사회를 여전히 연계하고 있다는 점에 주목한다. 그럼에도 불구하고 마르쿠제는 오늘날의 게토는 경제적 변화와 연계하는 방식에 있어 여러 모로 다르다고 주장한다.

> 오늘날의 흑인 게토는 지배자들에게 전혀 생산적이지 않다. 그들의 지배자들은 게토의 존재로부터 거의 이익을 얻지 못한다. 지배 사회가 관심을 갖는 것은, 새로운 게토의 대부분 거주자들이 공공 및 민간 재원을 고갈시키며, 사회적 평화의 위협자이고, 유용한 사회적 역할을 하지 못하는 사람들에 불과하다는 것이다. 게토는 벼려진 것이다. 이런 이유로 버려진 게토는 그 희생물을 규정하고, 고립시키고, 제지한다.(Marcuse, 1996, p. 181)

이러한 변화 속에서 인종화된 게토의 불안한 상태는 1965년 여름에서 1968년 사이 시끄러운 폭력사태로 번졌다(글상자 9.2).

다음 절에서는 20세기 후반부에 나타난 게토의 변화에 영향을 준 여러 가지 주요 경향인 시민 평등권의 진전, 탈산업화, 세계화를 살펴본다. 학자들과 정책입안자들이 새로운 게토를 이해하고자 시도했던 방법들을 소개하면서 이 절을 마무리한다.

시민 평등권　인종적 격리와 연관된 20세기 후반의 주

1965년과 1968년 사이 미국의 83개 도시에서 인종 폭동이 일어났다. 1967년 처음 9개월 동안만 디트로이트와 뉴악(Newwark)에서의 대규모 폭동을 포함하여 8건의 주요 사건과 33건의 심각한 추가 사건이 발생하였다. 이들 사건을 조사할 목적으로 존슨 대통령에 의해서 임명된 사회혼란에 관한 자문위원회[The National Advisory Commission on Civil Disorders, 또는 커너 위원회(Kerner Commission)]는 사건의 원인에 대한 강력한 결론을 도출하였다. 위원회는 소란스러운 젊은이들 혹은 문제를 일으키는 국외자들의 폭력으로 치부하는 단순한 설명을 거부하는 대신, 도시 소수집단이 경험한 경제적 불이익과 결합된 뿌리 깊은 인종적 격리(이 장의 논의 주제)에 반영된 구조적 인종주의를 사건의 원인으로 지적하였다. 위원회는 다음과 같이 진술하였다. "이것이 우리의 결론이다. 우리나라는 하나는 흑인이고 또 다른 하나는 백인인 분리되고 불평등한 두 사회로 나아가고 있다. 백인 미국인들이 결코 완전하게 이해하지 못한 것, 그러나 흑인들이 결코 잊지 않는 것은 백인 사회가 게토에 깊이 연루되어 있다는 것이다. 백인의 제도가 게토를 만들어 냈고, 이를 지속시키고 있으며, 백인 사회가 이를 용인하고 있다"(U.S. Advisory Commission on Civil Disorders, 1968, pp. 1~2).

비록 위원회가 도시 폭동의 원인에 대한 숙고에서 비판적이기는 하였지만, 해결책에 대해서는 조심스럽게 낙관적이었다. 새로운 의지와 비전을 가지고 효과적으로 동기를 부여할 수 있다면, 미국 경제의 번영은 실질적인 변화를 가져올 수 있을 것이라고 생각하였다. 불행히도 위원회의 구체적인 권고는 대체로 무시되었고, 위원회가 예견했던 인종적 격리로 나아가는 경향이 여러 모로 현실화되었다. 비록 커너 위원회가 1960년대의 폭동을 인종주의 근절을 위한 일치 행동의 자극제로 사용할 것을 권고하였지만, 실제로는 문제가 더욱 심각해졌다. 도심 지역은 점차 위험하고 불안한 장소로 여겨졌고, 백인 중산층의 교외 이주와 경제적인 분산을 강화하였고 나아가 여기서 논의하고 있는 인종적인 지리적 분리를 심화시켰다. 게다가 1960년대 갈등으로 피해를 입은 일부 지역은 아직도 복구되지 않고 있다.

중요한 것은 도시 소요가 사라지지 않았다는 점이다. 예를 들어 1992년 LA는 흑인 운전자 로드니 킹을 때리는 장면을 비디오로 촬영한 4명의 경찰관을 무죄 방면한 것에 분개하여 물리적 충돌이 발생하였다. 이 물리적인 충돌에 대한 많은 설명이 제시되었지만, 커너 보고서에 문서화된 많은 특징들이 25년 후에 LA에서도 나타났다는 점이 중요하다. 존슨과 파렐(Johnson and Farrell, 1996)은 나아가 최근의 이주 경향은 오래 지속되어 온 인종주의 패턴을 악화시켰다고 주장한다. LA의 많은 근린지역에서 히스패닉이 흑인들을 대체하였고, 한국인 이주 상인들이 지역의 많은 소비 시설을 인수하였다. 새로운 형태의 민족 간 갈등이 LA 폭동을 특징짓고, 이는 전례 없이 복잡하게 인종화된 정체성과 빈곤의 도시 상황을 분명히 보여주고 있다.

된 특징 중 하나는 시민 평등권의 이행과 이어서 진행된 긴축이다. 1950년대 후반 법적으로 인식된 격리(거주지뿐만 아니라 교통수단과 목욕탕과 같은 모든 '공공' 시설에 대한 평등한 접근의 관점에서)를 종식시키기 위한 대중적인 노력이 확대되기 시작하였고, 1960년대에도 지속되었다. 주택 시장에서의 차별 철폐가 이러한 노력의 일환이었다(8장 논의 참조). 레드라이닝에 대한 연방정부의 토대가 허물어졌고, 주택 시장 전체에서 인종 차별에 대한 연방정부의 반대 입장이 법률에 명문화되었다.

이러한 시민 평등권 운동의 성공에 뒤이어 여러 흐름들이 나타났다. 첫째, 몇몇 아프리카계 미국인들은 교육에 대한 보다 자유로운 접근과 축소된 고용 차별을 바탕으로 경제적으로 발전할 수 있었다. 이전에는 흑인 중산층이 지역사회 기반의 기업가적인 기회(즉 격리된 흑인 인구를 대상으로 한 사업과 서비스)에 한정되었던 반면, 20세기의 마지막 20년 동안 훨씬 많고 보다 다양한 흑인 중산층이 출현하기 시작하였다.

비록 비슷한 소득을 가진 흑인과 백인 중산층 가족 사이에는 상당한 부의 불평등이 존재하였지만, 제한적인 소득의 수렴이 있었다.

둘째, 주택 시장에서 겪게 되었던 인종적 걸림돌의 축소는 특히 중산층 수준의 소득을 지닌 많은 흑인 가족들로 하여금 전통적인 흑인 게토를 벗어나 교외 주택으로 이주하는 것을 가능하게 하였다. 비록 교외지역의 재격리, 흑인 가족의 이주에 따른 지속적인 백인 중산층의 이주 등 많은 심각한 문제들이 남아 있기는 하지만, 흑인 거주자들이 전혀 없는 근린지역의 수가 상당히 줄어들었다.

탈산업화와 세계화　1970년대와 1980년대 많은 주요 도시들의 인종화된 근린지역에서 경제적·사회적 조건이 악화되었다. 광범위한 제조업 부문의 실업과 도시의 경제적 기반으로서 세계화 및 고차 서비스업의 성장으로 인하여 도시 산업 경제는 황폐화되었다. 이러한 변화는 안정적이고 고임금 고용을 제공했던 공장지대 가까이에 위치해 있었던 도심부 근린지역에 특히 문제가 되었다. 일자리를 찾기 위하여 흑인들이 도시로 이주해 온 바로 그 시점인 1950년대와 1960년대 동안 산업 활동은 역사적으로 중요한 도심부로부터 처음에는 교외로 그리고 비대도시권으로, 이후에는 다른 나라로 빠져 나가기 시작하였다. 기업들은 노동비를 줄이고, 조직화된 노동력의 힘을 줄이고자 하였다. 동시에 산업 생산 또한 급격한 변화를 경험하였고 도시에 대한 악영향을 더욱 심화시켰다. 아마도 가장 중요한 것은 컴퓨터와 디지털 기술이 점차 인간 노동을 대체하였다는 점이다.

도시로부터 산업의 이탈과 노동 집약적인 생산 과정을 탈피한 산업 재구조화는 너무나도 급격해서 그 결과를 **탈산업화**(deindustrialization)라고 지칭한다. 탈산업화의 두드러진 영향은 지역의 모든 직업이 제조업에 기반을 두었기 때문에 증폭되었다. 6장에서 기술한 승수효과가 여기에서는 반대로 적용된다. 제조업 일자리 한 개가 국지적 소비를 통하여 여러 개의 비제조업 일자리를 뒷받침하였다면, 제조업 일자리의 손실은 모든 다른 일자리를 위협하게 된다. 전체적으로 이러한 변화를 통하여 역사적으로 국제 이민자들과 국내 이주자들에게 경제적인 상향 이동의 가능성을 제공하였던 수많은 일자리가 사라졌다.

인종화된 게토에 대한 탈산업화의 영향은 더욱 심각하였다. 이 기간 동안 실업률과 빈곤율이 치솟았다. 수많은 사람들이 고용기회 부족으로 희망을 잃고 더 이상 일자리를 찾으려 하지도 않은 채 살아갔다. 윌슨(William Julius Wilson, 1987)은 25세에서 34세 비백인 남성 중에서 직업을 가진 사람의 비율이 1955년 88%에서 1984년 76%로 떨어졌다고 보고하고 있다. 10대와 젊은 성인 남성의 고용 감소는 보다 더 뚜렷하였다. 20~24세 연령대에서는 30% 포인트, 16~17세 연령대에서는 25% 포인트 줄어들었다.

그러나 도심부에서 직업기회가 완전히 사라진 것은 아니었다. 사실 제조업 관련 직업이 감소함에 따라, 서비스업 특히 고차 서비스업이 확대되었다. 이러한 부문에서의 경제 성장은 점차 확대되고 있는 세계 경제와 연계된다. 다국적·초국적 기업들이 한편으로 다입지적 생산 전략에 기초하여 성장하였다. 기본적인 상품 제조 및 조립 공장이 개발도상국으로 재배치되었고, 이러한 많은 기업들은 이 시기에 상당한 성장을 이룰 수 있었다. 많은 미국 도시들, 특히 대도시들은 세계화하고 있는 경제를 통제하고 관리하는 기능의 입지로서 점차 중요해졌다.

그래서 탈산업화로 인하여 제조업 관련 일자리를 잃으면서 엄청난 충격을 경험했던 많은 도시들은 또한 세계화에 의해서 추동된 성장을 경험하였다. 이러한 도시들에서 점차 놀라운 역설이 나타나게 되었다. 새로운 서비스 지향 경제는 고학력의 전문직 상향 이동 성향의 노동력을 요구하였다. 그래서 보다 부유하고 좋은 교육을 받은 사람들의 고용기회는 늘어나기 시작하였다. 한편 저임금의 흑인들을 위한 고용기회는 줄어들었다. 결과적으로 터무니없는 빈곤은 점차 과도한 부와 동시에 일어났다. 많은 지리학자들은 이러한 대조적 상황을 점차 늘어나고 있는 빈부 격차를 의미하는 **사회적 양극화**(social polarization)라고 불렀

다. 인종화된 게토는 탈산업화가 지방 경제를 황폐화시키면서 점차 주류 경제로부터 고립되게 되었다.

사회적/공간적 고립과 '최하층' 문제 몇몇 연구자들은 앞에서 언급한 두 가지 경향인 탈산업화와 시민 평등권의 진전을 연계하여 설명한다. 저명한 사회학자 윌슨(William Julius Wilson, 1987)은 이러한 경향의 수렴은 많은 흑인 지역사회를 위기로 몰아넣었다고 주장한다. 경제적 변화는 점차 많은 도심 거주 흑인들이 안정적인 직업을 갖는 것을 어렵게 만든 반면, 상향 이

글상자 9.3 ▶ 소득 격리의 증가

지난 수십 년 동안 점차 늘어나는 소득 불평등은 큰 관심사이자 논쟁의 주제가 되었다. 우리는 도시의 거주 패턴에 반영된 점차 양극화된 소득 분포의 본질을 어느 정도까지 파악할 수 있는가? 비숍과 리어던(Kendra Bischoff and Sean Reardon, 2013)은 1970, 1980, 1990, 2000년 센서스 데이터와 미국 센서스국에서 작성한 2007년부터 2011년까지 5년 간격의 미국지역사회조사(ACS) 데이터에서 추출한 유사한 데이터를 이용하여 이 주

제를 살펴보았다. 이들은 소득에 따른 거주지 격리는 지난 40년 이상 주목할 정도로 증가하였다는 것을 보여주었다. 그림 B9.1은 1970년 이후 저소득 혹은 중상위소득 근린지역에 거주하는 미국 가족의 비율이 감소했다는 것을 분명하게 보여주고 있다. 이제 부유한 근린지역 혹은 가난한 근린지역에 거주하는 가족은 이전과 비교했을 때 2배 이상이다(1970년에는 15%였는데 2009년에는 33%이다). 중간소득 근린지역에 거주하는 가족

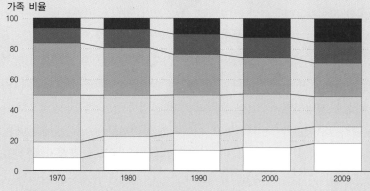

**고소득, 중간소득, 저소득 근린지역에 거주하는 가족 비율
대도시 지역, 1970~2009년**

가족 비율

중위가족소득 수준에 기초한 근린지역의 유형

■ 부유(대도시권 중위소득의 150% 초과)
■ 고소득(대도시권 중위소득의 125~150%)
■ 중상위소득(대도시권 중위소득의 100~125%)

□ 중하위소득(대도시권 중위소득의 80~100%)
□ 저소득(대도시권 중위소득의 67~80%)
□ 빈곤(대도시권 중위소득의 67% 미만)

그림 B9.1 부유 혹은 빈곤 근린지역에 거주하는 가족의 집중 증가.
출처: Figure 1, Bischoff, Kendra and Sean F. Reardon. 2014. "Residential Segregation by Income, 1970~2009." In John R. Logan Ed., The Lost Decade? Social Change in the U.S. after 2000. New York, NY: Russell Sage Foundation을 수정.

동할 수 있는 흑인들은 점차 전통적인 게토를 벗어날 수 있게 되었다.

월슨에 따르면 두 경향의 수렴 결과 사실상 주류 사회 밖에 있는 **도시 최하층**(urban underclass)이 만들어졌다. 최하층 개념은 너무 논란거리여서 그렇게 많은 현재적인 효용성(current utility)을 가질 수는 없게 되었다. 어떤 사람은 '최하층의 행태'에 초점을 맞추어 빈곤층의 빈곤을 비난하는 데 이 개념을 사용하였다. 그러나 월슨은 인종화된 게토의 거주자들이 직면한 심각한 문제들을 효과적으로 강조하였다. 월슨이 수

행한 연구의 보다 더 중요한 측면은 **사회적 고립**(social isolation)과 **공간적 고립**(spatial isolation) 사이의 연계에 초점을 맞추었다는 점이다. 경제적 곤경이 부가된 격리의 역사적인 패턴은 주류 사회와 실질적인 연계가 거의 없는 지역사회를 만들어 내게 되었다. 그래서 사회적으로 불필요한 사람들이 모여 있고, 가능한 주류 사회의 핵심으로부터 멀리 떨어져 있는 경제적으로 고립된 장소 — **버려진 게토**(outcast ghetto) — 라는 마르쿠제의 관점으로 돌아가게 된다. 자고우스키와 양 (Jargowsky and Yang, 2006)은 2000년 센서스 데이터

의 비율은 해당 기간 동안 65%에서 42%로 줄어들었다. 주목할 만한 점은 우리가 빈곤의 공간적 집중에 대해 사회적으로나 정치적으로 더 많은 관심을 보이고 있음에도 불구하고 부유층 가족은 빈곤층 가족보다 다른 어떤 계층으로부터 거주지 측면에서 더 분리되어 있다는 점이다. 그림 B9.2는 인종에 따른 가족의 소득 격리가 점차 심화되는 것을 보여주고 있다. 흑인과 히스패닉 가족은 백인 가족에 비하여 소득 격리에서 보다 확연한 증가를 경험하였다. 이러한 경향은 두 집단 모두 1990년대 동

안 소득 격리가 잠시 완화된 이후 특히 두드러진다. 최근 이 두 집단 사이의 소득 격리가 빠르게 심화된 이유는 분명하지는 않지만, 이 보고서의 저자들은 집단들 사이의 소득 불평등의 심화, 2000년대 후반 주택 시장의 붕괴 직전 형성된 모기지 대출에서 인종적으로 패턴화된 결과의 조합을 반영한다고 보고 있다. 금융 위기 이후의 데이터는 이러한 질문에 답을 하는 데 도움을 줄 수 있다.

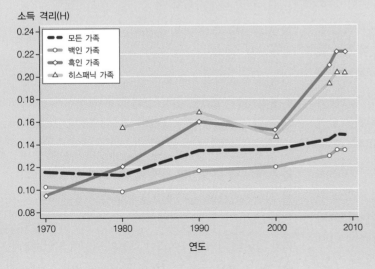

인종별 가족 소득 격리 경향, 대도시 지역, 1970~2009년

그림 B9.2 대도시 지역의 인종별 가족 소득 격리.
출처: Figure 2, Bischoff, Kendra and Sean F. Reardon. 2014. "Residential Segregation by Income, 1970– 2009." In John R. Logan Ed., *The Lost Decade? Social Change in the U.S. after 2000*. New York, NY: Russell Sage Foundation을 수정.

분석을 통하여 주로 빈곤의 공간적 집중(다음 절에서 논의하는 주제)의 감소 때문에 '최하층'이라고 명명할 수 있는 근린지역이 급격하게 감소했다는 것을 알게 되었다.

빈곤과 도시

지금까지 이 장에서는 주로 인종적(racial) 격리에 대해 살펴보았다. 빈곤을 언급하지 않고는 인종적 격리와 격리된 공간에 대해 말하는 것이 매우 어렵다는 것을 알 수 있다. 그러나 당신은 빈곤은 흑인 혹은 소수집단만의 문제라는 부정확한 인식을 가졌을지도 모른다. 이는 사실이 아니기 때문에 이 부분에서는 지금까지보다 직접적으로 그리고 보다 일반적으로 빈곤을 논의하고자 한다. 글상자 9.3은 계급과 소득에 의한 거주지 격리에 대한 증대된 관심을 논의하고 있다. 이 연구는 집중된 도시 빈곤을 논의하는 데 맥락적으로 유용하다.

　도시에서 빈곤에 대한 몇 가지 기본적인 관찰 사항을 살펴보는 것으로 이 절의 논의를 시작한다. 지난 70년 동안 미국 빈곤 패턴에서 가장 큰 변화 중 하나는 빈곤의 지속적인 도시화이다. 2차 세계대전 종료 시점에 미국 빈곤층의 1/3 미만이 도시(이 경우 교외가 아닌 도시를 말함)에 거주하였다. 20세기가 끝날 시점에, 거의 절반에 가까운 빈곤층이 도시에 거주하고 있다. 우리가 시야를 넓혀 도시와 교외지역을 함께 보면, 센서스국에 따르면 2012년 미국 빈곤층의 약 82%가 대도시권에 거주하였다. 도시와 대도시권으로의 빈곤층의 이러한 위치 변화는 앞 장에서 살펴본 일반 인구의 보다 폭넓은 도시화 패턴을 반영한다. 그러나 이러한 변화는 도시 내에서 새로운 방식으로 나타나게 되었다.

도시 빈곤의 공간적 집중

도시 내 근린지역에서 도시 빈곤층의 분포를 살펴보면, 여러 가지 충격적인 경향을 주목하게 된다. 첫째, 1960년대에서부터 1980년대 사이 극도로 빈곤한 몇몇 근린지역으로의 빈곤의 **공간적 집중**(spatial concentration)이 두드러졌다. 자고우스키(Paul Jargowsky, 1997)는 빈곤 수준이 높은 근린지역(인구의 40% 이상이 빈곤층인 센서스 트랙)의 수는 1970년과 1990년 사이 2배 이상 증가했다는 것을 확인하였다. 이러한 지역에 거주하는 사람의 수는 410만 명(총인구의 3.0%)에서 거의 800만 명(총인구의 4.5%)로 증가하였고, 이러한 근린지역에 거주하는 가난한 사람의 수는 190만 명(거주 인구의 12.4%)에서 370만 명(거주 인구의 17.9%)으로 증가하였다.

　1970년대와 1980년대에 빈곤의 공간적 집중이 강화된 이유가 무엇인지에 대한 활발한 논쟁이 진행되었다. 윌슨(Wilson, 1987)은 점차 게토를 벗어나 이주할 기회를 잡게 된 흑인 중산층과 탈산업화로 인해 늘어난 실업이 결합되어 흑인의 공간적 집중이 강화되었다고 주장하였다. 매시와 덴튼(Massey and Denton, 1993)은 윌슨이 기술한 많은 것에 동의하였지만, 흑인의 향상된 주택 기회가 원인이 된다는 설명은 거부하였다. 대신 이들은 주택 시장에서 계속 진행 중인 인종적 격리와 인종적 차별이 그 원인이라고 주장하였다. 탈산업화로 인한 경제적 이탈(실업)도 인종적 격리에 의해서 집중적으로 나타났다. 자고우스키(1997)는 보다 광범위한 관점을 취하면서 1980년대와 1990년대 다방면의 경제 재구조화가 경제적 격리를 심화시켰으며, 구체적으로 빈곤층의 공간적 집중을 증대시켰다고 주장하였다. 그는 상이한 경제적 변화가 상이한 지역에서 이러한 과정의 원인이 되었다고 말하였다. 예를 들어 탈산업화는 선벨트 지역 도시가

집중된 도시 빈곤 지역에 거주하는 빈곤 백인 비율, 1990년

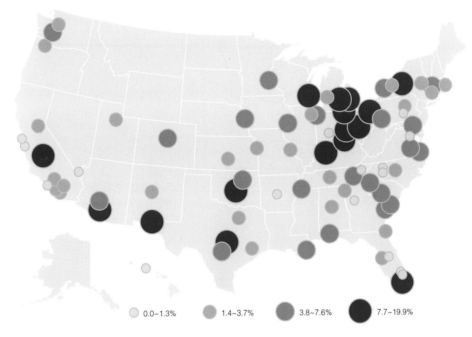

그림 9.7   집중된 도시 빈곤 지역에 거주하는 백인.
출처: Figure 4, Mulherin, Stephen, 2000.

아닌 북동부 도시들에서 주된 요인이었다. 그러나 모든 지역에서 공통적인 것은 경제적 양극화가 심화되었고 낮은 수준의 서비스 직업은 빈곤선 이상으로 인구를 부양할 수 없다는 점이다.

도시 근린지역에서 빈곤의 증대된 공간적 집중이 모든 집단에 동일하게 영향을 준 것은 아니다. 거의 대부분의 연구들은 도시 흑인들은 불균형적으로 빈곤의 공간적 집중에 영향을 받았다는 것이 사실임을 보여주고 있다. 예를 들어 자고우스키(1997)의 1990년 센서스 데이터 분석 결과에 따르면 흑인이 미국 총 빈곤층의 26.6%를 차지하는 반면, 극단적으로 가난한 근린지역에 거주하고 있는 빈곤층 중에서 흑인이 차지하는 비율은 65.0%였다. 그러나 동시에 흑인만이 집중된 빈곤을 경험한 유일한 집단은 아니다. 1990년에 극단적으로 가난한 근린지역에 거주하는 사람들

중에서 약 17%는 백인이었고, 약 27%는 히스패닉이었다. 뮬러린(Mulherin, 2000)은 백인 빈곤층을 연구하였고, 집중된 백인 빈곤으로 특징지어지는 도시들은(그림 9.7) 흑인과 히스패닉이 집중된 빈곤 지역에 거주하는 도시들과 동일하지 않다는 것을 보여주었다. 이러한 패턴은 애팔래치아 산악 지역을 중심으로 형성된 보다 지역적으로 국지화된 순환이동 패턴에 기인한다. 애팔래치아 산악 지역은 역사적으로 집중된 농촌 빈곤 지구로 알려져 왔다. 백인 빈곤이 보다 집중된 많은 도시들의 경우 애팔래치아 지역으로부터의 최근 이주자들이 주민의 다수를 이루고 있다.

1990년대 후반 경제 붐의 결과 빈곤 수준이 높은 근린지역의 수는 10년 동안 1990년 3,417개에서 2000년 2,510개로 급격하게 줄어들었다. 빈곤 수준이 높은 지역의 거주자 총수는 1990년 1,040만 명에

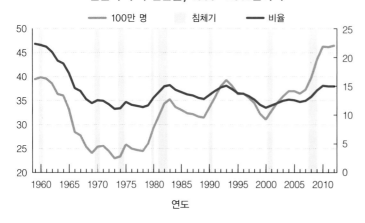

그림 9.8 빈곤 인구와 빈곤율, 1959~2012년.
출처: DeNavas-Walt et al., 2013.

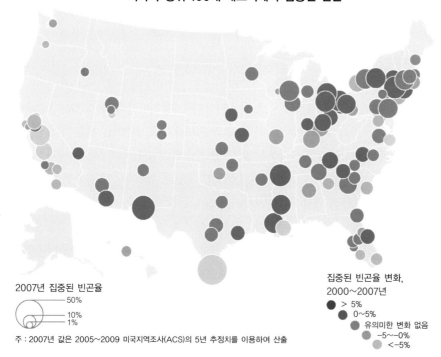

그림 9.9 2000년대 동안 미국 주요 대도시 지역에서 집중된 빈곤. 원의 크기는 집중된 빈곤율을 나타내고 음영은 2000년에서 2007년 사이 집중된 빈곤율의 변화를 나타낸다.
출처: Online interactive map on website supporting Kneebone, Nadeau, and Berube, 2011 [http://www.brookings.edu/research/papers/2011/11/03-poverty-kneebone-nadeau-berube]를 수정.

서 2000년 790만 명으로 24% 감소하였다. 비록 국가적으로 빈곤한 사람들의 총 수는 3,200만 명을 약간 밑도는 수치에서 3,400만을 약간 밑도는 수치로 증가하였음에도 불구하고 빈곤한 거주자의 수 또한 1990년 480만 명에서 2000년 350만 명으로 비슷하게 감소하였다. 전체적으로 극단적으로 빈곤한 근린지역에 거주하는 사람의 비율은 15.1%에서 10.3%로 줄어들었다. 모든 인종 집단에서 빈곤의 집중이 완화되었지만, 아프리카계 미국인(30.4%에서 18.6%로), 아메리칸 인디언(30.6%에서 19.5%로)에서 특히 두드러졌다. 지역적으로는 남부 및 중서부 지역에서의 감소가 가장 두르러졌다.

그러나 모든 지역에서 빈곤의 집중이 완화된 것은 아니었다. 몇몇 주요 대도시 지역에서는 1990년대 동안 빈곤의 집중이 증대되었다. 예를 들어 LA의 경우 극단적으로 빈곤한 근린지역에 거주하는 빈곤층의 비율은 아프리카계 미국인의 경우 17.3%에서 21.3%로, 히스패닉의 경우 9.1%에서 16.9%로 증가하였다. 히스패닉의 경우 서부, 특히 캘리포니아 센트럴밸리에 있는 여러 대도시 지역에서 극단적으로 가난한 근린지역에서 빈곤의 집중이 증가하였다.

집중된 빈곤은 1990년대 후반 경제 붐이 끝난 것을 반영하듯 2000년대 동안 다시 강화되었다. 2000년대 후반의 대불황에 앞서 2000년 '정기적인' 경기 후퇴가 나타났다. 그림 9.8은 빈곤한 사람의 수가 두 시점 이후 눈에 띄게 증가하였음을 보여주고 있다. 빈곤율 또한 증가하였다. 그림 9.9는 2007년 경 극단적 빈곤 근린지역(빈곤층의 비율이 40% 이상)에 사는 빈곤한 사람들의 비율과 2000년 기준 변화율을 보여주고 있다. (1) 중서부 지역에서 집중된 빈곤율이 증가하였다. 1990년대에 개선되었던 많은 도시들은 이제 하락에 직면하고 있다. 니본, 네이도, 베루베(Kneebone,

Nadeau and Berube, 2011)는 중서부 지역에서의 빈곤의 집중은 재개된 탈산업화와 2000년대 초반 경기 불황의 불균등한 회복에 기인한 것으로 보고 있다. (2) 캘리포니아 센트럴밸리에 있는 도시들을 포함하여 1990년대 집중된 빈곤의 높은 증가세를 보였던 몇몇 도시들은 2000년대 감소세를 보였다. (3) 뉴올리언스에서 집중된 빈곤의 감소와 카트리나 이주자들을 받아들인 주변 도시들에서의 증가를 보면 허리케인 카트리나의 영향은 분명하다.

그림 9.9에 사용된 데이터에서는 주택 위기와 대불황의 흔적은 분명하지 않다(2007년 데이터는 2005년과 2009년 사이 각 연도에 수집된 데이터의 평균이어서, 주택 위기 이후 시기를 아주 조금 포함하고 있다). 서브프라임과 담보권 행사 패턴이 빈곤 집중 패턴까지 이어질 것이라는 기대 하에 지난 수년 동안 캘리포니아, 애리조나, 네바다, 플로리다 등 주택 가격 상승이 두드러졌던 주들에 위치한 대도시들에서 빈곤 집중이 가장 두드러질 것이라는 것에 의구심을 품을 수밖에 없다.

공간적으로 집중된 빈곤과 관련된 중요한 지리적 패턴이 1990년대에 분명해졌고, 2000년대에 강화되었다. 집중된 빈곤에 대한 초기 관심은 탈산업화에 의해서 황폐화된 도심 근린지역과 대규모 공공주택 단지에 한정되었다. 1990년대 동안 이러한 많은 지역들에서 집중된 빈곤이 감소하였지만, 교외지역에서는 이와 같이 개선되는 상황이 나타나지 않았다. 2000년 센서스에 따르면 미국 빈곤층의 42%가 중심도시에, 36%가 교외지역에 거주하였다. 대도시권 빈곤층 중 거의 절반(46%)이 교외지역에 거주하였다. 2012년의 경우 100대 대도시 지역에 살고 있는 빈곤층 중 55%가 교외에 거주하였다. 이는 빈곤의 도시지리에서 분포의 변화를 시사한다. 니본, 네이도, 베루베(2011)

는 극단적인 빈곤 근린지역의 수와 이들 지역에 거주하는 빈곤층의 비율을 보면, 2000년대에는 중심도시와 비교하여 교외지역에서, 특히 조밀한 오래된 교외지역과 대비하여 준교외지역(exurbs)과 개발되고 있는 교외지역에서 빈곤의 집중이 가장 빠르게 증가했다는 것을 확인하였다.

집중된 빈곤의 결과: 근린지역 효과 논쟁

학자들과 정책입안자들은 빈곤 집중의 변화하는 강도와 지리적인 패턴화를 어떻게 평가하고 대응할 것인지에 대해 의견을 달리하고 있다. 어떤 학자들(예를 들어 Jargowsky, 2003)은 프로젝트 기반의 공공주택의 철거와 1996년에 이행된 복지정책에서의 주된 변화 등을 포함한 빈곤퇴치 정책의 성공을 환영하였다. 다른 학자들(예를 들어 Goetz, 2002)은 이러한 정책들은 빈곤한 가정(전반적으로 부담 가능 주택을 줄인다는 의미에서)의 희생을 대가로 특권층(도심부 근린지역을 젠트리피케이션과 재개발을 위하여 이용할 수 있도록 한다는 점에서)에게 혜택을 주는 도시 거버넌스의 보다 광범위한 신자유주의적 재구조화의 일부분이라고 주장한다.

학자들과 정책입안자들이 집중된 도시 빈곤의 원인 혹은 이의 현재 경향에 대해서는 의견을 달리하지만, 집중된 도시 빈곤의 결과에 대한 관심은 비슷하다. 니본, 네이도, 베루베(2011)는 집중된 도시 빈곤의 결과를 다섯 가지로 범주화하여 요약하고 있다.

1. 교육기회 제한
2. 범죄 증가 및 취약한 건강 상태
3. 부의 축적 저해
4. 민간투자 감소와 재화와 서비스에 대한 비용 증가
5. 지방정부의 비용 증가

빈곤한 근린지역에서의 생활 혹은 성장은 부정적인 결과를 갖는다는 것이 기본적인 주장이다. 거주자들은 학교 성적이 안 좋고, 안정적인 일자리를 찾는 데 더 큰 문제를 가지며, 범죄 활동에 관여할 가능성이 더 높아진다. 이 분야의 많은 연구들이 집중된 도시 빈곤은 지속적인 효과를 가지고 있다고 주장한 윌슨의 1987년 책 *The Truly Disadvantaged*에 자극을 받았다. 윌슨은 이러한 효과를 **집중 효과**(concentration effects)라고 불렀고, 오늘날 많은 학자들은 이를 근린지역 자체가 중요하다는 것을 의미하는 용어인 **근린지역 효과**(neighborhood effects)라고 부르고 있다. 이러한 이슈들을 보다 철저하게 평가하기에 앞서, 근린지역 효과 이론의 몇 가지 기본 전제를 살펴보자(자세한 논의는 Sampson, 2012 참조).

동료 효과 근린지역 효과 이론은 특히 젊은이들의 경우 동료 효과의 중요성을 암시한다. 많은 동료들이 문제적인 행동에 관여하는 근린지역에서의 성장은 한 젊은이가 이러한 행동에 관여할 가능성을 증가시킬 것이다. 이러한 사고방식이 근린지역을 평가하는 '상식적인' 방법인 것처럼 보이고, 일반인의 이미지 형성과 정책 결정을 특징짓는 것처럼 보일지라도 이러한 생각은 지나치게 단순하기 때문에 큰 문제가 있다. 가장 심하게 과밀한 근린지역에서만 동료 효과가 발생하는 등 한정된 경험적 증거만이 이러한 개념을 뒷받침한다. 다른 연구들은 부유한 근린지역의 존재 혹은 부재가 가난한 근린지역의 집중보다 더 중요하다는 의견을 내놓았다.

사회적 통제 보다 광범위한 연구 주제는 가난한 도시 근린지역에서 지배적인 사회적 관계의 본질이다. 역할 모델링과 공공 행동의 감시가 사회적 통계의 두 가지 핵심 메커니즘이다.

역할 모델(role model) 주장은 극단적으로 빈곤 근린지역에 사는 젊은 사람들은 노동 시장이 보상하는 행동과 가치를 갖도록 이들을 사회화하는 데 도움을 주는 관습적인(전통적인) 활동에 종사하는 어른들을 보지 못한다는 것을 의미한다. 즉 어른들이 매일 일어나 일을 하러 가는 환경에서 성장하면 직업을 얻는 데 필요한 절제력을 배운다. 일을 하러 가는 어른이 없다면, 젊은이들은 긍정적인 역할 모델을 박탈당하게 되고, 그래서 직업을 찾고 유지하는 데 필요한 작지만 중요한 행동과 가치를 결코 경험할 수 없게 된다.

집합적 효능(collective efficiency)은 샘슨(Sampson, 2012)이 발전시킨 역할 모델 주장의 변형으로, 역할 모델링의 심리학에 덜 초점을 두는 대신, 근린지역 내에서 발생하는 행동을 직접적으로 감시하고 추적 관찰하는 지역사회의 능력에 보다 초점을 맞춘다. 역사적으로 보면 빈곤한 근린지역에는 어떤 이는 가난하고 어떤 이는 그렇지 않은 사람들이 혼재되어 있었다. 사람들이 쇼핑을 하고 주유를 하는 등 거리에서 상당한 행동이 이루어진다. 이러한 맥락에서 거리에는 행동을 추적 관찰하는 '눈들'이 있다. 젊은 사람들은 근린지역에서 잘 알려져 있고, 만약 이들이 곤경에 빠지면, 가게 주인이나 이웃이 그들 부모들에게 말할 것이다. 젊은 사람들은 집에 들어가면 그들 행동의 결과를 마주할 것이라는 것을 알고 있다.

그러나 특히 대규모 공공주택 단지로 재개발된 지역에서 빈곤이 보다 집중되면서, 비공식적으로 이러한 행동을 추적 관찰하는 것이 더욱 어렵게 되었다. 때로 이러한 문제는 근린지역의 물리적인 디자인과 관련되었다. 모더니즘 건축 디자인 원리에 따라 지어진 대규모 공공주택은 넓은 공공용지를 사이에 두고 배치되어 있는 크고 고층인 건물들로 구성되어 있다

Library of Congress, Prints and PhotographsDivision, Gottscho-Schleisner Collection

그림 9.10 1952년에 완료된 브루클린의 패러굿 주택(Farragut Houses) 프로젝트는 슈퍼블록 디자인(대규모 고층건물을 공공용지를 사이에 두고 배치, 때로 '공원의 타워'로 불림)을 잘 보여주는 사례. 이러한 특징은 1950년대와 60년대 동안 많은 공공주택 프로젝트에서 일반적이었다.

(그림 9.10). 그러나 이러한 디자인은 모든 사람들에게 공공용지에 대한 접근을 제공하는 대신, 이웃끼리 서로 아는 것을 어렵게 만들었고 근린지역 거주자의 행동에 대한 비공식적인 감시를 어렵게 만들었다(8장의 프루트 이고에 사진과 논의 참조).

집중된 빈곤이 나타나는 현대 근린지역에서 행동을 감사하는 것을 어렵게 만드는 또 다른 이유는 가난한 거주자들은 매우 유동적이라는 점이다. 이들은 이사를 자주 한다. 대부분의 도시에서 부담 가능 주택의 위기가 커지면서, 빈곤층을 위한 적절한 주택이 주요한 문제이다. 가난한 거주자들은 종종 한 해에도 수차례 이사를 해야 한다. 주거 불안정성이 증대되면서, 비공식적인 사회적 유대를 형성하고 유지하는 것이 더욱 어렵게 되었고, 이 때문에 비공식적인 추적 관찰과 근린지역에 부정적인 효과를 가져다주는 행동을 근절하는 것이 어려워졌다.

기회와 자원 근린지역 효과 접근의 또 다른 변형은 사회적 관계보다는 근린지역의 경제적 기회에 보다 많은 초점을 둔다. 이러한 접근은 우리가 앞에서 살펴본

경제재구조화와 탈산업화 논의와 연결된다. 20세기 후반 도시화의 가장 큰 아이러니 중 하나는 가난한 사람들이 어디에 사는지와 직업 기회가 어디에 위치하는지 사이의 **공간적 분리**(spatial disjuncture)이다.

기본적인 논지는 케인(John Kain)의 1968년 논문에서 처음으로 강력하게 제시되었던 상당히 단순한 아이디어이다. 탈산업화에 의해서 중심도시에서 직업이 줄어드는 동시에 새로운 직업이 교외지역에서 만들어지거나 교외로 재배치되었다. 고용을 필요로 하는 대부분의 인구는 점차 그들이 원하는 기회로부터 멀어진다는 것이 아이러니이다. 그래서 1980년대 후반과 1990년대 초반, 많은 중심도시 근린지역들은 기록적으로 높은 실업과 실직을 경험하였고, 동시에 교외 고용주들은 심각한 노동력 부족에 직면하였다.

심화된 지리적 분리 때문에 중심도시 거주자들이 교외의 직업 기회를 활용할 수 없다는 이러한 주장을 종종 **공간적 불일치 가설**(spatial mismatch hypothesis)이라고 부른다. 공간적 불일치 가설은 공공정책 분야와 학계에서 엄청난 관심을 받았다[이에 대하여 리뷰를 한 프레스턴과 맥라퍼티(Preston and McLafferty, 1999), 바우더(Bauder, 2000) 참조]. 연구 결과는 엇갈린다. 어떤 연구는 일을 하고 있다면 빈곤층이 거주하는 곳과 그들이 일하는 곳 사이의 공간적 분리 정도가 심화되고 있다는 기본 개념을 뒷받침한다. 다른 연구는 더 나아가 공간적 분리는 가난한 중심도시 거주자들이 비용이 더 드는 장거리 통근을 보상해 줄 수 있는 충분한 임금을 지불하는 직업을 찾는 것을 더욱 어렵게 만들고 있다는 것을 증명하였다. 동시에 주택 시장 연구는 가난한 소수집단은 주택을 확보하는 데 있어 지속적으로 벅찬 도전에 직면하고 있다는 것을 분명하게 보여주고 있다.

그러나 경험적인 결과들은 빈곤층의 거주지와 직업 위치 사이의 공간적 분리 정도는 대도시권 내에서 상당히 다르다는 것을 보여주고 있다. 더욱이 고용과 다른 노동시장 결과에 대한 공간적 불일치의 영향은 일관되지 않고, 결코 가장 중요한 요인 같아 보이지도 않는다.

정부기관, 학교, 상업 정부기관들이 빈곤한 근린지역에 대응하고 서비스를 제공하는 방법에서의 차이를 둘러싸고 또 다른 논쟁이 일고 있다. 경찰 및 다른 응급 서비스 기관들은 빈곤한 근린지역으로부터 온 요청에 대하여 덜 빠르게 대처한다. 가난한 근린지역에서 위생 관리 서비스는 부유한 근린지역에서만큼 청결하게 유지되지 않는다. 레크리에이션 시설 관리국은 부유한 근린지역에 하는 만큼 동일한 서비스를 제공하지 않는다.

가장 심한 혹평은 아마도 학교를 중심으로 이루어지고 있다. 미국은 주로 지방세에 근거하여 학교에 재정을 지원하기 때문에, 도심 학군은 교외 근린지역에 비하여 심각하게 재정지원을 받지 못하고 있다. 학군 내에서조차 가난한 소수인종 근린지역에서는 거의 수리가 되지 않은 가장 낡은 건물이 학교로 이용되고, 가장 뒤처진 교사들이 근무하며, 행정적 지원을 거의 받지 못한다.

그리고 가난한 도심부 근린지역은 적정한 소매 기회에 대한 접근도 부족하다. 당신이 사는 도시에서 가장 저렴한 의류와 학용품을 어디에서 구매할 수 있는지를 생각해 보자. 아마도 Walmart, Target 혹은 이와 유사한 거대 포장 단위로 판매하는 유통점일 것이다. 이러한 가게들이 어디에 위치해 있는가? 대부분의 경우 교외에 위치한 대규모 단지 내에서 찾아볼 수 있다. 중심도시 근린지역은 저가 제품에 관심이 있는 대규모 소비자 기반을 제공함에도 불구하고, 가치 추구형 유통업자들은 종종 이러한 지역에 입지하지 않는다. 어떤 중심도시 근린지역에는 심지어 식료품 가게조차 없다. 결과적으로 거주자들은 단지 적정 가격의 식료품을 구매하기 위하여 장거리 이동을 해야 한다. 중심도시 근린지역에 입지한 유통업자들은 절박한 거주자들에게 터무니없이 높은 가격으로 바가지를 씌우고, 질 떨어지는 제품을 제공한다고 비난을 받기도 한다.

낙인과 공간적 차별 　마지막으로 살펴보고자 하는 쟁점은 근린지역을 보다 넓은 사회와 통합시켜 고려하고자 한다는 점이다. 여러 분야에서 제시된 이 이론에 따르면 대부분의 사람들은 근린지역과 이곳에서 살아가는 사람들에 대한 인식과 고정관념을 가지고 있다. 가난한 도시 근린지역에 대한 연구에 따르면 고용주들은 이러한 곳에 사는 사람들의 특성에 대한 매우 특별한 인상을 가지고 있다. 특히 취업 지원자가 어떤 고정관점에 박힌 근린지역의 주소를 명시하였으면, 고용주들은 지원자가 불성실한 업무 습관, 낮은 학업 성적, 나쁜 태도를 가지고 있을 것이라고 가정한다. 그래서 지원자가 이러한 특성을 전혀 가지고 있지 않다 하더라도, 지원자는 단순히 자신이 살고 있는 장소에 대한 평판 혹은 고정관념 때문에 일자리를 찾는 데 더 큰 어려움을 갖게 될 것이다.

증거와 논쟁

최근 많은 연구들은 빈곤한 근린지역에서의 생활 혹은 성장의 영향에 초점을 맞추었다. 그러나 이들 중 많은 연구들의 결론이 확정적이지 않다. 가장 설득력 있는 증거는 미국 대법원 결정에 의해 이루어진 우연적인 자연 실험에서 나왔다.

　이 사례의 핵심에 있는 이슈는 시카고에 있는 공공주택의 입지였다. 앞에서 논의했던 것처럼, 공공주택은 대부분 가난한 소수인종 지역사회에 위치하였다. 재개발 프로젝트에 의해서 퇴거된 최빈곤층을 수용하고자 하는 재개발 이해관계가 점차 공공주택을 끌어들였다. 차별적인 입지 선정 절차를 주장하면서 미국 도시주택개발부(HUD)를 상대로 공공주택 거주자들이 소송을 제기하였다.

　수년 동안 여러 차례 법정 소송이 있은 후에, 대법원은 결국 원고의 손을 들어주었다(Hills v. Gautreaux, 425 U.S., 1976). 대법원은 공공주택 대행사의 시정조치를 요구한 양자 간의 합의를 인정하는 판결을 내렸다. 이 판결 이행의 일부로 Gautreaux 프로그램이 만들어졌다. 이 프로그램은 중심도시든 교외지역이든 공공주택 거주자들을 위한 민간 아파트에 보조금을 지급하였다. 이 프로그램이 거주지 입지 효과에 대한 좋은 실험이 된 것은 민간 아파트가 도심 혹은 교외에 입지할지에 대한 결정이 거의 무작위로 이루어졌기 때문이다. 즉 거주자들은 그들의 최종 위치에 대한 선택권이 거의 없었다. 게다가 대부분의 공공주택 거주자들이 남기고 간 근린지역 환경은 거의 한결같이 나빴다.

　연구들은 극단적인 도시 빈곤 집중지를 벗어나 다른 유형의 근린지역으로 가족들을 재배치한 결과를 평가하였다. 로젠바움(Rosenbaum, 1995)은 저소득 흑인 학생들은 백인 교외 학교에서 적응하는 데 처음에는 어려움을 겪었지만, 몇 년 후에 도시 아파트에 사는 Gautreaux 프로그램의 아이들보다 훨씬 더 좋은 성취도를 보였다. 교외로의 이주는 또한 표 9.6에 제시된 것처럼 노동 시장에서 유사한 혜택이 나타났다. 교외 아파트로 재배치된 거주자들 사이에서, 심지어 이주 이전에는 일자리가 없었던 거주자들 사이에서 고용이 한결같이 더 높았다.

표 9.6 시카고 공공주택 거주자의 고용에 대한 교외 이주의 영향

	고용된 거주자의 비율(%)	
	교외 아파트로 이주한 사람	중심도시 아파트로 이주한 사람
이주 전	64.3	60.2
이주 후	63.8	50.9
이주 후(이주 전에 고용되었던 사람들)	73.6	64.6
이주 후(이주 전에 고용상태가 아닌 사람들)	46.2	30.2

출처: Rosenbaum, J. E. and S. J. Popkin, 1991.

빈곤, 특히 특정 근린지역에 집중된 도시 빈곤은 항상 공개 토론회의 비판의 대상이었다. 빈곤의 근원과 표출에 대한 이러한 쟁점들은 여러 모로 우리 스스로가 사회를 정의하는 방법에서 중심이 된다. 이러한 논쟁을 상세히 논의하기에는 지면이 부족하지만, 다음 절에서 이러한 논쟁의 특징 일부를 살펴본다. 결론 부분에서 이러한 이슈를 처리하기 위한 주요한 정책적 노력을 살펴본다. 갤스터(George Galster, 1996)는 때로 여론과 정책 구상의 급격한 변동을 가져오는 빈곤에 대한 깊은 상반된 감정을 묘사하고 있다.

> 오히려 빈곤 문제에 대한 무게 중심은 빈곤층을 향한 깊게 자리 잡은 미국인들의 상반된 감정에 의해서 정의되는 것처럼 보인다. 빈곤층은 주류층과 근본적으로 다르고, 공적 지원을 받을 자격이 없는가? 혹은 그렇지 않은가? 빈곤층의 관찰된 행동이 그들의 개인적인 단점의 지표인가 아니면 사회가 쳐 놓은 구조적 장애물에 대한 적응인가? 그래서 인구학적이고 경제적인 추세와 새로운 정책 연구가 이리 저리 급격하게 변화할지라도, 이러한 변화는 빈곤층에 대한 기저의 상반된 감정에 의해서 조절될 것이다.(p. 309)

도덕성과 책임감 빈곤을 둘러싼 가장 지속적인 논쟁 중 하나는 개인의 책임감 문제를 중심으로 이루어지고 있다. 강력한 정치 강령들은 상반된 관점에 의존하고 있다. 어떤 강령은 개개인들이 그들 자신의 행동에 책임이 있고 그래서 그들 자신의 빈곤에 책임이 있다는 가정에 초점을 맞춘다. 다른 강령은 개개인들은 그들 자신의 빈곤에 책임이 없거나 혹은 적어도 전적으로 책임이 있는 것은 아니라는 가정에 초점을 둔다. 이러한 근본적인 구분은 빈곤에 대한 모든 논의를 만들어 내고 있다.

이 책의 저자들은 모든 개개인들은 그들이 선택한 것에 대한 책임이 있다는 관점을 취한다. 그렇기는 하지만 모든 개개인들이 동일한 선택을 하는 것은 아니며, 따라서 사람들이 직면하는 선택에서의 차이는 사회 구조와 경제와 관련되어 있다. 한편으로 자본주의에서 시장 경제는 어느 정도의 빈곤을 필요로 한다는 의견에 많은 장점이 있다. 노동자 계급을 훈육하는 데 유용한 빈곤층 집단이 없다면 자본주의 체제는 지속적으로 기능하지 못할 것이다. 누가 빈곤층이고 언제 어디에서 빈곤에 빠질지가 그다음 이어지는 질문이다. 이러한 틀 내에서 사람들은 여전히 선택을 하고 그들의 선택에 대한 어느 정도의 도덕적 책임감을 떠안게 된다. 그러나 이러한 선택에는 빈곤에서 벗어나는 것이 포함되어 있지 않을지도 모른다. 아메리칸드림(즉 열심히 일하고 규칙에 맞게 노는 것 등)을 고수하는 것이 항상 행복한 중산층 삶으로 이어진 것은 아

니라는 충분한 경험적 증거가 있다.

문화와 빈곤 대 빈곤의 문화　도시 빈곤에 대한 논쟁에서 화약고 중 하나는 항상 문화였다. 공통된 주장은 빈곤에 대해서 개개인들을 직접적으로 비난하는 것에서 한 발짝만 물러서자는 것이다. 빈곤의 불균등한 분포에 대해서 전체 문화(혹은 보다 일반적으로 하위문화)가 비난을 받는다. 만약 중심도시 근린지역에 살고 있는 소수인종 집단(혹은 애팔래치아 농촌 지역사회에 살고 있는 백인들)이 불균등하게 빈곤을 경험한다면, '그들 문화'에 무엇인가 잘못이 있다. '그들'은 노동 윤리를 교육하지 않거나 '그들'이 해야 하는 것보다 더 높은 기대를 가지고 있다. 이러한 조악한 관념들은 문화적 편견을 의미하고, 출신 국가, 인종, 지역 등을 포함한 기존의 사회문화적 구분에 반영되곤 한다.

문화적 주장이 항상 조악한 것은 아니다. 인류학자 루이스(Oscar Lewis)가 경제적 기회의 부족이 지역사회의 문화에 변화를 가져오는 지속적인 구조적 약점을 만들어 낸다고 한 주장은 1960년대 치열한 논쟁을 불러일으켰다. 이러한 문화적 반응(즉 가치와 행동)은 지역사회의 맥락을 규정한 구조적 환경에 적응한 것이지만, 이러한 반응이 시장 경제에서 성공하고자 하는 개개인들에게 도움을 주지는 않는다. 문화 적응(adaptation)은 지역사회가 그들의 빈곤을 처리하는 데 도움을 줄지는 모르지만, 동시에 경제적으로 발전하고자 하는 지역사회의 능력을 저해한다. 문화 적응은 그 문화에 영구적으로 뿌리박게 될 수도 있다는 의견이 루이스의 주장의 독특한 점이다. 다시 말해 적응성 있는 문화적 반응은 내부화되고 세대를 걸쳐 전해진다.

루이스(Lewis, 1966, 1968)의 이론은 **빈곤의 문화**(culture of poverty) 관점으로 알려지게 되었고, 심한

비판을 받았다. 비판가들은 루이스의 설명이 빈곤층의 문화에 너무 많은 초점을 두었다고 주장한다. 루이스가 지속된 불리한 상황에 대응하여 이루어진 적응은 그 문화의 영구적인 특성이 될 수 있다고 느낀 반면, 비판가들은 빈곤에 대한 문화적 반응이 아니라 빈곤을 초래하는 힘에 주목해야 한다고 주장하였다. 비판가들은 빈곤의 문화 주장은 빈곤층의 빈곤에 대해 빈곤층 피해자 자신들을 비난하는 결과를 초래한다고 주장하였다. 이들은 또한 백인 중산층의 규범과 가치가 지나치게 소수인종 가족과 지역사회에 부여되었다고 주장하였다.

이 장의 앞부분에서 살펴봤던 윌슨(Wilson, 1987, 1996)의 주장은 도시 빈곤의 맥락에서 문화에 대한 논의에 새로운 활력을 주고 재구성하고자 하는 시도였다. 윌슨은 문화 적응(adaptation)을 영구적인 문화 조정(adjustment)으로 바라본 루이스를 비판하였다. 윌슨은 빈곤의 문화 주장을 분명하게 반대하였다. 대신 윌슨은 경제 재구조화로부터 기인한 구조적 약점이 비생산적인 적응 반응이 나타나는 환경을 만들었다고 주장하였다. 그러나 이러한 반응은 구조적 약점의 지속적인 존재 여하에 달려 있다! 루이스와는 달리 윌슨은 만약 개개인, 가족, 지역사회를 재배치하거나, 그렇지 않다 하더라도 그들의 구조적 제약을 줄여준다면 적응성 있는 문화적 반응은 새로운 환경에 적응할 것이라고 보았다. 다시 말해 '문제적인' 문화적 반응은 상황적인 것이지 세대에 걸쳐 전해지는 것이 아니다.

윌슨의 관점은 변화하는 지리적 맥락이 영구적일 것이라고 확신했던 행동에 영향을 준다는 결론에 도달한 점에서 앞에서 살펴본 Gautreaux 프로그램에서 시행했던 재배치 방안과 일치한다. 사람들은 종종 우리가 가정하는 것보다 영리하다. 사람들은 그들의 현

재 환경에 맞도록 그들의 행동을 조정하고 그렇게 할 수 있다. 윌슨의 주장은 가상의 백인 중산층 규범을 문화를 측정하는 표준으로 계속해서 사용하는 등 여러 모로 문제가 있다. 그럼에도 불구하고 그의 주장은 상당히 잘못 해석되고 있고, 많은 도시지리학자들에게 도시 빈곤을 바라보는 데 있어 (부당하지만) 본질적으로 불가피하게 결점이 있는 방법으로 받아들여지고 있다.

도시 빈곤에 대한 반응

이 마지막 절에서는 정책을 살펴본다. 이 장에서 논의한 주제가 상당한 논쟁거리였다는 점에 비추어 보면, 빈곤에 대응하는 정부의 시도들 또한 논란이 많고 종종 분열을 초래하고 있다는 것은 놀라운 것이 아니다. 도시에 영향을 준 빈곤퇴치 정책을 설명하기에 앞서, 수십 년 동안 정부는 빈곤과 관련하여 무엇인가를 하고자 하였다는 점을 기억하자. 1930년대까지 거슬러 올라가면, 연방정부는 대공황기의 경제적 참사에 뒤이어 참담한 빈곤에 대처하는 다양한 프로그램을 도입하였다. 아래에서는 부분적으로라도 도시 빈곤을 완화하고자 했던 몇몇 정책적 노력을 살펴본다. 사회 문제에 대한 직접적인 정부의 책임은 줄어든 반면 이윤을 추구하는 기업을 대상으로 한 정부 금융 투자는 증가하였다는 것이 우리가 관찰한 주된 경향이다.

빈곤과의 전쟁

2차 세계대전 이후 수십 년 동안의 전례 없는 호황기에 빈곤은 대중적으로 잘 알려지지 않았다. 이 번성기에 눈에 잘 드러나지는 않았지만, 미국에서 빈곤은 지속되었다. 1962년 해링턴(Michael Harrington)은 미국에서 빈곤에 대한 매우 영향력 있는 폭로물인 *The*

*Other America*를 출간하였다. 이 책은 노인, 소작농, 인종적 소수집단(점차 도시로 이주), 애팔래치아 지역의 농촌 빈곤층 사이에 빈곤이 지속적으로 존재하고 있다는 것을 폭로하였고, 이는 대중의 관심과 도덕적 분노를 불러일으켰다. 동시에 사회과학자들은 복잡한 사회 문제를 이해하고 이에 대응하는 그들의 능력이 향상되면서 확신을 가지고 단호하게 말하기 시작하였다. 1962년 한 저명한 보고서는 "연방, 주, 지방 정부의 정책 내에서 빈곤의 제거가 충분히 잘 이루어진다."고 주장하였다(Galster, 1996, p. 41에서 인용). "이러한 실현 가능성에 대한 자만심은 훌륭한 사람들의 도덕성과 결합되었다. 우리가 빈곤을 제거할 수 있었더라면, 그렇게 하지 않는 것은 비양심적인 것이었다"(Galster, 1996, p. 41).

시장 경제의 남아 있는 결점을 바로잡기 위한 연방정부 행동의 잠재성에 대해 자신만만해한 존슨 대통령은 낙관론에 심취해 광범위한 수준에서 1964년 **빈곤과의 전쟁**(War on Poverty)을 선포하였다. 빈곤과의 전쟁은 세 가지 원리에 근거하고 있다. (1) 저숙련 노동력에 대한 수요를 늘리기 위하여 거시경제적 성장을 자극("밀물은 모든 배를 뜨게 한다."), (2) 일과 관련된 개개인들의 기량 향상, (3) 차별적 혹은 묵묵부답의 사회 제도의 반대. 빈곤을 방지하기 위한 연방정부 노력의 일환으로 Head Start(취학 전 아동을 위한 정부 교육 사업), Job Corps(직업 훈련 센터가 주관하는 무직 청소년을 위한 기술 교육 기관), Upward Bound(대학진학 지원 프로그램), Food Stamps(식품구입권) 등과 같은 여러 가지 잘 알려진 프로그램들이 시작되었거나 확대되었다. 이러한 대부분의 노력은 부적절한 교육과 직업 기술과 같은 빈곤의 근본 원인으로 인식되는 것들을 개선하고자 고안되었다는 점을 명심하자.

빈곤과의 전쟁과 관련한 많은 노력에는, 비록 초기에는 일반인들에게 분명하게 드러나지는 않았지만, 연방정부의 돈을 엄선된 집단에게 직접 송금하는 것도 포함되었다. 1965년 소위 '송금 프로그램'에 대한 연방정부 지출은 국민총생산(GNP)의 10.5%를 차지하였고, 1974년에는 16%로 증가하였다. 이 단순한 방법인 송금 프로그램 지출의 영향은 상당하였다. 1965년 송금 이전 빈곤층의 33%가 연방정부의 송금만으로 빈곤선 위로 올라왔다. 1974년까지 빈곤층의 44%가 연방정부의 송금에 의해서 빈곤선 위로 올라왔고, 현물 보조(식품구입권 혹은 보조금이 지급되는 의료와 같은 현금 이외의 혜택)를 통하여 추가적으로 16%가 빈곤선 위로 올라왔다. 그러나 대부분의 연방정부 빈곤 퇴치 지출은 특히 사회보장 및 의료 프로그램을 통하여 노인들을 대상으로 이루어졌다는 점을 명심할 필요가 있다. 노인층에서 빈곤이 가장 크게 줄어든 것은 놀라운 일이 아니다.

빈곤과의 전쟁의 중요한 구성요소는 도시와 도시 빈곤에 초점을 맞추었다. **지역사회 행동 프로그램**(Community Action Program)은 그들이 원하는 정부 서비스의 본질을 정의하고 또 로비할 목적으로 가난한 근린지역의 가난한 거주자들을 조직하고자 시도하였다. 후에 특정 빈곤 근린지역 대한 폭넓은 빈곤과의 전쟁 노력 중에서 다양하고 때로는 서로 상충되는 요소들을 함께 묶는 시도가 있었다. **모델 도시**(Model Cities) 프로그램[1966년 모델도시법(Demonstration Cities Act)에 의해 만들어짐]은 연방정부의 투자는 상당한 실증 잠재력을 가진 몇몇 근린지역에 초점을 두어야 한다고 주장하였다. 몇몇 장소에 대규모 연방 투자를 집중시킴으로써 이 프로그램은 어떻게 정부 노력이 도시 빈곤과 관련된 문제들을 정말로 치료할 수 있는지를 증명하고자 하였다.

불행히도 모델 도시 프로그램을 만들었던 동일한 정치적 과정이 프로그램 자체를 크게 바꾸어 놓았고, 전혀 의도된 형태로 이행되지 않았다. 실증 프로젝트를 위한 정치적 지원을 얻기 위하여 지출된 전체 총금액을 줄여 보다 광범위하게 분배해야만 했다(개별 도시와 개별 근린지역은 약간의 정부 보조금을 원하였다). 선출된 대표들은 이러한 연방정부의 새로운 사회 정책의 혜택이 그들 관할구역에 있는 도시들까지 미쳤다는 것을 확인하고 싶어 했다. 그 결과 프로그램 설계자가 요구했던 연방 지출의 대규모 집중은 결코 실현되지 않았다. 대신 자금이 충분하지 않은 궁극적으로 성공적이지 못한 프로그램으로 전락하고 말았다.

긴축

1970년대는 부분적인 긴축의 시기였다. 닉슨 대통령은 자국 내 도시에 대한 연방정부의 개입을 줄이고 그 방향을 바꾸고자 했던 **신연방주의**(new federalism) 정치 철학을 채택하였다. 어떤 사람들은 빈곤과의 전쟁이 성공적으로 종료되었다고 주장한 반면(특히 노인층 사이에서 빈곤의 큰 감소), 다른 사람들은 빈곤퇴치 프로그램이 치솟은 비용 때문에 좌절되었다고 보았다. 이들은 빈곤을 없앨 수 없다면 빈곤퇴치 지출을 축소해야 한다고 주장하였다. 다른 사람들은 지방정부의 프로그램에 대한 연방의 간섭으로 비춰지는 것을 반대하였다. 닉슨의 해결책은 총 지출 규모를 줄이고 재원을 사용하는 데 있어 지방정부에게 더 많은 권한을 부여하는 것이었다. 예를 들어 닉슨은 모델 도시 노력을 **지역사회개발포괄보조금**(Community Development Block Grant, CDBG)으로 대체하였다. 이러한 보조금에 대한 재정(기금) 수준은 대도시의 지위와 인구를 포함한 기준에 의해서 설정되었다. 보조금 자체는 지방정부의 신청에 따라 조성되었다. CDBG 지원을 받은 프로그램의 범위는 연방정부가 대체한 연방 자금 지원 사회 프로그램 보다 더 광범위하였다.

레이건 대통령 행정부는 빈곤을 줄이거나 대처할 목적으로 연방정부가 시행한 도시 정책들에 대하여 보다 강도 높은 긴축을 단행하였다. 철학적으로 레이건은 정부 기반의 노력보다는 시장 기반의 해결책을 더 선호하였다. 두 가지 유형의 연구가 이러한 입장을 뒷받침하였다. 첫째, 여론과 1980년대 학술 연구물들은 빈곤층은 이들이 충분히 노력하지 않거나 그들한테 무엇인가 문제가 있기 때문에 가난하다고 주장하면서 빈곤에 대한 개인주의적인 설명을 강조하였다. 앞서 살펴본 최하층 계급 논의가 보수정치와 연관되기 시작한 시점이 바로 이때이다. 최하층 계급은 부분적으로 그들이 문제가 있는 행동(범죄, 혼외출산, 복지 의존 등)에 관여하기 때문에 일반적으로 주류 사회에 참여할 수 없는 개인들로 정의되었다.

둘째, 빈곤에 대한 정부 프로그램을 비판하면서 새로운 주장이 제기되었다. 지나친 정부의 관대함이 의존성을 만들어 냈고, 개인 주도성을 가로막는 결과를 초래하였다는 주장이다. 아동부양가족보조(Aid to Families with Dependent Children, AFDC)를 비롯한 다른 '복지' 프로그램들[저소득층의 참여가 필수적인 실업구제수당을 위한 가계조사 프로그램(means-tested programs)이라는 명칭이 부여된 프로그램들]은 저소득층이 빈곤을 탈출하는 데 역효과를 가져오는 방식으로 행동하도록 부추겼다. 이러한 연구의 지지자들은 정부가 시장 기반의 메커니즘에 초점을 맞추고, 아마도 도시 지역사회의 도덕적 정신력을 악화시켰던 '재정지원혜택(entitlements)'을 없애도록 권장하였다.

레이건의 철학은 정부의 적절한 역할은 이전보다

훨씬 더 제한되어야 함을 강조하였다. 사실 정부는 빈곤을 세금을 줄이고 개발에 대한 규제와 단편적인 인센티브를 없애는 것을 통하여 다루어져야 할 문제(problem)로 보았다. 레이건 대통령을 포함한 다른 보수주의자들은 민간 상업 및 자유 시장이 빈곤 및 다른 문제들에 대한 최고의 치유책이라고 믿었다. 결과적으로 1980년대 동안 남아 있는 재정지원혜택과 인센티브 프로그램에 대한 예산이 크게 삭감되었다.

복지 개혁 클린턴 대통령 하에 1990년대 정책적 노력은 연방정부의 역할을 제한하는 것을 추구하였다. 부분적으로 레이건 대통령이 누렸던 정치적 성공을 고려하여 클린턴은 복지가 배분되는 방식에서 주된 변화를 주었다. 일차적으로는 AFDC와 다른 실업구제수당을 위한 가계조사 프로그램에 초점을 맞추면서, 클린턴의 개혁은 직업 관련 요건(모든 수혜자는 직업훈련을 받아야 하고 구직활동을 해야 한다)과 시간제한(수혜자가 얼마나 오랫동안 혜택을 받을지에 대한 최대 상한선을 갖게 된다. 1차 입법에서는 5년)을 결합하였다. 많은 수혜자들은 복지 대상 명부에서 나와 일자리를 찾아가면서 주정부로부터 혜택을 받는 수혜자의 수는 급격히 줄어들었다.

언뜻 보기에 복지 개혁은 성공한 것처럼 보인다. 그러나 실제는 보다 복잡하다. 이러한 개혁이 이행되던 시기에 미국은 엄청난 경제 성장과 심각한 노동력 부족을 경험하였다. 수혜자들에게 일자리를 찾도록 강제하는 새로운 요건을 어렵지 않게 충족시킬 수 있었다는 것은 놀라운 사실이 아니다. 더욱 수혜자들이 찾은 대부분의 일자리는 혜택이 거의 없는 미숙련 저임금 일자리였다.

기업 지구 시작부터 빈곤에 대한 논쟁을 특징지었던 주제 중 하나는 증대된 노동 수요에 대한 필요성이다. 심지어 빈곤과의 전쟁을 입안한 사람들도 노동자들이 들어갈 일자리가 없다면 추가적인 직업 훈련은 거의 효과가 없다는 것을 인지하였다. 흥미롭게도 지난 40년 동안 경제 개발을 자극하고자 하는 노력이 지속적으로 이루어져 왔고, 그래서 빈곤 지역 내에서 노동에 대한 수요가 증가하였다. 이러한 노력들은 경제개발청(Economic Development Administration, EDA)을 만든 1965년 경제개발법(Economic Development Act)을 통하여 시작되었다. 기간시설을 향상시키기 위한 보조금과 함께 기업들이 투자 자본을 매력적인 이율로 이용할 수 있게 되었다.

1980년대 동안 레이건 대통령은 연방정부가 초점을 두었던 자유 시장 활동에 대한 장애물로 간주되는 것을 줄이거나 없앰으로써 노동에 대한 수요를 증가시키고자 하였다. 레이건 대통령은 기업들이 번창할 수 있는 **기업 지구**(enterprise zone)를 조성할 것을 요구하였다. 기업 지구에서는 법인세(특히 자본이득세) 부담과 규제 장벽(환경의 질과 노동권 보호 등을 포함)을 줄이거나 없애고자 하였다. 공장과 시설에 대한 투자에 세액공제 형태의 제한된 인센티브를 제공하고자 하였다. 비록 기업 지구를 도입하고자 하는 레이건 대통령의 노력은 연방정부 수준에서는 실패하였지만, 여러 주에서 자신들의 기업 지구를 조성하였다. 기업 지구의 성공과 관련한 경험적 증거는 엇갈린다.

레이건의 기업 지구와 유사한 **경제활성화지구**(empowerment zone)가 1990년대 초반 클린턴 행정부 하에서 도입되었다. 그러나 기업 지구와는 달리 지역사회 조직과의 보다 강한 연계와 자본투자에 대한 임금 인센티브를 강조했다는 점에서 차이가 있다. 게다가 클린턴 행정부는 도심 지역에 대한 민간 투자를 장려하기 위하여 **지역사회개발은행**(community development bank)을 설립하였다. 1990년대 후반과 2000년대 초반 동안, 지방의 지역사회 집단에 활력을 불어넣기 위한 전략으로 **공공 참여 GIS**(public participation GIS, **PPGIS**)가 보다 보편화되었다(글상자 9.4).

MTO/HOPE VI/주택소유권 논의하고자 하는 신자유주의의 마지막 영역은 공공주택과 집중된 빈곤 사이의 연계로 되돌아가는 것이다. 시카고에서 Gautreaux 프로그램의 성공에 의해서 고무된 연방정부의 **기회로의 이동**(Moving to Opportunity, MTO) 프로그램은 공공주택 거주자들을 더 나은 근린지역으로 재배치할 수 있도록 하는 확대된 노력이다. MTO는 거주자들이 그들이 원하던 근린지역에서 주택을 찾기 위하여 이용했던 주택 바우처에 보조금을 지급함으로써 이루어질 수 있었다. 브릭스, 팝킨, 고어링(Briggs, Popkin, Goering, 2010)은 MTO 프로그램 참여자들에 대한 10여 년간의 연구를 요약하였다. 그 결과 전반적으로 최악의 공공주택 단지를 벗어난 가족들 삶에서의 향상은 특히 교육성과와 고용에서 Gautreaux 연구에 기초하여 프로그램 설계자가 기대했던 것보다는 덜 일관적이었다. 그러나 MTO 이주자들은 그들의 근린지역과 주택의 질에 보다 만족했고 보다 안전하게 느꼈다. 흥미롭게도 이들은 성별 차이를 발견하였는데, 젊은 여성들은 재배치로부터 보다 일관적으로 혜택을 얻었다고 인식하였다.

적어도 어머니들과 젊은 여성들의 경우, MTO를 통한 재배치는 안전한 곳으로의 이동을 의미하였다. 재배치는 두려움으로부터 자유를 가져다주었다—어머니들의 경우 자신들의 딸들이 '방탕하게' 되거나 늙은 혹은 젊은 남성으로부터 괴롭힘을 당하지 않을까 하는 두려움,

글상자 9.4 ▶ 공공 참여 GIS (PPGIS) 기술과 도시지리

낙관적으로 보았을 때, 공공 참여 GIS (PPGIS 혹은 어떤 경우 참여 GIS, PGIS, P-GIS로 부름)는 GIS 내에 포함되어 있고 GIS에 의해서 가능해진 지리적 지식을 만들고 효율적으로 사용할 수 있는 능력을 빈곤층의 손에 쥐어줌으로써 빈곤층에게 권한을 부여하는 것을 목표로 한다. 지역사회는 또한 이러한 지식을 형성하는데 능동적으로 참여하고 그래서 참여적인 거버넌스에서 그들의 영향력을 늘린다. 몇몇 비판가들은 GIS는 요구되는 하드웨어와 소프트웨어의 높은 비용과 복잡성, 데이터에 대한 접근 문제 때문에 오히려 빈곤층의 영향력을 빼앗거나 중요하지 않은 존재로 만들 수 있다고 주장한다. 엘우드(Sarah Elwood, Elwood 2002, Elwood and Ghose 2001, Elwood and Leitner 2003)는 지역사회 집단이 GIS에 대한 접근과 사용을 통하여 영향력을 행사할 수 있는 조건과 범위를 파악할 목적으로 지역사회 집단에 의한 GIS 사용을 연구하였다. 엘우드는 권한부여를 분배적 권한부여(distributive empowerment), 절차적 권한부여(procedural empowerment), 역량강화(capacity building) 세 가지로 개념화하였다.

엘우드(Elwood, 2002)의 사례 연구 조직 중 하나가 PPNA(Powderhorn Park Neighborhood Association)로, 미니애폴리스 남중부 쇠퇴지역에 위치해 있다. PPNA는 1970년대 이후 근린지역 재활성화 쪽으로 노력해오고 있다. 1990년대 초반 들어 PPNA는 근린지역 주택 데이터베이스, 즉 GIS(표 B9.2)의 개발과 활용에 투자하였다. 비록 시스템의 복잡성으로 GIS 훈련을 받은 직원들이 대부분의 분석과 지도화

작업을 수행하지만, 지역사회 주민들은 정보를 명시하고 만들어진 정보를 사용한다. 엘우드는 PPNA의 GIS 사용은 비록 스케일에 따라 그리고 집단에 따라 차이가 있기는 하지만 사회 집단에게 권한을 부여하기도 하고 권한을 빼앗기도 한다는 것을 발견하였다. PPNA는 지방정부와의 관계에 가장 분명하게 권한을 부여하였다.

표 B9.2 미니애폴리스에 있는 PPNA가 사용한 PPGIS 데이터베이스 요소

자산	관여된 사람들**	활동/문제점
필지 규모*	소유자/세금납부자***	과거 문제
지구제*	임대면허 보유자***	PPNA 활동
자산 ID #*	관리자/감독자	스태프/거주자 관찰
건축년도*	지역 대표자	
조건 코드*	세입자	
법적 서술*		
소유 상태*		
세금 체납 상태*		
판매 이력		

출처: Elwood, Sarah, 2002.

* 지방정부 자료로부터 얻었으며 모든 지역사회 자산에 대해서 관리되는 속성들. 다른 모든 정보는 국지적으로 수집되며, 전부는 아니지만 근린지역에서 자산으로 알려진 것들이다.

** 데이터베이스에서 식별할 수 있는 모든 개개인들에 대한 연락처(이름, 주소, 전화번호), PPNA 참여, 자원봉사 역량 등이 기록되어 있다.

*** 지방정부 자료로부터 연락처를 얻은 개개인들이며 모든 근린지역 자산에 대해서 해당 정보가 관리된다.

젊은 여성의 경우 성적으로 부당하게 괴롭힘을 받을 것이라는 두려움. 젊은 여성들은 위험한 행동뿐만 아니라 정신 건강에서 향상을 보였다…. 어떤 MTO 부모들은 그들이 정말로 안전하다고 느낀 장소로 이주하기 전까지는 지속적인 공포가 그들의 삶에 얼마나 많은 영향을 주는지 깨닫지 못하였다. 이런 면에서 MTO는 대단히 성공적이다. 많은 가족들이 위험성이 큰 근린지역을 처음으로 벗어난 후 이를 피하기 위하여 발버둥 쳤다는 것

이 주된 근거이다.(Briggs, Popkin, and Goering, 2010, pp. 107~108)

다른 한편 젊은 남성들은 빈곤 수준이 낮은 그들의 새로운 근린지역에서 보다 공공연하고 암묵적인 적대감에 직면하였고 친구를 사귀는 데 어려움을 겪었다. 젊은 남성들의 방치된 행동에 보다 적은 제약이 가해졌고, 종종 친구들 혹은 가족 구성원들과 시간을 보내

(a)

Sylvia McAfee/Creative Loafing Atlanta

(b)

Jim Stawniak/Creative Loafing Atlanta

그림 9.11 애틀랜타의 HOPE VI 공공주택 재개발. (a) 이스트 레이크 메도스(East Lake Meadows)는 해체되었고 혼합소득 프로젝트로 대체, (b) 이스트 레이크에 있는 더 빌리지

기 위하여 그들의 이전 근린지역으로 되돌아가기도 하였다. 모든 MTO 가족들의 경우, 재정적인 문제, 일자리를 얻는 데 있어 보다 힘든 일을 조정해야 하는 어려움, 이전 근린지역에 남아 있는 가치 있는 사회적 관계의 유지 등의 이유로 이전 근린지역으로 다시 되돌아가는 빈도가 놀랍게도 높았다.

HOPE VI 프로그램은 한편으로는 디자인 결점과 다른 한편으로는 집중되고 있는 빈곤과 심화되고 있는 격리에 대한 공공주택의 영향과 관련한 공공주택이 갖는 지속적인 문제점을 인식하였다. 이 프로그램은 공공주택을 재개발할 수 있도록 연방 재원을 지방 주택당국에 제공한다. 많은 고밀도 단지들이 해체되었고, 혼합소득 주택으로 대체되거나 대대적인 등급 상승이 진행되었다(그림 9.11). 이전 시기 동안 전통적인 공공주택에 수반되었던 물리적·사회적 고립을 줄일 목적으로 이러한 노력들이 고안되었다. 그러나 저소득층 거주자가 이용할 수 있는 총 주택 수가 줄어들었고 재개발 과정 자체가 재개발 기간 동안 상당한

혼란을 야기했기 때문에 이러한 노력을 둘러싸고 상당한 논쟁이 일어났다.

괴츠(Goetz, 2013)는 2차 세계대전 이후 초기에 건축된 고밀도의 공공주택을 해체하려는 다른 노력들과 함께 HOPE VI 재개발의 함의를 살펴보았다. 그는 장소(place)는 혜택을 보았지만, 거주자(resident)는 그렇지 못하였다고 언급하였다. 대규모 공공주택 단지를 제거할 때 매우 적은 수의 원 거주자들이 되돌아왔는데, 대체 개발의 대부분이 혼합소득 디자인이었다는 점이 부분적인 이유이다. 새로운 디자인 및 설계를 위하여 정치지도자들과 지역 개발업자들이 이 장소를 사용할 수 있었기 때문에 장소는 혜택을 본다. 종종 새로운 개발에 대한 디자인은 도시의 중심부에서 밀도를 높일 목적으로 다양한 토지이용의 혼합소득 프로젝트를 추구하는 신자유주의와 뉴어버니즘적 관점과 거의 맞아떨어졌다 — 정부 촉진 젠트리피케이션. 재개발 장소 주변 지역들 또한 재산 가치가 상승하고 범죄가 줄어드는 등 혜택을 보았다. 그러나 거주자들

은 잘 살지 못하였다. 매우 적은 수의 퇴거된 거주자들만이 앞에서 살펴본 MTO 프로그램에 참여할 수 있었고, 제한적인 혜택을 받았다. 대부분의 거주자들은 인종적 격리와 심각한 불평등으로 특징지어지는 또 다른 극단적으로 빈곤한 근린지역으로 이주하였다.

가장 최근 연방정부는 HUD의 정부후원기업(GSEs, 8장 참조)인 연방국민저당협회와 연방주택금융저당회사의 관리감독 하에서 주택 소유를 촉진시키고자 시도하고 있다. 장기 모기지 대출과 관련된 소득 및 부채 요건을 완화함으로써 이전에는 주택을 구입할 여력이 없었던 저소득 및 중간소득 가구들이 주택을 소유하는 것을 가능하게 하는 것이다. 주택 소유를 늘림으로써 연방정부는 임대주택에 대한 수요를 줄이고 부담 가능 주택의 문제를 완화하는 동시에 더 많은 사람들에게 주택 가치 상승을 통한 부의 증대를 가져다주기를 희망하였다. 그러나 8장에서 논의한 것처럼 저소득 및 중산층 가구들의 주택 소유를 늘리고자 시행되었던 대출 시장 노력들이 이제는 점차 부담으로 작용하고 있고, 많은 가구들을 압류와 파산으로 이끌고 있다는 증거들이 늘어나고 있다.

요약

이 장에서는 상당한 논쟁을 불러일으킨 인종과 빈곤이라는 두 가지 도시 이슈를 살펴보았다. 이러한 이슈들은 종종 마치 하나의 이슈인 것처럼 소개되고 있다. 대중 매체, 연구, 정책 논쟁에서 인종과 빈곤은 한데 묶여 다루어져 왔다. 인종과 빈곤은 동일한 것이 아니라는 것을 보여주기 위하여 이러한 이슈들을 풀어주기를 바랐다. 모든 흑인이 가난한 것은 아니며, 모든 가난한 사람들이 흑인인 것은 아니다. 앞서 언급했듯이 대부분의 도시 빈곤층은 사실 흑인이 아니다. 더욱이 도시에 살고 있는 흑인들은 사회의 모든 계층에 존재하고 있다. 인종 격리의 문제는 빈곤의 문제를 넘어선다. 그리고 빈곤의 문제는 인종 격리의 문제를 넘어선다.

비록 이러한 두 이슈들을 결합하여 다루는 여러 노력들이 있어 왔지만(즉 흑인 도시 빈곤), 이러한 이슈를 둘러싼 논쟁들, 특히 도시 최하층 계급의 존재와 규모에 대한 논쟁은 너무 제한적이다. 최하층 계급을 정의하고 규모를 헤아리는 노력의 문제가 많은 행태적 차원을 차치하더라도, 최상의 경험적 추정치들은 이러한 집단의 규모는 아주 사소할 정도로 작으며 1990년대에 상당히 축소되었다는 것을 암시한다(Jargowsky and Yang, 2006). 향후 몇 년 동안 도시 빈곤 문제는 (a) 오래된 내측(inner-ring) 교외지역에서의 빈곤 집중과 (b) 집중된 빈곤 지역에서 외국 태생의 비백인/비흑인 소수인종 집단의 증가에 초점을 둘 것이다.

당신이 도시와 인종 및 빈곤 이슈에 대하여 생각하는 것처럼, 대부분의 생산적인 접근들은 이 두 이슈를 별도로 다룰 것이라는 것을 인식할 필요가 있다. 격리의 원인과 결과는 집중된 도시 빈곤의 원인·결과와 동일하지 않다. 인종의 격리와 도시 빈곤은 전혀 무관한 것은 아니지만, 영원히 연결되는 것도 아니다. 편견을 가지지 말고 비판적으로 질문해 보자.

제10장

이민, 민족성, 도시성

유럽에서 천주교의 입지가 좁아지고 있는 반면, 미국은 로마교황에게 좋은 포교의 대지가 되었다. 유럽에서는 독재적이고 타락한 왕위로부터 쫓겨날 것으로 보일 때, 교황은 이 나라에 성대하고 의기양양하게 입성할 수 있도록 길을 만들기 위해서 그의 악마 같은 목적을 수행할 앞잡이들을 보내고 있다.
－1850년대의 전형적인 신문사설

도시들은 처음 시작부터 외부로부터 사람들을 끌어들였다. 도시는 기회, 자유, 문화, 야망의 중심지로 비쳐졌다. 자연증가율 자체보다는 사람들이 도시로 이주하면서 도시 성장이 이루어졌다. 2장, 3장, 9장에서 논의한 것처럼, 농촌에서 도시로의 이동(rural-to-urban migration)을 통하여 19세기 및 20세기 미국 도시들은 성장하였다. 그러나 이 시기 동안 미국은 또한 세계 도처로부터의 이민에 의해서 성장하였다. 이러한 많은 민족들은 그들의 방식대로 미국의 도시를 만들었다. 오늘날 이를 축복으로 보고 있지만, 위 인용문이 보여주는 것처럼 도시 이민을 항상 긍정적으로 볼 수만은 없다.

미국의 역사를 통하여 미국인들은 항상 문화적으로 독특한 이민자들을 직면해야만 했다. 많은 미국인들은 미국 문화에 대한 이주자들의 인지된 위협과 이전에 이주했던 사람들의 생계에 대한 영향 때문에 괴로워했다. 미국이 수립되었을 때 일부 독일인(주로 펜실베이니아에 정착)과 네덜란드인(뉴욕과 뉴저지)을 포함하여 잉글랜드인, 스코틀랜드인, 북아일랜드 청교도 등 북서부 유럽으로부터의 이민자들과 그 후손

들이 인구의 주를 이루었다. 북쪽의 퀘벡에서부터 미시시피에 이르는 새로운 국가의 경계를 이루는 곳은 대부분이 프랑스 땅이었다. 남서부 지역 내에서뿐만 아니라 플로리다와 태평양 연안을 따라 여러 곳에 스페인 파견지들과 다른 국가의 전초기지들이 산재하였다. 아메리칸 인디언들의 부족 땅은 계속 확대되는 백인 정착지의 변경지역에 걸쳐 있었다. 그리고 물론 새로운 국가로 비자발적으로 끌려온 사람들이 있었다. 일부는 자유를 찾아왔지만 대부분은 노예로 끌려온 아프리카인들이 초기 미국 인구의 약 20%를 차지하였다. 이들 대부분은 남부 농촌 지역에 거주하였다.

아프리카계 미국인과 북미원주민 인구를 제외하고, 건국 이후 첫 50년 동안 미국은 동질의 백인 앵글로색슨 개신교도(White, Anglo-Saxon Protestant: WASP)들이 주류사회를 이루었다. 이미 설립된 교회가 있어서는 안 되고 모든 남성들은 확실한 권리를 부여받았다(인구의 절반인 여성은 무시)는 원리에 기반을 두고 미국이라는 국가가 수립되었다. 동시에 '아메리카'는 그 자체를 농촌적인 개신교 국가임을 자임하였다고 말하는 것이 온당할 것이다. 미국인들의 95%

가 촌락과 농장에 살았다. 가톨릭교회나 그리스정교 교회, 유대교회당 혹은 이슬람사원을 찾는 사람들은 매우 실망하였을 것이다. 어쨌든 이러한 기관들이 존재하였다면 대도시 지역에서나 찾아볼 수 있었을 것이다. 비록 우리의 현대적 시각에서, 도시들이 동질적으로 보일지라도 도시가 기존 질서를 위협하였기 때문에 도시들은 의심의 눈초리를 받게 되었다. 미국이 정치적으로 모국에 저항하였지만, 미국은 분명하고 확실하게 영국의 문화적 연장선상에 있었다.

1820년경 이러한 인구 패턴은 변하기 시작하였다. 미국 정부가 1920년대 이민을 엄격하게 제한하는 법을 통과시킬 때까지 4,500만 명 이상의 사람들이 더 먼 지역으로부터 미국으로 이주해 왔다. 짧은 중단 후에 미국으로의 대규모 이주가 1960년대 재개되었고 오늘날까지도 계속되고 있다. 2012년 이민통계국(Office of Immigration Statistics, 이주 규모를 파악하는 업무 담당)에 따르면, 연간 1,031,631명의 합법 **이주자들**(immigrants)이 미국으로 들어오고 있다. **이민자들**(emigrants)의 수를 파악하는 것은 어렵다. 미국 정부는 2000년 마지막으로 이민자 규모를 약 311,000명으로 추정하였다(*Yearbook of Immigration Statistics: 2012, Estimates, Fiscal Year 2000*의 자료). 이주자는 미국에서 영구적으로 살고 일할 자격이 부여된 개개인들로, 관광객, 유학생, 임시노동자, 사업방문자들과는 구분된다. 이민자는 미국시민권을 유지하는 경우가 많지만 다른 나라에서 살고 일을 하는 개개인들이다. 게다가 퓨 히스패닉 센터(Pew Hispanic Center)는 약 11,000,000명이 미국에 불법으로 체류하고 있다고 추정하고 있다. 소위 '불법 이민자들'은 비자가 없는 외국인으로, **미등록 이주자**(undocumented migrants)로 정의된다. 이러한 미등록 이주자들은 미국의 인구 성장에 실질적으로 기여를 하고 있으며, 미국 인구의 약

1/30을 차지한다. 미국 땅에 불법 혹은 미등록 외국인 체류자들의 존재로 인하여 다수의 경쟁적인 제안들이 제시되었다. 몇몇 제안은 불법 이민자들의 수를 억제하기 위하여 미국과 멕시코 국경을 따라 울타리를 세우는 등 보다 강화된 규제와 이행을 요구하였다. 다른 제안은 지금 미국이 있는 사람들에게 합법적 거주권을 취득할 수 있는 기회를 제공하는 사면조항을 요구하였다.

이민은 다양한 이동성 단계 중에서 가장 극적인 과정이다. 매년 미국인 7명당 1명이 거주지를 바꾼다. 동일 도시 내에서 이사하는 행위를 **도시 내 이동성**(intraurban mobility)이라고 부른다. 사람들은 한 주에서 다른 주로 혹은 한 주의 다른 지역으로 이동하는 등 보다 먼 거리를 이동하기도 한다. 이러한 이동을 **국내 인구 이동**(internal migration)이라고 부른다. **국제 인구 이동**(international migration)인 이민(immigration and emigration)은 국가 간의 경계를 가로질러 이동하는 것으로 상대적으로 그 수는 적다.

65억 세계 인구 중에서 약 1억 7,500만 명의 사람들이 그들의 출생지 밖에서 살고 있다. 이는 전체 인구의 2.5%에 불과한 수치이다. 이주는 사람들로 하여금 그들의 고국(고향)을 떠나고 싶게 하는 힘인 **배출요인**(push factor)과 사람들을 특정한 지역으로 들어오게 유도하는 힘인 **흡인요인**(pull factor)의 산물로 볼 수 있다. 많은 국제 이동자들은 자발적으로 이동한다. 사람들은 이러한 극적인 이동을 통하여 얻게 되는 이득을 계산하고, 보통 염두에 둔 목적지를 가지고 있다. 그러나 많은 수의 국제 이동자들은 남아 있으면 살상되거나 감옥에 갇히기 때문에 고국을 떠난 **난민들**(refugees)이다. 난민들은 그들의 고국에서 쫓겨나 어디에 정착할 것인지에 대한 선택권이 거의 없다. 이러한 이동자들은 종종 수년 동안 난민촌에 머물기도 한

다. 대부분의 국제 인구 이동은 가난한 국가에서 부유한 국가로보다는 저개발 국가들 내에서 발생한다는 점이 중요하다.

이 장은 이민을 개관하고 이민이 도시에 미친 영향을 살펴본다. 19세기 초반부터 20세기 초반까지 지속되었던 바다 건너 유럽인들의 대 이민 시기를 살펴보는 것으로 이 장을 시작한다. 숫자적으로 유럽인들의 이민은 미국 사회에 가장 큰 영향을 주었고, 미국인들의 삶이 점차 도시화되면서 그 영향이 더욱 강화되었다. 그런 다음 현대 도시를 변화시키는 데 있어 중요한 역할을 한 최근의 이민 물결을 살펴본다. 마지막으로 위치적 관점에서 미국의 새로운 민족 패턴을 고찰한다. 현대 미국에서 민족 집단들은 전 세계 도처로부터 왔다. 이러한 민족 집단들은 새로운 도전에 직면해 있지만, 미국 도시와 교외에서 대부분의 기회를 찾았다.

이민의 시대와 미국의 도시화

1820년에서 1925년 사이 최소 3,300만 명에서 최대 4,500만 명의 사람들이 미국으로 들어왔다(그림 10.1). 이 시기의 마지막 40년 동안 대부분의 이민이 이루어졌다. 20세기 첫 14년 중 여섯 번이나 100만 명 이상이 미국으로 들어왔다. 다른 여덟 번의 경우도 80만 명 이상을 기록하였다. 전체를 합하면 1,300만 명 이상이 이 중요한 시기 동안 미국으로 이주하였다. 절대 수로 보았을 때 이 수치는 오늘날의 이민 규모보다 크다. 더 중요한 것은 미국의 인구가 오늘날 인구

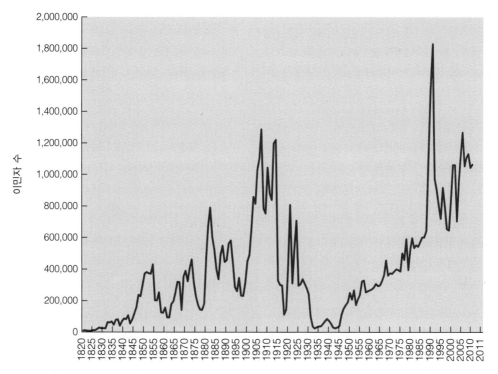

그림 10.1 1821~2011년까지 연도별 미국으로의 이민자 수. 이민은 일련의 파도처럼 진행되었다. 오늘날 이민자 수는 이전보다 훨씬 많다.
출처: © John Wiley & Sons, Inc.

의 1/3 수준이었던 시점에 이러한 규모의 이민이 발생했다는 것이다. 1900년 미국의 인구는 7,600만 명, 1910년은 9,200만 명이었다. 1910년 미국인 7명 중 1명, 4명의 노동자 중 1명, 철강, 광업, 육류가공 등 핵심 산업에서 종사하는 노동자 2명 중 1명이 외국 태생이었다. 많은 여성 이주자들은 의류 및 식품가공 산업에 종사하였다. 도시에 대한 영향은 보다 더 놀라웠다. 국가적으로 규모가 큰 도시인 뉴욕, 시카고, 디트로이트 등에서 이민자들이 노동력의 대다수를 차지하였다.

이민은 물결처럼 일어나는 것으로 생각하는 것이 보다 쉬울 것이다. 기록이 남아 있지는 않지만 1820년 이전에 발생했던 이민에서는 영국 문화가 지배적이었다. 1825년과 1880년 사이 북부 및 서부 유럽과 같이 보다 다양한 지역에서 이민자들이 들어왔다. 역사가들은 이 시기를 **구 이민 물결**(old wave)이라고 부른다. 1880년부터 1925년 사이에는 프랑스령 캐나다, 심지어 중국 및 일본뿐만 아니라(글상자 10.1 참조) 점차 유럽의 다른 지역으로부터 이민자들이 들어오기 시작하였다. 역사가들이 이 시기를 **신 이민 물결**(new wave)이라고 부른다. 이러한 집단들은 본토박이 사람들로부터 상이한 경험과 상이한 반응을 받았고, 상이한 정주 역사를 갖는 경향을 보였다. 이러한 차이는 미국의 서로 다른 부분을 차지하는 민족 구성의 복잡성, 도

글상자 10.1 ▶ 다른 해안으로 들어온 이방인들: 중국인과 일본인의 미국 이주

비록 대다수의 이민자들이 뉴욕, 보스턴, 필라델피아와 같은 동부 해안의 항구도시로 들어왔지만, 샌프란시스코 또한 중요한 입국항이었다. 19세기 후반부에 중국과 일본으로부터 이민자들이 들어 왔다. 1850년에 들어서면서 중국인 이민자들은 경제적으로 가난하고 정치적으로 혼란스런 중국 대륙을 떠나 '금산(金山, Gum Shan)' 또는 'Mountain of Gold'라고 부른 대륙에서 새로운 희망을 찾고자 하였다. 이들은 쾌속범선에 올라타 노동으로 요금을 때웠고, 도착하면 세탁소, 요리, 식당일 등 개인적인 노무일, 철도건설, 광산, 농장, 공장 일거리 등 어떤 일이든 상관없이 그들이 할 수 있는 저임금 일자리를 얻었다. 1890년까지 미국, 거의 서부에 위치한 주들에 약 110,000명의 중국인이 있었다. 이들은 송금을 통하여 중국에 있는 가족을 부양하는 남성들이었다. 어떤 중국인 노동자들은 그들이 머무는 것을 일시적인 체류로 간주하여 그들의 가족을 데려올 계획도 전혀 가지고 있지 않았다. 많은 중국인들은 현지인에게 노동과 서비스를 제공하면서 작은 광산촌에 살았지만 다수는 또한 샌프란시스코, 로스앤젤레스, 벤쿠버, 시간이 지난 후의 뉴욕 등에 있는 '차이나타운'(그림 B10.1)이라 부르는 좁은 구역에 모여 살았다. 20세기 초반까지 중국인은 서부에 집중되어 있었지만, 미국의 다른 부분에도 분포하였다. 중국인들은 거의 배타적으로 도시에 거주하였다. 중국인들은 이제 미국에서 가장 도시화된 민족 집단이다.

중국인들은 아프리카계 미국인과 아메리칸 인디언을 제외하고 아마 다른 어떤 민족 집단보다도 나쁜 대우를 받았다. 중국인들은 그들을 타락하고 질병이 들끓는 마약중독된 이교도들로 바라보는 매서운 인종주의에 직면하였다. 중국인들은 환영받지 못하였기 때문에 방어기제로 함께 뭉칠 수밖에 없었다. 결과적으로 중국인들은 배타적이라는 이유로 비난을 받았다. 이러한 태도는 일련의 이민 제한을 가져왔다. 1875년에는 중국인 여성들이 이민에서 배제되었다. 그런 다음 1882년 미국 의회는 소수의 남성 이주만을 한정하는 보다 보편적인 **중국인 이민 금지법**(Chinese Exclusion Act)을 통과시켰다. 1940년대만 보다 일반적인 중국인 이민이 허용되었다.

중국인과 함께, 일본인 정착자들은 19세기 후반에 미국으로 들어오기 시작하였다. 1860년대까지 일본 정부는 외국 세계에 대하여 쇄국정책을 고수하였다. 메이지 유신 동안만 개방되었고 외국으로의 이민을 허용하였다. 미국으로의 대부분 이민은 1890년대부터 1차 세계대전 전까지 일어났다. 서부 미국에서의 노동력에 대한 요구와 함께 많은 미국의 대기업들은 능동적으로 일본인 노동자들을 채용하였다. 또한 일본인 이민자들은 미국의 영토가 되기 전과 영토가 된 이후 하와이 플랜테이션 노동자로 대규모 들어왔다. 일반적으로 일본인 이민자들은 중국인들

시, 소도시, 농촌 지역 사이의 차이 때문에 오늘날까지 지속되고 있다.

새로운 가톨릭교도들의 도착

1820년에서 1880년 사이에는 영국제도가 이민의 주된 기원지였고, 독일이 그다음을 차지하였다. 프랑스, 스칸디나비아, 심지어 캐나다(어떤 이민자들은 미국으로 가는 중간 경유지로 캐나다를 이용) 등 다른 지역들로부터의 이민자 규모는 50만 명 이하였다. 스칸디나비아인들은 비록 1880년 이후에 미국으로 들어왔지만, 보통 구 이민 물결로 간주된다. 여러 모로 이러한 이민은 영국인들과 스코틀랜드계 아일랜드인의 수

를 상당히 늘리고 기존 독일인 인구를 보강하면서 이미 형성되었던 인구 패턴을 강화하였다. 그러나 이 시기 동안 전체 인구에 대한 이민자 비율은 미국 역사에서 다른 어떠한 시기보다 높았다는 것을 주목해야 한다. 1850년대 최정점에 달했을 때 이민자의 수는 기존 미국 인구의 12%를 넘어섰다. 인구 구성에서의 작은 변화조차 미국 도시들에 엄청난 결과를 가져왔다.

이러한 이민은 여러 가지 새로운 요소들을 미국으로 들여왔다. 대규모 독일인 이민을 통하여 영어를 사용하지 않고 그들의 모국어를 유지하고자 하는 사람들이 미국으로 들어오게 되었다. 독일어는 1차 세계대전까지 위스콘신의 교구 부속학교와 교구에서 지

보다 훨씬 더 농업 지향적이었다. 많은 사람들이 농장에서 일을 하였고 시간이 지나면서 자신의 토지를 살 수 있을 정도로 충분한 돈을 모았다.

일본인들을 대하는 태도는 중국인들을 대하는 것만큼 적대적으로 보이지 않았다. 1880년대 중국인 이민이 제한된 후, 일본인 이민이 부족한 부분을 채웠다. 그러나 일본인들 또한 차별을 받았다. 중국인들과 같이 일본인들도 미국시민으로 귀화할 수

없었다. 1907년 **신사협정**(Gentleman's Agreement)은 이민자의 가족들이 들어오는 것을 허용하였지만 남성 노동자 이민을 제한하였다. 이후 1920년대 일본인 이민자들의 토지 소유권을 박탈하는 법들이 통과되면서, 많은 일본인들이 도시로 옮겨갔다. 그리고 일본인들은 2차 세계대전 동안 색출되어 강제로 강제수용소 혹은 포로수용소로 이송되었다.

그림 B10.1 1920년경 샌프란시스코 차이나타운.

속적으로 사용되었다. 구 이민 물결을 통하여 처음으로 엄청난 수의 가톨릭 신자들이 미국으로 들어왔다. 독일 이민자들은 다수가 가톨릭 신봉자들이었다. 이 시기에 남부로부터 온 아일랜드인들은 대부분 가톨릭을 믿었다. 결과적으로 1790년 미국 총인구의 1%도 차지하지 않았던 가톨릭 인구가 1850년 약 7.5%를 차지하게 되었다.

이민의 지리　이민자들이 미국의 특정 지역을 선호하였기 때문에 구체적인 **이민의 지리**(geography of immigration)가 이 시기에 표면화되었다. 대다수의 이민자들은 뉴욕의 항구에 내렸다. 뉴올리언스, 보스턴, 볼티모어, 필라델피아, 샌프란시스코 등이 각각 특정 이민 집단으로 특화되기는 하였지만 까마득한 2위 그룹이었다. 서로 다른 지역에서 인지된 경제적 기회가 그렇듯이 이는 정착의 지역적 패턴에 분명한 영향을 주었다. 다수의 독일인과 아일랜드인을 끌어들인 뉴올리언스를 제외하면 이민자들은 일반적으로 남부를 기피하였다. 남북전쟁 전후의 남부 플랜테이션 경제는 새로운 도착자들에게 적합하지 않았다. 극서부 지역(특히 캘리포니아)은 상당수의 중국인과 일본인을 포함하여 점차 더 많은 이민자들을 끌어들였다(글상자 10.1 참조). 그러나 외국인 인구가 지배적이었던 곳은 북동부와 중서부 지역이었다. 뉴욕 주 자체가 1860년 총 외국 태생 인구의 1/4을 차지하였다.

이 시기에 들어온 외국인들은 본토박이 거주자들보다 도시에 정착하는 것을 더 선호했고, 이들의 도시 지향적인 성향은 시간이 지나면서 강화되었다. 남북전쟁 전의 이민자들은 산업 및 도시 혁명의 초기 단계인 농업 사회를 접하게 되었다. 미국은 이미 도시 인구 비율이 50%를 넘어섰던 영국에 상당히 뒤쳐져 있었다. 1860년 모든 외국인의 36%가 미국의 43개 대도시에 살았고, 이들 중 반은 6개의 주요 통관항에 거주하였다.

그러나 개발되지 않은 광활한 배후지 내에 엄청난 기회가 있었다. 1890년 이전 미국의 변경은 확장을 계속하였다. 기꺼이 먼 거리를 이동하고자 한다면 희망하는 사람들은 광대한 토지를 이용할 수 있었다. 자영농지법(Homestead Act)은 정착하여 경작하는 것에 동의한 사람들에게 토지를 이용할 수 있게 해 주었다. 철도 회사들은 연방정부로부터 허락받은 방대한 토지를 판매하는 데 관심을 가졌다. 몇몇 중서부 주들은 해외에 모집 사무소를 설치하고 광고를 하는 등 장래의 이주자들에게 자신들의 주를 홍보하였다. 이들 주들은 성장을 바랐고, 이민은 성장을 촉진하기 위한 효과적인 전략이었다. 이러한 많은 주들은 농촌 지역에 강한 민족적 엔클레이브(enclave)의 모자이크를 만들어 냈다. 미네소타의 아이언 레인지(Iron Range) 한가운데는 스웨덴인과 핀란드인이 지배적이었고, 위스콘신 남서부와 오하이오 북서부 지역에서는 독일인이 지배적인 카운티들이 나타났으며, 노스다코타 북동부 지역에는 노르웨이인들이 다수 거주하였다.

도시 성향에서의 차이　도시 성향에서 주요 민족 집단 사이에 분명한 차이가 있다. 스칸디나비아인들은 도시에 정착하는 것을 가장 선호하지 않았고 대신 중서부와 대평원 위쪽에 있는 넓은 공간을 선호하였다. 19세기 후반까지 28%의 스칸디나비아인들(25,000명 이상)만이 도시에 살았다. 대부분이 농촌 민족 엔클레이브에 거주하면서 외부 집단과의 상호작용에는 거의 관심의 보이지 않으며, 이곳에서 그들 고향의 농장과 마을을 다시 만들었다. 독일인들은 대서양 중부 지역과 중서부 지역에서 도시와 농촌에 균등하게 나뉘어 거주하였다. 50%를 밑도는 독일인들(25,000만 명 이

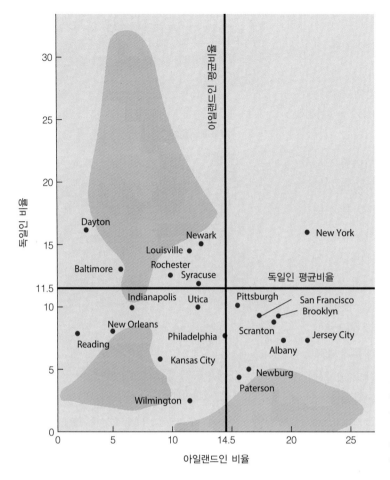

독일인 비율

아일랜드인 비율

아일랜드인 평균비율

독일인 평균비율

그림 10.2 1870년 미국 도시에서 아일랜드와 독일 태생 이민자들의 비율. 아일랜드인들이 높은 비율을 차지하는 도시들과 독일인들이 높은 비율을 차지하는 도시들 사이에는 강한 지역적 구분이 있다.
출처: Ward, David, 1971.

상)이 도시에 거주하였다. 다른 한편 아일랜드인들은 중소도시 그리고 대도시에 사는 것을 더 선호하였고 북동부 지역에 있는 도시들, 특히 보스턴에 집중적으로 살았다.

지리학자 워드(David Ward)의 *Cities and Immigrants* (1971)에 제시된 그래프는 독일인과 아일랜드인의 도시 정착 패턴에서 도시별 차이를 보여준다(그림 10.2). 그림 10.2는 좌에서 우로 아일랜드인의 비율을, 아래에서 위로 독일인의 비율을 나타내는 축을 기준으로 미국의 주요 50개 도시들을 표시하고 있다. 전체적으로 아일랜드인들(14.5%)이 독일인들(11.5%)보다 총 도시 인구에서 더 높은 비중을 차지하였다. 그

러나 지역적 차이가 눈에 띈다. 100만 명 이상의 인구를 가진 유일한 도시인 뉴욕만이 두 집단의 평균 비율보다 더 높다. 다른 도시들은 민족 축을 따라 상당히 균등하게 나뉘었다. 뉴잉글랜드에 있는 도시들과 다른 몇몇 북동부 도시들은 분명히 아일랜드인들의 비율이 높다. 펜실베이니아가 본래 식민지 시대에 독일인 정착자들에게 매력적이었던 것을 감안하면, 필라델피아와 피츠버그에서 아일랜드인의 비율이 높은 것 또한 놀라운 일이다. 볼티모어, 뉴왁, 뉴욕 위쪽에 있는 로체스터와 시러큐스뿐만 아니라 중서부 도시들에서는 분명히 독일인들이 우세하다. 남부에 있는 도시들의 경우 두 민족 집단의 인구 비율이 낮다.

이민자들에 대한 반응 구 이민 집단들 사이의 또 다른 차이점은 이들이 접한 기존 거주자들로부터 받은 반응이다. 비록 개개인의 경험은 상이하지만, 스칸디나비아인들과 독일인들은 주로 환영을 받거나 적어도 용인되었다. 스칸디나비아인들은 벽지에 정착하였고, 종종 모집의 대상이 되곤 하였다. 이들은 현재의 상황을 틀어지게 만들지는 않았다. 독일인들은 논리 정연한 대변인이라는 지지를 받을 만한 장점을 가지고 있었고, 다양한 수공업, 양조, 식품가공 등에 전문화되어 있어 숙련된 노동자들 사이에서도 모범이 되었다. 게다가 많은 사람들은 어느 정도의 자산을 가지고 미국으로 들어왔다. 여러 가지 이유로 이 시기에 많은 반감이 아일랜드인을 향하였다. 아이랜드인들은 일반적으로 가난하였다. 이들 대부분은 아일랜드를 휩쓸고 간 기근으로 인해 이주하였기 때문에 대부분이 아무것도 가지고 오지 못하였고, 경제적 성공에 필요한 숙련된 직업도 없었다. 많은 아일랜드 이민자들은 비숙련 직업에 종사하였고, 많은 사람들은 가사 노동자로 고용되었다. 그림 10.2에서 보는 것처럼 아일랜드인들은 미국의 보다 오래된 지역에 정착하여, 완전히 새로운 사회를 다시 만들기보다는 기존 사회 구조에 적응해야만 했다. 아일랜드인들에게는 그들 스스로를 고립시킬 기회가 없었다.

마지막으로 아일랜드인들은 가톨릭교인들이었다. 가톨릭교도 혹은 개신교도인 독일인들과는 달리 가톨릭은 분명히 아일랜드인들의 배경과 동일시되었다. 아일랜드인들은 미국의 상류층이 따라 하고자 했던 영국의 상류층으로부터 폄하되었다. 이러한 요인들이 결합하여 아일랜드인들에 대한 광범위한 폄하, 학대, 착취가 이루어졌다. 이러한 사실은 이 장의 도입부에서 인용한 것과 같이 잔인한 신문사설, 아일랜드인들을 인간 이하로 묘사한 끔찍한 만화(그림 10.3),

그림 10.3 아프리카계 미국인과 아일랜드 이민자들을 인간 이하로 묘사하는 삽화. 불행히도 이러한 정서는 19세기 후반에 보편적이었다.
출처: Library of Congress, Prints and Photographs Division, Harpers Weekly Dec. 9, 1876, Thomas Nast의 삽화.

차별 등으로 이어졌다. "아일랜드인들은 지원하지 마시오", "미국인을 제외하고 누구도 지원할 수 없다" 등과 같은 추가사항이 20세기까지 줄곧 구인광고와 사원 모집 공고에서 일반적인 부분이었다. 조직화, 정치 활동, 가톨릭교회에 대한 그들의 지배력을 통하여 자신들의 지위를 향상시키고자 했던 아일랜드인들의 시도는 '토박이' 미국인들을 매우 화나게 만들었다.

격리 패턴 이러한 유럽 민족 집단들 사이의 문화적 차이에도 불구하고 우리가 오늘날 이해하고 있는 것과 같은 진정한 **거주지 격리**(residential segregation)라고 할 만한 것은 거의 없었다. 라틴어에서 격리(segregation)는 문자적으로 '무리로부터 분리된 것'을 의미한다. 일반적으로 격리는 민족성이나 인종에 기반을 둔 사람들의 지리적 분리를 나타낸다. 이러한 경우 거주지 격리는 사람들의 거주지 분리를 수반할 것이다. 이외에도 사업(업무)의 격리, 학교의 격리, 행동에 의한 격리와 같은 다른 유형의 격리가 존재할 수 있다.

농촌 지역 내에서는 마을 전체가 특정 민족 집단의 인구로 구성되는 것과 같은 격리가 발생하였다. 그러나 도시는 완전히 다른 양상을 보였다. 도시에서 아일랜드인, 독일인 및 다른 19세기 중엽 이민 집단들은 주거 측면에서 보다 섞여 있었다. 거주지 격리가 나타나지 않은 것은 남북전쟁 전의 도시 형태의 특성에 기인하였다. 대부분의 도시들은 중심업무지구라고 부를 만한 것이 거의 없었으며, 기능적 분화가 거의 이루어지지 않았고, 사회계층 간 격리가 거의 없었던 소규모 도시였다. 도시는 주로 도보 이동을 중심으로 형성되었고, 대부분의 사람들은 최소한의 공간 내에서 그들의 삶을 살아갔다. 부유한 사람들과 가난한 사람들은 그들의 사업장 근처 골목길을 사이에 두고 공간을 공유하면서 서로 근접해서 살았다. 이러한 형태의 도시 환경에서, 그림 10.4에 제시된 약 1850년경에 작성된 보스턴 지도에 분명히 드러난 것처럼, 심지어 괄시받은 아일랜드인들도 도시 전체에 흩어져 살았다.

새로운 유럽인들의 이민

1880년 이후 미국 이민의 성격이 엄청나게 바뀌었다. 한 예를 든다면, 전체 이민자의 총 수가 급격하게 증가하였다. 1880년대 이전의 완만한 이민 흐름은 이민자들의 수가 2배, 3배로 늘어나면서 새로운 도착자들로 넘쳐났다. 게다가 대부분 이민자들의 국적이 바뀌었다. 독일인, 아일랜드인, 영국인, 스칸디나비아인들의 이주가 지속되었지만, 소위 '새로운 이민자들'로 불리는 남부 및 동부 유럽 출신의 이주자들과 합류하

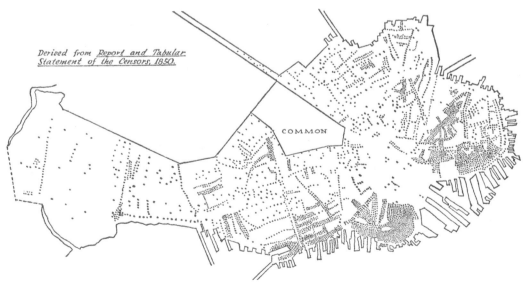

그림 10.4 1850년 보스턴에 사는 아일랜드인들의 분포. 비록 아일랜드인들은 특정 근린지역을 회피하였지만, 일반적으로 도시 전체에 퍼져 살았다.

였다. 1880년에서부터 1920년 사이 이민의 주된 기원지는 이탈리아, 러시아제국, 오스트리아-헝가리 제국, 그리스, 스페인이었다. 이들 제국의 관할구역 내에는 유대인, 우크라이나인, 리투아니아인, 폴란드인, 헝가리인, 세르비아인 등의 민족 집단들이 포함되어 있었다. 이러한 집단들은 주로 비개신교도들(가톨릭, 유대교, 동방정교 등으로 구분)로 영어를 사용하지 않으며, 18세기 후반에서 19세기 초반의 구 이민자들과 문화적으로 구분된다.

구 이민자들이 그랬던 것처럼 신 이민자들도 미국의 특정 지역을 선호하였다. 오히려 더욱 분명히 남부 지역을 기피하였다. 상당수의 이탈리아인들을 끌어들인 뉴올리언스를 제외하고, 새로운 이민자들은 뉴욕과 몇몇 다른 동부의 항구를 통하여 들어와 이들 지역 가까이 머물거나 산업화된 중서부 지역으로 이동하였다. 사실 이민자들이 어디에 정착할 것인지 예견된 곳은 19세기 후반과 20세기 초반 출현한 미국의 산업 지리였다.

신 이민자들의 도시 지향　신 이민 물결은 구 물결과 또 다른 측면에서 차이를 보였다. 첫 번째 이민자들의 물결이 도시와 농촌 모두로 이주하는 것을 선호한 반면, 두 번째 이민 물결은 지배적으로 도시 지역에 정착하였다. 미국 전체적으로 여전히 농업이 지배적이었지만, 90% 이상의 유대인, 85% 이상의 이탈리아인, 85% 이상의 폴란드인은 도시에 정착하였다. 구 이민자들과 마찬가지로 새로운 이민자들도 특정 도시에 정착하는 강한 선호를 보였다.

일반적으로 이민자들을 끌어들인 세 가지 유형의 도시 지역을 확인할 수 있다.

1. **입국항**(ports of entry)은 돈이 없어 멀리 가지 못하는 이민자들, 이곳에서 기회를 찾은 사람들을 끌어들였다. 뉴욕, 보스턴, 뉴올리언스, 볼티모어, 샌프란시스코 등이 이러한 도시에 속한다.

2. **내륙 도시**(interior cities)는 주요 유통 및 수출 중심지로 기능하였고, 시카고, 세인트루이스, 신시내티, 밀워키, 디트로이트, 에크론 등이 이에 속한다.

3. **소규모 제조업 도시**(small manufacturing towns)는 뉴잉글랜드와 대서양 연안 중동부 지역에 위치하였다. 로웰(Lowell), 폴리버(Fall River), 우스터(Worcester), 스크랜턴(Scranton), 톨레도(Toledo) 등이 이에 속한다.

이러한 이민 및 도시화의 결과 미국의 대도시들에서 외국 태생의 인구가 급증하였다. 19세기 마지막 25년까지 이민자들과 그들의 자녀들은 미국에서 가장 인구가 많고 경제적으로 활기를 띤 북동부 및 중서부 지역 도시 인구의 2/3 이상을 차지하였다. 1920년까지도 미국 도시 인구의 반이 외국 출생 혹은 외국 혈통이었다.

이 시기에 관여된 상이한 민족 집단들에서 확실한 정주 패턴이 나타났다. 유대인들은 주로 대서양 연안 중동부 주들, 특히 뉴욕에 정착하였다. 이탈리아인들은 비록 뉴잉글랜드 지역에도 정착하였지만, 대서양 연안 중동부 주들에서도 정착하였다. 대부분의 프랑스계 캐나다인들은 퀘벡에서부터 메인, 뉴햄프셔, 메사츄세츠, 론아일랜드에 걸쳐 형성되어 있는 뉴잉글랜드에 정착하였다. 일부 보헤미아인들과 다른 중부 및 동부 유럽인들은 서부로 가서 오하이오와 네브래스카에 걸쳐 분포하는 많은 도시들에 정착하였다(그림 10.5). 이러한 대부분의 정착은 도시에서 이루어졌다.

새로운 이민 정착자들의 도시 선호를 무엇으로 설명할 수 있는가? 구조적인 요인이 분명히 포함되어 있다. 1880년대까지는 국경이 실질적으로 폐쇄되었다. 동시에 제조업 혁명이 한창 무르익고 있어 비숙련 노동력에 엄청난 기회를 제공하였다. 이 시기에 미국으로 들어온 사람들은 대부분 가난하고 교육을 잘 받지 못하였다. '새로운 이민자들'의 90% 이상이 미국으로 들어올 때 수중에 50달러(이 당시에도 큰 돈이 아니었음) 이하를 가지고 있었다. 많은 새로운 이민자들은 심지어 그들 자신의 언어조차 모르는 문맹이었다. 도착자들 중에서 리투아니아인의 50%, 폴란드인

의 35%, 남부 이탈리아인의 52%가 영어를 읽을 수 없었다. 이는 글을 읽고 쓸 수 있었고, 영어에 대한 어느 정도의 지식을 가지고 있었던 이전 이민자들과 대조를 이룬다.

직업적으로 대부분의 새로운 이민자들은 사용할 수 있는 기술을 거의 가지고 있지 않았다. 90% 이상이 육체노동자, 농부, 종업원으로 분류될 수 있었고, 도시에서 보수를 잘 받는 직업을 얻을 가능성은 줄어들었다. 그러나 어떤 직업의 고용 전망은 대체로 밝지

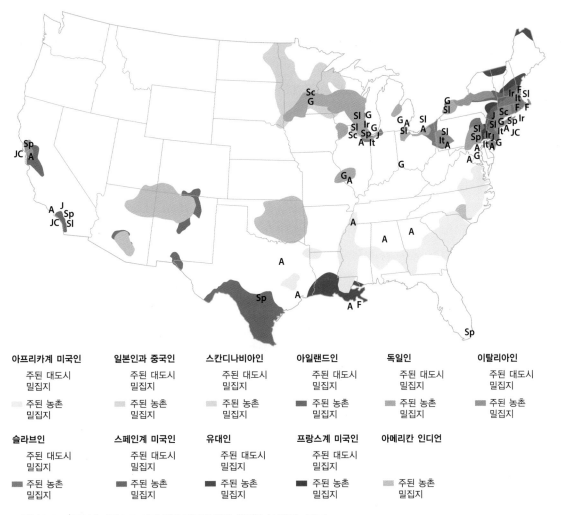

아프리카계 미국인	일본인과 중국인	스칸디나비아인	아일랜드인	독일인	이탈리아인
주된 대도시 밀집지	주된 대도시 밀집지	주된 대도시 밀집지	주된 대도시 밀집지	주된 대도시 밀집지	주된 대도시 밀집지
주된 농촌 밀집지	주된 농촌 밀집지	주된 농촌 밀집지	주된 농촌 밀집지	주된 농촌 밀집지	주된 농촌 밀집지

슬라브인	스페인계 미국인	유대인	프랑스계 미국인	아메리칸 인디언
주된 대도시 밀집지	주된 대도시 밀집지	주된 대도시 밀집지	주된 대도시 밀집지	
주된 농촌 밀집지	주된 농촌 밀집지	주된 농촌 밀집지	주된 농촌 밀집지	주된 농촌 밀집지

그림 10.5 1960년 기준으로 여러 민족 집단의 주요 위치를 보여주는 지도.

않았다. 일자리가 줄어드는 경제 침체 시기에 많은 새로운 도착자들은 다시 고국으로 돌아갔다. 비록 이들 중 많은 사람들이 단기간 미국에 머물 의도를 가지고 있었던 남성들이기는 하지만 이민자들의 약 1/4이 그들의 본국으로 되돌아갔다.

근린지역 위치 이러한 상황에서 많은 새로운 이민자들은 이용 가능한 주택이 존재하고 주택 가격이 가장 저렴한 곳에 정착하였다. 새로운 이민자들은 도시가 팽창하고 중산층 계급이 보다 공간이 넓은 교외로 이주하던 시기에 미국에 도착하였기 때문에, 대다수가 이전에는 보다 부유한 집단들이 점유했던 내부도시 근린지역[**점이 지대**(zone of transition)]에 정착하였다.

이민자들이 점유한 근린지역들은 그 밀도와 불결한 상태로 유명하였다. 공급을 훨씬 초과하는 주택 수요는 가족들이 보다 좁은 공간에서 살아야 했음을 의미한다. 그렇다고 반드시 이러한 거주 조건이 유해하다는 것을 의미하지는 않는다. 예를 들어 러시아계 유대인들은 극단적으로 혼잡한 조건에서 살았지만 상당히 낮은 사망률을 보였다. 그렇지만 이러한 상황은 많은 도착자들이 빈곤하다는 것을 의미하였다. 세기 전환기 이민자들이 경험한 이러한 조건은 외부 관찰자들을 오싹하게 만들었다. 계속된 보고들은 새로운 도시 거주자들이 경험한 표준 이하의 조건을 증명하였다. 많은 논객들은 이러한 사람들의 역경에 진심어린 동정을 표하였다. 신클리어(Upton Sinclair)의 소설 *The Jungle*은 시카고의 이주노동자와 가족들의 학대를 폭로하였다. 다른 사람들은 그들이 목격한 상황을 보고하였다. 보고자 중 한 사람인 리이스(Jacob Riis)는 사회개혁가로 뉴욕의 많은 최악의 슬럼 지역의 상태를 개선시키고자 노력하였다. 그의 책 *How the Other Half Lives*가 1890년 출간되었고 이 당시의 상황을 그

리고 있는 텍스트와 다시 그린 사진들이 들어 있다. 리이스는 저렴한 하급 주택, 방랑자, 부랑아, 다세대 주택 등을 기술하였다. 이 시기의 다세대 주택을 다음과 같이 기술하였다.

> 길을 따라 4층에서 6층의 벽돌 건물이 있고… 각 층마다 네 가족이 살고 있고, 12×10 크기의 거실과 침실로 함께 사용되는 방에는 하나 혹은 두 개의 어두운 벽장이 있다. 주택의 중앙에는 종종 불이 꺼져 있는 계단이 있고 직접 환기가 가능한 통풍구가 없으며, 가족들은 칸막이로 다른 가족들과 구분되어 있다.(1890[1971], p. 17)

리이스가 격렬하게 표한한 것처럼, 비공식적으로 다세대 주택은 보다 많은 사람들을 수용하였다.

> 함께 지어진 두 건물 중 하나인 크로스비 스트리트 주택에 101명의 어른과 91명의 아이들이 거주하고 있다는 위생 경찰 보고서를 가볍게 언급하고 넘어갈 때조차 더 이상 흥미롭지 않았다. 내가 실수를 하지 않았다면 다른 건물에는 89명의 아이들을 포함하여 두 다세대 주택에만 총 180명의 아이들이 있었다! 멀베리 스트리트를 한밤중에 살펴보았을 때, 150명의 '유숙객'들이 두 건물에 있는 아주 더러운 바닥에서 잠을 자고 있었다.(p. 17)

뉴욕 밖의 상황은 조금 나았다. 1920년 시카고에 있는 폴란드인 근린지역에 대한 한 기사는 이 근린지역을 14,000명이 거주하는 10개의 사각 블록으로 묘사하였다. 이 수치는 인도 캘커타에서 가장 혼잡한 곳보다 3배나 더 혼잡한 것이다. 이 근린지역에서 전체 아파트의 3/4이 400평방피트($37.16m^2$)보다 작고, 전체 인구의 1/5이 아파트 지하실에서 살았으며, 대부분의 거주자들은 밖에 있는 수도시설을 이용할 수밖에 없

표 10.1 구 이민 집단과 신 이민 집단의 격리 지수

		1910	1920	1930	1950
Boston	구	20.6	23.2	26.2	25.4
	신	53.3	45.8	54.6	49.6
Chicago	구	32.6	29.8	27.7	27.8
	신	52.6	41.1	47.1	41.4
Philadelphia	구	21.6	21.1	29.3	28.4
	신	57.8	47.7	52.9	48.0

출처: Lieberson, Stanley, 1963.

었다. 이러한 목격담으로 개혁 입법이 촉발되었고 자선 단체들이 생기게 되었다.

격리 패턴　대체로 새로운 이민 인구는 구 이민 집단들보다 훨씬 더 집중하여 거주하였다. 이러한 격리 패턴은 주로 미국 도시의 모양 변화를 반영하였다. 도시가 팽창하면서 기능적 분화가 가속화되었다. 대부분의 도시에서 중심업무지구(5장에서 상술), 공장지구, 계층에 기초하여 구분된 주거지구 등이 발달하였다. 새로운 이민자들은 최악의 상태에 있는 주택을 점유하였기 때문에 이들은 토박이 미국인들뿐만 아니라 심지어 구 이민 집단들과도 분리되는 경향을 보였다. 특정 집단이 지배적인 뚜렷한 주택지구가 나타났다. 리틀 이탈리아(Little Italy), '유대인촌(Jewtown)'을 비롯한 민족적으로 구분되는 근린지역들이 일부 대도시들의 기본 요소가 되었다. 그러나 단일 집단이 전적으로 점유한 근린지역은 거의 없어 엄밀히 말해서 게토의 정의와 일치하지 않았다. 확실히 외국인들은 본토박이들과 분리되었지만, 이들끼리는 훨씬 덜 격리되었다.

표 10.1은 1910, 1920, 1930, 1950년 외국인 인구 집단이 본토박이 인구로부터 분리되는 경향성을 보여주고 있다. 이 표는 9장에서 기술한 격리 지수 혹은 상이 지수를 이용하여 작성한 것이다. 각 비교 시점에서 남부, 중부, 동부 유럽인들로 구성된 '신' 이민 집단들은 분명히 독일인, 아일랜드인, 스칸디나비아인로 구성된 '구' 이민 집단들보다 격리의 정도가 더 심하다.

입지의 부정적 영향과 긍정적 영향

상황이 어떠하든 이러한 도시 민족 근린지역들은 미국인들의 상상력과 결합되었다. 많은 본토박이 미국인들은 도시에 집중되어 있으면서 미국 문화를 약화시켰던 이민 집단을 두려워했다. 많은 미국인들은 우선 도시를 경계하였지만, 외국인들로 가득 찬 도시를 특히 위험하다고 생각했다. 높은 이방인 비율과 함께 도시의 혼잡한 상황은 많은 사람들에게 폭동과 무정부 상태에 불을 지피기를 기다리는 사회적 불씨처럼 보였다.

그럼에도 불구하고 이러한 초기 입지는 여러 모로 긍정적 측면이 있었다. 우선 민족 집단이 집중된 입지는 **문화적 편의**(cultural expediency)를 주었다. 이민자 게토는 고국으로부터 가족과 친구들을 끌어들이는 목적지였다. 이러한 근린지역은 새로운 이민자들에게 주류사회로 가는 디딤돌 역할을 하였다. 사람들은 낯설고 때로는 적대적인 환경을 마주하지 않아도 되었다. 많은 초기 이민자 근린지역들 또한 상당히 배타적이었다. 거리의 언어(통속어)는 이민자들의 언어였다(사실 어떤 사람들은 영어를 쓰며 돌아다니는 것이 사실상 불가능하였다). 이것 말고도 교회와 유대교회당(synagogue), 복지후생시설, 회의소, 사업체 등을 포함하여 이민자들을 돕는 다수의 기관들이 이미 들어서 있었다. 이 모든 기관들은 '사회 내의 사회(society within a society)'를 만드는 것을 가능하게 하였다.

경제적으로 이러한 이민자 근린지역들은 또한 가까이에서 이용할 수 있는 고용기회(close to available employment)를 제공하였다. 비록 중산층이 빠져나가기는 했지만, 대부분의 산업, 창고업, 서비스업 등은 도심 가까이에 남아 있었다. 많은 이민자들은 제조업 일자리와 근접하여 위치한 이용 가능한 값싼 주택에 관심을 가졌다. 중심 입지는 또한 미숙련 노동자들이 실직하였을 때 다른 일자리를 찾는 것을 용이하게 하였다. 이러한 많은 일자리들은 약간의 기술만을 요구하였고 대부분의 본토박이 백인 미국인들이 꺼려하는 것이었다. 그래서 실업은 노동력 착취만큼 큰 문제가 되지 않았다.

문화적 편의와 이용할 수 있는 고용기회에 대한 근접성이라는 이점은 결국 많은 이민자들을 상층으로 그리고 밖으로 이주할 수 있게 함으로써 주류사회로 들어가기 위한 발판을 제공하였다. 대체로 이민자 지역사회는 일단 많은 수의 민족 거주자들 특히 이민자들의 자녀들이 도시 밖에 있는 더 좋은 주택으로 이사할 수 있을 만큼 충분한 돈을 벌게 되면서 사라진 단기간의 현상이었다. 2차 세계대전 이후 이러한 많은 근린지역들은 쇠퇴하기 시작하였다. 거주자들은 사망하거나 성공하여 떠났다. 몇몇 민족 근린지역은 1940년대와 1950년대까지 지속되어, *Street Corner Society*, *The Urban Villagers*와 같은 연구의 주제가 되기도 하였지만, 1960년대와 1970년대 들어 대부분이 역사적인 유물이 되어 버렸다. 새로운 인구 집단은 이사를 했거나 해당 근린지역은 도시재개발의 미명 아래 해체되었다.

이러한 특징적인 근린지역의 파괴와 2세대와 3세대 집단의 도시와 대도시권 전역으로의 분산은 이민자와 본토박이 영국계 미국인 사이의 경제적·사회적 장애물이 허물어졌음을 의미하였다. 이러한 과정을 **동화**(assimilation)라고 부른다. 사회과학자들은 민족 집단이 문화, 고용, 태도 측면에서 지배 집단과 보다 유사해지는 과정을 기술하기 위하여 이 용어를 사용한다. 종교적 헌신, 정치 태도, 특히 민족적 자긍심 등에서 드러난 것처럼 문화적 독특함(고유성)이 여전히 남아 있지만, 20세기를 지나면서 대규모 유럽 이민자들은 미국 문화에 통합되었다. 한때는 매도당하고 멸시받았던 이들 이민자들은 사회 기득권층의 일부가 되었다.

오늘날의 민족적 만화경

1차 세계대전부터 1960년대를 지나면서 이민율은 상당히 줄어들었다. 이는 주로 구조적·외부적 상황과 관련이 있었다. 비록 억압적인 힘이 여러 난민의 물결을 만들어 내기도 하였지만, 두 번의 세계대전, 세계 경제 침체, 2차 세계대전 이후 여러 억압적인 정부들의 그들 국민을 지키고자 하는 노력 등으로 잠재적인 이민자 수가 줄어들었다.

이민 입법 위에서 언급한 원인들 이외에 미국 스스로 **이민 입법**(immigration legislation)을 통하여 이민을 제한하는 여러 가지 성공적인 노력을 수행하였다. 1920년대까지 이민에 대한 미국의 태도는 일관되지 않았다. 한편으로 미국의 다양성에 대한 자긍심이 있었다. 유대인 남성과 아일랜드인 여성과의 결혼에 대한 이야기인 애이비의 아일랜드 장미(Abie's Irish Rose)는 브로드웨이에서 7년 동안 공연되었다. 스미스(Al Smith)는 비록 선거에서 낙선하기는 하였지만, 1928년 다수당의 대통령 후보를 수락한 최초의 가톨릭교인이었다. 다른 한편 보다 완강한 사람들은 "생물학적 법칙은 다양한 사람들이 서로 섞이지 않을 것이라는 것을 우리에게 말해 준다."(Barkan, 1996, p. 12), "미국은 미국인들을 지켜야 한다."(Barkan, 1996, p. 2)와 같은 쿨리지(Calvin Coolidge) 대통령의 말에 주의를 기울였다. 후에 후버(Herbert Hoover) 대통령은 "이탈리아인들은 대부분 이 나라에 고마워할 줄 모르는 외국 태생의 살인자들이고 주류 밀매자들이다."(Martin, 2004, p. 76)라고 뉴욕 주 하원의원 라과디아(Fiorella LaGuardia)에게 불평하였다. 1924년 의회는 대부분의 해외로부터의 이민을 효과적으로 줄이는 **국가별 할당제**(national origin quotas)를 동원한 제한 입법을 통과시켰다. 이 입법은 해마다 최대 상한으로 154,000명의 이민자만을 허용하였고, 영국, 독일, 아일랜드 사람들이 합법 입국자의 거의 3/4을 차지하였다. 초기에 제정된 법률들은 아시아인 이민을 아예 없애버렸고, 어떤 사람들이 시민권을 얻는 것을 더 어렵게 만들었고, 어떤 경우 시민권을 박탈하기도 하였다. 나치 독일로부터 탈출한 수많은 난민들은 미국으로 들어오는 것을 거부당하여, 그들의 본국으로 돌아가야 했기 때문에 이러한 제한이 특히 가혹하였다.

이러한 제한은 대체로 1960년대까지 유지되었다. 70년 후에도 뒤바뀌지 않을 것 같았던 외국 태생의 인구가 제한을 통하여 서서히 감소하였다. 이러한 제한으로 미국 도시로의 대규모 이민에서 실질적인 공백기가 형성되었고, 일부는 남부로부터 미국 흑인들의 이주에 의해서 채워졌다.

1965년 이민법이 급격하게 바뀌었다. 의회는 1924년 법의 차별적인 국가별 할당제를 폐지하는 법안을 통과시켰고 할당제를 일련의 우선권(preferences)으로 대체하였다. 이미 미국에 들어와 있는 이민자의 부모, 배우자, 미성년 자녀는 전체 한도에서 면제되었다. 1997년까지 이러한 집단들이 총 합법 이민의 약 40%를 차지하였다. 다른 가족 구성원, 전문직, 숙련 노동자, 난민 순으로 우선권이 부여되었다. 각 국가의 경우 연간 이민자 규모는 20,000명으로 제한되었다(비록 처음에는 남북 아메리카의 거주자들은 한도에서

제외되었으나 1976년 바뀌었다). 비록 전체적인 최대 한도가 처음에는 실질적으로 높지는 않았지만, 이 법은 이민자의 수와 대상 국가를 확대하였다.

이민자 패턴 1960년대부터 2005년까지의 수치는 1965년 법과 후속 법들이 어떻게 미국으로의 이민을 급격하게 변화시켰는지를 보여준다(그림 10.6). 우선 전체 이민 규모는 계속해서 커졌다. 1960년대까지는 해마다 평균적으로 320,000명의 이민자들이 미국으로 들어왔다. 1970년대는 430,000명, 1980년대는 630,000명, 1990년대는 978,000명, 21세기 들어 처음 몇 년 동안은 958,000명이다. 비록 국가 전체의 인구 규모가 커지기는 했지만 사실 21세기 처음 10년까지 이민의 규모는 20세기 첫 10년의 수준에 이르렀다. 게다가 이민자들이 선호한 목적지는 크게 변하였다. 20세기 시작 무렵에는 뉴욕이 가장 선호하는 목적지였고, 시카고, 필라델피아, 보스턴, 클리블랜드, 디트로이트 등 중서부와 북동부 지역에 있는 도시들이 그 뒤를 이었다. 20세기가 끝날 무렵 뉴욕은 여전히 최고 목적지였지만, 로스앤젤레스가 그다음이었고, 다수의 선벨트 도시들이 뒤를 이었다. 지리적 패턴은 2000년과 2010년 사이 북동부 회랑, 남부의 일부 지역, 서부 해안 지역으로 많은 수의 이민자들이 몰렸다는 것을 보여준다(그림 10.7). 시카고와 미니애폴리스를 제외하고 많은 중서부 도시들은 더 이상 매력적인 목적지가 아니다.

최근 이민 데이터는 인구대비 비율 측면에서 마이애미가 최고 이주 목적지라는 것을 보여주고 있고, 포트 로더데일(Fort Lauderdale) 또한 인기를 얻고 있다. 다음으로 저지 시티(Jersey City), 뉴욕 시티(New York City), 뉴저지 주의 북동부에 있는 베르겐 카운티(Bergen County)가 그 뒤를 잇는데, 세 지역 모두 뉴

	1820–1880	1881–1920	1921–1960	1961–2004
Germany	3,052,126	2,443,565	1,230,603	511,300
Ireland	2,829,206	1,529,144	290,358	138,872
UK	1,949,256	1,946,253	713,272	728,450
Italy	81,277	4,114,603	766,495	484,068
Austria-Hungary	80,769	3,988,034	207,044	104,015
Soviet Union	43,170	3,237,079	64,354	742,749
Other Europe	953,449	3,410,085	1,485,508	1,924,172
Canada	654,660	1,318,026	1,582,712	1,028,668
Mexico	25,119	271,530	842,006	5,710,305
Caribbean	63,490	293,080	263,217	3,402,928
Central America	1,220	26,304	88,046	1,484,290
South America	8,726	62,558	163,477	1,820,195
China	228,945	118,393	61,201	1,115,083
India	359	7,132	6,116	1,050,578
Philippines	–	–	24,526	1,703,506
Korea	–	–	6,338	871,741
Vietnam	–	–	335	862,494
Other Asia	1,385	590,058	220,415	3,161,212
Africa & Oceania	12,333	60,008	68,231	1,049,293

Europe	4,633,626
Canada	1,028,668
Latin America	12,417,718
Asia	8,764,614
Africa/Oceania	1,049,293

그림 10.6 국적별 이민자 구성의 변화. 1880년 전에 대부분의 이민자들은 북부 및 서부 유럽의 국가들 출신들이었다. 1881년부터 1920년 사이 대부분의 이민자들은 남부 및 동부 유럽으로부터 왔다. 1960년 이후 남미와 아시아가 주요 기원지가 되었다.

출처: Martin, Philip and Midgley, Elizabeth, 1994.

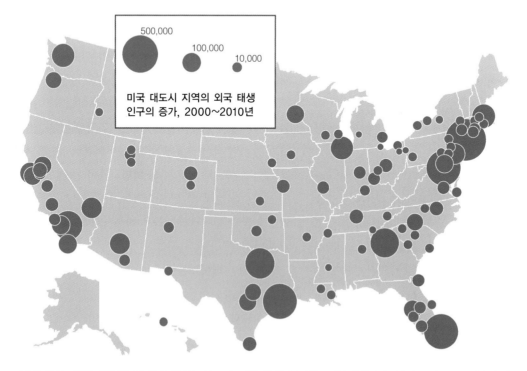

그림 10.7 외국 태생 인구의 증가, 2000~2010년. 이주자들은 초기에는 서부 해안, 동부 연안, 그리고 플로리다와 텍사스에 집중되는 경향이 있다.

욕 대도시권 안에 위치하고 있다. 샌프란시스코, 새너제이(San Jose), 로스앤젤레스, 오클랜드, 살리나스(Salinas), 오렌지카운티(Orange County)와 같은 서부 해안의 대도시 지역들 또한 높은 인기를 얻고 있다. 다른 이주 목적지로는 시애틀, 엘패소(El Paso), 휴스턴과 같은 텍사스 주의 대도시 지역들, 보스턴 등이 있다.

가장 인기가 없는 목적지는 중서부, 마운틴웨스트(Mountain West), 남부에 있는 도시들이다. 피닉스, 덴버, 애틀랜타, 오스틴(Austin) 등 이들 중 많은 도시들은 국내 이동의 주요 흡수지이지만, (국제) 이주의 목적지가 될 가능성은 적다. 인구학자 프레이(William Frey, 1998)는 도시로의 (국제) 이주는 국내이동과 반비례 관계에 있을 수 있다고 주장하였다. 왜냐하면 내국인들은 다양성에서 벗어나 보다 균질적인 대도시로 이주하는 경향이 있기 때문이다. 최근의 새로운 이주 패턴은 노스캐롤라이나 주의 롤리-더럼(Raleigh-Durham), 매사추세츠 주의 홀리요크(Holyoke)와 같은 보다 작은 도시들에서 히스패닉과 아시아인들의 증가를 보여주고 있다.

마지막으로 미국으로의 이민 복잡성이 변하였다. 1965년 전 우선권 할당제 하에서 선호도가 가장 높았던 북부와 서부 유럽인들이 지배적인 인구 집단이었다. 이러한 선호도(우선권)가 사라지면서 모든 유형의 국적을 가진 사람들이 미국으로 들어오게 되었다. 그러나 가장 먼저 이민 제한을 불러일으켰던 남부 및 동부 유럽인들보다는 80% 이상의 이민자들이 라틴아메리카와 아시아로부터 왔다. 멕시코 단독으로 전체 이민자의 18% 이상을 차지한다. 필리핀, 중국, 한국, 베트남, 인도 등 다섯 아시아 국가들의 이민자들은 전체 합법적인 이민자의 23%를 차지한다. 불법이민자들을 포함하였을 때 라틴아메리카와 아시아의 우세는 더욱 두드러진다.

이러한 최신의 이민자 물결을 접한 미국은 한 세기 전 주요한 유럽 이주 집단들이 들어올 당시 미국과는 판이하게 다르다. 자유롭게 이용할 수 있는 개방지는 사라졌고, 북적거리는 산업도시 또한 사라졌다. 오늘날의 미국은 훨씬 덜 농업적이고, 훨씬 덜 산업적이고, 훨씬 더 교외화되었고, 훨씬 더 서부 및 남부 지향적이 되었다. 또한 미국은 훨씬 더 번성하는 지역이지만 교육과 기술이 귀하다.

가장 최근의 이민은 많은 상이한 집단으로 구성된다. 이전보다 더 다양한 장소에서부터 이민자들이 들어오고 있다. 이들은 또한 금융 및 인적 자본 자산에서 엄청난 차이를 가져오고 있다. 예를 들어 이민자들이 본토박이 미국인들보다 고등학교를 졸업할 가능성이 훨씬 낮다 하더라도 이민자들이 고급 학위를 받을 가능성은 더 커졌다. 이 모든 것 중에서 가장 중요한 것은 미국 경제가 그 어느 때보다 세계화된 세계에 있고, 노동, 자본, 문화 등이 이전보다 훨씬 더 통합되어 있다는 점이다.

미국 도시에 대한 이민 다양성의 영향을 범주화하는 것은 어려운 일이다. 이민자 집단들은 서로 매우 상이하며, 집단 내에서도 상당한 차이가 존재한다. 두 주요 상위 인구 집단이 미국 도시의 모양을 바꾸는 데 있어 두드러지게 기여하고 있다―카리브 해 연안, 중앙아메리카, 남아메리카로부터 이주해 온 **라티노**(Latino)[1]와 새로운 **아시아**(Asian) 이민자들. 이 두 집단의 인구는 2050년 미국 총인구의 1/3을 차지할 것으로 전망되고 있다(그림 10.8). 미국이 **소수민족이 다수를 차지하는**(majority-minority) 국가로의 탈바꿈을

---

1) 라티노(Latino)와 히스패닉(Hispanic)은 어원은 다르지만 같은 의미로 사용되며, 스페인계 혈통이거나 스페인 어 또는 포르투갈 어를 사용하는 중남미계 인종을 뜻한다.

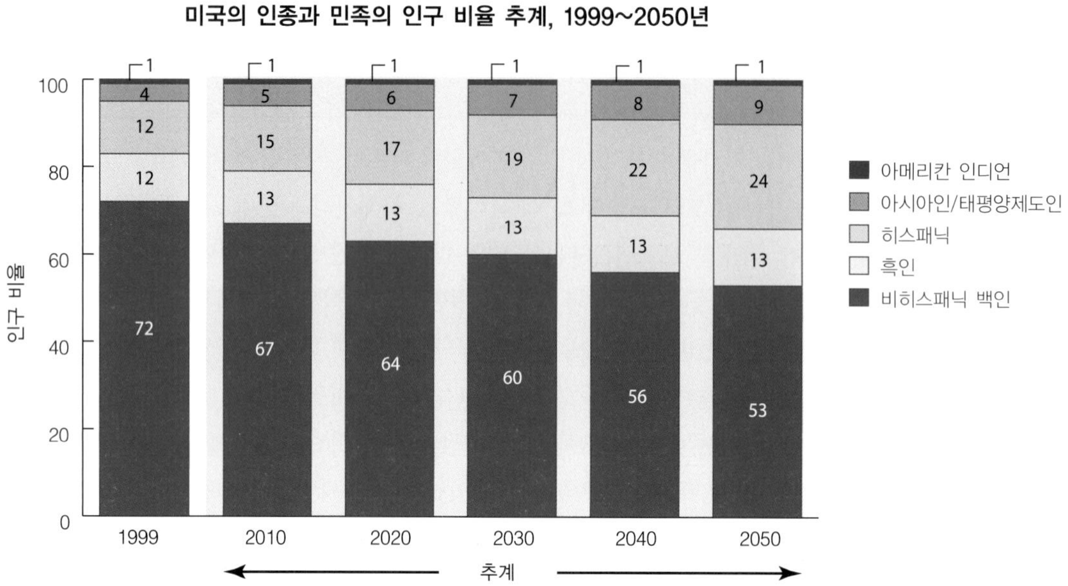

미국의 인종과 민족의 인구 비율 추계, 1999~2050년

그림 10.8 미국의 인종과 민족별 인구 비율 추계, 1999~2050년. 다음 수십 년 동안 비히스패닉 백인 비율은 점차적으로 감소하는 반면, 아시아인과 히스패닉의 비율은 증가할 것이다.
출처: Riche, Martha F., 2000.

완료하면서 동유럽과 구소비에트연방 출신의 많은 이민자들을 포함한 보다 더 광범위한 비히스패닉 백인들은 2050년이 되면 가까스로 과반이 될 것이다. 글상자 10.2는 캐나다의 도시가 어떻게 이민에 의해서 심하게 영향을 받는지를 잘 기술하고 있다.

라티노의 이주와 도시에 대한 영향

20세기 마지막 20년 동안 이민의 거의 절반이 라틴아메리카와 카리브 해 지역으로부터 왔다. 이는 순수하게 '라티노' 이민은 아니다. 아이티인, 자메이카인, 가이아나인, 트리니다드인과 같은 아프리카계 카리브 해인들이 상당 부분을 차지하였다. 그러나 이는 서반구로부터 스페인 어와 포르투갈 어를 사용하는 이주자들이 미국 사회에 지속적으로 영향을 주고 있는 정도를 분명히 보여준다. 그 결과 2000년 센서스에서 라티노 혹은 히스패닉이 아프리카계 미국인들을 제치고 미국의 가장 큰 민족 집단이 되었다. 더 이상 이들의 이민이 발생하지 않는다 하더라도, 라티노의 출생률이 다른 어떠한 민족 집단보다도 높기 때문에 미국 인구에서 라티노의 비율은 지속적으로 늘어날 것이다. 그러나 모든 징후가 많은 수의 이민이 지속되는 쪽으로 나오고 있어, 2050년 히스패닉이 미국 전체 인구의 약 1/4을 차지할 가능성이 제기되고 있다.

라티노의 분포는 지리적으로 불균등하다. 2010년 센서스를 바탕으로 작성한 그림 10.9는 카운티별 라

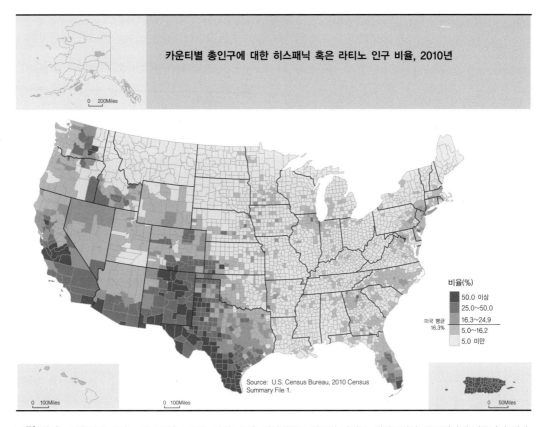

그림 10.9 카운티별 라티노 인구 비율, 2010. 라티노들은 지역적으로 미국의 남서부, 캘리포니아, 플로리다에 집중되어 있다.
출처: Ennis, Sharon R., Merarys Ríos-Vargas, and Nora G. Albert, 2010.

티노 비율을 보여주고 있다. 이 지도는 오늘날 라티노가 어디에 살고 있는지에 대한 좋은 정보를 제공한다. 라티노가 집중적으로 분포하는 세 지역이 있다.

1. 단연코 가장 규모가 크고 가시적인 집중은 **멕스-아메리카**(Mex-America)로 묘사되는 벨트 지역으로, 캘리포니아의 센트럴밸리(Central Valley)에서부터 태평양 연안, 애리조나, 뉴멕시코를 거쳐 텍사스, 특히 리오그란데 강을 따라 분포하고 있다. 이 지역 내의 대다수 히스패닉은 멕시코가 기원지이다.

2. 두 번째 지역은 남부 플로리다 지역으로, 마이애미가 그 중심에 있다. 마이애미는 라티노가 인구의 다수를 차지하는 지속적으로 성장하는 도시 중 하나이다. 비록 중남미아메리카로부터 다양한 국적의 이민자들이 들어오면서 히스패닉 인구 내에서의 다양성이 증대되고 있지만, 이 지역의 주된 히스패닉 집단은 쿠바인이다.

3. 세 번째 지역은 뉴저지에서 뉴욕 시, 뉴잉글랜드의 남부에 걸친 지역이다. 다른 두 히스패닉 벨트와는 달리 이 지역은 전체적으로 라티노 인구가 지배적인 지역이라고 말할 수 없는 곳이다. 그럼에도 불구하고 브롱크스(Bronx)처럼 도심부 내에서 강한 집중을 보이는 곳이 있다. 이 지역의 주된 히스패닉 집단은 푸에르토리코인이다.

글상자 10.2 ▶ 캐나다 도시 내의 민족적 다양성

북미에 있는 도시 중 다양성이 가장 높은 도시는 어디일까? 사람들은 뉴욕이나 로스앤젤레스를 생각할지 모르지만, 그 영예는 대부분은 토론토가 차지한다. 캐나다에서 가장 큰 도시이고 경제 중심지인 토론토는 전 세계 수백만 사람들의 목적지로 부각되었다. 캐나다의 2006년 센서스에 따르면, 토론토는 북미의 어떤 대도시들보다도 더 높은 이민자 비율(45.7%)을 보였다. 이와는 달리 마이애미와 로스앤젤레스의 외국 태생 인구 비율은 2010년 기준 각각 38.8%와 34.3%이다. 토론토의 인구 구성은

카리브해인들이 지배적인 마이애미 혹은 라티노 중심의 로스앤젤레스보다 더 다양하다. 토론토는 유럽, 아시아, 남미로부터의 상당한 이민 인구를 가지고 있다. 결과적으로 토론토는 어두워진 이후 그리고 일요일에는 불이 꺼지는 재미없고 고루한 영국식 도시에서 북미에서 가장 큰 차이나타운, 그리스타운, 인도인 공동체를 가지고 있는 세계적인 대도시로 바뀌었다.

토론토는 이민이 놀라운 속도로 캐나다의 도시에 영향을 준 가장 전형적인 사례이다(그림 B10.2). 예를 들어 밴쿠버는 인구

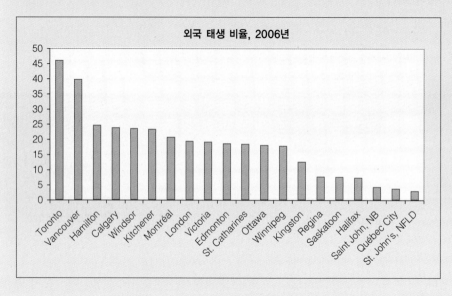

그림 B10.2 캐나다 대도시 지역의 외국 태생 비율, 2006년. 대부분의 이민자들이 토론토, 밴쿠버, 몬트리올에 분포하지만, 남부 온타리오, 앨버타, 브리티시컬럼비아에 있는 일부 대도시 지역에서도 외국 태생의 비율이 높다.

출처: From Statistics Canada. http://www.statcan.gc.ca/pub/11-402-x/2010000/chap/imm/tbl/tbl03-eng.htm.

미국에서 세 개의 주요 히스패닉 인구 집단인 멕시코인, 쿠바인, 푸에르토리코인은 꽤 상이한 역사를 가지고 있고, 사회경제적 지위가 상이하며, 도시화의 정도 및 조건에서 차이를 보인다. 일반적으로 히스패닉은 매우 도시지향적이어서 2000년의 경우 비히스패닉 백인의 78%가 대도시권에 사는 것과 비교하여 약 92%가 대도시권에 거주하였다. 로스앤젤레스, 뉴욕, 마이애미, 샌프란시스코, 시카고, 휴스턴 등 6개 대도

시 지역에 사는 히스패닉이 미국 전체 히스패닉의 절반을 차지하고 있다.

멕시코인

가장 큰 히스패닉 집단은 멕시코계 미국인으로 전체 히스패닉의 약 58.5%를 차지한다(그림 10.10). 멕시코인들의 이민 전통은 한때 멕시코의 영토였던 지역으로 멕시코인들이 이주를 하면서 대부분이 20세기에 시작되었다. 첫 번째 멕시코인들의 이민 물결은 멕

에서 이민자들이 차지하는 비율이 토론토 다음이다. 이러한 유입의 결과 캐나다 도시들은 종전에는 찾아볼 수 없을 정도로 바뀌었다. 캐나다의 영국 및 프랑스 유산은 많은 상이한 국적의 **다문화주의**(multiculturalism)로 변모하였다. 캐나다 정부의 정책은 미국에서 적용되는 것보다 민족 집단에게 더 큰 자율성, 언어적 특권, 자금 등을 제공하는 다문화주의를 포용하였다. 게다가 아시아, 남미, 서인도제도, 아프리카로부터의 이민은 캐나다의 용어인 **가시적인 소수민족 집단**(visible minorities) 혹은 비백인 민족들의 빠른 증가를 가져왔다. 미국에서와 마찬가지로 많은 비백인 인구가 도심부에 집중하면서 캐나다는 인종과 도시성(urbanism) 문제에 직면하게 되었다. 이주자들의 유입의 또 다른 양상은 상점, 학교, 기념물, 신호 표지판에서 찾아볼 수 있는 도시 경관 상에서 그들의 존재감이 커지고 있다는 점이다(그림 B10.3).

캐나다의 이민은 미국과는 상당히 다른 국가적·문화적 맥락에서 발생하였다. 캐나다는 오랫동안 영국계와 프랑스계로 양분된 두 가지 언어를 가진 국가로 불렸다. 퀘벡 주에 있는 모든 도시들에서 프랑스계 캐나다인들이 절대다수를 차지하지만, 나머지 지역에 분포하는 도시들에서는 영국계 캐나다인들이 지배적이다. 수도인 오타와는 드문 예외이다. 오타와는 정신적으로 그리고 문자적으로 두 가지 언어를 사용한다.

프랑스계 캐나다인들은 두 가지 이유로 이민에 의문을 품는다. 첫째, 이민은 캐나다의 주요 민족 집단으로서의 프랑스계 위상을 위협할지도 모르기 때문이고, 둘째, 이민자들은 심지어 퀘벡으로 이주해 온 사람들조차 영국계 캐나다인 사회로 동화되는 경향이 있기 때문이다. 퀘벡은 이민에 더욱 개방하는 조치를 취하였지만, 새로운 이민자들이 반드시 다수 언어인 프랑스 어를 배우도록 하였다.

그림 B10.3 브리티시 컬럼비아 주 밴쿠버(Vancouver)에서의 중국인의 존재.

시코가 농업에서 저임금 노동력의 원천으로 등장한 1920년대에 나타났다. 2차 세계대전 이후 **브라세로 프로그램**(Bracero program)[2]을 통하여 이민 활동이 재개되었다. 브라세로 프로그램은 서부 지역의 농장에 멕시코인 노동자를 데려오기 위한 노력의 하나였고, 그 결과 멕시코와 인접한 주들뿐만 아니라 아이다호 주와 워싱턴 주에서 히스패닉이 증가하였다.

비록 브라세로 프로그램이 1964년 종료되었지만, 멕시코인들의 이민은 완만한 형태로 지속되었다. 멕시코는 경제학자들이 중간 소득 국가로 분류하는 국가로, 라틴아메리카의 다른 국가들보다 훨씬 부유하다. 동시에 미국과 멕시코의 경계는 세계의 국경 지대 중 가장 심한 경제적 차이를 보이는 곳이다. 이러

---

2) 브라세로(bracero)는 스페인 어로 육체노동자라는 뜻인데, 브라세로 프로그램은 1942년부터 미국과 멕시코가 체결한 일련의 멕시코인 농장 노동자 조약이다. 그래서 미국에서 브라세로는 미국 서부지역 농장의 수확기에 계절적으로 입국하여 일하는 멕시코인 노동자를 뜻한다.

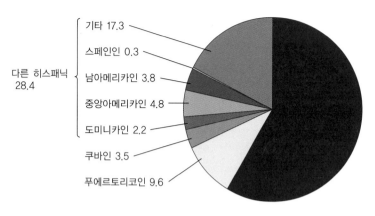

기타 17.3
스페인인 0.3
다른 히스패닉
28.4
남아메리카인 3.8
중앙아메리카인 4.8
도미니카인 2.2
쿠바인 3.5
푸에르토리코인 9.6

그림 10.10 국적별 라티노 인구 분포, 2010년.
출처: Census 2010 Brief (http://www.census.gov/prod/cen2010/briefs/c2010br-04.pdf).

한 사실은 멕시코가 합법 및 불법 이민의 가장 큰 공급자가 되도록 한 비정상적인 일련의 흡입-배출 힘을 만들어 냈다. **북미 자유무역협정**(North American Free Trade Agreement, NAFTA)은 불법 유입의 양을 줄일 것으로 기대했던 보다 합리적인 경제적인 틀을 만들어 이러한 문제를 해결하고자 시도하였다. 그러나 지금까지는 NAFTA가 이러한 노력에서 성공을 하였다는 증거는 거의 없다.

도시화 경향　초기의 멕시코인 정착 패턴은 대부분의 멕시코 이민자들이 농장 이주노동자였기 때문에 농촌적이었다. 그러나 20세기를 지나면서 멕시코계 미국인들은 보다 더 도시화되었다. 미국에서 도시화가 가장 많은 진전된 로스앤젤레스 카운티에는 대부분이 멕시코인인 약 400만 명의 라티노가 살고 있다. 사실 로스앤젤레스는 멕시코시티 밖에서 멕시코인 인구 규모가 가장 큰 지역이다. 비슷하게 샌안토니오(San Antonio), 코퍼스크리스티(Corpus Christi), 엘패소(El Paso), 브라운빌(Brownsville)(모두 텍사스 주에 있음)에서 전체 인구의 대다수가 멕시코 출신이다. 이러한 도시들에는 이제 많은 기관, 기업체, 교회, 자선 네트워크 등을 갖는 대규모 민족적 지역사회가 형성되어 있다. 도시 내 민족 집단의 수요에 맞춘 이러한 기관

들의 층위는 **제도적 완결성**(institutional completeness)으로 정의된다.

로스앤젤레스는 가장 분명한 사례 지역이다. 2010년 로스앤젤레스 대도시권의 격리 지수(혹은 상이 지수)는 62.2이다. 로스앤젤레스에서 멕시코인 지역사회의 중심지는 로스앤젤레스의 다운타운 바로 동쪽에 위치한 브로드웨이 애버뉴(Broadway Avenue)이다. 브로드웨이는 모든 사람들에게 있어 로스앤젤레스의 중심가였다. 'Red Car'라고 불리는 경전철 노선들을 통해서 멀리 떨어져 있는 쇼핑객들이 몰려들었다. 지금 브로드웨이는 멕시코인들의 쇼핑 구역이 되었다(그림 10.11). 많은 상점의 광고가 스페인 어로 되어 있고 멕시코인들의 요구에 맞추어져 있다. 수많은 신부 용품 상점과 전통적인 멕시코인들의 15세 생일잔치를 위한 의상을 판매하는 상점들은 보석가게, 전자상점, 모든 종류의 멕시코 음식을 구입할 수 있는 브로드웨이 마켓과 함께 사람들의 이목을 끌기 위하여 경쟁을 하고 있다.

쿠바인

또 다른 중요한 라티노 집단인 쿠바인들은 전체 인구에서 차지하는 비율은 낮지만 심하게 집중되어 있고 정치적·경제적으로 힘을 가지고 있다. 주로 경제적

그림 10.11 로스앤젤레스 다운타운 바로 동쪽에 위치한 브로드웨이 애버뉴. 이곳은 로스앤젤레스 라티노들의 주요 쇼핑 거리이다.

인 조건에 의해서 추동된 멕시코인 이민과는 달리 쿠바인의 이민은 분명한 정치적 원인을 가지고 있다. 카스트로(Fidel Castro)가 정권을 잡고 쿠바가 공산국가가 되었을 때 많은 수의 중상류층 사람들은 쿠바를 강제로 떠날 수밖에 없었다. 1960년대 초반까지 미국의 지속된 이민 제한에도 불구하고 쿠바인들은 공산주의 국가로부터 나온 난민으로 간주되었고, 그래서 자유롭게 미국으로 들어오는 것이 허용되었다. 더욱 쿠바인들은 미국 역사에서 어떠한 이민 집단보다도 대우를 잘 받았다. 신속하고 명백한 합법적인 이민이었을 뿐만 아니라 4억 달러의 금융지원이 이루어졌고, 미국 정부에 의해서 쿠바난민응급센터가 세워졌다.

쿠바인의 이민은 1960년대 초반 이후 간헐적으로 지속되었다. 1960년에서부터 1979년 사이 미국으로 온 대부분의 쿠바인들은 상당히 부유하고 교육을 잘 받았으며, 대부분이 백인이었다. 카스트로가 125,000명의 쿠바인들이 마리엘 항을 떠나는 것을 허락한 1980년 쿠바인 이민이 급증하였다. 대부분의 **마리엘리토**(Marielitos, 1980년에 쿠바의 Mariel에서 미국으로 집단 이주해 온 망명자)들은 이전 쿠바 이민자들보다 교육을 덜 받았고 가난하였으며, 많은 사람들이 흑인 혹은 **물라토**(mulato, 백인과 흑인의 혼혈인)였다. 게다가 이 이민 집단에 비정치적인 죄수와 정신병 환자들이 포함되어 관심을 불러일으켰다.

플로리다 집중   쿠바인들은 매우 도시화되었고, 거의 모두가 대도시권에 살고 있다. 대도시 지역으로 선택한 곳이 마이애미이고, 훨씬 적은 수의 쿠바인이 뉴욕에 정착하였다. 쿠바인과 마이애미의 관계는 카스트로 정권이 들어서기 전부터 시작되었다. 어쨌든 쿠바는 플로리다 남부로부터 불과 90마일(144km) 떨어져 있다. 두 장소 사이의 연계가 깊어지기 시작한 것은 1960년대 초반이었다. 공산주의 국가 쿠바의 난민들은 그들의 모국 가까이에 머물기를 바랐고, 마이애미에서 점차 성장하는 쿠바인 지역사회는 이러한 바람을 강화하였다. 미국은 남부 플로리다 밖으로 쿠바인들을 재정착시키고자 시도하였지만, 거의 성공을 거두지 못하였다. 그 결과 마이애미 대도시권과 쿠바 민족 인구 사이의 관계는 미국의 다른 어떤 곳의 추종을 불허하게 되었다. 쿠바계 미국인들의 절반 이상이 데이드 카운티(Dade County)에 살고 있고, 2/3가 플로리다에 거주하고 있다. 이러한 집중은 쿠바 인구 집단으로 하여금 상대적으로 적은 인구로 엄청난 정치적·경제적 영향력을 행사할 수 있도록 하였다(글상자 10.3). 대체로 마이애미에 거주하는 쿠바인들은 부유하고(일부 마리엘리토들은 예외) 잘 조직되어 있으며(수많은 경제, 문화, 정치, 사회 집단을 과시), 정치적으로 힘이 있다. 오늘날 미국에 있는 대부분의 쿠바인들은 시민권을 가지고 있고, 쿠바계 미국인 지역 정치인과 하원의원을 후원할 만큼 충분한 영향력을 가지고 있어 미국 대통령의 정책에 영향을 주고 있다.

비록 마이애미의 쿠바인들이 꽤 부유하고 대도시 지역 도처에서 주택을 감당할 수 있지만, 앵글로(혹은 비히스패닉) 백인, 흑인, 아시아인, 심지어 다른 히스패닉 집단 등 다른 모든 집단들로부터 격리되는 경향

을 보인다(그림 10.12). 쿠바인 지역사회의 전통적인 중심지는 리틀 아바나(Little Havana)로, 마이애미의 중심업무지구 남서쪽에 있는 한때 쇠퇴했었지만, 쿠바 거주자들과 사업체들이 집중하면서 활기를 띠게 된 곳이다. 쿠바인이 2/3를 차지하는 교외인 하이얼리어(Hialeah)가 보다 새롭고 더 부유한 핵심이다. 이러한 근린지역들과 이에 인접한 지역은 민족성, 언어, 정치적 조직화, 상점, 은행, 기타 사업체 등 모든 측면에서 쿠바적이다. 사실 이곳의 응집력 수준이 너무 강하여 어떤 이는 격렬한 반공산주의와 극단적으로 보수적 관

글상자 10.3 ▶ 소수민족 경제의 형성

미국으로 이주한 몇몇 이민 집단들은 기업가정신을 선호하여 주류경제(비인종집단 경제)를 건너뛰어 그들 자신의 가게를 여는 것을 선택하였다(표 B10.1). 자영업의 상대적인 비율은 민족 집단마다 상당히 다르고 19세기부터 이민자들이 추구해 온 오래된 과정을 따른다. 자신의 가게를 열기로 결심한 이유는 다양하다. 많은 사람에게 자영업은 누구의 지배도 받지 않고 독립할 수 있는 기회이다. 이는 미국 태생 주민들에게도 마찬가지이다. 또한 어떤 이민자들에게 자영업은 주류사회에 의해서 좌지우지되는 상황을 피하는 한 가지 방법이다. 다른 사람들에게는 그들의 교육과 기술이 미국 경제에서 인정을 받지 못한다는 것을 알게 되면서 자영업은 좌절된 기대에 대한 반응이다.

소수민족의 사업 소유권(ethnic business ownership)은 가지고 있는 자원에 의존하고, 자원은 집단마다 확실히 다르다. 가게 혹은 다른 사업체를 열 능력은 네 가지 유형의 자원에 대한 접근에 달려 있다. (1) 충분한 창업비용을 얻을 수 있는 금융 자본, (2) 이전의 경험과 교육에 해당하는 인적 자원, (3) 유용한 사회적 네트워크로 정의되는 사회적 자본, (4) 특정 민족 집단의 자원을 의미하는 민족 자본. 필요로 하는 자원에 대한 접근에 있어 민족 집단들은 큰 차이를 보인다. 예를 들어 한국인들의 성공은 이러한 자본의 조합에 의한 것으로 볼 수 있다. 많은 한국인 이민자들은 고등교육을 받았고 한국에 자기 집을 가지고 있었다. 한국인들은 또한 고객의 충성도뿐만 아니라 민족 집단

들 사이에서 **공동 출자된 신용거래**(pooled credit)를 이용할 수 있었다. 마이애미의 쿠바인들은 또한 수익성 있는 틈새시장(의류와 건설)에서 초기 우위를 잡을 목적으로 그들의 인적 자본과 민족 자본을 이용할 수 있었다.

표 B10.1 미국에서 소수민족 및 인종의 사업 소유권, 2000년

모든 산업	자영 비율
백인	10.7%
흑인	4.7%
본토 중국인	9.7%
대만인	14.5%
일본인	10.8%
한국인	21.3%
인도인	9.8%
파키스탄인	14.3%
필리핀인	5.2%
베트남인	10.0%
쿠바인	11.9%
푸에르토리코인	4.6%
멕시코인	9.8%
전체 인구	9.9%

주: 이전의 데이터에 따르면 한국인, 인도인, 일본인, 쿠바인, 중국인, 베트남인 민족 집단은 민족 상호간에 서로 고용할 가능성이 더 높다. 이러한 현상은 종종 민족적 행태의 사업 존속을 150% 이상 증가시킨다.

점을 수용하여 새로운 개척자 혹은 쿠바인이 아닌 사람들에 대한 반감 등을 보이는 격리된 **도덕적 지역사회**(moral community)가 형성되었다고 표현하였다.

푸에르토리코인

푸에르토리코인은 미국 본토 내에서 전체 히스패닉 인구 중 약 10%를 차지하는 두 번째로 큰 히스패닉 집단이다. 공식적으로 푸에르토리코 섬은 비록 주는 아니지만 미국의 일부이고 이 섬의 거주자들은 미국 시민권을 갖기 때문에 이러한 구분이 중요하다. 그 결과 미국 본토로 들어가는 데 있어 어떠한 이민 절차도 필요하지 않으며, 푸에르토리코 섬과 미국 본토 사이에는 상당한 양방향의 인구 이동이 나타나고 있다. 이러한 사실 때문에 푸에르토리코인이 다른 히스패닉 인구와 구분된다. 미국 본토에 살고 있는 푸에르토리코인 인구는 1950년 전까지는 거의 무시될 정도였지만, 이제는 푸에르토리코 섬의 인구와 거의 비슷해졌다. 비행기가 수송수단이었다. 1950년대까지 편도 비행기표 값이 35달러였고, 심지어 이 금액을 지불할 수 없는 사람을 위하여 할부판매도 시행하였다.

소수민족 경제(ethnic economy) 개념은 단순한 소수민족 사업 소유권 개념과는 다르다. 소수민족 경제는 특정 민족 집단 구성원들이 소유하고 있는 여러 사업들로 구성되며, 또한 그 집단의 구성원들을 고용한다(그림 B10.4). 소수민족 경제는 그 범위에서 엄청나게 다르다. 한 민족 집단이 운영하는 일련의 상점들과 사업들이 분명히 소수민족 경제에 기여하지만 그렇지 않을 수도 있다. 모든 것이 그런 것은 아니지만 어떤 경우 소수민족 경제는 내부적으로 통합되어 있다. 다시 말해 사업체들은 서로서로 구매를 하고 연계되어 있다. 이러한 통합된 경제를 때로는 **엔클레이브 경제**(enclave economy)라고 부른다. 몇몇 민족 집단은 성공적으로 이러한 엔클레이브 경제를 형성하였다 — 로스앤젤레스에서의 한국인, 캘리포니아 산 가브리엘 밸리(San Gabriel Valley)에서의 중국인, 마이애미에서의 쿠바인. 쿠바인 엔클레이브 경제는 제조업, 서비스업, 도매업, 소매업 사이의 일련의 연계를 통하여 발전하였다. 그 결과 모든 쿠바인 노동자의 70% 이상을 고용하고 있고, 어떤 이는 주류(비민족) 경제보다 더 높은 소득을 가져올 수 있다고 주장한다.

소수민족 경제는 모종의 **공간적 군집**(spatial clustering)과 연결되곤 한다. 이는 거주지 군집일 필요는 없다. 예를 들어 코리아타운은 한국인 소유의 사업체들의 대규모 집합체이지만, 한국인들이 이곳에 거주하지는 않는다. 군집 혹은 격리는 소수민족 경제에게 인근의 고객 기반과 노동 공급을 확보할 기회를 제공하는 등 부가적인 공간적 자원을 제공할 수 있다. 군집은 또한 사업체들 사이의 연계를 형성할 수도 있고 보다 넓게 퍼져있는 인구에 대한 서비스 거점 역할을 할 수도 있다.

세인트폴(St. Paul)에서 인도네시아인 민족 경제의 출현은 몇몇 핵심 블록 공간 내에서 가장 잘 포착된다(그림 B10.5). 다운타운에서 서쪽으로 뻗어 있는 1km의 번화가인 유니버시티 애버뉴(University Avenue)를 따라 체계적으로 분할된 여섯 블록에서는 두 가지 상이한 관점에서 활동들이 나타난다. 동남아시아인들이 세인트폴에 정착한 이후 아시아인 소유의 사업체들은 수적으로 그리고 다양성에서 변화하였다. 다른 많은 소수민족 경제처럼 이 경제 군집 또한 주변의 거주지 군집을 바탕으로 성장하였다.

그림 B10.4 로스앤젤레스의 아시아 이민 지역 중심가에 있는 중국인 한약방.

(계속)

글상자 10.3 ▶ 소수민족 경제의 형성 (계속)

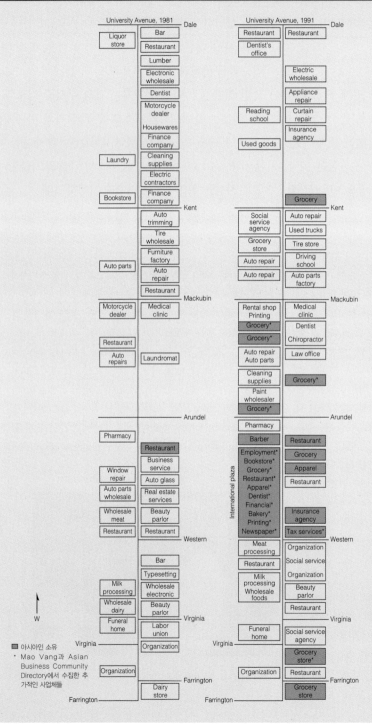

그림 B10.5 미네소타 주 세인트폴(St. Paul)의 유니버시티 애버뉴 상의 소수민족 소유권 변화. 1981년에서부터 1991년 사이 세인트폴에서 동남아시아인들은 이 길을 따라 많은 사업체를 인수하여 소수민족 경제의 기초를 형성하였다.

출처: Kaplan, David H., 1997.

마이애미 대도시권*에 거주하는 쿠바인, 2000년

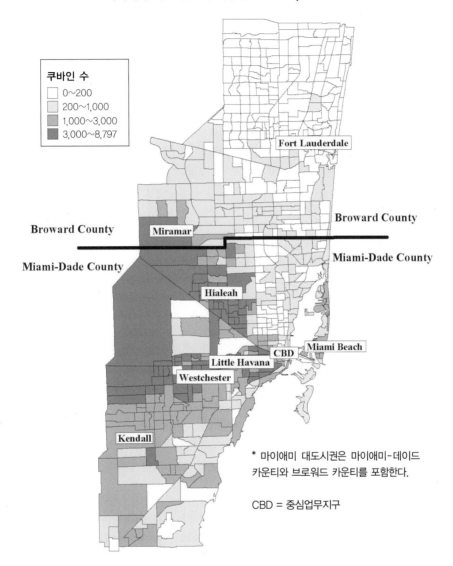

그림 10.12 플로리다 주의 마이애미와 데이드 카운티의 쿠바 인구. 마이애미는 쿠바인 커뮤니티의 중심지이며, 쿠바인의 대부분은 1960년 이후 쿠바로부터 이주해 왔다.
출처: Boswell, 2006.

공간적 패턴 푸에르토리코 섬의 경우 농업인구의 비중이 높지만, 미국 본토의 푸에르토리코인들은 거의 전적으로 도시에 살고 있다. 역사적으로 대부분의 푸에르토리코인들은 뉴욕 대도시 지역으로 왔다. 뉴욕 시의 모든 자치구와 뉴저지 북동부 지역에 많은 푸에르토리코인이 분포한다. 또한 뉴잉글랜드 남부와 펜실베이니아에 푸에르토리코인들이 집중되어 있다.

그림 10.13 대도시 지역별 푸에르토리코인 분포, 2000년. 미국 본토에 거주하는 대부분의 푸에르토리코인은 뉴욕, 뉴저지, 뉴잉글랜드 주들의 남부, 플로리다에 분포한다.

출처: José R. Diaz-Garayúa 지도 작성.

뉴헤이븐(New Haven), 하트포드(Hartford), 스프링필드(Springfield), 우스터(Worcester), 보스턴, 필라델피아, 알렌타운(Allentown) 등의 도시에서 푸에르토리코인들이 지배적인 히스패닉 집단이고 때로는 가장 규모가 큰 비백인 집단이기도 하다(그림 10.13).

어떤 측면에서 보면 푸에르토리코인들은 가장 가난한 히스패닉 집단중 하나이다. 비록 푸에르토리코인들이 멕시코인들보다 1인당 소득이 약간 높기는 하지만 멕시코인들보다 높은 비율의 푸에르토리코인들이 빈곤하게 살고 있고 사회복지에 의존하고 있다. 뉴욕 시의 스페니시 할렘(Spanish Harlem), 사우스 브롱크스(South Bronx)와 같은 푸에르토리코인 근린지역들은 아프리카계 미국인들이 지배적인 이웃한 근린지역보다 마약 중독, 쇠퇴, 사회적 병폐에 대한 더 큰 문제를 가지고 있는 매우 가난한 곳이다. 그러나 더 많은 푸에르토리코인들이 중산층으로 합류하면서, 그리고 교외 근린지역으로 이사하면서 이러한 경향은 약화되었다. 푸에르토리코인들은 특정 근린지역에 몰려 있기는 하지만, 멕시코인이나 쿠바인들이 그들 자신의 엔클레이브에 집중해 있는 것보다는 그 정도가 강하지는 않다.

라티노의 영향

라티노의 이주는 미국 도시들의 인구 구성을 크게 바꾸어 놓았다. 앞서 언급한 세 인구 집단 외에도 도미니카인, 살바도르인, 콜롬비아인을 비롯한 다른 국적을 가진 히스패닉 집단들이 비록 앞서 언급한 세 집단만큼 도시에 대하여 동일한 문화적 혹은 사회적 영향을 갖는 것은 아니지만, 최근 이민자들 중에서 대표적이다.

의미 있는 측면　라티노 이주와 민족성의 몇몇 의미 있는 측면이 있다.

1. 첫째, 히스패닉의 빈곤이 높고 조금씩 증가하는 것처럼 보인다. 미국 원주민을 제외하고 라티노들은 미국에서 가장 가난한 민족 집단이다. 그러나 이러한 일반화는 라티노 집단 사이 그리고 집단 내의 주요한 차이를 가려버린다. 예를 들어 쿠바인들은 비히스패닉 백인의 임금 수준에 도달할 만큼 상당히 부유하다. 멕시코인들은 다양한 소득대를 보이지만 주로 가난하다(특히 불법 이민자들을 포함하였을 때). 푸에르토리코인들은 주요 라티노 집단 중에서 최악으로 대부분이 사회복지에 의존하는 경우가 많다.

2. 라티노와 다른 집단들 사이에 격리가 존재하지만, 흑인만큼 심하지는 않다(표 10.2). 흑인에 대한 차별보다는 라티노에 대한 차별이 훨씬 덜하고 장래의 임차인 혹은 구매자를 배타적으로 라티노로 구성된 근린지역으로 '이끄는(steer)' 부동산 업자들의 경향 또한 훨씬 덜하다. 격리와 소득을 연구하는 사람들은 라티노 집단들, 특히 푸에르토리코인과 멕시코인들은 흑인보다 소득이 적지만 공간적으로 훨씬 통합되어 있다는 점에 주목하였다. 라티노는 어떤 인종의 하나일 수 있고, '백인' 라티노의 경험은 '흑인' 라티노의 경험과 다르다는 것을 기억하자. 2010년 센서스에 따르면 라티노 격리는 계속 이슈가 되고 있고, 더 많은 대도시 지역들이 전체적인 히스패닉의 수가 증가하면서 중간 수준의 격리를 보인다.

3. 특정 대도시 지역으로의 히스패닉 유입은 종종 **인종 적대감**(racial antagonism)을 증가시켰다. 예를 들어 많은 라티노들은 이전에 흑인들이 살았던 근린지역으로 이주해 들어왔다(1992년 LA 폭동의 영향을 받은 근린지역들). 미국에 들어온 많은 라티노들은 불법 체류 상태였기 때문에 저임금 일자리를 얻을 가능성이 높고, 이로 인하여 동일한 일자리를 두고 경쟁하는 흑인 노동자들과 갈등이 생겼다.

새로운 아시아인 이민

미국의 아시아인 인구는 다른 어떠한 집단보다도 빠르게 증가하고 있다. 아시아인 이민은 20세기 전환기에 일본인과 중국인의 초기 유입으로 시작되었지만(글상자 10.1 참조), 배제 법규에 의해서 급격히 줄었다. 적은 수로 시작한 아시아계 미국인의 수는 매우 느리게 증가하였고, 새로운 이민자들이 충원되지 않았다. 1965년 이민 법규의 통과로 이 모든 것이 바뀌었다. 1970년에는 미국 인구의 1%에도 미치지 못하는 140만의 아시아계 미국인이 있었다. 1980년까지 아시아계 미국인은 2배 이상으로 늘어나 350만 명이 되었고, 미국 전체 인구의 약 2%를 차지하였다. 1980년과 1990년 사이 아시아계 미국인은 다시 2배로 늘었고, 인구의 3%를 차지하였다. 2010년 센서스 시점에 아시아계 미국인의 수는 순수하게 세었을 때 1,470

표 10.2　히스패닉-백인 격리 평균

상위 102개 대도시 지역	1990	2000	2010
25번째 백분위	28.2	35.1	36.8
중위	35.7	44.3	43.1
75번째 백분위	48.5	52.2	49.6

출처: William H. Frey analysis of 1990, 2000, and 2010 Censuses, http://www.psc.isr.umich.edu/dis/census/segregation 2010.html.

카운티별 총인구에 대한 아시아인 인구 비율, 2010년

비율(%)
25.0 이상
10.0~24.9
5.0~9.9
1.0~4.9
1.0 이하

미국 평균 5.6%

Source: U.S. Census Bureau, 2010 Census Redistricting Data (Public Law 94-171) Summary File, Table P1.

그림 10.14 카운티별 아시아인 인구, 2010년. 아시아인들은 지역적으로 북동부 회랑지역, 하와이, 서부 해안지역, 플로리다, 시카고, 디트로이트에 집중되어 있다.
출처: Mapping Census, 2010, http://www.census.gov/prod/cen2010/briefs/c2010br-11.pdf.

만 명이었고, 혼혈 인종까지 고려하면 260만 명이 더 늘어난다. 통계적인 목적으로 아시아인으로 한데 묶인 태평양제도인들은 약 540,000명이었다. 결과 아시아인들은 이제 현재 미국 인구의 5.6%를 차지하고 있고 2050년 인구에서는 9%를 차지할 것으로 전망되고 있다. 다른 어떠한 집단도 이러한 성장률을 보이지는 않는다.

아시아인 거주지 위치의 공간적 변이는 아시아 이민자들 사이에서 선호되는 목적지와 연관되어 있다. 단연코 가장 큰 집중지는 하와이로, 하와이 인구의 42%가 아시아인이고, 태평양 제도인들(하와이 원주민 포함)이 9%, 대부분의 아시아인 혼혈인종이 21%

를 차지한다.

하와이 밖의 아시아인 거주 집중지로는 두 곳이 있다(그림 10.14). 첫 번째 지역은 서부 해안 지역으로, 전체 아시아인 인구의 40%가 이곳에 분포한다. 사실 캘리포니아 주 한 곳에 아시아계 미국인의 약 36%가 산다. 이는 태평양을 가로질러 로스앤젤레스와 샌프란시스코에 내린 아시아인들의 역사적인 경향성을 반영한다. 둘째, 북동부 메갈로폴리스를 따라 아시아인들의 집중이 나타나는데, 뉴욕 시가 중심에 있지만, 양 끝인 보스턴과 버지나아 주 북부에도 상당수가 분포한다. 이러한 주요 도시들 특히 뉴욕은 계속해서 이민자들을 끌어들이고 있다. 이들 지역 외에도 시카고,

휴스턴, 세인트폴, 잭슨빌(Jacksonville), 그리고 많은 대학 도시들에 아시아인들이 집중되어 있다. 이러한 집중은 다양한 요인에서 기인한다. 미시간 주의 앤아버(Ann Arbor)와 같은 지역사회는 대학 혹은 관련 기관 및 산업과 이와 관련된 고등교육을 받은 인기 많은 아시아인 전문 인력을 끌어들인다. 대조적으로 세인트폴에서 아시아 인구는 가난한 동남아시아인, 특히 몽(Hmong) 족과 라오스 난민 유입의 결과이다. 중요한 것은 매번 센서스마다 특정 주와 장소로의 아시아계 미국인들의 집중 정도가 완화된다는 점이다.

도시 지향성과 아시아인 격리 모델

아시아계 미국인들은 매우 도시화되어 있어서, 20명 중 19명이 도시에 살고, 비히스패닉 백인보다 중심 도시(도심부)에 거주하는 경향이 더 강하다. 몇몇 도시에서 아시아계 미국인들이 상당히 많이 분포하기는 하지만, 한 대도시(호놀룰루), 하나의 보다 작은 도시(샌프란시스코 바로 남쪽에 위치한 데일리 시티(Daly City))에서만 다수를 차지하고 있다. 다른 경우 아시아계 미국인들은 캘리포니아 주의 몬테레이 파크(Monterey Park)와 같은 일부 소규모의 교외 도시들(suburban towns)에서 그리고 특히 도시 근린지역에서 지배적이다.

대체로 아시아인들은 백인 미국인뿐만 아니라 다른 소수집단들에 대하여 사회경제적 이점을 누린다 (표 10.3). 가장 최근의 자료에 따르면, 모든 아시아인의 거의 절반 정도가 대학 학위를 가지고 있고, 2/3는 사무직이며(1/3이 관리직 혹은 전문직), 이들의 중위 가구 소득은 65,129달러로 흑인과 히스패닉의 거의 2배에 이르고, 비히스패닉 백인보다도 상당히 높다. 더욱이 아시아계 미국인들은 모든 인구 집단 중에서 실업률이 가장 낮아 최근의 불경기에도 영향을 가장 덜 받았다. 아시아인들은 또한 귀화하는(naturalize) 경향이 더 높다. 즉 다른 이민 집단보다도 미국 시민권을 더 많이 받는다.

낮은 수준의 격리가 이러한 성공의 부분적인 이유이다. 모든 주요 소수집단 중에서 대체로 아시아계 미국인들은 가장 덜 격리되어 있다. 1990년에 아시아인은 전체 대도시권 인구의 4% 미만을 차지하였다. 대도시권 인구 가중치가 부여된 아시아인들이 보인 평균 39라는 격리 지수는 아프리카계 미국인(64), 히스패닉(42)보다 낮은 수치이다. 격리에 대한 다른 지표들도 흑인들보다는 훨씬 낮았고, 히스패닉보다는 약간 낮았다. 아시아계 미국인들은 또한 다른 주요 집단들보다도 집단 밖에서 결혼하는 경우가 더 많다. 이러한 관행을 족외혼(exogamy)이라 부른다. 비록 다른 민족성을 가진 아시아인과 결혼하기는 하지만, 본토 태생 아시아계 미국인의 약 40%가 그들 민족 집단 밖에

표 10.3 주요 센서스 집단의 사회경제적 지위

	관리직/전문직(%) 1997~1998년	반숙련/미숙련(%) 1997~1998년	가구 소득 2012년	실업률 2011년
백인	33	12	$52,214	8.4
아프리카계 미국인	20	20	$32,229	17.7
아시아인	34	11	$65,129	7.9
라티노	15	22	$38,624	12.5

출처: Pollard and O'Hare, 1999, pp. 33, 36. For occupation http://www.census.gov/prod/2012pubs/p60-243.pdf for household income http://factfinder2.census.gov/faces/tableservices/jsf/pages/productview.xhtml?pid=ACS_11_1YR_S2301&prodType=table for unemployment rate.

서 결혼을 한다. 다른 민족 간의 결혼 파트너들과 그들의 자녀들은 통합된 근린지역에 거주하는 경향을 보이기 때문에 이러한 관행은 분명히 주거 패턴에 영향을 준다. 아시아계 미국인들의 거주지 패턴에서 상당한 변이가 나타나고, 네 가지 유형의 아시아인 근린지역 혹은 엔클레이브를 언급하는 것이 유용할 것이다(Chung, 1995; Li, 1998).

1. 전통적인 소수민족 근린지역: 전통적으로 아시아 이민자들에게 최초의 진입점으로 기능을 했던 근린지역들이다. 예를 들어 동부 및 서부 해안에 위치한 큰 도시들에는 막 미국으로 들어오는 이민자들, 이곳에서 자신의 사업을 가지고 있거나 물건을 구매하고 사회적 활동 및 여타 활동을 위하여 이 지역을 이용하는 보다 성공한 민족 집단을 위한 민족적 교차점을 제공하는 곳으로 잘 알려진 차이나타운이 있다. 많은 도시들의 차이나타운에서 전체 중국 인구의 비중은 줄어들었지만, 다른 아시아 민족 지역사회를 위한 중심지로서 기능은 강화되었다. 예를 들어 맨해튼의 차이나타운은 한국인, 동남아시아인 및 기타 아시아인 등 범아시아 인구를 아우르고 있다. 보스턴의 차이나타운은 여러 아시아 민족 집단들이 비슷하게 애용하고 있다. 일본계 미국인들 사이에서 로스앤젤레스에 있는 리틀 도쿄는 전통적인 엔클레이브 역할을 한다. 1920년대와 1930년대에 업무 활동과 사회적 삶의 중심지로 리틀 도쿄(Little Tokyo)가 세워졌다. 1960년대 이후 일본인 인구는 로스앤젤레스 대도시권 전체로 흩어졌지만, 이 근린지역은 계속해서 독특한 민족적 장소로서 특별한 중요성을 지니고 있다.

2. 한 단계 진전 엔클레이브: 보통 차이나타운과 같이 전통적인 이민자들의 진입점에 쉽게 접근할 수 있는 거리에 있는 근린지역들이다. 이러한 근린지역의 대부분 거주자들은 중산층이거나 이에 가깝다. 아시아인 인구는 다양한 민족성을 유지하면서도 지역사회 내에 있는 다른 집단들과 상호작용을 한다. 이러한 지역사회들은 눈에 띌 정도로 여전히 도시적이지만, 근린지역에 집을 사서 정착하고 그들 자녀를 해당 지역 학교에 보낼 계획이 있는 사람들이 포함되어 있다.

3. 민족교외지: 미국인 인구의 교외화는 부유한 교외에 거주할 수 있는 충분한 소득과 교육을 받은 많은 아시아인 집단과 함께 이루어졌다. 이는 지리학자 웨이 리(Wei Li)가 **민족교외지**(ethnoburb)라고 한, 민족적 근린지역과 교외의 특징을 모두 지닌 교외 엔클레이브(suburb enclave)라고 기술할 수 있는 새로운 유형의 민족 정착지를 형성하였다. 이러한 근린지역 내에 거주하는 인구는 중상류층에 속할 정도로 부유하고 지역 및 세계 경제 흐름과 훨씬 더 연계되어 있는 경향이 있다. 로스앤젤레스의 샌 가브리엘 밸리(San Gabriel Valley)는 이러한 정착지의 대표적인 사례이다. 이 지역은 대만, 홍콩, 중국, 인도네시아로부터의 이민자들의 비율이 높으며, 상당한 민족 기업들, 고학력의 지위, 사무직, 쾌적한 주거 등으로 특징지어진다.

4. 새로운 이민자 엔클레이브: 최근에 도착한 많은 수의 이민자들을 포함하고 있는 보다 가난한 지역사회에 위치한 엔클레이브이다. 전통적인 경우보다 많은 이민자들이 더 다양한 국가(베트남, 라오스, 캄보디아, 한국, 남부아시아 국가들)로부터 왔다. 이들 또한 약간의 성공을 누리면서 이러한 근린지역을 세놓고 이주해 나갈 가능성이 높다. 이러한 새로운 몇몇 엔클레이브는 중심업무지구 가까이에 위치해 있기는 하지만, 많은 경우 도시 외곽 근린지역과 교외

표 10.4 선별된 교육 범주별 아시아인 집단의 비율, 2000년

집단(단답형)	고등학교 미만	대학
인도인	13.3%	63.9%
파키스탄인	18.0%	54.3%
중국인	23.0%	48.1%
한국인	13.7%	43.8%
필리핀인	12.7%	43.8%
일본인	8.9%	41.9%
대만인	20.9%	38.6%
베트남인	38.1%	19.4%
캄보디아인	53.3%	9.2%
라오스인	49.6%	7.7%
흐몽	59.6%	7.5%
아시아인 전체	19.5%	44.2%
전체 인구	19.6%	24.4%

출처: Census 2000, Summary File 4.

지역 내측에서 찾아볼 수 있다.

전체로서 아시아계 미국인들에 대한 논의를 통해서는 상이한 이사아인 집단들의 엄청난 경험적 차이를 파악할 수는 없다. 거의 모든 아시아계 미국인들이 대도시 지역에 살기는 하지만, 도시 위치, 격리 수준, 사회경제적 지위 측면에서 차이를 보인다. 이는 민족교외지와 같은 일반적으로 부유한 근린지역에서 조차 사실이다. 이러한 민족교외지에서 인도차이나인과 중국 본토인이 대만과 홍콩의 이민자들보다 훨씬 더 가난하다. 아시아계 이민 집단 내에서 또한 큰 차이가 나타난다. 몇몇 사회과학자들은 아시아인들은 사회경제적 스케일의 밑바닥과 상층 모두에서 지나치게 부각되어 있다는 의미에서 **양극 분포**(bipolar distribution) 관점에서 아시아인들의 지위를 기술하였다. 표 10.4는 어떻게 양극 분포가 교육수준과 관련되는지를 보여주고 있다. 그래서 일부 아시아계 인구 집단의 특성을 살펴보는 것이 필요하다.

아시아계 인도인

"파텔(인도의 성) 없이는 모텔도 없다(no motel without a Patel)."는 속담이 있다(Bhardwaj and Rao, 1990). 인도의 민족 집단 중 하나인 파텔 혹은 구자라트인(Gujarati) 집단 구성원들이 미국에 있는 모든 모텔의 1/4 이상을 소유하고 있는 것으로 추정된다. 또한 미국에서 내과 의사, 엔지니어, 교수 및 다른 전문직종에서 남아시아인이 매우 많다. 전체적으로 남아시아인들은 매우 성공적인 이민자/민족 집단으로, 사실 많은 다양한 집단으로 구성되어 있다. 인도인 자체에 12개의 독특한 민족이 포함되어 있는 아시아계 인도인이 미국의 남아시아인 인구의 대부분을 차지하지만 방글라데시, 파키스탄, 스리랑카에서 온 여러 민족 집단도 포함되어 있다. 특히 미국의 종교 지리에 대한 인도인들의 영향은 엄청나다. 미국 사회로의 인도인의 유입은 특히 중요한 힌두 지역사회를 형성한 반면, 파키스탄인과 방글라데시인들은 이슬람 인구를 증가시켰다.

1986년에서 1998년 사이 아시아계 인도인들은 아시아계 이민의 약 12%를, 전체 이민의 약 4%를 차지하였다. 다른 남아시아인 집단들은 추가적으로 전체 이민의 2%를 차지하였다. 대체로 아시아계 인도인 이민자들과 그들의 자녀들은 두드러지게 성공하였다. 거의 60%가 대학 혹은 대학원 학위를 가지고 있고, 44%는 관리직 혹은 전문직으로, 이는 어떠한 단일 집단 보다고 높은 수치이다. 이들의 중위 소득은 비슷하게 높다.

이러한 놀라운 수준의 경제적 성공은 왜 남아시아인 엔클레이브가 거의 존재하지 않는지를 설명하는데 도움이 될지도 모른다(그러나 글상자 10.4 참조). 대규모의 지역적 집중이 나타난다. 아시아계 인도인

글상자 10.4 ▶ World Wide Web을 통한 소수민족 커뮤니티의 유지　　기술과 도시지리

도시 소수민족 정착지에 대한 전통적인 묘사에는 다채로운 표지판, 현수막과 깃발, 축제와 퍼레이드, 창문을 통하여 보이는 이국적인 상품들이 진열된 다수의 상점들이 포함되어 있다. 그러나 대다수의 민족 집단 지역사회는 이러한 유형의 장소들을 유지하는 데 필요한 규모의 최소요구치를 가지고 있지 않다. 더욱이 많은 민족 집단들이 교외로 이주하면서, 교외의 자동차 문화는 민족 지역사회와 연관되어 있는 많은 거리의 생활을 방해한다. 이는 해당 민족 집단의 가시성을 약화시키고, 집단 구성원들 사이, 그들의 본국, 다른 민족 집단과의 유대도 약화시킬지 모른다. 컴퓨터 기술, 특히 월드 와이드 웹이 소수민족 커뮤니티가 소규모 커뮤니티 내에서조차 그들의 유대를 유지할 수 있는 수단으로 등장하였다. 언제나 소수민족 집단의 매체가 있어왔다. 신문과 라디오는 민족 집단 사이의 중요한 접촉점으로 기능하였다. 그러나 인터넷은 좀 더 다른 것을 제공한다. 인터넷은 동시에 갱신 가능한 양방향 커뮤니케이션 수단을 제공하고 가상의 소수민족 커뮤니티를 위한 많은 방어막을 제공한다.

이러한 기술은 특히 아주 작은 커뮤니티에게 도움이 된다. 북아메리카 도시들에 있는 라트비아인의 수는 토론토에서 7,500명, 시카고에서 4,000명을 넘긴 적이 없다. 대개 이 커뮤니티는 외부적으로 드러나지 않는다. 민족 집단과 관련된 대부분 흔적을 인테리어 경관 내에서 찾아볼 수 있다. 그러나 인터넷을 통하여 라트비아인은 그들의 유대를 유지할 수 있다. 한 라트비아계 미국인 여성은 인터넷을 "전 세계에 있는 라트비아인들을 만나고 연락하는 좋은 방법이라고 말한다. 자신이 있었던 라트비아인 임시수용시설, 그녀의 자녀들이 있었던 수용시설에서 다른 라트비아인들을 알게 되었다. 그녀의 네 자녀는 북아메리카와 유럽에 있는 라트비아인들과 접속하여 대화를 한다"(Woodhouse 2005, 170).

규모가 큰 커뮤니티 또한 인터넷 커뮤니케이션의 혜택을 본다. 미국에서 인도인 민족 집단은 아시아인 집단 중에서 세 번째로 규모가 크고 상당히 성공하였다. 그러나 많은 다른 민족들과 비교하여 인도인 커뮤니티는 그렇게 가시적이지 않다. 이에 대한 큰 이유 중 하나는 교외에 거주하는 그들의 지리적 위치에 기인할 수 있다. 집중된 정착지 결절지 없이 인도인들은 응집력의 수단으로 인터넷 기술을 활용하게 되었다. 인터넷은 인도인들로 하여금 아담스와 고스(Adams and Ghose, 2003)가 '가교공간(bridgespaces)'이라고 기술한 것을 형성할 수 있게 하였다. 가교공간은 인도인들에게 서로서로 의사소통하고 북미에 있는 인도인들이 남부아시아와 연계할 수 있도록 한다(그림 B10.6).

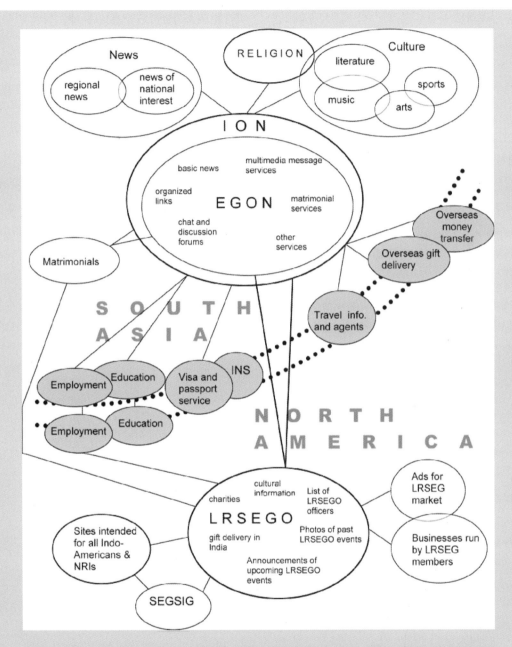

그림 B10.6 디아스포라(diaspora) 정체성을 유지하기 위하여 비거주 인도인들이 사용하는 웹사이트: ION (Indian Online Nodes)은 인도와 해외에 있는 인도인들이 흥미로운 사이트를 빠르게 돌아다닐 수 있도록 도와줄 목적으로 만들어졌다. EGON(Ethnic Group Online Nodes)은 인도의 특정 민족 집단에게 맞게 설계된 다목적 사이트이다. LRSEGO(Local/Regional Sub-Ethnic Group Organizations)는 미국에 있는 지역 조직들에 의해서 구축된 웹사이트이다.

출처: Adams, Paul and Rina Ghose, 2003.

은 다른 주보다도 북동부 주들, 특히 메갈로폴리스를 따라서 그리고 일리노이와 텍사스 주에 거주하는 경향이 강하다. 그리고 아시아계 인도인들은 대도시 지역을 매우 선호한다. 예를 들어 아시아계 인도인들은 대도시 지역의 중심도시에 사는 것을 백인들보다 조금 더 선호하여, 대다수는 교외에 거주한다. 경관적 측면에서 인도인 근린지역은 거의 가시적으로 드러나지 않는다(영국에서 인도인과 파키스탄인 지역사회가 매우 가시적인 것과 대조적이다). 바드와즈와 라오(Bhardwaj and Rao, 1990)는 백인과 비교하여 아시아계 인도인 격리는 어떠한 아시아인 집단보다도 낮다는 것을 보여주었다. 이러한 패턴은 (1) 일반적으로 인도인들의 높은 사회경제적 지위, (2) 많은 아시아계 인도인 이민자들이 영어에 대한 견고한 지식을 가지고 도착했다는 사실, (3) 종교로서 힌두교는 그 종교적 초점이 사원보다는 가정(the home)에 있기 때문에

격리를 최소화할지도 모른다는 사실 등에 기인한다. 비록 시카고, 뉴왁, 워싱턴, 신시내티 등에서 명확한 거주지 및 사업 엔클레이브를 찾을 수 있기는 하지만 대부분의 대도시 지역 내에서 아시아계 인도인 엔클레이브를 포착하는 것이 어렵다.

인도차이나인

최근 일어난 대부분의 이민은 자발적이고 일차적으로 경제적인 필요에 의해서 이루어졌다고 말할 수 있다. 대부분의 주요 아시아인 집단의 경우 이는 확실히 사실이다. 인도차이나인 이민은 이러한 규칙의 예외로, 대부분 이민자들이 난민으로 분류될 수 있다. 인도차이나는 동남아시아의 일부분으로, 한때 프랑스의 식민지였고, 이제는 베트남, 캄보디아, 라오스로 구성되어 있다. 인도차이나인에는 적어도 5개로 구분되는 민족 집단이 포함되어 있다—베트남인, 중국계 베트

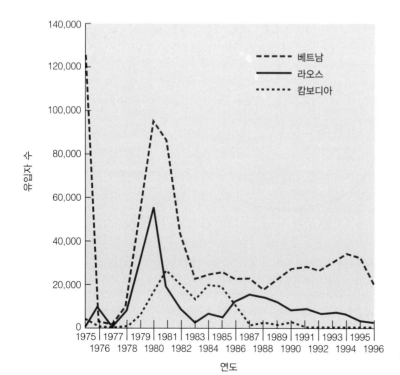

그림 10.15 동남아시아에서 미국으로의 난민 유입, 1975~1996년. 베트남 난민의 유입은 1975년 이후에 높고, 세 인도차이나 국가들로부터의 난민의 합은 1980년경에 정점을 이루었다.

출처: Airriess, Christopher and David Clawson, 2000.

남인, 캄보디아인 혹은 크메르인, 라오인(라오스의 저지대 출신), 몽족(라오스의 고지대 출신). 이러한 인구집단들은 모두 베트남 전쟁에 휩쓸렸다. 1975년에서 1996년 사이 약 100만 명의 인도차이나인 난민들이 미국으로 들어왔다(그림 10.15). 인도차이나인들은 3개의 구분되는 물결을 타고 밀려왔다. 첫째 물결에서는 1975년 미국이 사이공을 포기하자마자 바로 도망친 집안이 좋은 개개인들이 주를 이루었다. 두 번째 물결은 1979년과 1982년 사이에 발생한 것으로 4개의 주된 집단으로 구성된다. (1) 초기 난민의 가족들, (2) 미국과 유대관계를 가지고 있어 위험한 상황에 놓였던 사람들, (3) 베트남으로부터의 보트 피플, (4) 국경을 통하여 간신히 탈출한 라오스, 캄보디아로부터의 난민들. 세 번째 물결은 1980년대 중반까지 지속되었고, 재교육 수용소에서 석방된 사람들, 아메라시안(Amerasian) 자녀들(아버지가 미국 군인인 사람들), 태국에 있는 UN 난민수용소에서 오랫동안 있었던 사람들이 포함되었다.

미국 정부는 처음에는 동남아시아로부터의 난민 홍수를 분산시키고자 하였다. 미국은 이민자들을 위한 후원자로 활동하는 자원봉사단체 혹은 **VOLAGS**의 지원을 요청하였다. 이러한 VOLAGS는 교회(미국가톨릭 회의가 가장 규모가 큼)와 관련되었으며, 미국 전역 주로 대도시 지역에 산재하였다. 시간이 지나면서 특히 2차 및 3차로 들어온 이민자들은 몇몇 핵심 지역에 다시 집중하기 시작하였고 그들 동포와 가족들이 살고 있던 지역으로 이주하였다. 그러나 초기 분산과 VOLAGS의 활용은 어느 정도 효과를 보았다. 비록 캘리포니아가 주된 정착지였지만, 동남아시아인들의 대규모 집중은 텍사스, 버지니아, 루이지에나(주로 베트남인), 미네소타와 위스콘신(몽족과 라오인), 매사추세츠와 캘리포니아의 센트럴 밸리(캄보디

아인)에서 나타난다. 몽족은 일반적인 이민자 집중지를 회피하여 캘리포니아의 프레즈노, 미네소타의 세인트폴, 위스콘신의 오클레어(Eau Claire), 라크로스(La Crosse)와 같은 도시에 집중되어 있다는 점에서 특히 흥미롭다.

대개 인도차이나인들은 아시아인 이민자들 중에서 가장 빈곤하다. 대다수의 성인들은 중학교 이하의 학력으로 미국에 건너왔으며, 많은 수의 인도차이나인들은 여전히 빈곤하다. 미국이 들어온 지 짧은 시간 내에 인도차이나인들은 많은 미국 도시에 독특한 족적을 남겼다. 북부 버지니아, 프레즈노, 뉴올리언스, 세인트폴에 대한 연구는 다양한 국가 집단들 사이에서 '장소 만들기(place-making)'의 정도를 보여준다. 비록 많은 수의 인도차이나인들, 특히 베트남인들은 꽤 부유하지만, 다수의 동남아시아계 미국인들은 상당히 가난하다. 예를 들어 미네소타의 세인트폴에서 동남아시아인들은 이용 가능한 공공주택의 80%를 점유하고 있다. 뉴올리언스에서 베트남인들은 베르사유(Varsailles)로 알려진 공공주택 단지에 거주한다. 이들은 도심지역 도시의 사례(새로운 이민자 엔클레이브와 유사)로 새로운 빈곤한 이민 인구 집단이 함께 살면서 중간 정도 수준의 격리를 보인다. 느슨한 교외 집중지(앞에서 살펴본 민족교외지 및 한 단계 진전 엔클레이브의 사례와 유사) 또한 나타나게 되었다. 캘리포니아의 웨스트민스터(Westminster)에서 주목할 만한 구역이 '리틀 사이공(Little Saigon)'이라 불리는 지역으로, 이 교외지역 경관에서 베트남인 상인과 거주자들이 영향을 파악할 수 있다. 중국계 베트남인은 이곳에서 사업 기반을 형성하는 데 있어 유일하게 성공을 거둔 것으로 보인다. 또 다른 사례를 버지니아 주 북부 지역에서 찾을 수 있는데, 이곳에서 베트남인은 베트남에 있는 도시 시장 구역을 모방한 상업구역을

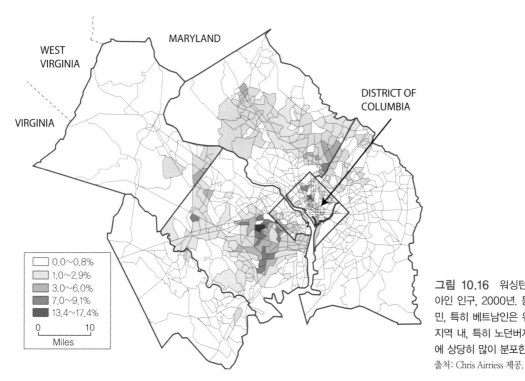

그림 10.16 워싱턴의 동남아시아인 인구, 2000년. 동남아시아 난민, 특히 베트남인은 워싱턴 대도시 지역 내, 특히 노던버지니아의 교외에 상당히 많이 분포한다.

출처: Chris Airriess 제공.

형성하였다(그림 10.16).

한국인

로스앤젤레스 중심업무지구 서쪽에 바로 인접한 곳에 약 1제곱마일(2.6km²)의 면적을 갖는 코리아타운(Koreatown)이 있다. 윌셔 가(Wilshire Boulevard)를 따라 길게 이어져 있는 이 구역에서 활기가 넘치는 한국인 엔클레이브를 볼 수 있다. 이곳은 한글로 되어 있는 간판이 지배적이다. 또한 한국어 TV와 라디오 방송을 위한 스튜디오들이 도로변에 위치해 있다(그림 10.17). 힐튼 코리아나와 같은 이름을 가진 호텔들, 은행, 식당, 여행사, 서비스업체들이 이 근린지역의 민족적 정체성을 명료하게 보여주고 있다. 한국인들은 많은 미국 도시에 지대한 영향을 주기 시작하였지만, 로스앤젤레스는 미국에 있는 한국인들의 삶에 특별한 중요성을 갖는다. 1970년대까지는 한국인 이민

이 거의 시작되지 않았다. 미국과 남한 모두에서 규제가 완화되면서 이민이 가능하게 되었다(모든 이민자들은 남한으로부터 왔다. 1950년대 이후 북한은 완전히 폐쇄된 상태이다). 미국에 있는 한국인의 수는 1980년에는 약 35만 명, 1990년에는 80만 명이었고, 2010년에는 170만 명이다. 한국인들은 최근에 미국으로 들어왔기 때문에, 비록 비율은 감소하고 있지만 대부분의 한국계 미국인들은 외국 태생이다. 이민의 규모 또한, 특히 다른 아시아인 집단들과 비교하였을 때 어느 정도 감소하고 있다. 오늘날 한국인들은 아시아인 인구의 약 10%를 차지하고 있다. 비록 다른 동아시아와 동남아시아인 집단보다 규모가 작기는 하지만 한국인들의 지역적 분포는 서부 해안 지역에 집중되어 있다(모든 한국인의 1/3이 캘리포니아 주 하나에 살고 있다). 다른 중요한 집중지로는 뉴욕 대도시 지역(특히 퀸스 자치구), 시카고, 워싱턴 대도시 지역

© Ted Soqui/Ted Soqui Photography/Corbis Images

그림 10.17 코리아타운은 로스앤젤레스 다운타운의 바로 서쪽, 윌셔 가에 위치해 있다. 대부분의 한국인들은 다른 근린지역에 거주하지만, 이곳은 한국인 커뮤니티의 주요 사업 중심지이다.

등이 있다.

다른 아시아인 집단들과 같이 한국인들은 매우 도시화되어 있다. 로스앤젤레스를 비롯한 다른 도시들에서 한국인들은 또한 매우 기업가적이다. 로스앤젤레스 코리아타운의 높은 빌딩과 대규모 회사들은 이를 보여주는 한 예이지만, 보다 일반적인 사례는 소규모의 한국인 소유 자영 편의점/주류 판매점이다. 로스앤젤레스에서 이러한 상점들은 종종 가난한 아프리카계 미국인과 라티노 근린지역에 입지하였다. 1990년대 초반 모든 소규모 식료품점과 편의점의 약 40%가 한국인들의 소유였다. 여전히 슈퍼마켓이 희소한 도심부에서 이러한 상점의 약 70%는 한국인 소유이

다(그림 10.18). 이러한 사실은 공정하게 대우받지 못했다고 불평하는 이들 지역사회의 거주자들 사이에 강한 분노를 촉발시켰다.

중요한 것은 한국인들은 이러한 근린지역에 거주하지 않고, 심지어 코리아타운 엔클레이브 내에조차 거주하지 않는다는 점이다. 코리아타운의 지배적인 거주 인구는 라티노이다. 로스앤젤레스에서 대부분의 한국인들은 상당히 혼합된 근린지역에 속하는 샌 페르난도 밸리(San Fernando Valley)나 오렌지카운티(Orange County)에 산다. 교외지역으로 흩어져 사는 것이 한국계 미국인들 사이의 추세이다. 결과적으로 한국인들의 격리 지수는 낮다. 한국인들은 코리아타운에서 그리고 로스앤젤레스 도시 전역에 걸쳐 산재해 있는 한국인 민족거주지에서 자신들의 전통적인 엔클레이브를 만들기 위한 기업 활동을 진행하였다.

아시아인의 영향

아시아계 미국인들의 비율은 다른 주요 이민자 집단에 비하여 여전히 낮다. 그러나 동시에 아시아인들은 빠르게 성장하는 집단이며, 특정한 도시, 특정한 틈새에서 큰 영향을 미쳤다. 앞에서 언급한 집단들 외에도 몇몇 중요한 아시아인 집단들 또한 미국 사회에 족적을 남겼다. 예를 들어 필리핀인들은 아시아인 인구 비중에서 중국인 다음가는 집단이다. 전체적으로 필리핀인들은 캘리포니아 주에 있는 도시들과 시카고 대도시권에 많이 분포한다. 어떤 중간 소득의 근린지역은 많은 필리핀 인구를 가지고 있다. 샌프란시스코 바로 남쪽에 위치한 데일리 시티(Daly City)에는 이러한 근린지역이 여러 개 포함되어 있다. 기원 측면에서 부분적으로 '아시아인'(일반적으로 그렇게 간주되지는 않지만)인 또 다른 집단은 점차 그 수가 늘어나고 있는 아랍계 미국인들이다. 아랍계 미국인들은 디

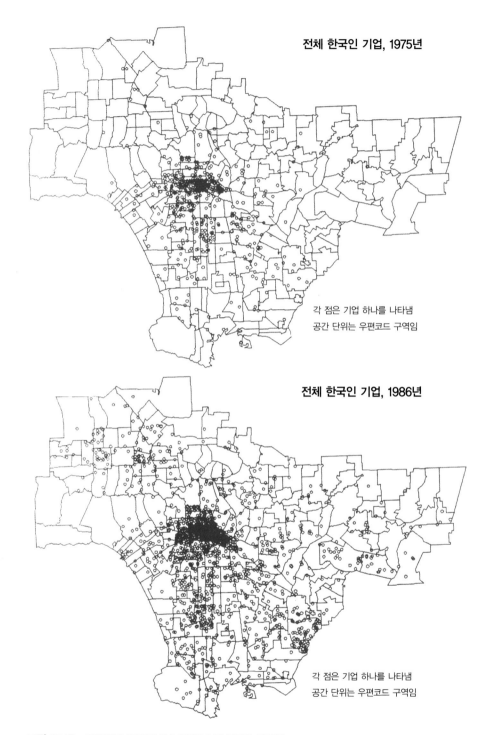

그림 10.18 1975년과 1986년 로스앤젤레스의 한국인 사업체.
출처: Lee, Dong OK, 1995.

트로이트와 오하이오 주의 톨레도(Toledo)와 같은 도시에 엄청난 영향을 주고 있다. 인구수에서뿐만 아니라 단체들의 존재, 사업체, 정치적 영향력 등에서 분명하게 드러난다. 히스패닉보다도 더 아시아인 집단들 사이에, 심지어 집단 내에서조차 정확하게 일반화하는 것이 어렵다. 그러나 몇 가지 중요한 점을 서술할 수 있다.

1. 아시아인들은 일반적으로 다른 소수 인구 집단에 비하여 부유하다. 일본인과 아시아계 인도인들은 가장 부유하고 최고의 교육을 받은 미국인에 속하며, 상당수는 백인 인구의 교육수준과 1인당 소득 수준을 넘어선다. 중국인, 필리핀인, 한국인의 대다수는 또한 상당히 부유하다. 아시아계 미국인들은 많은 전문직 직종에서 크게 부각되는 경향이 있다. 또한 엘리트 대학과 대학교에서 많은 수의 아시아인들을 찾아볼 수 있다.
2. 높은 수준의 족외혼은 아시아계 미국인의 특징이다. 다른 어떠한 집단들보다도 아시아인들은 그들 민족 집단의 외부 사람, 종종 백인과 결혼을 하는 것을 선호한다. 이는 동화의 표시이기도 하지만 또한 민족 정체성을 위협하기도 한다.
3. 아시아계 미국인들은 거의 전적으로 대도시권 및 여타 도시 내에 거주한다. 그러나 아시아인들은 다른 소수민족 집단보다도 교외 근린지역에 사는 것을 더 선호하며, 가장 낮은 수준의 거주지 격리를 보인다. 동시에 차이나타운과 코리아타운과 같은 아시아인 엔클레이브들이 대도시 내에 있으며, 이들 규모는 점차 커지고 있다. 새로운 교외 차이나타운과 다른 아시아인 엔클레이브들 또한 도시 외곽 지역에 존재한다.

요약

도시지리에 대한 모든 논의에서 이민과 민족성의 이슈를 다룰 필요가 있다. 이 장은 미국의 도시에 초점을 맞추었지만, 이민과 민족성은 전 세계의 도시들에서도 점차 타당성이 증대되고 있는 주제이다. 이민에 대한 태도, 변화하는 정부 정책, 변화하는 기원지 등은 북아메리카 도시의 변화하는 특성에 지대한 영향을 주었다. 비록 이민은 지속적인 과정이지만, 이 장에서는 미국 역사의 상이한 시기를 특징짓는 분리된 이민 '물결'로 기술하였다. 또한 새로운 미국인들의 도착을 받아들인 상이한 사회 경제적 상황, 이러한 상황이 미국 도시 내에서 이민자들의 삶에 어떠한 영향을 주었는지, 도시 본질 자체에 어떠한 영향을 주었는지에 주목하였다.

제5부

도시의 정치 경관

제11장

대도시의 거버넌스와 파편화

관료제는 일단 확립되면 제거하기 아주 어려운 사회구조가 된다. 관료제는 이성적으로 이루어진 '사회적 행위'를 무시하고 '집단적 행위'를 수행하기 위한 수단이다. 그러므로 관료제는 권력을 사회화시키는 도구로 기능해 왔으며, 관료적 조직들을 통제하는 사람들에게 최우선적인 권력의 도구가 된다.
―Max Weber, Gerth and Mills(1958)에서 재인용

서구 국가들, 특히 미국에서 대부분의 도시들은 민간 기업에 친화적 성향을 보인다. 고층건물, 호텔, 은행, 아파트 단지로 이루어진 도시의 스카이라인은 사적 이익을 위해 개별 개발업자들에 의해 만들어진 것이다. 도시의 혼잡은 사람들의 쇼핑, 업무, 위락 행위, 그리고 수많은 상점, 음식점, 공연장 등으로부터 발생한다. 사실 도시 내에서 사람들과 기능의 분포는 5장에서 논의된 지가의 차이와, 8장에서 언급된 주택 시장과 연관될 수 있다.

도시의 공공성은 명백하게 드러나지 않으나 민간 기업이 번성할 수 있도록 해 준다. 과거 수십여 년 동안 도시는 성장하여 수많은 일들을 떠맡아 왔고, 권력을 누적시켜 왔다. 심지어 민간 기업이 제공하지만 시 정부에 의해 통제되는 공공 서비스의 기능은 도시의 형성과 발전에 있어서 중요한 역할을 수행한다. 이와 같은 **집합적 소비**(collective consumption, 도시 주민에 의한 공공 서비스의 소비)의 팽창은 예산에 대한 요구로 이어졌는데, 판매세, 재산세, 개인소득세, 법인세, 법인소득세, 사용자세 등의 세금을 책정하게 만들

었다. 도시 서비스의 제공, 각종 활동에 대한 규제, 세금의 부과 등과 관련된 모든 것들이 도시, 즉 **지방정부**(local state)의 운영을 중요하게 만드는 요소들이다. 사람들은 대개 연방 정부 수준에서 해외 원조나 에너지 정책에 대한 논의가 이루어질 때는 관심을 두지 않지만, 자신들이 살고 있는 지역에 거대한 쇼핑센터 건립계획이 수립되거나 재산세에 대한 인상계획이 발표되면 큰 관심을 보인다. 사람들은 모두 로컬 수준에서 이루어지는 결정에 영향을 받는다. 도시 정부를 운영하는 공무원들에게 영향을 미치는 도시 정치가 중요한 이유는 바로 여기에 있다.

이 장에서는 도시 거버넌스와 도시계획상의 변화 및 특성에 초점을 둔다. 이와 같은 주제는 시간적으로나 공간적으로 광범위하다. 이 장에서 검토되는 사례는 대부분 미국 도시에 관한 것인데, 이와 같은 도시들이 권력과 이데올로기로 결합되어 있음을 기억할 필요가 있다. 중국과 같은 중앙집권적 사회주의 국가 내에서의 도시 정부는 미국의 지방 도시들과는 매우 다른 기회와 제약을 경험하고 있다. 이 장에서는 거버넌

스의 지리적 함의에 대해 논하고, 정치학 분야의 개념, 이론, 통찰력에 대해서도 함께 언급하고자 한다. 이 장의 대부분이 대도시의 파편화(fragmentation), 계획, 재생 전략에 관해 다루고 있는 이유가 여기에 있다.

도시 거버넌스와 공공서비스의 성장

지방정부가 어떤 일을 하는지 궁금한가? 사실 지방정부는 굉장히 많은 일을 한다. 도시의 **기간시설**(infra-structure), 즉 도시의 사업체와 시민들에게 필요한 도로, 보도, 전기, 항만, 공항, 하수, 상수 등의 시설들은 공공의 소유이다. 일부 교통 체계, 특히 대중교통수단은 공공으로 운영된다. 대중의 안전을 위해 도시 정부는 경찰, 소방, 응급의료 조직을 운영한다. 도시의 얼굴은 대도시를 특징짓는 녹색 오아시스, 즉 공원의 설립과 운영, 위락 공간, 그리고 위대한 역사적 인물과 추상적인 이념을 상징하는 기념물 등을 통해 나타난다. 보편적인 교육의 목표는 공립 중등학교, 공립대학, 무료 도서관 네트워크 등을 통해 명백하게 드러난다. 보편적인 주택 공급과 복지의 목표는 다양한 공공주택, 무료 진료소, 소득 보전 프로그램에 반영되어 있다.

도시 거버넌스의 또 다른 측면은 민간 기업과 개인의 활동에 대한 규제와 연관되어 있다. 도시의 운영은 상이한 토지이용에 대한 용도지정(zoning), 모든 활동에 대한 승인 신청 요구, 교통·범죄·유해 활동 규제, 시설별 보건 기준의 위반 여부 조사, 세금과 사용료 징수, 그리고 도시와 그 환경에 영향을 줄 수 있는 다양한 결정을 내리는 것 등을 포함한다.

미국에서 지방정부는 중앙정부에 우선하였다. 미국 동부 해안가를 따라 식민 도시가 건설되었고, 많은 도시들은 독립 이전에 세워졌다. 서부 쪽에 위치한 신시내티, 루이빌, 세인트루이스는 각각의 도시가 위치

한 주인 오하이오, 켄터키, 미주리가 주(state)로 성립되기 이전에 이미 형성되었다. 이 도시들은 도시의 법적 기반을 확인하고 특권을 부여한 문서인 **권리 헌장**(charter)에 의해 세워졌다. 도시들은 통제 수단에 있어서 차이를 보인다. 보스턴과 같은 일부 오래된 도시들은 주 정부가 빼앗을 수 없는 광범위한 권한을 가지고 있다. 이와 달리 서부의 많은 도시 정부는 활동에 제약이 있다. 대체로 도시의 권리 헌장은 도시를 일종의 법인과 같은 조직으로 만들었고, 그러한 도시들은 **법인**(incorporated)처럼 설립되었다. 이는 도시로 하여금 채권을 발행하고 융자를 얻어 자본을 형성할 권리를 가지고 독립적으로 활동할 수 있는 권한을 갖게 하였다.

도시 공공서비스의 확대

처음부터 미국의 취락들은 유럽과 달랐다(2장 참조). 물리적 차이는 명백했다. 미국의 취락들은 거의 성벽이나 인공 방어설비를 가지고 있지 않다. 새로운 취락들에는 사용되지 않은 거대한 토지들로 이루어진 완충지대가 있었다. 이와 같은 특징으로 취락들은 무한정 확장되었고, 필요로 하는 물리적 경계를 넘어서 통제력이 약한 새로운 도시 지역이 나타나게 되었다. 여기에서 토지의 가치, 즉 경제적인 고려가 토지의 이용 방안을 결정하게 되었고, 그로 인해 도시에서 가장 높은 지가는 도심에서 나타났다(5장 참조). 이와 같은 공간적인 자유, 즉 주민들이 리스크를 무릅쓰고 모험적인 사업을 전개할 수 있는 능력이 미국 도시들을 특징지었으며, 현재에도 그대로 유지되고 있다.

도시 정부는 시간이 흐르면서, 특히 취락의 인구와 복잡성이 증가하면서 더 많은 기능과 책임감을 얻게 되었다. 19세기 초 정부는 도시의 경제 활동에 대해 폭넓은 통제를 가하였다. 대부분의 도시들은 부두와

창고시설뿐만 아니라 적어도 하나의 중심 시장을 보유하였다. 도시 정부는 농촌으로부터 공급되어 시장에서 판매되는 상품의 가격과 질을 결정하였다. 일례로 1819년 세인트루이스 정부는 정육업자들이 오염되거나 부패한 고기를 판매하는 것을 금하였다(Wade, 1959, p. 81). 초기 도시 수입의 많은 부분은 시장의 가판대 소유자들이 지불하는 요금과 위반자에게 가해지는 벌금으로부터 나왔다. 그러나 모든 지역에서 어떤 가격에서든 물건이 거래될 수 있는 자유시장제도로의 변화는 미국이 독립한 직후 확산되었다. 경제에 대한 정부의 규제는 감소하였고, 그로 인해 초기 도시 정부의 주요 기능 가운데 하나가 사라졌다. 도시 정부의 기능을 대체한 것은 도시 정부가 다양한 공공서비스 기능, 특히 안전, 교육, 기간시설 제공 등의 기능을 수행하고 이와 같은 기능을 유지할 비용을 세금으로부터 충당하는 '서비스' 도시로의 변화였다.

안전　도시 정부의 공공안전 유지 기능은 소방과 경찰 서비스를 중심으로 이루어진다. 19세기에 소방 업무는 자발적인 조직(아직도 많은 타운에서는 자원 소방관 제도를 유지하고 있음)을 통해 이루어졌다. 기껏해야 도시 정부는 소방서 부지를 제공하고 소방서장에게 급료를 지급한다. 대신 시민들은 수많은 파업과 경쟁 소방 회사들 사이의 다툼을 포함하여 불균등한 서비스 제공으로 불편을 겪는다.

　19세기의 경찰 서비스도 마찬가지로 자원 조작에 의해 이루어졌다. 경찰관은 주로 법원에서 근무하며 소환 업무를 담당하고 급료를 지급받았다. 또한 시민들의 불만에 응대하고 공공질서를 어지럽히는 사람들을 체포하여 보상을 받았다. 야간에는 자경단이 도로를 순찰하였다. 그러나 19세기 후반에 이르러 치안과 소방 기능은 공식적인 조직으로 정비되었다. 소방 회사들은 계층적이고, 전문적이며, 기술적으로 정교해졌다. 경찰서는 범죄가 발생한 후에 대응하기보다는 범죄 예방 활동을 하며 선제적인 활동을 전개하였다. 동물 통제와 위생 검사와 같은 새로운 경찰 업무는 나중에 독립적인 도시 기관의 업무로 위임되었다.

교육　교육은 오늘날 지방정부 재정에 상당 부분을 차지하며, 여타 기능들에 앞선다. 치안과 소방 기능에 들어가는 예산은 초등 및 중등 학교에 소요되는 비용의 1/5도 되지 않는다. 교육의 중요성 때문에 대부분의 도시들은 선거를 통해 독립적인 학교 위원회를 구성한다. 학교의 운영과 재정 대부분이 시 정부와 독립적이고 때로는 서로 다른 영역을 관할하는 학교 위원회를 통해 이루어진다는 점을 주목할 필요가 있다. 그러므로 학교의 예산은 도시 정부의 전체 예산보다는 작은 비중을 차지한다.

　19세기 초반 이전 교육은 부유층만이 누릴 수 있는 사적인 영역에 속하는 것이었다. 학교는 의무교육의 도래로 공공의 책임이 되었으며, 그 부담은 지방정부에게 넘어갔다. 교육은 19세기 초 주 정부와 시 정부 수준에서 시작되었다. 개별 도시들은 주 정부보다 더 앞서서 학교 제도를 설립하자는 결정을 내렸다. 예를 들어 신시내티는 처음에 오하이오 주 정부에게 영향력을 행사하여 주 전체에 교육 시스템을 제도화하였으나 1829년 이 권한을 시 정부가 자체적으로 갖게 되었다. 이와 같은 조치는 초등학교와 중등학교에 대해 주 정부보다는 시 정부가 통제하는 패턴을 만들었다. 결국 주 정부는 비록 재정과 행정 기능을 시 정부가 가지게 되었음에도 불구하고 모든 학생들은 일정한 의무교육을 받아야 한다는 규정을 만들었다. 1851년 매사추세츠 주는 가장 먼저 무료 의무 교육을 제도화하였다. 주 정부는 공공의 고등교육에 책임을 갖게 되었으며, 정부가 무상으로 토지를 제공한 대학들과, 교사를 양성하기 위한 사범학교를 설립하였다.

기간시설 앞에서 정의한 바와 같이 기간시설은 교통, 통신, 상하수 시스템, 발전소와 같이 커뮤니티가 기능하기 위해 필요로 하는 기본적인 시설, 서비스, 설비 등을 말한다. 기간시설의 필요성은 지방정부 수준에서 가장 두드러지며, 촌락이 타운이 되고 타운이 도시로 성장하면서 더욱 절박해진다. 규모가 작은 농촌 마을에서 좁은 도로는 충분한 교통로로서 기능을 했을 것이며, 상하수 시스템에 대한 필요성은 인근 하천을 통해 충족되었고, 의사소통은 직접 대면을 통해 이루어졌다. 그러나 커뮤니티가 성장하고 기술이 발달하여 그 비용이 증대되면서 기간시설에 대한 수요가 급증하였다. 우리는 이와 같은 예를 휴대전화가 사용되면서 무선 기지국과 지역 코드의 확대가 필요해진 것에서처럼 근래의 역사를 통해 경험하였다.

19세기 동안 가장 시급하게 필요했던 것은 포장 도로, 상수 공급, 하수 제거, 쓰레기 수거 문제였다. 20세기까지 상황은 더욱 복잡해져서 지방정부가 공급해야 하는 기간시설에는 전력공급망, 전화선, 아스팔트로 포장된 도로, 고속도로, 그리고 도시민이 오늘날 당연한 것으로 생각하고 있는 기타 시설들을 포함하게 되었다. 이와 같은 기간시설들 가운데 일부는 민영, 즉 공공규제의 대상이 되지만 민간 기업에 의한 운영을 통해 해결되었고, 일부는 도시 정부가 담당하게 되었다.

기간시설의 공급은 일정하지 않았으며, 이따금 견디기 어려운 상황에 처해서 이루어졌다. 예를 들어 초기 도시들은 일반 대중의 통행권을 우선시하여, '공공도로(streets)'를 만들었다. 그러나 이와 같은 도로들은 동물 사체가 버려져 있고, 건물 지하로 연결된 통로들

에 의해 잠식되었으며, 건조한 날씨에는 먼지로 뒤덮이고, 비가 올 때는 진흙으로 질퍽거리는 통로일 뿐이었다. 오래된 도시들을 제외하고 대부분의 미국 도시들은 지속적으로 **격자형**(grid plan)으로 도로망을 건설하였는데 이는 섹션(section)[1]과 쿼터 섹션(quarter section)으로 구성된다(글상자 11.1). 초기에 도로 보수는 주민들에게 맡겨졌으나 후에 도시 정부가 도로를 포장하고 청소할 책임을 지게 되었다. 일부 도시들은 특별 위원회를 설립하여 도로 개발, 확장, 보수를 담당하였으며, 후에 주 정부가 개입하여 주변 도시들의 도로 패턴과의 조율을 담당하게 되었다. 식민지 시기 필라델피아는 측량사와 감독이 도로망을 만들고 보수하도록 하였다. 1891년까지 펜실베이니아 주 의회는 이와 같은 업무 할당을 주 전체에 똑같이 적용시켰다. 뉴욕 시에서는 1811년 정치위원회의 계획에 의해 맨해튼의 모든 지역을 155개의 동-서 도로와 12개의 남-북 도로로 구분하였다. 이는 50,000명의 사람들이 맨해튼 섬의 남쪽 끝에 집중되었을 당시에 이루어졌다. 주 법원은 이따금 개인의 재산권을 지지하여, 계획된 도로 가운데 건물을 세우도록 허용함으로써 체계적인 도로망 계획을 수정하게끔 만들었다. 그럼에도 불구하고 도로 계획은 도시의 형태를 디자인하고 도시의 야망을 표현하는 수단으로 지속되어 왔다.

상하수 시스템 역시 그 수요가 증가하면서 구축되었다. 인구 규모가 작은 곳에서나 적합한 오수 구덩이의 사용은 도시의 성장을 저해하는 요소가 되었다. 폐기물이 인근 우물이나 하천으로부터 공급되는 물을 오염시켰다. 분뇨 처리는 인구 증가를 따라잡지 못하였다. 쓰레기가 도로에서 진흙, 마분 등과 섞여 방

---

1) 1섹션의 면적은 1mile^2(약 2.59km^2), 1쿼터 섹션의 면적은 1/4mile^2(약 0.6475km^2).

치되었다. 19세기 중반 도시 정부는 빗물을 하수관으로 배수시키는 정교한 하수 시스템을 계획하기 시작하였다. 하수시설은 물, 동물 사체, 분뇨, 기타 폐기물을 제거하기 위해 개방된 하수관을 통해 중력을 이용하여 폐수가 도시 외곽으로 배수되도록 디자인되었다. 일부 도시(최초는 필라델피아)에서 상수시설이 설치되었지만 도시의 수요를 충족시키지 못하였으며, 위생적이지 못하였다. 19세기에 스노우(John Snow)가 런던에서 도시의 주요 문제 중 하나였던 콜레라 발생이 오염된 음용수 때문이라는 조사 결과를 보여주게 되면서 깨끗한 용수에 대한 수요는 더욱 중요해졌다. 20세기 초에 들어와 현대적인 정화 시설의 도입, 저수지의 증설, 가정으로의 직수 공급이 이루어졌다. 20세기 초까지 미국 도시들은 깨끗한 용수 공급에 있어서 유럽보다 앞서 있었다.

시간이 흐르면서 도시들은 다수의 새로운 공공 서비스를 제공하도록 설득되거나 강요되었다(그림 11.1). 공공보건과 복지는 현대 도시 예산의 상당 부분을 차지한다. 도시 정부는 지역 병원에 보조금을 제공하며 약물 남용에 대처해야 하고, 복지에 예산을 써야 하며, 환경오염을 방지해야 하고, 공공주택을 건립·유지해야 한다. 지방정부 공무원들에 따르면 가장 힘든 문제는 주 의회, 연방 정부, 그리고 주 법원 등이 도시 정부에게 충당할 예산도 없이 특정 기능을 수행할 것을 요구하는 것이다. 이 문제를 재정지원 없는 명령(unfunded mandates)이라고 부른다. 노숙자 보호소를 세우거나 모든 공공건물이 장애인들에게 접근 가능한 시설을 갖추도록 요구하는 법률과 같은 것이 그 예이다. 이와 같은 규제들은 공공 목적성을 띠지만 비용이 많이 소요되는데, 보통 지방정부에 그 비용이 전가된다.

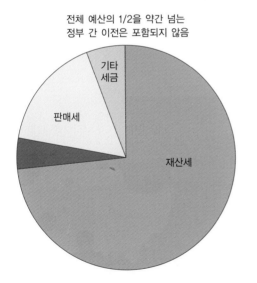

그림 11.1 모든 지방정부 수입에서 1/2이 조금 넘는 부분은 정부 간 이전으로부터 나온다. 나머지의 3/4은 재산세로부터 나오고, 판매세, 소득세, 그리고 기타 세금이 그 나머지를 차지한다.

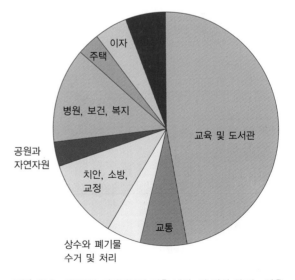

그림 11.2 2002년 지방정부의 지출 내역. 이 파이 차트는 카운티(county), 시(city), 읍(town), 그리고 기타 지방정부가 다양한 공공서비스에 얼마나 지출을 하고 있는지 보여준다. 교육은 모든 지출의 40% 이상을 차지한다. 이외에 어떤 분야도 전체 지출의 6%를 넘지 않는다.

도시의 재정

집합적 소비에 대한 수요가 공공의 역할 확대로 이어졌다. 그러나 미국 도시 거버넌스의 패러독스 가운데 하나는 도시의 필요한 재정과 권한이 도시에 부과된 수요와 요구에 훨씬 못 미친다는 것이다. 미국 헌법은 주에게 엄청난 권한을 부여했지만 도시는 단순히 주의 하부 조직에 불과하다고 여겨진다. 역사적으로 도시가 **재정 수입**(revenue)을 거둬들이는 데 제한이 가해져 왔다. 주 정부는 도시 행정 업무에 관여하고, 도시 헌장을 수정하며, 다른 공공조직(교육구에서와 같이)

을 형성시켰고, 도시가 징수할 수 있는 세금의 양에 제한을 가하였다.

도시 서비스 예산의 상당 부분은 **재산세**(property taxes)로, 개인 부동산의 평가가치에 대체로 **밀 비율**(millage rate, 평가된 부동산 가치 1달러마다 1천 분의 1씩 부과되는 세액)이 적용된 세금이다. 이 세금의 도입은 은폐시킬 수도 없고 역사적으로 부의 지표로 여겨져 왔던 부동산을 기준으로 한 것이다. 오늘날 재산세는 세금 형태로 징수되는 모든 지방 예산의 3/4을 차지하는데 이는 정부 간 예산의 이전을 모두 산정한

글상자 11.1 ▶ 초기 아메리카의 도로망

20세기 중반까지 격자 패턴은 미국 도시에서 우세한 디자인 형태였다. 여러 가지 측면에서 격자 패턴은 미국의 특성에 잘 어울렸다. 경계를 정하여 이를 시각적으로 드러내기 쉬우며, 도시를 끝없이 반복되는 선을 통해 지평선까지 확대시키는 데 이용되었다. 토지는 지형을 거의 고려하지 않은 채 계획되었다. 격자망 도로는 하천, 구릉, 그리고 모든 종류의 지형을 가로질러 놓여졌다. 뉴욕에서 로스앤젤레스까지 평지와 작은 구릉 위에 격

자망 도로가 놓이면서 19세기 도시 확장을 특징짓기 시작했다.

그러나 미국의 여러 도시들은 격자 패턴으로부터 시작되지 않았다. 보스턴과 뉴암스테르담(현 뉴욕)과 같이 초기 도시들은 계획된 디자인 없이 유기적으로 성장하였다. 또한 여러 도시들은 보다 정교한 방식으로 디자인되었다. 필라델피아, 서배너, 뉴헤이븐은 일련의 사각형으로 계획되었는데, 이는 커뮤니티 정신을 디자인에 주입하기 위한 것이었다.

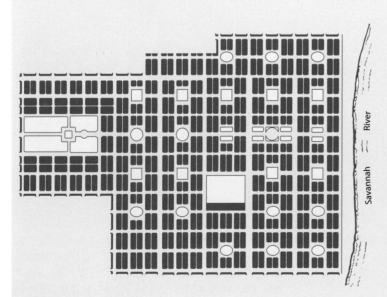

그림 B11.1 조지아 주 서배너
(Savannah)의 식민지 계획도.

후에 나온 수치이다(그림 11.2).

성장하는 도시에서 재정은 수요를 따라가지 못하며, 주 의회, 정치적 반대, 경제적인 고려 등에 의해 밀 비율이 결정되었다. 1978년 가장 심각한 변화가 나타났는데, 캘리포니아 주 유권자들이 **제안 13호**(Proposition 13)를 가결하였는데 이 법안은 재산세를 1975년 수준으로 제한하고 연간 상승률을 2%로 제한하는 것이었다. 매사추세츠 주의 유권자들은 한층 더 나아가 재산세를 평가 비율의 2.5%로 제한하는 **제안 2 1/2 호**(Proposition 2 1/2)를 승인하였다.

재정의 원천인 재산세를 제한함으로써 시 정부는 다른 원천을 찾아야 했다. 그와 같은 또 다른 원천은 **판매세**(sales taxes)로 오랫동안 주 정부의 재정을 조달하는 데 이용되어 왔다. 지방정부들 역시 판매세를 징수해 왔는데 주 정부에 의해 부과된 세금에 일부를 추가하여 징수한다. 판매세는 부유층보다는 빈곤층에 더 큰 어려움을 전가한다는 점에서 **역진적**(regressive)이다. 그럼에도 불구하고 판매세는 안정적인 수입원이며, 도시 내에서 재화를 구입하는 모든 사람에게 적용된다. 또한 호텔, 위락시설, 주류, 기타 물품에 대한

조지아 주의 서배너는 사각형의 워드(ward)로 구성되었다(그림 B11.1). 각각의 워드는 택지로 둘러싸인 2에이커(약 8,093m²)의 오픈스페이스로 이루어졌다. 조밀함을 위해 주민들에게는 '타운 내(in town)'의 토지, 도시 주변부에 5에이커(약 20,234m²)의 정원, 그리고 도시 외곽의 45에이커(약 182,102m²)의 농지가 제공되었다. 그러나 주민들은 각각의 워드 중심부에 거주하였다. 도시가 성장하면서 더 많은 워드가 추가되었으며 1850년까지 이 과정이 지속되었는데 중심부의 형태가 도시 전체에 유지되도록 하였다. 코네티컷 주의 뉴헤이븐 역시 사각형 구획을 중심으로 건설되었다.

필라델피아는 윌리엄 펜(William Penn)의 지휘 아래 보다 규모가 크게 계획되었다. 처음에는 사분면으로 구획되었으며, 각각의 사분면의 교차지점에 큰 공공용지를 두었다. 도시의 주요 도로망은 역시 격자 패턴을 포함하였다. 그러나 이 경우에 도로 사이의 거리는 다소 거추장스럽게 400피트(약 120m)로 설정되었다. 이와 같은 **슈퍼블록**(superblock)은 곧 내부에 더 많은 개발을 위해 세분되었다(그림 B11.2). 그 과정에서 윌리엄 펜의 원래 계획에 나타난 넓은 공간성이 사라졌다.

A : 도시 광장
B : 공원

그림 B11.2 필라델피아의 계획도.

특별 판매세가 추가로 징수된다. **호텔세**(hotel taxes)는 징수 대상자가 지역 외 사람들이거나 유권자가 아닌 사람들이기 때문에 선호된다.

도시 소득세(city income taxes)는 1940년대 이전에는 드물었지만 오늘날에는 중요한 재정의 원천이 되고 있다. 소득세는 개인 소득에 대한 일정 비율로 매겨진다. 예를 들어 오하이오 주에서 모든 시 정부는 소득에 대해 1%에서 2% 이상의 일정 비율을 매긴다. 이와 같은 세금은 도시민과 해당 도시에서 일자리를 갖고 있는 모든 사람들에게 징수된다. 많은 주들은 지역 소득세를 허용하지 않지만 이 세금은 3,500개 이상의 도시와 타운에 주요한 재정 수입원이 되었다. 이와 같이 도시에서 지방세는 모든 예산의 1/2을 차지한다.

세금이 도시 재정에 기여하지만 도시 정부의 재정과 운영에 충분하지 않다. 그러므로 또 다른 방식으로 돈이 징수되어야만 한다. 도시들은 오랫동안 중앙 정부 및 주 정부로부터의 교부금이나 휘발유세와 같은 세금의 공유에 의존해 왔다. 이와 같은 재정 이전은 **정부 간 수입**(intergovernmental revenues)의 주요 항목이 된다. 2002년 이와 같은 정부 간 재정 이전은 모든 지방 예산의 40%를 차지하였다. 문제는 정부 간 보조금의 지급이 주 정부 및 연방 정부로부터 재정적 이유, 또는 정치적 이유 때문에 삭감되었다는 점이다. 1980년대 초 레이건 행정부는 동북부의 대도시들에 대해 연방 보조금을 2/3 정도까지 삭감하였다.

도시 정부가 재정 수입을 거둬들이는 또 다른 방식, 특히 주요한 개발 프로젝트를 위해 징세를 하는 방식은 채권 발행을 통해서이다. **지방채**(municipal bonds)는 19세기에 증가하는 인구에 대해 필요한 기간시설을 제공하고, 전차 노선, 항만 확대, 하수관의 통합과 같은 대규모 프로젝트에 소요되는 예산을 확

보하며, 최고가 되기 위해 애쓰는 다른 도시 및 타운들과 경쟁하기 위해 시작되었다. 예를 들어 2002년 지방정부는 새로운 장기채로 1,970억 달러를 발행하였으며, 그로 인해 장기 부채 총액은 1조 1억 달러에 이른다. 이와 같은 채권은 컨벤션 센터, 스포츠 시설, 박물관, 그리고 도시 정부가 장기적인 경제 개발에 좋을 것이라고 여기는 모든 것을 위해 사용된다. 투자자들은 이와 같은 지방채에 매력을 느끼는데, 그 이유는 **세금 면제**(tax exempt), 즉 투자자들이 연방세, 주 정부세, 지방세를 납부할 필요가 없기 때문이다. 채권 발행과 관련된 한 가지 위험요소는 거의 발생하지는 않지만 도시나 투자자 모두에게 채무 불이행을 선언할 위험이 있다는 것이다.

이상적인 것은 지방정부의 재정 수입이 충분하여 지출액을 모두 충당하는 것이다. 현실에서는 많은 도시들이 재정적인 어려움에 부딪힌다. 지방정부는 연방 정부와 같은 방식으로 재정 적자를 운용할 수 없으며, 예산이 부족할 때 공공서비스를 축소할 수밖에 없다. 불행하게도 이와 같은 일은 공공서비스에 대한 수요가 크고, 빈곤층의 비중이 크며, 심각한 공공보건 문제를 겪고 있을 뿐만 아니라 기간시설의 노후화가 진행된 도시들에서 자주 발생한다. 이 문제들은 이 장 후반부에서 다룬다.

누가 도시를 통치하는가

식민지 시기와 독립 후 초기의 도시 거버넌스는 유럽 모델과 유사하게 비민주적이었다. 보편적인 참정권이 없었다. 단지 돈을 내고 자격을 얻은 **자유민**(freeman)만이 정부 업무에 관여하는 것이 허용되었다. 6명 이상의 위원회가 만들어졌으며, 정부 관리와 유권자들이 자산을 소유하였다. 도시 정부는 가장 부

유한 사람들, 즉 사업적 성향이 강한 상인들에 의해 지배되었는데, 상업적 이익을 위해 상공회의소와 같은 기능을 수행하였다. 이와 병행하여 포퓰리즘의 역습도 시작되었다. 로크리지(Kenneth Lockridge)는 그의 저서 *A New England Town*(1970)에서 매사추세츠 주 데덤(Dedham)의 정부가 도시행정위원이 아닌 중재자에 의해 운영된 타운 미팅을 통해 그들의 계획을 승인함으로써 도시행정위원의 권위를 낮추는지에 대해 서술하였다. 모든 스케일에서 거버넌스에 민주주의 요소를 투입하고자 한 것은 토크빌(de Tocqueville)이 그의 저서 *Democracy in America*에서 도출했던 것이다. 이와 같은 이데올로기적인 활동은 미국 도시에 직접적인 압력을 가하였다.

그러나 부가 항상 도시 정치에 주요한 이점을 가져왔음에도 불구하고 19세기와 20세기에 걸쳐 민족 정치, 이익 집단 정치, 조직 정치는 새로운 관점들을 부각시켰다. 19세기 초 참정권은 모든 백인 남성에게 확대되었다. 남북전쟁 후 흑인들에게 참정권이 부여되었으나 실제로는 거의 1세기 후에서야 모든 지역에서 효력이 발생하였다. 여성의 참정권은 1920년 헌법 수정 제19조가 비준될 때까지 훨씬 더 지연되었다. 변화하는 상황을 반영하도록 오래된 도시들의 헌장이 수정되면서 도시 정부는 개방되었다.

도시 거버넌스의 단계

미국의 도시 거버넌스는 몇 가지 단계를 통해 변화하였다. 여기에서는 4개의 주요 단계, 즉 엘리트층의 지배, 조직 정치, 개혁 정치, 전문 정치의 단계에 초점을 둔다.

엘리트의 지배 첫 번째 단계에서 도시는 엘리트층, 즉 귀족에 의해 운영되었으나 후에 상업적 성공을 거둔 사람들에 의해 지배되었다. 이와 같은 **엘리트의 지배**(elite dominance)는 식민지 시기부터 19세기 중반까지 대부분의 북동부와 중서부 도시들에서, 그리고 20세기에는 남부 도시에서 지속되었다. 이와 같은 거버넌스의 필수적인 측면은 정부가 투표권이 없던 빈곤층이나 이민자들의 요구를 수용하는 데 거의 관심을 두지 않았던 상류층에 의해 운영되었다는 것이다.

조직 정치 19세기 중반 북동부와 중서부 지역에서는 정치적 조직이 성장하였다. 도시 거버넌스의 두 번째 단계, 즉 **조직 정치**(machine politics)는 선호되는 후보자에게 표를 던지는 강력한 정당 조직으로 구성되었다. 정당은 지지에 대한 대가로 현금, 일자리, 때로는 보석(bail) 등과 같은 혜택을 조금씩 분배하였다. 올바로 투표하지 않는 사람들은 도시가 제공하는 것이 무엇이든지 간에 배제되었다.

정치 조직은 특히 세 가지 중요한 특징을 가지고 있었다. 첫째, 조직은 **계층적**(hierarchical)이었는데, 명백한 리더십과 조직을 갖추었다. 각각의 도시들은 막후에서 영향력을 행사하며 공식적인 직책을 갖고 있지 않은 정당의 보스를 가지고 있었다. 그와 같은 예로 뉴욕 시의 태머니파(Tammany, 뉴욕 시의 태머니 홀을 중심으로 활동한 민주당 단체)의 수장이었던 윌리엄 마시 트위드(William Marcy Tweed)는 토마스 내스트(Thomas Nast)와 같은 만화가들의 풍자 대상이었다. 그러나 공업화된 북부 도시에는 다른 성격의 보스가 활동하였다. 최근에는 시카고의 시장 리처드 달리(Richard Daley)가 조직의 보스처럼 활동하였다.

둘째, 정치 조직은 **포퓰리즘**(populism) 성향을 가지고 있어서 저소득층을 주요 호소 대상으로 삼았다. 새롭게 참정권을 부여받은 민족 집단과 빈곤층으로부터 표를 얻는 것이 도시 엘리트층에게서 지지를 얻는 것보다 훨씬 손쉬웠다. 정치 조직은 표를 얻는 대신에 빈곤층에게 많은 혜택을 주었다. 예를 들어 반 가톨릭주의가 만연했던 시기에 정치 조직들은 가톨릭교회에 자금을 지원하였다. 이민자들은 특히 일자리와 주택을 구하고 시민권을 얻는 데 도움을 얻은 것에 대해 감사해했다. 물론 정치 조직에 강력하게 반대한 사람들은 미국이 이민자들 없이 더 잘 번영할 수 있으리라고 생각하는 **이민 배척주의자들**(nativists)이었다.

마지막으로 정치 조직은 **구역**(territory)을 가지고 있었다. 도시는 워드(wards), 선거구(precinct), 블록(block)으로 세분되었으며, 정치 조직은 각 단위에 인력을 배치하였다. 각 단위 구역의 캡틴이라고 불렸던, 정당을 위해 일을 했던 사람들은 주민들의 민원을 들어주었으며, 선거일에는 모든 사람들이 투표를 하도록 독려하였다. 오스트레일리아식 투표, 즉 비밀 투표 방식이 도입되기 전까지 정당을 선택하는 투표는 훨씬 확인하기 쉬웠다.

조직 정치는 오랫동안 지속되었는데, 이는 이민자 집단이 성장하고 권력을 점유하기 시작하면서 미국 도시를 중심으로 나타난 민족 정치의 도입과 연관되었다. 특히 아일랜드인, 그리고 이탈리아인, 유대인, 일부 슬라브인이 자신들을 위해 도시를 운영하기 시작하였다.

개혁 정치　오늘날에도 일부 정치 조직들이 그 세력이 약해졌지만 여전히 존재한다고 알려져 있다. 은밀하고 비민주적이며, 부패한 조직 정치에 대한 대응으로 **개혁 정치**(reform politics)가 시작되었다. 개혁 운동의 핵심은 도시가 대중의 이익을 위해 과학적인 운영 기술을 적용할 수 있는, 경험이 풍부한 행정가들에 의해 운영되어야 한다는 것이다. 결탁 정치는 도시 전반에 좋지 않았으므로 일소시킬 필요가 있었다. 수많은 개혁안들이 미국 전체 도시들에서 제안되었다. 이들 가운데에는 전체 주를 대표하는 선거, 초당파적 선거, 시의회-행정관 제도 등이 포함되어 있었다.

- 시 전체의 선거: 전통적인 조직 정치는 도시를 선거구(ward)로 구분하였는데, 각 선거구는 대표자, 즉 시의원, 평의원, 도시 행정위원 등을 선출하였다. 이와 대조적으로 개혁가들은 모든 시의원에 대한 도시 전체(city-wide)의 선거가 도시의 이익을 더 잘 반영하며, 그들이 어디에 거주하건 간에 가장 훌륭한 대표자를 뽑을 것이라고 생각하였다. 오늘날 대부분의 도시들은 적어도 그들의 대표 일부는 시 전체를 대표하도록 선출한다. 문제는 그러한 시스템이 지리적으로 집중된 그룹의 영향력을 희석시킨다는 것이다. 일례로 흑인들은 이와 같은 시스템 하에서는 훨씬 적게 선출될 가능성이 크다.

- 초당파적 선거: 비록 조직들은 개별적으로 이념적인 성향을 띠고 있었으나 정당에 근거를 두고 있었고, 투표자들은 후보자들이 아니라 정당을 위해 표를 던졌다. 이와 같은 관행을 없애기 위하여 일부 개혁주의자들은 정당 소속을 지워 후보자들이 특정 이슈에 대해서 의견을 내고 투표자들은 후보자들을 평가하여 판단을 하도록 하였다. 오늘날 도시에서 이루어지는 선거의 약 3/4이 정당과 관계없이 이루어지는 초당파적 선거이다. 이와 같은 선거의 문제점은 후보자들이 집중 광고와 인지도에 의존하기 때문에 실제 이슈에 대해서는 관심을 덜 가지게 되는 것이다. 정당의 이름이 일부 실마리를 제공해 줄 수 있기 때문에 후보자들이 이슈에 대해 가지는 입장은 불균형적인 역할을 할 수도 있다.

- 시의회-행정관 제도: 지방정부의 형태는 몇 가지로 구분된다(그림 11.3). 강력한 시장 중심의 시스

템(strong mayor system)은 모든 통제가 도시 행정가 대신 시장에 의해 이루어진다. 시장의 권한이 약한 시스템(weak mayor system)은 더 많은 통제권을 시의회에 둔다. 종종 카운티에서 행해지는 위원 중심 시스템(commissioner system)은 독립적인 행정 사무관을 두는데 이들은 선거를 통해 선발된다. 의회-행정관 정부 유형(council-manager form of government)은 정치 개혁의 한 형태로 만들어졌다. 이 시스템은 도시 행정관(urban manager), 즉 도시의 공공서비스를 지휘하고 선거를 통해 구성된 시의회에서 통과시킨 행정법을 운영하도록 전문가를 둔다. 다수의 도시들이 이와 같은 형태의 정부로 변화해 왔으며 현재에도 이와 같은 시스템을 그대로 유지하고 있다. 이 시스템에서 행정전문가는 이념의 대립과 정실 정치를 하지 않을 것으로 기대된다. 불리한 점은 도시 행정관이 그 자체로 권력을 가진 강력한 인물이 되지만 직접적으로 유권자들에게 평가를 받지 않는다는 것이다. 보통 시간제로 활동하는 시의회 의원들은 설득력 있는 도시 관리자들의 의견에 반대하기가 어렵다.

이와 같은 개혁에 대한 문제는 개혁 조치가 권력을 시민들로부터 엘리트층에게로 전이시켰다는 것이다. 본질적으로 엘리트 지배의 시대를 특징지었던 거버넌스 형태가 지속된 것으로 여겨질 수 있다. 명백히 부패했지만 조직 정치는 시의 자원을 빈곤층에게 분배했다. 근린지역별 투표는 근린지역 주민들의 이익을 반영한 후보자들이 나오도록 하였으며, 후보자들이 그와 같은 혜택을 지속시키기 위해 앞장서도록 만들었다. 전체 주를 대표하는 선거로부터 혜택을 본 사람들은 자신들의 이익을 도시의 이익과 동일시할 만큼 권력을 가진 시민들이었다. 그러므로 전문적인 행정가들은 근린지역의 일부를 철거하고 그곳을 관통하는 새로운 고속도로를 내는 것이 유리하다고 생각할 수 있으나 이는 모든 근린지역이 영향력을 가지고 있을 경우에는 성취하기 어렵다.

전문 정치　현대의 도시 정치는 적어도 대도시에서 **전문 정치**(professional politics)의 부상과 일치한다. 점점 더 정치는 집집마다 문을 두드리며 방문하는 '소매업' 스타일에서 방송 미디어를 통해 광고를 내보내는 '도매업' 스타일로 변하였다. 후보자들은 텔레비전 카메라에 잘 나와야 하고, 언변이 좋아야 하며, 막대한 양의 현금을 기부금으로 거둘 수 있어야 한다. 현대 도시들은 또한 거대한 문제들에 직면해 있다. 미국은 교외를 중심으로 하며, 대도시들은 면적과 인구에 있어서 도시를 능가하는 대도시권(metropolitan area)에서 중심지일 뿐이다. 대도시가 직면하고 있는 문제들은 과거의 문제보다 더 심각하지 않지만 도시 정부는 더 많은 사업체와 인구를 교외에 빼앗기지 않도록 도시 문제를 해결할 의무를 갖고 있다. 더구나 도시는 연방 정부 및 주 정부 수준에서의 정치적 기류와 더 많이 연관되어 있어서 도시 정치가들은 연방 정부로부터 어떻게 재정적 지원을 받아내야 하는지 잘 알고 있어야만 한다.

도시의 권력

도시 정치를 연구하는 사람들은 오랫동안 도시 권력의 근거, 특히 현대 도시에서 그 근거에 대해 논쟁을 전개해 왔다. 비즈니스 엘리트층이나 정치 조직으로부터의 노골적인 권력의 표출에서, 보다 섬세한 정치로 변화가 이루어져 왔다. 그러나 이는 특정 집단의 이익을 위한 것이 아니라는 의미가 아니다. 우리는 가구(households), 사업체, 지방정부로 구성된 도시 질

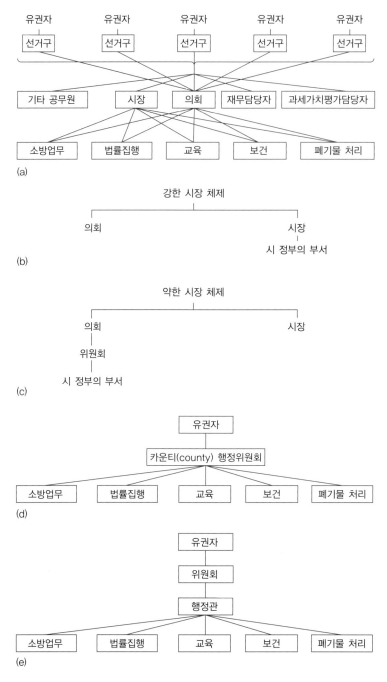

그림 11.3 지방정부의 유형. 미국은 기본적으로 다섯 가지 지방정부 유형을 갖고 있다. (a) 시장–의회형(mayor-council form)은 최고 행정 관리가 직접 선거를 통해 선출된다. (b) 강력한 시장 체제(strong mayor system)에서는 시장이 시 정부 직속 부처의 장을 임명한다. (c) 약한 시장 체제(weak mayor system)에서는 의회가 정부의 부서를 관할한다. (d) 위원회형(commission form)은 선거로 선출된 3명의 위원들로 구성된 위원회가 부서의 장을 임명한다. (e) 의회–행정관형(council-manager form)은 의회에 보고는 하지만 도시의 일상적인 업무를 수행하는 도시 행정관을 고용하는 것이다.

출처: Short, 1996. Reprinted with permission of JohnWiley & Sons, Inc.

서를 살펴볼 수 있다. 도시 질서라는 용어는 지리학자 쇼트(John Short)가 1996년에 사용한 용어이다. **가구**(households)는 도시 지도자를 선출하는 유권자이며 도시 서비스를 이용하는 주민으로서 절대적인 권력을 갖는다. 기본적으로 이들은 최소의 세금과 비용으로 최대의 서비스를 원한다. **사업체**(businesses)는 도시의 경제적 기반에 필수적이며, 일자리를 제공하고 도시에서 소요되는 비용의 많은 부분을 지불한다. 사업체는 또한 부담스러운 규제로 여겨지는 것과 때때로 '성장에 반대하고' '기업에 적대적인' 태도로 간주되는 것에서 벗어나고자 한다. 그러나 동시에 사업체의 이익은 포장도로의 확대, 질 높은 학교, 보다 나은 소방 및 치안 서비스와 사업체의 운영에 유익하다고 여겨지는 기타 서비스 형태로 정부로부터의 도움을 필요로 한다. **지방정부**(local state)는 그 자체로 역할을 수행하는데 도시 내에 서로 충돌하는 이익 집단 간에 중재자로서, 그리고 그 자체의 권력에 제한이 있는 정부 조직의 일부로서 전체 도시를 위해 운영된다.

현대 도시의 권력의 근원에 관해서는 세 가지 이론이 제시되어 왔는데, 그 세 가지는 엘리트주의 이론, 다원주의 이론, 레짐 이론이다. **엘리트주의 이론**(elitist theory)은 도시의 정치적 결정이 상대적으로 소수의 선택된 개인에 의해 이루어진다고 주장한다. 권력은 다른 부문, 즉 대학이나 규모가 큰 비영리 단체로 대표될 수 있지만 보통 사업체를 운영하는 소수의 사람들에게 집중되어 있다. 이와 같은 엘리트들은 유권자들에게 영향을 줄 수 없지만 그들은 어떤 종류의 이슈를 먼저 논의해야 하는지에 대한 틀을 결정하는 데 영향을 줄 수 있다. 이들은 또한 도시 관리들이 선호하는 거래를 행할 수 있다. 헌터(Floyd Hunter)가 1953년부터 1980년까지 수행한 애틀랜타 시에 대한 연구는 40명의 개인이 도시에서 일어나는 일들을 통제하고 있음을 보여주었다. 이와 같은 영향력 있는 지도자들 가운데 다수가 사업체 운영자로서 이는 지방정부가 강력한 개인과 특정 사업체의 하수인 역할을 하고 있다는 결론을 이끌어 내게 하였다.

다원주의 이론(pluralist theory)은 이와 같은 권력 집중에 대해 반론을 제기한다. 이 이론은 권력이 서로 다른 집단에 배분되어 있다고 주장한다. 물론 여러 집단들이 영향력을 가지지만 내부적으로 분할되어 있다. 여러 이익 집단, 즉 민족 집단, 노동조합, 종교단체, 근린지구의 주민 집단, 특수 이익 집단이 권력을 공유하고 최종적인 결정에 힘을 실어줄 수 있다. 달(Robert Dahl)의 1961년 코네티컷 주 뉴헤이븐에 대한 연구는 서로 다른 집단이 서로 다른 이슈에 영향을 주며 시장과 재개발 사업의 감독만이 하나의 권역 이상에서 권력을 발휘할 수 있다는 것을 보여주었다. 지방정부는 이익 집단들이 서로 상충하는 영역으로서 모든 이익 집단이 이 영역에 참여할 수 있다.

세 번째 이론은 대부분의 의사결정의 중심에 있는 개인과, 공인으로 구성된 상대적으로 비공식적이지만 안정적인 그룹으로 나누는 것을 의미하는, 레짐이라는 개념을 중심으로 하고 있다. **레짐 이론**(regime theory)은 각각의 도시가 일반적으로 중요한 목표를 달성하기 위한 역량을 가지고 있는, 하나의 레짐이라고 주장한다. 비록 사업체의 이익이 레짐의 사적인 측면을 지배하지만 대중의 참여 역시 특정한 역할을 수행한다. 이는 다음과 같은 두 가지 이유로 엘리트주의 이론에 의해 제시된 지배적인 권력과는 다르다. 첫째, 이 집단은 발생하는 모든 일을 좌우할 수 없으며, 광범위한 정치적 환경 속에서 작용한다. 둘째, 도시에 따라서 레짐은 소수자 집단, 근린지구, 노동조합을 포함하여 서로 다른 이질적인 이익 집단들로 구성되어 있다. 그러나 레짐 이론은 다원주의 이론과는 다른데,

레짐 이론에서 권력은 분산되어 있다. 다른 행위자들이 때때로 지배하며 의사결정에 참여하지만 도시의 정치적 권력은 지배적인 레짐 속에 집중되어 있다. 그러나 레짐의 본질은 주요한 목적이 무엇이냐에 달려 있기 때문에 상이할 수 있다.

레짐은 현상을 유지하고, 더 많은 사업체와 산업을 유인하며, 보다 공정한 사회를 형성하는 것과 같은 특정한 목적을 위해 작용한다. 정치학자 스토커와 모스버거(Gerry Stoker and Karen Mossberger, 1994)는 **유기적 레짐**(organic regime)에 대해, 상황을 있는 그대로 유지하도록 하는 것이라고 제시하였다. 이는 현재에 만족하고 있는 보다 동질적이며 규모가 작은 커뮤니티 내에서 가능하다. **도구적 레짐**(instrumental regime)은 특별히 거대한 프로젝트나 일련의 프로젝트를 수행하기 위해 연합한 것이다. 예를 들어 1980년대에 수많은 대도시들이 대규모 도시 프로젝트를 계획하고 민간 자본을 끌어들여 다운타운을 재개발하려고 하였다. 도구적 레짐은 이와 같은 개발이 그들 자신에게 혜택을 준다고 생각하는 사람들과 그러한 개발이 일반 대중의 이익을 증대시킨다고 간주하는 사람들로 구성되었다. 이 레짐은 **성장을 위한 연대**(growth coalition)라고 이름 붙여졌다. 일부 도시들과 타운들은 **상징적 레짐**(symbolic regime), 즉 도시의 이미지를 바꾸려고 하는 연대에 의해 유도되었다. 이와 같은 변화는 더 많은 도시 재생과 성장을 위한 것이었다. 이와 관련하여 도시를 경쟁자들 가운데 보다 유리하게 위치시키기 위해 도시 '브랜드'를 형성하기 위한 시도가 이루어지고 있다. 때때로 그 목표는 환경적이며, 보전적인 가치를 위한 것일 수 있다. 그러한 레짐은 과도한 성장의 효과를 완화시키길 원하는 다수의 타운과 교외에서 나타났다. 장기간에 걸쳐 수많은 비즈니스 이익 집단의 반대에 부딪혔는데, 이는 성장에 대한 부정적 태도가 사업체와 과세의 근간을 교외로 몰아낼 수 있다는 인식에서 나온 것이다. 유럽 도시들에서는 진보적인 상징적 레짐이 더 우세할 수 있다.

현대 대도시의 파편화

도시지리학자들은 도시 또는 대도시의 파편화(fragmentation) 문제에 특별한 관심을 가진다. 도시가 성장하면서 복잡성이 증가하였고, 도시 지역은 시 경계를 넘어 더 많은 교외지역을 포함하여 확대되어 왔다. 오늘날 중심도시와 중심도시를 둘러싸고 있는 교외지역은 동일한 역사, 공통의 경제기반, 대도시권으로의 획정과 같은 요소에 의해, 같은 도시권의 일부라는 인식으로 느슨하게 서로 연결되어 있다. 한때 시카고 시로 묘사되었지만 현재는 대부분의 사람들이 '시카고랜드(Chicagoland)'라고 불릴 수 있는 곳, 즉 타운, 소도시, 카운티, 기타 도시 행정구 등을 비롯하여 시카고 시 영역 안에 포함되는 곳이면 어디든지 거주하고자 한다. 미국에서 우리는 그러한 지역을 **대도시권**(metropolitan area)이라고 부르고, 영역 경계를 정한다. 5장에서 논의된 교외화의 일반적인 프로세스는 전 세계 모든 도시들에서도 일반적으로 나타나지만 그 어떤 국가보다도 미국에서 더 발달하였다.

도시는 일정 정도의 파편화 경향이 있다. 이 책의 대부분은 어떻게 도시가 경제적 기능, 투자, 주택의 질, 사회적 집단, 민족성 등에 근거하여 파편화되고 있는지를 다룬다. 교외화와 복잡한 대도시의 성장은 이와 같은 현존하는 파편화 위에 정치적 파편화를 덧씌웠다. 대도시권의 도시 지역은 특정 이익 집단은 공유하지만 다른 측면에서는 차이가 있는 서로 상이한 지방정부를 포함할 수 있다. 정치적 분리는 재정적인 문제를 유발하는데 그 이유는 각각의 지방정부가 도시 서비스를 제공하고 재정 수입을 가져올 권한을 갖고 있기 때문이다. 요구되는 공공서비스의 유형과 세입의 양은 크게 차이가 난다.

대도시의 파편화를 다룬, 최근에 발간된 가장 좋은 책들은 도시 정치가들이 저술한 것들이다. 그와 같은 저술가 가운데 1명인 오필드(Myron Orfield)는 미네소타 주 의회에서 미니애폴리스 선거구를 대표했다. 그의 저서 *Metropolitics*(1997)에서 오필드는 파편화된 커뮤니티가 "지역의 사회적·경제적 요구를 거부할 수 없는 중심도시와 취약한 재정 기반을 가진 대도시권 내부에 위치한 교외지역에 집중되어 있다."라고 주장하였다(p. 74). 또 다른 대도시의 파편화를 가까이서 관찰한 사람으로서 뉴멕시코 주 앨버커키의 전 시장이었던 러스크(David Rusk)를 들 수 있다. 러스크는 1993년(2003) 저서 *Cities without Suburbs*에서 경쟁하는 교외지역들 사이에 끼어서 더 이상 확장할 수 없는, '탄력적이지 못한' 도시들을 묘사하였다. 그는 이같은 상황 속에서 "지방정부의 파편화는 인종적·경제적 격리를 가속화시킨다. 사법권에 대한 경쟁은 전 지역이 경제적으로 도전적인 문제에 대면할 수 있는 능력을 저해한다."고 기술하였다(p. 47). 이 두 정치인은 그 해결책이 모든 것에 앞서는 단일한 지방정부를 형성시키는 것임을 제시하였다. 오필드는 이중적인 대도시 정부를 선호하였지만 러스크는 탄력성, 즉 도시가 주변 토지를 합병하고 교외지역을 도시 사법권 내에 포함시킬 수 있는 능력의 가치를 강조하였다. 이 장 후반부에서 이 문제와 그 해결책에 대해 좀 더 자세히 살펴본다.

파편화의 증가

대도시 파편화가 증가해 왔다는 것은 논란의 여지가 없다. 이와 같은 프로세스는 현존하는 도시들의 일부 지역들을 분할시킨 결과가 아니다. 오히려 파편화는 세 가지 요소, 즉 (1) 대도시권의 물리적 팽창, (2) 통합된 교외 도시 수의 증가, (3) 서비스 조달권의 성장과 다양화에 의해 나타난 것이다. 2012년을 기준으로 미국 전체에 89,004개의 정부가 존재한다. 이 가운데 3,031개는 카운티 정부이다(표 11.1).

정치적 파편화의 프로세스를 살펴보면 몇 가지 경향이 분명해진다. 첫째, 교육구의 수는 거의 90% 가까이 감소하였다. 1940년대~1960년대에는 대규모 지역 교육구의 설립이, 특히 농촌과 준교외(exurban) 지역에서 이루어졌다. 이는 규모가 큰 새로운 고등학교와 초등학교를 설립함으로써 규모의 경제를 증가시키기 위한 것이었다. 이와 관련하여 오히려 파편화를 피해 통합을 추구하는 경향이 나타났다. 둘째, 자치도시(incorporated municipality)의 수가 타운십(township)을 감소시키면서 증가하였다. 주마다 법률이 상이하지만 대부분의 지역에서 중심도시가 상호 동의 없이 자치도시를 합병하는 것은 불가능하다. 자치도시의 증가는 19세기 말에 시작되었다. 시카고를 포함하는 쿡 카운티(Cook County)는 1890년 55개의 자치도시가 있었으나 1920년 109개로 증가하였으며 이와 같은 경향은 더욱 증대되었다. 1930년 모든 주 의회는 "중심도시로 모든 교외지역 사람들이 합병될지의 여부를 결정하는 권한을 이미 도시를 떠난 사람들의 손에 맡겼다"(Judd and Swanstrom, 1994, p. 218). 그로 인해 일부 자치 지역들이 세금 도피처가 되는 지경에 이르렀다. 예를 들면 로스앤젤레스 카운티에는 1950년대에 공공주거서비스 비용의 지불을 회피하고자 하는 산업종사자들에 의해 'City of Industry'라는 도시가 설립되었다.

1992년까지 하나의 대도시권에 포함된 지방정부의 수는 90개까지 증가하였다. 이와 같은 성장은 비록 전

표 11.1 미국 내 정부의 유형과 수

정부 유형	2012년	2002년	1992년	1982년	1972년	1962년	1952년
전체	89,004	87,900	86,743	81,831	78,269	91,236	116,805
연방 정부	1	1	1	1	1	1	1
주 정부	50	50	50	50	50	50	48
지방정부	88,953	87,849	86,692	81,780	78,218	91,185	116,756
일반 목적:							
카운티	3,031	3,034	3,043	3,041	3,044	3,043	3,052
카운티소속	35,886	35,937	35,962	35,810	35,508	35,141	34,009
시	19,522	19,431	19,296	19,076	18,517	17,997	16,807
타운십	16,364	16,506	16,666	16,734	16,991	17,144	17,202
특수 목적:							
교육구	12,884	13,522	14,556	14,851	15,781	34,678	67,355
특별구	37,203	35,356	33,131	28,078	23,885	18,323	12,340

출처: http://www.census.gov/govs/www/cog2002.html and http://www.census.gov/govs/go/

국적인 수준에서는 적정하지만 특정 대도시권에서는 매우 높고 다양하다. 일례로 1980년대 시카고 대도시권은 1,250개의 지방정부를 포함하였다. 1990년 센서스에 의하면 디트로이트 대도시권에는 338개의 교외지역 정부가 포함되어 있었다. 2000년 디트로이트 시 정부는 전체 디트로이트 대도시권 인구의 1/4을 포함하였다.

셋째, 특별구(special districts)의 증가가 가장 컸는데, 특별구는 1942년부터 2002년까지 4배 증가하였다. 여기에는 공원 특별구, 소방 특별구, 주택 특별구, 하수 특별구가 포함된다. 특별구의 경계는 시나 타운십의 경계와 일치할 필요가 없다. 예를 들어 시카고 내의 지방정부들 가운데 거의 1/2이 실제로는 타운십, 시 정부, 교육구 이상의 특별구이다.

그러나 대도시의 복잡성을 높이는 데 가장 크게 기여한 요인은 대도시권의 팽창이다. 교외로의 팽창 압력은 강했다. 19세기에 도시 인구가 증가하면서 주민들은 더욱 외곽으로 이주해 나갔다. 이는 대도시의 물리적 경계 확장을 가져왔다. 그로 인해 보스턴은 록스베리(Roxbury), 돌체스터(Dorchester), 브라이턴(Brighton)을, 뉴욕은 브루클린(Brooklyn), 스태튼 아일랜드(Staten Island)를, 클리블랜드는 오하이오 시티(Ohio City), 글렌빌(Glenville), 이스트 클리블랜드(East Cleveland), 웨스트 클리블랜드(West Cleveland)를 합병하였다. 비록 많은 도시에서 합병이 지속되었지만 대도시권의 팽창은 중심도시의 거버넌스를 앞질렀다. 20세기 초반부터 시작하여 각각의 세대에 따른 일련의 교외지역 동심원이 형성되었는데 그 결과 오늘날의 대도시는 남북전쟁 전 시기, 남북전쟁 후 시기, 1960년대, 1970년대, 1980년대, 1990년대, 2000년대에 형성된 각각의 교외 자치 정부들 한가운데에 중심도시가 위치한, 바람개비와 유사하다고 할 수 있다.

대도시권 내에서 정치적 파편화는 상당한 경제적 통합 하에서 발생한다. 도시와 교외지역 정부는 단일 대도시 경제 내에 존재한다. 일반적으로 이들의 운명은 서로 밀접하게 연관되어 있다. 최근에 발간된 책에서 주장된 바와 같이 "도시와 교외지역 정부의 사법권은 지역 경제권 내에서 단지 일부분만을 구성하고 있다"(Barnes and Ledebur, 1998, p. 40). 그러나 시간이 지나면서 도시와 교외지역 소득 간의 관계는 극적으로 변하였다. 1960년 도시는 교외지역보다 약간 더 부유하였다. 1990년까지 평균 도시 소득은 교외지역 소득의 84% 수준에 머물렀다(Barnes and Ledebur, 1998). 새로운 자료에 따르면 도시와 교외지역의 소득 불균등은 도시에서 보행성, 다운타운의 위락 및 편의시설, 새로운 주택 건설 등이 증가하면서 감소하였다. 도시 소득이 상대적으로 상승한 것은 대도시권 전체에 유익한 것일 수 있다. 2000년 센서스 자료를 분석해 본 결과, 교외지역과 도시 간의 소득 불균등이 적은 대도시권의 경우가 교외지역의 소득이 전체 대도시권보다 더 높은 경우에서 보다 훨씬 더 안정된 고용의 성장을 보이는 경향이 있음을 나타냈다.

대도시의 파편화에 대한 긍정적인 견해

앞서 언급했던 오필드와 러스크는 과도한 대도시의 파편화에 반대하는 의견을 제시하였다. 사실 그러한 견해는 사회과학자들뿐만 아니라 정치가들도 분명하게 드러냈다. 전문가들이 상당한 양의 정보를 수집해 왔기 때문에 우리는 과도한 파편화에 대한 반대 의견을 살펴볼 것이다. 그러나 미국에서 주로 나타나지만 다른 나라에서도 나타나는 대도시의 파편화가 긍정적인 의미를 갖는다고 믿는 사람들을 간과해서는 안 된다.

파편화된 정부를 지지하는 관점은 **다중심주의** (polycentrism)라고 부를 수 있다. 무엇보다 중요한 것은 거대한 대도시 수준의 정부의 경우 지역 주민들의 이익에서 멀어져 주민들의 이익을 위해 제대로 대응하지 못한다는 생각이다. 도시 규모가 작다면 시민들이 시청과의 싸움에서 이길 가능성이 더 크다. 게다가 거대한 도시 관료주의를 다루어야 하는 경우에는 그 규모와 복잡성이 두려울 정도이다. 시의회 위원들은

수십만 명의 선거구 주민들을 책임져야 하며 공공서비스는 계층적 기관들에 의해 제공된다. 또한 시민들은 민원을 제기하기 위해서 의견을 전달해야 하는 공무원을 찾는 데 어려움을 느낄 수 있다.

이와 관련된 또 다른 문제는 다수의 교외지역 자치 정부가 사람들이 거주할 수 있는 장소와 관련하여 광범위한 선택권을 제공한다는 것이다. 경제학자 티부(Charles Tiebout)의 이름을 따서 붙여진 **티부 가설** (Tiebout hypothesis, 주민들이 지역 간 자유롭게 이동할 수 있기 때문에 지방공공재에 대한 주민들의 선호가 드러나며, 따라서 지방공공재 공급의 적정 규모가 결정될 수 있다는 가설)은 사람들이 세금에 대한 인내심과 공공서비스에 대한 요구 사이에 균형을 추구한다고 주장한다. 커뮤니티에 대한 선택은 시장의 원리에 의한 결정으로 보일 수 있다. 일부 커뮤니티들은 높은 세금을 징수하고서라도 더 많은 공공서비스를 제공할 수 있다. 반면에 일부 커뮤니티들은 공공서비스를 적게 제공하고 낮은 세금을 물리거나 세입을 발생시키는 컨벤션 센터 및 쇼핑몰 등과 서로 대립되는 요소 사이에서 균형을 이룰 수 있다. 젊은 독신자들과 노년층은 학교에 대해 거의 관심을 기울이지 않고 질이 높은 공공교육을 위해 많은 재정을 투입하는 커뮤니티에 거주하지 않을 것이다.

다수의 시 가운데 거주할 곳을 선택하는 데 있어서 라이프스타일에 대한 논쟁이 이루어져 왔다. 일례로 캘리포니아 주 웨스트 할리우드(West Hollywood) 시는 게이와 레즈비언에 의해 정치적으로 지배되고 있다. 그 결과 로스앤젤레스 대도시권 내의 게이와 레즈비언은 법규, 공무원, 공공서비스 등이 이들에게 훨씬 우호적인 지역을 선택하여 거주할 수 있다(그림 11.4). 몬테레이 파크(Monterey Park)와 같은 도시는 중국계 주민들의 요구에 적극적으로 응한다. 이와 같

그림 11.4 캘리포니아 주의 웨스트 할리우드는 게이 행정부에 의해 운영되는 최초의 도시들 가운데 하나이다. 이 사진은 산타모니카 대로를 따라 행진하고 있는 성적 소수자들(LGBT: lesbian, gay, bisexual, transgender)의 모습을 보여준다.

은 지역들은 많이 있다. 그 어떤 대도시 지역에서도 주변 교외도시들의 특성은 매우 다양하게 나타난다.

이와 같은 다양성이 없어도 다중심주의자들은 규모가 작은 커뮤니티가 훨씬 더 개인에게 친화적인 측면을 제공한다고 주장한다. 사람들은 정부가 어떻게 운영되는지에 대해 더 직접적으로 의견을 개진할 수 있고 지방정부 관리들은 지역민들의 요구에 훨씬 더 잘 조응할 수 있다. 일부 커뮤니티들은 모든 주민들을 연결하는 컴퓨터 네트워크를 구축하였다(글상자 11.2). 대도시의 파편화는 소규모 타운에 거주하면서 얻는 대인관계에 의한 혜택과 거대 도시 내에 거주하는 혜택을 모두 누리게 할 수 있다는 장점이 있다. 다중심주의자들에 의하면 이는 모두에게 이로운 상황으로서 왜 사람들이 지속적으로 자신들의 주거지 선택을 통해, 합병에 반대하는 투표를 통해, 그리고 자치권을 지키기 위한 노력을 통해 이와 같은 길을 선택했는지 설명해 준다.

마지막으로 미국의 새로운 도시 정부를 관찰해 온 많은 사람들은 에지시티(edge city)의 출현을 주목하게 되었다(5장에서 논의됨). 새로운 도시 형태는 종종 중심도시 경계를 따라 나타나는데, 에지시티의 번영과 역량은 전통적인 다운타운을 넘어섰다. 복합단지를 건설하는 데 일조한 사람들을 포함하여 에지시티 개발을 지지하는 사람들은 서로 다른 정부를 두는 것이 규칙과 규율을 적용하는 데 유리해 보이는 단일 통합 정부보다 훨씬 더 효율적이고 새로운 도시의 논리에 맞는다고 생각한다.

재정 불균형

대도시의 파편화는 긍정적으로 지지하는 사람들도 있지만 수많은 이유들로 인해 비난의 대상이 되었다. 많은 형태의 비난이 제기되었지만 다양한 주장에서 반복적으로 지적되는 요인은 **재정 형평성**(fiscal equity)이다. 앞서 논의한 바와 같이 지방정부는 세금을 징수할 수 있다. 문제는 지방정부의 **과세 기반**(tax base)이 서로 다른데, 과세 기반은 지방정부의 경계 내에서 모든 과세 가능한 자산을 말한다. 만약 판매세를 세입으로 얻는다면 과세 기반은 판매 영수증이며, 소득세를 세입으로 얻는다면 과세 기반은 소득이 된다. 그러나 대부분의 경우에 재산세가 주된 원천으로 지방 세입의 3/4을 차지한다. 과세 기반은 재정 수입이 들어올 수 있는 '재산' 또는 '원금'을 나타내기 때문에 중요하다. 규모가 작은 과세 기반으로부터 규모가 큰 과세 기반과 똑같은 양의 세입을 얻는 방법은 기준이 부동산이건, 소득이건, 판매액이건 상관없이 기준에 대한 비율, 즉 세율을 높이 책정하는 것이다. 과세 기반이 큰 지역은 주민들에게 낮은 세율을 부과할 수 있다. 반대로 과세 기반의 규모가 작은 지역은 똑같은 재정 수입을 얻기 위해서 높은 세금을 물려야 한다.

과세 기반에 차이가 있는 이유는 무엇일까? 대부분의 지역에서 가장 핵심적인 요인은 부동산 가치이다. 값비싼 주택은 더 많은 재정 수입을 발생시킨다.

글상자 11.2 ▶ 네트워크로 연결된 커뮤니티

컴퓨터 기술은 생산성을 증대시키고, 질문에 대한 답변을 신속하게 얻게 하며, 훨씬 폭넓은 정보의 세계에 접근하는 방안이라는 칭송을 받아 왔다. 그러나 컴퓨터 기술이 공동체 정신을 고양시킬 수 있을까? 이 문제는 현대 도시 내에서 사람들 간의 고립이 증가하고 '커뮤니티'의 쇠퇴가 발생하면서 더욱 부각되었다. 컴퓨터 기술이 커뮤니티를 발전시키기보다 쇠퇴시킬 수 있는데 이는 노트북을 끼고 현실 세계에는 참여하기를 꺼려 하는 고립된 사람들의 모습을 연상시키게 한다.

다수의 커뮤니티들은 하나의 구역, 여러 개의 빌딩 군, 또는 소규모 타운 내에 커뮤니티 네트워크를 도입하여 이와 같은 인식을 시험하고 있다. 인트라넷(intranet)이라는 이와 같은 네트워크는 커뮤니티 내의 모든 구성원을 연결시키며 물리적인 커뮤니티 포럼에 대한 대안을 제공하고 있다. 편리하게 정보를 얻을 수 있고, 모든 사람들이 주택 내에서 접근가능하다는 점에서 인트라넷은 커뮤니티의 홍보수단이 되기도 한다.

일부 연구들은 전 세계 커뮤니티 인트라넷의 가치를 다루었다. 벤카테쉬(Alladi Venkatesh)와 동료 연구자들은 캘리포니아 주 오렌지카운티의 네트워크 커뮤니티에 대해 연구하였다. 이 연구에 따르면 커뮤니티 인트라넷이 수행하는 역할은 여러 가지를 포함한다. 가장 주된 역할로는 커뮤니티 행사, 중고물품 세일, 지역 학교의 소식 등을 공지하는 것이었다. 또한 서로 상이한 집단과 사회적 클럽 내에서 공통적인 관심사를 가진 사람들의 만남의 장으로서의 역할을 수행하였다. 마지막으로 커뮤니티에 대한 견해를 교환하는 포럼으로서의 역할을 수행하였다. 구성원들은 '쓰레기 수거에서 교통체증과 같은 보다 심각한 문제와 다음에 들어서게 될 쇼핑몰의 대한 계획에 이르기까지' 거의 모든 것에 관한 견해를 드러내었다(Venkatesh, Chen, and Gonzales, 2003). 이와 같은 인트라넷의 이용은 다양하였지만 커뮤니티 인트라넷의 포럼으로서의 역할을 가장 잘 활용한 전업주부와 취업여성에게 특히 유용하였다.

아마도 가장 종합적인 연구는 도시학자인 햄프턴과 웰먼(Keith Hampton and Barry Wellman, 2003)에 의해 이루어졌는데, 이들은 토론토 외곽에 '네트빌(Netville)'이라는 가명을 붙인, 실제 마을을 살펴보았다(그림 B11.3). 조사연구 결과, 인트라넷이 근린의 상호작용에 실질적인 효과가 있다는 것이 밝혀졌다. 인트라넷을 사용하는 주민들은 이웃 간에 더 강한 유대감을 가지게 되었으며, 사람들은 집 현관 앞에 놓인 의자에 더 자주 나와 앉아 있었고, 이웃들은 인트라넷에서 처음 제기된 주제에 대해 계속 의견을 교환하였다. 인트라넷은 또한 정치적 활동을 위한 토론장이 되었으며, 바쁜 교외지역 사람들이 종종 경험하는 심리적 장벽을 감소시켰다. 요약하면 커뮤니티 인트라넷의 이용은 공동체 정신을 고양시키는 데 일조한다는 것을 알 수 있다.

그림 B11.3 'The Smart Community'의 환영 광고판.
출처: Image © Hampton, Keith and Barry Wellman, 2003. This material is reproduced with permission of John Wiley & Sons, Inc.

지방정부는 또한 상업지와 산업단지로부터 발생한 세수에 의존한다. 공장, 창고, 상점, 사무실, 이 모두가 징세 대상이다. 더 많은 세수가 비주거 활동 장소로부터 발생한다. 그러나 상점 앞 빈 공간, 공실 상태의 오피스, 공장 폐쇄 후 오염문제로 버려진 부지(소위 'brownfield') 등은 세입을 가져오지 못한다(그림 11.5). 일부의 경우에서 상업용 부동산과 산업용 부동산은 높은 비율로 세율이 책정되며, 이는 특정 지방정부에 훨씬 더 큰 혜택을 가져온다.

부동산 가치의 차이는 중심도시와 그 주변 교외 커

그림 11.5 오래된 산업도시들은 산업 기반이 쇠퇴한다는 문제와 공장 부지가 다른 용도로 사용되기에 안전하지 않다는 문제에 직면해 있다. 한때 공장이 가동되었던 부지(brownfield)의 재사용을 위해 오염물질을 제거할 필요가 있다.

© Blade_kostas/iStockphoto

뮤니티 간에 재정적 불균등을 발생시키는 원인이 된다(그림 11.6). 미니애폴리스–세인트폴에서 부유한 남부와 서부의 교외지역의 일인당 과세 기반은 두 중심도시(미니애폴리스와 세인트폴), 교외지역 내측, 그리고 노동자 계층이 집중된 교외지역보다 1/3배 정도 더 크다. 트윈시티(Twin Cities : Minieapolis-St. paul)는 이와 같은 불균등 문제를 해결하기 위해 노력해 왔다. 낮은 부동산 가격은 중심도시에 불이익을 가져온다. 빈곤한 중심도시와 부유한 교외지역 사이에 이중성은 복잡성을 은폐시킨다. 그러나 역사적으로 오래된 중심도시와 CBD는 사무용 고층건물, 호화 아파트 등으로 인해 부동산 가격이 높았다. 일부 다운타운 지역은 이와 같은 혜택을 누렸다. 1980년대와 1990년대 다운타운의 경기회복은 부동산 가치를 향상시켰으며 도시 전체에 부를 가져왔다. 오필드(Orfield, 1997)는 중심도시와 교외지역 간에 차이가 거의 없다고 주장하였다. 오히려 과세 기반이 감소하고 있으며, 대규모 상업 중심지가 없는 교외지역 내측은 가장 상황이 좋지 않다. 일반적으로 가장 큰 곤란을 겪고 있는 곳은 과세 기반이 감소하고 자산이 거의 없는 교외지역이다. 미국 내에서 재정 상황이 가장 좋지 못한 곳

으로서 뉴저지 주의 캠든(Camden), 매사추세츠 주의 첼시(Chelsea), 오하이오 주의 이스트 클리블랜드(East Cleveland) 등이 포함되어 있다. 일리노이 주의 이스트 세인트루이스(East St. Louis)의 상황을 예로 살펴보자(그림 11.7).

98%의 인구가 흑인인 이 도시는 분만시설(obstetric services)도 없고, 정기적인 쓰레기 수거도 없으며, 일자리도 없다. 이 도시의 주요 도로인 미주리 애버뷰의 13개 건물 가운데 겨우 3개만 사용되고 있고 나머지는 공실로 남아 있다. 재정 부족은 과거 12년간 1,400명의 도시 공무원 가운데 1,170명을 해고하도록 만들었다. 시청에서 사용할 난방 연료나 휴지를 살 수 없는 이 도시는 현재 남아 있는 230명의 공무원 가운데 약 10%를 면직시킬 수밖에 없다고 최근 발표하였다. 1989년 시장은 현금을 얻기 위해 시청과 6개의 소방서를 매각해야만 한다고 발표하였다. 이스트 세인트루이스는 2000년대 들어와 담보 대출을 얻었으나 일리노이 주에서 가장 많은 부동산 세금을 매긴다.(Kozol, 1991, p. 8)

쓰레기 미수거, 제대로 기능을 하지 않는 하수 시설,

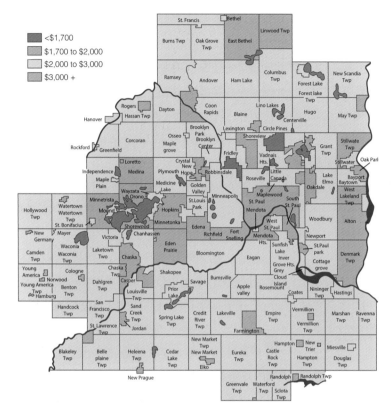

그림 11.6 이 지도는 미니애폴리스–세인트 폴 대도시권 내의 재정 불균등을 보여준다. 순 세입 역량은 커뮤니티의 부동산 과세 기반으로부터 걷는 잠재적인 세입을 말하며, 재정적인 불균등 또는 분배를 설명하는 근거가 된다. 오 필드가 '선호 지역'이라고 칭한 남서부 교외지역에서 순 세입 역량이 높게 나타나고 있다. 일반적으로 도시 내의 세입 역량은 더 낮다.

출처: Orfield, Myron, 1997.

그림 11.7 가장 심각한 퇴락지역은 주요 도시의 외곽에 위치한 빈곤한 교외지역에서 나타난다. 이 사진은 세인트루이스의 교외지역인, 일리노이 주의 이스트 세인트루이스에서 촬영된 것이다.

치안과 소방 서비스에 들어가는 많은 예산, 파산 직전에서 불안정한 상태에 있는 도시들을 포함하여 이와 같은 이야기는 매우 많다.

비록 도시 경계 내에 위치한 교외지역에서 나타나는 어려움에 대해 세상이 관심을 갖지 않지만 대도시 주변부에서 급속하게 도시화되고 있는 곳들은 공공서비스에 대한 수요가 가장 크며, 이는 재정적인 문제를 발생시킬 수 있다. 새로 이주해 온 주민들은 새로운 학교, 새로운 기간시설, 보다 폭넓은 서비스를 요구한다. 초기에는 주민들이 이와 같은 서비스에 비용을 지불하는 것을 마지못해 하지만 결국에는 지불하게 된다. 각각의 개발 유형에 들어가는 비용과 예산을 측정한 연구에 따르면 신규 주택에 들어가는 비용은 예산 수입을 항상 초과하게 된다는 것을 보여준다(12장 참조).

재정 불균등의 또 다른 측면은 공공서비스에 대한 **수요의 차이**(differential need for services)이다. 중심도시들은 대도시권에서 가장 빈곤한 주민들이 집중된 곳으로서 범죄로 인한 어려움이 가장 크며, 기간시설의 노화를 겪고 있다. 게다가 지방정부의 막대한 예산을 소비하는, 중심도시에 위치한 학교들은 빈곤, 범죄, 노후 건축물과 같은 문제를 겪는다. 복지 예산, 치안, 도로와 하수관의 보수, 교육 등을 포함하여 보다 더 광범위한 공공서비스에 대한 수요는 더 많은 예산을 필요로 한다. 중심도시의 규모가 클수록 상대적으로 해당 지역의 인구보다 더 많은 예산을 필요로 하게 되는 몇 가지 이유가 있다.

과세 기반과 공공서비스에 대한 수요의 차이는 재원이 빈곤한 지방정부와 재원이 풍부한 지방정부 간에 **대도시 양극화**(metropolitan polarization)의 상황을 만들어 낸다. 과세 기반은 적은데 사회 서비스에 대한 수요가 높은 도시들은 주 정부에 보조금을 간청할 수밖에 없다. 이와 같은 곳들은 예산에 대한 제약으로 공원 관리, 또는 방과 후 활동과 같이 사치스러운 부분은 고사하고 기본적인 서비스를 제공하기도 어렵기 때문에 거주하기에 불편한 곳이다.

과세 기반이 크고 사회적 공공서비스에 대한 수요가 적은 타운은 거주하기에 좋으며, 지역 주민들에게 추가 혜택을 많이 제공한다. 이와 같은 불균등은 주택을 선택할 능력이 있는 중산층과 상류층이 빈곤한 지역으로부터 부유한 지역으로 이주하도록 만든다. 사업체 역시 이주하는데, 사업체는 많은 징세의 원천이므로 사업체의 이주는 양극화를 더 심화시킨다. 교외지역의 커뮤니티들은 특정 집단의 사람들을 배제시키기 위해 배타적 용도지역제(exclusionary zoning)를 활용할 수 있다. 이 부분은 12장에서 논의된다.

대도시의 파편화에 대응하기

대도시의 파편화를 감소시키기 위한 노력, 또는 대도시의 파편화를 통한 최악의 결과를 일정 수준 경감시키기 위한 노력이 전개되어 왔다. 이와 같은 노력의 전개 과정에서 모든 유형의 조직이 지역에 대한 통제력을 잃기 때문에 의견충돌이 발생한다. 예를 들어 부유한 커뮤니티는 재정에 대한 권한의 일부를 잃게 된다는 것을 의미할 경우, 보다 규모가 큰 조직에 자치권을 양도하려고 하지 않을 수 있다. 교외지역의 커뮤니티들은 중심도시를 자신들의 자치권에 대한 위협으로 간주하고, 규모가 큰 중심도시가 대도시권의 조직들을 지배한다고 생각할 수 있다.

동시에 모든 지역의 커뮤니티들은 일정 부분에서 상호 이익을 위해 협업할 필요성이 있다. 고속도로, 또는 통근 열차와 같이 다른 유형의 환승 체계를 확대하는 것은 모든 연관된 커뮤니티의 동의 하에서 이루어질 필요가 있는데 그렇지 않을 경우에는 실패한다. 쓰레기와 유해물질 매립지의 위치 결정, 분수계를 관할하는 문제, 대기오염 등이 이와 같은 문제에 속한다. 그러므로 대도시권의 커뮤니티들은 이와 같은 기본적인 문제들에 대해 협력할 필요가 있다.

합병

대도시의 파편화를 막기 위한 여러 가지 방안이 있지만 가장 간단한 방법은 **합병**(annexation)이다. 합병은 하나의 자치시가 자치시에 포함된 지방정부 또는 자치시에 포함되어 있지 않은 토지를 시의 영역으로 추가하는 것이다. 미국 도시들은 합병에 의존하여 오랫동안 급속하게 증가하는 인구뿐만 아니라 정치적인 영향력의 범위를 널리 확대시켜 왔다. 어떤 주나 대도시의 지도는 과거 합병의 유산을 드러내는데 한 지역의 주요 도시들은 다른 지역의 타운 및 도시들보다 훨씬 큰 경우가 있다. 이 도시들은 합병을 통해 그 규모를 확대시킨 것이다.

그러나 도시 면적과 관련하여 상당한 변이가 존재한다. 가장 인구가 많은 도시인 뉴욕 시는 19세기에 급속하게 성장했으며 상당한 영역을 합병할 수 있었다. 308제곱마일(약 800km²)이라는 뉴욕 시 면적은 큰 것이지만 로스앤젤레스, 휴스턴, 샌디에이고, 피닉스, 샌안토니오, 댈러스, 인디애나폴리스, 잭슨빌, 내슈빌, 오클라호마시티, 캔자스시티, 앵커리지, 체사피크, 오거스타(Augusta)의 면적보다는 작다. 이들 도시는 뉴욕 시보다 인구 규모가 훨씬 작으며, 일부는 뉴욕 시 인구 규모의 1/40에 해당할 뿐이다. 위의 도시 리스트로부터 인디애나폴리스를 제외하고 이렇게 면적이 넓은 대규모 도시들은 북동부와 중서부 지역에 위치하지 않는다. 합병을 통해 성공적으로 팽창한 도시들은 남부와 서부의 도시들이다. 이 도시들은 인구 증가에 맞추어 면적을 넓혀 왔다. 북동부의 오래된 도시들은 팽창할 수 없었으며, 교외지역으로부터 아주 일부만을 합병할 수 있었다.

탄력적인 도시　뉴멕시코 주 앨버커키의 전 시장이었던 러스크(David Rusk, 2003)는 "오래된 도시는 현실에 안주하며, 젊은 도시는 야망이 크다."라는 가설을 세우고 이를 증명하고자 하였다. 그는 합병이야말로 도시가 재정적으로 건전하고 경제적으로 풍요로울 수 있는 가장 좋은 방식이라고 주장한다. 그는 계속해서 합병해 나갈 수 있는 탄력적인 도시와 더 이상 합병할 수 없고, 그 면적이 좁은 비탄력적인 도시를 비교하였다. 러스크에 의하면 **탄력적 도시**(elastic citiy)는 합병(예: 휴스턴, 콜럼버스, 롤리), 또는 해당 지역이 소속된 카운티와의 통합(예: 인디애나폴리스, 내슈빌)을 통해 그 경계를 공격적으로 확장해 가는 경우를 말한다. 이와 대조적으로 **비탄력적 도시**(inelastic citiy)의 예로는 디트로이트, 클리블랜드, 밀워키 등이 있는데,

이 도시들은 "시 경계를 전혀 변경시키지 않았다." 탄력적인 도시들은 시 경계를 확장하기 때문에 교외의 성장을 제어할 수 있다. 이에 비해 비탄력적인 도시들의 경우는 시 경계 밖에 교외지역이 성장하도록 방치한다. 러스크는 젊은 도시들이 모두 탄력적이지만 일부 도시들은 팽창할 수 있는 역량을 잃었다고 주장한다. 러스크는 탄력성의 정도에 따라 도시를 탄력성이 전혀 없는 도시, 낮은 도시, 중간인 도시, 높은 도시, 매우 높은 도시로 분류하였다. 각각의 수준은 도시경계가 확대되고 밀도가 높아지는 정도에 따른 것이다. 표 11.2는 이와 같은 유형의 도시들 간의 차이를 보여준다. 러스크는 탄력성이 높은 것은 재정 건전성을 의미하는 일자리의 성장 수준이 높고, 신용등급 역시 높은 것을 의미한다고 제시하였다. 애리조나 주 투산(Tucson)과 같은 도시는 연방 정부의 토지와 인디언 부족의 토지에 둘러싸여 있지만 시의 경계를 확대시킬 수 있는 여지가 충분하며 새로운 지역을 찾아 확장하고 있다(그림 11.8).

대부분의 도시들이 영역을 확대시키고 싶어 한다고 말하는 것이 맞다. 성장을 통해 도시는 더 큰 과세 기반을 얻을 수 있다. 그러나 성장을 막는 것은 교외지역이 자치권을 유지하려 하는 것과 합병을 허용하는 데 적용되는 까다로운 주 정부의 정책이다. 예를 들어 대부분의 주에서는 지역의 합병이 이중적인 투표권의 형태로 나타나게 될 경우 이에 대해 두 지역의 사법권의 동의를 얻도록 요구한다. 이러한 규정은 중심도시가 자치시 정부에 의해 꼼짝 못하게 될 수 있다는 것을 의미한다. 통합되지 않은 토지로 둘러싸인 도시들에게 합병은 훨씬 쉬운 일이다. 그러나 여기에서도 역시 주마다 관련 법률이 상이하다. 많은 주에서 통합되지 않은 토지는 도시와 인접해 있을 경우 그 토지에 거주하고 있는 주민들의 승인을 얻지 않고도 도

표 11.2 합병 전략이 도시 특성에 미치는 영향

탄력성에 따른 유형*	대도시권 내 중심도시 인구 비율(%)	1950년의 도시 밀도	1950~2000년 면적의 변화(%)	평균 면적 (2,000mile^2)	도시와 교외지역의 소득 비율(%)	1969~1999년 제조업에서의 일자리 증가(%)	1969~1999년 비제조업에서의 일자리 증가(%)
탄력성이 전혀 없는 도시	25	12,720	1	58	68	−40	66
탄력성이 낮은 도시	28	6,879	21	84	78	−23	92
탄력성이 중간인 도시	33	5,280	193	79	89	28	177
탄력성이 높은 도시	36	4,822	342	146	97	18	168
탄력성이 매우 높은 도시	54	4,729	944	345	102	65	194

출처: Rusk, 2003

* 예: 탄력성이 전혀 없는 도시: 뉴욕, 시카고, 보스턴, 샌프란시스코, 클리블랜드, 탄력성이 낮은 도시: 뉴올리언스, 시애틀, 애틀랜타, 로스앤젤레스, 탄력성이 중간인 도시: 덴버, 샬롯, 매디슨, 포틀랜드, 탄력성이 높은 도시: 샌안토니오, 피닉스, 산호세, 탄력성이 매우 높은 도시: 포드워스, 샌디에이고, 휴스턴, 앵커리지.

시에 합병될 수 있다. 예를 들어 오클라호마 주는 도시의 경계가 세 방향에서 모두 둘러싸여 있을 경우에만 이와 같은 합병 방식을 허용한다. 주민들의 승인이 필요한 경우도 있지만 교외지역의 정부가 얻을 수 있는 인센티브가 충분하여 합병 요청에 응할 때도 있다.

같은 주 내에서조차도 도시들은 합병 능력에 있어서 차이를 보인다. 일부 도시들은 보다 공격적인 합병 정책을 적용시켜 왔다. 또 다른 도시들은 주변 농촌이 도시화되기 전에 도시 서비스를 확대·제공하며 합병 노력을 전개했다. 일례로 20세기 전반기에 로스앤젤레스는 다루기 힘든 교외지역에는 물 공급을 중단하면서 공격적으로 대처하였다. 이 당시 샌프란시스코의 인구는 로스앤젤레스의 3배를 넘었지만 현재는 로스앤젤레스의 1/5 수준이며, 면적 역시 1/10밖에 되지 않는다. 20세기 후반에 세인트 루이스와 캔자스 시티는 그 순위가 바뀌었는데 캔자스 시티는 미주리 주에서 가장 큰 도시였던 세인트루이스를 대체하여 현재 가장 큰 도시이다. 캔자스 시티의 면적이 311제곱마일(약 805.5km^2)로 성장하였지만 세인트루이스의 면적은 62제곱마일(약 160km^2)에 머물러 있다. 로스앤젤레스와 캔자스 시티는 합병의 기회를 잘 활용한 경우이다.

도시와 카운티의 통합 여러 도시들이 활용해 온 또 다른 전략은 거대한 통합 정부를 형성하는 것이다. 이는 중심도시와 그 중심도시를 둘러싸고 있는 카운티를 통합시키는 것으로 **도시와 카운티의 통합**(city-county consolidation)이라고 부른다. 인디애나폴리스는 이와 같은 전략의 가장 좋은 사례이다. 1969년 인디애나 주는 인디애나폴리스를 매리온카운티(Marion County)와 통합하여 '통합 정부(Unigov)'를 설립하였다. 통합은 완전하게 이루어지지 않았는데, 몇 개의 지방정부와 특별구가 그대로 유지되었으며, 통합을 통해 새롭게 만들어진 도시는 22개 교육구로 분할되었다. 그러나 이 도시는 보다 큰 과세 기반을 갖게 되었고 인구 증가의 혜택을 누렸다.

합병에 대한 또 다른 대안은 **공동경제개발구**(joint economic development district, JEDD)를 설립하는 것이다. JEDD는 특정 도시와 해당 도시에 통합되지 않은 타운십 간에 경제 개발을 공동으로 추진하는 계약을 맺는 것을 말한다. 도시는 타운십 예산의 대가로 특정 공공서비스의 일부를 제공한다. 이와 같은 접

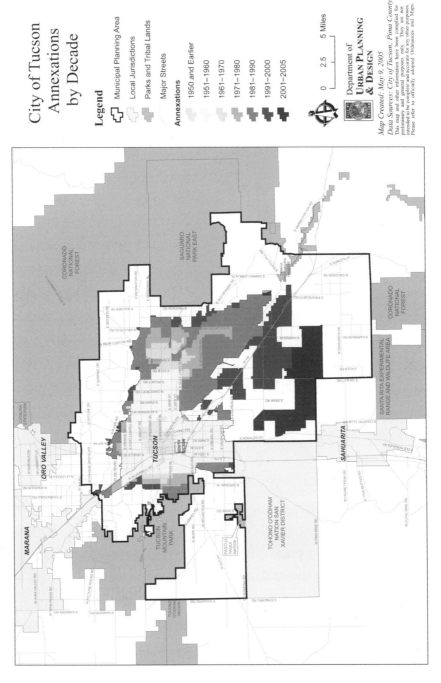

그림 11.8 이 지도는 애리조나 주 투산(Tucson)이 2000년대에도 계속 확장되었음을 보여준다.

출처: Tucson Arizona Department of Urban Planning and Design.

근법은 직접적인 인수 없이 통합되지 않은 교외지역으로부터 예산을 얻는 방법으로 오하이오 주 애크론(Akron)에서 적용되었다. 교외지역이 얻는 혜택은 자신들의 자치권을 유지하면서 도시 서비스를 얻을 수 있다는 것이며, 이에 비해 도시가 얻는 혜택은 JEDD에 의해 형성된 새로운 세제 수입의 일부를 공유할 수 있다는 것이다. JEDD를 지지하는 사람들은 이 방법이 교외지역에 대한 통제력을 잃지 않고 합병의 혜택을 얻을 수 있다고 강조한다.

대도시 정부

합병과 통합이 불가능한 대도시권에서조차도 다양한 자치도시 정부 간에 여러 단계의 조정(coordination)이 있을 수 있다. 이와 같은 조정이 효과를 나타내기 위해서는 어떤 방식이든 제도화되어야 한다. 모든 대도시권은 교통국, 지역계획위원회, 공원위원회 등과 같이 대도시 전역을 관할하는 기구를 포함하고 있다. 다수의 경우에 카운티 정부는 대도시권 내의 도시와 타운의 활동을 조정한다. 그러나 진정한 조정은 **대도시 정부**(metropolitan government)로부터 나오는데 대도시 정부는 자치시 정부를 초월하는 광범위한 권한, 특히 재정에 대한 권한을 갖는다. 대도시 정부의 전형적인 특징은 지역 위원회에 대한 직접 선출, 징세 권한(대도시권의 주민들에게 재산세와 판매세를 징수할 수 있는 권한), 과세 기반의 공유(대도시 내에 부유한 시가 빈곤한 시를 보조할 수 있음), 그리고 지역계획에 대한 결정(미래에 성장할 곳에 대한 결정)을 포함한다. 대도시 내에서 지방정부는 그대로 유지되지만 자신들의 권한의 상당 부분을 대도시 정부에게 양도한다.

대도시 정부를 수립하는 것은 교외지역 주민들이 이따금 자신들과 자치권에 어떤 영향이 발생할지에 대해 의심을 하면서 복잡해진다. 이들은 도시의 세금과 문제를 피하려 하며, 바로 옆의 규모가 큰 도시에서 어떤 일이 일어나도 여전히 규모가 작은 도시에서 살고 있다고 여기고 싶어 한다. 도시민들 또한 미심쩍어 한다. 이는 도시의 소수자 집단이 도시 정부 내에서 권력을 얻고 대도시화를 자신들의 권력을 약화시키는 요인으로 여길 때 나타난다. 연방 정부와 주 정부는 서로 영향을 주고받으며 정치를 하고, 때때로 지역 정부의 편을 들기도 하며, 또 다른 경우에는 지방 분권을 장려하기도 한다. 확실히 캐나다 정부는 시 정부 간에 재정적 균형을 장려한다. 대도시 정부는 캐나다의 최상위 규모에 속하는 도시들에서 나타나지만 효율성의 정도에는 차이가 있다. 토론토의 대도시 정부는 성공적으로 운영되어 왔으며, 반면에 몬트리올 정부는 그렇지 못한 것으로 알려져 있다(글상자 11.3).

미국 내에서 진정한 대도시 정부는 예외적인 경우에 속한다. 그 이유는 도시와 교외지역 간의 재정 불균등이 큰 것, 교육의 질에 차이가 있다는 인식, 도시와 교외지역의 인종과 민족 집단의 분포에서 상당한 차이가 있다는 점, 즉 대부분의 대도시권이 카운티 경계를 넘어서 주변으로 확대되고 있다는 사실 때문이다. 그러나 이와 같은 장애에도 불구하고 일부 지역에서 대도시 정부가 등장하였다. 예를 들어 1957년 마이애미는 데이드 카운티(Dade County)에 강력한 대도시 정부를 수립하였으나 이를 주변 카운티로 확대시킬 수 없었다. 대부분의 도시지리학자들은 오리건 주 포틀랜드의 대도시 정부, 그리고 미니애폴리스와 세인트폴의 대도시 정부 이 두 사례를 미국 내에서 다수의 카운티를 관할하는 성공 사례로 들고 있다.

포틀랜드 대도시 서비스 지구(Portland Metropolitan Services District)는 1970년대에 개발되었으며 지역계획, 교통 정책, 환경의 질을 책임지고 있다. 마이애미-데이드 대도시 정부와 포틀랜드의 대도시 정부는 직

글상자 11.3 ▶ 몬트리올의 대도시화와 언어

미국의 대도시권에서는 인종과 계층의 차이가 특징적으로 나타난다. 몬트리올에서도 언어 측면에서 차이가 있다. 과거 캐나다에서 가장 규모가 큰 도시였으며, 여전히 프랑스어권에 속하는 퀘벡 주의 주요 도시인 몬트리올은 오랫동안 영어와 프랑스어를 같이 사용해 왔다. 영어 사용자들은 프랑스어 사용자들과 함께 거주하고 있다. 몬트리올로 이주해 오는 사람들 역시 이 지역에 혼합되어 있다. 몬트리올 대도시권의 언어지리는 파편화를 막기 위한 노력을 복잡하게 만들었다(그림 B11.4).

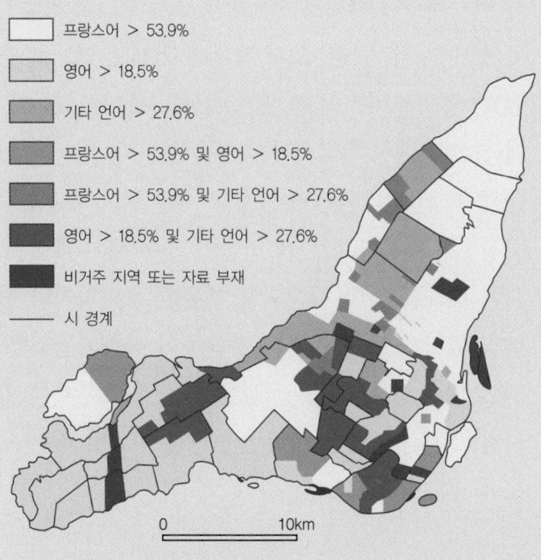

프랑스어 > 53.9%

영어 > 18.5%

기타 언어 > 27.6%

프랑스어 > 53.9% 및 영어 > 18.5%

프랑스어 > 53.9% 및 기타 언어 > 27.6%

영어 > 18.5% 및 기타 언어 > 27.6%

비거주 지역 또는 자료 부재

— 시 경계

0   10km

그림 B11.4 퀘벡 주 몬트리올의 언어 분포. 이 지도는 프랑스어, 영어, 기타 언어 사용 인구의 분포를 보여준다. 명백히 영어 사용 인구는 몬트리올의 서부에 집중되어 있으며, 프랑스어 사용 인구는 동부에 집중되어 있다. 모국어가 영어나 프랑스어가 아닌 이민 인구는 몬트리올 중앙에 주로 분포한다.

출처: Germain and Rose, 2000. Reprinted with permission of John Wiley & Sons, Inc.

언어 집단 간의 공간적 격리에 포함되어 있는 것은 제도적 격리의 문제이다. 1978년 퀘벡 정부 위원회는 다음과 같이 선언하였다.

이와 같이 두 커뮤니티가 서로 소통해야 할 필요성이 없이, 나란히 공존하는 특별한 현상이 지속되고 있다. 기관과 서비스의 이중적 네트워크가 행정, 사법, 교육, 의료에서 나타나며, 이는 정보매체와 엔터테인먼트 영역에서 더욱 명백하다. 이는 문화에서도 적용되고 있으며, 심지어 행정 영역에서도 적용되고 있다.(Sancton, 1978, p. 60)

20세기에 걸쳐 나타난 몬트리올의 합병과 시 정부의 역사를 살펴보면 몬트리올은 언어 구분을 유지하기 위해 대도시의 파편화를 조장해 왔다는 것을 알 수 있다. 과거 몬트리올은 프랑스어 사용자가 다수인 도시가 되었는데 지역 합병은 명백히 프랑스어 사용자가 다수인 지역을 대상으로 하였다. 서쪽의 영어 사용자가 다수인 타운십은 합병 대상에서 제외되었으며 오늘날까지 서쪽 지역은 영어 사용자만으로 구성되어 있다.

50만 명이 넘는 몬트리올의 영어 사용 인구는 대부분의 캐나다 도시들의 인구를 넘어서는 규모이다. 몬트리올 시와 교외지역에 영어 사용자가 공간적으로 집중된 것은 이들이 균등하게 분산되었을 경우에는 가능하지 않았을 정치적 영향력을 발휘하도록 만들었다. 이는 또한 순전히 영어 사용자로만 구성된 타운십이 몬트리올로 통합되지 않도록 하였다. 사실 웨스트마운트(Westmount)와 마운트 로열(Mount Royal)과 같은 타운들은 몬트리올 시가 합병을 통해 확대되면서 타운 주변을 둘러싸게 되었다. 특히 프랑스어의 우세와 관련하여 정책의 변화가 나타나 프랑스어 사용자 집단의 정치력을 약화시켰지만 여전히 몬트리올의 대도시권의 형태를 결정짓는 요인은 프랑스어의 사용이다.

접 선출로 구성되는데 이는 미국 내 어떤 곳에서 보다 적법성을 부여하는 것이다. 또한 특정 지역에 개발을 집중시키는, 실질 성장 지역의 경계설정 제도와 함께, 상대적으로 엄중한 토지이용 정책으로 가장 많은 주

목을 받았다. 그러나 포틀랜드 대도시 정부는 지역의 과세 기반을 공유하고 있지 않다. 다른 어떤 대도시권보다도 재정 불균형이 포틀랜드에서 적지만 과세 기반이 크고 성장하고 있는 부유한 교외지역과 과세 기

반이 작고 쇠퇴하고 있는 교외지역 간에 명백한 차이가 존재한다.

트윈시티의 대도시 위원회는 1967년에 형성되었으며 세인트폴, 미니애폴리스, 7개의 카운티, 그리고 수십여 개의 교외지역 정부를 포함하고 있다. 특정 지역에 성장을 집중시킴으로써 전 지역에 걸쳐 장기간의 계획을 수립하려는 것이 초기 의도였다. 시간이 지나면서 대도시 위원회는 지역의 하수시설, 대중교통, 토지이용 계획에 대한 관할권을 얻었다. 현재 위원회 자체는 선거가 아니라 지명으로 구성된다. 그러나 위원회는 재정에 대한 권한을 갖는다. 즉 자체 세수입을 거둬들일 수 있고 채권을 발행할 수 있다. 대도시 정부의 업무에 도움이 되는 것은 트윈시티 지역이 각각의 커뮤니티 간에 불균등이 심하지만 재정을 공유함으로써 지역에서 발생한 개발의 혜택을 나눌 수 있도록 하는 부분적 과세 기반 공유 프로그램이다. 다른 대도시권과 비교하여 트윈시티 대도시 위원회는 진정한 지역중심주의 견해를 제시하는 데 주목할 만한 성공을 거두었다. 그러나 위원회는 재정 불균등의 기본적인 동학과 대도시의 양극화를 변화시키지 못하였으며, 대도시권의 전반적인 팽창에 의해 이 문제를 해결하지 못하였다.

요약

이 장에서는 19세기와 20세기의 경제적·사회적 개발이 어떻게 시민중심의 기관을 발전시켰는지 살펴보았다. 도시는 미국인 대부분이 거주하는 곳으로, 도시가 점차 커지고 인구가 증가함에 따라 도시 정부의 규모와 기능 역시 확대되었다. 오늘날 우리가 당연하게 여기는 공공서비스, 즉 치안, 소방, 도로, 하수시설 등에 대한 서비스는 도시 정부에 의해 운영되고 감독된다. 공공서비스의 증가는 예산도 증가시켰는데 도시 정부는 예산 확보에 어려움을 겪는다. 기능의 확대는 종종 권력의 핵심과 연정 관계를 변화시키면서 지방정부를 더욱 복잡하게 만들었다. 20세기 후반에 도시가 경계를 넘어 확대되고 부유한 교외지역과 빈곤한 교외지역 간의 지리적 불균등이 심화되면서 오래된 도시 중심부에서는 극심한 재정 부족 문제를 발생시켰으며, 올바른 정치적 해결책을 얻고자 하는 노력을 전개하도록 만들었다.

제12장

도시계획

작은 계획을 세우지 말라. 작은 계획은 인간의 피를 끓게 할 마법이 없으며, 아마 실현되지도 않을 것이다. 큰 계획을 세워 소망을 원대하게 갖고, 고귀하고 논리적인 설계도가 그려지면 결코 사라지지 않는다는 것을 기억하며 일하라. 우리가 사라지고 나서도 오랫동안 그 설계도는 계속 살아 있게 될 것이다.

— Daniel Burnham의 1907년 샌프란시스코 시청 연설(Hall, 1996, p. 174)

오늘날 우리는 도시계획(urban planning)이 선출된 정치가, 커뮤니티 활동가, 부동산 개발자와 함께 일하는 전문적인 공무원에 의해 정부 청사 사무실에서 수립되는 것으로 상상할 수 있다. 이는 20세기를 거쳐 진화해 온 도시계획의 이미지로, 부분적으로는 정확하지만 불완전한 생각이다. 계획(planning)은 촌락들이 제약, 관습, 그리고 사회집단의 결정에 의해 형성되었던, 초기 인간의 정착지에서부터 행해져 왔다. 후에 도시는 특정한 규칙에 따라 디자인되었다.

도시계획은 고대 그리스로부터 시작된 오랜 역사를 갖고 있다. 취락이 질서정연하게 설계될 수 있다고 처음 생각한 사람은 히포다무스(Hippodamus)였다. 물론 그와 같은 생각이 설계에 의해 질서정연하게 정돈된 커뮤니티의 형성으로 이어지지는 않았다. 일부 커뮤니티들은 도시 내 구조물의 방향에 특별한 관심을 두고 우주론적 설계, 즉 천국의 축소판으로 만들어진 도시에서와 같이 예외적으로 질서정연한 경우가 있었다. 그러나 많은 도시들은 도로, 가옥, 종교 시설, 상점, 제조 시설 등과 같은 취락의 물리적 구조물

들이 조금씩 더해지면서 성장하였다. 2장에서 언급된 자본주의 도시의 부상은 계획 요소를 포함하였다. 성벽, 항만 시설, 운하, 시장은 공공의 영역에서 유지되었다. 그러나 대부분의 사람들이 거주하고 일하는 도시 공간은 혼돈상태였다. 계획의 요소들은 도시 환경에 질서를 부여하는 방식으로 나타났다. 전문적인 도시계획은 19세기 말 도시 영역이 점차 확대되고 복잡해지면서 등장하기 시작하였다. 20세기 초반까지 도시계획은 일부 카리스마 있는 선구자들에 의한 이상적인 모습에 대한 추구로부터 헌신적인 전문가 핵심 그룹의 활동으로 변화하였다.

오늘날 도시계획은 굳이 전문 계획가가 아니어도 참여가 가능하다. 도시계획은 '도시계획가'가 개입되건 그렇지 않건 간에 이루어질 수 있다. 전문적인 도시계획은 이성적인 사고, 방법, 프로세스에 대한 경험을 추가할 수 있는 방안으로 진화하였다. 일부 도시계획가들은 때때로 처음보다 더 좋지 않은 결과를 가져오기도 하지만 비용을 감소시키고 편익을 증가시키는 중요한 기능을 수행하기도 한다.

이 장에서는 도시계획의 근거, 기초, 활동 등을 살펴본다. 종합계획, 용도지역제, 재정적 인센티브 등과 같은 현대 도시계획의 도구는 20세기를 거쳐 발달하였다. 오늘날 이와 같은 도구들은 현대 도시사회의 문제를 더욱 가중시키고 있다는 비난을 받고 있다. 동시에 새로운 계획 해법이 고안되어 다양한 커뮤니티에 적용되고 있다.

도시 계획의 필요성

도시들이 변화하는 정도와 방향은 매우 다르지만 거의 모든 사람들이 도시계획은 바람직스럽다는 데 동의할 것이다. 자유시장에 맡겨진 도시는 너무 혼란스러울 것이다. 이와 같은 이유로 북아메리카의 모든 도시, 타운, 촌락에는 어느 정도 계획이 적용된다. 그렇기 때문에 계획은 오랫동안 도시 개발의 중요한 요소가 되어 왔다. 11장에서 논의된 바와 같이 치안, 소방, 교육, 상하수, 도로 등과 같은 특정한 공공서비스에 대한 수요는 시 정부의 권한을 확대시킨다. 19세기 동안 공공서비스에 대한 수요가 도시 인구와 함께 성장하였다. 북아메리카와 유럽에서 산업혁명의 결과로 나타난, 전례 없는 급속한 도시 인구 성장은 도시 성장에 수반된 문제들을 인식하게 하였으며, 그 해결방안을 모색하도록 하였다. 산업화로 인해 도시들은 물리적 질서를 부여하려는 어떤 시도도 무산시키면서 급속하게 성장하였다. 초기 공업도시들은 높은 인구밀도, 진흙탕의 혼잡한 도로, 급증하는 노동자 인구를 수용하기 위해 부실하게 건축된 주택, 그리고 공장과 열차로부터의 오염과 같은 문제를 겪었다. 도시를 이끌던 사람들은 도시계획을 통해 훨씬 더 쾌적한 도시 환경을 조성하고, 도시 빈민의 형편없는 상황을 개선시키며, 도시 부유층의 부동산 가치를 보전시킬 수 있는 방법이라고 생각하기 시작하였다. 이와 같은 다양한 동기가 기본적인 계획의 근거로 등장하였는데, 이는 오늘날의 도시에 그대로 적용되고 있다.

미학적 설계

도시는 도로, 공원, 정부 청사, 학교와 같은 공공 소유지역과 개인이 소유한 지역으로 구성되어 있다. 대부분의 개인 토지 소유자들은 자신의 부동산을 관리하지만 개별 부동산을 모아 훨씬 더 큰 공간으로 바꿀 수 있는 권한이 부족하다. 현대 도시 경관을 연구하는 사람들은 집중화된 계획의 부재가 혼란을 가져올 수 있다고 주장한다. 예를 들어 도심에서 부동산은 관리되지 않고 버려지기도 하며, 근린지역은 판자로 둘러친 건물과 잡초로 뒤덮인 공터 등으로 이루어진 불모지로 변하기도 한다. 도시 내 번화가의 인문경관은 주차장, 거대한 광고판, 가로수도 없는 주택지, 고속도로에 연결된 도로 등이 혼재되어 압도하고 있다.

보기 흉한 결과가 나타난 도시 사람들은 훨씬 질서가 잡힌 도시를 추구하게 된다. 도시가 소수의 정해진 사람들, 또는 엘리트층에 의해 통제될 경우 이러한 접근법은 훨씬 쉽게 적용될 수 있다. 예를 들어 산업화가 이루어지기 직전 바로크 시대에는 **그랜드 매너**(Grand Manner, 장엄하고 화려한 양식)로 디자인되었다. 아름다울 뿐만 아니라 통치자를 찬미하는 수단으로 기념비적인 도시 경관을 만들기 위해 도시계획이 이용되었다. 이 같은 접근방식에서는 미학적 목표가 핵심이 되었다. 그랜드 매너의 개념은 다음과 같은 요소를 포함하였다.

- 다양한 기념물, 동상, 기타 초점의 역할을 하는 구조물들을 연결하는 도로에 대한 체계적 설계
- 도시 전체, 또는 도시의 특정 랜드마크를 조망할

수 있는 경관을 형성할 수 있는 지형적 위치에 대한 고려
- 가로수가 늘어선 광폭의 대로와 주요 도로를 중심으로 한 도로 경관 디자인

이와 같은 디자인에 대한 주요 특징은 도로와 건축물에 적용되었다.

　다수의 유럽 도시들은 종종 군주의 후원 하에 이와 같은 원칙에 따라 디자인되었다. 프랑스에서 베르사유 시(Versailles)는 17세기 중반 루이 14세의 명령으로 디자인되었다. 미국에서 그랜드 매너 디자인의 가장 대표적인 사례는 워싱턴이다. 바로크 디자인을 많이 설계했던 도시계획가 랑팡(Pierre-Charles L'Enfant)이 1791년 워싱턴 전체를 설계하였다(1791년). 그는 도로나 단순격자 패턴으로 가득한 일반적인 도시계획과는 다른 설계를 제시하였다(그림 12.1). 랑팡의 원래 계획은 19세기를 지나면서 완성될 수 없었다. 그러나 20세기 초 워싱턴은 워싱턴 내셔널 몰, 서로 인접한 공원과 인공연못, 그 내부 공간에 들어선 기념물과 공공 건축물 등을 포함하는 **맥밀란 플랜**(McMillan Plan)을 통해 완성되었다.

맥밀란 플랜은 20세기 초 도시계획을 휩쓸었던 거대한 운동, 즉 도시미화 운동의 일부였다. **도시미화 운동**(City Beautiful Movement)은 미학적이고 쾌적한 공공도시를 설립할 가치를 강조한다. 1893년 시카고 박람회에서는 획일적인 높이의 백색 건축물, 획일적인 신고전주의 스타일의 파사드(전면), 기념물·분수·인공연못과 같은 공공 예술품들로 채워진 도시의 원형이 전시되었다.

　이와 같은 전시는 건축가 버넘(Daniel Burnham)의 아이디어였는데, 버넘은 '작은 계획을 세우지 말라'는 신조를 실천하고자 하였다. 1905년 버넘은 시카고 플랜이라는 거대한 계획을 제안하였다. 이 계획은 도시 중심부를 60마일(약 96km)이나 지나가는 여러 개의 환상도로를 포함하였으며 도시미화 운동의 다양한 요소를 보여주었다. 이 가운데에는 미학적 측면, 도시 팽창에 대한 인정, 통합 디자인, 거대하고 기념비적인 건축물의 건립, 자연의 쾌적성 등이 강조되었다.

　도시미화 운동은 그 제안자들이 희망했던 영향력을 발휘하지 못하였는데 그 이유는 너무 엘리트주의적이었으며, 너무 많은 비용이 들었고, 무엇보다도 실용적이지 않았다. 도시 미화운동에 대한 대응으로 등

그림 12.1 워싱턴의 전경은 그랜드 매너 방식의 도시 설계에서 전형적으로 나타나는 넓은 도로와 전망, 전체 도시 공간에 대한 질서를 보여준다.

장한 것은 도시 실용주의 운동이었다. 그러나 도시 실용주의 운동은 도시 미화운동에 대한 반대라기보다는 오히려 진화로 여겨져야 했다. **도시 실용주의 운동**(City Practical Movement)은 전문적인 디자인, 특화된 설계, 도시 관료주의의 성장을 나타냈다. 이 운동은 (1) 넓고 질서정연한 도시 공간에 대한 디자인, (2) 다운타운에 대한 대규모 부지 계획, (3) 수변과 기타 도시 편의시설의 도입, (4) 개별 도시의 독특한 특성을 만들어 내는 오래된 역사적 구조물을 보존해야 한다는, 유적 보전의 중요성에 대한 강조 등을 포함하여 미학적 도시를 설립하고자 하는 이상을 나타내었다.

효율성

도시계획은 훨씬 효율적으로 운영될 수 있는 도시를 건립해야 한다는 아이디어로부터 동기부여가 이루어졌다. 효율성에 대한 강조는 민간 개발업자의 관점에서는 경제성이 있는 개발 프로젝트가 실제로는 모든 사람들이 부담해야 하는 막대한 공공비용을 발생시킬 수 있다는 생각에 뿌리를 두고 있다.

19세기와 20세기에 도시가 성장하면서 도시의 비효율성에 대한 이와 같은 우려는 혼잡의 문제와 연관된다. 도시가 너무 급속하게 성장하여 더 많은 인구가 기존의 도시 공간에 밀집하여 거주하게 되었다. 밀도가 급상승하였으며 도시 블록 하나에 1,000명 이상이 거주하는 경우가 많아졌다. 도로를 점유한 건축물, 부족한 환기 시설, 일조권을 침범하는 건축물과 같은 문제들이 혼잡을 통제할 방법을 찾도록 만들었다.

이와 같은 상황은 유럽과 미국에서 똑같이 나타났다. 파리에서 1840년대 시 전체를 변화시킬 수 있는 권한을 부여받은 오스망(Baron von Haussmann)은 도심의 혼잡한 곳에 위치한 건축물들을 철거하고 1층에 상점과 사무실이 위치한 아파트 건물을 따라 길고 규칙적으로 놓인 도로를 건설하였다. 이와 같이 기존 도시를 철거하고 다시 디자인하면서 철거될 건물에 살고 있는 사람들에 대한 고려는 전혀 없는 과정을 **오스망화**(Haussmannization)라고 불렀으며, 이는 대규모 도시 재개발을 지칭하는 용어가 되었다(그림 12.2).

20세기 들어서서 미국에서는 도시의 혼잡에 대한 우려가 매우 커져갔다. 이는 심지어 너무 좁은 공간에 너무 많은 사람들이 모여 있는 상황에 대한 공포를 묘사한, 인구 과잉 문제에 대한 전시회까지 열리게 하였다. 혼잡에 대한 주요 해결책은 기존 건축물들을 철거하는 것이었다. 그러나 당시 이 방법은 불가능하였는데 그 이유는 많은 사람들이 이주해 나가는 데 필요한 비용과 교통수단을 가지고 있지 못했기 때문이다. 따라서 이 방법은 1950년대와 1960년대 이전에는 이행 불가능하였으며, 1950년대와 1960년대에 수십억 달러의 연방 정부 예산이 투입된 **도시 재개발 운동**(urban renewal movement)에 의해 1,000제곱마일(약 2,600km2)의 도시 공간이 재개발되었으며, 이 과정에서 200만 명이 살고 있던 60만 호의 주택이 철거되었다.

20세기 후반에 적어도 선진국들에서는 많은 인구가 분산되었기 때문에 혼잡에 대한 염려가 감소하였다. 아이러니하게도 도시 인구의 분산은 도시 확장(sprawl) 문제와 같은 또 다른 우려를 발생시켰다(8장 참조). 스프롤은 멀리 떨어진 곳에 위치한 주거지와 상업지에 공공서비스를 제공해야 하는 데서 발생하는 비용 때문에 비난의 대상이 된다. 자동차 도로를 유지하고, 상하수 시설을 새롭게 개발된 지역으로 확장시켜야 하며, 충분한 학교를 설립하는 것은 모두 공공부문의 우선순위에 포함된다. 표 12.1은 이와 같은 커뮤니티 서비스 비용을 보여준다. 표에 제시된 타운들의 경우 주거지 개발로 인해 발생한 세입 1달러당

Rue des Archives/ The Granger Collection, New York

그림 12.2 1870년 파리의 모습은 오스망화의 극적인 효과를 보여준다.

1.05~1.67달러의 서비스 비용이 소요된다는 것을 보여 준다. 상업지와 공업지 개발은 서비스 비용보다 더 많은 세입을 발생시키며 토지를 개발하지 않고 공지로 두는 것 또한 더 경제적이다. 이와 같은 수치에 대한 논란이 있는데, 그 이유는 개발업자들이 종종 새로운 주택이 이 숫자가 나타내는 것보다 더 많은 수입을 발생시킨다고 주장하기 때문이다. 커뮤니티들이 이 문제를 어떻게 다룰지가 도시계획가와 정부 관리들의 주요 관심사가 되었다. 우리는 이와 같은 성장 관리 전략을 이 장의 마지막 부분에서 다룬다.

사회적으로 공정한 계획

민간 개발은 다수의 사회 집단의 요구와 욕망을 충족시킬 수 있는 매우 활력적이며 부산한 도시를 조성하게 한다. 그러나 사회의 최빈곤층은 배제된다. 토지이용 계획은 이들을 거의 고려하지 않는다. 빈곤한 사람들은 주택에 대한 선택권이 없으며, 쇼핑 기회도 거의 없고 녹지도 누릴 수 없다. 이들은 대출업자, 고리 대출업체, 악덕 집주인에 의해 착취당한다.

역사적으로 도시 개발은 빈민층을 도시의 공공서비스와 보호로부터 제외시켰다. 불법 점유지(14장 참조)는 이와 같은 과정이 개발도상국 도시에서 어떻게 발생하는지 보여준다. 산업화로 도시 내 빈민층의 분포는 변화하였다. 빈민들은 부유한 사람들이 소음과 공해를 피해 떠나간 도심에 거주하게 되었다. 런던, 맨체스터, 뉴욕, 시카고를 비롯한 공업도시에서 사람들은 환기가 잘되지 않고 적절한 하수 시설을 갖추지 못한 끔찍한 주택에 거주할 수밖에 없었다. 많은 사람들이 공동주택에 거주하였는데 침실 하나를 4명이 같이 쓰는 경우가 일반적이었다.

19세기 중반에 이르러 문제가 더욱 두드러졌다. 당시의 보건 검사원이었던 의사 그리스콤(Dr. John Griscom)은 뉴욕 시에서 증가하고 있던 공동주택에 대해 다음과 같이 기술하였다.

그들의 집을 방문하여 문을 열 때 오염된 공기를 마셔야 하며, 어둠 속을 더듬거리며 시야가 어두운 공간에 익숙해질 때까지 머뭇거리다가, 출입구로 나가는 길이 딱딱

표 12.1 세입에 대한 커뮤니티 서비스 비용의 비율

	주거지	상업지/공업지	공지(空地)
Connecticut			
Hebron	1.00:1.06	1.00:0.47	1.00:0.43
Massachusetts			
Agawam	1.00:1.05	1.00:0.44	1.00:0.31
Deerfield	1.00:1.16	1.00:0.38	1.00:0.29
Gill	1.00:1.15	1.00:0.43	1.00:0.38
New York			
Beekman	1.00:1.12	1.00:0.18	1.00:0.48
North East	1.00:1.36	1.00:0.26	1.00:0.21
Ohio			
Madison Village	1.00:1.67	1.00:0.20	1.00:0.38
Madison Township	1.00:1.40	1.00:0.25	1.00:0.30
중위 비율	1.00:1.19	1.00:0.29	1.00:0.37

출처: American Farmland Trust 2006, Farm Information Center Fact Sheet.

한 흙이 덮인 부서진 마룻바닥에서 찾아야 한다. 거실과 침실에서 나오는 질식하게 만드는 수증기를 흡입하며, 어둠 속에서 목소리를 통해 수용자들을 찾아야 하고, 난로에서 깜박거리는 불꽃 사이에서 이들의 모습을 확인해야 한다.(Foglesong, 1986, p.64)

이와 같은 상황은 사망률의 증가로 이어졌는데 이는 가축우리와 같이 형편없는 가옥에 거주하던 사람들이 겪어야 했던 궁핍에 의해 발생한 것이었다. 보다 나은 보건 환경을 주장한 사람들이 상황을 개선시키기 위해 노력하였으며, 사회 복지를 주장하는 사람들 역시 같은 노력을 전개하였다. 사회적 명망이 있는 사람들의 걱정거리는 이 같은 상황이 평온한 사회를 위협하고 도덕적 부패, 불만족, 그리고 사회주의를 조장한다는 것이었다. 한 예로 1863년에 발생한 징병 폭동(draft riot)은 뉴욕 시 전체에 걸쳐 전개된 남북전쟁 징병에 대한 반대 폭동으로서 1,000명의 사망자를 발생시켰으며, 무정부주의 운동에 대해 적절한 조치를 취해야 할 필요성을 분명하게 만들었다.

그 결과 19세기 후반과 20세기 초 주택 개혁이 전개되었다. 미국에서 가장 인구 규모가 크고 가장 혼잡한 뉴욕 시가 개혁 운동에서 주도적인 역할을 하였지만 다른 도시들은 주택에 대한 규제를 강화하였다. 공동주택에 의해 점유될 수 있는 토지의 비율을 정하고, 화장실, 화재 대피용 비상계단, 창문 등에 대한 최소 기준을 설정하는 건축 법규와 같은 개혁 조치는 빈곤층의 주거환경을 개선시키기 위한 방안으로 이루어졌다(그림 12.3). 이와 같은 개혁 조치는 **사회적 형평성 계획**(social equity planning)이라 부른다. 마찬가지로 유럽 도시들은 위험을 무릅쓰고 공공주택을 건립하였으나 미국은 1930년대까지 이와 같은 방안을 적용하지 않았다.

오늘날에도 사회적 형평성을 위한 계획이 필요하다. 시장 원리에 의해 이루어지는 결정은 부유층에게는 유리하지만 빈곤층에게는 불리하다. 앞의 장에서 우리는 도시가 분권화되면서 상점과 일자리가 교외로 옮겨가고, 도심부에는 빈곤층만 남게 되는 상황을 살펴보았다. 11장에서 논의된 대도시의 파편화는 도시

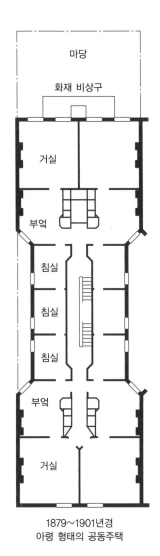

마당

화재 비상구

거실

부엌

침실

침실

침실

부엌

거실

1879~1901년경
아령 형태의 공동주택

그림 12.3 19세기 말 인구 압력은 새로운 도시 디자인을 등장시켰다. 아령 형태의 공동주택 설계가 콘테스트에서 우수상을 받았으나, 얼마 못가서 형편없고 유해한 주택의 사례로 전락하였다.
출처: Wright, Gwendolyn, 1981.

의 빈곤층에게 더 높은 세금을 부과하고 질 낮은 교육 및 공공서비스를 제공하여 상황을 더욱 악화시킨다. 젠트리피케이션은 도시 재활성화를 가져오지만 빈곤층에게 더 이상 해당 근린지역에 거주할 수 없도록 만든다.

도시계획가들은 도시 빈곤층의 상황을 개선시킬

수 있다. 일반적으로 그 방법은 복잡하고 비용이 많이 든다. 공공주택은 아직도 다수의 빈곤층을 위한 해결책의 일부가 될 수 있지만 8장에서 살펴본 바와 같이 수많은 문제들로 인해 활용되지 못하였다. 기업 유치지구는 세제 감면을 제공함으로써 도심으로 사업체를 유인할 수 있다. 그리고 9장에서 언급한 바와 같이 주택 바우처는 도시 전체에서 저소득층이 주택을 얻는 데 도움을 주었다. 클리블랜드의 도시계획가인 크럼홀즈(Norman Krumholz, 1996, p. 360)는 아무 조치도 취하지 않는 것은 지역사회에 중요한 사업체가 다른 지역으로 이주하고 주민들은 내버려진 상태로 있게 하거나 '인디언 보호구역'과 같이 외부의 경제적 지원에 대한 의존성이 높은 고립지역으로 변하게 한다고 설파하였다. 크럼홀즈는 도시계획이 보다 강력하고 활동적인 역할로 빈곤 및 인종 분리와 같은 주요 문제들을 해결할 수 있다고 주장하였다.

부동산 가치의 유지

초기 도시들은 기능적으로 통합되어 있어서, 주거지, 상업지, 공업지가 서로 인접하여 위치했었다. 또한 사회적으로도 훨씬 더 통합되어 부유층과 빈곤층이 근린지역을 서로 공유하였다. 도시의 폭발적 성장과 집중성의 증가는 정부가 **부정적인 외부효과**(negative externality)를 최소화하고 부동산 가치를 유지하기 위한 수단으로서 건축물과 부동산의 이용에 개입하고 규제하도록 만들었다.

부동산 가치의 문제는 **부동산 소유자의 딜레마**(property owner's dilemma)와 밀접하게 관련되어 있다. 만약 어떤 부동산 소유자가 건물을 보수했지만, 그 이웃들은 건물을 보수하지 않는다면 부동산 가치를 충분히 상승시킬 수 없다. 반대로 앞서 언급한 부동산 소유자가 자신의 부동산에 대해 보수를 하지 않더라도, 그 이웃이 부동산을 보수할 경우 해당 부동산 가치는 상승한다. 그러므로 사람들이 자신의 부동산을 유지·보수하고 개선하고자 하는 동기부여가 이루어지지 않는다. 게다가 모든 사람들이 이 원리를 따른다면 근린지구 전체는 고통을 받을 것이다. 결국 당신 이웃이 부동산의 가치를 결정하는 셈이다. 이는 고급 아파트 건물 바로 옆에 공장이나 나이트클럽을 세울 경우를 가정해 본다면 더욱 명백하게 이해될 수 있다. 그와 같은 경우 아파트 건물의 가치는 예외 없이 하락한다.

용도지역제(zoning)는 무엇이 어디에 위치해야 하는지 규제함으로써 부정적인 외부효과를 줄이기 위한 방안으로 도입되었다. 용도지역제는 구역을 정하여 해당 구역에 특정 용도의 토지이용만 허용하는 것을 말한다. 종합적 용도지역제(comprehensive zoning)는 19세기 말 프랑크푸르트와 같은 독일 도시에 처음 도입되었다. 도시의 서로 다른 구역은 다른 용도 지구로 지정되었으며, 건축물의 높이와 규모에 대한 규제가 도입되었다(그림 12.4). 미국인들은 이 제도를 부러워하게 되었고 이를 미국에 도입하였다.

20세기까지 용도지역제는 도시계획의 주요한 방식이 되었다. 연방 정부와 주 정부의 의해 허용되었고, 법원에 의해 합헌적이라고 판결을 얻으면서 용도지역제는 대부분의 시 정부의 근본적인 정책의 근간이 되었다. 용도지역제는 미화운동이 아니었는데, 도시에 대한 거대한 비전을 형성시키지 않았기 때문이다. 오히려 용도지역제는 민간 개발업자에 의해 야기된 문제를 최소화하기 위한 전략으로 적용되었다. 이 장 후반부에서 보다 상세하게 논의되는 용도지역제는 골칫거리를 해결하고 부동산 가치를 유지할 수 있는, 정치적으로 가장 매력적이며 훌륭한 방식이 되었으며, 그 결과 비즈니스 리더, 부동산 소유자, 공무원들이 선호

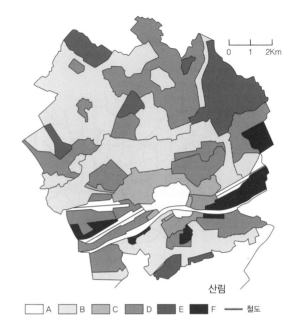

그림 12.4 독일 프랑크푸르트의 용도지역제 지도는 1910년에 제작되었다. 도심의 (A)지구는 공업용과 주거용으로 지정되었다. (C)지구는 고밀도 주거지이며, (B)지구는 저밀도 주거지이다. (E)지구는 단독주택지이다. 공업용은 (D)와 (F)지구에 한정된다.
출처: Sutcliffe, Anthony, 1981.

하게 되었다.

환경보호

환경운동이 전개된 시기가 1960년대 또는 1970년대 초라고 생각할지 모르지만 보다 깨끗한 환경을 조성하려는 노력은 19세기 초로 올라간다. 질병을 예방하기 위해 인근의 늪을 매립하는 것과 같은 조치는 오늘날의 관점과는 상반될 수 있으나 도시 환경을 개선하기 위한 욕망을 표출한 행위이다. 앞에서 논의한 문제들 가운데 혼잡과 같은 문제 또한 환경적인 측면과 연관되어 있다. 많은 도시들이 수돗물을 공급하고 쓰레기를 처리할 역량을 넘어서서 급속하게 팽창했기 때문에 공중보건이 주요 관심사로 대두되었다.

환경과 연관된 동향 중 하나는 공원의 조성에 관한

것이었다. 다수의 유럽 도시에는 점차 대중에게 개방이 된 왕족의 토지가 있었다. 미국 도시에는 그와 같은 토지가 없었다. 외곽에 값싼 토지가 많았지만 그러한 토지는 도시가 성장할 때 매매 이익을 얻으려는 투기업자들이 매입해 놓았기 때문에 활용할 수 없었다. 도시 행정가들은 공원이 환경에 중요하고 도시민들에게 녹지가 필요하다는 것을 깨닫게 되었다. 공원은 도시의 '허파'라고 묘사되며, 19세기 동안 많은 도시들이 공원을 조성하기 위한 광범위한 계획을 진행하였다.

옴스테드(Frederick Law Olmsted)는 미국에서 가장 잘 알려진 공원 설계가였다. 옴스테드는 1850년대 뉴욕에서 당시 팽창하던 도시의 외곽에 센트럴파크를 설계하였다. 그는 또한 보스턴, 브룩클린, 시카고, 몬트리올, 디트로이트 등지의 공원 설계를 담당하였다. 19세기 후반 그와 제자들은 많은 미국 도시들의 공원 조성에 참여하였다. 옴스테드는 공원이 힘들고 단조로운 도시의 삶으로부터 근로자들을 해방시키고, 슬럼으로부터의 나쁜 영향을 제거하는 데 일조할 수 있다고 생각하였다.

일부 도시 엘리트들은 공원이 빈곤층에게 전혀 혜택을 주지 못한다고 비난하였다. 사실 대부분의 공원은 해질녘까지 노동을 해야 하는 근로자들에게는 너무 먼 곳에 위치하여 공원까지 장시간 걸어가거나 전차를 타고 갈 시간적 여유가 없었다. 대신 부유층 사람들이 공원을 잘 이용하고 있었다. 특히 승마인들은 자연을 배경으로 말을 탈 수 있기 때문에 공원을 애용하였다(당시에는 도시에서의 이동 대부분이 말과 마차에 의해 이루어졌다). 게다가 공원 조성은 그 인접 토지의 가격을 상승시켰는데 이와 같은 패턴은 오늘날에도 그대로 유지되고 있다. 호화 아파트는 공원 바로 옆에 건립되었다. 후에 옴스테드와 그의 제자들은 공원 내부에 주거지를 배치한 교외지역과 공원 조경

을 활용한 도로(parkway)를 조성하였다(그림 12.5). 이와 같은 설계는 대부분의 도시에서 볼 수 있는 전통적인 격자 패턴으로부터 벗어난 것으로 부유층에게 인기가 있었다. 이는 여러 가지 면에서 현대적인 마스터플랜과 골프 코스 커뮤니티의 전조가 되었다.

공원 조성은 제도적 측면에도 영향을 주어 공원 위원회의 설립을 이끌었다. 1917년에 세워진 클리블랜드 대도시 공원관할구(Cleveland Metropolitan Parks District) 같은 조직은 그 권한의 범위가 대도시 전체로 중심도시와 교외지역을 모두 관할하였다. 그 결과 이러한 조직은 대도시권 전체를 관할하는 지방정부 기관의 모범 사례가 되었다.

오늘날 환경 문제는 공원 외에 다양한 사항과 관련성을 맺고 있다. 지하수 오염, 지표수 오염, 대기오염 등과 같이 다양한 환경오염의 유형에 대해 우려가 커지고 있다. 그러한 문제는 어떤 단일 시의 경계를 넘어서는 경향을 보인다. 그러므로 환경오염을 다룰 수

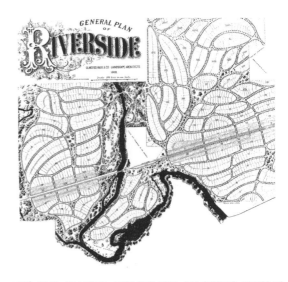

그림 12.5 옴스테드는 공원 같은 경관 속에 주택들을 배치한 커뮤니티를 설계하였다. 이 지도는 시카고 교외에 위치한 리버사이드(Riverside)의 계획도로 1869년 제작되었다.
출처: Kostof, Spiro, 1991.

있는 권한은 한 도시의 영역을 넘어서게 된다. 그럼에도 불구하고 이러한 문제들은 아직도 도시계획 부서에서 다루고 있다. 환경영향 평가의 필수 요건들은 많은 도시, 카운티, 타운십 계획가들의 일상적인 일에 영향을 주는 동시에 연방 정부와 주 정부의 핵심 관심사가 되고 있다.

현대 도시계획의 발달

19세기 말과 20세기 초 도시계획의 근거에 대한 관심이 증대되면서 소수의 거장들을 중심으로 설계가 이루어졌다. 이들은 도시에 대한 비전을 형성하였으며 실제 도시와 근린지구의 설계에 있어 이들의 비전이 복제될 만큼 도시계획사에 큰 영향을 주었다. 그러나 20세기를 거쳐 도시계획은 법적·제도적 틀 속에서 활동하는 전문가 집단의 손에 넘어갔다. 이와 같은 틀은 토지개발이 갖는 일상적인 측면에 많은 영향을 끼쳤으나 전체를 포괄하는 비전 제시는 미흡했다. 현대의 도시계획은 종종 주차공간을 확보하고 엄격한 기능 분리를 적용하는 것과 같은, 매우 협소하게 정의된 문제에 초점을 둔다. 이는 도시와 근린지구의 기본적인 개념을 재검토하고 어떻게 개선이 이루어질 수 있는지 살펴보자는 역반응을 낳았다.

주요 인물과 이상적 도시

20세기 초 많은 사람들이 현대 도시에 대한 수많은 비전을 제시하였다. 우리는 이미 버넘(Daniel Burnham)과 도시 미화운동에 대해 살펴보았다. 유토피아적인 비전은 그 범위에 있어서 훨씬 컸으며, 도시의 모든 건축물을 다시 세울 것을 요구하였다. 버넘처럼 비전을 제시한 사람들은 거의 제도적 권력을 가지고 있지 못한 개인들일뿐이었다. 그럼에도 불구하고 이들의 도덕적 권위는 상당했으며, 그 결과 이들의 비전은 도시 발전에 영향을 주었다.

하워드와 전원도시 운동 20세기에 들어와 처음 도시에 대한 비전을 실현시키는 데 성공한 것은 **전원도시 운동**(Garden City Movement)이었는데, 이는 영국인 속기사였던 하워드(Ebenezer Howard)로부터 시작되었다. 하워드의 이상적인 도시는 인구 중심지, 특히 당시로서는 세계에서 가장 규모가 큰 도시였던 런던과는 다른 특성을 갖도록 설계되었다. 가장 중요한 것은 전원도시의 이상적인 형태가 토지에 대한 공공 관리에 달려 있다는 점이었다. 사람들은 토지를 구입하기보다는 임대하였다. 토지는 일종의 기업과 같은 성격의 조직이나 위탁 사업체, 또는 정부에 의해 소유되었다. 이는 토지이용에 대한 결정이 대중의 이익을 위해 이루어질 수 있도록 만들었다.

전원도시 건설의 구체적인 원칙은 다음과 같았다 (그림 12.6).

- 최대 인구는 58,000명이었다. 후에 하워드는 보다 규모가 큰 중심도시와 약 32,000명의 인구를 수용할 수 있는 위성도시로 둘러싸인, 훨씬 더 큰 도시체계를 형성할 필요성을 인정하였다.
- 도시의 전체적인 레이아웃은 다수의 공원과 정원을 갖춘 여러 개의 동심원을 통해 제시되었다. 도시 전체는 물리적으로 도시의 팽창을 막는 그린벨트로 둘러싸여 있었다.
- 도시는 자족적이며, 모든 기능은 가까운 곳에 위치하였다. 공업시설은 도시 외곽에, 중앙정부와 상업기능은 중심부에 위치하였다. 도시는 공원과 상업지를 가진 **슈퍼블록**(superblocks)으로 더욱 세분되었다.

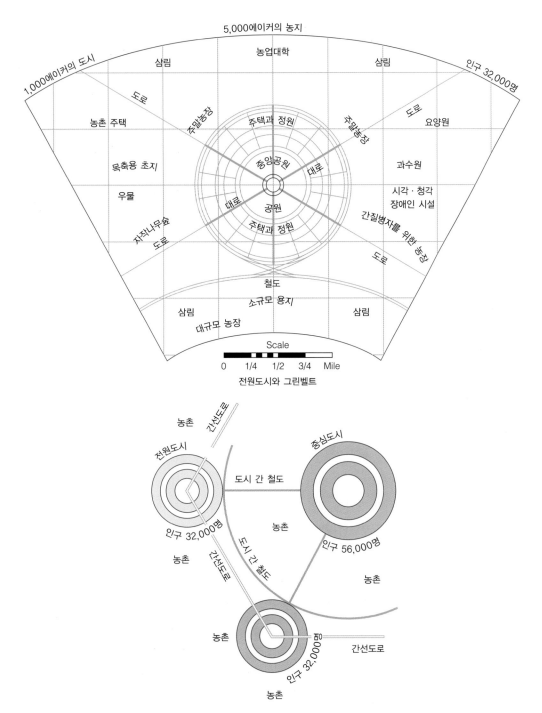

그림 12.6 하워드가 직장, 주거, 상업 기능 간에 균형을 이룬 자족적인 커뮤니티로 제안한 전원도시(Garden City)의 계획도.
출처: Levy, John M., 2000.

전원도시 계획은 손쉬운 접근성, 충분한 오픈스페이스, 도시를 기능지역으로 세분한 마스터 플랜에 대한 개념과 관련하여 성공을 거두었다. 영국과 여러 국가에서 전원도시 건설이 이어졌다. 몇 개의 전원도시 원형이 1차 세계대전 이전에 조성되었다. 2차 세계대전 후 영국은 전원도시 모델에 근거하여 다수의 **뉴타운**(New Towns)을 건설하였다. 뉴타운은 직장, 주택, 공원 등이 균형을 이루는 자족도시로 계획되었다. 영국에는 1995년까지 34개의 뉴타운이 건설되어 약 400만 명이 거주하고 있다. 전원도시 모형을 일부 변형시킨 도시들이 다른 국가들, 특히 프랑스에서 시도되었다.

르 코르뷔지에의 고층건물 도시 르 코르뷔지에(Le Corbusier)는 도시설계에 엄청난 영향력을 끼친 프랑스 건축가였다. 르 코르뷔지에가 생각하는 이상적인 도시는 최대한의 밀도를 넓은 공간성과 결합시키는 것이었다. 이는 오픈스페이스에 흩어져 있는 고층건물들을 통해 나타났다. 르 코르뷔지에는 '현대 도시(Contemporary City)'와 '빛나는 도시(Radiant City)'라는 두 개의 도시 모델을 만들었다. 세부적인 측면에서 차이가 있지만 이 두 모델은 도시가 어떻게 개발되어야 하는지에 대한 그의 비전을 따른 것이었다. 하워드의 전원도시처럼 르 코르뷔지에가 가졌던 도시 유토피아는 모든 토지를 공공의 소유로 유지하는 것과 넓은 녹지로 완충지대가 설정된 극단적인 기능지역들 간의 분리라는 원칙에 근거하였다(그림 12.7).

현대 도시는 르 코르뷔지에의 비전의 주요한 원칙들을 잘 보여준다. 르 코르뷔지에가 생각한 이상적인 도시는 인구와 면적에 있어서 거대하였다. 그는 이상적인 인구 규모를 300만 명으로 상정하였다. 도시 자체는 거대한 공원 속에 위치하여 시민들이 즐길 수 있고, 충분한 일조량과 수목을 접할 수 있는 수천 에이

그림 12.7 르 코르뷔지에는 도시를 오픈스페이스로 둘러싸인 거대한 고층건물들로 이루어져 있다고 인식하였다. 1920년대의 이 계획은 그가 어떻게 파리의 근린지역을 재설계하려고 했는지를 보여준다.

SambaPhoto/Nelson Kon/Getty Images

커의 공공용지를 포함하였다.

사람들은 다층 건물에서 거주하고 근무하도록 하였으며, 사무용 건물은 60층이나 되는 고층건물로 계획되었는데 이 높이는 설계가 제안되었을 당시인 1920년대를 기준으로 할 때 어떤 건물보다도 높은 것이었다. 지그재그 형태로 놓여진 8층 아파트 건물들은 1에이커(약 4,047m²)당 120명의 사람들을 수용하도록 되어 있었다. 이 계획에는 단독주택의 공급도 포함되었으나 그 범위는 제한적이었다. 게다가 건물들은 기둥(필로티) 위에 세워졌고, 1층은 비어 있었다.

도시의 기능들이 분리되어 분산·배치되었기 때문에 르 코르뷔지에는 도보로 이동할 수 있는 도시를 계획하지 않았다. 대신 각각의 건물군은 주요 도로나 철로로 연결되어 있도록 설계되었다. 그는 이와 같은 계획을 제안하면서 사람들이 개인 교통수단에 더 많이 의존하게 될 것이라고 예측하였다. 그러나 주차장은 그의 계획 속에 포함되어 있지 않았다.

르 코르뷔지에의 유토피아적 도시는 실제로 건설되지는 않았지만 그는 현대적인 도시 디자인에 영향

을 주었다. 일례로 브라질의 계획 수도인 브라질리아는 충분한 오픈스페이스로 넓고 기념비적 성격을 띠도록 디자인되었다. 인도 펀자브의 신수도인 찬디가르(Chandigarh)는 르 코르뷔지에가 직접 설계하였다. 이 두 도시에서는 비록 유입된 빈곤층의 불량주택이 주요 도로를 점거하는 일이 발생하였으나 해당 국가에서 일반적인 도시들보다 충분한 공간을 갖도록 설계되었다(14장 참조).

르 코르뷔지에는 도시 재개발 지구와 공공주택 건립에도 상당한 영향을 미쳤다. 이 두 사례에서 오픈스페이스로 둘러싸인 고층건물들이 분포하는 이상적인 디자인은 대표적인 특징이 되었다. 불행하게도 공공주택은 긍정적인 것보다는 훨씬 더 부정적인 인식을 낳았다. 숲이 우거진 공원으로 둘러싸인 마천루에 대한 르 코르뷔지에의 비전은 불모지로 에워싸인 퇴락한 콘크리트 블록으로 변화되었다(9장 참조).

라이트의 평원 도시 미국의 건축가 라이트(Frank Lloyd Wright)는 탈리에신(Taliesin, 위스콘신 주 스프링그린 소재), 폴링워터(Falling Water, 펜실베이니아 주 베어런 소재), 구겐하임 미술관(Guggenheim, 뉴욕 소재) 등의 혁신적인 건물설계로 잘 알려져 있다. 라이트는 또한 현대의 교외화된 도시와 여러 측면에서 유사한 유토피아 도시에 대한 비전을 제시하였다. 라이트의 비전은 근본적으로 교외지역을 포함하였다. 그는 인구와 기능이 집중된 거대 도시를 혐오하였다. 실제로 그는 뉴욕을 '섬유종(fibrous tumor)'이라고 불렀다. 그의 관심은 거대한 집단조직으로부터 사람들을 해방시키는 데 있었다. 라이트는 타운과 농촌을 통합하는 것이 가장 좋은 방안이라고 생각하였는데 이는 19세기 초 토마스 제퍼슨(Thomas Jefferson)이 먼저 제기했던 이상이었다.

라이트는 그의 유토피아적 도시를 평원 도시(Broadacre City)라고 불렀는데, 그 이유는 개인이 사적으로 소유한 거대한 토지로 구성되었기 때문이었다. 이와 관련하여 라이트의 계획은 하워드와 르 코르뷔지에의 비전에 담겨 있던 토지에 대한 공유 개념과는 상반되는 것이었다. 그의 계획은 분산된 취락과 그 취락들을 연결하는, 개인 소유 자동차에 의해 횡단되며, 널찍하고 조경이 잘된 고속도로였다. 이 도시에는 모든 주민들이 작물을 기르고 즐길 수 있는 1에이커(약 4,047m^2) 이상의 넓은 토지를 소유하는 것과 도시의 다른 구역에 위치한 직장으로 차를 타고 통근하는 것이 포함되어 있었다(그림 12.8).

물론 개인이 소유한 토지뿐만 아니라 도시 전체 면적 역시 넓어야 했다. 그러나 라이트는 쇼핑 지구와 공장 지구가 주택과 10~20마일(16~32km) 내에 위치해야 한다고 주장하였다. 여러 측면에서 라이트의 계획은 현대 도시의 교외지역과 매우 유사하였다. 이 모든 것은 배타적 주거지, 에지시티(edge city)의 개발, 자동차에 대한 의존, 거대한 토지 구역 내에서 분산된 주택 등으로 현실화되고 있다. 라이트의 비전과 현대 교외지역의 현실과의 차이점은 사람들이 시간제 농부가 될 것이라는 예측에 있다. 그러나 최근의 정원 가꾸기에 대한 관심의 증대로 이와 같은 예측 역시 멀지 않아 실현될지 모른다.

도시계획의 법적 근거

앞에서 살펴본 도시에 대한 비전들은 중대한 이정표가 되었다. 이러한 비전들은 도시 설계의 지침이 되었으며 도시계획 분야에서 도시를 전체로 보는 데 도움을 주었다. 그러나 이와 같은 비전의 약점은 모든 것이 중앙 권력에 의해 통제될 수 있다는 가정과 연관되어 있었다. 무엇보다도 르 코르뷔지에는 정치 자체와 정치

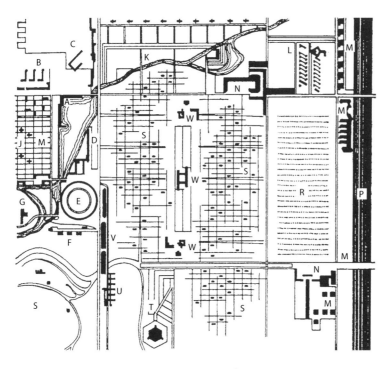

A	카운티 정부	L	호텔
B	공항	M	공업시설
C	스포츠	N	상업시설
D	전문직 오피스	P	철도
E	스타디움	R	과수원
F	호텔	S	주택과 아파트
G	요양소	T	사원과 묘지
H	소규모 공장	U	연구
J	소규모 농장	V	동물원
K	공원	W	학교

그림 12.8 라이트는 평원 도시를 설계하였다. 그는 개인 자동차로 달릴 수 있고 널찍하며 경치가 좋은 고속도로로 연결된, 분산된 취락을 계획하였다.

출처: Gallion, Arthur and Simon Esiner, 1983.

적 프로세스를 경멸하였다. 민주 국가에서 그와 고압적인 방법은 가능하지 않았으며, 도시 설계의 이상은 법적 현실에 직면해야 했다.

모든 자본주의 국가에서 도시계획은 부동산 소유자의 권리 문제와 씨름해야 한다. 토지는 사람들이 노동하고, 위락을 즐기고, 건축물을 세우고, 거주하는 대상이다. 사용 가치, 교환 가치, 그리고 토지와 주택의 상품화를 포함하는 토지의 또 다른 '가치'는 8장에서 논의되었다. 이와 같은 논의에서 상품으로서 토지의 가치가 그 소유권에 달려 있다는 것에 주목할 필요가 있다. 만약 토지를 공공이 공유하게 되면 교환가치는 발생하지 않는다. 이 경우 토지는 임대될 수 있는데 이를 통해 그곳에 거주하건 혹은 해당 토지를 다르게 이용하건 일정한 권리가 특정 개인에게 주어질 수 있다. 또한 개인이 토지에 건립된 건축물을 소유하는 것이 가능하다. 그러나 토지 자체는 매입되거나 판매될

수 없다. 이와 대조적으로 만약 토지가 개인 소유가 되면 그 토지는 매매될 수 있는 자산이 된다. 이는 해당 자산의 소유자가 자신이 소유하고 있는 토지를 이용할 수 있는 사실상의 권리를 갖게 하는 것이다.

미국에서 사적 재산에 대한 권리는 수정 헌법 제5조로 보장되고 있는데, 미국 수정 헌법 제5조에는 "사유재산권이 정당한 보상 없이는 공익 목적을 위해 수용되어서는 안 된다."라고 쓰여 있다. 이것을 헌법의 **수용 조항**(takings clause)이라고 부르며, 수정 헌법 14조에 의해 확인되었는데, 미국 수정 헌법 14조는 정당한 절차 없이 개인의 생명, 자유, 재산을 빼앗지 못하도록 보장하였다. 이와 대조적으로 다른 국가에서는 사적 재산권의 신성성을 인정하지만 미국과 같이 헌법적 틀 속에서 같은 수준의 권리를 제공하지 않는다(글상자 12.1).

다음과 같은 두 가지 이유로 토지는 다른 형태의 자

산과 차이가 있다. 첫째, 토지는 고속도로, 항구, 공항 등에 필요하다. 둘째, 토지는 해당 토지를 둘러싸고 있는 토지에 의해 직접적으로 영향을 받는다. 앞에서 살펴본 바와 같이 토지 소유자가 토지를 어떻게 이용할지는 그 이웃의 토지에 큰 영향을 줄 수 있다. 정부가 이와 같은 전제를 어떻게 다루어왔는지를 도시계획의 법적 발전과정을 통해 알 수 있다.

경우에 따라 정부는 8장에서 언급한 토지 수용권(eminent domain)을 통해 토지를 확보할 수 있다. 미국 헌법은 단지 일부의 부동산이 필요하다는 이유로 부동산을 수용할 수 없다고 명시하고 있다. 이와 동시에 특정 부동산 소유자가 토지 매각을 거부하기 때문에 전체 프로젝트를 지연하거나 중단할 수 없다는 점 역시 법적으로 인정된다. 수정 헌법 제5조에 명시된 토지 수용권에 따라 정부는 '정당한 보상'을 제공하고 민간 소유의 토지를 수용할 수 있는 것이다. 정부가 토지 수용을 통해 토지를 얻게 될 때, 토지 소유자에게 토지 보상금을 지불할 뿐만 아니라 그 가격도 결정한다. 미국에서 토지 수용에 대한 헌법 상의 근거는 1950년대에 제정되었다. 최근의 판례로 2005년 미국 연방대법원은 *Kelo* 대 *New London* 사건에서 시 정부가 종합개발계획의 일부로서 사업 프로젝트가 혜택을 얻도록 토지 수용권을 발동하여 개인소유 토지를 수용할 수 있다고 판결하였다.

또 다른 경우에서는 정부가 토지이용을 규제하고자 한다. 이와 같은 상황은 토지 매입보다 훨씬 더 복잡하다. 오늘날의 도시계획은 대부분 어떻게 한 필지의 토지가 이용될 수 있는지에 대한 규제를 포함하고 있다. 예를 들어 토지 소유자가 10층짜리 아파트를 지으려고 하지만 고도 제한에 따라 5층까지 밖에 세울 수 없는 상황을 생각해 보자. 이와 같은 5층 높이에 대한 '손실'은 더 많은 임대료에 대한 손실을 의미한

다. 부동산 소유자는 건축물 고도 제한이 잠재적 손실에 대해 보상되지 않는 한 '수용'에 해당한다고 주장할 수 있다. 그와 같은 기능을 제외시키는 것도 비슷한 방식으로 작용한다. 부동산 소유자가 주거 지역으로 지정된 토지에 공장을 짓고 싶어 한다면 그 소유자는 정부가 그의 재산권과 잠재적인 소득을 빼앗는다고 주장할 수 있다.

20세기 초에 이와 같은 수용 문제에 대해 다수의 법정 소송이 전개되었다. 캔자스 주의 금주법 하에서 이루어진 양조장 폐쇄, 보스턴의 건축물 고도 제한, 그리고 오하이오 주 유클리드(Euclid)의 용도지역제(주거지에서 상업용 건물의 건축 제한)와 관련된 소송들이 그것이다. 이 소송들에서 부동산에 관한 규제를 해제하고자 했던 고소인들은 패소하였으나 피고소인이었던 정부에게는 어느 곳에 무엇을 지을지를 결정할 수 있는 권한이 주어졌다. 그러나 이 모든 판결에는 도시계획에 대한 규제가 독단적이어서는 안 된다는 이해도 포함되어 있다. 오히려 공공보건·안전·복지를 지킬 수 있는 수단을 필수적으로 제도화시킬 필요가 있었다. 도시계획에 대한 규제는 대규모 커뮤니티의 지역계획 내에 포함되어야 하며, 그 계획이 커뮤니티 내의 모든 토지에 적용되는 종합계획 하에 이행되는 경우를 제외하고, 정부가 개별 토지 소유자로 하여금 특정 건축물을 건립하는 것을 금지할 수 없게 만들었다.

도시계획에서 가장 많이 이용되는 수단은 법규이므로 커뮤니티들은 종합계획과 용도지역제를 통한 규정들을 서둘러 제정하였다. 그러나 항상 부동산 규제와 개인의 재산권 보호 간에는 힘겨루기가 진행되고 있다. 최근에 재산권을 옹호하는 사람들, 즉 수많은 규제들이 헌법을 위반하고 있어 폐지되어야 한다고 생각하는 사람들은 토지이용 규제에 대해 적극적으로

글상자 12.1 ▶ 다른 국가들의 도시계획 권리

미국 헌법은 개인의 재산권을 보호하고 있는데 많은 사람들은 미국의 경기 호황이 장기적으로 유지되고 있는 이유 가운데 하나가 이 때문이라고 지적한다. 그러나 이와 동시에 많은 헌법과 법률 조항들은 도시계획가들에게 여러 가지 어려움을 가져왔다. 사실 도시계획은 다른 국가에서는 훨씬 용이하다. 재산권이 강하지 않으며, 개별 도시계획위원회가 더 많은 재량권을 가지고 있다. 미국을 영국 및 캐나다와 같이 유사한 문화를 가진 국가들과 비교할 경우에도 그 차이를 확인할 수 있다(그림 B12.1, 그림 B12.2).

재산권과 토지 수용에 관한 견해에 있어서 영국은 2차 세계대전 후 국가가 개발권을 갖도록 하였다. 즉 영국에서 토지 소유자들은 자신들의 개발권을 빼앗겼으며, 따라서 보상을 받아야 한다고 주장할 권리가 없다. 게다가 토지 소유자들이 개발에 대한 허가로부터 이익을 보게 되면 반드시 그 일부를 세금으로 납부해야 한다. 수용의 문제도 마찬가지이다. 캐나다의 헌법은 미국의 헌법과 같이 재산권을 보호하지 않기 때문에 토지 수용의 문제점이 적용되지 않는다.

또 다른 차이점은 도시계획위원회의 재량권과 관련되어 있다. 미국 내에서 도시계획위원회는 모든 당사자들, 즉 개발자와 주민이 똑같이 대우받아야 할 필요성에 의해 어려움을 겪는다. 이는 도시계획 결정에 대한 법원 판결의 근거가 되었다. 용도지역제는 균등하게 적용될 때만 허용된다. 따라서 개발자가 바람직

하지 않다고 생각되는 건축물을 건립하고자 한다면 용도지역 조례를 위반하지 않는 한, 계속해서 개발을 진행할 수 있다. 이와는 대조적으로 캐나다와 영국의 계획위원회는 더 많은 통제권을 갖는다. 영국에서 모든 새로운 개발은 계획위원회의 재량 하에 이루어진다. 종합계획이 마련되어 있고 새로운 계획안이 종합계획과 부합한다 하더라도 지방정부는 개발을 허용하지 않을 수 있다. 지방정부가 다른 방안을 고려할 수 있으며, 개발을 금지하기로 결정한다 하더라도 이 결정을 반박하기 위해 법적으로 의지할 수 있는 것이 아무것도 없다. 캐나다는 보다 혼합된 시스템을 가지고 있는데 이 시스템은 주마다 다르다. 그러나 일반적

그림 B12.1 미국 라스베이거스 교외 개발 지역의 항공사진.

저항해 왔다. 이들은 일부 법원 판결에서 승소하였다. 그 예로 한 소송에서는 부동산 소유자가 그의 주택을 개조하여 확장하는 대신 해안으로 나가는 연결 도로를 낼 것을 요구받았다. 대법원은 이 두 가지 종류의 행위가 서로 연관성이 없으므로 토지 소유자가 연결 도로를 제공할 필요가 없다고 판결하였다. 또 다른 예로 사우스캐롤라이나 주의 토지 소유자가 제기한 소송에서 토지 소유자는 자신의 해안가 토지에 건물을 세울 수 없다는 결정에 의해 재정적으로 손해를 보았다고 주장하였다. 대법원은 이와 같은 규제가 토지를

매입한 이후에 제정된 것이기 때문에, 그리고 그와 같은 규제가 토지를 가치 없게 만들었기 때문에 소유자가 보상을 받아야 한다고 판결하였다. 2001년 대법원은 한 단계 더 나아가 습지 안에 위치한 토지를 매입한 로드아일랜드 주 주민이 제기한 소송에서 비록 해당 토지의 매입 시점 이전에 습지 개발 제한에 대한 규제가 만들어졌으나 토지 개발을 통해 얻어질 잠재적 가치의 상실에 대해 보상을 받을 가치가 있다고 판결하였다.

20세기 후반까지 토지 수용 문제는 용도지역제 이

으로 캐나다인들은 용도지역제의 세칙의 맥락 속에서 계획위원회의 자유재량에 의해 이루어지는 결정을 따른다. 따라서 용도지역 조례를 따르지만 근린지역에 부적합하다고 여겨지는 토지이용을 거부할 수 있다.

다른 국가들에서는 그 차이가 더욱 크다. 예를 들어 프랑스와 네덜란드는 영국과 같이 도시계획 권한을 국가에 집중시켰다.

이는 도시계획 결정이 개활지(open space)를 유지하고, 사회적 형평성을 촉진하며, 자원을 공유하기 위한 목표에 따라 국가적 수준에서 이루어진다는 것을 말한다. 스웨덴과 독일은 지방정부의 권한을 오랫동안 인정해 왔으며, 미래 성장의 설계와 방향 설정에 대한 정부의 역할을 더 폭넓게 허용하고 있다.

그림 B12.2 캐나다 온타리오 주 토론토의 교외 주택지.

상의 문제들과 연루되었다. 멸종 위기에 처한 동식물 보호에 관한 법에 의해 정부 위원회는 자연 서식지를 침범하는 개발을 제한할 수 있는 권한을 갖게 되었다. 이는 재산권 보호를 지지하는 사람들을 분노하게 만들었으며, 미국 의회에서 환경법이 민간 부동산의 가치를 일정 비율 이상 감소시킬 경우 정부가 토지 소유자에게 보상할 것을 요구하는 법안을 제정하자는 운동으로 전개되었다. 또한 멸종 위기에 처한 동식물 보호에 관한 법 자체를 폐지하자는 발의까지 이루어졌다.

전문 직종으로서 도시계획의 성장

11장에서 지방의 권력이 어떻게 시, 카운티, 타운십, 교육구, 특별구, 그리고 대도시 수준의 도시계획 부서에 분산되어 있는지 다루었다. 각 행정단위의 정부는 서로 다른 권력을 가지고 있으며, 이들 가운데 많은 부분은 설계가들에게 의존하고 있다. 일부는 지역계획을 컨설팅 회사로부터의 아웃소싱을 통해 충족하지만 많은 지역에서는 행정부서 내에 근무할 수 있는 전문 도시계획가를 고용하고자 한다. 고용되는 도시계획가의 규모는 지역에 따라 차이가 큰데, 대도시의 경우는 거대한 계획 부서를 가지고 있고, 반면에 수많은 타운십에서는 지역계획을 수립하고 실행하는 단 1명의 설계사를 고용하거나 계약직으로 유지한다. 노동통계국에 따르면 도시계획가의 수는 1980년 13,000명에서 2004년 32,000명으로 증가하였다. 이 수치는 교통국, 환경국, 그리고 민간 기업 내에서 근무하면서 설계 업무에 참여하는 많은 사람들을 포함하지 않은 것이다.

도시계획은 여전히 공공부문의 활동에 속한다. 도시계획가의 70%가 지방정부에서 일한다. 그러나 민간 기업들도 도시계획가를 고용하는 데 그 수는 전체 규모의 20% 이내에 해당한다. 이와 같은 기업들은 역사 유적 보전과 같이 도시계획의 특정 측면을 중심으로 특화한 개인 컨설팅 회사와 일부 도시계획가를 자신들의 스태프로 두고자 하는 대규모 회사들을 포함한다. 고용된 도시계획가들 가운데 꽤 많은 수가 공인 계획가들로서 자격증 취득 시험에 통과한 사람들이다. 그러나 대부분은 공인 계획가 자격증을 갖고 있지 않지만 계획 업무를 담당하고 있다.

직종으로서 계획 부문의 성장은 주 정부와 지방정부의 팽창 및 관료제화와 연관되어 있다. 또한 직종으로서 도시계획은 일종의 도시계획의 수단, 즉 용도지역제와 같은 규제가 법적인 근거를 가지게 된 이후 등장하였다. 1917년 American Institute of Planners로 출범한 미국계획협회(American Planning Association, APA)는 계획가(planner)의 공인인 인증 과정을 제도화하였다. 미국 상무부는 1926년 의회를 통과한 표준용도지역 수권법(Standard State Zoning Enabling Act)을 도입하였다.

표준용도지역 수권법(SSZE Act)은 세 가지 측면에서 중요하다. 첫째, 도시계획 프로세스에 합리주의를 반영시키고자 하는 희망을 뒷받침한다. 당시 미국 상무장관이었던 후버(Herbert Hoover)는 질서정연한 사회를 추구하였다. 그는 정부가 시장에 개입해서는 안되지만 효율성, 표준화, 투자의 안정성이 확대되도록 노력해야 한다고 생각하였다. 그의 생각이 사회 전체의 여론을 반영하고 있었다는 점은 SSZE 법안 자체의 인기가 높았다는 데서 확인할 수 있다. 전국적으로 수천 부의 복사본이 판매되었다. 둘째, 이 법을 통해 도시계획에 대한 주 정부의 권한이 시로 이양되었다. 이 점은 주 정부가 다수의 헌법적 특권을 가지고 있고 이에 비해 지역 정부의 권한은 거의 없었기 때문에 중요한 의미를 가졌다. 상무부 역시 법적으로 방어가 가능하고 전국에 걸쳐 시 정부가 그대로 따라 할 수 있는 용도지역 조례를 만들었다. 1926년까지 약 43개의 주가 용도지역제를 적용하였으며, 420개의 지방정부가 용도지역 조례를 제정하였는데 대부분은 상무부에서 제시한 법안에 근거하였다. 1929년까지 대법원에서 용도지역제가 합헌적이라는 것을 명백하게 한 후 전체 도시 인구의 3/5을 포함하고 있는 754개 지방정부가 용도지역제를 운영하였다. 셋째, SSZE 법안의 공표와 함께 용도지역제가 주요한 도시계획 활동으로 등장하였다. 도시미화운동의 이상주의적 사고와 도시계획의 비전을 이끌었던 주요 인물들 대신 표준화되고 효율적인 도시를 계획하고자 하는 아주 평범한 생각이 지배하게 되었다.

1920년대 도시계획은 그 지리적 스케일에서 상이한 제도로 자리 잡게 되었다. 지역 정부는 새로운 법령을 제정하고 집행하는 최전선에 있게 되었다. 주 정부에서 도시계획 전문기관을 설립하는 것이 장려되었으나 1936년까지 한 곳만 설립되었다. 이와 같은 기관들은 도시 문제만을 배타적으로 다루지 않았으나 자연환경, 사회 특성, 경제활동, 건축물의 재고(stock)와 같은 많은 정보를 수집하고자 하였다. 지역계획 전문 기관도 설립되었다. 이 가운데 가장 유명한 곳은 테네시 계곡 개발공사(Tennessee Valley Authority, TVA)로 TVA는 인공댐, 호수, 수력 발전기를 관리하기 위해 1933년에 수립된 뉴딜(New Deal) 프로그램 하에서 만들어진 기관이다. 뉴딜은 연방 정부 수준에서 주택, 고속도로, 공공시설의 건립을 맡은 기관과 위원회를 설치하도록 하였다.

직종으로서 도시계획은 훨씬 다양해졌다. 용도지역제와 지구제에 대한 허가는 시 정부의 계획 부서의 주요 업무가 되었지만 하나의 집단으로서 계획가들은 서로 다른 공공기관과 민간 부문 사이에 흩어져 있던 업무를 특화시켰다. 최근의 계획 활동에 대한 조사 결과에 의하면 거의 모든 도시계획가들이 어느 정도 '규제'와 관련된 일을 하지만, 다른 업무에서는 상당한 차이가 존재한다. 도시계획가들은 대부분 주지사에 의해 고용되며, 종합계획, 용도지역 조례, 토지분할 규제, 도시 개발의 방향을 정하는 절차를 책임지고 있다. 또한 도시 재개발 사업이나 저소득층에게 공공주택을 공급하는 일 등에 관여하기도 한다.

또 일부 도시계획가들과 계획 전문 기관들은 지역의 교통 계획에도 참여하고 있다. 1956년 주(州) 간 고속도로 시스템의 확립, 즉 공공의 재정이 투입된 도시 교통망뿐만 아니라 고속도로 네트워크로 미국 전체를 연결시키고자 하는 대규모 사업이 전개되면서 대도시의 전문 교통계획 기관의 설립이 이루어졌는데 이 기관에서는 어느 곳에 새로운 교통 인프라를 설립할 것인지를 결정하는 권한을 갖고 있다. 환경계획은 (1) 자연환경에 대한 피해를 최소화하기 위해 정부가 민간 활동을 통제할 필요가 있다는 인식과 (2) 이를 행할 제도적 절차를 만들기 위한, 1960년대와 1970년대 통과된 일련의 법령으로부터 등장하였다.

정부는 또한 전반적인 경제 성장을 촉진시키고 특정 근린지구에서 빈곤을 경감시키기 위한 방식으로 과거보다 훨씬 더 경제 개발에 관여하게 되었으며, 민간 비즈니스 활동을 증가시켰다. 점차 쇠퇴하고 있는 중심 업무 지구를 재활성화하는 데 관심이 있는 도시계획가들 사이에서는 다운타운 재개발이 인기 있는 전문 분야로 등장하였다.

도시계획의 정치적 성격

도시계획가의 특정 활동과 관계없이 도시계획 자체가 매우 정치적인 활동이라는 점을 주목할 필요가 있다. 여기에서는 (1) 도시계획이 서로 다른 지리적 스케일에 관계된다는 점과 (2) 계획 과정에서 다수의 이해당사자들이 관여하게 된다는 점, 이 두 가지 측면에서 살펴보도록 하자.

도시계획은 여러 가지 공간 스케일에서 이루어진다. 대부분의 경우에 지방정부는 계획의 최전선에 위치한다. 지방정부는 도시, 타운, 타운십에서의 변화에 의해 가장 직접적으로 영향을 받는다. 카운티 정부 또한 개입할 수 있다. 많은 사례에서 카운티들은 적절한 용도지역제와 관할구역 내에 통제 메커니즘을 정립할 책임을 지고 있다. 카운티 정부는 또한 지방정부의 계획 목표를 조율하는 것과 같은 지역계획 업무를 담당한다.

로컬 수준을 넘어서서 주 정부와 연방 정부는 오랫동안 지역계획에서 많은 역할을 수행해 왔다. 주 정부는 다음과 같은 여러 가지 방식으로 관여하게 된다.

1. 주 정부는 그 자체로 부동산을 소유한 주체로서 고속도로, 공항, 정부 청사, 대학, 토지 등을 소유한다. 이와 같은 자산의 활용과 관련된 주 정부의 행위는 개발에 엄청난 효과를 미칠 수 있다. 일례로

고속도로의 노선을 정하는 것은 도시와 농촌 모두의 미래에 영향을 준다. 주 정부는 또한 정부 활동을 통해 특정 지역의 개발을 촉진시킬 수 있다. 1970년대 매사추세츠 주는 도심의 경제 개발을 자극하기 위해 모든 정부 청사를 도심에 위치시키고자 하였다.

2. 주 정부는 지방정부에게 법적 권한을 부여하는 주체이다. 도시와 타운의 정부는 어떤 것을 할 수 있고 할 수 없는지에 대해 주 정부의 가이드라인을 따라야만 한다. 예를 들어, 일부 주의 경우는 시 정부에게 종합계획을 제출하도록 요구한다. 또 다른 주에서는 특정한 한계 규모 이하의 부동산의 경우는 도시계획에 대한 검토를 면제하는데, 이는 보다 더 규모가 큰 부동산에 적용되는 가이드라인을 따를 필요가 없다는 것을 의미한다.

3. 주 정부는 다양한 토지이용 규제를 만든다. 즉 호수변의 주택 부지를 일정 면적으로 요구하는 것과 같이 시 정부가 따라야 하는 폭넓은 토지이용 계획을 수립할 수 있다. 또한 기존의 도시에서 개발이 이루어져야 함을 명기하는 것과 같이 특정 가이드라인을 제공하거나 토지 침해에 관한 소송을 제기하거나 변경시킬 수 있다.

4. 주는 지역의 새로운 계획에 재정 지원을 한다. 많은 자금, 심지어 연방 정부의 예산이 주로 투입되고, 주는 해당 예산이 어디에 사용될지 결정한다.

연방 정부 역시 도시계획에서 중요한 역할을 수행한다. 미국에서 연방 정부는 국가 수준의 토지이용 계획으로부터 거리를 두려는 경향을 보이는데 이는 다수의 유럽 국가들과는 명백하게 대조를 이루는 것이다. 그러나 도시계획에 대한 영향력은 크다. 이는 1920년대 SSZE 법안(표준용도지역 수권법)의 통과와 몇 가지 주요한 대법원 판결까지 거슬러 올라간다. 첫째, 주 정부와 마찬가지로 연방 정부는 많은 부동산을 소유하고 있는데, 군사기지, 우체국, 무기고, 병원, 정부 청사, 그리고 거대한 토지의 소유 주체가 된다. 정부가 이와 같은 자산을 어떻게 사용할지 결정하는 것은 커뮤니티에 영향을 준다. 일례로 1990년대 정부는 일련의 군사기지 폐쇄를 시작하였다. 이것은 민감한 문제였는데 군의 준비태세에 대한 영향 때문이 아니라 기지 폐쇄가 많은 일자리를 사라지게 하고 이는 그러한 일자리에 의존했던 지역 경제에 악영향을 주기 때문이었다.

둘째, 연방 정부는 토지이용에 관한 선택권에 영향을 주는 많은 법규를 제정하였다. 이 가운데에는 수질오염 방지법, 대기오염 방지법, 장애인 복지법(장애인 복지법은 건축물, 도로, 보도 등이 장애인에게 적합한 조건을 갖출 것을 요구함)과 멸종 위기에 처한 동식물 보호에 관한 법이 포함되어 있다. 연방 정부는 또한 주택담보대출 기관이 서비스가 충분하지 않은 근린지역에 위치해야 한다는 법을 통과시켰다. 물론 8장에서 논의된 주택담보대출 이자의 공제 혜택과 주택담보에 대한 연방 정부의 보호가 주택 소유와 교외 개발에 있어서 중요한 역할을 수행하였다. 이는 지역의 계획 담당 공무원과 민간 개발업자가 대응해야 하는 연방 정부의 영향력의 일부분이다. 셋째, 연방 정부는 재정 지원을 하는데, 주 정부와 지방정부에 예산을 제공한다. 또한 연방 정부는 특정 규정이 지켜지지 않았을 때 예산을 회수할 수 있다.

어떤 스케일에서도 도시계획가들은 정치적으로 명민해야 한다. 거대한 도시계획단체에 소속된 도시계획가들은 정치로부터 보호를 받을 수 있다. 이들은 정보 수집, 분석, 지도 제작 등과 같이 도시계획의 훨씬 기술적인 측면의 업무를 담당할 수 있다. 그러나 대부분의 도시계획가들은 매우 정치적인 프로세스를 담당하고 있다. 이들은 해당 계획에 의해 영향을 받을 수 있는 다수의 이해당사자들의 이해관계를 고려해야만 한다. **이해당사자**(stakeholder)는 정부, 민간 개발업자, 금융업자, 주민들과 같이 관련된 모든 주체들을 아우르는 포괄적 용어이다.

그림 12.9는 도시계획 결정이 얼마나 정교하게 이루어지는지를 보여준다. 이 그림의 중앙부에 위치한 주체는 계획을 수립하고 권고안을 만드는 전문적인 도시계획가들이다. 이들은 직접적으로 시 의원, 시장, 카운티 위원들을 포함한 공무원들과 계획 위원회, 심사 위원회, 환경 위원회, 기타 감독 기관에 참여하는 '시민 계획가'들에게 직접 설명을 제공해야 한다. 계획가들은 주 정부와 연방 정부에 의해 제공되는 규제와 예산 지원의 영향을 받는다. 이외에도 관련 주체들이 있다. 계획가 집단은 개별 부동산 소유자에 의해 개발되며, 일부 주민들에 의해 점유될 부동산을 규제한다. 주민들은 공식적인 조직을 만들고자 하며, 뉴스 미디어의 관심을 얻고, 정치가들에게 압력을 행사한

다. 그리고 사람들의 관심이 집중된 소송에 연루된 모든 사람들은 변호사의 법률 서비스를 얻는다.

이와 같은 이해당사자들의 연결망이 어떻게 도시계획 결정에서 중요한 역할을 수행하는지 주목하기 위해 저소득층을 위한 주택 개발 계획을 고려해 보자. 한편으로 주 정부와 연방 정부는 비록 이들의 접근방법이 당근과 채찍으로 구성되어 있지만 저소득층을 위한 주택이 서로 다른 커뮤니티에 분산되어야 할 것을 요구한다. 연방 정부는 저소득층을 위한 주택 분산 공급을 따르고자 하는 시에 커뮤니티 개발의 정액 보조금을 지원한다. 한 지역의 모든 커뮤니티가 저소득층을 위한 주택을 제공하는 데 참여하는 **공정분담 주택**(fair share housing)은 아직도 다수의 대도시 정책에 영향을 준다. 뉴저지 주와 같은 일부 주에서는 이와 같은 규정을 제정하였다(글상자 12.2). 추가적으로 그와 같은 주택을 제공하는 데 관심을 갖는 개발업자들이 있다. 이들은 저소득층 주택에 대한 세제 혜택이나 또 다른 혜택에 의해 동기부여를 받지만 그 이유가 무엇이건 간에 민간업자가 항상 관여한다. 어느 곳에 세

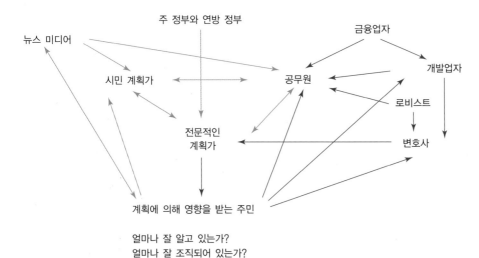

그림 12.9 모든 커뮤니티 계획은 다수의 사람과 집단, 즉 이해당사자들에게 영향을 준다. 이 다이어그램은 계획 과정에 있어서 서로 다른 이해당사자 간의 관계를 보여준다. 전문적인 계획가들은 중간 위치에서 이해당사자들 간 다양한 이해관계를 고려해야 한다.

글상자 12.2 ▶ 뉴저지 주의 공정분담 주택

공정분담 주택은 모든 커뮤니티가 중하위 소득층 주택에 대한 '공정한 분담(fair share)'을 해야 한다는 것을 의미한다. 실제 공정분담 주택에 관한 조항은 준수하기 어렵다. 비록 사회 전체가 빈곤층을 위한 주택을 공급해야 할 필요성을 인정하지만 많은 커뮤니티들은 규모가 작은 주택, 이동 주택, 다가구 주택을 금지시키면서 저소득층의 주택이 들어서는 것을 허용하지 않는다. 그 결과 공공주택이나 공공의 지원으로 건립된 주택 대부분은 도심에 위치해 있다. 주택에 대한 차별 자체는 불법이지만 커뮤니티가 배타적인 용도지역 조례를 제정하는 것을 막을 규정도 거의 없다.

뉴저지 주는 인구밀도가 가장 높은 주이며, 캘리포니아 주와 함께 도시화율이 가장 높은 주이다. 뉴저지 주는 공정분담 주택의 법적 근간을 가장 먼저 만들었다. 1970년대 초반 뉴저지 주 대법원은 타운십이 최소한의 주택 크기를 지정할 수 없다고 판결하였다. 가장 유명한 소송은 뉴저지 주의 마운트 로렐(Mount Laurel) 타운십과 관련된 소송이었다. 뉴저지 주 대법원은 1975년 "중하위 소득층의 공정한 분담에 대한 실질적 기회를 제공해야 한다."고 판결하였다(Cullingworth, 1993, p. 67). 즉 커뮤니티들이 (저소득층에 대한) 배타적 용도지역제를 제도화하는 것을 금지시켰다. 이와 같은 원칙은 1980년 두 번째 마운트 로렐 판결에서 재확인되었으며, 저소

득층 주택 건립을 위한 포괄적 용도지역제의 필요성이 제기되었다. 이와 같은 규정은 개발업자에게는 용도지역 내에 밀도를 높이는 일부 조항들을 포함하여 동기부여가 될 수 있도록 구성되었다. 마운트 로렐 타운십 판결로부터 나온 조항의 경우 저소득층 주택이 4채의 주택마다 1채씩 건립되어야 한다는 것도 포함되었다(그림 B12.3).

마운트 로렐 판결은 성공적으로 공정분담 주택의 개념과 의미를 인식시키고, 모든 시가 저소득층을 위한 주택을 공급할 필요성을 선언하도록 만들었다. 그러나 뉴저지 주의 정치인들과 시의 리더들로부터 저항이 발생함으로써 본래의 의도가 많이 희석되었다. 1980년대 통과된 뉴저지 공정분담 주택법은 법원의 판결을 대체로 따르면서도 배타적인 용도지역제에 대한 감독 부분을 완화시켰다. 그 결과 실제로 건립된 저소득층 주택의 수는 적었다. 2003년 이후 뉴저지 주의 공정주택에 대한 규정을 감독하고 시행하기 위해 구성된 중하위 소득층을 위한 주택 위원회(Council on Affordable Housing)는 10채의 주택당 1채의 저소득층 주택이 건립되도록 규정을 완화시켰다. 사실 개발업자를 위한 자체의 공정분담 주택 규정과 인센티브 제도를 갖추고 있는 캘리포니아 주는 이 분야에서 가장 앞서 있다.

그림 B12.3 뉴저지 주 마운트 로렐.

워지건 적정 가격의 주택을 공급해야 할 것을 주장하는 빈민층 지지 단체들도 관여할 수 있다.

반면에 저소득층 주택지로 제안된 곳과 인접한 지역에 살고 있는 주민들은 저소득층과 근접하여 거주하길 꺼린다. 이들은 저소득층을 위한 주택 공급의 필요성을 인정하지만 바로 인접하여 거주하고자 하지 않는다(글상자 8.2). 도시계획가들은 이와 같은 태도를 '님비(Not In My Backyard, 지역 이기주의)'라고 부른다. 종종 부적절한 토지이용의 유형은 '룰루(Locally Unwanted Land Uses, 지역 주민이 반대하는 부동산 개발)'라고 칭한다. 저소득층을 위한 주택은 주민들 사이에 님비 반응을 불러일으키는 룰루의 예이다. 지역 주민들은 자신들의 생각을 지역의 정부 관리와 시민 계획 위원회에 알리고자 한다. 뉴스 미디어는 해당 문제에 대해 알게 되고 이를 보도하기 시작하는데 이는 잠재적인 갈등의 범위를 확대시키게 된다. 이 분쟁에서 모든 당사자들은 변호사를 고용하여 자신들의 입장을 표명하며, 이들은 계획 위원회나 법원에 문제를 제기한다. 일반적으로 전문적인 계획가들은 모든 이해관계를 조율해야 하는 부담을 안게 된다. 도시계획가가 전반적인 갈등을 유발시킬 수 있으나 논란거리에 관한 결정을 내리는 데는 거의 도움이 되지 못한다. 최종 판결은 선출된 공무원이나 법원에 의해 이루어진다.

종합계획과 현대 도시계획의 도구

현대의 도시계획은 종합계획이라고 알려진 문서로부터 시작한다. **종합계획**(comprehensive plan)은 기존의 토지이용 상황, 인구, 커뮤니티 내에서의 경제 현황을 분석하고 미래의 커뮤니티 발전 방향을 제시하는 계획을 말한다. 정치적인 관점에서 종합계획은 커뮤니티의 목표를 설정하고 계획 프로세스를 제도화하며, 특정한 규정에 법적 근거를 만들고, 커뮤니티 내에서 서로 다른 이해당사자들이 협력하는 토대를 마련하는 중요한 문서이다.

종합계획의 역사적 뿌리는 19세기 말과 20세기 초에 전개된 도시 미화운동 및 전국적인 공원 건립의 확산에서부터 시작되었다. 공원 설계가였던 옴스테드는 1911년에 있었던 연설에서 종합계획의 중요성을 강조하였다. 1920년대에 이루어진 사법적·정치적 조치를 통해 지역마다 종합계획을 수립하게 되었다. 상무부 장관 후버는 용도지역제를 지지하였으나 그의 관심은 도시계획 전체로 확대되었다. 1928년에 통과된 표준도시계획 수권법(Standard City Planning Enabling Act)은 새로운 건축물과 기간시설의 입지를 정할 때 모든 커뮤니티의 기간시설, 공공건물, 용도지역계획 등을 모두 고려하는 계획을 수립해야 할 것을 요구하였다. 당시 법원의 판결은 용도지역 결정이 상위 계획의 일부로 포함될 필요가 있다는 점을 나타내었다. 종합계획은 그와 같은 목표를 달성하기 위한 수단이 되었다. 1954년에 제정된 주택법(Housing Act)은 수천여 개의 커뮤니티에서 종합계획을 수립하게 만들었다. 주택법에 의해 마스터 플랜을 개발하기 위한 재정적 지원이 이루어졌으며, 커뮤니티들은 종합계획을 개발하고 유지하기 위해 필요한 스태프를 고용할 수 있게 되었다. 물론 용도지역제가 어떤 계획에서도 기본적인 요소이기 때문에 이와 같은 제안들은 용도지역제의 영향력을 더욱 확대시켰다.

종합계획의 요소와 단계

일정 규모의 커뮤니티 대부분이 종합계획을 수립했을 것이라고 기대할 수 있지만 종합계획의 범위와 정교함의 정도에서는 매우 큰 차이가 있다. 대도시들의 경우는 다수의 칼라 사진과 그림이 포함된, 훌륭하게 작성된 문서를 가지고 있다. 지역의 종합계획은 다수의 도시계획가들에 의해 작성될 뿐만 아니라 수천 명의 커뮤니티 주민들의 생각을 담고 있어 근본적으로 정치적인 성격을 띤 문서라고 할 수 있다. 규모가 작은 커뮤니티의 계획은 훨씬 단순하지만 다음과 같은 주요 요소로 구성되어 있다.

- 일련의 목표로 구성되어 있는 커뮤니티에 대한 장기적인 비전
- 도시의 자연지리와 인문지리 현황 제시 ─ 이 부분은 지역의 (1) 도로, 수도, 전기, 가스, 교량, 항구 등과 같은 기간시설, (2) 공원 등을 포함한 공공용지, (3) 환경적 특성, (4) 역사문화 유적과 자원의 특성, (5) 인구적 특성, (6) 경제적 특성 등에 관한 목록을 말한다. 이와 같은 종합계획의 측면은 도시계획가들과 기타 공무원들이 다루고 있는 지역의

성격을 이해시키는 유용한 개요서가 될 수 있다. 예를 들면 집약적 개발이 가능한 토지가 어디에 위치하는지 보여줄 수 있다. 개발 가능한 토지를 보유하고 있는 커뮤니티들은 거의 개발할 수 있는 토지가 남아 있지 않은 커뮤니티들과는 다른 입장을 나타낼 수 있다.

- 인구 성장 예측 및 토지이용 패턴과 같은 과거의 경향과 미래의 방향성에 대한 개관
- 다양한 경향성을 다룰 수 있는 방법, 그리고 그 방법을 커뮤니티의 목표 전체와 세부 목표에 적용시키기 ─ 이것은 커뮤니티 계획의 이행 부분이며 계획의 관점에서 가장 중요한 부분이다.
- 커뮤니티의 행정부가 어떻게 지역의 변화를 다루고 새로운 제안을 이행할 것인지와 커뮤니티 주민들이 어떻게 참여할 수 있는지를 보여주는 절차에 대한 검토

그림 12.10 오하이오 주 클리블랜드의 계획지구 지도. 이 지도는 클리블랜드의 자체 종합계획에 포함된 것이다. 계획지구 또는 계획구역은 특정 근린지역이 어떻게 변할 것인지에 대한 상세한 분석을 가능하게 한다.

종합계획은 전체 커뮤니티에 대한 많은 사실을 제시하지만 도시를 계획지구나 계획구역으로 세분한다. 이는 정확하게 계획이 실행될 구역에 대해 매우 상세한 구분을 할 수 있게 해 준다(그림 12.10).

종합계획을 수립하는 것은 상당히 큰 작업이며, 그러한 이유로 새로운 계획의 수립은 수년에 한 번씩만 이루어진다. 데이터 수집, 목표 설정, 계획 수립, 계획 이행이라는 네 단계를 통해 계획이 수립되고 실행된다.

데이터 수집 데이터를 수집하는 것은 계획 수립에 있어서 가장 기술적인 부분으로 도시계획가들에 의해 이루어진다. 계획가들은 부지의 특성, 현행 개발 계획의 유형 분류, 기간시설, 공유지, 시설, 인구 등의 필요한 자료들에 관한 기준 데이터를 수집한다. 계획가들이 미래의 프로젝트에 대해 방향성을 제시하기 위해 알고 있을 필요가 있는 항목들이 중요하다. 우리는 앞서 그와 같은 항목으로서 개발 가능한 토지를 언급하였지만 다른 요소 역시 중요하다. 예를 들어 연령 분포 역시 중요한데 그 이유는 100명의 노인들을 위한 도시계획은 100명의 유치원생을 위한 계획과는 그 성격이 전혀 다르기 때문이다. 마찬가지로 계획가들은 커뮤니티 내에서 성장하고 있는 곳, 안정적인 곳, 쇠퇴하고 있는 곳이 어디에 위치하는지 파악해야 한다. 도시계획가들이 이용하는 데이터는 미국 인구조사국, 노동통계국, 주 정부의 산하 기관, 그리고 특정 데이터를 제공하는 민간 기업과 같이 다양한 출처로부터 나올 수 있다. 또한 일부 데이터의 경우는 계획가들이 직접 수집한다. 오늘날 데이터 분석은 컴퓨터 응용 프로그램, 즉 데이터베이스, 스프레드시트, 통계 패키지, CAD, GIS 등을 이용하여 이루어진다. 특히 공간 정보의 분석에 GIS가 활용되는데 GIS는 가장 강력하고 효과적인 도구로서 도시계획가들이 항상 이용한다(글상자 12.3).

목표 설정 종합계획을 수립하는 과정에서 정보 수집 단계는 정치적 성격을 띠지 않지만 두 번째 커뮤니티 목표를 설정하는 단계는 정치적 성격을 강하게 띤다. 종합계획은 먼저 비전과 목표의 설정으로부터 시작된다. 일반적으로 주민들이 자신들의 커뮤니티가 나타내는 성격에 대해 의견일치를 보인다. 예를 들면 지속적 성장을 통해 과세와 고용 기반을 계속해서 증가시키기, 자연환경적·문화적 특성의 보전을 통해 커뮤니티의 특성 유지하기, 강력한 커뮤니티 공공서비스의 공급을 통해 시민의 정부가 작동하고 있다는 것을 보여주기 등이 여기에 해당한다. 과도한 성장에 대해 우려하고 있는 커뮤니티도 있고 수년간의 쇠퇴를 해결하기 위해 고전하는 커뮤니티가 있는 것처럼 약간의 차이는 존재하지만 커뮤니티의 목표는 대부분 유사한 경향을 보인다.

각각의 계획에 대해 커뮤니티의 목표가 표준 문안으로 작성될 수 있지만 목표를 결정하는 과정은 시간 소모가 크다. 도시계획가는 매우 다양한 시민들로부터 의견을 얻어야 한다. 도시계획가는 (1) 살기 좋은 도시는 어떠해야 하는지, (2) 어떤 부분이 개선되어야 하는지, (3) 어떤 종류의 건축물과 시설이 개선되고 대체되어야 하는지, (3) 커뮤니티에 대한 인식은 어떠한지 등을 주민들로부터 알아보기 위해 설문조사, 공청회, 포커스 그룹 인터뷰 등의 방법을 이용할 수 있다. 시간을 투여해서 기꺼이 자신의 견해를 제시하는 사람들이 있는 한 의견을 제시하는 사람들의 수를 제한할 필요는 없다. 이와 같은 프로세스를 통해 수많은 견해가 제시된다. 오리건 주 포틀랜드에서는 17,000여 명의 사람들이 의견을 제시하기도 하였다.

글상자 12.3 ▶ GIS와 도시계획   **기술과 도시지리**

최근의 도시계획 업무는 정교해진 지리정보시스템과 컴퓨터 모델에 의해 변화하였다(그림 B12.4). 이는 도시계획이 상당한 양의 종합적인 지역 데이터를 필요로 한다는 점을 고려하면 충분히 이해가 된다. 소방서와 같은 새로운 시설의 입지에 대해 결정해야 하는 경우를 생각해 보자. 여러 곳의 후보지가 도시 전체에 분포하며, 도시계획가는 (1) 출동 시간을 줄이기 위해 접근성이 가장 크고, (2) 인근 근린 지역에 소음과 혼란을 최소화하며, (3) 부지의 특성에 맞아야 하고, (4) 비용을 최소화할 수 있는 곳을 선정해야 한다. 이들 변수들은 도시계획가가 고려해야 하지만 지리 데이터베이스를 통해 분석하는 것이 적절하다. 여러 정보들을 레이어(layer)로 구성하여 잠재적인 부지의 장단점을 쉽게 비교할 수 있다. 예를 들어 도시 내에 새로운 도로나 새로운 주거지가 형성되는 것과 같이 상황이 바뀌면 데이터베이스는 신속하게 업데이트될 수 있다.

지리정보시스템 소프트웨어는 전 세계적으로 도시계획에 활용되고 있다. GIS를 활용하여 도시 성장의 지리적 변화 과정을 살펴볼 수 있으며, 그와 같은 성장 과정이 기간시설의 수용력과 일치하는지, 그리고 환경적으로 취약한 토지를 침범하는지 등을 살펴볼 수 있다. 또한 도시계획가가 미래의 성장 패턴을 그려보기 위하여 현재의 용도지역 지도에 개발 가능한 토지를 넣어 그 결과를 시뮬레이션해 볼 수도 있다. 부동산, 용도지역, 기간시설의 분포도와 토지이용도 등을 조합하고 수정할 수도 있다. GIS 자료는 디지털이기 때문에 인터넷을 통해 공유될 수도 있다. 이용자들은 정보에 접근할 수 있고, 특정 부동산의 특징을 즉각 확인할 수 있다.

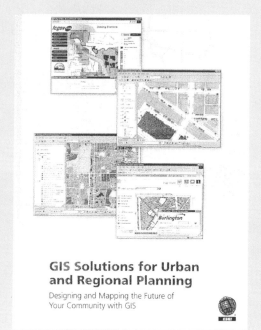

그림 B12.4 GIS 응용 소프트웨어의 예시.
출처: Da-Wei Liou, GISP, Delaware County Regional Planning Commission.

계획 수립 계획을 수립하는 것은 전문적인 도시계획가가 담당하는 부분으로서 종합계획에 지도를 첨부하고 계획의 조건, 목표, 이행 방법을 문장으로 표현하는 부분이다. 여기에서 지도는 가장 핵심적인 요소인데, 그 이유는 정책 수립가와 시민들이 한 지역의 과거와 미래를 시각화시킬 수 있기 때문이다. 법적으로 커뮤니티가 다음 단계에서 행하는 행위는 종합계획에 근거해야 할 필요가 있고, 도시는 가까운 미래를 위한 이러한 수칙들을 준수해야만 한다. 일례로 플로리다주의 법은 다음과 같이 규정하고 있다.

토지 개발 규정은 종합계획과 일치해야 하는데 이는 토지 개발 규정에 의해 나타나는 토지이용, 밀도, 집중도, 수용력, 규모, 시간소요 등이 종합계획 내의 목표, 정책, 이용, 밀도, 집중도 등과 일치한다는 것을 말한다.(from Meck, Wack and Zimet, 2000, p. 347)

계획 자체는 용도지역 조례와는 다르기 때문에 세부적인 사항을 제시할 필요가 없지만 앞으로의 계획에 근거를 제시한다. 예를 들어 특정 지역에서 계속해서 단독주택을 건립해야 한다거나 특정 지역을 공업

단지로 배정한다는 정도까지를 포괄적으로 기술할 수 있다. 위에서 논의된 바처럼 토지이용계획의 기본적인 요소들이 제시된다.

계획 이행 종합계획 개발에서 마지막 단계는 설정된 목표를 달성하는 것이다. 계획 자체가 폭넓기 때문에 일련의 이행 계획 역시 광범위하다. 이와 같은 전략은 그 계획 자체 내에 포함되지 않지만 대신 계획에 맞추어 수립된다. 파생되는 전략은 다음과 같다.

- 용도지역 조례
- 분할구역에 대한 규정
- 성장 관리 전략
- 자본 예산 계획
- 특별 용도의 부지 배정(예: 공업단지)
- 자원 보호

다양한 프로젝트들이 서로 상충되어서는 안 되는데, 예를 들어 공업단지는 주요 자연자원을 손상시킬 수 있다. 또한 커뮤니티가 원하는 계획의 대부분은 비용이 들기 때문에 계획을 이행하는 데 있어서 예산이 필요하다. 모든 계획에 소요되는 비용을 마련하는 것은 어려운 문제로서 일부 프로젝트는 지연된다.

용도지역제

용도지역제(zoning)는 토지이용 규제 방법이다. 토지는 용도로 구분되며, 해당 용도 내에서 건축물의 수, 유형, 특징 등이 제한, 금지, 또는 허용된다. 앞 장에서 논의한 바와 같이 용도지역제는 바람직하지 않은 토지이용을 제외시키기 위한 방식으로 개발되었다. 초기의 용도지역 조례는 상업용 빌딩, 양조장, 두드러지게 고층인 건축물 등을 배제시키기 위한 방안으로

서 공포되었다. 뉴욕 시는 1916년 처음으로 완전한 용도지역 관련 조례들을 제정하였다. 이 조례들은 혼잡, 일조 부족, 바람직하지 않은 토지이용, 공공부지의 잠식, 오픈스페이스의 상실 등의 문제가 증가하면서 마련되었다. 뉴욕 시의 용도지역 관련 조례들을 특별하게 만든 것은 (1) 이 조례가 모든 도시에 적용되었고, (2) 도시를 크게 4개의 용도지역으로 구분하였으며, (3) 나아가 도시를 5개의 건물고도 지역으로 나눈 것이다(그림 12.11). 게다가 용도지역 분포도는 미래의 토지이용을 고려하였으며, 도시 전체에 배타적인 계획을 부과하기보다는 토지이용 패턴을 제시하였

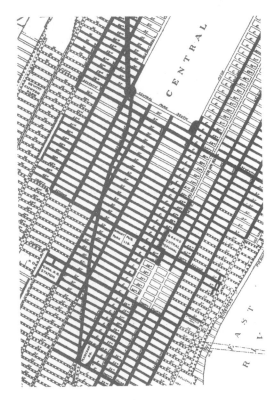

그림 12.11 뉴욕 시의 1916년 용도지역 분포도. 이 지도에서 진한 색 도로로 경계가 표시된 주거 및 상업 복합지역, 흰색 도로로 표시된 주거지역, 점선 도로로 표시된 비규제지역을 확인할 수 있다.
출처: Barnet, Jonathan, and Gary Hack, 2000.

다. 미래에 대한 예지력이 있는 계획이면서도 대도시의 지속 적인 성장을 관리할 실질적인 방안이었다.

앞서 논의한 바와 같이 뉴욕의 용도지역 조례의 성공은 1920년 연방 정부가 주와 도시의 계획 및 용도지역 법안을 제정하도록 만들었다. 용도지역제가 토지이용에 관한 규제를 이행하기 위한 주요 수단이 되었지만 대체로 과거로부터 이어지고 있는 토지이용의 패턴과 상황을 따르도록 하였다. 용도지역제가 확립된 이래로 부동산 소유자는 용도지역 내에서 허용되는 방식을 따라야 한다는 일반적인 인식이 형성되었다. 허용된 토지이용 이외의 방식은 특별 위원회, 경우에 따라 이의신청 위원회(board of appeals)에 상정되어 심의를 받아야 한다.

오늘날 용도지역제는 **용도지역**(use zone), 즉 한 가지 이상의 특정한 토지이용이 정해진 구역에 대한 상세한 설명을 포함한다. 가장 일반적인 구분은 상업, 공업, 주거 지역이다. 이러한 구분은 다시 세분될 수 있다. 일례로 단독주택 주거지는 다가구 주거지(복층 주거용 건물과 일반 아파트)와 분리된다. 중공업 지역과 경공업 지역도 분리되는데, 중공업은 특히 환경을 오염시키고 소음을 발생시키며 유독 물질을 다루기 때문이다. 상업지역도 역시 세분된다. 이와 같은 용도지역은 밀도에 따라 구분된 **밀도제한구역**(density zone)과 통합될 수 있다. 이 규정은 특히 주거지역에 적용되는데 부지 면적과 주택 면적의 비율을 제시해 준다. 예를 들어 특정 용도지역에서는 1/4에이커(약 1,012m²)에 1채의 주택이 들어서는 것을 허용하지만 다른 용도지역에서는 5에이커(약 20,235m²)에 1채의 주택이 들어서도록 규정할 수 있다. 이는 최소의 부지 면적을 말하므로 토지 소유자들은 정해진 부지 면적을 넘어서 주택을 건립할 수 있다. 또 다른 유형의 용도지역으로서 높이에 따라 구분된 **고도제한구역**(height district)이 있으며, 이는 건축물이 특정 높이 이상을 넘어설 수 없도록 제한한다. 고도 기준 용도지역은 대도시에서 일반적으로 적용된다.

또한 커뮤니티 대부분은 **계획개발지구**(planned development district)를 지정하는데 이는 커뮤니티 내의 특정 지역 내에서 유연하게 복합용도 개발을 허용할 수 있게 한다. 계획개발지구는 표준 지구보다 더 많은 용도를 허용하며, 도시 내에 특정 근린지역에 맞추어 지정된다. 계획개발지구는 **특별구**(special district)로 지정될 수 있는데 특별구는 대학 지구, 다운타운 지구, 정부 청사 지구, 침수 지구, 이동 주택 지구 등을 포함한다. 용도지역 조례는 많은 조건들을 요구한다. 그러므로 특별구의 지정은 훨씬 더 유연한 개발을 촉진시키기에 유리하다.

용도지역제와 관련된 몇 가지 문제점이 있다. 초기의 용도지역은 누적적 성격을 지니고 있었다. 즉 용도지역은 허용할 수 있는 '가장 두드러진' 용도를 나타냈다. 그러므로 공업지역에 단독주택이 포함될 수 있었으나 주거지역에는 공장이 들어설 수 없다. **누적적 용도지역**(cumulative zones)은 예를 들면 상점가에 면한 아파트와 같이 주거지역이 다른 용도지역과 인접한 지역에 다른 기능들을 통합시켰다. 그러나 1950년대까지 누적적 용도지역은 해당 범위 내에서 다른 용도를 허용하지 않는 **배타적 용도지역**(exclusive zones)으로 대체되었다. 배타적 용도지역 규정은 공업단지, 쇼핑센터, 아파트 지구 등과 같이 기능적으로 분리된 지역을 형성시켰다.

또 다른 문제는 **가족**(family)과 같은 주요 용어를 정의 내리는 것과 관련된다. 대부분의 용도지역은 가족을 단위로 하고 있으며, 같은 가옥 단위 내에서 함께 거주하는 사람들 가운데 가족이 아닌 사람들의 수를 제한한다. 물론 이는 재정적 이유로 여러 명의 룸메이트와 함께 거주하는 대학생들에게는 큰 문제가 된다. 또한 비전통적인 가족 관계를 이루는 경우에도 문제가 될 수 있다. 이와 관련된 사례로서는 조부모가 딸의 의붓아들과 같이 거주하는 경우를 들 수 있다.

용도지역제는 경우에 따라 **배제**(exclusion)를 목적으로 한다. 용도지역 조례는 커뮤니티의 농촌으로서의 성격을 유지하기 위해, 또는 저밀도 주거 패턴을 장려하기 위해 최소 부지 면적을 넓게 규정할 수 있다. 그러한 **대필지 용도지역**(large-lot zones)은 농촌 지역과 부유층 커뮤니티에서 모두 선호하는 전략으로 이 장 후반부에서 상세하게 논의된다.

커뮤니티들은 이따금 바람직하지 않은 토지이용을 다루어야 한다. 예를 들어 일부 지역은 '주류 판매 금지 지역'으로 지정될 수 있다. 이와 같은 규정은 상업 용도지역으로 지정되었으나 주류 판매 금지 지역으로 이전하려는 레스토랑에게는 문제가 될 수 있다. 더 큰 골칫거리는 스트립 클럽과 같이 성 관련 사업체에 대한 규제이다. 용도지역 조례에서는 이와 같은 사업체를 어떻게 규정하고 제한할 수 있는지에 대해 구체적으로 명시해야만 한다. 오하이오 주 애크런(Akron)에서는 성 관련 사업체에 대한 규정과 이와 같은 사업체가 어느 곳에서 금지되어야 하는지에 대해 구체적으로 제시하고 있다. 성 관련 사업체는 학교로부터 정해진 거리 내에 위치할 수 없다.

용도지역 조례는 또한 노외 주차 가능 공간 면적도 규정한다. 주거지역에서는 주택 1채당 1대의 주차공간 면적을 갖출 것을 요구하지만 한 가족이 3대 이상의 차를 소유한 부유층 주거지역에서는 더 많은 공간을 갖추어야 한다. 비주거용 건축물도 이용도에 따라 주차공간을 갖추어야 한다. 상업용 건축물에서는 주차공간뿐만 아니라 하역 시설도 갖추어야 한다. 이와 같은 상황에서 주차공간에 대한 용도지역 조례는 최

그림 12.12 오늘날 용도지역제는 사무실과 상점을 위한 넓은 면적의 주차공간을 요구한다. 이러한 규정은 건물들이 넓은 주차장으로 둘러싸여 있는 휴스턴과 같은 경관이 만들어지게 하였다.

대치를 기준으로 하여 크리스마스 직전과 같이 고객이 최고 수준에 이르는 때를 기준으로 한다. 따라서 신규 상점은 극히 일부분만 이용되는 거대한 주차공간에 둘러싸이는 경우도 있다(그림 12.12). 주차공간에 대한 규정은 도심에 위치한 근린지역에 큰 문제를 발생시킬 수 있다. 도심에 위치한 건축물들의 대부분은 자동차에 의한 교통이 확산되기 이전에 건립되었기 때문에 주차공간에 대한 규정을 따르는 것이 어려울 수 있다. 주차공간을 여러 건축물이 공유하고, 노변 주차를 확대하며, 상업용 주차 타워를 활용하는 것과 같은 조정이 필요하다.

용도지역 조례에 덧붙여 도시계획가들은 분할구역에 대한 규정을 만들고 이행해야 한다. 미국에서 신규로 만들어지는 주거지역 단위를 **분할구역**(subdivision)이라고 하며, 분할구역에서는 하나의 지대(tract)가 2개 이상의 토지 구획(parcel)으로 구분된다. 실제 분할구역은 개발업자가 신규 주택, 타운하우스, 아파트를 건립하는 수십여 개의 토지 구획을 포함한다. 개발업자는 하나의 지대(tract)에 도로, 보도, 하수시설, 도로 신호 체계, 전기·가스·수도 등의 공급 처리 시설과 같은 기간시설도 책임진다. 심지어 근린지역 공원에

충분한 공간이 확보되어야 한다는 규정도 있다. 이와 같이 분할구역은 개발업자와 도시계획가 사이의 협력을 통해 만들어진다. 개발업자는 일반적으로 커뮤니티의 분할구역에 대한 규정을 따라야만 하고 자신들의 개발 계획이 승인될 때까지 일을 진행할 수 없다. 오늘날의 개발 업무가 보이는 획일적인 모습은 표준 분할구역 규정에 의한 것이다.

용도지역제의 문제점과 대응

용도지역제는 도시와 타운 개발에 많은 영향을 주는데 5장에서 논의된 지가와 지가곡선을 변화시킨다. 특정 용도를 금지함으로써 용도지역제는 부동산 소유자가 가장 많은 수익성을 보이는 방식으로 자신의 부동산을 개발할 수 없게 할 수도 있다. 단독주택 주거지역으로 용도 지정된 근린지역의 토지구획의 지가는 해당 지역이 아파트로 지정되었을 경우보다 낮다. 용도지역제의 훨씬 더 기술적인 측면은 주민들의 관심대상이 되는데, 이는 용도지역의 범위를 결정하고 개념을 정의하는 데 있어서 정확한 표현에 따라 이익을 얻거나 손해를 보는 사람들이 발생하기 때문이다. 용도지역제는 커뮤니티의 비전을 모호하게 만들고 사회적 불공정성을 조장한다는 비판이 제기된다.

용도지역제가 커뮤니티에 미치는 영향　용도지역제는 상당히 비유연적인 경향을 보인다. 용도지역제가 표준화되고 일부에서는 단조로운 체계를 만들어 낸다. 용도지역제를 비판하는 사람들 가운데 가장 유명한 사람은 제이콥스(Jane Jacobs)로 *The Death and Life of Great American Cities*(1961)를 저술하였다. 제이콥스는 이 책에서 다음과 같이 주장하였다.

도시의 재건축된 부분과 도시 바깥으로 끝없이 뻗어 나가는 새로운 개발지역이 도시와 시골 모두를 맛도 영양도 없는 죽으로 만드는 것처럼 보이더라도 이상한 일은 아니다. 이것들은 모두 직·간접적으로 똑같은 옥수수죽을 지적 기반으로 삼아 나온 것이며, 이 옥수수죽에서는 대도시의 특질과 필요성, 장점과 행태가, 다른 활력 없는 취락의 특질과 필요성, 장점 및 행태와 완전히 혼동된다.(Jacobs, 1961, pp. 6~7)

대도시에서의 도시계획에 대한 제이콥스의 비판은 작은 타운에서의 용도지역제에도 그대로 적용될 수 있다. 용도지역제에 대한 또 다른 비판가인 쿤스틀러(James Howard Kunstler, 1996)는 다음과 같이 언급하였다.

만약 우리의 커뮤니티를 보다 좋게 만들고 싶다면 용도지역법을 당장 폐지하는 것에서부터 시작해야 한다. 이 법을 완전히 폐지하고 이를 축하해야 한다.(Kunstler, 1996, p. 110)

제이콥스와 쿤스틀러를 비롯한 비판가들이 지적한 문제점은 다음과 같다.

- 대부분의 용도지역제에 의해 규정된 배타적 토지 이용은 기능적으로 분리된 구역을 형성하여 사람들의 거주지를 근무지 및 쇼핑장소 등과 분리시킨다. 현대의 용도지역은 사람들이 걸어가 쇼핑할 수 있는 근린지역의 상점을 허용하지 않으며, 대신 자동차를 몰고 가야만 하는 대형쇼핑센터가 들어서도록 만든다.
- 용도지역 조례의 주차공간에 대한 규정은 상점들이 도보로 이동할 수 없을 정도의 거대한 주차장으로 둘러싸이도록 만들었다.

- 도로의 대한 규정은 주거지역 내에 폭이 매우 넓은, 경우에 따라서는 양 측면에 주차를 하고도 두 대의 쓰레기 수거 트럭이 서로 양보 없이 지나갈 수 있을 만큼의 폭넓은 도로를 만들도록 규정한다. 이는 도보 이동보다는 훨씬 속도가 빠른 자동차를 이용하도록 만든다. 게다가 새로운 주거지역에는 보도와 도로 사이에 가로수가 늘어선 경계지대가 없는데 그 이유는 교통공학자들이 자동차가 가로수와 충돌할 것을 우려하여 계획에 포함시키지 않았기 때문이다.

- 건축선 후퇴(setback) 규정은 주택과 상점이 필지 경계 내에 위치해야 할 것을 요구한다. 이 규정으로 인해 친밀한 이웃관계가 형성되는 것을 어렵게 하며 주택들이 전면에 차고를 두도록 만든다.

- 부지 계획에 대한 규정에 따르면 모든 토지 구획은 일정 면적과 형태를 갖추어야 한다. 그 결과는 습지, 삼림, 분수계와 같은 자연적 특징을 주거지역 내에 포함시키는 것을 더욱 어렵게 만든다.

- 최소 부지 면적은 사회경제적 측면과 생애주기에 따른 분리를 조장한다. 주택 개발은 특정한 가격대와 형태의 주택을 공급하는 경향이 있다. 이는 근린지역이 매우 동질적이라는 것을 의미한다.

- 용도지역제가 분할구역(주거지역) 혹은 커뮤니티 내에서 획일성을 장려하지만 하나의 커뮤니티에 대한 용도지역계획은 인접한 커뮤니티의 용도지역계획과 일치하지 않을 수 있다. 이는 보다 상위의 규모가 큰 지역에서는 들어맞지 않는 각양각색의 헝겊을 잇댄 것과 같은 용도지역을 만든다.

이와 같은 단점들은 보행친화성, 친밀한 이웃관계, 사회적 분리, 자연환경에 대한 파괴 등에 관한 것이다. 이러한 문제들을 겪지 않는, 새로운 커뮤니티에 대한 관심이 촉발되었으며, 이는 7장에서 처음 소개된 뉴어버니즘(New Urbanism)의 등장을 이끌었다. 아이러니하게도 '새로운' 커뮤니티들은 용도지역 조례가 일반적이지 않았던 과거에 귀를 기울이게 하였다. 그로 인해 새로운 커뮤니티들을 신전통주의적 커뮤니티(neotraditional community)라고 부른다. 신전통주의적 커뮤니티들은 (1) 보행친화성, (2) 서로 군집을 이룬 작은 면적의 필지들, (3) 필지 경계에 가깝게 배치된 주택 건물, (4) 격자형으로 놓인 폭이 좁은 도로, (5) 기능적 통합, (6) 사회경제적 특성과 생애주기에 따른 통합을 원칙으로 한다. 이와 같은 설계의 주요 목적은 장소감(sense of place)을 형성하는 것이다.

개발업자들은 뉴어버니스트 운동(New Urbanist movement)의 선두에 섰으며, 뉴어버니즘의 원칙에 근거하여 몇몇 커뮤니티를 건립하였다. 그와 같은 커뮤니티들은 도시계획가들의 필수 참고 사례가 되었고 모든 주로 확산되었다. 듀아니(Andres Duany), 플래이터-자이버크(Elizabeth Plater-Zyberk), 카토프(Peter Carthorpe), 브레시(Todd Bressi)를 비롯한 뉴어버니즘의 지지자들은 자동차에 대한 의존도가 낮아진 커뮤니티의 개발을 독려하였다. 이들은 또한 린치(Kevin Lynch, 1960)로부터 아이디어를 얻었는데, 그는 '어떤 사람에게도 강력한 이미지를 불러일으킬 가능성을 제공하는 물리적 대상물의 특질'을 의미하는 **도시의 이미지성**(urban imageability)과 도시설계의 여러 요소에 대해 저술하였다.

듀아니와 동료 연구자들(Duany, Plater-Zyberk, and Speck, 2000)은 그들의 저서 Suburban Nation에서 더 나은 타운과 교외를 조성하는 방법에 대해 몇 가지 아이디어를 제공했다. 첫 번째는 **기능적 통합**(functional integration)과 **복합용도 개발**(mixed-use development)로 신규 타운 건립에 근간을 이룬다. 듀아니와 동료 연구

Courtesy of Evan Glass

그림 12.13　이 사진을 통해 교외 커뮤니티의 집산도로와 기능분리를 확인할 수 있다.

자들은 개발업자들에게 모든 신규 근린지역마다 식료품점을 하나씩 세울 것을 제안한다. 이는 근린지역 전체와 연계된, 훨씬 더 많은 소매업 상점을 발달시킬 수 있다. 소매점들은 근린지역 내에 다양한 소득 수준과 여러 연령대의 세대들 간의 혼합을 가져와 사회경제적으로, 그리고 생애주기에 따른 통합을 가져온다. 두 번째는 **연계성**(connectivity)으로 이는 신규 분할구역이 기존의 근린지역과 연계되도록 해야 한다는 것이다. 현대의 개발 행위는 집산도로(collector road)[1]에

대한 의존성이 높지만, 뉴어버니즘은 격자형 패턴을 선호한다(그림 12.13).

듀아니와 동료 연구자들은 자동차에 대한 의존성을 낮추고 보행가능성을 증대시키기 위한 아이디어도 제시하였다. 이들은 모든 근린지역 내 장소들이 5분의 도보 이동 거리 내에 위치하는 **보행가능 지구**(pedestrian shed)를 건립할 것을 제안하였다. 보행가능 지구를 건립하는 것은 군집을 이룬 소규모 면적의 필지들을 필요로 한다. 또한 보행가능 지구는 대중교통에 적합한데, 1990년대에 카토프는 정류소를 중심으로 하는 **대중교통지향 개발**(transit-oriented development, TOD)에 대한 아이디어를 발전시켰다.

---

1) 집산도로는 간선도로보다는 좁으나 로컬도로보다는 넓은 도로이다. 주택가에 접근하도록 설계되며, 동시에 간선도로와 로컬도로를 중간에서 연결하는 기능도 있다.

마지막으로 듀아니와 동료 연구자들은 여러 가지 방법을 통해 거리 경관의 개념을 확대시키고자 하였다. 먼저 이들은 사람들이 보도를 걸으며 서로 교류하기 쉽도록 필지 경계에 가깝게 주택을 위치시켜 건립할 것을 제안하였다. 또한 일반적인 것보다 훨씬 폭이 좁은 도로를 권장하였는데, 폭이 좁은 도로는 교통 흐름의 속도를 낮추며, 도로를 따라 더 많은 이웃들 간의 교류를 형성시킨다고 주장하였다. 마지막으로 주차공간에 대한 규정은 완화되어야 한다고 제시하였다. 이는 주차공간이 건축물이나 주택의 전면 대신에 후면으로 그 위치가 변화되었다는 것을 의미한다.

뉴어버니즘의 아이디어는 대부분의 지역에서 선호되었다(그림 12.14). 심지어 월트 디즈니 사도 참여하여 플로리다 주 올랜도 인근에 신전통주의적 타운을 건립하였다. 뉴어버니즘 요소의 일부는 다른 요소들보다 더 일반화되었다. 예를 들어 **클러스터 용도지역제**(cluster zoning)는 필지의 일부분만을 개발할 수 있게 한다. 2에이커(8,094m²)의 토지에 주택 1채를 건축하는 대신 해당 토지를 하나의 구역으로 하고 그 일부분만을 개발하는 것이다. 따라서 40에이커(161,876m²)의 토지에 20채의 주택이 들어설 수 있지만 클러스터 용도지역제에서는 30에이커를 오픈스페이스로 지정하고 주택은 10에이커(40,469m²)에 집중시킬 수 있다. 이 방식의 또 다른 이점은 적정 가격대의 주

© Courtesy of Duany Plater-Zyberk & Co.

그림 12.14 플로리다 주 시사이드는 뉴어버니즘 커뮤니티의 많은 요소들을 보여준다.

택을 제공한다는 점이다. **복합 용도지역제**(mixed-use zoning)는 서로 다른 토지 용도를 수용할 수 있는 것을 말한다. 다양한 용도지역제 형태는 도시계획가가 도입할 수 있는 방안에 추가되었다.

반면 뉴어버니즘 아이디어를 조심스러워 하는 개발업자, 도시계획 공무원, 지역 정치가들도 많다. 개발업자들은 사람들이 면적이 좁은 대지나 필지 경계에 가깝게 위치하여 지어졌으며 전면이 아닌 후면에 차고가 있는 주택을 구입하지 않을 것이라고 우려한다. 도시계획가들은 용도지역 조례를 수정하여 이와 같은 아이디어들을 수용하도록 강요당하고 있다. 교통공학자들은 폭이 좁은 도로를 인정하지 않는다. 클러스터 용도지역은 특히 더 많은 우려를 낳고 있는데, 주민들은 고밀도 개발이 이루어지고, 용도지역 규제가 완화된 근린지역에 부적절한 용도의 토지이용이 나타나게 될 것을 염려한다. 정치가들도 클러스터 용도지역제에 대한 반대의사를 표명하며 이와 같은 개발 방식을 금지시키고자 한다.

종합적으로 뉴어버니즘의 이상은 수많은 실질적 문제들이 현대 대도시 지역의 현실로부터 기인한다는 사실에 맞서고 있다. 뉴어버니즘의 맥락 속에서 대규모 주택 개발은 주택 구입자와 함께 해당 지역에 필요한 소매와 교통 관련 기능을 제공할 개발업자를 유인하는 것과 같이 주택 공급의 경제적 측면을 다루어야만 한다(8장의 주택 시장에 대한 상세한 논의를 참고할 수 있음). 두 번째의 중요한 문제는 대규모 뉴어버니즘 개발도 주변 도시 지역과 상호작용을 해야 한다는 점이다. 메릴랜드 주 게이터스버그(Gaithersburg)의 켄틀랜즈(Kentlands)와 같이 대도시 지역의 경계 지대에 건설된 뉴어버니즘 개발 지역에서는 주변의 교외 지역이 뉴어버니즘의 가치를 공유하지 않기 때문에 개발 지역 외부에 위치한 직장과 상점으로 차를 이용

하여 이동해야 한다. 궁극적으로 일부 뉴어버니즘에 근거하여 설계된 근린지역(특히 플로리다 주의 셀러브레이션(Celebration)이나 시사이드(Seaside) 같은 개발 지역)은 신흥 부유층을 위한 엘리트주의적이며, 과잉설계된, 사회적으로 배타적인 고립지역으로서 상당한 비난을 받았다.

계층과 인종에 따른 배타적 용도지역제 오늘날의 용도지역제가 안고 있는 또 다른 문제점은 '바람직하지 않다(undesirable)'고 여겨지는 사람들을 배제하기 위해 고안된 획일적인 지역을 만드는 데 용도지역제가 활용된다는 것이다. 분할구역에 의한 주거지역 단위는 아주 세분된 소득 수준의 범위에 따라 커뮤니티들을 구분할 수 있게 만든다. 하나의 분할구역 내에 주택가가 10만~15만 달러인 곳, 20만~30만 달러인 곳, 45만 달러인 곳이 구분된다. 이와 같은 부동산 가격의 분할은 계층의 분리와는 다르다. 근린지역의 부는 훨씬 광범위하게 정의되며, 일반적으로 부유층의 사유지 인근에 중간 가격대의 주택이 위치한다. 대도시 지역에서는 가격대에 의해 주택 계층의 범주가 세분된 커뮤니티들로 구분된다. 부유한 교외에 거주하기 위해서는 50만 달러 주택을 구입해야 한다. 폐쇄 공동체(gated communities)의 경우에는 자체의 규정을 가지고 있으며 이는 배제의 수단이 된다.

이 문제에 담겨진 정치적 요소는 지방정부가 어떻게 특정 주택 유형과 계층을 배제하고 장려하는지와 연관되어 있다. 일반적으로 지방정부는 자체 과세 기반을 최대화하고 특정한 공공서비스(특히 저소득층을 위한 공공서비스)를 제공할 필요성을 최소화하며, 부동산 가치를 높이는 데 관심을 갖는다. 이와 같은 목표를 달성하기 위한 메커니즘은 매우 단순하다. 가장 손쉬운 방법은 용도지역제를 이용하는 것이다. 1, 3,

© gmcoop/iStockphoto

그림 12.15 넓은 부지를 요구하는 용도지역제가 적용된 곳. 1에이커(약 4,047m²) 이상의 넓은 부지가 요구되므로 높은 비용 때문에 많은 잠재적 주민들이 토지와 주택을 구입하지 못하도록 만든다.

5에이커와 같이 주택 부지에 대한 최소 면적을 크게 정하고, 자동차 두 대가 들어갈 수 있는 차고, 최소 면적, 갖추어야 하는 침실과 화장실의 최소 수 등을 정할 수 있다. 용도지역제는 다가구 주택을 배제하고 임대주택의 규모를 최소화시킬 수 있다. 이와 같은 용도지역제는 여러 가지 이유로 만들어진다. 면적이 넓은 부지들은 커뮤니티의 농촌적 성격을 유지하거나 지역의 부동산 가치를 유지할 수 있는 방법으로 칭송을 받고 있다(그림 12.15)

추가적으로 현대의 용도지역제는 상업, 공업, 주거 용도를 한 곳에서 모두 허용하는, 기능적 통합을 회피한다. 쿤스틀러는 그의 저서 *Home from Nowhere*(1996)에서 이와 같은 용도 분리가 2차 세계대전 이전에 적정 가격대의 매입 가능 주택 유형이었던, 상점과 붙어 있는 아파트 건물을 모두 제거시켰다고 지적하였다. 그 이유가 무엇이건 간에 이와 같은 규제는 매입 가능한 주택의 개발을 제한하는 배타적 용도지역제로서 작용한다.

배제는 항상 경제적인 이유로만 이루어지지 않는다. 용도지역제는 근린지역에서 소수자 집단을 배제시킨 수치스러운 역사를 가지고 있다. 일부 기본적인 용도지역법은 이와 같은 목적을 가지고 제정되었다. 예를 들어 1880년대 샌프란시스코는 시의 일부 구역에 중국인 세탁소를 금지시키는 법을 통과시켰으며, 뉴욕 시의 용도지역법은 이민자의 의류제조업 지구가 5번가(Fifth Avenue)로 확대되는 것을 금지하였다.

인종적 배제 전략이 오늘날 불법이지만 지방정부에 의해 제정된 용도지역제는 오늘날에도 훨씬 인종차별적인 결과를 가져올 수 있다. 이와 같은 프로세스를 이해하기 위해 중심도시로부터의 '백인의 탈출(white flight)'에 의해 나타난 교외의 성장과 대부분의 대도시 교외가 불균형적으로 적은 수의 소수집단만을 포함하고 있다는 사실을 고려해 보라. 더욱이 중심도시와 교외 간의 인종적 불균형의 정도가 주택을 구입할 능력과 주택 선호에 나타난 차이에 의해 설명될 수 있다. 과거로부터 현재까지 이어지고 있는 주택 시장에서의 차별적 행위로 중심도시를 둘러싸고 있는 다수의 독립적인 커뮤니티들은 거의 모두 백인으로 유지되고 있다. 흑인과 기타 인종 집단이 자신들이 원하는 곳에 거주하는 것을 금지하는 법안과 규정은 9장에서 상세하게 다루고 있다.

대도시 정부이건, 주 정부이건, 연방 정부이건 간에 상위 정부가 지방 커뮤니티에 의해 제정된 용도지역제를 파기하기는 매우 어렵다. 도시는 헌법적 보호가 거의 없는, 주의 하위 단위라는 생각은 미국인들이 지방에 대한 통제에 부여하는 가치에 의해 상쇄되었다. 교외지역을 대표하는 사람들로 구성된 의회와 법원은 마지못해 이와 같은 권위를 축소시키고 있다. 그러나 일부 다른 방안의 도입 시도가 있었다. 예를 들어 1969년 매사추세츠 주는 중위 소득층을 위한 주택이 10% 미만인 커뮤니티의 용도지역제를 파기시킬 수 있는 권한을 주 정부에게 부여하는 비배타적 용도지역법(Anti-Snob Zoning Act)을 가결시켰다. 1970년대에는 지방정부의 용도지역제가 인종차별적인 요소를 갖고 있으면 효력이 없다는 일련의 법원 판결이 내려졌다. 후에 그 범위가 더욱 축소되어, 인종차별적 의도를 나타내는 용도지역 조례만을 무효화하도록 하였다. 그러나 그와 같은 의도는 결과적으로 드러나는 것보다 훨씬 증명하기가 어려웠으며, 지방정부의 용도지역 법령을 파기시키는 것을 아주 어렵게 만들었다. 경제적인 배제와 관련해서는 커뮤니티가 자유롭게 원하는 바대로 할 수 있도록 하였다(글상자 12.2).

교외에서 인종적 통합을 촉진시키는 가장 좋은 방법은 그러한 커뮤니티들의 일치단결을 통해서 실행된다. 인종 간 통합을 장려하는 데 관심이 없거나 인종차별 문제를 적극적으로 회피하고자 하는 시에서 성공적이었다는 것이 연구 결과로 제시되었다. 시 정부가 권력을 통해 특정 주택 유형을 금지시키고 소수자 집단에게 비우호적인 커뮤니티라는 명성을 얻을 수 있다. 반대로 일부 커뮤니티들은 통합을 촉진시키는 데 매우 성공적이었다. 클리블랜드 지역의 두 도시 셰이커 하이츠(Shaker Heights)와 클리블랜드 하이츠(Cleveland Heights)는 지방정부의 힘으로 인종적 통합을 촉진시킬 수 있음을 보여주었다(Bender, 2001). 1960년대 초 인종 구성의 변화가 나타났을 때 이 두 커뮤니티의 공무원들은 인종적 통합을 장려하고 백인들의 탈출을 막기 위한 정책들을 만들었다. 이 정책들은 다음과 같다.

- 공황 매도(panic selling)를 막기 위한 방안으로 '매물(for sale)'이라는 표지판을 붙이는 것을 금지하였다.
- 부동산 중개인으로 하여금 인종적으로 통합된 근린지역을 적극적으로 소개하도록 하였다.

- 특정 인종에 속한 사람들이 해당 인종이 적은 곳으로 이주해 올 때 이자율이 낮은 주택담보대출을 제공하였다.
- 인종의 변화로 근린지역 쇠퇴에 대한 우려를 감소시키기 위하여 커뮤니티의 유지·관리를 강조하였다.
- 커뮤니티의 생활편의시설들과 학교 교육 및 기타 공공서비스의 질을 강조하는 적극적 마케팅 전략을 도입하였다.

무엇보다도 두 교외지역의 경험은 인종적 통합이 부단한 노력과 커뮤니티의 전폭적인 참여를 필요로 한다는 것을 보여주었다. 일부 시의 경우는 법원의 명령으로 해당 커뮤니티를 더 많은 소수자 집단에 개방하게 된다. 또 다른 지역에서는 분리의 경향을 뒤늦게 막고자 하는데 이와 같은 경우에는 통합 전략이 거의 작동하지 않는다.

성장 관리

성장 관리는 특히 급속하게 성장하고 있는 교외지역에서 도시계획의 중요한 측면이 되었다. 초기 도시계획가들은 성장 관리에 거의 관심을 두지 않았으며, 이들의 관심은 성장을 오히려 촉진시키는 데 있었다. 이와 같은 상황은 현재에도 많은 커뮤니티에 적용되며, 특히 쇠퇴하고 있는 도심과 도시 내에 위치한 교외 커뮤니티에서 그러하다. 그러나 신규 교외지역에서 주민들은 자신들의 생활방식이 신규 주택 및 쇼핑센터 개발과 교통량의 증가로 인해 침해받고 있다는 우려를 표명한다. 많은 경우, 성장 관리 문제는 농민들이 농지보다 주거용지의 지가가 높다는 점으로부터 이익을 얻기 위해 자신의 토지를 부동산 개발업자에게 판매하면서 발생하는 농지 손실에 집중된다. 개활지

(open space) 역시 이 과정에서 상실된다. 미국에서 성장을 제어하는 것은 매우 어려운 일로 그러한 시도는 개발 관련 업체로부터 엄청난 반대와 수많은 소송을 유발시켰다. 농민들은 개발 규제가 자신들이 소유한 토지의 경제적 가치를 감소시킬 것이라고 생각한다. 효과와 정치적 실현 가능성에서 차이가 있지만, 성장 관리를 위한 방법에는 다음과 같은 것들이 있다.

- 농업적 용도지역제: 가장 단순한 성장 관리 전략은 40에이커(약 161,876m²) 이상의 토지에 1채의 주택만 들어설 수 있도록 용도지정하는 것이다. 일반적으로 농업적 목적에 의한 토지이용을 한정하는 규정은 없다. 농업적 용도지역제는 좁은 면적의 교외지역 스타일의 필지를 허용하지 않음으로써 농지가 밀도가 높은 주택 부지로 전환되는 것을 막을 수 있다. 이는 농민들이 160에이커(약 647,504m²)마다 4채의 주택을 지을 수 있는 쿼터 용도지역제(quarter zoning system)를 통해서도 가능하다. 문제는 저밀도 용도지역제를 바꾸라는 압력이 상당하다는 점이다. 그 결과로 농업적 용도지역제가 바뀔 수 있다. 일부 개발업자들에 의해 홍보된 혁신적인 시스템 가운데 하나는 신규 분할구역을 조성하여 신규 주택의 영향력을 감소시키는 것이었다.
- 규제의 제도화: 커뮤니티들은 연간 허용할 수 있는 허가권을 제한할 수 있다. 허가권은 현존 주택의 비율, 또는 이용 가능한 기간시설에 따라 허가권을 제한하는 방식 등으로 정해질 수 있다. 오하이오 주 허드슨(Hudson)에서는 연간 100채의 신규 주택만 허가한다. 콜로라도 주 볼더(Boulder)에서는 연간 주택 성장률을 2%로 제한하며 15%의 주택은 중위 소득 계층에게 할당되도록 하고 있다. 뉴욕 주 라마포(Ramapo)에서 행해진 방식은 포인트 시

스템을 운영하는 것으로 필요한 기간시설이 존재하는 곳에서만 주택 개발이 가능하도록 여러 기준에 따라 포인트를 주는 것이다. 이와 같은 방식들은 소송의 대상이 되었지만 현재까지 모두 유지되고 있다.

- **성장의 한계 설정**: 이는 대도시가 더 이상 성장할 수 없도록 경계를 설정하는 것이다. 경계 밖에서 이루어지는 개발은 제한될 수 없지만 기간시설의 개선에 대한 정부의 투자 부족에 의해 제한될 수 있다. 따라서 도시 성장 경계는 실제로는 도시 공공서비스의 경계인 것이다. 도로와 같은 기간시설에 대한 투자는 성장을 이끄는 강력한 결정요인이다. 만약 공공시설들이 제한된다면 성장의 속도는 느려진다. 성장의 경계를 설정하는 것은 유럽 도시들에서 매우 일반적이지만 미국에서는 그렇지 않다.

- **개발영향 부담금제**: 이는 커뮤니티나 개발업자에게 기간시설의 개선을 위해 비용을 지불하게 하는 것이다. 전통적으로 대부분의 개발업자들은 개발지역 내의 도로 개선 및 상하수 시설 설치비용을 지불하였다. 그러나 소방서, 학교 등의 공공서비스 시설은 개발 이후에 마련된다. 그러므로 개발에 수반되는 비용은 개발이 끝난 후에 발생하며, 과세 구역 내의 모든 부동산 소유자에게 부과된다. 이와 대조적으로 개발영향 부담금은 개발업자에게 이 비용을 부담시키는 것이다. 오하이오 주와 같은 곳에서는 개발영향 부담금제를 운영하고 있지 않지만 일부 주에서는 운영하고 있다. 이 제도는 부담금을 소비자에게 전가시키기 때문에 주택 가격을 상승시킨다.

- **개활지의 보전**: 개활지의 보전을 위한 몇 가지 방법이 있다. 토지는 공원이나 개활지용으로 매입될 수 있다. 일반적인 방식은 개발권을 매입하는 것으로

이는 도시 토지로 활용되었을 경우와 농지로 활용되었을 경우의 지가 차이를 농민에게 보상하는 것이다. 차액의 지급은 해당 토지가 영구적으로 농지로 유지될 것을 조건으로 이루어진다. 이는 토지 수용을 수반하지 않으므로 논란의 여지가 있으며, 지가가 상승하는 경우 비용이 많이 들 수 있다.

이와 같은 성장 관리 방법들이 적용되어 왔으며 커뮤니티 개발이 이루어지고 주민들이 자신들의 생활방식을 유지하고자 할 때 더 많이 활용된다. 그러나 이 방법들 역시 논란의 여지가 크다. 개발업자들은 이 방식들을 좋아하지 않으며, 농민들도 자신들의 토지 가치가 정당하게 평가되지 않는다고 분노한다. 커뮤니티 리더들도 과세 기반이 제한되는 것을 경계한다.

요약

도시에는 항상 계획이 따른다. 그러나 도시계획이 시급하게 필요하게 된 것은 19세기 공업도시가 성장하게 되었을 때였다. 도시계획은 도시를 보다 아름답고, 효율적이며, 공정하게 만들고, 자산의 가치와 환경 위생의 질을 좋게 만드는 도구가 되었다. 현대 도시계획의 근간은 간헐적으로 수립되었다. 오늘날의 도시계획은 도시를 하나의 모델, 즉 '거대한' 계획의 장으로 여겼던 도시계획 분야의 선지자들을 통해 구체화되었다. 20세기를 통해 실질적인 도시계획이 선호되었다. 오늘날의 도시계획은 전문 영역으로서 모든 단위의 행정부와 민간 영역에 존재한다. 더욱이 전문 도시계획가에 의해 이용되는 주요 방안들, 특히 용도지역제는 합헌성이 확인되었으며, 모든 단위의 행정기관에서 이행되었다. 도시계획가들은 정치가, 주민, 개발업자, 금융가, 정치 단체, 변호사들이 연루되는 매우 복

잡하며 때로는 논쟁적인 정치적 프로세스를 다루어야 한다.

미국에서 도시계획의 범위는 민간 개발의 방향을 설정하기 위한 노력을 수반한다. 이 장에서는 커뮤니티가 이와 같은 업무를 수행하는 데 종합계획이 주요 수단으로 활용되었는지에 대해 논하였다. 종합계획은 커뮤니티의 현황, 미래의 변화, 그리고 어떤 종류의 프로젝트와 규정이 활용되어야 하는지에 대한 윤곽을 제시해 준다. 도시계획이 이행되는 방식에는 여러 가지가 있다. 이 가운데 가장 주요한 것은 부동산의 용도, 건축물과 주택의 밀도, 고도 및 기타 규정을 명시하는 용도지역 조례이다. 비록 용도지역제가 토지이용에 대한 상당한 통제력을 갖고 있지만 이 제도를 비판하는 사람들은 획일적이고 매력적이지 않은 커뮤니티를 생산한다고 조롱하였다. 이에 대한 대응으로 커뮤니티들을 재통합시키기 위한 새로운 형태의 도시 형태가 등장하였다. 지난 세기의 통찰력 있는 도시계획가들은 21세기에 현대 도시계획의 성격을 바꾸려고 노력하는 새로운 도시 이상주의자들로 대체되었다.

제6부

세계의 도시

제13장

선진국의 도시

도시마다 계층마다 다르게 표출되는 문화적 차이는 일상생활의 리듬, 도로의 번잡함과 조용함, 공공장
소의 안전성 등에 명백한 영향을 준다. 장기적으로 문화적 차이는 형태학적 배열로 나타나게 된다.
—Paul Claval, 1984, p. 33

지금까지 우리는 주로 미국과 캐나다의 도시들을 살펴 보았다. 이 도시들은 도시지리학의 프로세스와 특징을 가장 잘 보여준다. 북아메리카 도시들 역사는 길어야 450년이고, 대부분의 도시들은 수십 년밖에 되지 않아서, 역사에 거의 구속되지 않은 도시 개발의 모델을 보여 준다. 그렇지만 이러한 도시 모델은 한정된 유형을 대표할 뿐이다. 프랑스 지리학자 끌라발(Paul Claval)이 '형태학적 배열(morphological arrangements)' 또는 북아메리카 도시의 형태라고 묘사한 바는 일련의 특정한 문화적 행위와 역사적 전통에 의해 형성된 것이다. 북아메리카를 넘어서면 여러 독립적인 요인에 의해 영향을 받은 도시들을 살펴볼 수 있다.

이 장에서는 북아메리카 도시를 넘어서 훨씬 더 글로벌한 관점을 제시하고자 한다. 이 장에서 우리는 선진국을 살펴보며, 자본주의 중심의 서유럽, 공산주의 종식 이후의 동유럽, 그리고 일본에 초점을 둔다. 불행히도 모든 선진국 도시들을 포함시킬 수 없으므로 오스트레일리아, 뉴질랜드, 동아시아의 도시들은 생략하기로 한다. 또한 공간의 제약으로 인해 개별적으로 독특한 장소들도 넘어가고자 한다. 필요할 경우 이 장에 대한 추천 읽기 자료를 참고하길 바란다.

서유럽 도시

2장에서 산업혁명까지의 도시 패턴과 구조의 발달과정을 살펴보았다. 서유럽 도시들, 즉 유럽연합 회원국들과 스위스 및 노르웨이를 포함한 나라에 분포하는 도시들은 전 세계에서 가장 먼저 완전하게 도시화가 이루어졌으며 계속해서 높은 도시화율을 유지하고 있는 지역에 위치하고 있다. 우리는 2차 세계대전 이후에 나타난 상황에서 유래한 서유럽, 동유럽이라는 명칭을 편의상 사용한다. 이와 같은 구분은 작위적이어서, 중부 유럽의 왕국 및 제국의 수도였던 프라하와 부다페스트와 같은 도시들을 동유럽의 도시로 간주한다. 그러나 우리는 이와 같은 범주화를 그대로 유지하려고 하며, 그 이유는 20세기 후반 이와 같은 도시들의 모습을 형성시키는 데 있어 공산주의 정치경제가 강력한 역할을 수행했기 때문이다.

서유럽의 도시들은 대체로 전 세계에서 가장 만족스러운 도시들로 분류될 수 있다. 이 도시들은 부유하며, 빈곤, 범죄, 민족 갈등과 같은 문제들이 다른 어떤 도시들보다 적다. 또한 대범한 디자인의 건축물과 개혁적인 도시계획이 고대, 중세, 근대 역사와 매력적으로 혼합되어 있다. 예를 들어 프랑스에서는 새롭게 건립되는 우체국 건물에 대해 건축학적으로 의미가 있을 뿐 아니라 주변 근린지역과 조화를 이루어야 한다고 정부가 나서서 강조할 것이다. 미국의 많은 도시들과 달리 서유럽 도시들은 상대적으로 안전하며, 활기차고 걷기에 적합한 근린지역을 유지하고 있다. 또한 다수의 도시들은 소규모 독립적인 상점들, 옥외 시장, 그리고 건축학적으로 아주 매력적인 광장을 가지고 있다. 따라서 대부분의 유럽 관광이 유럽 도시들을 경험하는 것으로 구성되어 있다는 것은 놀라운 일이 아니다. 베네치아, 파리, 런던, 피렌체, 인스부르크(Innsbruck) 등의 많은 도시들은 도시가 가지고 있는 물리적 아름다움과 도시적 매력 덕택으로 많은 수입을 거둬들인다.

동시에 서유럽 도시들을 박물관의 집합, 또는 디즈니화된 '메인 스트리트(Main Street)' 이상으로 생각할 필요가 있다. 이 도시들은 다른 모든 도시들이 겪고 있는 각종 문제, 즉 경제적 체제 전환, 도시 쇠퇴, 이민자 유입, 분산, 혼잡의 증가 등에 직면해 있는, 살아 있는 커뮤니티이다. 앞 장에서 논의된 문제들은 서유럽 도시들에 그대로 적용되지만 다른 양상을 보인다.

도시화와 유럽의 도시체계 **도시화**(urbanization)는 도시 거주 인구의 비율을 말한다. 도시 거주 인구 비율이 50% 이상일 경우 도시화되었다고 말한다. 도시화가 이루어진 최초의 국가는 영국으로 1850년까지 가장 도시화된 사회를 이루었다. 표 13.1에서와 같이 영

표 13.1 1910년경 도시 인구의 비율

국가명	비율
Italy	62.4
Belgium	56.6
Netherlands	53.0
Germany	48.8
Spain	42.0
France	38.5
Switzerland	36.6
Denmark	35.9
Hungary	30.0
Austria	27.3
Sweden	22.6
Romania	16.0
Portugal	15.6

출처: Pounds, Norman, 1990.

국의 뒤를 유럽 국가들이 잇는다. 1910년까지 이탈리아, 벨기에, 네덜란드 인구의 대다수가 도시에 거주하였으며, 독일은 도시화되어가고 있었다. 이탈리아에서 도시화는 북부에 집중되어 있었는데 이곳은 도시 장인의 역사가 오랜 곳이며(2장 참조), 나폴리 역시 도시화가 빨리 이루어진 곳으로 거대한 왕국의 수도이며, 유럽 내에서 가장 큰 5개 도시 가운데 하나였다.

유럽에서 도시 거주 인구 비율이 증가하면서 도시의 면적 역시 증가하였다. 1700년 유럽 국가들이 해외 식민지를 찾아 나섰고, 자본주의 경제체제로 모두 전환되었을 때 런던과 파리의 인구는 각각 50만 명을 넘었으며, 이는 당시 전 세계 10위권 내에 속하는 규모였다. 1800년 유럽에는 전 세계 10위권 도시 가운데 3개가 있었으며, 그중 런던의 인구는 거의 100만 명에 다다랐다. 1900년 런던은 전 세계에서 가장 인구 규모가 컸으며, 파리, 베를린, 빈, 맨체스터, 상트페테르부르크(St. Petersburg)는 인구 규모 10위 이내 도시들에 포함되어 있었다(그림 13.1). 이 도시들은 계속해서 성장하였다. 1925년에 이르러 전 세계에

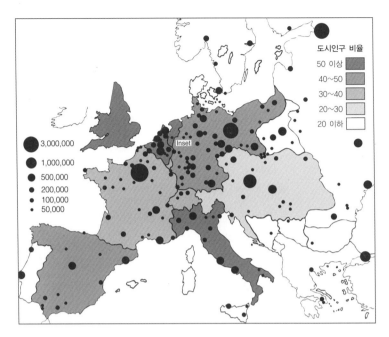

그림 13.1 1차 세계대전 직전의 유럽 도시. 이 당시 북서부 유럽은 글로벌 경제의 중심지로서 가장 도시화율이 높고, 전 세계에서 가장 큰 도시들을 포함하고 있었다.

100만 명이 넘는 도시가 31개였는데, 100만 명이 넘는 유럽 도시는 11개였으며, 이 가운데 영국의 도시는 4개였다.

유럽이 도시화가 이루어진 최초의 대륙이 되었으며, 유럽에서 인구 규모가 큰 도시들이 발달한 이유는 무엇일까? 이 질문에 대해서는 두 가지 답변이 있을 수 있다. 첫째, 유럽에서 먼저 도시화가 이루어진 것은 초기 **산업화**(industrialization)의 결과이다. 영국 중부지역, 벨기에와 프랑스의 석탄지대, 독일 루르와 라인강 계곡에서 발달한 직물·철강·화학 제조업은 농촌의 인구가 도시로 이주하여 공장에서 일을 하도록 유인하였다. 이와 같은 변화는 19세기 이전에는 발생하지 않았으며, 19세기에 와서야 산업화가 신 경제를 형성하였다. 둘째, 유럽 도시들은 **제국주의**(imperialism)로부터 성장하였다. 유럽에서 가장 규모가 큰 도시들은 식민제국의 수도였다. 예를 들어 스페인, 포르투갈, 영국, 프랑스는 북아메리카와 남아메리카에 식민지를 건설하였다. 이들 식민지로부터 가져

온 공물과 이 지역들을 통치하기 위해 필요한 간접비로 인해 제국의 수도는 번영하였다. 1900년까지 대부분의 서반구 지역은 독립하였으나 영국, 프랑스, 네덜란드, 벨기에, 독일, 덴마크, 포르투갈은 유럽을 제외한 지표 면적의 35%, 특히 아프리카와 아시아의 식민지를 지배하였다. 유럽 내에는 거대한 오스트리아·헝가리 제국과 러시아 제국이 위치하고 있었다. 식민지를 유지하기 위해서는 거대한 행정기구들을 필요로 하였으며, 이와 같은 이유로 유럽 도시들은 엄청난 규모로 성장하였다.

오늘날 유럽은 가장 도시화되어 있지만 국가 간에 명확한 차이점이 있다. 영국, 독일, 벨기에, 프랑스와 같은 산업혁명의 선두 그룹 국가들은 도시화율이 매우 높다. 그러나 일부 국가들의 도시화는 중간 수준에 해당하는데 다수의 공산주의 국가들에 속했던 동유럽 국가 도시들과 포르투갈, 핀란드, 아일랜드와 같이 농촌의 전통을 오랫동안 유지했던 국가들이 이 범주에 속한다. 도시화의 속도가 가장 늦었던 국가들은 세

르비아, 크로아티아, 보스니아–헤르체고비나와 같은 발칸 반도 국가들이 포함되어 있다. 비록 도시화율이 대부분의 유럽 국가에서 안정화되었지만, 특히 해외로부터 도시로의 인구 유입이 지속되고 있다. 동시에 혼잡, 범죄, 빈곤, 주택 부족 등과 같은 문제들이 심각해졌다. 게다가 도시의 면적은 계속 증가하고 있는데 도시와 인접 농촌 지역이 도시로 전환되고 있다. 북아메리카에서와 마찬가지로 교외화는 대도시 행정구역 내의 인구는 감소시켰지만 대도시권의 인구는 증가하도록 만들었다.

비록 50~100년 전 유럽에 더 많은 대도시가 분포하였으나 유럽 도시들은 전 세계 도시들 가운데 **인구학적**(demographic) 지위를 상실하였다. 저개발국가들과 대조적으로 유럽의 대도시권 가운데 급속하게 성장하고 있는 곳은 없다. 1950년에 25개의 가장 규모가 큰 도시 가운데 5개가 서유럽에 분포하였으며, 2개는 소비에트연방 내에 위치했었다. 2010년에는 단지 런던과 모스크바만이 가장 규모가 큰 대도시에 속해있다.

그러나 서유럽 도시들은 여전히 경제적 · 정치적 지위를 유지하고 있다. 서유럽 도시들은 경제적 · 정치적 중요성의 척도에서 높은 순위를 유지하고 있다. 이는 유럽에 위치해 있는 상당수의 글로벌 도시, 즉 재정적 · 정치적 · 산업적 영향력이 큰 도시들을 통해 증명되고 있다(세계도시 또는 글로벌 도시의 개념에 대해서는 4장에서 논하고 있다). 뉴욕, 도쿄, 런던은 세계도시의 최상위층에 위치해 있다. 유럽에서는 파리, 베를린, 로마, 밀라노, 브뤼셀, 암스테르담, 프랑크푸르트, 취리히, 빈, 제네바가 다양한 이유로 세계의 중심지 역할을 하고 있다.

유럽 도시들의 특징 유럽 도시들은 인구 규모, 역사적 유산, 이용 가능한 건축 재료, 정부, 도시계획의 역할,

최근의 경제적 동향 등에서 상이하기 때문에 이 도시들을 한 가지로 범주화하기 어렵다. 확실히 우리는 정치적 이데올로기 체계를 고려할 필요가 있는데 이는 왜 동유럽 도시들을 서유럽 도시들과 구분하여 논의하는지 설명해 준다. 르네상스와 가톨릭교회로부터 큰 영향을 받은 이탈리아와 스페인의 지중해 지역 도시들을 중부와 북부 유럽 도시들과 대조시킬 수 있다. 베니스, 제노바, 암스테르담과 같은 해양무역 도시들은 한때 제국을 통치했던 빈이나 파리와 같은 도시들과 성격이 다르다. 잉글랜드의 맨체스터와 독일의 뒤스부르크(Duisberg)는 벨기에의 브뤼헤(Bruges)처럼 중세시대에 성장한 도시들과는 다른 요소들을 많이 가지고 있다. 유럽은 역사, 지리, 도시 유산에 있어서 서로 다른, 다양성이 큰 대륙이다.

내부적 차이에도 불구하고 서유럽 도시들을 전 세계 도시들과 차별화시키는 여러 특징들을 지적할 수 있다. 가장 중요한 것은 그 차이점이 경제적 환경과 연관된다는 것이다. 서유럽인들은 전 세계에서 가장 부유할 뿐만 아니라 가장 많은 세금을 납부한다. 공공부문에 의해 소비되는 국내총생산(GDP)의 비율을 검토해 보라. 미국에서는 약 1/3이 공공부문 지출에 투입되지만 서유럽에서는 1/2에 달한다. 그 결과 정부의 재원은 대부분 공공 프로젝트에 더 많이 사용된다. 또한 공공지출 분야에서도 차이가 있다. 미국에서는 대부분의 정부 예산이 국방이나 고속도로 프로젝트에 쓰인다. 이와 대조적으로 유럽 국가들은 이와 같은 분야에 대한 지출은 적고, 도시 개발, 대중교통, 미화사업 등에 예산을 더 많이 투입한다.

밀도와 조밀성 유럽 도시들은 매우 압축적이다. 과거 대부분의 도시들은 성벽에 둘러싸여 있었다. 도시가 경제적으로나 정치적으로 성공적이어서 인구가 성장

하면 도시 요새 안으로 추가 인구가 수용되었으며, 이를 통해 토지이용은 더욱 집약적으로 이루어졌다. 마침내 교외(suburb 또는 faubourg)가 도시의 성벽 밖에 등장하였는데 교외지역 역시 성곽도시(walled city)와 매우 가깝게 위치하였다. 성곽이 도시가 필요로 하는 것보다 훨씬 더 많은 영역을 포함하였던 이탈리아의 시에나(siena)처럼, 때로는 도시 성장에 관해 과도하게 낙관적인 예측을 근거로 성벽을 쌓기도 했다.

교통은 또 다른 제약이 되었다. 부자들을 제외한 모든 사람들이 도보에 의존함으로써 도시는 물리적으로 확대되지 않았다. 즉 유럽 도시들은 **보행 도시**(walking city)였다. 사람들은 이동할 필요가 있었으며, 물건은 적정한 시간 내에 이곳에서 저곳으로 손수레에 실려 운송되어야 했다. 도시는 직경으로 몇 킬로미터 이상 성장할 수 없었으며, 대부분의 도시들은 이보다도 작았다. 유럽 도시들의 역사적 중심지는 이와 같은 전산업시대(pre-industrial period)의 건축물들로 인해 높은 인구밀도를 유지하고 있다. 미국 내에서는 보스턴(Boston)과 찰스타운(charlestown)과 같은 도시들이 그러하지만 거의 찾아보기 어렵다. 유럽에서는 계획 신도시들을 제외하고 거의 모든 도시들이 보행 도시로부터 발전했다.

19세기 초 이후로 유럽 도시들은 면적이 크게 성장하였다. 전차, 열차, 트롤리, 지하철 등이 모두 1800년대 후반부터 1900년대에 설치되었다. 자동차 소유는 유럽 사회가 부유해지면서 일반화되었다. 오늘날 유럽에서 대부분의 가구는 자동차를 소유하고 있으며 훌륭한 대중교통체계가 유럽 전 지역에 걸쳐 설치되어 있다. 그러나 유럽 도시들과 그 주변의 도시화된 지역들은 표 13.2에 나타난 바와 같이 밀도가 훨씬 더 높다. 미국에서는 일부 소수 도시만이 그 밀도가 1제곱마일(약 2.59km²)당 4,000명 이상을 넘는다. 대

표 13.2 도시 거주 인구의 1제곱마일(약 2.6km²)당 밀도

도시	나라	1제곱마일당 인구밀도
Bucharest	Romania	17,600
Tirana	Albania	17,000
Athens	Greece	15,600
Sofia	Bulgaria	14,800
Chisinãu	Moldova	13,800
Belgrade	Serbia	12,200
Prague	Czech Republic	11,500
Cardiff	United Kingdom	11,200
Ljubljana	Slovenia	10,700
Paris	France	9,900
Stockholm	Sweden	9,700
Bratislava	Slovakia	8,700
Warsaw	Poland	8,200
Toronto	Canada	7,000
Amsterdam	Netherlands	6,600
Talinn	Estonia	5,700
Budapest	Hungary	5,000
New York	United States	4,600
Marseille	France	3,400
Seattle	United States	3,100
Atlanta	United States	2,645

출처: http://www.demographia.com/db-worldua.pdf
주: 2010년 기준 자료.

부분의 미국 도시에서 중심도시의 밀도는 1제곱마일당 4,000명 미만이며, 교외지역의 밀도는 이보다 훨씬 낮다. 애틀랜타와 같은 도시들은 도시 경계 내에서조차도 많은 토지가 상대적으로 저밀도의 단독주택지로 구성되어 있다. 유럽의 도시 지역에서는 교외지역을 포함하더라도 1제곱마일당 7,000명이 넘으며, 도시 중심부에서는 1제곱마일당 30,000명이 넘는다. 이와 같은 고밀도 경향은 교외지역에도 적용된다. 고층 아파트 단지로 구성된 유럽의 교외지역은 주로 단독주택으로 구성된 미국의 교외지역보다 밀도가 훨씬 높다.

이와 같은 도시의 고밀도는 도시의 **조밀성**(compactness), 즉 도시로의 집중 정도와 연관이 있다. 도시

의 조밀성이 한 지역의 전체적인 밀도의 결과라고 가정해서는 안 된다. 많은 유럽 국가들은 미국보다 1제곱마일(약 2.6km²)당 인구밀도가 높고 일부 국가들의 인구밀도는 미국과 같거나 더 낮은 인구밀도를 보이는 경우도 있다. 그러나 도시의 경우는 매우 높은 밀도와 조밀성을 보인다. 게다가 영국과 같이 국가적으로 인구밀도가 높은 국가들은, 이탈리아와 같이 전국적 인구밀도가 낮은 국가들보다도 도시의 조밀성은 낮다.

유럽에서는 세 가지 기본 요인이 도시의 조밀성에 기여한다. 첫째, 많은 도시민들이 미국에서와 같이 넓게 확산되어 거주할 수 없는데, 그 이유 가운데 하나는 접근성에 대한 비용의 차이이다. 유럽에서 개인교통수단의 이용에 소요되는 비용은 미국에서보다 월등히 높다. 유럽에서는 2대의 차를 보유하고 있는 가구가 많지 않다. 가솔린의 가격이 미국과 비교할 때 매우 높다(표 13.3). 더구나 유럽 국가들은 신규 도로를 많이 건설하지 않으며 기존 도로의 수용량을 거의 확대하지 않는다. 비용과 혼잡은 장거리 통근을 불가능하게 만든다. 많은 도시에서 운행되고 있는, 연료 효율이 좋고 날렵하지만 매우 신경에 거슬리는 모페드(moped, motorbike)는 이와 같은 문제를 해결하기 위해 도입된 것이다. 또 다른 해결책은 대중교통의 이용이다. 대부분의 유럽 도시에서는 정부 보조금 때문에 미국에서보다 훨씬 더 포괄적이며 값싼 대중교통을 이용한다(표 13.4). 그러나 이와 동시에 유럽 도시민 대부분이 자동차를 이용하고 있으며, 그 비율이 증가하고 있음을 주목해 보라.

두 번째 요인은 주택 소유 비용과 주택자금 융자비용이 매우 높다는 것이다. 유럽에서 주택가격은 토지가격이 매우 높고 유럽의 건축가들이 훨씬 견고한 건축 재료를 사용하기 때문에 무척 높은 편이다. 소유

표 13.3 1갤런당 가솔린 가격, 2012년 기준

국가	가격
Norway	$10.12
Netherlands	$8.26
Denmark	$8.20
Italy	$8.15
Sweden	$8.14
Greece	$7.92
United Kingdom	$7.87
France	$7.79
Belgium	$7.77
Germany	$7.74
Portugal	$7.72
Switzerland	$7.66
Finland	$7.59
Ireland	$7.34
Slovakia	$6.93
Hungary	$6.79
Malta	$6.60
Slovenia	$6.57
Austria	$6.49
Spain	$6.47
Czech Republic	$6.46
Luxembourg	$6.38
Lithuania	$6.32
Poland	$6.15
Bulgaria	$6.12
Latvia	$6.80
Estonia	$5.80
Romania	$5.71
Canada	$5.46
Russia	$3.75
United States	$3.75

출처: Bloomberg Gas Prices, http://www.bloomberg .com/slideshow/2012-08 -13/highest-cheapest-gas-pricesby-country.html.

토지에 작은 주택을 짓는 비용은 상위 중산층에서 가능하다. 0.5 내지 1에이커(약 4,047m²)의 면적에 지은 주택은 미국에서 매우 일반적이지만 유럽에서는 경제적 엘리트층을 제외하고는 구입할 수 없다. 주택담보융자를 얻는 비용 역시 매우 높은데, 대부분의 유럽인들은 미국인들처럼 30년 장기로, 소득 공제되며 분

표 13.4 자동차와 대중교통 이용률

국가	자동차 통근(%)	대중교통 통근(%)
Denmark	55	13
Germany	68	13
Estonia	40	30
Spain	56	18
Latvia	40	30
Netherlands	60	10
Portugal	46	20
Finland	67	11
Sweden	62	14
United States	86	5

출처: Urban Audit, http://www.urbanaudit.org/DataAccessed.aspx.
주: 미국-2010년 기준, 포르투갈-2001년 기준, 기타 국가-2004년 기준.

할 상환되는 대출금을 얻을 수 없다. 정부는 주택담보 대출에 보조금을 제공하지 않으며, 대부분의 대출상 환기간은 짧다. 만약 주택이 상속되거나 완납되지 않 으면 대출을 얻기 어렵다. 예를 들어 1970년대 말 마 드리드에서 이루어진 연구에 의하면 평균적으로 주택 구입비의 46%는 예금이 있어야 하고 나머지는 5~10 년 내에 상환이 이루어져야 했다.

주택 소유와 금융대출의 비용이 높기 때문에 유럽 에서의 주택 소유 비율은 낮다. 미국에서 전체 가구의 65%가 주택을 소유하고 있으며, 이 수치는 지난 수십 년 간 일정하게 유지되었다. 이와 대조적으로 유럽에 서의 주택 소유 비율은 매우 낮다. 예를 들어 1970년 핀란드를 제외한 모든 서유럽 국가들의 주택 소유 비 율은 33% 미만이었다. 빈, 제네바, 암스테르담과 같 은 일부 도시에서 20가구당 1가구만이 주택을 소유하 였다. 물론 1989년 이전에 대부분의 동유럽 도시들에 서는 주택 소유권을 인정하지 않았다. 유럽인들이 주 택을 소유하지 않고 도심의 아파트를 더 많이 임대하 기 때문에 도시의 조밀성은 높아진다(아파트에 대해 서는 이 장 마지막 부분에서 논의됨).

영국, 벨기에 등과 같이 주택 할부 금융을 얻기 쉬 운 곳에서는 주택 소유 비율이 높다는 점을 주목해 보 아야 한다. 예를 들어 벨기에 정부는 주택을 구입하거 나 신규 주택을 건립할 자금을 제공한다. 그 결과 브 뤼셀은 미국의 어떤 도시들보다도 밀도가 높지만 다 수의 단독주택들로 교외화가 이루어져 있다.

세 번째 주요 요소는 도시계획이 유럽 도시에서 보 다 엄격하다는 것이다. 유럽 국가들의 정부는 기존 시 가지 내에 도시 인구를 수용하고 도시 경계를 넘는 성 장은 신중하게 제시하는, 다양한 성장 제어 메커니즘 을 적용한다(글상자 13.1). 예를 들어 많은 도시들은 도시적 성격을 띤 토지의 성장이 일어날 수 없는 명백 한 경계를 갖고 있다. 도시와 농촌 토지이용 사이의 명백한 분리는 네덜란드와 같이 인구밀도가 높은 국 가에서 나타난다. 여기에서 정책입안자들은 기존의 중심지, 또는 선택된 '성장 중심 타운'에 도시 성장이 집중되도록 한다.

결과적으로 도시의 경계가 갑자기 나타나고, CBD 로부터 너무 멀지 않은 곳에 농지가 분포한다. 영국은 도시 주변에 **그린벨트**(greenbelt)를 조성하여 교외의 발달을 제한시켰다. 또한 400만 명의 인구를 수용하 는 약 30여 개의 뉴타운을 건립하였다(12장에서 논의 됨). 인구가 그린벨트를 뛰어넘어 성장하기도 했지만 이와 같은 조치는 어느 정도 성공을 거두었다. 프랑스 또한 일부 경제 활동이 파리로부터 멀리 떨어진 곳에 재입지하는 데 일조할 것으로 기대하고 뉴타운에 투 자하였다. 이와 같은 제한적 도시 토지이용 계획의 유 형은 강력한 국토계획 전략을 가지고 있지 않은 지중 해 국가에서는 일반적이지 않다. 여기에서 또 다른 인 자의 영향, 특히 아파트 주거 전통은 커뮤니티의 규모 에 관계없이 압축적인 도시 구조를 형성시킨다.

스웨덴의 스톡홀름(Stockholm)은 대중의 지지와 약간의 선견지명으로 도시계획이 얼마나 좋은 결과를 가져오는지를 보여주는 모델이다. 스톡홀름은 도시계획에 의한 최상의 결과를 보여주는 사례로서, 스프롤 없이 교외를 형성하였으며, 모든 사람들이 자동차를 소유하고 있는 부유한 지역에도 철도 교통이 발달하도록 만들었다.

2차 세계대전 이후 스톡홀름은 미래 성장을 이끌기 위한 노력을 전개하기 시작하였다. 당시 이 도시에서는 연간 약 20,000명씩 인구가 증가하고 있었다. 스톡홀름은 1930년대까지 황폐화되어 있던 CBD를 재생시킬 수 있었다. 시는 질서정연하게 계획된 밀도 경사(density gradient, 거리에 따른 밀도의 변화)를 따라 개발되었다. 스톡홀름은 지하철과 열차 노선을 건설하였고, 이 교통체계를 여전히 많은 사람들이 이용하고 있다. 또한 교외의 확대 문제도 잘 다루었다. 각각의 교외지역은 지하철을 통해 CBD까지 연결되며, 지하철 역 바로 옆에 위치한 쇼핑센터, 공원, 문화시설 등을 통해 자족 기능을 수행한다(그림 B13.1). 철도로 연결된 교외지역들은 고용을 지역 자체에서 해결하는 것은 아니며, 오히려 많은 사람들이 지역 외부로 통근한다. 스톡홀름은 또한 주택가격과 임대료를 적정수준으로 유지시켜 왔다.

계획을 통해 성장을 유지하게 했던 메커니즘은 복잡하지만 다음과 같은 세 가지 주요 요인을 확인해 볼 수 있다. 첫 번째 요인으로 1904년 스톡홀름 의회는 시 외곽의 많은 토지를 매입하였으며, 시가 팽창할 때까지 해당 토지를 보유하였다는 점이다. 스톡홀름 의회는 또한 시정의 지리적 범위를 새로 매입한 토지까지 확대시켰다. 오늘날 주변 토지에 대한 병합은 거의 이루어지지 않는다. 그러나 시는 필요할 경우 항상 적정 가격으로 토지를 매입할 수 있는 권한을 가지고 있다. 두 번째 요인은 스웨덴 정부가 매입한 토지에 적정 가격대의 주택을 건설할 책임을 갖는 일련의 비영리 건설 회사를 설립하였다는 것이다. 세 번째 요인으로는 1971년 이후로 스톡홀름 대도시권 정부가 대중교통, 보건, 계획, 과세기반 등을 책임지게 되었다는 것을 들 수 있다.

이와 같은 요인에 기반을 두고 세계에서 선망의 대상이 될 만큼 상당한 수준의 개인 소유권과 교외 주거가 가능한 도시가 형성되었다. 물론 낙원과 같은 이곳에서도 문제점이 나타난다. 스웨덴 사람들은 전 세계 어느 나라보다도 많은 세금을 납부한다. 국민총생산의 55%는 행정업무와 공공사업에 투여된다. 스웨덴의 주택 소유자들은 주거 공간의 단조로움과 획일성을 받아들여야 한다. 이러한 문제에 대한 반응으로, 엄격한 도시계획에 대한 정부의 추진력은 지난 20년 동안 약해졌다. 철도로 연결된 교

역사적 유산 많은 유럽 도시들은 고대부터 현대까지 서로 다른 역사적 시기를 결합시키고 있다. 로마 시대의 극장 바로 옆에 위치한 12세기에 건립된 교회가 500년 된 아파트 건물과 나란히 서 있는 것이 드문 일이 아니다. 이와 같은 특징들은 도시의 현대적인 삶에 통합되어 있기 때문에 흥미롭다. 로마의 원형경기장은 록 음악 콘서트장이나 자전거 경기장으로 쓰이며, 많은 사람들이 아직도 수백 년 된 빌딩에서 거주하고 일한다. 또한 중세의 도로가 그대로 이용되고, 도시의 스카이라인은 도시 형성 초기부터 거의 그대로 유지되고 있다. 물론 이와 같이 시간성을 초월한 것 같이 보이는 것은 단지 시각적인 착각일 뿐이다. 건축

을 넘어서서 유럽의 도시들은 최전선에서 변화를 이끌고 있다. 확실히 과거의 정부는 종종 오래된 건축물을 철거하게 만들었던 거대한 도시 재개발 사업을 전개하였다. 그러나 많은 유럽 도시들은 해당 도시의 유산을 포용하는 방식을 통해서 정체성을 드러낸다. 미국의 도시계획에서 전형적으로 나타나는 오래된 근린지역에 대한 철거는 유럽에서 배척된다. 사회의 새로운 수요가 오래된 도시 구조에 혼합되면서 **보전**(preservation)이 재개발보다 훨씬 더 일반적이다. 지리학자 홀저(Holzer)는 이에 대해 '반 진보(anti-progress)'와 '반 혁신(anti-innovation)'의 태도라고 언급하였다(Holzer, 1970, p. 317). 도시가 보유하고 있는 과거로

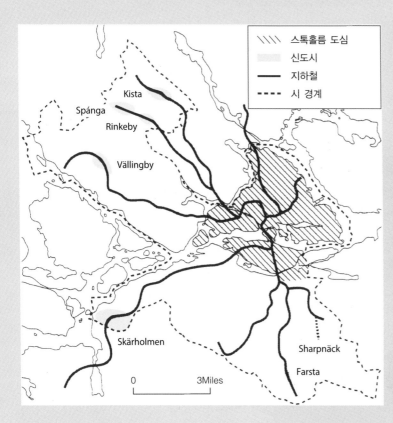

외지역을 넘어서 자동차 중심의 간선도로와 주거지 개발을 추진해야 할 과제가 남아있다.

그림 B13.1 스톡홀름에서 철도로 연결된 교외지역들의 위치
출처: Cervero, Robert, 1995.

부터의 유산에 대해 자부심을 느끼고 이와 같은 역사적 유산을 보전하고자 하는 태도라고 표현하는 것이 더 정확할 것이다. 유럽에서 역사적 건축물에 대한 철거는 거센 저항을 불러온다.

모든 유럽 도시들의 중심부에는 가장 오래된 도시 구역이 존재한다. 이곳을 **역사적 핵심지구**(historical core)라고 부르며, 이곳은 고대 또는 중세 성벽 내의 도시 구역에 해당한다(그림 13.2). 대부분의 관광객들은 이곳에서 시간을 보낸다. 유럽의 역사적 핵심지구를 특징적으로 만드는 요인은 이곳이 현대 도시의 신경 중심지로서 아직도 기능하고 있다는 점이다. 공공부문의 고용 규모가 매우 큰 사회에서 중요한, 도시의

그림 13.2 이탈리아의 토디(Todi) 같은 대부분의 유럽 도시들은 역사적 핵심지구를 중심으로 형성되어 있다. 이 사진에서와 같은 도심 공간이 유럽 도시들의 성격을 부여하며, 관광객과 주민 모두에게 가치를 제공한다.

Courtesy of Dr. David H. Kaplan

행정 기능을 이곳에서 찾아볼 수 있다. 또는 주요 은행과 증권사와 같은 금융 기능을 찾아볼 수도 있다. 또한 가장 중요한 소매 기능이 핵심지에 위치한다. 이와 같은 점에서 유럽 도시의 핵심지구는 상당한 중심지 기능을 수행하는데 미국에서는 이와 같은 핵심지 기능이 CBD를 통해 이루어진다. 확실히 외곽에도 상점과 쇼핑센터가 위치하지만 다운타운은 일상생활에 필요한 상품뿐만 아니라 특별하게 필요한 품목들을 구입할 수 있는 장소로서의 지위를 유지하고 있다. 미국의 소매업이 교외로 이전하기 훨씬 전 오스트리아의 잘츠부르크, 인스부르크, 클라겐푸르트와 같은 도시들은 중심부에 최고차위 기능 대부분을 유지하고 있었다.

또 다른 특징은 많은 사람들이 여전히 역사적 핵심지구 내에 위치한, 지상층에 상점과 음식점이 위치하는 건축물 상층에 거주하고 있다는 점이다. 이와 같은 패턴은 오랫동안 유럽 도시에서 전형적으로 나타나는 특징으로서 미국의 경우, 더구나 미국 도시들에서도 다운타운이 최상위의 지위를 유지하고 있을 때조차도 매우 다른 점이다. 유럽의 커뮤니티에서 핵심지구의 위치는 매우 명망 있으며, 임대료와 주택가격은 매우 높다. 그러므로 핵심지의 위치는 부와 연관되어 있고, 부유층의 집중은 다운타운에서의 소매업 발달을 촉진시킨다. 최근의 자료에 의하면 유럽의 많은 도시에서 핵심지구에 거주하고 있는 인구가 증가하고 있는데 이는 핵심지구의 매력성을 말해 주고 있는 것이다. 그러나 1960년대와 1970년대에는 교외지역이 성장하면서 핵심지구가 쇠퇴하는 경향이 나타났으나 이후 그 경향이 바뀌었다. 그러나 19세기에 개발이 이루어진 지역과 그 인근은 상황이 다르다. 기차역 부근과 같은 곳은 미국에서 점이지대(zone of transition)와 같은 방식으로 유럽 도시 내에서 가장 황폐한 곳을 형

성하고 있다.

역사적 핵심지구는 중세 시대 또는 바로크 시대의 유산인, 광장 주변에 위치한다. 이 공간들은 전통적으로 야외 시장으로 활용되거나 교회 주변으로서 후에 기념물을 세우는 데 이용되기도 하였다. 예를 들어 이탈리아 시에나(Siena)의 중심 공간은 3개의 커뮤니티가 통합되는 곳에 위치하는데 커뮤니티들 사이의 오픈스페이스가 캄포(Campo, 광장), 즉 타운 전체의 공동 공간이 되었다. 그 기원이 무엇이건 간에 도시의 광장은 위치를 알려주는 중요한 기능을 유지하고 있다. 현대 유럽 도시에서 광장은 카페, 레스토랑, 상점에 둘러싸여 있다. 방문자가 매우 많은 도시에서 이와 같은 오픈스페이스가 최고 가치의 교차지점을 형성한다. 시에나의 캄포는 관광객들을 주요 고객으로 하는, 'Ristorante al Mangia'와 같은 상호명의 야외 레스토랑과 카페가 위치한다.

역사적 핵심지구의 또 다른 특징은 미로 같은 거리 패턴이다. 이는 도시 개발이 누적되는 과정에서 나타난 특징으로 서로 다른 커뮤니티가 성장하여 결합하게 되는 프로세스(synoecism)를 통해 도시가 개발되었다는 점을 반영하는 것이다. 이와 같은 도시 개발의 유기적 패턴이 두드러진데 마스터 플랜이 없는 도시에서 더욱 그러하다.

도시가 구릉지의 융기부분, 하천의 자연제방, 또는 천연 항구에 위치하건 도시의 형태는 지형적 특징을 반영하였다(그림 13.3). 가장 일반적인 것은 폭이 좁은 도로이다. 1965년 서독 도시에 대한 연구에서 도로의 77%가 겨우 양방향 통행이 가능한 정도인, 폭 7.5m 미만이었다. 이와 대조적으로 이 당시 미국의 경우 폭 7.5m 미만의 도로는 16%였다. 물론 이와 같은 수치는 도시 내에 존재하는 엄청난 변이를 보여주지 못한다. 핵심지구 밖의 도로 폭과 주차 공간은 상당

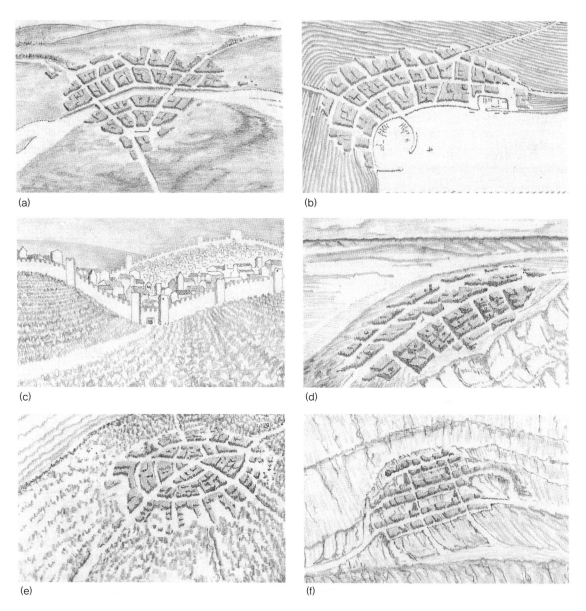

그림 13.3 지형은 도시의 형태뿐 아니라 그 기능도 결정한다. (a) 하천변 도시, (b) 천연 항구 도시, (c) 방어적 위치를 이용한 도시, (d) 직선형의 완만한 산등성이 도시, (e) 구릉 위 도시, (f) 경사지에 위치한 도시.
출처: Kostof, Spiro, 1991.

하지만 새로 건설된 도로조차도 비교적 좁은 편이다.

17세기와 18세기에 중앙집권적 정부와 도시 디자인에 대한 이상이 점점 더 두드러지게 되었으며, 기존의 도시들은 당시의 유기적인 배치에 규칙적인 도로를 가진 계획 구역을 추가함으로써 부분적인 변경이 이루어졌다. 예를 들어 18세기 초 이탈리아의 트리에스테(Trieste)의 일부가 중세도시에 인접해 있었는데 이 지역을 규칙적인 필지로 구분하고, 넓은 도로를 놓앉으며, 새롭게 건립된 창고 바로 옆에 위치한 도크에 큰 선박이 정박할 수 있도록 거대한 운하를 건설하였다. 또한 오래된 구역의 일부는 철거하고 새로운 도시 구역으로 대체하였다. 12장에서는 파리에서 아파트, 상점, 사무실을 따라 보다 규칙적인 새로운 도로망 건설을 위해 구 건축물 대부분이 철거되었던 오스망화 (Haussmannization)에 대해 소개하였다.

유럽 도시의 중심부는 대체로 낮은 스카이라인 을 유지하고 있으며, 도시 중심부에는 교회와 중세의 공공건물이 위치한다. 예를 들어 이탈리아 볼로냐(Bologna) 중심부에서 가장 높은 건축물은 12세기에 지어진 2개의 탑인데, 그중 큰 탑의 높이는 단지 97.2m이다. 이 탑들은 도시에서 위치를 알려주는 랜드마크로 남아있다. 또 다른 이탈리아 도시들은 두오모(duomo)라고 부르는 성당이 특징적이다. 파리에서는 에펠탑(Eiffel Tower)이 랜드마크로서 다른 건축

글상자 13.2 ▶ 세계대전 이후의 도시 개발: 로마의 EUR 센터와 파리의 라데팡스

도시의 분산 과정은 선진국의 도시 형태를 변형시키는 요인이 되었다. 인구와 사업체를 교외로 재입지시키는 과정에서 새로운 경제 활동의 결절지가 CBD가 아닌 곳에 형성되었다. 다수의 유럽 도시들은 도심으로의 과도한 집중을 우려하여 이와 같은 경향을 장려하였다. 따라서 뉴타운, 위성도시, 성장거점 (growth pole)을 조성하도록 하였다. 목표는 도심의 개발 압력을 완화시키고 경제개발을 촉진시키는 것이었다. 중심도시 밖으로 경제활동을 재입지시킴으로써 역사적 핵심지구를 훼손시키지 않고 새로운 현대적인 지구가 조성되도록 하였다.

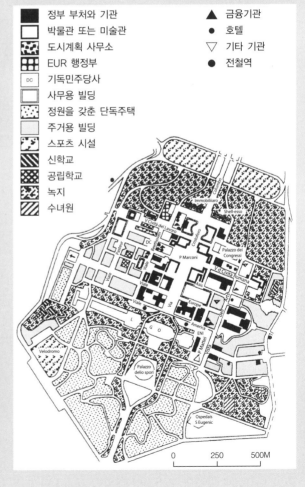

그림 B13.2 로마 외곽에 위치한 EUR 센터의 지도.
출처: Agnew, John, 1995.

물들은 37m를 넘지 못하도록 제한된다. 고층건물들은 기업 본사와 새로운 아파트 단지를 중심으로 건립되고 있다. 그러나 이러한 고층건물들은 도시의 핵심지구 밖에 위치한다(글상자 13.2). 그 결과 도시는 끝이 올라간 얕은 그릇과 비슷한 모습을 띠게 된다(Lichtenberger, 1976, p. 75). 서유럽이 부유하기는 하지만 전 세계 최고층 빌딩 100개 가운데 2개만 위치한다는 것은 유럽에서 그만큼 고층건물이 희귀하다는

것을 말해 준다. 독일 프랑크푸르트의 코메르츠뱅크 타워(Commerzbank Tower, 높이 259m)와 메세투름(Messeturm, 높이 257m)이 전 세계 최고층 빌딩 100개 가운데 각각 91위와 95위에 해당한다. 프랑크푸르트가 다운타운 내의 구 건물들을 새로운 사무실 공간으로 대체하면서 북아메리카 스타일의 스카이라인을 채택한 것은 유럽 도시로서 흥미로운 사례이다. 이 도시가 예외적인 것인지 아니면 새로운 트렌드를 나타내

로마에서 남쪽으로 8km 떨어진 곳에 위치한 EUR (Esposizione Universale Roma) 지구는 이와 같은 신규 개발 방식의 사례이다. EUR 지구는 파시스트였던 무솔리니에 의해 처음 구상되었으며 이 지구의 건설 회사는 1943년 무솔리니의 전복과 함께 중단되었다. 1960년대부터 이곳에는 정부 부처, 컨벤션 센터, 기업체 본사 등이 들어서게 되었다. 1970년대 이후 신규 건축을 통해 또는 주거용지의 용도 전환 등을 통해 사무실 공간이 확대되었다. 부유층을 위한 주택은 이러한 행정 및 상업 지구(EUR 센터)의 남쪽에 위치하게 되었다. EUR 지구는 로마의 대도시권 내에서 가장 계획이 잘 이루어진 지역으로서 건축물과 녹지 간의 균형이 세심하게 유지되었다. 또한 이탈리아인들이 좋아하는 야간 활동이 거의 없는, 가장 건전한 곳이 되었다. 폭이 넓은 도로, 사무실 빌딩, 기능 간의 명백한 분리, 즉 미국의 에지시티(edge city)의 대표적 특징들이 유럽 도시에도 자리잡은 것이다(그림 B13.2).

또 다른 사례는 파리의 다운타운에서 북서쪽으로 6km 떨어진 곳에 위치한 라데팡스(La Défense)이다. 라데팡스 지구는 1950년대에 정부의 개발 계획이 세워졌지만, 1960년대에 들어서서 실질적인 사무공간 개발과 함께 조성되었다. 라데팡스는 주변부에 위치한 입지적 특성, 철도를 통한 파리로의 용이한 접근성 등이 유리하여 대부분 정부의 지원을 받은 민간 소유의 고층빌딩 지구로 조성되었다. 오늘날 이 지구는 고용의 중심지로서 약 10만여 개의 일자리를 제공한다.

라데팡스는 정부의 개발 프로젝트로 시작되었지만 소재 건물의 대부분은 민간 소유로 되어 있다. 많은 프랑스 및 외국 기업들이 이곳에 본사를 두고 있어서 대표적인 사무 지구를 형성하

고 있다. 사실 1980년대 초 라데팡스는 파리 대도시권에 건설된 신규 사무 공간의 1/2 이상을 차지하였다. 또한 주요 쇼핑 중심지가 되었으며 일부 주거지가 이 지구에 통합되었다.

외견상 라데팡스는 현대적인 북아메리카 도시의 다운타운과 유사하다. 사실 파리 시내에서는 허용되지 않는 폭이 넓은 도로, 유리로 뒤덮인 실험적인 건축물, 고층빌딩 등으로 인해 '파리의 맨해튼'이라고 불린다(그림 B13.3). 라데팡스에는 몇 개의 주목할 만한 공공건축물이 있는데, 가운데가 뚫려 있는 110m 높이의 구조물인 가칭 신개선문(Grand Arche)과 쇼핑센터 및 호텔이 들어선 CNIT 전시 센터가 포함된다.

Courtesy of Dr. David H. Kaplan

그림 B13.3 라데팡스라는 파리의 현대적인 구역에는 신개선문(가칭)이 세워져 있다.

는 것인지 아직은 확실하지 않다.

　많은 유럽 도시들의 도시 형태와 모습에 영향을 주고 있는 역사적 요소 가운데 마지막은 도시의 성곽이다. 2장에서 살펴본 바와 같이 대부분의 도시들은 병사들의 공격으로부터 도시를 보호하기 위해 성벽과 요새를 발달시켰으나 이는 도시와 농촌을 분리시키는 분명한 경계로서 기능하였다. 중세와 르네상스 시기 동안 이러한 성곽들은 인구 성장을 포용하기 위해 계속해서 확장되었다. 또한 성곽 밖의 미개발지에 도시를 수비하던 사람들에게 사선(射線)의 역할을 하도록 비스듬한 제방(glacis)이 세워지면서 성곽은 더욱 정교해졌다. 강력한 국가가 들어서고, 포병 기술이 발전하면서 성곽의 효용성이 없어졌으며 점진적으로 철거되었다. 19세기에 유럽의 주요 도시에서 대부분의 성곽이 철거되었다(파리의 성곽은 1920년대까지 남아 있었다). 성곽 철거로 도시의 핵심부 밖의 거대한 토지가 이용 가능하게 되었으며, 수많은 19세기 재개발 계획이 이러한 공간들을 이용하여 이행되었다. 아마도 가장 유명한 예는 빈의 링슈트라세(Ringstrasse)로서, 성벽과 해자 제방이 있던 공간이 빈의 가장 중요한 공공건물과 엘리트층의 주택을 포함하는 순환도로로 대체되었다(그림 13.4).

주택과 사회지리　유럽 도시들의 조밀성과 역사적 유산은 주택시장과 사회지리에 있어 중요한 역할을 수행한다. 수 세기에 걸쳐 대부분의 유럽 도시에 사용된 건축재료들은 미국에서 선호되는 목재보다 훨씬 내구성이 좋다는 것을 보여주었다. 주택의 수명은 수백 년으로 예상된다. 시 정부는 석재와 벽돌 사용을 법제화시켰다. 예를 들어 거의 200년 전 헬싱키 정부는 중심지구 내에 석재와 벽돌을 사용하도록 하는 규정을 제정하였다. 이와 같은 건축재료를 이용하는 것은 건축

그림 13.4 빈에서 성벽 철거 후 링슈트라세라고 명명된 순환도로가 건설되었다. 이 다이어그램은 아름다운 건축물과 공원을 포함하여 링슈트라세 구역의 다양한 도시 기능을 보여준다.
출처: Lichtenberger, Elisabeth, 1993.

비용을 상당히 상승시키지만 주택의 질이 급속하게 쇠퇴하지 않도록 한다. 그 결과 20세기 이전에 세워진 오래된 주택들이 여전히 매력적으로 여겨지며, 심지어 신규 건축물에 대한 편견도 존재한다. 미국에서와 마찬가지로 오래된 건축물들은 도시 중심에 위치하지만 신규 건축물들은 도시 주변부에 위치한다. 그러나 미국에서 부유층은 면적이 넓은 신규 주택에 거주하고자 하지만 유럽에서는 중심부에 위치한 오래된 건물에 거주하는 것을 선호한다.

　유럽 도시들의 또 다른 특징 두 가지는 주택 소유자

그림 13.5 아파트 거주는 북아메리카보다 유럽에서 훨씬 더 일반적이다. 이탈리아에서는 로마의 교외지역과 같은 소규모 타운의 경우 대부분의 주민들이 아파트에 거주한다.

점유 비율이 상대적으로 낮으며, 아파트 거주 비율이 높다는 것이다. 파리의 오스망화나 빈의 링슈트라세 개발과 같은 유럽의 대규모 재개발 계획을 통해 규모

가 크고 호화로운 아파트 건물들이 지어졌다. 각각의 아파트 건물들은 사회 전체의 축소판과 같아서 가장 부유한 사람들은 대로 전체가 조망되는, 공간이 넓은 2층 아파트에 거주하였으며, 빈곤한 사람들은 건물 내의 뜰만이 내다보이는 고층에 살았다. 유럽 대륙의 다른 도시들도 역시 아파트 거주 비율이 매우 높다. 전체적으로 인구 10만 명 이상의 도시에서 약 80%의 가구는 아파트에 거주하며 인구 50만 명 이상의 도시에서 아파트 거주 비율은 90%를 넘는다.

비록 모든 유럽인들이 미국인들보다 아파트에 대한 의존도가 높지만, 국가마다 상당한 변이가 나타난다. 이탈리아에서는 규모가 아주 작은 타운에서 아파트 건물이 일반적이다(그림 13.5). 이와 대조적으로

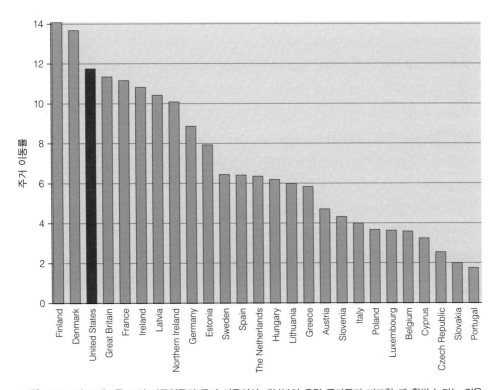

그림 13.6 이 그래프를 보면 미국인들의 주거 이동성이 대부분의 유럽 국가들과 비교할 때 훨씬 높다는 것을 알 수 있다.

출처: http://www.federalreserve.gov/pubs/feds/2011/201130/accessible_version.html#fig5.

영국에서는 단독 주택이 일반적이지만 그 비율은 미국이나 캐나다보다는 여전히 낮다. 게다가 주거 이동성은 미국보다 유럽이 훨씬 낮다. 미국에서는 9명 가운데 1명이 매년 이사를 가지만 이와 같은 주거 이동의 대부분은 도시 내에서 이루어진다. 이러한 패턴은 사실 10년 전보다는 낮아진 것이다. 그러나 핀란드와 덴마크를 제외하고 유럽 국가들 내에서의 주거 이동성은 훨씬 낮아, 미국의 1/3 수준에 해당한다(그림 13.6). 이와 같은 차이의 원인은 복잡하다. 주택가격과 주택자금 융자를 얻는 것이 어렵다는 것이 연관되지만 낮은 주거 이동성은 임대주택에도 그대로 적용된다. 이동성이 낮다는 것은 임대주택에 거주하는 사람들이 거주하는 주택을 그대로 유지하고자 하며, 도시 근린지역이 월등히 안정적이라는 것을 의미한다.

북아메리카와 비교해 볼 때 유럽에서는 부유층이 역사적 핵심지구에 거주하지만 빈곤층은 도시 변두리에 거주하는 경향이 있다. 이와 같은 경향을 심화시키는 것은 공공주택을 제공하는 전통이다. 유럽에서는 공공주택에 거주하는 사람들의 소득 범위가 미국보다 훨씬 넓다. 공공주택에는 대체로 저소득층이 거주하지만 중하위층과 사무직 종사자들도 거주한다. 유럽에서 상당주의 공공주택은 도시 변두리에 이용 가능한 토지가 있는 곳에 위치한다. 일례로 파리의 경우, 시 북부와 남부에 이민자 집단과 빈민층이 거주하는 아파트가 둘러싸고 있다. 파리는 도심 쇠퇴보다 교외 지역의 위기라는 문제를 겪는데, 이는 대중들이 교외 지역의 공공주택을 사회적 결핍과 소수민족 집단 같은 이미지와 연관시키는 것이다. 2005년 파리 교외에서 발생한 폭동은 기존의 사회적·공간적 배치가 절망적이며 폭력적인 교외 근린지역을 조성했다는 사실을 확인시켰다.

유럽 도시들의 사회지리는 **사회지역분석**(social area

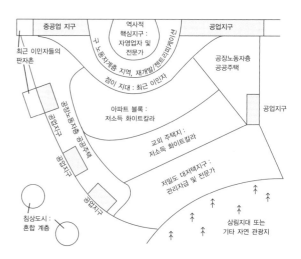

그림 13.7 서유럽 도시의 모식도. 서유럽 도시는 역사적 핵심지구를 중심으로 구조화되었으며, 핵심지구에는 다수의 부유층도 거주한다. 공공주택은 시 주변부의 공업지구 인근에 위치한다. 또한 일부 부유층의 교외화도 나타난다.

analysis) 및 **요인생태학**(factorial ecology)에서 사용한 분석법을 통해 검토되었다(7장 참조). 이와 같은 연구들은 북아메리카 도시와 같이 유럽 도시들도 계층에 따라 분리되어 있다는 점을 제시하였다. 계층은 주요한 요인으로서 도시 내 인구 분포의 1/3을 설명한다. 또 다른 중요한 요인은 밀도와 가구 유형이었다. 북아메리카와 마찬가지로 유럽에서는 가구의 규모에 따른 변이가 확인된다. 그렇지만 유럽인들은 주거 이동률이 낮기 때문에 가족 형성과 같은 생애 이행기를 거치는 과정에서 이사 빈도가 낮다. 북아메리카와의 주요 차이점은 민족 집단 간 분리가 주요 문제로 등장하지 않았다는 점이었다. 그러나 대부분의 연구들은 수십여 년 전에 이루어진 것들이다. 오늘날에는 문화적 다양성과 민족 집단 간 분리가 두드러지게 나타난다.

그림 13.7은 서유럽 도시를 도식적으로 나타낸 것이다. 분명히 도시의 사회지리에 대한 1개의 모델이 서유럽 도시들의 모든 차이를 설명해 주지는 못한다. 그러나 이와 같은 모식도는 앞에서 살펴본 일부 특징

Courtesy of Dr. David H. Kaplan

그림 13.8 이탈리아 우디네(Udine)에서 촬영된 이 사진처럼 유럽 도시의 교외에서는 자동차 중심의 가로변 쇼핑센터가 보편적이다.

들을 드러내며, 미국 도시들과의 차이점을 강조해 보여준다. 이 그림을 통해 역사적 핵심지구의 매력이 지속되고 있다는 것과 성벽을 대체하여 19세기에 개발이 이루어져 확대된 지역들을 확인할 수 있다. 오래된 공업 지구는 하천변이나 해안가를 따라 분포한다.

미국 도시와 마찬가지로 1차 세계대전 이전에 세워진, 저렴한 주택이 분포하는 점이지대도 분포한다. 이러한 점이지대는 이민자 집단 주거지와 노동자 집단 인구를 포함한다. 이 지대는 대체로 역사적 핵심지구로부터 떨어진 곳에 위치한 기차역으로부터 동심원 모양으로 뻗어 있다. 20세기에 개인들이 소유하게 되었거나 임대된 주택들이 분포하는 넓은 구역은 도심으로부터 언덕이나 숲을 따라 확장되어 있다. 이 지대의 경계에는 중산층과 부유층을 위한 교외지역 스타일의 주택이 분포하지만 북아메리카에서 일반적인 필지보다 훨씬 면적이 작다. 또 다른 부분들에서는 노동자층 인구를 포함하는 공공주택이 특징적으로 분포한다. 도시의 경계는 고속도로에 제한적으로만 연결되어 있으며, 여러 사례에서 2차선 또는 4차선 고속도로가 새로운 쇼핑 단지나 사무 공간 단지를 따라 연결되어 있다(그림 13.8). 여러 도시에서 엄격한 성장 통제는 상업지역의 스프롤을 제한한다.

변화의 측면

유럽 도시들은 지난 세기 동안 도시의 경제적·사회적 구조를 바꾸고 현재까지도 도시 경관에 흔적을 남긴 여러 중요한 변화를 겪었다. 가장 심각한 변화는 2차 세계대전의 결과로, 전쟁에 의해 여러 도시들이 물리적으로 황폐화되었다. 예를 들어 로테르담(Rotterdam)과 르아브르(Le Havre)는 거의 초토화되었으며, 독일의 루르 계곡에 위치한 도르트문트와 뒤스부르크에서는 건축물의 거의 절반이 파괴되었다. 그 결과, 이 도시들의 역사적인 건축물들이 소실되었지만 도시를 새롭게 재건할 기회를 얻게 되었다. 구 유고슬라비아에서처럼 전쟁은 일부 지역의 경관을 피폐하게 만들었다.

유럽 도시들을 변형시킨 또 다른 미묘한 변화들이 있었다. 이와 같은 경향은 유럽도시들의 (1) 경제적 상황의 변화, (2) 정치적 상황의 변화, (3) 사회적·문화적 구성의 변화로 구분해 볼 수 있다.

변화하는 경제 환경 19세기와 20세기 초 유럽 도시들은 공업화의 영향을 받았다. 잉글랜드 중부지방과 독일 루르 계곡의 몇몇 지역들은 새로운 공업 경제의 결과로 도시화되었다. 많은 곳들이 그 규모와 복잡성에서 크게 성장하였다. 공업화 과정에서 나타난 변화들은 도시 개발에 영향을 주었다. 6장에서 살펴본 포디즘(Fordism)은 특정 지역과 도시 내에 공업벨트로 지정된 곳으로 인구와 기능을 집중시켰다. 20세기 말에는 훨씬 더 유연한 제조업 공정, 양극화된 사회구조, 국가의 개입으로부터 벗어난 기업들이 누리는 권한 등이 특징적인 포스트포디즘(post-Fordism) 경제로 전환되었다. 이와 같은 변화는 또한 세계화를 동반했다.

경제 기반의 변화는 공간 입지의 논리도 변화시킨다. 최근 많은 유럽 도시들은 훨씬 더 완화된 정도이

Kathleen Woodhouse, Image © John Wiley & Sons, Inc.

그림 13.9 스위스 취리히 교외에서 건축 중인 사무용 빌딩들.

지만 북아메리카 도시들과 같은 방식으로 변화하였다. 경제적 변화가 어떻게 유럽 도시들의 성격과 기능에 영향을 주었는지 다음에서 살펴본다.

비록 유럽 도시들이 중심업무지구 내에 사무 기능을 유지하였지만, 사무 기능 가운데 일부는 도시 주변부로 이전하였다. 경영일선 부서(front office)의 업무 기능에 필요한 단순 사무를 처리하는 후선지원 부서(back office) 기능이 이 경우에 해당한다. 사무직원들이 회사를 경영하는 사람들과 물리적으로 떨어져 있는 것이다. 예를 들어 취리히(Zurich) 주변 지역은 철재 및 콘크리트로 지어진 고층의 사무용 빌딩들이 특정 지역에 들어서면서 변화하였다. 취리히 북부의 새로운 철도와 고속도로가 사무용 빌딩들의 고밀도 회랑 지대를 형성하였으며, 현재에도 많은 빌딩들이 건축 중에 있다(그림 13.9). 미국의 기업용 업무단지처럼 각각의 빌딩들은 자족적으로 모든 서비스가 완비되어 있으며, 근무시간이 끝나면 문을 닫는다.

포스트포디즘은 또한 유연한 소비와 주거 공간을 수반한다. 신 경제의 수혜자는 지식근로자와 고도로 숙련된 전문가이다. 미국에서처럼 이들은 도시 외곽에 거주하고자 하며 농촌이었던 곳을 점유한다. 이러한 유럽의 준교외 거주자들은 수백 년 된 농가나 시골 저택을 수리하여 거주한다. 예를 들어 키일과 로넨베르거(Keil and Ronnenberger, 2000)는 프랑크푸르트 교외에서 진행된 농촌의 재생에 대해 살펴보았는데, 리모델링된 농가의 전형적인 모습에는 지붕에 서핑 보드가 있는 사륜구동 지프 자동차가 포함되어 있다고 언급하였다.

항공 교통은 점점 더 세계화되고 있는 세계를 하나로 묶고 있다. 항공 여행의 증가로 주요 유럽 공항들은 경제 활동의 핵심지로 부상하였다. 주요 서비스와 산업체들은 국제공항으로부터 한두 시간 이내 거리에 위치하는 것이 중요해진다. 공항과의 근접성에 의존하는 서비스업, 즉 창고업, 택배업, 접객업 등은 공항과의 인접성을 필요로 하는데 공항 인근에는 해당 입지로부터 혜택을 얻는 다른 사업체들도 함께 위치하여 일종의 클러스터가 형성된다. 이와 같은 클러스터는 새로운 활동의 결절지로 발달한다. 이는 대규모 국제공항에 그대로 적용되는데 런던의 히드로 공항, 파리의 샤를드골 공항, 브뤼셀의 자벤텀 공항, 프랑크푸르트 공항이 포함된다. 이 가운데 프랑크푸르트 공항은 가장 많은, 약 8만 개 일자리를 제공한다. 또 다른 특징은 기존의 전국적인 시스템을 연결시키고, 새로운 시스템을 건설하는 고속철도 네트워크의 도입이다. 이와 같은 네트워크에 대한 접근성이 도시 성장을 촉진시키는 중요한 요인으로 고속철도 네트워크에 포함되지 않은 도시들은 쇠퇴를 겪을 가능성이 있다.

물론 제노바 은행가들이 플랑드르와 한자동맹 도시들에 사무소를 건립했던 중세시대 이후로, 전국적인 네트워크를 통해 경제 활동의 결절점에 해당하는 곳이 경제적 중심지가 되었다. 그러나 일부 연구자들은 이와 같은 경향이 유럽 도시들의 성격이 변화할 수밖에 없는 시점에 도달했다는 것을 말해 준다고 지적한다. 세계화의 영향은 상점과 패스트푸드 레스토랑에서 확인할 수 있다. 대도시에서는 여러 개의 맥도날드 체인점을 발견할 수 있다. 예를 들어 밀라노에는 중앙 광장을 중심으로 한 몇 블록 내에 여섯 곳의 맥도날드 레스토랑이 위치한다. 일부 비평가들은 이에 대해 전 세계의 '맥도날드화(McDonaldization)'라고 비판한다. 유럽의 H&M 같은 체인점은 유럽연합 내에서 자유롭게 거래가 이루어지기 때문에 훨씬 더 두드러진다.

이러한 동질화가 유럽인들에게는 극적인 변화인 것처럼 보이지만 미국 도시들과 비교해 본다면 아직 제한적임을 알 수 있다. 소규모 독립적인 사업체들은 소매업 부문에서 매우 중요한 역할을 하고 있다. 유럽연합에 관한 최근 자료(2011년)에 의하면 1~9인의 고용인을 둔 '소기업(microfirms)'이 모든 비금융 기업의 93%를 차지하며, 모든 일자리의 1/2은 고용인 50명 미만의 사업체들을 통해 제공된다.

정치적·문화적 환경의 변화

유럽 도시들은 오랫동안 문화의 중심지로 여겨져 왔지만 문화적 다양성의 중심지로는 여겨지지 않았다.

19세기와 20세기 초에 지배적으로 나타난 이주 패턴은 이촌향도와 미국 및 캐나다와 같은 국가로의 이민에서 나타났다. 지난 50년 동안 이와 같은 패턴에 변화가 나타나기 시작하였다. 1962년에 출간된 디킨슨(Robert Dickinson)의 *The Western European City*는 이민자들에 대해 언급하는 부분이 없다. 이와 대조적으로 유럽 도시에 대한 최근의 연구들에서는 이 주제를 피할 수 없다. 거의 모든 유럽 국가에서 우익의 반이민자 정치 운동이 등장한 것에서 볼 수 있듯이 이민과 문화적 다양성은 논란이 많은 주제가 되었다.

유럽에서 최근의 이주자들은 저개발국, 특히 과거 식민지 출신 사람들로 구성되어 있다. 영국에는 자메이카, 인도, 파키스탄으로부터, 프랑스에는 알제리, 서아프리카로부터, 이탈리아에는 에티오피아와 소말리아로부터, 네덜란드에는 인도네시아와 수리남으로부터 이민자들이 들어오고 있다. 과거에는 노동력의 부족을 채우기 위해 이민자들을 정책적으로 받아들이기도 하였다. 예를 들어 구 서독의 단기 외국인 노동자 프로그램(guest worker program)은 터키로부터 다수의 노동자를 데려왔다. 초기에 이들은 가족 없이 들어왔으며, 터키로의 귀환이 장려되었다. 그러나 1970년대 초 독일과 여타 국가의 이주 노동 프로그램이 자유화되면서 장기 체류와 가족 초청이 허용되었다. 단기 이주 노동자들은 정착 국가에서 자손들을 부양하면서 말 그대로의 이민자가 되었다. 표 13.5는 유럽의 국가별 이민자 비율을 보여준다. 이 표가 국가별 자료이지만 대부분의 이주자 집단은 도시에 정착한다. 시간이 흐르면서 이주자들은 도시의 특정 지역에 정착하였다. 그러나 단일 민족 집단이 전체 인구의 95% 이상을 차지하는 구역은 없다. 이에 비해 미국의 거의 모든 대도시에는 흑인들이 분포한다. 소수자 집단의 인구 대부분은 도시에 불균등하게 분포하며 특정 근린

표 13.5 서유럽 국가들의 전체 인구 대비 외국인의 비율

국가	1990년	1998년	2009년	2009년 (EU국가 제외)	주요 외국인 집단
Belgium	9.1	8.7	9.1	2.9	모로코, 프랑스, 네덜란드, 구 유고슬라비아, 독일
Denmark	3.7	4.8	5.8	3.8	이라크, 소말리아, 독일, 터키, 노르웨이
Finland	0.5	1.6	5.9	1.7	러시아, 스웨덴, 에스토니아, 구 유고슬라비아, 이라크
France	6.3	NA	5.8	3.8	모로코, 알제리, 터키, 튀니지, 미국, 서아프리카
Germany	8.4	8.9	8.8	5.7	구 유고슬라비아, 폴란드, 터키, 이탈리아, 러시아
Ireland	2.3	3.0	11.3	3.1	영국, 미국
Italy	1.4	2.2	6.5	4.6	모로코, 알바니아, 구 유고슬라비아, 루마니아, 중국
Luxembourg	29.4	35.6	43.5	6.0	프랑스, 포르투갈, 벨기에, 독일, 미국
Netherlands	4.6	4.2	3.9	2.1	모로코, 터키, 독일, 영국, 벨기에
Norway	3.4	3.7	6.3	2.9	구 유고슬라비아, 스웨덴, 이라크, 덴마크, 소말리아
Portugal	1.1	1.8	4.2	3.4	브라질, 스페인, 기니비사우, 카보베르데, 앙골라
Spain	0.7	1.8	12.3	7.4	모로코, 영국, 독일, 포르투갈, 프랑스
Sweden	5.6	5.6	5.9	3.2	핀란드, 노르웨이, 이라크, 구 유고슬라비아, 덴마크
Switzerland	16.3	19.0	21.7	8.3	이탈리아, 구 유고슬라비아, 포르투갈, 독일, 스페인
United Kingdom	3.2	3.8	6.6	3.9	미국, 오스트렐리아, 남아프리카공화국, 인도, 뉴질랜드
United States	9.4	11.7	12.9		

출처: http://www1.oecd.org/publications/ebook/8101131E.PDF

지역에 집중되어 있다. 파리에서는 북아프리카와 서아프리카로부터의 이주자들이 시의 북부 변두리에 분포하는데, 일부는 공공주택에 거주하지만 대부분은 개인 임대 주택에 거주한다. 이에 비해 많은 독일 도시들에서 외국인과 국외 출신 인구는 도심에 훨씬 더 집중되어 있다.

네덜란드의 사례는 그 중간에 해당한다. 암스테르담과 로테르담의 터키인들과 모로코인들은 일부 구시가지와 새롭게 조성된 지역에 집중되어 있는데 그 이유는 이들이 대가족 제도를 유지하여 모든 가족 구성원을 수용할, 넓은 주택이 필요하기 때문이다. 네덜란드의 사례는 유럽 도시들의 내부적 다양성의 많은 부분을 보여준다. 확실히 집중 지역을 찾아볼 수 있지만 어떤 단일 민족집단도 주거지역 내에서 20%를 넘지 않는다.

일부 유럽 도시들에서 민족집단 간의 구분과 심지어 국가 간의 경쟁의식이 나타나고 있다. 민족 구분은 저개발국으로부터의 이주와 연관되어 있지 않다. 오히려 이 문제는 도시가 민족적으로 구분되어 있기 때문에 나타난다. 예를 들어 이탈리아의 볼차노(Bolzano)는 남티롤(South Tyrol)의 독일어 사용 인구와 이탈리아어 사용 인구로 나뉘어 있다. 이 두 집단은 도시 내에서 서로 분리된 근린지역에 거주하지만 쇼핑 지구나 업무 지구에서는 뒤섞여 있다. 이와 마찬가지로 브뤼셀(Brussels)에는 플랑드르인(Flemings)과 왈롱인(Wallonians, 벨기에 남부의 프랑스어 사용 주민)이 거주한다. 이 도시에서 두 집단 간의 격리는 벨기에의 정치적 분열을 반영하는 것이다. 북아일랜드의 벨파스트(Belfast)는 특히 심각한 종교적 갈등을 겪었다.

마지막으로 많은 유럽 도시들의 정치적 기능도 변화하고 있다. 도시들은 제국주의 시기에 가장 크게 성

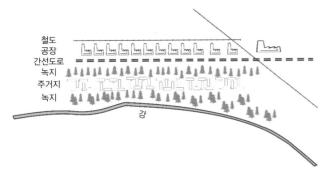

철도
공장
간선도로
녹지
주거지
녹지

강

그림 13.10 구소비에트연방의 마그니토고르스크 (Magnitogorsk)는 공산주의 도시의 원칙을 잘 보여준다. 도시의 기능들은 선형 패턴으로 배치되었다. 하천과 가장 근접한 곳에는 선형의 공원이 위치하고, 다음에 주거지, 녹지, 간선도로, 공장 지대, 그리고 철도가 놓여 있었다.
출처: Bater, James, 1984.

건강한 도시 환경을 제공하고 통근 거리를 최소화하는 방식으로의 도시 기능에 대한 이상적인 배치는 부분적으로만 실현되었다. 토지 거래 시장의 부재는 오히려 더 많은 혼란을 발생시켰다. 근로자들은 쇼핑과 일을 위해 하나의 특정 지역보다는 도시 전체로 이동하게 되었다. 공산주의 사회는 자본주의 계획가들이 끊임없이 반복해서 확인하게 되는 사실 한 가지를 깨닫게 되었다. 그것은 일터와 주택 간에 균형을 이루는 것이 불가능하여 사람들이 일터에서 거주하며, 거주하는 곳에서 일을 한다는 것이다. 일부 도시에서는 대중교통에 대한 많은 지원을 통해 이를 부분적으로 보완하였다. 예를 들어 모스크바에서는 동전 몇 개로 전 노선의 지하철을 탈 수 있었다. 게다가 정부는 필요한 모든 사람들에게 주택을 공급하는 것이 어렵다는 것을 알게 되었다. 이상적으로는 모든 사람이 국가로부터 직접 주택을 받아야 했지만, 현실에서는 주택 공급을 유연하게 할 수밖에 없었다. 사회주의 시대가 종식될 때까지 헝가리, 폴란드, 체코슬로바키아에서 다수의 주택은 개인 소유자였으며, 서유럽 국가들보다도 훨씬 높은 비율을 나타냈다.

도시가 사회적으로 분리되면서 평등에 대한 이상도 멀어졌다. 예를 들어 헝가리에 대한 연구에 따르면 공산주의 정당 엘리트와 같이 사회 내에서 가장 연줄이 좋은 사람들은 정부로부터의 많은 지원금을 받아 양질의 주택에 거주할 수 있었지만 빈곤층 가구들은 형편없는 주택을 배정받았다. 폴란드 바르샤바 (Warsaw)에 대한 연구에서도 교육수준이 높은 사람들은 설비가 잘된 신규 협동조합 주택에 거주하였으나 교육수준이 낮은 사람들은 낡고 좁은 주택에 거주한 것으로 나타났다.

공산주의 종식 후의 개발

앞에서 살펴본 대부분의 사회적·경제적 원칙은 1980년대 말 공산주의 정부가 몰락하면서 배척되었다. 이후 동유럽은 새로운 정치와 경제 체제를 수립하였다. 상이한 동유럽 국가들의 경험이 얼마나 다양한지 주목할 필요가 있다. 구 유고슬라비아에 속했던 슬로베니아 공화국과 같은 국가들은 뛰어난 성과를 얻을 수 있었다. 슬로베니아는 2007년 EU회원국이 되었으며, 2012년 실질 구매력은 28,000달러로 이탈리아 및 오스트리아 수준과 가깝고 그리스보다는 높은 것이었다. 체코 공화국, 슬로바키아, 헝가리, 폴란드 역시 경제적 번영을 이루었으며, 이 국가들의 도시에서는 신규 개발이 지속되었고, 비록 고용률이 여전히 낮았음에도 불구하고 대다수의 사람들이 소비자 중심 사회의 혜택을 누리기 시작하였다(글상자 13.3). 이와 대조적으로 알바니아는 수십 년간의 전체주의 억압으로부터 벗어났으나 산업 구조를 변화시키지 못하여

글상자 13.3 ▶ 프라하의 구도시와 신도시

1980년대 말 소비에트연방의 지배로부터 벗어난 모든 동유럽 도시들 가운데 체코 공화국의 프라하는 가장 주목할 만하다 (그림 B13.4). 프라하의 성공은 대부분 과거로부터 얻어진 것이다. 9세기에 건립된 프라하는 14세기에 급속하게 성장하였다. 블타바 강의 양쪽 제방을 따라 위치한 역사적 핵심지구가 도시 중심부에 발달하였다. 후에 프라하는 빈과 부다페스트에 이어 오스트리아 제국의 중심지로 성장하였으며 합스부르크 시대에 세워진 건축물을 통해 더욱 발달하였다. 운이 좋게도 프라하는 두 번의 세계대전 동안 파괴되지 않았다. 공산주의 종식 이후에 프라하는 경제적 번영을 이룬 국가의 수도로서 그리고 주요 관광지로서 그 중요성이 커졌다.

프라하의 도시 구조에는 중세와 합스부르크 왕가까지 올라가는 도시 유산에서부터, 공산주의 시대의 유산, 그리고 오늘날의 자본주의 시대에 이르기까지 가장 오래된 요소들과 최신의 요소들이 혼합되어 있다. 프라하는 일련의 동심원으로 배치되어 있다. 중심부에는 역사적 핵심지구가 놓여 있는데, 이 곳은 프라하에서 가장 두드러진 행정 기능과 상업 기능이 집중된 곳이지만 전체 인구의 5%만이 분포하고 있다. 이 핵심지구를 둘러싸고 있는 것은 전체 인구의 40%가 분포하고 있는, 공업지구가 군데군데 포함된, 2차 세계대전 이전에 건립된 아파트 블록의 동심원이다. 이 동심원 밖에는 하워드(12장 참조)의 아이디어로부터 영감을 얻은, 훨씬 호화로운 단독주택과 가든 타운의 동심원이 위치한다. 이 벨트는 시 경계 내에 위치하지만 현재에도 여전히 농촌으로 유지되고 있는 바깥쪽 동심원으로 둘러싸여 있다. 운이 좋게도 1945년부터 1989년까지 통치했던 공산주의 정부는 이와 같은 도시 구조를 그대로 남겨두었으며, 대신 대규모 주거지 건설에 집중하였다. 초기의 계획은 주택, 일자리, 서비스의 균형을 요구하였지만 이와 같은 이상주의적인 사고는 신속한 건축이 우선시되면서 포기되었다.

1989년 공산주의 정부의 붕괴 이후 프라하는 극심한 변화의 초점이 되었다. 체코 공화국, 특히 프라하는 해외 무역상사와 생산자 서비스의 주요 투자지역이 되었다. 이와 같은 기업들은 역사적 핵심지구의 많은 부분을 점유하고 있으며, 구시가지 근처에 새로운 건물들도 건립하였다. 중심부에서 주거용 건물의 점유 비율, 특히 빈곤층의 비율은 감소하였다. 젠트리피케이션은 기존의 주거지에서 발생하여 1995~1998년에 임대 비율은 5배 증가하였다. 1990년대 말 도시 외곽에서는 교외화가 진행되어 단독주택, 아파트, 상점, 창고, 사무실 등이 건설되었다. 여타 경제적 전망이 밝은 도시들처럼 프라하는 도시 외곽에 또 다른 개발의 동심원이 추가되었으며 도심, 특히 핵심지구 인근을 재활성화시켰다. 그러나 프라하는 경제적으로 훨씬 분리되었다. 프라하는 런던보다도 소득 격차가 더 크며, 인구의 상당수가 점차 가격이 상승하고 있는 주택시장으로부터 배척되고 있다.

Courtesy of Dr. David H. Kaplan

그림 B13.4 체코 공화국의 프라하는 매력적인 역사 유적이 많아서 인기 있는 관광지가 되었다.

가장 큰 어려움을 겪고 있다. 이 두 유형 사이의 중간 영역에 속하는 국가들로는 불가리아, 루마니아, 크로아티아, 그리고 소비에트연방에서 분리된 나라들이 포함된다. 이와 같은 변이에도 불구하고 동유럽 도시들을 새로운 방향으로 이끌고 있는 몇 가지 기본적인 변화들을 확인할 수 있다.

자본주의의 도입으로 도시들은 중앙집권적 계획경제로부터 **시장경제**(market economy)로 이행하였다. 이는 토지 시장에서 특히 명백한데 부동산은 판매와 구매가 이루어지는 상품으로 인식되고 있다. 특히 주요 도시의 부동산 가격은 상당히 상승하였다.

경제의 **부문별 중요성**(sectoral weighting)도 바뀌었다. 서구로부터의 수입이 이루어지지 않아 자연적으로 보호를 받던, 비효율적인 산업들은 자본주의적 구조조정의 결과로 폐기되었다. 거대한 산업단지는 버려졌으며, 해당 산업에 고용되었던 근로자들은 해고되었다. 이와 대조적으로 과거에 경시되었던 서비스 부문은 엄청나게 확대되었다. 이와 같은 변화의 상당 부분은 외국계 기업들에 의해 시작되었지만 많은 도시에서 소규모 개인 기업들이 성장하였다. 경제 체제의 변화와 함께 강력한 암시장 경제도 사람들이 여러 가지 가능한 방식으로 생계를 유지하고자 하였기 때문에 성장하였다.

더구나 도시 내의 사회경제적 분리가 증가하고 있으며, 주거 문제는 불안정한 상태이다. 과거 정부 관리나 당 간부였던 사람들, 기업가, 과학자, 전문가 등과 같은 일부 사람들은 도시 중심부나 새롭게 조성된 교외지역에서 신축된 고급 주택을 구입할 정도로 부유하다. 이에 비해 경제적 상황이 안정화된 많은 가구들은 도시의 쇠퇴 지구가 되어 버린, 공산주의 시대에 제공되었던 주거지로부터 이주해 나갔다. 유리한 조건을 갖춘 곳에서는 젠트리피케이션이 기존의 빈곤층과 노년층 인구를 몰아내고 있다. 공산주의 시대에 심각했던 주택 부족은 부동산 임대가 허용되고 주택 보조금이 감소하면서 더욱 심각해졌다. 신규 주택의 대부분은 아직도 전체 사회 내에서 비중이 크지 않은 부유층이 점유하고 있다.

과거에 계획 경제를 이끌었던 전체주의적 성격은 어떤 종류의 도시계획에 대해서도 거부감을 갖게 만들었다. 지방정부 역시 힘이 없으며, 많은 경우 쉽게 해결되지 않는 다수의 문제들에 직면해 있다. 역사적 건축물의 보전과 같은 지역의 문제들은 일자리와 주택을 제공하는 문제들에 밀려나 있다.

비록 동유럽 지역 전체의 도시화율이 높지 않지만 이 지역의 도시들은 공산주의 시대 이전부터 매우 오랜 역사적 유산을 가지고 있다. 많은 도시들, 특히 소규모와 중규모 도시들은 공산주의 시대에 가장 크게 성장하였다. 어마어마한 규모의 공장 시설, 거대한 아파트 단지, 승리주의적(triumphalist) 스타일의 건축물 등의 형태로 남아 있는 공산주의 시대의 유산은 현재 동유럽 도시가 당면한 현실이다.

일본의 도시

유럽과 북아메리카 이외 지역에서 인구 규모가 크고 선진국에 속하는 국가로 일본을 들 수 있다. 대부분의 아시아 국가들과 달리 일본은 식민 통치를 경험하지 않았다. 일본은 1600년대부터 1868년까지 쇄국정책을 유지하였으며, 1868년에 이르러서야 서구에 상업과 외교의 문호를 개방하였다. 19세기 말, 일본은 주요한 군사적, 경제적 강국이 되었다. 일본은 1895년 중국을, 1905년 러시아를 패배시켰으며, 전 세계에서 가장 강력한 국가들 가운데 하나가 되었다. 2차 세계대전 때까지 이어진 일본의 식민지 팽창으로 거대한 동아시아 제국이 형성되었다. 이후 일본의 패망은 제국주의 및 군사적 침략성을 일소하고 경제 개발에만 집중하게 하였다. 오늘날 일본은 미국과 캐나다의 뒤를 이어 전 세계 3위의 경제 대국이다. *Fortune*에 따르면 2013년 기준 전 세계 50대 기업 가운데 6개가 일본 기업이다. 금융업에서는 전 세계 20대 은행 가운데 1개가 일본 은행인데, 1990년에는 20대 은행 가운데 11개가 일본 은행이었다. 최근의 경제 불황에도 불구하고 일본의 경제력은 과거의 군사력을 훨씬 뛰어넘는다.

일본의 도시들은 군주들과 사무라이 집단을 위한 행정 중심지로서 오랜 역사를 가지고 있다. 1870년 이전 일본은 봉건 사회였지만 취락체계가 잘 발달되어 있었다. 오늘날 일본에서 중요한 도시들 가운데 다수가 지방 영주가 지배했던 '성채 도시(castle town)'였다. 산업화 이전의 일본에는 당시의 세계적 기준에 의하면 규모가 상당히 큰 세 주요 도시가 있었다. 그 세 도시는 정치적 수도였던 에도(도쿄), 상업적 수도였던 오사카, 전통신앙의 중심지였던 교토였다.

1870년 상업과 공업은 그 중요성이 커졌으며, 일본의 도시화에 영향을 주었다. 1875년 일본의 도시화율은 겨우 10%였다. 도쿄는 국가의 수도로서 규모가 컸지만 인구 100만 명 미만이었고, 당시 미국, 유럽, 중국의 대도시 수준에 미치지 못하였다. 당시 일본의 어떤 도시도, 인구 규모를 기준으로 할 때 30대 도시에 포함되지 못하였다. 1925년 일본의 도시들은 성장하기 시작하였다. 현재 도쿄는 런던, 뉴욕과 함께 주요 도시로 분류된다. 인구 규모 면에서 '세계도시(world city)'가 되었으며 경제적 부의 측면에서도 세계도시이다. 그러나 일본의 도시 인구는 전체 인구의 1/4에 해당한다. 북아메리카 및 서유럽과 달리 일본의 농촌은 그 비율이 훨씬 높다. 일본이 급속하게 도시화된 것은 2차 세계대전 이후이며 24%에 달하던 도시 인구는 1945년에서 1970년 사이 72%로 성장하였는데, 이는 어떤 국가에서보다도 급속한 변화를 나타낸다. 일본은 미국이 100년의 기간 동안 성취했던 것을 25년 만에 성취하였다. 1968년 도쿄는 전 세계에서 가장 큰 도시가 되었으며 이는 오늘날까지 유지되고 있고, 오사카는 4위 도시에 해당한다.

전반적인 도시 성장에 덧붙여 일본의 산업화는 인구의 재분포를 가져왔다. 주변부의 성곽 도시들은 인구가 혼슈 섬의 태평양 연안 해안 평야지대로 이주해

가면서 쇠퇴하였다. 도카이도(東海道) 회랑지대로 알려진 대도시권은 도쿄, 나고야, 오사카로 이루어져 있다. 이 지역은 전 세계에서 가장 인구밀도가 높고 지가가 높은 곳을 포함하고 있다. 이 도시 회랑의 **메갈로폴리스(megalopolis)**를 더 남쪽으로 확대하면, 교토(고대 일본의 수도), 고베, 히로시마, 기타큐슈, 후쿠오카까지 포함한다(그림 13.11). 이 메갈로폴리스는 일본 국토 면적의 겨우 3%에 해당하지만 전체 인구의 2/3가 이곳에 분포한다.

일본 도시들의 구조

일본 도시들의 복잡성을 이 장에서 모두 기술할 수는 없으므로 필요하다면 이 장의 추천 읽기 자료에 제시된 관련 문헌을 통해 더 많은 정보를 얻을 수 있다. 여기에서는 일본 도시들의 몇 가지 중요한 측면을 언급하고자 한다. 첫째, 일본의 도시 형태에서 제1의 요소는 밀도이다. 일본의 인구밀도는 1제곱마일(약 2.6km^2)당 873명으로 잉글랜드, 네덜란드, 벨기에와 비슷하지만 일본 내에서 밀도 분포는 매우 불균등하다. 농업이나 도시 개발에 이용되는 토지 비율은 매우 낮아, 전체 국토 면적의 1/8 정도를 차지한다. 이와 같은 이용 가능한 토지의 부족으로 인구수를 농업 및 도시적 토지이용에 적합한 토지 면적으로 나눈 값을 의미하는 생리학적 밀도는 급격히 올라간다. 그러므로 일본은 아주 좁은 공간에 도시화를 수용할 수 있는 방안을 고안해야 했다. 상황을 더 복잡하게 만드는 것은 일본이 주요 단층선 위에 위치한다는 점이다. 지진이 자주 발생하여 최근까지 고층빌딩은 매우 드물었다.

일본의 지가는 매우 높다. 1990년대 초까지 지가가 급속하게 상승하였지만 일본의 '거품 경제'가 꺼지면서 부동산 가격도 하락하였다. 일본의 부동산 경기가 최고일 때 단위면적당 지가는 미국보다 100배 이상

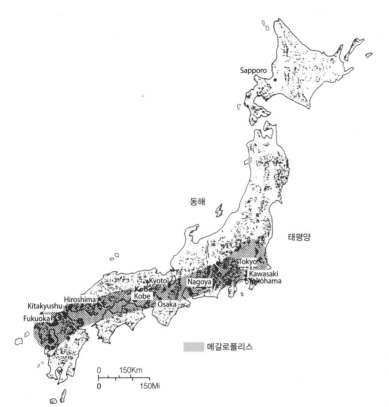

그림 13.11 일본 인구의 상당수가 도쿄에서 오사카를 거쳐 큐슈 섬의 후쿠오카에 이르는 메갈로폴리스에 집중되어 있다.
출처: Karan, P.P. and Kristin Stapleton, 1997.

높았으며, 도쿄의 사무공간은 뉴욕보다 10배 이상 높았다. 사실 일본인들이 미국에서 부동산 투기를 하는 것은 미국 토지가 상대적으로 저렴하다는 점에 영향을 받은 것이다. CNN/Money의 조사에 의하면, 오늘날 토지거래 시장이 냉각되었음에도 불구하고 도쿄의 지가는 전 세계에서 가장 높고 오사카가 그다음을 잇는다.

고밀도와 고비용의 결과로 일본의 토지이용은 매우 집약적이다. 도시 내에서 거의 어떤 곳도 유휴지로 남아 있는 곳은 없다. 만약 특정 토지가 투기용으로 보유될 경우에도 임시 용도로 이용된다. 주택의 면적은 비용 때문에 매우 좁다. 일본인들은 부유하지만 대부분의 사람들은 넓은 면적의 주택을 구입할 수 없다. 도쿄 중심부에서 신축 아파트의 평균 가격은 1제곱피트(약 930cm^2)당 1,500달러이며, 오래된 아파트의 경우는 750~1,500달러에 달한다. 결과적으로 일반 가구는 매우 협소한 공간에 거주하는데 그 면적은 서유럽인의 기준으로도 좁으며, 미국인의 기준으로 보면 월등히 좁은 것이다. 따라서 대부분의 일본인들은 집 밖에서 위락을 즐기는 것을 선호한다.

일본의 도시들은 대체로 조밀한 단핵형 도시이다. 조밀성은 오랫동안 일본인들의 라이프스타일의 특징이었으며, 심지어 인구 규모가 더 작고 농촌인 곳에서도 그러하다. 도로 폭도 좁고, 주차장은 찾기 어려우며, 상점과 주택 역시 면적이 좁고, 주택 내에서 대부분의 일본인들은 모든 공간을 최대로 이용한다. 이와 같은 조밀성이 도시 전체에서 나타난다. 그러므로 일본 도시들에서 기능은 분산되어 있지만 CBD를 중

© Cristian Baitg/iStockphoto

그림 13.12 일본의 전철은 이용객이 많아서 한때 사람들이 모두 탑승할 수 있도록 도와주는 전문 요원(소위 푸시맨)도 있었다.

심으로 집중성은 매우 높은 수준으로 유지되고 있다. CBD 주변은 지가가 매우 높기 때문에 토지이용은 주거용보다는 상업용이 우세하다. 전 세계에서 가장 효율적이며 가장 이용자가 많은 대중교통체계는 사람들을 도시로 실어 나른다(그림 13.12). 도쿄에서 평균 통근 시간은 왕복 2시간 이상이며 혼잡 또한 큰 문제이다(글상자 13.4). 그럼에도 불구하고 다핵의 에지시티(edge city)는 찾아볼 수 없다.

일본의 근린지역에서는 서로 다른 용도가 복합적으로 나타나는 경우가 많다. 미국에서는 기능의 분리가 일반적인데, 일본에서는 주거용지와 상업용지의 기능적 통합(functional integration)을 흔히 볼 수 있다. 일본이 거대 재벌들로 잘 알려져 있지만 일본 도시들은 소규모 사업체, 특히 상점과 음식점의 천국이다. 도매업과 소매업에 종사하는 사람들의 비율은 미국보다 2배나 더 많다. 가족 경영 상점(mom & pop store)의 상품 가격은 더 비싸지만 일본인들이 애용하기 때문에 번성하고 있다. 전자제품과 같이 단일 품목에 전문화된 대형 소매 할인점을 의미하는 '카테고리 킬러(category-killer)'와 거대한 쇼핑몰이 존재하지만, 아직 일본인들의 쇼핑 습관을 완전히 변화시키지는 못하였다. 도시 근린지역의 결속력은 상점 운영자와 고객이 모두 상점 인근에 거주한다는 사실을 통해 강화된다.

일본의 도시들은 사회적으로 통합되어 있다. 전체적으로 소득의 분포는 미국보다 훨씬 균등하다. 심지어 거대 기업의 대표들도 상대적으로 급여가 높지 않으며, 최빈곤층 인구는 매우 적다. 이와 같은 경제적 균등성은 개인뿐만 아니라 국토 공간에도 적용된다. 오사카 대도시권 내에서 가장 부유한 행정구역의 1인당 소득은 가장 빈곤한 행정구역보다 단지 50% 많다. 이와 같은 비교를 미국에 적용하면 미국 도시들의 공간적 소득 격차는 매우 크다. 예를 들어 클리블랜드 대도시권에서 가장 부유한 센서스 표준지역(census tract)은 2000년 기준 가구 소득이 20만 달러로 나타났는데, 이는 가장 빈곤한 표준지역보다 35배 높은 수치이다. 일본의 주거지역은 소득 및 직업 측면에서 상대적으로 통합력이 높지만 주택의 수준은 값비싼 아파트부터 오래된 목조의 저소득층용 주택에 이르기까지 상당한 차이가 있다. 그러나 장소를 기반으로 하는 사회적 분리의 정도는 약하다. 부유층 사람들은 직장 가까이 거주하고자 하는데, 특히 도쿄에서는 도심에 거주하는 경향이 나타난다.

서로 다른 용도가 무질서하게 뒤섞여 있음에도 불구하고 일본의 도시들은 예외적으로 깨끗하고 상대적으로 범죄율이 매우 낮다. 쓰레기 투기는 문제가 아니지만 공장과 자동차에 의한 오염은 심한 편이다. 일본에서 폭력범죄율과 재산범죄율은 전 세계에서 가장 낮다. 대부분의 여성들은 야간에 홀로 걸으며 안전하다고 느끼고, 잃어버린 지갑은 주인에게 돌아오는 경우가 그렇지 않은 경우보다 더 많다. 강한 사회적 결속력이 일본 사회의 특징이다.

일본 도시들의 변화

일본의 도시들은 20세기 후반부에 급속하게 변화하

글상자 13.4 ▶ 일본 도시들의 하이테크 지능형 교통시스템과 혼잡 완화 기술과 도시지리

일본 도시들에서 자동차 이용이 급속하게 증가하고 있다. 공간 제약과 고밀도 개발로 교통 혼잡은 더욱 심각해졌다. 교통 혼잡을 해결하는 전통적 방식으로 활용된 것은 더 많은 고속도로를 더 많이 건설하는 것이었다. 많은 일본 도시들이 경험하고 있는 어려움은 도로에 대한 수요가 도로의 수용력을 증가시킬 수 있는 기회를 앞지르고 있다는 점이다. 일본의 많은 도시들은 자동차 시대 이전에 건립되었기 때문에 공간을 얻기 위해서는 특별 프리미엄을 지불해야 한다. 더구나 일본인들은 사회적 환경과 자연 환경에 대한 부정적 영향을 우려하면서 폭이 넓은 도로를 건설하는 것에 대해 망설여 왔다.

첨단기술(high technology)을 활용한 지능형 교통시스템(Intelligent Traffic Systems, ITS)에 대해 살펴보자. 이 시스템은 교통 혼잡을 감소시킬 뿐만 아니라 교통안전을 향상시킨다. 일본의 자동차 회사들은 이 분야의 개발을 이끌어왔는데, 도요타와 닛산이 특히 두드러진다. 현재 가장 유망한 기술은 닛산 자동차 회사에 의해 개발되고 있다. 이 회사는 현재 자동차로부터 도로와 시설 간의 정보 전달이 이루어지는 시스템을 시험가동하고 있다. ITS는 도로 측면의 광학식 표지판(optical beacons)에서 나오는 정보와 자동차에서 나오는 정보를 이용하는 것이다. 이러한 데이터는 운전자의 네비게이션 스크린으로 보내져 지도에는 실시간 교통 흐름이 표시된다. 이와 같은 방식으로 혼잡 도로를 피할 수 있다. 이보다 더 가치가 있는 것은 이 시스템이 운전자에게 다른 차량의 접근을 알려주며, 스쿨존에서의 과속을 경고해 준다는 점이다. 도요타 자동차는 이와 유사한 시스템의 테스트를 준비 중이다.

지능형 교통시스템 기술의 이용자는 계속 증가하고 있다.

차량의 GPS 장치와 도로의 센서는 빠른 속도의 컴퓨터와 결합하여 교통과 관련된 정보를 처리하고 전달해 준다(그림 B13.5). 일본에서 행해지고 있는 이와 같은 시스템의 시험 가동은 전 세계의 도시에서 증가하는 교통량이 가져오는 부정적 영향을 완화시키는 데 일조할 것으로 기대된다.

그림 B13.5 현재 일본 도시에서 시험되고 있는 첨단기술 내비게이션 시스템은 안전을 증진시키면서 교통 혼잡을 완화시킬 것으로 기대된다.

였으며 현재에도 계속해서 변화하고 있다. 이와 같은 변화는 일본의 강력한 정부 부처들에 의해 주도되었다. 예를 들어 1980년대에 정부는 첨단기술의 인큐베이터 기능을 수행하기 위한 **테크노폴리스**(technopolis)를 조성하는 계획을 수립하였다(그림 13.13). 테크노폴리스 조성의 또 다른 목적은 주요 도시의 과도한 성장을 막고, 성장의 방향을 다른 곳으로 돌리기 위한 것이었다. 이 계획은 상대적으로 낙후되고 두뇌 유출

(brain drain)을 겪고 있는 지역을 발전시키기 위한 의도도 포함하고 있었다. 이 계획의 성공 여부는 일본이 1990년대 이후로 심각한 경제 침체 속에 있기 때문에 현재로서는 측정하기 어렵다.

일본 정부가 직접 주도하지 않은 변화 가운데 하나는 도시 다양성의 증가이다. 일본인들은 일본 사회가 동질적이라고 여긴다. 그러나 이와 같은 인식이 완전히 맞는다고 할 수 없는데 전체 인구의 4%가 소수 민

⊙ 1986년 이전에 설립
○ 1987년 이후에 설립

그림 13.13 1993년 기준 일본의 테크노폴리스를 나타낸 지도. 테크노폴리스는 첨단기술 산업의 인큐베이터 역할을 수행하도록 정부에서 지정하였다. 1993년 이후부터는 이 계획의 진행이 부진한 편이다.

출처: Japanese Economic Planning Agency, 1993.

족 집단에 속한다. 중국계 사람들 일부가 큐슈 섬에 분포하며 일본의 토착민인 아이누 족은 홋카이도에 분포한다. 또한 역사적으로 1,000년 동안 유지되었던 독특한 사회적 계급으로서 천민계층을 의미하는 부라쿠민(部落民)도 있다. 한반도가 일본의 식민지였던 시절 일본으로 강제징용된 사람들로 이루어진 한국인 공동체도 분포하는데, 지금은 한국인 공동체를 구성하고 있는 사람들이 대부분 일본에서 출생했지만 일본 국적자가 아닌 경우가 대부분이다. 또한 1980년대와 1990년대에 중국, 브라질, 남아시아, 필리핀으로부터 이민자가 다수 유입되었다. 이들은 대부분 일자리를 얻기 위한 목적으로 들어왔고, 일본인들이 꺼려하는 일을 하고 있다. 계층 간의 통합은 대체로 잘 이루어져 있지만, 부라쿠민을 포함한 일부 민족 집단들은 도시 내에서 격리되어 있다.

요약

비록 모든 도시들이 공통점을 가지고 있지만 도시지리학자들의 경우는 이들 도시의 차이점, 특히 서로 다른 문화권들 사이의 차이점을 깨닫는 것이 중요하다. 선진국 도시들은 많은 특징을 공유한다. 이 도시들은 인구 전체를 수용할 수 있는 적절한 기간시설(전기, 가스, 상하수, 도로, 주택 등)을 갖추고 있다. 또한 도시의 인구 성장은 일반적으로 안정적인데, 이것은 도시 인구의 성장 속도가 느리다는 것과 대부분의 도시들이 성숙단계에 위치한다는 것을 의미한다.

그러나 광범위한 특징 내에서 차이점도 많이 찾아볼 수 있다. 이 장에서는 대부분 서유럽 도시들에 초점을 두었으며, 서유럽 도시들과 북아메리카 도시들의 차이점을 드러내고자 하였다. 또한 유럽 도시들이 어떻게 변화하고 있는지도 살펴보았다. 유럽 도시들이 직면해야만 하는 새로운 도전적인 문제들은 무엇이고, 이 문제들이 어떻게 다루어지고 있는가? 현재 동유럽의 도시들은 엄청난 변화를 경험하고 있다. 20세기 대부분의 기간 동안 이 도시들은 공산주의 원칙에 의해 조직화되었다. 그 결과, 지가와 같은 도시 조직에 내재된 특정한 경제적 힘은 거의 작용하지 못하였다. 1990년대 이후 이 도시들은 자유시장 체제로의 변화를 꾀했다. 일본의 도시들은 전혀 다른 모습을 보여주는데, 선진국 도시들이지만 전혀 다른 문화적 영역 내에 속한다. 이 모든 지역 내에서 도시는 중요한 변이를 보여주지만 광범위한 차이점을 이해하는 것 역시 중요하다. 14장과 15장에서는 전 세계에서 가장 빠르게 성장하고 있는 개발도상국의 도시들을 살펴볼 것이다. 이를 통해 경제적 제약과 인구 성장이 어떻게 완전히 상이한 특징을 만들어 내는지 이해할 수 있을 것이다.

제14장

저개발국의 도시

'시카고'[아비쟌(Abidjan, Ivory Coast)의 한 구역]는 미개간지에 위치한 슬럼이다. 벽은 판지와 검은 비닐로 만들어졌는데 골이 진 함석지붕과 조각 무늬를 이룬다. 이 슬럼은 코코넛나무와 기름야자나무가 빽빽이 들어선 도랑에 위치해 있어서 홍수가 나면 범람하여 황폐해진다. 주민들은 전기, 하수 시설, 깨끗한 물 등을 이용하기가 쉽지 않다. 1피트(약 30cm) 길이나 되는 도마뱀들이 판자집 안팎의 파삭파삭한 붉은 라테라이트 흙 위를 기어다닌다. 아이들은 말라리아 모기가 윙윙대고 돼지들과 쓰레기로 가득한 개천에서 배변을 본다. 이 개천에서 여인들은 옷을 빤다. 직업이 없는 청년들은 썩은 나무와 녹슨 못으로 만든 핀볼 게임판으로 도박을 하고 맥주나 야자수 와인, 진을 마시며 시간을 보낸다. 이 젊은이들이 밤이면 보다 부유한 이웃 주민들의 집을 터는 바로 그들이다.

—Robert Kaplan, 1994, pp. 48~49

1850년 평균 도시 거주자들은 대체로 대영제국, 뉴잉글랜드, 혹은 루르 지역에 위치한 신생 산업도시들 중 한 곳의 공장 노동자였다. 여전히 농촌 인구가 압도적으로 많았던 그 시절, 사람들은 기회가 사라져가는 시골을 떠나 거대한 증기발전 공장에서 일하러 이제 막 상경한 것이었다. 1960년경까지 도시의 삶은 보다 평범했고, 대체로 평균 도시 거주자들은 북미와 유럽 등지의 대도시나 중도시의 사무직 노동자였다. 많은 도시 거주자들은 시골 출신이었고 일부는 해외 이민자이기도 했다. 하지만 대다수는 도시에서 나고 자란 경우가 많았다.

그에 반해 오늘날 평균 도시 거주자들은 1960년대보다 인구가 10배나 증가한 제3세계 도시에 살 가능성이 있다. 본 책에서는 **제3세계**(third world), **저개발국가**(less developed world), **개발도상국**(developing countries)이라는 용어를 서로 교체 가능하게 쓴다. 이 용어들은 모두 완전히 산업화되지 않았으며 많은 국민들이 여전히 가난하게 살아가는 같은 부류의 국가 경제를 일컫는다. 거주자들은 매우 가난하다. 상하수도 시설이나 전기 시설 없이 날림으로 지은 판자촌이나 이보다 조금 낫더라도 여전히 열악한 곳에서 산다. 150년 전 평균 도시 거주자들처럼 오늘날의 도시인들도 미래가 없는 농촌을 떠나온 이주자들일 것이다. 1850년의 도시 거주자들처럼 오늘날에도 완곡히 표현해 비위생적이고 불편하고 위험이 도사리고 있는 도시로 입성한다. 사실 많은 면에서 제3세계국가들이 겪고 있는 오늘날의 상황은 더 나쁘다. 하지만 이주를 결정한 사람들에게 도시는 더 나은 삶에 대한 가능성과 희망의 땅이다. 우리 눈에는 불결해 보일지라도 말이다. 그래서 사람들은 계속 도시로 향한다.

도시화의 새 물결

현재 도시 거주자들의 다수는 제3세계 도시에서 산다. 토지의 소비가 아니라 인구 면에서 볼 때 선진국 도시들이 대부분 안정적인 데 반해, 저개발국가의 도시들은 급속히 성장하고 있다. 현재 전 세계에서 가장 큰 25개 대도시 중 17개가 제3세계에 있다. 하지만 독자들은 이 도시들이 낯설 것이다. 이 도시들은 거대한 인재 혹은 자연 재해가 아니고서는 좀체 뉴스거리가 되지 않는다. 또한 열대 휴양지로 가는 도중 머무르는 경우가 아니고서는 그 자체로 여행 목적지가 되지도 않는다. 주식시장도 미약하고 기업 본사나 주요 은행도 드물어 아직은 세계 경제의 중심도 아니다. 사실 대부분의 제3세계 도시들은 주로 매우 가난한 사람들로 이루어져 있다. 하지만 세기가 지남에 따라 이 도시들은 점점 더 커져갈 것이다. 이들이 직면한 많은 문제와 더불어 이들이 담보한 인류의 미래 때문에 우리는 갈수록 이들을 더 의식하게 될 것이다.

도시들은 어떻게 성장했는가

앞 장에서 논의했듯이 유럽과 북미는 주로 농업에서 선진 공업 경제로 변화하면서 제일 먼저 도시화된 곳이다. 전 세계에 걸쳐 도시화 정도는 대체로 경제 발전의 정도를 따른다. 따라서 저개발국가의 도시들(경제 발전 측면에서)은 20세기에 들어선 한참 이후에도 압도적으로 농촌적 성격을 띠고 있었다.

전 세계 도시화율을 보여주는 지도를 보면, 도시에 거주하는 인구 비율은 선진국이 저개발국가보다 훨씬 더 높다(그림 14.1). 유럽, 북미, 일본, 오스트레일리아 등 보다 발전한 선진국에서는 도시화율이 약 76%에 이르는 반면, 저개발국가에서는 단지 47%에 불과하다. 하지만 이 상황에는 여러 요소가 복잡하게 얽혀 있다.

도시화 측면에서 저개발국가들 사이의 차이가 선진국 간의 차이보다 크다. 저개발국가들은 도시거주자 비율에서 엄청난 차이를 보인다. 이러한 차이의 원

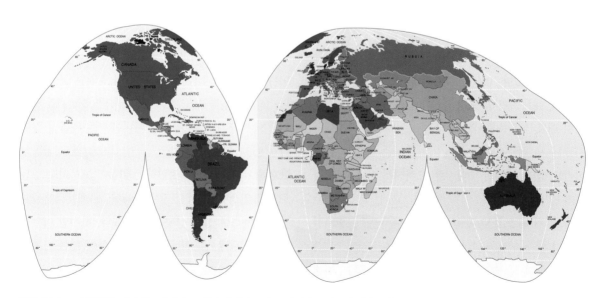

그림 14.1 도시화율을 나타내는 세계지도. 선진 세계의 보다 도시화된 국가들과 개발도상 세계의 덜 도시화된 국가들 사이에 큰 차이가 존재한다. 가장 어두운 음영은 70% 이상의 도시화율을 나타내며, 비교적 밝은 음영은 40% 이하의 도시화율을 나타낸다.

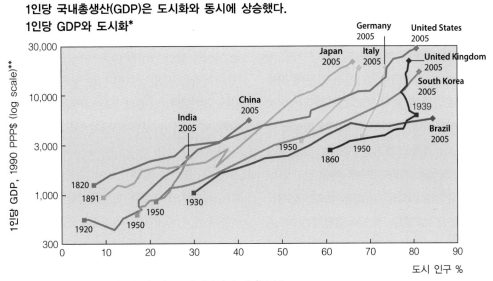

1인당 국내총생산(GDP)은 도시화와 동시에 상승했다.
1인당 GDP와 도시화*

그림 14.2 도시화율은 대략적으로 상대적인 번영의 척도인 1인당 국내총생산(GDP)과 관련된다.
출처: http://www.floatingpath.com/2013/05/08/per-capita-gdp-rises-with-urbanization/.

* 도시화의 정의는 나라마다 다르다. 영국의 1950년 이전 자료는 추정치이다.
** 1인당 GDP의 역사적 시계열 자료는 ppp(purchasing power parity, 구매력평가)를 반영하는 1990년 Geary-Khamis 달러로 표기되었다.

인 중 하나는 소득이다. 그림 14.2는 1인당 국내총생산(GDP)과 도시 인구 비율 간에 강한 상관관계가 있음을 보여준다. 보다 부유한 나라는 보다 역동적인 경제를 갖추고 있고 농촌에서 도시로의 이주를 자극하는 구조적 변형을 겪고 있을 가능성이 높다는 점을 고려할 때, 이러한 사실은 놀라울 것이 없다. 하지만 이러한 경향에는 여러 예외가 있다.

예를 들어 남미 국가들은 매우 도시화되어 있다. 중남미 인구의 4분의 3 정도가 도시에 사는데 이는 북미와 비슷한 수준이다. 남미의 보다 부유한 '원뿔꼴 지역(southern cone)'에 해당하는 우루과이와 아르헨티나는 도시화 비율이 90%에 달한다. 매우 도시화된 또 다른 지역은 북아프리카와 중동 지역이다. 예를 들어 리비아의 도시화율은 85%이다. 이 지역의 도시 인구 비율은 소득 수준에서 고려되는 것보다 훨씬 높다. 일부 분석가들은 이러한 현상을 **과잉도시화**(overurbanization, 도시화 수준이 경제 개발 수준을 앞선 상태)라고 부른다. 이러한 현상을 설명하는 여러 요인들이 있다. 리비아의 경우 오일 머니와 농업에 불리한 건조한 기후가 그 이유일 수 있다. 반면 중국과 인도의 경우 상대적으로 낮은 비율의 사람이 도시에 산다. 이들 국가는 기대보다 낮은 도시화 수준을 보인다. 이러한 현상을 **과소도시화**(underuranization)라 한다. 이 뒤에 숨은 요소 또한 복잡하다. 두 나라 모두 농경사회의 오랜 전통과 역사를 가지고 있다. 게다가 중국은 최근까지도 인구 이동을 엄격히 통제하고 많은 거주민들을 농촌에 머물게 하는 정부 방침을 대대로 이어오고 있다. 하지만 각 10억이 넘는 인구를 가진 인도와 중국은 다른 어느 곳보다 도시에 사는 인구가 많고 중국은 매우 급속히 도시화되고 있다. 남미와 중동의 다른 극단에는 사하라사막 이남의 아프리카 국가들이 있는데 이들의 도시화 비율은 20%에서 65%

에 이른다.

이와 같은 도시화율의 차이에도 불구하고 저개발국가는 도시화 면에서 매우 **빠른** 속도로 선진국을 따라잡고 있다. 1950년대 저개발국가에서 도시에 사는 사람이 여섯 중 하나도 채 되지 않았으나 지금은 반이 조금 되지 않는 정도이다. 그리고 비록 개발도상국 인구가 빠른 속도로 증가하고 있기는 하지만, 몇몇 도시 지역의 인구는 성장률이 해마다 5%에 이를 정도로 그보다 더 빠르게 증가하고 있다. 이러한 속도는 선진국의 성장속도를 훨씬 상회하는 것으로 선진국은 1% 이하이다(그림 14.3). 이러한 빠른 증가는 오늘날 전세계 인구의 절반 이상이 도시에 사는 결과를 초래했다. 세계보건기구(WHO)에 따르면, 2030년이면 도시 인구 비율이 70%에 이를 것이라고 한다. 이러한 변화는 전적으로 제3세계의 도시화에 기인한다.

도시화와 도시 성장을 구분할 필요가 있다. 도시화는 도시에 사는 인구 비율을 일컫는데 대개 농촌에서 도시로 인구가 이동한 데 기인한다. 도시 성장은 단순히 도시에 사는 인구가 늘어난 것을 말한다. 만약 전

체적으로 국민의 수가 늘었다면, 농촌에서 도시로의 유입 없이도 도시 인구는 증가한다. 도시화의 경우에는 도시에 사는 인구가 농촌에 사는 인구보다 더 빠르게 증가하는 것을 말하며 이는 농촌에서 도시로의 유입을 의미한다. 인구 성장을 넘어선 도시화는 흔한 일이며, 매 10년 정도마다 도시 인구를 2배로 불린다.

한편 대부분의 선진국에서 도시 성장률은 감소하고 있다. 출산율 저하가 그 한 원인이고 다른 한편으로는 대부분의 국가가 도시화 수순을 마쳐 많은 비율의 인구가 이미 도시에 거주하고 있기 때문이다. 1950년대 약 5.2%였던 도시성장률이 오늘날에는 감소하여 2.1%에 불과하다. 비록 이러한 수치는 상대적 감소를 보여주는 것이기는 하지만 훨씬 커진 도시 기반 내에서 일어나고 있음은 주지할 필요가 있다. 1950년대에는 대부분의 제3세계 도시들은 규모가 작았다. 도시 인구가 모두 500만 미만이었고 20여 개의 도시(대부분 중국 도시)를 제외하면 그 인구는 100만도 되지 않았다. 오늘날에는 도시 인구 규모가 훨씬 크기 때문에 성장률이 상대적으로 낮아도 해마다 많은 도시 주민들이 새로 생겨나고 있다.

도시 인구의 폭발은 완전히 새로운 **메가시티**(megacity, 거대도시)를 낳았다. 메가시티란 인구가 1,000만을 넘는 대도시를 말한다. 과거 대부분의 메가시티는 보다 선진화된 국가에 있었다. 오늘날에는 대부분 저개발국가에 존재하고 그 인구가 2,000만이 넘는 경우도 있다. 세계에서 인구가 가장 조밀한 도시가 저개발국가에 있다는 사실이 유럽, 일본, 북미 등지에 있는 도시들이 축소되고 있음을 의미하는 것은 아니다. 사실 그렇지 않다. 하지만 아시아, 아프리카, 남미의 도시들처럼 빠르게 성장하지는 않는다. 뉴욕, 도쿄, 런던 같은 도시는 이전 시기에 빠르게 성장했었음을 주지해야 한다. 새로운 거대도시들에서 그 성장

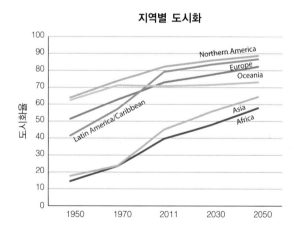

지역별 도시화

그림 14.3 세계 지역별 도시화율. 북아메리카, 일본, 유럽은 도시화의 포화단계에 있어 도시화가 둔화된 상태이다. 한편 다른 아시아 지역들, 아프리카는 20세기 마지막 30년 동안 엄청난 도시화를 경험하였다.

률이 떨어지지 않을 것이라 생각할 이유는 없다. 사실 이미 느려지고 있는 조짐이 보인다.

도시 성장에 포함된 인구학적 요소

제3세계 도시들이 그토록 단시간에 그처럼 크게 성장한 이유에 대해, 직접적으로 도시 인구 증가를 야기하는 인구학적 요소를 제일 먼저 고려해야 한다. 그다음 이러한 인구학적 요소들(특히 인구이동)을 야기한 근본적인 이유를 논의한다. 인구학적 요소는 도시 성장과 직접적으로 관련이 있고 이러한 성장을 전체적인 인구 증가와 인구 재분포의 함수로 표현한다. 저개발국가에서는 자연증가, 농촌에서 도시로의 이주, 종주도시 현상 등 세 가지 인구학적 요소가 도시 성장에 기여했다.

자연증가 거의 모든 저개발국가가 인구 폭발의 한가운데에 있다. 전체적으로 국가 인구는 연간 1~4% 사이에서 증가하고 있다. 비록 외국으로의 유입이나 유출이 인구 성장에 영향을 미치기는 하지만, **자연증가**(natural increase)─출생자수와 사망자수의 차─만큼 중요한 요인은 아니다. 저개발국가는 출생률은 높고 사망률은 급감했던 20세기 후반부터 인구 변천의 한가운데에 있다. 이러한 상황에서 저개발국가의 인구는 출생률이 감소하지 않는 한 꾸준히 증가할 것이다. 대표격인 중국뿐 아니라 동아시아나 동남아시아의 많은 신흥공업국들의 경우 출생률과 사망률 간의 차이가 없어졌다. 반면 아프리카나 중동 지역의 국가에서는 그 차가 크다. 높은 자연증가율은 제3세계 도시들이 이주와는 별도로 성장하고 있음을 의미한다.

도시화곡선 대부분의 제3세계 도시들은 현재 도시화곡선의 가속화 단계(acceleration phase)에 있다. **도시화**

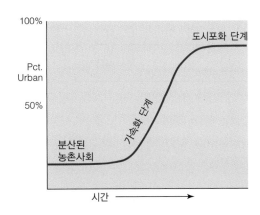

그림 14.4 도시화 곡선의 단계를 보여주는 도표.

곡선(urbanization curve)은 20% 미만의 인구가 도시에 사는 분산된 농촌사회에서 75% 이상이 도시에 사는 **도시포화 단계**(urban saturation phase)라 부르는 도시사회로 옮겨가는 'S'자형태로 나타낸다(그림 14.4). 가속화 단계는 이 두 단계 사이에 나타나며, 대규모 이촌향도(rural-to-urban migration) 혹은 **도시 전입**(urban in-migration, 국제 이주와 혼동하지 말 것) 시기에 해당한다. 일단 도시 포화상태에 이르면 도시규모의 증가는 도시 간 이동의 함수에 가까워진다. 도시 간 이동은 사람들이 더 나은 기회나 어메니티를 찾아 한 도시에서 다른 도시로 이동하는 것을 말한다.

전입이 도시 성장을 설명하는 정도는 전반적인 도시 성장률과 함께 고려되어야만 한다. 여기서 저개발국가로 간주하는 모든 저소득 혹은 중간소득 국가들의 연평균 도시 성장률은 2.7%이다. 이 중 약 44%는 이주 때문이고 나머지는 전체 인구 증가 때문이다. 이 수치를 연간 도시 성장률이 1%이고 이 중 오직 30%만이 이주에 기인하는 선진국과 비교해 보라.

국가 간에는 폭넓은 다양성이 존재한다(표 14.1). 중국의 경우 전입 정도나 전체 도시화율 모두 높다. 중국의 도시들은 경이로운 속도로 성장하고 있지만 전체 인구 증가율 때문인 경우는 드물다. 인구가 많은

표 14.1 도시 성장에 대한 순이동의 기여 추정, 1990~2003년

	도시 성장(%)	인구 이동 기여(%)
모든 저소득 및 중간소득 국가	2.7	44
Albania	1.3	123
Lesotho	4.2	76
Indonesia	4.2	67
Bangladesh	4.1	59
Kenya	5.6	57
Nepal	5.2	54
El Salvador	3.8	50
South Korea	1.8	50
Thailand	1.5	47
Iran	2.8	46
Nigeria	4.9	45
Philippines	3.9	44
Angola	4.9	43
Tunisia	2.6	42
Ecuador	3.0	40
Sri Lanka	2.1	38
Brazil	2.1	33
India	2.5	32
Colombia	2.7	30
Costa Rica	3.0	30
Uruguay	1.0	30
Cuba	0.7	29
Peru	2.3	22
Iraq	2.2	-9

출처: World Bank, World Development Indicators 2005, Table 2.1 and 3.10

인도네시아도 마찬가지이다. 인도네시아는 지속적으로 도시화율이 높다. 반면 또 하나의 아시아 인구통계학적 거인인 인도는 약간 낮은 도시 성장을 보이는데 이주에서 기인한 성장률은 훨씬 더 낮다. 우루과이처럼 매우 도시화된 국가도 도시 성장에 있어 인구 유입의 효과는 적고, 대개 도시 성장률이 낮다. 이는 낮은 도시화 증가나 낮은 자연증가를 의미한다. 브라질은 그 중간쯤이다. 브라질의 도시 인구는 1990년과 2003년 사이에 4분의 1이 약간 넘게 증가했다. 하지만 애초에 인구가 매우 많았기 때문에 이만한 변형은

이미 엄청난 거대도시들을 양산했다. 일반적으로 일부 고속 성장 국가들(사하라사막 이남의 아프리카)과 일부 신흥 공업국(중국과 대한민국)에서 이주가 매우 높은 기여를 하고 있음을 볼 수 있다. 재미있는 것은 많은 유럽 국가들에서도 또한 이주가 도시 성장에 기여하는 바가 매우 크다는 점인데, 하지만 이것은 주로 그들 국가들의 인구 성장률이 정체되었거나 감소하고 있기 때문이다. 보통 이 수치들은 제3세계에서 도시 성장이 도시화와 자연증가 모두에 영향을 받고 있음을 보여주는 것이지만 각각의 요소가 기여하는 정도는 상이하다.

마지막으로 고려해야 할 점은 도시로의 이주가 어느 정도까지 일시적인가 하는 점이다. 많은 나라에서 사람들(대게 노동 연령층 남성)은 일자리를 찾아 도시로 오지만 농촌에 가족을 남겨둔다. 그들은 영구적으로 도시에 머무르는 것이 아니어서 **순환이주자**(circulators) 혹은 **일시적 이주자**(temporary migrants)라고 불린다. 순환이주자가 수적으로 상당할 수 있는데, 중국, 인도네시아, 필리핀 등에서는 총 도시 인구의 70%를 차지하고 거의 모든 제3세계 도시에서 중요한 존재이다. 집단으로서 순환이주자는 종종 통계에서 누락되어 많은 도시의 실제 규모는 과소추정된다(글 상자 14.1).

종주성 오늘날 제3세계 도시에서 산다는 것은 인구 100만 이상의 매우 거대한 도시에 산다는 것을 의미하게 되었다. 도시 거주자의 3분의 1 이상이 이제 이러한 대도시에 살기 때문이다. 하지만 미국의 상황과 비교해 보면 이는 여전히 낮은 수치로, 미국은 100만 이상의 대도시에 인구의 약 절반이 거주한다. 대도시 혹은 거대도시 성장의 많은 부분은 3장에서 설명한 도시 순위규모 관계(rank-size relationship)와 관련이 있

글상자 14.1 ▶ 가구 측면에서의 이주

농촌에서 도시로의 이주는 제3세계 도시화의 주요 요인이다. 그런데 왜 이주하는 것일까? 사회과학자들의 이주 분석은 대부분 북미와 유럽 사람들에 관한 것으로, 경제적 기회와 편의의 중요성을 강조하고 있다. 제3세계의 이주도 아마 이러한 관심사에 기초할 것이다. 하지만 이와 더불어 보다 복잡한 이유가 있는 것 같다. 첫째, 농촌 사회의 문화적·경제적 압출요인이 사람들을 도시로 이동하게 하는 강력한 요인이다. 사실 이것이 도시의 흡인요인보다 더 중요할지 모른다. 사람들은 보다 자유로운 삶을 위해 농촌 지역의 제약과 전통으로부터 달아난다. 분명히 도시가 희망과 약속의 땅으로 여겨지는 것은 사실이지만, 농촌 사람들이 도시로 이주하는 것은 도시가 주는 많은 기회 때문이라기보다 농촌에는 더 이상 기회가 없기 때문이다.

둘째, 다양한 그룹의 사람들이 상이한 이유로 이주한다. 젊은 남성은 돈을, 젊은 여성은 보다 큰 사회적 자유를, 나이 든 여성은 친지들과 가까이 있기를 원할 수 있다. 셋째, 대가족

에 있어 이주는 일부 가족 구성원을 도시로 보내 일자리를 갖게 함으로써 수입의 원천을 다양화하려는 전략일 수 있다. 이 경우 도시 거주는 **순환이주**(circular migration) 단계에 불과하며, 가장 필요한 몇 달간만 도시에 머물다 농촌으로 돌아간다. 넷째, 친구나 친인척이 이전에 갔던 곳을 목적지로 선택한다. 이주 경험이 있어 그 과정이 잘 진행될 수 있도록 도와줄 수 있는 사람으로부터 정보를 얻기 때문에 **연쇄이주**(chain migration)가 일어나게 된다. 연쇄이주는 선진국에서도 마찬가지이다.

난민은 본래 지역에서 머물렀다면 박해 받거나 더 나쁜 상황에 처해질 것이 두려워 내몰린 것이기 때문에 전혀 다른 범주이다. 정치적 불안정이 대량 난민 이주를 낳았고 난민은 제3세계 많은 국가들에서 주요 이슈가 되고 있다. 가끔 도시로 이주하기도 하지만 많은 경우 임시난민캠프에 머무는데 이곳은 여느 많은 도시들보다 인구가 조밀하다.

다. 하나의 **종주도시**(primate city)에 집중된 극심한 도시화는 그 도시를 거대도시로 자라게 한다. 많은 제3세계 국가들은 불균형적으로 거대한 단일 종주도시를 가지고 있다. 어림잡아 이 도시는 제2도시 보다 2배 이상 크다. 예를 들어 방콕은 인구가 690만인데 태국의 제2도시 인구의 25배이며, 경제 규모는 태국의 국내총생산(GDP)의 약 절반에 이른다. 부에노스아이레스에는 아르헨티나 인구의 3분의 1이 산다.

하지만 모든 제3세계 국가들이 종주도시를 중심으로 형성된 것은 아니다. 예를 들어 중국과 인도는 둘 다 단일 종주도시가 아닌 여러 개의 큰 도시를 가지고 있다. 브라질에는 2개의 종주도시, 즉 상파울루와 리우데자네이루가 있다. 상파울루는 리우보다 인구는 더 많지만 두 도시 모두 브라질의 여느 다른 도시 보다 훨씬 크다. 인도에는 4개의 대도시가 있는데 그들

은 각각이 해당 지역의 종주도시 역할을 한다.

종주도시는 인구 규모 그 이상이다. 종주성은 또한 경제활동, 문화적 우세, 정치적 통제가 불균등하게 치우쳐 있음을 의미한다. 종주도시는 그 국가를 압도하는 경향이 있어 야망을 가진 사람들이 선택할 수 있는 유일한 목적지이자 성장과 발전의 주요 지렛목이 된다. 종주도시는 또한 영화에서부터 출판사, 최고 대학에 이르기까지 주요 문화 활동의 중심지이다. 게다가 많은 종주도시들은 그 나라의 수도로 기능하는데 종주도시의 시장은 강력한 정치적 영향력을 행사하게 된다.

최근 들어 여러 국가들에서 종주도시와 다른 도시들 간의 균형을 맞추려는 시도, 즉 지방분권화 과정이 있어 왔다. 비교적 직접적인 전략의 하나는 그 나라의 수도를 다른 도시로 옮기거나 혹은 새로운 도시를 만

드는 것이다. 예를 들어 1960년대에 브라질은 수도를 리우데자네이루에서 브라질리아로 옮겼다. 브라질리아는 브라질 열망의 쇼케이스가 되었고 이는 과밀한 해안 지역에서 인구가 드문 내륙 지역으로 인구를 분산시키고자 하는 의도였다. 현재 브라질리아는 그 자체로 주요 도시가 되었고 인구는 200만에 이른다. 더욱이 리우의 인구가 더욱 감소하여 상파울루와의 인구 격차가 더욱 커짐에 따라 브라질리아는 이들 두 주요 도시의 상대적 인구에 영향을 미쳐왔다. 최근에는 나이지리아가 라고스(Lagos)에서 아부자(Abuja)로 수도를 옮겼고, 파키스탄은 수도를 카라치(Karachi)에서 이슬라마바드(Islamabad)로 옮겼다. 아르헨티나의 수도를 부에노스아이레스에서 파타고니아(Patagonai) 지역의 작은 도시로 옮길 수 있다는 제안도 나와 있는 상황이다.

어떤 이유든 간에 최근 데이터는 작은 도시와 비교해 종주도시의 성장이 느려지고 있음을 보여준다. World Bank(2005)와 UN-Habitat(2008)의 보고서에 따르면 1990년과 2003년 사이 도시화된 지역에 거주하는 인구 비율이 44%에서 49%로 증가하기는 했지만 가장 큰 도시에 사는 인구의 비율은 1990년 17%에서 2003년 16%로 약간 감소했다. 종주도시의 매우 낮은 성장률 덕분에 남미의 도시 계층구조가 다양해졌다. 아시아의 종주도시들은 저개발국가의 다른 도시 정도의 속도로 성장하고 있다. 아프리카에서는 종주도시의 성장이 둔화되었지만 여전히 빠른 속도로 성장하고 있다.

종주도시는 저개발국가에서만 발견되는 것은 아니지만(비엔나, 런던, 파리 등이 한때 거대 제국을 다스렸던 선진국의 종주도시였다), 제3세계에서 더 흔하다. 종주도시들이 주로 부정적인 시각에서만 보여지는 것은 제3세계 도시들의 빈곤율이 너무나 높기 때문이다. 거대한 도시 중심지는 한정된 자원을 매우 불균형하게 흡수한다. 대부분의 투자펀드는 종주도시 주변에만 집중된다. 여러 연구에 따르면 절반 이상의 제조업 성장과 외국인 투자가 종주도시나 그 주변에 집중되어 있는 것으로 나타났다. 게다가 다국적 기업의 지역 본부(branch headquarter)도 종주도시에 위치하는 경향이 있다. 하지만 이것이 꼭 나쁜 것만은 아니다. 투자자본, 숙련된 노동력, 제도적 지원이 미비한 가난한 국가에서, 종주도시는 자본과 숙련된 노동력을 한 장소에 집중시키는 필연적인 집적경제를 제공하곤 한다(6장 참조). 종주도시는 수많은 혁신의 중심지가 되기도 하고 또한 전체 경제가 원활히 돌아가도록 돕기도 한다.

예를 들어 신흥공업국인 대한민국의 경우, 서울은 도시 인구의 4분의 1이자 전체 인구의 5분의 1이 사는 종주도시이다. 하지만 1970년에서 1975년 사이 5%였던 서울의 인구 성장률이 1990년에서 1995년 사이 2% 미만으로 떨어졌고 2006년에서 2020년 사이에는 연간 평균 0.5%로 감소할 것이라 전망되고 있다(City Mayors 데이터베이스, www.unhabitat.org).

하지만 종주도시의 엄청난 인구 증가는 동시에 심각한 문제를 야기해 왔다. 땅값이 올라 특히 가난한 사람들은 집을 구하기 어렵게 된다. 대기오염과 교통혼잡이 심해지고 종종 범죄가 심각한 문제로 대두된다.

제3세계 도시들은 자연증가, 인구유입, 그리고 종주성이 복합적으로 작용하여 성장하고 있다. 하지만 이들 국가 간에도 상황에 따라 다양한 차이가 있다. 예를 들어 대부분의 사하라 이남 아프리카 도시들은 농촌에서 도시로 대규모 유입이 일어나면서 성장하고 있다. 한때 도시에 거주하는 것이 금지되었던 아프리카인들이 많은 고용기회가 있는 도시 지역으로 이주할 자유를 갖게 되었기 때문에 남아프리카공화국의 해방은 이러한 경향을 반영하는 최근의 사례로 볼 수 있다. 많은 아시아 국가의 경우 도시 성장은 이주보다는 자연증가와 관련이 깊다. 반면 대부분의 남미 국가는 도시화율이 이미 매우 높고 많은 국가들이 이미 도시 포화상태에 이르렀다. 따라서 특정 도시가 성장하는 이유는 주로 도시 간 이주 때문이고, 한정된 도시의 규모가 커지는 것은 종주성 때문이다.

제3세계 도시화의 기원

인구통계학적 요소들은 제3세계 도시들을 팽창하게 한 대규모 도시화 이면에 깊이 숨어 있는 이유를 설명하지 못한다. 이제는 확실히 저개발국가들이 도시화될 차례이고, 따라서 150년도 더 전에 영국이 이룩해 놓은 길을 따라가는 것일 뿐이라 말하는 사람이 있을지도 모르겠다. 하지만 영국의 산업화는 보다 긴 시간에 걸쳐 이루어졌다. 게다가 저개발국가들의 도시화 속도는 선례를 찾아볼 수 없으며 그 도시 규모는 세계 어느 도시보다 크다. 특히나 이들 도시에는 새로 유입되는 사람들에게는 말할 것도 없고 기존의 거주민들에게 제공되어야 할 사회기반시설이나 직업, 거주지 등이 부족한 경우가 태반이다.

제3세계 도시화의 원인에 대한 이론은 아주 많다. 이러한 이론들은 제3세계 도시화의 원인과 전망이 상이하고, 투자, 주택공급, 채무구제 등을 포함한 도시화와 관련된 기본 정책을 어떻게 만들어 내는지에 대한 실질적인 타당성을 갖는다. 비록 많은 구체적인 이론들이 있기는 하지만 크게 근대화와 국제 정치경제학의 두 관점으로 나누어 볼 수 있다.

근대화 관점

근대화 관점은 신고전주의 경제학에서 유래된 것으로 2차 세계대전 이후 수십 년간 제3세계를 보는 관점을 지배해 왔다. 기본적으로 근대화 관점은 저개발국가가 엄밀히 말해 '개발 중'이며, 전산업 사회에서 산업화 사회로 전이되는 과정에 있다고 주장한다. 이러한 전이는 사회 전반에 영향을 미친다. 인구 증가는 출산율과 사망률이 낮아지는 인구학적 변천의 결과일 수 있다. 개발도상국은 또한 많은 노동시장을 포함한 시장과 생산이 새로이 창출되는 자본주의적 변형 한가운데 있다. 이는 많은 식민지 사회의 특징인 보다 제약된 노동 조건과 극명한 대조를 이룬다. 근대화 관점은 또한 문화적 변화가 토착의 가치를 합리주의, 과학, 강한 직업 윤리 등과 같은 '서구' 가치로 대체할 수 있다고 가정한다. 이러한 일련의 변이 안에서 자급적인 1차 산업 활동에 기반한 농업경제에서 제조업에 기반한 산업경제로의 경제적 변화가 일어난다.

근대화 관점에 따르면 서로 맞물린 이러한 변이들은 북미와 유럽의 초기 도시 성장과 유사한 형태의 도시 성장을 자극한다. 경제가 보다 산업화됨에 따라, 즉 경제적 강조점이 1차 산업에서 2차 산업으로 바뀜에 따라 직업과 투자는 점점 더 도시 지역에 집중된다. 도시, 특히 종주도시는 한 중심지에 숙련된 노동력, 사회기반시설, 자본 등이 집중됨에 따라 이후 발전의 촉매 역할을 하게 된다. 한편에서는 보다 근대화되고 발전되고 서구화된 부문이, 또 다른 한편에서는 전통적인, 미개발된 부문이 존재하게 되고, 한동안 이들 부문 간에 큰 격차가 존재하는 것은 당연한 일이다. 이 부문들은 처음에는 종주도시를 중심으로 한 근대 부문으로 특징지어지는 지역과 전통 부문으로 특징지어지는 그 외의 전 지역과 부합한다. 근대화 관점에 따르면 이러한 **이중구조**(dualistic structure)는 또한 과도기적이다. 이윽고 2차, 다음 3차 도시들은 일종의 '낙수효과(trickle-down effect)'로 투자의 대상이 된다.

그림 14.5 탄자니아의 근대화 분포 지도. 이 지도는 1960년대 지리학자 굴드(Peter Gould) 가 만들었다. 그는 개발되지 않은 농촌 지역 을 관통하는 교통망에 의해서 연결된 개발 '섬 (islands)'의 분포를 목격하였다.
출처: Potter, Robert B., 1985.

범례
- ■ 근대화 불모지
- ■ 고도의 근대화 지역
- ● ■ 주요 취락
- --- 국경
- ┄┄ 철도
- ── 간선도로

0   300Km

이 과정을 **계층확산**(hierarchical diffusion)으로 설명할 수 있다(그림 14.5). 시간이 흐름에 따라 근대화는 전국적으로 확산되고 그 국가는 산업화될 것이다.

한 국가 내에서 농촌과 도시 간의 경제적 불평등은 종종 상당히 두드러진다. 그림 14.6은 2010년경 선정된 국가들에서 농촌과 도시 사이의 빈곤 수준을 보여준다. 주목할 만한 점은 모든 경우에서 빠짐없이 농촌 빈곤이 도시 빈곤을 앞선다는 것이다. 과테말라, 온두라스, 에콰도르, 네팔, 우간다, 그리고 베트남 같은 국가에서 농촌 빈곤율이 도시 빈곤보다 2~3배 더 높다. 이러한 불평등은 명백히 농촌에서 도시로의 이주를 야기한다.

더 나아가 근대화 관점에 따르면 한 국가 내의 발전에서 초기 불평등은 더 가난한 지역에서 보다 부유한 지역으로의 대규모 내부 이동을 야기하고, 단일 도시로의 대량 이동을 촉발시키며, 이로 인해 도시 종주성이 촉진된다. 하지만 근대화가 확산됨에 따라 단일 중심지에서의 집중이 여러 도시 중심지로 향하게 된다. 근대화 관점의 낙관적 분석에 따르면, 보다 많은 부는 도시들로 하여금 일자리, 주택, 그리고 서비스에 대한 수요를 따라잡을 수 있게 한다.

근대화 관점에 대한 지지는 주로 선진국의 경험으로부터 나온다. 하지만 적어도 보다 객관적인 정보에 관한 한 몇몇 저개발국들이 같은 일련의 전이 과정을 겪어 왔다는 것은 분명 큰 의미가 있다. 예를 들어 그림 14.2를 보면 도시화와 경제 성장 간에 긴밀한 연관이 있음을 알 수 있다. 평균 소득 면에서 발전을 보여주는 국가들은 또한 도시에 사는 인구의 비율이 보다 증가하는 경향을 보인다. 마찬가지로 경제에서 1차 산업의 비중이 감소하고 2차 산업의 비중이 증가하는 경제 부문의 변화도 주목할 수 있다. 또한 다른 데이터는 인구학적 경향에 있어서의 변화를 보여준다. 예를 들어 많은 국가에서 평균 출산력이 감소하고 인구 증가가 여전히 분명하기는 하지만 완화되어 왔다.

국가빈곤선 밑에서 생활하는 인구 비율, 최근 추정치(도시와 농촌)

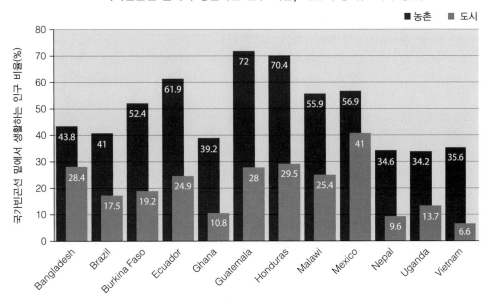

그림 **14.6**   대표적인 개발도상국들의 도시와 농촌의 빈곤, 2010년.
출처: http://cesr.org/article.php?id=918.

하지만 저개발국가들이 모두 서구의 근대화 모델을 따르는 것은 아니다. 예를 들어 많은 나라들이 경제 성장 없이도 꾸준히 도시화되고 있다. 예를 들어 아프리카 국가들의 평균 도시 인구는 1990년과 2003년 사이에 4.6% 증가했으나 이 기간 동안 1인당 국내총생산은 2.8% 성장에 그쳤다. 문화적·경제적·정치적 가치에 있어서의 변화 등을 포함하여 그 밖의 보다 주관적인 특징은 구분해 내기 어렵다. 게다가 저개발국 사람들은 최신 인터넷 기술에 대한 접근에 제약 또한 많다(글상자 14.2 참조).

국제 정치경제학 관점

국제 정치경제학 관점은 제3세계의 도시화를 설명함에 있어 다양한 이론을 제시한다. 이들 이론의 주요 공통점은 근대화 관점의 부적절성에 대한 의견 일치이다. 근대화 관점이 경제 개발과 도시화를 한 특정

국가에 한정된 현상으로 본다라는 것이 주요 비판점이다. 근대화 관점은 한 국가나 지역의 경제 개발과 다른 국가의 경제 개발 사이의 연계를 고려하지 않는다. 경제 시스템은 통합된 지구적 단위로 작동하므로—한 세기가 넘도록 그래 왔다—도시화에 대한 설명에서 지역 간 상호의존성을 고려할 필요가 있다. 게다가 국가마다 역사적 환경은 무척 다양하다. 국가마다 각기 다른 경제 시대에 발전해 왔고, 따라서 19세기 중반에 있었던 것과 20세기 후반에 있었던 산업화나 도시화를 동일시하는 것은 불가능한 일이다.

게다가 국가마다 내부 구조가 매우 다르다. 식민주의나 계속된 신식민주의 역사를 고려할 때, 이를 고려하지 못한 것은 근대화 이론가들의 엄청난 실수로 여겨진다. 심지어 개발도상국들 사이에서도 식민지가 되었었는지 아닌지, 식민지가 된 목적이 무엇이었는지, 언제 독립을 쟁취했는지 그 사실과 이유는 매우

글상자 14.2 ▶ 세계적 정보격차 줄이기 　　기술과 도시지리

오늘날 근대화는 다양한 정보기술의 팽창, 특히 컴퓨터, 이메일, 그리고 월드 와이드 웹에 대한 접근과 긴밀하게 연관되어 있다. 인터넷과 퍼스널 컴퓨터는 우리에게 너무나 일상화되어 있어 이 중요한 기술에 대한 접근이 제한되거나 차단되어 있는 사람이 많이 있음을 잊고 산다. 지난 10년간 인터넷을 이용하는 사람과 그렇지 않은 사람 간의 '정보격차(digital divide)'에 대한 많은 논의가 있어왔다. 이러한 격차는 여러 스케일에서 나타나지만 아마도 선진국과 저개발국가 간의 격차보다 더 분명한 예는 없을 것이다. 최근 자료는 이러한 불평등을 확인시켜 준다. UN-Habitat(2008)에 따르면 2002년에 선진국에서는 1,000명당 282대의 컴퓨터가 있었으나 저개발국에서는 1,000명당 고작 66대에 불과했다. 예를 들어 최근 조사에서는 나이지리아인의 오직 4.5%만이 PC를 이용할 수 있다.

인터넷의 경우에서도 사정은 마찬가지로 암울하다. 국제전기통신연합(the International Telecommunication Union; http://www.itu.int/ITU-D/ict/statistics/ict/index.html)에 따르면 저개발국가의 인터넷 보급률은 선진국의 8분의 1 정도이다. Internet World Stats(heep://www.internetworldstats.com/stats.htm)가 펴낸 자료는 지역과 나라별로 인터넷이 얼마나 사용되는지를 보여주는데, 그 결과 그림 B14.1에서처럼 북미와 유럽은 최소한 인터넷에 노출된 인구 비율 면에서 매우 높은 인터넷 사용 비율을 보인다. 아시아는 보급 정도가 보다 낮지만 일본과 대한민국과 같은 몇몇 국가들은 세계 선도국 중 하나다. 저개발국가에서는 인터넷 보급률이 훨씬 낮다. 하지만 곧 빠르게 성장할 태세를 갖춘 나라들도 있다. 도시와 농촌에서의 인터넷 접근을 구분해 보여주는 자료는 없다. 비록 농촌에 사는 사람들의 인터넷 접근이 향상되면 도시의 많은 이점, 특히 정보에 대한 접근을 누릴 수 있을 것이 명백하지만 말이다.

많은 기관들과 독지가들은 개발도상국 주민들의 인터넷 접근성을 개선시키려는 노력을 계속해 왔다. 주목할 만한 공헌자는 유누스(Muhammad Yunus) 교수로, 그는 그라민 은행(Grameen Bank)을 통한 소액융자 사업으로 2006년 노벨평화상을 수상했다. 유누스 교수는 또한 그라민 사이버넷을 만들었다. 이는 현재 방글라데시의 가장 큰 인터넷 서비스 제공자(Internet Service Provider)로, 많은 방글라데시 회사들과 소비자들을 온라인 혁명으로 인도하는 첨병이 되고 있다.

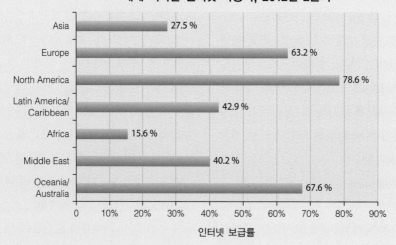

세계 지역별 인터넷 사용자, 2012년 2분기

그림 B14.1 세계 지역별 인터넷 보급률.
출처: http://www.internetworldstats.com/stats.htm.

다양하다. 예를 들어 대부분의 아메리카 국가들은 사하라 이남의 아프리카 내륙 국가들이 식민화되기 전이자 영국 정부가 동인도회사로부터 공식적으로 인도의 관리권을 인수하기 훨씬 전에 독립을 이루었다.

식민주의 국제 정치경제학 관점의 주제 중 하나는 도시의 경제, 역할, 분포를 만들어 낸 식민화의 조건을 구체적으로 분석하는 것이다. 대규모의 제3세계 도시들 대부분은 식민자본에서 시작되었다. 캘커타, 봄베이, 싱가포르, 라고스, 나이로비, 그리고 아메리카 대륙의 모든 도시들이 그렇다. 주로 중동에 있는 몇몇 지역들은 식민지 시대 전 도시의 강한 유산을 가지고 있다. 이들 지역에서는 식민 강대국이 기존의 도시들을 점유하여 제국 통치의 중심지로 바꾸는 경향이 있었다. 다른 대부분의 지역에서는 식민 강대국이 그들의 경제적 정치적 필요에 가장 적합한 형태로 스스로 도시를 건설했다. 마찬가지로 도시 체계도 식민 강대국의 필요에 부응하도록 발달되었다. 남미에서 그랬던 것처럼 도시가 식민화 전에는 존재하지 않았거나 식민 강대국에 의해 사라진 지역들에서 이는 명백한 사실이다. 하지만 풍부한 도시 전통을 자랑하는 인도를 포함 다른 장소들에도 공통적으로 적용된다.

도시의 형성과 그 식민 도시의 역할을 결정 짓는 식민 경제의 요구는 매우 분명하다. 도시는 유럽 강대국들이 식민지로부터 자원을 착취하는 통로였다. 대부분의 식민도시들은 항구에 세워졌고 식민지 내륙보다는 종종 **메트로폴**(metropole)이라 불린 유럽 강대국과 긴밀하게 연결되어 있었다. 3장에서 논의했듯이, 그림 3.3에서 설명하고 있는 **상업도시 모델**(the mercantilist model)은 시간이 흐르면서 식민화가 어떻게 진행되었는가를 보여준다. 요약하자면, 이 모델은 탐사 단계, 해안지역에서의 초기 추출 단계, 그리고 모국과 긴밀히 연결된 식민항구의 건설 단계로 구성된다. 식민지 개척자들이 더 많은 자원을 찾기 위해 주로 주요 강줄기를 따라 이 항구로부터 내륙 지역으로 더 멀리 정착지가 형성된다. 지속적으로 압도적 우위를 행사하는 초기 항구는 식민지 내륙과 식민 강대국 간의 가교 역할을 한다. 시간이 흐름에 따라 시장 중심지와 내륙 교통 연계는 보다 균형 잡힌 도시 체계를 만들어 내는 데 도움을 주기 때문에 식민지 내륙 지역은 내부적으로 개발되기 시작할 수도 있다.

반스(Vance)의 도시 발달 모델은 오늘날의 제3세계 도시들이 식민 기간 동안 어디에서 형성되었는지 그 과정의 상당 부분을 설명한다. 도시들은 자원을 식민지 개척자에게 이동시킬 목적으로 세워졌다. 포터와 로이드–에번스(Robert Potter and Sally Lloyd-Evans, 1998)는 바베이도스(Barbados)의 예를 들어 이 과정을 설명한다. 19세기경 브리지타운(Bridgetown)의 주요 도시는 그 섬의 내륙 플랜테이션 농장에서 유럽의 부엌으로 설탕을 수송할 목적으로 개발되었다. 설탕 수확량의 결정은 섬 밖에서 이루어졌고, 설탕 무역의 수익도 섬 밖으로 흘러나갔다. 이러한 경제 시스템은 대부분의 도시 성장이 서쪽 해안가를 따라 형성된 매우 왜곡된 도시 패턴을 낳았다(그림 14.7). 이후 이들 중 많은 해안 도시들은 스스로 시장 중심지로 부상했고 주로 메트로폴에서 제조된 상품을 거래했다. 식민 도시들은 독립 이후에나 가능했던 공업 생산의 중심지인 경우는 거의 없었다.

정치적으로는 식민지에 제국의 힘을 대표했던 행정 중심지로 식민 도시가 세워졌다. 식민지 인상의 본질은 그 도시가 새로이 만들어졌는지 아니면 식민지화 전에 이미 존재했던 것인지에 따라 다양하다(자세한 내용은 15장에서 논의하기로 한다). 어느 경우든 웅장하고 인상 깊은 건물이 들어서게 되는데, 정부 중앙 청

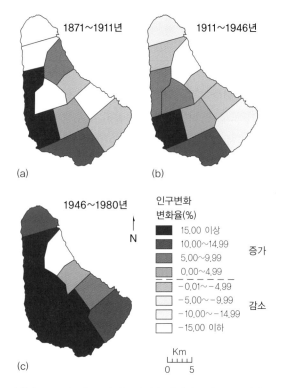

그림 14.7 지도가 보여주는 것처럼 바베이도스는 균등하게 발전하지 않았다. 1871년부터 1946년까지 분명히 섬의 서쪽에서 보다 높은 수준의 성장이 이루어진 반면, 동쪽은 인구가 줄어들었다. 1956년 이후 동쪽에서의 어느 정도 성장이 있었지만, 섬의 서쪽이 여전히 두드러진다.

출처: Potter, Robert B., 1985, p. 241.

그림 14.8 이 사진의 나이로비와 같은 많은 제3세계 도시들은 식민주의의 흔적을 보여준다. 사진의 앞부분에 오래된 식민지 건물들이 보인다.

사라든지, 사업 본사, 가끔은 식민 통치자의 사저 등이 그것이다(그림 14.8). 또한 일반적으로 본래 살던 토착민들을 몰아내고 유럽식 주거지역이 들어섰다.

식민주의의 일반적 패턴은 국지적 발달에 있어 폭넓은 다양성을 인정한다. 이 부분에 대해서는 상이한 지역들 내의 도시 발달에 초점을 맞출 이 장 뒷부분에서 논의하도록 한다. 하지만 기저의 경제 원리는 식민 세계 전체적으로 놀라울 만큼 유사하고, 서구 사회를 향해 편향된 도시 체계를 낳았다. 로우더(Stella Lowder, 1986)는 이렇게 말한다. "정착지는 광물이나 현금성 작물의 착취 혹은 이들을 운반할 철도나 해외로 실어낼 항구에 터를 잡았다. 정착지는 생산을 신속히 하거나 행정적으로 생산을 강화할 목적으로만 개발이 촉진되었다"(p. 82). 종종 전체 식민지의 행정 수도인 주요 항구 도시 외에도 내륙에 제2의 도시들이 세워졌는데, 이곳은 강의 전략적 분기점이나 철도의 종착지, 자원의 집중지였다. 예를 들어 볼리비아의 산루이스포토시(San Luis Potosi)의 초기 도시는 은광 옆에 세워졌는데, 그 높이가 1,600m에 이른다. 인도의 도시 델리는 갠지스 강에 면해 있어 개발된 경우다. 아프리카의 나이로비(Nairobi), 루사카(Lusaka), 엘리자베스빌(Elizabethville)과 같은 내륙 도시들은 내륙으로 진출하려는 제국주의적 시도를 상징한다.

경제적 불평등 독립이 이루어짐에 따라 식민주의는 **신식민주의**(neocolonialism)로 불리는 관계로 대체되었다. 신식민주의는 탈식민경제가 기존의 메트로폴에 계속해서 원자재를 공급하는 관계를 말한다. 이러한 관계는 이전의 식민 강대국에 여전히 종속되어 있음을 보여주는 것이다. 프랭크(Andre Gunder Frank, 1969)를 비롯한 일부 학자에 따르면, **위성국**(satellite)과 메트로폴 간의 무역 조건은 위성국이 계속해서 수출을 위한 1차 생산물의 생산에 매진하는 데 있다. 반대로 위성국들은 공산품을 수입한다.

이러한 시스템은 위성국에 불리하게 작용한다. 왜냐하면 제조업은 엄청난 이윤을 발생시키는 역동적이고 균형 잡힌 경제를 창출한다는 면에서 1차 생산물보다 훨씬 가치 있기 때문이다. 이와 대조적으로 1차 생산품을 생산하거나 채취하는 것은 토지나 광산을 소유한 소수에게는 부를 가져다줄지라도 그 외 대부분의 사람들은 극도의 가난에서 벗어날 수가 없다. 지속적으로 1차 생산품 생산에만 몰두하는 소위 **상품 수출 경제**(commodity export economy)는 위성국의 안정성에도 전혀 도움이 되지 않는다. 오히려 위성국은 주요 수출품에 대한 외부의 요구에 온전히 의존하게 되고(그 품목에 대해 위성국은 통제력을 갖지 못한다), 대부분의 공산품은 수입할 수밖에 없게 된다

(그림 14.9). 이런 식으로 계속된, 원료를 생산하는 제3세계 국가와 산업화된 선진국 간의 관계는 보다 가난한 국가의 경제 발전에 아무런 도움이 되지 못한다. 이것이 프랭크가 '저개발의 개발(development of underdevelopment)'이라 명명한 현상이다.

초기 종속 이론(dependency theories)은 이후 세계를 핵심, 주변, 반주변 지역으로 구성하여 다시 선보였다. **핵심**(core)은 경제 발전의 필수인 경제 자본을 통제하는 지역을 일컫는다. 핵심 국가는 경제력, 다양한 경제적 기반, 상대적으로 높은 소득, 그리고 보다 큰 경제적·사회적·정치적 안정성을 그 특징으로 한다. **주변**(periphery)은 핵심에 경제적으로 종속되어 있는 지역을 말한다. 주변 국가는 약한 경제력, 일부 필수품만을 생산하는 취약한 경제 기반(상품 수출 경제), 매우 낮고 불평등하게 배분되는 소득, 그리고 큰

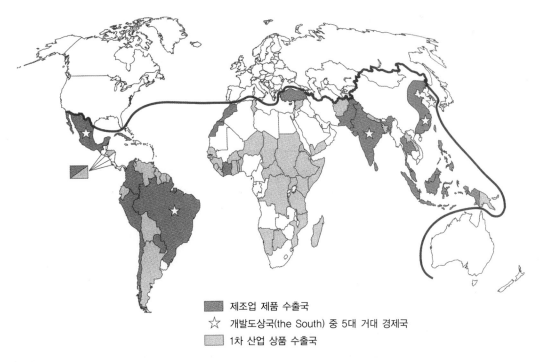

■ 제조업 제품 수출국
☆ 개발도상국(the South) 중 5대 거대 경제국
▨ 1차 산업 상품 수출국

그림 14.9 개발도상국 중 일부 국가들은 산업화하여 제조업 제품을 수출한다. 이러한 국가들 중에는 멕시코, 브라질, 인도, 중국 등이 있다. 다른 국가들은 계속해서 농산물, 임산물, 광물 등 1차 산업 생산물을 수출한다.

가격 변동이 특징이다. 핵심에서의 작은 변화는 주변에 매우 큰 변화를 야기할 수 있다. 결과적으로 핵심국가는 미약한 사회적 · 정치적 불안정만을 경험하게된다.

반주변(semiperiphery)은 후기 종속 이론을 조금 더 정교하게 하는 중간 범주이다. 모든 국가가 핵심이나 주변이라는 범주에 딱 들어맞는 것은 아니다. 예를 들어 브라질, 멕시코, 인도 등 우리가 '개발도상국'이라 여기는 많은 국가들이 공산품을 수출한다. 동아시아의 대한민국, 싱가포르, 타이완, 홍콩과 같은 동아시아의 '호랑이 경제(tiger economies)'국들은 소득 수준이 상당히 높다. 따라서 많은 국가들이 핵심과 주변의 그 사이 어딘가에 놓인 셈이다. 반주변 국가들은 종속의 덫에서 벗어나려고 애쓰고 있고, 그들의 경제 구조는 보다 공산품 위주로 짜여 있다. 비록 성장을 위하여 가져다 쓴 외채가 많이 쌓여 있기는 하지만, 이들 국가에는 토착경제자본이 축적되어 있다. 주변국과 비교했을 때 이들은 중간 정도의 소득을 그 특징으로 하며, 중산층이 보다 두텁다. 일부 반주변 국가들은 자국산업을 보호하기 위해 높은 수입 관세나 엄격한 수입 쿼터와 같은 방안을 쓰기도 한다. 이와는 대조적으로, 비록 보호무역론자의 시도가 곳곳에서 발견되기는 하지만, 반주변국 국가들과 같은 정도로 이런 방안을 채택하기에는 핵심 국가는 너무나 힘이 세고 주변 국가는 너무나 의존적이다.

앞서 분명히 논의한 식민주의와 종속의 과정은 도시의 발달에 강한 영향을 주었다. 원료 수출에 주력하는 완전한 주변 경제 기반 국가에서 도시들은 불균등하게 성장하게 된다. 주요 항구 도시를 시작으로 도시 체계는 내륙에서 세계 시장으로 상품을 이동하는 일련의 통로 역할을 한다. 국가 엘리트나 국가적 부르주아지들은 종주도시 안에서 산다. 세계 경제 체제의

제약 하에서 인구의 극소수에 불과한 이들 국가 엘리트들은 국가 경제를 주무르고 자신의 이익에 맞게 운용한다. 시간이 흐름에 따라 지역적 영향력이 상당한 '지역 기반의' 부르주아지를 거느린 제2의 도시가 출현한다. 이러한 상황에서 이전 식민 도시들은 이전 식민지와 이전 식민 통치자 사이의 경제적 연결고리의 역할을 계속 하며, 독립 전 했던 것과 동일한 방식으로 기능한다. 독립 초기 단계에서는 유럽인이 계속해서 그들만의 한정된 정착지에서 살았고 신식민주의 경제의 많은 부문을 관리했다. 이후 토착 엘리트들은 국가 자원의 많은 부분에 대한 통제력을 얻을 수 있었다. 하지만 소수의 부유한 엘리트가 가난한 대중 위에서 경제적 장악력을 쥐고 행사했기 때문에 사회경제적 불평등은 그다지 변하지 않았다.

시간이 흐름에 따라, 보다 큰 경제적 자율성에 대한 열망과 정치적 압력에 의해 엄혹한 신식민주의적 질서는 상당 부분 바뀌었다. 비록 많은 저개발국가들이 여전히 1차 산업에 치우쳐 있고 도시 구조가 이를 반영하고 있기는 하지만, 진정 도시 성장을 유도하는 것은 바로 그 국가 내에 끈질기게 버티고 있는 불균등한 발전 그것이다.

도시 편향 도시화는 경제 발전의 결과이다. 산업화가 부재한 상태에서 대규모의 도시 성장을 기대할 수 없다. 자원이나 농산물의 채취 만을 목적으로 발달한 경제는 도시 내 아주 적은 수의 인구만을 수용할 수 있고, 이것이 바로 제3세계 도시들이 1960년대까지 그다지도 작았던 이유이다. 경제가 산업화를 시도하면서, 비로소 대규모 도시 성장이 일어날 수 있었다.

하지만 많은 학자들은 도시 성장이 국가 내 기존의 분열을 강화하는 경향이 있다고 주장한다. 그들의 주장에 따르면 독립했더라도 여전히 경제적으로 종속되

어 있는 식민지들은 세계와의 관계에 따라 그 국가를 크게 두 지역으로 나누는데, (1)선진국 기준으로 보면 여전히 가난하지만, 그 국가 내 다른 지역과 비교해 부유한 수출 중심 지역과 (2)경제 성장에 참여하지 못하는 전통적인 자급경제 중심의 지역이 그것이다. 대부분의 도시 발달, 인구 성장, 그리고 자본 투자는 첫 번째 지역에 집중되어 있다.

하지만 구글러(Josef Gugler)가 설명하는 것처럼 **도시 편향**(urban bias)은 이를 넘어선다. 제3세계 국가에서 의사결정권을 가진 엘리트들은 주요 도시에서 산다. 도시 편향 주장에 따르면 그들은 농촌 지역보다는 그들이 살고 있는 도시와 도시민들의 안위에 훨씬 더 관심이 많다. 결과적으로 압도적인 양의 자본 투자, 공공 지출, 그리고 질 좋은 노동력은 도시 내에서만 찾아볼 수 있다.

사람들은 농업적 생산이나 농업적 제조업을 포기한다. 대신 투자가 도시 편향적으로 이루어지는 까닭에 도시 생산을 택하고, 도시가 농촌보다 수입이 높기 때문에 도시의 실업과 불완전 고용을 선호하며, 서비스의 과시적 소비에 취한 도시 기반 소수의 온갖 기분을 충족시키기 위하여 제공되는 서비스를 선호한다.(Gugler, 1993, p. 24)

도시 자체가 생산해 내는 경제적 인센티브 이상으로 도시에 대한 이러한 집중은 왜 제3세계는 보다 건강하고 더 잘 교육받았으며 보다 부유한 사람이 농촌보다 도시에 있는가를 설명해 줄지 모른다.

암스트롱과 맥기(Armstrong and McGee, 1985)는 이 도시 편향 모델을 에콰도르에 적용해 보았다. 에콰도르는 그 역사의 대부분 시기에 코코아, 커피, 바나나를 생산했다. 그 결과 에콰도르는 주요 항구 도시인 과야킬(Guayaquil)을 중심으로 한 전형적인 상품 수출 경제를 취하게 되었다. 에콰도르의 상업 및 금융 엘리트들은 이곳에 살며, 외국계 회사의 지사도 이곳에 입지해 있다. 1970년대 이래로 수도인 키토(Quito) 부근에서 많은 양의 기름이 나오면서, 키토가 주요 경제적 중심지이자 인구 중심지로서의 과야킬을 따라잡기 시작했다. 두 거대 도시가 나머지 도시 구조를 무색하게 만드는, 이러한 **이원 체계**(binary system) 내에서 투자의 초점은 명백히 키토와 과야킬에 맞춰져 있다. 근대화도 이 두 도시 주변에 집중되어 있다. 거의 모든 자본 투자는 이 두 도시에 이루어지며, 국립은행이나 외국계 은행의 본사, 그리고 대부분의 새로운 산업 생산 시설도 이곳에 위치한다.

비록 작고 덜 번영하기는 하지만 에콰도르의 지역 중심지들이 발전의 조짐을 보이고 있다. 예를 들어 에콰도르 남부의 쿠엥카(Cuenca)는 오래된 식민 도시인데, 현대적인 생산 요소들을 갖추기 시작했고, 산업 구역과 새로운 근교 지역, 그리고 이를 에워싼 판자촌을 가지고 있다. 이와는 대조적으로 농촌 지역, 특히 환금 작물이나 석유 채굴 경제를 기대할 수 없는 지역들은 한참 뒤처져 있다. 도시 지역과 비교하여 농촌 지역의 투자 부족은 사실 1974년 통계에서도 볼 수 있다. 농촌 지역에 있는 거의 90%에 달하는 주택에 전기나 하수 시설이 없는 반면, 도시 지역에서는 그 수치가 16%에 불과하였다(Armstrong and McGee, 1985).

새로운 산업 활동이 도시 주변부에 집중되어 있다는 사실은 그 자체만으로는 진정한 도시 편향의 증거가 되지 않는다. 도시는 여러 건전한 경제적 이유로 개발을 끌어들인다. 영국이나 일본 같은 지역에서도 도시 지역이 국가 경제 발전의 선봉에 서왔다. 도시 지역에는 더 많은 기회가 존재하기 때문에 사람과 자본이 몰려드는 것이고 이것이 도시화 과정을 촉진시킨다.

저개발국가들의 다른 점은 농촌으로 가야 할 공공의 자원을 도시로 편향시키는 결과를 낳을 수 있는 이러한 도시 편향의 정치적 영향이다. 저개발국가에서는 도시 거주자와 농촌 거주자의 건강에 분명 차이가 있으며, 농촌 거주자들의 경우 유아사망률이 더 높다.

이와 같은 도시 편향은 측정하기가 어렵다. 어떤 편향이든 무수한 정부 차원의 결정으로 이루어졌을 것이고, 농촌 지역의 희생을 바탕으로 도시에 편향된 예산 배분이 공정한 정책 결정인지 노골적인 편애인지 알기 어렵다. 농업 부문과 제조업 및 상업 부문 간 정부의 예산 배분의 불균형을 평가하는 한 지표는 세계에서 가장 가난한 국가들은 이들 경제 부문 사이에 가장 큰 불균형을 보이는 경향이 있음을 보여준다. 다시 말하지만 여기서 고의성을 평가할 수 없다. 그리고 보다 발전된 경제 활동에 대한 강조는 개발을 위하여 가난한 국가가 택할 수 있는 합리적인 시도로 볼 수도 있다.

제3세계 도시의 특징

앞부분에서는 제3세계 도시를 성장, 발전의 보다 큰 흐름과 이들 도시와의 연계 측면에서 살펴보았다. 하지만 제3세계 도시들 자체의 특징은 무엇일까? 제3세계 도시들이 북미, 유럽, 그리고 일본의 도시들과 얼마나 유사한가? 제3세계 도시들을 일반화시키는 것이 가능한가? 아니면 각각을 개별적으로 고려해야만 할까? 물론 각 도시들은 토착 뿌리에서부터 식민지적 역할(식민주의가 존재한 경우라면), 20세기 발전, 근대 국가에서 맡고 있는 위치에 이르기까지 고유의 환경에서 발전해 왔다. 게다가 우리가 '제3세계' 혹은 '저개발' 도시라 부르는 곳은 1인당 구매력이 연간 2만 달러인 곳에서부터 일당 1달러인 곳까지를 매우

다양한 부의 수준을 가지고 있는 곳을 포괄한다. 그럼에도 불구하고 이 도시들은 그들을 구분하는 데 도움을 주고 고유한 도시 특성을 형성하는 여러 도전들에 직면하고 있다.

제3세계 도시들이 직면하고 있는 이러한 도전들 대부분은 이들 도시가 대규모 성장을 수용할 수 없다는 사실에 그 핵심이 있다. 제3세계 도시에서는 도시 인구로 인해 여러 문제점이 발생하는데, 이런 점에서는 선진국의 고속 성장 도시와 그 유사점을 찾아볼 수 있다. 하지만 보다 부유한 도시들은 대개 직업 기회가 충분하고(인구의 고속 성장은 보통 노동력 수요의 증가에 기인한다), 충분한 주택을 짓고 적절한 서비스를 제공할 수단이 있다. 거의 모든 미국의 신흥 도시에서 볼 수 있듯이 새로 건설된 구역이 확대되었다. 제3세계에서 이러한 선택은 불가능하다. 농촌 거주자들은 기회를 찾아 도시로 이주하지만, 그들은 통상의 정규 보수직을 구하는 데 엄청난 어려움을 겪는다. 나중에 논의하겠지만, 그들은 삶을 이어나가기 위해 다른 방법에 기대야 한다. 이와 마찬가지로 민간 상업 부문이나 이미 돈에 쪼들리는 공공 부문 어디에서도 이들을 위한 주택을 마련해 줄 수 없다. 특히 우리가 제대로 지어진 주거지로 여기는 곳은 오직 적은 수의 인구에게만 이용 가능하다. 주택과 일자리는 일부 인종 문제와 정부 부패와 함께 제3세계 도시가 직면한 주요 도전과제이다.

성장의 결과

시브룩(Jeremy Seabrook)은 그의 책 *In the Cities of the South*의 도입부에서 제3세계 도시의 역설을 지적한다. 한편으로 우리는 두려움을 가지고 제3세계의 도시팽창을 바라본다. 시브룩은 "'인구'란 수용 한계를 넘어선 무질서, 불충분한 행정 업무, 법질서 파괴

의 메타포"라 말한다. 도시는 은유적으로 자연 재해
와 연관되는 것이다. 다른 한편으로 우리는 이들 도시
를 재개발 장소로 보며, "슬럼에 사는 사람들의 용기
와 인내에 박수를 보내고, 그들의 적응력이나 스스로
거처를 세우는 능력, 스스로 삶을 개척하고 도시 경제
어딘가에서 생계를 이어가는 능력 등에 경탄"하기도
한다. 역사상 모든 도시가 그러했듯이, 제3세계 도시
가 성장하는 데도 이유가 있다. 사람들은 더 나은 삶
을 추구한다. 이 과정에서 그들은 물리적·사회적 기
반 시설을 한계점 이상으로 팽창시킨다. 그 결과 제3
세계 도시들은 빈곤, 오염, 범죄, 열악한 주거환경 등
높은 수준의 문제와 병폐를 낳게 된다.

미국 내 몇몇 지역사회에서 고속 성장의 부정적 결
과를 살펴보면, 과밀 학급, 오염, 교통 체증, 부족한
소방시설, 그리고 아마도 높은 범죄율을 들 수 있을
것이다. 대체로 저개발국가 도시들은 부유한 도시와
같은 자산은 없으면서 성장 정도는 훨씬 크다. 자원이
수용할 수 있는 범위를 넘어 사람들이 밀려든다. 도
시는 능력 이상의 부담을 떠안는다. 그러한 도시들의
인구밀도는 믿기 어려울 정도이다. 예를 들어 카이로
(Cairo)의 인구밀도는 맨하튼의 4배 수준인 제곱마일
(2.6km²)당 300,000명에 이르지만 높은 건물은 거의
없다. 이러한 환경에서 주택은 터무니없이 부족하여
실질적으로 사람들은 무덤까지 점유하기도 한다.

제3세계 도시들은 상하수도 시설, 쓰레기 수거, 전
기 같은 기본 서비스를 제공하는 문제와 씨름해야 한
다. 북미나 유럽 도시에서는 사실상 모든 가정이, 심
지어 슬럼 지역도, 전기나 상하수도 시설을 이용한다.
불행히도 표 14.2에서 보듯 제3세계 도시에서는 그
렇지 않다. 예를 들어 인도의 대도시인 뭄바이(봄베
이), 델리, 마드라스(Madras)에서는 3분의 1에서 절반
을 약간 넘는 가정만이 상하수도 시설을 갖추고 있고,

표 14.2 서비스 이용 가능성: 공공시설을 이용하는 도시 가구의 비율

도시	국가	상수도 (%)	하수도 (%)	전기 (%)
Luanda	Angola	41	13	10
Ouagadougou	Burkina Faso	32	0	35
Douala	Cameroon	19	3	42
Kinshasa	Congo	50	3	40
Addis Ababa	Ethiopia	58	0	96
Nairobi	Kenya	78	35	40
Lagos	Nigeria	65	2	100
Dakar	Senegal	41	25	64
San Salvador	El Salvador	86	80	98
Rio de Janeiro	Brazil	95	87	100
Bogota	Colombia	99	99	99
Santiago	Chile	98	92	94
Lima	Peru	70	69	76
Bombay	India	55	51	90
Delhi	India	57	40	70
Jakarta	Indonesia	15	0	99
Lahore	Pakistan	84	74	97
Manila	Philippines	95	80	86

출처: World Resources 1998–1999: A Guide to the Global Environment. New York: Oxford University Press.

4분의 3만이 전기를 공급받는다. 대부분의 아프리카
도시에서는 3분의 1에도 미치지 못하는 가정만이 하
수도 시설을 이용하고, 상수도 시설이나 전기를 이용
하는 가정은 절반도 되지 않는다. 남미의 사정은 조
금 낫다. 하지만 여전히 높은 비율의 사람들이 서비스
를 제공받지 못하고 있다. 서비스 제공 분포를 지리적
으로 살펴보면 비공식 주택, 특히 무허가 주택이 많은
지역일수록 서비스가 제공되지 않는 경우가 많다. 적
은 시 정부 예산으로는 오래된 근린지역에 서비스를
제공하는 것도 벅차다. 시에서는 새로 도시화된 지역
에 상하수도 시설이나 전기, 도로를 제공할 여력을 가
지고 있지 않고 애초에 불법적으로 점유된 지역으로
서비스를 확장하는 것을 꺼린다.

이러한 엄청난 인구 성장의 또 다른 결과는 오염이다. 평균적으로 제3세계 도시 거주자들은 부유한 국가의 거주자보다 훨씬 적게 소비하고 폐기물도 적게 배출한다. 예를 들어 미국의 1인당 이산화탄소 배출량은 2010년에 약 20톤에 달하며 일본과 부유한 유럽 국가의 경우 5~13톤에 이른다. 반면 아프리카 국가들의 평균 이산화탄소 배출량은 1톤 미만이며, 아시아와 남미 국가들의 경우 보통 5톤 미만이다. 하지만 가난한 도시들은 대기나 물속의 오염 물질을 걸러낼 값비싼 신기술을 도입할 수가 없다. 다른 대기오염 지표를 보면, 산업화는 많은 대기 비용(대기오염)을 요구해 왔다는 것을 알 수 있다. 이란의 테헤란과 인도의 델리 모두에서 로스앤젤레스보다 4~5배 더 많은 미세 입자가 관측된다. 멕시코시티는 스모그와 대기 오염의 전형으로 여겨져 왔다. 스모그와 오염의 효과는 하루 담배 2갑을 피우는 것에 맞먹는 것으로 추정되며, 이는 해마다 100,000명을 죽이는 꼴이다.

대기오염 문제를 더 악화시키는 것은 폐기물 처리 시설의 부족이다. 제3세계 거주지의 절반만이 하수시설을 갖추고 있고, 이들 중 다수가 적절히 처리되지 않은 폐기물과 인분을 대량 방출한다. 하수시설을 갖춘 도시의 경우는 조금 낫지만, 과도한 쓰레기를 처리하는 데 여전히 문제가 많다. 예를 들어 방콕에서는 분뇨를 빗물 배수관이나 지하의 오수 저수조, 오수 정화조에 그냥 버린다. 이 경우 지하수는 심각하게 오염되고 강과 수로는 그대로 개방하수구가 되는 셈이다. 인도 북쪽에서는 갠지스 강에 시신을 버리는 일이 건강의 주된 위험 요소가 됨에 따라 정부 차원에서 시신을 먹이로 삼는 거북이를 기르고 있다. 대부분의 제3세계 도시에서 미처리 하수의 악취는 질병을 일으키는 미생물이 존재하고 있다는 것을 말해준다.

주택

가난한 도시에 방문하는 사람들이 가장 먼저 깨닫게 되는 것은 쓸 만한 주택이 부족하다는 것이다. 공항에서 나서면 종종 방대한 판자촌을 지나게 된다. 도시의 거리를 따라 빈 공간이면 어디든 임시변통의 가건물들이 펼쳐져 있다. 다운타운에는 대개 수천 명의 노숙인들로 붐비는데, 이들이 보도(인도)에서 잠을 자기 때문에 인도의 도시에서는 이들을 **보도 거주자**(pavement dweller)라 부른다(그림 14.10). 가난한 도시의 많은 수의 사람들, 아마도 도시 거주자의 약 50% 정도가 쓸 만한 주택이 없어 곤란을 겪고 있다. World Bank의 2006 세계 개발 지표에 따르면, 모잠비크는 도시 거주자의 20%, 에티오피아는 23%, 방글라데시는 42%만이 '견고한 주거 공간'에서 산다. 인도의 마드라스에서는 해마다 약 6,000개의 합법적인 주택이 지어지고 있지만 최소 약 30,000개가 더 필요한 실정이다. 여느 곳과 마찬가지로 공급이 수요의 일부만을 충족시키고 있는 것이다. World Bank(2000)가 추정하기를, 1980년대의 제3세계 도시에서는 주거공간을 필요로 하는 9가구당 오직 1가구의 주택만이 건설되었다.

심각한 주택 부족 문제와 더불어 제3세계 도시는 상이한 범주의 도시 이주자들의 다양한 주택 요구에 대처해야 한다. 도시에서 새로이 삶을 시작할 희망으로 많은 사람들이 가족 단위로 이주한다. 이들은 영구적으로 머물 곳을 찾는다. 하지만 다른 한편으로는 일시적인 목적으로 도시에 오는 사람도 많이 있다. 젊은 이들은 종종 충분히 돈을 벌면 고향으로 돌아갈 생각으로 일을 찾아 도시로 온다. 그들은 도시에서보다는 고향에서 집을 사는 데 급여를 사용할 것이다. 다른 사람들은 일시 체류자로 계절에 따라 도시를 드나든다. 각 그룹별로 필요한 주거의 형태는 근본적으로 다

(a)

r. James L. Ricci, Image © John Wiley & Sons, Inc.

(b)

© Mariana Bazo/Reuters/Landow

(c)

© diamirstudio/iStockphoto

(d)

© Kaetana/Shutterstock

그림 14.10 저개발국가의 도시에서 흔한 광경. (a) 카이로의 콥틱(Coptic) 구역에서 촬영, (b) 리마(Lima)의 주변부에 있는 판자촌, (c) 자카르타(Jakarta)의 판자집, (d) 델리(Delhi)의 슬럼 주택

를 것이다. 제3세계 도시에서 주택 공급은 여러 다른 부문에서 맡고 있는데, 크게 공공 부문, 민간 상업 부문, 자조 주택으로 나눌 수 있다.

공공 부문 주택 　**공공 부문 주택**(public-sector sousing)은 정부가 도시민을 위해 건설하는 주택을 말한다. 때때로 거주자에게 비용을 부담하게 하기도 하지만 대부

분 보조금을 지원한다. 구소련과 동유럽에서는 이런 종류의 주택이 전체 주택 시장에서 큰 부분을 차지했다. 비록 전체 주택 공급에서 차지하는 비율이 낮지만, 많은 제3세계 도시들이 이 형태의 주택 공급을 시도해 왔다. 1970년대 초반까지 많은 공공주택이 중산층 소득에 적합한 디자인 원칙(소재, 공간, 서비스에 있어)을 따랐기 때문에 상대적으로 수준이 높았고 따

라서 건축 비용이 비쌌다. 예를 들어 모로코의 라바트(Rabat)에서는 1970년대 인구의 절반이 공공주택에 거주할 수 없었다. 다른 도시들도 비슷한 어려움에 직면했고, 이는 곧 공공주택에 보조금을 아낌없이 지원해야 했음을 의미한다. 그럼에도 불구하고 극빈층은 공공주택을 이용하기 어려웠다.

공공주택을 건설함에 있어서, 많은 나라들이 대규모 주택단지를 개발하는 데 있어서의 입지가 기존의 일자리와 멀리 떨어진 곳에 위치하는 등 선진국의 선례를 따랐다. 대규모 주택단지 형태는 다양하다. 홍콩의 경우 대규모의 6~7층짜리 'H' 형 블록이 1950년대에 건설되었고, 일반적인 편의시설을 공급하고 최소한의 공간만을 할당하며 에이커당 2,000명이 넘는 조밀함을 감수함으로써 가격을 낮췄다. 1960년대에는 건축 조건이 좀 나아졌는데, 아마도 성장하는 홍콩의 부를 반영했던 것 같다. 베네수엘라의 카라카스(Caracas)에서는 정부가 기존의 슬럼 지역을 없애고 약 16,000채의 아파트를 수용하는 **슈퍼블록**(superblock)을 서둘러 건설했다(그림 14.11). 기존 주택에 비해 꽤 안락하기는 했으나, 관리가 잘 되지 않았고 사회 편의시설이 거의 공급되지 않았다. 결과적으로 슈퍼블록 근린지역은 상당히 나빠졌다. 그러한

© Fenyikepez/iStockphoto

그림 14.11 1970년대 베네수엘라 정부는 슈퍼블록으로 알려진 일련의 거대한 아파트 블록을 건설하였다.

주택이 리우데자네이루의 가난한 거주민들에게 얼마나 적절치 않았는지는 이들이 정부가 지은 멋진 주택을 떠나고자 하는 경향에서 알 수 있다. 이들에게 그 주택은 취업기회와 거리상 너무 멀었던 것이다.

물론 일부 국가에서는 지역사회 전체를 건설하려고 시도한 적이 있다. 많은 국가에서 접근했던 방법은 인구압이 덜 심하고 부지를 구하기가 보다 용이한 위성 도시로 인구를 유도하는 것이었다. 뉴타운 건설이 공공주택의 큰 요소로 부각되었다. 이 사업은 종종 공공 자본과 민간 자본을 결합하여 진행되었다(글상자 14.3).

비록 그 노력은 가상했지만 공공주택은 일반적으로 매우 적은 수의 사람만을 수용할 수 있었다. 물론 비용이 문제이다. 정부 예산은 모든 새로운 주거지를 보조할 만큼 많지 않다. 역설적이게도 많은 신규 공공주택이 상대적으로 부유한 사람에게 돌아간다는 것은 또 다른 논쟁거리였다. 이러한 현상은 많은 국가에서 새로운 행정부 엘리트들이 한때 유럽 식민주의자들이 소유했던 집을 차지한 독립 이후에 시작되었다. 그러나 신규 공공주택 안에서조차 정부는 종종 보다 부유한 거주민에게 특가 상품을 제안하기도 한다. 예를 들어 라고스에서는 고급 관료들이 보조금으로 지어진 공공주택에서 산다. 그들이 민간 상업 부문에서 제공하는 집을 살 수 있는 소수에 속하면서도 말이다. 다른 경우 정부는 주택 예산 일부를 대도시로부터 행정 중심지로 정해진 신도시로 공무원의 재배치를 유도할 때 사용하기도 한다.

일부 도시에서 성공을 거두고 있는 전략 하나는 주택을 **업장 단위**(work unit)로 세우는 것이다. 업장 단위란 일하는 위치에 따라 사람을 나눈 범주로 공장, 정부 청사 혹은 상점 등이 그것이다. 이들은 업장의 성격에 따라 공공일 수도 있고 민간일 수도 있다. 가

글상자 14.3 ▶ 카이로의 뉴타운

다른 개발도상국과 마찬가지로 이집트도 급격한 도시화를 겪어왔고, 그 변화의 대부분은 아프리카 최대 도시인 카이로에 집중되었다. 이집트는 특별한 어려움도 경험하고 있는데, 인구가 나일 강을 따라 밀집해 있다는 것이다. 인구압은 카이로에 큰 문제를 야기했다. 사람들은 묘지나 옥상에서 살고, 도시 서비스는 한심할 지경이며, 실업률은 높다. 카이로 공동묘지는 사람들이 상상하기 힘든 곳에서까지 주거할 곳을 찾고 있음을 보여주는 증거이다. 카이로 동쪽을 에워싸고 있는 이 공동묘지에는 수백만 명의 카이로 사람들이 살고 있다.

이 문제에 대한 한 가지 해결책이 1969년에 시작된 뉴타운 건설 사업이었다. 이 사업을 실행하는 데 이집트 정부는 영국의 전원도시 프로그램과 조밀 지역 인구를 분산시키기 위해 이루어진 여러 나라의 시도를 참고했다. 이에 따라 여러 신도시를 건설하기로 결정이 내려졌고, 신도시는 이집트 전역에 걸쳐 있기는 하나 카이로 대도시권에 보다 집중되었다. 이들 도시는 1996년에 그 수가 14개에 이르렀으며 10만에서 50만 정도의 인구를 지원할 계획이었다. 이들 신도시에는 계획 하에 여러 경제적 역할도 부여되었다. 일부는 공업 중심지였고 다른 일부는 농산물 유통 기능을 분산시킬 목적이었다. 일부는 사막을 경작지로 개간할 목적도 있었다. 이들 신도시들을 성장시키기 위해 정부는 세금 우대 조치를 취한다거나 토지를 저가나 무상으로 분배하고 정부 기능을 사다트 시티(Sadat City) 같은 곳으로 일부 이전하는 등 여러 인센티브를 제공하였다. 이 모든 신도시들은 콘크리트를 주로 사용하여 현대적으로 지어졌으며 그 규모가 거대했다(그림 B14.2).

이들 도시는 제 기능을 했을까? 이들 도시를 연구한 지리학자 스튜어트(Dona Stewart, 1996)에 따르면 결과는 엇갈렸다. 긍정적인 면에서 이들 도시는 낮은 지가와 낮은 필수품 가격 덕분에 사업을 끌어들이는 데는 성공했다. 특히 카이로 인근 뉴타운에서 그랬다. 하지만 거주민을 유치하는 데는 실패했다. 개별 교통 수단이 부족했기 때문에 이집트 사람들은 일터와 먼 곳에서 살 수가 없었다. 이집트의 기업들은 노동자들에게 교통수단을 제공하기도 했지만 노동자의 가족들에게는 아니었다. 하지만 카이로의 폭발적인 성장과 함께 도시화된 지역은 결국 뉴타운을 따라잡았다. 최신 데이터에 따르면 1996년 이래로 카이로 밖에서 상당한 성장이 있었다. 사실 카이로 대도시권의 보다 중심부는 오직 전체 성장의 19%만을 설명한다. 뉴타운이 위치한 이들 바깥 지역이 그 나머지를 설명한다.

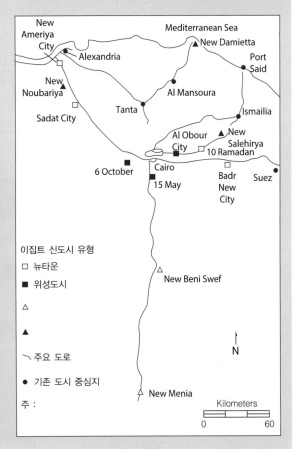

그림 B14.2 이집트의 뉴타운 분포.
출처: Stewart, Dona J., 1996.

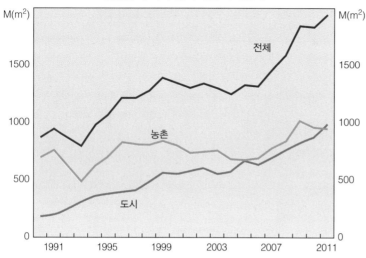

완공된 주택의 공식적인 바닥면적

그림 14.12 중국에서 완공된 주택의 공식적인 바닥면적.
출처: http://www.rba.gov.au/publications/rdp/2012/pdf/rdp2012-04.pdf.

장 널리 적용해 온 곳은 중국인데, 최근까지 중국은 대부분의 업장을 국가가 소유했다. 예를 들어 베이징에서는 1949년에서 1991년 사이에 약 9,100만 제곱미터의 주거 면적이 건설되었고, 이는 도시의 주택 공급량을 거의 8배나 끌어올렸다. 1991년부터 2011년까지는 다시 주거 면적이 2배가 되었다(그림 14.12). 이들 주택의 대부분은 공장, 정부 청사, 대학 등을 포함한 다양한 업장 단위를 통해 건설되었다. 공식적인 중국 언론의 기사에 따르면 약 1,800만 제곱미터의 주택이 2000년에 건설되었다. 비록 많은 주택들이 서구 사회 기준으로는 비좁게 보일 수도 있겠지만[2000년 한 도시(Jinan)에서 1인당 거주 공간은 고작 10.5제곱미터, 즉 약 110제곱피트였다], 이것은 주택 공급에 있어 질적 그리고 양적으로 엄청난 발전이었다(다음 장의 글상자 15.4 참조). 사실 1970년대에 비해 1인당 거주 공간이 거의 3배나 늘어났다.

민간 상업 부문 주택 건설회사나 개인이 이윤을 남길 목적으로 지은 주택이 상업 주택 범주에 속한다. 북미의 대부분 주택이 상업 주택이다. 하지만 대부분의 저개발국가 도시에서는 그렇지 않다. 그 주된 원인은 이런 부류의 집을 짓는 데는 높은 비용을 치러야 하기 때문이다. 저개발국가의 **민간 상업 부문**(commercial private sector)이 새로운 주택을 건설할 능력은 있을 수 있겠지만 이런 집을 구매할 수 있는 새로운 거주자가 거의 없다. UN-Habitat(2008)의 보고서에 따르면, 선진국은 집값이 평균 소득의 4배인 데 반해 남미는 6배, 아시아는 7~10배, 아프리카는 10배 이상에 이른다.

이들 국가에서 민간 부문 주택이 이토록 비싼 주요 이유는 네 가지이다. 첫 번째, 땅값이 비싸다. 종종 소유권이 불분명하고 서류로 규명하기가 어려워 토지 시장이 복잡하고 불확실하다. 토지 공급이 제한적인 면도 있다. 특히 토지가 공공 소유이거나 소유권이 여럿에게 분산되어 있어 취합해야만 할 때도 있다. 이 모든 요소들이 토지 가격을 높인다. 많은 가족들은 땅 값 자체만을 감당하기 위하여 수년을 일해야 한다. 이것이 왜 그렇게 많은 사람들이 자기 소유가 아닌 곳에 거처를 마련하거나 임대를 해야만 하는지를 설명해 준다.

둘째, 건축비가 비싸다. 제3세계 도시에서는 대부분 주택을 짓는 데 국내 공급으로는 부족한 값비싼 내구성 재료(시멘트, 벽돌, 강철, 콘크리트)를 사용하게 되어 있다. 이들 재료를 구하는 어려움이 가격에 더해진다. 셋째, 신용거래가 어려울 수 있다. 대출 기관이 없이는 선진국에서조차도 지을 수 있는 주택이나 아파트가 거의 없다는 사실을 생각해 보라. 이것이 많은 제3세계 도시의 현실이다. 이들은 건축업자나 잠재 고객에게 대출을 제공할 필요가 있는 금융 인프라로부터 외면당하고 있다. 1980년대의 한 추정치에 따르면, 총 주택거래량의 10% 미만이 모기지를 이용하고 있고, 전반적인 신용 경색이 주택 시장을 압박하고 있다. 최근의 추정치에서도 마찬가지이다. 저개발국가의 많은 도시에서는 모기지 금융을 얻는 데 어려움이 있다. 페루를 예로 들자면, 전체 부동산 권리증서 중 오직 1.3%만이 모기지 대출을 받았다(UN-Habitat 2008). 재미있는 것은 일부 저개발국가에서 시장 금리 이하의 저리 대출을 제공하는 시도를 해왔다는 사실이다. 하지만 위에서 언급한 공공주택의 경우와 마찬가지로, 이 대출금의 많은 부분이 최고 특권층에게 돌아갔다. 따라서 금융 서비스가 제공되는 경우에도 엘리트가 아니면 이용하기 어려운 많은 조건과 제약이 따르는 경우가 종종 있다. 일반 대중을 대상으로 한 중산층 주택의 시대는 저개발 국가에는 아직 도래하지 않았다.

넷째, 엘리트 계층이 대부분의 건설을 주도한다. 건설은 도시 거주자나 관광객 등 최고 부유층의 편의 위주로 이루어진다. 많은 제3세계 도시들에서 '고가 상품(big ticket)' 건설이 폭발적으로 성장하고 있음이 목격되었다. 예를 들어 말레이시아의 콸라룸푸르(Kuala Lumper)는 세계에서 가장 큰 빌딩 둘을 자랑하고 있고, 다른 도시들도 고층건물 짓기에 뛰어들고 있다. 비싼 호텔과 호화 아파트가 또한 대도시에서는 일반적인 것이 되었다. 건설 부문이 중-저소득 가구를 위한 주택 건설 대신 이들 사업 쪽으로 경도되는 경향이 있다.

자조주택 민간 부문과 공공 부문의 보조가 제대로 이루어지지 않기 때문에 주택 수요는 다른 데서 충족되어야만 했다. 거처할 곳이 없는 현실은 일반적인 현상이지만 대부분의 도시거주자들은 **자조주택**(self-help housing)을 통해 삶을 개선시키려고 한다. 이 용어는 정부나 민간 건축업자가 아니라 거주자가 스스로 비공식적으로 지은 주택을 지칭하고, **자립주택**(self-built housing)이라고도 한다. 이 용어는 미국의 중산층이나 부유한 소비자가 지은 주문제작 주택과 비교될 수 없다. 제3세계 국가에서 자조주택이란 스스로 거처를 마련하고자 노력하는 매우 가난한 사람들의 전략이다. 결과적으로 자조주택은 제3세계 국가에서 전체 주택 시장의 매우 큰 비율을 차지하고 있다. 예를 들어 인도에서는 전체 도시 거주자의 3분의 1에서 2분의 1 정도가 그들 자신이나 친구가 지은 주택에서 산다.

자조주택의 최대 장점은 비용이 적게 든다는 것이다. 한 추정치에 따르면, 이러한 부류의 집을 짓는 데에는 공공 부문에서 비슷한 류의 주택을 지었을 경우와 비교하여 최대 4분의 1 정도의 비용밖에 들지 않는다. 왜 자조주택은 비용이 적게 들까? 한가지 이유는 거주자가 스스로 모든 노역을 맡아 상대적으로 높은 임금을 지급해야 하는 전문가(건축가, 기술자, 도급업자)나 숙련된 노동자를 고용할 필요가 없기 때문이다. 또한 공식 디자인이 없다. 하지만 가장 중요한 이유는 지역에서 수급 가능한 저렴한 건축 재료를 사용하기 때문일 것이다. 이 재료 중 많은 것은 사실 다른 건설 사업에서 나온 폐기물이다.

자조주택의 두 번째 장점은 업그레이드가 가능하다는 것이다. 많은 주택들이 매우 단순하게 지어지지만, 시간이 지남에 따라 건축 자재의 품질을 서서히 개선시킬 수 있는 구조이다. 또한 땅만 충분하다면 확장도 가능하다.

주택으로서의 부적절성을 넘어, 자조주택의 주요 단점은 법적 상태가 불확실하다는 것이다. 대부분의 자조주택 혹은 자립주택은 무허가 주택으로 간주할 수 있다. **무허가 정착촌**(squatter settlement)이라는 용어는 제3세계 도시 현실을 설명하는 데 널리 사용되어 왔다. 무허가 정착촌은 그 땅에 아무런 법적 권리가 없는 사람이 점유하고 있는 땅에 주택을 지은 것이다. 대부분의 도시 인근 지역에는 빈 땅을 불법 거주자들이 점유하고 있는 곳이 있다. 이 땅은 어느 짝에도 쓸모 없는 경우도 있다. 강둑이나 기찻길 옆 혹은 쓰레기장 바로 옆은 비록 상업 건설업자에게는 가치가 없겠지만 잠재적 거주자에게는 매우 유용할 수 있다(그림 14.13). 이와 마찬가지로 도심지역에 위치한 쓰지 않는 자투리 땅은 투기 목적으로 보유하고 있는 것이거나 일종의 재산 분쟁 혹은 상속 분쟁 중인 경우일지도 모른다. 이들 토지는 불법 점유자에게는 매우 가치 있는 곳이 된다.

많은 제3세계 도시에서 볼 수 있는 많은 대규모 무허가 정착촌은 정부가 소유한 주변부 토지를 점유하고 있다. 이런 류의 점유는 상당히 자주 영구 점유로 귀결된다. 그러한 토지의 양은 점차 실제 지역사회로의 성장을 가능하게 한다. 브라질의 파벨라(favelas), 영어권 아프리카 지역의 쉔티 타운(shanty town), 불어권 서부 아프리카의 **비동빌**(bidonvilles), 멕시코시티의 콜로니아스 포폴랄레스(colonias popolares), 인도네시아의 **캄퐁**(kampungs), 페루의 **바리아다**(barriadas) 등 이들 정착촌의 이름은 도시별로 다양하다. 정부가 이 땅의 소

그림 14.13 운하를 따라 들어선 북부 자카르타의 무허가 주택. 쓰레기가 운하를 메우고 있지만, 토지는 사유지가 아니어서 정착지로 이용되고 있다.

유권을 갖고 있다는 것은 이들 불법 점유자들이 쫓겨나지 않을 가능성을 높다는 것을 의미한다. 불법 점유자가 조직화되었거나 치밀하게 계획된 형태로 신속히 들어섰을 경우에는 더욱 그렇다.

비록 실제 불법 무단점거가 만연해 있기는 하지만, 다른 형태의 무허가 주택보다는 덜 보편적이다. 무단으로 점유된 토지의 소유자들은 많은 경우 점유 사실을 지각하고 이러한 점유를 토지로부터 세를 얻는 한 가지 방법으로 생각한다. 이 토지는 그렇지 않으며 내버려 두었을 땅이었다. 하지만 대부분 이러한 정착촌은 무허가 상태로 남는다. 왜냐하면 이들 거주지는 대지경계선을 위반했고, 건축 재료가 안전하지 않고, 화재에 취약하며, 상하수도를 갖추고 있지도 않은 등 여러 가지 토지이용 규정을 위반했기 때문이다. 땅주인과 거주자는 상호 이익을 위해 법을 위반한다.

자조주택의 질적 수준은 매우 다양하다. 대부분 막 지어졌을 때는 수명이 5년 미만으로 형편없다. 하지만 시간이 흐르면서 크게 향상된다. 이러한 과정을 때때로 **자기발전**(autodevelopment)이라고 부르는데, 개인이 주택 개선을 위해 스스로 노력한 결과이다. 울락(Richard Ulack, 1978)의 연구를 보면 무허가 정착촌의

품질이 거주 기간과 매우 긴밀한 관계가 있음을 알 수 있다. 여러 해 동안 머물 수 있는 거주지여서 확실히 근린지역으로 자리잡은 경우, 안정적인 노동계급 지역사회로 자기발전할 수 있다. 새로운 거주지이거나 끊임없이 철거 위협을 받는 거주지는 매우 낮은 수준의 주거 환경에 머문다.

저개발국가 정부는 점점 더 자조주택이 우리 생활의 일부이고 최소한 주택 위기의 부분적 해결책이 될 수 있음을 자각해 왔다. UN과 World Bank의 도움으로 많은 도시가 정부가 지원하는 공공주택에서 자조주택으로 옮아가고 있고, 이는 하향식 정책(top-down policy)에서 권한부여 정책(enabliny policy)으로의 변화를 의미한다. 권한부여 식의 접근은 주택 보조를 지역사회 기반의 기구, 즉 지역사회 구성원이나 지역사회 구성원을 위해 일하는 사람들로 구성된 단체를 통해 전달한다. 이런 방식으로 거주민들은 주택에 대한 보다 큰 이해관계와 주택을 제공하는 최선의 방식에 대한 더 많은 통제력을 갖게 된다. 따라서 권한부여 식의 접근은 자조주택의 변형된 형태이지만 더 큰 지역사회를 포괄한다. 해당 정부가 자금을 댈 필요는 없다. 사실 종종 외부 기구나 정부로부터 자금 지원을 받는다.

많은 도시정부 및 중앙정부는 자조주택에 관한 두 가지 접근방식을 모두 받아들였다. 한 가지는 이미 지어진 주택을 개선시키는 것으로 주로 상하수도, 전기, 도로 등에 초점을 맞춘다. 예를 들어 인도네시아 자카르타에서는 캄퐁 개선 프로그램(Kampung Improvement Program)을 통하여 도로 및 공공시설 인프라를 개선하고 사회복지시설을 지었다. 다른 한 가지는 미리 부지를 조성하고 필요한 서비스와 아마도 거주지의 기초 등을 제공하는 것이다. 이 방식은 부지-서비스-접근(the sites-and-services approach)으로 알려

져 있는데 어느 정도 성공을 거두었다. 예를 들어 케냐의 나이로비에서는 시 정부가 상수원, 하수도, 도로, 조명 시설이 있는 6,000개의 작은 부지를 제공했다. 각 부지는 최소한 화장실 혹은 소위 '웨트코어(wet core)'를 갖추고 있다. 이러한 노력에서 정부는 자조주택의 조력자로 여겨진다. 정부는 자신의 집을 짓고자 하는 사람들에게 무상으로 혹은 낮은 가격으로 이러한 부지를 제공했다.

고용기회와 비공식 부문

서구 사회의 눈엔 끔찍한 조건임에도 불구하고 저개발국가에서 많은 도시가 매우 빠르게 성장하고 있는 이유는 도시가 이주자에게는 기회와 희망의 땅으로 여겨지기 때문이다. 주목할 것은 농촌 이주자들은 농촌에서 비참하게 실패한 후 도시로 오게 된 절망적인 사람들로 잘못 묘사되었다는 점이다. 사실 그 반대가 옳다. 도시로 이주한 사람들은 농촌에서 성공한 사람들이다. 그들은 농촌의 보다 부유한 쪽 출신이자 교육도 더 많이 받았으며 비농업 분야에 경험이 있는 경우가 많다. 이들은 도시의 직업에 대한 지식이 어느 정도 있고 이주 과정을 감당할 재력도 있는 사람들인 것이다.

균형잡힌 도시 계층에서 많은 이주자들은 좀 더 작은 도시로 이주할 것이다. 이것이 많은 도시계획가들의 희망과 기대이다. 하지만 앞서 보아왔듯이 이주자들이 향한 곳은 자석처럼 끌어당기는 도시의 거대한 매력을 가진 종주도시이다. 불행하게도 많은 일자리가 공공과 민간 부문 모두에서 만들어지더라도 대부분의 제3세계 도시들은 새로 입성한 사람들을 흡수할 만한 집적 경제를 이루지 못했다. 예를 들어 1980년대 일부 학자들은 완전고용을 이루기 위해서는 1985년에서 2000년 사이에 전 세계적으로, 주로 저개발국

그림 14.14 브라질 리우데자네이루의 빈곤, 1990년. 이 지도는 중심도시 및 해안으로부터 멀리 떨어질수록 그리고 주변부 근린지역으로 갈수록 빈곤이 더 심화되고 있음을 보여주고 있다.

출처: Ribeiro, Luiz Cesar de Queiroz and Edward E. Telles, 2000.

에서 10억 개의 새로운 일자리가 만들어져야 한다고 추산했다. 하지만 이런 일은 일어나지 않았다.

좋은 일자리의 성장과 인구 유입 간의 불균형은 여러 결과를 낳았다. 그 한 가지는 많은 제3세계 국가들은 중산층의 수가 매우 적다는 것이다. 결과적으로 그들 국가들은 소득 불평등이 매우 심하다. UN개발계획(2007/2008)에서 각 국가 별로 상위 20%와 하위 20%의 소득 비율 자료를 모아보았다. 선진국에서는 각 국가별로 그 비율이 10:1 미만이다. 반면 산업화된 중간 소득 국가, 특히 남미에서는 그 비율이 훨씬 더 커서 대부분이 10:1을 넘고 15:1을 넘는 곳도 여럿이다. 브라질이 세계에서 불평등이 가장 심한데 그 비율이 약 22:1이다. 이 결과는 브라질의 가장 큰 도시에서도 볼 수 있다. 예를 들어 리우데자네이루는 소득 불평등이 만연하다. 인구의 거의 절반이 주변부 지역에서 살며 하루 1인당 소득이 1.5달러 미만이다(그림 14.14). 게다가 1980년대에는 리우 인구의 최빈층 절반이 소득 감소를 경험했다. 포츠와 로버츠(Ports and Roberts, 2004)의 자료에 따르면, 리우데자네이루와 상파울루 모두에서 1990년과 2000년 사이에 불평등이 심화되었다.

이러한 소득 불평등은 노동 시장에도 반영되었다.

간단히 말해 원하는 모든 사람에게 돌아갈 정상적인 일자리가 충분하지 않다. 이 말은 저개발 국가의 많은 도시들이 두 부문으로 나뉘어 있음을 의미한다. (1) 정상적이고, 임금을 받는 일자리가 있는 공식 부문, (2) 다양한 주변부 직업군에서 자영업이 지배적인 비공식 부문.

공식 부문 공식 부문(formal sector)은 정부나 민간 차원에서 안정적인 합리적 임금을 제공하는 일자리로 이루어져 있다. 공식 부문을 구성하는 것은 대규모 산업, 서비스업, 정부부문 등으로 노동자들은 안정적이고 영속적인 일자리를 갖게 된다. 다소 짧은 기간 사람을 고용하는 회사도 또한 공식 부분에 포함된다.

이들 새로운 산업들에서 실제 합리적인 보수를 받는 일자리를 가진 사람 수는 전체 성인 노동 인구 중 적은 부분뿐이다(때때로 3분의 1을 넘지 않는다). 예를 들어 포츠와 로버츠(2004)의 보고서에 따르면, 남미 도시들은 공식 실업률이 20%이지만 미숙련 자영업자, 실업자, 정부나 법적 보호를 받지 못하는 노동자들로 구성되어 있어 전체적인 노동 취약성 수준은 50%에 달한다. 대개 공식 부문 일자리는 학력, 부, 영향력 있는 사람과의 인맥 같은 이점이 있어야 얻을 수 있다. 혹은 정치적 후원으로 일자리를 갖기도 한다. 엘리트 계층을 제외하고는 이들만이 괜찮은 소득을 버는 유일한 사람들이다. 이러한 상황은 이 상품을 소비할 수 있는 사람이 충분치 않기 때문에 생산하는 상품에 대한 수요를 제약한다.

오늘날 가난한 국가들에서 공식 부문 고용은, 임금과 복지혜택이 높은 미국과 같은 나라에서 임금과 복지 비용이 상당히 낮은 태국과 중국 같은 나라로의 기업의 이전과 노동 집약적인 직업들의 아웃소싱의 결과일 수 있다. 저임금노동 기반의 기업들이 선진국에서 제3세계로 이동했고, 미숙련 혹은 반숙련 작업으로 하루에 몇 달러를 버는 사람들이 바로 이 공장에서 일을 한다. 하지만 이러한 근무환경이 우리 눈에는 참담할지라도 그 일을 하고 있는 사람에게는 기회가 된다는 것을 명심할 필요가 있다.

비공식 부문   산업노동시장은 도시 노동력의 일부 그 이상을 고용할 수 있는 위치에 있지 않고 정부는 그 간격을 메울 수 없기 때문에 사람들은 다른 방식으로 삶을 꾸려가야만 한다. 일부에게는 고향으로 돌아가는 것이 한 선택일 수 있다. 하지만 대부분은 이것을 선택하지 않는다. 대신 **비공식 부문**(informal sector)에서 일을 찾는 쪽을 택한다.

비공식 부문은 정의하기 어렵다. 포터와 로이드-에번스(Potter and Lloyd-Evans, 1998)에 따르면, 비공식 부문은 "책임질 필요가 없는 등록되지 않은 경제 활동"(p. 172)을 일컫는다. 다른 뜻도 있다. "부와 빈곤, 생산성과 비효율, 착취와 자유를 포괄"(p. 177)하기도 한다. 비공식 부문의 일자리는 주변부에 존재한다. 하지만 제3세계 도시 일자리의 많은 부분을 차지하고 따라서 가시화된다. 비공식 부문은 산업도시, 특히 도심에도 존재하기는 하지만, 그 수가 적기 때문에

표 14.3   비공식 부문의 다양한 직업

농업 활동
　시장용 원예
　도시 농업

제조 및 건설 활동
　식품 가공 및 더운 음식의 가내 생산
　의류
　공예
　보석 및 장신구
　신발
　가사용품
　전기 및 기계 제품
　주류 생산
　건설

판매 활동
　길거리 판매
　행상
　신문 판매

서비스 활동
　세탁
　가사일
　장비 수리
　운전
　잡역
　정비 및 원예

기타 활동
　구걸
　보호
　불법 활동(예: 마약)

출처: Derived in part from Potter, Robert and Sally Lloyd-Evans, 1998, p. 173.

거의 가시화되지 않는다.

매우 다양한 직업이 비공식 부문에 속한다(표 14.3). 특히 식품, 깨끗한 물, 신문, 보석 등의 소매유통과 가정용 소품을 만드는 기술자, 소규모 채소 재배 농부, 세탁, 수선, 도박 등과 같은 대민 서비스, 그리고 물론 넝마주이나 구걸도 포함된다. 쿠바의 아바나(Havana)에서는 자동차 점화 플러그를 세척하고 수리하는 사람도 있는데 기계류 소비가 매우 제한적인 이

나라에서는 매우 중요한 일이다. 무엇이 이 다양한 직업을 하나로 묶을 수 있는가? 그것은 이 직업에 종사하는 데 있어 특별한 자격이 필요 없고 큰 자본 없이도 가능하다는 점이다.

비공식 부문의 가장 큰 이점은 진입이 매우 어려운 공식 부문에 비해 교육이나 기술자격에 있어 제약이 없다는 것이다. 또 다른 이점은 가족 자원이나 자기 사업에 기반한다는 점이다. 사실 소득을 위해 온 가족이 동원된다. 비공식 사업은 대개 '은밀히' 일하며 법적인 규제를 받지 않는다. 또한 보다 자본 집약적인 공식 부문과 달리 사업 규모가 작고 노동 집약적이다.

하지만 이러한 일반적인 이점을 주의 깊게 보아야 한다. 비록 공식 부문에 진입하지 못한 사람들에게 비공식 부문이 대안이 되기는 하지만, 때때로 고용을 제약하는 장벽도 분명 존재한다. 예를 들어, 소매 행상인은 자기 영역을 지키고 싶을 것이고 따라서 새로운 사람이 반갑지 않을 것이다. 공식 부문과 비공식 부문을 엄격히 분할된 것으로 간주하기 보다는 연속체로 보는 편이 더 이치에 맞을 것이다.

비공식 부문 일자리의 가장 큰 단점은 수입이 너무 낮고 위험하다는 점이다. 게다가 비공식 부문의 일자리는 안정적이지 않고 민간 혹은 정부 차원의 혜택

표 14.4 주요 국가들의 비공식 부문 규모

국가	비공식 고용(%)	비공식 부문(%)	국가	비공식 고용(%)	비공식 부분(%)
Argentina	49.7	32.1	Moldova	15.9	7.3
Armenia	19.8	10.2	Namibia	43.9	NA
Bolivia	75.1	52.1	Nicaragua	65.7	54.4
Brazil	42.2	24.3	Pakistan	78.4	73
China	32.6	21.9	Panama	43.8	27.7
Colombia	59.6	52.2	Paraguay	70.7	37.9
Costa Rica	43.8	37.0	Peru	69.9	49
Cote d'Ivoire	NA	69.7	Philippines	70.1	72.5
Dominican Republic	48.5	29.4	Russia	NA	12.1
Ecuador	60.9	37.3	Serbia	6.1	3.5
Egypt	51.2	NA	South Africa	32.7	17.8
El Salvador	66.4	53.4	Sri Lanka	62.1	50.5
Ethiopia	NA	41.4	Tanzania	76.2	51.7
Honduras	73.9	58.3	Thailand	42.3	NA
India	83.6	67.5	Turkey	30.6	NA
Indonesia	72.5	60.2	Uganda	69.4	59.8
Kyrgyzstan	NA	59.2	Ukraine	NA	9.4
Lesotho	34.9	49.1	Uruguay	39.8	33.9
Liberia	60.0	49.5	Venezuela	47.5	36.3
Macedonia,	12.6	7.6	Vietnam	68.2	43.5
Madagascar	73.6	51.8	West Bank and Gaza	58.5	23.2
Mali	81.8	71.4	Zambia	69.5	64.6
Mauritius	NA	9.3	Zimbabwe	51.6	39.6
Mexico	53.7	34.1			

출처: ILO-Department of Statistics June 2012, http://laborsta.ilo.org/informal_economy_E.html.

을 이용할 법적 권리가 없다. 비록 현실적으로 비공식 경제를 인지하고 심지어 독려하는 것은 현 실정에서는 아마도 좋은 생각일 수 있겠지만, 가난에서 벗어날 수단으로 작동하는 경제 부문과 착취할 값싼 노동력의 예비군을 유지고자 하는 경제 부문은 종이 한 장 차이다.

비공식 부문에 종사하는 노동인구는 얼마나 될까? 확실히 파악하는 것은 불가능하지만, 표 14.4는 2008년에서 2010년 사이에 일부 주요 도시의 비공식 부문의 크기를 추산한 국제노동기구(ILO)의 자료를 보여주고 있다. 아쉽게도 여러 수치가 정확하지 않을 수 있다.

최근 비공식 부문에 대한 태도가 확연히 바뀌었다. 처음에는 비공식 부문을 경제가 발전하면 근절될 후진성의 표시로 간주했다. 이 부문의 노동자들을 사실상 패배자로 보았다. 최근에는 비공식 부문에 대한 생각이 보다 정교해졌다. 미숙련 노동자와 별 구분 없이 다루어지는 대신, 비공식 부문 종사자들은 점차 공식 부문에 고용되지 않더라도 사회의 틈새시장을 메워주는 존재로 간주되고 있다. 정부정책도 소규모 자영업을 하는 사람들을 돕는 쪽으로 선회했다. 이러한 노력이 성공을 거둘지를 판단하기는 아직 이르다.

요약

21세기에 도시화는 저개발국가에 초점이 맞춰질 것이다. 런던, 도쿄, 뉴욕, 파리와 같은 과거의 대도시들은 더 이상 그리 많이 성장하지 않고 있다. 인구통계학적으로 21세기는 멕시코시티, 상파울루, 라고스, 델리 같은 도시의 시대가 될 것이다. 이들 도시는 계속해서 팽창한다. 더 중요한 것은 이들이 전체적으로 도시 인구가 여전히 증가하는 나라에 속해 있다는 점이다. 우리는 이미 평균 도시거주자가 제3세계에 사는 단계에 와있다. 이러한 경향은 유효할 것이다. 저개발국가의 이들 도시들은 급증하는 인구를 충분히 수용할 수 없기 때문에 역설적인 상황이 발생하기도 한다.

이 장에서는 저개발국가의 도시에 영향을 미치는 일반적인 몇몇 이슈를 중점적으로 다루어 보았다. 첫째, 급격한 도시화 현상을 살펴보았다. 이것은 일반적인 빠른 인구 증가, 농촌에서 도시로의 이주, 종주도시 등으로 인해 야기되는 경우가 많다. 둘째, 어떻게 전반적인 경제 발전의 결과로 3세계 도시화가 진행되었는지 그리고 식민주의와 불균등 발전의 영향을 살펴보았다. 셋째, 제3세계 도시의 일반적인 특징을 특히 주택 문제와 고용기회 측면에서 살펴보았다. 이러한 측면에서 우리는 일부 가능성 있는 해결책도 고려해 보았다. 이러한 문제는 너무나 방대하고 때때로 해결책을 포착하기 어려워 이들 도시의 미래가 절망적이라고 생각하기 쉽다. 하지만 급격한 도시 성장의 시기는 어느 사회에서나 매우 불안정하고 혼란스럽다는 사실을 기억할 필요가 있다. 이 경우 그 도시들은 희망의 불빛이 되어 왔다. 시간이 흐름에 따라 이들은 보다 안정적이고 보다 쾌적한 곳으로 바뀌었다.

제15장

저개발국의 도시 구조와
형태의 지역적 차이

도시는 세계의 문화와 인종의 모자이크이며, 각 도시는 다른 지역 및 사람의 기억을 불러일으킨다. 즉 프놈펜과 사이공 거리에 줄지어 있는 나무는 파리를 떠올리게 하며, 구 바타비아[1]의 운하와 꽉 들어찬 빌딩은 중세 네덜란드 타운의 복제판이며, 싱가포르 다운타운의 높은 마천루는 서구의 일반적인 중심 업무지구의 한 부분이다.

−T. G. McGee, 1967, p. 25

지리학자 맥기(T. G. McGee, 1967)가 동남아시아 도시들의 특징이라고 생각한 것은 저개발국 대부분의 도시에도 확대하여 적용할 수 있을 것이다. 14장에서 살펴본 것처럼 대부분 제3세계 도시는 많은 문화적·인종적 세계가 뒤섞여 있다. 부분적으로 이 도시들은 과거 식민시대로부터 물려받은 것이다. 유럽 제국주의와 식민주의가 19세기 및 20세기 초 팽배했었는데 오늘날 주요 제3세계 도시 대부분은 그 시기 유럽의 지배와 관련될 수 있다. 위에서 인용된 맥기의 구절은 동남아시아 도시에서 발견되는 멋진 문화적 다양성을 기술한 것이며 그 점은 많은 도시에서도 그러하다. 또한 그 구절은 부유한 계층, 중간층, 매우 많은 빈곤층 간의 분리에도 관심을 기울인다. "여기 도심부에 인종 세계의 문화적 다양성이 대비되는 것이 아니라 부와 불결함이 대비된다"(p. 25). 제3세계를 크게 그늘

지게 하는 것은 이러한 경제적 차이이다.

북미 도시에 대한 많은 모델이 존재한다(7장 참조). 그러나 저개발국의 도시에 관한 모델은? 비록 도시 간 아주 많은 차이가 있다는 것을 알지만 보다 큰 규모의 지역에서 적어도 도시에 대한 일반적인 경제적·사회적·공간적 특징을 언급하는 것이 여전히 유용할 것이다. 앞 장에서 제3세계 도시의 성장과 발달뿐만 아니라 그 도시의 삶의 조건을 규정짓는 주택과 고용문제에 영향을 주는 일부 일반적인 요소를 개관하였다.

먼저 민족성은 모든 도시를 구조화하는 데 기여하였다. 유럽과 북미의 도시처럼 아시아, 아프리카, 라틴아메리카의 도시는 여러 종교, 언어, 인종, 국적, 계급이 부각되어, 공간을 서로 다투는 변화가 두드러지는 곳이다. 실제 자원이 희귀한 곳에서 민족성은 상품, 서비스, 주택, 직업의 분배에 보다 중요한 역할을 한다. 그러한 다양성을 초래하는 요인은 다른 나라로부터 이민이 중요한 역할을 한 서구에서의 요소와 같

---

1) 바타비아(Batavia)는 인도네시아의 수도 자카르타(Jakarta)의 옛 이름으로서, 인도네시아가 네덜란드의 식민지였던 약 320년간 사용된 도시명이다.

지는 않다. 오히려 각 국가의 매우 다양한 요소가 때로는 이 지역의 주요 도시에서 반영되었다. 예로 인도에는 거의 50개 언어, 6개의 강력히 결속된 종교, 수많은 국적, 영향력이 대단한 카스트 제도가 있다. 이러한 그룹이 인도의 주요 도시에 영향을 준다.

둘째, 식민주의의 영향이 아직도 상당히 남아 있다. 식민지 시대의 제3세계 도시계획에 관한 초기 결정은 오늘날까지 이 도시들의 형성에 영향을 미쳤다. 이 도시들의 형성에 대한 법률 및 정치적 구조 또한 그 당시에 조성되었다. 식민지 시대의 흔적은 일부 건축물과 개방 공간에서도 나타나고, 엘리트 근린지역에 그 흔적이 남아 있다. 그 밖에 대부분 제3세계 도시에서(해당 도시가 인정하든 그렇지 않든) 무역, 은행, 관광, 이주 방향, 언어는 과거 식민국가와 여전히 결합되어 있다.

셋째, 경제 발전은 국가 내에서 차이가 있지만 국가 간 및 지역(region) 간 그 차이는 더 크다. 제3세계는 동일하게 빈곤하고 절망이 가득한 곳이라는 생각은 상이한 개발 단계에 있는 여러 개의 '세계(worlds)'가 있다는 인식으로 바뀌었다. 일부 도시에서는 상당히 탄탄한 성장과 산업 발달이 이루어졌다. 이 도시들은 도시 성장이 경제 성장이 동반되지 않은 도시와는 아주 다르게 나아가고 있다. 또한 각 국가는 매우 다른 이념 노선을 걸어왔다. 도미니카 공화국처럼 불평등을 조장한 국가들은 쿠바와 같이 사회주의 원칙을 유지한 국가와는 상당히 차이가 난다.

이 장에서는 다양한 저개발 지역의 도시에 대한 몇 가지 일반적인 논의를 제시하면서, 이 지역에서 일반적인 도시 경험의 특징을 찾을 수 있는 현상에 주목한다. 또한 그 지역에서 실제 도시의 예를 제시한다. 이것은 지역적 기반의 사례이기 때문에 라스베이거스가 보스턴과 다르듯이 지역 내 도시 간에는 다양성이 매우 크다는 것을 인식해야 할 것이다. 이러한 다양성의 일부는 도시 규모 및 지역 경제의 차이와 관련되며, 또한 그 다양성은 상이한 정치 체계와 관련되기도 한다. 가급적 지역 내의 차이점에 대해서 설명을 하고자 한다.

라틴아메리카 도시

라틴아메리카라는 용어는 남미, 중미, 카리브 해 지역 국가들을 편의상 간략히 언급할 수 있는 말이다. 이 지역에서 가장 큰 국가인 브라질은 포르투갈어를 사용하는 국가이지만 이 지역 국가 대부분은 스페인어를 사용한다. 영어, 프랑스어 및 다른 언어도 일부 국가에서 사용된다. 다른 제3세계에 비해 라틴아메리카는 가장 도시화가 많이 진척되어, 이 지역 국가의 대부분은 도시화 과정을 거쳤다고 할 수 있다. 이 지역 도시 성장의 대부분은 1940년부터 1980년 사이 이촌향도 현상에 의해 진행되었다. 이 시기 6개 큰 라틴아메리카 국가의 도시들은 연평균 4.1% 증가하였고 농촌 인구는 정체하였다. 거대 대도시(이 지역 내의 주요 도시)는 주로 인구 이동에 의해 성장하였지만 인구 10만에서 200만 정도의 중간급 규모의 도시는 인구 이동에 의한 성장이 더 두드러지게 나타났다. 인구 문헌 기관(Population Reference Bureau, 2012)에 따르면 2011년 현재 라틴아메리카인의 79%는 도시에 거주하는데, 이는 선진국과 같은 비율이다. 그 비율이 21세기에 크게 증가하지는 않을 것으로 예상되어 도시화 과정은 이 지역에서 어느 정도 완결된 것으로 여길 수 있다.

라틴아메리카 국가의 대부분은 중간급 소득 국가라고 할 수 있다. 아이티와 같은 빈곤 국가를 예외로 하면 1인당 국민총생산은 2,000달러에서 15,000달러 정도이다. 이 정도 범위는 세계에서 중간 정도에서 상위 중간 계층 정도에 해당한다. 1930년에서 1960년까지 경제 변화의 주요 계기는 수입 제조품에 대한 의존 정도를 줄이고자 하는 정책에 기인하였다. 섬유, 신발, 자동차에 이르는 전 분야에서 새로운 국내 산업이 육성되었다. 많은 국가들은 국영기업을 설립하고, 개발을 촉진하기 위해 사회주의 모델을 어느 정도 채택하였다. 최근 산업 개발은 도시 지역에 주요 지사 공장을 설립한 다국적 기업에 의해 추진되었다. 이러한 대기업들은 가장 큰 대도시보다는 종종 중간 규모, 저비용의 도시 지역에 입지하였다. 멕시코의 도시화된 북부 국경지역과 브라질의 아마존 지역과 같은 장소는 이러한 입지 결정에 의해 영향을 받은 곳이다. 일부 라틴아메리카 국가들은 그 국가가 가진 자원을 기반으로 하였고, 그 예로 멕시코와 베네수엘라는 주요 석유 수출 국가이며 또한 거대한 인적 자본에 기반을 두어 초기 이점을 누릴 수 있었다.

한편 도시화, 전반적인 경제 성장, 산업 발달은 엄청난 불평등을 낳았다. 라틴아메리카는 대체로 다른 어떤 지역보다 소득의 차이가 가장 크다(사하라 사막 이남 아프리카가 그다음이다). 공공 행정에서 직업의 확대, 전문 계층의 성장, 대규모 산업단지의 조성에 의해 많은 사람이 어느 정도 혜택을 갖게 되는 적당한 직업을 가질 수 있게 되었으며, 일부 소수 엘리트는 아주 큰 부자가 될 수 있었다. 공식 통계에 의하면 전문적이거나 경영 분야에서 일하는 도시 근로자 비율은 1940년 약 7%에서 1980년 16%로 증가하였다. 1980년과 1998년 사이 전문적 기술 인력은 브라질에서는 계속 증가하고, 멕시코와 우루과이에서는 2배, 코스타리카에서는 3배로 증가하였으나 베네수엘라와 콜롬비아에서는 정체 상태로 있다. 상당히 많은 공식 고용 노동력의 증가는 전망이 밝음을 보여주는 것으로 보인다. 성장은 1980년대에 크게 이루어졌다. 1990년대에는 경기침체가 있었다. 현재 유엔은 4명의 라틴아메리카 사람 중 3명은 '저소득'으로 추정한다. 이들은 주로 임시 및 일시적 고용자이다.

식민지의 유산

라틴아메리카의 거의 모든 주요 도시는 스페인과 포르투갈이 정복한 후 100년이 되지 않아 형성되었다. 지리적으로 광대한 도시 네트워크는 주변 지역을 다스리고 통치할 다급한 목적 때문에 만들어졌다. 초기 시대에서도 식민 사회는 상당히 도시적이었다. 모든 정치적 권력은 주변 지역을 통제하는 도시에 부여되었다. 스페인계 라틴아메리카의 주요 수도는 총독(혹은 국왕 대리인)에 의해 지배되었고 다른 도시들에게는 조금 더 작은 구역에 대한 행정 통제가 부여되었다. 많은 부는 주변 지역에서 비롯되었고 대부분의 사람도 주변 지역에 거주하였지만 도시는 남미 식민지의 확실한 중심점이 되었다.

스페인과 포르투갈은 주변 지역을 개발하기 위한 어떤 실질적 시도를 했다고 보기는 어렵다. 개발의 주요 목적은 주변 지역의 광산을 채굴하고 농업적 부를 얻기 위한 것이었다. 많은 정착민들은 돈을 벌어서 유럽으로 돌아가려고 하였다. 초기 시민들(보통 신대륙으로 간 초기 사람들)은 엔코미엔다(encomienda)라고 하는 광대한 토지와 그 토지에서 일할 인디언을 부여받았다. 대토지 소유자는 그들의 토지와 달리 거주하는 도시에서 하였다.

식민 사회는 상당히 계층화되었고, 일부 토지 소유자만이 권력을 가지고 있었다. 초기에 정착한 가족들이 거의 대부분 부를 독점하였다. 나중에는 고위층 식민 지배자가 이들을 이어받았다. 그다음으로는 낮은 계층의 스페인 사람, 외국인, 메스티소(mestizo, 유럽인

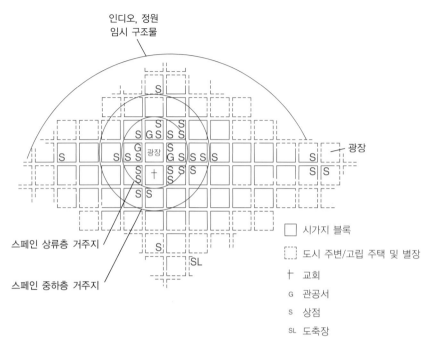

인디오, 정원
임시 구조물

광장

스페인 상류층 거주지

스페인 중하층 거주지

□ 시가지 블록

⬚ 도시 주변/고립 주택 및 별장

† 교회

G 관공서

S 상점

SL 도축장

그림 15.1 라틴아메리카 식민 도시의 모델. 이 그림은 스페인 식민 도시의 중앙에 위치한 광장 주변을 보여주며, 중앙 광장에서 멀어짐에 따라 사회적 지위가 낮아진다.

출처: Sargent, Charles S., 1993.

과 인디오의 혼혈인), 인디오, 최하층으로 흑인 노예의 순이었다. 삶이 붕괴된 원주민이 일거리를 찾아야 했기에 도시의 규모는 커졌다.

라틴아메리카 도시는 오늘날에도 볼 수 있는 독특한 형태를 갖고 있다(그림 15.1). 스페인 사람들은 할 수 있다면 광장을 중심으로 격자형 패턴을 따랐다. 그곳은 주로 정기 시장, 공공 집회 또는 군사적 시설 용도의 빈 구획이었다. 광장 주변에 주요 공공건물, 총독 관저, 성당이 배치되었다. 그 지역과 인접 구획은 첫 번째 지대가 되면서 일반적으로 포장도로와 조명을 잘 갖춘 도시 부분이다. 첫 번째 지대 주변은 장인, 사무원, 소규모 부동산 소유자로 구성된 낮은 중산층이 거주하는 제2지대이다. 그 지대에는 사회적 시설이 잘 갖추어져 있지는 않다. 그 지대의 바깥에는 특별한 기술을 갖지 않은 근로자들이 거주한다.

19세기 독립과 산업화가 시작되면서 이러한 경향은 크게 두드러지게 되었다. 멕시코시티, 리마와 같은 일부 대도시는 행정과 수출 중심지가 되면서 더욱 빨리 성장하였다. 새로운 상품의 유럽과 북미로부터 수요에 힘입어 일부 사람들은 부유해졌고, 그들은 쾌적한 주변 환경에 위치한 아주 큰 저택에 비용을 들였으나 대다수 주민들의 생활의 질을 개선을 위해서는 별로 한 것이 없었다.

현대 라틴아메리카 도시

현대 라틴아메리카 도시는 한때 그 지역 사람들에게는 희망의 중심이었으며 사회적·경제적 문제가 축적된 곳이기도 하다. 라틴아메리카 사람들은 그 지역 도시를 좋아하며, 그 자신들을 도시 사람으로 여긴다. 이러한 점은 카페 문화, 생기가 있는 거리, 아주 특별한 도심 구역, 도시 내에서 벌어지는 수많은 공공 활동에 나타난다. 주변 지역에서 기회가 줄어들면서 보다 나은 생활을 찾는 사람들을 오랜 기간 주변 지역으로부터 도시로 이끌었다. 그러나 일부 라틴아메리카

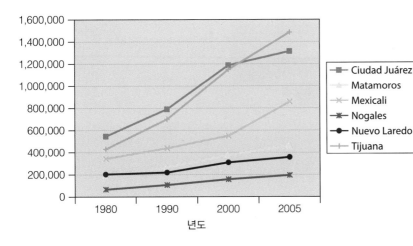

그림 15.2 미국과의 국경 지대에 있는 멕시코 취락은 소규모 타운에서 큰 도시로 성장하였다. 그래프에 나타난 6개 도시 중에서 노갈레스(Nogales)를 제외하고는 모두 인구가 30만 명 이상이다.

도시는 세계 최대의 도시로서 이러한 유입에 대처하는 데 어려움을 겪고 있다. 많은 도시 주민은 기본적인 생활의 안락함을 기대하지만 실제는 소득이 되는 무엇인가를 찾아야 한다.

도시 생활의 주제 현대 라틴아메리카의 성격에 관한 세 가지 주제는 (1) 도시 종주성, (2) 공간적 양극화, (3) 불균등 경제이다. 먼저 **도시 종주성**(urban primacy)에 관해 논의해 본다. 이촌향도 현상은 1950년대와 1960년대 일부 중심지에 집중되어 폭발적으로 전개되었다. 인구 이동은 일부 종주 도시에 엄청나게 집중되면서 전체적으로 높은 도시화를 낳았다. 라틴아메리카 국가들이 수입 제조품 대신 국내에서 생산된 제품으로 대체하려고 한 경제 발달의 수입대체화 모델에 의해서 경제적 활력이 그러한 도시에 더욱 집중되었다. 1980년대에 그 경향은 일부 변경되었다. 경제가 보다 수출 지향으로 바뀌면서 규모가 작은 도시들이 더 빠르게 성장하기 시작하였다. 그러한 좋은 예는 미국과 국경지대의 **마킬라도라**(maquiladora)로 알려진 산업의 발달이다. 그 산업은 섬유, 의류, 가구, 전기제품과 같은 노동집약적 산업에 집중되었다. 값싼 노동과 국경 인근의 입지를 원하는 미국 기업들에 의한 마

킬라도라 산업의 성장은 국경 소도시들의 성장을 가져왔다. 그림 15.2는 1990년과 2005년 사이 주요 멕시코 국경 도시의 성장을 보여준다.

두 번째 주제는 공간적 양극화이다. 라틴아메리카의 많은 국가에서 부유층과 빈곤층은 차이가 꽤 크고, 소득 분배는 매우 불균등하다. 1960년대 및 1970년대 부유층은 견고한 요새를 만들어 그들이 빈곤의 문제에서 배제될 수 있도록 하였다. 또한 도시 주변 지역으로 이동이 있었다. 이 점은 어떤 면에서 북미 모델을 따르는 것이지만 두 가지 면에서 주요 차이가 있었다. 첫째, 많은 부자들은 도심 가까운 곳에 남아 있고자 하였다. 대부분 라틴아메리카 사람들은 부와 소득이 도심으로부터 거리에 따라 적어지는 서유럽 모델의 특성을 띤다. 둘째, 이동할 여유가 있는 사람은 많지 않았고, 엘리트 구역은 일반적으로 하나 또는 두 방향으로 제한되었다. 그림 15.3은 이러한 패턴을 보여주는데 엘리트 지구는 두 축으로 연결된 중심에 나타난다. 많은 최저 소득층 또한 주변 지역으로 이동했지만 그들은 부유한 교외지역에서 벗어난 큰 규모의 불법 취락에 거주하려고 이동한 것이다.

최근 계속된 도시 성장과 라틴아메리카의 부채 위기의 유산 때문에 더 많은 중산층이 이전에 빈곤 지역

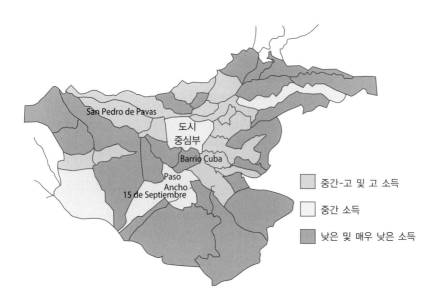

그림 15.3 코스타리카의 산호세(San Jose)는 라틴아메리카의 부유층이 도시 중심부(zona central) 또는 북미 스타일의 교외 주거지로 연결되는 회랑이나 축을 따라 거주하는 경향성을 보여준다.
출처: Lungo, Mario, 1997.

중간-고 및 고 소득

중간 소득

낮은 및 매우 낮은 소득

이었던 곳에 정착하고, 일부 불법 거주자들은 부유층 소유지였던 근린지역에 들어가 거주하게 되었다. 라틴아메리카 도시의 공간적 분리는 결코 '순수(pure)'한 것이 아니다. 한 예로 상파울루는 상이한 사회경제적 집단은 서로 어느 정도 거리를 유지한 도시에서 부유층과 빈곤층이 훨씬 가까이 거주하는 장소로 변화하였다. 부유층과 빈곤층이 더 이상 멀리 떨어져 거주하는 것이 아니라는 점은 소득 불균등이 줄어들었다는 것을 뜻하는 것은 아니다. 빈곤 집단에 부자들이 근접하여 거주함으로써 사회적 거리와 물리적 장벽도 조성되었고, 간혹 그들의 값비싼 아파트 주거지는 요새화되고 보안이 강화되었다.

셋째 주제는 많은 농촌 주민들이 전통 농경생활로는 살아갈 수 없어서 농지를 떠나야 하는 **불균등 경제**(uneven economies)와 관련된다. 토지는 현대 농경영이 차지하게 되었으며, 토지에서 벗어난 사람들은 도시로 갔다. 하지만 도시 경제는 새로 온 사람을 받아들일 정도의 공식적 고용기회가 충분하지 않았다. 또한 사회복지의 보호가 없고 실질적으로 촌락으로 돌아갈 기회가 없기 때문에 새로운 주민들은 도시에서

견디어 갈 수 밖에 없었다. 비공식 경제가 확대되면서 1970년대 도시 노동력의 과반수는 비공식 경제에 속했다. 얼마 동안 비공식 경제는 공식 경제의 한계에 대한 보상 메커니즘으로 여겨졌다. 그러나 공식 경제에서 직업을 구할 수 없는 근로자 모두를 수용하기에는 공식 경제가 너무 제한적이었다는 것이 현재 평가이다. 더구나 경기 침체 때문에 어떤 경제 분야에서도 주민들이 직업을 구할 수 없는 상황이 되어간다.

세 가지 주제 외의 다른 특성이 라틴아메리카 도시에 나타난다. 그 가운데 하나는 9장에서 상세히 논의된 인종의 성격이다. 북쪽의 미국 및 캐나다 도시처럼 라틴아메리카 도시는 이민의 산물이다. 유럽과 일부 아시아로부터의 자발적 이주와 노예무역에 의한 비자발적 이주가 합쳐졌다. 이 이주는 그 뒤 원주민 인디언 인구와 혼혈이 이루어졌고, 혼혈은 어떤 지역에서는 인구 구성에서 그 비중이 높았다(그림 15.4). 원주민 집단은 각 국가의 평균보다 가난한 편이다. 각 원주민 집단의 도시화율은 평균보다는 낮지만 최근 인디언의 주요 도시로 인구 이동, 때로는 국제적 인구 이동이 일어나고 있다. 빈곤과 새로운 인구 이동이 합

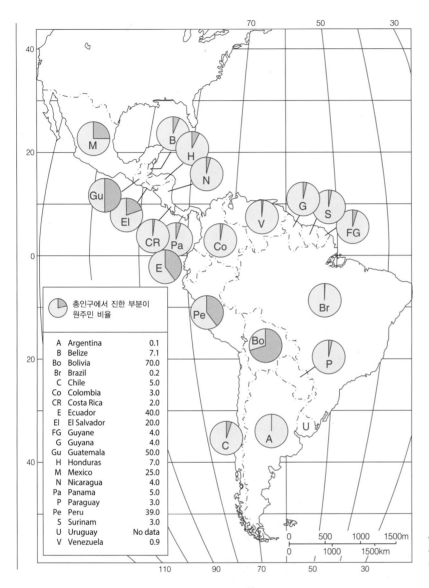

그림 15.4 원주민 인구 비율을 보여 주는 지도. 볼리비아와 같은 국가들은 인디언 비중이 상당히 높다.

처져 어려움이 가중되고 있다. 증거에 의하면 인디언은 소득, 주택, 교육, 그리고 건강을 포함한 모든 도시 삶의 분야에서 다른 집단보다 열악하다. 그뿐 아니라 그들은 도시의 다수 집단에 의해 무시당하고 있다.

또한 아프리카 후손의 비율 정도는 국가마다 차이가 있지만 많은 라틴아메리카 국가에서 높다. 총 1,000만 정도의 노예가 1450년과 1870년 사이 신대륙으로, 그 가운데 4%보다 적은 노예가 북미로 보내졌다. 나머지 가운데 가장 많은 수는 서인도 제도(약 450만 명)와 브라질(360만 명 이상)로 이송되었다. 대규모 노예무역의 결과로 아프리카 후손의 주민이 자메이카, 아이티, 트리니다드와 같은 카리브 해 국가에서는 다수가 되었고, 브라질 인구에서도 상당히 큰 비율을 차지하고 있다. 리베이로와 텔즈(Ribeiro and Telles, 2000)에 따르면 브라질은 세계에서 나이지리아 다음으로 가장 큰 아프리카 후손의 국가이다.

그림 15.5 브라질 도시에는 인종 구분의 특징이 나타난다. 여기 리우데자네이루의 지도에서 흑인 및 혼혈 인종 집단은 중심지 밖과 외곽 지대에 모여 있는 경향을 보인다. 이 지도와 그림 14.3과 비교해 보라.
출처: Ribeiro and Telles, 2000.

중요한 점은 브라질 및 라틴아메리카 국가들은 미국과는 상당히 다른 인종으로 구성되어 있다는 점이다. 인종이 정해진 것이라기보다는 한쪽 끝의 백인으로부터 또 다른 쪽 끝의 흑인 사이의 어떤 스펙트럼이며, 많은 사람들은 혼혈 인종이다. 또한 인종은 사회적 및 경제적 기회에 중요한 역할을 한다. 대부분의 흑인은 빈곤하고, 대부분의 중산층 및 상류층은 백인이다. 거의 모든 주민이 흑인인 아이티에서도 피부색의 차이는 일반적으로 경제적 기회와 연결되고 밝은색의 흑인이 아이티 사회의 엘리트 층을 형성하고 있다. 또한 인종은 주거입지의 주요 예측 변수가 된다(그림 15.5). 리우데자네이루에서는 인종 격리(segregation)가 대부분의 미국 도시처럼 두드러지지는 않지만 여전히 나타나며, 중산층 지역에서도 확인이 된다 .

공간 구성 여러 면에서 라틴아메리카의 도시에는 식민지 유산, 부유한 엘리트의 존재, 상당히 많은 중산층 및 노동자층, 그리고 보다 나은 삶을 찾아 이동한 많은 매우 가난한 사람들이 도시 공간 구성에 반영된다. 또한 지역 서비스도 공간 구성에 그렇게 반영되어

나타난다. 하수도, 상수도, 전기, 포장 도로 및 다른 서비스는 제한적이고, 도심과 보다 나은 환경의 지역에 제공되는 경향이 있다. 그림 15.6은 라틴아메리카 도시의 모델을 보여준다. 이 모델을 살펴보면, 사회적 구역 간 상당히 많은 중첩이 이 모델에 나타나는 점을 유의하는 것이 중요하다. 앞에서 언급한 것처럼 부유층과 빈곤층이 가까이 거주하는 것은 흔하다.

서구 도시와 같이 중심업무지구는 도시의 경제적 중심에 있다. 중심업무지구는 많은 투자와 경제 활동이 일어나는 공식 분야의 중심인 것으로 생각된다. 하지만 라틴아메리카에서 CBD는 더 중요한 역할을 한다. CBD에 근접한 입지는 값어치 있는 곳이어서 중심에 입지한 근린은 대부분 유럽 도시의 상황과 유사한 명성과 관련된다(13장 참조). 가장 부유한 층이 그곳에 거주한다. 이러한 명성은 CBD 주위의 거주 패턴에 의해 더해진다. CBD에서 벗어나면서 가장 잘 알려진 가로에 중심을 둔 쐐기 형태가 도시에 존재한다. **축**(spine)으로 알려진 이 지역은 많은 라틴아메리카의 엘리트가 거주하는 곳이다.

CBD 외곽으로 나갈수록 점차 주거의 질이 낮아진다. **성숙 지대**(zone of maturity)에는 일반적으로 완성

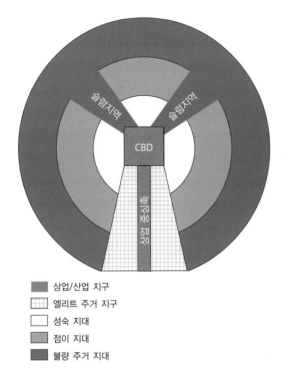

상업/산업 지구
엘리트 주거 지구
성숙 지대
점이 지대
불량 주거 지대

그림 15.6 라틴아메리카 도시 모델. 이 모델은 지나치게 일반화됐다고 비판받지만 라틴아메리카 도시의 공간적 논리를 이해하는 데 유용하다.
출처: Griffin, Ernst and Larry Ford, 1980.

된 주택, 포장 도로 및 다른 서비스가 있으며, 주택을 임차하거나 소유할 정도의 재산이 있는 사람들이 거주한다. 그 사람들은 대개 노동력의 1/3~1/2 정도만 해당되는 공식 부문(formal sector)에 종사하는 중산층 주민들이다. 그 지대 밖은 일부 완비된 주택지역도 있지만 여러 곳의 슬럼(slum) 빈민가가 나타나는 **점이 지대**(zone of in-situ accretion)이다. 이 지대는 노동자층이 확대되고 지방자치 서비스가 확대되면서 보다 정착된 근린지역으로 바뀌기도 한다. 또 어떤 경우에는 새로운 공공주택이 이 지대에 들어서기도 한다.

점이 지대를 넘어서면 무허가 주거지(squatter settlement)가 나타난다. 도시의 외곽에 있는 이 지대는 최저소득층으로 구성되어 있다. 하수도, 수돗물,

쓰레기 수거는 거의 없다. 예를 들면 멕시코시티에는 300만 명의 사람들이 이러한 기본 시설이 없는 곳에 살고 있으며 그 수는 계속 증가하고 있다. 많은 사람들은 콜로니아스 포퓰라레스(colonias populares)라고 불리는 무허가 주거지에 거주하며, 비공식 부문에 종사할 수밖에 없는 처지이다. 새로 들어오는 많은 이주자들이 이 구역에 정착하기 때문에 이 구역은 아주 빠르게 커지고 있다.

대부분의 라틴아메리카 도시에는 어느 정도 무허가 주거지가 있다. 부에노스아이레스는 라틴아메리카에서 가장 부유한 대도시일지 모르지만 이 도시에서도 도시 외곽에 상당히 많은 무허가 주거지가 나타나기 시작했다. 또한 자신들이 아는 사람과 가까이 살기 때문에 무허가 주거지는 인종과 출신지에 따라 종종 분리되어 있다. 예를 들어 페루의 수도 리마(Lima)의 동쪽 외곽에는 많은 안데스 인디오들이 정착해 살고 있다.

라틴아메리카 도시에서는 중심지에 근접 정도가 사회에서 개인의 지위에 영향을 미친다. 이러한 패턴은 2장에서 논의된 전통적인 도시와 어느 정도 유사성이 있으며, 7장에서 논의된 동심원 모델의 역이다. 주거지 입지의 지리적 구분은 공식 및 비공식 부문 간 경제적 구분과 일치한다. 도심부는 산업 및 경제 성장이 가장 두드러지고, 엘리트 및 상근직 상용근로자들이 거주할 가능성이 높으며, 공식 부문을 대표한다. 도시의 바깥 구역은 모든 이주자들이 적절한 주택이나 안정적인 고용이 없이 거주하며, 비공식 부문을 대표한다.

사하라 이남 아프리카 도시

넓은 지역인 사하라 이남 아프리카는 도시 내에서 거주하는 주민 비율이 가장 낮다. 각 국가는 11%에서

86%로 다양하지만 지역 전체는 약 37% 정도다. 그러나 이 지역의 도시 성장은 오늘날 상당히 빠르다. 사하라 이남 아프리카 도시들은 1950년대 이전에는 거의 전부 작은 식민지 전초기지였다. 남아프리카에서 요하네스버그만이 100만이 넘는 도시였다. 그러나 독립 후 이 도시들은 규모가 급속도로 커지면서 오늘날 약 25개 도시는 인구가 100만이 넘었고, 일부[예: 나이지리아의 라고스와 콩고의 킨샤사(Kinshasa)]는 900만 이상의 도시이다.

어떠한 요소에 의해 이러한 성장이 있었나? 먼저 이 지역은 자연 증가에 의해 인구가 매우 빠르게 증가하고 있다. 출생률은 전체 인구가 약 20~25년 안에 2배로 증가할 것으로 예상될 정도로 사망률을 훨씬 앞지르고 있다. 그러나 도시 인구는 연 5% 정도로 더 빠르게 증가하고 있어, 향후 20년 내에 약 3배 정도의 증가를 의미한다. 이 수치는 단순히 인구 증가 이상의 의미가 있음을 말한다. 또한 라틴아메리카에서처럼 농촌 사람들이 도시로 이주하고 있다. 새로운 도시 이주자들은 어디에 정착할 것인가? 왜 그들은 도시로 이주하는가? 아프리카 도시의 성장은 모든 도시처럼 농촌 배출과 도시 흡입의 시각에서 살펴보아야 한다.

농촌에서 무농토와 빈곤이라는 배출 요소는 도시가 제공하는 어떤 기회보다 더 중요하기 때문에 아프리카 도시화에는 더 어려움이 있다. 달리 말하면 도시 성장과 전체 경제 성장이 별로 일치하지 않는다. 다른 저개발 국가보다 아프리카 도시로 이주하는 사람들은 불확실한 고용과 주택 문제에 부딪친다. 세계 경제에서 사하라 이남 아프리카는 한계 지역이라는 위상 때문에 이 지역은 민간 투자와 산업의 기반이 매우 취약하다. 사하라 이남 아프리카는 세계 전체에서 1970년에서 1995년에 경제 성장이 순 감소를 겪은 지역이다. 도시 인구는 연 4.7%로 증가했지만 1인당 GDP는 연 0.7%로 줄어들었다. 2000년 World Bank의 보고에 의하면

> 아프리카 도시들은 성장과 구조적 변화의 동력 역할을 못한다. 대신 그 도시들은 아프리카 대륙에 드리워진 경제적·사회적 위기의 원인과 주요 현상의 한 부분이다.(p. 130)

도시 주민에 대한 식량 보조와 농촌에서 점점 더 증가되고 있는 신변의 안전에 대한 염려와 같은 '왜곡된 인센티브'에 문제가 있다고 비난된다. 국가와 민족 집단과 관계없이 지역 및 국가 경계를 획정한 식민주의 유산으로 대부분의 국가들은 민족 간 적대감, 정치적 불안정, 쿠데타에 의한 독재자 통치로부터 고통 받고 있다. 이러한 경제적·정치적 어려움은 잘못된 정책, 공포 분위기, 그리고 어떠한 경제적 타당성과 관련 없이 성장하는 도시에 잘 나타난다.

어떠한 희망이 있는가? 인구가 상당히 증가한 2003년과 2012년 사이에 그 지역의 GDP(regional GDP)는 거의 3배나 증가하였다. 그 결과 1인당 국민총소득(GNI)(GDP의 다른 대리 지표)은 나이지리아, 남아프리카 공화국, 에티오피아가 주도하여 60% 이상 증가하였다. 부채는 조금씩 줄어들고 있으며, 상품 수출은 증가 추세로 접어들었다. 하지만 여전히 갈 길이 멀다.

지역 고유의 영향

최근까지 사하라 이남 아프리카는 도시의 유산이 없는 지역으로 여겨졌다. 실제 많은 세계 다른 지역에 비해 도시의 규모와 수는 크거나 많은 편은 아니다. 그러나 도시들이 대륙 전체에 존재하였다(그림 15.7). 역사적으로 사하라 이남 아프리카의 많은 부분은 농업 경제에 속했으며, 도시 형성에 전제가 되는 초기

그림 15.7 아프리카 도시화의 역사적 중심지들. 유럽의 식민화 이전에 아프리카에는 많은 수의 주요 도시 중심지가 있었다. 이 도시 중심지들은 주요 대상의 노선 또는 항구에 입지하거나 왕국의 중심지였다.
출처: Mehretu, Assefa, 1993.

중앙 권력의 징후를 보였다. 몇몇 도시들은 **확장된 무역로**(extended trading route)의 종점에서 수출입항이 되었다. 현재 말리의 팀북투(Timbuktu)는 사하라를 넘는 대상 무역의 전초기지였다. 현재 소말리아의 모가디슈(Mogadishu)와 현재 케냐의 몸바사(Mombasa)는 인도양의 주요 무역 중심지였다. 상업 기지로서 이 도시들은 아주 세련미가 있었고 문화적으로 다양하여, 아랍, 베르베르, 페르시아, 아프리카 원주민의 요소가 혼합되었다. 또 다른 경우에 도시들은 고대 아프리카 왕국의 행정중심지로 발달하였는데, 북쪽으로 가나와 송가이(Songhai), 남으로 짐바브웨, 콩고 분지의 루바(Luba)와 룬다(Lunda)가 있었다.

서부 아프리카의 하우사(Housa) 사회는 식민지 아프리카 이전의 가장 정교한 사회에 속한다. 그 사회는 가부장 제도와 노예 소유 사회였으며, 그들 대부분은 이슬람으로 개종하였다. 그 사회는 또한 몇몇 아프리카 제국을 포함한 권력의 중심에서 벗어나 있었다. 하우사 문화 지역에는 1450년과 1804년 사이 번창한 300~13,000제곱마일(768~33,280km^2) 규모의 몇몇 전투적인 도시 국가들이 있었다. 각 국가의 중심에는 가장 중요한 도시인 **비라네**(birane)가 있었다. 1장에서 설명된 상대적 위치, 즉 비라네의 위치는 중요하다. 도시는 상시적인 물의 공급지, 철광석 매장, 그리고 어떤 '자연 영혼'과 근접한 곳에 입지해야 했다. 또한 비라네는 항상 농업 자원이 풍부한 지역에 입지하였으며, 하우사 사회의 고위층은 농경과 관련되었다.

현재 나이지리아의 카노(Kano)는 비라네의 좋은 예이다(그림 15.8). 카노는 불규칙적인 15마일(24km)의 타원형으로 커다란 흙벽돌과 양 끝에 약 30피트(9.14m) 높이의 배수로에 둘러싸여 있었다. 철로 덮여진 나무로 된 15개의 문이 있었다. 성 내부에 시가지 타운, 일부 마을, 철광석 언덕이 존재하였다. 이 비라네 전체는 면적으로는 12~15제곱마일(31~38km²)이었으며, 약 5만 명을 수용하였다. '도시' 부분은 성으로 둘러싼 면적의 1/3 정도였다. 믿는 자에게 기도하도록 알리며 탑이 있고 메카 방향으로 정렬된 모스크는 비나레의 핵심이다. 가리개가 있는 좌판대가 가득하며 간혹은 전문 공예 작업장으로 둘러싸인 시장도 있었다. 카노 내부의 주거지는 기다(gida)라고 하는 몇 개의 큰 건물로 나누어지며, 그중에서 가장 중요한 건물은 지배자의 것이다. 각각의 큰 건물은 흙벽으로 만들어졌고 개방 공간과 일련의 작은 오두막집들이 그 내부에 있다. 사회적으로 기다에는 가장이 중심이 되어 결혼하지 않은 아들, 부인들, 그리고 노예들

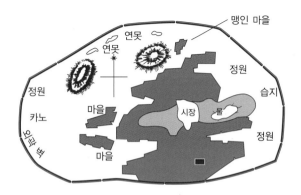

그림 15.8 나이지리아의 카노는 1450~1804년 시기에 강력한 하우사 도시국가였다. 큰 외곽 벽이 시가지 지역인 비라네, 농경지, 마을, 광산지를 둘러싸고 있다.

출처: Griffeth, Robert, 1981.

로 구성된 대가족이 거주하였다. 하우사 정부는 그 건물을 세금과 인구조사 목적 때문에 단일 단위로 취급하였다. 타운 밖에 위치하나 성 안에 나환자와 맹인을 위한 마을들이 있었다. 성 안에는 또한 넓은 경작지가 있었다.

유럽의 개입

식민지 시대 아프리카 도시들은 역사상 늦게 형성되었다. 초기 유럽인은 운송을 용이하게 하기 위해서 주로 해안에 정착하였다. 그래서 항구들은 주로 서비스 지역의 역할을 수행하였다. 예로 아프리카 남단에 위치한 케이프타운(Cape Town)은 희망봉을 돌아가는 포르투갈 선원에게 물과 식량을 제공하기 위해서 조성되었다. 가장 비도적인 것은 대서양을 넘는 노예무역 때문에 좁게 조성된 취락이었다. 예로 라고스는 노예무역 역할 때문에 부분적으로 발전하였다. 북쪽에서 붙잡은 노예들은 배로 아메리카로 보내지기 전에 라고스 섬에 투옥되었다.

19세기 후반 '아프리카 쟁탈' 기간 유럽 식민주의자들은 해안에서 상품을 인수할 경제적 역할과 원주민을 통치할 정치적 목적 때문에 도시를 개발하였다. 그 도시들은 종종 그 두 가지 기능을 같이 담당하였다. 소자와 위버(Ed Soja and Clyde Weaver, 1976)를 인용하면, 도시는

경제 문제에 관해 착취 비중을 높이고, 비원주민인 식민지 엘리트가 통제와 지배를 용이하게 할 수 있고 국제적인 시장 체제에서 종속 조건을 확고히 하는 방식으로 희귀 자원을 분배하도록 계획되었다.(p. 240)

이 시기에 형성되었거나 발달한 아프리카 도시들은 유럽인들의 이해에 부합하였고 주로 유럽인의 해

외 감독자 또는 식민주의자들이 거주하고 일할 수 있는 장소를 의미하였다. 이러한 도시들이 어느 정도 아프리카 원주민을 수용했는지는 장소에 따라 아주 달랐다. 사하라 이남 아프리카 도시를 어느 정도 유형별로 분류하는 것은 가능하다.

일부 도시들은 유럽의 개입이 별로 없이 발달했기 때문에 진정한 그 지역 고유의 도시였다. 에티오피아의 아디스아바바(Addis Ababa)가 가장 적합한 예이다. 이 도시는 에티오피아 황제 메넬리크 2세에 의해 행정 수도로 1886년 개발되어 1910년 6만여 명의 인구로 성장하였다. 1930년대 후반 이탈리아의 점령을 제외하고는 에티오피아는 유럽의 지배에 있었던 적이 없었기 때문에 아디스아바바는 배후지역과 관련하여 성장하였고, 상업 활동이 장려되지는 않았지만 에티오피아의 진정한 행정 중심지가 되었다. 대조적으로 정착 도시들은 유럽인의 배타적인 용도가 주 목적이었으며, 하인들 외에는 아프리카 주민을 위해서는 어떠한 것도 갖추지 않았다. 남아프리카 공화국의 도시에서 이 같은 패턴이 잘 나타난다(글상자 15.1).

유럽인, 아프리카인, 그리고 간혹 남아시아의 이주 노동자들이 식민 도시에 거주하였다. 이 도시들은 주로 행정 수도로서 기능을 수행한 그 도시의 목적은 유럽 식민주의자들에게 서비스를 제공하는 것이었다. 많은 아프리카 도시가 이러한 범주에 들어간다. 이 도시들은 인종 및 직업 구분의 특징이 뚜렷하다(그림 15.9). 유럽인들이 가장 좋은 토지인 많은 하부구조를 갖춘 높은 지대를 점유하였다. 유럽인들의 집은 도심 가까이 위치하고 있지만 그 주거지는 녹색 공간이 많은 교외지역과 흔히 흡사했다. 대조적으로 아프리카인들은 공간적으로 분리된 쐐기 모양의 좁은 구역 근린지역에 거주하였다. 아시아 인도인들은 교외지역에 위치하고 있으나 CBD 내부와 아프리카인 지역에

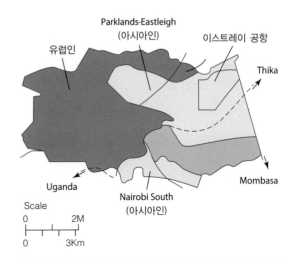

그림 15.9 케냐의 나이로비는 영국의 중요한 식민지 수도였다. 많은 다른 아프리카 식민도시와 같이 토지는 유럽인, 아프리카인, 인도인 지역으로 철저히 나뉘었다. 이 지역들은 또한 부와 주택의 질도 그에 부합하였다. 식민지 시대가 끝난 뒤에도 유럽인 해외 거주자와 부유층은 유럽인 지역에 여전히 거주하였다.
출처: Mehretu, Assefa, 2001.

서 소규모 비즈니스 소유자 및 거래인으로서 도시의 여기저기에 있었다.

일부 도시만이 '전적으로' 식민지였다는 것이 사실(1993년, 머레투는 146개 대도시 가운데 28개만이 그렇다고 한다)이지만 사하라 이남 아프리카의 식민주의 영향은 여전히 매우 크다. 그 이유는 (1) 그 지역이 19세기 후반에 식민지가 되었고, (2) 그 지역은 유럽인이 들어오기 전에는 도시화가 그렇게 많이 진행되지 않았으며, (3) 대부분의 도시들은 식민주의자들의 이해와 편리함을 위해서 조성되었기 때문이다. 그 결과 많은 아프리카 도시들의 성격은 그 식민 지배국과 관련된다. 즉 프랑스 도시는 영국 도시와는 매우 많은 차이가 있고, 영국 도시는 포르투갈 도시와는 다르다. 여전히 과거의 식민지와 식민 본국과의 결속의 정도에 따라 이러한 식민시대의 많은 차이가 계속된다. 예로 포르투갈은 식민지들이 독립 후 매우 빠르게 이

글상자 15.1 ▶ 남아프리카 공화국 도시의 아파르트헤이트

남아프리카 공화국(남아공)의 도시들은 그 대륙의 다른 모든 도시와는 차이가 있다. 그 이유는 남아공은 유럽인이 사실 그대로 정착한 지역이기 때문이다. 도시와 농촌 지역은 처음에는 네덜란드 출신으로 아프리칸스 어(Afrikaans)를 구사하는 보어인(Boers), 나중에는 영국인에 의해 식민지화되었다. 또 다른 이유는 남아프리카 공화국의 **아파르트헤이트**(apartheid)의 유산 때문이다. 아파르트헤이트는 소수 백인들이 다수 흑인 아프리카인과 혼혈인들을 정치적·경제적으로 완전히 통제할 수 있도록 한 인종분리 체제였다. 아파르트헤이트는 1990년대 법적으로 폐지되었으나 그 유산이 도시에 남아 있다.

20세기에 남아프리카 공화국에서는 주목할 만한 도시체계가 발달하였다, 즉 가장 뚜렷한 도시로는 요하네스버그, 케이프타운, 그리고 프리토리아(Pretoria)였다. 결국 이 도시들은 백인들의 배타적인 보호 구역을 의미하였다. 흑인 아프리카인들은 10여 개의 지정된 '거주지(homelands)' 가운데 한 곳에 거주하도록 하였으며, 이 지정된 지역은 나중에 독립 국가가 될 것이라는 목표가 있었다. 그 결과 대부분의 흑인 아프리카인들은 고용 허가증이 없으면 도시에 공식적으로 거주할 수 없었고, 고용 허가증이 있다 해도 가족들을 데리고 올 수는 없었다. 흑인 주민은 백인 남아공 사회에 소위 도시민(townsmen)이라고 하는 도시 상주민인 소수인과 백인 남아공 사회에서 부족민(tribesmen)이라고 하는 임시 거주자인 다수인으로 나뉜다. 남아공의 도시에서 재정착 프로그램에 의해서 약 400만의 강제 이동이 이루어졌다. 흑인 아프리카인들은 종종 도시의 끝에 해당하는 외부 지역에 격리되었으며, 큰 규모의 계속 확장되어 가는 '타운십'[2]을 형성하였는데, 그중 가장 잘 알려진 것으로는 요하네스버그 교외의 소웨토(Soweto)였다(그림 B15.1). 이러한 인종적인 분리는 혼혈 혹은 '유색(colored)'인, 그리고 인도인(Asian Indians)이 존재함으로써 한층 더 복잡하였다. 유색인과 아시아계 주민들은 도시 내에 거주하는 경향이 있었다.

그림 B15.1 남아공에서 인종 격리의 유산은 심한 부의 불평등을 야기하였다. 이 사진은 남아공 더반 밖의 열악한 타운십인 Kwa-Mashu의 타운십 주택을 보여준다.

2) 타운십은 북미에서는 county 내의 도시가 아닌 행정구역, 영국에서는 지방의 읍(邑)을 뜻하지만, 남아프리카에서는 사실상 흑인들의 집단 거주지역을 뜻한다.

전 식민지들과의 관계를 탈피하였지만 대조적으로 프랑스는 프랑스 어를 사용하는 서부 아프리카 국가들과 관계를 조심스럽게 유지하고 있다, 과거 프랑스 식민지인 아이보리코스트(Ivory Coast)에서 가장 큰 도시인 아비장(Abidjan)에서 한 작가는 1970년대 다음을 관찰하였다. "당신은 유명한 프랑스 기업의 이름을 보면서, 잠시 프랑스 남부의 아주 작은 도시를 운전하며 지나가고 있다고 생각할지도 모른다." 이제는 그렇지 않을 수도 있다.

현대 아프리카 도시들

독립 이후 인구, 특히 사하라 이남 아프리카 도시 인구는 매우 증가하였다. 그 결과 아프리카 도시는 전례 없이 확대되었으며, 많은 도시들이 유럽인에게 정해진 지역에서 주로 아프리카 주민의 장소로 변모하였다. 도시 간 차이는 크기 때문에 사하라 이남 아프리

1950년대에 통과된 집단 지역 법령(Group Areas Act)은 아파르트헤이트를 도시 차원에서 성문화하였다. 그 법령에 의하면 근린은 어디서나 단일 인종이어야 한다고 규정하였다. 그래서 1976년경 거의 50만 유색인과 아시아 인도인들은 그들의 집에서 강제로 지정된 근린지역으로 이주해야했다. 그림 B15.2에 케이프타운 내 집단 지역의 설치가 나타나 있다. 각 인종에 그 영역이 부여되었으며 그 구성원은 법령상 그 영역 내부에 거주하도록 되었다. 공간은 상이한 인종 간 접촉할 가능성을 최소화하도록 도시 차원에서 조정되었다. 그래서 그 영역은 부채꼴 형태였으며, 산업, 하천, 주요 도로가 경계가 되었다. 인종 분리는 법적으로 진행되었기 때문에 백인 근린지구에서 일부 재택 하인들을 제외하고는 근린지구는 거의 대부분 분리되었다. 집단 지역을 분리하는 경계는 매우 엄격하여 어떤 인종 사람이 통과증 혹은 허가증 없이는 다른 인종의 근린 지구로 들어갈 수 없었다. 이러한 것은 백인들에게는 별 문제가 되지는 않았으나 때로는 다른 인종의 사람들은 '백인' 지역에서 일을 해야 하기 때문에 어려움이 가중되었다.

백인들의 우위는 토지 분양의 양과 질에서도 나타났다. 백인이 흑인 아프리카인의 4배, 아시아 및 유색인의 3배에 해당하는 토지를 받게 되는 대략적인 원칙이 있었다. 백인들은 늘 도시에서 가장 좋은 토지를 부여받았다.

아파르트헤이트가 폐지된 이후 **법적 격리**(de jure segregation, 정부가 법률적으로 제시함)는 더 이상 존재하지 않는다. 모든 인종의 주민들은 형식적으로는 도시의 어느 구역에서나 자유롭게 거주할 수 있다. 하지만 인종 분리가 실체적인 현상으로

서 지속되는 **실제적 격리**(de facto segregation)는 남아프리카 공화국 도시의 주요 문제이다. 실제적 인종 분리는 부분적으로는 주택 경제, 구체적으로는 비백인이 백인 근린지구의 주택을 구할 수 없는 상황 때문에 발생한다. 9장에서 논의되었으며 미국 주택 시장에서도 존재하는 차별(discrimination)과 조정(steering) 같은 요소들이 여전히 영향을 미치고 있다.

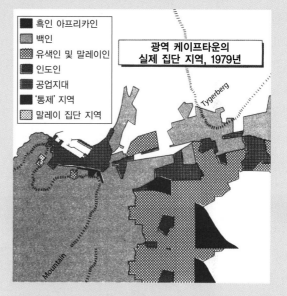

그림 B15.2 남아공의 아파르트헤이트 정권은 도시 내에서 인종의 분리를 강제로 시행하였다. 이 남아공 케이프타운의 지도는 이런 형태의 인종 지역 구분을 보여준다.
출처: Western, John, 1996.

카 도시의 체계적인 모델을 개발하는 것이 어렵지만 이러한 도시들의 특징 파악에 도움이 될 몇 가지 요소가 주목될 수 있다.

한 가지 속성은 도시들은 거의 새로운 이주자로 구성되고 있다는 점이다. 도시 인구의 일부만이 그 곳에서 태어났으며, 이는 전체의 10%도 되지 않는다. 따라서 고위 공무원들과 비즈니스에서 좋은 직업을 가진 사람들이 이전에 유럽인 구역으로 정해진 근린 지

구에 거주할 수 있었다. 한편 미래의 전망이 불투명한 대부분의 사람들은 선택의 여지가 없는 어떤 직업이나 주택에 모여들 수밖에 없었다. 대부분의 도시에서 비공식 경제에 종사하는 사람의 비율이 60%를 초과한다. 또한 도시 주변 지역의 무허가 불량주택이 엄청나게 증가하였다.

아프리카 도시의 또 다른 특징은 부족 중심주의 또는 민족 소속이 아직도 두드러지게 나타나고 있다. 새

롭게 도시로 이주하는 사람들은 주로 그들의 종족을 파악하는데, 이것은 새롭고 낯선 사회에서 도움이 된다. 서구 도시보다 아프리카 도시에서 종족의 정체성이 더 잘 나타난다. 그 까닭은 사람들이 직업과 주택의 탐색이 같은 종족의 소개로 이루어지기 때문이다. 또한 가족의 결속이 엄청난 중요성을 가지며, 새로 이주한 사람에게 식량과 임시 숙소가 제공된다. 그 외에도 많은 도시 사람들은 토지, 가족, 지위를 농촌에서 보유하는 것이 중요하다고 할 만큼 농촌 마을과의 결속을 유지해나간다. 그 도시 사람들은 도시를 여전히 영구 거주지라기보다는 임시 거처로 여기기도 한다.

끝으로 서구 기준으로는 여전히 모자라지만 여성의 역할은 농촌 지역보다는 도시에서 더 긍정적이다. 도시로 이주하는 남자들은 가족들을 남겨두고 다시 돌아갈 계획을 가지기도 한다. 도시로 이주하는 미혼 여성은 교류를 계속할지 알 수 없다. 그들은 오히려 농촌 마을과의 연결을 차단한다. 여성은 남자에 비해 여전히 직업에서 제약이 있지만 도시는 좀 더 자유스러운 장소로 분명히 여겨지고 있다. 예로 기혼 여성은 농촌 마을에서보다 도시에서 더 나은 경제적 및 사회적 독립성을 가지기 때문에 그들의 남편과 이혼할 가능성이 높은 편이다.

남아시아 도시

아시아에 세계에서 가장 오래된 도시들이 있다. 대부분의 유럽인들이 거친 황야에서 흩어졌고, 북미는 벌판, 숲, 마을에 머물러 있을 때 인도, 페르시아, 중국에서 제국들은 지구상의 어떤 곳보다 더 화려한 돋보이는 도시를 과시하였다. 오늘날 심각한 불평등이 아시아의 도시와 도시화에 존재한다. 13장에서 논의된 일본은 도시화가 매우 높은 상당히 발달한 국가이다.

그 외 한국, 타이완, 싱가포르와 다른 동남아시아 국가들처럼 '호랑이(tiger)' 국가들은 급격한 도시화를 겪고 있다. 이 국가들의 상당수는 1990년대 이후에서야 도시적인 국가가 되었다. 대조적으로 남아시아 국가(주로 인도, 파키스탄, 방글라데시, 스리랑카)에는 세계에서 가장 큰 도시들이 일부 있지만 이 지역은 도시화 정도가 가장 낮은 지역 가운데 하나이다. 도시화는 방글라데시 28%, 인도 31%, 파키스탄이 36% 정도이다.

그럼에도 불구하고 남아시아 내 많은 도시 거주자들은 도시화율이 아주 높은 미국보다 도시 인구(3억 9,500만)가 더 많다. 그뿐만 아니라 그 수가 급격히 증가하고 있다. 곧 인도의 도시 인구는 북미 전체의 도시와 농촌 인구를 능가할 것이다. 다른 저개발국가에서처럼 인도의 성장에 기여하는 두 가지 요소는 계속된 높은 자연증가율(약 2%)과 이촌향도 현상인데, 자연증가가 더 큰 영향을 주고 있다. 전체 인도의 도시화율이 수십 년간 증가할 것이지만(그림 15.10) 그 지역의 도시의 성장은 여전히 남아시아의 다른 지역

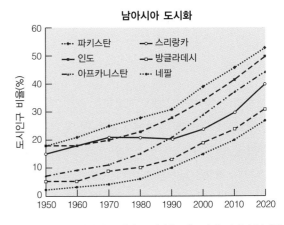

그림 15.10 남아시아 국가의 도시화율. 대도시가 많지만 남아시아는 도시화율이 낮은 지역이다. 그림에서 나타난 바와 같이 각 국가의 도시화율은 증가하고 있다.
출처: Dutt, Ashok, 1993.

에 비해 낮을 것이다. 최근 자료에 의하면 도시화율이 감소하고 있다. 도시의 성장은 계속되지만 그 성장은 우리가 예상하는 정도로 빠르게 진행되고 있지는 않으며, 아프리카나 동남아시아의 도시화율보다 낮다. 인도의 도시들은 성장하고 있으며, 도시에 거주하는 사람들의 비율 또한 완만하게 증가하지만 인도는 도시화 가속화의 일반적인 패턴을 따르는 것 같지는 않다. 이 부분에 관해서 뒤에 잠시 논의할 것이다.

인구 유입의 효과는 도시에 따라 다양하다. 예를 들면 인도의 뭄바이(Mumbai, 예전의 봄베이)는 기회가 많은 역동적인 장소로 여겨진다. 매일 10,000여 명의 사람들이 이 도시로 이주한다. 반면 콜카타(Kolkata, 예전의 캘커타)는 덜 역동적인 것으로 여겨지기 때문에 사람들이 그 정도로 많이 오는 것은 아니다. 전반적으로 어려움을 겪는 근로자뿐만 아니라 인도의 최고 교육을 받은 근로자들도 콜카타는 피하고 다른 도시를 선호한다.

남아시아 도시의 유형

역사적으로 남아시아 도시들은 매우 상이한 기원을 갖고 있었다. 인더스 계곡 문명은 세계에서 두 번째로 오래된 도시이며, 가장 잘 계획된 문명일 것이다. 규모가 큰 일련의 왕국들이 남아시아에 존재하였고, 그 왕국들은 크고 장중한 수도를 갖출 만큼 잘 조직되고 번성하였다. 또한 남아시아 문명은 이슬람 주도의 제국들이 힌두교 주도의 제국들과 직접 접촉하게 되면서 계속 현대에도 발달하였다. 역사적 도시들의 영향은 현대 도시 경관에서 계속되고 있다. 예로 인도의 수도 델리 시는 타지마할을 세운 무갈 황제의 제국 수도가 그 기원이다. 그 도시는 그 황제 이후 샤 자하나바드(Shah Jahanabad)로 명명되었으며, 그 황제 및 측근이 거주한 거대한 붉은 성과 그 도시의 주요 모스크가 그

도시의 중심이 되었다.

이처럼 계획된 요소와 더불어 굽은 형태의 거리, 가게, 그리고 시장이 들어선 자연발생적인 도시가 있었다. 실제 '갠지스 강(Mother Ganges)'을 따라 내려가면 유럽인의 정복 이전 중요한 도시였던 고대 도시들이 줄지어 있다. 현재 방글라데시의 수도인 다카(Dacca)도 식민지 이전에 발달하였고, 과거의 요소가 남아 있다.

이러한 오래된 도시들의 유산은 소위 **바자 도시**(bazaar city)에 많은 부분 영향을 주고 있다(그림 15.11). 바자 도시의 특징이 되는 한 요소는 도시의 중앙에 전통적인 교차로, 상점가(bazaar),[3] 또는 차우크(chowk)[4]의 존재이다. 전통 시장 거리에는 식품과 철물을 비롯해 의류와 보석에 이르는 모든 것을 판매하는 매우 많은 소규모 소매상들이 복잡하게 들어서 있다. 동일한 물건을 판매하는 경쟁 상점들은 같이 모여 있는 형태여서 각 상품에 대한 소규모 상점가를 형성하고 있다. 중심 지역에는 다른 여러 가지 기능, 호텔/여관, 극장, 식당, 전당포 등도 들어서 있다. 그곳에는 도매상들로 이루어진 별개 지역도 있다.

부유한 상인들은 종종 상점이 위치한 건물에 거주하며, 그들의 주택은 중심 지역에 있다. 그 중심 지역은 부유한 주거지와 열악한 고용인의 주거지가 함께 존재하며 원형(링)으로 둘러싸여 있다. 그 링 밖에는 주로 저소득층이 거주한다. 남아시아, 특히 힌두 인도의 도시 패턴을 분석할 경우 지속되고 있는 카스트의

---

3) 바자는 시장 또는 상점가로 번역되는데, 원래는 페르시아 도시의 공공시장을 가리키는 말이었으며 차츰 중동 일대, 북아프리카, 중앙아시아, 인도 등지로 퍼져나갔다. 유럽과 북미에서는 길거리 시장, 특매장이란 의미로 많이 쓰이고, 특히 미국에서는 자선 시장이라는 뜻도 있다.
4) 차우크는 인도에서 시내 중심가의 교차로에 형성된 시장 거리를 일컫는 말이다.

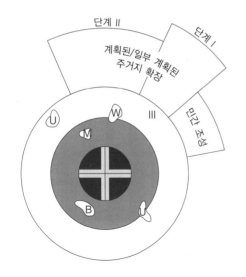

물리적 공간

◎ 바자 기반
　 전통 도시

🜂 식민지 영향에 의한
　 새로운 확장

▨ 고밀도 상업 및
　 주거지 토지 이용

— 시장거리 또는 교차로

■ 도매시장

사회경제적 공간

■ 부유층 주거 및
　 혼합 상업용지

▨ 부유층과 빈곤층의 혼합 주거

□ 빈곤층 주거

문화적 공간

◍ 카스트 집단
　 (세탁인, 천민 등)

Ⓜ 종교적 소수민족 거주지
　 (무슬림 등)

◍ 언어 집단
　 (벵골인 등)

그림 15.11 바자 도시의 계획도. 남아시아의 바자 도시는 상업 중심지 주변에 건설된다. 상인들은 대개 자신들의 가게 위 또는 뒤편에 거주한다. 일반적으로 보다 부유한 가족들도 이 중심 지역 가까이 거주한다.

출처: Dutt, Ashok. 2001. "Cities of South Asia." In Cities of the World: World Regional Urban Development, 5e. Rowman & Littlefield Publishers, Inc.

중요성을 고려하는 것이 중요하다. 카스트에 기반을 둔 차별은 불법이지만 여전히 카스트는 일상 생활에 계속 영향을 준다. 전통 시장 주변의 다른 근린지역은 카스트로 나누어지고 카스트 이름이 그대로 근린지역의 이름이 되기도 한다. 바자 도시는 주거, 업무, 그리

고 작업장 간의 기능 분리가 이루어져 있지 않은 도시이기도 하다. 그 기능들은 같이 모여 있는 편이다.

남아시아에서 식민주의 영향은 유럽의 여러 국가에 의해서 진행되었지만 최종적으로는 영국이 그 핵심적인 역할을 하였다. 남아시아에서 영국의 영향은 영국 왕실로부터 아시아와의 무역 허락을 받은 영국 동인도회사에 의해 가장 먼저 이루어졌다. 동인도회사는 인도의 무굴제국 황제로부터 불평등 무역 특혜를 획득하여, 섬유와 차를 수출함으로써 엄청난 이익을 거두었다. 무굴제국이 쇠퇴하면서 동인도회사는 인도의 정치적 문제에 관여하여 결국은 인도를 식민지가 되도록 하였다.

영국 식민주의시대에 많은 도시가 생겼다. 그 도시들 가운데 두드러진 것은 소위 **총독청사 도시** (presidency city)들이다. 영국은 다른 나라를 식민지로 삼을 때 3개의 큰 주 혹은 총독청사에 수도를 두었다. 이 수도는 봄베이, 마드라스, 캘커타였다. 각 도시는 해당되는 지역의 중심적인 역할을 계속하였기 때문에 그 결정의 영향은 상당히 컸다. 행정적 기능 외에도 그 도시들은 내륙 지역으로부터 자원을 이동한 뒤 영국으로 운송할 수출지 역할을 하였다. 선정된 장소는 모두 바다와 내륙으로 접근이 쉬운 곳이었다. 그 장소는 또한 공격으로부터 방어가 쉬운 곳이었다. 봄베이를 제외하고는 열악한 천연 항구였다. 예로 후글리(Hugli) 강의 동쪽 제방에 조성된 캘커타의 위치는 변동하는 모래톱(sanoy shoal)과 조수해일(tidal bores) 때문에 어려움을 겪는 곳이었다. 그 세 군데 총독청사 도시들은 영국이 건설하였기 때문에 남아시아의 다른 도시보다 더 많은 식민지 시대 흔적이 남아 있다. 남아시아 식민도시 모델은 그 도시들을 살펴볼 적합한 방법이 된다(그림 15.12). 주요 기능이 무역이었기 때문에 항구 시설은 도시의 중요한 요소였다. 항구 시설

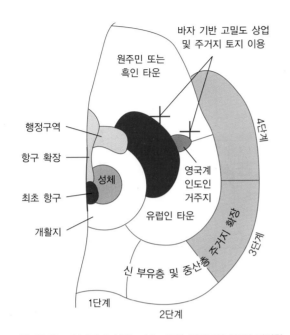

바자 기반 고밀도 상업 및 주거지 토지 이용

원주민 또는 흑인 타운

행정구역

항구 확장

최초 항구

개활지

성체

4단계

영국계 인도인 거주지

유럽인 타운

주거지 확장

3단계

신 부유층 및 중산층

1단계

2단계

그림 15.12 남아시아 식민 도시는 유럽 식민주의자들이 건설한 성채 주변에 건설되었다. 성채 주변에 마이단(maidan, 개활지)가 있고, 이 지역 바깥에는 현대적인 CBD와 유럽인, 원주민, 그리고 혼혈인들 간의 엄격히 구분된 주거지 경관이 유산으로 남아 있다.

출처: Dutt, Ashok. 2001. "Cities of South Asia." In Cities of the World: World Regional Urban Development, 5e. Rowman & Littlefield Publishers, Inc.

가까이에 개활지, 즉 **마이단**(maidan)[5]으로 둘러싸인 성벽이 있다. 남아시아 식민 도시는 유럽인과 원주민 구역으로 나뉘었다. 그 두 구역의 특징은 아주 대조적이었다. 행정 구역과 서구 양식의 CBD는 유럽인(주로 영국인) 사회의 중심 역할을 하였고, 호텔, 가게, 박물관 등이 그곳에 있었다. 영국인 지역은 규칙적인 형태로 계획되었다. 대부분의 영국 관리들은 공원이나 질서정연한 정원으로 둘러싸인 열주가 있는 큰 규모의 방갈로(bungalow)[6] 주택에 거주하였다.

---

5) 마이단은 남아시아에서 도시 안이나 인근에 있는, 보통 잔디가 덮인 광장을 일컫는 말이다.
6) 방갈로는 전면에 넓은 베란다가 있는 단층 주택으로 인도에서 기원하여 영국과 미국에 전파된 주택 양식을 말하며, 한국에서 말하는 캠프장의 방갈로는 영어로는 hut 또는 cabin에 해당된다.

원주민 근린지구들은 크게 다르지 않았다. 일부 인도인도 상당히 부유했지만 대부분은 매우 혼잡한 근린 지구에 거주하였다. 1941년 일부 캘커타 지구의 주거 밀도는 제곱킬로미터당 145,000~165,000명(에이커당 700여 명)에 근접하였다. 공식 추정에 의하면 전체 주민의 3/4 이상은 슬럼가(bustee) 구역에 살며, 전체 주민의 1/2 이상은 굽지 않은 진흙 벽돌로 만든 주택에 거주하였다. 대부분의 주민은 거주 공간이 3m²가 되지 않았으며, 수도 및 화장실 1개를 약 25명이 공동으로 사용해야 했다. 그럼에도 이러한 장소들은 여전히 농촌 지역보다는 더 많은 경제적 기회를 제공하였기 때문에 사람들을 계속 끌어들였다. 영국인과 원주민 구역 사이에는 혼혈, 소위 영국 인도 혼혈인들의 근린지구가 있었다. 이곳의 주택은 영국인 지역만큼 크지는 않지만 양호한 상태였다.

식민주의가 끝났지만 이러한 공간 구조의 유산은 지속되었다. 유럽인 대부분은 점차 떠났고, 지역은 전부 원주민들이 점유하였다. 도시를 에워싸는 성과 개방 공간은 일반적으로 그대로 훼손되지 않고 유지되었다. 유럽인 지역에 부유층이 다시 정착을 했으며, 중상층은 서로 근접하여 거주하였다. 사람들의 새로운 유입으로 원주민 구역이었던 곳은 계속 확대되면서 도시 전체의 혼잡은 더 심해졌다. 20세기 후반 남아시아 도시들은 꾸준히 증가하는 인구로 인해 어려움을 겪었다.

독립 후 몇몇 도시가 모델 도시로 공개적으로 조성되었다. 파키스탄의 이슬라마바드(Islamabad)와 인도 펀잡의 찬디가르(Chandigarh)가 그런 도시의 예다. 남아시아의 계획도시는 질서 정연한 도시가 어떠한 형태인가에 대해 서구모델을 따랐기 때문에 세계 다른 지역의 계획도시와 공통점이 많다. 이슬라마바드의 경우 보다 혼잡한 카라치(Karachi)로부터 인구를 분산

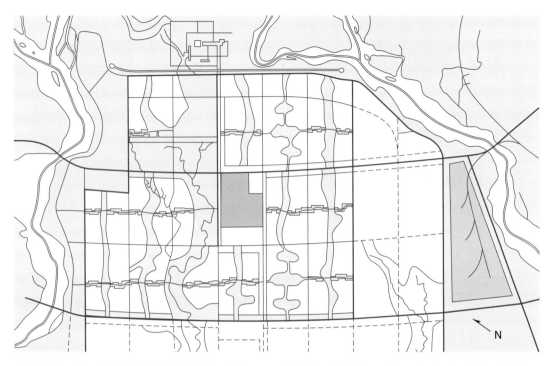

그림 15.13 인도의 찬디가르는 펀잡 지방의 수도이며, 르 코르뷔지에가 설계하였다. 공간 수요와 빈곤이 방해가 되었지만 그 도시는 계획 당시의 특성을 많이 유지하고 있다.

출처: Kostof, Spiro, 1991.

시키려는 의도였다. 찬디가르는 개방 공간에 의해 분리된 기념비적인 건축물의 조성에 기반을 둔 저명한 프랑스 건축가 르 코르뷔지에(Le Corbusier)에 의해 만들어졌다(그림 15.13). 그 장소는 미, 배수, 상수, 확장의 여지를 고려하여 선정되었다. 가로 체계는 격자로 설계되었으며, 도로는 그 사용 및 허용 속도에 따라 분류되었다. 도시 그 자체는 29개의 자족적 구역(self-contained sectors)으로 나뉘었으며, 개개의 자족 구역에서는 사람들이 쇼핑, 교육, 사회적 필요성을 충족시킬 수 있다. 그 밖에 여러 가지 법령에 의해서 그린벨트를 포함한 개방 공간이 보존될 수 있도록 하였다.

현대의 도전

남아시아 도시의 세 가지 유형, 즉 바자 도시, 식민지 도시, 현대적 도시는 남아시아 도시의 대표적인 공간 구성을 살피는 데 도움이 된다. 그러나 이 도시들이 직면하고 있는 중요한 문제들을 주목하는 것 또한 중요하다. 가장 중요한 문제는 도시 지역이 직업과 주택의 수요를 따라가지 못한다는 것이다. 뭄바이는 그러한 도시 지역의 대표적인 예가 된다. 그 도시는 인도의 금융, 산업, 대중문화 생활의 중심지로서 인도 도시 가운데 가장 역동적이며, 인도 인구의 2%도 되지 않지만 인도 GNP의 30%나 차지하는 도시이다. 그 결과 뭄바이에는 추정에 의하면 하루 10,000명에 이를 정도로 이주자들이 유입되고 있다. 그러나 그 도시는 그저 수용만 하는 것은 아니다. 사람들은 직업을 구하기 위해 도시로 모이지만 그 직업은 주로 기술을 갖추거나 인맥이 있는 노동자들이 구할 수 있다. 주택은 구하기 힘들고 토지 임대 가격은 뉴욕보다 더 비싸다. 그래서 뭄바이의 많은 사람들은 보도에서 잠을 잔다.

활력이 있든 정체해 있든 실제 인도의 모든 도시는 노숙자 문제를 안고 있다. 보도에서 실제로 잠을 자기 때문에 보도 거주자(pavement dweller)라고 하는 노숙자들은 인도 전역에서 흔히 볼 수 있는 모습이다. 농촌 이주자들은 기회를 찾기 위해 도시로 온다. 처음에는 집을 구할 형편이 되지 못하기 때문에 우선 일부터 찾는다. 그러한 상황이 서구인의 시각에서는 혐오스럽지만 보도 위에서 잠을 자는 노숙자들에게는 합리적인 결정이라는 연구가 있다. 대부분의 보도 거주자들은 종종 화물 운송인(예: 짐꾼, 인력거를 끄는 사람, 손수레를 끄는 사람) 같은 임시직에 종사한다. 그들은 보도에 거주함으로써 잠을 자는 곳과 일자리 장소 간의 거리를 최소화한다. 따라서 대부분의 노숙자들은 CBD의 노천에서 노숙을 하면서, 나름대로 보도의 한 구석을 확보하고 있다. 이러한 노숙자들을 CBD에서 몰아내면, 노숙자들의 경제 상황은 심각한 타격을 받을 것이다.

경제적 스펙트럼의 또 다른 편에 남아시아의 일부 도시에서는 새로운 부유층이 떠오르고 있다. 인도에서 이 현상은 크게는 세계화 및 교육을 많이 받은 기술 계층의 출현에 의해서다(글상자 15.2 참조). 인도 인구는 일반적으로 빈곤하지만 중산층 이상의 라이프스타일을 누리는 사람이 1억 7,500만 이상이 있다는 것을 기억할 필요가 있다(물론 약 1,600만 정도의 인도인만이 최소 40,000달러의 미국인 연간 소득 기준으로 중간 계층으로 여겨질 수 있다). 1990년대 도시 생활의 문제에서 벗어난 근린지구에서 일부 신흥 부유층이 거주할 수 있는 프로그램이 시작되었다. 예로 콜카타의 동쪽에 2개의 뉴타운 개발이 이루어졌다. 개발된 곳 중 좀 더 오래된 솔트 레이크[Salt Lake,

지금은 비단네거(Bidhannager)로 불림]에 20만 명 이상이 거주하고, 신도시 콜카타는 업무지구, 경공업 및 심지어 골프 코스 외에도 10만 개인 주택을 포함되도록 계획되었다. 뉴타운 콜카타는 확실히 콜카타 주민 가운데 가장 특혜를 받는 구역으로 디자인되었다. 이 점을 강조하기 위해 뉴타운 콜카타 내부에 그 지역에서 봉사하는 사람들을 수용하기 위한 일부 저소득층 '서비스 마을(service villages)'을 조성할 계획도 있다.

또 다른 문제는 계속되는 민족성의 영향이다. 무슬림과 힌두교인의 구별, 다른 언어 그룹과 민족의 구별, 카스트에 따른 구별은 남아시아 도시 구조에 대단히 큰 영향을 미치고 있다. 캘커타(2000년 콜카타로 개칭)에 관한 보스(Nirmal Bose, 1973)의 연구는 많은 남아시아 도시의 예가 된다. 영국 지배 기간 캘커타는 모든 민족, 종교적 소속, 카스트의 인도인을 불러들였으며, 그들 대부분은 그들이 속한 특정 그룹이 거주하는 지역에 정착하였다. 이 같은 구분은 인도가 독립하고 많은 유럽인들이 떠난 후에도 지속되었다. 그림 15.14는 1970년대 초 캘커타 내부의 상이한 격리(segregation) 패턴을 보여준다. 주요 구분은 무슬림과 힌두교인 사이에서 나타난다. 현재의 콜카타는 벵골 문화지역 가운데 있으며, 원주민이며 가장 많은 인구는 처음에 북쪽의 분리된 '원주민 구역(native quarter)'에 밀집하였던 벵골 힌두교도들이다. 무슬림들은 오래전 귀족들에게 넘겨준 2개의 주요 랜드마크인 성 주변에 모여 있지만, 민족(벵골과 비벵골) 및 계층(중상류층과 저소득층)에 의해 아직도 구분된다. 힌두교인의 근린지구는 카스트별로 거주하는 구역들로 더 세분되어 있다. 카스트는 직업과 밀접히 관련된 집단이기 때문에 그 구역은 어떤 특정 공예의 중심지 역할을 한다(이러한 공간 구성은 앞서 논의된 바자 도시와 흡사하다). 그 결과 금융 카스트는 황동 제조 카스

글상자 15.2 ▶ 방갈로르의 실리콘 고원 도시　　　　　기술과 도시지리

요즈음 고급 기술을 언급하면 인도의 방갈로르(Bangalore) 또는 새 지명인 벵갈루루(Bengaluru, 2006년에 개명)에 대해서 곧 말하게 될 것이다. 방갈로르는 일반 서구인에게는 한때 거의 알려지지 않은 곳이었다. 인도 도시를 떠올리면 캘커타의 슬럼 또는 봄베이의 이국적인 풍경을 상상하게 될 것이다. 그러나 오늘날 모든 사람들은 주로 방갈로르의 고급 기술에 대한 그 역할 때문에 그 도시를 안다. 실제로 그 도시는 인도의 '실리콘 밸리' 또는 '실리콘 고원'으로 표현된다. 방갈로르 그 자체는 인도 전체 정보기술 활동의 약 1/4을 차지하지만 그 점은 방갈로르의 중요성을 일부만 보여주는 것이다. 1980년대부터 방갈로르는 다국적 정보 회사에 의해 이용된 저임금 기술자가 많은 곳에서 세계 소비를 위한 소프트웨어 상품을 개발할 수 있는 그 생산 중심지로서 성공적으로 변모하였다(그림 B15.3)

이러한 성장에는 어떠한 이유가 있는가? 방갈로르는 일부 자연적 매력요소를 갖고 있는데, 그중 쾌적하고 비교적 먼지가 없는 기후를 갖고 있으며, 또한 인도의 아주 혼잡한 갠지스 분지(Ganges basin)로부터 어느 정도 떨어져 있다는 장점이 있다. 인도는 높은 수준의 교육 혜택과 영어 사용 능력이 높다는 장점이 있고 아울러 인도는 주요 미국 시장과 약 12시간 차이가 난다. 또한 그 도시는 정부의 적극적인 계획에 도움을 받은 도시이다. 인도 과학원(The Indian Institute of Science)이 20세기 초에 설립되었으며, 1950년과 1980년 사이 전자공학, 항공우주산업, 공작 기계, 전기통신, 그리고 방위를 전문으로 하는 공기업이 많은 민간 기업을 출현하도록 하였고 그 민간 기업은 다시 규모가 큰 공기업에 공급하는 역할을 하였다. 고급 기술이 세계적 현상이 되어가면서 방갈로르는 특별한 장소가 되었다. 첫째, 고급 기술에 관한 언어는 주로 영어이고 그 도시는 영어 사용 능력이 뛰어난 개인들이 많이 있었다. 둘째, 그 도시는 상당히 세계적이어서 외국인들을 인도로 불러들이는 가장 나은 곳이 되었다.

이러한 점 때문에 방갈로르는 인도에서 매우 번창할 수 있었으며 많은 인도인들이 부를 찾아 모인 장소가 되었다. 이런 점은 미국의 고급 기술 성장 중심지와 흡사하다. 성장의 장애가 되는 것들이 있는데, 그중 하나는 인도의 국내 시장이 여전히 협소하다는 점이다. 또한 계속적인 성장은 기술적인 지원으로부터 비즈니스 경영과 개발 기술로 전환할 수 있는 인재 그룹에 달려 있다.

Courtesy of Dr. Rajrani Kalra/California State University, San Bernardino

그림 B15.3 벵갈루루의 국제 기술 거리

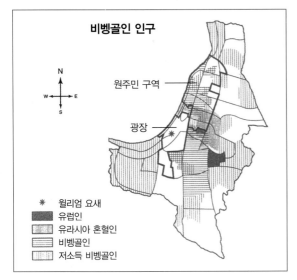

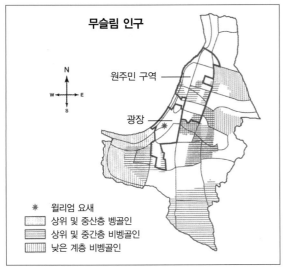

그림 15.14 캘커타(현재의 콜카타)의 격리는 상이한 집단 간 지속적인 공간 분리를 보여준다(1970년대 초 자료).
출처: Kaplan, David H. and Steven R. Holloway, 1998.

트와는 다른 구역에 모여 있다. 불가촉천민 또는 지정 카스트(scheduled caste)는 같은 민족 및 종교를 갖고 있어도 다른 사람과는 멀리 떨어진 곳에 위치한다. 그들은 일반적으로 최악의 근린지구인 도시 외곽에 위치한 범람원에 제한되었다. 게다가 많은 주민들은 벵골 지역 밖에 거주한다. 이 집단들 또한 특정 직업과

관련되고, 벵골인처럼 그들은 카스트 제도를 따라 나뉘어 있다.

남아시아 도시들이 직면하고 있는 마지막 문제는 완만한 도시성장률이다. 콜카타와 같은 개별 도시들은 현재 그 주민들에게 주택을 제공하는 데 어려움이 있지만, 도시화율은 (적어도 인도에서) 산업화율에서 예상되는 것보다 낮다. 이에 대한 기술적 용어는 (비록 논란이 있지만) **과소도시화**(underurbanization)라고 한다. 1980년대 및 1990년대 인도의 연도별 GNP는 1980년대에는 5% 이상, 1990년대와 2000년대에는 6% 이상 증가하였다. 그러나 도시인구의 증가율은 2%가 되지 않았으며, 그 증가의 2/3는 자연 증가에 기인한 것이었다. 이러한 도시화의 완만함은 긍정적인 요인, 즉 더 나아진 농촌개발 프로그램의 결과로 여겨질 수 있을 것이다. 예로 1980년대 수백 개의 농촌 서비스센터가 설치되었고, 특정 농촌 지역들은 산업 발달을 지향하였다. 또한 인구 유출의 정도를 줄이는 농촌 빈곤이 줄어드는 경향이 있다. 인도 도시들이 점점 더 포화 상태가 되면서 더 많은 이주자들이 도시의 경계 너머에 있는 마을에 거주하면서 도시화의 정도는 확실히 영향을 받았다. 보다 부정적인 측면에서는 도시화의 완만함은 인도 도시의 불충분함, 특히 적절한 고용과 하부시설을 제공하지 못한 탓으로 여겨질 수 있다.

동남아시아 도시

남아시아와 같이 동남아시아로 알려진 넓은 지역은 '토착적인(indigenous)' 도시의 유산, 식민지 영향, 최근 새로운 독립 후 도시의 모습을 만들고자 하는 시도가 섞여 있다. 도시들은 일부 공통의 특징을 갖고 있으나 방문객들은 이 지역 각지의 아주 다른 문화적 및

경제적 다양성에 놀라워한다. 오랜 기간 육지, 강, 바다에 대한 접근이 용이한 지역으로서 동남아시아는 북쪽으로는 중국 서쪽으로는 인도로부터 영향을 받아들인 곳이다. 뒤에 유럽 열강들이 대부분의 도시 발달에 깊이 영향을 미쳤고 항구 지향의 종주도시체계를 형성하였다. 태국을 제외하면 모든 국가는 유럽 열강의 직접적인 정치적 통치 하에 있었으며, 심지어 중국처럼 태국도 유럽의 경제적 영향 하에 있었다. 독립 동남아시아 국가들은 다른 경제적·정치적 노선으로 나아가면서 상이한 도시 유형을 형성하게 되었다. 인도차이나 국가들은 공산주의를 받아들였으며, 전쟁, 혁명, 집단학살을 겪었다. 동남아시아 반도 및 섬 국가들은 매우 권위적이고, 종종 부패 성향이었지만 대부분 자본주의를 수용했다.

오늘날 동남아시아 국가들은 여전히 차이가 있다. 경제적으로 이 지역에는 일부 낮은 소득 국가(캄보디아, 라오스, 버마, 베트남)와 일부 중간 소득 국가(필리핀, 인도네시아, 말레이시아, 태국), 그리고 몇몇 고소득 소규모 국가들이(특히 싱가포르와 브루나이) 있다. 이 지역 전체의 전망은 최근의 부진에도 불구하고 상당히 양호한 편이며, 이 때문에 많은 도시들이 역동적이고 발전하는 모습을 보이고 있다.

여전히 동남아시아의 도시화율은 낮은 편이다. 1970년대까지 대부분 국가에서 20%보다 적은 인구가 도시에 거주하였다. 남아시아와 동아시아 국가와 달리 영토의 상당한 부분, 일부 장소는 매우 멀리 떨어진 곳도 있지만 인구밀도가 낮다. 보다 최근 도시화 정도는 올라가고 있지만 여전히 저개발 국가의 기준으로도 낮다. 이 패턴에 예외적인 곳은 전체가 도시인 도시 국가 싱가포르이다. 말레이시아와 필리핀도 도시가 인구의 다수를 점한다. 대조적으로 다른 동남아시아 국가들은 도시인구가 50%가 되지 않는다. 그 국가 전체 도시 활동은 경제 활동 거의 전부를 차지하는 한두 개의 종주도시에 집중되어 있다. 이러한 종주도시로 향한 인구 이동 패턴은 이러한 경향을 더욱 강화한다.

동남아시아의 도시 우위의 예로 태국의 종주도시인 방콕의 경우를 들어 보자. 1970년대 방콕은 태국 전화 통화의 75% 이상이었고, 전기 소비는 82%보다 많았으며, 업무용 세금과 개인 소득세는 각각 82%와 73%를 그 도시가 부담하였다. 이러한 것은 그 뒤 수십 년간 거의 변하지 않았다. 방콕은 여전히 태국 GNP의 41%와 전체 인구의 34%를 차지한다.

토착적인 영향: 신성 도시와 시장 도시

현재 낮은 수준의 도시화에도 불구하고 동남아시아는 오랜 도시의 역사를 갖고 있다. 첫 번째 1,000년 동안 몇몇 국가와 왕국이 이 지역에서 출현하였다. 초기에 힌두 인도의 영향을 받은 것으로 보이는 소규모 국가들이 현재 베트남, 수마트라, 자바, 보르네오에 나타났다. 나중에 이 국가들은 스리비자야(Sri Vijaya)라는 큰 해양 왕국으로 합병되었다. 현재 캄보디아의 메콩강 삼각주에 크메르(Khmer) 왕국이 출현하였다. 그 밖의 다른 왕국들이 현재 태국과 버마에서 나타났다.

조직된 정치적 및 사회적 힘이 존재하면서 규모가 상당히 큰 도시들이 형성될 수 있었다. 맥기(1967)는 상업적인 성향이었으며 해안을 따라 입지한 **시장 도시**(market city)와 국가의 세속적이며 정신적인 권위를 담고 있었던 **신성 도시**(sacred city)를 잘 구별하였다. 이 두 도시 유형은 구별이 되는 기능을 수행하였으며 다른 패턴을 가지고 있었지만 종종 같은 국가 안에서 공존하였다.

왕국에서 그 중심적인 역할 때문에 신성 도시는 보통 토지를 기반으로 하고 왕국의 내륙에 입지하였

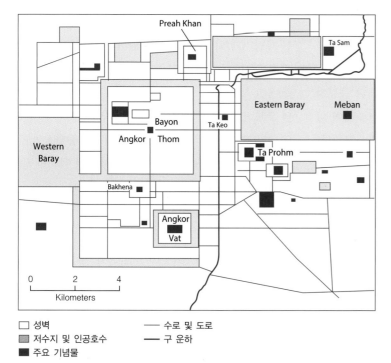

그림 15.15 캄보디아의 앙코르톰은 동남아시아의 신성 도시의 좋은 예이다. 그 도시의 주요 사원들은 진한 색으로 표시되어 있다. 각 사원은 주위의 마을로부터 봉헌의 형태로 수만 명의 서비스를 요구하였다.

출처: McGee, T. G., 1967.

다. 신성 도시는 정부와 군사의 중심지였으며, 또한 정신적 중심지였다. 도시의 입지는 신성 원리(divine principle)에 따라 도시가 입지하고 배치되는 체계인 **풍수**(geomancy)에 의해 결정되었다. 그 도시는 소우주 하늘이었으며, 그 입지는 매우 중요하였다. 크메르 왕국의 수도였던 앙코르톰(Angkor Thom)의 경우, 그 도시는 큰 암석 산의 신전인 바이욘(bayon) 주변에 배열되었다. 제국 통치자는 여전히 명령으로 신성 도시를 이전할 수 있었으며 종종 그렇게 하였다. 예로 베트남과 버마 양 국가의 수도들은 이런 식으로 옮겨졌다.

신성 도시는 놀랄 정도로 질서 정연하였고, 그 질서는 제국의 본부로부터 거리별로 정해졌다. 도시의 중앙에 궁전과 주요 사원이 있었다. 앙코르톰은 그러한 신성 도시의 아주 좋은 예이다(그림 15.15). 규모가 큰 정사각형의 벽이 바이욘(주요 사원)과 궁전 주변에 건설되어 그 도시의 틀이 갖추어지도록 하였다.

바이욘과 궁전은 사제, 무사, 행정 관료와 같은 엘리트 공무원으로 둘러싸여 있었으며, 그 공무원들은 중심으로부터 근접 정도는 그들의 엘리트 지위와 관련되었다. 주요 장인과 상인들은 더 멀리 떨어진 곳에 있었다. 성 밖으로는 신성 도시에 서비스를 제공하는 농촌 사람들로 구성된 마을이 있었다. 맥기(1967)는 앙코르톰은 13,500마을의 306,000명의 서비스가 필요했다고 한다.

시장 도시는 완전히 다른 종류이며, 동남아시아는 오랜 기간 많은 해상 무역의 장점을 가졌으며 상인들은 멀리 떨어진 곳에서도 왔다는 점이 그 도시 형성에 영향을 주었다. 신성 도시와는 달리 시장 도시는 해안을 따라 입지하였고, 도시 전체는 해안에 상당히 가까이에 있었다. 상인들은 거의 항상 도시의 다른 구역을 점유한 토착 상인과 외국 상인들로 나눌 수 있었다. 베트남의 다낭(Da Nang) 가까이 위치한 도시인 호이안(Hoi An)은 전형적인 시장 도시였다. 그 도시는 내륙 쪽으로 구불구불한 투본 강(Thu Bon River)에 가까운 해안에 입지하였다. 17세기에 중국과 일본 상인들이 호이안에 정착하여 토착 주민과는 분리된 근린지구를 점유하였다. 그 근린지구는 완전히 분리되어 있어서 외국 상인들은 완전히 다른 행정기관을 설치하였다. 그 중국인과 일본인은 뒤에 네덜란드와 포르투갈 상인과 합류하게 되었다. 이들 각 집단은 뚜렷한 건축 양식으로 그들이 존재하였던 흔적을 남겼다.

동남아시아의 식민 도시 식민지정책은 동남아시아의 모든 국가에 영향을 미쳤고, 다음 세 가지 지리적 유산을 남기게 되었다. 즉 (1) 해안을 따라 주요 행정 및 적출 도시(extractive cities)를 형성(이러한 도시는 이전에 토착 도시가 번창한 곳이거나 완전히 새 장소일 수도 있었다), (2) 유럽인과 토착민을 분리시킨 이원적인 식민 도시의 발전, (3) 사회적·경제적·공간적으로 유럽인 권력자와 토착민 사이에 위치한 중국 정착민들로 구성된 중간상인 소수민족(middleman minority)이 확고히 형성된 점이 그것이다.

입지 측면 그림 15.16은 1910년 동남아시아 상황을

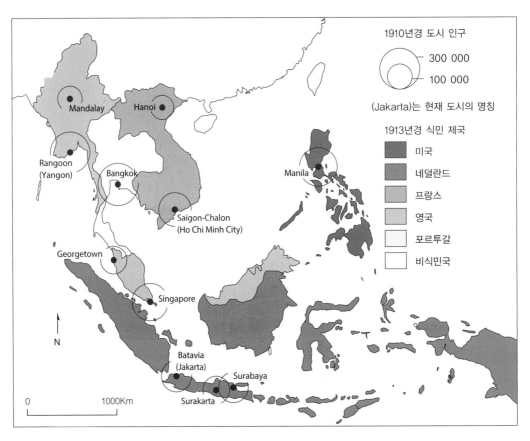

그림 15.16 1910년대 초 동남아시아는 대부분 유럽 국가들에 의해 지배를 받았다(태국이 유일한 예외 국가였다). 그 지역을 계속 지배한 많은 대도시들은 식민 경제의 경영과 수도로서의 기능 때문에 발달하였다.
출처: Forbes, Dean, 1996.

보여준다. 포르투갈이 1511년 말라카(Malacca)의 획득으로 처음 이 지역에 들어온 유럽 국가였지만 그들의 영향은 19세기 초 줄어들었다. 20세기 초 동남아시아는 프랑스 인도차이나, 네덜란드 동인도(현재의 인도네시아), 영국령 버마와 말레이 반도, 미국령 필리핀(1898년 스페인으로부터 획득), 그리고 독립 국가인 태국으로 나뉘었다. 유럽인들은 처음에는 무역을 점유할 목적이었지만 내륙의 풍부한 자원을 채굴하기 위해 남았다. 그러나 유럽인들은 해안에 위치한 도시에 큰 영향을 미쳤다. 그들은 일반적으로 일부 기존의 토착민의 취락이 있던 해안에 주요 식민지 수도를 갖추었다. 이러한 수도에는 랑군(Rangoon), 사이공(Saigon), 방콕(Bangkok), 바타비아(Batavia, 지금의 자카르타) 등이 있다. 이 도시들은 주로 식민지 배후지의 천연 원료와 유럽 대도시 간의 '연결고리(head-links)'가 주 목적이었기 때문에 해안 위치에 대한 선호는 유럽인의 항구 필요성을 반영한 것이었다. 주요 도시들이 무역을 주도하였다. 예로 인도차이나에서 1930년대 모든 수입품의 60%, 수출품의 75%는 사이공을 거쳤다. 그 도시에서는 정책과 권력이 교류되고, 내륙의 식민지 사람들에게는 결절지로서의 역할도 수행하였다.

유럽인들 또한 많은 작은 중심지의 형성에 관여하였다. 이런 것들로는 철도 교차점, 타운, 광산 취락, 지구 본부, 여름 수도 역할을 하기도 한 구릉 도시가 있었다. 예로 5,000km에 걸쳐서 길게 뻗어나간 동인도 네덜란드 식민지에 주요 수도인 바타비야와 그 자체적으로 중요해진 몇 개의 2차 도시들이 포함되었다.

도시의 이원적 형태 식민지 도시들의 특징은 그 도시들이 주로 유럽 국가의 이해를 반영했다는 점이다. 도시 자체는 술탄의 궁전이나 사원과 같은 유럽인 이전의 요소에 때로는 양보하였지만 격자 패턴(식민지가 된 적 없는 방콕은 주요 예외 도시이다)으로 계획되었다. 산업화 이전 시대에 유럽인들은 말라카, 마닐라, 바타비아와 같은 일부 동남아시아 도시 주변에 벽을 쌓기도 하였다. 유럽 기관들이 그 도시에 집중되었다. 그 기관들은 식민지 정부와 자본주의 경제의 주요 조직체들, 은행, 운송 회사, 무역 회사, 보험 회사들이었다. 거의 전부가 유럽인 소유였던 그 기관들은 경제에 핵심 부분을 독점하기 위해 진출하였다. 19세기에 유럽과 북미에 공장이 설립될 때 동남아시아 도시경제는 무역 전달자로서 그 핵심 역할을 유지하였다. 조성된 제조업의 상당 부분은 작은 규모의 장인 직종(중간 상인 민족이 주도 하였다) 또는 배 건조와 철도 수리업체였다. 그러나 도시는 2차 산업과는 다른 무역을 포함한 3차 산업에 그 비중을 두었다.

식민 도시의 주요 사회적 특징으로는 민족별 구분을 더욱 뚜렷이 한 사회 경제적 구분이었다. 유럽 주민들은 "식민 지배층이 도시의 다수 인구와 분리되고 단절된 사회에 살면서, 피부 색깔에 의해 사회 계층에서 그들의 우위 지위와 책임성을 뚜렷이 구분하였다"(McGee, 1967, p. 3).

유럽인 구역과 원주민 구역은 아주 대조적이었다. 예로 네덜란드 동인도회사의 주요 섬인 자바에서 원주민은 비계획적인 여건 하에서 거주하였다. 건설 자재는 농촌 지역에서 이용된 것과 같은 것이었지만 그들은 훨씬 조밀하게 거주하였다. 주택이 날림으로 지어졌기 때문에 개방 공간의 여지가 없었고 간혹은 범람원 지역에 집이 들어섰다. 도시 서비스, 특히 물과 상수도는 없었다. 실제 일부 유럽 학자들은 그 무질서한 여건에 한탄을 하였는데, 그 무질서한 여건이 '사회적 불만족과 저항'을 조장하였을지도 모른다고 추측하였다(Thomas Karsten; Forbes, 1996, p. 8에서 재인용).

중국인 유럽 제국주의의 세 번째 주요 유산은 중국인의 확장과 관련되었다. 물론 중국인의 이 지역에서 영향력은 오랜 기간 있었다. 예를 들면 베트남은 흔히 중국 영향권에 속한 것으로 여겨지고, 중국 황제에 조공을 바치도록 되어 있었다. 중국 이주자들은 유럽 제국주의에 앞서 무역 도시에 정착하였다. 많은 중국인이 명나라 시대(1368~1644)에 무역 사절로서 이 지역으로 이주하도록 권장되었으며, 명나라 다음의 청나라가 금지할 때도 계속해서 이주하였다. 이들에게 동남아시아 정착은 중국의 많은 지역에서 가능하지 않았던 어느 정도의 자치와 번영을 가져왔다. 게다가 대부분의 유럽인들은 중국인 소수민족에 대해 우호적이었다. 그들은 중국인들을 식민지배자와 토착민 사이에 위치한 중간상인 소수민족으로 삼았다. 대다수 중국인은 원주민에 서비스를 제공하는 소규모 무역상 및 소매상이 되었다. 장인의 상당한 비율이 또한 중국인이었다.

부분적으로는 유산이며 일부는 비즈니스에서 그들의 지속적인 성공 때문에 중국인들은 일부 식민지에서 원주민보다는 2배 정도 잘사는 소수민족이 되었다. 또한 일부 동남아시아 국가에서는 그들 인구는 상당히 비중이 높았고, 비즈니스에 종사하는 정도는 훨

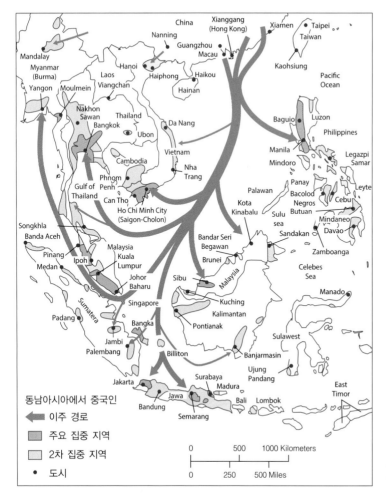

그림 15.17 오늘날 해외 중국인의 절반 이상이 동남아시아에 거주한다. 이 지도는 중국 남부에서 베트남 남부, 말레이 남부, 자바, 그리고 다른 지역으로 이동한 중국인의 흐름을 보여준다. 중국인과 주류 원주민 사이의 관계는 경제적으로 상호 도움이 되는 것이었지만 때로는 정치적 · 사회적으로 민감해지는 경우도 있었다.

출처: De Blij, Harm and Muller, Peter, 2003. Reprinted with permission of JohnWiley & Sons, Inc.

씬 더 많았다. 오늘날 중국인이 확실히 다수를 차지하는 싱가포르로부터 규모가 작은 소수민족인 필리핀과 같은 곳까지 중국인의 비율은 다양하다(그림 15.17). 그러나 중국인들은 거의 모든 사회에서, 특히 도시 지역에서 주목할 존재가 되었다. 그들은 비즈니스에서는 더욱 두드러진 존재였다.

처음부터 중국인들은 주거 및 상업적으로 구별이 되는 '차이나타운'으로 분리되었다. 차이나타운은 상업 중심지로서 대단히 중요하였다. 차이나타운은 보통은 유럽인의 CBD에 인접한 곳에 위치하였으며, 유럽인들의 중심지보다는 훨씬 조밀하고 사람이 많았다.

중국인들은 또한 동남아시아 여러 국가의 정치 경관에, 특히 독립 후 중요한 요소가 되었다. 예로 중국인이 다수가 되고 있는 싱가포르에서는 그들은 정치적으로 지배 세력이다. 중국인들이 경제적으로 상당한 영향력이 있는 말레이시아와 인도네시아와 같은 일부 국가에서는 그들은 간혹은 속죄양이 되기도 한다. 예로 자카르타와 같은 도시의 중국 상인들은 간혹 내부 소요 사태 때 공격 대상이 되기도 한다. 중국인들의 존재는 유럽에서 유태인의 존재보다는 훨씬 더 두드러지지만 '동양의 유태인'이라는 용어가 동남아시아의 중국인을 지칭하는 말로 사용되었다.

현대의 동남아시아 도시

2차 세계대전이 끝나고 1950년대에 들어가면서 동남아시아 국가들은 독립을 위해 투쟁을 해야 하는 경우가 많았지만 독립을 하였다. 살펴본 것처럼 이 지역에서 많은 큰 도시들의 경제적·정치적 역할은 이 도시들의 여러 가지 문화적 측면처럼 식민지 기간에 설정되었다. 그러나 독립은 동남아시아 도시의 변화를 가져왔다. 독립 후 더 이상 많은 수의 유럽인들과 유럽인 지역들이 존재하지 않게 되었다. 대신 그들의 근린

지구는 원주민 엘리트가 차지하였다. 각 국가는 물려받은 식민 경제에 의해 제약이 따랐지만 각자의 노선으로 나아갈 수 있다.

한 가지 주요 변화는 급속히 빠른 도시화였다. 1950년대 및 1960년대 도시 성장률은 대부분 4% 이상이었다. 1940년 이 지역의 어떤 도시도 100만 명 이상이 아니었다. 그에 비해 1970년에는 7개 도시, 2012년 9개 도시가 인구 200만 이상이었다.

이러한 엄청난 성장은 도시의 하부구조와 관련된 의미를 가진다. 14장에서 논의된 모든 제3세계 도시가 직면하고 있는 어려움은 동남아시아 도시에서는 더 큰 문제가 되었다. 이 지역의 싱가포르는 예외인데, 이 도시는 그 도시의 주민들이 잘 살아갈 수 있을 정도로 급속히 현대화할 수 있었다. 또한 싱가포르는 초기의 빠른 경제 발전, 낮은 인구성장률, 그리고 1965년 이후 독립 도시국가의 위상으로부터 혜택을 받았다. 그러나 이 도시를 제외한 동남아시아 도시들은 열악한 상태로 남았다.

개발의 문제점　동남아시아 도시의 많은 어려움은 1960년대와 1970년대를 기술하는 학자들에 의해 상세히 언급되었다. 산업화가 도시화를 따라가지 못한 것이 가장 큰 문제였다. 다른 말로 동남아시아 도시들은 인구 증가가 있었으나 도시 경제를 위한 확고한 기반을 제공할 수 있는 제조업에서 직종을 추가하지 못했다. 식민지 기간 이 도시들의 특징이었던 서비스 경제가 지속되었지만 제조업은 위축되었다. 예로 버마 랑군의 제조업 고용은 다른 도시에서도 마찬가지로 나타난 패턴인 1931년 전체 고용의 24%에서 1953년 18%로 줄었다. 제조업 고용은 마닐라를 제외하고 1950년대 모든 주요 도시에서 20% 이하로 낮아졌다.

선진국 경제에서 그러한 감소는 놀랍게 받아들여

지지 않지만 동남아시아는 아주 열악하며 저개발이어서 그렇게 되어서는 안 될 형편이었다. 물론 제조업의 감소는 많은 도시 이주자들이 적합한 직업을 찾을 수 없음을 의미하였다. 그들은 비공식 분야로 나갈 수밖에 없었고, 많은 경우 불법인 직업을 갖게 되었다. 예로 일부 동남아시아 도시는 성 거래로 잘 알려진 도시가 되었다.

이 도시들은 충분한 직업을 제공할 수 없었을 뿐만 아니라 새로운 이주자들을 위한 적당한 주택도 부족하였다. 그 결과 주요 도시에는 많은 수의 무허가 불량 주택이 형성되었다. 맥기(1967)의 추정에 의하면 1961년에 자카르타, 쿠알라룸푸르, 마닐라, 싱가포르의 도시 경계 내 25% 주민은 일종의 무허가 불량 주택에 거주하며, 거리 또는 불법 점유한 주택에서 잠을 잔다. 직업과 주택의 부족은 도시에 집중된 사회적 문제를 야기하였다. 일부 엘리트와 많은 빈곤층 사이의 소득 불평등, 민족적 긴장, 특히 원주민과 중국 민족 간 긴장, 그리고 농촌 지역보다 훨씬 높은 범죄는 동남아시아 도시들을 어렵게 만들었다.

동남아시아의 일부 국가는 사회주의 노선을 따랐고, 이 지역에서 거의 모든 국가는 어떤 형태든 프랑스, 미국, 중국, 소련과 관련된 전쟁을 겪었다. 사회주의는 관련 도시에 일부 영향을 미쳤다. 한때 사회주의 정부는 도시 인구, 특히 종주도시들의 인구를 줄이려고 하였다. 가장 비극적인 예는 1975년 크메르 루즈가 캄보디아를 통치한 후 발생하였다. 국가 인구 800만 가운데 300만이 거주한 프놈펜 시는 강제로 비도시화되었다. 모든 주민은 죽음의 고통으로 내몰렸고, 많은 사람들이 공개적으로 학살되었다. 1년이 채 되지 않아 그 도시의 인구는 5만으로 줄어들었다. 사이공이 북쪽의 공산주의에 의해 함락되고 호치민 시로 바뀐 후 프놈펜보다는 덜 가혹한 조치가 취해졌다. 이

촌향도의 인구 이동이 금지되었고, 1970년대 후반 호치민 시에서 약 150만 인구를 이동시키려는 시도가 있었으나, 그 계획은 완전히 실현되지는 않았다. 사회주의 정부 역시 도시 개발에 대한 엄격한 노선을 채택하였다. 예로 가장 오래된 사회주의 도시인 하노이에 실제 민간 가게는 없었고, 자동차도 별로 없었으며(자전거가 도로를 점유하였다), 도시 주변에는 대규모 정부 주도의 주거 프로젝트가 하노이에 있었다.

번영과 도시 형태 현대 동남아시아 도시의 첫 번째 일반 모델(그림 15.18)은 구 식민시대의 항구 주변에 바탕을 두고 서구 스타일의 CBD를 수용했다. 여러 면에서 이 모델은 식민 시대의 넓은 거리, 현대식 호텔, 높은 빌딩을 갖춘 큰 도시의 도심과 흡사하였다. 일반적으로 두 번째 CBD는 서구식 CBD보다 더 많은 사람들로 붐볐던 차이나타운이다. 일부 도시에는 또 다

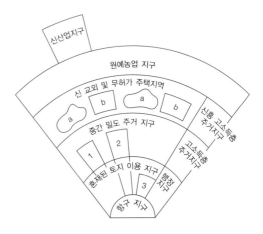

1 외국인 상업지구   2 외국인 상업지구   3 서구인 상업지구
a 무허가 주택 지역   b 교외

그림 15.18 다른 예전의 식민지였던 제3세계 도시의 특성을 많이 공유한 동남아시아 도시 모델. 무허가 불량주택 지역이 주변부에 나타나며, CBD와 부유한 근린지구 내부에는 식민지 유산이 지속되고 있다. 그리고 중국인과 일부 인도인의 사업체가 '외국인 상업지구'에 나타난다.
출처: McGee, T. G., 1967.

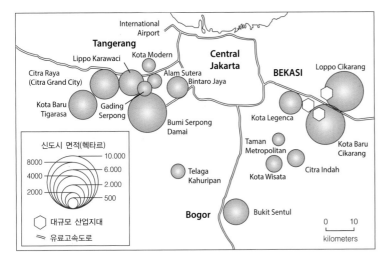

그림 15.19 제3세계 도시가 확장되면서 각 정부는 '신도시'를 만들어서 일부 인구를 분산하려고 하였다. 이 지도는 인도네시아 자카르타 지역의 신도시 입지를 보여준다(14장의 이집트 신도시에 관한 글상자도 참조).

출처: Dick, H.W. and P. J. Rimmer, 1998.

른 상업적 핵심 지대가 형성된 인도 타운이 있는 곳도 있었다. CBD 옆의 다른 지구와 구별된 곳을 점유한 엘리트 회랑이 있었다. 그 구역은 정부 건물로 시작하여, 과거 유럽인들이 점유한 상류층 주거 지역으로 이어진 후 새로운 교외 지구에서 끝난다. 이 회랑 밖의 주거 지대는 서구 도시보다는 그 구성이 좀 덜 계획적이었다. 주변 지역에는 새로운 교외 커뮤니티와 무허가 불량 취락이 포함된다. 이 주변 지역 바깥으로 집약적인 원예농업 지대가 위치한다.

1980년대와 1990년대 동남아시아는 비교적 평온하였다. 전쟁이 종결되었고, 이데올로기 문제는 잠잠해졌으며, 각 국가의 경제는 매우 빠르게 성장하였다. 매년 7~10%의 경제성장률이 보통이었다. 제조업이 마침내 도시 발달을 따라잡았으며, 일부 국가(싱가포르, 태국, 말레이시아, 인도네시아, 필리핀)는 주요 수출국으로 부상하였다. 그 결과 도시들은 보다 역동적이고 번성하였다. 점점 더 많은 사람들이 일부 국가에서는 전체 인구의 1/3 정도가 중산층으로 여겨지게 되었다. 일부 계획가들은 도시 패턴이 서구식의 요소들, 빗장 주거사회(gated residential communities), 교외

복합 쇼핑센터, 교외지역 고용기회, 즉 에지시티를 수용하기 위해 변화되어야 한다고 제의한다. 이것은 신흥 부자들이 그들의 부를 누리며 빈곤층의 계속된 문제와 도시 이미지로서 폭력으로부터 벗어나기 위한 방식이기도 하다. 많은 도시에서 이러한 요소들을 결합하는 규모가 큰 '신도시(new town)'가 가시화되었다(그림 15.19).

요약

일부 공통적인 요소는 확실히 제3세계 도시와 관련된다. 그러나 단지 유사성만을 고려하는 것은 잘못된 것일 수 있다. 모든 제3세계 도시들은 확실히 저개발 경제, 도시화의 촉진, 식민주의 영향에 크게 영향을 받았으나 이러한 요소들은 상당히 차이가 있다. 예로 유럽의 식민주의는 거의 모든 제3세계에 영향을 미쳤으나 세계 각 지역은 유럽의 영향에 앞서 자생적인 도시화를 겪었다. 식민 시대보다 앞선 도시의 유산은 남아시아의 바자(상점가) 시의 경우처럼 매우 중요할 수 있고, 또는 대부분 라틴아메리카 도시와 같이 고대 유

글상자 15.3 ▶ 중동 도시

2장에서 논의된 것처럼 세계에서 첫 번째 도시들이 현재의 이라크에서 출현하였다. 이 지역은 오늘날 모로코에서 이란에 이르는 넓은 범위의 중동 지역 일부이다. 초기부터 도시는 이 지역에서 지금의 이라크 북부, 나일 강, 지중해 세계로 확산되었다. 또한 많은 도시가 주요 내륙의 교역로를 따라 발달하였다. 그러나 오늘날 중동 도시는 주로 7, 8세기 이슬람의 성장과 확장에 따른 특성과 관련된다.

이슬람은 주요 모스크와 시장이 중심에 같이 존재하는 중동 도시의 가장 기본적인 면에 기여한다. 도시의 중심에 위치한 중앙(또는 금요일)[7] 모스크는 중동 도시의 종교적 성격을 규정하고 많은 삶의 사회적 및 정신적인 면을 결합시킨다(그림 B15.4). 모스크와 같이 섞여 있는 것은 도시의 주요 상업 센터이며 주요 공적 공간인 시장이다. 이 시장은 통로에 위치

그림 B15.4 이슬람 도시에는 중심적인 또는 '금요일' 모스크가 있다. 이 사진은 이집트 카이로의 것이다.

Dr. James L. Ricci, Image © John Wiley & Sons, Inc.

7) 이슬람교에서는 일주일 중에서 금요일이 가장 성스러운 날로 기독교의 일요일처럼 많은 신도들이 모스크에 모인다.

한 많은 가판대로 구성되어 있으며, 종종 덮개가 쳐져 있다. 시장은 밀집된 중심의 형태일 수 있으며 간혹은 도시의 이쪽에서 저쪽으로 구부러진 선형이다.

아부-룩호드(Janet Abu-Lughod, 1987)는 이슬람 도시의 특징이 되는 세 가지 성격을 파악하였다. 첫 번째는 사회적으로 비슷한 사람들을 실제 결합시키는 커뮤니티의 역할을 하는 비교적 안정적인 근린지구이다. 도시 내에서 인구 이동은 별로 없으며, 많은 근린지구는 오랜 유산을 향유한다. 근린지구는 역사적으로 중동 도시의 건축 블록 역할을 하면서 주민들을 가게, 종교, 그리고 민족별로 분리하였다. 이러한 격리는 때로는 통치 수단이 되어 사람들이 강제로 어떤 구역에 거주하도록 되었지만 대부분은 자발적이었다. 전통적으로 지배적인 부유한 가구들과 가난한 하인들 가구가 근린지구에 포함되었다.

두 번째 성격은 성(gender)의 격리와 남녀 공간의 조성이다. 도시 디자인은 사생활을 보호하기 위해서 건축물 높이, 창문 위치, 주택의 배치에 관한 규제를 포함하였다. 이 모든 것은 여성을 낯선 사람의 시선에서 차단하기 위한 것이었다. 엄격한 성의 격리에 의해 공적(남성), 사적(여성), 그리고 준사적(semiprivate) 공간으로 뚜렷이 규정된 공간의 구별이 이루어졌다. 아부-룩호드(1987)는 사우디아라비아의 주택은 "보통 1층에 정원과 지상층의 발코니에 접근할 수 있는 남성을 위한 건물이 있고… 2층과 3층은 여성 공간에 속하는 것으로 일상생활과 손님 접대용이다"(p. 26). 세 번째 성격은 근린지구의 상대적 강도와 결집이다. 근린지구는 방치되고 혼란한 시기에도 그 지구의 사회적 통합성을 유지한다. 이 경우 '근린지구'는 일종의 방어 공간이 된다. 실제로 많은 중동 도시들의 외관은 혼란스럽지만, 그 도시들은 유대가 긴밀한 합당한 조직체이다.

적과 관련된 것일 수 있다. 식민주의 패턴 또한 중요하다. 여러 유럽의 국가들은 모국의 도시를 닮은 식민 도시를 구성하려고 하였다. 제국주의 정부가 원주민을 다스린 접근 방식도 차이가 있었다. 글상자 15.3과 15.4는 다른 여건에서 출현한 도시의 예이다.

도시는 또한 문화와 관련하여 차이가 있다. 이 장에서는 도시를 동남아시아와 같은 넓은 문화 지역의 도시들을 범주화하였으나, 실제 문화는 도시 근린지역의 민족적 특성에 이르기까지 여러 스케일에서 나타난다. 큰 차이는 또한 경제 개발의 단계에서도 나타

글상자 15.4 ▶ 현대의 중국 도시

현대의 중국 도시는 과거 제국의 장대함, 과거 식민주의 지배, 새로운 사회주의 실현의 꿈을 반영하고 있다. 오늘날 중국의 도시는 자유 시장, 유리로 된 사무실 빌딩, 멋진 쇼핑가, 개인 주택, 사회 계층, 이 모든 것이 공산주의 정치 체제와 균형을 이루면서 새로운 세계 자본주의 시대로 급속히 접어들고 있다.

물론 중국 도시는 2장에서 일부 논의된 빛나는 오랜 역사를 갖고 있다. 그러나 19세기 및 20세기 초 중국의 경제와 도시는 어려움을 겪었다. 중국이 정치적으로 식민지가 되지는 않았지만 중국은 유럽 열강, 그 가운데 영국의 실질적인 경제 식민지가 되었다. 많은 중국 도시는 유럽인들의 주거를 제공해야 했으며, 유럽인들은 경제의 대부분을 장악하였다. 상하이처럼 많은 도시에서 유럽인들은 중국 통치를 받지 않는 특별 서구인 구역에서 거주하였다. 정부의 중심과 황제의 거처로 남았던 베이징에서 유럽인들의 영향은 비교적 적었지만 그곳에서도 호텔, 군사 주둔지, 교회, 은행 및 다른 서구 기관들이 설립되었다.

공산당이 1949년 정권을 잡은 시기에 많은 중국의 도시들은 쇠퇴기에 있었다. 주택은 부족하였고 남아 있는 대부분의 주택은 황폐한 상태였다. 그 결과 많은 사람들은 형편없는 슬럼에 거주하였다. 또한 도시들은 부적합한 하수도 시설, 상수도, 쓰레기 수거 때문에 지저분하였다. 공산주의 정부는 그러한 중국의 도시를 급격히 변화시켰다. 도시는 청결해졌으며 정부는 모든 사람에게 적합한 주택을 제공하려고 하였다. 이 목표는 개인의 주택은 국가 자산으로 전환하고 새로운 주택을 건설함으로써 이루어졌다.

도시를 개발하는 과정에 정부는 또한 여러 측면에서 중국 도시의 정치적·사회적·경제적 기반을 바꾸었다. 첫째, 모든 도시는 중앙 정부로부터 관리되었다. 둘째, 도시는 공업 생산을 지향하였으며, 사회 지역은 생산 장소를 중심으로 조정되었다. 산업 지역의 설정은 새로운 주거 지역의 입지보다 먼저 고려되었다. 공장과 국영 기업은 14장에서 논의된 것처럼 직장 바로 옆에 자체 주거 커뮤니티를 개발하였다. 주민에게 상품과 서비스 제공과 같은 기능은 이러한 직장 단위 내에서 개발되어, 한 지역에서 고용, 주거, 서비스 및 소매 기능이 통합되었다. 셋째, 공산당 엘리트는 예외였지만 사회 계층에 따른 근린지구의 계층은 없었다. 새롭게 건설된 주택은 직장과 인접하였고, 거의 모든 주택은 일 단위로 할당된 결과 직업별 사회적 격리가 크게 나타났다. 일부 주택의 구분은 상이한 일 단위 및 구 도심부 지역(종종 최악의 주택이 있었던), 공장 노동자들이 주로 거주하는 새로운 지역, 그리고 공산당 관료들이 차지한 지역에 존재하였다.

최근 경제 개혁으로 임대하거나 완전히 구입할 수 있는 준 토지소유권이 허용되었다. 자본주의 경제를 지향한 조치는 중국 사회내의 소득 불평등을 증가시켰다. 도시 내의 새로운 사회 지역이 출현하고 있다. 고가의 상업적 시장 주택은 도시의 다른 지역과 구별되는 근린지구에서 건설되고 있다. 이러한 주택은 일반 주택보다는 더 넓은 공간과 고급스러움을 제공한다(그림 B15.5). 또한 소비재에 대한 비중도 높아지고 있다. 신흥 부유층 욕구를 충족시키기 위해 레스토랑, 헬스클럽, 댄스홀이 문을 열었다. 이러한 추세는 중국 경제가 전반적으로 확대되면서 그리고 이미 나타난 개인 간의 경제적 불평등이 심화되면서 계속될 것으로 보인다.

Courtesy of Dr. David H. Kaplan

그림 B15.5 중국 경제와 토지 시장의 변화 때문에 부유한 근린 주거 지역 개발이 가능해졌다.

난다. 어떤 도시는 분명 중간 소득 도시이며 좀 더 부유하다고 평가를 받기도 한다. 싱가포르의 1인당 소득은 미국 1인당 소득과 비슷하다. 또 다른 도시들은 절망적일 정도로 빈곤하며, 사람들이 끊임없이 모여들고 있다. 이러한 사회적 · 정치적 · 경제적 차이는 상이한 도시지리를 야기한다. 각 도시 유형의 모델이 있으며 이 모델들은 도시에 대해 사고하는 유용한 방식이지만 각 도시는 그 도시 고유 조건의 산물이라는 점을 기억할 필요가 있다.

참고문헌

Abu-Lughod, Janet. 1987. "The Islamic City—Historic Myth, Islamic Essence, and Contemporary Relevance." *International Journal of Middle East Studies*, Vol. 19, pp. 155–76.

Adams, Paul, and Rina Ghose. 2003. "India.com: The Construction of a Space Between." *Progress in Human Geography*, Vol. 27, No. 4, pp. 414–37.

Adams, Robert McC. 1966. *The Evolution of Urban Society: Early Mesopotamia and Prehispanic Mexico*. Chicago: Aldine Publishing Company.

Agnew, John. 1995. *Rome*. World Cities Series. New York: John Wiley and Sons.

Airriess, Christopher, and David Clawson. 2000. "Mainland Southeast Asian Refugees." In J. McKee, ed., *Ethnicity in Contemporary America: A Geographical Appraisal*. Lanham, MD: Rowman & Littlefield.

Alonso, William. 1964. *Location and Land Use: Toward a General Theory of Land Rent*. Cambridge, MA; Harvard University Press.

American Farmland Trust. 2006. Farmland Information Center Fact Sheet: Cost of Community Service Studies.

Apgar, William C. 2012. *Getting on the Right Track: Improving Low-Income and Minority Access to Mortgage Credit after the Housing Bust*. Cambridge, MA: Joint Center for Housing Studies, Harvard University.

Archdeacon, Thomas. 1983. *Becoming American: An Ethnic History*. New York: The Free Press.

Armstrong, Warwick, and T. G. McGee. 1985. *Theatres of Accumulation: Studies in Asian and Latin American Urbanization*. London: Methuen.

Austrian, Ziona, and Mark S. Rosentraub. 2002. "Cities, Sports, and Economic Change: A Retrospective Assessment." *Journal of Urban Affairs*, Vol. 24, pp. 549–63.

Auto Channel. 2006. Nissan to Test Intelligent Transportation System in Japan. http://www.theauto channel.com/news/2006/09/20/022453.html.

Barkan, Elliott R. 1996. *And Still They Come: Immigrants and American Society 1920 to the 1990s*. Wheeling, IL: Harlan Davidson.

Barnes, William, and Larry Ledebur. 1998. *The New Regional Economies: The U.S. Common Market and the Global Economy*. Thousand Oaks, CA: Sage Publications.

Barnet, Jonathan, and Gary Hack. 2000. "Urban Design." In *The Practice of Local Government Planning*, 3rd ed. Washington, D.C.: International City/County Management Association.

Bater, James. 1984. "The Soviet City: Continuity and Change in Privilege and Place." In J. Agnew, J. Mercer, and D. Sopher, eds., *The City in Cultural Context*. Boston: Allen & Unwin.

Bauder, Harald. 2000. "Reflections on the Spatial Mismatch Debate." *Journal of Planning Education and Research*, Vol. 19, pp. 316–20.

Baum, Howell. 2000. "Communities, Organizations,Politics, and Ethics." In *The Practice of Local Government Planning*, 3rd ed. Washington, D.C.: International City/County Management Association.

Beaverstock, J. V., and J. Smith. 1996. "Lending Jobs to Global Cities: Skilled International Labour Migrations, Investment Banking and

the City of London." *Urban Studies*, Vol. 33, pp. 1377–94.

Beaverstock, J. V., R. G. Smith, and P. J. Taylor. 2000. "World City Network: A New Metageography?" *Annals of the Association of American Geographers*, Vol. 90, pp. 123–34.

Bender, Carrie. 2001. The Role of Community-Based Organizations and the Local Government in the Creation and Maintenance of Racially Integrated Communities in the Cleveland Metropolitan Area. MA thesis, Kent State University.

Benevolo, Leonardo. 1985. *The Origins of Modern Town Planning*. Cambridge, MA: MIT Press.

Berry, Brian J. L. 1985. "Islands of Renewal in Seas of Decay." In Paul Peterson, ed., *The New Urban Reality*. Washington, D.C.: Brookings Institution.

Berry, Brian J. L., and John D. Kasarda. 1977. *Contemporary Urban Ecology*. New York: Macmillan Publishing Co., Inc.

Berry, Brian J. L., and James O. Wheeler, eds. 2005. *Urban Geography in America, 1950–2000: Paradigms and Personalities*. New York: Routledge.

Berube, A., and W. H. Frey. 2002. *A Decade of Mixed Blessings: Urban and Suburban Poverty in Census 2000*. Washington, D.C.: The Brookings Institution.

Beveridge, Andrew A. 2011. "Commonalities and Contrasts in the Development of Major United States Urban Areas: A Spatial and Temporal Analysis from 1910 to 2000." In M. P. Gutmann, G. D. Deane, E. R. Merchant, and K. M. Sylvester, eds., *Navigating Time and Space in Population Studies*. New York: Springer.

Bhardwaj, Surinder, and N. Madhusudana Rao. 1990. "Asian Indians in the United States: A Geographic Appraisal." In Colin Clarke, Ceri Peach, and Steven Vertovec, eds., *South Asians Overseas: Migration and Ethnicity*. Cambridge: Cambridge University Press, 197–217.

Bischoff, Kendra, and Sean Reardon. 2013. "Residential Segregation by Income, 1970–2009." US2010 Research Report 10162013, Brown University (http://www.s4.brown.edu/us2010/Data/Report/report10162013.pdf) and forthcoming in J. Logan, ed., *The Lost Decade? Social Change in the U.S. after 2000*. New York: Russell Sage Foundation.

Bonine, Michael. 1993. "Cities of the Middle East and North Africa." In Stanley Brunn and Jack Williams, eds., *Cities of the World: World Regional Urban Development*, 2nd ed. New York: HarperCollins.

Borchert, J. R. 1967. "American Metropolitan Evolution." *Geographical Review*, Vol. 57, pp. 301–32.

Bose, Nirmal. 1973. "Calcutta: A Premature Metropolis." In *Cities: Their Origins, Growth and Human Impact—Readings from Scientific American*. San Francisco: W. H. Freeman and Company.

Boswell, Thomas. 1993. "Racial and Ethnic Segregation Patterns in Metropolitan Miami, Florida, 1980–1990." *Southeastern Geographer*, Vol. 33, pp. 82–109.

Boswell, Thomas, and Angel Cruz-Báez. 2000. "Puerto Ricans Living in the United States." In J. McKee, ed., *Ethnicity in Contemporary America: A Geographical Appraisal*. Lanham, MD: Rowman & Littlefield.

Bowen, John T., Jr. 2006. "The Geography of Certified Trade-Induced Manufacturing Job Loss in New England." *The Professional Geographer*, Vol. 58, pp. 249–65.

Brennan, Eileen. 1999. "Urban Land and Housing Issues Facing the Third World." In J. Kasarda and A. Parnell, eds., *Third World Cities: Problems, Policies, and Prospects*. Newbury Park, CA: Sage Publications.

Brenner, Neil, and Christian Schmid. 2012. "Planetary Urbanisation." In Matthew Gandy, ed., *Urban Constellations*. Berlin: Jovis, pp. 10–13.

Breton, Raymond. 1964. "Institutional Completeness of Ethnic Communities and the Personal Relations of Immigrants." *American Journal of Sociology*, Vol. 70, pp. 193–205.

Briggs, Asa. 1970. *Victorian Cities*. New York: Harper Colophon Books.

Briggs, X. d. S, S. Popkin, and J. Goering. 2010. *Moving to Opportunity: The Story of an American Experiment to Fight Ghetto Poverty*. New York: Oxford University Press.

Brown, Catherine, and Clifton Pannell. 2000. "The Chinese in America." In J. McKee, ed., *Ethnicity in Contemporary America: A Geographical Appraisal*. Lanham, MD: Rowman & Littlefield.

Brown, Michael, and Larry Knopp. 2006. "Places or Polygons? Governmentality, Scale, and the Census in *The Gay and Lesbian Atlas*." *Population, Space and Place*, Vol. 12, pp. 223–42.

Brown, Richard. 1974. "The Emergence of Urban Society in Rural Massachusetts, 1760–1820." *Journal of American History*, Vol. 61, No. 1, pp. 29–51.

Brunn, S. D., and J. F. Williams. 1993. *Cities of the World: World Regional Urban Development, 2nd edition*. New York: Harper Collins College Publisher.

Brush, John. 1962. "The Morphology of Indian Cities." In Roy Turner, ed., *India's Urban Future*. Berkeley: University of California Press, pp. 57–70.

Burgess, Ernest W. 1925 (1967). "The Growth of the City: An Introduction to a Research Project." In R. Park, E. Burgess, and R. McKenzie, *The City*. Chicago: University of Chicago Press.

Burtenshaw, David, Michael Bateman, and Gregory Ashworth. 1991. *The European City: A Western Perspective*. London: David Fulton.

Caldeira, Teresa P. R. 2000. *City of Walls: Crime, Segregation, and Citizenship in São Paulo*. Berkeley: University of California Press.

Calimani, R. 1987. *The Ghetto of Venice*. New York: M. Evans and Company.

Calthorpe, Peter. 1993. *The Next American Metropolis: Ecology, Community, and the American Dream*. New York: Princeton Architectural Press.

Carbonell, Armando. 2004. "Forward." In Dolores Hayden, *A Field Guide to Sprawl*. New York and London: W. W. Norton & Company, pp. 5–6.

Carta, Silvio, and Marta González. 2012. "Mapping Connectedness of Global Cities: α, β and γ Tiers." In Atlas of the World According to GaWC, http://www.lboro.ac.uk/gawc/visual/globalcities2010.html.

Carter, Harold. 1983. *An Introduction to Urban Historical Geography*. London: Edward Arnold.

Castells, Manuel. 1977. *The Urban Question: A Marxist Approach*. Cambridge, MA: MIT Press.

Castells, Manuel. 1983. *The City and the Grassroots*. Berkeley: University of California Press.

Castells, Manuel. 2004. "Space of Flows, Space of Places: Materials for a Theory of Urbanism in the Information Age." In Stephen Graham, ed., *The Cybercity Reader*. London and New York: Routledge, pp. 82–93.

Cervero, Robert. 1995. "Sustainable New Towns: Stockholm's Rail-Served Satellites." *Cities*, Vol. 12, pp. 41–51.

Chakravorty, Sanjoy. 2000. "From Colonial City to Globalizing City? The Far-From-Complete Spatial Transformation of Calcutta." In P. Marcuse and R. van Kempen, eds., *Globalizing Cities: A New Spatial Order?* Oxford, UK: Blackwell Publishers.

Chandler, Tertius, and Gerald Fox. 1974. *3000 Years of Urban Growth*. New York: Academic Press.

Childe, V. Gordon. 1950. "The Urban Revolution." *Town Planning Review*, Vol. 21, No. 1, pp. 3–17.

Christaller, Walter. 1933. *Die Zentralen Orte in Süddeutschland*. Translated by C. W. Baskin, 1966, as *Central Places in Southern Germany*. Englewood Cliffs, NJ: Prentice-Hall.

Chung, Tom. 1995. "Asian Americans in Enclaves—They Are Not One Community: New Models of Asian American Settlement." *Asian American Policy Review*, Vol. 5, pp. 78–94.

Clark, K. B. 1965. *Dark Ghetto: Dilemmas of Social Power*. New York: Harper and Row.

Claval, Paul. 1984. "Cultural Geography of the European City." In J. Agnew, J. Mercer, and D. Sopher, eds., *The City in Cultural Context*. Boston: Allen & Unwin.

Cooke, Thomas, and Sarah Marchant. 2006. "The Changing Intra-metropolitan Location of High-Poverty Neighbourhoods in the U.S., 1990–2000." *Urban Studies*, Vol. 43, pp. 1971–89.

Cox. Wendell. 2012. "The Evolving Urban Form: Cairo." http://www.newgeography.com/content/002901-the-evolving-urban-form-cairo.

Cullingworth, J. Barry. 1993. *The Political Culture of Planning*. New York: Routledge.

Cutsinger, Jackie, and George Galster. 2006. "There is No Sprawl Syndrome: A New Typology of Metropolitan Land Use Patterns." *Urban Geography*, Vol. 27, pp. 228–52.

Cutsinger, Jackie, George Galster, Harold Wolman, Royce Hanson, and Douglas Towns. 2005. "Verifying the Multi-Dimensional Nature of Metropolitan Land Use: Advancing the Understanding and Measurement of Sprawl." *Journal of Urban Affairs*, Vol. 27, pp. 235–59.

Dahl, Robert. 1961. *Who Governs? Democracy and Power in an American City*. New Haven: Yale University Press.

Dangschat, J., and J. Blasius. 1987. "Social and Spatial Disparities in Warsaw in 1978: An Application of Correspondence Analysis to a 'Socialist' City." *Urban Studies*, Vol. 24, pp. 173–91.

Davies, Norman. 1996. *Europe: A History*. New York: Oxford University Press.

De Blij, Harm and Muller, Peter, 2003. *Concepts and Regions in Geography*. New York: John Wiley & Sons.

Dear, Michael. 1988. "The Postmodern Challenge: Reconstructing Human Geography." *Transactions, Institute of British Geographers*, Vol. 13, pp. 262–74.

Dear, Michael. 2000. *The Postmodern Urban Condition*. Madden, MA: Blackwell.

Dear, Michael, and Steven Flusty. 1998. "Postmodern Urbanism." *Annals of the Association of American Geographers*, Vol. 88, pp. 50–72. See also the 1999 special issue of *Urban Geography* (Vol. 20) evaluating Dear and Flusty's paper.

DeNavas-Walt, Carmen, Bernadette D. Proctor, and Jessica C. Smith. 2013. *Income, Poverty, and Health Insurance Coverage in the United States: 2012*. U.S. Census Bureau, Current Population Reports, P60-245. Washington, D.C.: U.S. Government Printing Office,

Denton, N. A. 1994. "Are African-Americans Still Hypersegregated?" in R. D. Bullard, J. E. Grigsby, III, and C. Lee, eds., *Residential Apartheid: The American Legacy*. Los Angeles: CAAS Publications, Center for Afro-American Studies, University of California, Los Angeles.

Derudder, B., P. Taylor, P. Ni, A. De Vos, M. Hoyler, H. Hanssens, D. Bassens, J. Huang, F. Witlox, W. Shen, and X. Yang. 2010. "Pathways of Change: Shifting Connectivities in the World City Network, 2000–2008." *Urban Studies*, Vol. 47, pp. 1861–77.

Derudder, B., F. Witlox, and P. J. Taylor. 2007. "U.S. Cities in the World City Network: Comparing Their Positions Using Global Origins and Destinations of Airline Passengers." *Urban Geography*, Vol. 28, pp. 74–91.

Dick, H. W., and P. J. Rimmer. 1998. "Beyond the Third World City: The New Urban Geography of South-East Asia." *Urban Studies*, Vol. 35, No. 12, pp. 2303–21.

Dicken, P. 2004. "Geographers and 'Globalization': (Yet) Another Missed Boat?" *Transactions, Institute of British Geographers*, Vol. 29, No. 1, pp. 5–26.

Dickinson, Robert E. 1962. *The West European City: A Geographical Interpretation*. London: Routledge and Kegan Paul.

Domosh, Mona, and Joni Seager. 2001. *Putting Women in Place: Feminist Geographers Make Sense of the World*. New York: Guilford Press.

Downs, Anthony. 1981. *Neighborhoods and Urban Development*. Washington, D.C.: Brookings Institution.

Drake, St. Clair, and Horace R. Cayton. 1945. *Black Metropolis: A Study of Negro Life in a Northern City*. New York: Harcourt, Brace and Company.

Duany, A., E. Plater-Zyberk, and J. Speck. 2000. *Suburban Nation: The Rise of Sprawl and the Decline of the American Dream*. New York: North Point Press.

Durkheim, Emile. 1893 (1964). "Mechanical Solidarity through Likeness"; and "Organic Solidarity Due to the Division of Labor." In *The Division of Labor in Society*. New York: The Free Press.

Dutt, Ashok. 1993. "Cities of South Asia." In Stanley Brunn and Jack Williams, eds., *Cities of the World: World Regional Urban Development*, 2nd ed. New York: HarperCollins.

ECLAC. 2000. *Social Panorama of Latin America, 1999–2000*. United Nations Publications.

Edwards, Mike. 2000. "Indus Civilization." *National Geographic*, Vol. 197, No. 6, pp. 108–31.

Eggers, Frederick J. 2001. "Homeownership: A Housing Success Story." *Cityscape: A Journal of Policy Development and Research*, Vol. 5, pp. 43–56.

Elwood, Sarah. 2002. "GIS Use in Community Planning: A Multidimensional Analysis of Empowerment." *Environment and Planning A*, Vol. 34, pp. 905–22.

Elwood, Sarah, and Rina Ghose. 2001. "PPGIS in Community Development Planning: Framing the Organizational Context." *Cartographica*, Vol. 38, pp. 19–33.

Elwood, Sara, and Helga Leitner. 2003. "GIS and Spatial Knowledge Production for Neighborhood Revitalization: Negotiating State Priorities and Neighborhood Visions." *Journal of Urban Affairs*, Vol. 25, pp. 139–57.

England, Kim V. L. 1993. "Suburban Pink Collar Ghettos: The Spatial Entrapment of Women?" *Annals of the Association of American Geographers*, Vol. 83, pp. 225–242.

Ennis, Sharon R., Merarys Ríos-Vargas, and Nora G. Albert. 2010. The Hispanic Population: 2010. 2010 Census Briefs, C2010BR-04 I.

Enyedi, György, ed. 1998. *Social Change and Urban Restructuring in Central Europe*. Budapest: Akadémiai Kiadó.

Esman, Milton. 1986. "The Chinese Diaspora in Southeast Asia." In Gabriel Sheffer, ed., *Modern Diasporas in International Politics*. New York: St. Martin's Press.

Espritu, Yen Le. 1992. *Asian American Panethnicity: Bridging Institutions and Identities*. Philadelphia: Temple University Press.

ESRI. 2006. GIS Solutions for Urban and Regional Planning.

Eurostat. 2014. Structural Business Statistics. European Commission. http://epp.eurostat.ec.europa.eu/portal/page/portal/european_business/data/main_tables.

Fainstein, N. I. 1993. "Race, Class and Segregation: Discourses about African

Americans." *International Journal of Urban and Regional Research*, Vol. 17, pp. 384–403.

Fik, Timothy. 2000. *The Geography of Economic Development: Regional Changes, Global Challenges*. New York: McGraw-Hill.

Financial Crisis Inquiry Commission (FCIC). 2011. *The Financial Crisis Inquiry Report: Final Report of the National Commission on the Causes of the Financial and Economic Crisis in the United States*. Washington, D.C.: U.S. Government Printing Office.

Fishman, Robert. 1996. "Urban Utopias: Ebenezer Howard and Le Corbusier." In S. Campbell and S. Fainstein, eds., *Readings in Planning Theory*. Oxford: Blackwell Publishers.

Fishman, Robert. 2000. "The American Metropolis at Century's End: Past and Future Influences." *Housing Policy Debate*, Vol. 11, pp. 199–213.

Fitch, Catherine, and Steven Ruggles. 2003. "Building the National Historical Geographic Information System." *Historical Methods: A Journal of Quantitative and Interdisciplinary History*, Vol. 36, No. 1, 41–51.

Florida, Richard. 2002a. "The Economic Geography of Talent." *Annals of the Association of American Geographers*, Vol. 92, pp. 743–55.

Florida, Richard. 2002b. *The Rise of the Creative Class . . . And How It's Transforming Work, Leisure, Community and Everyday Life*. New York: Basic Books.

Florida, Richard. 2005. *Cities and the Creative Class*. New York: Routledge.

Florida, Richard. 2011. "Why Cities Matter." http://www.theatlantic cities.com/arts-and-lifestyle/2011/09/why-cities-matter/123/.

Florida, Richard. 2013a. "San Francisco May Be the New Silicon Valley." *The Atlantic Cities: Place Matters*, August 5, 2013. http://www.theatlantic cities.com/jobs-and-economy/2013/08/why-san-francisco-may-be-new-silicon-valley/6295/.

Florida, Richard. 2013b. "The Boom Towns and Ghost Towns of the New

Economy." *The Atlantic Magazine*, October 2013. http://www.theatlantic.com/magazine/archive/2013/10/the-boom-towns-and-ghost-towns-of-the-new-economy/309460.

Florida, Richard. 2013c. "Where America's Inventors Are." *The Atlantic Cities: Place Matters*, October 9, 2013. http://www.theatlanticcities.com/jobs-and-economy/2013/10/where-americas-inventors-ara/7069/.

Foglesong, Richard. 1986. *Planning the Capitalist City*. Princeton, NJ: Princeton University Press.

Forbes, Dean. 1996. *Asian Metropolis: Urbanisation and the Southeast Asian City*. New York: Oxford University Press.

Ford, Larry R. 2003. *America's New Downtowns: Revitalization or Reinvention*. Baltimore, MD: Johns Hopkins University Press.

Forest, Benjamin. 1995. "West Hollywood as Symbol: The Significance of Place in the Construction of a Gay Identity." *Environment and Place, D: Society and Space*, Vol. 13, pp. 133–57.

Frank, Andre Gunder. 1969. *Capitalism and Underdevelopment in Latin America*. New York: Modern Reader.

Frazier, John W., and Eugene L. Tettey-Fio. 2006. *Race, Ethnicity and Place in a Changing America*. Binghamton, NY: Global Academic Press.

French, R. A., and F. Hamilton, eds. 1979. *The Socialist City: Spatial Structure and Urban Policy*. New York: John Wiley and Sons.

Frey, William. 1998. "Immigration's Impact on America's Social Geography: Research and Policy Issues." Presented at annual meeting of the Association of American Geographers, Boston, MA.

Friedmann, John. 1986. "The World City Hypothesis." *Development and Change*, Vol. 17, pp. 69–84.

Friedman, Samantha, Angela Reynolds, Susan Scovill, Florence Brassier, Ron Campbell, and McKenzie Ballou. 2013. *An Estimate of Housing*

Discrimination against Same-Sex Couples. Washington, D.C.: U.S. Department of Housing and Urban Development, Office of Policy Development and Research.

Fujita, Kumiko, and Richard Child Hill. 1993. *Japanese Cities in the World Economy.* Philadelphia: Temple University Press.

Gallion, Arthur, and Simon Eisner. 1983. *The Urban Pattern: City Planning and Design.* New York: Van Nostrand Reinhold Co.

Galster, G. 1996. "Poverty." In G. Galster, ed., *Reality and Research: Social Science and U.S. Urban Policy Since 1960.* Washington, D.C.: The Urban Institute Press.

Galster, George, Royce Hanson, Michael Ratcliffe, Harold Wolman, Stephen Coleman, and Jason Freihage. 2001. "Wrestling Sprawl to the Ground: Defining and Measuring an Elusive Concept." *Housing Policy Debate,* Vol. 12, pp. 681–717.

Gans, Herbert J. 1962. *The Urban Villagers: Group and Class in the Life of Italian-Americans.* New York: The Free Press of Glencoe.

Gans, Herbert J. 1967. *The Levittowners: Ways of Life and Politics in a New Suburban Community.* New York: Pantheon Books.

Garreau, Joel. 1991. *Edge City: Life on the New Frontier.* New York: Anchor Books.

Garrett, T. A. 2004. "Casino Gaming and Local Employment Trends." *Review-Federal Reserve Bank of Saint Louis,* Vol. 86, No. 1, pp. 9–22.

Gates, Gary J., and Jason Ost. 2004. *The Gay and Lesbian Atlas,* Washington, D.C.: The Urban Institute Press.

Germain, Annick, and Damaris Rose. 2000. *Montreal: The Quest for a Metropolis.* New York: Wiley.

Gerth, H. H., and C. Wright Mills. 1958. *From Max Weber: Essays in Sociology.* New York: Galaxy Books.

Gilbert, Melissa R., 1997. "Feminism and Differences in Urban Geography." *Urban Geography,* Vol. 18, pp. 166–79.

Girouard, Mark. 1985. *Cities and People.* New Haven, CT: Yale University Press.

Glaeser, Edward, and Jacob Vigdor. 2012. *The End of the Segregated Century: Racial Separation in America's Neighborhoods, 1890–2010.* Civic Report No. 66, January 2012. New York: The Manhattan Institute.

Godfrey, B. J., and Y. Zhou. 1999. "Ranking World Cities: Multinational Corporations and the Global Urban Hierarchy." *Urban Geography,* Vol. 20, pp. 268–81.

Goering, John, Judith D. Reins, and Todd M. Richardson. 2002. "A Cross-Site Analysis of Initial Moving to Opportunity Demonstration Results." *Journal of Housing Research,* Vol. 13, pp. 1–30.

Goetz, A. R. 1992. "Air Passenger Transportation and Growth in the U.S. Urban System, 1950–1987." *Growth and Change,* Vol. 23, No. 2, 217–38.

Goetz, E. G. 2002. "Forced Relocation vs. Voluntary Mobility: The Effects of Dispersal Programmes on Households." *Housing Studies,* Vol. 17, pp. 107–23.

Goetz, Edward G. 2013. *New Deal Ruins: Race, Economic Justice, and Public Housing Policy.* Ithaca, New York and London: Cornell University Press.

Gordon, Mary McDougall. 1978. "Patriots and Christians: A Reassessment of Nineteenth-Century School Reformers." *Journal of Social History,* Vol. 11, pp. 554–74.

Gottmann, J. 1964. *Megalopolis: The Urbanized Northeastern Seaboard of the United States.* Cambridge, MA: MIT Press.

Griffeth, Robert, and Carol Thomas, eds. 1981. *The City-State in Five Cultures.* Santa Barbara, CA: ABC-Clio.

Griffin, Ernst, and Larry Ford. 1980. "A Model of Latin American City Structure." *The Geographical Review,* Vol. 70, pp. 397–422.

Gugler, Josef. 1993. "Third World Urbanization Reexamined." *International Journal of Contemporary Sociology,* Vol. 30, No. 1, 21–38.

Gugler, Josef, ed. 1996. *The Urban Transformation of the Developing World.* Oxford: Oxford University Press.

Hägerstrand, Torsten. 1953. *Innovationsförloppet ur korologisk Synpunkt.* Translated by A. Pred, 1967, as *Innovation Diffusion as a Spatial Process.* Chicago: University of Chicago Press.

Haggett, Peter. 1966. *Locational Analysis in Human Geography.* New York: St. Martin's Press.

Hall, Peter. 1996. *Cities of Tomorrow.* Oxford: Blackwell Publishers.

Hamilton, David. 2000. "Organizing Government Structure and Governance Functions in Metropolitan Areas in Response to Growth and Change: A Critical Overview." *Journal of Urban Affairs,* Vol. 22, No. 1, pp. 65–84.

Hammond, Mason. 1972. *The City in the Ancient World.* Cambridge, MA: Harvard University Press.

Hampton, Keith, and Barry Wellman. 2003. "Neighboring in Netville: How the Internet Supports Community and Social Capital in a Wired Suburb." *City & Community,* Vol. 2, No. 4, pp. 277–311.

Handlin, Oscar. 1941 (1976). *Boston's Immigrants.* New York: Atheneum.

Hanson, Royce, ed., 1983. *Rethinking Urban Policy: Urban Development in an Advanced Economy.* U.S. National Research Council, Commission on Behavioral and Social Sciences and Education, Committee on National Urban Policy. Washington, D.C.: National Academy Press.

Hanson, Susan, and Perry Hanson. 1980. "Gender and Urban Activity Patterns in Uppsala, Sweden." *Geographical Review,* Vol. 70, pp. 291–99.

Hanson, Susan, and Geraldine Pratt. 1995. *Gender, Work, and Space.* London and New York: Routledge.

Harrigan, John. 1989. *Political Change in the Metropolis.* Glenview, IL: Scott, Foresman.

Harrington, Michael. 1962. *The Other America: Poverty in the United States.* New York: Macmillan.

Harris, Chauncy D. 1997. "'The Nature of Cities' and Urban Geography in the Last Half Century." *Urban Geography*, Vol. 18, pp. 15–35.

Harris, Chauncy D., and Edward L. Ullman. 1945. "The Nature of Cities." *Annals of the American Academy of Political and Social Sciences*, Vol. 242, pp. 7–17. See also the 1997 special issue of *Urban Geography* (Vol. 18) commemorating the 50th anniversary of the publishing of "The Nature of Cities."

Hartshorn, Truman A., and Peter O. Muller. 1989."Suburban Downtowns and the Transformation of Metropolitan Atlanta's Business Landscape," *Urban Geography*, Vol. 10, pp. 375–95.

Harvey, David. 1973. *Social Justice and the City.* Baltimore: Johns Hopkins University Press.

Harvey, David, 1989. *The Urban Experience.* Baltimore and London: The Johns Hopkins University Press.

Haverluk, Terence. 1997. "The Changing Geography of U.S. Hispanics, 1850–1990." *Journal of Geography*, May/June, pp. 134–45.

Hayden, Dolores. 1981. "What Would a Non-Sexist City Be Like? Speculations on Housing, Urban Design, and Human Work." In C. R. Stimpson, E. Dixler, M. J. Nelson, and K. Yatrakis, eds., *Women and the American City.* Chicago: University of Chicago Press.

Hemmens, George, and Janet McBride. 1993. "Planning and Development Decision Making in the Chicago Region." In Donald Rothblatt and Andrew Sancton, eds., *Metropolitan Governance: American/Canadian Intergovernmental Perspectives.* Berkeley: Institute of Governmental Studies Press, University of California.

Herberg, Edward. 1989. *Ethnic Groups in Canada: Adaptations and Transitions.* Scarborough, Ontario: Nelson Canada.

Hing, Bill Ong. 1993. *Making and Remaking Asian America through Immigration Policy 1850–1990.* Stanford, CA: Stanford University Press.

Hirsch, A. R. 1983. *Making the Second Ghetto: Race and Housing in Chicago, 1940–1960.* Cambridge, UK, and New York: Cambridge University Press.

Hitz, Hansruedi, Christian Schmid, and Richard Wolff. 1994. "Urbanization in Zurich: Headquarter Economy and City-Belt." *Environment and Planning D: Society and Space*, Vol. 12, pp. 167–85.

Hodge, Peter. 1972. *Roman Towns.* London: Longmans.

Holzner, Lutz. 1970. "The Role of History and Tradition in the Urban Geography of West Germany," *Annals of the Association of American Geographers*, Vol. 60, pp. 315–39.

Hoover, Edgar M., and Raymond Vernon. 1962. *Anatomy of a Metropolis.* New York: Doubleday-Anchor.

Horowitz, Donald. 2000. *Ethnic Groups in Conflict.* Berkeley: University of California Press.

Hoyt, Homer. 1936–1937. "City Growth and Mortgage Risk." In Homer Hoyt, ed., *According to Hoyt; Fifty Years of Homer Hoyt. Articles on Law, Real Estate Cycle, Economic Base, Sector Theory, Shopping Centers, Urban Growth, 1916–1966.* Washington, D.C.: Homer Hoyt.

Hoyt, Homer. 1939. *The Structure and Growth of Residential Neighborhoods in American Cities.* Washington, D.C.: Federal Housing Administration.

Hu, Xiuhong, and David Kaplan. 2001. "The Emergence of Affluence in Beijing: Residential Social Stratification in China's Capital City." *Urban Geography*, Vol. 22, No. 1, pp. 54–77.

Hunter, Floyd. 1980. *Community Power Succession: Atlanta's Policy Makers Revisited.* Chapel Hill: University of North Carolina Press.

Iceland, J., D., H. Weinberg, and E. Steinmetz. 2002. *Racial and Ethnic Residential Segregation in the United States: 1980–2000,* U.S. Census Bureau, Series CENSR-3. Washington, D.C.: U.S. Government Printing Office.

Immergluck, Dan. 2012. "Distressed and Dumped: Market Dynamics of Low-Value, Foreclosed Properties during the Advent of the Federal Neighborhood Stabilization Program." *Journal of Planning Education and Research*, Vol. 32, pp. 48–61.

Immergluck, Dan, and Geoff Smith. 2004. *Risky Business: An Econometric Analysis of the Relationship Between Subprime Lending and Neighborhood Foreclosures.* Chicago: Woodstock Institute.

Immergluck, Dan, and Geoff Smith. 2005. "Measuring the Effect of Subprime Lending on Neighborhood Foreclosures." *Urban Affairs Review*, Vol. 40, pp. 362–89.

Immergluck, Dan, and Marti Wiles. 1999. *Two Steps Back: The Dual Mortgage Market, Predatory Lending, and the Undoing of Community Development.* Chicago: Woodstock Institute.

Isajiw, W. 1974. "Definitions of Ethnicity." *Ethnicity*, Vol. 1, pp. 111–124.

Jackson, K. T. 1985. *Crabgrass Frontier: The Suburbanization of the United States.* New York and Oxford: Oxford University Press.

Jacobs, Jane. 1961. *The Death and Life of Great American Cities.* New York: Vintage Books.

Jacobs, Jane. 1969. *The Economy of Cities.* New York: Random House.

Jargowsky, P. A. 1994. "Ghetto Poverty among Blacks in the 1980s." *Journal of Policy Analysis and Management*, Vol. 13, pp. 288–310.

Jargowsky, P. A. 1997. *Poverty and Place: Ghettos, Barrios, and the American City.* New York: Russell Sage Foundation.

Jargowsky, P. A. 2003. "Stunning Progress, Hidden Problems: The Dramatic Decline of Concentrated Poverty in the 1990s." *The Living Census Series.* Washington, D.C.: The Brookings Institution.

Jargowsky, P. A., and M. J. Bane. 1991. "Ghetto Poverty in the United States, 1970–1980." In C. Jencks and P. E. Peterson, eds., *The Urban Underclass*. Washington, D.C.: The Brookings Institution, pp. 235–73.

Jargowsky, P. A., and R. Yang. 2006. "The 'Underclass' Revisited: A Social Problem in Decline." *Journal of Urban Affairs*, Vol. 28, pp. 55–70.

Jefferson, Mark. 1939. "The Law of the Primate City." *Geographical Review*, Vol. 29, pp. 226–32.

Johnson, Daniel K. N., and Amy Brown. 2004. "How the West Has Won: Regional and Industrial Immersion in U.S. Patent Activity." *Economic Geography*, Vol. 80, pp. 241–60.

Johnson, J. H., Jr. 2003. "Immigration Reform, Homeland Defense, and Metropolitan Economics in the Post 9–11 Environment." *Urban Geography*, Vol. 23, pp. 201–12.

Johnson, J. H., Jr. and W. C. Farrrell, Jr. 1996. "The Fire This Time: The Genesis of the Los Angeles Rebellion of 1992." In J. C. Boger and J. W. Wegner, eds., *Race, Poverty, and American Cities*. Chapel Hill and London: University of North Carolina Press, pp. 166–85.

Johnson, Jotham. 1973. "The Slow Death of a City." In Kingsley Davis, ed., *Cities: Their Origin, Growth and Human Impact*. San Francisco: W. H. Freeman Company, pp. 58–61.

Johnson, William C. 1997. *Urban Planning and Politics*. Chicago: American Planning Association.

Johnston, R. J. 1982. *Geography and the State: An Essay in Political Geography*. New York: St. Martin's Press.

Joint Center for Housing Studies of Harvard University (JCHS). 2013. *The State of the Nation's Housing 2013*. Cambridge, MA: the President and Fellows of Harvard College.

Judd, Dennis, and Todd Swanstrom. 1994. *City Politics: Private Power and Public Policy*. New York: HarperCollins.

Kain, J. F. 1968. "Housing Segregation, Negro Employment, and Metropolitan Decentralization." *Quarterly Journal of Economics*, Vol. 82, pp. 175–97.

Kaplan, David H. 1997. "The Creation of an Ethnic Economy: Indochinese Business Expansion in St. Paul." *Economic Geography*, Vol. 73, pp. 214–33.

Kaplan, David H. 1998. "The Spatial Structure of Ethnic Economies." *Urban Geography*, Vol. 19, pp. 489–501.

Kaplan, David H., and Steven R. Holloway. 1998. *Segregation in Cities*. Washington, D.C.: Association of American Geographers.

Kaplan, Robert D. 1994. "The Coming Anarchy," *Atlantic Monthly*, Vol. 273, No. 2, pp. 44–76.

Karan, P. P., and Kristin Stapleton, eds. 1997. *The Japanese City*. Lexington: University of Kentucky Press.

Kasarda, John, and Allan Parnell, eds. 1993. *Third World Cities: Problems, Policies, and Prospects*. Newbury Park, CA: Sage Publications.

Katz, Bruce, and Jennifer Bradley. 2013. *The Metropolitan Revolution: How Cities and Metros Are Fixing Our Broken Politics and Fragile Economy*. Washington, D.C.: The Brookings Institution.

Katz, Bruce, and Robert Lang. 2003. *Redefining Urban and Suburban America: Evidence from Census 2000*. Washington, D.C.: Brookings Institution Press.

Keil, Roger, and Klaus Ronnenberger. 2000. "The Globalization of Frankfurt am Main: Core, Periphery and Social Conflict." In Peter Marcuse and Ronald van Kempen, eds., *Globalizing Cities: A New Spatial Order?* Oxford, UK: Blackwell.

Keivani, Ramin, and Edmoundo Werna. 2001. "Modes of Housing Provision in Developing Countries." *Progress in Planning*, Vol. 55, pp. 65–118.

Kelly, Eric, and Barbara Beckler. 2000. *Community Planning: Introduction to the Comprehensive Plan*. Washington, D.C.: Island Press.

Kenyon, Kathleen. 1994. "Ancient Jericho." *Scientific American Special Issue: Ancient Cities*, Vol. 5, No. 1, pp. 20–55.

Kesteloot, Christian. 2000. "Brussels: Post-Fordist Polarization in a Fordist Spatial Canvas." In Peter Marcuse and Ronald van Kempen, eds., *Globalizing Cities: A New Spatial Order?* Oxford, UK: Blackwell.

Kheirabadi, Masoud. 2000. *Iranian Cities: Formation and Development*. Syracuse, NY: Syracuse University Press.

Klosterman, Richard, 2000. "Planning in the Information Age." In *The Practice of Local Government Planning*, 3rd ed. Washington, D.C.: International City/County Management Association.

Kneebone, Elizabeth, Carey Nadeau, and Alan Berube. 2011. *The Re-Emergence of Concentrated Poverty: Metropolitan Trends in the 2000s*. Washington, D.C.: The Brookings Institution.

Knopp, Lawrence. 1990. "Exploiting the Rent-Gap: The Theoretical Significance of Using Illegal Appraisal Schemes to Encourage Gentrification in New Orleans." *Urban Geography*, Vol. 11, pp. 48–64.

Knopp, Lawrence. 1998. "Sexuality and Urban Space: Gay Male Identity Politics in the United States, the United Kingdom, and Australia." In Ruth Fincher and Jane M. Jacobs, eds., *Cities of Difference*. New York and London: Guilford Press.

Knox, Paul L., ed. 1993. *The Restless Urban Landscape*. Englewood Cliffs, NJ: Prentice-Hall.

Knox, Paul, and Darrick Danta. 1993. "Cities of Europe." In Stanley Brunn and Jack Williams, eds., *Cities of the World: World Regional Urban Development*, 2nd ed. New York: HarperCollins.

Kostof, Spiro. 1991. *The City Shaped: Urban Patterns and Meanings through History*. London: Bulfinch.

Kostof, Spiro, 1992. *The City Assembled*. Boston: Bulfinch.

Kozol, Jonathan. 1991. *Savage Inequalities: Children in America's Schools*. New York: Crown Publishers.

Krishan, Gopal. 1993. "The Slowing Down of Indian Urbanization." *Geography*, Vol. 78, No. 1, pp. 80–84.

Krumholz, Norman. 1996. "A Retrospective View of Equity Planning: Cleveland, 1969–1979." In S. Campbell and S. Fainstein, eds., *Readings in Planning Theory*. Oxford: Blackwell Publishers.

Kunstler, James Howard. 1996. *Home from Nowhere*. New York: Simon and Schuster.

Lambert, T. E., A. Srinivasan, U. Dufrene, and H. Min. 2010. "Urban Location and the Success of Casinos in Five States." *International Journal of Management and Marketing Research*, Vol. 3, No. 3, pp. 1–16.

Lauria, Mickey, and Lawrence Knopp. 1985. "Toward an Analysis of the Role of Gay Communities in the Urban Renaissance." *Urban Geography*, Vol. 6, pp. 152–69.

Lee, Dong Ok. 1995. "Koreatown and Korean Small Firms in Los Angeles: Locating in the Ethnic Neighborhoods." *Professional Geographer*, Vol. 47, No. 2, pp. 184–95.

Lee, Sharon. 1998. "Asian Americans: Diverse and Growing." *Population Reference Bureau Population Bulletin*, Vol. 53, No. 2.

LeGates, Richard T., and Frederic Stout, eds. 2003. *The City Reader*. London and New York: Routledge.

Levine, Martin. 1979. "Gay Ghetto." *Journal of Homosexuality*, Vol. 4, pp. 363–77.

Levy, John M. 2000. *Contemporary Urban Planning*. 5th ed. Upper Saddle River, NJ: Prentice Hall.

Lewis, Oscar. 1966. *La Vida: A Puerto Rican Family in the Culture of Poverty in San Juan and New York*. New York: Random House.

Lewis, Oscar. 1968. "The Culture of Poverty." In Daniel Patrick Moynihan, ed., *On Understanding Poverty: Perspectives from the Social Sciences*. New York: Basic Books.

Ley, D. 1996. *The New Middle Class and the Remaking of the Central City*.

Oxford and New York: Oxford University Press.

Li, Wei. 1998. "Los Angeles's Chinese Ethnoburb: From Ethnic Service Center to Global Economy Outpost." *Urban Geography*, Vol. 19, No. 6, pp. 502–17.

Lichtenberger, Elisabeth. 1970. "The Nature of European Urbanism." *Geoforum*, Vol. 4, pp. 45–62.

Lichtenberger, Elisabeth. 1976. "The Changing Nature of European Urbanization." In Brian J. L. Berry, ed., *Urbanization and Counter-Urbanization*. Beverly Hills, CA: Sage Publications.

Lichtenberger, Elisabeth. 1993. *Vienna: Bridge Between Cultures*. World Cities Series. New York: John Wiley and Sons.

Lieberson, Stanley. 1963. *Ethnic Patterns in American Cities*. New York: The Free Press.

Lieberson, Stanley. 1980. *A Piece of the Pie: Blacks and White Immigrants since 1880*. Berkeley: University of California Press.

Lieberson, Stanley. 1981. "An Asymmetrical Approach to Segregation." In Ceri Peach, Vaughan Robinson, and Susan Smith, eds., *Ethnic Segregation in Cities*. London: Croom Helm.

Light, Ivan, and Steven Gold. 2000. *Ethnic Economies*. San Diego: Academic Press.

Lin, Jan. 1998. *Reconstructing Chinatown: Ethnic Enclave, Global Change*. Minneapolis: University of Minnesota Press.

Linn, Johannes. 1983. *Cities in the Developing World: Policies for Their Equitable and Efficient Growth*. Oxford: Oxford University Press.

Loan Processing Services. 2013. LPS Mortgage Monitor August 2013: Mortgage Performance Observations: Data as of July, 2013. http://www.lpsvcs.com/LPSCorporateInformation/CommunicationCenter/DataReports/MortgageMonitor/201307 MortgageMonitor/MortgageMonitor July2013.pdf.

Lockridge, Kenneth. 1970. *A New England Town: The First Hundred Years*. New York: W. W. Norton.

Logan, J. R. 2013. "The Persistence of Segregation in the 21st Century Metropolis." *City & Community*, Vol. 12, No. 2, pp. 160–68.

Logan, J. R., and H. L. Molotch. 2007. *Urban Fortunes: The Political Economy of Place*. Berkeley: University of California Press.

Long, Larry. 1991. "Residential Mobility Differences among Developed Countries." *International Regional Science Review*, Vol. 14, No. 2, 133–47.

Lösch, August. 1938. *Die Räumliche Ordnung der Wirtscraft*. Translated by W. H. Woglom and W. F. Stolper, 1954, as *The Economics of Location*. New Haven, CT: Yale University Press.

Lowder, Stella. 1986. *The Geography of Third World Cities*. Totowa, NJ: Barnes and Noble Books.

Lucy, William, and David Phillips. 2006. "Cities' Performance Improves Since 2000 Census." http://www.virginia.edu/topnews/releases2006/20060410 cities study.html.

Lungo, Mario. 1997. "Costa Rica: Dilemmas of Urbanization in the 1990s." In Alejandro Portes, Carlos Dore-Cabral, and Patricia Landolt, eds., *The Urban Caribbean: Transition to the New Global Economy*. Baltimore: Johns Hopkins University Press.

Lynch, Kevin. 1960. *The Image of the City*. Cambridge, MA: MIT Press.

Mallach, Alan. 2004. "The Betrayal of Mount Laurel." In National Housing Institute, *Shelterforce Online*, 134, March/April.

Manvel, A. D. (1968). "Land Use in 106 Large Cities." In *Three Land Research Studies*, Research Report No. 12. Washington, D.C.: National Commission on Urban Problems.

Marcuse, Peter. 1996. "Space and Race in the Post-Fordist City: The Outcast Ghetto and Advanced Homelessness in the United States Today." In E. Mingione, ed., *Urban Poverty and the*

Underclass: A Reader. Cambridge, MA: Blackwell.

Marcuse, Peter. 1997. "The Enclave, the Citadel, and the Ghetto: What Has Changed in the Post-Fordist U.S. City?" *Urban Affairs Review*, Vol. 33, pp. 228–64.

Marcuse, Peter, and Ronald van Kempen. 2000. *Globalizing Cities: A New Spatial Order?* Oxford and Malden, MA: Blackwell.

Martin, Philip. 2004. "The United States: The Continuing Immigration Debate." In Wayne Cornelius, ed., *Controlling Immigration.* Stanford, CA: Stanford University Press.

Martin, Philip, and Elizabeth Midgley. 1994. "Immigration to the United States: Journey to an Uncertain Destination." *Population Reference Bureau Population Bulletin*, Vol. 49, No. 2.

Martin, Philip, and Elizabeth Midgley. 1999. "Immigration to the United States." *Population Reference Bureau Population Bulletin*, Vol. 54, No. 2.

Massey, Doreen. 1973. "Towards a Critique of Industrial Location Theory." *Antipode*, Vol. 5, pp. 33–39.

Massey, D. S., and N. A. Denton. 1988. "The Dimensions of Residential Segregation." *Social Forces*, Vol. 67, pp. 281–315.

Massey, D. S., and N. A. Denton. 1989. "Hypersegregation in U.S. Metropolitan Areas: Black and Hispanic Segregation along Five Dimensions." *Demography*, Vol. 26, pp. 373–91.

Massey, D. S., and N. A. Denton. 1993. *American Apartheid: Segregation and the Making of the Underclass.* Cambridge, MA: Harvard University Press.

McConnell, Curt. *The Record-setting Trips: By Auto from Coast to Coast, 1909–1916.* Stanford University Press, 2003.

McGee, T. G. 1967. *The Southeast Asian City.* London: G. Bell and Sons.

Meck, Stuart, Paul Wack, and Michelle Zimet. 2000. "Zoning and Subdivision Regulations." In *The Practice of Local Government Planning*, 3rd ed.

Washington, D.C.: International City/County Management Association.

Mehretu, Assefa. 1993. "Cities of Sub-Saharan Africa." In Stanley Brunn and Jack Williams, eds., *Cities of the World: World Regional Urban Development*, 2nd ed. New York: HarperCollins.

Millon, René. 1994. "Teotihuacán." *Scientific American Special Issue: Ancient Cities*, Vol. 5, No. 1, pp. 138–48.

Minnesota Population Center. 2011. *National Historical Geographic Information System: Version 2.0.* Minneapolis: University of Minnesota.

Mitchell, Don. 2000. *Cultural Geography.* Madden, MA: Blackwell Publishers.

Miyares, Ines, Jennifer Paine, and Midori Nishi. 2000. "The Japanese in America." In J. McKee, ed., *Ethnicity in Contemporary America: A Geographical Appraisal.* Lanham, MD: Rowman & Littlefield.

Mohan, Rakesh. 1996. "Urbanization in India: Patterns and Emerging Policy Issues." In J. Gugler, ed., *The Urban Transformation of the Developing World.* Oxford: Oxford University Press.

Mollenkopf, John H., and Manuel Castells, eds. 1991. *Dual City: Restructuring New York.* New York: Russell Sage Foundation.

Monkonnen, Eric. 1988. *America Becomes Urban: The Development of U.S. Cities and Towns 1780–1980.* Berkeley: University of California Press.

Moon, H. 1994. *The Interstate Highway System.* AAG Resource Publication Series.

Morrill, R. (2006). "Classic Map Revisited: The Growth of Megalopolis." *The Professional Geographer*, Vol. 58, No. 2, 155–60.

Morris, A. E. J. 1994. *History of Urban Form: Before the Industrial Revolution.* New York: Wiley.

Mort, Frank. 2000. "The Sexual Geography of the City." In Gary Bridge and Sophi Watson, eds., *A*

Companion to the City. Oxford: Blackwell.

Mukhopadhyay, Anupa, Ashok Dutt, and Animesh Haldar. 1994. "Sidewalk Dwellers of Calcutta." In A. K. Dutt, ed., *The Asian City: Processes of Development, Characteristics and Planning.* Boston: Kluwer Academic Publishers.

Mulherin, Stephen. 2000. "Affordable Housing and White Poverty Concentration," *Journal of Urban Affairs*, Vol. 22, pp. 139–56.

Mumford, Lewis. 1938. *The Culture of Cities.* New York: Harcourt Brace & Company.

Mumford, Lewis. 1961. *The City in History: Its Origins, Its Transformations, and Its Prospects.* New York: Harcourt Brace Jovanovich.

Murdie, R. A. 1969. *Factorial Ecology of Metropolitan Toronto, 1951–1961.* Research Paper No. 116, Department of Geography, University of Chicago.

Murphey, Rhoads. 1996. "A History of the City in Monsoon Asia." In J. Gugler, ed., *The Urban Transformation of the Developing World.* Oxford: Oxford University Press.

Nelson, Arthur. 2000. "Growth Management." In *The Practice of Local Government Planning*, 3rd ed. Washington, D.C.: International City/County Management Association.

Nelson, Kristin. 1986. "Labor Demand, Labor Supply, and the Suburbanization of Low-Wage Office Work." In A. J. Scott and M. Storper, eds., *Production, Work, Territory: The Geographical Anatomy of Industrial Capitalism.* Boston: Allen and Unwin.

Neville, Warwick. 1996. "Singapore: Ethnic Diversity in an Interventionist Milieu." In Roseman, Laux, and Thieme, eds., *EthniCity.* Lanham, MD: Rowman & Littlefield.

Newsome, Tracey H., and Jonathan C. Comer. 2002. "Changing Intra-Urban Location Patterns of Major League Sports Facilities." *Professional Geographer*, Vol. 51, pp. 105–20.

Noin, Daniel, and Paul White. 1997. *Paris*. World Cities Series. New York: John Wiley and Sons.

O'Connor, Anthony M. 1983. *The African City*. New York: Africana Publishing Company.

Oliveira, Orlandina, and Bryan Robert. 1996. "Urban Development and Social Inequality in Latin America." In J. Gugler, ed., *The Urban Transformation of the Developing World*. Oxford: Oxford University Press.

Orfield, Myron. 1997. *Metropolitics: A Regional Agenda for Community and Stability*. Washington, D.C.: Brookings Institution Press.

Palen, John. 1997. *The Urban World*. New York: McGraw-Hill.

Pan, Lynn. 1994. *Sons of the Yellow Emperor: A History of the Chinese Diaspora*. New York: Kodansha International.

Park, Robert E. 1915. "The City: Suggestions for the Investigation of Human Behavior in the Urban Environment." *American Journal of Sociology*, Vol. 20, pp. 577–612.

Park, Robert E. 1925 (1967). "The City: Suggestions for the Investigation of Human Behavior in the Urban Environment." In R. Park, E. Burgess, and R. McKenzie, *The City*. Chicago: University of Chicago Press.

Passel, Jeffrey, and D'Vera Cohen. 2011. *Unauthorized Immigrant Population: National and State Trends, 2010*. Washington, D.C.: Pew Hispanic Center.

Patton, P. 1986. *Open Road: A Celebration of the American Highway*. New York: Simon and Schuster.

Peet, Richard. 1998. *Modern Geographic Thought*. Malden, MA: Blackwell.

Peil, Margaret. 1991. *Lagos: The City Is the People*. Boston: G. K. Hall.

Peterson, Jon. 1983. "The Impact of Sanitary Reform upon American Urban Planning, 1840–1890." In Donald Krueckeberg, ed., *Introduction to Planning History in the United States*. New Brunswick, NJ: Rutgers University Press.

Philpott, T. L. 1991. *The Slum and the Ghetto: Immigrants, Blacks, and Reformers in Chicago, 1880–1930*. Belmont, CA: Wadsworth Publishing Company.

Piana, G. 1927. "Foreign Groups in Rome." *Harvard Theological Review*, Vol. 20, pp. 183–403.

Pickles, John, and M. J. Watts. 1992. "Paradigms for Inquiry." In Ron F. Abler, Melvin G. Marcus, and Judy M. Olson, eds., *Geography's Inner Worlds*. New Brunswick, NJ: Rutgers University Press.

Pinal, Jorge, and Audrey Singer. 1997. "Generations of Diversity: Latinos in the United States." *Population Reference Bureau Population Bulletin*, Vol. 52, No. 2.

Pollard, Kelvin, and William P. O'Hare. 1999. "America's Racial and Ethnic Minorities." *Population Reference Bureau Population Bulletin*, Vol. 54, No. 3.

Population Reference Bureau, 2006. *World Population Data Sheet*. Washington D.C.: Population Reference Bureau.

Porter, Philip, and Eric Sheppard. 1998. *A World of Difference: Society, Nature, Development*. New York: The Guilford Press.

Portes, Alejandro, Carlos Dore-Cabral, and Patricia Landolt. 1997. *The Urban Caribbean: Transition to the New Global Economy*. Baltimore: Johns Hopkins University Press.

Portes, Alejandro, and Bryan R. Roberts. 2004. "The Free Market City: Latin American Urbanization in the Years of Neoliberal Adjustment." www.prc.utexas.edu/urbancenter/documents/Free%20Market%20City%20text.pdf.

Portes, Alejandro, and Alexander Stepick. 1993. *City on the Edge: The Transformation of Miami*. Berkeley: University of California Press.

Potter, Robert B. 1985. *Urbanisation and Planning in the 3rd World: Spatial Perceptions and Public Participation*. New York: St. Martin's Press.

Potter, Robert B. 1990. *Cities and Development in the Third World*. Commonwealth Geographical Bureau.

Potter, Robert B. 1999. *Geographies of Development*. Harlow, UK: Longman.

Potter, Robert, and Sally Lloyd-Evans. 1998. *The City in the Developing World*. Harlow, UK: Addison-Wesley Longman.

Pounds, Norman. 1990. *An Historical Geography of Europe*. New York: Cambridge University Press.

Preston, Valerie, and Sara McLafferty. 1999. "Spatial Mismatch Research in the 1990s: Progress and Potential." *Papers in Regional Science*, Vol. 78, pp. 387–402.

Pugh, Cedric. 1995. "Urbanization in Developing Countries: An Overview of the Economic and Policy Issues in the 1990s." *Cities*, Vol. 12, No. 6, pp. 388–98.

Rakodi, Carole. 1995. *Harare: Inheriting a Settler-Colonial City: Change or Continuity?* New York: John Wiley and Sons.

Rhein, Catherine. 1998. "The Working Class, Minorities and Housing in Paris: the Rise of Fragmentation." *GeoJournal*, Vol. 46, pp. 51–62.

Ribeiro, Luiz Cesar de Queiroz, and Edward E. Telles. 2000. "Rio de Janeiro: Emerging Dualization in a Historically Unequal City." In P. Marcuse and R. van Kempen, eds., *Globalizing Cities: A New Spatial Order?* Oxford: Blackwell.

Rice, R. L. 1968. "Residential Segregation by Law, 1910–1917." *Journal of Southern History*, Vol. 34, pp. 179–199.

Riche, Martha F. 2000. "America's Diversity and Growth: Signposts for the 21st Century." *Population Reference Bureau Population Bulletin*, Vol. 55, No. 2.

Riis, Jacob. 1890 (1971). *How the Other Half Lives*. New York: Dover Publications.

Rorig, Fritz. 1967. *The Medieval Town*. Berkeley: University of California Press.

Rosenbaum, J. E. 1995. "Changing the Geography of Opportunity by

Expanding Residential Choice: Lessons from the Gautreaux Program." *Housing Policy Debate*, Vol. 6, pp. 231–69.

Rosenbaum, J. E., and S. J. Popkin. 1991. "Employment and Earnings of Low-Income Blacks Who Move to Middle-Class Suburbs." In C. Jencks and P. E. Peterson, eds., *The Urban Underclass*. Washington, D.C.: The Brookings Institution.

Ross, Bernard, and Myron Levine. 1996. *Urban Politics: Power in Metropolitan America*. Itasca, IL: F. E. Peacock Publishers.

Rothblatt, Donald, and Andrew Sancton, eds. 1998. *Metropolitan Governance Revisited: American/Canadian Intergovernmental Perspectives*. Berkeley: Institute of Governmental Studies Press.

Rusk, David. 2003. *Cities without Suburbs, 3rd Edition: A Census 2000 Update*. Washington, D.C.: Woodrow Wilson Press.

Sailer-Fliege, Ulrike. 1999. "Characteristics of Post-Socialist Urban Transformation in East Central Europe." *GeoJournal*, Vol. 49, pp. 7–16.

Sampson, R. J. 2012. *Great American City: Chicago and the Enduring Neighborhood Effect*. Chicago: The University of Chicago Press.

Sancton, Andrew. 1978. The Impact of French, English Differences on Government Policies. PhD Thesis, University of Oxford.

Sargent, Charles S. 1993. "The Latin American City." In B. Blouet and O. Blouet, *Latin America and the Caribbean*. New York: Wiley.

Sassen, Saskia. 1991. *The Global City: New York, London, Tokyo*. Princeton, NJ: Princeton University Press.

Sassen, Saskia. 2002. *Global Networks, Linked Cities*. New York: Routledge.

Sassen, Saskia. 2004. "Agglomeration in the Digital Era?" In Stephen Graham, ed., *The Cybercities Reader*. London and New York: Routledge, pp. 195–98.

Sassen, Saskia. 2006. *Cities in a World Economy*, 3rd ed. London and Thousand Oaks, CA: Pine Forge Press.

Schelling, T. 1971. "Dynamic Models of Segregation." *Journal of Mathematical Sociology*, Vol. 1, pp. 143–86.

Scott, Allan J. 1988. "Flexible Production Systems: The Rise of New Industrial Spaces in North America and Western Europe." *International Journal of Urban and Regional Research*, Vol. 12, pp. 171–85.

Seabrook, Jeremy. 1996. *In the Cities of the South*. New York: Verso.

Seto, Karen C., Roberto Sánchez-Rodríguez, and Michail Fragkias. 2010. "The New Geography of Contemporary Urbanization and the Environment." *Annual Review of Environment and Resources*, Vol. 35, No. 1, p. 167.

Shevky, Eshref, and Wendell Bell. 1955. *Social Area Analysis: Theory, Illustrative Application and Computational Procedures*. Stanford, CA: Stanford University Press.

Short, John. 1996. *The Urban Order*. Cambridge, MA: Blackwell Publishers.

Short, John. 2004. "Black Holes and Loose Connections in a Global Urban Network." *The Professional Geographer*, Vol. 56, pp. 295–302.

Short, John R., and Yeong-Hyun Kim. 1999. *Globalization and the City*. New York: Longman.

Simmel, Georg. 1903 (1971). "The Metropolis and Mental Life." In *Individuality and Social Forms*. Chicago: University of Chicago Press.

Sit, Victor. 1995. *Beijing: The Nature and Planning of a Chinese Capital City*. New York: John Wiley and Sons.

Sjoberg, Gideon. 1960. *The Preindustrial City: Past and Present*. New York: The Free Press.

Sjoberg, Gideon. 1973. "The Origin and Evolution of Cities." In Kingsley Davis, ed., *Cities: Their Origin, Growth and Human Impact*. San Francisco: W. H. Freeman & Company, pp. 18–27.

Smith, D. A., and M. F. Timberlake. 2001. "World City Networks and Hierarchies, 1977–1997." *American Behavioral Scientist*, Vol. 44, pp. 1656–78.

Smith, David D. 2000. *Third World Cities*. London: Routledge.

Smith, James. 2006. "Little Tokyo: Historical and Contemporary Japanese American Identities." In Frazier and Tettey-Fio, eds., *Race, Ethnicity and Place in a Changing America*. Binghamton, NY: Global Academic Press.

Smith, N. 1996. *The New Urban Frontier: Gentrification and the Revanchist City*. London and New York: Routledge.

Soja, Ed J. 1989. *Postmodern Geographies: The Reassertion of Space in Critical Social Theory*. London: Verso.

Soja, Edward, and Clyde Weaver. 1976. "Urbanization and Underdevelopment in East Africa." In B. Berry, ed., *Urbanization and Counter-Urbanization*. Beverly Hills, CA: Sage Publications.

Song, Yan. 2005. "Smart Growth and Urban Development Pattern: A Comparative Study." *International Regional Science Review*, Vol. 28, pp. 239–65.

Song, Yan, and Gerrit-Jan Knaap. 2004. "Measuring Urban Form: Is Portland Winning the War on Sprawl?" *Journal of the American Planning Association*, Vol. 70, pp. 210–25.

Spain, Daphne. 1999. "America's Diversity: On the Edge of Two Centuries." *Population Reference Bureau Reports on America*, Vol. 1, No. 2.

Spear, A. H. 1967. *Black Chicago: The Making of a Negro Ghetto 1890–1920*. Chicago: University of Chicago Press.

Stambaugh, John E. 1988. *The Ancient Roman City*. Baltimore: Johns Hopkins University Press.

Stanback, Thomas M., Jr. 2002. *The Transforming Metropolitan Economy*. New Brunswick, NJ: Center for Urban Policy Research, Rutgers University.

Stewart, Dona J. 1996. "Cities in the Desert: The Egyptian New-Town Program." *Annals of the Association* of American Geographers, Vol. 86, No. 3, pp. 459–80.

Stoker, Gerry, and Karen Mossberger. 1994. "Urban Regime Theory in Comparative Perspective." *Environment and Planning C: Government and Policy*, Vol. 12, pp. 195–212.

Stuart, George. 1995. "The Timeless Vision of Teotihuacán." *National Geographic*, Vol. 188, No. 6, pp. 2–35.

Sui, Daniel Z. 1994. "GIS and Urban Studies: Positivism, Post-Positivism, and Beyond." *Urban Geography*, Vol. 15, pp. 258–78.

Sutcliffe, Anthony. 1981. *Towards the Planned City*. New York: St. Martin's Press.

Swanstrom, Todd. 2001. "What We Argue about When We Argue about Regionalism." *Journal of Urban Affairs*, Vol. 23, No. 5, pp. 479–96.

Sýkora, Ludek. 1999. "Changes in the Internal Spatial Structure of Post-Communist Prague." *GeoJournal*, Vol. 49, pp. 79–89.

Szelenyi, Ivan. 1983. *Urban Inequities under State Socialism*. Oxford, UK: Oxford University Press.

Taaffe, E. J. 1962. "The Urban Hierarchy: An Air Passenger Definition." *Economic Geography*, Vol. 38, pp. 1–14.

Taaffe, Edward J. 1974. "The Spatial View in Context." *Annals of the Association of American Geographers*, Vol. 64, pp. 1–16.

Taylor, P. J., D. R. F. Walker, G. Catalano, and M. Haylor. 2001. "Diversity and Power in the World City Network." http://www .lboro.ac.uk/garge/rb/ rb56.html.

TeleGeography. 2012. "Global Internet Map 2012." http://www.telegeography .com/assets/website/images/maps/ global-internet-map-2012/global- internet-map-2012-x.png.

Telles, Edward. 1992. "Segregation by Skin Color in Brazil." *American Sociological Review*, Vol. 57, No. 2, pp. 186–97.

Tönnies, Ferdinand. 1887 (1955). *Community and Association

(Gemeinschaft and Gesellschaft)*. London: Routledge and Kegan Paul.

Torrens, Paul M. 2006. "Simulating Sprawl." *Annals of the Association of American Geographers*, Vol. 96, pp. 248–75.

Trading Economics Analytics. 2013. *Indicators*. http://www .tradingeconomics.com/analytics/ indicators.aspx.

Tuan, Yi-Fu. 1976. "Humanistic Geography." *Annals of the Association of American Geographers*, Vol. 66, pp. 266–76.

Turner, M. A., and S. L. Ross. 2005. "How Racial Discrimination Affects the Search for Housing." In X. d. S. Briggs, ed., *The Geography of Opportunity: Race and Housing Choice in Metropolitan America*. Washington, D.C.: Brookings Institution Press.

Turner, M. A., S. L. Ross, G. C. Galster, and J. Yinger. 2002. *Discrimination in Metropolitan Housing Markets: National Results from Phase I HDS2000*. Washington, D.C.: U.S. Department of Housing and Urban Development.

Turner, M. A., R. Santos, D. K. Levy, D. Wissoker, C. Arranda, R. Pitingolo, and the Urban Institute. 2013. *Housing Discrimination Against Racial and Ethnic Minorities 2012*. Washington, D.C.: U.S. Department of Housing and Urban Development.

Turner, Robyne S., and Mark S. Rosentraub. 2002. "Tourism, Sports and the Centrality of Cities." *Journal of Urban Affairs*, Vol. 24, pp. 487–92.

U.S. Advisory Commission on Civil Disorders. 1968. *The Kerner Report*. Washington, D.C.: U.S. Government Printing Office.

U.S. Census Bureau. 1999. *Statistical Abstract of the United States*.

U.S. Census Bureau. 2002. Census 2000 Special Reports: Racial and Ethnic Residential Segregation in the United States: 1980–2000. Washington, D.C.: U.S. Department of Commerce.

Ulack, Richard. 1978. "The Role of Urban Squatter Settlements." *Annals of the Association of American

Geographers*, Vol. 68, No. 4, pp. 535–50.

Ungar, Sanford. 1995 (1998). *Fresh Blood: The New American Immigrants*. Urbana: University of Illinois Press.

UN-Habitat. 2008. *State of the World's Cities 2008/9: Harmonious Cities*. London: Earthscan.

United Nations Development Programme. 2007/2008. *Human Development Report*. London: Earthscan.

United Nations Human Settlements Programme. 2005. *Financing Urban Shelter: Global Report on Human Settlements*. London: Earthscan.

van Kempen, Ronald, and Jan van Weesep. 1998. "Ethnic Residential Patterns in Dutch Cities: Backgrounds, Shifts, and Consequences." *Urban Studies*, Vol. 35, No. 10, pp. 1813–33.

Vance, J. E., Jr. 1970. *The Merchant's World: A Geography of Wholesaling*. Englewood Cliffs, NJ: Prentice Hall.

Vance, James. 1990. *The Continuing City: Urban Morphology in Western Civilization*. Baltimore: Johns Hopkins University Press.

Venkatesh, Alladi, Steven Chen, and Victor Gonzales. 2003. "A Study of a Southern California Wired Community: Where Technology Meets Social Utopianism." Paper presented at the Human–Computer 10th International Conference, Crete, Greece.

Wacquant, L. J. D. 1997. "Three Pernicious Premises in the Study of the American Ghetto." *International Journal of Urban and Regional Research*, Vol. 21, 341–53.

Wade, Richard C. 1959. *The Urban Frontier*. Chicago: University of Chicago Press.

Walker, Richard, and Robert D. Lewis. 2005. "Beyond the Crabgrass Frontier: Industry and the Spread of North American Cities, 1850–1950." In Nicholas R. Fyfe and Judith T. Kenny, eds., *The Urban Geography Reader*. New York: Routledge.

Ward, David. 1971. *Cities and Immigrants: A Geography of Change *in Nineteenth Century America.* London: Oxford University Press.

Ward, Peter. 1998. *Mexico City.* New York: Wiley.

Western, John. 1996. *Outcast Cape Town.* Berkeley: University of California Press.

Warf, B. 2006. "International Competition between Satellite and Fiber Optic Carriers: A Geographic Perspective." *The Professional Geographer*, Vol. 58, pp. 1–11.

Weber, Alfred. 1909 (1929). *Theory of the Location of Industries.* Trans. C. J. Friedrich 1929. Chicago: University of Chicago Press.

Wheatley, Paul. 1971. *The Pivot of the Four Quarters.* Chicago: Aldine Publishing Company.

Wheeler, James O. 1986. "Similarities in Corporate Structure of American Cities." *Growth and Change*, Vol. 17, pp. 13–21.

Wheeler, James O., and Sam Ock Park. 1981. "Locational Dynamics of Manufacturing in the Atlanta Metropolitan Region, 1968–1976." *Southeastern Geographer*, Vol. 20, pp. 100–19.

White, M. J. 1987. *American Neighborhoods and Residential Differentiation.* New York: Russell Sage Foundation.

White, Morton Gabriel, and Lucia White. 1977. *The Intellectual versus the City: From Thomas Jefferson to Frank Lloyd Wright.* Oxford: Oxford University Press.

White, Paul. 1984. *The West European City: A Social Geography.* London: Longman.

Whyte, W. F. 1943. *Street Corner Society.* Chicago: University of Chicago Press.

Whyte, William H. 1988. *City: Rediscovering the Center.* New York: Doubleday.

Wilkes, R., and J. Iceland. 2004. "Hypersegregation in the Twenty-First Century." *Demography*, Vol. 41, pp. 23–36.

Wilson, David, and Jarad Wouters. 2003. "Spatiality and Growth Discourse: The Restructuring of America's Rust Belt Cities." *Journal of Urban Affairs*, Vol. 25, pp. 123–38.

Wilson, Jill H., and Singer, Audrey. 2011. *Immigrants in 2010 Metropolitan America: A Decade of Change.* Washington, D.C.: Brookings Institution.

Wilson, W. J. 1987. *The Truly Disadvantaged: The Inner City, the Underclass, and Public Policy.* Chicago: University of Chicago Press.

Wilson, W. J. 1996. *When Work Disappears: The World of the New Urban Poor.* New York: Alfred A. Knopf.

Wilson, William H. 1996. "The Glory, Destruction, and Meaning of the City Beautiful Movement." In S. Campbell and S. Fainstein, eds., *Readings in Planning Theory.* Oxford: Blackwell Publishers.

Wirth, Louis. 1938. "Urbanism as a Way of Life." *The American Journal of Sociology*, Vol. 44, pp. 1–24.

Wood, Joseph. 1997. "Vietnamese American Place Making in Northern Virginia." *Geographical Review*, Vol. 87, No.1, pp. 58–72.

Woodhouse, Kathleen. 2005. "Latvian Place Making In Three North American Cities." MA thesis, Kent State University.

Woolley, C. Leonard. 1930. *Ur of the Chaldees: A Record of Seven Years of Excavation.* New York: Charles Scribners and Sons.

World Bank. 2000. *World Development Report1999/2000.*

World Bank. 2005. *World Development Report: A Better Investment Climate for Everyone.*

World Bank. 2006. *World Development Indicators.*

World Bank. 2013. *World Development Report: Jobs.*

Wright, Gwendolyn. 1981. *Building the Dream: A Social History of Housing in America.* Cambridge, MA: MIT Press.

Yeung, Henry Wai-Chung. 1999. "The Internationalization of Ethnic Chinese Business Firms from Southeast Asia: Strategies, Processes and Competitive Advantage." *International Journal of Urban and Regional Research*, Vol. 23, No. 1, pp. 103–27.

Yeung, Yue-Man. 1976. "Southeast Asian Cities: Patterns of Growth and Decline." In B. Berry, ed., *Urbanization and Counter-Urbanization.* Beverly Hills, CA: Sage Publications.

Yinger, John. 1995. *Closed Doors, Opportunities Lost: The Continuing Costs of Housing Discrimination.* New York: Russell Sage Foundation.

Zeng, H., D. Z. Sui, and S. Li. 2005. "Linking Urban Field Theory with GIS and Remote Sensing to Detect Signatures of Rapid Urbanization on the Landscape: Toward a New Approach for Characterizing Urban Sprawl." *Urban Geography*, Vol. 26, pp. 410–34.

Zhou, Min. 1992. *Chinatown: The Socioeconomic Potential of an Urban Enclave.* Philadelphia: Temple University Press.

찾아보기

|

인명별